Springer-Lehrbuch

Springer
Berlin
Heidelberg
New York
Barcelona
Budapest
Hongkong
London
Mailand
Paris
Santa Clara
Singapur
Tokio

Experimentalphysik

Band 1
Mechanik und Wärme ISBN 3-540-56543-4

Band 2
Elektrizität und Optik ISBN 3-540-57095-0

Band 3
Atome, Moleküle und Festkörper ISBN 3-540-57096-9

Band 4
Kern-, Teilchen- und Astrophysik ISBN 3-540-57097-7

Wolfgang Demtröder

Experimentalphysik 4

Kern-, Teilchen- und Astrophysik

Mit 522 meist zweifarbigen Abbildungen,
15 Farbtafeln, 58 Tabellen,
zahlreichen durchgerechneten Beispielen
und 105 Übungsaufgaben
mit ausführlichen Lösungen

Springer

Professor Dr. Wolfgang Demtröder
Universität Kaiserslautern
Fachbereich Physik
D-67653 Kaiserslautern
e-mail: demtroed@physik.uni-kl.de

ISBN 3-540-57097-7 Springer-Verlag Berlin Heidelberg New York

Die Deutsche Bibliothek – CIP-Einheitsaufnahme
Demtröder, Wolfgang: Experimentalphysik / Wolfgang Demtröder.
- Berlin ; Heidelberg ; New York ; Barcelona ; Budapest ; Hongkong ; London ; Mailand ; Paris ; Santa Clara ; Singapur ; Tokio : Springer.
(Springer-Lehrbuch)
Bd. 4. Kern-, Teilchen- und Astrophysik: 58 Tabellen, zahlreiche durchgerechnete Beispiele und 105 Übungsaufgaben mit ausführlichen Lösungen. - 1998
ISBN 3-540-57097-7

Lektorat, Satz, Illustrationen und Umbruch: Dipl.-Phys. Gerrit Imsieke, Verlagsdienstleistungen im Wissenschaftsbereich, Leipzig
Druck und Einband: Appl, Wemding
SPIN: 10061391 56/3144 - 5 4 3 2 1 0 – Gedruckt auf säurefreiem Papier

Vorwort

Nachdem im dritten Band die Struktur von Atomen, Molekülen und Festkörpern behandelt wurde, möchte dieser letzte Band des vierbändigen Lehrbuches der Experimentalphysik sowohl in die subatomare Welt der Kerne und Elementarteilchen einführen als auch einen Einblick in die Entstehung der Struktur unseres Universums, also in kosmische Dimensionen, geben.

Wie bereits in den ersten drei Bänden soll auch hier das Experiment und seine Möglichkeiten zur Entwicklung eines Modells der Wirklichkeit im Vordergrund stehen. Deshalb werden die verschiedenen experimentellen Techniken der Kern-, Teilchen- und Astrophysik etwas ausführlicher dargestellt.

Natürlich kann so ein umfangreiches Gebiet in einer Einführung nicht vollständig behandelt werden. Deshalb müssen selbst interessante Teilbereiche weggelassen werden, die dann in der angegebenen Spezialliteratur genauer dargestellt sind.

In diesem Lehrbuch kommt es dem Autor darauf an, die enge Verknüpfung zwischen den auf den ersten Blick so verschieden erscheinenden Gebieten der Physik aufzuzeigen. So hat z. B. die Kernphysik erst ein vertieftes Verständnis erfahren durch die Ergebnisse der Elementarteilchenphysik, die auch die Grundlage des Standardmodells der Astrophysik liefert.

Die entartete Materie in weißen Zwergen und Neutronensternen wird erst einer quantitativen Behandlung zugänglich durch die Erkenntnisse der Quantenphysik, und die Physik der Sternatmosphären wäre ohne intensive experimentelle und theoretische Untersuchungen der Atom- und Molekülphysik nicht so detailliert verstanden worden.

Der Leser sollte am Ende des Studiums dieses Lehrbuches den Eindruck gewinnen, daß trotz der großen Fortschritte in unserer Erkenntnis der Natur zahlreiche, oft wesentliche offene Fragen bleiben, deren Lösung noch viele Physikergenerationen beschäftigen wird. Physik wird wohl nie ein abgeschlossenes Gebiet werden und die Physiker deshalb auch nicht auf die Rolle von Bewahrern des früher erforschten beschränkt bleiben, wenn dies auch manchmal so prognostiziert wird. Es gibt genügend Beispiele, wo durch unerwartete Ergebnisse von Experimenten bestehende Theorien erweitert oder neue Theorien entwickelt werden mußten. Dies wird wohl auch auf absehbare Zeit so bleiben.

Nach der überwiegend positiven Aufnahme der ersten drei Bände wünscht sich der Autor eine ähnliche konstruktive Mitarbeit seiner Leser durch Hinweise auf Fehler oder Verbesserungsmöglichkeiten der Darstellung oder auf neue Ergebnisse, die nicht berücksichtigt wurden.

Ich würde mich freuen, wenn dieses hiermit abgeschlossene Lehrbuch für die Kollegen eine Hilfe bei Vorlesungen sein kann sowie dazu beitragen könnte, die Begeisterung und das Verständnis bei Studenten zu wecken und die Physik auch Studierenden von Nachbarfächern nahezubringen. Wie in den vorhergehenden Bänden findet man auch hier viele Beispiele zur Illustration des Stoffes und Aufgaben mit durchgerechneten Lösungen, welche die aktive Mitarbeit des Lesers fördern sollen.

Viele Leute haben bei der Fertigstellung geholfen, denen allen mein Dank gebührt. Ich danke allen Kollegen und Institutionen, die mir die Erlaubnis zur Reproduktion von Abbildungen gegeben haben. Herr Dr. Sauerland, Institut für Kernphysik der Universität Bochum, hat mir mehrere Aufgaben mit Lösungen zur Verfügung gestellt, die im Lösungsteil gekennzeichnet sind, wofür ich ihm Dank schulde. Frau S. Heider, die den größten Teil des Manuskripts geschrieben hat, und insbesondere Herrn G. Imsieke, der die Redaktion übernommen hat und viele wertvolle Anregungen und Verbesserungsvorschläge beigesteuert hat, bin ich zu großem Dank verpflichtet. Herrn Th. Schmidt, welcher für den Computersatz und das Layout gesorgt hat, den Illustratoren M. Barth und S. Blaurock sowie den Korrekturlesern S. Scheel und J. Brunzendorf, der viele nützliche Hinweise für den Astrophysikteil gegeben hat, sei herzlich gedankt. Frau A. Kübler und Dr. H.J. Kölsch vom Springer-Verlag haben mich während der gesamten Entstehungszeit tatkräftig unterstützt. Für die stets gute Zusammenarbeit danke ich ihnen sehr. Ein besonderer Dank gilt meiner lieben Frau, die mir während der vierjährigen Arbeit an diesen vier Bänden durch ihre Hilfe die Zeit und Ruhe zum Schreiben gegeben hat und durch ihre Ermunterung dazu beigetragen hat, daß das gesamte Lehrbuch erfolgreich fertiggestellt werden konnte.

Kaiserslautern,
im November 1997

Wolfgang Demtröder

Inhaltsverzeichnis

5. Kernkräfte und Kernmodelle

6. Kernreaktionen

7. Physik der Elementarteilchen

8. Anwendungen der Kern- und Hochenergiephysik

9. Grundlagen der experimentellen Astronomie und Astrophysik

10. Unser Sonnensystem

11. Geburt, Leben und Tod von Sternen

12. Die Entwicklung und die heutige Struktur des Universums

1. Einleitung

Praktisch alle Erscheinungen in unserer irdischen Umwelt können auf Gravitation und elektromagnetische Wechselwirkungen zurückgeführt werden. Das makroskopische Verhalten der Materie, das sich z. B. durch ihre mechanischen, elektrischen oder optischen Eigenschaften ausdrückt, wird im wesentlichen nur durch die Elektronenhüllen der Atome bestimmt, deren Anordnung durch die elektromagnetische Wechselwirkung festgelegt wird, wie wir in Bd. 3 gesehen haben. Auch alle chemischen und biologischen Reaktionen, welche das Leben auf der Erde bestimmen, beruhen auf elektromagnetischen Wechselwirkungen zwischen den Elektronenhüllen von Atomen und Molekülen. Da die Elektronen das elektrische Coulombfeld des Atomkerns weitgehend abschirmen, wechselwirken Kerne neutraler Atome, außer durch Gravitationswechselwirkung auf Grund ihrer Masse, kaum mit anderen Teilchen außerhalb des eigenen Atoms. Diese Tatsache hat sicher dazu beigetragen, daß Atomkerne erst in unserem Jahrhundert entdeckt wurden. Die Kernphysik, die sich mit den Eigenschaften und Strukturen der Kerne beschäftigt, ist daher eine relativ junge Wissenschaft.

1.1 Was ist Kern-, Elementarteilchen- und Astrophysik?

In der Kernphysik wird untersucht, aus welchen Bausteinen die Atomkerne aufgebaut sind, welche Kräfte sie zusammenhalten, wie groß die Bindungsenergien sind, welche Energiezustände angeregter Kerne möglich sind, in welcher Form die Anregungsenergie abgegeben wird, wann Kerne zerfallen können und wie Kerne beim Zusammenstoß mit anderen Teilchen reagieren.

Während die ***Atomhüllenphysik*** durch die bekannte elektromagnetische Wechselwirkung beschrieben werden kann und inzwischen eine einheitliche geschlossene Theorie (Quantenmechanik bzw. Quantenelektrodynamik) existiert, welche alle bisher beobachteten Phänomene der Atomphysik richtig wiedergibt (wenn auch die meisten Probleme nur durch Näherungsverfahren numerisch gelöst werden können), wird die Struktur der ***Atomkerne*** außer durch elektromagnetische Kräfte durch zwei neue Arten von Kräften beherrscht. Über diese ***starke*** und ***schwache*** Wechselwirkung gibt es bisher, trotz großer Fortschritte in den letzten Jahren, nur unvollkommene Kenntnisse und noch keine gesicherte vollständige Theorie. Trotzdem sind eine Reihe phänomenologischer Modelle entwickelt worden, die viele Eigenschaften der Atomkerne richtig beschreiben. Sie sind häufig an Vorbilder aus der Atomphysik angelehnt, wie z. B. das ***Schalenmodell***, oder orientieren sich an Vorstellungen der Kontinuumsphysik, wie z. B. das ***Tröpfchenmodell*** des Atomkerns.

Eine tiefere Einsicht in die Kernphysik hat die Hochenergiephysik gebracht, in der die Substruktur der Kernbausteine, der Nukleonen, untersucht wird. Das Quarkmodell, welches einen Aufbau aller Nukleonen aus elementaren Fermionen, den Quarks, annimmt, und die Kräfte zwischen ihnen auf den Austausch von anderen elementaren Teilchen (Gluonen und Vektorbosonen) zurückführt, hat zu einer Theorie, der Quantenchromodynamik, geführt, die alle bisherigen Beobachtungen richtig erklären und teilweise auch vorhersagen konnte. Sie ist in Analogie zur Quantenelektrodynamik der Atomhülle entwickelt worden.

Deshalb ist es auch aus didaktischen Gründen zweckmäßig, die Kern- und Teilchenphysik erst nach der Atom- und Festkörperphysik zu studieren, obwohl bei der Darstellung des systematischen Aufbaus größerer Strukturen aus ihren Bausteinen die Kernphysik eigentlich vor der Atomphysik behandelt werden müßte.

Da man Atomkerne nicht direkt sehen kann, mußten spezielle Nachweistechniken zu ihrer Beobachtung entwickelt werden. Diese nutzen überwiegend die Wechselwirkung unabgeschirmter Kerne entweder mit den Atomhüllen anderer Atome oder auch mit denen des eigenen Atoms aus. Beispiele der ersten Art sind die Ionisation von Luftmolekülen in der Nebelkammer durch Alphateilchen oder die durch radioaktive Teilchenstrahlung induzierte Lichtemission von Szintillatoren (Kap. 4). Ein Beispiel der zweiten Art ist die durch die Wechselwirkung zwischen elektrischen oder magnetischen Momenten des Kerns bewirkte Hyperfeinstruktur der Termwerte der Elektronenhülle (siehe Abschn. 2.5 und Bd. 3, Abschn. 5.6). Solche Nachweistechniken und die Interpretation der experimentellen Ergebnisse erfordern deshalb oft Kenntnisse aus der Atom- oder Festkörperphysik, die zu Beginn dieses Jahrhunderts noch nicht verfügbar waren.

Ein weiterer wichtiger Aspekt der Untersuchung von Kernen als quantenmechanische Teilchen beruht auf der Wellennatur der Materie (siehe Bd. 3, Kap. 3): Zur Untersuchung der Struktur von Atomkernen mit Hilfe von Streuexperimenten muß man Sonden verwenden, die ein genügend großes räumliches Auflösungsvermögen haben. Benutzt man Teilchen als Projektile bei der Streuung an Atomkernen, so muß deren de-Broglie-Wellenlänge klein sein gegen die Kerndimensionen, d. h. ihre kinetische Energie muß genügend groß sein. Deshalb konnte die systematische Untersuchung der Kernstruktur besonders große Fortschritte machen, nachdem außer den schnellen Teilchen, die von natürlichen radioaktiven Stoffen ausgesandt werden, intensive Teilchenströme hoher Energie aus Beschleunigern zur Verfügung standen. Solche Beschleuniger wurden aber erst in den dreißiger Jahren für mittlere Energien und nach dem zweiten Weltkrieg für hohe Energien entwickelt. Dies ist ein weiterer Grund für die, relativ zur Atomphysik, späte Entwicklung der Kernphysik.

Die Physik der Elementarteilchen hat durch die Entwicklung gigantischer Beschleuniger und komplexer Detektortechnologie, aber auch durch neue Ideen der Theoretiker sehr große Fortschritte gemacht, und die experimentellen und theoretischen Erfolge der letzten Jahre haben uns dem Ziele einer einheitlichen Theorie näher gebracht.

Das Gebiet der Elementarteilchenphysik ist nicht nur vorstellungsmäßig, sondern auch in seiner mathematischen Behandlung sehr schwierig. Wir werden es hier deshalb nur auf einer elementaren Ebene behandeln, wobei jedoch die physikalischen Konzepte und die daraus gezogenen Schlußfolgerungen deutlich gemacht werden sollen.

Im Gegensatz zur Kernphysik ist die ***Astronomie***, d. h. die Beobachtung von Sternen und Planeten, die genaue Bestimmung ihrer Orte an der Himmelssphäre und ihrer Bewegung im Laufe eines Jahres eine sehr alte Wissenschaft. Schon die Babylonier, die Ägypter und die Chinesen führten bereits mehrere tausend Jahre vor Christus solche Beobachtungen durch, fertigten Sternkarten und Planetentafeln an und gaben den Himmelskörpern Namen.

Die ***Astrophysik***, welche den Aufbau und die Entwicklung von Sternen zu verstehen versucht, entwickelte sich jedoch erst in den letzten zwei Jahrhunderten. Der rasante Fortschritt der Erkenntnisse auf diesem Gebiet hat mehrere Ursachen: Zum einen sind die Beobachtungsgeräte und -techniken in unserem Jahrhundert wesentlich verbessert worden, und die Beobachtung mit Satelliten außerhalb der Erdatmosphäre hat uns die Möglichkeit gegeben, Strahlung in Spektralbereichen (Infrarot, Ultraviolett, Gammabereich) zu untersuchen, die von der Erdatmosphäre nicht durchgelassen wird und deshalb durch erdgebundene Beobachtung nicht erfaßt wird.

Einen wesentlichen Anteil an den Erkenntnissen hat jedoch die Entwicklung in der Kern- und Teilchenphysik. Sie hat das Verständnis der Energieproduktion in Sternen ermöglicht und genauere kosmologische Modelle für die Entwicklung unseres Universums erst hervorgebracht.

Deshalb hängt die Behandlung vieler astrophysikalischer Probleme eng mit der Kern- und Teilchenphysik zusammen und paßt damit gut in den Rahmen dieses Bandes.

1.2 Historische Entwicklung der Kern- und Elementarteilchenphysik

Die quantitative Kernphysik zu Anfang dieses Jahrhunderts begann mit den Rutherfordschen Streuversuchen (Bd. 3, Abschn. 2.8), durch die zum ersten Mal experimentell gezeigt wurde, daß Atome aus einem positiv geladenen Kern bestehen, der fast die gesamte Masse

Abb. 1.1. *Antoine Henri Becquerel.* Aus E. Bagge: Die Nobelpreisträger der Physik (Heinz-Moos-Verlag, München 1964)

Abb. 1.3. *Lord Ernest Rutherford.* Aus St. Weinberg: *Teile des Unteilbaren* (Spektrum, Heidelberg 1990)

des Atoms enthält, aber nur ein sehr kleines Volumen einnimmt, und aus einer negativ geladenen Elektronenhülle, deren räumliche Verteilung das wesentlich größere Atomvolumen bestimmt.

Abb. 1.2. Das Ehepaar *Marie Skłodowska-Curie* und *Pierre Curie.* Aus E. Bagge: *Die Nobelpreisträger der Physik* (Heinz-Moos-Verlag, München 1964)

Signale von Atomkernen in Form radioaktiver Strahlung wurden zwar bereits 1896 von *Antoine Henri Becquerel* (1852–1908) gefunden (Abb. 1.1), der feststellte, daß von Uranerzen ausgehende „Strahlen" Photoplatten schwärzen, aber noch nichts von der Existenz der Atomkerne wußte. Systematische Untersuchungen durch *Marie Skłodowska-Curie* (1867–1934) und *Pierre Curie* (1859–1906) (Abb. 1.2) führten 1898 zur Entdeckung zweier neuer besonders intensiv strahlender chemischer Elemente, des Poloniums und des Radiums (Nobelpreis 1903). *Lord Ernest Rutherford* (1871–1937, Abb. 1.3) und *Frederick Soddy* (1877–1956) konnten in den Jahren 1902–1909 zeigen, daß es drei Arten radioaktiver Strahlen gab, die als α-, β- und γ-Strahlen bezeichnet wurden.

Alle diese Untersuchungen trugen dazu bei, eine Vielzahl von Fakten über radioaktive Strahlung zu sammeln, die sich später als sehr nützlich erweisen sollten. Ein wirkliches Verständnis der Radioaktivität wurde jedoch erst erreicht, nachdem *Rutherford* 1911 zur Erklärung seiner Streuversuche mit α-Teilchen an Goldfolien sein Atommodell aufstellte, das auch heute noch in seinen wesentlichen Aussagen Gültigkeit hat. Diesen Zeitpunkt kann man als die Geburtsstunde der Kernphysik ansehen, weil hier bereits quantitative Vorstellungen über die Größe der Kerne, ihre Massendichte und ihre Ladung entwickelt wurden. *Rutherford* und *Geiger* fanden dann 1912 auch, daß α-Strahlen aus zweifach positiv geladenen Heliumkernen bestehen, die man nicht nur aus radioaktiven schweren Kernen erhalten, sondern auch in einer Helium-Gasentladung erzeugen kann. *Sir Joseph John Thomson* (1856–1940) entdeckte 1911 mit Hilfe der Massenspektroskopie (Bd. 3, Abschn. 2.7), daß es chemische Elemente gibt, die bei gleicher Elektronenzahl (und damit gleicher chemischer Beschaffenheit) in mehreren Komponenten mit unterschiedlichen Kernmassen existieren (Isotope). *Francis William Aston* (1877–1945) konnte dann 1919 mit seinem verbesserten Massenspektrographen zeigen, daß fast alle Elemente im Periodensystem mehrere Isotope besitzen.

Die Zeit von 1919–1939 zwischen den beiden Weltkriegen brachte eine Fülle neuer Entdeckungen und Erkenntnisse in der Kernphysik, von denen hier nur einige erwähnt werden können:

Nach dem ersten Nachweis einer künstlichen Kernumwandlung bei Beschuß von Stickstoff-Kernen mit α-Teilchen durch *Rutherford* 1919 konnte *Patrick Maynard Blackett* (1897–1974) 1924 solche Kernreaktionen in der von *Charles Thomson Rees Wilson* (1869–1959) 1911 entwickelten Nebelkammer auch sichtbar machen (Bd. 3, Abb. 2.18). Damit konnte zum ersten Mal der alte Traum der Alchimisten, aus unedleren Stoffen Gold herzustellen, realisiert werden, allerdings mit einem Aufwand, der den Preis des so erzeugten Goldes um viele Größenordnungen über den des natürlich gewonnenen Goldes brachte.

Aus der Analyse von Energiebilanzen bei beobachteten Kernreaktionen schloß *Rutherford* 1924 auf die große Bindungsenergie der Kerne und die Existenz starker Kernkräfte. Als *Sir James Chadwick* (1891–1974) 1932 bei der Untersuchung von Kernreaktionen mit einer Ionisationskammer das Neutron entdeckte (das *Rutherford* bereits 15 Jahre vorher postuliert hatte), konnten realistische Kernmodelle entwickelt werden, nach denen die Kerne aus Protonen und Neutronen aufgebaut waren. Analog zur Anregung einzelner Elektronen in der Elektronenhülle des Atoms können auch Protonen oder Neutronen im Kern in höhere Energieniveaus angeregt werden. Solche angeregten Kerne sind die Quelle für die Emission der Kern-Gamma-Strahlung. Auch heute noch befaßt sich ein großer Teil kernphysikalischer Experimente mit der genauen Charakterisierung angeregter Kernzustände.

Jetzt konnte auch die Emission von Elektronen aus dem Kern (β-Strahlung) erklärt werden. Die Elektronen entstehen bei der Umwandlung eines Neutrons in ein Proton (siehe Kap. 3).

Die Entdeckung der Kernspaltung durch *Otto Hahn* (Abb. 1.4) (1979–1968) und *Fritz Straßmann* (1902–1980) 1939 löste eine sehr aktive Forschungstätigkeit auf diesem Gebiet aus, weil man sich der Bedeutung dieser Entdeckung bald bewußt war. Noch im gleichen Jahr lieferten *Lise Meitner* (1878–1968) und *Otto Robert Frisch* eine Erklärung der Kernspaltung mit Hilfe eines hydrodynamischen Kernmodells, *Frédéric* (1900–1958) und *Irène* (1897–1956) *Joliot-Curie* konnten die Spaltneutronen experimentell nach-

Abb. 1.4. *Otto Hahn* (*rechts*) und *Fritz Strassmann* im Jahre 1962 im Deutschen Museum am ehemaligen Arbeitstisch, an dem sie 1939 die Kernspaltung entdeckten. Aus D. Hahn: *Otto Hahn* (List, München 1979)

weisen, und *Roberts* et al. entdeckten die von den Spaltprodukten emittierten verzögerten Neutronen, die für eine Steuerung von Kernreaktoren große Bedeutung haben.

Wichtige historische Marksteine in der Entwicklung der Elementarteilchenphysik sind die Entdeckung des Positrons durch *Carl David Anderson* 1932 (Abb. 1.5), die Postulierung des Neutrinos (das experimentell erst 1952 nachgewiesen wurde!) durch *Wolfgang Pauli* 1930 (siehe Bd. 3, Abb. 6.5) zur Erklärung des kontinuierlichen Spektrums beim β-Zerfall, die Entdeckung des Myons 1937 und des π-Mesons 1947 in der Höhenstrahlung und des Antiprotons 1955 in Beschleuniger-Experimenten.

Für das Verständnis von Symmetrieprinzipien und Eigenschaften der schwachen Wechselwirkung war der experimentelle Nachweis der kurz zuvor theoretisch postulierten Paritätsverletzung beim β-Zerfall durch *Wu* et al. 1957 und ihre theoretische Erklärung durch *Lee* und *Yang* (Abb. 1.6) von großer Bedeutung.

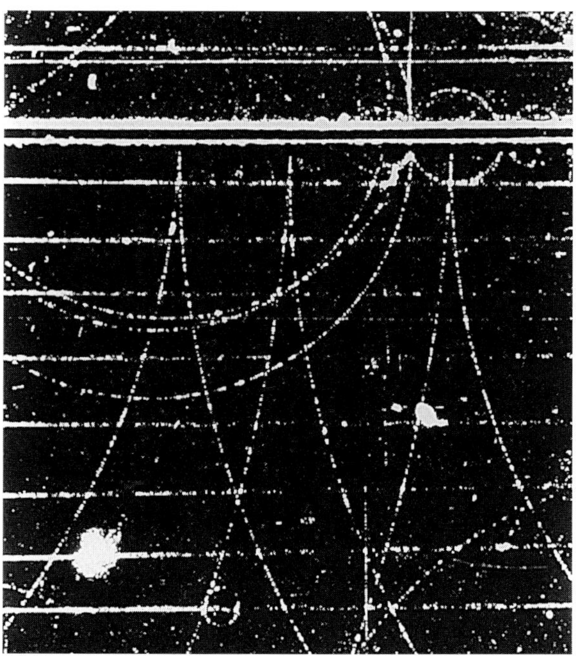

Abb. 1.5. Nebelkammeraufnahme der Entstehung von drei Elektron-Positron-Paaren, die durch von oben einfallende Gammaquanten in einer Bleiplatte erzeugt und in einem Magnetfeld in entgegengesetzte Richtungen abgelenkt werden (Lawrence Radiation Laboratory, Berkeley). Aus M.R. Wehr, J.A. Richards: *Physics of the Atom* (Addison-Wesley, New York 1984)

Abb. 1.6. *Tsung Doa Lee* (*links*) und *Chen Ning Yang*. Nobelpreis 1957

Die Entwicklung des *Weinberg-Salam-Modells*, einer Vereinigung der elektromagnetischen und schwachen Wechselwirkung (elektroschwache Eichfeldtheorie), 1967 und die Aufstellung der Quark-Hypothese durch *Gell-Mann* und *Zweig* 1969 haben unser heutiges Verständnis der Elementarteilchen und ihrer Wechselwirkung ganz wesentlich gefördert. Danach gibt es zwei Arten von Fermionen (Teilchen mit halbzahligen Spin): Quarks und Leptonen. Die Wechselwirkung zwischen den Fermionen wird durch Austausch von Bosonen (Teilchen mit ganzzahligem Spin) bewirkt. Der 1973 erfolgte experimentelle Nachweis „neutraler Ströme" bei der schwachen Wechselwirkung und die Entdeckung der W- und Z-Bosonen 1983 am europäischen Hochenergiebeschleuniger CERN bei Genf haben dann wichtige Aussagen der Weinberg-Salam-Theorie bestätigt. Der experimentelle Beweis, daß es nur drei Leptonen-Familien gibt, der 1989 am CERN und in Stanford gelang, beschränkt die mögliche Zahl der Elementarteilchen und ist deshalb ein wichtiger Schritt auf dem Wege zu einer einheitlichen Theorie der Teilchen und ihrer Wechselwirkungen.

Bis zu einer *Grand Unification Theory* (GUT) aller Wechselwirkungen, dem großen Traum der Physiker, ist es allerdings noch ein weiter Weg. Mit Hilfe der neuen, zum Teil noch in Bau befindlichen großen Teilchenbeschleuniger hofft man, wenigstens einen Teil der noch offenen Fragen beantworten zu können, und man kann gespannt sein auf die wissenschaftlichen Ergebnisse der nächsten Jahre.

1.3 Bedeutung der Kern-, Elementarteilchen- und Astrophysik; offene Fragen

Menschen haben immer wieder versucht, die Grenzen ihrer Erkenntnis zu erweitern, um zu erfahren, was hinter dem Horizont des bisherigen Wissens liegt. Die Kern- und Teilchenphysik ist ein eindrucksvolles Beispiel dafür, wie diese Grenzen, Materie und Raum zu begreifen, in den subatomaren Bereich in Dimensionen, die kleiner als der Durchmesser der Atomkerne sind, vorgeschoben werden konnten, während die Astrophysik versucht, Informationen über sehr weit entfernte Objekte zu erhalten und unser Verständnis des Universums, in dem wir leben, bis „an den Rand der Welt" auszudehnen.

Bei der Entwicklung von Modellen der Elementarteilchen stößt man auf das folgende Paradoxon: Wenn die Elementarteilchen eine endliche räumliche Ausdehnung haben, sollten sie im Prinzip weiter teilbar sein. Sind sie hingegen punktförmig, fällt es schwer, sie als Materieteilchen anzusehen. Man sieht, daß man hier ein neues Konzept für den Begriff der Materie finden muß. Wahrscheinlich spielen Symmetrien und topologische Modelle bei solchen Konzepten eine dominante Rolle.

Die Bedeutung von Kern- und Hochenergiephysik reicht deshalb über den eigentlichen physikalischen Bereich hinaus in ein Grenzgebiet zwischen Naturwissenschaft und Philosophie. Dies wird noch deutlicher, wenn wir die Bedeutung der Hochenergiephysik für das Verständnis der Entwicklung unseres Kosmos betrachten (siehe Kap. 12). Das *Urknall-Modell* und Vorstellungen über ein inflationäres Universum sowie unser heutiges Wissen über die Entstehung der chemischen Elemente basieren ganz wesentlich auf Erkenntnissen der Kern- und Elementarteilchenphysik.

Die Kernphysik galt lange als reine Grundlagenwissenschaft. Spätestens seit der Entwicklung von Atombomben ist jedermann klar geworden, welchen großen Einfluß die Anwendungen der Kernphysik auf unser Leben haben: Dieser Einfluß macht sich glücklicherweise nicht nur über die politische Bedeutung der Kernwaffen bemerkbar, sondern zeigt sich vor allem in vielen friedlichen Anwendungen, die für die Menschheit von großer Bedeutung sind. Beispiele sind die Verwendung radioaktiver Isotope in der Medizin, Biologie und Technik, die friedliche Nutzung der Kernenergie in Kernreaktoren und vielleicht in nicht zu ferner Zukunft auch die Realisierung der kontrollierten Kernfusion. Für die Hydrologie hat die Verfolgung unterirdischer Wasserläufe und der Verteilung des Grundwassers mit Hilfe von Tritium als Tracerelement neue Erkenntnisse über notwendige Maßnahmen zum Gewässerschutz gebracht. Radioaktive Datierungsmethoden werden heute routinemäßig zur Bestimmung des Alters von Gesteinen, von Fossilien und von Objekten der Archäologie eingesetzt. Eine ausführliche Darstellung verschiedener Anwendungen wird in Kap. 8 gegeben.

Die Astrophysik, die auf Erkenntnissen der Atomphysik, der Kern- und Teilchenphysik und der Astronomie aufbaut, hat an die Stelle eines statischen, zeitlich unveränderlichen Universums ein dynamisches Modell des Weltalls gesetzt, in dem Sterne entstehen, sich entwickeln und nach einem langen Leben als Energiespender wieder sterben. Sie hat daher unser Verständnis des Kosmos wesentlich erweitert. Die Fragen nach dem Beginn des Weltalls, nach seinem Alter und seinem zukünftigen Schicksal werfen prinzipielle philosophische Probleme auf, die auch das Selbstverständnis des Menschen in diesem Universum, die Frage nach seiner Entwicklung, seiner Einmaligkeit oder Bedeutungslosigkeit berühren.

Außer diesem erkenntnistheoretischen Aspekt gibt es auch praktische, für das Leben der Menschheit essentielle Probleme, die durch die Astrophysik tangiert werden. So hat z.B. das Studium der Planetenatmosphären von Venus und Mars Hinweise darauf gegeben, wie unsere Erdatmosphäre entstanden ist, wie gering ihre Stabilität gegen kleine Änderungen von Temperatur oder Gaszusammensetzung sein kann und wie störanfällig deshalb ihr Gleichgewicht ist.

1.4 Überblick über das Konzept des Lehrbuches

Dieses Lehrbuch möchte deutlich machen, wie unsere heutige Vorstellung über die Struktur der Materie im subatomaren Bereich und in kosmischen Dimensionen aussieht und durch welche experimentellen Ergebnisse sie entstanden ist. Auch hier soll, wie bereits in den vorangegangenen Bänden, illustriert werden, daß erst die Zusammenarbeit von Experimentatoren und Theoretikern zu einem in sich konsistenten und mit experimentellen Fakten übereinstimmenden Modell der Wirklichkeit führt.

Deshalb werden zuerst in den Kap. 2 und 3 die wichtigsten Eigenschaften stabiler und instabiler Kerne behandelt und die verschiedenen Erscheinungsformen der Radioaktivität diskutiert, die ja historisch die ersten Indikatoren für Kernprozesse darstellten, auch wenn das den Entdeckern damals noch nicht klar war. In Kap. 4 werden dann die experimentellen Instrumente der Kern- und Teilchenphysik, wie Beschleuniger und Detektoren vorgestellt, sowie die wichtigsten experimentellen Techniken, nämlich Streuexperimente und Kernspektroskopie erläutert.

Die Ergebnisse solcher Experimente führen dann zu den in Kap. 5 diskutierten Kernmodellen.

Völlig analog zu chemischen Reaktionen, die auf Zusammenstößen von Atomen und Molekülen beruhen, können Kernreaktionen beim Zusammenstoß von Kernen mit anderen Kernen oder Teilchen (Protonen, Neutronen, Photonen, Elektronen, etc.) induziert werden, wobei neue Kerne entstehen, die im allgemeinen instabil sind und durch Energieabgabe in stabile Kerne übergehen können. Solche Kernreaktionen und insbesondere die für die Energieerzeugung wichtigsten Kernprozesse, wie z. B. Kernspaltung und Kernfusion, werden in Kap. 6 und 8 vorgestellt.

Kapitel 7 gibt eine komprimierte Darstellung unserer heutigen Vorstellungen über die elementaren Teilchen, die Quarks und Leptonen, ihre Wechselwirkungen und Modelle zu ihrer Beschreibung. Die wichtigsten Experimente, die zu diesen Ergebnissen führten, werden kurz diskutiert.

Um die praktische Bedeutung der Kern- und Hochenergiephysik zu illustrieren, werden in Kap. 8 einige Anwendungen in Medizin, Biologie, Umweltforschung und Energieerzeugung behandelt.

Die Kap. 9–12 sind dann der Astrophysik gewidmet. Auch hier werden zuerst die experimentellen Geräte und Beobachtungsverfahren erläutert mit denen die in Kap. 10 vorgestellten Erkenntnisse über unser Sonnensystem gewonnen wurden. Am Beispiel der Sonne, unseres nächsten Sterns, wollen wir den Aufbau, die Energieerzeugung und den Energietransport an die Oberfläche diskutieren. Da die Sonne wegen ihrer Nähe natürlich der am besten untersuchte Stern ist, kann man hier auch feinere Details der Dynamik eines Sterns, wie Granulen, Sonnenflecken, Protuberanzen als zeitveränderliche Phänomene beobachten und zu deuten versuchen.

Um zeitliche Entwicklungen von Sternen über Zeiträume von Millionen bis Milliarden Jahren zu erkennen, braucht man Beobachtungsmaterial von vielen Sternen in den verschiedenen Entwicklungsstufen. Die Sterne unserer Milchstraße liefern eine Fülle solcher Informationen und haben schließlich zu Modellen über Geburt, Leben und Tod von Sternen geführt, die in Kap. 11 behandelt werden.

Die heutigen Vorstellungen über die Entwicklung unseres Universums basieren auf einer großen Vielfalt experimenteller Beobachtungen, bleiben zum Teil aber immer noch spekulativ. Obwohl es inzwischen ein sogenanntes ***Standardmodell*** der Kosmologie gibt, nach dem das Universum aus einem extrem heißen „Feuerball“ vor etwa 15 Milliarden Jahren entstanden ist (***Urknall-Hypothese***), können bis heute nicht alle Beobachtungen durch dieses Modell befriedigend erklärt werden.

Solche Fragen und Probleme der Kosmologie werden im letzten Kapitel behandelt, in dem dann zum Abschluß nach einmal unsere „nähere Umgebung“, das Planetensystem, betrachtet wird, über das es sowohl durch erdgebundene Beobachtungen als auch mit Hilfe von Raumsonden eine große Fülle detaillierter Beobachtungen gibt. Sie alle tragen dazu bei, Modelle zur Entstehung unseres Sonnensystems zu prüfen und zu verfeinern. Sie erlauben uns auch, zusammen mit geologischen und archäologischen Untersuchungen ein Bild über die Entstehung unseres Heimatplaneten, der Erde, zu gewinnen und vielleicht auch zu verstehen, wie das Leben auf der Erde entstanden sein könnte.

2. Aufbau der Atomkerne

Bevor wir in Kap. 4 die in der Kern- und Hochenergiephysik verwendeten Geräte und experimentellen Methoden ausführlich diskutieren, wollen wir die grundlegenden Ergebnisse der bisher durchgeführten Experimente und die daraus resultierenden Vorstellungen über den Aufbau der Kerne und die elementaren Bausteine der Materie kurz behandeln. Dadurch können experimentelle Details und die Zielsetzung der Experimente besser verstanden werden.

2.1 Untersuchungsmethoden

Wie in der gesamten Mikrophysik sind auch in Kern- und Elementarteilchenphysik die beiden wesentlichen Untersuchungsmethoden ***Streumessungen*** und ***Spektroskopie***. Unsere Kenntnisse über die Kernstruktur und die verschiedenen Wechselwirkungen basieren entweder auf der elastischen, inelastischen oder reaktiven Streuung von Kernen oder Elementarteilchen bei Zusammenstößen von Teilchen oder auf spektroskopischen Messungen der Energieterme stationärer Kernzustände sowie der Intensitäten, der Polarisation und der Winkelverteilung von Strahlung, die bei Übergängen zwischen diesen Energietermen ausgesandt wird.

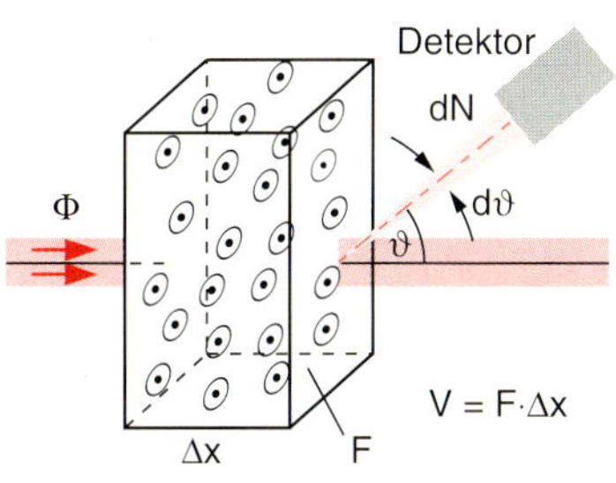

Abb. 2.1. Prinzip der Messung differentieller Streuquerschnitte

Bei allen Streuversuchen wird ein kollimierter Strahl von Teilchen der Energie $E_0 = mv_0^2/2$ mit der Flußdichte $\Phi = N \cdot v_0/(F \cdot \Delta x)$ auf die zu untersuchenden ***Target***-Kerne mit der Dichte n_T in einem definierten Target-Volumen $V = F \cdot \Delta x$ mit Querschnittsfläche F und Dicke Δx geschossen (Abb. 2.1).

Bei der ***elastischen Streuung*** wird der Bruchteil

$$\frac{\Delta N}{N} = f(\vartheta, E_0)\,\Delta\Omega \tag{2.1}$$

mit

$$f(\vartheta, E_0) = \frac{n_\mathrm{T}}{F} \cdot V \cdot \frac{\mathrm{d}\sigma}{\mathrm{d}\Omega}(\vartheta, E_0)$$

der einfallenden Teilchen gemessen, der unter einem Winkel ϑ in den Raumwinkel $\Delta\Omega$ von den Targetkernen abgelenkt wird. Der differentielle Streuquerschnitt $(\mathrm{d}\sigma/\mathrm{d}\Omega)\,\Delta\Omega$ gibt dann den Beitrag *eines* Targetkerns zur Streuung um den Winkel ϑ in den Raumwinkel $\Delta\Omega$ an. Er hängt außer vom untersuchten Target auch von der Einfallsenergie E_0 der auf das Target treffenden Teilchen ab. Bei den Messungen wird entweder der gemessene Ablenkwinkel ϑ, die Energie E_0 der einfallenden Teilchen oder auch beides variiert.

Als einfallende Teilchen können verwendet werden:

- Elektronen, die mit dem Kern nur über elektromagnetische und schwache Kräfte wechselwirken;
- Neutronen, die nur starke Wechselwirkung spüren;
- geladene schwere Teilchen wie Protonen oder α-Teilchen, die sowohl durch die starke als auch durch die elektromagnetische Wechselwirkung beeinflußt werden.

Bei der ***inelastischen Streuung***, bei der ein Teil der kinetischen Energie der Stoßpartner in innere Energie umgewandelt wird, kann zusätzlich noch der Energieverlust des gestreuten Teilchens oder die entsprechende Anregungsenergie des Targetkerns bestimmt werden.

Bei der ***reaktiven Streuung*** bleibt die Identität von gestreutem Teilchen oder Target nicht erhalten. Entweder wird der Targetkern in einen anderen Kern umgewandelt (*künstliche Kernumwandlung*), oder es können ganz neue Teilchen erzeugt werden, wenn die Energie der Stoßpartner dazu ausreicht. Dieser letzte Prozeß wird in der Hochenergiephysik auch *tief-inelastische Streuung* genannt.

Die ***spektroskopischen Methoden*** verwenden:

- Messungen der Energieterme der Elektronenhülle. Gegenüber den Termwerten im Coulombfeld einer Punktladung verschieben sich die Energieterme der Hüllenelektronen, wenn der Kern ein elektrisches Quadrupolmoment oder ein magnetisches Dipolmoment hat (*Hyperfeinstruktur*, siehe Bd. 3, Abschn. 5.6).
- Messungen der Termdifferenzen in „exotischen Atomen", bei denen ein Elektron der Hülle durch ein Myon μ^- oder ein anderes schweres, negativ geladenes Teilchen (π^--Meson, K^--Meson) ersetzt ist, dessen Bohrscher Bahnradius für das Myon um den Faktor $m_\mu/m_e \approx 200$ mal kleiner ist als in normalen Atomen. Das Myon hält sich daher sehr nahe am Kern auf, bei schweren Kernen sogar überwiegend innerhalb des Kerns, und seine Energieterme sind deshalb sehr stark von der Ladungsverteilung im Kern abhängig (siehe Bd. 3, Abschn. 6.7).
- Messung der Photonenenergie $h \cdot \nu$ elektromagnetischer Strahlung, die von angeregten Kernniveaus emittiert wird (γ-Strahlung, Abb. 2.2a).
- Messung der Energieverteilung von Teilchen, die von instabilen Kernen emittiert werden (z. B. Elektronen oder α-Strahlung, Abb. 2.2b).

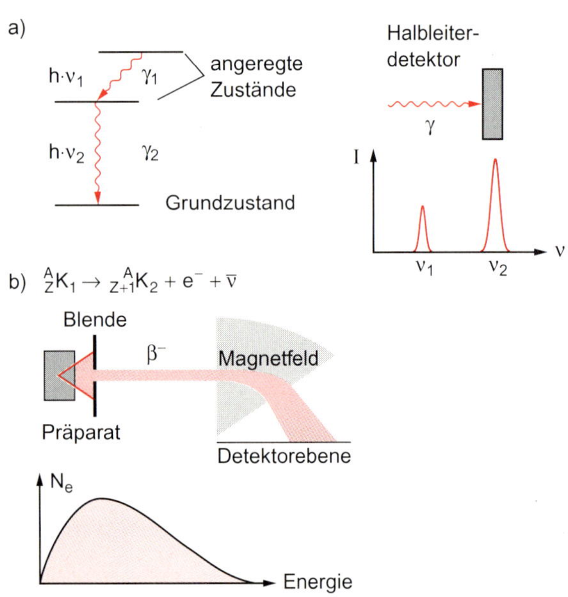

Abb. 2.2a,b. Spektroskopie von Energiezuständen im Kern (**a**) durch Messung der Photonenenergie der emittierten γ-Strahlung; (**b**) durch Messung der Energieverteilung von Elektronen bei der β^--Emission radioaktiver Kerne

Alle diese Methoden liefern komplementäre Informationen über Kernstruktur, Anregungsenergien und charakteristische Eigenschaften der den Kern bildenden elementaren Teilchen, wie weiter unten im Detail diskutiert werden soll. Man findet eine genaue Darstellung vieler solcher historischer Experimente in dem sehr empfehlenswerten Buch von *Bodenstedt* [2.1] oder in [2.2].

2.2 Ladung, Größe und Masse der Kerne

Die ***Ladung*** der Atomkerne konnte bereits aus den Rutherfordschen Streuversuchen (siehe Bd. 3, Abschn. 2.8) abgeschätzt werden. Aus der Messung des differentiellen Wirkungsquerschnitts

$$\left(\frac{d\sigma}{d\Omega}\right)_\vartheta = \left(\frac{Z_1 \cdot Z_2 \cdot e^2}{4\pi\varepsilon_0 \cdot 4E_0}\right)^2 \frac{1}{\sin^4 \vartheta/2} \qquad (2.2)$$

für die elastische Streuung von Teilchen der Energie E_0 und der Ladung $Z_2 \cdot e$ im Coulombfeld des Kerns mit der Ladung $Z_1 \cdot e$ kann die Ladung des Kerns erhalten werden.

Eine wesentlich genauere Bestimmung der Kernladung wurde möglich durch systematische Messungen der Frequenzen der Röntgen-K_α-Linien, die ab 1913 von *Moseley* im Labor von *Rutherford* für viele chemische Elemente durchgeführt wurden. Wie in Bd. 3, Abschn. 7.6 gezeigt, gilt das ***Moseleysche Gesetz***

$$\bar{\nu} = Ry\,(Z-S)^2(1/n_1^2 - 1/n_2^2) \qquad (2.3)$$

für die Wellenzahl $\overline{\nu} = 1/\lambda$ von Röntgenübergängen zwischen atomaren Niveaus mit den Hauptquantenzahlen n_1 und n_2, die erfolgen, wenn z. B. durch Elektronenstoß ein Elektron aus der unteren Schale entfernt wurde. Ry ist die Rydberg-Konstante. Die effektive Kernladung $(Z-S)\,e$ wird durch den Abschirmungsfaktor S der inneren Elektronen bestimmt (siehe Bd. 3, Abschn. 6.1). Bei Übergängen in den $1s$-Zustand mit $n_1 = 1$ ist die durch das verbleibende $1s$-Elektron abgeschirmte effektive Kernladung in guter Näherung $(Z-1)\,e$, d. h. $S \approx 1$.

Auch über die ***Größe*** der Kerne konnte bereits *Rutherford* auf Grund von Streuversuchen Abschätzungen machen [2.3]. Er nahm an, daß die bei großen Streuwinkeln beobachtete Abweichung der Winkelverteilung $N(\vartheta)$ der gestreuten α-Teilchen von dem bei reiner Coulomb-Abstoßung erwarteten differentiellen Wirkungsquerschnitt (2.2) auf den Einfluß kurzreichweitiger, anziehender Kernkräfte zurückzuführen sei. Allerdings konnte er dies wegen der beschränkten kinetischen Energie von α-Teilchen aus radioaktiven Quellen nur für leichte Kerne untersuchen. Spätere, genauere Messungen von *Wegener* und Mitarbeitern [2.4] an schweren Kernen benutzten 40-MeV-α-Teilchen aus Beschleunigern.

Solange das Coulomb-Gesetz gilt, erhält man bei der kleinsten Entfernung δ des Projektils vom Zentrum des streuenden Kerns für kinetische Energie und Drehimpuls die Relationen

$$\frac{mv^2}{2} = \frac{mv_0^2}{2} - \frac{Z_1 Z_2 e^2}{4\pi\varepsilon_0 \cdot \delta} \quad \text{(Energiesatz)}, \qquad (2.4a)$$

$$m \cdot v \cdot \delta = m \cdot v_0 \cdot b \quad \text{(Drehimpulserhaltungssatz)}, \qquad (2.4b)$$

wobei b der Stoßparameter des einfallenden Teilchens ist (Abb. 2.3). Beim zentralen Stoß ($b = 0$) läßt sich der kleinste Abstand δ_0, bei dem dann $v = 0$ wird, sofort

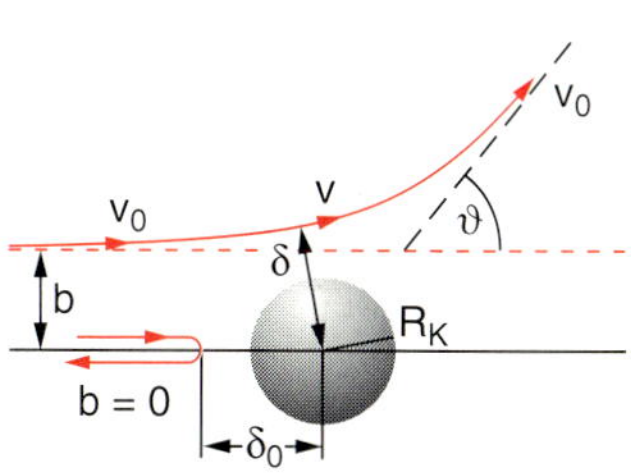

Abb. 2.3. Zur Herleitung von (2.6)

aus der Gleichung

$$\frac{m}{2} v_0^2 = \frac{Z_1 Z_2 e^2}{4\pi\varepsilon_0\delta_0} \qquad (2.4c)$$

bestimmen. Setzt man (2.4c) in (2.4a) ein, so erhält man für den allgemeinen Fall $b \neq 0$

$$mv^2 = mv_0^2(1 - \delta_0/\delta)$$

und durch Quadrieren von (2.4b):

$$m^2 v_0^2 b^2 = m^2 v^2 \delta = m^2 v_0^2 \delta^2 (1 - \delta_0/\delta)\,. \qquad (2.4d)$$

Daraus folgt der Zusammenhang zwischen Stoßparameter b und kleinstem Abstand δ:

$$b^2 = \delta^2 - \delta\delta_0\,. \qquad (2.5)$$

In Bd. 3, Abschn. 2.8.5 hatten wir für die Streuung in einem Coulomb-Potential die Relation

$$b = \frac{Z_1 Z_2 e^2}{4\pi\varepsilon_0 \cdot mv_0^2} \cot(\vartheta/2) = \frac{\delta_0}{2} \cot(\vartheta/2)$$

zwischen Stoßparameter b und Ablenkwinkel ϑ hergeleitet. Setzt man dies in (2.5) ein, so ergibt sich schließlich für den kleinsten Abstand derjenigen Teilchen, die um den Winkel ϑ abgelenkt werden:

$$\delta = \frac{\delta_0}{2}\left[1 + \frac{1}{\sin(\vartheta/2)}\right]. \qquad (2.6)$$

Unter Streubedingungen, bei denen minimale Abstände $\delta \leq \delta_\text{k}$ erreicht werden, beobachtet man eine Abweichung der Streuverteilung von (2.2). Man kann diesen kritischen Abstand δ_k als die Reichweite der Kernkräfte interpretieren und in einem ersten groben Modell δ_k gleich dem Kernradius R_K setzen.

Bei fester Einschußenergie E_0 der α-Teilchen wird man also solche Abweichungen beobachten für Streuwinkel $\vartheta \geq \vartheta_\text{k}$, bei denen $\delta(\vartheta) \leq R_\text{K}$ wird (Abb. 2.4), während bei festem Streuwinkel ϑ diese Abweichung für Energien E oberhalb einer kritischen Energie E_k auftreten, für die $\delta(E) \leq R_\text{K}$ wird (Abb. 2.5).

Die Auswertung solcher Streumessungen, die 1920 für eine Reihe von Elementen von *J. Chadwick*, einem Schüler *Rutherfords*, begonnen und später von vielen Experimentatoren mit größerem Aufwand und

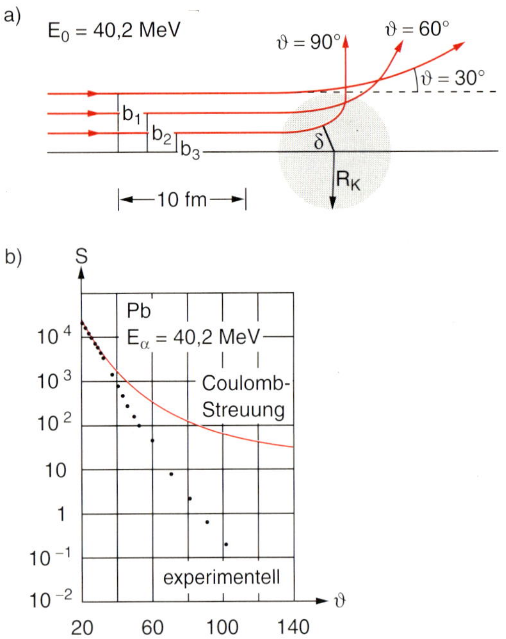

Abb. 2.4a,b. Streuung von α-Teilchen mit fester Anfangsenergie $E = 40{,}2$ MeV. (**a**) Anschauliche Darstellung der Abhängigkeit $b(\vartheta) \to \vartheta(\delta)$. (**b**) Vergleich experimenteller Streuraten S bei der Streuung von α-Teilchen an Bleikernen mit der berechneten Coulombstreuung [2.4]

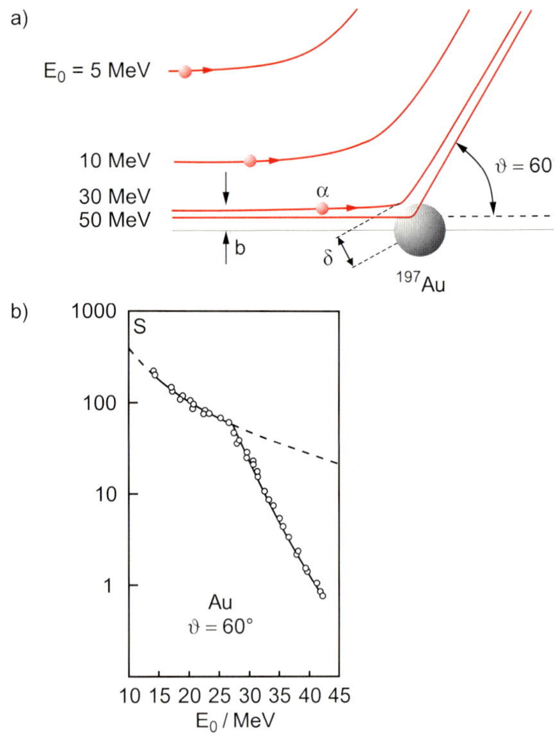

Abb. 2.5a,b. Streuung von α-Teilchen an Goldkernen bei festem Streuwinkel ϑ. (**a**) Bahn der α-Teilchen bei verschiedenen Einschußenergien; (**b**) gemessene Streurate [2.9]

höherer Genauigkeit durchgeführt wurden, ergaben Werte für die Kernradien

$$R_K \approx r_0 \cdot A^{1/3}, \tag{2.7}$$

die in erster Näherung proportional zur dritten Wurzel aus der Atommassenzahl A sind, wobei für die Konstante r_0 der Wert

$$r_0 = (1{,}3 \pm 0{,}1) \cdot 10^{-15}\,\mathrm{m}$$

gefunden wurde (Tabelle 2.1). Da die Kerndimensionen die Größenordnung 10^{-15} m haben, benutzt man in der Kernphysik häufig die Längeneinheit

$$1\,\text{Fermi} = 1\,\text{Femtometer} = 1\,\text{fm} = 10^{-15}\,\mathrm{m}\,.$$

Typische Kerndurchmesser liegen daher bei einigen Fermi und sind damit etwa 10^5 mal kleiner als die Atomdurchmesser. Das Kernvolumen ist damit 10^{15} mal kleiner als das Atomvolumen!

Tabelle 2.1. Mittlerer Radius $R_m = \sqrt{\langle r^2 \rangle}$, Halbwertsradius $R_{1/2}$, äquivalenter Kugelradius R_K und $R_K/A^{1/3}$ sowie Randschichtdicke d einiger Kerne. Alle Größen sind in $1\,\text{fm} = 10^{-15}$ m angegeben. Aus Landoldt-Börnstein: *Numerical Data and Functional Relationships in Science and Technology* – New Series: Gruppe I. Begründet von H. Landolt; R. Börnstein (Hrsg.): Bd. 2. *Kernradien*. H. Schopper (Hrsg.). R. Hofstadter und H.R. Collard, S. 30ff.

Kern	$\sqrt{\lvert r^2 \rvert}$	$R_{1/2}$	R_K	$R_K/A^{1/3}$	d
$^{1}_{1}$H	0,80	1,03	1,03	1,03	—
$^{2}_{1}$D	2,17		2,80	2,22	
$^{4}_{2}$He	1,67	1,33	2,16	1,36	1,4
$^{12}_{6}$C	2,58	2,3	3,3	1,36	1,9
$^{16}_{8}$O	2,75	2,70	3,5	1,4	1,8
$^{24}_{12}$Mg	2,98	2,85	3,8	1,33	2,6
$^{40}_{20}$Ca	3,50	3,58	4,5	1,32	2,5
$^{197}_{79}$Au	5,32	6,38	6,87	1,18	1,3

Die ***Massen der Kerne*** werden, wie in Bd. 3, Abschn. 2.7 ausführlich behandelt wurde, mit Hilfe von Massenspektrometern gemessen. Da bei dieser Methode aus dem Verhältnis e/M von Ladung und Masse bei bekannter Ladung e die Masse M^+ des einfach geladenen Ions bestimmt wird, erhält man die Kernmasse M_K aus

$$M_K = M^+ - \left[(Z-1)\,m_e - E_b^{el}/c^2\right], \tag{2.8}$$

wobei E_B^{el} die Bindungsenergie der $(Z-1)$ Elektronen des Ions ist, welche bei leichten Elementen vernachlässigt werden kann.

Die Entwicklung von hochauflösenden doppeltfokussierenden Massenspektrometern hat zu einer sehr genauen Bestimmung der Massen aller stabilen Kerne geführt.

Eine weitere Methode zur Massenbestimmung beruht auf der Messung der Absorptionsfrequenzen $\nu(J)$ von Rotationsübergängen in Molekülen zwischen den Rotationsniveaus J und $J+1$ (siehe Bd. 3, Abschn. 9.5), aus denen das Trägheitsmoment eines zweiatomigen Moleküls bezüglich einer Achse durch den Schwerpunkt gemäß der Gleichung

$$\begin{aligned}\nu(J) &= \left[E(J+1) - E(J)\right]/h \\ &= 2c\cdot\left[B_v(J+1) - D_v(J+1)^3\right]\end{aligned}$$

ermittelt werden kann. Dabei sind die Molekülkonstanten definiert als

$$B_v = \frac{h}{4\pi\mu c\langle R\rangle^2}, \quad D_v = \frac{\hbar^3}{4\pi\mu^2 c\cdot K\langle R\rangle^6},$$

$$k = \frac{\partial E_{pot}/\partial R}{R-\langle R\rangle}$$

mit der reduzierten Masse $\mu = m_1 m_2/(m_1+m_2)$, und $\langle R\rangle$ ist der über die Molekülschwingung gemittelte Kernabstand im Molekül.

Wird einer der Kerne durch ein anderes Isotop ersetzt, so ändert sich das Trägheitsmoment, aber nicht der Kernabstand R, so daß aus der Frequenzänderung des Rotationsüberganges die Massen m_1, m_2 bestimmt werden können.

Aus der Abhängigkeit $R_K \approx r_0 A^{1/3}$ des Kernradius R_K von der Massenzahl A folgt, daß die Massendichte

$$\begin{aligned}\varrho_m &= \frac{M}{V} = \frac{A}{\frac{4}{3}\pi R_K^3}\,\text{AME} \\ &= \frac{1{,}66\cdot 10^{-27}}{\frac{4}{3}\pi\cdot r_0^3}\,\text{kg}\end{aligned} \tag{2.9}$$

der Kerne näherungsweise *unabhängig von der Massenzahl A* der Atome ist und den unvorstellbar großen Wert von

$$\varrho_m \approx 10^{17}\,\text{kg/m}^3$$

hat. Ein cm^3 Kernmaterie wiegt demnach 10^8 Tonnen! Man vergleiche dies mit $1\,\text{cm}^3$ Blei, dessen Masse 11,3 g beträgt.

2.3 Massen- und Ladungsverteilung im Kern

In dem groben Kernmodell des vorigen Abschnitts wurde der Kern als homogene Kugel mit scharfem Rand angesehen, wobei der Radius R_K dieser Kugel als der größte Wert des Minimalabstands δ der Stoßpartner betrachtet wurde, bei dem eine Abweichung von der Coulombstreuung festgestellt werden konnte.

In Wirklichkeit werden jedoch die Kernkräfte trotz ihrer kleinen Reichweite nicht plötzlich auf Null absinken, d. h. der Kernrand kann nicht unendlich scharf sein, und sowohl die Massendichte $\varrho_m(r)$ als auch die Ladungsdichte ϱ_e werden im allgemeinen monoton fallende Funktionen des Abstandes r vom Kernzentrum sein.

Außerdem wird die Abweichung von der Winkelverteilung der Coulombstreuung für $\delta < R_K$ nicht nur durch den Einfluß der Kernkräfte verursacht, sondern es spielen auch Beugungseffekte bei der Beugung eines Projektils mit der de-Broglie-Wellenlänge λ am Kern mit Radius R_K eine Rolle. Um die Kernstruktur genauer abtasten zu können, braucht man Sonden mit einer de-Broglie-Wellenlänge $\lambda \ll R_K$. In diesem Fall beobachtet man auf Grund von Beugungseffekten Maxima und Minima in der gemessenen Streuverteilung $N(\vartheta)$ (Abb. 2.6). Aus der Lage und Form dieser Beugungsmaxima und -minima lassen sich Rückschlüsse auf den Potentialverlauf $V(r)$ zwischen den Stoßpartnern und damit Massen- bzw. Ladungsverteilung im

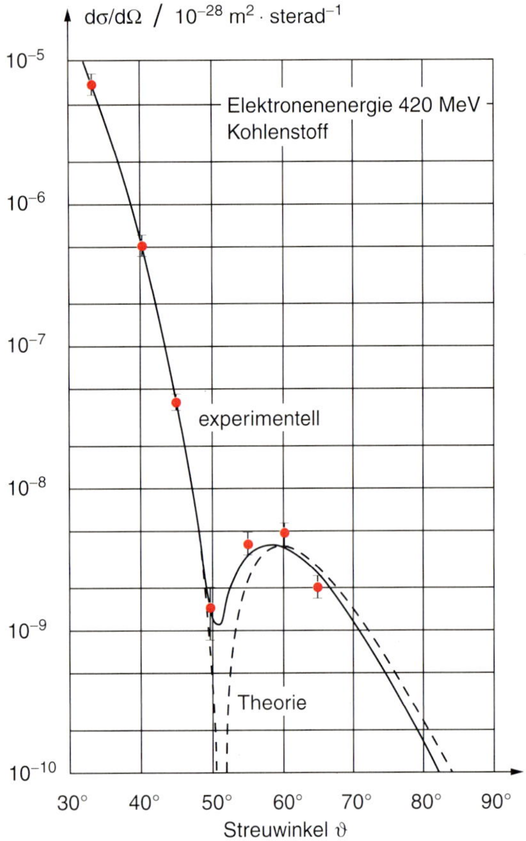

Abb. 2.6. Beugungseffekte, sichtbar in der Winkelverteilung elastisch gestreuter Elektronen an Kohlenstoffkernen durch das deutlich erkennbare Beugungsminimum [2.6]

Targetkern ziehen (siehe Abschn. 2.3.2). Da die de-Broglie-Wellenlänge

$$\lambda = \frac{h}{p} \approx \frac{h}{\sqrt{2mE_{\text{kin}}}}$$

mit zunehmender Energie E_{kin} abnimmt, müssen als Sonden Teilchen genügend hoher Energie verwendet werden.

BEISPIELE

1. α-Teilchen mit $E_{\text{kin}} = 10\,\text{MeV}$ haben eine de-Broglie-Wellenlänge $\lambda \approx 1{,}6$ Fermi.
2. Elektronen mit $E_{\text{kin}} = 500\,\text{MeV}$: $\lambda = 0{,}4$ Fermi.

Werden α-Teilchen als Projektile verwendet, so wirken sowohl Coulombkräfte als auch Kernkräfte, und die Streuverteilung hängt von Ladungs- *und* Massenverteilung ab. Bei schnellen Elektronen als Projektilen wird im wesentlichen die *Ladungsverteilung* gemessen, weil Elektronen nicht der starken Wechselwirkung unterliegen (siehe Abschn. 7.3).

Um die *Massenverteilung* ohne Beeinflussung durch die Ladungsverteilung zu bestimmen, werden schnelle Neutronen verwendet, was allerdings experimentell wesentlich schwieriger zu realisieren ist.

In jedem Fall müssen für Kernstrukturuntersuchungen *schnelle* Teilchen mit genügend hohen Energien verwendet werden, die durch Beschleuniger erreicht werden können (Kap. 4).

Wie wir schon in der Atomphysik gesehen haben, (Bd. 3, Abschn. 2.8), kann man aus Streumessungen nicht direkt das Wechselwirkungspotential, das durch die Massendichteverteilung $\varrho_{\text{m}}(r)$ und die Art der Wechselwirkungskräfte festgelegt ist, bestimmen. Um $\varrho_{\text{m}}(r)$ zu ermitteln, muß man eine Modellverteilung mit freien Parametern annehmen, aus ihr die Streuverteilung berechnen und dann die Parameter so

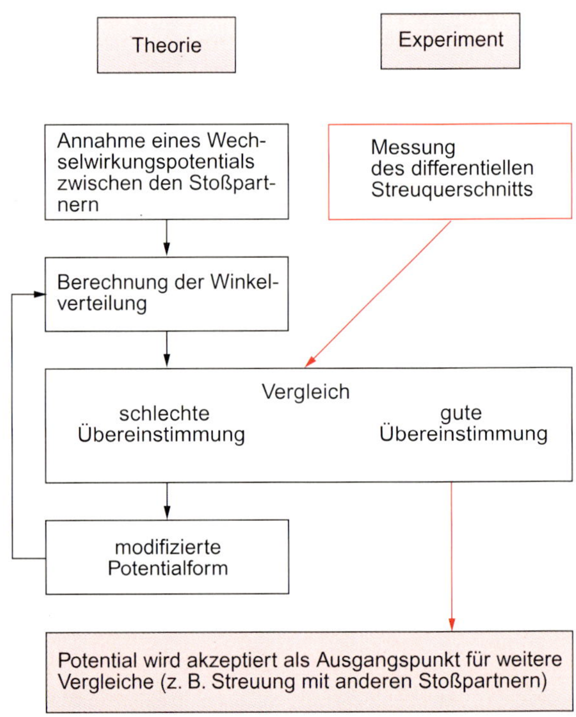

Abb. 2.7. Flußdiagramm zur Bestimmung von Wechselwirkungspotentialen aus Streumessungen. Nach T. Mayer-Kuckuk: *Kernphysik* (Teubner, Stuttgart 1995)

lange variieren, bis die gerechnete mit der gemessenen Streuverteilung übereinstimmt (Abb. 2.7).

2.3.1 Massendichteverteilung

Meistens wird für die Massendichteverteilung $\varrho(r)$ eine Fermi-Verteilung

$$\varrho(r) = \varrho_0 \cdot \frac{1}{1 + e^{(r-R_{1/2})/a}} \qquad (2.10)$$

angenommen, die für $r = R_{1/2}$ auf die halbe Dichte bei $r = 0$ abgesunken ist (Abb. 2.8). Die Größe a ist ein Maß für die Dicke der Randzone. Im Randbereich $r = R_{1/2} - 2{,}2\,a$ bis $r = R_{1/2} + 2{,}2\,a$ nimmt die Dichte von $0{,}9\varrho_0$ auf $0{,}1\varrho_0$ ab. Wir definieren diesen Bereich als ***Randschichtdicke*** $d = 4{,}4\,a$.

Aus Streumessungen läßt sich direkt nur der *mittlere* quadratische Kernradius

$$R_m^2 = \langle r^2 \rangle = \frac{1}{M_K} \int_0^\infty r^2 \cdot \varrho(r) \cdot 4\pi r^2 \, dr \qquad (2.11)$$

der Dichteverteilung $\varrho(r)$ bestimmen (siehe Tabelle 2.1).

Für eine Kugel mit Radius R_K und konstanter Massendichte ϱ wird wegen $M = 4\pi\varrho \int r^2 dr$

$$\langle r^2 \rangle = \frac{\int_0^{R_K} r^4 \, dr}{\int_0^{R_K} r^2 \, dr} = \frac{3}{5} R_K^2 \,. \qquad (2.12)$$

Beschreibt man den realen Kern näherungsweise durch eine Kugel mit konstanter Massendichte, so kann man zwei etwas unterschiedliche Radien definieren (Abb. 2.8): Entweder benutzt man die Relation (2.12) und definiert den Radius des Kern-Kugelmodells als

$$R_K = \sqrt{\tfrac{5}{3} \langle r^2 \rangle} \qquad (2.12a)$$

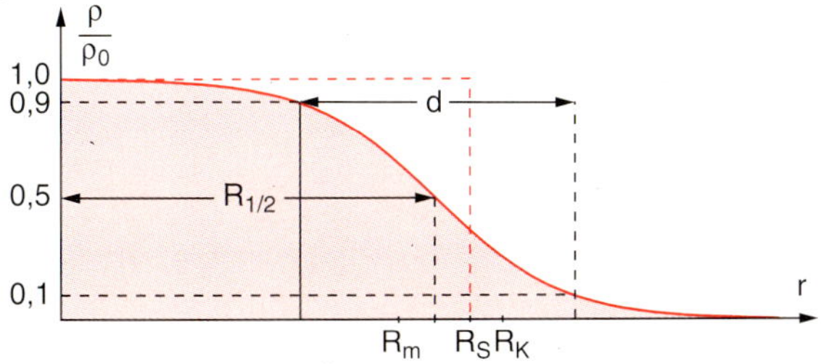

Abb. 2.8. Radiale Fermiverteilung $\varrho_m(r)$ der Massendichte im Kern

oder man nimmt den Radius R_S einer Kugel mit der konstanten Massendichte ϱ_m^0 bzw. der Ladungsdichte ϱ_e^0, der durch die Normierung

$$\tfrac{4}{3}\pi \cdot \varrho_m^0 \cdot R_S^3 = M_K \quad \text{bzw.}$$
$$\tfrac{4}{3}\pi \cdot \varrho_e^0 \cdot R_S^3 = Z \cdot e \qquad (2.12b)$$

festgelegt ist. Man nennt R_S den ***Äquivalentradius***.

Da $M_K \propto A$ ist, folgt, daß $R_S \propto A^{1/3}$ sein muß.

Mit den experimentell gefundenen Massenverteilungen lassen sich die drei verschiedenen Radien näherungsweise durch die folgenden Relationen beschreiben:

$$R_S = 1{,}13 \cdot A^{1/3}\text{fm}\,, \qquad (2.13a)$$

$$R_{1/2} = R_S - 0{,}89 \cdot A^{-1/3}\text{fm}\,, \qquad (2.13b)$$

$$R_K = R_S + 2{,}24 \cdot A^{-1/3}\text{fm}\,. \qquad (2.13c)$$

Man sieht hieraus, daß die genauen Werte der Kernradien von dem Modell abhängen, durch das die Massen- bzw. Ladungsverteilung angenähert wird.

Jedem Nukleon steht im Kern nach (2.13a) ein mittleres Volumen von $\frac{4}{3}\pi R_S^3 \approx 6\,\text{fm}^3$ zur Verfügung.

2.3.2 Ladungsverteilung im Kern

Im Gegensatz zur Massendichteverteilung $\varrho_m(r)$ läßt sich die ***Ladungsverteilung*** $\varrho_e(r)$ im Kern mit wesentlich größerer Genauigkeit bestimmen, wenn man die Streuung von schnellen Elektronen an Kernen mißt, weil hier nur die bekannte elektromagnetische Wechselwirkung eine Rolle spielt und die unbekannten Kernkräfte nicht auf die Elektronen wirken. Deshalb wird die Streuverteilung der Elektronen nur durch die Ladungsverteilung, nicht durch die Massenverteilung im Kern bestimmt.

Solche Streuversuche wurden von *Robert Hofstadter* (Abb. 2.9) und Mitarbeitern am Linearbeschleuniger in Stanford durchgeführt [2.6–2.8]. Damit die räumliche Auflösung genügend hoch ist, muß die de-Broglie-Wellenlänge λ der Elektronen klein, d. h. ihre kinetische Energie groß sein. Bei einer Energie von $E = 500\,\text{MeV}$ wird $\lambda = 0{,}4\,\text{fm}$ und damit klein gegen den Durchmesser größerer Kerne. In Abb. 2.13 weiter unten sind die gemessenen Streuquerschnitte für verschiedene Energien als Funktion des Streuwinkels aufgetragen. Man erkennt, daß mit

Abb. 2.9. *Robert Hofstadter* (1915–1990), Nobelpreis 1961. Aus E. Bagge: *Die Nobelpreisträger der Physik* (Heinz-Moos-Verlag, München 1964)

zunehmender Energie, d. h. abnehmender de-Broglie-Wellenlänge, das erste Beugungsminimum zu immer kleineren Streuwinkeln hin verschoben wird.

Wir wollen uns nun den Zusammenhang zwischen Streuverteilung $N(\vartheta)$ und Ladungsverteilung $\varrho_e(r)$ klarmachen: Die Ablenkung eines Elektrons bei Durchqueren der Ladungsverteilung $\varrho_e(r)$ hängt ab von dem bei der Streuung übertragenen Impuls

$$\Delta \boldsymbol{p} = \boldsymbol{p} - \boldsymbol{p}' .$$

Bei der elastischen Streuung ist $|\boldsymbol{p}| = |\boldsymbol{p}'|$, und man entnimmt der Abb. 2.10 die Relation

$$\sin \vartheta/2 = \frac{1}{2}\frac{\Delta p}{p} = \frac{\Delta p}{2mv} . \qquad (2.14)$$

Setzt man dies in (2.2) ein, so erhält man wegen $E_0 = p^2/2m$ die Rutherfordsche Streuformel für die Streuung an einer Punktladung (*Coulomb-Streuung*) in der Form

$$\left(\frac{\mathrm{d}\sigma}{\mathrm{d}\Omega}\right)_\vartheta = \left(\frac{2Z_1Z_2e^2 \cdot m}{4\pi\varepsilon_0}\right)^2 \cdot \frac{1}{\Delta p^4} . \qquad (2.15)$$

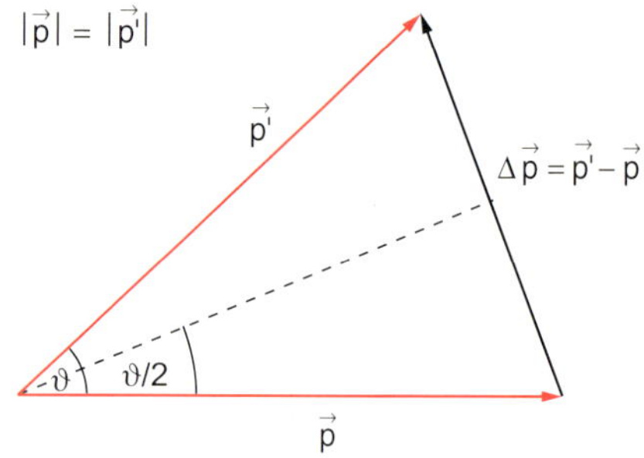

Abb. 2.10. Impulsänderung $\Delta \boldsymbol{p}$ eines elastisch gestreuten Teilchens

Wie wird der differentielle Streuquerschnitt $\mathrm{d}\sigma/\mathrm{d}\Omega$ nun durch die endlich ausgedehnte Ladungsverteilung modifiziert? Wir beschreiben den einfallenden Elektronenstrahl durch eine ebene Materiewelle. Fällt auf das Volumenelement $\mathrm{d}V$ mit der Ladung $\mathrm{d}q = \varrho_e \,\mathrm{d}V$ die Materiewelle

$$E = E_0 \cdot \mathrm{e}^{\mathrm{i}(\boldsymbol{kr} - \omega t)} ,$$

so wird im Beobachtungspunkt P im Abstand R vom Streuzentrum (Abb. 2.11) die Amplitude der von der Ladung $\mathrm{d}q(\boldsymbol{r}') = \varrho_e \,\mathrm{d}V$ in Richtung $\boldsymbol{k}'$ gestreuten Kugelwelle

$$\begin{aligned} A &= E_0 \cdot \mathrm{e}^{\mathrm{i}\boldsymbol{kr}'} \cdot \frac{a}{r} \cdot \mathrm{e}^{\mathrm{i}\boldsymbol{k}'\boldsymbol{r}} \\ &= \frac{a \cdot E_0}{r}\,\mathrm{e}^{\mathrm{i}(\boldsymbol{kr}' + \boldsymbol{k}'\boldsymbol{r})} , \end{aligned} \qquad (2.16)$$

wobei der Faktor a von $\mathrm{d}q$ und vom Wirkungsquerschnitt für die Streuung abhängt. Nach Abb. 2.11 gilt

$$\boldsymbol{r} = \boldsymbol{R} - \boldsymbol{r}' ,$$

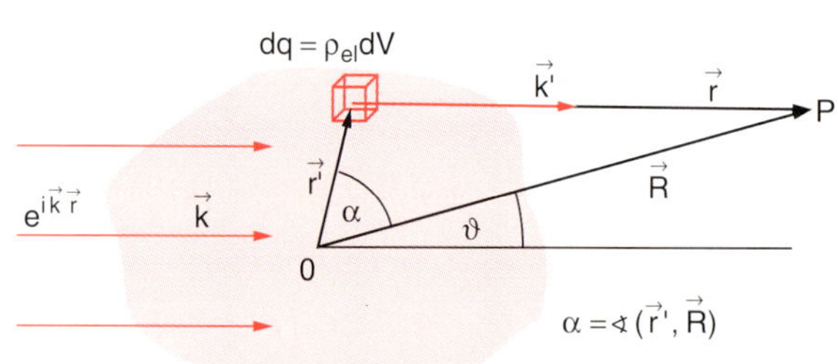

Abb. 2.11. Zur Streuung einer ebenen, einfallenden Welle an einer ausgedehnten kugelsymmetrischen Ladungsverteilung $\varrho_e(r)$

so daß

$$\boldsymbol{k}' \cdot \boldsymbol{r} = \boldsymbol{k}' \cdot \boldsymbol{R} - k' \cdot \boldsymbol{r}'$$

wird. Für $R \gg \boldsymbol{r}'$ wird $r \approx R$ und $\boldsymbol{k}'$ praktisch parallel zu $\boldsymbol{R}$, so daß man mit $|\boldsymbol{k}'| = |\boldsymbol{k}| = \boldsymbol{k}$ aus (2.16) erhält:

$$A = \frac{a \cdot E_0}{R} \cdot \mathrm{e}^{\mathrm{i}kR} \cdot \mathrm{e}^{\mathrm{i}(\boldsymbol{k}-\boldsymbol{k}')\cdot \boldsymbol{r}'} . \tag{2.17}$$

Integration über alle Volumenelemente der Ladungsverteilung $\varrho_e(\boldsymbol{r}')$ ergibt damit die gesamte Streuamplitude

$$A = \frac{a \cdot E_0}{R \cdot Z \cdot e} \int \varrho_e(\boldsymbol{r}') \cdot \mathrm{e}^{\mathrm{i}\,\Delta \boldsymbol{k}\boldsymbol{r}'}\, \mathrm{d}\boldsymbol{r}' , \tag{2.18}$$

wobei $Q = \int \varrho_e \mathrm{d}\boldsymbol{r} = Z \cdot e$ die Kernladung ist (siehe analoge Behandlung in Bd. 3, Abschn. 11.4). Der erste Faktor ist die Kugelwelle, die durch Coulombstreuung an einer Ladung $Z \cdot e$ im Zentrum $r' = 0$ erzeugt würde, während der zweite Faktor die Modifikation dieser Welle durch die ausgedehnte Ladungsverteilung $\varrho_e(r')$ beschreibt. Für den differentiellen Wirkungsquerschnitt, der proportional zum Quadrat der Streuamplitude ist, erhält man mit

$$a = \frac{Z_1 \cdot Z_2 \cdot e^2}{4\pi\varepsilon_0 \cdot |\Delta \boldsymbol{p}|^2} \quad \text{und} \quad \Delta \boldsymbol{p} = \hbar \Delta \boldsymbol{k}$$

dann statt dem Rutherfordschen Streuquerschnitt (2.15) den modifizierten Ausdruck

$$\left(\frac{\mathrm{d}\sigma}{\mathrm{d}\Omega}\right)_\vartheta = \left(\frac{\mathrm{d}\sigma}{\mathrm{d}\Omega}\right)_{\text{Coul}} \cdot \left| \int \varrho_e(\boldsymbol{r}') \cdot \mathrm{e}^{\mathrm{i}\,\Delta \boldsymbol{k}\boldsymbol{r}'}\, \mathrm{d}\boldsymbol{r}' \right|^2$$
$$= \left(\frac{\mathrm{d}\sigma}{\mathrm{d}\Omega}\right)_{\text{Coul}} \cdot |F(\varrho, \Delta k)|^2 , \tag{2.19}$$

wobei für die Streuung von Elektronen $Z_1 = 1$ ist. Der differentielle Wirkungsquerschnitt für die Streuung an einer Ladungsverteilung $\varrho_e(r)$ kann also geschrieben werden als Produkt aus zwei Faktoren: Dem *Wirkungsquerschnitt* (2.1) für die Streuung am Coulomb-Potential, d. h. an einer punktförmigen Ladung, und einem ***Formfaktor*** $|F(\Delta \boldsymbol{p})|^2$, der von der Ladungsverteilung $\varrho_e(r)$ und dem bei der Streuung auf das Elektron übertragenen Impuls $\Delta \boldsymbol{p} = \boldsymbol{p}' - \boldsymbol{p} = \hbar \Delta \boldsymbol{k}$ abhängt. Man sieht aus (2.19), daß der Formfaktor

$$F(\varrho, \Delta k) = \int \varrho_e(\boldsymbol{r}') \cdot \mathrm{e}^{\mathrm{i}\,\Delta \boldsymbol{k}\boldsymbol{r}'}\, \mathrm{d}\boldsymbol{r}' \tag{2.20}$$

gleich der Fourier-Transformierten der Ladungsverteilung $\varrho(\boldsymbol{r}')$ ist. Der Formfaktor $F(\Delta p)$ ist eine mit wachsendem Δp fallende Funktion, die bei genügend hohen Einfallsenergien E_0 ausgeprägte Minima hat (Abb. 2.12), die durch Beugungseffekte verursacht werden.

Der differentielle Streuquerschnitt *sinkt* mit zunehmender Energie E_0 der Elektronen, weil

- der erste Faktor in (2.19), der die Coulombstreuung angibt, mit $(1/E_0)^2$ abfällt;
- der Formfaktor $|F(\Delta p)|^2$ mit wachsender Impulsübertragung Δp kleiner wird (Abb. 2.12). Bei festem Streuwinkel ϑ wird Δp nach (2.14) proportional zum Impuls p, d. h. zu $\sqrt{2mE_0}$.

Die Oszillationen in der Kurve $\mathrm{d}\sigma/\mathrm{d}\Omega(E)$ werden mit wachsender Energie, d. h. sinkender de-Broglie-Wellenlänge, immer deutlicher (Abb. 2.13), und das erste Beugungsmaximum verschiebt sich zu kleineren Streuwinkeln.

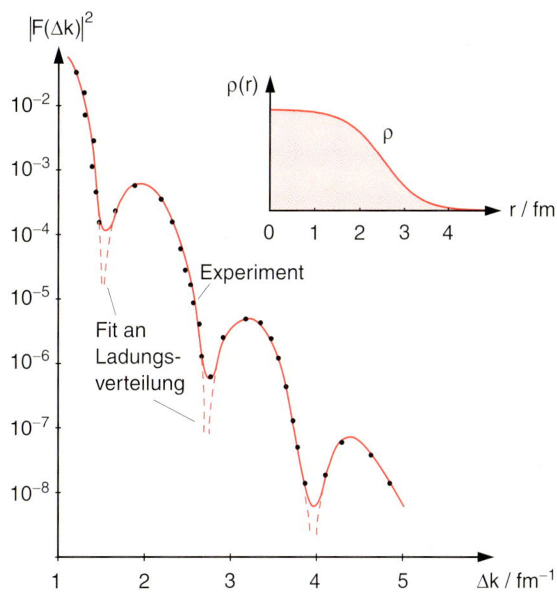

Abb. 2.12. Abhängigkeit des Formfaktors $|F(\Delta p)|^2$ vom übertragenen Impuls $\Delta \boldsymbol{p} = \hbar \cdot \Delta \overline{k}$ bei der Streuung von 750 MeV-Elektronen an der Ladungsverteilung $\varrho(r)$ von $^{16}_{8}$O-Kernen. Man beachte die logarithmische Ordinatenskala. Nach G. Musiol, J. Ranft, R. Reif, D. Seeliger: *Kern- und Elementarteilchenphysik* (Deutscher Verlag der Wissenschaften, Berlin 1988)

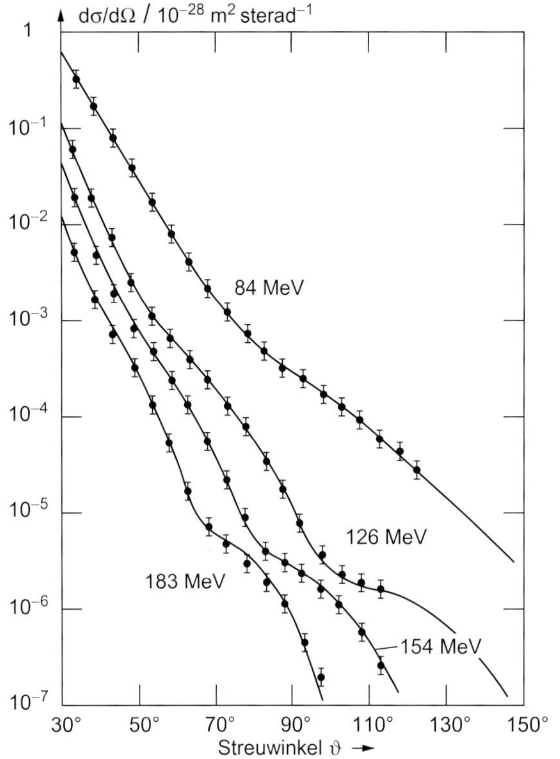

Abb. 2.13. Experimentelle Kurven für den Streuquerschnitt $\mathrm{d}\sigma/\mathrm{d}\Omega$ bei der Streuung von Elektronen an Goldkernen. Nach R. Hofstadter (ed.): *Electron Scattering and Nuclear and Nucleon Structure* (Benjamin, New York 1963)

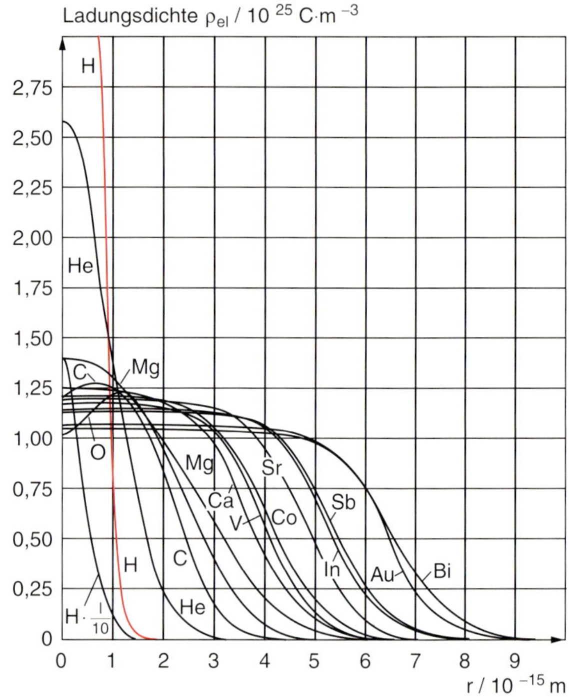

Abb. 2.14. Radiale Ladungsdichteverteilung einiger Kerne, bestimmt aus Elektronenstreumessungen. Nach R. Hofstadter: Ann. Rev. Nucl. Sci. **7**, 231 (1957)

In Abb. 2.14 sind die radialen Ladungsverteilungen einiger Kerne, wie sie sich aus den Elektronenstreuversuchen von *Hofstadter* ergaben, dargestellt.

Die Experimente zeigen, daß die Ladungsverteilung im allgemeinen einen anderen radialen Verlauf hat als die Massenverteilung. Es erweist sich ferner, daß die Ladungsverteilung für viele Kerne *nicht* kugelsymmetrisch ist (siehe Abschn. 2.5.2).

Eine wichtige Methode zur Messung der Ladungs- und Massenverteilung ist die spektroskopische Bestimmung der Energieterme „exotischer Atome". Dies sind Atome, bei denen ein Elektron der Atomhülle durch ein schweres negativ geladenes Teilchen (μ, π, K^-) ersetzt wird (siehe Bd. 3, Abschn. 6.7).

Die Bohrschen Radien dieser Teilchen mit der Masse m_x sind um den Faktor m_x/m_e kleiner als bei einem Elektron und für die K-Schale schwerer Atome kleiner als die Kernradien, so daß die Energiewerte der stationären Zustände solcher exotischer Atome ganz wesentlich von der Massen- und Ladungsverteilung im Kern abhängen.

2.4 Aufbau der Kerne aus Nukleonen; Isotope und Isobare

Als *Rutherford* sein Atommodell aufstellte, kannte man als einzige elementare atomare Bausteine das Elektron und das Proton. Da Messungen der Atommassen und Ladungen ergeben hatten, daß ein Atomkern der Ladung $Z \cdot e$ eine Masse $M \approx A \cdot m_p$ hat, die für schwerere Kerne mehr als doppelt so groß ist wie Z Protonenmassen, wurde die Hypothese aufgestellt, daß die Kerne aus A Protonen der Ladung $+e$ und $(A - Z)$ Elektronen der Ladung $-e$ aufgebaut seien. Diese Hypothese wurde dadurch gestützt, daß man radioaktive Kerne gefunden hatte, die Elektronen aussenden

(β^--Strahler). Sie kann aber durch folgende Argumente und Beobachtungen widerlegt werden:

- Wenn Elektronen Bestandteile stabiler Kerne wären, würde ihre räumliche Aufenthaltswahrscheinlichkeit auf das Kernvolumen beschränkt sein. Nach der Heisenbergschen Unschärferelation (siehe Bd. 3, Abschn. 3.3.3), würde ihre Impuls-Unschärfe Δp bei einer Ortsunschärfe Δr dann mindestens $\Delta p \geq h/\Delta r$ betragen und ihre kinetische Energie

$$E_{\text{kin}} \geq \frac{(\Delta p)^2}{2m_e} \geq \frac{h^2}{2m_e \Delta r^2} . \tag{2.21}$$

  Setzt man die entsprechenden Zahlenwerte, z. B. für den Sauerstoffkern mit $A = 16$, ein, so erhält man mit $\Delta r < R_K = 3 \cdot 10^{-15}$ m eine untere Grenze von $E_{\text{kin}} \geq 10^{11}$ eV pro Elektron. Dies ist weit mehr als die elektrostatische Bindungsenergie von Elektron und Proton bei einem Abstand von 3 Fermi ($|E_B| < 10^6$ eV), so daß die Elektronen nicht stabil gebunden sein könnten.
- Ein weiteres überzeugendes Argument gegen die Hypothese, daß der Kern aus Protonen und Elektronen besteht, wird durch die Messung der Kerndrehimpulse geliefert (siehe Abschn. 2.5). Aus der Messung der Hyperfeinstruktur in Atomspektren (siehe Bd. 3, Abschn. 5.6) kann man schließen, daß viele Kerne ein magnetisches Moment haben, das mit einem Eigendrehimpuls (***Kernspin***) des Kerns verknüpft ist. Messungen der Hyperfeinstruktur des H-Atoms zeigen, daß der Kernspin des Protons $I = \frac{1}{2}\hbar$ ist. Da auch der Elektronenspin $s = \frac{1}{2}\hbar$ ist, müßte der Kern des Deuterons ($A = 2$, $Z = 1$) den Gesamtspin $I = \frac{1}{2}\hbar$ oder $\frac{3}{2}\hbar$ haben, wenn er aus zwei Protonen und einem Elektron aufgebaut wäre (Abb. 2.15a). Die Experimente zeigen jedoch eindeutig, daß das Deuteron den Kernspin $I = 1 \cdot \hbar$ hat (Abb. 2.15b).

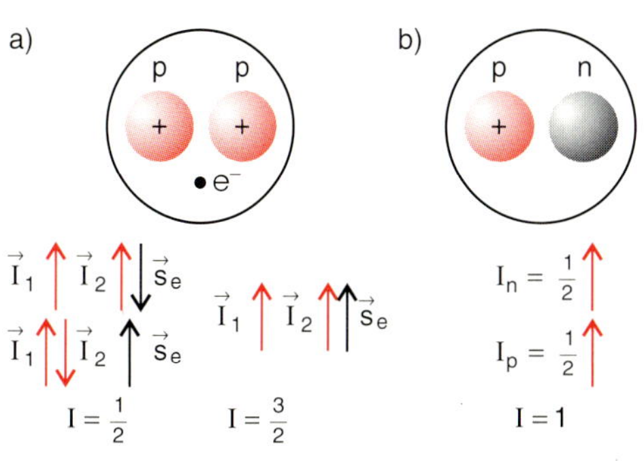

Abb. 2.15. (**a**) Falsches, (**b**) richtiges Modell des Deuterons

Rutherford postulierte deshalb schon 1920, daß Kerne aus Protonen und etwa gleich schweren neutralen Teilchen aufgebaut sein müßten. Als dann *Chadwick* 1932 das Neutron entdeckte [2.9], fand *Rutherfords* Hypothese eine experimentelle Bestätigung. Nach diesem Modell, das noch heute gilt, besteht ein Kern aus Z Protonen und $A - Z$ Neutronen. Protonen- und Neutronenmassen unterscheiden sich nur sehr geringfügig. Diese beiden Kernbausteine werden ***Nukleonen*** genannt und der Atomkern ein ***Nuklid***. Ein bestimmter Atomkern X ist durch seine Protonenzahl Z und Neutronenzahl $A - Z$ eindeutig charakterisiert. Man schreibt ihn in abgekürzter Schreibweise als ${}^A_Z\text{X}$.

BEISPIEL

Ein Lithiumkern mit drei Protonen und vier Neutronen wird charakterisiert durch das Symbol ${}^7_3\text{Li}$.

Aus der Relation für den Kernradius

$$R_K = r_0 \cdot \sqrt[3]{A} \quad \text{mit} \quad r_0 = 1{,}3 \text{ fm}$$

folgt, daß jedem der A Nukleonen im Kern im Mittel ein Volumen von etwa 6–7 fm^3 zur Verfügung steht.

Wir müssen jetzt noch zwei offene Fragen klären:

- Wie entstehen die Elektronen, die offensichtlich von β^--radioaktiven Kernen emittiert werden? Wir werden in Kap. 3 lernen, daß β^--Emission instabiler Kerne auf dem Prozeß

$$\text{n} \rightarrow \text{p} + \text{e}^- + \overline{\nu} \tag{2.22}$$

  beruht, bei dem ein Neutron im Kern sich in ein Proton umwandelt und dabei ein Elektron und ein Antineutrino aussendet. Während das Proton im Kern bleibt, werden Elektron und Antineutrino unmittelbar nach ihrer Bildung aus dem Kern emittiert.
- Während freie Protonen stabil sind ($\tau_p > 10^{31}$ Jahre), zerfallen freie Neutronen mit einer mittleren Lebensdauer $\tau \approx (887 \pm 2)$ s gemäß (2.22). Die Frage, warum Neutronen in stabilen Kernen eine Lebensdauer $\tau_n > 10^{10}$ Jahre haben, wird im Abschn. 3.1 beantwortet.

Tabelle 2.2. Häufig gebrauchte Bezeichnungen in der Kernphysik

Begriff	Erläuterung	Beispiel
Nukleonen	Protonen und Neutronen	
Nuklid	Kern ^A_ZX mit Z Protonen und $N = (A - Z)$ Neutronen	$^7_3$Li, $^{238}_{92}$U
Isotope	Kerne mit gleicher Protonenzahl Z, aber unterschiedlicher Neutronenzahl N	$^{12}_6$C, $^{14}_6$C; $^{235}_{92}$U, $^{238}_{92}$U
Isobare	Kerne mit gleicher Massenzahl A, aber verschiedener Protonenzahl Z	$^{14}_6$C, $^{14}_7$N
Isotone	Kerne mit gleicher Neutronenzahl N, aber verschiedenen Werten von Z	$^{14}_6$C, $^{15}_7$N, $^{16}_8$O
Spiegelkerne	Kerne mit vertauschten Werten von Z und N: $Z_1 = N_2$, $N_1 = Z_2$	$^3_1$H, $^3_2$He; $^{13}_6$C, $^{13}_7$N
Isomere Kerne	Kerne mit gleichen Z und N in verschiedenen Energiezuständen	

Kerne mit gleichem Z, aber unterschiedlichem A heißen ***Isotope***, solche mit gleichem A aber verschiedenem Z sind ***Isobare***. Tabelle 2.2 gibt eine Zusammenstellung einiger häufig gebrauchter Bezeichnungen in der Kernphysik.

2.5 Kerndrehimpulse, magnetische und elektrische Momente

Aus der beobachteten Hyperfeinstruktur von Energieniveaus der Elektronenhülle vieler Atome kann man schließen, daß ihre Atomkerne ein magnetisches Moment besitzen [2.10]. In Analogie zur Erklärung der magnetischen Momente der Elektronenhülle nimmt man an, daß das magnetische Moment eines Kerns mit einem entsprechenden mechanischen Drehimpuls des Kerns verknüpft ist, der wie jeder Drehimpuls in der Quantenmechanik geschrieben werden kann als

$$|\boldsymbol{I}| = \sqrt{I \cdot (I+1)} \cdot \hbar\,. \tag{2.23}$$

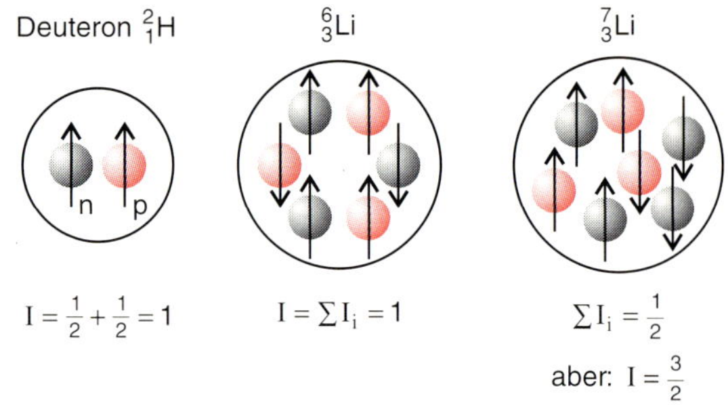

Abb. 2.16. Kernspin $\boldsymbol{I}$ als Vektorsumme aus Nukleonenspins und Nukleonenbahndrehimpulsen mit den Beispielen des Deuterons, des $^6_3$Li- und des $^7_3$Li-Kernes

$\boldsymbol{I}$ heißt ***Kernspin***, und die halb- oder ganzzahlige Zahl I ist die ***Kernspinquantenzahl***.

Analog zum Gesamtdrehimpuls $\boldsymbol{J} = \sum_i (\boldsymbol{s}_i + \boldsymbol{l}_i)$ der Elektronenhülle, der durch die Elektronenspins $\boldsymbol{s}_i$ und die Elektronenbahndrehimpulse $\boldsymbol{l}_i$ bestimmt ist, setzt sich auch der Kernspin $\boldsymbol{I}$ zusammen aus der Vektorsumme der Protonen- und Neutronenspins und den Bahndrehimpulsen der Nukleonen:

$$\boldsymbol{I} = \sum_i (\boldsymbol{I}_i + \boldsymbol{L}_i)\,. \tag{2.24}$$

Es gilt $\sum \boldsymbol{L}_i = \boldsymbol{0}$ im Grundzustand der meisten stabilden Kerne; Abb. 2.16 gibt einige Beispiele. Man sieht, daß für $^6_3$Li der beobachtete Kernspin $\boldsymbol{I} = \sum(\boldsymbol{I}_\mathrm{p} + \boldsymbol{I}_\mathrm{n})$ ist. Beim $^7_5$Li hingegen ist $|\sum \boldsymbol{I}_\mathrm{p} + \boldsymbol{I}_\mathrm{n}| = \frac{1}{2}\hbar$, der beobachtete Kernspin $I = \frac{3}{2}\hbar$. Hier muß also auch im Grundzustand der Bahndrehimpuls $L_\mathrm{n} = 1\hbar$ sein.

2.5.1 Magnetische Kernmomente

Ähnlich wie das magnetische Moment der Elektronenhülle $\boldsymbol{\mu}_J = g_J \cdot \mu_\mathrm{B} \cdot \boldsymbol{J}/\hbar$ als Produkt aus *Landé-Faktor* g_J, *Bohrschem Magneton* $\mu_\mathrm{B} = (e/2m_\mathrm{e}) \cdot \hbar$ und Gesamtdrehimpuls $\boldsymbol{J}/\hbar$ in Einheiten von $\hbar$ geschrieben werden kann (Bd. 3, Abschn. 5.5), ist auch das magnetische Moment eines Kerns

$$\boldsymbol{\mu}_I = g_I \cdot \mu_\mathrm{K} \cdot \boldsymbol{I}/\hbar \tag{2.25}$$

als Produkt aus ***Kern-Landé-Faktor*** g_I, dem ***Kernmagneton***

$$\mu_\mathrm{K} = e/(2m_\mathrm{p}) \cdot \hbar = 5{,}050 \cdot 10^{-27}\ \mathrm{J/T} \tag{2.26}$$

und dem Kernspin $I/\hbar$ in Einheiten von $\hbar$ darstellbar.

> Das Kernmagneton μ_K ist wegen der größeren Protonenmasse m_p um den Faktor $m_e/m_p \approx 1/1836$ kleiner als das Bohrsche Magneton μ_B.

Mißt man das magnetische Moment des Kerns in Einheiten des Kernmagnetons und den Drehimpuls in Einheiten von $\hbar$, so gibt der ***Landé-Faktor***

$$g_I = \frac{|\boldsymbol{\mu}_I|/\mu_K}{|\boldsymbol{I}|/\hbar} \tag{2.27}$$

das dimensionslose Verhältnis zwischen magnetischem Moment und mechanischem Drehimpuls an; g_I heißt deshalb ***gyromagnetisches Verhältnis***. Das magnetische Moment μ_p des Protons läßt sich aus der Hyperfeinstruktur des $1s$-Zustandes im H-Atom bestimmen (siehe Bd. 3, Abschn. 5.6). Die HFS-Aufspaltung ist

$$\Delta E_{HFS} = \tfrac{2}{3}\,\mu_0 g_e \mu_B \cdot g_p \mu_K \cdot |\psi_{1s}(r=0)|^2 ,$$

wobei $\mu_0 = 4\pi \cdot 10^{-7}$ die Permeabilitätskonstante, g_e der Landé-Faktor des Elektrons, μ_B das Bohrsche Magneton und $\psi_{1s}(0)$ die $1s$-Wellenfunktion des Elektrons am Ort des Protons ist. Noch genauere Werte erhält man durch die Messung der Zeeman-Aufspaltung

$$\Delta W = \boldsymbol{\mu} \cdot \boldsymbol{B}$$

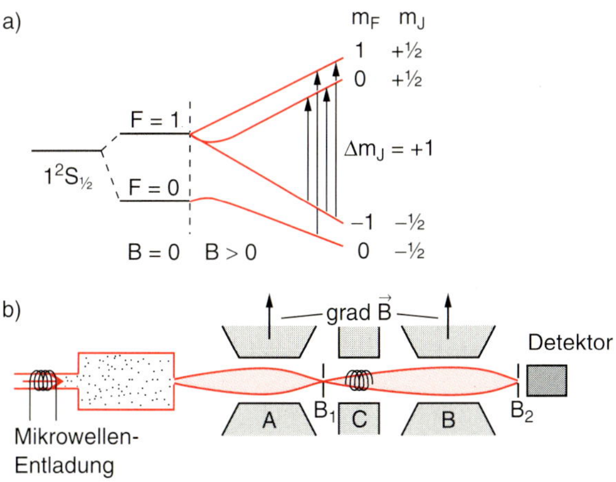

Abb. 2.17a,b. Zur Messung des magnetischen Moments des Protons mit Hilfe der Rabi-Methode in einem H-Atomstrahl. (**a**) Termschema der Zeeman-Aufspaltung; (**b**) Experimentelle Anordnung

von Wasserstoffatomen in einem äußeren Magnetfeld $\boldsymbol{B}$ (Abb. 2.17), die man durch Einstrahlen einer entsprechenden Hochfrequenz $\nu = \Delta W/h$ in einem ***Rabi-Experiment*** (siehe Bd. 3, Abschn. 10.3) genau bestimmen kann [2.11]. Die H-Atome werden auf Grund ihres magnetischen Momentes, das hauptsächlich durch das Elektron bestimmt wird, im inhomogenen Feld A abgelenkt (Abb. 2.17b und Bd. 3, Abb. 10.30a). Durch die induzierten Hochfrequenzübergänge im homogenen Feld C klappt der Elektronenspin um, und die Ablenkung wird im zweiten inhomogenen Feld B umgekehrt, so daß die H-Atome den Detektor durch die Blende B_2 erreichen können. Auf Grund des Kernspins $I = \frac{1}{2}$ erhält man vier HF-Übergänge mit $\Delta m_J = +1$, deren Differenzfrequenz den Beitrag des magnetischen Protonenmomentes zur Zeeman-Aufspaltung liefert.

Mißt man die Hochfrequenz $\nu(B)$ bei verschiedenen Feldstärken B, so läßt sich die HFS-Aufspaltung bei $B = 0$ durch Extrapolation gewinnen. Man erhält für das magnetische Moment des Protons

$$\mu_p = +2{,}79278\,\mu_K .$$

Aus dem Aufspaltungsbild Abb. 2.17a läßt sich erkennen, daß die Kernspinquantenzahl des Protons $I = 1/2$ sein muß.

> Das positive Vorzeichen von μ_p besagt, daß Protonenspin und magnetisches Moment μ_p parallel zueinander sind.

Für das gyromagnetische Verhältnis von magnetischem Moment und mechanischem Drehimpuls des Protons erhalten wir damit

$$g_p = \frac{\mu_p}{I_p} = \frac{2{,}79278}{1/2} = 5{,}58556 .$$

Das Proton hat ein anomal großes magnetisches Moment [2.12]. Wenn es, wie das Elektron, ein elementares Teilchen wäre mit der entgegengesetzten Ladung $+e$, würde man eigentlich einen g-Faktor $g \approx 2$ erwarten. Der gemessene große g-Faktor weist bereits darauf hin, daß das Proton aus mehreren geladenen Teilchen zusammengesetzt ist.

Dieser Hinweis wurde noch deutlicher, als entdeckt wurde, daß auch das Neutron ein magnetisches Moment

$$\mu_n = -1{,}91315\,\mu_K \Rightarrow g_n = -3{,}8263$$

Tabelle 2.3. Charakteristische Eigenschaften von Proton, Neutron und Elektron

Größe	p	n	e^-
Masse/kg	$1{,}672623 \cdot 10^{-27}$	$1{,}6749286 \cdot 10^{-27}$	$9{,}1093898 \cdot 10^{-31}$
Spinquantenzahl	1/2	1/2	1/2
Magnetisches Moment/$\mathrm{A \cdot m^2}$	$1{,}4106 \cdot 10^{-26}$ $= +2{,}79278\,\mu_K$	$-9{,}6629 \cdot 10^{-27}$ $= -1{,}91315\,\mu_K$	$9{,}2847 \cdot 10^{-24}$ $= 1{,}001\,\mu_B$
Lebensdauer	$> 10^{30}$ a	887 s	∞

besitzt, während man von einem neutralen Teilchen eigentlich kein magnetisches Moment erwarten würde. Dies zeigt, daß auch das Neutron aus geladenen Teilchen zusammengesetzt sein muß, deren Ladungen sich gerade kompensieren (siehe Abschn. 7.4.4).

Die Messung des magnetischen Moments des freien Neutrons ist schwieriger als die des Protons, weil man nicht so einfach einen kollimierten, genügend intensiven Strahl von Neutronen erzeugen kann. Das Prinzip ist jedoch ähnlich wie bei der Rabi-Methode [2.13]. Es beruht zusätzlich darauf, daß die Streuung von Neutronen an Targetkernen von der relativen Orientierung zwischen Neutronenspins und Kernspins der Targetatome abhängt (siehe Abschn. 5.2). Bei parallelen Spins ist der Streuquerschnitt etwa doppelt so groß wie bei antiparallelen Spins. Dies führt zu einem höheren Streuverlust der Neutronen mit parallelem Spin und damit zu einer Polarisation P des transmittierten Neutronenstrahls nach Durchgang durch eine Eisenprobe im starken Magnetfeld $\boldsymbol{B}_1$ (Abb. 2.18a), in dem

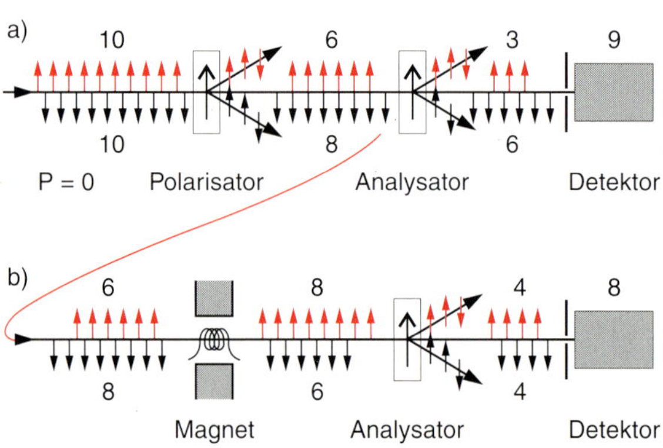

Abb. 2.18a,b. Messung des magnetischen Momentes im Alvarez-Bloch-Experiment. (**a**) Prinzip der Messung mit der schematisch angedeuteten Abhängigkeit des Streuquerschnittes von der relativen Spinorientierung; (**b**) Schema des Experiments

die Eisenkernspins ausgerichtet sind und die als Neutronenpolarisator wirkt.

Der transmittierte Strahl enthält mehr Neutronen mit einem Neutronenspin antiparallel zum Magnetfeld, so daß die *Polarisation*

$$P = \frac{N_+ - N_-}{N_+ + N_-}$$

wegen $N_- > N_+$ einen negativen Wert annimmt, mit $-1 < P < 0$. Im Beispiel der Abb. 2.18a ist die Polarisation $P = (6-8)/(6+8) = -1/7$.

Trifft der teilweise polarisierte Neutronenstrahl auf ein zweites Eisentarget in einem Magnetfeld $\boldsymbol{B}_2$, so ist die von ihm durchgelassene Intensität größer, wenn $\boldsymbol{B}_2 \uparrow\uparrow \boldsymbol{B}_1$, aber kleiner, wenn $\boldsymbol{B}_1 \uparrow\downarrow \boldsymbol{B}_2$. In unserem Beispiel erreichen von 20 einfallenden Neutronen neun den Detektor. Werden jetzt in einem homogenen Magnetfeld zwischen B_1 und B_2 magnetische Hochfrequenzübergänge zwischen den beiden Zeeman-Komponenten mit den Energien

$$E_{1,2} = \pm \boldsymbol{\mu}_n \cdot \boldsymbol{B}$$

induziert, so klappen die Kernspins um, und die Streurate im zweiten Target B_2 ändert sich, wenn die Hochfrequenz $\nu = \Delta E/h = 2\mu_n \cdot B/h$ wird. Jetzt erreichen nur noch acht Neutronen den Detektor (Abb. 2.18b). In Tabelle 2.3 sind die charakteristischen Eigenschaften von Proton und Neutron zusammengefaßt.

Das magnetische Moment von Kernen wird heute meist mit Hilfe der ***magnetischen Kernresonanz*** gemessen [2.14]. Ihr Prinzip ist in Abb. 2.19 schematisch dargestellt. Die Kerne befinden sich in einer meist flüssigen Probe in einem homogenen Magnetfeld $\boldsymbol{B}_0$, dem ein magnetisches Wechselfeld $\boldsymbol{B}_{HF} = \boldsymbol{B}_1(1 + \cos\omega t)$ mit $\boldsymbol{B}_1 \perp \boldsymbol{B}_0$ überlagert wird. Stimmt man die Frequenz $\omega = 2\pi\nu$ des Wechselfeldes durch, so klappen die Kernspins bei Erreichen der Resonanzfrequenz

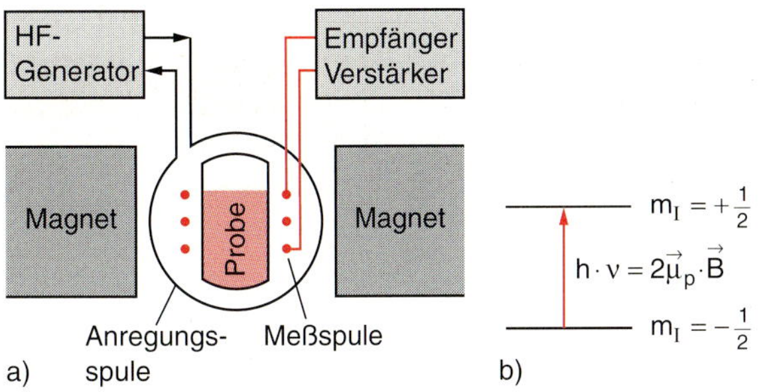

Abb. 2.19a,b. Schematische Darstellung der magnetischen Kernresonanz-Spektroskopie. (**a**) Experimentelle Anordnung; (**b**) Termschema

in die Ebene $\perp \boldsymbol{B}_0$, in der $\boldsymbol{B}_1$ liegt. Dies ergibt eine Änderung des gesamtem magnetischen Momentes der Probe, die zu einer Induktionsspannung in einer Nachweisspule führt. Diese Spannung wird verstärkt und dem Empfänger (z. B. Oszillographen) zugeleitet (Kerninduktionsverfahren). Damit die Empfängerspule keine Induktionsspannung durch das zeitlich variable $\boldsymbol{B}_1$-Feld empfängt, steht sie senkrecht auf der Ebene, in der $\boldsymbol{B}_1$ liegt (Abb. 2.19).

Kernspin $\boldsymbol{I}$ und magnetisches Moment

$$\mu_I = \sum_i (g_\mathrm{p} \cdot \boldsymbol{I}_{\mathrm{p}i} + g_\mathrm{n} \boldsymbol{I}_{\mathrm{n}i} + a \cdot \boldsymbol{L}_i)$$

Tabelle 2.4. Kernspinquantenzahlen und magnetische Momente einiger Kerne in Einheiten des Kernmagnetons

Kern	Kernspinquantenzahl		Magnetisches Moment	
	erwartet aus $\sum \boldsymbol{I}_\mathrm{p} + \sum \boldsymbol{I}_\mathrm{n}$	exp. Wert	erwartet aus $\sum \boldsymbol{\mu}_\mathrm{p} + \sum \boldsymbol{\mu}_\mathrm{n}$	exp. Wert
$^2_1$H	$\frac{1}{2}+\frac{1}{2}$	1	0,880	0,857
$^3_1$H	$\frac{1}{2}+0$	$\frac{1}{2}$	2,793	2,978
$^3_2$He	$0+\frac{1}{2}$	$\frac{1}{2}$	−1,913	−2,127
$^4_2$He	$0+0$	0	0	0
$^6_3$Li	$\frac{1}{2}+\frac{1}{2}$	1	0,880	0,822
$^7_3$Li	$\frac{1}{2}+0$	$\frac{3}{2}$!	2,793	3,256
$^9_4$Be	$0+\frac{1}{2}$	$\frac{3}{2}$!	−1,91	−1,177
$^{12}_6$C	$0+0$	0	0	0
$^{85}_{37}$Rb	$\frac{1}{2}+0$	$\frac{5}{2}$!	+2,793	1,353
$^{115}_{49}$In	$\frac{1}{2}+0$	$\frac{9}{2}$!	2,793	5,523

eines Kerns ^A_ZX mit Z Protonen und $(A-Z)$ Neutronen hängen gemäß (2.24) von der Vektorsumme aller Nukleonendrehimpulse ab. Tabelle 2.4 gibt Beispiele für einige leichte und schwere Kerne. Ein Vergleich der beiden letzten Spalten zeigt, daß die experimentellen Werte der Kernmomente (letzte Spalte) immer etwas abweichen von den aus der Vektorsumme der Protonen- und Neutronenspins (zweite Spalte) und den g-Faktoren für freie Protonen und Neutronen erwarteten Werte der vierten Spalte. Das magnetische Moment muß also auch durch Wechselwirkung zwischen den Nukleonen etwas beeinflußt werden.

Ist der Bahndrehimpuls $\boldsymbol{L} \neq \boldsymbol{0}$, so weicht der gemessene Kernspin $\boldsymbol{I}$ oft erheblich ab von der Summe der Protonen- und Neutronenspins, und auch bei den magnetischen Momenten hat der Term $a \cdot \boldsymbol{L}_i$ großen Einfluß. Beispiele sind die Kerne $^7_3$Li, $^9_4$Be oder $^{85}_{37}$Rb in Tabelle 2.4.

Es fällt auf, daß alle Kerne mit geraden Protonenzahlen und geraden Neutronenzahlen (g-g-Kerne) den Kernspin $I = 0$ und daher auch kein magnetisches Moment haben. Dies deutet darauf hin, daß sich sowohl Protonen als auch Neutronen im Kern paarweise mit antiparallelen Spins anordnen.

2.5.2 Elektrisches Quadrupolmoment

Wenn die elektrische Ladungsverteilung der Protonen im Kern nicht kugelsymmetrisch ist, hat der Kern ein elektrisches Quadrupolmoment (siehe Bd. 2, Abschn. 1.4). Für verschiedene Isotope ist häufig trotz gleicher Gesamtladung $Q = Z \cdot e$ die räumliche Ladungsverteilung unterschiedlich, so daß die verschiedenen Isotope des gleichen chemischen Elementes im allgemeinen ein unterschiedliches Quadrupolmoment haben. Nur wenn der Kern einen Drehimpuls $I \neq 0$ hat, gibt es eine Vorzugsrichtung, um die der Kern rotiert. Kerne mit $I = 0$ haben keine Vorzugsrichtung und daher im zeitlichen Mittel eine kugelsymmetrische Ladungsverteilung und deshalb kein beobachtbares elektrisches Quadrupolmoment, selbst wenn die momentane Ladungsverteilung von der Kugelsymmetrie abweicht. Man muß daher unterscheiden zwischen dem „inneren" Quadrupolmoment QM, das ein Maß für die Abweichung der Ladungsverteilung von einer Kugel ist, und dem *beobachtbaren* zeitlichen Mittelwert $\overline{QM}$ (siehe Abschn. 5.6). Liegt die Symmetrie-

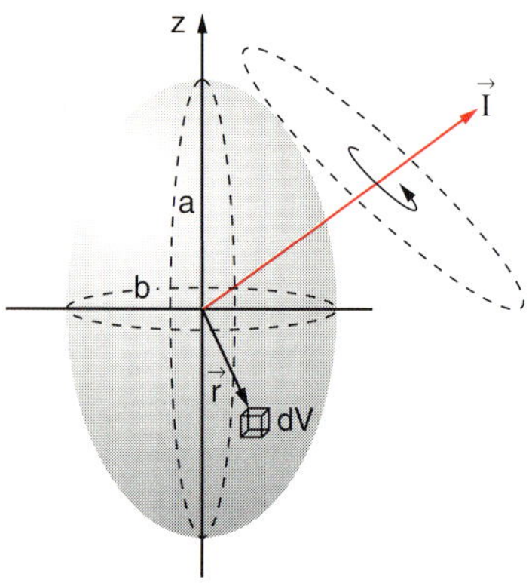

Abb. 2.20. Zur Definition des elektrischen Quadrupolmomentes

achse der rotationssymmetrischen Ladungsverteilung $\varrho_e(r)$ in der z-Richtung, so wird das Quadrupolmoment durch

$$QM \propto \int \varrho_e(\boldsymbol{r})[3z^2 - r^2]\,\mathrm{d}^3\boldsymbol{r} \qquad (2.28)$$

beschrieben, wobei $\boldsymbol{r}$ der Vektor zum Ladungselement $\mathrm{d}q = \varrho_e(\boldsymbol{r})\,\mathrm{d}V$ ist (Abb. 2.20).

Anmerkung

Das Quadrupolmoment QM wird in der Literatur häufig als Produkt $e \cdot Q$ aus Elementarladung e und einem Faktor Q geschrieben, der die Dimension einer Fläche hat, welche ein Maß für die Abweichung von der Kugelgestalt ist (s.u.).

Hat der Kern einen Drehimpuls $\boldsymbol{I}$, so wird er sich ohne äußeres Magnetfeld um die raumfeste Achse dieses Kernspins $\boldsymbol{I}$ drehen. Die Projektion des Kernspins $\boldsymbol{I}$ mit Betrag $\sqrt{I(I+1)}\hbar$ auf die z-Richtung ist $M \cdot I$ mit $-I \leq M \leq I$ und $\Delta M = 1$. Das beobachtbare Quadrupolmoment wird maximal, wenn $\boldsymbol{I}$ mit der Deformationsachse (z-Achse) zusammenfällt.

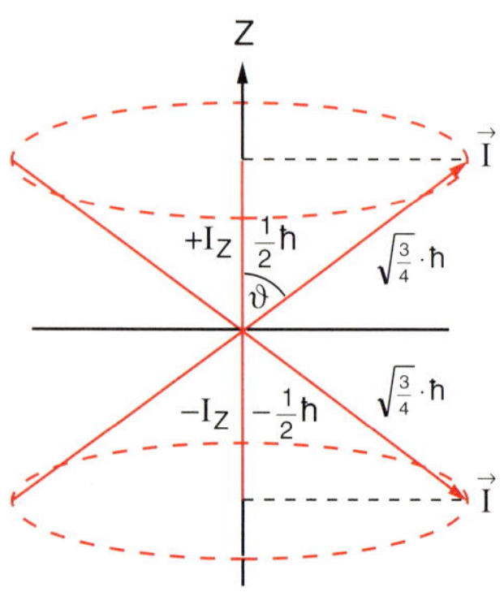

Abb. 2.21. Für Kerne mit $I < \frac{1}{2}\hbar$ ist das *beobachtete* elektrische Quadrupolmoment Null

Kerne mit der Kernspinquantenzahl $I = 1/2$ haben bei einer vorgegebenen Quantisierungsachse zwei Einstellmöglichkeiten $I_z = \pm\frac{1}{2}\hbar$. Der Cosinus des Einstellwinkels ϑ zwischen Spinrichtung und z-Achse wird dann $\cos\vartheta = \pm 1/\sqrt{3}$ (Abb. 2.21), und damit wird nach (2.28) mit $z = r \cdot \cos\vartheta \Rightarrow z^2 = r^2/3$ das Quadrupolmoment Null.

> Deshalb haben nur Kerne mit einem Kernspin $I \geq 1 \cdot \hbar$ ein von Null verschiedenes elektrisches Quadrupolmoment.

In Abb. 2.22 sind gemessene Kernquadrupolmomente von Kernen mit ungerader Protonen- oder

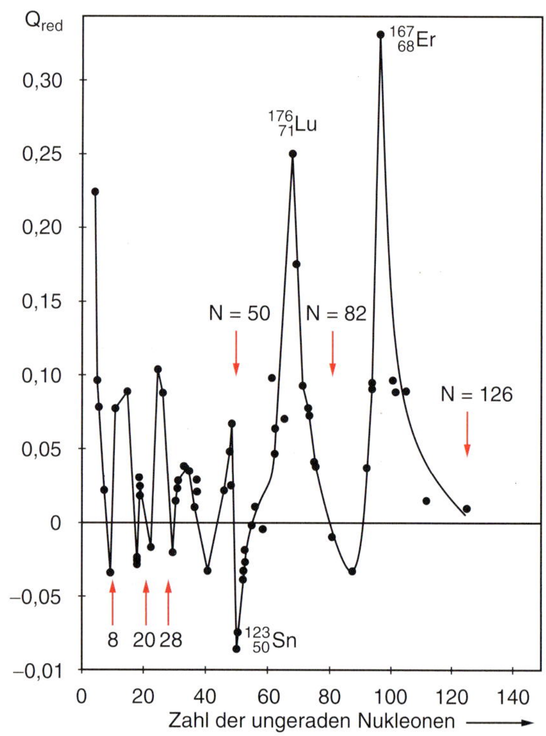

Abb. 2.22. Reduziertes Quadrupolmoment von g-u- bzw. u-g-Kernen als Funktion der ungeraden Neutronen- bzw. Protonenzahl. Die Pfeile geben die Minima des Quadrupolmomentes für die g-g-Kerne mit der Neutronenzahl N an

Tabelle 2.5. Quadrupolmomente QM/e einiger Kerne, angegeben in der Einheit 1 barn = 10^{-28} m^2

Kern	$QM/e\ /10^{-28}\,\mathrm{m}^2$	Kern	$QM/e\ /10^{-28}\,\mathrm{m}^2$
$^2_1$D	+0,0028	$^{35}_{17}$Cl	−0,8
$^6_3$Li	−0,002	$^{37}_{17}$Cl	−0,06
$^7_3$Li	−0,1	$^{79}_{35}$Br	+0,33
$^{23}_{11}$Na	+0,1	$^{113}_{49}$In	+1,14
$^{27}_{13}$Al	+0,15	$^{235}_{92}$U	+4,0

Neutronenzahl aufgetragen, da hauptsächlich die ungepaarten Nukleonen zum Kernspin beitragen (siehe Tabelle 2.5), weil sich bei geraden Protonen- und Neutronenzahlen die Spins im allgemeinen antiparallel einstellen, so daß bei g-g-Kernen der Kernspin im allgemeinen Null ist.

Nähert man die Ladungsverteilung $\varrho_e(r)$ durch ein Rotationsellipsoid an mit den Halbachsen a und b und der Differenz $\Delta R = a - b$, so kann man einen mittleren Radius

$$\langle R\rangle = (a \cdot b^2)^{1/3}$$

definieren und die Abweichung von der Kugelgestalt durch den *Deformationsparameter*

$$\delta = \frac{\Delta R}{\langle R\rangle}$$

beschreiben. Im allgemeinen liegen die Werte von δ bei 0,01–0,02. In den Bereichen $150 < A < 192$ gibt es jedoch stark deformierte Kerne mit $\delta \lesssim 0{,}1$. Aus Abb. 2.22 ist ersichtlich, daß es mehr prolate Kerne ($a > b \Rightarrow QM > 0$) als oblate Kerne ($a < b \Rightarrow QM < 0$) gibt. Da der Absolutwert des Quadrupolmoments von der Gesamtladung des Kerns und von seiner Größe abhängt, führt man zum Vergleich der Deformation der verschiedenen Kerne das reduzierte Quadrupolmoment

$$Q_{\mathrm{red}} = \frac{QM}{Z \cdot e \cdot \langle R\rangle^2}$$

als dimensionslose Größe ein, die in Abb. 2.22 als Ordinate aufgetragen ist.

Die Quadrupolmomente der Kerne werden aus der Messung der Hyperfeinstruktur der Atomhüllenenergie für verschiedene Isotope eines Elementes bestimmt [2.10]. Das Kernquadrupolmoment führt zu einer Verschiebung der Energieterme in der Elektronenhülle, wie man aus der Multipol-Entwicklung der potentiellen Energie eines Elektrons im Potential einer Ladungsverteilung sieht (siehe Bd. 2, Abschn. 1.4). Bei einem Gemisch verschiedener Isotope mit unterschiedlichen Quadrupolmomenten erhält man deshalb unterschiedliche Termverschiebungen für die einzelnen Isotope, die dann insgesamt im Spektrum des Isotopengemisches wie eine Hyperfeinstruktur aussehen (Abb. 2.23).

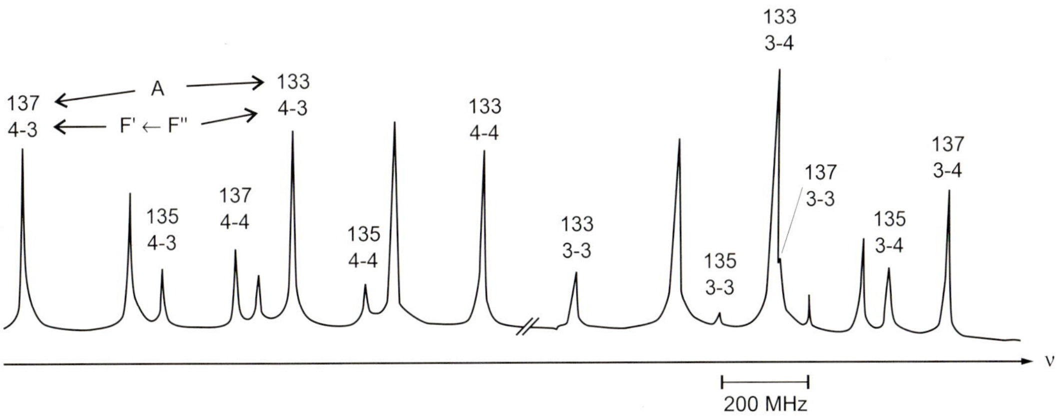

Abb. 2.23. Hyperfeinspektrum mit den Übergängen $F' = J' + I \leftarrow F'' = J'' + I$ der Isotope ^{133}Cs ($I = 7/2$, $QM = e \cdot (-0{,}003$ barn)), ^{135}Cs ($I = 7/2$, $QM = e \cdot 0{,}044$ barn) und ^{137}Cs ($I = 7/2$, $QM = e \cdot 0{,}045$ barn), das aus einer Überlagerung der magnetischen Hyperfeinaufspaltung und der Isotopie-Verschiebungen aufgrund unterschiedlicher Quadrupolmomente QM besteht. Aus H. Gerhardt, E. Matthias, F. Schneider, A. Timmermann: Z. Phys. A **288**, 327 (1978)

In Tabelle 2.5 sind die absoluten Quadrupolmomente einiger Kerne aufgeführt.

In den letzten Jahren wurde eingehend untersucht, ob das Neutron wegen seiner zusammengesetzten Struktur auch ein elektrisches Dipolmoment hat. Die bisherigen Ergebnisse zeigen, daß ein eventuelles elektrisches Dipolmoment des Neutrons kleiner als 10^{-30} Debye $\approx 3 \cdot 10^{-60}$ Cm sein muß.

2.6 Bindungsenergie der Kerne

Wegen der anziehenden Kräfte zwischen den Nukleonen muß man Energie aufwenden, um einen stabilen Kern in seine einzelnen Nukleonen zu zerlegen. Man nennt diese Energie die totale Bindungsenergie E_B des Kerns. Teilt man E_B durch die Gesamtzahl A der Nukleonen im Kern, so erhält man die mittlere Bindungsenergie pro Nukleon $E_\mathrm{b} = E_\mathrm{B}/A$. Wählt man den Zustand der völlig getrennten Nukleonen als den Nullpunkt der potentiellen Energie, so wird die Energie des vereinigten Systems negativ, völlig analog zur Energie gebundener Atomzustände.

Gemäß der Einsteinschen Relation $E = mc^2$ entspricht dieser negativen Bindungsenergie $-E_\mathrm{B}$ ein Massendefekt $\Delta M = E_\mathrm{B}/c^2$ des Kerns gegenüber der Summe der Massen seiner Nukleonen. Die Kernmasse

$$M_\mathrm{K} = \sum m_\mathrm{p} + \sum m_\mathrm{n} - \Delta M$$

ist deshalb um ΔM *kleiner* als die Gesamtmasse seiner freien Nukleonen.

2.6.1 Experimentelle Ergebnisse

Der Massendefekt ΔM kann experimentell bestimmt werden durch genaue Messung von M_K, m_p und m_n. Die Kernmasse M_K wird gemäß (2.8) aus Messungen der Ionenmasse M^+ im Massenspektrometer sehr genau ermittelt, ebenso die Masse m_p des Protons, das ja ein H^+-Ion ist [2.12].

Wesentlich schwieriger zu bestimmen ist die Masse des Neutrons. Man kann sie indirekt durch Rückstoßexperimente messen, bei denen das Neutron mit einem Proton zusammenstößt und dabei eine aus Energie- und Impulssatz berechenbare Energie überträgt. Das Proton erzeugt z. B. in einer Nebelkammer

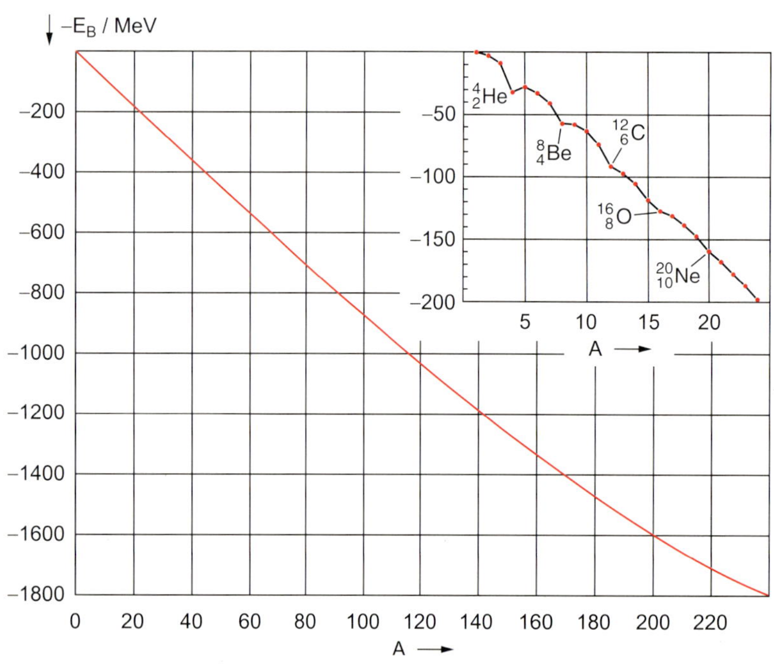

Abb. 2.24. Gesamte Bindungsenergie eines Kernes als Funktion der Massenzahl A;

im Magnetfeld eine sichtbare Spur, aus der sein Impuls bestimmt werden kann. Eine weitere Meßmethode basiert auf der Massendifferenz von Isotopen, die sich um ein Neutron unterscheiden. Dabei muß man allerdings den Unterschied der Bindungsenergien dieser Isotope auf andere Weise ermitteln.

Eine genauere Methode benutzt die Photospaltung des Deuterons, das aus Proton und Neutron besteht (Abschn. 5.1). Mit dieser Methode kann die Bindungsenergie E_B genau gemessen werden, und die Neutronenmasse ergibt sich dann aus

$$m_n = M_d - m_p + E_B/c^2$$

(siehe Tabelle 2.6). Ein neueres Verfahren zur Bestimmung der Neutronenmasse beruht auf der Ablenkung kollimierter Neutronenstrahlen in einem inhomogenen Magnetfeld. Wegen seines magnetischen Momentes μ_n wirkt auf ein Neutron in einem Magnetfeld mit dem Feldgradienten **grad** $\boldsymbol{B}$ die Kraft $\boldsymbol{F} = \boldsymbol{\mu}_n \cdot \mathbf{grad}\, \boldsymbol{B}$. Das magnetische Moment läßt sich in einem Rabi-Experiment aus der Aufspaltung der beiden Zeeman-Komponenten in einem homogenen Magnetfeld mit einer Radiofrequenz-Methode bestimmen (siehe Abschn. 2.5.1).

In Abb. 2.24 sind die durch Messungen bestimmten totalen Bindungsenergien $-E_B(A)$ der Kerne als Funktion ihrer Massenzahl aufgetragen und in Abb. 2.25 die entsprechenden Bindungsenergien pro Nukleon $E_b = E_B/A$. Es ergeben sich im Mittel Werte von $E_b \approx 7$–8 MeV pro Nukleon. Man sieht, daß die

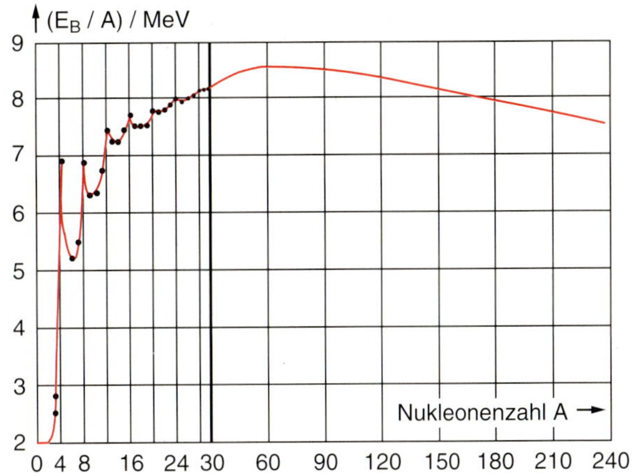

Abb. 2.25. Mittlere Bindungsenergie pro Nukleon als Funktion der Nukleonenzahl

mittlere Bindungsenergie pro Nukleon im mittleren Massenbereich beim Eisenkern mit $A = 56$ ein Maximum hat. Man kann deshalb Energie gewinnen, wenn man entweder leichtere Kerne zu schwereren verschmilzt (*Fusion*) oder schwere Kerne ($A > 56$) in leichtere zerlegt (*Kernspaltung*).

Der untere Teil der Kurve $E_B(A)$ ist in Abb. 2.24 in gespreizter Form dargestellt, um die starken Schwankungen von $E_b(A)$ bei den leichten Kernen besser sichtbar zu machen. Man erkennt, daß z. B. der Heliumkern $^4_2$He, der Berylliumkern $^8_4$Be und der Kohlenstoffkern $^{12}_6$C eine besonders große Bindungsenergie besitzen. Der Grund für diese Variation von $E_b(A)$ wird in Abschn. 2.6.3 diskutiert.

Wenn man alle bekannten Kerne in einem Diagramm mit der Protonenzahl Z als Ordinate und der Neutronenzahl N als Abszisse (***Nuklidkarte***) aufträgt (Abb. 2.26), so fällt auf, daß die stabilen leichten Kerne auf der Geraden $Z = N$ liegen, während bei schwereren stabilen Kernen die Neutronenzahl immer mehr überwiegt. Die Grund für die größere Neutronenzahl bei schwereren Kernen liegt in der abstoßenden weitreichenden Coulombkraft zwischen den Protonen, die sich der anziehenden kurzreichweitigen Kernkraft überlagert und die Bindungsenergie vermindert, während das Pauliprinzip den Grund liefert für gleiche Protonen- und Neutronenzahlen bei leichten Kernen. Wir wollen uns dies etwas näher ansehen.

Tabelle 2.6. Massen (in atomaren Masseneinheiten), Gesamtbindungsenergie E_B und mittlere Bindungsenergie E_B/A pro Nukleon (in MeV) für einige Kerne

Kern	Masse/AME	E_B/MeV	E_B/A/MeV
$^2_1$H	2,014	2,225	1,112
$^3_1$H	3,016	8,482	2,827
$^4_2$He	4,003	28,295	7,074
$^7_3$Li	7,016	39,245	5,606
$^{12}_6$C	12,000	92,161	7,68
$^{16}_8$O	15,995	127,617	7,976
$^{35}_{17}$Cl	5,453	298,20	8,520
$^{57}_{26}$Fe	56,935	499,90	8,77
$^{238}_{92}$U	38,051	801,72	7,58

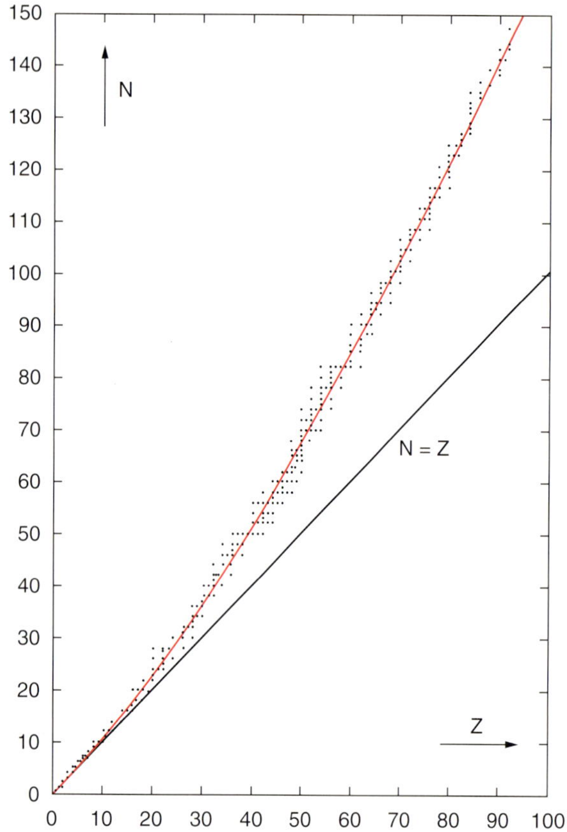

Abb. 2.26. Neutronenzahl stabiler Kerne als Funktion der Protonenzahl Z

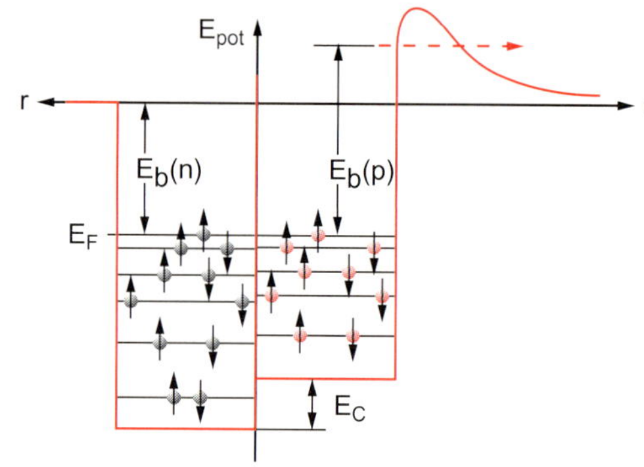

Abb. 2.28. Vergleich der Potentiale für Neutronen und Protonen mit Energieniveaus, Fermi-Energie E_F, Coulomb-Abstoßungsenergie E_C und Bindungsenergie E_b eines Neutrons

2.6.2 Nukleonenkonfiguration und Pauliprinzip

In einem einfachen Modell beschreiben wir die anziehenden Kernkräfte durch ein Kastenpotential der Breite a (Abb. 2.27). Wie in Bd. 3, Abschn. 4.3 und 13.1 gezeigt wurde, erhält man für die stationären Energieniveaus von Teilchen in einem dreidimensionalen Kastenpotential mit $r = a$ als Lösungen der stationären Schrödinger-Gleichung

$$E_n = \frac{\hbar^2}{2m} k_n^2 \quad \text{mit} \quad k_n = n \cdot \pi / a \,, \tag{2.29}$$

wobei $\hbar k = h/\lambda$ der Betrag des Impulses der Nukleonen mit der de-Broglie-Wellenlänge λ ist (Abb. 2.27). Da Protonen und Neutronen beide den Spin $I = \frac{1}{2}\hbar$ haben, sind sie Fermionen und gehorchen dem Pauli-Prinzip. Dies bedeutet, daß jedes Energieniveau höchstens von je zwei Protonen und zwei Neutronen mit antiparallelem Spin besetzt werden kann. Da zwischen den Protonen zusätzlich noch die abstoßende Coulomb-Kraft wirkt, liegen ihre Energieniveaus um die Coulomb-Abstoßungsenergie E_C höher als die der Neutronen (Abb. 2.28).

Die Niveaus werden bis zur Fermigrenze E_F besetzt. Um ein Nukleon vom Kern zu entfernen, braucht man für Neutronen die Energie $E_\mathrm{b}(\mathrm{n})$. Für Protonen muß man noch die Coulomb-Barriere überwinden, so daß man im allgemeinen eine größere Energie $E_\mathrm{b}(\mathrm{p})$ braucht.

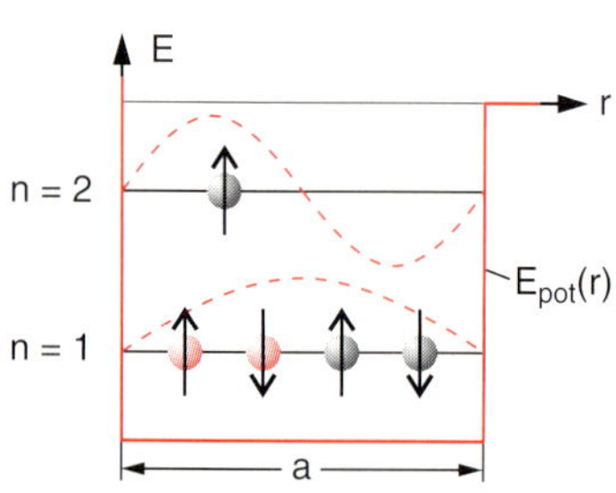

Abb. 2.27. Kastenpotential mit Energieniveaus $n = 1$ und $n = 2$ für Protonen und Neutronen

Man beachte:

Das Potential ist tiefer, als es der Bindungsenergie entspricht, weil die Nukleonen auf Grund der Unschärferelation wegen ihrer räumlichen Begrenzung eine große positive kinetische Energie besitzen. Völlig analog zu den Elektronen im Metall ist die Austrittsarbeit $W_\mathrm{a} = E_\mathrm{b} = -E_\mathrm{pot} - E_\mathrm{F}$.

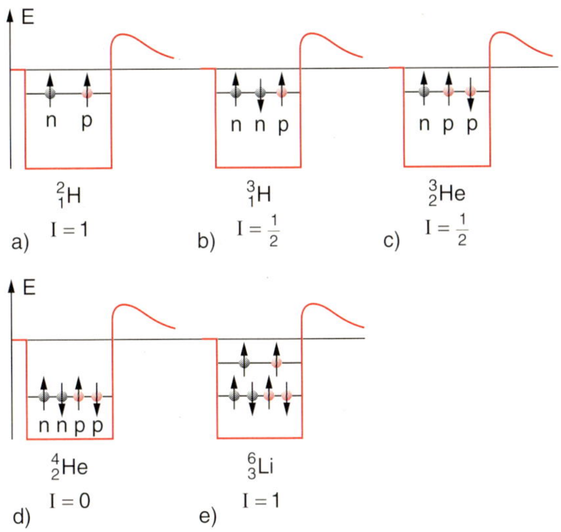

Abb. 2.29a–e. Zum Nukleonenaufbau der leichten Atomkerne nach dem Pauliprinzip

Wir können jetzt, ganz analog zum Aufbau der Elektronenhüllen der Atome, den Aufbau der Atomkerne für die chemischen Elemente und ihre Isotope gemäß dem Pauliprinzip verfolgen.

Das tiefste Energieniveau ($n = 1$) unserer Kastenpotentiale für Protonen und Neutronen enthält beim Deuteron ein Proton und ein Neutron. Wie in Abschn. 5.1 gezeigt wird, ist die Bindungsenergie größer, wenn Proton und Neutron parallelen Spin haben, so daß der Grundzustand des Deuterons den Kernspin $I = 1 \cdot \hbar$ hat (Abb. 2.29a, siehe die analoge Diskussion beim Helium-Triplett-Zustand in Bd. 3, Abschn. 6.1). Beim Tritiumkern $^3_1$H, der aus zwei Neutronen und einem Proton besteht, müssen die beiden Neutronen im Grundzustand antiparallelen Spin haben. Der Kernspin muß also $I = 1/2$ sein. Analoges gilt für $^3_2$He.

Beim Heliumkern $^4_2$He können die zwei Neutronen und die zwei Protonen alle im tiefsten Zustand sein, wenn sie jeweils antiparallelen Spin haben, so daß der Kernspin des Heliums Null sein muß, in Übereinstimmung mit dem Experiment (Abb. 2.29d). Da wegen der anziehenden Kernkräfte zwischen den vier Nukleonen die Potentialtopftiefe größer ist als beim $^2_1$D oder beim $^3_2$He, hat die Bindungsenergie E_b pro Nukleon ein Maximum beim $^4_2$He-Kern (Abb. 2.24 und Abb. 2.25).

Wird ein fünftes Nukleon eingebaut, so muß dieses ein höheres Energieniveau besetzen. Es zeigt sich, daß seine Bindungsenergie kleiner ist als seine kinetische Energie, d. h. der dabei entstehende Kern ist nicht stabil. Ist dieses Nukleon ein Neutron, so entsteht das instabile Isotop $^5_2$He, das durch Neutronenemission in etwa $2 \cdot 10^{-21}$ s in das stabile Isotop $^4_2$He übergeht. Baut man ein Proton als fünftes Nukleon ein, so entsteht das instabile Isotop $^5_3$Li, das durch Protonenemission in $^4_2$He übergeht:

$$^5_2\mathrm{He} \xrightarrow[\mathrm{n}]{2\cdot 10^{-21}\,\mathrm{s}} {}^4_2\mathrm{He}\,, \quad {}^5_3\mathrm{Li} \xrightarrow[\mathrm{p}]{10^{-21}\,\mathrm{s}} {}^4_2\mathrm{He}\,.$$

Fügt man jedoch zum $^4_2$He-Kern ein Proton und ein Neutron, so können beide Nukleonen auf dem zweiten Energieniveau mit parallelem Spin untergebracht werden, die Bindungsenergie pro Nukleon wird größer, als wenn nur ein Nukleon in diesem Niveau ist, und es entsteht das stabile Isotop $^6_3$Li (Abb. 2.29e).

2.6.3 Tröpfchenmodell und Bethe-Weizsäcker-Formel

Die homogene Dichte im Kern legt es nahe, den Kern mit einem Flüssigkeitströpfchen zu vergleichen, bei dem der Hauptteil der Wechselwirkung zwischen den nächsten Nachbarn auftritt.

Um den genauen Verlauf der Bindungsenergie $E_B(A)$ als Funktion der Massenzahl und ihren unterschiedlichen Wert für verschiedene Isotope zu verstehen, wollen wir die einzelnen Beiträge zur Bindungsenergie näher diskutieren. Ein zuerst von *Carl Friedrich von Weizsäcker* (*1912) aufgestelltes Modell, das den Kern wie ein Flüssigkeitströpfchen behandelt, geht davon aus, daß sich die gesamte Bindungsenergie additiv aus fünf verschiedenen Anteilen zusammensetzt:

1. Weil die anziehenden Kernkräfte sehr kurzreichweitig sind, wird in diesem Modell angenommen, daß der Hauptanteil zur Bindung *eines* Nukleons durch die Wechselwirkung mit seinen unmittelbar nächsten Nachbarn zustande kommt. Deshalb sollte zumindest bei größeren Kernen die Bindungsenergie E_b pro Nukleon unabhängig von der Gesamtzahl der Nukleonen und die gesamte Bindungsenergie proportional zur Nukleonenzahl sein. Dies erklärt auch die beobachtete konstante Nukleonendichte (siehe (2.9)), wonach das Kernvolumen $V \sim A$ proportional zur Nukleonenzahl

$A = Z + N$ ist. Man bezeichnet daher diesen Anteil

$$E_{B_1} = +a_V \cdot A$$

zur Bindungsenergie auch als ***Volumenanteil***.

2. Für Nukleonen an der Oberfläche des Kerns ist die Bindungsenergie kleiner, weil dort ein Teil der nächsten Nachbarn fehlt. Da die Oberfläche proportional zu R^2 und damit wegen der konstanten Nukleonendichte auch proportional zu $A^{2/3}$ ist, schreiben wir diesen die gesamte Bindungsenergie verringernden Anteil:

$$E_{B_2} = -a_S \cdot A^{2/3} .$$

3. Der dritte Anteil zur Bindungsenergie hängt mit dem bereits oben diskutierten Pauli-Prinzip für Nukleonen als Fermionen zusammen. Aus einer Darstellung wie in Abb. 2.28 für die Besetzung der tiefsten Energieniveaus mit Protonen und Neutronen sieht man, daß bei gegebener Gesamtzahl A aller Nukleonen die Fermi-Energie minimal wird für gleiche Protonen- und Neutronenzahlen, d. h. für $Z = N$. Die Erhöhung der Fermi-Energie und damit die Verringerung der Bindungsenergie gegenüber der Konfiguration $Z = N = A/2$ muß proportional zu $(Z - A/2)^2$ sein, da jedes Energieniveau E_n maximal mit zwei Protonen bzw. Neutronen besetzt werden kann, und die Erhöhung der Fermi-Energie, die nach Bd. 3, Abschn. 13.1.2 durch

$$E_F = \frac{\hbar^2}{2m} \cdot (3\pi^2 A/V)^{2/3} \quad \text{mit} \quad A = Z + N$$

gegeben ist, unabhängig vom Vorzeichen von $(Z - A/2)$ ist. Wir erhalten daher einen Anteil

$$E_{B_3} = -a_F (Z - A/2)^2 ,$$

der die Bindungsenergie verringert und der Null wird für $Z = N$.

4. Die Coulomb-Abstoßung zwischen den Protonen verringert ebenfalls die Bindungsenergie. Analog zur Herleitung der Gravitationsenergie einer Kugel (siehe Bd. 1, Abschn. 2.9.5) kann die elektrostatische Energie einer homogenen kugelsymmetrischen Ladungsverteilung mit der Gesamtladung $Q = Z \cdot e$ und dem Radius R folgendermaßen erhalten werden (Abb. 2.30):

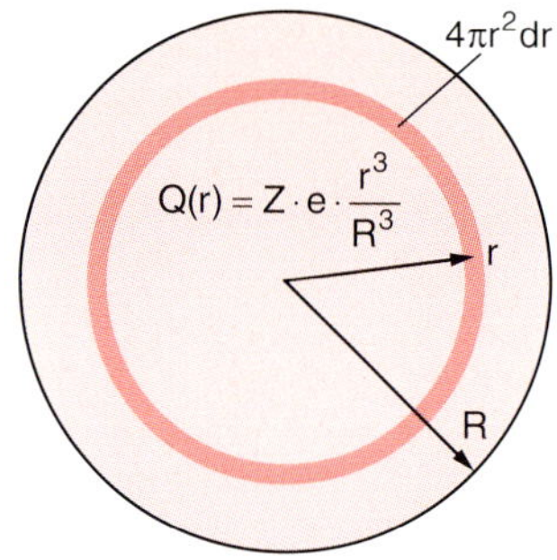

Abb. 2.30. Zur Herleitung der Coulomb-Abstoßungsenergie

Die potentielle Energie einer Probeladung q im elektrischen Feld einer kugelsymmetrischen Ladungsverteilung $\varrho_e(r)$ ist an der Oberfläche einer geladenen Kugel mit Radius r:

$$E_{pot}(r) = \frac{q}{4\pi \cdot \varepsilon_0} \cdot \frac{Q(r)}{r} \tag{2.30}$$

mit

$$Q(r) = 4\pi \int_0^r \varrho_e(r)\, r^2 \,\mathrm{d}r .$$

Für die homogene Ladungsverteilung im Kern mit dem Radius R und der Gesamtladung $Z \cdot e$ gilt

$$Q(r) = \frac{r^3}{R^3} \cdot Z \cdot e \quad \text{und} \quad \varrho_e = \frac{Z \cdot e}{\frac{4}{3}\pi \cdot R^3} . \tag{2.31}$$

Die potentielle Energie einer Kugelschale mit der Ladung $q = 4\pi \cdot r^2 \cdot \varrho_e \,\mathrm{d}r$ ist dann nach (2.30)

$$E_{pot} = \frac{\varrho}{\varepsilon_0} \cdot Q(r) \cdot r^2 \,\mathrm{d}r .$$

Einsetzen von (2.31) und Integration über r liefert die gesamte Coulomb-Abstoßungsenergie:

$$E_C = \frac{3Z^2 e^2}{4\pi \cdot \varepsilon_0 R^6} \cdot \int_0^R r^4 \,\mathrm{d}r = \frac{3Z^2 \cdot e^2}{5 \cdot 4\pi \cdot \varepsilon_0 \cdot R} . \tag{2.32}$$

Mit $R = r_0 \cdot A^{1/3}$ erhalten wir daraus den die Bindungsenergie vermindernden Anteil

$$E_{B_4} = -a_C \cdot \frac{Z^2}{A^{1/3}} \tag{2.33}$$

mit

$$a_C = \frac{3}{5} \cdot \frac{e^2}{4\pi \cdot \varepsilon_0 \cdot r_0} .$$

5. Wir hatten oben schon gesehen, daß g-g-Kerne mit geradem Z und geradem N stabil sind, weil sich jeweils zwei Protonen bzw. Neutronen mit antiparallelem Spin paaren und damit dasselbe Energieniveau besetzen können. Dagegen sind u-u-Kerne weniger stabil, weil jeweils ein ungepaartes Proton und Neutron vorliegt. Wir schreiben diesen, die Bindungsenergie vergrößernden bzw. verkleinernden „Paarungsanteil" als

$$E_{B_5} = a_p \cdot A^{-1/2} \cdot \delta \tag{2.34}$$

mit

$$\delta = \begin{cases} +1 & \text{für g-g-Kerne} \\ 0 & \text{für g-u-, u-g-Kerne}, \\ -1 & \text{für u-u-Kerne} \end{cases}$$

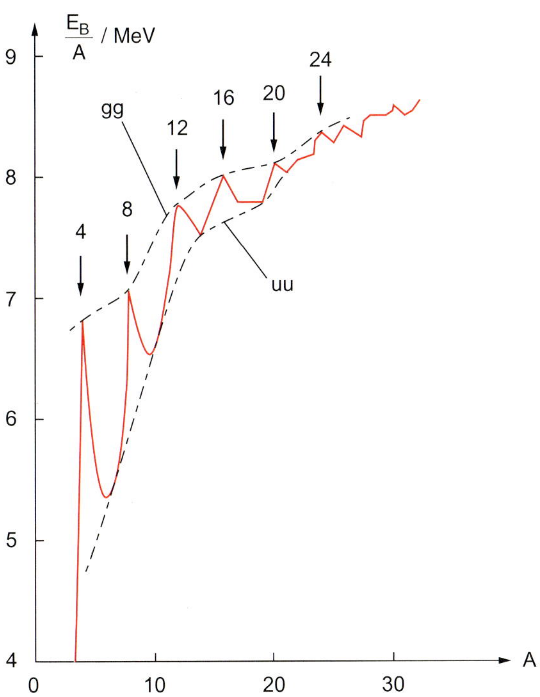

Abb. 2.31. Unterschiede in der mittleren Bindungsenergie pro Nukleon für g-g- und u-u-Kerne

wobei die Abhängigkeit $A^{-1/2}$ rein empirisch eingeführt wurde zur Anpassung der Bindungsenergien von g-g- bzw. u-u-Kernen an die experimentell gefundene Differenz (Abb. 2.31)

$$E_B^{gg}(A) - E_B^{uu}(A) .$$

Faßt man diese fünf Beiträge zur Kernbindungsenergie zusammen, erhält man die ***Bethe-Weizsäcker-Formel*** für die gesamte Bindungsenergie eines Kerns mit der Massenzahl A, der Protonenzahl Z und der Neutronenzahl $N = A - Z$:

$$\boxed{\begin{aligned} E_B &= \Delta M \cdot c^2 \\ &= a_V A - a_S A^{2/3} - a_F (Z - A/2)^2 \\ &\quad - a_C Z^2 \cdot A^{-1/3} + \delta \cdot a_p A^{-1/2} \end{aligned}} \; . \tag{2.35}$$

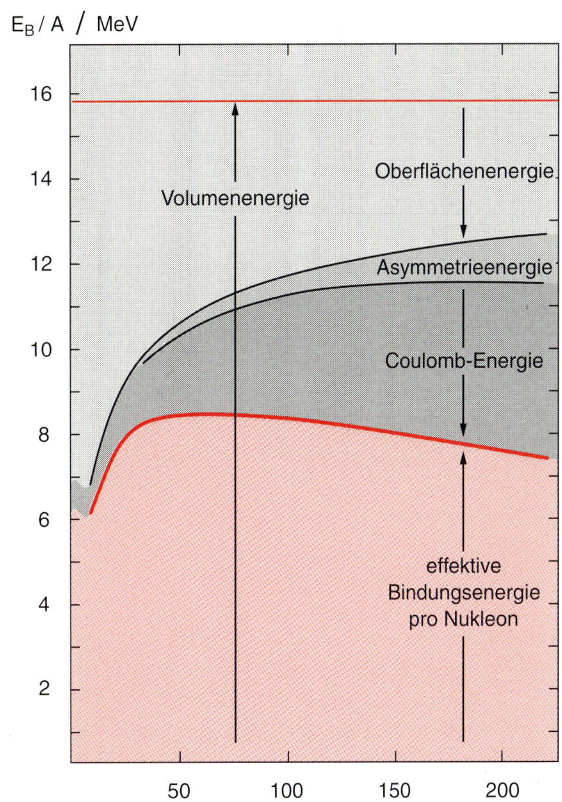

Abb. 2.32. Die verschiedenen Beiträge zur Bindungsenergie der Kerne

Die Konstanten in (2.35) sind ursprünglich als Fitkonstanten betrachtet worden, die aus einer Anpassung der Kurve (2.35) an die gemessenen Werte der Bindungsenergien $E_B(A)$ (Abb. 2.24) erhalten wurden. Ihre empirischen Werte sind

$$a_V = 15{,}84\,\text{MeV}\,, \tag{2.36a}$$
$$a_S = 18{,}33\,\text{MeV}\,, \tag{2.36b}$$
$$a_F = 23{,}2\,\text{MeV}\,, \tag{2.36c}$$
$$a_C = 0{,}714\,\text{MeV}\,, \tag{2.36d}$$
$$a_p = 11{,}2\,\text{MeV}\,. \tag{2.36e}$$

Erst nachdem ein wesentlich detaillierteres Verständnis der Kernstruktur erreicht wurde (Kap. 5), kann man inzwischen die Werte dieser Konstanten auch aus theoretischen Überlegungen herleiten. In Abb. 2.32 sind die verschiedenen Beiträge zur Bindungsenergie graphisch dargestellt.

Die Gesamtmasse M eines Kerns ${}^A_Z\mathrm{X}$ ist dann

$$M_K(A, Z) = Z \cdot m_p + (A - Z)\, m_n - E_B/c^2 \tag{2.37a}$$

und die des neutralen Atoms

$$M_a(A, Z) = M_K(A, Z) + Z \cdot m_e - E_B^{el}\,, \tag{2.37b}$$

wobei die Bindungsenergie E_B^{el} der Elektronen klein ist gegen die anderen Terme in (2.37b).

ZUSAMMENFASSUNG

- Die Kernladung Z kann aus den Wellenzahlen der charakteristischen Röntgenstrahlung bestimmt werden. Für die Wellenzahlen atomarer Übergänge zwischen Niveaus mit den Hauptquantenzahlen gilt das Moseleysche Gesetz:

  $$\overline{\nu} = Ry \cdot (Z - S)^2 \left(\frac{1}{n_1^2} - \frac{1}{n_2^2} \right),$$

  wobei Ry die Rydbergkonstante und S die Abschirmkonstante ist. Für $n_1 = 1$ wird $S \approx 1$.
- Kernradien können aus Streuexperimenten ermittelt werden. Für Kerne mit der Massenzahl A ergibt sich $R_K = r_0 \cdot \sqrt[3]{A}$. Die Konstante r_0 hängt etwas ab von der Dichteverteilung. Für das Modell der harten Kugel wird $r_0 \approx 1{,}3 \cdot 10^{-15}\,\text{m} = 1{,}3\,\text{fm}$.
- Die Massendichte der Kernmaterie ist etwa $\varrho_m \approx 10^{17}\,\text{kg/m}^3$ und damit um 13–14 Größenordnungen größer als die Dichte von Festkörpern.
- Ein Kern ${}^A_Z\mathrm{X}$ besteht aus Z Protonen und $(A - Z)$ Neutronen.
- Proton und Neutron haben einen Kernspin

  $$\boldsymbol{I} = \sqrt{I(I+1)}\,\hbar \quad \text{mit} \quad I = 1/2$$

  und ein magnetisches Moment

  $$\mu_p = +2{,}79\,\mu_K\,, \quad \mu_n = -1{,}91\,\mu_K,$$

  wobei $\mu_K = 5{,}05 \cdot 10^{-27}\,\text{J/T} = (1/1836)\,\mu_B$ das Kernmagneton ist.
- Der Kernspin $\boldsymbol{I}$ eines Kerns ${}^A_Z\mathrm{X}$ ist die Vektorsumme der Protonen- und Neutronenspins und eventuell vorhandener Bahndrehimpulse der Nukleonen.
- Kerne mit $\boldsymbol{I} \neq \boldsymbol{0}$ haben ein magnetisches Dipolmoment, solche mit $I \geq 1$ auch ein elektrisches Quadrupolmoment.
- Der Aufbau der Kerne aus Nukleonen läßt sich, genau wie der Aufbau der Elektronenhüllen der Atome im Periodensystem, mit Hilfe des Pauli-Prinzips, das zu einem Schalenmodell des Kerns führt, verstehen.
- Die Bindungsenergie eines Kerns ist die Summe aus der negativen potentiellen Energie und der positiven kinetischen Energie der Nukleonen im Kern, die sie auf Grund des Unschärferelation und des Pauli-Prinzips haben.
- Die Bindungsenergie der Nukleonen im Kern wird durch die anziehenden Kernkräfte bewirkt und durch die abstoßende Coulomb-Kraft zwischen den Protonen vermindert. Deshalb haben schwerere Kerne mehr Neutronen als Protonen. Die mittlere Bindungsenergie pro Nukleon hat ein Maximum von $E_B/A \approx 8{,}7\,\text{MeV}$ beim Eisen $(A = 56)$ und fällt sowohl für $A > 56$ als auch für $A < 56$ ab.

ÜBUNGSAUFGABEN

1. Wie nahe kommt ein α-Teilchen mit der Energie $E_{kin} = 50$ MeV dem Zentrum des Goldkerns
   a) beim zentralen Stoß?
   b) bei einem Ablenkwinkel $\vartheta = 60°$, wenn man ein reines Coulombpotential annimmt?
   c) Bei welchem Ablenkwinkel ϑ weicht die Streuung von der Coulombstreuung ab, wenn der Kernradius des Goldkerns $R_K = 6{,}5 \cdot 10^{-15}$ m ist?
2. α-Teilchen mit einer Energie $E = 5$ MeV werden auf eine Goldfolie der Dicke $d = 10^{-7}$ m geschossen ($\varrho_{Au} = 19{,}32\,\mathrm{g/cm^3}$). Welcher Bruchteil der α-Teilchen wird um einen Winkel $\vartheta \geq 90°$ abgelenkt?
3. Man berechne das mittlere Radiusquadrat $\langle r^2 \rangle$ in (2.11) für die kugelsymmetrischen Massendichteverteilungen $\varrho_m(r)$ mit $M = \int \varrho \cdot 4\pi r^2\,\mathrm{d}r$
   a) $\varrho_m(r) = \varrho_0\,(1 - ar^2)\,, \quad 0 \leq r \leq 1/\sqrt{a} = R_0$
   b) $\varrho_m(r) = \varrho_0 \cdot \mathrm{e}^{-r/a}\,, \quad 0 \leq r \leq \infty\,.$
4. Neutronen mit der kinetischen Energie $E_{kin} = 15$ MeV werden an Bleikernen gestreut. Bei welchem Winkel ϑ tritt das erste Beugungsminimum auf?
5. a) Wie groß wäre auf Grund des Pauli-Prinzips die minimale Energie von $(A - Z)$ Elektronen, die in einem Kugelvolumen mit Radius R eingeschlossen sind?
   b) Wie groß wäre ihre potentielle Energie, wenn sich außerdem Z Protonen im selben Kugelvolumen befinden?
   Zahlenwerte: α) $R = 1{,}8 \cdot 10^{-15}$ m, $A = 4$, $Z = 2$; β) $R = 6{,}5 \cdot 10^{-15}$ m, $A = 200$, $Z = 80$.
6. Ein Deuteriumkern ${}^2_1$H mit der Bindungsenergie $E_B = -2{,}2$ MeV werde mit γ-Quanten der Energie $h \cdot \nu = 2{,}5$ MeV beschossen. Wie groß sind Energie und Geschwindigkeit des bei der Spaltung entstehenden Protons? Wie groß muß die Magnetfeldstärke B eines Sektorfeldes von 60° sein, um das Proton auf der Sollbahn mit $R = 0{,}1$ m zu führen? In welcher Entfernung von der als punktförmig angesehenen Deuteronquelle werden die Protonen wieder fokussiert?
7. Das magnetische Moment des Protons ist $\mu_p = 2{,}79\,\mu_K$, das des Neutrons $\mu_n = -1{,}91\,\mu_K$. Der Kernspin des Deuterons ist $1 \cdot \hbar$. Wie groß ist das Verhältnis der Hyperfein-Aufspaltungen im $1\,{}^2S_{1/2}$-Zustand der beiden Isotope ${}^1_1$H und ${}^2_1$H?
8. Wie groß ist die Verschiebung der Lyman-α-Linie im ${}^2_1$H-Atom gegenüber dem ${}^1_1$H-Atom
   a) auf Grund des Massendefektes,
   b) auf Grund des Quadrupolmomentes $QM\,({}^2_1\mathrm{H}) = 4{,}5 \cdot 10^{50}\,\mathrm{C \cdot m^2}$, wenn man die Verschiebung des $2\,{}^2P$-Terms vernachlässigt?
9. Zeigen Sie, daß das innere Quadrupolmoment einer Ladungsverteilung, die einem Rotationsellipsoid mit den Achsen a und b entspricht, durch $QM = 2/5\,Ze \cdot (a^2 - b^2)$ beschrieben werden kann oder durch $QM = 4/5\,Ze \cdot \overline{R}^2 \cdot \delta$, mit $a = \overline{R} + 1/2\,\Delta R$, $b = \overline{R} - 1/2\,\Delta R$, $\delta = \Delta R/\overline{R}$.
10. Ein Kern mit der Ladungszahl Z habe eine kugelsymmetrische homogene Ladungsverteilung. Wie groß ist bei einem Kugelradius R_K die positive Coulombenergie? Vergleichen Sie für $Z = 80$ und $R_K = 7$ fm die Energieniveaus von Protonen und Neutronen im Kern. Wie groß ist ihre Energiedifferenz?

3. Instabile Kerne, Radioaktivität

Da zu jeder Kernladungszahl im allgemeinen mehrere Isotope vorkommen, gibt es insgesamt mehr als tausend verschiedene Kerne. Dabei unterscheiden wir *stabile* Kerne, die sich nicht von selbst in andere Kerne umwandeln, und *instabile* Kerne, die nach einer endlichen Lebensdauer durch Aussendung von α-Teilchen, Elektronen oder Positronen oder auch durch Spaltung in andere Kerne übergehen. Beispiele für instabile Kerne sind die natürlich vorkommenden radioaktiven Elemente Radium, Uran sowie die künstlich erzeugten Transurane und viele weitere instabile Isotope. Abbildung 3.1 zeigt einen Ausschnitt aus der *Karls-*

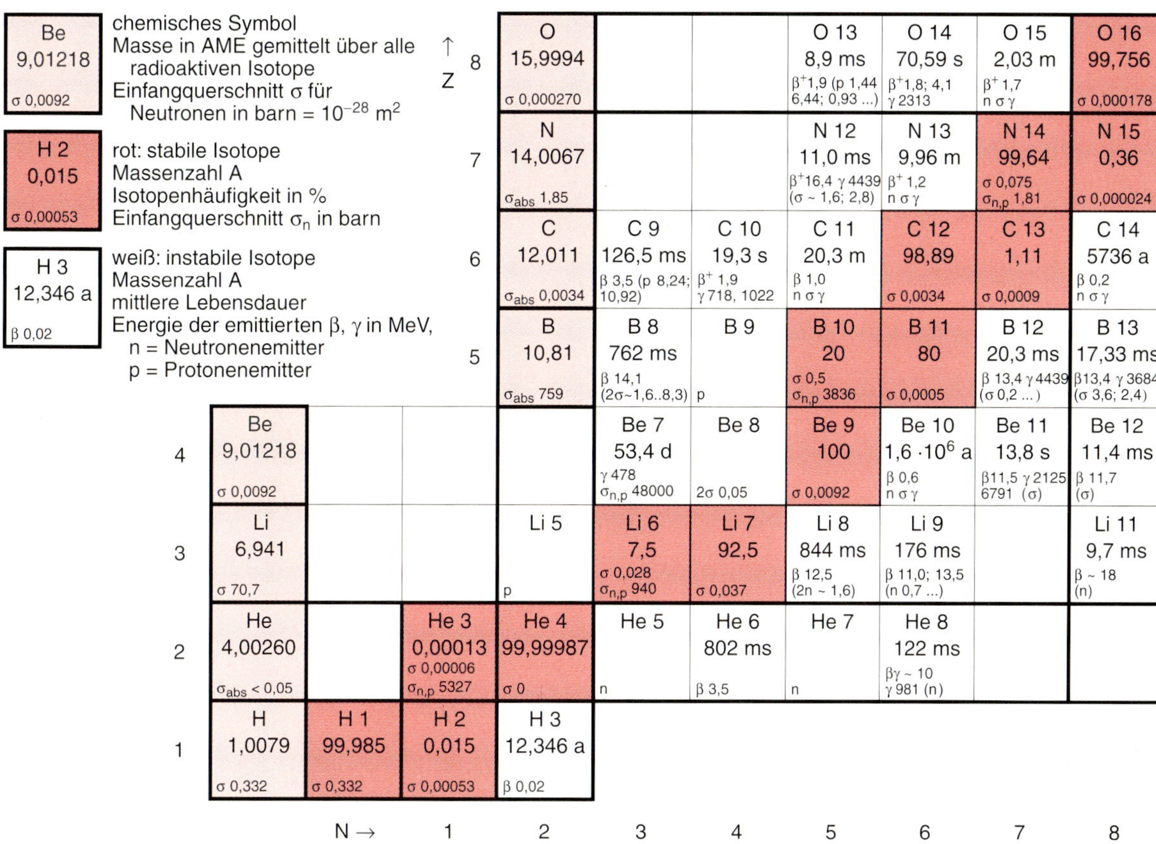

Abb. 3.1. Ausschnitt aus der Karlsruher Nuklidkarte. Die stabilen Isotope sind rot unterlegt. Oberhalb der stabilen Isotope finden sich β^+-Strahler, unterhalb β^--Strahler. Angegeben sind die Halbwertszeiten und die Maximalenergien der emittierten β- und γ-Strahlen. (Kernforschungszentrum Karlsruhe)

ruher Nuklidkarte, in der alle stabilen und instabilen Kerne mit ihren Halbwertszeiten, hauptsächlichen Zerfallsarten und den Energien der ausgesandten Partikel eingetragen sind.

Wir wollen jetzt Kriterien für die Stabilität eines Kernes behandeln, d. h. nach Gesetzmäßigkeiten suchen, die angeben, wann ein Kern instabil ist und wie er dann zerfällt.

3.1 Stabilitätskriterien; Stabile und instabile Kerne

Ein Kern ${}^{A}_{Z}\mathrm{X}$ kann prinzipiell nur dann spontan unter Aussendung von α-, β^+-, β^-- oder γ-Strahlung, oder auch durch Kernspaltung in einen anderen Kern ${}^{A'}_{Z'}\mathrm{Y}$ übergehen, wenn seine Masse größer ist als die Summe der Massen der Reaktionsprodukte, d. h. wenn gilt:

$$M\left({}^{A}_{Z}\mathrm{X}\right) \geq M\left({}^{A'}_{Z'}\mathrm{Y}\right) + M_2\,, \tag{3.1}$$

wobei M_2 die Masse des ausgesandten α-Teilchens, des Elektrons bzw. Positrons oder des zweiten Spaltproduktes ist. Im Falle der Emission eines γ-Quants der Energie $h \cdot \nu$ ist $M_2 = h \cdot \nu / c^2$.

Die spontane Reaktion ${}^{A}_{Z}\mathrm{X} \rightarrow {}^{A'}_{Z'}\mathrm{Y}_1 + {}^{A-A'}_{Z-Z'}\mathrm{Y}_2$ muß also exotherm sein.

Gleichung (3.1) ist eine notwendige, aber nicht hinreichende Bedingung. Selbst wenn (3.1) erfüllt ist, kann die spontane Umwandlung durch die Potentialbarriere (Abb. 3.2) oder durch Symmetriebedingungen (*Auswahlregeln*) verhindert werden.

BEISPIEL

Ein Kern kann ein α-Teilchen aussenden, wenn gilt:

$$\Delta M = m(Z, A) - m_1(Z-2, A-4) - m_\alpha > 0\,.$$

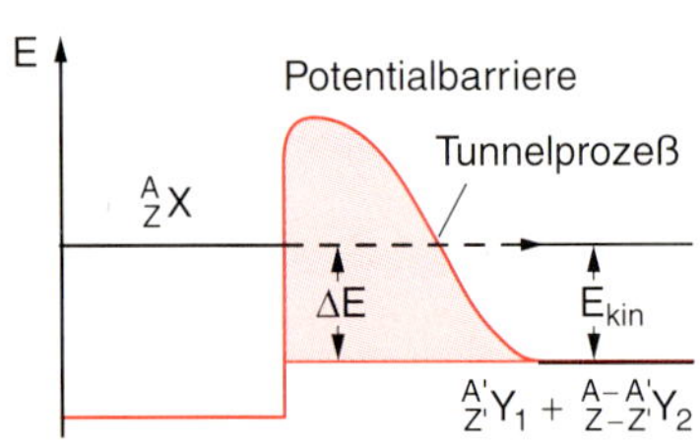

Abb. 3.2. Unterdrückung eines energetisch möglichen Kernzerfalls durch eine Potentialbarriere

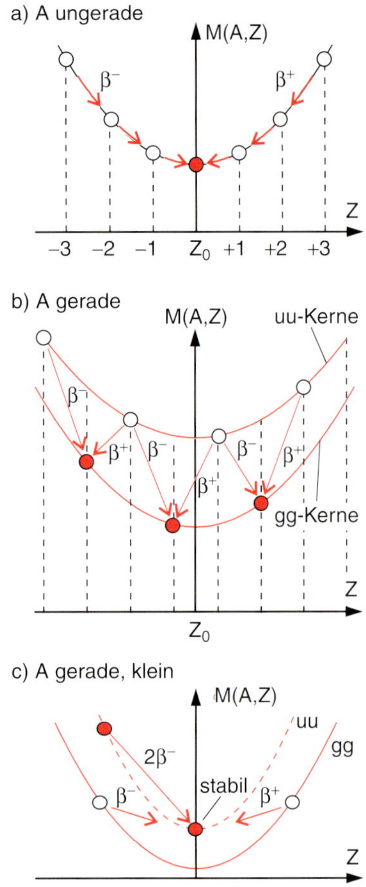

Abb. 3.3a–c. Massenabhängigkeit $M(Z)$ für Kerne mit gleicher Nukleonenzahl (Isobaren) (**a**) für ungerades A; (**b**) für gerades A und ihre energetisch möglichen Zerfälle in stabile Kerne (*rot*); (**c**) für leichte Kerne

Die kinetische Energie der Bruchstücke ist dann $E_{\mathrm{kin}} = \Delta M \cdot c^2$. Sie teilt sich wegen der Impulserhaltung im Verhältnis der Massen auf die beiden Bruchstücke auf, d. h.

$$E_{\mathrm{kin}}(m_\alpha) = \frac{m_1}{m_\alpha} \cdot E_{\mathrm{kin}}(m_1)\,.$$

Auf Grund der Potentialbarriere kann diese Emission jedoch sehr unwahrscheinlich werden, obwohl $\Delta M > 0$, d. h. $E > 0$. Ein solcher instabiler Kern kann daher sehr lange leben (z. B. $> 10^6$ Jahre) und nur durch einen Tunnelprozeß durch die Barriere zerfallen (siehe Abschn. 3.3).

Aus der Bethe-Weizsäcker-Formel (2.35) lassen sich einige wichtige Gesetzmäßigkeiten für Stabilitätskriterien ableiten:

Zuerst betrachten wir die Massenabhängigkeit $M(A, Z)$ innerhalb einer Isobarenreihe mit $A = \text{const}$ für gerade und ungerade Massenzahlen A (Abb. 3.3). Aus (2.35) folgt, daß die Bindungsenergie pro Nukleon quadratisch von der Kernladung Z abhängt. Für ungerades A (g-u-Kerne) gibt es nur eine Parabel, mit dem Minimum bei $Z = Z_0$ (Abb. 3.3a), für gerades A dagegen wegen des letzten Terms $\delta \cdot a_p A^{-1/2}$ in (2.35) zwei, je eine für g-g- bzw. u-u-Kerne (Abb. 3.3b).

Kerne mit $Z < Z_0$ können unter β^--Emission in Kerne mit größerem Z, solche mit $Z > Z_0$ durch β^+-Emission in Kerne mit kleinerem Z übergehen, weil dabei ihre Masse kleiner, d. h. ihre Bindungsenergie größer wird. Bei vorgegebener ungerader Massenzahl A gibt es daher nur *ein* stabiles Isobar mit $Z = Z_0$, während für ungerades A mehrere stabile Isobare möglich sind.

Aus (2.37) ergibt sich die Kernladungszahl Z_0, für welche die Masse $M(Z, A = \text{const})$ minimal wird, durch die Bedingung

$$\left(\frac{\partial M_a(A, Z)}{\partial Z}\right)_{A=\text{const}} = 0\,, \tag{3.2a}$$

wobei wir hier Z als kontinuierliche Variable ansehen. Daraus erhalten wir den (nicht notwendig ganzzahligen) Wert

$$Z_{\text{min}} = \frac{A}{2}\,\frac{(m_n - m_p - m_e)\cdot c^2 + a_F}{a_F + a_C \cdot A^{2/3}}\,. \tag{3.2b}$$

Setzt man die Zahlenwerte ein, so ergibt sich

$$Z_{\text{min}} = \frac{A}{1{,}972 + 0{,}015 \cdot A^{2/3}}\,. \tag{3.2c}$$

Der Kern aus der Isobarenreihe $A = \text{const}$, dessen Kernladungszahl Z_0 am nächsten bei Z_{min} liegt, hat minimale Masse und sollte daher maximale Stabilität haben. Trägt man diese Werte Z_0 in einem Diagramm Z gegen $N = A - Z$ auf, so ergibt sich die Kurve höchster Stabilität in Abb. 3.4, die in der Tat mit der experimentell gefundenen Nuklidkarte aller stabilen Kerne in Abb. 3.1 gut übereinstimmt. Oberhalb der Kurve können die Kerne durch β^+-Emission zerfallen, unterhalb durch β^--Emission.

Die experimentelle Suche nach stabilen Kernen brachte das Ergebnis:

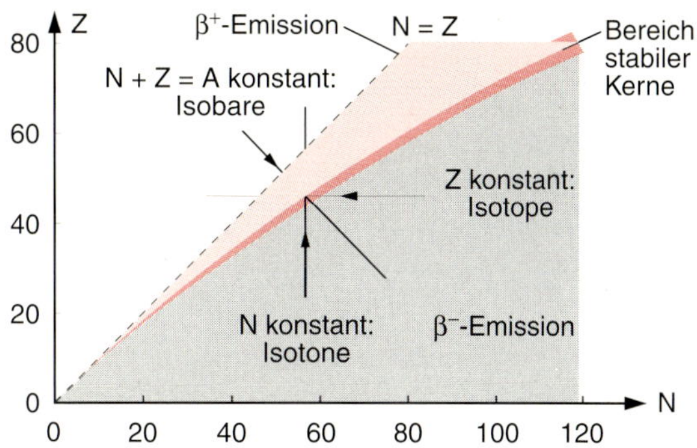

Abb. 3.4. Bereich stabiler Kerne in einem Z, N-Diagramm. Nach T. Mayer-Kuckuk: *Kernphysik* (Teubner, Stuttgart 1995)

> *Oberhalb* von $Z = 7$ gibt es keine stabilen u-u-Kerne, d. h. die einzigen stabilen u-u-Kerne sind $^2_1$D, $^6_3$Li, $^{10}_5$B und $^{14}_7$N.

Diese ***Mattauchsche Isobarenregel*** folgt für größere Z aus (3.2b) und dem Energiediagramm der Abb. 3.3, die zeigt, daß für genügend große Z-Werte u-u-Kerne immer durch β^+- oder β^--Emission in g-g-Kerne zerfallen können, während für $Z < 7$ die Massenabhängigkeit $M(Z)$ so stark ist, d. h. die Parabel $M(Z)$ so stark gekrümmt ist, daß die Massen der einem u-u-Kern benachbarten g-g-Kerne größer sind als die des u-u-Kerns (Abb. 3.3c). Nur durch einen doppelten β-Zerfall, der aber sehr unwahrscheinlich ist, könnte dann ein u-u-Kern in einen leichteren u-u-Kern zerfallen.

Man kann dies auch folgendermaßen einsehen: Bei u-u-Kernen gibt es sowohl ein ungepaartes Proton als auch ein ungepaartes Neutron. Durch β^--Zerfall kann ein Neutron in ein Proton übergehen. Wenn dieses Pro-

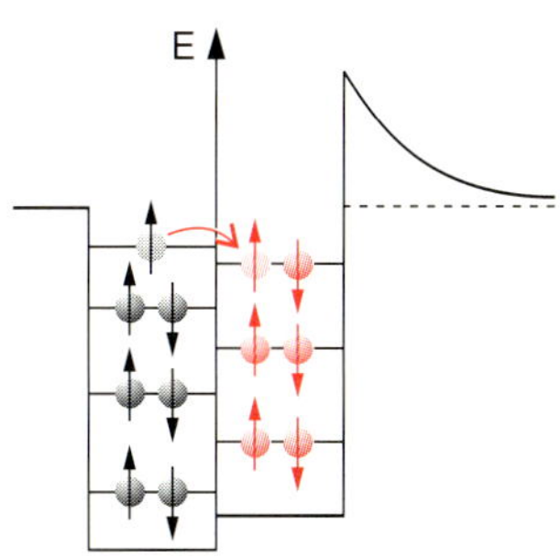

Abb. 3.5. Zur Erklärung des β^--Zerfalls eines u-u-Kerns

ton wegen des Pauliprinzips auf einem tieferen Energieniveau Platz hat als das Neutron, wird der u-u-Kern durch die β^--Emission stabiler (Abb. 3.5). Er zerfällt deshalb in einen g-g-Kern.

Nun erhebt sich die Frage, wieviele stabile Isotope eines Elementes bei vorgegebener Ordnungszahl Z möglich sind.

> Man findet experimentell: Elemente mit *ungeradem Z* besitzen höchstens zwei stabile Isotope, die sich für $Z > 7$ um $\Delta A \geq 2$ unterscheiden müssen.

Das liegt daran, daß es für $Z > 7$ keine stabilen u-u-Kerne gibt. Bei ungeradem $Z > 7$ muß deshalb die Neutronenzahl gerade sein.

BEISPIEL

${}^{39}_{19}K$ und ${}^{41}_{19}K$; ${}^{69}_{31}Ga$ und ${}^{71}_{31}Ga$; ${}^{35}_{17}Cl$ und ${}^{37}_{17}Cl$

Elemente mit gerader Protonenzahl Z besitzen oft mehr als zwei stabile Isotope.

BEISPIELE

1. ${}^{A}_{30}Zn$ hat 5 stabile Isotope mit $A = 64, 66–68, 70$;
2. ${}^{A}_{50}Sn$ hat 10 mit $A = 112, 114–120, 122, 124$.

Der Hauptgrund für diese empirisch gefundenen Isotopenregeln ist die große negative Paarungsenergie zweier Nukleonen gleicher Art (siehe (2.34)), die dazu führt, daß g-g-Kerne besonders stabil sind.

Man kann diese empirischen Befunde zusammenfassen in die ***Mattauchsche Isobarenregel***:

> Für Elemente mit ungerader Nukleonenzahl $A = 2n + 1$ gibt es in der Regel nur ein stabiles Isobar. Für Elemente mit gerader Nukleonenzahl $A = 2n$ gibt es für $Z > 7$ keine stabilen isobaren u-u-Kerne, aber mindestens zwei stabile g-g-Isobare.

Man kann analog ***Isotopenregeln*** aufstellen:

- Für Elemente mit geradem Z gibt es *mindestens* zwei stabile Isotope, für ungerades Z *höchstens* zwei.
- Es gibt mehr stabile Isotope (mindestens zwei) für gerade Neutronenzahlen als für ungerade N (höchstens zwei). *Ausnahmen:* Für $N = 2$ und $N = 4$ gibt es jeweils nur *ein* stabiles Isotop ${}^{4}_{2}He$ und ${}^{7}_{3}Li$.
- Für ungerade Neutronenzahlen N gibt es manchmal überhaupt kein stabiles Isotop (nämlich für $N = 19, 21, 35, 39, 45, 61, 89, 115$ und 123).

Die Frage nach der Stabilität der Neutronen in stabilen Kernen läßt sich nun mit Hilfe des Pauliprinzips und der Energieniveauschemata der Kerne beantworten: Bei der Verwandlung eines Neutrons in ein Proton geht der Kern durch β^--Emission von einem Energieniveau E_a im Kern ${}^{A}_{Z}X$ in das tiefste Energieniveau E_e im Kern ${}^{A}_{Z+1}Y$ über, das mit dem Pauliprinzip verträglich ist. Dabei wird die Energiedifferenz

$$\begin{aligned} \Delta E &= E_a - E_e \\ &= (M_X - M_Y - m_p + m_e)\, c^2 + E_{kin}(e, \overline{\nu}) \end{aligned} \tag{3.3}$$

zum Teil in kinetische Energie der emittierten Teilchen e und $\overline{\nu}$ (siehe Abschn. 3.4) umgewandelt. Wenn $\Delta E < (M_X - M_Y + m_e)\, c^2$ ist, kann der β-Zerfall aus energetischen Gründen nicht stattfinden. Die Neutronen sind dann im Kern stabil, obwohl sie als freie Neutronen mit einer Halbwertszeit von 850 s zerfallen würden.

3.2 Instabile Kerne und Radioaktivität

Atomkerne werden als instabil bezeichnet, wenn sie sich nach einer endlichen „Lebensdauer" spontan durch Emission von Teilchen (z. B. β^-, β^+, α, n) oder durch Spaltung in andere Kerne umwandeln oder durch Aussenden eines γ-Quants $h \cdot \nu$ von einem angeregten in einen energetisch tiefer liegenden Zustand übergehen. Eine solche spontane Umwandlung ist energetisch nur möglich, wenn die Energie des Anfangszustandes höher ist als die des Endzustandes (siehe (3.1)).

Instabile Kerne kommen in der Natur vor (natürliche Radioaktivität), können aber auch durch Kernreaktionen oder bei Kernspaltungen künstlich erzeugt werden (künstliche Radioaktivität).

Die Untersuchung solcher instabiler Kerne und ihrer Zerfallsarten hat ganz wesentlich zu unserem

Verständnis über die Kernstruktur beigetragen. Sie begann historisch 1896 mit der Beobachtung der Radioaktivität von Uransalzen durch *Becquerel*, bevor überhaupt eine Vorstellung über Atomkerne existierte. Inzwischen sind radioaktive Kerne weitgehend verstanden und haben vielfältige Anwendungen in Technik, Biologie und Medizin gefunden. Wir wollen zuerst die allgemeinen Zerfallsgesetze instabiler Kerne behandeln, ehe wir uns den einzelnen Zerfallsmechanismen zuwenden.

3.2.1 Zerfallsgesetze

Wir betrachten ein Ensemble von N instabilen Teilchen. Die Wahrscheinlichkeit $\lambda = \mathrm{d}P/\mathrm{d}t$, daß pro Zeiteinheit ein bestimmtes Teilchen dieses Ensemble verläßt, ist bei spontanen Zerfällen für alle Teilchen der gleichen Sorte gleich groß. Die Gesamtzahl der Zerfälle pro Zeiteinheit ist deshalb

$$\frac{\mathrm{d}N}{\mathrm{d}t} = -\lambda \cdot N = -A(t)\,. \tag{3.4}$$

Die zeitabhängige Größe A heißt die ***Aktivität*** A der betrachteten Teilchenprobe. Sie wird in der Einheit Becquerel ($[A] = 1\,\mathrm{Bq}$) angegeben. Eine radioaktive Probe hat eine Aktivität von $A = n\,\mathrm{Bq}$, wenn sie im Mittel n Kernzerfälle pro Sekunde aufweist, d. h. n Teilchen pro Sekunde emittiert.

Integration von (3.4) liefert die Funktion

$$\boxed{N(t) = N_0 \cdot \mathrm{e}^{-\lambda t}} \tag{3.5}$$

der zur Zeit t vorhandenen instabilen Teilchen, wenn N_0 Teilchen zur Zeit $t = 0$ in der Probe vorhanden waren (Abb. 3.6). Die Aktivität $A = \lambda \cdot N$ zur Zeit t wird

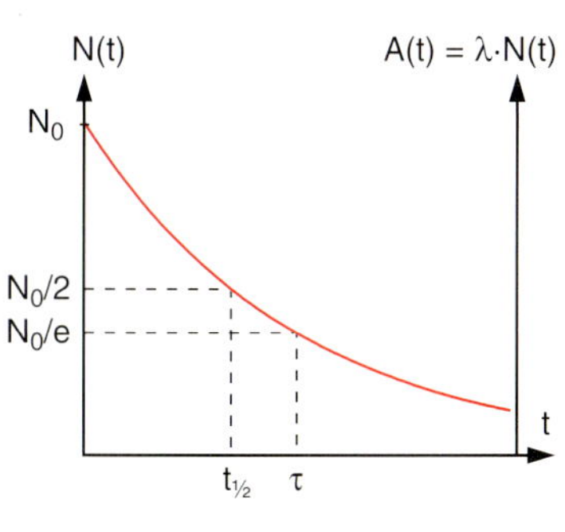

Abb. 3.6. Abklingkurve der Zahl instabiler Kerne $N(t)$

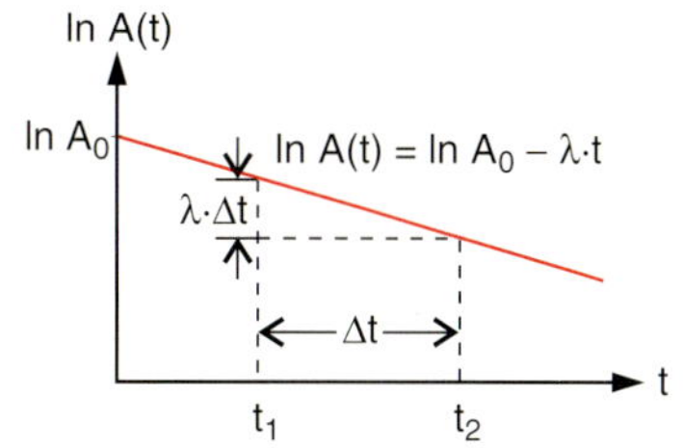

Abb. 3.7. Zur Bestimmung der Zerfallskonstante λ

damit

$$A(t) = A_0 \mathrm{e}^{-\lambda t} \tag{3.6}$$

mit

$$A_0 = A(t=0) = \lambda \cdot N_0\,.$$

Trägt man den Logarithmus der gemessenen Aktivität $\ln(A(t))$ gegen die Zeit t auf, so erhält man aus der Steigung der Geraden

$$\ln\big(A(t)\big) = \ln A_0 - \lambda \cdot t \tag{3.7}$$

die ***Zerfallskonstante*** λ (Abb. 3.7). Die mittlere Lebensdauer τ der Teilchen ist das zeitliche Mittel der Lebensdauer t, gewichtet mit der Zahl $-\mathrm{d}N/\mathrm{d}t$ der zum Zeitpunkt t zerfallenden Teilchen, also

$$\begin{aligned} \tau = \bar{t} &= \frac{1}{N_0} \cdot \int_0^\infty t \cdot \lambda \cdot N(t)\,\mathrm{d}t \\ &= \int_0^\infty t \cdot \lambda \cdot \mathrm{e}^{-\lambda t}\,\mathrm{d}t = \frac{1}{\lambda} \end{aligned} \tag{3.8}$$

und somit gleich dem Kehrwert der Zerfallskonstante. Nach der Zeit $t = \tau$ ist die Zahl N auf $1/\mathrm{e}$ ihres Anfangswertes abgefallen, d. h. $N(\tau) = N_0/\mathrm{e}$ (Abb. 3.6). Häufig wird die Halbwertszeit $t_{1/2}$ verwendet, nach der die Zahl N auf die Hälfte ihres Anfangswertes gesunken ist. Aus $N(t_{1/2}) = N_0/2$ und $N(\tau) = N_0/\mathrm{e}$ folgt:

$$t_{1/2} = \tau \cdot \ln 2\,. \tag{3.9}$$

Aus (3.6,10) erhält man den Zusammenhang

$$A(t) = \lambda N(t) = N(t)/\tau \tag{3.10}$$

zwischen Aktivität $A(t)$ und vorhandener Zahl $N(t)$ emittierender Kerne in der Probe.

Tabelle 3.1. Natürlich vorkommende radioaktive Kerne

Element	Symbol	Strahlungsart, Energie /MeV	$t_{1/2}/a$
Tritium	${}^{3}_{1}H$	β^- 0,0286	12,3
Kalium	${}^{40}_{19}K$	β^- 1,35	$1,5 \cdot 10^9$
Rubidium	${}^{87}_{37}Rb$	β^- 0,275	$5 \cdot 10^{10}$
Iod	${}^{129}_{53}I$	β^- 0,15	$1,7 \cdot 10^7$
Cäsium	${}^{135}_{55}Cs$	β^- 0,21	$3,0 \cdot 10^6$
Blei	${}^{205}_{82}Pb$	α 2,6	$\approx 1,4 \cdot 10^{16}$
Polonium	${}^{209}_{84}Po$	α 4,87	103
Radium	${}^{226}_{88}Ra$	α 4,77	1620
Thorium	${}^{230}_{90}Th$	α 4,5–4,7	$8 \cdot 10^4$
Uran	${}^{234}_{92}U$	α 4,6–4,8	$2,5 \cdot 10^5$
	${}^{235}_{92}U$	α 4,3–4,6	$7,1 \cdot 10^8$
	${}^{238}_{92}U$	α 4,2	$4,5 \cdot 10^9$

Man kann also aus der gemessenen Aktivität A bei bekannter Lebensdauer τ auf die Zahl der instabilen Teilchen schließen, wenn nur Teilchen einer Sorte vorhanden sind.

Tabelle 3.1 gibt die Halbwertszeiten einiger instabiler Kerne an, die über viele Größenordnungen variieren.

Der Zustand $|2\rangle$, in den ein stabiles Teilchen im Zustand $|1\rangle$ mit der Lebensdauer $\tau_1 = 1/\lambda_1$ übergeht, kann selbst auch wieder instabil sein und mit der Zerfallskonstanten λ_2 in einen Zustand $|3\rangle$ zerfallen (Abb. 3.8). Dabei können die Zustände $|i\rangle$ entweder verschiedene Energiezustände desselben Kerns ${}^{A}_{Z}X$ sein oder verschiedener „Tochterkerne" Y, Z. Für die Änderung der Besetzungszahl N_i erhalten wir dann die Ratengleichung

$$\frac{dN_1}{dt} = -\lambda_1 N_1 \,, \tag{3.11a}$$

$$\frac{dN_2}{dt} = +\lambda_1 N_1 - \lambda_2 N_2 \,, \tag{3.11b}$$

$$\frac{dN_3}{dt} = +\lambda_2 N_2 \,, \tag{3.11c}$$

wenn wir annehmen, daß der Zustand $|3\rangle$ stabil ist. Zur Lösung von (3.11b) benutzen wir den Ansatz

$$N_2(t) = a \cdot e^{-\lambda_1 t} + b \cdot e^{-\lambda_2 t} \tag{3.12}$$

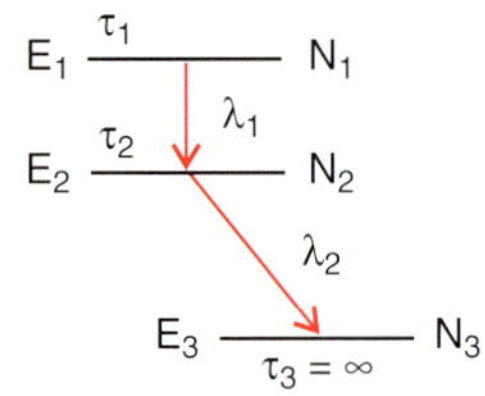

Abb. 3.8. Einfachstes Termschema für einen Kaskadenzerfall

und erhalten mit den Anfangsbedingungen $N_1(0) = N_{10}$ und $N_2(0) = 0$

$$\left(\frac{dN_2}{dt}\right)_0 = \lambda_1 \cdot N_{10} = -a\lambda_1 - b\lambda_2$$

die Koeffizienten $a = -b = N_{10} \cdot \lambda_1/(\lambda_2 - \lambda_1)$ und damit

$$N_2(t) = N_{10} \cdot \frac{\lambda_1}{\lambda_2 - \lambda_1} \left(e^{-\lambda_1 t} - e^{-\lambda_2 t}\right) \,. \tag{3.13}$$

Der zeitliche Verlauf der Besetzungszahl $N_2(t)$ hängt vom Verhältnis λ_1/λ_2 der Zerfallskonstanten ab und ist in Abb. 3.9 für verschiedene Werte von λ_1/λ_2 dargestellt. Das Maximum der Besetzungszahl $N_2(t)$ wird nach einer Zeit $t = \ln(\lambda_2/\lambda_1)/(\lambda_2 - \lambda_1)$ erreicht.

Bei künstlicher Aktivierung einer Probe durch konstante Bestrahlung (z. B. durch Neutronen in einem Kernreaktor) mögen P Kerne pro Sekunde aktiviert werden, die dann mit der Zerfallskonstante λ zerfallen. Die Zahl $N(t)$ der aktivierten Kerne kann aus der Gleichung

$$\frac{dN}{dt} = P - \lambda N \tag{3.14}$$

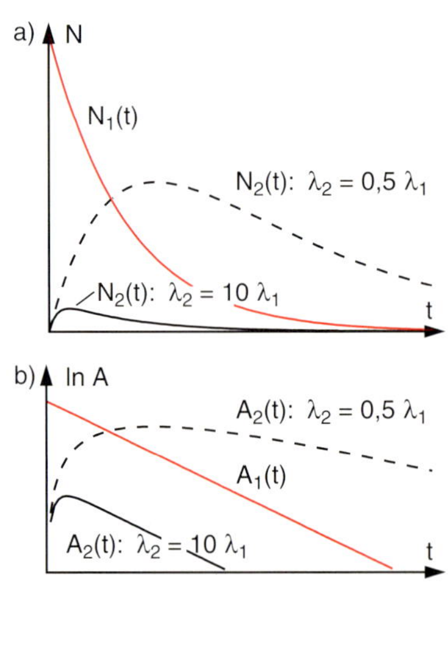

Abb. 3.9a,b. Besetzungszahlen (**a**) und Aktivitäten (**b**) beim Kaskadenzerfall für zwei verschiedene Verhältnisse λ_2/λ_1 der Zerfallskonstanten λ

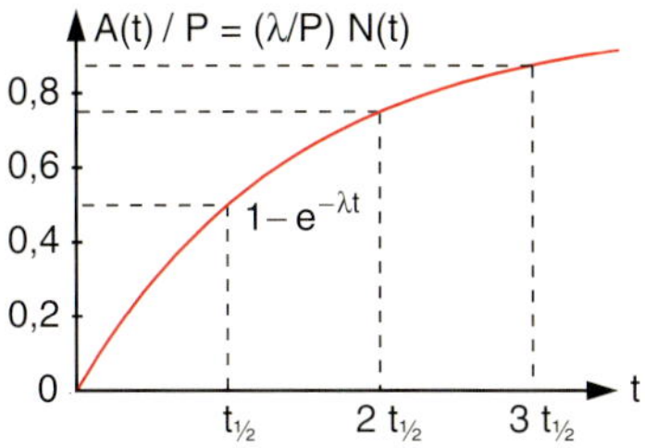

Abb. 3.10. Zur Aktivierung einer Probe bei zeitlich konstanter Aktivierungsrate P

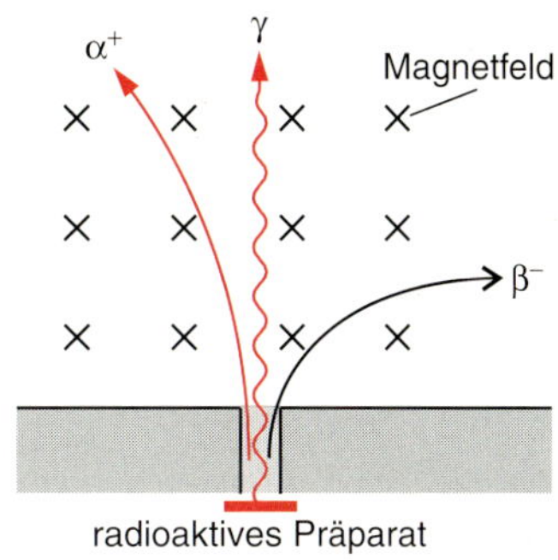

Abb. 3.11. Einfache experimentelle Unterscheidung von α-, β- und γ-Strahlen auf Grund ihrer unterschiedlichen Ablenkung im Magnetfeld

gewonnen werden. Integration liefert mit der Anfangsbedingung $N(0) = 0$

$$N(t) = \frac{P}{\lambda}\left(1 - e^{-\lambda t}\right) . \tag{3.15}$$

Nach einer Zeit $t = 3/\lambda$ hat $N(t)$ bereits 97% seines möglichen Maximalwertes $N(\infty) = P/\lambda$ erreicht (Abb. 3.10).

3.2.2 Natürliche Radioaktivität

Als radioaktiven Zerfall bezeichnet man die spontane Umwandlung instabiler Atomkerne, bei der Partikel, die ***radioaktive Strahlung***, ausgesandt werden. Die erste Beobachtung radioaktiver Strahlen gelang *H. Becquerel* 1896, als er prüfen wollte, wie die in Röntgenröhren beobachtete sichtbare Fluoreszenz mit der Röntgenstrahlung zusammenhing [3.1]. Er stellte fest:

- Es gibt Stoffe (z. B. Uranerze), welche spontan, d. h. ohne äußere Einwirkung, eine Strahlung aussenden, die für Licht undurchsichtige Schichten durchdringen und photographische Platten schwärzen kann.
- Diese Strahlung hängt nicht von der Fluoreszenz der Stoffe ab und hat andere Eigenschaften als die Röntgenstrahlung.

Mittels der Ionisationskammer (siehe Abschn. 4.3) konnten *Becquerel* und später *Marie* und *Pierre Curie* die Intensität dieser radioaktiven Strahlung quantitativ für verschiedene radioaktive Substanzen untersuchen. *Rutherford* fand 1899, daß die Uranstrahlung aus zwei verschiedenen Komponenten besteht, die verschiedenes Durchdringungsvermögen haben und die er α- und β-Strahlung nannte. Im gleichen Jahr wurde von mehreren Forschern entdeckt, daß α- und β-Strahlen in einem Magnetfeld in entgegengesetzter Richtung abgelenkt werden (Abb. 3.11). Es muß sich deshalb um positiv bzw. negativ geladene Teilchen handeln.

Ein Jahr später fand *P. Villard* eine dritte Strahlungsart, die γ-Strahlen, welche durch Magnetfelder nicht beeinflußt werden. In den folgenden zehn Jahren konnte durch genaue Messungen der Ablenkung im Magnetfeld (Massenspektrometer) das Verhältnis e/m für α- und β-Teilchen bestimmt und dadurch geklärt werden, daß α-Teilchen zweifach positiv geladene Helium-Ionen (He-Kerne) und β-Teilchen Elektronen sind, die von instabilen Kernen emittiert werden.

Mit Hilfe von Beugungsexperimenten an Kristallen konnten *M. v. Laue* und Mitarbeiter dann 1914 beweisen, daß γ-Strahlen genau wie Röntgenstrahlen elektromagnetische Wellen sind, aber im allgemeinen ein höheres Durchdringungsvermögen (d. h. höhere Energie) haben als die bis dahin zur Verfügung stehenden Röntgenstrahlen.

Diese von den in der Natur vorkommenden Elementen emittierte Strahlung heißt ***natürliche Radioaktivität***, im Gegensatz zu der durch Kernreaktionen (z. B. Beschuß mit Protonen, Neutronen, α-Teilchen oder Kernspaltung) induzierten Strahlung instabiler Kerne, welche ***künstliche Radioaktivität*** genannt wird. Wir wollen zuerst die Zerfallsketten radioaktiver Elemente kurz vorstellen und dann die drei Strahlungsarten der natürlichen Radioaktivität, ihren Ursprung und die grundlegenden physikalischen Einsichten über instabile Kerne, die aus ihrer Untersuchung gewonnen wurden, genauer besprechen.

3.2.3 Zerfallsketten

Wie wir oben gesehen haben, kann ein instabiler Kern durch Emission von α-, β- oder γ-Strahlung in einen

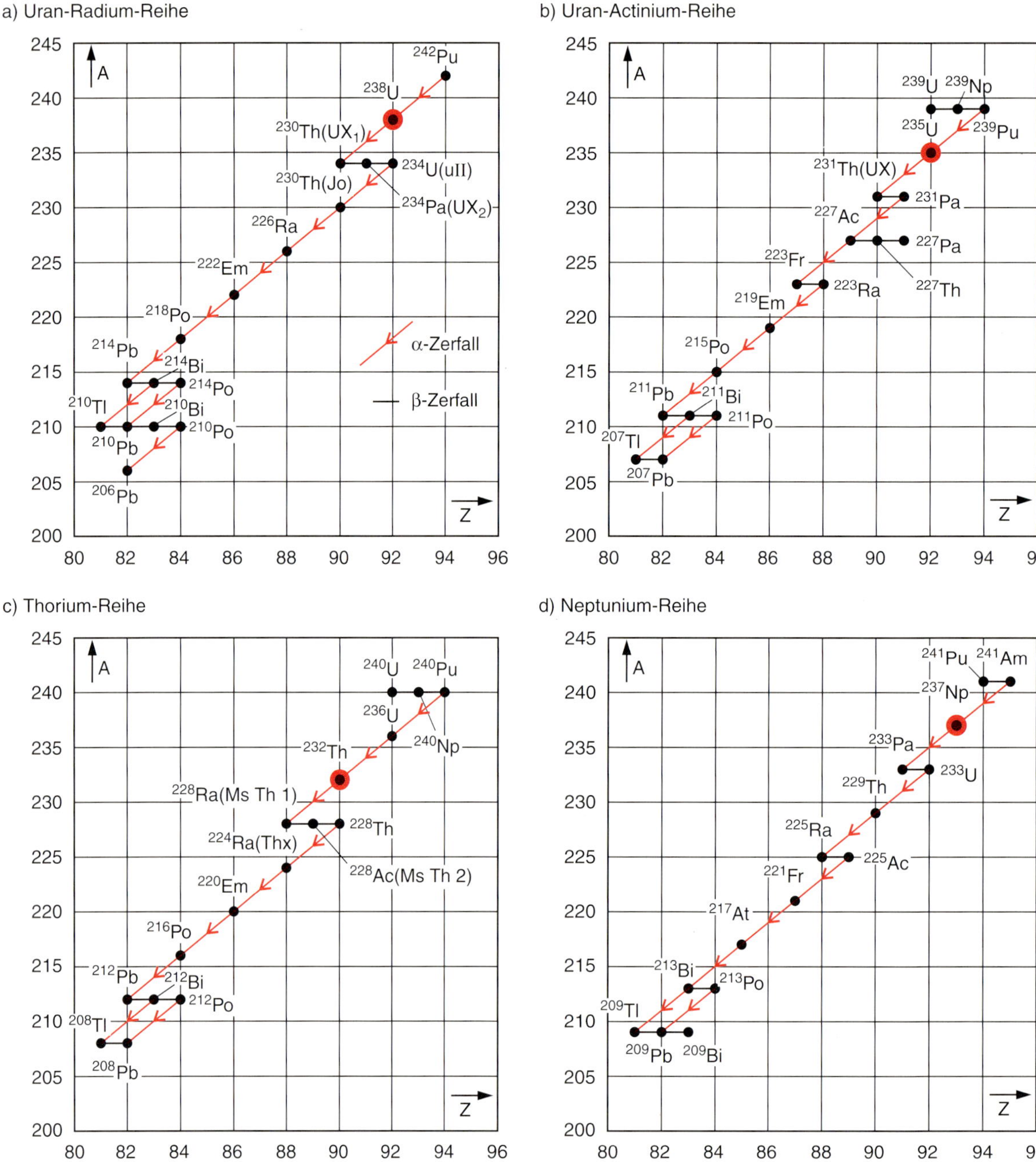

Abb. 3.12a–d. Die vier natürlichen radioaktiven Zerfallsreihen: (**a**) ^{238}U, (**b**) ^{235}U, (**c**) ^{232}Th, (**d**) ^{237}Np

neuen Zustand übergehen. Dabei laufen folgende Prozesse ab:

- **α-Zerfall:** Emission eines He-Kerns $^4_2\mathrm{He}$ aus einem Kern $^Z_A\mathrm{X}$, der dabei in einen Kern $^{A-4}_{Z-2}\mathrm{Y}$ übergeht:

$$^A_Z\mathrm{X} \xrightarrow{\alpha} {}^{A-4}_{Z-2}\mathrm{Y}\,. \tag{3.16}$$

- **β-Zerfall:** Emission eines Elektrons aus einem Kern

$$^A_Z\mathrm{X} \xrightarrow{e} {}_{Z+1}{}^A\mathrm{Y}\,, \tag{3.17}$$

der dabei ein Neutron in ein Proton umwandelt, so daß sich die Kernladungszahl Z um eins erhöht, aber die Massenzahl A erhalten bleibt (siehe Abschn. 3.4).

- **γ-Zerfall:** Emission eines γ-Quants $h \cdot \nu$ von einem angeregten Kern, der dabei in einen energetisch tieferen Zustand desselben Kerns übergeht:

$$^A_Z\mathrm{X}^* \xrightarrow{\gamma} {}^A_Z\mathrm{X}\,. \tag{3.18}$$

Eine intensive Untersuchung aller radioaktiven Substanzen zeigte, daß sich alle natürlichen radioaktiven Elemente in ***Zerfallsketten*** anordnen lassen. Jede Kette startet mit einem schwersten in der Natur vorkommenden instabilen Element und endet bei einem stabilen Blei-Isotop. In Abb. 3.12a–d sind die vier vorkommenden Zerfallsketten gezeigt. Die Isotope $^{242}\mathrm{Pu}$, $^{239}\mathrm{U}$, $^{239}\mathrm{Pu}$, $^{240}\mathrm{Np}$ und $^{241}\mathrm{Am}$ haben eine so kurze Zerfallszeit, daß sie seit ihrer Entstehung praktisch völlig zerfallen sind, so daß die in der Natur noch vorkommenden langlebigen Isotope (in Abb. 3.12 rot umrandet) die eigentlichen „Stammväter" der Zerfallsreihen (oft auch *radioaktive Familien* genannt) sind, nach denen diese auch benannt werden.

Durch die künstliche Erzeugung schwerer radioaktiver Elemente, wie z. B. Plutonium Pu und Americium Am, lassen sich diese Ketten nach oben erweitern.

3.3 Alphazerfall

Nachdem *Rutherford* und *Geiger* experimentell gezeigt hatten, daß α-Teilchen Heliumkerne sind, die von radioaktiven Substanzen emittiert werden, trugen folgende experimentelle Ergebnisse zur Erklärung des α-Zerfalls bei:

Abb. 3.13. Nebelkammeraufnahme der gleich langen Spuren von α-Teilchen, die beim Zerfall von Polonium $^{212}_{84}\mathrm{Po}$ in $^{208}_{82}\mathrm{Pb}$ emittiert werden. Unter ihnen befindet sich eine längere Spur, die von einem energiereicheren α-Teilchen aus dem Zerfall eines energetisch angeregten $^{213}_{84}\mathrm{Po}$-Kerns stammt. Aus W. Finkelnburg: *Einführung in die Atomphysik* (Springer, Berlin, Heidelberg 1954)

- Mißt man die Reichweite der von einem α-Strahler emittierten α-Teilchen (z. B. in einer Nebelkammer), so stellt man fest, daß in den meisten Fällen alle von einem Präparat emittierten α-Teilchen die gleiche Reichweite, d. h. die gleiche kinetische Energie haben (Abb. 3.13). Bei manchen radioaktiven Präparaten findet man Gruppen von α-Teilchen mit verschiedenen, aber diskreten Energien E_k. Die Energieanalyse der emittierten α-Teilchen in einem energieauflösenden Detektor (z. B. Ionisationskammer, Szintillationsdetektor oder Halbleiterzähler) ergibt ein diskretes Linienspektrum (Abb. 3.14). Da bei einem solchen Zerfall die kinetische Energie

$$E_{\mathrm{kin}} = E_1 - E_2$$

durch die Differenz $E_1(M_1) - E_2(M_2)$ zwischen den Energien von Anfangs- und Endzustand gegeben ist, hängt E_k davon ab, ob Mutter- oder Tochterkern im Grundzustand oder in einem an-

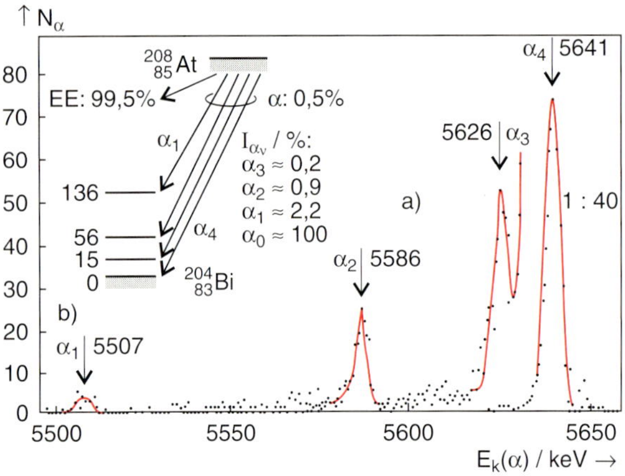

Abb. 3.14. Termschema und Linienspektrum der α-Teilchen des Astat-Isotops ^{208}At, das zu 99,5% durch Elektroneneinfang zerfällt und nur zu 0,5% durch α-Zerfall. Aus G. Musiol, J. Ranft, R. Reif, D. Seeliger: *Kern- und Elementarteilchenphysik* (Deutscher Verlag der Wissenschaften, Berlin 1988)

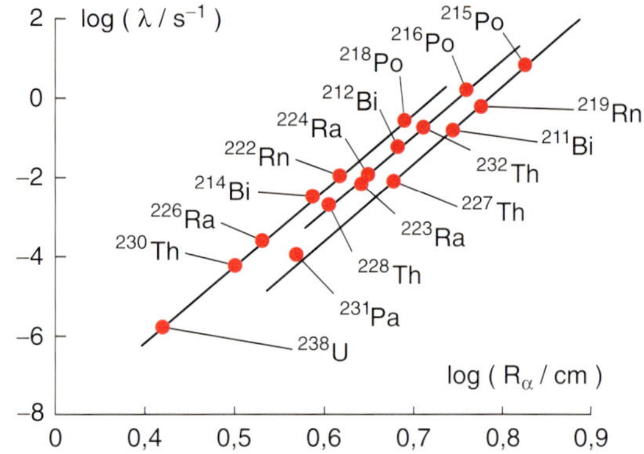

Abb. 3.15. Geiger-Nuttal-Geraden mit experimentell ermittelten Reichweiten (Punkte) für α-Strahler dreier Zerfallsketten. Aus G. Musiol, J. Ranft, R. Reif, D. Seeliger: *Kern- und Elementarteilchenphysik* (Deutscher Verlag der Wissenschaften, Berlin 1988)

geregten Zustand sind. Geschieht der α-Zerfall aus einem angeregten Zustand des Mutterkerns, so haben die α-Teilchen höhere kinetische Energie, bleibt der Tochterkern in einem angeregten Zustand, so fehlt diese Anregungsenergie bei E_k (Abb. 3.14).

- Aus der Kinematik der beobachteten α-Zerfälle und der Spektroskopie von Mutter- und Tochterkern wurde gefunden, daß beim α-Zerfall alle Erhaltungssätze wie Energiesatz, Impulssatz und Drehimpulserhaltung gelten, wenn man annimmt, daß beim α-Zerfall (im Gegensatz zum β-Zerfall) nur ein Teilchen emittiert wird, wobei der emittierende Mutterkern (Energie E_1, Impuls p_1 und Drehimpuls I_1) in einen Tochterkern (E_2, p_2, I_2) übergeht.
- *Geiger* und *Nuttal* fanden 1911 zwischen der Zerfallskonstanten λ des Mutterkerns und der Reichweite R_α der α-Teilchen die empirische Relation

$$\log\lambda = A + B\cdot\log R_\alpha\,, \tag{3.19a}$$

wobei die Konstanten A und B für alle Elemente einer Zerfallsreihe gleich sind, obwohl die Halbwertszeiten $\tau = 1/\lambda$ dieser Elemente von 10^{-7} s bis 10^{15} Jahre reichen. Die Konstante B hat für alle vier Zerfallsreihen denselben Wert, während A für die verschiedenen Reihen nur um bis zu 5% variiert (Abb. 3.15). Da die Reichweite R_α proportional zur Potenz $E_\alpha^{3/2}$ der Energie der α-Teilchen ist (siehe Abschn. 4.2), läßt sich (3.19a) auch schreiben als

$$\log\lambda = C + D\cdot\log E_\alpha \tag{3.19b}$$

$$\Rightarrow \boxed{\log E_\alpha = a + b\log\lambda} \tag{3.19c}$$

mit $a = -C/D$ und $b = 1/D$.

Eine quantitative Erklärung des α-Zerfalls wurde 1928 von *Gamow*, *Condon* und *Henry* gegeben. Ein Kern ^A_ZX, dessen Energieniveaus gemäß dem Pauliprinzip bis zur Energie $E_{\max}$ mit Protonen und Neutronen besetzt sind, kann mit der Wahrscheinlichkeit W_1 ein α-Teilchen bilden. Da dessen Bindungsenergie besonders groß ist, führt die dabei frei werdende Bindungsenergie zur Anregung des α-Teilchens auf ein höheres Energieniveau E_α (Abb. 3.16), das aber noch unterhalb des Potentialmaximums liegt, welches durch die Überlagerung von positiver Coulomb-Abstoßungsenergie und negativer Kernbindungsenergie entsteht.

BEISPIEL

Die Bindungsenergie der Nukleonen im obersten besetzten Energieniveau eines schweren Kerns ist etwa 5,5–6 MeV. Die Bindungsenergie des α-Teilchens (siehe Abb. 2.25) ist mit 28,3 MeV größer als die

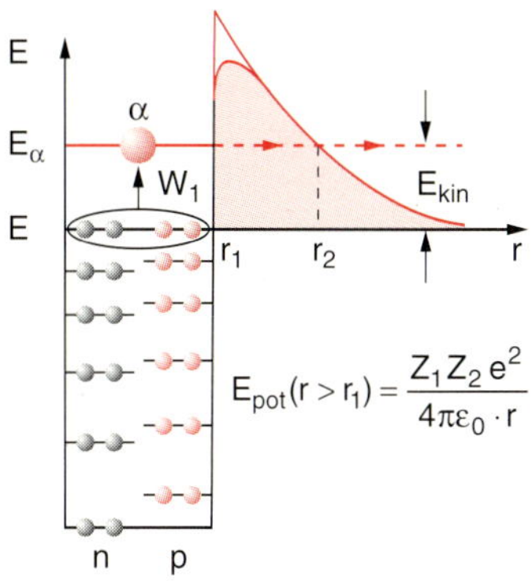

Abb. 3.16. Gamovs Erklärung des α-Zerfalls

Summe 22–24 MeV der Bindungsenergie der zwei Protonen und zwei Neutronen, so daß das α-Teilchen je nach Kern eine positive Gesamtenergie E_α von 4,3–6,3 MeV erhält.

Da die Reichweite der Kernkräfte gemäß (2.7) durch $r_0 \cdot A^{1/3}$ gegeben ist, liegt das Maximum etwa bei einem Abstand $r_1 = r_0\,(A_1^{1/3} + A_2^{1/3})$, wobei A_1 die Massenzahl des α-Teilchens und $A_2 = A - 4$ die des Tochterkerns ist, und hat die Höhe

$$\begin{aligned} E_{\text{pot}} &= \frac{Z_1 Z_2 e^2}{4\pi\varepsilon_0 r_1} \\ &= \frac{Z_1 Z_2 e^2}{4\pi\varepsilon_0 r_0 \left(A_1^{1/3} + A_2^{1/3}\right)} . \end{aligned} \tag{3.20}$$

Im klassischen Modell könnte das α-Teilchen den Kern erst verlassen, wenn es bis zu dieser Energie angeregt würde. Bei der Emission müßte dann die kinetische Energie des α-Teilchens gleich dieser Energie minus der Rückstoßenergie des Tochterkerns sein (Abb. 3.17). Setzt man in (3.20) für einen α-Strahler die entsprechenden Werte für Z und A ein, so erhält man kinetische Energien, die weit über den gemessenen Werten liegen.

Eine Lösung dieser Diskrepanz bietet die quantenmechanische Beschreibung der α-Emission mit Hilfe des Tunneleffektes (siehe Bd. 3, Abschn. 4.2.3), bei dem das α-Teilchen mit einer de-Broglie-Wellenlänge λ_{dB} die Potentialbarriere mit einer Wahrscheinlichkeit T durchtunneln kann, die von der Höhe $E_{\text{pot}}(R) - E$ und der Breite $d = r_2 - r_1$ des Potentials bei der Energie E abhängt. In Bd. 3, (4.22b) wurde gezeigt, daß für $\lambda \ll d$ die Tunnelwahrscheinlichkeit T sehr klein wird.

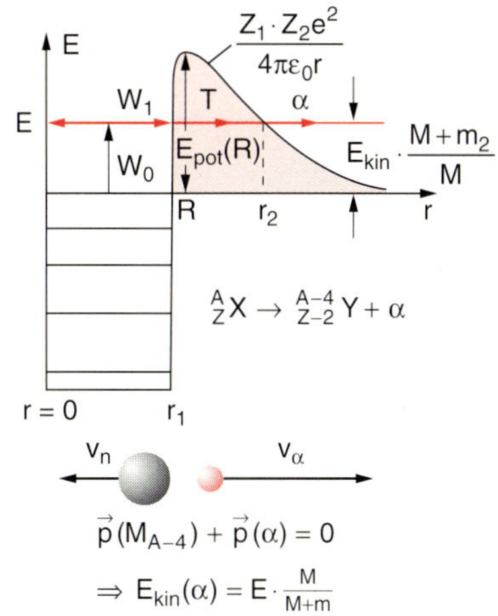

Abb. 3.17. Zur Energie- und Impulsbilanz beim α-Zerfall

Für diesen Fall gilt die Näherung

$$\begin{aligned} T &= T_0 \cdot \mathrm{e}^{-2/\hbar \cdot \int_{r_1}^{r_2} \sqrt{2m(E_{\text{pot}}(r) - E)}\,\mathrm{d}r} \\ &= T_0 \cdot \mathrm{e}^{-G} . \end{aligned} \tag{3.21}$$

Der Exponent

$$G = \frac{2 \cdot \sqrt{2m}}{\hbar} \int\limits_{r_1}^{r_2} \sqrt{\left(\frac{Z_1 Z_2 e^2}{4\pi\varepsilon_0 r} - E\right)}\,\mathrm{d}r \tag{3.22}$$

heißt ***Gamow-Faktor***. Das Integral läßt sich analytisch lösen, und man erhält

$$\begin{aligned} G = &\frac{2}{\hbar}\sqrt{\frac{2m}{E}}\,\frac{Z_1 Z_2 e^2}{4\pi\varepsilon_0} \\ &\cdot \arccos\left[\sqrt{\frac{r_1}{r_2}} - \sqrt{\frac{r_1}{r_2}\left(1 - \frac{r_1}{r_2}\right)}\right] \end{aligned} \tag{3.23}$$

mit $r_1/r_2 = E/E_{\text{pot}}^{\max}(r_1)$. Die Wahrscheinlichkeit W für die Emission eines α-Teilchens pro Zeiteinheit, welche die Lebensdauer $\tau = 1/W$ des Mutterkerns bestimmt, ist dann durch das Produkt der drei Faktoren

$$W = W_0 \cdot W_1 \cdot T \tag{3.24}$$

gegeben, wobei W_0 die Wahrscheinlichkeit angibt, daß sich ein α-Teilchen mit der Energie E im Kern bildet, W_1 die Rate angibt, mit der es gegen die Innenwand des Potentialwalls stößt und T die Transmissionswahrscheinlichkeit durch den Potentialberg.

Tabelle 3.2. Charakteristische Daten (Energie E_α, Halbwertszeit $t_{1/2}$ und Tunnelwahrscheinlichkeit T_α) einiger α-Strahler

Isotop	E_α/MeV	$t_{1/2}$	T_α
$^{212}_{84}$Po	8,78	0,3 μs	$1{,}3\cdot10^{-13}$
$^{224}_{88}$Ra	5,7	3,64 d	$5{,}9\cdot10^{-26}$
$^{228}_{90}$Th	5,42	1,91 a	$\sim 3\cdot10^{-28}$
$^{238}_{94}$Pu	5,5	$8{,}8\cdot10^{1}$ a	$\sim 10^{-29}$
$^{230}_{90}$Th	4,68	$7{,}5\cdot10^{4}$ a	$\sim 10^{-32}$
$^{235}_{92}$U	4,6	$7{,}1\cdot10^{8}$ a	$\sim 10^{-36}$

Tabelle 3.2 gibt Beispiele für die experimentell bestimmten Halbwertszeiten $t_{1/2} = \tau/\ln 2$, die Emissionsenergien E_α und die nach (3.21) berechneten Transmissionskoeffizienten T_α einiger α-Strahler an. Wegen $\tau \propto 1/T \propto e^G$ folgt aus (3.21) wegen $G \propto 1/\sqrt{E}$

$$\ln t_{1/2} \propto G \propto E_\alpha^{-1/2} . \tag{3.25}$$

Trägt man $\ln t_{1/2}$ bzw. $\log_{10} t_{1/2}$ gegen $1/\sqrt{E}$ auf (Abb. 3.18), so liegen alle Elemente einer Zerfallsreihe in dem Diagramm der Abb. 3.18 auf derselben Geraden $\log t_{1/2} = a - b/\sqrt{E}$, weil sich innerhalb einer Reihe der Kernradius so ändert, daß a und b konstant bleiben und damit die Zerfallswahrscheinlichkeit proportional

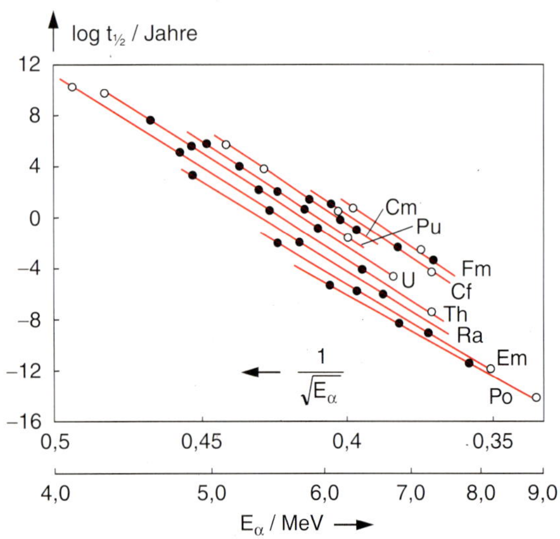

Abb. 3.18. Experimentelle Bestätigung des Gamov-Modells des α-Zerfalls. Aus C.J. Gallagher, J.O. Rasmussen: J. Inorg. Nucl. Chem. **3**, 333 (1957)

zu $\sqrt{E}$ anwächst. Um die berechneten Zerfallswahrscheinlichkeiten mit den gemessenen Lebensdauern in Einklang zu bringen, muß das Kastenpotential der Abb. 3.16 allerdings durch realistischere Potentiale (wie z. B. in Abb. 3.17) ersetzt werden. Für den Zusammenhang zwischen der Halbwertszeit $t_{1/2}$ und der Energie E_α ergeben (3.19b) und (3.25) fast gleiche Ergebnisse.

3.4 Betazerfall

Der β-Zerfall hat in der Entwicklung unserer Vorstellungen über mögliche Wechselwirkungen in der Natur eine entscheidende Rolle gespielt. Er ist nicht nur ein prominentes Beispiel für die schwache Wechselwirkung, sondern hat auch zur Einsicht in neue Symmetrieprinzipien (Verletzung der Parität) und zur Forderung der Existenz des Neutrinos geführt, 26 Jahre vor seiner experimentellen Entdeckung.

3.4.1 Experimentelle Befunde

Außer der α-Strahlung wurde bei vielen radioaktiven Substanzen auch die Emission von Elektronen e und Positronen e^+ beobachtet. Beispiele sind

$$^{225}_{88}\mathrm{Ra} \xrightarrow{\beta^-} {}^{225}_{89}\mathrm{Ac} \qquad ^{208}_{81}\mathrm{Tl} \xrightarrow{\beta^-} {}^{208}_{82}\mathrm{Pb} \qquad ^{15}_{8}\mathrm{O} \xrightarrow{\beta^+} {}^{15}_{7}\mathrm{N} .$$

Insgesamt gibt es etwa doppelt soviele betastrahlende Elemente wie α-Strahler. Messungen der Energie dieser Elektronen zeigten immer eine kontinuierliche Energieverteilung $\dot N_\beta(E)$ (Abb. 3.19), der manchmal schwache Linien überlagert waren. Die maximale beobachtete Energie E_{max} hängt von dem jeweiligen β-aktiven Kern ab und liegt zwischen einigen keV und

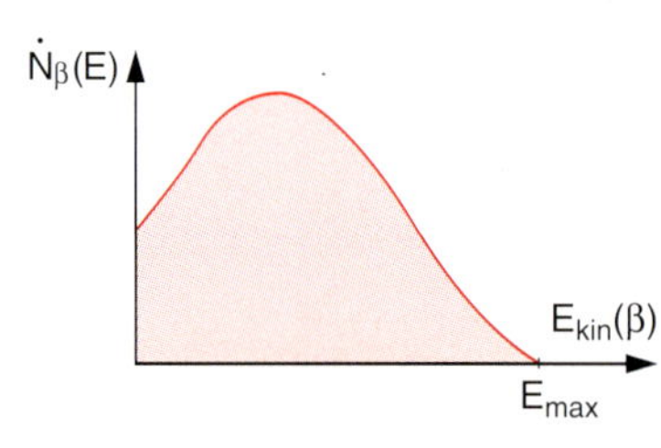

Abb. 3.19. Kontinuierliche Energieverteilung der β-Strahlung

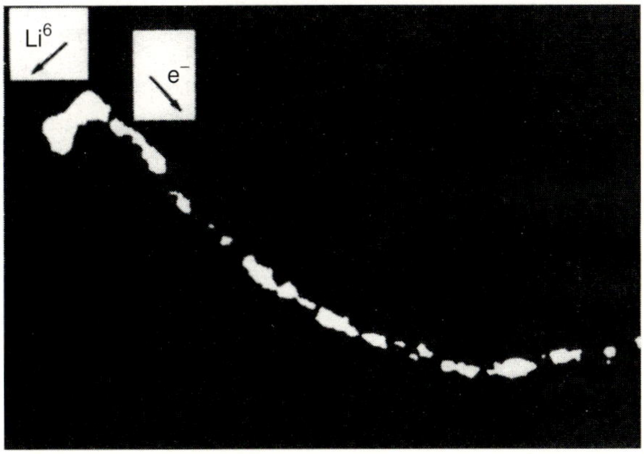

Abb. 3.20. Nebelkammeraufnahme von *G. Csikai* und *S. Szalay* des β-Zerfalls eines ruhenden He-Kerns: ${}^6_2\mathrm{He} \to {}^6_3\mathrm{Li} + \mathrm{e} + \overline{\nu}_e$ im Magnetfeld. Sowohl der ${}^6_3$Li-Kern als auch das Elektron werden hier in den gleichen Halbraum nach unten emittiert, so daß ohne Neutrino der Impulssatz verletzt würde. Aus K. Simonyi: *Kulturgeschichte der Physik* (Harri Deutsch, Frankfurt/M. 1995)

einigen MeV. Die Erklärung dieser experimentellen Ergebnisse stößt auf folgende Schwierigkeiten:

- Bei einem Zweikörper-Zerfall (wie z. B. dem α-Zerfall) eines ruhenden Kerns ist der Impuls des emittierten Teilchens $\boldsymbol{p}_1 = -\boldsymbol{p}_R$, wenn $\boldsymbol{p}_R$ der Rückstoßimpuls des Tochterkerns ist. Bei Nebelkammeraufnahmen des β-Zerfalls von ruhenden Kernen wurde aber experimentell festgestellt, daß sowohl Elektron als auch der Tochterkern manchmal in denselben Halbraum emittiert wurden (Abb. 3.20).
- Wenn $\boldsymbol{p}_1 = \boldsymbol{p}_2$ gelten soll, dann sind die kinetischen Energien des emittierten Teilchens mit der Masse m_1 und die des Rückstoßkerns mit der Masse m_2

$$E_{\mathrm{kin}_1} = \frac{p_1^2}{2m_1}, \tag{3.26}$$

$$E_{\mathrm{kin}_2} = \frac{p_R^2}{2m_2} = \frac{p_1^2}{2m_2} \Rightarrow \frac{E_{\mathrm{kin}_1}}{E_{\mathrm{kin}_2}} = \frac{m_2}{m_1}.$$

Da die Energieerhaltung fordert

$$E_{\mathrm{kin}_1} + E_{\mathrm{kin}_2} = (M - m_1 - m_2)\,c^2 = E_0, \tag{3.27}$$

ist bei einem Zweikörper-Zerfall die Energie des emittierten Teilchens durch (3.28,29) festgelegt auf den Wert

$$E_{\mathrm{kin}_1} = \frac{m_2}{m_1 + m_2} E_0. \tag{3.28}$$

Das beobachtete kontinuierliche Energiespektrum ist daher nicht verträglich mit Zweikörper-Zerfall, wenn man Energie- und Impulssatz nicht opfern will.

- Die Gültigkeit des Energiesatzes wurde experimentell gestützt durch die Messung von Doppelzerfällen, bei denen ein Anfangskern auf zwei verschiedenen Wegen in denselben Endkern übergeht. Ein Beispiel ist der Zerfall

$$\begin{array}{ccc} {}^{212}_{83}\mathrm{Bi} & \xrightarrow{\beta} & {}^{212}_{84}\mathrm{Po} \\ \downarrow\alpha & & \downarrow\alpha \\ {}^{208}_{81}\mathrm{Tl} & \xrightarrow{\beta} & {}^{208}_{82}\mathrm{Pb} \end{array}$$

Obwohl die Energieverteilungen der beiden β-Spektren sich unterscheiden, wurde für die Maximalenergie der Elektronen gefunden, daß für beide Zerfallswege gilt:

$$\begin{aligned} E_{\max}(\beta) + E_{\mathrm{kin}}(\alpha) &= 11{,}20\,\mathrm{MeV} \\ &= \left[M({}^{212}_{83}\mathrm{Bi}) - M({}^{208}_{82}\mathrm{Pb}) - m_\alpha - m_e\right]c^2. \end{aligned}$$

- Bei einem Zweiteilchen-Zerfall müßte beim β-Zerfall eines Kerns mit ungerader Nukleonenzahl, der einen halbzahligen Spin hat, aus einem u-g-Kern ein g-u-Kern mit ganzzahligem Spin entstehen, weil das Elektron den Spin $\hbar/2$ hat. Alle bisher beobachteten g-u-Kerne haben aber halbzahlige Spins.

3.4.2 Neutrino-Hypothese

Will man die experimentellen Fakten erklären, ohne die bisher bewährten Erhaltungssätze von Energie, Impuls und Drehimpuls aufzugeben, so könnte man annehmen, daß beim β-Zerfall außer den Elektronen ein weiteres Teilchen emittiert wird, das die fehlende Energie $E_{\max} - E(\beta)$, den fehlenden Impuls und Drehimpuls mitnimmt.

Pauli postulierte daher 1930 in einem Brief an seine „radioaktiven Kollegen" auf der Physikertagung in Tübingen, daß beim β-Zerfall ein bisher im Experiment unentdecktes, neutrales Teilchen mit Spin $\hbar/2$ ausgesandt wird, das er vorläufig „Neutron“ nannte.

Als dann das Neutron 1932 von *Chadwick* als Baustein der Atomkerne mit einer Masse $m_n \approx m_p$ entdeckt wurde, war schnell klar, daß es sich beim β-Zerfall um ein anderes neutrales Teilchen handeln mußte, dessen Masse wesentlich kleiner, sogar kleiner als die des Elektrons ist, weil sonst nicht sehr kleine Energien $E(\beta) \ll E_{max}$ im β-Energiespektrum auftreten können. Deshalb wurde das hypothetische Teilchen ***Neutrino*** ν (kleines Neutron) genannt. Aus Symmetriegründen muß es dann, wie bei allen Elementarteilchen auch ein entsprechendes Antiteilchen, das ***Antineutrino*** $\overline{\nu}$ geben (siehe Abschn. 7.3).

Die Suche nach Neutrinos blieb jedoch viele Jahre erfolglos, bis dann 26 Jahre nach dem Postulat der experimentelle Nachweis 1956 durch *E. Reines* und *C.L. Cowan* gelang, nachdem starke Antineutrinoströme aus den β^--Zerfällen der Spaltprodukte in Kernreaktoren zur Verfügung standen [3.2]. Zum Nachweis der Antineutrinos wird die Reaktion

$$\overline{\nu} + p \rightarrow n + e^+ \qquad (3.29a)$$

benutzt, bei der ein Antineutrino von einem Proton eingefangen wird, das sich dabei in ein Neutron umwandelt und ein Positron aussendet. Das Positron stößt mit einem Elektron der Atomhülle zusammen und wird dabei unter Aussendung zweier γ-Quanten vernichtet:

$$e^+ + e \rightarrow \gamma + \gamma \quad (h\nu_\gamma = 0{,}5\,\mathrm{MeV}) . \qquad (3.29b)$$

Die experimentelle Anordnung ist in Abb. 3.21 gezeigt. In zwei Wassertanks (200 ℓ) befinden sich etwa $2 \cdot 10^{28}$ Protonen. Der aus dem Kernreaktor einfallende Antineutrinostrom fliegt durch die Wassertanks,

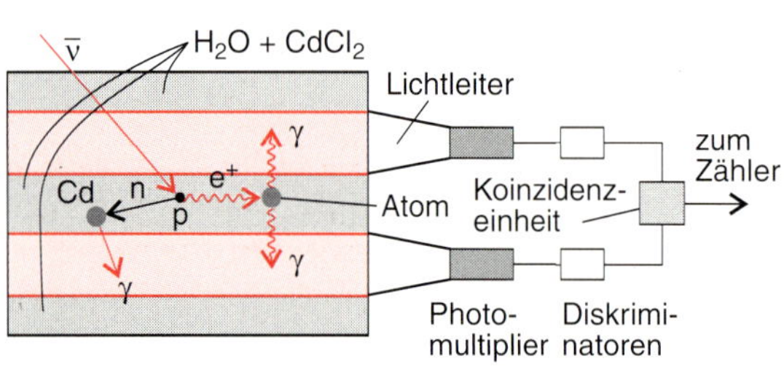

Abb. 3.21. Schematische Darstellung der experimentellen Anordnung von *Reines* und *Cowan* zum Nachweis von Antineutrinos

erzeugt dort Neutronen und Positronen gemäß der Reaktion (3.29a). Die Positronen werden über die Vernichtungsstrahlung (3.29b) mit Hilfe von Szintillatoren nachgewiesen (siehe Abschn. 4.3.2), die rund um die Wassertanks angeordnet sind. Die Neutronen werden im Wasser abgebremst und können durch Beimengung von $CdCl_2$ zum Wasser über die Neutroneneinfangreaktion

$$^{113}\mathrm{Cd} + n \rightarrow {}^{114}\mathrm{Cd}^* \rightarrow {}^{114}\mathrm{Cd} + \gamma \qquad (3.29c)$$

mit Hilfe der γ-Quanten detektiert werden. Man mißt jetzt in Koinzidenz die γ-Quanten aus der Reaktion (3.29b) mit $E(\gamma+\gamma) = 1{,}02$ MeV und die aus (3.29c) mit $E_\gamma = 9{,}1$ MeV.

3.4.3 Modell des Betazerfalls

Nach dem Neutrinomodell wird der β^--Zerfall dargestellt durch

$$^A_Z\mathrm{X} \rightarrow {}_{Z+1}^{\;\;A}\mathrm{Y} + e + \overline{\nu} \qquad (3.30a)$$

und der β^+-Zerfall (Positronen-Emission) durch

$$^A_Z\mathrm{X} \rightarrow {}_{Z-1}^{\;\;A}\mathrm{Y} + e^+ + \nu . \qquad (3.30b)$$

Anmerkung

Wie in Kap. 7 gezeigt wird, muß bei allen Reaktionen zwischen Elementarteilchen die Baryonenzahl (Zahl der schweren Teilchen, wie p, n) und die Zahl der Leptonen (leichte Elementarteilchen, wie e, e^+, ν, $\overline{\nu}$) erhalten bleiben. Dabei wird einem Lepton die Leptonenzahl $L = +1$ zugeordnet und seinem Antiteilchen $L = -1$. Man sieht dann, daß auf beiden Seiten von (3.30a) bzw. (3.30b) die Baryonenzahl gleich A ist und die Leptonenzahl $L = 0$.

Wir hatten in Abschn. 2.4 diskutiert, daß sich im Kern wegen der Unschärferelation keine Elektronen aufhalten können. Nach dem Modell des β-Zerfalls wird das Elektron erst erzeugt durch die Umwandlung eines Neutrons in ein Proton

$$n \rightarrow p + e + \overline{\nu} . \qquad (3.31)$$

Es verläßt zusammen mit dem Antineutrino den Kern sofort nach seiner Entstehung (Abb. 3.22).

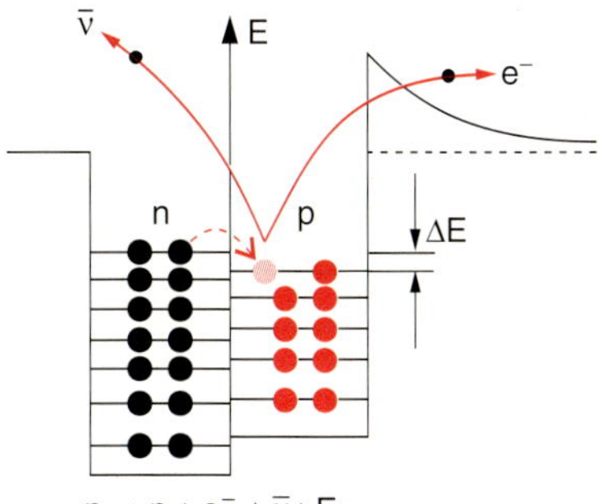

Abb. 3.22. Betazerfall eines instabilen Kerns durch Umwandlung eines Neutrons in ein Proton

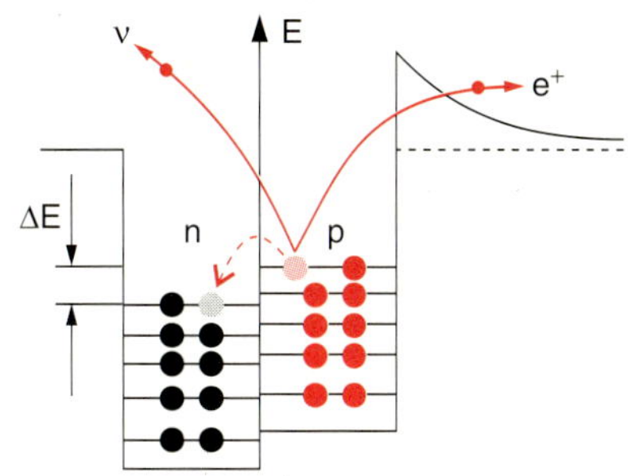

Abb. 3.23. Positronenemission bei der Umwandlung eines Protons in ein Neutron in β^+-instabilen Kernen

Ein freies Neutron hat eine etwas größere Masse als ein freies Proton und zerfällt deshalb spontan nach (3.31) nach einer mittleren Lebensdauer von 887 s, während ein freies Proton stabil ist ($\tau > 10^{32}$ Jahre).

Im Kern wird der Prozeß (3.31) nur möglich, wenn die Energie des Mutterkerns ${}^A_Z X$ höher liegt als die des Tochterkerns ${}_{Z+1}^{A}Y$. Dies ist immer dann der Fall, wenn ein Neutron an der Fermigrenze durch Verwandlung in ein Proton dadurch ein nach dem Pauliprinzip erlaubtes, tieferes, nicht besetztes Protonenniveau einnehmen kann (Abb. 3.22). Die Energiebilanz lautet:

$$\begin{aligned} \Delta E &= \left[M({}^A_Z X) - M({}_{Z+1}^{A}Y)\right] \cdot c^2 \\ &> (m_e + m_{\bar{\nu}}) \cdot c^2 , \\ E_{kin}^{max} &= E_{kin}(e) + E_{kin}(\bar{\nu}) \\ &= \Delta E - (m_e + m_{\bar{\nu}}) \cdot c^2 . \end{aligned} \tag{3.32}$$

Trotz seiner kleineren Masse kann jedoch auch ein im Kern gebundenes Proton unter Umständen nach der Reaktion

$$p \to n + e^+ + \nu \tag{3.33}$$

sich in ein Neutron umwandeln und dabei ein Positron e^+ und ein Neutrino ν emittieren. Dieser Prozeß wird energetisch möglich, wenn durch diese Umwandlung das entstehende Neutron ein tieferes Energieniveau besetzen kann als das Proton (Abb. 3.23). Dadurch wird die Bindungsenergie des Tochterkerns größer als die des Mutterkerns, und die Überschußenergie

$$\begin{aligned} \Delta E &= \left[M({}^A_Z X) - M({}_{Z-1}^{A}Y) - m_e - m_\nu\right] c^2 \\ &= E_{kin}(e^+) + E_{kin}(\nu) = E_{max}(e^+) \end{aligned} \tag{3.34}$$

wird als kinetische Energie von Positron und Neutrino frei. Solche instabilen Kerne mit Positronenemission liegen in Abb. 3.4 links von dem Bereich der stabilen Kerne, während die β^--instabilen Kerne rechts davon liegen.

Um die genaue Form der gemessenen „kontinuierlichen" Energieverteilung $N_\beta(E)$ beim β-Zerfall zu erklären, entwickelte *Fermi* 1933 ein Modell, das auf den folgenden Überlegungen beruht [3.3]:

Die Wahrscheinlichkeit $W(E)$ dafür, daß ein Kern vom Anfangszustand $|i\rangle$ in den Endzustand $|f\rangle$ übergeht und dabei ein Elektron der Energie E_e und ein Antineutrino der Energie E_ν mit $E_e + E_\nu = E_{max} = E_0$ ausgesandt werden, kann als ein Produkt von drei Faktoren geschrieben werden:

$$W(E) \cdot dE = g_e \cdot g_\nu \cdot W_{if} \, dE , \tag{3.35}$$

wobei die Faktoren $g_e(E_e)$ und $g_\nu(E_\nu)$ die statistischen Gewichte für Elektron und Antineutrino angeben, d. h. die Zahl der möglichen Impulszustände $\boldsymbol{p}_e$, $\boldsymbol{p}_\nu$, die bei statistisch verteilten Emissionsrichtungen zur gleichen Energie E_e bzw. E_ν von Elektron bzw. Antineutrino führen, während W_{if} die Wahrscheinlichkeit für den Kernübergang ${}^A_Z X \to {}_{Z+1}^{A}Y$ angibt, die in erster Näherung nicht von der Energie E_e oder E_ν abhängt.

Alle Impulse $\boldsymbol{p}$ eines freien Teilchens, die im Impulsraum innerhalb der Kugelschale $4\pi p^2 \, dp$ liegen, führen zu Energien E im Intervall E bis $E+\mathrm{d}E$. Da die Impulse von Elektron und Antineutrino statistisch unabhängig sind (der Rückstoß des Kerns kann immer den Gesamtimpuls aller drei Teilchen zu Null kompensieren), sind die statistischen Gewichte

$$g_e = 4\pi p_e^2\,\mathrm{d}p_e \quad \text{und} \quad g_\nu = 4\pi p_\nu^2\,\mathrm{d}p_\nu\,. \tag{3.36}$$

Da die Ruhemasse der Neutrinos sehr klein ist ($m_\nu \ll m_e$) und nach heutigen Erkenntnissen wahrscheinlich Null ist, gilt:

$$E_\nu = c \cdot p_\nu\,.$$

Wegen $E_\nu = E_0 - E_e$ folgt

$$p_\nu^2 = \frac{1}{c^2}(E_0 - E_e)^2\,. \tag{3.37}$$

Damit ergibt sich aus (3.35) für die Wahrscheinlichkeit, daß das Elektron beim β-Zerfall die kinetische Energie E_e, d. h. den Impulsbetrag p_e hat:

$$W(p_e)\,\mathrm{d}p_e = a_1 \cdot W_{if} \cdot p_e^2 \cdot (E_0 - E_e)^2\,\mathrm{d}p_e\,. \tag{3.38a}$$

Berücksichtigt man die relativistische Beziehung (siehe Bd. 3, Abschn. 3.1)

$$E = \sqrt{p^2c^2 + (m_ec^2)^2}$$

zwischen Gesamtenergie $E = E_e + m_ec^2$ und Impuls p_e des Elektrons, so läßt sich (3.38a) für das Energieintervall $\mathrm{d}E$ schreiben als:

$$W(E_e)\,\mathrm{d}E = a_2 \cdot W_{if} \cdot E_e \cdot \sqrt{E^2 - m_e^2c^4} \cdot (E_0 - E_e)^2\,\mathrm{d}E\,, \tag{3.38b}$$

wobei a_1, a_2 Konstanten sind. Bei genauerer Betrachtung muß man noch einen Korrekturfaktor $F(E, Z)$ einfügen (***Fermi-Faktor***), der die endliche Ausdehnung des Kerns und die Anziehung des Elektrons durch den positiv geladenen Kern auf seinem Weg vom Entstehungsort durch die Elektronenhülle zum Detektor berücksichtigt. Die Zahl $N(E)\,\mathrm{d}E$ der gemessenen Elektronen im Energieintervall $\mathrm{d}E$ ist proportional zu $W(E)\,\mathrm{d}E$.

Trägt man $[N(p_e)\,\mathrm{d}p_e/(F \cdot p_e^2)]^{1/2}$ gegen die Energie E_e der Elektronen auf, so erhält man eine Gerade,

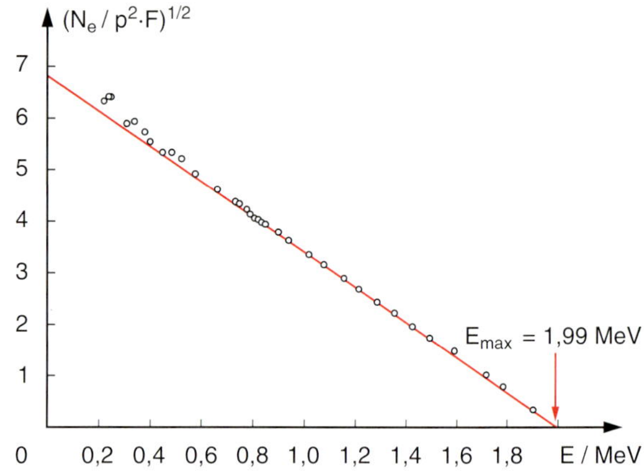

Abb. 3.24. Fermi-Kurie-Diagramm für den β-Zerfall von ^{114}In. Nach J.L. Lawson, J.M. Cork: Phys. Rev. **57**, 982 (1940)

aus deren Steigung man die Wahrscheinlichkeit W_{if} für den Kernübergang bestimmen kann (***Fermi-Kurie-Plot***, Abb. 3.24, nach *F.N.D. Kurie* und *E. Fermi*) [3.4].

Der β-Zerfall wird möglich auf Grund der schwachen Wechselwirkung. Sein Studium gibt daher Informationen über Stärke und Reichweite der schwachen Wechselwirkung (siehe Abschn. 7.6).

3.4.4 Experimentelle Methoden zur Untersuchung des β-Zerfalls

Die Energieverteilung der beim β-Zerfall emittierten Elektronen bzw. Positronen läßt sich mit einem magnetischen Spektrometer messen (Abb. 3.25). Durch einen Spalt wird ein Teil der von der β-Quelle emittierten Elektronen ausgeblendet, tritt in ein homogenes

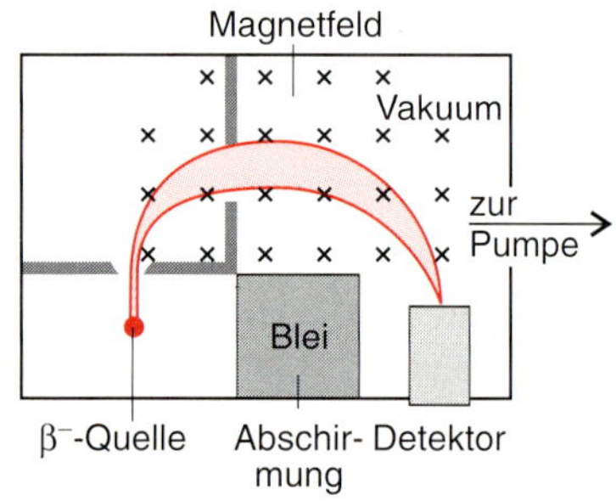

Abb. 3.25. Messung des β-Spektrums mit einem magnetischen Spektrometer

180°-Magnetfeld und wird auf den Detektor fokussiert (siehe Bd. 3, Abschn. 2.7.4 und Bd. 2, Abschn. 3.3.2). Gemessen wird die Zahl $N(B)$ der auf den Detektor fallenden Elektronen als Funktion des Magnetfeldes, die einen Halbkreis mit Radius R zu durchlaufen haben.

Aus

$$\frac{m \cdot v^2}{R} = e \cdot v \cdot B \Rightarrow m \cdot v = R \cdot e \cdot B$$

folgt für die kinetische Energie der Elektronen:

$$E_{\text{kin}} = \frac{m}{2} v^2 = \frac{1}{2m} R^2 e^2 B^2 . \tag{3.39}$$

Um γ-Quanten abzuschirmen und den direkten Weg für Elektronen aus der Quelle zum Detektor zu verhindern, wird die Quelle durch Bleiwände abgeschirmt.

Man kann die Energieverteilung $N(E)$ der Elektronen auch mit Hilfe von energieauflösenden Detektoren wie z. B. Szintillationszählern oder Halbleiterzählern (siehe Kap. 4) messen.

Aus dem Verlauf solcher Fermi-Kurie-Kurven in der Nähe der maximalen Energie E_0 läßt sich eine obere Schranke für die Neutrinomasse m_ν angeben. Dies wird am β-Zerfall des Tritiums

$${}^3_1\text{T} \rightarrow {}^3_2\text{He} + \text{e} + \overline{\nu}$$

in Abb. 3.26 verdeutlicht. Bei Annahme einer Ruhemasse von $250\,\text{eV}/c^2$ würde die Kurve von der Geraden abbiegen, für $m_\nu = 0$ würde sie gerade bleiben. In den letzten Jahren sind hier Präzisionsmessungen durchgeführt worden, die $m_\nu \cdot c^2 < 15$ eV als obere Schranke angeben.

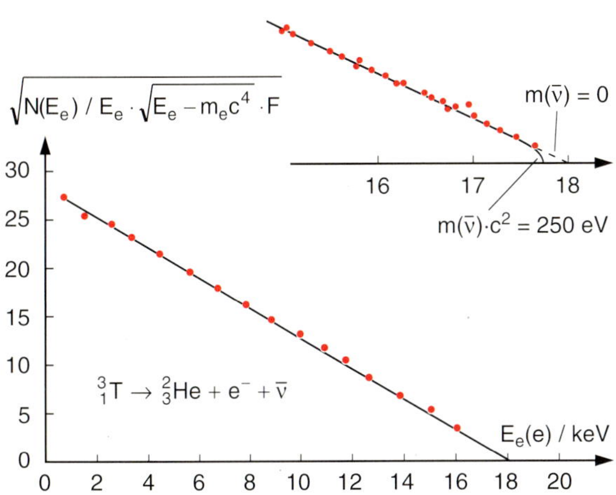

Abb. 3.26. Fermi-Kurie-Diagramm für den β^--Zerfall des Tritiums ${}^3_1\text{T}$

3.4.5 Elektroneneinfang

Die Aufenthaltswahrscheinlichkeitsdichte $|\psi(r)|^2$ für Elektronen in der 1s-Schale (K-Schale) der Elektronenhülle hat für $r = 0$, d. h. im Atomkern, ein Maximum (siehe Bd. 3, Abschn. 5.1). Während seines Aufenthaltes im Kern kann ein Elektron von einem Proton „eingefangen" werden (***K*-Einfang**), das sich dadurch in ein Neutron umwandelt nach der Reaktionsgleichung

$$\text{e} + \text{p} \rightarrow \text{n} + \nu_\text{e} . \tag{3.40}$$

In das dadurch entstandene Loch in der K-Schale fällt ein Elektron aus einer höheren Schale unter Aussendung der charakteristischen Röntgenstrahlung (Abb. 3.27). Für den Kern bedeutet der Elektroneneinfang die Reaktion

$${}^A_Z\text{X} + \text{e} \rightarrow {}_{Z-1}^{\;\;A}\text{Y} . \tag{3.41}$$

Ein Elektroneneinfang ist möglich, wenn die Energiebilanz des Prozesses, bei dem aus dem neutralen Atom (${}^A_Z\text{X} + Z \cdot \text{e}$) mit der Masse $M({}^A_Z\text{X}) + Z \cdot m_\text{e}$ wieder ein neutrales Atom (${}_{Z-1}^{\;\;A}\text{X} + (Z-1)\,\text{e}$) wird, positiv ist, d. h. wenn gilt:

$$\Delta E = \Delta M \cdot c^2 > E_\text{B}(1s) \geq h \cdot \nu_K , \tag{3.42}$$

d. h. die Energiedifferenz $\Delta E = \Delta M \cdot c^2$ zwischen Mutteratom und Tochteratom muß größer als die Bindungsenergie des K-Elektrons sein. Diese Energiedifferenz tritt als kinetische Energie von Tochterkern

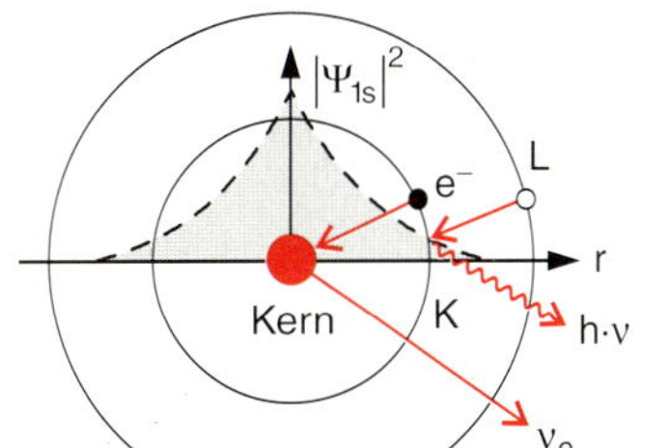

Abb. 3.27. K-Einfang

und Neutrino auf:

$$\Delta E = E_{\text{kin}}({}_{Z-1}^{\;\;A}\text{Y}) + E_{\text{kin}}(\nu)\,, \tag{3.43}$$

wobei wegen der kleinen Masse des Neutrinos ($m_\nu \ll m_e$) gilt:

$$E_{\text{kin}}(\nu) \gg E_{\text{kin}}({}_{Z-1}^{\;\;A}\text{Y})\,.$$

3.4.6 Energiebilanzen und Zerfallstypen

Man kann sich an Hand der in Abb. 3.28 dargestellten Energieskala nochmals zusammenfassend klarmachen, unter welchen Bedingungen die einzelnen Zerfallstypen auftreten können. Als Energienullpunkt wählen wir $E_0 = M({}_{Z+1}^{\;\;A}\text{X}^+)\cdot c^2$, wobei $M({}_{Z+1}^{\;\;A}\text{X}^+)$ die Masse des Ions X mit der Kernladung $Z+1$ aber nur Z Elektronen ist. Für die Masse des neutralen Atoms $M({}_Z^A\text{Y})$ gibt es drei Möglichkeiten:

1. $M({}_Z^A\text{Y}) > M({}_{Z+1}^{\;\;A}X^+) + m_e$
   In diesem Fall kann das Atom ${}_Z^A\text{Y}$ durch β^--Zerfall in das einfach positiv geladene Ion ${}_{Z+1}^{\;\;A}\text{X}^+$ übergehen, wobei die Energiebilanz lautet:
$$\left[M({}_Z^A\text{Y}) - M({}_{Z+1}^{\;\;A}\text{X}^+)\right]\cdot c^2 = m_e c^2 + E_{\text{kin}}(\text{e}) + E_{\text{kin}}(\overline{\nu}_e)\,. \tag{3.44a}$$

2. $M({}_Z^A\text{Y}) < M({}_{Z+1}^{\;\;A}\text{X}^+)$ und $\Delta M > m_e$
   Hier ist der Positronenzerfall des Ions ${}_{Z+1}^{\;\;A}\text{X}$ energetisch möglich, wodurch ein neutrales Atom ${}_Z^A\text{Y}$ entsteht:
$${}_{Z+1}^{\;\;A}\text{Y}^+ \xrightarrow{\beta^+} {}_Z^A\text{Y} + \text{e}^+ + \nu_e\,.$$
   Die kinetischen Energien der ausgesandten Teilchen sind
$$E_{\text{kin}}(\text{e}^+) + E_{\text{kin}}(\nu_e) = M({}_{Z+1}^{\;\;A}\text{X}^+) - M({}_Z^A\text{Y}) - m_e c^2\,. \tag{3.44b}$$

3. $M({}_Z^A\text{Y}) < M({}_{Z+1}^{\;\;A}\text{X}^+)$, aber $\Delta M < m_e$
   Jetzt ist der Positronenzerfall nicht mehr möglich, weil die Energiedifferenz $\Delta M\cdot c^2$ nicht mehr ausreicht, um das Positron zu erzeugen. Dafür kann das Ion ${}_{Z+1}^{\;\;A}\text{X}^+$ mit Z Elektronen durch K-Einfang in das Ion ${}_Z^A\text{Y}^+$ mit $Z-1$ Elektronen übergehen. Die Energiebilanz heißt dann
$$\left[M({}_{Z+1}^{\;\;A}\text{Y}^+) - M({}_Z^A\text{X})\right]\cdot c^2 = E_{\text{kin}}(\nu_e) + h\nu_K\,, \tag{3.45}$$
   wobei $h\nu_K$ die Energie des Röntgenquants ist, das beim Auffüllen des Loches in der K-Schale ausgesandt wird.

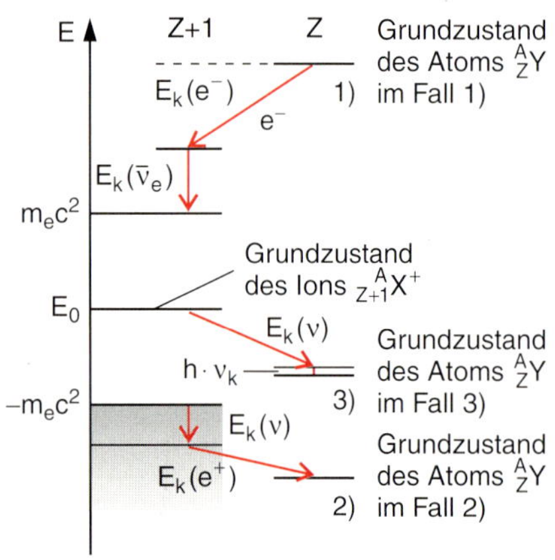

Abb. 3.28. Energieverhältnisse beim β^--, β^+-Zerfall und beim K-Einfang

3.5 Gammastrahlung

3.5.1 Beobachtungen

Bei den in der Natur vorkommenden radioaktiven Substanzen findet man außer der α- und β-Strahlung auch die Emission hochenergetischer Photonen, die γ-Strahlung genannt wird. Sie tritt immer nur in Verbindung mit der α- oder β-Strahlung auf. Bei der Messung der Energiedifferenzen verschiedener α-Komponenten (Abb. 3.14) fiel bald auf, daß die Energie der γ-Quanten mit diesen Energiedifferenzen der α- bzw. β-Strahlung korreliert war (Abb. 3.29). Auf Grund vieler experimenteller Ergebnisse wurde α- bzw. β-Strahlung korreliert war (Abb. 3.29). Aufgrund vieler experimenteller Ergebnisse wurde dann klar, daß γ-Strahlung entsteht, wenn ein Atomkern aus einem energetisch angeregten Zustand E_k in einen tieferen

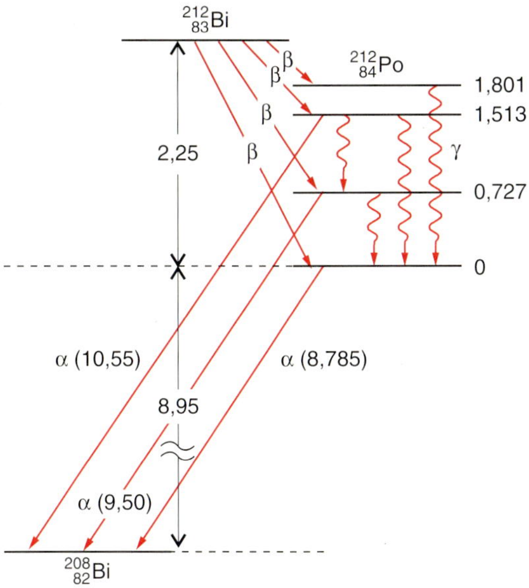

Abb. 3.29. Gammastrahlung des $^{212}_{84}$Po, dessen angeregte Zustände durch β^--Zerfall aus $^{212}_{83}$Bi entstehen und durch γ- und α-Übergänge zerfallen. Die Zahlen in Klammern geben die Energie in MeV an

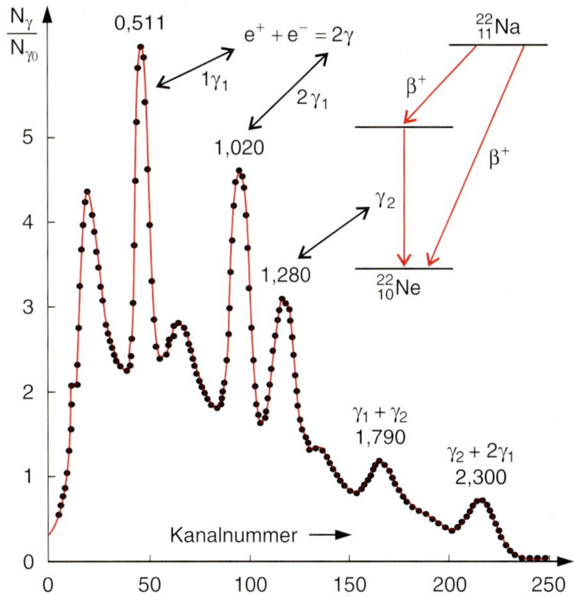

Abb. 3.30. Gammaspektrum von $^{22}_{10}$Ne, das durch β^+-Zerfall aus $^{22}_{11}$Na entsteht. Die gemessenen Maxima mit ihren Energien in MeV entsprechen den Energien $h\nu_2$ der Ne*-γ_2-Strahlung, der Vernichtungsstrahlung γ_1 beim Positroneneinfang und den Kombinationen $2\gamma_1$, $\gamma_1 + \gamma_2$, $2\gamma_1 + \gamma_2$. Aus G. Musiol, J. Ranft, R. Reif, D. Seeliger: *Kern- und Elementarteilchenphysik* (Deutscher Verlag der Wissenschaften, Berlin 1988)

Zustand E_i übergeht, so daß gilt: $h \cdot \nu = E_i - E_k$. Der Vorgang ist daher völlig analog zu Übergängen zwischen diskreten Energiezuständen in der Elektronenhülle, von denen bei Anregung der Valenzelektronen Photonen im Energiebereich 1–10 eV ausgesandt werden. Die Energien der γ-Quanten ($E = 10^4$–10^7 eV) liegen um mehrere Größenordnungen höher. Als Beispiel zeigt Abb. 3.30 das Gamma-Energiespektrum von $^{22}_{10}$Ne*, das durch β^+-Zerfall aus $^{22}_{11}$Na sowohl in einem angeregten Zustand als auch im Grundzustand gebildet wird. Eigentlich würde man hier nur eine γ-Linie bei 1,280 MeV erwarten. Die Positronen erzeugen jedoch nach Abbremsung im Präparat beim Zusammenstoß mit Elektronen Quanten $h\nu_1$ als Vernichtungsstrahlen nach dem Schema

$$e^+ + e \rightarrow 2\gamma_1 \quad \text{mit} \quad h\nu_1 = m_e c^2 ,$$

die in entgegengesetzte Richtung emittiert werden, so daß der Detektor γ-Energien $h\nu_1$, $2h\nu_1$, $h\nu_2$, $h\nu_1 + h\nu_2$ und $h\nu_2 + 2h\nu_1$ detektiert.

Während die Anregungsenergie der Elektronenhülle durch Erhöhung der potentiellen und kinetischen Energie eines einzelnen Elektrons (bei doppelt angeregten Zuständen auch zweier Elektronen) erzeugt wird, entsprechen den angeregten Kernzuständen höhere Rotations- und Schwingungszustände der Nukleonen, bei denen der Kern insgesamt einen größeren Drehimpuls hat als im Grundzustand bzw. bei denen die Nukleonen Schwingungen gegeneinander ausführen.

Diese angeregten Zustände können entweder beim radioaktiven α- oder β-Zerfall instabiler Kerne entstehen (Abb. 3.14 und 3.29) (natürliche Gammastrahlung) oder durch Beschuß stabiler Kerne mit genügend energiereichen γ-Quanten oder anderen Projektilen (Neutronen, Protonen, etc.) (künstlich erzeugte Gammastrahlung).

3.5.2 Multipol-Übergänge und Übergangswahrscheinlichkeiten

Wie in Bd. 2, Abschn. 1.4 gezeigt wurde, kann das Potential einer beliebigen Ladungsverteilung nach Multipolen entwickelt werden. Diese Multipolentwicklung wird durch *Kugelflächenfunktionen* $Y_l^m(\vartheta, \varphi)$ beschrieben. Erfährt diese Ladungsverteilung eine zeitlich periodische Veränderung, so werden elektromagnetische Wellen ausgestrahlt, die, entsprechend der Multipolentwicklung, als Überlagerung von Multipolmoden angesehen werden können. Völlig analoges gilt für zeitlich veränderliche Stromverteilungen.

Bei Übergängen zwischen verschiedenen Rotationszuständen eines Kerns kann sich der Drehimpuls $\boldsymbol{I}$ des Kerns ändern. Wegen der Erhaltung des Drehimpulses muß das dabei ausgesandte γ-Quant die Drehimpulsänderung $\Delta\boldsymbol{I}$ kompensieren, indem es einen entsprechenden Drehimpuls $\boldsymbol{L}$ mitnimmt. Es gilt bei einem Übergang des Kerns mit einem Anfangszustand $\boldsymbol{I}_a$ und Endzustand $\boldsymbol{I}_e$ wegen $\Delta\boldsymbol{L} = \Delta\boldsymbol{I}$ und den verschiedenen relativen Orientierungen $\boldsymbol{I}_a$ und $\boldsymbol{I}_e$

$$|I_a - I_e| \le L \le I_a + I_e\,, \tag{3.46}$$

wobei I_a, I_e und L die entsprechenden Drehimpulsquantenzahlen sind. Diese nach der Drehimpulsquantenzahl L klassifizierten Moden des elektromagnetischen Strahlungsfeldes sind die Multipolmoden, deren Multipolarität 2^L durch die ganzen Zahlen $L = 0, 1, 2, \ldots$ angegeben wird. Das ausgesandte γ-Quant $h \cdot \nu$ hat dann, bezogen auf den Kern, den Drehimpuls $\boldsymbol{L}$ mit $|\boldsymbol{L}| = \sqrt{L(L+1)}/\hbar$.

Quanten mit $L = 1$ heißen Dipolstrahlung, mit $L = 2$ Quadrupolstrahlung, $L = 3$ Oktupolstrahlung, usw. Man unterscheidet zwischen elektrischen Multipolübergängen EL und magnetischen Multipolübergängen ML. Die Wahrscheinlichkeit für einen solchen Multipolübergang zwischen zwei Energiezuständen E_i und E_k des Kerns ist nach einem von *V. Weisskopf* entwickelten Modell [3.5]

$$A_{ik} \propto \left(\frac{R}{\lambda\!\!\!^{-}}\right)^{2L}\,, \tag{3.47}$$

also proportional zur Potenz $2L$ des Verhältnisses von Ausdehnung R der Ladungsverteilung (für R können wir hier den Kernradius einsetzen) und reduzierter Wellenlänge $\lambda\!\!\!^{-} = \lambda/2\pi = c/\omega$ der emittierten Strahlung.

BEISPIELE

1. Bei der Emission von Licht bei Übergängen in der Atomhülle ist $R \approx 0{,}1$ nm, $\lambda\!\!\!^{-} \approx 100$ nm $\Rightarrow R/\lambda\!\!\!^{-} \approx 10^{-3}$. Die Quadrupolstrahlung mit $L = 2$ ist dann um den Faktor 10^{-6} unwahrscheinlicher als die Dipolstrahlung.
2. Bei der γ-Strahlung von Kernen ist mit $R = 5 \cdot 10^{-15}$ m und $h \cdot \nu = 1$ MeV $\Rightarrow \lambda\!\!\!^{-} = 1{,}5 \cdot 10^{-13}$ m $\Rightarrow R/\lambda\!\!\!^{-} \approx 3 \cdot 10^{-2}$. Hier ist die Wahrscheinlichkeit für Quadrupolstrahlung nur um den Faktor 10^{-3} kleiner als für Dipolstrahlung.

Da die Lebensdauer τ_i eines angeregten Kernniveaus, das nur durch γ-Strahlung zerfallen kann, durch

$$\frac{1}{\tau_i} = \sum_k A_{ik}$$

gegeben ist, wobei über alle von $|i\rangle$ aus erreichbaren tieferen Kernniveaus $|k\rangle$ summiert wird, ergibt sich für die Lebensdauer eines solchen angeregten Kernniveaus:

$$\tau_i = \frac{1}{\alpha} \cdot \frac{\hbar}{E_\gamma} \cdot \frac{1}{S(L)} \cdot \left(\frac{\lambda\!\!\!^{-}}{R}\right)^{2L}\,, \tag{3.48}$$

wobei $\alpha = 1/137$ die *Feinstrukturkonstante* und $E_\gamma = E_i - E_k$ die Energie des γ-Quants ist. Der von L abhängige Faktor

$$S(L) = \left(\frac{3}{L+3}\right)^2 \cdot \frac{2(L+1)}{L \cdot \left[\prod_{n=1}^{L}(2n+1)\right]^2}$$

berücksichtigt die relativen statistischen Gewichte der Spinstellungen $\boldsymbol{I}_a$ und $\boldsymbol{I}_e$ von Anfangs- und Endzustand bei einem Multipol-Übergang der Ordnung 2^L.

Kerne mit der Spinquantenzahl $I = 0$ besitzen außer dem elektrischen Monopol $Z \cdot e$ keine höheren Multipole, weil ihre Ladungsverteilung kugelsymmetrisch ist. Es gibt deshalb keine γ-Übergänge zwischen Kernzuständen mit $I = 0$. Für $I \neq 0$ steigt nach (3.47) die Wahrscheinlichkeit für einen γ-Übergang mit sinkenden Werten von L und damit nach (3.46) auch ΔI, solange $\lambda\!\!\!^{-} > R$ gilt, was im allgemeinen der Fall ist.

Die Übergangswahrscheinlichkeit hängt nicht nur von dem Verhältnis $R/\lambda\!\!\!^{-}$ ab, sondern auch von Symmetrieauswahlregeln. Insbesondere spielt die Parität der Wellenfunktionen der am Übergang beteiligten Zustände eine wichtige Rolle. *Zur Erinnerung:* Die ***Parität*** Π ist $\Pi = +1$, wenn die Wellenfunktion bei der Spiegelung am Nullpunkt ($\boldsymbol{r} \to -\boldsymbol{r}$) in sich übergeht, während sie bei $\Pi = -1$ in ihr negatives übergeht.

Tabelle 3.3. Multipol-Übergänge

L	2^L	Bezeichnung	Symbol	Paritätserhaltung
0	1	Monopol	E1	ja (+1)
			M1	nein (−1)
1	2	Dipol	E2	nein (−1)
			M2	ja (+1)
2	4	Quadrupol	E3	ja (+1)
			M3	nein (−1)
3	8	Oktupol	E4	nein (−1)
			M4	ja (+1)

Bei einem elektrischen Multipol-Übergang ändert sich die Parität um $\Delta\Pi = (-1)^L$, bei einem magnetischen Multipol-Übergang um $\Delta\Pi = -(-1)^L = (-1)^{L+1}$ (siehe Bd. 3, Abschn. 7.2).

Die Multipol-Moden M1, E2, M3, E4, ... haben danach gerade Parität (d. h. Π ändert sich *nicht* beim Übergang). Während die Moden E1, M2, E3, ... ungerade Parität haben (Tabelle 3.3).

In Abb. 3.31 sind einige Beispiele für Multipol-Gammaübergänge aufgeführt. Die Multipolaritäten können aus den gemessenen Winkelverteilungen der emittierten γ-Quanten bestimmt werden (siehe Abschn. 4.5).

Setzt man die Zahlenwerte der Naturkonstanten in (3.48) ein und für den Kernradius $R = r_0 \cdot A^{1/3}$, so erhält man für Niveaus, die durch elektrische Multipolübergänge in tiefere Niveaus zerfallen können, die in Tabelle 3.4 angegebenen mittleren Lebensdauern. Man sieht daraus, daß die Lebensdauern angeregter Kernzustände über viele Größenordnungen variieren. In analoger Weise lassen sich die Übergangswahrscheinlichkeiten für magnetische Multipolübergänge

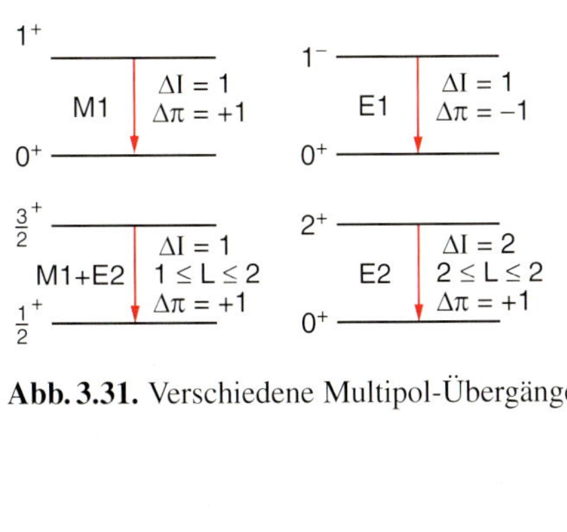

Abb. 3.31. Verschiedene Multipol-Übergänge beim γ-Zerfall

Tabelle 3.4. Reziproke Übergangswahrscheinlichkeiten in s für verschiedene elektrische Multipol-Übergänge bei verschiedenen γ-Energien. Nach K. Bethge: *Kernphysik* (Springer, Berlin, Heidelberg 1996)

E_γ/MeV	E1	E2	E3	E4
0,1	10^{-13}	10^{-6}	10^{+2}	10^{+9}
1	10^{-15}	10^{-10}	10^{-5}	1
10	10^{-18}	10^{-15}	10^{-12}	10^{-9}

berechnen. Das Ergebnis solcher Berechnungen ist:

$$\frac{1}{\tau_M} \approx E_\gamma^{2L+1} \cdot A^{2(L-1)/3}, \qquad (3.49a)$$

wobei A die Nukleonenzahl des Kerns ist, während für elektrische Multipolübergänge gilt:

$$\frac{1}{\tau_E} \approx E_\gamma^{2L+1} \cdot A^{2L/3}, \qquad (3.49b)$$

Daraus folgt für das Verhältnis τ_M/τ_E unter Berücksichtigung der statistischen Gewichte bei gleicher γ-Quantenenergie am gleichen Kern

$$\frac{A_{ik}^{(E)}}{A_{ik}^{(M)}} = \frac{\tau_M}{\tau_E} \approx 4{,}5 \cdot A^{2/3}. \qquad (3.49c)$$

Für Kerne mit $A = 125$ ist z. B. die Übergangswahrscheinlichkeit für einen magnetischen Multipolübergang ML etwa 100 mal kleiner als für einen elektrischen Multipolübergang EL.

3.5.3 Konversionsprozesse

Außer durch Gammaemission kann ein Kern seine Anregungsenergie auch durch direkte Energieübertragung auf ein Elektron in der Atomhülle (im allgemeinen aus der K-Schale) abgeben:

$${}^A_Z\mathrm{X}^* \rightarrow {}^A_Z\mathrm{X}^+ + \mathrm{e}, \qquad (3.50)$$

so daß ein einfach positiv geladenes Ion ${}^A_Z\mathrm{X}^+$ entsteht (***innere Konversion***). Man kann dies als „inneren Photoeffekt“ durch ein virtuelles γ-Quant auffassen, das vom Kern emittiert und vom Hüllenelektron gleich

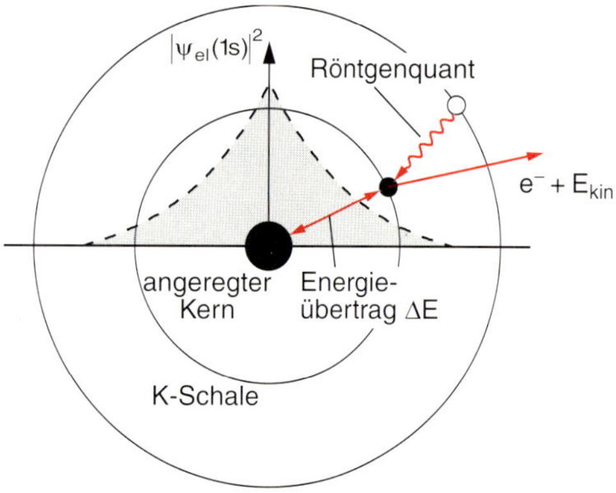

Abb. 3.32. Übertragung der Anregungsenergie des Kerns auf ein Hüllenelektron (Konversionsprozeß)

wieder absorbiert wird. Das Elektron erhält dann eine kinetische Energie

$$E_{kin}(e) = E({}^A_Z X^*) - E({}^A_Z X) - E_B(e)\,, \tag{3.51}$$

wobei der letzte Terme die Bindungsenergie des Hüllenelektrons im Atom ${}^A_Z X$ ist (Abb. 3.32).

Da der angeregte Kernzustand ${}^A_Z X^*$ häufig durch β^--Zerfall aus einem Element ${}_{Z-1}^{\ A}Y$ entsteht, beobachtet man in solchen Fällen ein kontinuierliches β-Spektrum, dem scharfe Linien überlagert sind bei den Energien (3.51), deren Abstand gleich der Differenz der Bindungsenergien des Hüllenelektrons in der K- bzw. L-Schale ist.

Die Wahrscheinlichkeit für die innere Konversion hängt ab von dem Überlapp der elektronischen Wellenfunktionen mit dem Kern (Abb. 3.32). Sie ist deshalb besonders groß für $1s$-Elektronen. Da durch die Emission des Elektrons ein Loch in der Elektronenschale entsteht, wird dieses durch Übergänge eines Elektrons aus höheren Schalen aufgefüllt, und es entsteht die entsprechende Röntgenstrahlung.

Als Konversionskoeffizient η wird das Verhältnis

$$\eta = \frac{N_e}{N_\gamma} \tag{3.52}$$

der Emissionsraten von emittierten Konversionselektronen zu γ-Quanten definiert.

Dieser Konversionsprozeß tritt insbesondere dann auf, wenn der γ-Übergang verboten ist, so daß der Kern keine Möglichkeit hat, seine Energie durch γ-Emission loszuwerden. Ein Beispiel ist der erste angeregte Zustand des ${}^{72}_{32}$Ge bei 691 keV, dessen Spinparitätsbezeichnung 0^+ ist. Er kann nur zerfallen in den Grundzustand, der ebenfalls ein 0^+-Zustand ist und deshalb durch γ-Emission nicht erreicht werden kann.

Eine weitere Möglichkeit der Energiekonversion ist die ***innere Paarbildung***. Bei Kernanregungsenergien oberhalb $E = 2m_e c^2 = 1{,}02$ MeV kann im starken Coulombfeld des Kerns die Anregungsenergie zur Erzeugung eines Elektron-Positron-Paares verwendet werden.

Ein Beispiel für diese Paarerzeugung ist der angeregte 0^+-Zustand ($I = 0$, $\Pi = +1$) des ${}^{16}_{8}$O-Kerns bei 6,06 MeV, der nicht durch γ-Emission in den 0^+-Grundzustand zerfallen kann, weil für Einphotonenübergänge ein Übergang von $I = 0$ nach $I = 0$ wegen der Drehimpulserhaltung verboten ist. Die Anregungsenergie kann jedoch in die Produktion eines e-e$^+$-Paares

$${}^{16}_{8}O^* \to {}^{16}_{8}O + e + e^+ + E_{kin} \tag{3.53}$$

umgewandelt werden, wobei die kinetische Energie $E_{kin} = (6{,}06 - 1{,}02\,)$ MeV sich gleichmäßig auf Elektron und Positron verteilt. Es gibt dann im β-Spektrum eine scharfe Linie bei $E = 2{,}52$ MeV.

Im Prinzip könnte der angeregte ${}^{16}_{8}$O-Kern im 0^+-Zustand auch durch gleichzeitige Emission von zwei γ-Quanten in den 0^+-Grundzustand zerfallen, weil dies den Drehimpuls- und Paritätsauswahlregeln genügen würde. Die Wahrscheinlichkeit für diesen Prozeß ist jedoch sehr klein, und das *Verzweigungsverhältnis* von Zweiphotonen-Emission zu den Konversionsprozessen, d. h. das Verhältnis der Übergangswahrscheinlichkeiten, ist nur $2{,}5 \cdot 10^{-4}$.

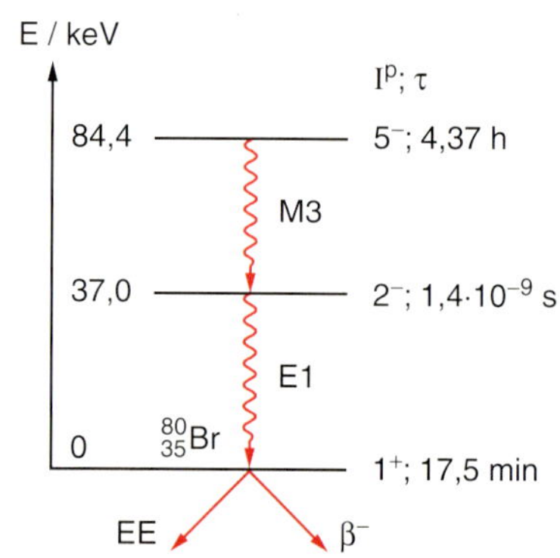

Abb. 3.33. Isomerzustand ${}^{80}_{35}$Br* des instabilen ${}^{80}_{35}$Br-Grundzustands

3.5.4 Kernisomere

Langlebige angeregte Kernzustände werden als Isomere des Grundzustands bezeichnet, weil sie die gleiche Zahl von Neutronen und Protonen haben und sich lediglich in der Gesamtenergie, im Drehimpuls und eventuell in der Parität unterscheiden. Die langen Lebensdauern solcher Zustände können z. B. dadurch bedingt sein, daß es keine erlaubten Dipol- oder Quadrupolübergänge in den Grundzustand gibt. Dies gilt z. B. für angeregte Zustände mit hohen Kernspins, bei deren γ-Zerfall der Drehimpuls sich um mehrere Einheiten von $\hbar$ ändert. Zur Illustration ist in Abb. 3.33 das Isomer des ${}^{80}_{35}$Br-Kerns gezeigt. Der angeregte Zustand hat eine mittlere Lebensdauer von $\tau = 4{,}37$ h, weil nur ein magnetischer Oktupol-Übergang vom oberen Zustand mit $I = 5$, $\Pi = -1$ zum unteren Zustand mit $I = 2$, $\Pi = -1$ möglich ist (siehe Tabelle 3.3).

ZUSAMMENFASSUNG

- Kerne können zerfallen, wenn die Masse des Mutterkerns größer ist als die Summe der Massen der Zerfallsprodukte

$$M\left({}^{A}_{Z}\mathrm{X}\right) \geq M_1\left({}^{A'}_{Z'}\mathrm{Y}\right) + M_2$$

  und wenn der Zerfall nicht durch eine Potential-Barriere oder durch Symmetrieregeln verhindert wird.
- Die möglichen Zerfallsarten sind α-, β^-- bzw. β^+-Emission, K-Einfang oder Kernspaltung.
- Stabile Kerne haben bei vorgegebener Nukleonenzahl A einen relativ engen Bereich für das Verhältnis N/Z von Neutronen- zu Protonenzahl. Wird N zu groß, entsteht ein gegen β^--Strahlung instabiler Kern, wird N zu klein, wird β^+-Emission beobachtet.
- Kerne mit geradem N und Z (g-g-Kerne) sind besonders stabil, dagegen gibt es nur vier stabile u-u-Kerne, nämlich solche mit $Z \leq 7$. Alle u-u-Kerne mit $Z > 7$ sind instabil.
- Die Zahl der instabilen Kerne eines Elementes nimmt zeitlich exponentiell ab nach dem Gesetz $N(t) = N(0) \cdot \mathrm{e}^{-\lambda t}$. Nach der mittleren Lebensdauer $\tau = 1/\lambda$ ist nur noch $1/\mathrm{e}$ der zur Zeit $t = 0$ vorhandenen Kerne übrig.
- Die Aktivität $A(t) = \lambda \cdot N(t)$ einer radioaktiven Substanz ist nach der Halbwertszeit $t_{1/2} = \tau \cdot \ln 2 = \ln 2/\lambda$ auf die Hälfte abgeklungen. Die Aktivität wird in der Einheit Becquerel (1 Becquerel = 1 Zerfall/s) angegeben. Die Zerfallskonstanten λ und somit die Halbwertszeiten $t_{1/2}$ variieren für die verschiedenen instabilen Kerne über viele Größenordnungen.
- Die natürlichen radioaktiven Elemente lassen sich in vier Zerfallsreihen anordnen, wobei ein Mutterelement, das der Reihe den Namen gibt, sukzessive durch α- oder β-Zerfall in andere Elemente zerfällt. Das Endelement ist bei allen Reihen ein stabiles Blei-Isotop.
- Natürliche α-Strahler kommen nur bei schweren Elementen mit $A > 205$ vor. Beim α-Zerfall bildet sich im Kern aus zwei Protonen und zwei Neutronen ein α-Teilchen, das wegen seiner großen Bindungsenergie eine erhöhte kinetische Energie hat und trotz Coulombbarriere durch Tunneleffekt den Kern verlassen kann.
  Da die Tunnelwahrscheinlichkeit mit steigender Energie des α-Teilchens stark zunimmt, senden kurzlebige α-Strahler α-Teilchen mit größerer Energie aus als langlebige. Weil die Energiezustände im Kern diskrete Werte annehmen, sind die Energiespektren der α-Strahlung diskret.
- Beim β-Zerfall beobachtet man eine kontinuierliche Energieverteilung der Elektronen. Energie-Impuls- und Drehimpulserhaltung fordern einen Drei-Körper-Zerfall:

$$ {}^{A}_{Z}\mathrm{X} \xrightarrow{\beta^-} {}_{Z+1}^{\;\;A}\mathrm{Y} + \mathrm{e} + \overline{\nu}, $$

$$ {}^{A'}_{Z'}\mathrm{X}' \xrightarrow{\beta^+} {}_{Z'-1}^{\;\;A'}\mathrm{Y}' + \mathrm{e}^+ + \nu $$

  und damit die Existenz eines bis dahin nicht beobachteten Teilchens, des Neutrinos. Die Neutrinos sind Leptonen. Sie haben eine Ruhemasse $m_\nu < 10^{-5}\, m_\mathrm{e}$ (wahrscheinlich ist $m_\nu = 0$) und nur eine sehr schwache Wechselwirkung mit anderen Teilchen.

- Gammastrahlung ist sehr kurzwellige elektromagnetische Strahlung mit Photonenenergien im Bereich $h \cdot \nu = 10\,\mathrm{keV}$–$10\,\mathrm{MeV}$. Sie entsteht bei Übergängen von energetisch angeregten Kernzuständen (Rotations- oder Schwingungsanregung) in tiefere Zustände.
- Die Multipolmoden der Ordnung 2^L der ausgesandten Strahlung hängen ab von der Drehimpulsänderung $\Delta I = L$ und von der Parität der Wellenfunktionen in den beteiligten Kernzuständen.

ÜBUNGSAUFGABEN

1. a) Zur Zeit $t = 0$ seien N_{A_0} radioaktive Kerne A vorhanden, die mit einer Halbwertszeit $T_{1/2} = 10\,\mathrm{d}$ in Kerne B zerfallen, deren Halbwertszeit 5 d beträgt. Wie groß sind $N_A(t)$ und $N_B(t)$ nach einem Tag, nach zehn Tagen und nach 100 Tagen, wenn $N_B(0) = 0$ ist?
   b) Wie lange dauert es, bis von 1 kg Tritium $^3_1\mathrm{H}$ nur noch 1 g übrig ist?
2. a) Wie groß ist die Zerfallskonstante λ und Halbwertszeit $t_{1/2}$ eines radioaktiven α-Strahlers, wenn die Energie des α-Teilchens im Kern $+E_1$ ist, der Coulombwall durch ein Rechteckpotential der Höhe E_0 und der Breite a und das Kernpotential durch ein Kastenpotential der Tiefe $-E_2$ und der Breite b angenähert werden? *Zahlenwerte:* $E_1 = 6\,\mathrm{MeV}$, $E_2 = +15\,\mathrm{MeV}$, $E_0 = +11\,\mathrm{MeV}$, $a = 4 \cdot 10^{-14}\,\mathrm{m}$, $b = 6{,}0 \cdot 10^{-15}\,\mathrm{m}$.
   b) Welche Zerfallskonstante λ ergibt sich, wenn für $r < b$ das anziehende Kastenpotential, für $r \geq b$ ein abstoßendes Coulombpotential mit $Z_1 = 90$, $Z_2 = 2$ eingesetzt wird?
3. Man berechne die Wahrscheinlichkeit T dafür, daß ein α-Teilchen mit $E_{kin} = 8{,}78\,\mathrm{MeV}$ beim zentralen Stoß mit einem $^{208}_{82}\mathrm{Pb}$-Kern die Coulombbarriere überwindet. Wie groß ist die Wahrscheinlichkeit, daß sich im dabei entstehenden $^{212}_{84}\mathrm{Po}$-Kern ein α-Teilchen bildet, wenn die Potentialtopftiefe $-E_0 = 35\,\mathrm{MeV}$ und die Halbwertszeit des $^{212}_{84}\mathrm{Po}$-Kerns, der α-Teilchen der Energie $E_1 = 8{,}8\,\mathrm{MeV}$ aussendet, $t_{1/2} = 3 \cdot 10^{-7}\,\mathrm{s}$ ist?
4. Der Kern $^{62}_{30}\mathrm{Zn}$ kann sowohl durch e^+-Emission als auch durch Elektroneneinfang zerfallen. Man berechne die maximale Neutrinoenergie für beide Zerfälle, wenn die maximale Positronenenergie 0,66 MeV ist. Wie unterscheidet sich das Ergebnis, wenn man Rückstoß- und K-Elektronen-Bindungsenergie vernachlässigt bzw. berücksichtigt?
5. Die Massendifferenz zwischen Mutterkern $^A_Z\mathrm{K}_1$ und Tochterkern $^{\;\;A}_{Z+1}\mathrm{K}_2$ sei $3\,\mathrm{MeV}/c^2$. Wie groß ist beim β^--Zerfall die maximale Energie des Elektrons mit und ohne Berücksichtigung der Rückstoßenergie des Tochterkerns der Masse M_2? (Beispiel: $M_2 = 70$ AME)
   Wie groß ist die maximale Energie des Neutrinos?
6. Die Bindungsenergie eines Elektrons in der K-Schale sei 50 keV. Um welchen Betrag ändern sich die Kernmasse und die Atommasse mindestens beim K-Einfang $M_1 + \mathrm{e} \to M_2 + \nu_e + (h \cdot \nu)_K$?
7. Ein angeregter Kern der Masse M überträgt seine Anregungsenergie auf ein Elektron der K-Schale, das emittiert wird und in einem Magnetfeld B eine Kreisbahn mit Radius R beschreibt. Wie groß ist die Rückstoßenergie des Kerns, und wie groß war die Anregungsenergie des Kerns?
   Zahlenbeispiel: $R = 10\,\mathrm{cm}$, $B = 0{,}05\,\mathrm{T}$, $M(^{137}_{55}\mathrm{Cs}) = 137$ AME.
8. Tritium $^3_1\mathrm{H}$ ist mit $E_B = -8{,}4819\,\mathrm{MeV}$ stärker gebunden als $^3_2\mathrm{He}$ mit $E_B = -7{,}7180\,\mathrm{MeV}$. Wieso kann es trotzdem durch β-Zerfall in $^3_2\mathrm{He}$ übergehen? Man bestimme die β-Grenzenergie E_0 und die maximale Rückstoßenergie von $^3_2\mathrm{He}$ für den Fall der Neutrinoruhemasse $m_\nu = 0$.
9. Der Kern $^{12}_5\mathrm{B}$ geht durch β^--Zerfall in $^{12}_6\mathrm{C}$ über. Der Kern $^{12}_7\mathrm{N}$ geht durch β^+-Zerfall ebenfalls in $^{12}_6\mathrm{C}$ über. Beide Zerfälle erfolgen mit überwiegender Wahrscheinlichkeit zum Grundzustand von $^{12}_6\mathrm{C}$ mit maximalen β-Energien $E_0(\beta^-) = 13{,}3695\,\mathrm{MeV}$, $E_0(\beta^+) = 16{,}3161\,\mathrm{MeV}$.
   Wie sind die Energielagen der Grundzustände von $^{12}_5\mathrm{B}$ und $^{12}_7\mathrm{N}$ relativ zum Grundzustand von $^{12}_6\mathrm{C}$? Zeichnen Sie eine maßstäbliche Skizze.

10. Zur Zeit $t = 0$ werden 10 g des Isotops ^{226}Ra (Dichte $\varrho = 5{,}5\ \mathrm{g/cm^3}$) in ein Glasröhrchen mit einem Volumen von 5 cm^3 eingefüllt. Das Glasröhrchen wird anschließend verkorkt und bei 20 °C aufbewahrt. ^{226}Ra ($T_{1/2} = 1600\ \mathrm{a}$) zerfällt in das radioaktive Gas ^{222}Rn, welches mit einer Halbwertszeit von $T_{1/2} = 3{,}825\ \mathrm{d}$ weiterzerfällt, bis letzten Endes zu ^{206}Pb.

a) Berechen Sie die Anzahl der ^{222}Rn-Kerne als Funktion der Zeit. Am Anfang seien keine Rn-Kerne vorhanden.
b) Wann ist der Partialdruck des ^{222}Rn maximal? Welchen Wert hat er dann? Um wieviel Prozent etwa steigt der Druck im Röhrchen an?

4. Experimentelle Techniken und Geräte in Kern- und Hochenergiephysik

Nachdem wir uns in den beiden vorigen Kapiteln mit den grundlegenden Erkenntnissen über stabile und instabile Kerne befaßt haben, soll nun erläutert werden, mit welchen experimentellen Techniken und Geräten diese und weitere Erkenntnisse in der Kern- und Teilchenphysik gewonnen werden können. Zu den wichtigsten Geräten gehören Teilchenbeschleuniger und Teilchendetektoren.

4.1 Teilchenbeschleuniger

Um die räumliche Struktur der Atomkerne detaillierter untersuchen zu können, muß das räumliche Auflösungsvermögen der verwendeten Methode genügend hoch sein. Für Streuexperimente bedeutet dies z. B., daß man aus der Messung des differentiellen Wirkungsquerschnittes bei der elastischen Streuung nur dann Strukturen in der Massen- oder Ladungsverteilung im Atomkern beobachten kann, wenn die de-Broglie-Wellenlänge $\lambda_{\mathrm{dB}} = h/p$ des einfallenden Projektils klein ist gegen den Durchmesser $D = 2r_0\sqrt{A}$ des Targetkerns. Dazu muß die kinetische Energie E_{kin} der Projektile entsprechend groß sein. Für $\lambda_{\mathrm{dB}} > D$ werden infolge von Beugungseffekten eventuell vorhandene Strukturen ausgewaschen und können deshalb nicht mehr aufgelöst werden. Dies ist völlig analog zur Auflösungsgrenze des Lichtmikroskops (Bd. 2, Abschn. 11.3).

Auch zur Anregung von Kernen durch Zusammenstöße mit Projektilteilchen oder zur Erzeugung neuer Teilchen bei reaktiven Stößen muß die kinetische Energie der Stoßpartner im Schwerpunktsystem einen Mindestwert überschreiten, der je nach der untersuchten Reaktion im Energiebereich von einigen keV bis zu vielen GeV liegt. Man muß daher Teilchen auf die gewünschte Energie beschleunigen.

Im ersten Teil dieses Kapitels wollen wir uns mit den wichtigsten Typen der bisher entwickelten Teilchenbeschleuniger befassen. Für ausführlichere Darstellungen wird auf die Speziallitertur [4.1–5] verwiesen.

4.1.1 Geschwindigkeit, Impuls und Beschleunigung bei relativistischen Energien

Da in vielen Beschleunigern die Teilchen auf Energien beschleunigt werden, die größer als ihre Ruheenergie m_0c^2 sind, muß man relativistische Formeln anwenden, um die Zusammenhänge zwischen Energie, Impuls und bewegter Masse zu erhalten. Auch für die Berechnung von Stoßprozessen bei relativistischen Energien müssen die Newtonschen Gesetze entsprechend erweitert werden (siehe Bd. 1, Abschn. 4.4).

So gilt für den Zusammenhang zwischen Energie E und Impuls p eines Teilchens

$$E = E_{\mathrm{kin}} + E_0 = \sqrt{(c \cdot p)^2 + (m_0c^2)^2}\,, \tag{4.1}$$

wobei die „Ruheenergie" des Teilchens mit der Ruhemasse m_0 durch

$$E_0 = m_0c^2 = \sqrt{E^2 - (c \cdot p)^2} \tag{4.2}$$

gegeben ist.

Die kinetische Energie eines Teilchens ist dann

$$\begin{aligned} E_{\mathrm{kin}} &= E - m_0c^2 \\ &= \sqrt{(c \cdot p)^2 + (m_0c^2)^2} - m_0c^2\,. \end{aligned} \tag{4.3}$$

Häufig wird das Verhältnis

$$\boxed{\alpha = \frac{E_{\mathrm{kin}}}{m_0c^2}} \tag{4.4}$$

von kinetischer zu Ruheenergie eines Teilchens als Parameter für charakteristische Größen bei relativistischen Stoßprozessen verwendet. Dies hat den Vorteil, daß man manche physikalisch relevanten Größen als Funktion von α angeben kann, unabhängig von der Art des Teilchens.

Bei relativistischen Energien wird die *Massenzunahme* bedeutend. Es gilt

$$\frac{m(v)}{m_0} = \frac{1}{\sqrt{1 - v^2/c^2}} = \gamma = 1 + \alpha \tag{4.5}$$

mit $\gamma = (1 - \beta^2)^{-1/2}$, weil

$$E_{\text{kin}} = (m - m_0)c^2 \;\Rightarrow\; \frac{m}{m_0} = \frac{E_{\text{kin}}}{m_0 c^2} + 1\,.$$

Die Geschwindigkeit v eines Teilchens mit kinetischer Energie E_{kin} ist daher:

$$v = \frac{c}{1+\alpha}\sqrt{\alpha^2 + 2\alpha}\,. \tag{4.6}$$

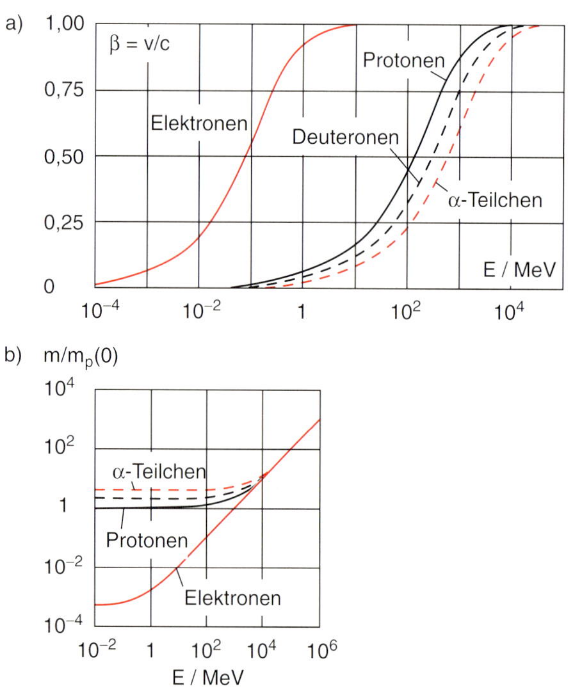

Abb. 4.1a,b. Geschwindigkeit v/c in Einheiten der Lichtgeschwindigkeit c (**a**) und relative Massen $m(v)/m_p(0)$ in Einheiten der Protonen-Ruhemasse $m_p(0)$ (**b**) als Funktion der kinetischen Energie für einige Teilchen

Aus (4.6) und den Abb. 4.1,2 sieht man, daß für $\alpha > 2$ die Geschwindigkeit v fast die Lichtgeschwindigkeit erreicht hat.

Mit dem Impuls

$$p = \frac{1}{c}\sqrt{E_{\text{kin}}^2 + 2m_0 c^2 E_{\text{kin}}} = m_0 c\sqrt{\alpha^2 + 2\alpha} \tag{4.7}$$

wird die de-Broglie-Wellenlänge

$$\lambda_{\text{dB}} = \frac{h}{p} = \frac{h}{m_0 c\cdot\sqrt{\alpha^2 + 2\alpha}}\,. \tag{4.8}$$

In Abb. 4.2 sind reduzierter Impuls $p(\alpha)/m_0$, Geschwindigkeit $v(\alpha)$, Massenverhältnis m/m_0 und die de-Broglie-Wellenlänge $\lambda_{\text{dB}}(\alpha)$ für Elektronen und Protonen über einen weiten Bereich von α aufgetragen. Man sieht, daß für Elektronen $\alpha > 2000$, d. h. $E_{\text{kin}} > 1000\,\text{MeV}$ sein muß, damit $\lambda_{\text{dB}} < 1\,\text{fm}$ wird. Ein Vergleich mit Abb. 4.1 zeigt, daß für $\alpha > 2$ die Impulszunahme im wesentlichen durch die Massenzunahme bewirkt wird, da v bereits fast die Lichtgeschwindigkeit c erreicht hat.

BEISPIELE

1. Für Elektronen mit $E_{\text{kin}} = 500\,\text{MeV}$ wird $\alpha = 10^3$, d. h. $m = 10^3 m_0$ und $\lambda_{\text{dB}} = 2{,}5\,\text{fm}$.
2. Für Protonen mit $E_{\text{kin}} = 500\,\text{MeV}$ wird $\alpha \approx 0{,}5$, $m = 1{,}5\,m_0$ und $\lambda_{\text{dB}} = 1{,}0\,\text{fm}$.

4.1.2 Physikalische Grundlagen der Beschleuniger

Alle geladenen Teilchen, wie Elektronen, Protonen und ihre Antiteilchen, Positronen und Antiprotonen, sowie alle q-fach geladenen positiven Ionen ${}^A_Z\text{X}^{q+}$ bzw. negativ geladenen Ionen ${}^A_Z\text{X}^{q-}$ können durch eine elektrische Potentialdifferenz $U = \phi_{\text{el}}(r_1) - \phi_{\text{el}}(r_2)$ beschleunigt werden.

Solange die Beschleunigungsenergie $q\cdot U$ klein gegen die Ruheenergie $m_0 c^2$ der Teilchen ist, kann man die nichtrelativistischen Ausdrücke

$$E_{\text{kin}} = \frac{m}{2}v^2 = q\cdot U \;\Rightarrow\; v = \sqrt{\frac{2q\cdot U}{m}}$$
$$p = m\cdot v \tag{4.9}$$

verwenden, um kinetische Energie, Geschwindigkeit und Impuls der beschleunigten Teilchen zu bestimmen.

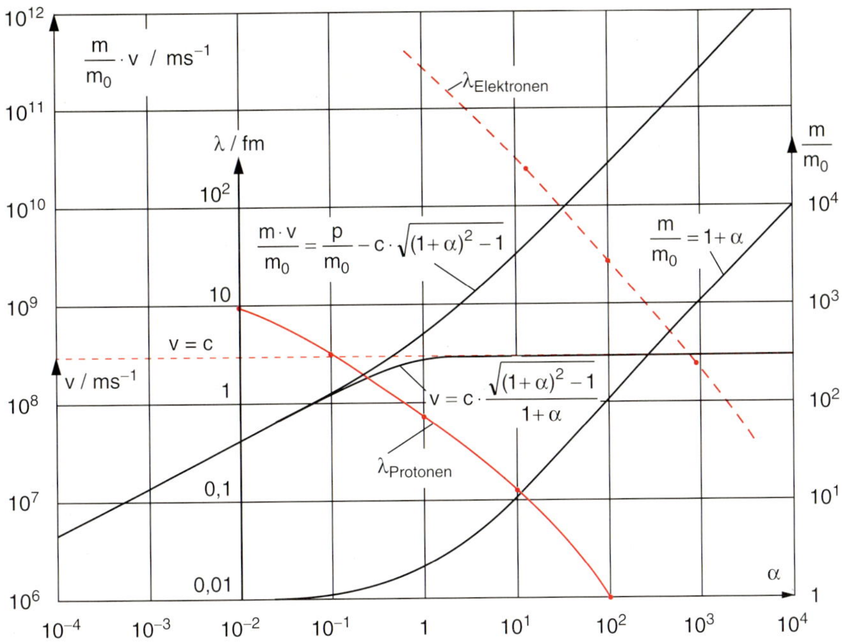

Abb. 4.2. De-Broglie-Wellenlänge $\lambda_{dB} = h/p$ für Elektronen, Protonen sowie Geschwindigkeit v, Massenverhältnis m/m_0 und das Verhältnis p/m_0 als Funktion von α

Bei höheren Energien nähert sich die Geschwindigkeit v der Lichtgeschwindigkeit c (siehe Abb. 4.1), und ein zunehmender Teil der Beschleunigungsenergie

$$\begin{aligned} q \cdot U = E_{kin} &= (m - m_0)c^2 \\ &= \alpha \cdot m_0 c^2 \end{aligned} \tag{4.10}$$

wird wegen des steil anwachsenden Faktors $(c^2 - v^2)^{-1/2}$ für die relativistische Zunahme der Masse $m = m_0/\sqrt{1 - v^2/c^2}$ gebraucht.

Man kann Teilchen entweder einmal durch eine hohe Spannung U beschleunigen (elektrostatische Beschleuniger), oder man kann sie nacheinander in N Beschleunigungsstrecken jeweils eine Potentialdifferenz U durchlaufen lassen, so daß ihre Energie $E_{kin} = N \cdot q \cdot U$ wird (Hochfrequenz-Beschleuniger).

Man unterscheidet zwischen ***Linearbeschleunigern***, bei dem die Teilchen während der Beschleunigung eine gerade Bahn durchlaufen, und ***Kreisbeschleunigern***, in denen die geladenen Teilchen durch ein Magnetfeld auf einer Kreisbahn geführt werden und dabei sehr viele Umläufe machen. Die Wahl des optimalen Beschleunigertyps richtet sich nach der Art der zu beschleunigenden Teilchen, der gewünschten Endenergie und Teilchenstromdichte sowie nicht zuletzt nach den Kosten.

Die beschleunigten Teilchen werden als Projektile für die Untersuchung von Stoßprozessen verwendet, bei denen J_A Teilchen der Sorte A pro Zeit- und Flächeneinheit auf ein *Target* mit n_B-Teilchen pro Volumeneinheit im Reaktionsvolumen ΔV treffen. Ist $d\sigma/d\Omega$ der differentielle Wirkungsquerschnitt für den untersuchten Prozeß (elastische, unelastische oder reaktive Streuung), so beobachtet man beim Streuwinkel ϑ eine Ereignisrate

$$\frac{dN(\vartheta)}{dt} = J_A \cdot n_B \cdot \Delta V \cdot \frac{d\sigma}{d\Omega} \Delta\Omega \tag{4.11}$$

von Teilchen, die pro Zeiteinheit in den vom Detektor erfaßten Raumwinkel $\Delta\Omega$ gestreut werden. Das Reaktionsvolumen ΔV sollte möglichst klein sein, damit es als fast punktförmige Quelle für die Reaktionsprodukte angesehen und damit der Streuwinkel ϑ genau bestimmt werden kann.

Damit die Zahl der beobachteten Ereignisse auch bei kleinen Wirkungsquerschnitten $d\sigma/d\Omega$ genügend groß wird, sollte die Stromdichte J_A der beschleunigten Teilchen möglichst groß sein.

Beim Zusammenstoß der beschleunigten Teilchen A (Energie E_A, Impuls $\boldsymbol{p}_A$) mit ruhenden Targetteilchen B ($E_B = m_{0B} \cdot c^2$, $E_{kin} = 0$, $\boldsymbol{p}_B = \boldsymbol{0}$) muß der Impuls des Stoßpaares $\boldsymbol{p} = \boldsymbol{p}_A$ erhalten bleiben. Für einen Energieübertrag ΔE bei inelastischen oder reaktiven Stößen steht deshalb höchstens die Energie des Stoßpaares im Schwerpunktsystem zur Verfügung (siehe Bd. 1, Abschn. 4.2). Dies ist

$$\begin{aligned} E_S &= \sqrt{m_{0A}^2 c^4 + m_{0B}^2 c^4 + 2 m_{0B} c^2 \cdot E_A} \\ &= \sqrt{E_{0A}^2 + E_{0B}^2 + 2 E_{0B} \cdot E_A} \end{aligned} \tag{4.12}$$

(siehe Aufg. 4.7). Für $m_{0A} = m_{0B} = m_0$ wird dies

$$\begin{aligned} E_S &= m_0 c^2 \sqrt{2 + (2E_A / m_0 c^2)} \\ &= m_0 c^2 \sqrt{2 + 2\alpha}\,. \end{aligned} \tag{4.12a}$$

Für hohe Energien wird $E_A \gg m_0 c^2$; es folgt $\alpha \gg 1$, und wir erhalten:

$$E_S \approx \sqrt{2 E_A \cdot m_0 c^2}\,. \tag{4.12b}$$

> Die für Reaktionen zur Verfügung stehende Energie E_S steigt bei hohen Energien also nur mit der Wurzel aus der Gesamtenergie der beschleunigten Teilchen an.

BEISPIEL

Protonen ($m_0 c^2 = 940\,\text{MeV}$) werden auf $E = 100\,\text{GeV}$ beschleunigt und stoßen mit ruhenden Protonen eines Wasserstofftargets zusammen. Die für die Anregung des Stoßpaares (z. B. Mesonenerzeugung) zur Verfügung stehende Energie ist nach (4.12b) nur

$$E_S \approx \sqrt{2 \cdot 100 \cdot 0{,}94}\,\text{GeV} \approx 13{,}7\,\text{GeV}\,,$$

d. h. nur 13,7% der Energie des Projektils können in innere Energie bei inelastischen Stößen $p + p \to x_1 + x_2 + \ldots$ umgewandelt werden. Dies hängt auch damit zusammen, daß die Masse des Projektilprotons etwa 100mal so groß ist wie die des ruhenden Protons.

Um höhere Reaktionsenergien zur Verfügung zu haben, muß man beide Stoßpartner mit entgegengesetzt gleichen Impulsen aufeinander schießen. Dies geschieht in Speicherringen (siehe Abschn. 4.1.7).

4.1.3 Elektrostatische Beschleuniger

Der prinzipielle Aufbau eines elektrostatischen Beschleunigers für Ionen oder Elektronen ist in Abb. 4.3 gezeigt: Zur Beschleunigung von Elektronen werden diese durch Glühemission aus einer Kathode, die auf negativem Potential $V = -U$ liegt, erzeugt und in einem evakuierten Rohr aus isolierendem Material auf die Anode zu beschleunigt, die auf Erdpotential $U = 0$ liegt (Abb. 4.3a). Um einen konstanten Potentialgradienten über die Beschleunigungsstrecke zu erhalten, kann man über eine Spannungsteilerkette und elektrische Durchführungen zu leitenden Ringblenden das Potential entlang der Beschleunigerstrecke festlegen.

Zur Beschleunigung von positiv geladenen Ionen wird die Glühkathode durch eine Ionenquelle (siehe Bd. 3, Abschn. 2.5.4) ersetzt, die jetzt auf positivem Potential liegt. Durch geeignete Ionenoptik können die aus der Quelle austretenden Ionen so beschleunigt werden, daß sie einen nahezu parallelen Strahl bilden, der durch ein Loch in der Anode fliegt und dann über elektrische Umlenkkondensatoren oder durch magnetische Ablenkfelder in verschiedene Strahlrohre gelenkt wird, um zum Experiment zu gelangen.

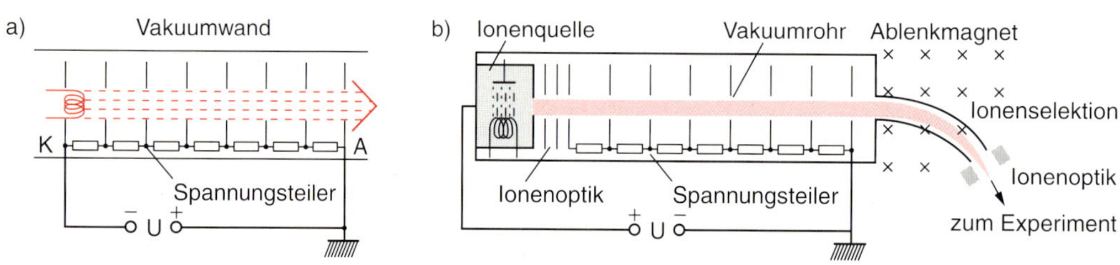

Abb. 4.3a,b. Schematischer Aufbau eines elektrostatischen Beschleunigers (**a**) für Elektronen, (**b**) für Ionen

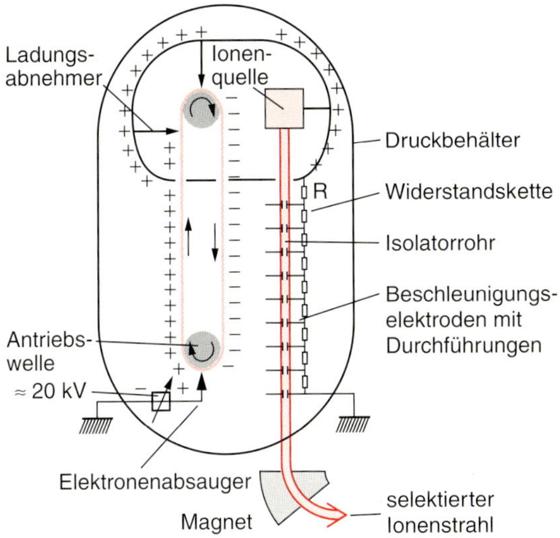

Abb. 4.4. Elektrostatischer Van-de-Graaff-Beschleuniger

Eine relativ einfache Möglichkeit, hohe Spannungen zu erreichen, bietet der *Van-de-Graaff-Generator* (siehe Bd. 2, Abb. 1.31), mit dem Beschleunigungsspannungen von mehreren Millionen Volt erreicht werden. Sein Nachteil ist die geringe Ladungsmenge $\mathrm{d}Q/\mathrm{d}t$, die pro Zeiteinheit auf das Band aufgesprüht und von ihm in die auf Hochspannung aufgeladene Metall-Hohlkugel transportiert werden kann (Abb. 4.4). Dadurch bricht bei Belastung durch den Strom I der zu beschleunigenden Teilchen die Hochspannung zusammen, wenn $I > \mathrm{d}Q/\mathrm{d}t$ wird. Man erreicht Ionenströme von 0,1–1 mA. Bei kleinen Strömen ist die Konstanz der Beschleunigungsspannung sehr gut, weil der Ladestrom über den Bandtransport zeitlich konstant ist.

Mit Hilfe einer *Kaskadenschaltung* (Bd. 2, Abschn. 5.7.4) läßt sich mit einem Transformator, der eine Spitzenspannung U_0 liefert, über eine Kaskade von N Gleichrichtern eine Beschleunigungsspannung $N \cdot U_0$ erreichen. An den Punkten 1, 3, 5 in Abb. 4.5 ändert sich bei jeder Wechselspannungsperiode des Transformators die Spannung durch Umladen der Kondensatoren zwischen 0 und $2U_0$; $2U_0$ und $4U_0$ bzw. $4U_0$ und $6U_0$, während sie an den Punkten 2, 4 und 6 die konstanten Werte $2U_0$, $4U_0$ und $6U_0$ hat. Mit einem solchen ***Cockroft-Walton-Beschleuniger*** werden Endspannungen bis zu einigen Millionen Volt erzielt. Man erzielt größere Stromstärken (1–100 mA) als beim Bandgenerator, muß aber bei größeren Strömen eine Welligkeit ΔU (mit $\Delta U/U \approx 0{,}1$–1%) der Beschleunigungsspannung, wie sie bei allen Gleichrichtern auftritt, in Kauf nehmen (Bd. 2, Abschn. 5.7).

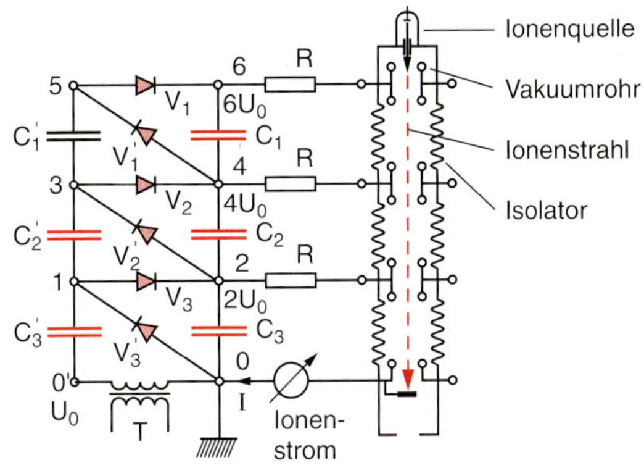

Abb. 4.5. Kaskaden-Hochspannungsgenerator

Eine weit verbreitete Version des Potential-Beschleunigers ist der Tandem-Beschleuniger (Abb. 4.6), bei dem die Spannung U zweimal ausgenutzt wird. Dazu startet man mit negativ geladenen Ionen der Ladung $-q_1$, die in einer Quelle auf Erdpotential erzeugt und durch eine positive Spannung U beschleunigt werden. In einer Ladungsaustauschkammer LA, die auf der Spannung U liegt, werden die Ionen umgeladen, indem ihnen durch streifende Stöße mit neutralen Atomen oder Molekülen einige Elektronen entrissen werden. Die dadurch entstandenen positiven Ionen mit der Ladung $+q_2$ werden weiter auf die Austrittsblende, die auf Erdpotential liegt, beschleunigt. Dadurch wird die erreichbare Endenergie der Ionen

$$E_{\max} = (+q_1 + q_2)U\,.$$

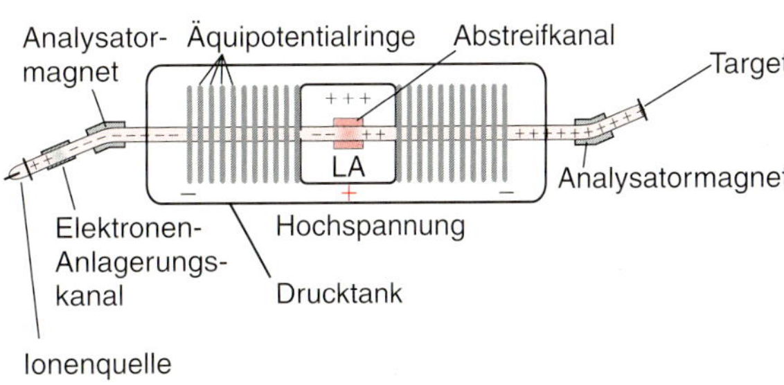

Abb. 4.6. Tandem-Beschleuniger

4.1.4 Hochfrequenz-Beschleuniger

In Hochfrequenz-Linearbeschleunigern durchlaufen die geladenen Teilchen *mehrere* Beschleunigungsstrecken, an denen eine Hochspannung anliegt, deren Phase so gewählt wird, daß die Teilchen immer eine beschleunigende Spannung erfahren. In dem von *Wideroe* entwickelten ***Driftröhrenbeschleuniger*** (Abb. 4.7) fliegen die Teilchen durch eine Reihe von immer länger werdenden Metallröhren, zwischen denen eine HF-Spannung anliegt. Im Inneren der Röhren ist das Potential konstant und die Teilchen erfahren deshalb dort keine Kraft. Die Beschleunigung erfolgt nur im Raum zwischen den Röhren. Damit die Teilchen immer im richtigen Zeitpunkt beschleunigt werden, muß die halbe Hochfrequenzperiode $T/2 = 1/(2f)$ gleich der Flugzeit $\Delta t = L/v$ durch eine Röhre sein.

Solche Beschleuniger werden heute überwiegend benutzt zur Beschleunigung schwerer, Z-fach ionisierter Ionen auf Energien $E_{\text{kin}} \ll mc^2$, d. h. Geschwindigkeiten $v \ll c$. Die Hochfrequenz f ist dann wegen $v = \sqrt{2E_{\text{kin}}/m} = \sqrt{2N \cdot U \cdot Z \cdot e/m}$

$$f = \frac{v}{2L} = \frac{1}{2L}\left(\frac{2N \cdot U \cdot Z \cdot e}{m}\right)^{1/2}, \qquad (4.13)$$

wobei N die Zahl der durchlaufenen Röhren und U die zwischen ihnen liegende Spannung ist. Um trotz der zunehmenden Geschwindigkeit v der Teilchen die Hochfrequenz f konstant halten zu können (dies hat technische Vorteile), muß die Länge L der Röhren so zunehmen, daß L/v konstant bleibt.

Eine Alternative zum Driftröhrenbeschleuniger bietet der ***Wanderwellenbeschleuniger***, der vor allem für Teilchen eingesetzt wird, die durch einen Vorbeschleuniger bereits fast auf Lichtgeschwindigkeit beschleunigt wurden. Er wird deshalb überwiegend

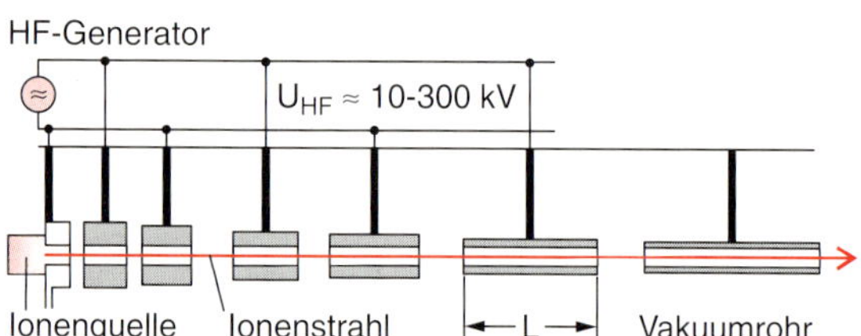

Abb. 4.7. Driftröhren-Beschleuniger

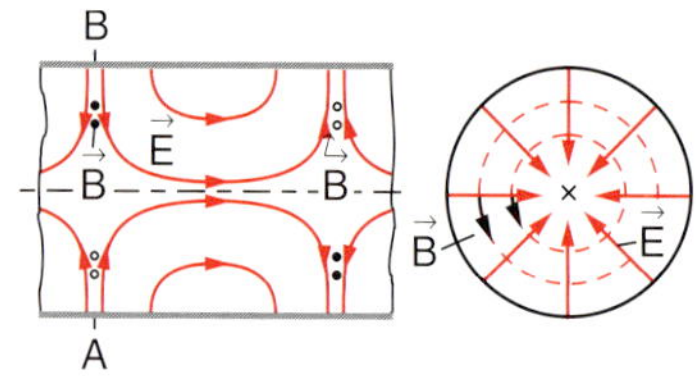

Abb. 4.8a,b. Elektromagnetische Welle in einem runden Hohlleiter. (**a**) Längsschnitt, (**b**) Querschnitt AB

zur Beschleunigung von Elektronen verwendet. Bei ihm wird ausgenutzt, daß eine sich in einem Hohlleiter ausbreitende elektromagnetische Welle nicht mehr rein transversal ist, sondern eine Komponente E_z in der Ausbreitungsrichtung hat (Abb. 4.8). Ihre Phasengeschwindigkeit in einem zylindrischen Hohlleiter

$$v_{\text{Ph}} = \frac{c}{\sqrt{1-(\lambda/2a)^2}} \qquad (4.14)$$

hängt von der Wellenlänge λ und dem Durchmesser $2a$ des Wellenleiters ab und ist größer als die Lichtgeschwindigkeit im freien Raum (siehe Bd. 2, Abschn. 7.9).

Durch eine Anordnung von Blenden im Wellenleiter (Abb. 4.9) kann eine gewünschte Mode verstärkt und die unerwünschten unterdrückt werden. Die Phasengeschwindigkeit der Welle hängt hier vom Verhältnis $2a/D$ von Blenden- zu Röhrendurchmesser ab und kann deshalb so gewählt werden, daß sie an die Teilchengeschwindigkeit angepaßt wird. Man kann eine solche von *L. Alvarez* entwickelte ***Runzelröhre*** als eine Aneinanderreihung vieler Hohlraumresonatoren ansehen. In Abb. 4.9, die eine Momentaufnahme der Wanderwelle zeigt, entspricht die Wellenlänge λ dem 12fachen der Resonatorlänge in z-Richtung. Man sieht aus diesem Bild auch, daß auf der Achse der Runzelröhre die z-Komponente E_z der Welle maximal wird und deshalb eine optimale Beschleunigung der Teilchen bewirkt.

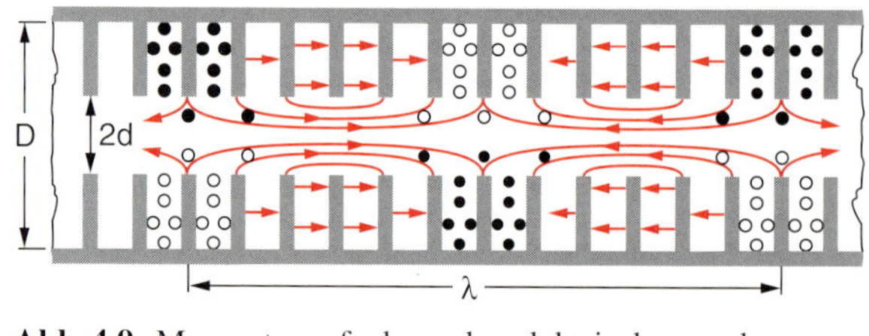

Abb. 4.9. Momentanaufnahme der elektrischen und magnetischen Feldverteilung in einem Alvarez-Wanderwellenbeschleuniger (*Runzelröhre*)

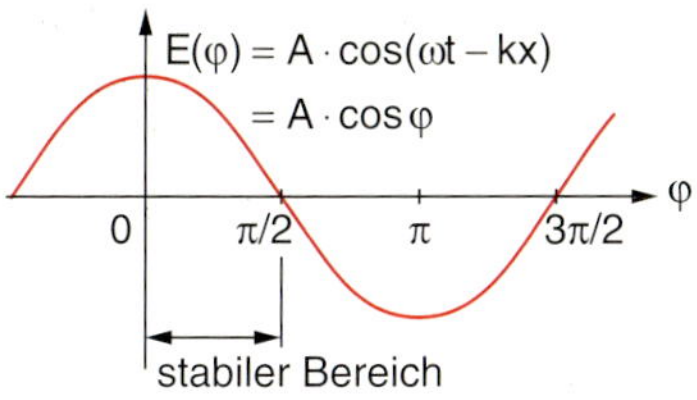

Abb. 4.10. Prinzip der Beschleunigung von Teilchen mit Hilfe einer Wanderwelle

Beim Mitlaufen mit der Wanderwelle sammeln sich die Elektronen, wie in Abb. 4.10 gezeigt, alle in dem durch die Punkte in Abb. 4.9 markierten Phasenbereich $2n\pi < \varphi < (2n + 1/2)\pi$, wie man folgendermaßen einsieht: Teilchen, die etwas schneller als die Wanderwelle sind, kommen in ein Gebiet kleinerer Feldstärke und werden deshalb weniger beschleunigt, während Teilchen, die zurückbleiben, eine größere Beschleunigung erfahren und deshalb wieder aufholen.

Am Ende der Beschleunigungsstrecke kommen die Teilchen deshalb nicht kontinuierlich, sondern in Paketen an, deren zeitlicher Abstand gleich einem Vielfachen n ($n = 1, 2, \dots$) der Hochfrequenzperiode ist.

Damit die Teilchen auf ihrem langen Beschleunigungsweg sich nicht zu weit von der Achse entfernen und dadurch auf die Blenden treffen, müssen sie immer wieder fokussiert werden. Dies geschieht heute überwiegend durch elektrische oder magnetische Quadrupollinsen (Abb. 4.11), welche Felder erzeugen, die symmetrisch zu den Ebenen $x = 0$ und $y = 0$ sind. Jede Linse wirkt in einer der beiden Richtungen $\boldsymbol{x}$ bzw. $\boldsymbol{y}$ fokussierend, in der anderen defokussierend (Abb. 4.12). Ordnet man zwei Quadrupollinsen, die um die z-Achse gegeneinander um 90° verdreht sind, hintereinander an, so bleibt insgesamt für beide Richtungen ein Fokussiereffekt übrig (siehe Bd. 3, Abschn. 2.6).

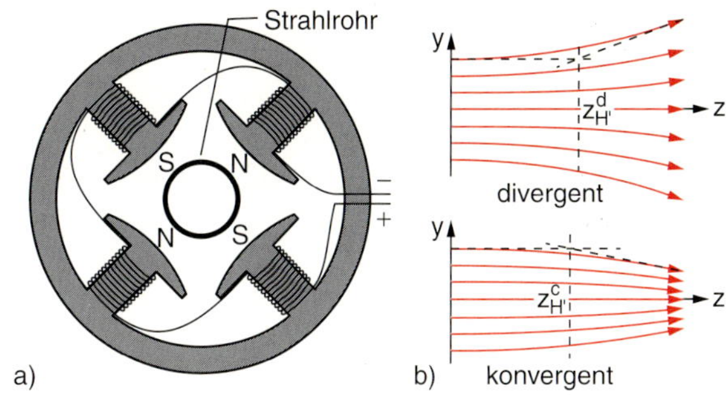

Abb. 4.12. (**a**) Experimentelle Realisierung einer magnetischen Quadrupollinse. (**b**) Teilchenbahnen in der x-z- und y-z-Ebene einer magnetischen Quadrupollinse

4.1.5 Kreisbeschleuniger

Bei Kreisbeschleunigern werden die geladenen Teilchen durch ein Magnetfeld auf einer Kreis- oder Spiralbahn in einer Ebene senkrecht zum Magnetfeld geführt und durchlaufen dabei pro Umlauf n Beschleunigungsstrecken ($n = 1, 2, \dots$). Die wichtigsten Kreisbeschleuniger für Ionen sind das Zyklotron mit seinen verschiedenen Varianten und das Synchrotron, während für Elektronen mittlerer Energie das Betatron und Mikrotron verwendet werden, bei hohen Energien das Elektronensynchrotron.

a) Zyklotron

Ein Zyklotron besteht aus einer flachen, zylindrischen Vakuumkammer zwischen den Polen eines Elektromagneten, der ein Feld in z-Richtung erzeugt (Abb. 4.13). Die Kammer ist in zwei D-förmige Hälften aufgeteilt, zwischen denen eine Hochfrequenzspannung

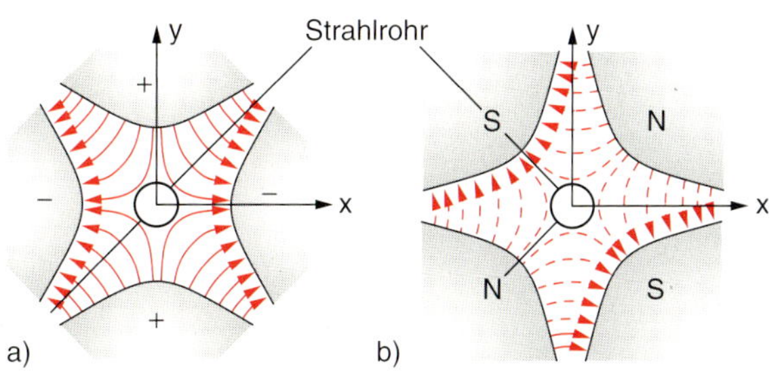

Abb. 4.11. (**a**) Elektrischer, (**b**) magnetischer Quadrupol zur Fokussierung eines Teilchenstrahls

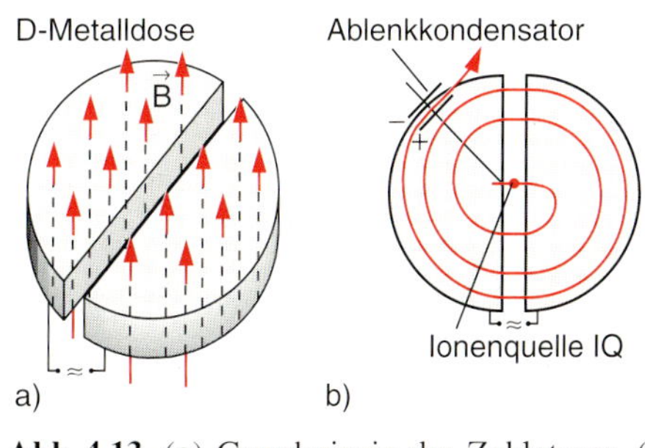

Abb. 4.13. (**a**) Grundprinzip des Zyklotrons. (**b**) Halbkreisbahnen im Magnetfeld mit wachsendem Durchmesser nach jeder Beschleunigung

$U = U_0 \cos \omega t$ anliegt. Die von der Ionenquelle IQ im Spalt zwischen den Kammern im Zentrum der Anordnung emittierten positiven Ionen werden auf die negative Kammerhälfte zu beschleunigt. Da im Inneren der Kammerhälften mit metallischen Wänden kein elektrisches Feld existiert, beschreiben die Ionen hier im Magnetfeld B einen Halbkreis, dessen Radius r durch die Bedingung Zentripetalkraft = Lorentzkraft:

$$\frac{mv^2}{r} = q \cdot v \cdot B \Rightarrow r = \frac{mv}{qB} \tag{4.15}$$

festgelegt ist. Man sieht hieraus, daß die Zeit

$$t = \pi \cdot r/v = \pi \cdot m/(qB) \tag{4.16}$$

für einen halben Umlauf unabhängig vom Radius r ist. Wird die Hochfrequenz f_{HF} so gewählt, daß

$$2\pi f_{\mathrm{HF}} = \omega_{\mathrm{HF}} = (q/m)B \tag{4.17}$$

gilt, so werden die Ionen nach Durchlaufen des Halbkreises immer zu einem Zeitpunkt wieder am Spalt ankommen, bei dem die richtige Polarität der Beschleunigungsspannung anliegt. Ihre Energie nimmt daher bei Durchlaufen des Spaltes um $q \cdot U$ zu, ihre Geschwindigkeit v wächst und daher auch gemäß (4.15) der Radius des nächsten Halbkreises. Die Ionen durchlaufen deshalb eine spiralartige Bahn, die aus lauter Halbkreisen mit wachsenden Radien besteht, bis sie den Rand $r = R$ des Magnetfeldes erreicht haben und dort durch ein elektrisches Ablenkfeld aus dem Zyklotron extrahiert werden können. Ihre maximale kinetische Energie

$$E_{\mathrm{kin}} = \frac{mv^2}{2} = \frac{q^2}{2m} \cdot (R \cdot B)^2 \tag{4.18}$$

hängt vom Radius R, von der Feldstärke B des Magnetfeldes und vom Verhältnis $(q^2/2m)$ ab.

BEISPIEL

$U = 50\,\mathrm{kV}$, $B = 2\,\mathrm{T}$, $R = 1\,\mathrm{m}$.

1. Für Protonen braucht man eine Hochfrequenz $f_{\mathrm{HF}} = (e/m) \cdot (B/2\pi) = 30\,\mathrm{MHz}$ und erreicht theoretisch eine Endenergie $E_{\mathrm{kin}} = 200\,\mathrm{MeV}$. Die Protonen machen dabei etwa 4000 Umläufe und brauchen dazu $130\,\mu\mathrm{s}$.
2. Für α-Teilchen mit $Z = 2$ und $m \approx 4m_{\mathrm{p}}$ ist der Faktor q^2/m derselbe wie für Protonen, man erreicht daher bei gleichem R und B dieselbe Endenergie. Die notwendige Hochfrequenz ist jedoch nur $f_{\mathrm{HF}} = 15\,\mathrm{MHz}$.
3. Für Deuteronen ist $q/m = \frac{1}{2}(e/m_{\mathrm{p}})$. Man erreicht daher nur die halbe Endenergie $E_{\mathrm{kin}} = 100\,\mathrm{MeV}$ bei $f_{\mathrm{HF}} = 15\,\mathrm{MHz}$.

Diese Zahlenwerte gelten, wenn man annimmt, daß die Teilchen immer beim Maximum der HF-Amplitude den Spalt zwischen den „D"s durchlaufen. Dies ist jedoch in der Praxis nicht der Fall.

Bei höheren Energien kann man die relativistische Massenzunahme nicht mehr vernachlässigen. Die Teilchen brauchen dadurch für einen Umlauf gemäß (4.16) länger und erreichen den Spalt zu einem Zeitpunkt, der immer mehr gegenüber dem Scheitelwert der Beschleunigungsspannung verschoben ist, bis sie schließlich bei der falschen Phase der Hochfrequenz ankommen und abgebremst anstatt beschleunigt werden. Dies begrenzt die Maximalenergie auf etwa 20 MeV für Protonen und 70 MeV für α-Teilchen.

Um dieses Problem zu lösen, wird die Hochfrequenz während des Beschleunigungsvorganges so verringert, daß sie immer in Phase mit der Umlaufzeit bleibt (***Synchro-Zyklotron***). Die Ionen können dann allerdings nicht mehr, wie beim Standard-Zyklotron, während jeder HF-Periode aus der Ionenquelle injiziert und beschleunigt werden, sondern immer nur in Pulsen, deren Zeitabstand ΔT mindestens gleich der Beschleunigungszeit T eines Ionenpaketes ist, in unserem ersten Beispiel gilt also $\Delta T \geq 130\,\mu\mathrm{s}$.

b) Betatron

Das Betatron wird zur Beschleunigung von Elektronen auf Energien bis zu einigen 10^7 eV verwendet. Im Gegensatz zum Zyklotron bleibt hier der Bahnradius der Teilchen während der Beschleunigung konstant (Abb. 4.14). Deshalb muß das Magnetfeld mit steigender Teilchenenergie während der Beschleunigungszeit anwachsen. Das sich ändernde Magnetfeld induziert gemäß der Maxwellgleichung

$$\mathbf{rot}\, \boldsymbol{E} = -\frac{\mathrm{d}\boldsymbol{B}}{\mathrm{d}t} \tag{4.19}$$

ein elektrisches Feld (siehe Bd. 2, Abschn. 4.6), dessen Tangentialkomponente entlang der Elektronenbahn mit

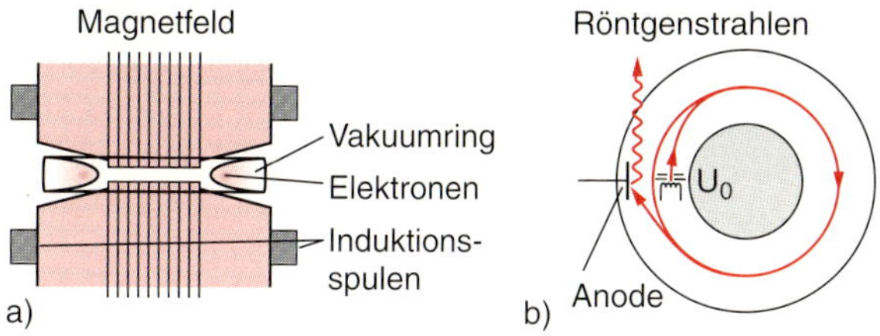

Abb. 4.14a,b. Schematische Darstellung eines Betatrons. (**a**) Seitenansicht, (**b**) Aufsicht

Radius r_0 zu einer Beschleunigungsspannung

$$\begin{aligned} U_{\text{ind}} &= \oint_s \boldsymbol{E} \cdot \mathrm{d}\boldsymbol{s} = \int_F \mathbf{rot}\,\boldsymbol{E} \cdot \mathrm{d}\boldsymbol{F} \\ &= -\frac{\mathrm{d}}{\mathrm{d}t}\Phi = -\frac{\mathrm{d}}{\mathrm{d}t}\int_F \boldsymbol{B} \cdot \mathrm{d}\boldsymbol{F} = \pi \cdot r_0^2 \cdot \frac{\mathrm{d}\langle B\rangle}{\mathrm{d}t} \end{aligned} \tag{4.20}$$

führt, welche durch die zeitliche Änderung des magnetischen Flusses Φ innerhalb des Sollkreises der Elektronenbahn mit Radius r_0 bestimmt ist. $\langle B\rangle = (\int \boldsymbol{B} \cdot \mathrm{d}\boldsymbol{F})/(\pi \cdot r_0^2)$ ist der Mittelwert des Feldes innerhalb der Elektronenbahn. Für die Beschleunigungsspannung pro Umlauf folgt dann aus (4.19,20)

$$U = E \cdot 2\pi \cdot r_0 = \pi \cdot r_0^2 \cdot \frac{\mathrm{d}}{\mathrm{d}t}(\langle B\rangle)\,. \tag{4.21}$$

Die Elektronen können also ohne eine zusätzlich von außen angelegte Spannung, nur auf Grund der induzierten Spannung, beschleunigt werden. Sie erhalten dabei nach (4.21) bis zur Zeit t nach Beginn des Magnetfeldanstieges den Impuls

$$\begin{aligned} p &= \int F\mathrm{d}t = e\int E \cdot \mathrm{d}t = \frac{e \cdot r_0}{2}\int \frac{\mathrm{d}\langle B\rangle}{\mathrm{d}t}\,\mathrm{d}t \\ &= e \cdot r_0 \cdot \langle B\rangle/2\,. \end{aligned} \tag{4.22}$$

Die Teilchen werden aber nur dann durch die Lorentzkraft auf ihrer Sollbahn gehalten, wenn zu jeder Zeit gilt:

$$\begin{aligned} &\frac{mv^2}{r_0} = e \cdot v \cdot B(r_0) \\ &\Rightarrow\; p = m \cdot v = e \cdot r_0 \cdot B(r_0)\,. \end{aligned} \tag{4.23}$$

Der Vergleich von (4.22) und (4.23) ergibt die ***Wideroe-Bedingung***

$$B(r_0) = \frac{1}{2} \cdot \langle B\rangle\,. \tag{4.24}$$

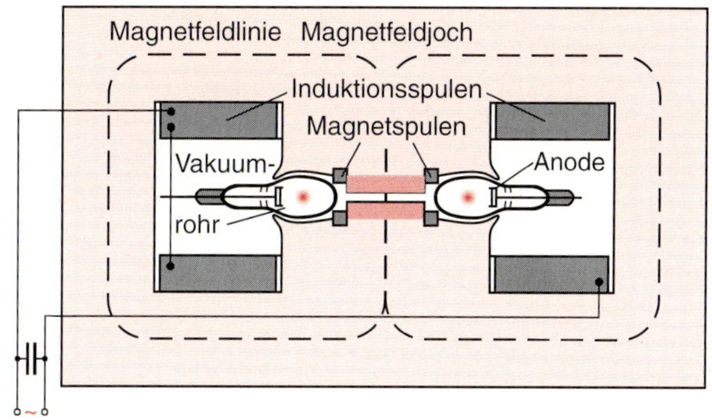

Abb. 4.15. Magnetfeldform zur Erfüllung der Wideroe-Bedingung

> Das Magnetfeld $B(r_0)$ am Ort der Elektronenbahn muß immer gleich dem halben Mittelwert des Feldes innerhalb des Kreises sein.

Dies bedeutet $\mathrm{d}B/\mathrm{d}r < 0$ und läßt sich durch eine geeignete Form der Polschuhe des Magneten erreichen (Abb. 4.14a und 4.15).

Man kann das Betatron als einen Transformator mit nur einer Sekundärwicklung ansehen, die durch das Vakuumrohr gebildet wird, in dem die Elektronen laufen. Wird die Primärwicklung mit 50 Hz Wechselstrom beschickt, so ist die Beschleunigungsphase auf den in Abb. 4.16 rot hinterlegten Zeitabschnitt von 5 ms beschränkt, in dem das Feld ansteigt. Zum Zeitpunkt t_1 werden die Elektronen aus einer äußeren Quelle mit einer Energie von etwa 40 keV tangential in die Sollbahn eingeschossen. Zum Zeitpunkt t_2, kurz vor Erreichen des Feldmaximums, werden sie durch ein gepulstes Zusatzfeld aus der Sollbahn nach außen in die gewünschte Richtung zum Experiment abgelenkt.

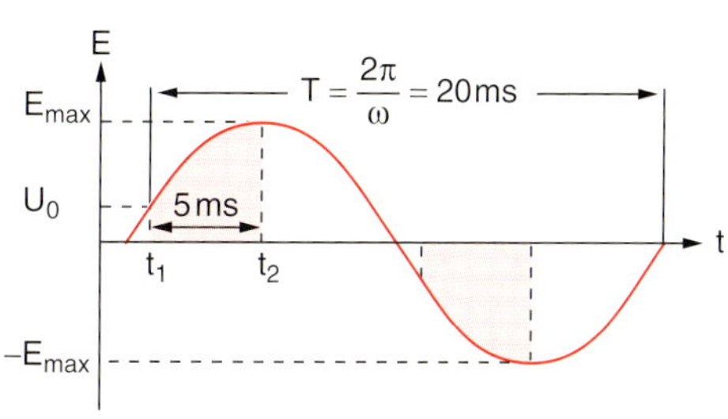

Abb. 4.16. Zeitliche Begrenzung der Beschleunigungsphase bei einem mit 50 Hz betriebenen Betatron

Während dieser 5 ms machen die Elektronen etwa 10^6 Umläufe und legen dabei für $r_0 = 0{,}5$ m einen Weg von etwa 3000 km zurück. Pro Umlauf gewinnen sie typisch etwa 50 eV, wobei der Energiegewinn mit steigender Energie wegen der wachsenden Strahlungsverluste immer kleiner wird.

Die erreichbare Endenergie der Elektronen ist durch den maximalen magnetischen Fluß Φ gegeben und wird im relativistischen Bereich bei Verwendung von (4.23,24) mit $\Phi(t) = \pi r_0^2 \langle B \rangle (t)$

$$E = \sqrt{(pc)^2 + (m_0c^2)^2} \tag{4.25}$$
$$= \left[\left(\frac{e \cdot c}{2\pi \cdot r_0} \Phi(t) \right)^2 + (m_0c^2)^2 \right]^{1/2} .$$

Typische Werte liegen bei $E = 10$–50 MeV. Die größten Betatrons erreichen 320 MeV.

c) Synchrotron

Um Elektronen oder Protonen auf sehr hohe Energien im Bereich $E > 10^9$ V zu beschleunigen, sind Betatron und Zyklotron aus folgendem Grund nicht geeignet: Die Bahnradien r der Teilchen mit dem Impuls $p = mv$ erhält man für relativistische Energien aus (4.15), wenn man für m (4.5) und für v (4.6) einsetzt mit $\alpha = E_{\text{kin}}/(m_0c^2)$:

$$r = \frac{mv}{qB} = \frac{m_0 \cdot c}{q \cdot B} \cdot \sqrt{\alpha^2 + 2\alpha}$$
$$= \frac{E_{\text{kin}}}{q \cdot c \cdot B} \cdot \sqrt{1 + 2m_0c^2/E_{\text{kin}}} . \tag{4.26}$$

Man sieht daraus, daß für $\alpha \gg 1$, d.h. $E_{\text{kin}} \gg m_0c^2$ die notwendigen Radien von Kreisbeschleunigern proportional zum Verhältnis von E_{kin}/B anwachsen, aber unabhängig von der Ruhemasse m_0 sind. Für große Werte von E_{kin} werden sie bei technisch realisierbaren Magnetfeldern B sehr groß. Anders ausgedrückt: Bei vorgegebenem Radius r_0 und maximalem Magnetfeld $B_{\max}$ wird die erreichbare kinetische Energie $E_{\text{kin}} \gg m_0c^2$:

$$E_{\text{kin}}^{\max} = q \cdot c \cdot B_{\max} \cdot r_0 . \tag{4.27}$$

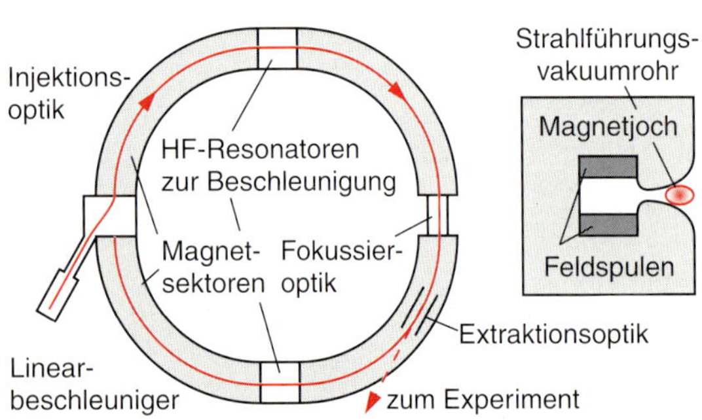

Abb. 4.17. Grundaufbau des Synchrotrons

BEISPIEL

Um Elektronen auf $E = 30$ GeV zu beschleunigen, braucht man bei $B = 1$ Tesla einen Radius $r \approx 100$ m, für Protonen $r \approx 103$ m, also nur wenig mehr. Bei einer Energie von $E = 300$ GeV wird $r \approx 1$ km sowohl für Elektronen als auch Protonen.

Der Materialaufwand für ein Zyklotron, bei dem der Magnet die gesamte Kreisfläche überdeckt, wäre bei solch einem großen Radius unvertretbar hoch. Deshalb werden heute überwiegend ***Synchrotrons*** zur Beschleunigung von Teilchen auf sehr hohe Energien verwendet, bei denen die Bahn der Teilchen bei festem Bahnradius in einem Vakuumrohr mit engem Querschnitt im räumlich begrenzten Magnetfeld zwischen den Polschuhen vieler auf einem Kreis angeordneter Elektromagneten verläuft.

Das Grundprinzip wird durch Abb. 4.17 illustriert: Die Teilchen werden in einem Linearbeschleuniger auf Geschwindigkeiten $v \approx (0,8$–$0,99)c$ vorbeschleunigt und tangential in die Sollbahn des Synchrotrons eingeschossen, das aus Kreisbögen besteht, auf denen die Magnete angeordnet sind. Dazwischen liegen gerade Strecken für Hohlraumresonatoren zur Beschleunigung der Teilchen und für ionenoptische Linsen zur Strahlfokussierung. Während der Beschleunigungsphase zwischen Einschußzeit t_1 und Erreichen der Endenergie zur Zeit t_2 muß das Magnetfeld kontinuierlich ansteigen, um bei wachsender Energie der Teilchen diese gemäß (4.26) immer auf ihrer Sollbahn zu halten (Abb. 4.18). Im Zeitintervall $t_2 - t_3$, der Experimentierphase, in dem die Teilchen auf ein Target gelenkt werden, bleiben Energie und Magnetfeld konstant, danach wird das Magnetfeld wieder heruntergefahren, um einen neuen Beschleunigungszyklus zu beginnen.

Obwohl die Teilchen bereits, je nach Dimensionierung des Vorbeschleunigers, mit einer Energie $E_{\text{kin}} =$

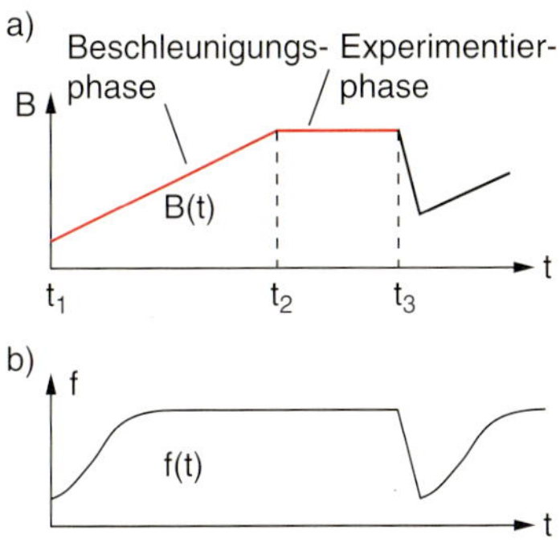

Abb. 4.18a,b. Zeitlicher Verlauf (**a**) des Magnetfeldes und (**b**) der Frequenz der Beschleunigungsspannung

50–500 MeV eingeschossen werden, ändert sich ihre Geschwindigkeit gemäß Abb. 4.2 noch merklich bei der weiteren Beschleunigung. Diese Änderung $\Delta v = c - v(t_1)$ ist für Elektronen von 500 MeV nur etwa $5 \cdot 10^{-4} c$; für Protonen jedoch ist Δv etwa 0,2c. Die Hochfrequenz f der Beschleunigungsspannung U muß deshalb bei einer Einschußgeschwindigkeit v nachgestimmt werden von einem Anfangswert

$$f_1 = f(t_1) = k \cdot v_1/(2\pi \cdot r_0) \qquad (4.28a)$$

bis zum Endwert

$$f_2 = f(t_2) = k \cdot c/(2\pi \cdot r_0) \quad \text{für} \quad v \to c\,, \qquad (4.28b)$$

wobei k eine ganze Zahl ist, welche die Zahl der Beschleunigungsstrecken auf dem Umfang des Synchrotrons angibt. Da auch das notwendige Magnetfeld

$$B(v) = \frac{mv}{qr_0} = \frac{v}{qr_0} \frac{m_0}{\sqrt{1 - v^2/c^2}}\,, \qquad (4.29)$$

welches die Teilchen auf der Sollkreisbahn mit Radius r_0 hält, von v abhängt, sind Beschleunigungsfrequenz f und Magnetfeld B nicht voneinander unabhängig. Aus (4.28) und (4.29) erhält man:

$$f = \frac{k \cdot q \cdot B}{2\pi m_0} \sqrt{1 - v^2/c^2}\,. \qquad (4.30)$$

Eliminiert man v aus (4.29), so ergibt dies

$$f = \frac{k}{2\pi \cdot \sqrt{\left(\frac{r_0}{c}\right)^2 + \left(\frac{m_0}{q \cdot r_0 \cdot B}\right)^2}}\,. \qquad (4.31)$$

Man muß deshalb die Beschleunigungsfrequenz f synchronisieren mit der wachsenden Magnetfeldstärke B.

4.1.6 Stabilisierung der Teilchenbahnen in Beschleunigern

Bei allen Hochenergiebeschleunigern legen die Teilchen während ihrer Beschleunigung große Strecken zurück. Es muß dafür gesorgt werden, daß sie nicht infolge kleiner Ablenkungen durch Stöße mit Restgasatomen in der Vakuumkammer oder durch Inhomogenitäten des Magnetfeldes oder der beschleunigenden elektrischen Felder von ihrer Sollbahn abweichen und gegen die Wände der Vakuumkammer prallen.

BEISPIELE

1. Im Stanford-Linearbeschleuniger ist die Beschleunigungsstrecke s etwa 5 km.
2. In einem Synchrozyklotron bei 10^3 Umläufen mit einem mittleren Radius $\boldsymbol{r} = 2$ m ist $s = 10^3 \cdot 2\pi r \approx 1{,}2 \cdot 10^4$ m.
3. In einem Synchrotron laufen die Teilchen mit $v \approx c$ während der Experimentierphase von $\Delta t \approx 1$ s etwa $3 \cdot 10^5$ km.
4. In einem Speicherring (Abschn. 4.1.7) können Teilchen für Zeiten $\Delta t > 10$ h auf ihrer Sollbahn gehalten werden. Sie legen in dieser Zeit etwa 10^{10} km zurück, was etwa dem 10fachen der Umlaufbahn der Erde um die Sonne entspricht!

Man muß deshalb Maßnahmen zur Stabilisierung der Teilchenbahnen treffen. Dazu gibt es folgende Möglichkeiten:

- Geeignete Formung der elektrischen Beschleunigungsfelder, damit sie fokussierend wirken,
- fokussierende elektrische oder magnetische Linsen,
- spezielle Formung der Magnete bei Kreisbeschleunigern.

Wir wollen dies an einigen Beispielen verdeutlichen:

Bei den Driftröhren-Beschleunigern (siehe Abschn. 4.1.4) wirkt das beschleunigende elektrische Feld zwischen den Röhren als elektrische Linse für die Teilchenbahnen. Da die beschleunigende Kraft $\boldsymbol{F} = q \cdot \boldsymbol{E}$ immer tangential zu den Feldlinien ist, sieht man aus Abb. 4.19, daß die Kraft in der ersten Hälfte zur Sollbahn in der Mitte der zylindersymmetrischen Anordnung hin gerichtet ist, also fokussierend wirkt, hingegen in der zweiten Hälfte defokussiert.

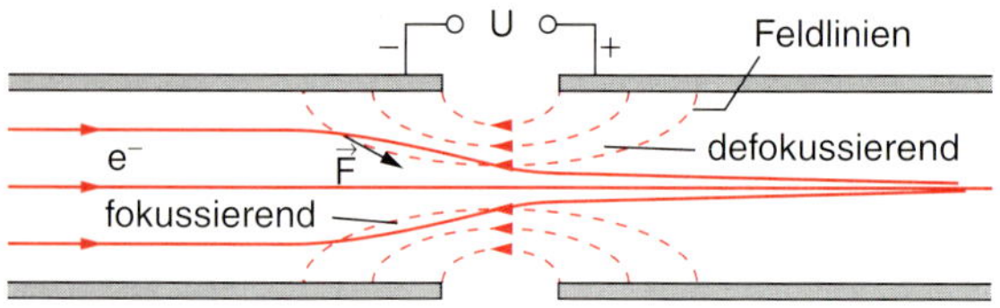

Abb. 4.19. Elektrisches Feld zwischen zwei Driftröhren als Sammellinse für die Teilchenbahnen

Bei einem elektrostatischen, d. h. zeitlich konstanten Feld, ist die fokussierende Wirkung größer als die defokussierende, weil die Geschwindigkeit der Teilchen beim Durchlaufen des beschleunigenden Feldes zunimmt und die radiale Ablenkung bei gleicher Radialkomponente E_r deshalb zu Anfang größer ist als am Ende der Beschleunigung.

Anders sieht es bei einem Hochfrequenzfeld aus, bei dem sich die elektrische Feldstärke während der Durchlaufzeit der Teilchen durch die Beschleunigungsstrecke ändert. Dies ist z. B. bei den Hochfrequenzlinearbeschleunigern für Elektronen der Fall.

Hier müssen die Elektronen während der Anstiegsphase des elektrischen Feldes die Beschleunigungsstrecke passieren, weil sie sonst nicht zeitlich als Puls zusammengehalten werden können (Abb. 4.10). Ein langsameres Teilchen, das die Beschleunigungsstrecke etwas später erreicht, erfährt dann eine größere Beschleunigungsspannung und wird dadurch schneller, während ein zu schnelles Teilchen eine kleinere Spannung vorfindet und deshalb weniger Energiezuwachs erhält.

Nun wird jedoch die defokussierende Wirkung der Elektronenlinse in Abb. 4.19 in der zweiten Hälfte der Beschleunigungsstrecke größer als die fokussierende Wirkung, und man muß andere Methoden zur Bündelung des Teilchenstrahls anwenden.

Häufig wird ein homogenes magnetisches Längsfeld zwischen den Beschleunigungsstrecken verwendet (z. B. beim Driftröhrenbeschleuniger als Magnetfeldspule um die Driftröhren), das als Linse wirkt (siehe Bd. 3, Abschn. 2.6.4) oder magnetische Quadrupollinsen (Abb. 4.11).

Bei Kreisbeschleunigern, insbesondere beim Synchrotron mit seinen relativ engen Strahlführungsrohren, müssen die Teilchen in vertikaler und in radialer Richtung stabilisiert werden, um sie auf ihrer Sollbahn mit Radius r_0 in der Ebene $z = 0$ zu halten.

a) Vertikale Stabilisierung

Zur vertikalen Stabilisierung auf die Ebene $z = 0$ kann man ein radial nach außen abfallendes Magnetfeld

$$B_z = B_0 \left(1 - n \cdot \frac{r - r_0}{r_0}\right) \tag{4.32}$$

verwenden mit $B_0 = B_z(r_0)$. Die Größe n heißt *Feldindex*. Wegen

$$n = -\frac{\mathrm{d}B/B_0}{\mathrm{d}r/r_0} \tag{4.33}$$

gibt sie die relative Feldänderung pro relativer Radiusänderung an. Aus Abb. 4.20 sieht man, daß wegen der Krümmung der Magnetfeldlinien das Magnetfeld außer der z-Komponente auch eine radiale Komponente B_r für $z \neq 0$ hat, die auf Grund der Lorentzkraft $\boldsymbol{F} = q \cdot (\boldsymbol{v} \times \boldsymbol{B})$ mit $\boldsymbol{B} = (B_r, 0, B_z)$ zu einer Kraftkomponente

$$F_z = q \cdot v \cdot B_r \tag{4.34}$$

führt. Bei einem statischen Feld ist $\textbf{rot}\,\boldsymbol{B} = \boldsymbol{0}$, so daß aus

$$(\textbf{rot}\,\boldsymbol{B})_\varphi = \frac{\partial B_r}{\partial z} - \frac{\partial B_z}{\partial r} = 0$$

die Beziehung folgt

$$\frac{\partial B_r}{\partial z} = \frac{\partial B_z}{\partial r} = -n \cdot \frac{B_0}{r_0}\,. \tag{4.35}$$

Für $z \ll r_0$ kann man B_0 auch als unabhängig von z ansehen, und die Integration ergibt dann:

$$B_r(z) = -n \cdot \frac{B_0}{r_0} \cdot z\,. \tag{4.36}$$

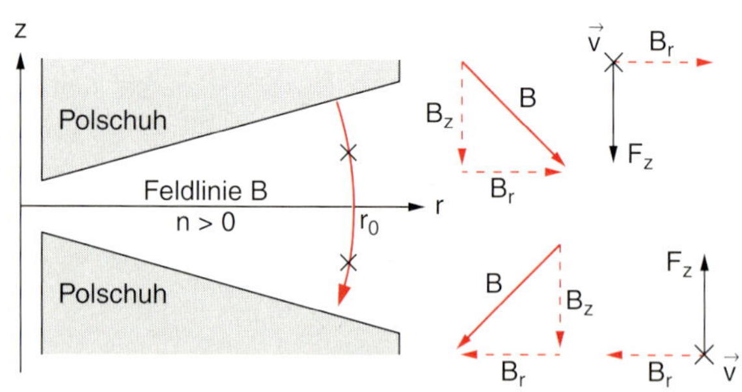

Abb. 4.20. Zur Stabilisierung eines Ions in z-Richtung im inhomogenen radial abfallenden Magnetfeld

Demtröder: Experimentalphysik 4

Absender:

Ich bin:

- ❏ Student im ______ -ten Fachsemester
- ❏ Grund- ❏ Hauptstudium
- ❏ Diplomand ❏ Doktorand
- ❏ ______

Fachrichtung

- ❏ Physik ❏ Chemie
- ❏ ______

Hochschule/Universität:

❏ FH ❏ TH ❏ TU ❏ U

Bitte freimachen

Antwort

An den
Springer-Verlag
Planung Physik III

D-69112 Heidelberg

Für $z \neq 0$ wirkt bei Feldern mit $n > 0$ also auf die Teilchen eine rücktreibende Kraft

$$F_z = -\frac{q \cdot v \cdot B_0}{r_0} \cdot n \cdot z\,, \tag{4.37}$$

die zu vertikalen Schwingungen der Teilchen durch die Ebene $z = 0$ mit der Frequenz

$$f_z = \frac{1}{2\pi}\sqrt{\frac{q}{m} \cdot \frac{v \cdot B_0}{r_0} \cdot n} \tag{4.38a}$$

führt. Verwendet man die Gleichgewichtsbedingung $mv^2/r_0 = q \cdot v \cdot B_0$, so wird aus (4.38a)

$$f_z = \frac{1}{2\pi}\,\frac{v}{r_0}\sqrt{n}\,. \tag{4.38b}$$

BEISPIEL

$v \approx c$, $r_0 = 100\,\mathrm{m}$, $n = 1 \to f_z \approx 5 \cdot 10^5\,\mathrm{s}^{-1}$.

Bei ihrem Umlauf auf dem Kreis mit Radius r_0 führen die Teilchen also eine vertikale Schwingungsbewegung aus mit der Periodenlänge

$$L = \frac{v}{f_z} = 2\pi r_0/\sqrt{n}\,. \tag{4.39}$$

Für $n < 1$ ist L größer als der Kreisumfang. Die Amplitude $z_{\max}$ muß dabei kleiner sein als die halbe Höhe des Vakuumgefäßes, damit die Teilchen nicht an die Wand stoßen.

b) Radiale Stabilisierung

Wie sieht es nun mit der radialen Stabilität aus, d. h. was passiert mit einem Teilchen, das durch eine Störung aus der Sollbahn $r = r_0$ ausgelenkt wurde, aber noch in der Ebene $z = 0$ bleibt?

Auf dem Sollkreis gilt:

Lorentzkraft = Zentrifugalkraft,

$$q \cdot v \cdot B_0 = \frac{m \cdot v^2}{r_0}\,,$$

so daß die Differenz beider Kräfte Null ist (Gleichgewichtszustand). Für $r \neq r_0$ ist dies nicht mehr der Fall. Wir erhalten die Differenzkraft

$$\begin{aligned} \Delta \boldsymbol{F} &= \left[\frac{mv^2}{r} - q \cdot v \cdot B_0\left(1 - n\,\frac{r - r_0}{r_0}\right)\right]\hat{\boldsymbol{e}}_r \\ &= \frac{mv^2}{r_0}\left[\frac{1}{1 + \frac{r - r_0}{r_0}} - \left(1 - n\,\frac{r - r_0}{r_0}\right)\right]\hat{\boldsymbol{e}}_r\,. \end{aligned} \tag{4.40a}$$

Für $\Delta r/r_0 \ll 1$ gilt: $1/(1 + x) \approx 1 - x$, und aus (4.40a) folgt

$$\Delta \boldsymbol{F} = -\frac{mv^2}{r_0^2}\,(1 - n)(r - r_0)\,\hat{\boldsymbol{e}}_r\,. \tag{4.40b}$$

Für $n < 1$ ist diese Kraft rücktreibend, d. h. sie ist für $r > r_0$ zum Zentrum, für $r < r_0$ nach außen gerichtet, so daß die Teilchen um den Sollkreis r_0 radiale Schwingungen ausführen mit der Frequenz

$$f_r = \frac{1}{2\pi}\sqrt{\frac{mv^2(1 - n)}{r_0^2 \cdot m}} = \frac{v}{2\pi r_0}\sqrt{1 - n}\,. \tag{4.41}$$

Solange die Schwingungsamplituden kleiner sind als die halbe radiale Breite des Strahlführungsrohres, bleiben die Teilchen daher auf einer stabilen Bahn.

Für $n = 0$ (homogenes Magnetfeld) ist die Schwingungsperiode $L = v/f_r$ gleich dem Kreisumfang $2\pi r_0$. Für $n < 0$ werden Periodenlänge L und Schwingungsamplitude kleiner.

c) Alternierender Feldgradient

Bei Synchrotrons für hohe Energien hat sich das Prinzip der *starken Fokussierung mit alternierenden Feldgradienten* durchgesetzt, bei dem die Magnetfelder entlang der Teilchenbahn in Magnetsegmente aufgeteilt sind, die abwechselnd große positive und negative Feldgradienten haben, d. h. der Feldindex n mit $|n| \gg 1$ alterniert zwischen großen positiven und negativen Werten (Abb. 4.21). Im Feld mit positivem n werden die Teilchen in vertikaler Richtung stabilisiert, aber in radialer Richtung defokussiert, während bei negativem n ($\mathrm{d}B/\mathrm{d}r > 0$) umgekehrt eine Stabilisierung in radialer Richtung und eine Destabilisierung in vertikaler Richtung erfolgt (Abb. 4.22). Um sich anschaulich klarzumachen, daß trotz Defokussierung jeweils in einer Richtung insgesamt eine Stabilisierung

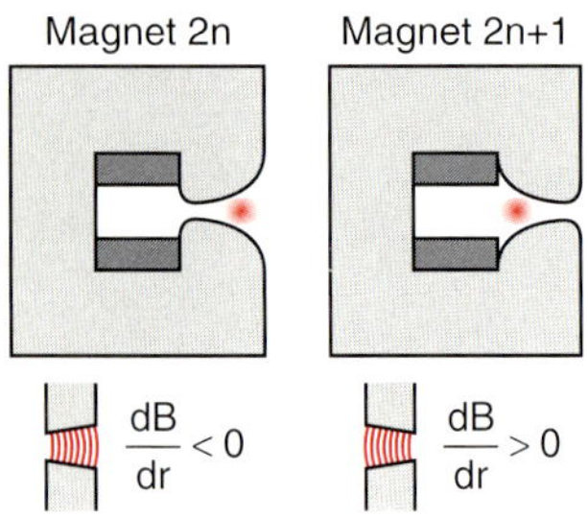

Abb. 4.21. Prinzip der alternierenden Feldgradienten beim Synchrotron

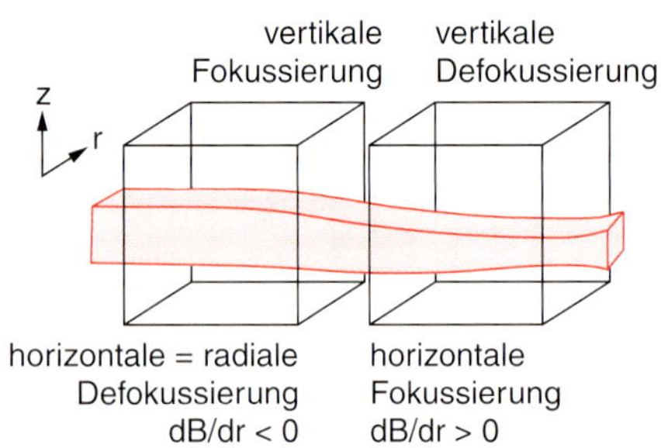

Abb. 4.22. Prinzip der starken Fokussierung. Vertikale Fokussierung bei $\mathrm{d}B/\mathrm{d}r < 0$ und radiale Fokussierung bei $\mathrm{d}B/\mathrm{d}r > 0$

der Teilchen auf ihrer Sollbahn erfolgt, ist ein Beispiel aus der Optik hilfreich (Abb. 4.23): Ein System aus einer Sammellinse mit der Brennweite $+f$ und einer Zerstreuungslinse aus gleichem Material mit der Brennweite $-f$ hat die Gesamtbrennweite $F = f^2/d$, wenn d der Abstand der Linsen ist (siehe Bd. 2, Abschn. 9.5). Für $d > 0$ wird das System fokussierend, während für $d \to 0$ die Brennweite $F \to \infty$ geht.

Zur quantitativen Behandlung muß man die Bewegungsgleichung der Teilchen im Magnetfeld mit alternierenden Gradienten lösen. Dazu benutzen wir Zylinderkoordinaten (r, φ, z) (Abb. 4.24) und schreiben für

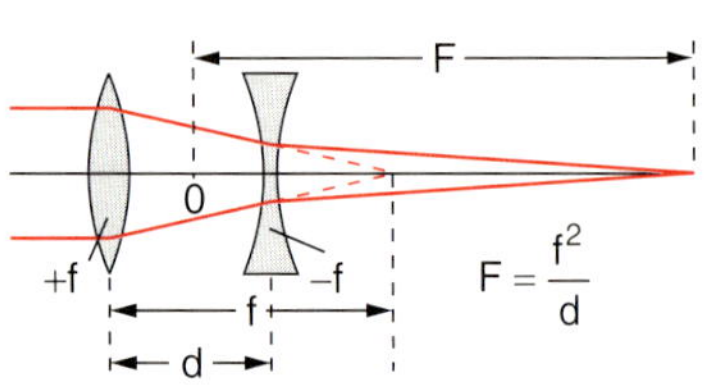

Abb. 4.23. Fokussierende Eigenschaft eines Systems aus Sammellinse der Brennweite f_1 und Zerstreuungslinse mit $f_2 = -f_1$ als optisches Analogon zur starken Fokussierung

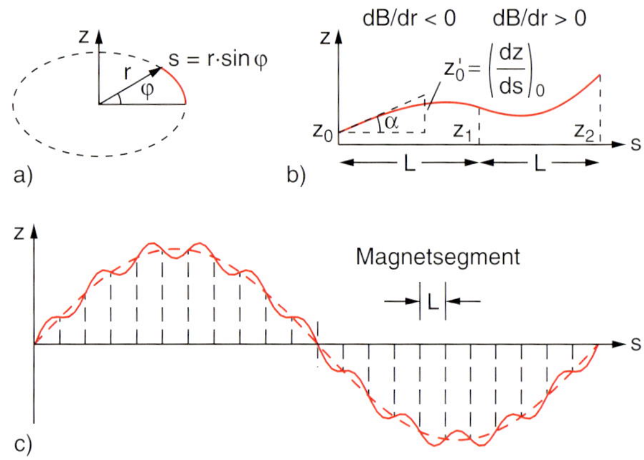

Abb. 4.24a–c. Zur Herleitung der Betatronschwingungen

die Geschwindigkeit der Teilchen mit der Ladung q:

$$\boldsymbol{v} = \{\dot{r}, r \cdot \dot{\varphi}, \dot{z}\},$$

wobei $r \cdot \dot{\varphi} \approx (q/m)\, r_0 \cdot B_0$ sehr groß ist gegen $\dot{r}$ und $\dot{z}$. Die Bewegungsgleichung $\boldsymbol{F} = q\,(\boldsymbol{v} \times \boldsymbol{B}) = m \cdot \dot{\boldsymbol{v}}$ im Magnetfeld $\boldsymbol{B} = \{B_r, 0, B_z\}$ heißt dann für die beiden relevanten Komponenten

$$q \cdot r \cdot \dot{\varphi} \cdot B_z = m \cdot \ddot{r}, \tag{4.42a}$$

$$-q \cdot r \cdot \dot{\varphi} \cdot B_r = m \cdot \ddot{z} \tag{4.42b}$$

mit

$$B_z = B_0 \left(1 - n\,\frac{r - r_0}{r_0}\right),$$

wobei n von Sektor zu Sektor das Vorzeichen wechselt.

Wir wollen hier nur die Stabilisierung in z-Richtung betrachten. Für die r-Richtung gilt dann eine völlig analoge Überlegung.

Ersetzt man gemäß (4.36) B_r durch B_0, so lautet (4.42b) mit $v = r \cdot \dot{\varphi}$ und $q \cdot B_0 = m \cdot v/r_0$

$$\ddot{z} = -\frac{q}{m} \cdot v \cdot \frac{B_0}{r_0} \cdot n \cdot z = -\frac{v^2}{r_0^2} \cdot n \cdot z. \tag{4.42c}$$

Die Lösungen sind vertikale harmonische Schwingungen

$$z = A \cdot \sin(2\pi f_z \cdot t) + B \cdot \cos(2\pi f_z \cdot t), \tag{4.43a}$$

welche die Teilchen während ihres Weges auf einem Kreisbogenstück der Länge $s = r_0 \cdot \varphi$ ausführen

(Abb. 4.24c). Mit (4.38b) und $s = v \cdot t$ geht (4.43a) über in

$$z = A \cdot \sin\left(\sqrt{n} \cdot s/r_0\right) + B \cdot \cos\left(\sqrt{n} \cdot s/r_0\right) . \quad (4.43b)$$

Ihre vertikale Neigung gegen die Sollbahn in der Ebene $z = 0$ wird durch die Ableitung

$$z' = \frac{dz}{ds} = A \cdot \frac{\sqrt{n}}{r_0} \cos\left(\sqrt{n} \cdot s/r_0\right) - B \cdot \frac{\sqrt{n}}{r_0} \sin\left(\sqrt{n} \cdot s/r_0\right) \quad (4.43c)$$

bestimmt. Sind am Eingang des Segmentes ($s = 0$) z und dz/ds vorgegeben, so lassen sich aus diesen Anfangsbedingungen die Konstanten A und B und damit die vertikale Komponente z der Bahnkurve bestimmen.

Im folgenden Segment mit $n < 0$ wirkt das Magnetfeld in z-Richtung defokussierend, und die Lösung von (4.42c) ergibt eine Exponentialfunktion

$$z = C \cdot e^{\sqrt{n} \cdot s/r_0} + D \cdot e^{-\sqrt{n} \cdot s/r_0} , \quad (4.44a)$$

$$dz\, ds = C \cdot \frac{\sqrt{n}}{r_0} \cdot e^{\sqrt{n} \cdot s/r_0} - D \cdot \frac{\sqrt{n}}{r_0} \cdot e^{-\sqrt{n} \cdot s/r_0} . \quad (4.44b)$$

Ist L die Länge der Bahn durch einen Sektor, so müssen die Lösungen von (4.43b,c) für $s = L$ mit den Lösungen von (4.44) für $s = 0$ übereinstimmen. Man kann daher die Teilchenbahn durch die einzelnen Segmente genau so wie einen Lichtstrahl durch ein optisches System in der geometrischen Optik durch ein Matrizenverfahren berechnen (siehe Bd. 2, Abschn. 9.6), indem man Ort z_1 und Steigung $(dz/ds)_1$ am Eingang eines Segmentes mit den Werten z_2 und $(dz/ds)_2$ am Ausgang durch eine Matrix-Gleichung

$$\begin{pmatrix} z_2 \\ z_2' \end{pmatrix} = \begin{pmatrix} a & b \\ c & d \end{pmatrix} \cdot \begin{pmatrix} z_1 \\ z_1' \end{pmatrix} \quad (4.45)$$

miteinander verknüpft. Die Matrix gibt dann die Ablenkungseigenschaften des Segmentes an, die aus (4.43) und (4.44) berechnet werden können. Um die Größen z_n und z_n' nach n Segmenten zu erhalten, muß man die entsprechenden Matrizen miteinander multiplizieren.

Die völlig analoge Behandlung für die radiale Bewegung in der Ebene $z = 0$ ergibt innerhalb der radial fokussierenden Segmente ($n < 0$) eine radiale Schwingung

$$r = r_0 \left[1 + a \cdot \sin(2\pi f_r \cdot t + \varphi_r)\right] \quad (4.46)$$

um den Sollkreisradius r_0 und in den radial defokussierenden Segmenten exponentiell anwachsende Abweichungen $(r - r_0)$. Wegen der großen Feldgradienten und der kleinen Länge L der Segmente sind die Maximalabweichungen der Teilchen von der Sollbahn jedoch viel kleiner als bei nicht alternierenden Gradienten.

Insgesamt kann man die Teilchenbahn als Überlagerung der vertikalen und radialen Schwingungen durch eine Spiralbahn um den Sollkreis ($r = r_0$, $z = 0$) beschreiben. In einer r-z-Ebene, deren Koordinatenursprung M sich mit der Geschwindigkeit $v = r_0 \cdot \dot{\varphi}$ auf dem Sollkreis bewegt, würde der Ort des Teilchens eine elliptische Bahn um den Mittelpunkt $M(r = r_0; z = 0)$ ausführen.

d) Synchrotronschwingungen

Die Beschleunigung der Teilchen durch das elektrische Feld infolge der HF-Spannung $U = U_0 \cdot \cos(2\pi ft + \varphi_0)$ an den Hohlraumresonatoren hängt ab von der Phase $\varphi(t_n) = 2\pi f t_n + \varphi_0$ des Feldes bei der Durchflugzeit t_n durch die Beschleunigungsstrecke. Der Energiegewinn pro Umlauf ist bei k Resonatoren

$$\Delta E = k \cdot U_0 \cdot \cos\varphi(t_n) . \quad (4.47)$$

Damit die Teilchen immer auf ihrer Sollbahn gehalten werden, muß die Zunahme des magnetischen Feldes mit der Zunahme der Energie synchronisiert sein. Aus $m \cdot v^2/r_0 = q \cdot v \cdot B_r$ folgt:

$$m \cdot v = p = q \cdot r_0 \cdot B . \quad (4.48)$$

Wegen $E^2 = m^2c^4 = m_0^2c^4 + p^2c^2$ erhält man den Energiezuwachs pro Umlauf:

$$\Delta E = dE/dt \cdot T \quad \text{mit} \quad T = 2\pi r_0/v \quad (4.49)$$

und aus (4.48) wegen

$$E \cdot dE/dt = c^2 p \cdot dp/dt$$

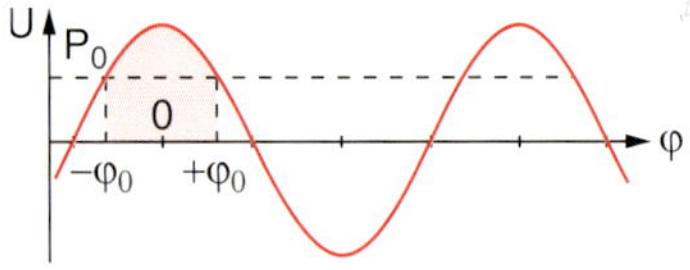

Abb. 4.25. Stabiler Phasenbereich für die Hochfrequenzspannung in den Beschleunigungsstrecken beim Durchlaufen des Teilchenpaketes

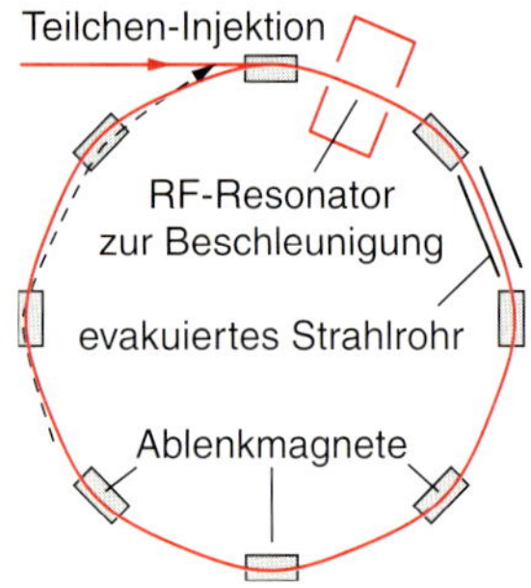

Abb. 4.26. Schematische Darstellung eines Teilchen-Speicherringes

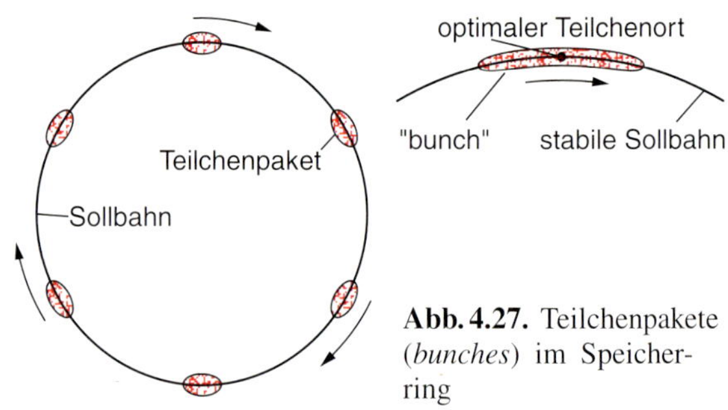

Abb. 4.27. Teilchenpakete (*bunches*) im Speicherring

die notwendige zeitliche Zunahme des Magnetfeldes

$$\begin{aligned}\frac{\mathrm{d}B}{\mathrm{d}t} &= \frac{1}{qr_0}\cdot\frac{\mathrm{d}p}{\mathrm{d}t} = \frac{E}{qr_0\cdot c^2 p}\,\frac{\mathrm{d}E}{\mathrm{d}t} \\ &= \frac{E}{qr_0\cdot c^2 p}\,\frac{\Delta E\cdot v}{2\pi r_0} = \frac{E(t)\cdot k\cdot U_0\cdot\cos\varphi(t_n)}{2\pi r_0^2\cdot q\cdot c^2\cdot m}\,.\end{aligned}\tag{4.50}$$

Wenn ein Teilchen etwas von seiner Sollbahn abweicht, wird es bei einer anderen Phase φ das Beschleunigungsfeld durchlaufen und dadurch einen anderen Energiezuwachs haben. Um auf einer stabilen Bahn zu bleiben, muß für später ankommende Teilchen die Beschleunigungsspannung größer sein, für schnellere Teilchen kleiner. Der Punkt P_0 in Abb. 4.25 gibt eine solche stabile Phase φ_0 für ein ideales Teilchen auf der Sollbahn an. Die realen Teilchen führen Phasenoszillationen (*Synchrotronschwingungen*) um einen Stabilitätspunkt aus. Die Phasenamplitude einer solchen Schwingung ist auf den rot hinterlegten Stabilitätsbereich beschränkt. Wird $|\varphi| > |\varphi_0|$, so kommt das Teilchen „außer Tritt" und verläßt sein Teilchenpaket.

4.1.7 Speicherringe

Wir hatten oben gesehen, daß man im Synchrotron immer nur Teilchenpakete beschleunigen kann, die dann pro Beschleunigungszyklus nur während einer kurzen Zeitspanne $\Delta t = t_3 - t_2$ (Abb. 4.18) auf ihrer Endenergie gehalten werden und für Experimente zur Verfügung stehen. Um die Experimentierzeit und die Stromdichte der hochenergetischen Teilchen zu erhöhen, wurden Speicherringe entwickelt, in welche die Teilchen nach ihrer Beschleunigung eingeschossen werden und dort für lange Zeit bei konstanter Energie umlaufen können, während aus dem Synchrotron laufend neue Teilchenpakete „nachgefüttert" werden (Abb. 4.26). Dadurch läßt sich die Stromdichte wesentlich erhöhen, und mittlere Stromstärken bis zu 10 Ampere können erreicht werden. Auch hier laufen die Teilchen, wie im Synchrotron in Form von Paketen um, da alle Teilchen die Beschleunigungsstrecken im richtigen Zeitintervall durchlaufen müssen (Abb. 4.27). Die räumliche Ausdehnung der Teilchenpakete hängt ab von der Geschwindigkeitsverteilung der Teilchen und den Fokussierungseigenschaften des Speicherringes.

Selbst wenn die die Teilchenenergie im Speicherring nicht mehr erhöht wird, braucht man trotzdem Beschleunigungsstrecken, um die Strahlungsverluste der auf einer Kreisbahn umlaufenden geladenen Teilchen zu ersetzen (siehe S. 13). In Abb. 4.26 ist ein solcher Speicherring schematisch gezeigt.

Die Speicherringe bieten einen zweiten wesentlichen Vorteil, weil sie gestatten, positiv geladene und negativ geladene Teilchen in entgegengesetzter Richtung gleichzeitig durch den Speicherring zu schicken und sie an bestimmten Stellen zur Kollision zu bringen. Deshalb nennt man solche Anlagen im Englischen auch „Collider".

In Abb. 4.28 ist als Beispiel die Anlage DORIS (Double Orbiting RIng System) am Deutschen Elektronensynchrotron DESY in Hamburg gezeigt, in der in einem Synchrotron abwechselnd Elektronen und Positronen beschleunigt und in entgegengesetzten Richtungen über Strahlführungsoptiken in den Speicherring injiziert werden. Beide Teilchenstrahlen werden in die Wechselwirkungszonen W fokussiert, wo sie zusammenstoßen können.

Dadurch läßt sich die gesamte Energie $2E$ der beiden Stoßpartner in Reaktionsenergie (z. B. zur Erzeugung neuer Teilchen beim Zusammenstoß) umwandeln, während beim Stoß eines Teilchens hoher Energie E mit einem *ruhenden* Teilchen nur ein kleiner Bruchteil dieser Energie für die Reaktion zur Verfügung steht, wie in Abschn. 4.1.2 und in Aufg. 4.7 gezeigt wurde.

Da bei Stößen zwischen einem beschleunigten Teilchen der Endenergie E_A mit Ruhemasse m_{0A} und einem ruhenden Teilchen der Ruhemasse m_{0B} maximal die kinetische Energie der Stoßpartner im Schwerpunktsystem

$$E_S = c^2 \cdot \sqrt{m_{0A}^2 + m_{0B}^2 + 2m_{0B} \cdot E_A/c^2} \qquad (4.51)$$

zur Verfügung steht für die Umwandlung in innere Energie der Stoßpartner (Anregung, Erzeugung neuer Teilchen), sinkt der Bruchteil

$$\frac{E_S}{E_A} = \sqrt{\left(\frac{m_{0A}c^2}{E_A}\right)^2 + \left(\frac{m_{0B}c^2}{E_A}\right)^2 + 2\frac{m_{0B}c^2}{E_A}} \qquad (4.52)$$

stark mit der Energie E_A ab.

BEISPIELE

1. Positronen mit $E_A = 1$ GeV werden auf ruhende Elektronen $(m_0c^2 = 0{,}5\,\text{MeV} \Rightarrow E_S/E_A = 0{,}03)$ geschossen, d. h. nur 30 MeV stehen für Reaktionen zur Verfügung, während im Speicherring mit 1 GeV und in entgegengesetzte Richtungen laufenden Teilchen 2 GeV verfügbar sind!
2. Protonen mit $E_A = 100$ GeV werden auf ruhende Protonen geschossen:
$$\Rightarrow \frac{E_S}{E_A} = 0{,}137\,.$$
3. Elektronen mit $E_A = 30$ GeV werden auf ruhende Protonen $m_0c^2 = 936$ MeV geschossen
$$\Rightarrow \frac{E_S}{E_A} = 0{,}25\,.$$

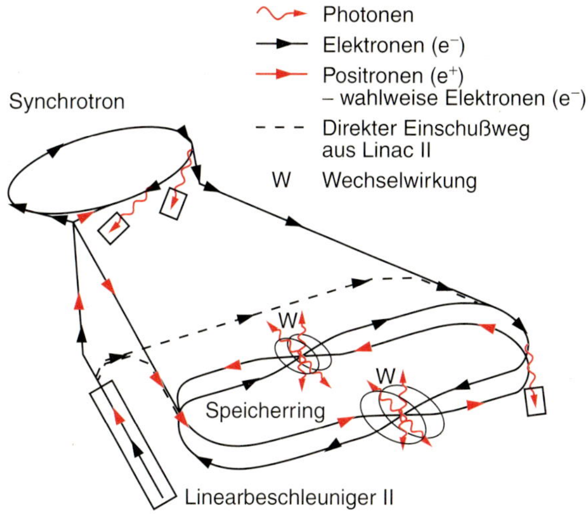

Abb. 4.28. Speicherring DORIS in Hamburg mit Synchrotron und Kollisionszonen, in welche die Elektronen- und Positronenstrahlen fokussiert werden. Aus E.E. Koch und C. Kunz: *Synchrotronstrahlung bei DESY*, Hamburg 1974

Von den 30 GeV würden also nur 7,5 GeV für Reaktionen zur Verfügung stehen, während bei HERA mit entgegenlaufenden Elektronen und Protonen fast 60 GeV verfügbar sind.

Man erkauft den Energiegewinn mit einer wesentlich kleineren Kollisionsrate, da die Dichte eines ruhenden Targets (z. B. flüssiger Wasserstoff) um viele Größenordnungen über der erreichbaren Dichte im Strahl liegt.

Um trotzdem tolerierbare Ereignisraten für die erwarteten Reaktionen zu erhalten, werden die beiden in entgegengesetzter Richtung im Speicherring verlaufenden Teilchenpakete durch spezielle Ionenoptiken an vorgesehenen Kollisions-Kreuzungspunkten fokussiert, so daß hier die Stromdichten maximal werden.

Die Reaktionsrate $\dot{N}$ für die zu untersuchende Reaktion mit dem Wirkungsquerschnitt σ ist dann bei einem Strahlquerschnitt A durch

$$\dot{N} = (N_1 \cdot N_2/A) \cdot f \cdot \sigma = L \cdot \sigma \qquad (4.53)$$

gegeben, wenn N_1, N_2 die Zahl der Teilchen pro Paket und f die Zahl der pro Zeiteinheit kollidierenden Pakete ist (siehe Aufg. 4.8). Der Faktor

$$L = (N_1 \cdot N_2/A) \cdot f \qquad (4.54)$$

heißt die ***Luminosität*** des Speicherringes.

Man sieht aus (4.53), daß nicht nur der Strahlquerschnitt am Kreuzungspunkt so klein wie möglich gemacht werden muß (was eine genaue Justierung beider Strahlen in r- und z-Richtung erfordert), sondern daß auch die zeitliche Synchronisierung beider kollidierender Teilchenpakete genau stimmen muß, damit sie sich genau am vorgesehenen Ort treffen, wo alle Detektoren aufgebaut sind.

Um den Ort des Zusammenstoßes, und damit die Streuwinkel möglichst genau definieren zu können, muß die Länge der Reaktionszone so kurz wie möglich sein, d. h. die sich durchdringenden Teilchenpakete müssen kurz sein. Deren Länge ist aber durch die Geschwindigkeitsverteilung der Teilchen bestimmt.

Hier ist ein neues Verfahren der *stochastischen Kühlung* der Teilchen hilfreich, dessen Idee von dem holländischen Wissenschaftler *S. van der Meer* ([4.6], Nobelpreis 1984) stammt und das dann am Protonen-Antiprotonen-Ring am CERN (Conseil Européen pour la Recherche Nucléaire) erstmals realisiert wurde. Die Zeitverteilung der durch einen Punkt A fliegenden Teilchen wird von einer Sonde gemessen (Abb. 4.29), deren Signal quer durch den Ring auf einen Korrekturmagneten gegeben wird, welcher die Teilchen so beeinflußt, daß die Umlaufzeit für die zu schnellen Teilchen verlängert und für die zu langsamen verkürzt wird. Dadurch wird die Relativgeschwindigkeit der Teilchen kleiner und die Länge des Teilchenpaketes kürzer, was eine größere Teilchendichte zur Folge hat.

Wenn man zwei Speicherringe mit entgegengesetztem Magnetfeld, in denen Teilchen gleicher Ladung in entgegengesetzter Richtung umlaufen, so übereinanderbaut, daß die beiden Teilchenströme sich an bestimmten Punkten treffen, so kann man auch *gleiche* Teilchen frontal aufeinanderschießen. Dazu müssen die Protonen aus dem Synchrotron abwechselnd durch geeignete Ablenkmagnete und Strahlführungssysteme in die beiden Speicherringe eingespeist werden. Als Beispiel ist der Protonen-Doppelspeicherring am CERN in Abb. 4.30 gezeigt.

Die Protonen werden in einem Linearbeschleuniger vorbeschleunigt, in einem kleinen Synchrotron auf 800 MeV weiter beschleunigt und dann in das Protonensynchrotron eingeschossen, wo sie auf 30 GeV beschleunigt werden. Durch ein Ablenksystem werden die Protonen dann extrahiert und über eine Weiche abwechselnd in entgegengesetzter Richtung in die beiden Speicherringe eingeschossen, wo die entgegenlaufenden Protonen an mehreren Kreuzungspunkten zusammenstoßen können.

Bei einem anderen Verfahren werden die Teilchen gleicher Ladung in einem Speicherring gesammelt und dann so extrahiert, daß sie abwechselnd durch Ablenksysteme in verschiedene Richtungen umgelenkt und wieder antikollinear zusammengeführt werden. Man muß natürlich dafür sorgen, daß die einzelnen kurzen Teilchenpakete sich zum richtigen Zeitpunkt treffen, um zentral zusammenstoßen zu können.

Die Elektronen-Speicherringe bieten, außer ihrem Nutzen für die Hochenergiephysik, eine intensive Quelle für die Synchrotronstrahlung, die von den Elektronen während ihrer Beschleunigung auf den Kreissegmenten ihrer Bahn abgestrahlt wird (siehe Bd. 2, Abschn. 6.5.4). Die von einer beschleunigten Ladung e mit der Energie E auf einem Kreis mit Radius r_0 abgestrahlte Leistung

$$P(E, r_0) = \frac{e^2 \cdot c}{6\pi\varepsilon_0 r_0^2} \left(\frac{E}{m_0 c^2}\right)^4 = \frac{e^2 c \gamma^4}{6\pi\varepsilon_0 r_0^2} \qquad (4.55a)$$

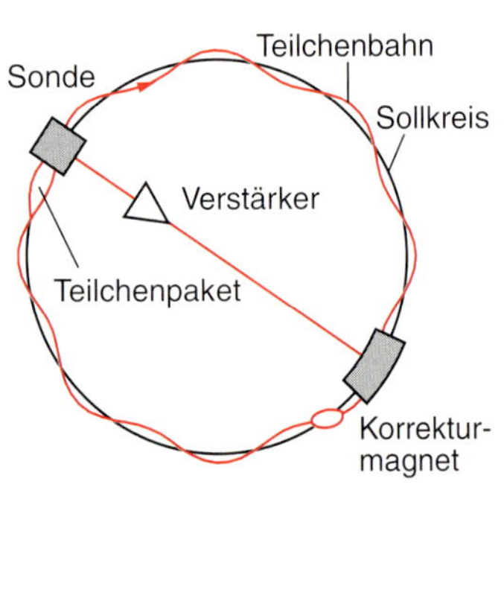

Abb. 4.29. Prinzip der stochastischen Kühlung

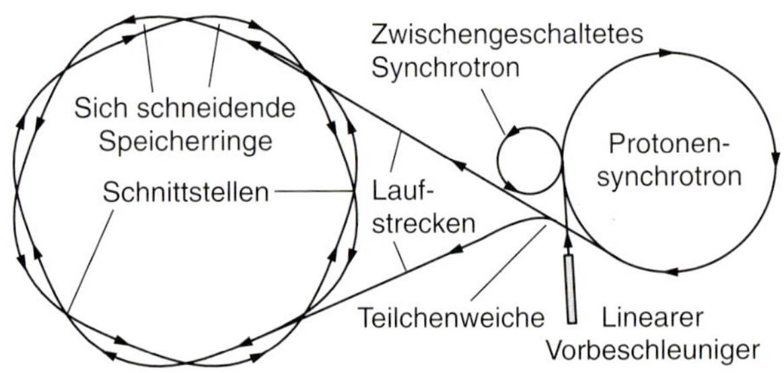

Abb. 4.30. Synchrotrons und Protonen-Speicherring am CERN mit zwei entgegengesetzten Magnetsystemen zur gleichzeitigen Speicherung entgegengerichtet laufender gleicher Teilchen

ist proportional zur vierten Potenz des Verhältnisses γ von Gesamtenergie zu Ruheenergie der beschleunigten Ladung. Der Energieverlust ΔE einer umlaufenden Ladung e ist dann pro Umlauf:

$$\Delta E = \frac{e^2 \gamma^4}{3 \varepsilon_0 r_0} . \tag{4.55b}$$

Setzt man Zahlenwerte ein, so ergibt sich

$$\Delta E / \mathrm{MeV} = 0{,}0885 \cdot \frac{E^4 / \mathrm{GeV}^4}{r_0 / \mathrm{m}} .$$

Man sieht aus (4.55), daß die Synchrotronstahlung nur bei Elektronen eine Rolle spielt, aber bei Protonen wegen deren großer Masse vernachlässigbar klein ist. Selbst bei sehr großen Protonenenergien, bei denen der Radius r_0 des Speicherringes dann auch groß sein muß, ist P um viele Größenordnungen kleiner als bei Elektronensynchrotrons.

Da die gesamte Leistung der Synchrotronstrahlung proportional ist zur Zahl der beschleunigten Elektronen, geben Elektronen-Speicherringe mit ihren großen Strömen (bis zu 10 A) eine wesentlich höhere Leistung ab als Synchrotrons. Außerdem bleibt diese Leistung über viele Stunden fast konstant, während sie im Synchrotron nur jeweils für wenige Sekunden pro Beschleunigungszyklus zur Verfügung steht.

Um in einem Elektronenspeicherring die Elektronenenergie konstant zu halten, muß dem Elektron die abgestrahlte Energie durch eine HF-Beschleunigungsstrecke wieder ersetzt werden.

Die Synchrotron-Strahlungsleistung wächst mit der 4. Potenz des Verhältnisses $\gamma = E/m_0 c^2$ von Gesamtenergie zu Ruheenergie der abstrahlenden geladenen Teilchen. Sie wächst wie $1/r_0^2$ mit sinkendem Radius des Kreisringes.

Die spektrale Verteilung der Synchrotronstrahlungsleistung wurde erstmals von *J. Schwinger* 1946 berechnet. Das Ergebnis ist:

$$\frac{\mathrm{d}P}{\mathrm{d}\omega} = \frac{1}{\omega} P(E, r_0) \cdot S_\mathrm{s}(\omega/\omega_\mathrm{c}) . \tag{4.55c}$$

Dabei heißt

$$\omega_\mathrm{c} = 3 c \gamma^3 / (2 r_0)$$

kritische Abstrahlungsfrequenz.

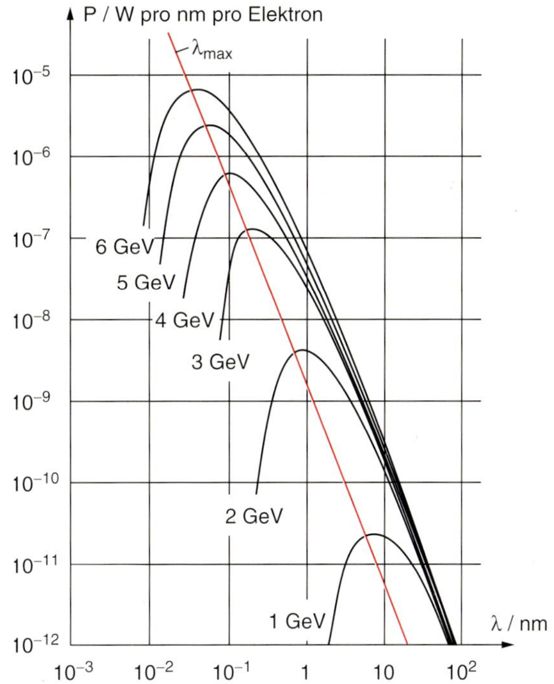

Abb. 4.31. Spektrale Verteilung der Synchrotronstrahlung des Elektronen-Speicherringes DORIS in Hamburg für verschiedene Elektronenenergien. (Aus E.E. Koch, C. Kunz: *Synchrotronstrahlung bei DESY*, Hamburg 1974)

Die Spektralfunktion S_s hat die Form

$$S_\mathrm{s}(x) = \frac{9 \cdot \sqrt{3}}{8\pi} \cdot x \cdot \int\limits_x^\infty K_{5/3}(x)\,\mathrm{d}x ,$$

wobei $x = \omega/\omega_\mathrm{c}$ und $K_{5/3}$ die modifizierte Besselfunktion ist. Setzt man für $P(e, r_0)$ den Ausdruck (4.55a) ein, so ergibt dies bei einem Teilchenstrom I im Speicherring:

$$\frac{\mathrm{d}P}{\mathrm{d}\omega} = \frac{e \cdot \gamma^4 \cdot I}{3 \varepsilon_0 \cdot r_0 \cdot \omega_\mathrm{c}} \cdot S_\mathrm{s}(\omega/\omega_\mathrm{c}) \tag{4.55d}$$

mit $\int_0^\infty S_\mathrm{s}(x)\mathrm{d}x = 1$ und $\int_0^1 S_\mathrm{s}(x)\mathrm{d}x = 1/2$.

Die kritische Frequenz ω_c teilt also das Spektrum in zwei Bereiche gleicher Strahlungsleistung ein.

In Abb. 4.31 ist die spektrale Verteilung der Synchrotronstrahlung als abgestrahlte Leistung pro nm Wellenlängenintervall und Raumwinkeleinheit 1 Sterad für verschiedene Elektronenenergien dargestellt.

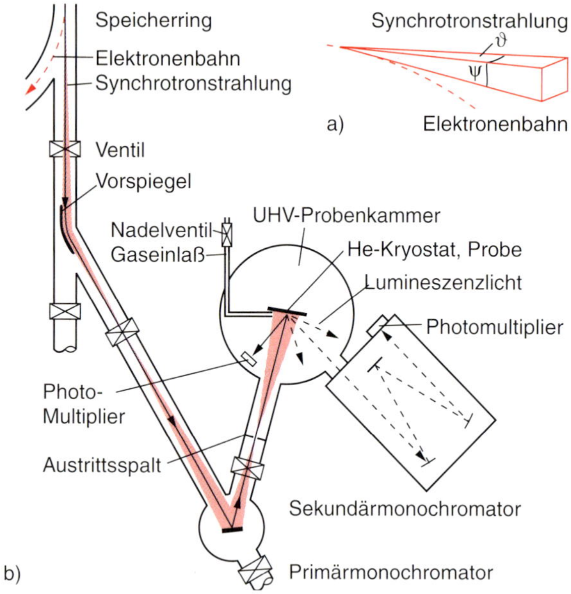

Abb. 4.32. (**a**) Abstrahlung der Synchrotronstrahlung in einen engen Raumwinkelbereich tangential zum Kreisbogen der Elektronenbahn. (**b**) Fokussierung durch einen Toroidspiegel auf den Eintrittsspalt eines VUV-Monochromators

Der Winkelbereich ϑ, in den ein Photon vom beschleunigten Elektron gegen seine Flugrichtung emittiert wird, ist durch

$$\tan\vartheta = 1/\gamma = m_0c^2/E$$

begrenzt. Er wird mit zunehmender Energie schmaler.

Bei Energien $E \gg m_0c^2$ wird daher die Synchrotronstrahlung in einen engen Raumwinkel um die Tangente an den Kreisbogen in der Kreisebene abgestrahlt, so daß sie durch ein Vakuumrohr auf einen Toroidspiegel fallen kann (Abb. 4.32), der sie auf den Eintrittsspalt eines Vakuum-Spektrographen abbildet. Hinter dem Spektrographen steht dann spektral monochromatische, in ihrer Wellenlänge durchstimmbare Strahlung im Bereich von 0,01–100 nm für viele verschiedene Experimente zur Verfügung [4.7].

Diese Synchrotronstrahlung, die als unvermeidliche Energieverlustquelle für die Elektronen auftritt, kann parallel zu den in den Kollisionszonen stattfindenden Hochenergieexperimenten genutzt werden, wobei an mehreren Strahlrohren gleichzeitig verschiedene Experimente der Atom-, Molekül-, Festkörper- und Biophysik durchgeführt werden [4.8].

4.1.8 Die großen Maschinen

Zum Abschluß dieses Abschnitts soll noch ein Überblick über heute existierende und geplante Großbeschleuniger gegeben werden, um an konkreten Zahlen die obigen Überlegungen zu illustrieren. Alle Experimente, bei denen zur Produktion neuer Teilchen Energien im Bereich $E > 20\,\text{GeV}$ zur Verfügung stehen sollen, werden als ***Collider*** konzipiert, bei denen die Stoßpartner in Speicherringen in entgegengesetzter Richtung aufeinanderprallen und dadurch die gesamte kinetische Energie beim Stoß in innere Energie umgesetzt werden kann.

Der Aufbau der großen Maschinen wurde so geplant, daß die bereits existierenden Beschleuniger als Vorbeschleuniger dienen können. Dadurch werden Kosten eingespart. Allerdings müssen die Teilchen oft über lange Wege zwischen den einzelnen Kreisbeschleunigern und Speicherringen geleitet werden. Dies macht nicht nur ein sehr gutes Vakuum unerläßlich, um Stöße der Teilchen auf ihren viele tausend Kilometer langen Wegen zu minimieren, sondern verlangt auch eine gute Ionenoptik, welche den Teilchenstrahl immer wieder refokussieren kann, damit er innerhalb der engen Toleranzen seiner Sollbahn bleibt. Die gesamte Anlage ist deshalb sehr komplex und stellt eine Meisterleistung moderner Ingenieurkunst und Vermessungsgenauigkeit dar, insbesondere, wenn man die geforderte Genauigkeit der Strahlführung bedenkt, die z. B. bei einem Ringumfang von 28 km beim LEP-Speicherring am CERN nur eine Abweichung von weniger als einem Millimeter von der Sollbahn tolerieren kann.

In Abb. 4.33 ist eine solche Anlage für den Proton-Antiproton-Collider des CERN gezeigt, der eine Maximalenergie von 270 GeV pro Strahl erreicht. Die Protonen werden in einem Linearbeschleuniger vorbeschleunigt, in das Protonensynchrotron PS eingeschossen und dort auf 26 GeV beschleunigt. Diese Protonen werden dann auf eine Wolframscheibe fokussiert, wo Sekundärteilchen, u. a. auch 1% Antiprotonen erzeugt werden. Diese Antiprotonen werden fokussiert, beschleunigt und in einem Speicherring AA (*antiproton accumulator*) mit großem Rohrquerschnitt gesammelt. Pro PS-Impuls können etwa 10^7 Antiprotonen im AA akkumuliert werden. Im AA-Ring werden die Antiprotonen, die ursprünglich, durch ihren Erzeugungsprozeß bedingt, eine breite Energievertei-

Tabelle 4.1. Die großen Collider-Maschinen: PETRA = Positron-Electron-Tandem Ring Accelerator, HERA = High Energy Ring Accelerator, SLC = Stanford Linear Collider, LEP = Large Electron-Positron Collider, SPS = Super Proton Storage Ring, LHC = Large Hadron Collider

Collider	Ort	Kollidierende Teilchen	Maximal-energie (GeV)	Schwerpunkt-energie (GeV)	Umfang (km)	Luminosität ($cm^{-2}s^{-1}$)
PETRA	Hamburg	$e^- + e^+$	$2 \cdot 23{,}5$	47	2,3	$1{,}6 \cdot 10^{31}$
HERA	Hamburg	$e^- + p$	$30 + 820$	314	6,336	$3{,}5 \cdot 10^{31}$
PEP	Stanford	$e^- + e^+$	$2 \cdot 22$	44	Linear-Collider	$7 \cdot 10^{30}$
SLC	Stanford	$e^- + e^+$	$2 \cdot 50$	100	Linear-Collider	
LEP	CERN	$e^- + e^+$	$2 \cdot 100$	200	26,6	$3{,}6 \cdot 10^{31}$
SPS	CERN	$p + \bar{p}$	$2 \cdot 270$	540	6,9	
LHC*	CERN	$p + e^-$	$7700 + 60$	450	26,6	$1{,}6 \cdot 10^{34}$
Teratron*	Bataria	$p + \bar{p}$	$2 \cdot 900$	1800	6,3	
UNK**	Serphukov	$p + \bar{p}$	$2 \cdot 3000$	6000	64	

* – in Bau ** – in Planung

lung mit $\Delta E/E \approx 6\%$ haben, durch stochastisches Kühlen (siehe oben) auf eine einheitliche Energie gebracht. Nach 24 Stunden hat man so etwa $5 \cdot 10^{11}$ Antiprotonen im AA-Ring gesammelt und gekühlt.

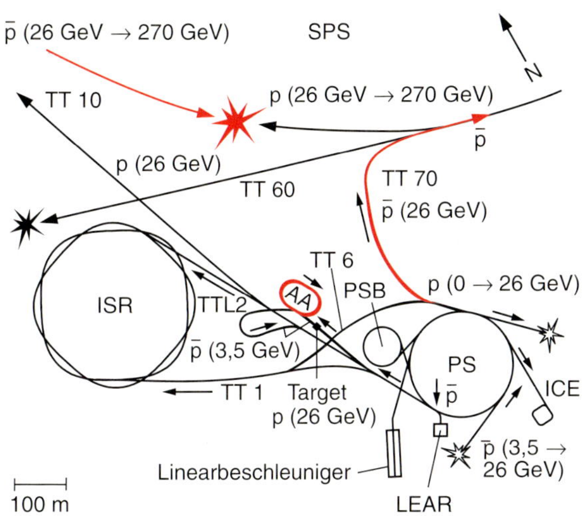

Abb. 4.33. Protonensynchrotron PS, 270-GeV-Superprotonensynchrotron SPS, als Speicherring *intersecting storage ring* ISR, Antiprotonen-Akkumulator AA, Antiprotonen-Speicherring ICE und der Protonenspeicherbooster PSB, in dem die Protonen angereichert und beschleunigt werden. Man beachte die einzelnen Strahlführungsrohre, welche die verschiedenen Maschinen miteinander verbinden

Jetzt wird der Antiprotonenstrahl zurück ins PS transportiert, dort auf 26 GeV beschleunigt und dann über entsprechend geschaltete Magnete ins große Super-Protonensynchrotron SPS eingeleitet, wo bereits in entgegengesetzter Richtung ein intensiver Protonenstrahl kreist, der während der Speicher- und Kühlphase der Antiprotonen im AA dort gespeichert wurde. Beide Strahlen werden dann im SPS auf ihre Endenergie beschleunigt und können dann durch spezielle Fokussieroptiken an vorgegebenen Orten zur Kollision gebracht werden.

Eine Zusammenstellung der wichtigsten Großbeschleuniger mit ihren charakteristischen Daten ist in Tabelle 4.1 zu finden. Als empfehlenswerte Literatur wird auf [4.1,4,9] verwiesen.

4.2 Wechselwirkung von Teilchen und Strahlung mit Materie

Alle Nachweisgeräte für Mikroteilchen (Elektronen, Protonen, Neutronen, Mesonen, Neutrinos, Photonen, etc.) beruhen auf der Wechselwirkung dieser Teilchen mit der Detektormaterie.

Bei der Wechselwirkung von Teilchen der kinetischen Energie E_{kin} mit Atomen oder Molekülen können folgende elementare Prozesse ablaufen:

- elastische Stöße mit Elektronen der Atomhülle,
- Anregung oder Ionisation von Hüllenelektronen,
- Ablenkung geladener Teilchen im Coulombfeld des Kerns, die zur Emission von Bremsstrahlung führt,
- elastische Stöße mit einem Atomkern, bei denen der Kern einen Rückstoß erhält,
- inelastische Stöße mit einem Atomkern, die zur Anregung des Kerns und zur anschließenden Emission von γ-Quanten oder Teilchen führt,
- Emission von Čerenkov-Strahlung, wenn geladene Teilchen ein Medium mit Brechungsindex n schneller als die Lichtgeschwindigkeit c/n durchlaufen.

Alle diese Effekte können einzeln oder in Kombination zum Nachweis der Teilchen ausgenutzt werden, wobei der vorletzte Prozeß einen wesentlich kleineren Wirkungsquerschnitt hat und erst bei großen Energien eine merkliche Rolle spielt.

Ein Teilchen mit einer kinetischen Energie im keV–MeV-Bereich verliert bei der Ionisation eines Atoms oder Moleküls (Ionisationsenergie ≈ 10 eV) nur einen kleinen Bruchteil seiner Energie. Es kann daher bei seinem Weg durch den Detektor viele Atome anregen, bzw. viele Ionenpaare (Ion und Elektron) bilden. Der spezifische Energieverlust $\mathrm{d}E/\mathrm{d}x$ pro Längeneinheit, und damit die Zahl der pro cm Weglänge gebildeten Ionen, hängt außer von der Art und Dichte der Detektormaterie stark ab von der Art des ionisierenden Teilchens und von seiner Energie (Abb. 4.34).

4.2.1 Geladene schwere Teilchen

Man kann sich die Größenordnung des spezifischen Energieverlustes und seine Energieabhängigkeit bei schweren geladenen Teilchen (Protonen, Mesonen, α-Teilchen, schnelle Ionen) an einem einfachen Modell klarmachen. Dazu betrachten wir ein Teilchen der Ladung $Z_1 e$, das durch die Elektronenhülle eines Atoms fliegt (Abb. 4.35): Wenn die Energie E_{kin} des Teilchens groß ist gegen die Bindungsenergie der Elektronen in der Atomhülle, ist der beim Stoß des schweren Teilchens auf *ein* Elektron übertragene relative Impuls $\Delta p/p$ klein, die Teilchenbahn kann durch eine Gerade angenähert und die Elektronen als frei angesehen werden. Der beim Vorbeiflug auf ein Elektron übertragene Impuls Δp ist dann auf Grund der Coulombkraft

$$\boldsymbol{F}_{\mathrm{C}} = \frac{Z_1 e^2}{4\pi\varepsilon_0 (x^2 + b^2)} \hat{\boldsymbol{r}} \tag{4.56}$$

zwischen einem freien Elektron und dem Teilchen mit der Ladung $Z_1 e$:

$$\begin{aligned} \Delta p &= \int_{-\infty}^{+\infty} F\,\mathrm{d}t = \int_{-\infty}^{+\infty} F_\perp\,\mathrm{d}t \\ &= \frac{1}{v} \int F_\perp\,\mathrm{d}x = \frac{e}{v} \int E_\perp\,\mathrm{d}x\,, \end{aligned} \tag{4.57}$$

weil sich der Einfluß der Komponente $F_\parallel$ parallel zur Flugbahn aufhebt. Integriert man über die Oberfläche

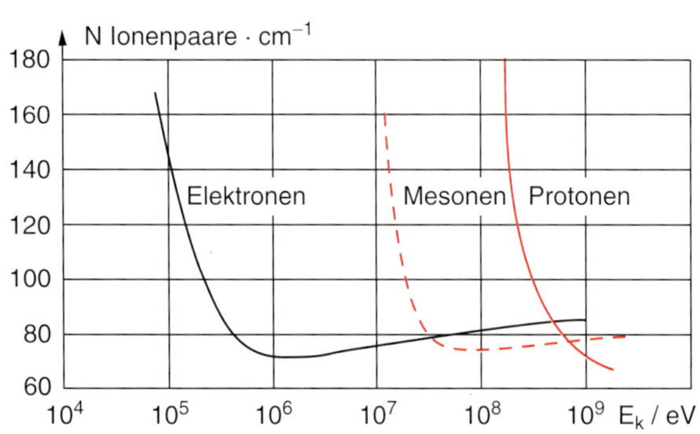

Abb. 4.34. Spezifische Ionisierung (Zahl der pro cm Weg gebildeten Ionenpaare in Luft bei $p = 1$ bar) für Elektronen, Protonen und π-Mesonen als Funktion der kinetischen Energie

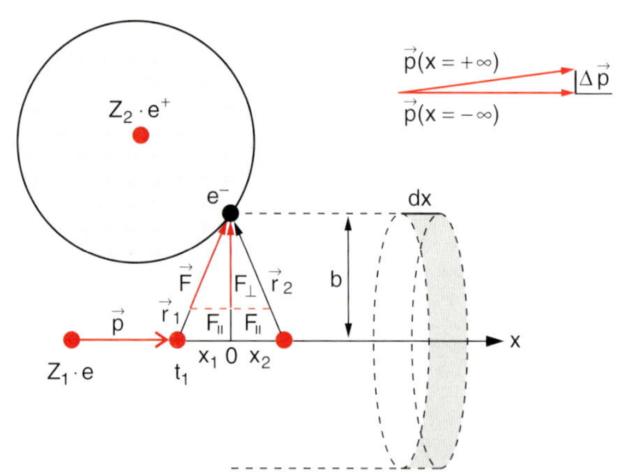

Abb. 4.35. Zur Herleitung der Bethe-Formel für den Energieverlust pro durchstrahlter Länge

A des Zylinders mit dem Radius b um die Teilchenbahn als Zylinderachse und der Länge $\mathrm{d}x$, so ergibt sich bei Verwendung des Gaußschen Satzes (siehe Bd. 2, Abschn. 1.2.2)

$$\int_A \boldsymbol{E} \cdot \mathrm{d}\boldsymbol{A} = 2\pi \cdot b \cdot \int E_\perp \,\mathrm{d}x = Q/\varepsilon_0 = Z_1 e/\varepsilon_0 \,,$$

und man erhält für den Impulsübertrag auf ein Elektron

$$\Delta p = \frac{1}{2\pi \cdot \varepsilon_0} \cdot \frac{Z_1 e^2}{vb} \,. \tag{4.58}$$

Für die vom einfallenden Teilchen auf das eine herausgegriffene Elektron übertragene Energie $\Delta\epsilon$ ergibt dies:

$$\Delta\epsilon = \frac{\Delta p^2}{2m_\mathrm{e}} = \frac{1}{8\pi^2\varepsilon_0^2 m_\mathrm{e}} \left(\frac{Z_1 e^2}{vb}\right)^2 \,. \tag{4.59}$$

Die Wechselwirkung mit *allen* Elektronen entlang der geraden Bahn des Teilchens erhält man durch Integration über alle Stoßparameter b zwischen den Grenzen b_min und b_max, welche die Gültigkeitsgrenzen unseres einfachen Modells angeben und vom Verhältnis von Teilchenenergie zu Bindungsenergie der Atomelektronen abhängen. Das ergibt bei einer Elektronendichte n_e für den Energieverlust $\mathrm{d}E$ des Teilchens entlang der Wegstrecke $\mathrm{d}x$

$$\mathrm{d}E = -\left(\int_{b_\mathrm{min}}^{b_\mathrm{max}} \frac{\Delta p^2}{2m_\mathrm{e}} n_\mathrm{e} 2\pi \cdot b \cdot \mathrm{d}b\right) \mathrm{d}x \,, \tag{4.60}$$

so daß man mit (4.59) für den spezifischen Energieverlust

$$\frac{\mathrm{d}E}{\mathrm{d}x} = -\frac{Z_1^2 e^4 n_\mathrm{e}}{4\pi \cdot \varepsilon_0^2 v^2 m_\mathrm{e}} \cdot \ln \frac{b_\mathrm{max}}{b_\mathrm{min}} \tag{4.61}$$

erhält.

> Man sieht hieraus, daß der spezifische Energieverlust $\mathrm{d}E/\mathrm{d}x$ proportional zur Elektronendichte im Detektor ist und mit dem Quadrat der Teilchenladung ansteigt, aber umgekehrt proportional zum Quadrat der Ionengeschwindigkeit v abnimmt.

Eine genauere quantenmechanische Rechnung ergibt die von *Bethe* hergeleitete, auch für relativistische Teilchen gültige Formel [4.10]

$$\frac{\mathrm{d}E}{\mathrm{d}x} = -\frac{Z_1^2 e^4 n_\mathrm{e}}{4\pi \cdot \varepsilon_0^2 v^2 m_\mathrm{e}} \cdot \left[\ln \frac{2m_\mathrm{e} v^2}{\langle E_\mathrm{b}\rangle} - \ln(1-\beta^2) - \beta^2\right] \tag{4.62}$$

mit $\beta = v/c$. Für $\beta \ll 1$ geht (4.62) in (4.61) über, wenn für $b_\mathrm{max}/b_\mathrm{min}$ das Verhältnis $(2m_\mathrm{e}v^2/\langle E_\mathrm{b}\rangle) = 4(E_\mathrm{t}/m_\mathrm{t})/(E_\mathrm{b}/m_\mathrm{e})$ eingesetzt wird, wobei $\langle E_\mathrm{b}\rangle$ die mittlere Bindungsenergie der Elektronen und E_t, m_t Energie bzw. Masse des Teilchens sind.

> Man sieht aus (4.62), daß der spezifische Energieverlust geladener schwerer Teilchen von ihrer Energie E wie $(1/E) \cdot \ln(E/E_\mathrm{B})$ abhängt. Er sinkt also schwach mit steigender Energie.

Drückt man die Elektronendichte n_e durch die Kernladung Z, die Atomdichte n_a, die Massenzahl A und die Massendichte $\varrho = n_\mathrm{a} \cdot M_\mathrm{a} \approx n_\mathrm{a} \cdot A \cdot_\mathrm{p}$ des Detektormaterials aus,

$$n_\mathrm{e} = Z \cdot n_\mathrm{a} \approx \frac{Z}{A \cdot m_\mathrm{p}} \cdot \varrho \approx (0{,}4\text{–}0{,}5) \cdot \frac{\varrho}{m_\mathrm{p}} \,,$$

so sieht man aus (4.62), daß der spezifische Energieverlust durch Anregung oder Ionisation der Elektronenhüllen

$$\frac{\mathrm{d}E}{\mathrm{d}x} \propto \varrho \cdot \left(\frac{Z_1 e}{v}\right)^2 \propto \varrho \frac{Z_1^2}{E_\mathrm{kin}} \,, \tag{4.63}$$

den ein schweres Teilchen beim Durchgang durch Materie erleidet, von der Massendichte ϱ des Absorbers sowie von Ladung $Z_1 e$ und Geschwindigkeit v des Teilchens abhängt. Deshalb wird für das Bremsvermögen einer Substanz oft die Größe $(\mathrm{d}E/\mathrm{d}x)/\varrho$ in der Einheit $1\,\mathrm{eV} \cdot \mathrm{kg}^{-1} \cdot \mathrm{m}^2$ angegeben.

Man erkennt aus Abb. 4.36, daß $\frac{1}{\varrho}\frac{\mathrm{d}E}{\mathrm{d}x}$ nur noch schwach von der Substanz abhängt. Weil für Blei die mittlere Bindungsenergie $\langle E_\mathrm{B}\rangle$ größer ist als für Luft, wird nach (4.62) $\frac{1}{\varrho}\frac{\mathrm{d}E}{\mathrm{d}x}$ für Blei etwas kleiner, d. h. bei gleicher Massenbelegungsdichte bremst Luft schwere geladene Teilchen besser als Blei. Gemäß (4.63) steigt der spezifische Energieverlust $\mathrm{d}E/\mathrm{d}x$ mit sinkender kinetischer Energie des Teilchens. Diese Zunahme des Energieverlustes bei kleineren Energien wird durch die ***Bragg-Kurven*** in Abb. 4.37 illustriert, die den Energieverlust von α-Teilchen in Luft als Funktion der durchlaufenen Wegstrecke angeben. Die Weglänge von α-Teilchen ist deshalb scharf begrenzt (Abb. 4.38), was man in der Nebelkammeraufnahme der Abb. 3.13 deutlich erkennt.

Die mittlere Reichweite $\langle R\rangle$ der Teilchen ergibt sich aus ihrer Anfangsenergie E_0 und ihrem mittleren Energieverlust pro Längeneinheit zu

$$\langle R\rangle = -\int_{E_0}^{0} \frac{\mathrm{d}E}{\mathrm{d}E/\mathrm{d}x} \,. \tag{4.64}$$

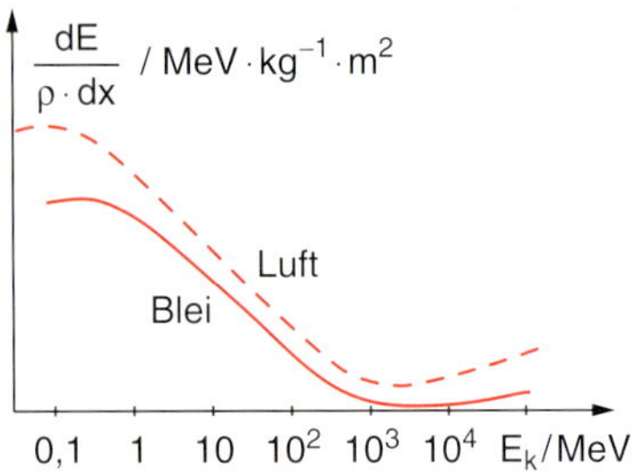

Abb. 4.36. Spezifischer Energieverlust $(\mathrm{d}E/\mathrm{d}x)/\varrho$ pro Massenbelegungsdichte für Protonen in Blei und in Luft

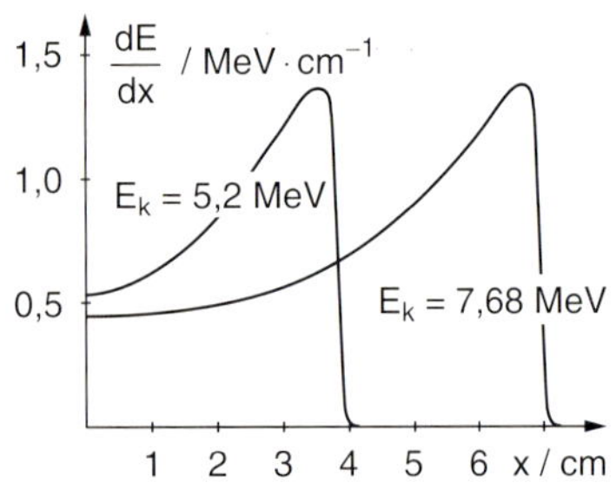

Abb. 4.37. Energieverlust $\mathrm{d}E/\mathrm{d}x$ für α-Teilchen zweier verschiedener Energien in Luft bei $p = 1$ bar (*Braggsche Kurven*)

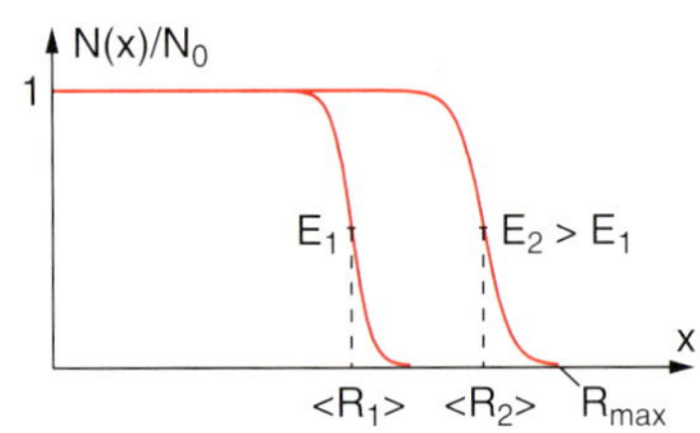

Abb. 4.38. Reichweite von α-Teilchen in Luft, dargestellt als Abnahme der relativen Zahl $N(x)/N(x=0)$

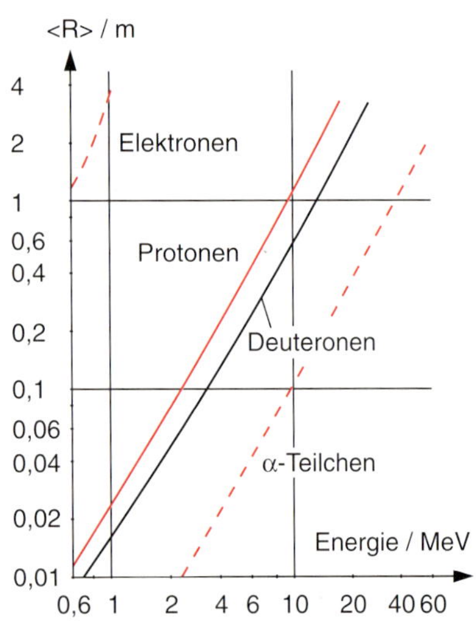

Abb. 4.39. Reichweite in Luft für verschiedene Teilchen als Funktion ihrer kinetischen Energie

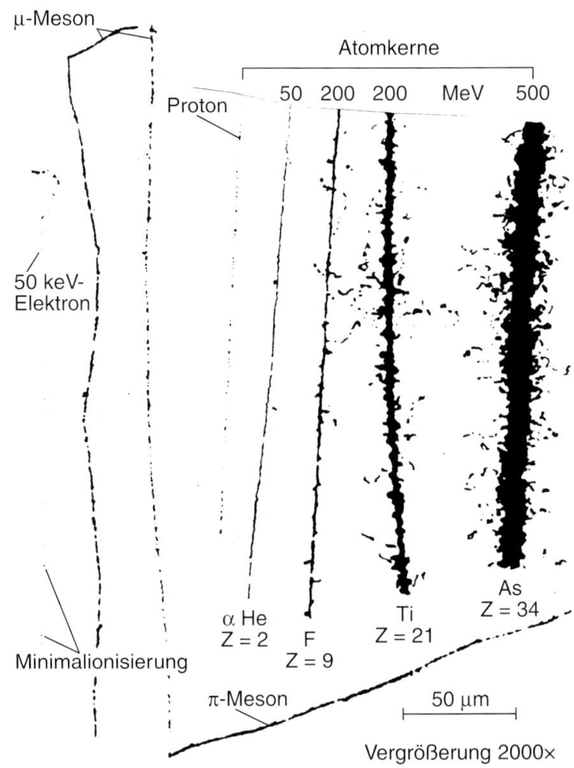

Abb. 4.40. Spuren von Teilchen verschiedener Massen und Energien in einer Photoplatte, wo die Schwärzungsdichte proportional ist zum spezifischen Energieverlust $\mathrm{d}E/\mathrm{d}x$. Aus Finkelnburg: *Einführung in die Atomphysik*, 12. Aufl. (Springer, Berlin, Heidelberg 1967)

		Luft	Wasser	Aluminium	Blei
Elektronen	0,1 MeV	0,13	$1{,}4\cdot10^{-4}$	$7\cdot10^{-5}$	$2{,}7\cdot10^{-5}$
	1,0 MeV	3,8	$4{,}3\cdot10^{-3}$	$2{,}1\cdot10^{-3}$	$6{,}7\cdot10^{-4}$
	10 MeV	40	$4{,}8\cdot10^{-2}$	$2\cdot10^{-2}$	$5{,}3\cdot10^{-3}$
Protonen	0,1 MeV	$1{,}3\cdot10^{-3}$	$1{,}2\cdot10^{-6}$	$7{,}7\cdot10^{-7}$	
	1,0 MeV	$2{,}5\cdot10^{-2}$	$2{,}2\cdot10^{-5}$	$1{,}4\cdot10^{-5}$	$8{,}8\cdot10^{-6}$
	10 MeV	1,15	$1{,}2\cdot10^{-3}$	$6{,}3\cdot10^{-4}$	$3\cdot10^{-4}$
α-Teilchen	0,1 MeV		$3{,}5\cdot10^{-6}$		
	1,0 MeV	$5\cdot10^{-3}$		$3{,}3\cdot10^{-6}$	$2{,}4\cdot10^{-6}$
	10 MeV	$1\cdot10^{-1}$	$9\cdot10^{-5}$	$6{,}6\cdot10^{-5}$	$3{,}7\cdot10^{-5}$

Tabelle 4.2. Reichweiten in m von Elektronen, Protonen und α-Teilchen in verschiedenen Medien

Für mittlere kinetische Energien E_{kin} (d. h. $E_{\text{kin}} \ll m_0c^2$) der Teilchen erhält man aus (4.62) mit $\beta \ll 1$:

$$\langle R\rangle \approx f(v)\cdot\frac{E_{\text{kin}}^2}{m_1 Z_1^2} + R_\tau\,, \tag{4.65}$$

wobei der Faktor $f(v)$, der durch den logarithmischen Term in (4.62) bewirkt wird, und die sogenannte *Restreichweite* R_τ vom Detektormaterial, von der Art des Teilchens und seiner Geschwindigkeit abhängen. Für α-Teilchen in Luft ist z. B. $R_\tau = 0{,}2$ cm. Man sieht aus (4.65), daß $\langle R\rangle$ quadratisch mit der kinetischen Energie E_{kin} zunimmt.

Bei gleicher kinetischer Energie nimmt die Reichweite mit zunehmender Masse m_1 und Ladung $Z_1\cdot e$ des Teilchens ab (Abb. 4.39). Die Zunahme des spezifischen Energieverlustes, und damit der Ionendichte mit der Ladung Z_1e und der Masse m_1 des ionisierenden Teilchens, wird in Abb. 4.40 durch die Spurendichte verschiedener Teilchen in einer Photoplatte illustriert. In Tabelle 4.2 sind für einige Teilchen bei 3 verschiedenen Energien die Reichweiten in unterschiedlichen Bremsmedien aufgelistet.

4.2.2 Energieverlust von Elektronen

Für leichte Teilchen (Elektronen, Positronen) mit $v \ll c$ kann man die Richtungsablenkung bei Stößen mit der Elektronenhülle nicht mehr vernachlässigen. Ein parallel einfallender Strahl wird daher wesentlich stärker durch Streuung diffus. Den spezifischen Energieverlust durch Ionisation hat *Bethe* berechnet zu

$$\frac{\mathrm{d}E}{\mathrm{d}x} \approx \frac{Z_1^2 e^4 n_e}{4\pi\cdot\varepsilon_0^2 m_e v^2}\ln\frac{m_e v^2}{2\langle E_b\rangle}\,. \tag{4.66}$$

Der Vergleich mit (4.62) zeigt, daß bei *gleicher Geschwindigkeit* v der spezifische Energieverlust pro Weglänge für schwere Teilchen (Masse m_s) und Elektronen (Masse m_e) gleich ist, bei *gleicher Energie* jedoch für Elektronen um den Faktor $m_e/m_s\cdot\ln(m_s/m_e)$ kleiner ist. So wird z. B. $\mathrm{d}E/\mathrm{d}x$ für Elektronen bei 50 keV etwa 10^3 mal kleiner als für Protonen der gleichen Energie, d. h. die Ionendichte entlang der Spur des Teilchens ist um diesen Faktor kleiner (Abb. 4.40).

Die Reichweite von Elektronen der Energie E_{kin} ist deshalb trotz der größeren Streuung wesentlich größer als die von schweren Teilchen gleicher Energie (Abb. 4.39 und Tabelle 4.2). Sie streut für Elektronen wesentlich stärker als für schwere geladene Teilchen, d. h. die Zahl $N(x)$ nimmt *nicht* wie in Abb. 4.38 für α-Teilchen abrupt innerhalb eines engen Bereiches Δx um $\langle R\rangle$ auf Null ab, sondern zeigt den flachen Verlauf in Abb. 4.41. Für Teilchen mit relativistischen Energien ($v \approx c$) sind dagegen die Unterschiede für $\mathrm{d}E/\mathrm{d}x$ zwischen Elektronen und schweren Teilchen nur noch klein.

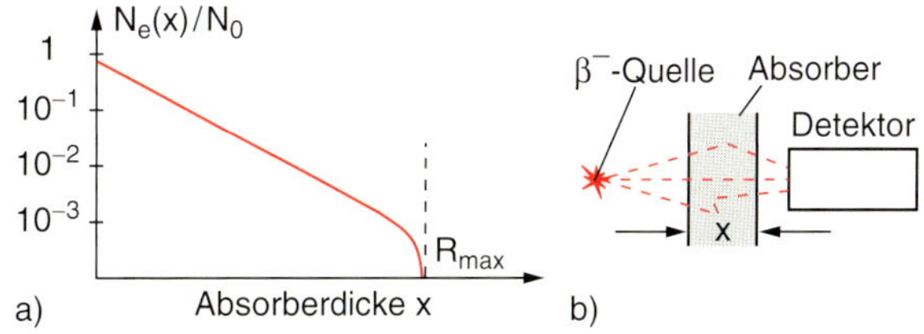

Abb. 4.41. (**a**) Bruchteil der durch einen Absorber transmittierten Elektronen als Funktion der Absorberdicke x. Man beachte den logarithmischen Ordinatenmaßstab! (**b**) Experimentelle Anordnung zur Messung der Kurve in (**a**)

Als weiterer Energieverlust außer Anregung und Ionisation von Atomen tritt für Elektronen die ***Bremsstrahlung*** auf. Durch die Abbremsung in Materie, insbesondere durch die Ablenkung im Coulombfeld der Atomkerne, erfahren die Elektronen eine negative Beschleunigung und strahlen deshalb elektromagnetische Wellen ab, deren Leistung proportional zum Quadrat der Beschleunigung ist. Die Rechnung ergibt für den Strahlungsenergieverlust pro Weglänge eines Elektrons der kinetischen Energie E_e in einem Medium mit der Atomdichte n_a und der Kernladung Ze

$$\left(\frac{\mathrm{d}E_e}{\mathrm{d}x}\right)_{\mathrm{Str}} = \frac{4n_a Z^2\alpha^3(\hbar c)^2 E_e}{m_e^2c^4}\cdot\ln\frac{a(E)}{Z^{1/3}}\,, \tag{4.67a}$$

wobei $\alpha = e^2/(4\pi\varepsilon_0\hbar c)$ die Feinstrukturkonstante ist und a ein numerischer Faktor, der angibt, bei welchem Stoßparameter das einfallende Elektron noch nahe genug am Kern vorbeiläuft, um genügend abgelenkt zu werden. Die Strahlungsverluste pro Weglänge nehmen also etwas stärker als linear mit der Energie der Elektronen zu und überwiegen bei großen Energien die Ionisationsverluste (Abb. 4.42).

Vernachlässigt man die geringe Energieabhängigkeit des Faktors $a(E)$ im Logarithmus, so läßt sich (4.67a) integrieren, und man erhält

$$E_e = E_e(0)\cdot \mathrm{e}^{-A\cdot x}\,. \tag{4.67b}$$

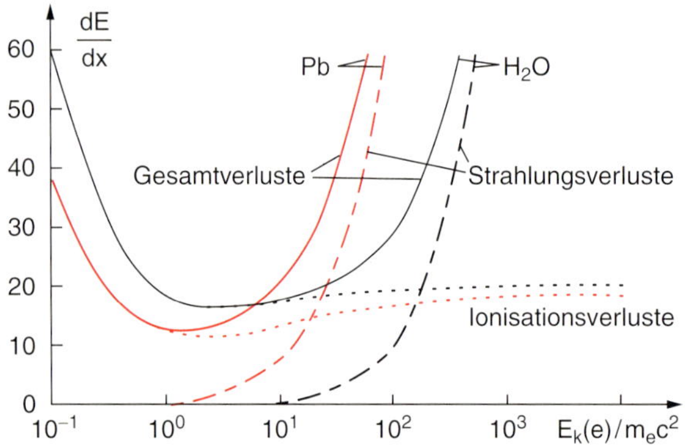

Abb. 4.42. Ionisationsverluste, Strahlungsverluste und Gesamtverluste $\mathrm{d}E/\mathrm{d}x$ von Elektronen in Blei (*rote Kurven*) und Wasser (*schwarze Kurven*) als Funktion der Elektronenenergie

Die Länge $x = x_S = 1/A$, nach der die Energie des Elektrons durch Strahlungsverluste auf $1/\mathrm{e}$ abgeklungen ist, heißt die ***Strahlungslänge***

$$x_S = \left[\frac{4n_a Z^2\alpha^3(\hbar c)^2}{m_e^2c^4}\cdot\ln\frac{a(E)}{Z^{1/3}}\right]^{-1}\,. \tag{4.67c}$$

4.2.3 Wechselwirkung von Gamma-Strahlung mit Materie

Für den Nachweis von γ-Strahlung sind die folgenden Wechselwirkungsprozesse von besonderer Bedeutung:

- elastische Streuung (Rayleigh- und Thomson-Streuung),
- inelastische Streuung (Comptoneffekt) (Abb. 4.43a),
- Absorption in der Elektronenhülle (Photoeffekt) (Abb. 4.43b),
- Absorption durch Atomkerne (Kern-Photoeffekt) (Abb. 4.43c),
- Erzeugung von Teilchen durch γ-Quanten (Paarbildung) (Abb. 4.43d).

Die Rayleigh-Streuung (siehe Bd. 2, Abschn. 8.3) spielt vor allem bei kleinen Photonenenergien ($h\cdot\nu < E_b$) eine Rolle, bei denen die Elektronen der Atome

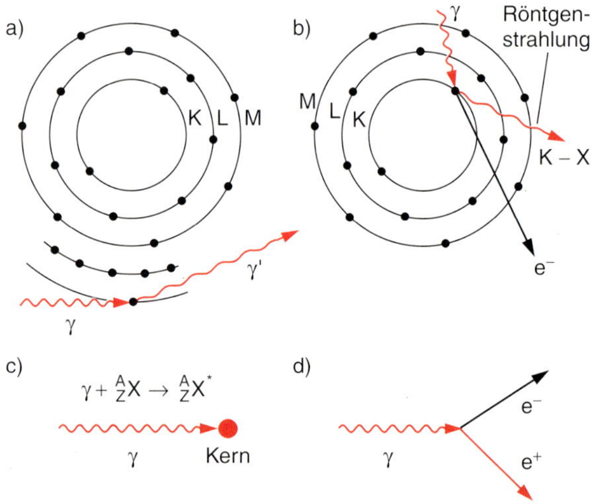

Abb. 4.43. (**a**) Comptoneffekt als inelastische Streuung von γ-Quanten an fast freien Elektronen; (**b**) Photoeffekt als Absorption von γ-Quanten durch gebundene Atom-Elektronen; (**c**) Absorption von γ-Quanten durch Kerne; (**d**) Paarbildung

des Mediums durch die einfallende Lichtwelle zu erzwungenen Schwingungen angeregt werden und auf der gleichen Frequenz ν elektromagnetische Wellen abstrahlen, deren Intensität $I \sim \nu^4$ ist. Solange die Wellenlänge λ groß ist gegen den Atomdurchmesser ($h \cdot \nu \ll 3\,\text{keV}$), können sich die an den einzelnen Atomelektronen elastisch gestreuten Anteile der einfallenden Welle alle kohärent addieren, so daß die gestreute Intensität proportional zu Z^2 wird.

Bei höheren Photonenenergien ($h \cdot \nu \gg E_b$) wird die inelastische Streuung wichtig (Comptoneffekt, siehe Bd. 3, Abschn. 3.1). Der Wirkungsquerschnitt σ_c für die Compton-Streuung wurde von *Oskar B. Klein* und *Yoshio Nishinna* [4.11] errechnet. Für sehr hohe Energien ($E_\gamma \gg m_e c^2$) gilt

$$\sigma_c = \pi \cdot r_e^2 \cdot Z \cdot \frac{m_e c^2}{E_\gamma} \left[\ln(2E_\gamma/m_e c^2) + \frac{1}{2} \right] \propto Z/E_\gamma \,, \tag{4.68}$$

während für mittlere Photonenenergien ($E_b \ll E_\gamma \ll m_e c^2$) der Compton-Streuquerschnitt durch die Entwicklung

$$\sigma_c = \sigma_0 Z \left(1 - \frac{2E_\gamma}{m_e c^2} + \frac{26}{5} \left(\frac{E_\gamma}{m_e c^2} \right)^2 + \cdots \right) \tag{4.69}$$

angegeben werden kann, wobei $\sigma_0 = \frac{8}{3}\pi \cdot r_e^2$ der Thomson-Querschnitt der elastischen Streuung von Photonen mit $h \cdot \nu \ll E_b$ an einem Elektron mit dem klassischen Elektronenradius $r_e = 1{,}4 \cdot 10^{-15}$ m ist.

Als ***Photoeffekt*** bezeichnet man die Absorption des Photons mit der Energie $h \cdot \nu > E_b$ durch ein Hüllenelektron, welches durch diese Energiezufuhr das Atom mit der kinetischen Energie $E_{kin} = h \cdot \nu - E_b$ verläßt. Da anders als beim Comptoneffekt das Photon absorbiert wird und deshalb verschwindet, können Energie- und Impulssatz nur gleichzeitig erfüllt werden, wenn das Atom einen Teil des Impulses aufnimmt (Rückstoß).

> Deshalb gibt es keinen Photoeffekt an freien Elektronen.

Die Bedeutung der Bindungsenergie für den Photoeffekt wird deutlich an der Tatsache, daß der überwiegende Teil des gesamten Wirkungsquerschnittes

$$\sigma_{ph} = \sum_1^Z (\sigma_{ph})_i$$

bei Summation über alle Z Hüllenelektronen durch die Elektronen der K-Schale geliefert wird. Die Berechnung von *W.H. Heitler* [4.12] ergibt für γ-Energien $E_\gamma > E_b(K)$

$$\sigma_{ph} \sim \sigma_0 \cdot Z^5 \cdot \left(\frac{m_e c^2}{E_\gamma} \right)^{7/2} , \tag{4.70a}$$

so daß σ_{ph} sehr stark mit steigender Photonenenergie abfällt. Dieser Abfall flacht für sehr hohe γ-Energien ab und man erhält für $E_\gamma \gg E_b(K)$:

$$\sigma_{ph} \sim Z^5 / E_\gamma \,. \tag{4.70b}$$

> Für schwere Elemente ist der Photoeffekt wegen seiner starken Abhängigkeit $\sim Z^5$ der überwiegende Absorptionsmechanismus für γ-Quanten der Energie $E_\gamma < m_e c^2$.

Wenn die Energie der γ-Quanten $E_\gamma > 2m_e c^2$ wird, öffnet sich ein neuer Absorptionskanal, die ***Paarbildung***, wo ein γ-Quant im Coulombfeld des Atomkerns ein Elektron-Positron-Paar erzeugt. Energie und Impuls können dabei gleichzeitig nur erhalten bleiben, wenn der Atomkern einen Rückstoß aufnimmt.

Nach einem Modell von *P. Dirac* [4.13] kann man sich diese Erzeugung eines Teilchen-Antiteilchen-Paares in Analogie zur Erzeugung eines Elektron-Loch-Paares durch Absorption eines Photons in einem Halbleiter vorstellen (Abb. 4.44a): Auf einer Energieskala $E = m_e c^2 + E_{kin}$ gibt es außer den positiven Zuständen auch noch bei negativen Energien $E = -(m_e c^2 + E_{kin})$ Energiezustände, die vollständig mit Elektronen besetzt sind, so daß Übergänge zwischen diesen voll besetzten Zuständen wegen des Pauliprinzips prinzipiell nicht beobachtbar sind, solange die Anregungsenergie $E_a < 2m_e c^2$ ist. Bei Absorption eines Photons mit $h \cdot \nu > 2m_e c^2$ kann jedoch ein Elektron aus einem besetzten negativen Energiezustand der „nicht beobachtbaren Antiwelt" in einen realen Zustand mit positiver Energie gebracht werden. Dabei

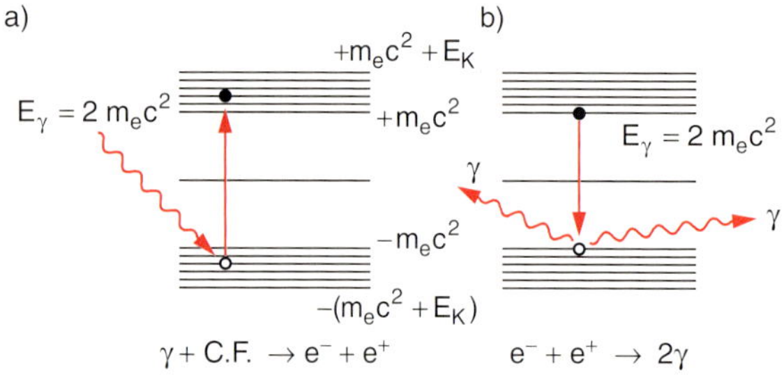

Abb. 4.44. Schematische Darstellung der Paarbildung (**a**) und der Paarvernichtungsstrahlung (**b**) nach dem Dirac-Modell

entsteht ein beobachtbares Elektron in der realen Welt und ein Loch in der Antiwelt. Man beachte, daß dieses Loch einer positiven Energie entspricht, weil das Elektron aus seinem Zustand positiver Energie mit diesem Loch rekombinieren kann und dabei die Energie $E = 2m_e c^2$ in Form zweier γ-Quanten, die in entgegengesetzte Richtungen emittiert werden, frei wird (Vernichtungsstrahlung, Abb. 4.44b).

Der Wirkungsquerschnitt für die Paarbildung

$$\sigma_p \sim Z^2 \ln E_\gamma \tag{4.71}$$

steigt anfangs logarithmisch mit der Photoenergie E_γ an, um dann bei sehr hohen Energien $E_\gamma \gg m_e c^2$ fast konstant zu werden.

Die Bedeutung der einzelnen Prozesse für die Absorption von Photonen in den verschiedenen Energiebereichen hängt ab von der Kernladungszahl Z des Absorptionsmaterials. Dies wird schematisch durch Abb. 4.45 illustriert, wobei die Kurve a die Werte von Z und E_γ angibt, bei denen die Wirkungsquerschnitte

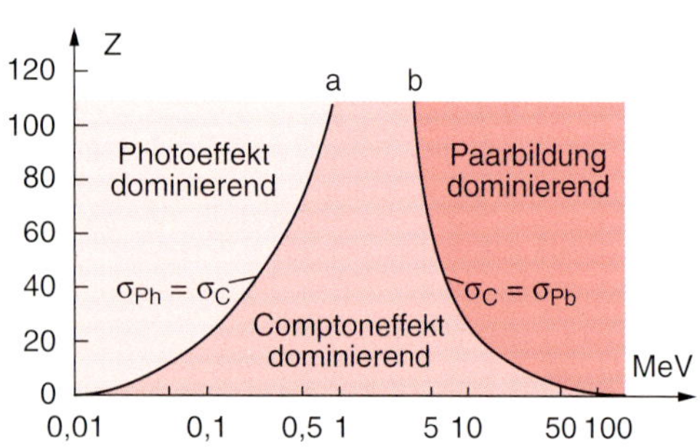

Abb. 4.45. Die dominanten Bereiche für Photoeffekt, Comptoneffekt und Paarbildung als Funktion der Ordnungszahl Z des Absorbers und der Energie E_γ der γ-Quanten

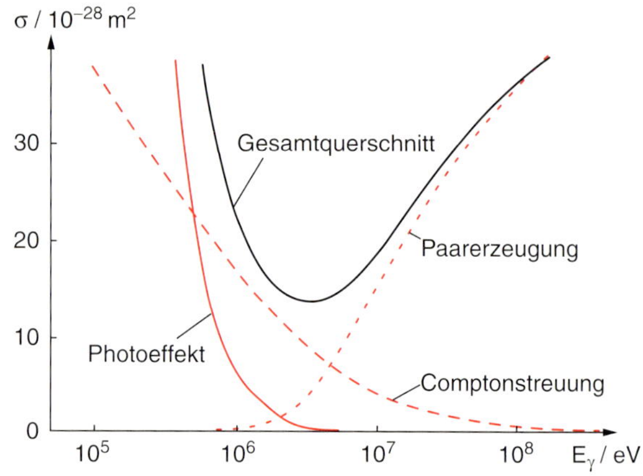

Abb. 4.46. Wirkungsquerschnitt σ_{ph} für Photoeffekt, σ_c für Compton-Effekt und σ_{PB} für Paarbildung für Blei ($Z = 82$) als Funktion der γ-Energie

σ_{ph} und σ_c für Photoeffekt und Comptoneffekt gleich groß sind, während auf der Kurve b $\sigma_c = \sigma_{PB}$ gilt. Für das Beispiel Blei mit $Z = 82$ sind in Abb. 4.46 der totale Absorptionsquerschnitt und seine einzelnen Beiträge aufgetragen.

4.2.4 Wechselwirkung von Neutronen mit Materie

Da Neutronen keine elektrische Ladung haben und deshalb keine Coulomb-Wechselwirkung zeigen, können sie mit den Elektronenhüllen nur durch magnetische Kräfte auf Grund ihres magnetischen Momentes wechselwirken. Diese magnetische Wechselwirkung ist sehr schwach, und deshalb sind die dominanten Prozesse bei der Wechselwirkung von Neutronen mit Materie Streuung und Absorption von Neutronen durch *Atomkerne*, bei denen die starke Wechselwirkung wirksam wird, während bei geladenen Teilchen die elektromagnetische Wechselwirkung mit den *Atomhüllen* den dominanten Beitrag liefert.

Bei der *elastischen* Streuung von Neutronen an Kernen bleibt die Summe der kinetischen Energien erhalten. Ein Neutron, das mit der Energie $E_n = (m/2)v^2$ und $v \ll c$ auf einen ruhenden Kern trifft, möge um den Winkel ϑ_1 abgelenkt werden. Der Kern erhält dabei eine Rückstoßenergie E_{kin} und fliegt unter dem Winkel ϑ_2 gegen die Einfallsrichtung des Neutrons weg (Abb. 4.47). Wie in Bd. 1, Abschn. 4.2 gezeigt wurde, bestehen dann zwischen den Energien E_n, E'_n des Neu-

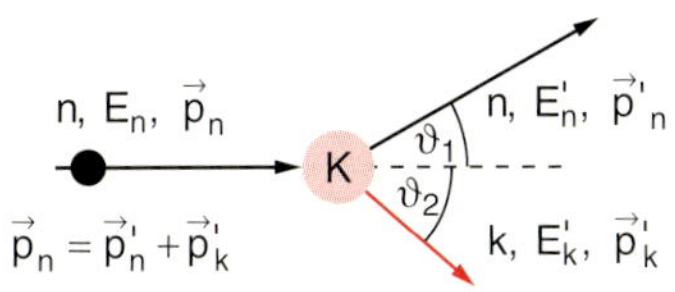

Abb. 4.47. Zur Energie- und Impulsbilanz beim elastischen Stoß eines Neutrons n gegen einen ruhenden Atomkern K

trons vor bzw. nach dem Stoß, der Rückstoßenergie $E'_K = E_n - E'_n$ des Kerns und den Winkeln ϑ_1, ϑ_2 die Beziehungen

$$E'_K = \frac{4m_K \cdot m_n}{(m_K + m_n)^2} E_n \cdot \cos^2 \vartheta_2 , \tag{4.72a}$$

$$E'_n = \frac{m_n^2}{(m_K + m_n)^2} \cdot \left(\cos \vartheta_1 + \sqrt{m_K^2/m_n^2 - \sin^2 \vartheta_1}\right)^2 . \tag{4.72b}$$

Beim zentralen Stoß wird $\vartheta_1 = \pi$, $\vartheta_2 = 0$ und damit die übertragene Energie

$$E_n - E'_n = E_n \frac{4m_K \cdot m_n}{(m_K + m_n)^2} . \tag{4.72c}$$

Für $m_n = m_K$ und $\vartheta_2 = 0$ (d. h. zentraler Stoß eines Neutrons gegen ein Proton) wird $E'_K = E_n$, und die gesamte Energie E_n wird übertragen. Bei dem Rückstoß werden Elektronen des Rückstoßatoms abgestreift, so daß ein Rückstoßion entsteht, das zum Nachweis von

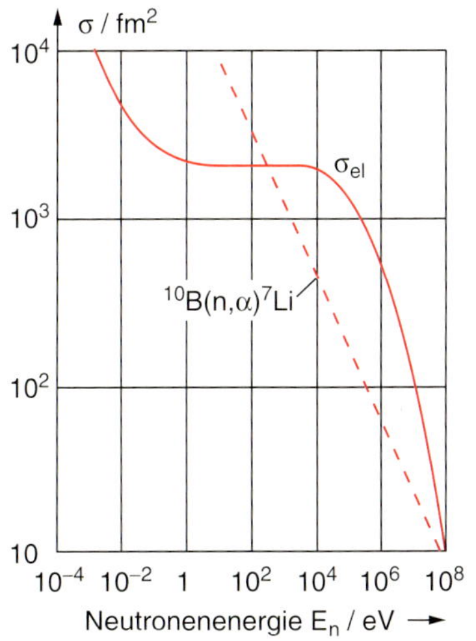

Abb. 4.48. Energieabhängigkeit des elastischen Streuquerschnitts für Neutronen bei der Streuung an Protonen und des Einfangquerschnitts in Bor

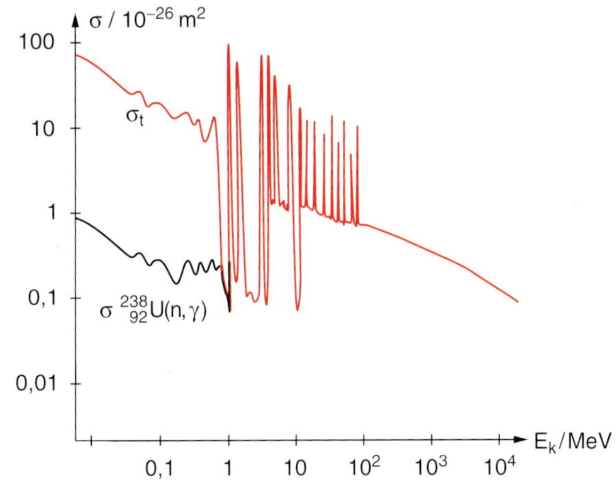

Abb. 4.49. Resonanzen im totalen Streuquerschnitt $\sigma_{el}(E_{kin})$ für Neutronen bei Streuung an $^{238}_{92}$Uran-Kernen

Neutronen benutzt werden kann, weil die Spur dieses geladenen Teilchens in Spurendetektoren sichtbar ist.

Der Wirkungsquerschnitt σ_{el} für die elastische Streuung hängt ab von der Masse M_K der streuenden Kerne und von der de-Broglie-Wellenlänge λ_{dB} und damit der Energie der Neutronen und sinkt mit zunehmender Energie E_K (Abb. 4.48).

Neutronen können von Kernen auch absorbiert werden. Die bei der Anlagerung eines Neutrons an den Kern frei werdende Bindungsenergie (siehe Abschn. 2.6) bringt den Kern in einen angeregten Zustand, aus dem er entweder durch γ-Emission oder Teilchen-Emission in einen stabilen Grundzustand übergehen kann, oder auch im Falle spaltbarer schwerer Kerne in kleinere Fragmente spalten kann.

Beispiele für solche Reaktionen sind:

$$\begin{aligned}
&n + {}^{113}_{48}\mathrm{Cd} \to {}^{114}_{48}\mathrm{Cd}^* \to {}^{114}_{48}\mathrm{Cd} + \gamma \\
&n + {}^{3}_{2}\mathrm{He} \to {}^{3}_{1}\mathrm{H} + p \\
&n + {}^{10}_{5}\mathrm{B} \to {}^{7}_{3}\mathrm{Li} + \alpha \\
&n + {}^{235}_{92}\mathrm{U} \to {}^{136}_{53}\mathrm{I}^* + {}^{98}_{39}\mathrm{Y} + 2n
\end{aligned} \tag{4.73}$$

Der Absorptionsquerschnitt σ_{abs} ist umgekehrt proportional zur Neutronengeschwindigkeit ($\sigma \sim 1/v$) und zeigt bei bestimmten Neutronenenergien scharfe Maxima, welche Resonanzen mit Energieniveaus des Kerns entsprechen (Abb. 4.49).

Die Reaktionen (4.73) können zum Nachweis von Neutronen über die Messung der geladenen Emissionsprodukte bzw. der γ-Quanten genutzt werden. Hierfür eignen sich besonders Kerne mit großem Einfangquerschnitt für Neutronen, wie z. B. Bor oder Cadmium.

4.3 Detektoren

Detektoren sind Geräte, mit denen Mikroteilchen (Elementarteilchen, Atomkerne, Ionen und elektromagnetische Strahlung) nachgewiesen sowie ihre Energie bzw. ihr Impuls gemessen werden können. Für den Nachweis von Elektronen, γ-Strahlen, Atomkernen und deren Bestandteilen wird überwiegend die Anregung oder Ionisation der Elektronenhüllen von Atomen oder Molekülen ausgenutzt. Dies bedeutet: Die Teilchen erzeugen im Detektor optische (Fluoreszenz) oder elektrische (Ionenerzeugung) Signale, die dann verstärkt und quantitativ gemessen werden. Um außer der Art des nachgewiesenen Teilchens auch seine Energie bestimmen zu können, muß man die Energieabhängigkeit der Wechselwirkung des Teilchens mit der Detektormaterie kennen. Deshalb wurde in Abschn. 4.2 diese Wechselwirkung für die verschiedenen Teilchenarten genauer behandelt.

Mit Hilfe von Spurendetektoren läßt sich die Spur eines Teilchens sichtbar machen und wenn solche Detektoren in äußeren Magnetfeldern verwendet werden, können *Energie und Impuls* des Teilchens auch aus seiner Bahnkrümmung gemessen werden. Diese Impulsmessung im Magnetfeld stellt, vor allem für hochenergetische Teilchen, eine wichtige Methode zur Identifizierung unbekannter Teilchen dar.

> Ohne die modernen Teilchendetektoren, die aus einer sehr komplexen Kombination verschiedener Detektortypen bestehen, wären die aufwendigen Experimente zur Untersuchung der Struktur von Kernen und Elementarteilchen nicht möglich.

Es lohnt sich deshalb, die verschiedenen Detektoren etwas genauer kennenzulernen.

Die Detektoren zum Nachweis und zur Messung geladener und neutraler Teilchen lassen sich in die folgenden Kategorien einteilen:

- Bloße Nachweisgeräte, welche die Zahl der pro Zeiteinheit auf den Detektor fallenden Teilchen (z. B. α-Teilchen, Elektronen, Neutronen oder γ-Quanten) registrieren, ohne ihre Energie zu messen,
- Spurendetektoren, bei denen die Spur eines Teilchens sichtbar gemacht wird (z. B. Photoplatte, Nebel-, Blasen- oder Funkenkammer),
- Energieauflösende Detektoren, welche mit einer für das Gerät charakteristischen Auflösung ΔE die Energie E eines einfallenden Teilchens messen können (z. B. Halbleiter- und Szintillations-Detektoren, Kalorimeter),
- Kombinationen der obigen Typen.

Die wichtigsten charakteristischen Eigenschaften eines Detektors lassen sich wie folgt zusammenfassen:

- Seine Empfindlichkeit oder Teilchenausbeute

  $$\eta = \frac{N_s}{N_0} \leq 1 ,$$

  die definiert ist als das Verhältnis von detektierten Teilchen N_s zur Zahl N_0 der auf den Detektor fallenden Teilchen. Sie hängt ab vom Detektor und von der Art und Energie der detektierten Teilchen.
- Sein Energieauflösungsvermögen $E/\delta E$ mit dem kleinsten noch auflösbaren Energieintervall δE und die Energieabhängigkeit $g(E)$ seines Ausgangssignals. Fallen Teilchen mit der Energieverteilung $f(E)$ auf den Detektor, so wird die gemessene Energieverteilung des Signals S am Detektorausgang

  $$S(E) = \int\limits_{E-\delta E/2}^{E+\delta E/2} g(E') \cdot f(E') \, \mathrm{d}E' .$$

- Das zeitliche Auflösungsvermögen $1/\Delta t$ spielt eine große Rolle, wenn mehrere Detektoren gleichzeitig Signale eines Ereignisses erhalten (Koinzidenzmessungen). Dabei ist Δt die minimale Zeit zwischen zwei Ereignissen, die vom Detektor noch getrennt registriert werden. Die maximale Zählrate R des Detektors ist bei gleichmäßiger Ereignisrate $R = 1/\Delta t$, bei zeitlich statistisch verteilten Ereignissen $R \approx 1/(3\Delta t)$.
- Sein räumliches Auflösungsvermögen für die Bahn von Teilchen, die durch den Detektor laufen.

- Die Fähigkeit des Detektors, zwischen verschiedenen Teilchenarten zu unterscheiden. Diese hängt mit seiner teilchenspezifischen Nachweisempfindlichkeit η zusammen.

4.3.1 Ionisationskammer, Proportionalzählrohr, Geigerzähler

Gasgefüllte Ionisationsdetektoren sind die ältesten in der Kernphysik verwendeten Nachweisgeräte, die bereits von *Becquerel* zur Untersuchung radioaktiver Strahlung benutzt wurden. Sie bestehen aus zwei Elektroden in einer gasgefüllten Kammer, zwischen denen eine Spannung angelegt wird (Abb. 4.50). Ein einfallendes Teilchen erzeugt durch Stöße mit den Gasatomen bzw. -molekülen Ionen und freie Elektronen, die durch die angelegte Spannung zu den Elektroden hin beschleunigt werden. Wenn die beschleunigende Spannung groß genug ist, können die Elektronen auf ihrem Weg zur Anode so viel Energie gewinnen, daß sie weitere Ionen-Elektron-Paare erzeugen, die im elektrischen Feld der Kammer getrennt und auf die Elektroden hin beschleunigt werden. Die auf einer Elektrode gesammelte Ladung Q bewirkt an der Kapazität C einen Spannungspuls $U(t) = Q/C$, dessen zeitlicher Verlauf von dem auf die Elektroden fließenden Strom $I(t) = \mathrm{d}Q/\mathrm{d}t$ und von der Zeitkonstanten $\tau = R \cdot C$ des Detektors abhängt. Dieser Impuls wird verstärkt und auf einen Zähler gegeben. Die Impulsrate kann über einen Digital-Analog-Wandler in ein Analogsignal umgewandelt werden, so daß die Zählrate der zu messenden Teilchen in digitaler Form oder als analoges Stromsignal angezeigt wird.

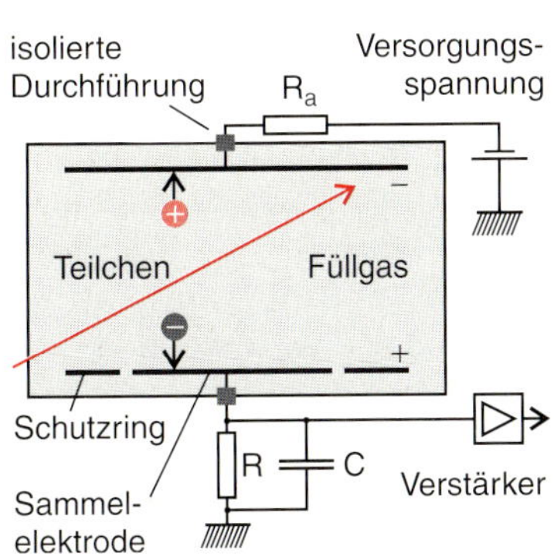

Abb. 4.50. Ionisationskammer

Wir haben bisher nicht berücksichtigt, daß die Ladungsträger auf ihrem Wege zu den Elektroden mit geladenen Teilchen entgegengesetzten Vorzeichens des Kammergases zu neutralen Atomen bzw. Molekülen rekombinieren können. Die Rekombinationsrate

$$\frac{\mathrm{d}n}{\mathrm{d}t} = \alpha \cdot n^+ \cdot n^- \tag{4.74}$$

hängt von der Wahrscheinlichkeit ab, daß sich zwei Ladungsträger mit entgegengesetztem Vorzeichen treffen und ist deshalb proportional zum Produkt der Konzentrationen $n^+ \cdot n^-$, die wiederum abhängen von der Bildungsrate der Ionenpaare und von der Driftgeschwindigkeit der Ladungsträger. Deshalb ist die Konzentration n^+ der langsamen, schweren Ionen wesentlich größer als die der Elektronen, was zu Raumladungen führt. Der Proportionalitätsfaktor α in (4.74) heißt ***Rekombinationskoeffizient***. Sein Wert hängt von der Art der Ionen ab. Für die Rekombination von positiven und negativen Ionen bei Atmosphärendruck in Luft ist $\alpha \approx 10^{-12}\,\mathrm{m^3 s^{-1}}$. Für die Rekombination von Elektronen mit positiven Ionen ist der Wert etwa 10^4 mal kleiner.

Eine solche Rekombination spielt vor allem dann eine Rolle, wenn viele ionisierende Teilchen an verschiedenen Orten des Ionisationsdetektors einfallen, so daß sich die von ihnen gebildeten Ionen und Elektronen bei ihrer Wanderung zu den Elektroden treffen können. Dies hat zur Folge, daß mit zunehmender Einfallsrate der zu messenden ionisierenden Teilchen das Ausgangssignal weniger als proportional ansteigt und schließlich in Sättigung geht. Wegen des kleineren Rekombinationskoeffizienten für Elektronen und wegen ihrer kürzeren Sammelzeit werden im allgemeinen die Elektronen und nicht die Ionen auf der Signalelektrode gesammelt, die deshalb positiv gepolt wird.

Die Arbeitsweise eines gasgefüllten Ionisationsdetektors hängt von der Spannung zwischen den Elektroden ab. Man kann die Strom-Spannungs-Charakteristik des Detektors in sechs Bereiche einteilen (Abb. 4.51): Erhöht man die Spannung zwischen den Elektroden von Null bis auf einen Wert U_1, so steigt anfangs der Strom linear an, weil die Wanderungszeit der Ladungsträger und damit die Rekombinationsrate sinkt. In einem Bereich II zwischen U_1 und U_2 werden praktisch alle Elektronen und Ionen gesammelt, so daß der Kammerstrom konstant bleibt. In diesem *Sättigungsbereich* II werden die Ionisationskammern betrieben. Bei

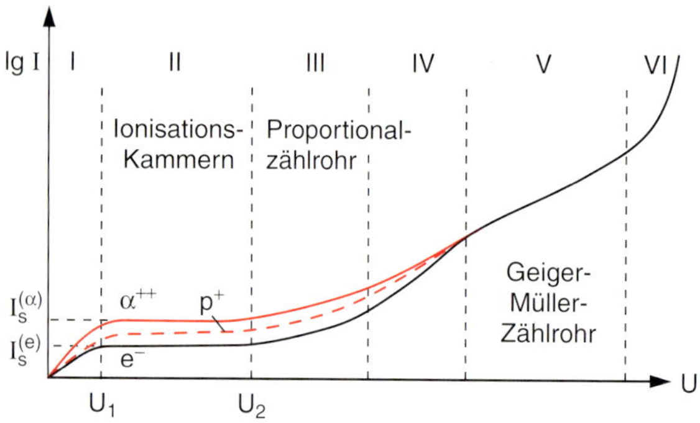

Abb. 4.51. Strom-Spannungscharakteristik mit den verschiedenen Arbeitsbereichen der unterschiedlichen Gas-Ionisations-Detektoren

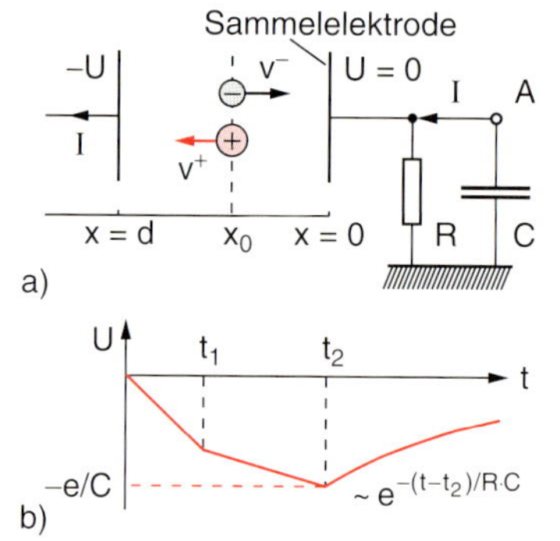

Abb. 4.52a,b. Zur Entstehung des Ausgangspulses bei der Ionisationskammer. (**a**) Ladungsträgerdrift, (**b**) Ausgangspulsform $U(t)$

weiterer Erhöhung der Spannung (Bereich III) beginnt die *Sekundärionisation*. Es findet eine Vervielfachung der primär gebildeten Ladungsträger statt. In diesem *Proportionalitätsbereich* bleibt der Ausgangsstrom I_a des Detektors proportional zur primär gebildeten Rate I_p und ist deshalb ein Maß für die Zahl der durch die einfallenden Teilchen gebildeten Ionenpaare, wobei der Multiplikationsfaktor $k = I_a/I_p$ Werte bis zu 10^4 erreichen kann. Da die spezifische Ionisation für α-Teilchen größer ist als für Elektronen gleicher Energie, verläuft die Kurve $I_a(U)$ für α-Teilchen oberhalb der für Elektronen. Man kann daher nach Eichung des Gerätes zwischen verschiedenen einfallenden Teilchensorten unterscheiden.

Mit zunehmender Spannung U nimmt im Bereich IV die Dichte der durch Sekundärionisation gebildeten Ionenpaare zu, und die Raumladung der langsamen positiven Ionen verringert den effektiven Wert von U. Deshalb nähern sich die Kurven $I_a(U)$ für α-Teilchen und für Elektronen am Ende des Bereiches IV immer mehr an.

Im Bereich V ist der Verstärkungsfaktor k so groß, daß $I_a(U)$ unabhängig von der Primärionisation und damit für alle einfallenden Teilchen gleich wird. Jedes einfallende Teilchen löst also einen Spannungspuls aus, dessen Höhe unabhängig von der Teilchenart und der Energie ist. In diesem Bereich werden der ***Geiger-Müller-Zähler***, die ***Funkenkammer*** und die verschiedenen Arten von ***Auslösezählern*** betrieben.

Bei noch höherer Spannung U beginnt der Bereich der selbständigen Entladung, wo auch ohne einfallendes Teilchen eine Entladung auftritt. Dieser Bereich ist deshalb für Detektoren nicht zu gebrauchen.

Die ***Ionisationskammer*** arbeitet im Bereich II der Abb. 4.51. Die beiden Elektroden bilden die Platten eines ebenen Kondensators, der ein homogenes elektrisches Feld erzeugt. Die Sammelelektrode wird oft von einem Schutzring umgeben (Abb. 4.50), so daß nur ionisierende Teilchen aus einem definierten Volumen gesammelt werden.

Wir wollen uns das Zeitverhalten des Ausgangsimpulses klarmachen. Im allgemeinen gilt, daß die Sammelzeiten t_1 für das Elektron und $t_2 > t_1$ für das Ion klein sind gegen die Zeitkonstante $\tau = R \cdot C$ des Verstärkereinganges. Ein durch die Ionisationskammer fliegendes Teilchen möge am Ort x_0 auf ein Gasatom treffen und ein Ionenpaar erzeugen (Abb. 4.52a). Durch das angelegte elektrische Feld werden Elektron und positives Ion getrennt. Das Elektron wird auf die positive Sammelelektrode hin beschleunigt, während das Ion in die entgegengesetzte Richtung wandert. Während dieser Wanderung erhält die Kapazität C der Sammelelektrode durch Influenz die Ladung $Q(t) = q^+(t) + q^-(t)$, so daß am Ausgang die zeitabhängige Spannung

$$U(t) = \frac{1}{C}\left[q^+(t) + q^-(t)\right] \tag{4.75}$$

erscheint, wobei $q^+(t)$, $q^-(t)$ von der Entfernung des Ions bzw. Elektrons von der Sammelelektrode abhängen und dasselbe Vorzeichen wie die influenzierende Ladung haben (siehe Bd. 2, Abschn. 1.5). Wenn das Elektron die Elektrode zur Zeit t_1 erreicht hat, wird $q^-(t_1) = -e$, während $q^+(t)$ weiter abnimmt bis zur Auftreffzeit t_2 des Ions, wo $q^+(t_2) = 0$ wird (Abb. 4.52b).

Erst wenn beide Ladungsträger die Elektroden erreicht haben, erscheint am Ausgang die volle Spannung

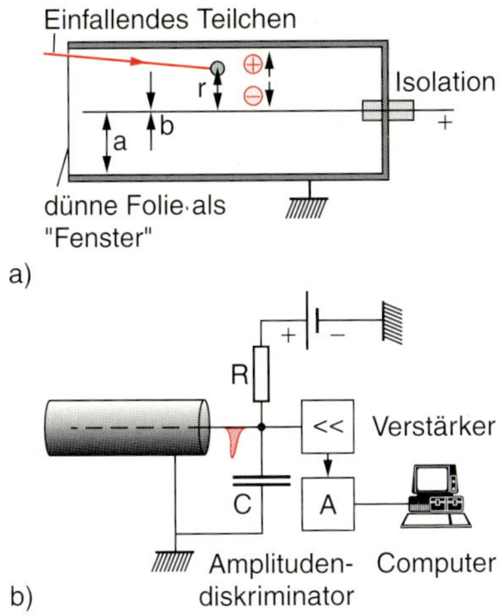

Abb. 4.53. Proportionalzählrohr. (**a**) Aufbau, (**b**) schematische Schaltung

$U = -e/C$, die dann mit der Zeitkonstanten τ abklingt. Die Anstiegszeit des Pulses hängt also von der Sammelzeit für das Ion ab, während der Pulsabfall durch die Zeitkonstante der Apparatur bedingt ist.

Bei Feldstärken oberhalb 10^6 V/m beginnt der Proportionalbereich III in Abb. 4.51, wo durch Sekundärionisation pro erzeugtes primäres Ionenpaar ein größerer Ausgangspuls erzeugt wird als bei der Ionisationskammer, dessen Höhe jedoch noch proportional zur Zahl der primären Ionen ist. Dies ist das Gebiet der Proportionalzählrohre (Abb. 4.53). Sie bestehen aus einem zylindrischen Rohr mit Radius a auf Erdpotential und einem konzentrischen, dünnen Draht mit Radius b auf positivem Potential, der als Sammelelektrode für die Elektronen dient. Die elektrische Feldstärke in einem solchen Zylinderkondensator im Abstand r vom Draht ist (siehe Bd. 2, Abschn. 1.3)

$$\boldsymbol{E}(r) = \frac{U}{r \cdot \ln(a/b)} \hat{\boldsymbol{r}} . \tag{4.76}$$

Die kinetische Energie der Elektronen, die im Abstand r_1 vom Draht erzeugt werden, ist dann im Abstand r

$$E_{\text{kin}}(r) = -e \cdot \int\limits_{r_1}^{r} E(r)\,\mathrm{d}r = e \cdot U \cdot \frac{\ln(r_1/r)}{\ln(a/b)} . \tag{4.77}$$

Ist E_{kin} größer als die Ionisierungsenergie der Moleküle des Füllgases, so können die primär erzeugten Elektronen durch Stoßionisation neue Elektron-Ion-Paare erzeugen.

Bei geeignet gewählter Spannung U wird die zur Sekundärionisation erforderlich Feldstärke $\boldsymbol{E}$ nur in einem engen Schlauch mit $r \le r_0$ um den Draht herum erreicht.

BEISPIEL

$a = 10$ mm, $b = 0{,}1$ mm, $U = 1$ kV $\Rightarrow$ $E(r \le r_0) \ge 10^6$ V/m für $r_0 = 0{,}2$ mm.

Deshalb erfolgt Ionenvervielfachung nur in diesem kleinen Volumen um den Draht herum, und der Multiplikationsfaktor ist unabhängig vom Ort der Erzeugung des Primär-Ionenpaares. Da die Zahl N der primär erzeugten Ionenpaare proportional zur Energie E_0 der einfallenden Teilchen ist, wird die Höhe U_A des Ausgangsspannungspulses

$$U_A = N \cdot k \cdot e/C \propto E_0 \cdot k/C \tag{4.78}$$

durch den von der Spannung U abhängigen Multiplikationsfaktor k bestimmt.

Man erreicht mit dem Proportionalzählrohr eine Energieauflösung $\Delta E/E \approx 0{,}1$. Ein schematisches Schaltbild ist in Abb. 4.53b gezeigt.

Zum Nachweis von Neutronen wird ein mit BF_3-Gas gefülltes Zählrohr verwendet. Die Neutronen werden gemäß der Reaktion $^{10}\mathrm{B}(n,\alpha)^7\mathrm{Li}$ von den Bor-Kernen absorbiert. Die durch die Bindungsenergie des Neutrons zugeführte Energie führt zur Aussendung eines α-Teilchens, das dann die Primärionisation des Zählrohrgases bewirkt. Bei Verwendung eines mit ^{10}B angereicherten BF_3-Gases bei etwa 0,1 bar Druck erreicht man eine Nachweisempfindlichkeit von etwa 20% für thermische Neutronen. Der Einfangquerschnitt der Neutronen durch Borkerne sinkt stark mit zunehmender Neutronenenergie (Abb. 4.48). Schnelle Neutronen lassen sich durch einen Mantel aus Paraffin um das Zählrohr auf thermische Energien abbremsen und dadurch mit etwa gleicher Effektivität nachweisen.

Das ***Geiger-Müller-Zählrohr*** ist im Aufbau identisch mit dem Proportionalzählrohr der Abb. 4.53, wird jedoch mit höherer Spannung U betrieben, so daß man eine unselbständige Entladung erhält (Bereich V in Abb. 4.51). Die Höhe des Ausgangspulses wird dann unabhängig von Art und Energie der einfallenden Teilchen. Man kann deshalb mit dem Geiger-Müller-Zähler die Zahl der einfallenden Teilchen messen, jedoch nicht mehr ihre Energie. Durch Wahl der Fensterfoliendicke kann man in gewissen Grenzen zwischen verschiedenen Teilchenarten diskriminieren. So können z. B. α-Teilchen der Energie $E_0 = 5\,\mathrm{MeV}$ eine Alu-Folie der Dicke 50 μm nicht mehr durchdringen.

Die Spannung wird dem Zählrohr über einen großen Widerstand R_a zugeführt. Durch die Gasentladung wird die Kapazität C_Z des Zählrohres soweit entladen, daß die Zählrohrspannung unter die Brennspannung sinkt und die Entladung erlischt. Die Spannung baut sich dann wieder mit der Zeitkonstante $\tau_a = R_a \cdot C_Z$ auf. Man nennt τ_a auch die Totzeit des Zählrohres, weil es während dieser Zeit nicht empfindlich ist. Sie muß größer sein als die Sammelzeit der Ionen, welche die Anstiegszeit des Zählrohrpulses begrenzt und bei etwa 10^{-4} s liegt. Wegen des großen Multiplikationsfaktors k braucht man keinen Verstärker, sondern kann die Ausgangspulse direkt auf einen Zähler oder einen Digital-Analog-Wandler (DAC) geben. Oft wird auch eine zusätzliche akustische Anzeige verwendet.

BEISPIEL

$R_a = 10^8\,\Omega$, $C_a = 10\,\mathrm{pF} \Rightarrow \tau_a = 10^{-3}\,\mathrm{s}$. Bei einem Faktor $k = 10^5$ bewirkt ein einfallendes Teilchen, das 10^3 primäre Ionenpaare im Zählrohr erzeugt, einen Ladungsfluß auf den Zählrohrdraht von $1{,}6 \cdot 10^{-11}$ C, der an der Kapazität von 10 pF einen Spannungspuls von $U_a = 1{,}6$ V erzeugt.

Statt des elektrischen Impulses kann auch das durch die Gasentladung erzeugte Licht zum Nachweis der einfallenden Teilchen verwendet werden (***Funkenzähler***).

4.3.2 Szintillationszähler

Beim Szintillationsdetektor erzeugen die nachzuweisenden Teilchen in einem geeigneten Szintillatormaterial durch Anregung der Atome und Moleküle einen Lichtblitz, der durch einen oder mehrere Photomultiplier nachgewiesen wird (Abb. 4.54). Als Szintillatormaterial werden feste, flüssige oder gasförmige Substanzen verwendet. Häufig benutzt man anorganische Kristalle, die mit sogenannten Aktivatoratomen dotiert werden, um die Lichtausbeute zu erhöhen. Beispiele sind NaI(Tl), d. h. Natriumiodid, das mit Thallium aktiviert wurde, oder CsI(Tl) und ZnS(Ag). Beispiele für organische Szintillatoren sind Molekülkristalle, wie Stilben oder Anthrazen, amorphe Polymere, wie Polystyren und Polyvenyltoluen, oder Lösungen organischer Verbindungen, wie p-Terphenyl.

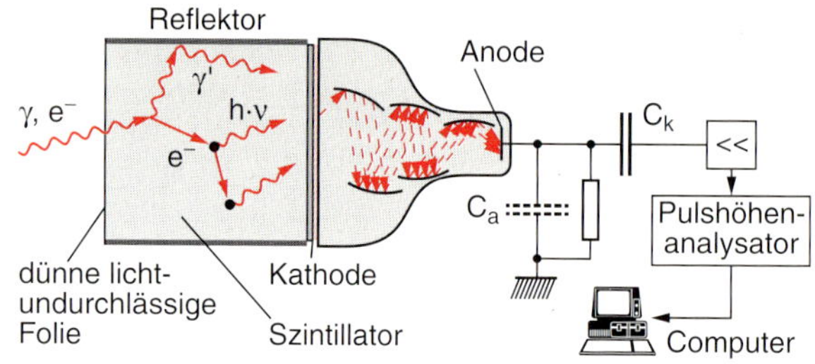

Abb. 4.54. Szintillationszähler

Ein Teilchen der Energie E_{kin}, das im Szintillator völlig absorbiert wird, erzeugt

$$N_{\mathrm{ph}} = \delta \cdot E_{\mathrm{kin}}/h\nu \tag{4.79}$$

Photonen $h\nu$, wobei der Faktor δ von der Quantenausbeute des Szintillatormaterials abhängt. Von diesen N_{ph} Photonen geht ein Teil durch Absorption und unvollständige Reflexion an den Begrenzungsflächen des Szintillators verloren, und nur der Bruchteil $\beta \cdot N_{\mathrm{ph}}$ gelangt auf die Photokathode mit der Quantenausbeute η. Dort werden dann $\eta \cdot \beta \cdot N_{\mathrm{ph}}$ Photoelektronen emittiert, die bei einem Multiplikationsfaktor M am Ausgang des Photomultipliers an der Ausgangskapazität C_a des Photomultipliers einen Spannungspuls

$$\begin{aligned} U &= M \cdot \eta \cdot \beta \cdot N_{\mathrm{ph}} \cdot e/C \\ &= M \cdot \eta \cdot \beta \cdot \delta \cdot e \cdot E_{\mathrm{kin}}/(h \cdot \nu \cdot C) \end{aligned} \tag{4.80}$$

erzeugen, dessen Höhe proportional zur Energie E_{kin} des einfallenden Teilchens ist. Die Ausgangspulse des Multipliers werden auf einen Pulshöhenanalysator gegeben, der dann über einen Computer das Energiespektrum der detektierten Teilchen anzeigt. Die Energieauflösung hängt von mehreren Faktoren ab:

- Der Szintillator muß so groß sein, daß das zu messende Teilchen im Szintillator vollständig abgebremst wird.
- Die Abbildung des emittierten Lichtes auf die Photokathode muß für alle Punkte des Detektors die gleiche Effizienz haben.
- Die Intensität darf nicht so hoch sein, daß der Photomultiplier übersteuert wird.

Der Zeitverlauf des Multiplierausgangspulses läßt sich wie folgt abschätzen: Die Anregungszeit der Szintillatoratome ist gleich der Abbremszeit $T \approx 10^{-10}$ s der einfallenden Teilchen. Sie ist kurz gegen die Lebensdauer τ der angeregten Atome, welche im Bereich 10^{-5}–10^{-9} s liegt. Die organischen Szintillatoren (z. B. Polystyren) haben wesentlich kürzere Abklingzeiten als die aktivierten anorganischen Kristalle. Die Lichtemission folgt daher einem Zeitverlauf

$$I(t) = I_0 \cdot \mathrm{e}^{-t/\tau} . \tag{4.81}$$

Der Photomultiplier gibt selbst bei einem unendlich kurzen Lichtpuls einen Ausgangspuls, dessen Anstiegszeit durch die Laufzeitvariation der Photoelektronen im Multiplier bedingt ist und je nach Multipliertyp zwischen 0,3 ns und 20 ns variiert. Die *Anstiegszeit* des Ausgangspulses ist dann durch eine Faltung des Zeitprofils des Lichtpulses und des Multipliers festgelegt. Die *Abklingzeit* des Ausgangspulses ist wieder durch eine Faltung von Abklingkurve der Lichtemission und Zeitkonstante $\tau_a = R \cdot C_a$ des Verstärkerausganges bestimmt und kann in weiten Grenzen variiert werden. Bei statistischem Teilcheneinfall ist die maximale Zählrate R, die man bei einer Pulsbreite ΔT noch ohne Überlapp der Pulse verarbeiten kann, durch $R = 1/(3\Delta T)$ begrenzt.

Außer dem Nachweis von schweren geladenen Teilchen und Elektronen können auch γ-Quanten der Energie $h \cdot \nu_\gamma$ nachgewiesen werden. Diese werden durch Photoeffekt ($\sim Z^5$!) und Comptoneffekt absorbiert und erzeugen dadurch Sekundärelektronen, die dann die Anregung der Szintillatoratome und die gewünschte Lichtemission bewirken.

Man muß zum Nachweis von γ-Quanten Materialien mit großer Kernladungszahl Z verwenden. Beim Comptoneffekt (siehe Bd. 3, Abschn. 3.1) entsteht außer dem Comptonelektron mit $E_{\text{kin}} < h \cdot \nu_\gamma$ ein gestreutes γ-Quant $h \cdot \nu' < h \cdot \nu_\gamma$, das den Szintillator verlassen kann oder durch Photoeffekt absorbiert wird. Man erhält deshalb in der Pulshöhenverteilung ein scharfes Maximum bei der Energie $E_{\text{kin}} = h \cdot \nu_\gamma$ und eine breite Verteilung mit $E < E_{\text{kin}}$, die der Energieverteilung der Comptonelektronen entspricht (Abb. 4.55).

Auch schnelle Neutronen können in Szintillationsdetektoren nachgewiesen werden, da sie über den Rückstoßeffekt Protonen erzeugen, die dann die Anregung der Atome und die Lichtemission bewirken. Eine andere Methode benutzt die Anregung von Kernen durch den Einfang von Neutronen mit nachfolgender γ-Emission. Damit ein möglichst großer Raumwinkel für den Nachweis der γ-Quanten ausgenutzt werden kann, wird das Neutronentarget in den Innenraum eines großen Hohlzylinders gebracht, der mit einer Szintillatorflüssigkeit gefüllt ist (Abb. 4.56).

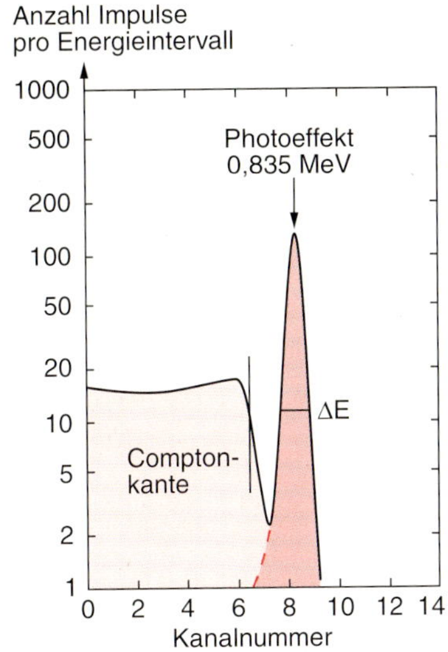

Abb. 4.55. Energiespektrum von monoenergetischen γ-Quanten der Energie $E = 0{,}835$ MeV, gemessen mit einem zylindrischen NaI(Tl)-Kristall (Höhe 7,6 cm, $\varnothing = 7{,}6$ cm). Das vom Detektor noch auflösbare Energieintervall ΔE ist hier etwa 125 keV

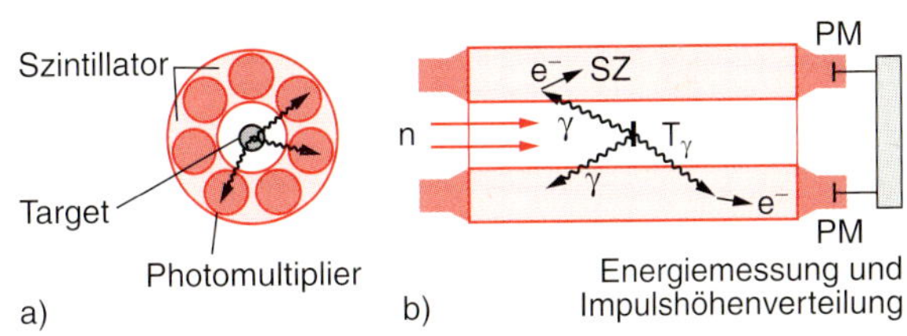

Abb. 4.56a,b. Szintillationsdetektor zum Nachweis von Neutronen und zur Messung ihrer Energie. (**a**) Frontansicht, (**b**) Seitenansicht

4.3.3 Halbleiterzähler

Ein Halbleiterzähler ist im wesentlichen eine in Sperrrichtung betriebene p-n-Halbleiterdiode (siehe Bd. 3, Abschn. 14.2). In der p-n-Übergangsschicht entsteht durch die Spannung eine Verarmung von Ladungsträgern. Wird ein einfallendes Teilchen in dieser Schicht absorbiert, so erzeugt es dort viele Elektron-Loch-Paare, die im elektrischen Feld über der p-n-

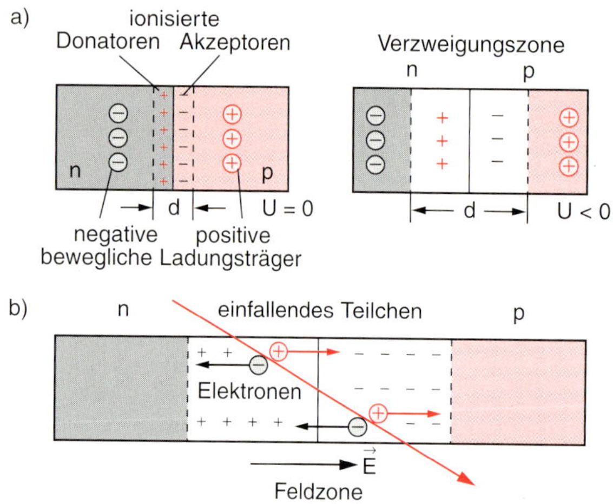

Abb. 4.57a,b. Halbleiter-Teilchendetektor. (**a**) Ladungsträger-Verarmungszone (Grenzschicht) ohne und mit äußerer Gegenspannung U; (**b**) Erzeugung von Elektronen-Lochpaaren durch einfallendes Teilchen und ihre Drift im elektrischen Feld E der Grenzschicht

Grenzschicht getrennt und auf den Elektroden gesammelt werden (Abb. 4.57). Die Wirkungsweise ist daher analog zu der eines gasgefüllten Ionisationsdetektors. Gegenüber der Ionisationskammer hat der Halbleiterdetektor jedoch die folgenden Vorteile:

- Da die Dichte des Festkörpermaterials um viele Größenordnungen höher ist als bei einem Gasdetektor, können Teilchen hoher Energie bereits in viel kleineren Volumina vollständig abgebremst werden.
- Zur Erzeugung eines Elektron-Loch-Paares ist nur eine Energie notwendig, die der Bandlücke des Halbleiters entspricht und typisch bei etwa 1 eV liegt. Dies entspricht etwa nur einem Zehntel der Ionisationsenergie von Gasatomen. Im Halbleiterzähler werden deshalb pro Energieverlust ΔE wesentlich mehr Ladungsträger erzeugt als in einer Ionisationskammer. Dies erlaubt eine entsprechend höhere Energieauflösung.
- Die Sammelzeit für die Elektronen ist wegen der kürzeren Wege zu den Elektroden im Halbleiterdetektor nur etwa 10–100 ns und liegt damit um mehrere Größenordnungen unter denen in Ionisationskammern. Halbleiterzähler sind deshalb viel schneller und erlauben eine höhere Zeitauflösung.

Als Material für Halbleiterdetektoren werden überwiegend Silizium- und Germanium-Kristalle verwendet. Als Donatoren im n-Teil können Phosphor oder Antimon dienen, als Akzeptoren im p-Teil Bor oder Aluminium.

Für die Dicke d der Übergangszone ergeben sich nach der in Bd. 3, Abschn. 14.2.5 hergeleiteten Relation

$$d \approx \sqrt{\frac{2\varepsilon\varepsilon_0}{q}\left(\frac{1}{n_\mathrm{D}}+\frac{1}{n_\mathrm{A}}\right)\cdot U} \tag{4.82}$$

bei Sperrspannungen $U = 500\,\mathrm{V}$ und Konzentrationen $n_\mathrm{D} = 10^{17}\,\mathrm{m}^{-3}$ von Donatoren, $n_\mathrm{A} = 10^{22}\,\mathrm{m}^{-3}$ von Akzeptoren Werte von 1,3 mm. Die Kapazität des Detektors ist

$$C_\mathrm{d} \approx \varepsilon\cdot\frac{A}{4\pi\cdot d}\,. \tag{4.83}$$

Da Fläche A und Dicke d das aktive Volumen $V = A\cdot d$ des Halbleiters bestimmen, möchte man für den Nachweis hochenergetischer Teilchen größere aktive Volumina, ohne die Fläche A und damit die Kapazität des Detektors zu vergrößern. Man kann die Dicke der Übergangszone vergrößern, indem eine nur schwach dotierte, eigenleitende (*intrinsic*) i-Schicht zwischen p- und n-Teil eingebracht wird. Man kann sie erzeugen, indem man metallisches Lithium in die eine Seite eines schwach p-dotierten Germanium-Einkristalls eindiffundiert. Die Lithiumatome wirken als Donatoren, so daß sie eine p-n-Struktur mit hochdotierter n-Schicht bildet. Durch eine äußere, in Sperrichtung angelegte Spannung driften die Li^+-Ionen von der n-Schicht in die p-Schicht, so daß ein Abbau der Donatorkonzentration in der n-Schicht und eine Anreicherung im p-Gebiet stattfindet, wo sich die Li^+-Ionen mit den negativen Akzeptorionen zu stabilen neutralen Dipolmolekülen verbinden. Durch diese Ladungskompensation entsteht eine i-Zone mit gleicher Donator- und Akzeptorkonzentration.

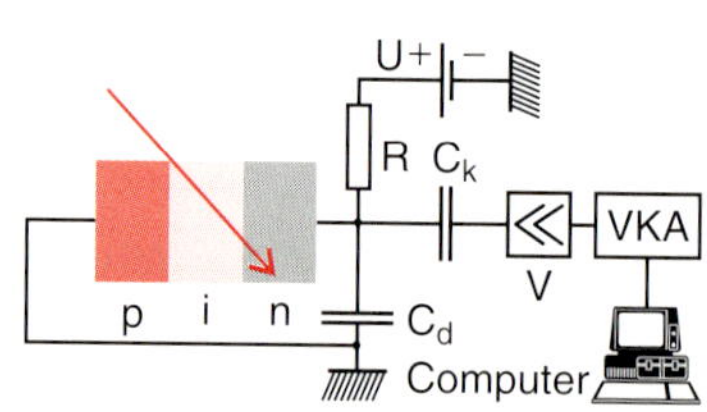

Abb. 4.58. Schaltung eines Halbleiterdetektors mit Koppelkondensator C_k, Verstärker V und Vielkanalanalysator VKA

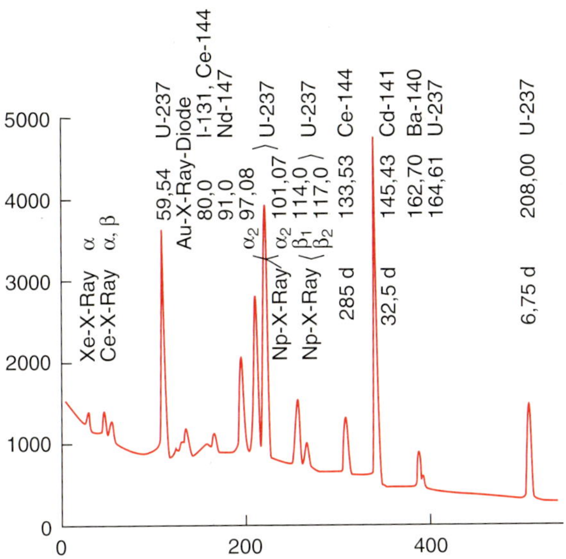

Abb. 4.59. Gammaspektrum einer Probe radioaktiven Staubes aus der Luft nach einem chinesischen Wasserstoffbombenversuch, aufgenommen mit einem Li-kompensierten Germaniumzähler. Die Zahlen über den Linien geben die Energie $h \cdot \nu$ in keV und die Massenzahlen der emittierenden Kerne an. Aus P. Huber, Physik III/2: *Kernphysik* (Ernst Reinhardt Verlag, München 1972)

In dieser Schicht wird auf Grund der Diffusionsspannung ein starkes elektrisches Feld aufgebaut, das eine schnelle Drift der durch ein einfallendes Teilchen gebildeten Ladungsträger zu den Elektroden bewirkt.

In Abb. 4.58 ist eine typische Schaltung eines Halbleiterdetektors gezeigt. Die erzielbare Energieauflösung wird durch das γ-Spektrum einer Probe radioaktiven Staubes in Abb. 4.59 illustriert, das mit einem Li-kompensierten Germaniumzähler aufgenommen wurde.

4.3.4 Spurendetektoren

Für viele Anwendungen in der Kern- und Hochenergiephysik ist es sehr nützlich, die Spur eines ionisierenden Teilchens zu verfolgen. Solche Spurendetektoren sind:

- Nebel- und Blasenkammer, wo die entlang der Spur des Teilchens gebildeten Ionen zu Bildung von Wassertröpfchen bzw. Dampfblasen führt, welche mit Hilfe der Lichtstreuung sichtbar gemacht werden können.
- Funken- und Streamerkammern, wo das ionisierende Teilchen lokale Funkendurchbrüche zwischen zwei Elektroden verursacht, deren Licht oder deren elektrisches Signal zur Ortsbestimmung der Teilchenspur ausgenutzt wird.

Bringt man einen Spurendetektor in ein äußeres Magnetfeld B, so läßt sich aus dem Krümmungsradius r der Teilchenbahn der Impuls der Teilchen gemäß

$$\frac{m \cdot v^2}{r} = q \cdot v \cdot B \Rightarrow m \cdot v = r \cdot q \cdot B$$

bestimmen. Aus der ***Tröpfchendichte*** der Spur kann man bei Kenntnis des Impulses oft auch Art und Energie des Teilchens ermitteln.

Bei der ***Nebelkammer*** wird durch adiabatische Expansion eines gesättigten Gas-Wasserdampf-Gemisches übersättigter Wasserdampf erzeugt, der dann an den durch das nachzuweisende Teilchen gebildeten Ionen zu kleinen Tröpfchen kondensiert. Wird durch einen beweglichen Stempel das Volumen der Kammer adiabatisch von V_1 auf V_2 erhöht (Abb. 4.60), so gelten für Druck p und Temperatur T die Adiabatengleichun-

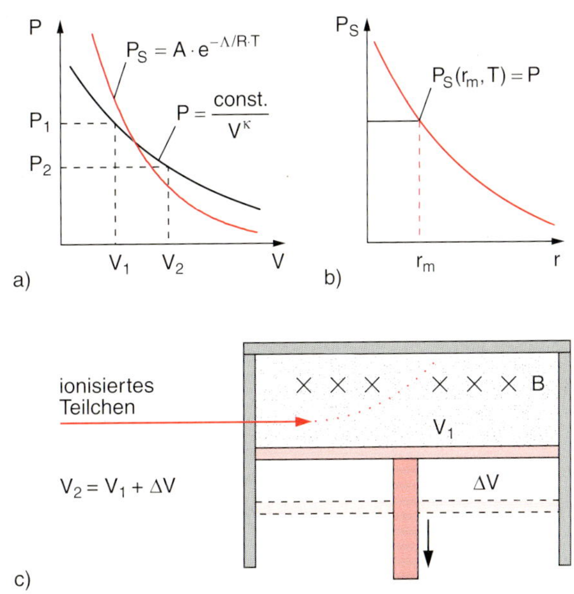

Abb. 4.60a–c. Prinzip einer Expansions-Nebelkammer. (**a**) Druck p und Dampfdruck p_S bei der adiabatischen Expansion; (**b**) Dampfdruck p_S eines Wassertröpfchens als Funktion des Tröpfchenradius r; (**c**) schematische Darstellung einer Expansionsnebelkammer

gen (siehe Bd. 1, Abschn. 11.3.3)

$$\frac{p_2}{p_1} = \left(\frac{V_1}{V_2}\right)^{\kappa}; \quad \frac{T_2}{T_1} = \left(\frac{V_1}{V_2}\right)^{\kappa-1};$$
$$\kappa = \frac{C_p}{C_V}. \tag{4.84}$$

Nach der Expansion auf das Volumen $V_2 = V_1 + \Delta V$ sinkt die Temperatur von T_1 auf T_2, und der Sättigungsdampfdruck $p_s(T_2) = a \cdot e^{-\Lambda/RT_2}$ (Λ = Verdampfungswärme, a = Konstante) wird kleiner als der Umgebungsdruck p_2, so daß Kondensation des übersättigten Dampfes eintreten kann.

BEISPIEL

Eine mit Luft ($p_1 = 1$ bar) gefüllte, mit Wasserdampf gesättigte Nebelkammer hat bei $T_1 = 10\,°\text{C} = 283$ K einen Sättigungsdruck von 12 mbar. Der Adiabatenexponent für Luft ist $\kappa = 1{,}4$. Bei einer Expansion auf $V_2 = 1{,}3\, V_1$ sinkt nach (4.84) die Temperatur auf $T_2 = 254{,}8$ K $= -18{,}2\,°$C, der Wasserdampfdruck bei Annahme eines idealen Gases auf $p_2 = 8{,}4$ mbar. Der Sättigungsdampfdruck ist jedoch bei $-18{,}2\,°$C $p_s(T_2) = 1{,}3$ mbar, so daß eine sechsfache Übersättigung des Wasserdampfes vorliegt.

Wie können sich jetzt Tröpfchen bilden?

Wegen der Oberflächenspannung σ wirkt auf die Tröpfchenoberfläche ein zusätzlicher Druck $\Delta p = 2\sigma/r$ (siehe Bd. 1, Abschn. 6.4). Bei der Verdampfung wird der Tröpfchenradius r kleiner, und man gewinnt die Energie

$$\Delta W = 4\pi\sigma\left[r^2 - (r - \Delta r)^2\right] \approx 8\pi\sigma r \Delta r, \tag{4.85}$$

während man für die Verdampfung pro Mol die Energie Λ aufwenden muß. Die Verdampfung wird also erleichtert, und der Dampfdruck $p_s(r)$ über einem Wassertröpfchen ist größer als über einer ebenen Oberfläche mit $r = \infty$.

Wie schon *Lord Kelvin* gezeigt hat, gilt

$$p_s(r) = p_\infty \cdot e^{(2(\sigma/r)M/(\varrho \cdot R \cdot T)} \tag{4.86}$$

mit p_∞ = Sättigungsdampfdruck über einer ebenen Flüssigkeit ($r = \infty$), σ = Oberflächenspannung, M = Molekulargewicht, ϱ = Dichte der Flüssigkeit, R = Gaskonstante. Man sieht daraus, daß der Dampfdruck über einem neutralen Flüssigkeitströpfchen wegen der Oberflächenspannung mit abnehmendem Radius r zunimmt! Nur wenn $p_s(r)$ kleiner als der äußere Gasdruck p wird, kann Kondensation eintreten. Dies tritt erst bei einem Mindestradius r_m des Tröpfchens auf (Abb. 4.60b). Kleinere Tröpfchen mit $r < r_m$ verdampfen wieder.

Bei einem *geladenen* Tröpfchen ist die Situation anders, weil durch das elektrische Feld der Ladung die Wassermoleküle wegen ihres elektrischen Dipolmomentes in das Gebiet höherer Feldstärke, also zum Tröpfchen hin gezogen werden. Außer der Oberflächenspannung wirkt hier noch die elektrische Abstoßungskraft der Ladungen im Tröpfchen, welche zu einem nach außen gerichteten Druck $Z^2e^2/(8\pi\varepsilon_0 r^4)$ führt, welcher die Oberflächenspannung vermindert. Man erhält für den Dampfdruck über dem geladenen Tröpfchen

$$p_s(r) = p_\infty \cdot e^{[2\sigma/r - Z^2e^2/(8\pi\varepsilon_0 r^4)]M/(\varrho \cdot R \cdot T)}. \tag{4.87}$$

Jetzt ist die Bedingung $p_s(r) < p$ auch für kleine Tröpfchenradien zu erfüllen und Kondensation zu Tröpfchen kann eintreten, wenn geladene Ionen als Keime für die Tröpfchenbildung existieren [4.14,15].

Die Nebelkammer wird beleuchtet, und das von den Tröpfchen gestreute Licht (Mie-Streuung, siehe Bd. 2, Abschn. 8.3) wird auf eine Photoplatte (bzw. eine CCD- (*charge coupled device-*) Kamera) abgebildet. Abbildung 3.13 zeigt zur Illustration eine solche Aufnahme, bei der ein radioaktives Präparat (Polonium als α-Strahler) in die Nebelkammer gebracht wurde.

Die Expansionsnebelkammer ist nur während einer kurzen Zeitspanne nach der Expansion in einem Zustand, der Tröpfchenbildung erlaubt, weil sich die Temperatur durch Wärmeausgleich mit den Wänden schnell ändert. Zur Demonstration von Teilchenspuren ist daher eine kontinuierliche Nebelkammer günstiger, bei der ein Temperaturgradient zwischen einer gekühlten Wand und einer geheizten gegenüberliegenden Verdampferquelle dauernd aufrecht erhalten wird (Abb. 4.61). Als Kondensationsmedium wird oft Alkohol verwendet, der bei der höheren Temperatur T_1 verdampft wird, durch die Luft bei Atmosphärendruck in der Kammer diffundiert und dabei durch ein Gebiet kommt, bei dem Übersättigung vorliegt, bevor er an der kalten Wand kondensiert.

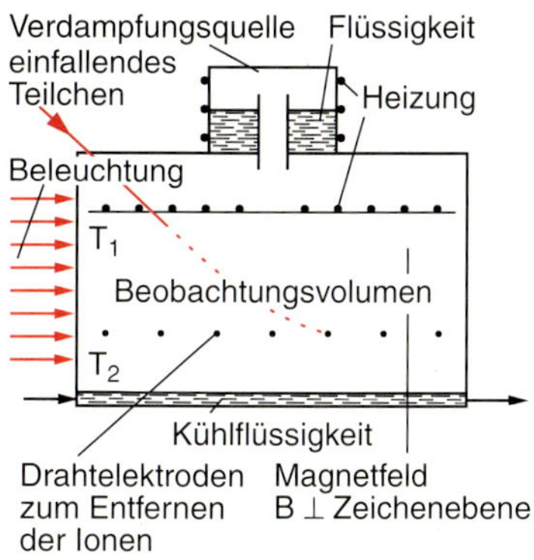

Abb. 4.61. Diffusionsnebelkammer. Beobachtet wird senkrecht zur Zeichenebene

Durch Drahtelektroden, an die kurzzeitig eine Spannung angelegt wird, können die entstandenen geladenen Tröpfchen aus der Kammer abgesaugt werden, so daß das Beobachtungsvolumen frei ist für eine neue Beobachtung.

Für den Nachweis von Teilchen hoher Energie ist die von *Donald Arthur Glaser* 1952 erfundene ***Blasenkammer*** (Nobelpreis 1960) günstiger, bei der eine Flüssigkeit bei einer Temperatur T unter einem Druck p gehalten wird, der nur wenig größer ist als ihr Dampfdruck $p_s(T)$, so daß die Flüssigkeit sich dicht unter dem Siedepunkt befindet.

Nachdem ionisierende Strahlung in die Blasenkammer eingetreten ist, wird, durch entsprechende Detektoren getriggert, der Druck p durch schnelle Expansion mit Hilfe eines beweglichen Kolbens für etwa 1 ms lang kleiner als der Dampfdruck p_s gemacht. Dadurch wird die Siedetemperatur überschritten, und längs der Bahn eines ionisierenden Teilchens tritt eine Dampfblasenbildung ein. Der Radius der Dampfblasen wächst an. Bei Beendigung der Expansionsphase wird das Wachstum gestoppt, die entstandene Blasenspur wird genau wie bei der Nebelkammer mit Blitzlampen durch Fenster der Druckkammer beleuchtet und stereographisch photographiert, so daß man aus den Photographien die dreidimensionalen Spuren rekonstruieren kann.

Die Blasenkammmer basiert also auf dem inversen Prozeß der Nebelkammer. Statt der Kondensation von Dampf wird hier die Verdampfung einer Flüssigkeit ausgenutzt.

Der Vorteil der Blasenkammer gegenüber der Nebelkammer ist ihre wesentlich größere Dichte, so daß der Energieverlust pro Wegeinheit der ionisierenden Teilchen größer, die Spurendichte, und damit die Energieauflösung, also größer ist.

Die gesamte Blasenkammer wird in das starke Magnetfeld supraleitender Helmholtzspulen gesetzt (bis 5 Tesla), so daß man aus der Bahnkrümmung auf den Impuls der Teilchen schließen kann. Bei Geschwindigkeiten $v \ll c$ ist der mittlere Energieverlust pro Weglänge und damit die Blasendichte proportional zu v^{-2} (siehe (4.62)), so daß aus der Blasendichte auf die Geschwindigkeit und zusammen mit dem Impuls p auf die Masse $m_0 = (p/v) \cdot (1-\beta^2)^{-1/2}$ des Teilchens geschlossen werden kann.

Je nach dem zu untersuchenden Problem werden verschiedene Füllflüssigkeiten verwendet. Tabelle 4.3 gibt einige Beispiele. Beim Nachweis von Protonen wird flüssiger Wasserstoff verwendet, für Elektronen oder γ-Quanten ist Xenon oder Freon vorteilhaft, weil in diesen Stoffen die Strahlungslänge χ_S (siehe Abschn. 4.2.2) klein ist.

Um die hohe räumliche Auflösung und das große Kontrastvermögen von Blasenkammerspuren zu illustrieren, sind in Abb. 4.62 solche Spuren für die Paarbildung eines e^--e^+-Paares durch ein γ-Quant illustriert, die am Berkeley-Laboratorium aufgenommen wurden.

Flüssigkeit	Temperatur/K	Dampfdruck/bar	Hadronische Absorptionslänge/m	El.-magn. Strahlungslänge/m
Wasserstoff	26	4,0	8,9	10
Deuterium	30	4,5	4,0	9
Neon	36	7,7	0,9	0,27
Propan	330	20	1,8	1,1
CF_3Br	300	18	0,7	0,1

Tabelle 4.3. Charakteristische Daten von Blasenkammern mit verschiedenen Füllflüssigkeiten

Abb. 4.62. Teilchenspuren in einer Blasenkammer. Von oben einfallende, in der Blasenkammer nicht sichtbare γ-Quanten erzeugen in der Bildmitte ein Elektron-Positron-Paar, oben durch Compton-Effekt ein hochenergetisches Elektron und ein Photon $h\nu'$, das durch Paarbildung wieder ein Elektron-Positron-Paar bildet. Das Magnetfeld krümmt die Bahnen der Elektronen nach links, die der Positronen nach rechts (Berkeley Laboratories)

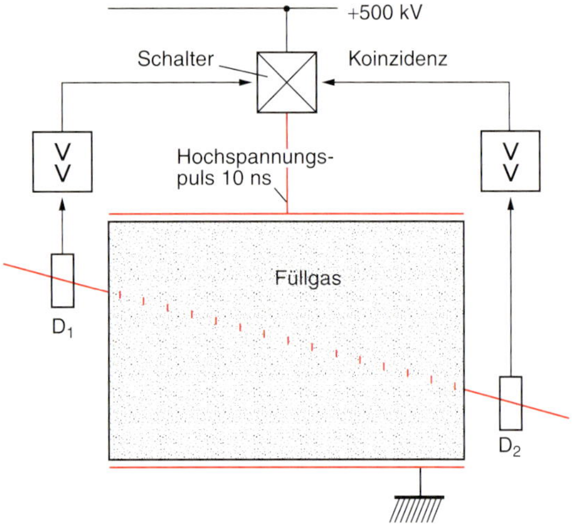

Abb. 4.63. Prinzip der Streamerkammer. Die Detektoren D_1 und D_2 triggern (in Koinzidenz) den Hochspannungsschalter, so daß ein kurzer Hochspannungspuls zwischen den Elektroden liegt. Aus St. Weinberg: *Teile des Unteilbaren* (Spektrum Verlag, Weinheim 1984)

In den letzten Jahren hat sich eine neue Gruppe von Spurendetektoren bewährt, die auf der Funkenbildung beim Durchgang ionisierender Teilchen durch Gase in starken elektrischen Feldern beruhen. Zu ihnen gehört die ***Streamerkammer***, bei der ein Gasvolumen zwischen zwei Elektroden von einem ionisierenden Teilchen durchquert wird (Abb. 4.63). Der Teilchendurchgang wird von zwei Detektoren vor und hinter der Streamerkammer registriert, die ein Signal in Koinzidenz erzeugen, welches einen Hochspannungspuls auf die Elektroden auslöst. Die dadurch erzeugte hohe elektrische Feldstärke ($E > 30\,\mathrm{kV/cm}$) beschleunigt die primär vom Teilchen gebildeten Elektronen und Ionen, so daß sie die Gasatome anregen und ionisieren können. Es entsteht ein Entladungskanal (*Streamer*), in dem die angeregten Atome und Ionen Licht aussenden. Wenn der Hochspannungspuls genügend kurz ist (≈ 1 ns), bricht die Entladung nach Ende des Pulses zusammen und die Streamer sind sehr kurz, so daß die Lichtemission praktisch auf die Spur des ionisierenden Teilchens beschränkt bleibt.

Die Funkenkammern bestehen aus einer großen Zahl paralleler dünner Metallplatten in einem mit Edelgas gefüllten Volumen (Abb. 4.64). Zwischen den Platten kann über eine gepulste Hochspannungsquelle kurzzeitig, durch das die Kammer durchquerende hochenergetische Teilchen ausgelöst, ein starkes elektrisches Feld erzeugt werden, das an den Orten der primär gebildeten Ionen einen Entladungskanal erzeugt, der parallel zum elektrischen Feld gerichtet ist.

Man kann die Lichtemission der Funkenkanäle zum Spurennachweis des ionisierenden Teilchens benutzen. Eine Alternative dazu ist die Verwendung von Drahtnetzen statt der Platten. Man kann dann elektrisch registrieren, welche Drähte des zweidimensionalen Gitters entladen wurden und daraus auf die Spur des ionisierenden Teilchens schließen. Dies hat den Vorteil, daß die Auswertung ohne Umweg über ein photographisches Bild direkt durch den Computer erfolgt. Betreibt man die Kammer im Proportionalitäts-

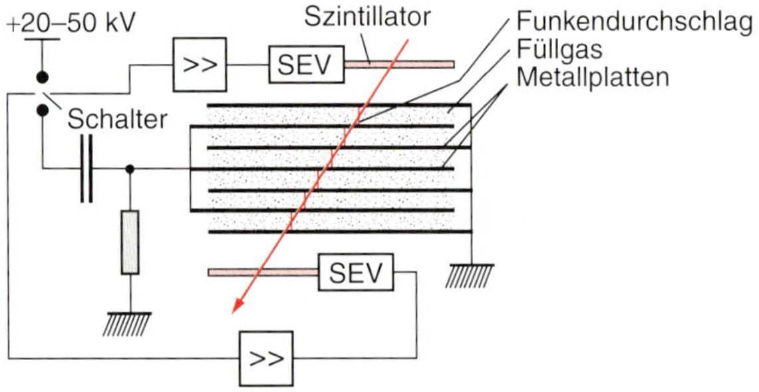

Abb. 4.64. Funkenkammer

bereich (siehe Abschn. 4.3.1), so ist die auf den Drähten gesammelte Ladung proportional zum Energieverlust des einfallenden Teilchens innerhalb des Sammelvolumens jedes Drahtes.

4.3.5 Čerenkov-Zähler

Wenn ein geladenes Teilchen durch ein elektrisch isolierendes Medium (z. B. Glas, Plexiglas, etc.) fliegt, bewirkt es beim Vorbeiflug an einem Atom eine kurzzeitige Polarisation seiner Elektronenhülle und induziert damit ein zeitlich veränderliches elektrisches Dipolmoment, das elektromagnetische Wellen abstrahlt. Die Überlagerung dieser Wellen von den einzelnen Atomen überlagert sich mit Phasenverschiebungen, die vom Verhältnis $v/c = v \cdot n/c_0$ von Teilchengeschwindigkeit v und Phasengeschwindigkeit $c = c_0/n$ der Lichtwellen im Medium mit Brechungsindex n abhängen. Für $v < c/n$ können sich die einzelnen Teilwellen nicht phasengleich überlagern, so daß insgesamt destruktive Interferenz vorliegt und keine nennenswerte Lichtemission erfolgt.

Wird die Teilchengeschwindigkeit v jedoch größer als die Phasengeschwindigkeit c/n, so gibt es einen Winkel ϑ_c gegen die Teilchenflugrichtung, bei dem sich alle Teilwellen von den einzelnen Atomen in Phase überlagern können, so daß in dieser Richtung intensive Strahlung auftritt. Nach Abb. 4.65a gilt:

$$\cos\vartheta_c = (c/n)/v = 1/(\beta \cdot n) \quad \text{mit} \quad \beta = v/c\,.$$

Diese Lichtemission heißt ***Čerenkov-Strahlung***.

Nur Teilchen mit $\beta \cdot n > 1$ können also Čerenkov-Strahlung erzeugen. Deshalb lassen sich Čerenkov-Zähler als Schwellendetektoren verwenden, die nur für geladene Teilchen mit einer Geschwindigkeit $v > c/n$ ansprechen. In Abb. 4.65b ist der schematische Aufbau eines Čerenkov-Detektors gezeigt.

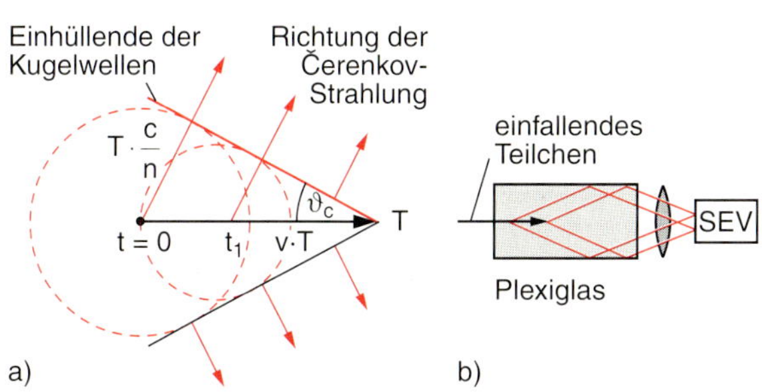

Abb. 4.65. (**a**) Čerenkov-Strahlung, (**b**) experimentelle Anordnung eines Čerenkov-Detektors

4.3.6 Detektoren in der Hochenergiephysik

Um die beim Zusammenstoß von hochenergetischen Teilchen in den Kreuzungspunkten von Speicherringen entstehenden Teilchen nachzuweisen, ihre Identität, ihre Masse und Energie zu bestimmen, werden große Detektorsysteme verwendet, die aus einer Kombination verschiedener Detektortypen bestehen [4.16]. Sie müssen folgende Bedingungen erfüllen:

- Sie sollen möglichst den gesamten Raumwinkel $\Omega = 4\pi$ erfassen, damit nicht Teilchen undetektiert das Reaktionsvolumen verlassen können.
- Sie müssen so groß sein, daß auch hochenergetische Teilchen in ihnen abgebremst werden können, oder zumindest so lange Wege im Detektor zurücklegen, daß man die charakteristischen Größen der Teilchen genau genug bestimmen kann.

In Abb. 4.66 ist eine zylindrische Proportionalfunkenkammer schematisch dargestellt, welche eine der Kollisionszonen im Elektronen-Positronenspeicherring am DESY umgibt. Sie besteht aus vielen hunderten dünner parallel gespannter, vergoldeter Wolframdrähte (∅ 20 μm), die auf Zylinderschalen mit Radien r_i angeordnet sind. Zwischen solchen auf hohem positiven Potential liegenden Drähten befinden sich dünne Kathodenzylinder. Jedem Zähldraht können dann die Zylinderkoordinaten (r, φ) zugeordnet werden. Fliegt ein ionisierendes Teilchen durch das System, so erzeugt es, genau wie beim Proportionalzähler (siehe Abschn. 4.3.1), eine Elektronenlawine auf diejenigen Drähte, in deren Nähe es vorbeifliegt. Dadurch werden die Koordinaten r und φ der Teilchenbahn festgelegt. Die z-Koordinate kann aus der Verteilung der Ladungen an den beiden Enden des Drahtes bestimmt werden. Die räumliche Auflösung kann höher als der halbe Abstand zwischen zwei Drähten sein, wenn die Laufzeit der Elektronenlawine vom Startort bis zum Draht gemessen wird.

Wird das Detektorsystem in ein axiales zylindersymmetrisches Magnetfeld gestellt, so werden alle geladenen Teilchen mit Geschwindigkeitskomponenten $v_\perp$ senkrecht zur z-Richtung abgelenkt. Aus der

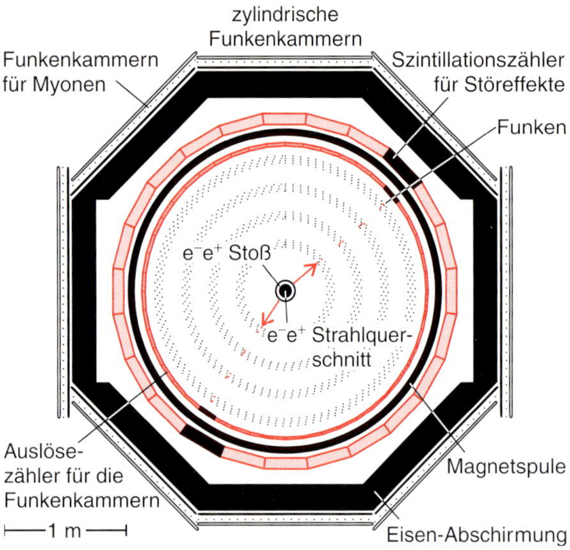

Abb. 4.66. Zylindrische Proportional-Funkenkammer, die den Kreuzungspunkt in einem Elektron-Positron-Collider umgibt (DESY, Hamburg)

Krümmung der Bahn läßt sich dann die Impulskomponente $p_\perp$ bestimmen, aus der Spurendichte auch der Betrag der Teilchengeschwindigkeit. Dieser Funken-Draht-Proportionalzähler wird umgeben von Szintillationszählern, Kalorimeter, Streamer-Detektoren und speziellen Myon-Detektoren. Das ganze System wiegt mehrere Tausend Tonnen.

Kalorimeter sind Detektoren zur Messung der Gesamtenergie eines Teilchens. Das Teilchen muß deshalb im Kalorimeter vollständig abgebremst werden. Wegen des unterschiedlichen Bremsvermögens von Elektronen und Protonen (siehe Abb. 4.34) werden verschiedene Materialien zum Nachweis von Elektronen und Hadronen verwendet [4.17].

Elektromagnetische Kalorimeter zur Messung von Elektronen-, Positronen- und Photonenenergien nutzen die Bremsstrahlung $e^- + N \to e^- + N + \gamma$ oder die Paarbildung

$$\gamma + N \to e^+ + e^- + N$$

als Energieverlustmechanismen aus. Ein hochenergetisches einfallendes Elektron erzeugt eine Kaskade (auch *Shower* genannt) solcher Prozesse bis seine Energie völlig umgewandelt ist in eine große Zahl von Elektronen, Positronen und Photonen (Abb. 4.67).

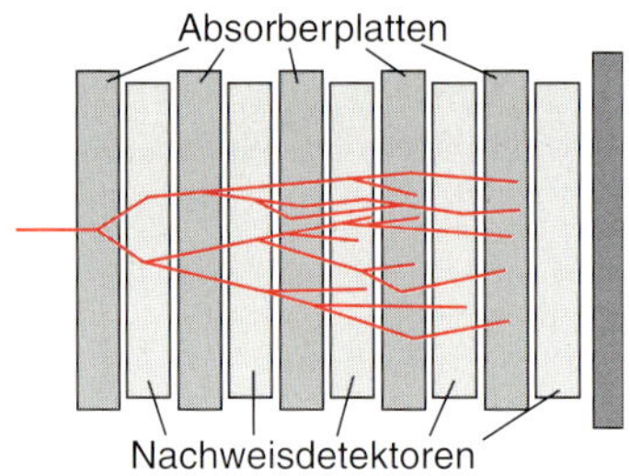

Abb. 4.67. Prinzip eines Kalorimeters. Die Nachweisdetektoren können Ionisationskammern, Funkenkammern oder auch Szintillationszähler sein

Ein Elektron mit $E = 10\,\text{GeV}$ erzeugt z. B. etwa 10^3 Sekundärelektronen, deren mittlere Energie etwa 10 MeV ist und die dann entsprechend viele Elektron-Ion-Paare im Absorbermaterial produzieren und auch die Absorberatome anregen können. Da die Bremsstrahlung mit der Kernladung Z zunimmt, werden schwere Elemente (z. B. Blei) als Absorbermaterialien verwendet. Das von den angeregten Atomen emittierte Licht wird von Szintillationszählern gemessen.

Die Energie von hochenergetischen Hadronen (Protonen, π^+-Mesonen, Neutronen, etc.) wird auf Grund der starken Wechselwirkung teilweise zur Produktion neuer Teilchen verbraucht, die dann eine große Zahl ionisierender Teilchen bildet. Zum Teil werden dabei auch Gammaquanten erzeugt, die dann ihrerseits einen elektromagnetischen Shower auslösen.

Hadron-Kalorimeter bestehen aus einer Schichtfolge von Eisenplatten (zur Abbremsung) und Plastik-Szintillatoren (zum Nachweis der entstandenen γ-Quanten und Elektronen, siehe Abschn. 4.2). Die relative Energieauflösung eines solchen Kalorimeters ist etwa

$$\boxed{\frac{\Delta E}{E} \approx \frac{1}{\sqrt{E/\text{GeV}}}}\;.$$

BEISPIEL

Für einfallende Protonen mit einer Energie von 30 GeV beträgt die relative Energieauflösung $\Delta E/E \approx 1/\sqrt{30} \approx 0{,}18$.

Die farbige Abbildung im Anhang vermittelt einen Eindruck von der Größe und Komplexität solcher Detektoren.

In Abb. 4.68 ist zur Illustration der H1-Detektor gezeigt, der einen der Kreuzungspunkte des HERA-

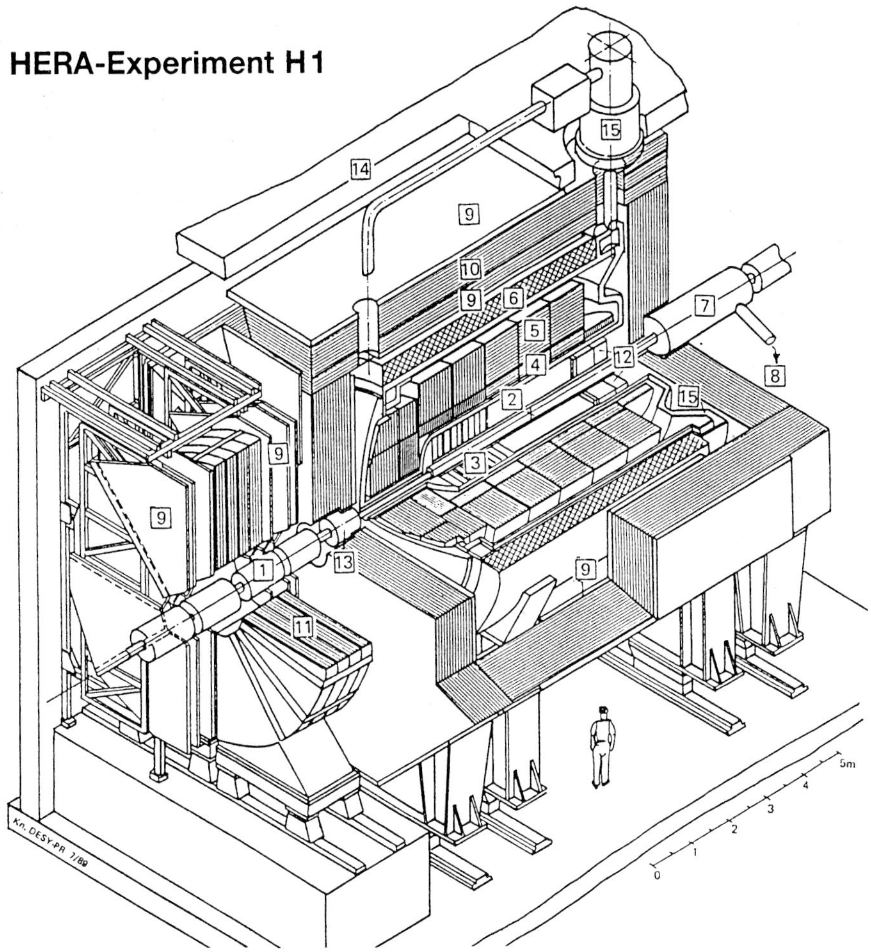

Abb. 4.68. Perspektivische Ansicht des H1-Detektors am HERA-Speicherring in Hamburg. *1* – Strahlrohr und Strahlmagnete; *2* – zentrale Spurenkammern; *3* – Vorwärtsspurkammern und Übergangsstrahlmodul; *4* – elektromagnetisches Kalorimeter (Blei); *5* – hadronisches Kalorimeter (Edelstahl); (*4* und *5*: Flüssig-Argon); *6* – supraleitende Spule (1,2 T); *7* – Kompensationsmagnet; *8* – Helium-Kälteanlage; *9* – Myon-Kammern; *10* – instrumentiertes Eisen; *11* – Myon-Toroid-Magnet; *12* – warmes elektromagnetisches Kalorimeter; *13* – Vorwärts-Kalorimeter; *14* – Betonabschirmung; *15* – Flüssig-Argon-Kryostat. Abmessungen: 12 m × 10 m × 15 m; Gesamtgewicht 2800 Tonnen. Mit freundlicher Genehmigung von Prof. Eisele, DESY

Speicherringes (High Energy Ring Accelerator) am DESY in Hamburg umgibt. Außer den zentralen Spurenkammern wird ein Kalorimeter aus flüssigem Argon verwendet, das Sektionen aus Blei als Absorber für Elektronen und γ-Quanten und Edelstahlplatten als Absorber für hadronische Teilchen enthält. Das Kalorimeter ist so optimiert, daß Elektronen und Hadronen identifiziert und ihre Energie möglichst genau gemessen werden kann [4.18].

4.4 Streuexperimente

Bei Streuexperimenten wird die Ablenkung eines Teilchens A beim Stoß mit einem Teilchen B gemessen. Wie im Abschn. 2.3 am Beispiel der Coulombstreuung gezeigt wurde, lassen sich aus der Messung des differentiellen Wirkungsquerschnittes $\mathrm{d}\sigma/\mathrm{d}\Omega$ bei der elastischen Streuung die Parameter eines angenommenen Modellpotentials $V(r)$ für die Wechselwirkung zwischen A und B und insbesondere die Abhängigkeit $V(r)$ vom Abstand r zwischen A und B bestimmen. So wurde z. B. im Abschn. 2.2 diskutiert, daß aus der Abweichung der gemessenen Streuverteilung $\mathrm{d}N(\vartheta)/N_0$ vom Rutherfordschen Streugesetz der Abstand $r_{\min}$ bestimmt werden kann, bei dem der Einfluß der Kernkräfte merklich wird.

Bei der inelastischen Streuung muß zusätzlich zum Ablenkwinkel auch der Energieverlust der gestreuten Teilchen A oder die Anregungsenergie der Targetteilchen B bestimmt werden. Bei der reaktiven Streuung

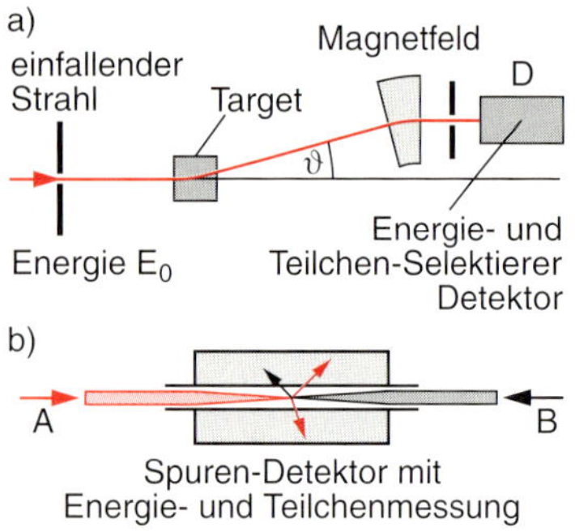

Abb. 4.69a,b. Schematischer Aufbau eines Streuexperimentes (**a**) mit ruhendem Targetteilchen; (**b**) Streuung von entgegenlaufenden Teilchenstrahlen

werden neue Teilchen erzeugt, deren Identität, Masse, Energie und Impuls gemessen werden können.

Die einfallenden Teilchen bilden einen kollimierten parallelen Strahl, damit man ihre Ablenkwinkel bei der Streuung gegen die Einfallsrichtung eindeutig bestimmen kann. Experimentell können Teilchenstrahlen verschiedener Teilchenarten (Elektronen, Protonen, Neutronen, Ionen, Mesonen, Neutrinos) hergestellt werden mit Strahlenergien, die von 1 meV (kalte Neutronen) bis 10^{12} eV (Protonen, Elektronen) reichen.

Als Streupartner werden entweder ruhende Teilchen in festen, flüssigen oder gasförmigen Targets verwendet oder auch andere Teilchenstrahlen, die sich dann im allgemeinen in entgegengesetzter Richtung aufeinander zu bewegen (Abb. 4.69). Der Impuls der gestreuten Teilchen kann durch ihre Ablenkung im Magnetfeld bestimmt werden (siehe Bd. 3, Abschn. 2.7), während ihre Energie entweder durch Ablenkung im elektrischen Feld oder durch einen energieselektiven Detektor (siehe Abschn. 4.3) gemessen wird.

Bei kollinearen Zusammenstößen werden Bahn und Energie gestreuter oder neu erzeugter Teilchen durch Spurendetektoren im Magnetfeld gemessen.

Bei Teilchen mit Spin kann zusätzlich die Abhängigkeit des Streuquerschnitts von der relativen Spinorientierung der Stoßpartner gemessen werden. Dazu müssen die Spins mindestens einer der beiden Stoßpartner vollständig oder teilweise in eine Vorzugsrichtung ausgerichtet werden.

4.4.1 Grundlagen der relativistischen Kinematik

Wie in Bd. 1, Kap. 4, gezeigt wurde, gilt bei allen Stoßprozessen die Erhaltung des Gesamtimpulses und der Gesamtenergie (wenn man bei inelastischen Stößen die *innere Energie* mit berücksichtigt). Solange die kinetische Energie der Relativbewegung der Stoßpartner klein ist gegen ihre Ruheenergie m_0c^2, können für die Beschreibung des Stoßprozesses die bereits in Bd. 1, Abschn. 4.2 hergeleiteten Relationen der Newtonschen Mechanik benutzt werden.

Bei relativistischen Energien hingegen muß für die Beziehungen zwischen Geschwindigkeit, Impuls und Energie die relativistische Kinematik verwendet werden. Hier spielt die Abhängigkeit der Massen von der Geschwindigkeit eine wichtige Rolle. Analog zur klassischen Stoßmechanik lassen sich auch im relativistischen Bereich Erhaltungssätze für Energie und Impuls aufstellen, die übersichtlich formuliert werden können, wenn man statt der dreidimensionalen Ortsvektoren $\boldsymbol{r}$ und Impulsvektoren $\boldsymbol{p}$ die Vierervektoren

$$\mathcal{R} = \{c \cdot t, x, y, z\} = \{c \cdot t, \boldsymbol{r}\}, \tag{4.88a}$$

$$\mathcal{P} = \{E/c, p_x, p_y, p_z\} = \{E/c, \boldsymbol{p}\} \tag{4.88b}$$

einführt. Die Metrik des (nichteuklidischen) Raums, in dem diese Vierervektoren definiert sind, wird so gewählt, daß das Skalarprodukt zweier Vierervektoren

$$\mathcal{R}_a \cdot \mathcal{R}_b = c^2 t_a \cdot t_b - \boldsymbol{r}_a \cdot \boldsymbol{r}_b, \tag{4.89a}$$

$$\mathcal{P}_a \cdot \mathcal{P}_b = E_a \cdot E_b/c^2 - \boldsymbol{p}_a \cdot \boldsymbol{p}_b \tag{4.89b}$$

wird. Dann gilt für die Betragsquadrate der Vierervektoren

$$|\mathcal{R}|^2 = \mathcal{R}^2 = c^2 t^2 - \boldsymbol{r}^2, \tag{4.90a}$$

$$|\mathcal{P}|^2 = \mathcal{P}^2 = E^2/c^2 - \boldsymbol{p}^2. \tag{4.90b}$$

Diese Betragsquadrate bleiben bei Lorentztransformationen invariant (siehe Aufg. 4.14).

Mit Hilfe der relativistischen Energie-Impulsbeziehung (siehe Bd. 1, Abschn. 4.4.3)

$$E = \sqrt{(m_0c^2)^2 + (cp)^2} = E_0 + E_{\text{kin}} \tag{4.91a}$$

zwischen Gesamtenergie E und Impuls $\boldsymbol{p}$ eines Teilchens mit der Ruhemasse m_0 erhalten wir die Relation:

$$E^2 - (cp)^2 = (m_0c^2)^2, \tag{4.91b}$$

woraus mit (4.90b) folgt:

$$\mathcal{P}^2 = \frac{1}{c^2}(m_0c^2)^2$$

$$\Rightarrow |\mathcal{P}| = \frac{1}{c} m_0 \cdot c^2 = m_0 c. \tag{4.92}$$

Der Betrag des Viererimpulses eines Teilchens ist proportional zu seiner Ruheenergie!

Da bei Stößen sowohl die Gesamtenergie E des Stoßsystems als auch sein Gesamtimpuls erhalten bleibt, gilt:

> Bei beliebigen Stoßprozessen bleiben Betrag und alle Komponenten des Viererimpulses des Stoßsystems konstant!

Dies ist eine verallgemeinerte Zusammenfassung von Impuls- und Energieerhaltung auch für Stöße, bei denen sich die Massen der Stoßpartner ändern (reaktive Stöße).

Wir wollen dies an zwei Beispielen illustrieren:

BEISPIELE

1. Streuung eines Elektrons ($\mathcal{P}_e = \{E_e/c, \boldsymbol{p}_e\}$) an einem Kern mit $\mathcal{P}_K = \{E_K/c, \boldsymbol{p}_K\}$.
Bezeichnen wir die Größen nach dem Stoß mit einem Strich, so gilt:

$$\mathcal{P}_e + \mathcal{P}_K = \mathcal{P}'_e + \mathcal{P}'_K \tag{4.93a}$$

$$\Rightarrow \mathcal{P}_e^2 + \mathcal{P}_K^2 + 2\mathcal{P}_e \cdot \mathcal{P}_K = \mathcal{P}_e'^2 + \mathcal{P}_K'^2 + 2\mathcal{P}'_e \cdot \mathcal{P}'_K . \tag{4.93b}$$

Bei einer elastischen Streuung bleiben die Ruhemassen der Teilchen erhalten, d. h.

$$\mathcal{P}_e^2 = \mathcal{P}_e'^2 \quad \text{und} \quad \mathcal{P}_K^2 = \mathcal{P}_K'^2 ,$$

so daß aus (4.93b) folgt:

$$\mathcal{P}_e \cdot \mathcal{P}_K = \mathcal{P}'_e \cdot \mathcal{P}'_K . \tag{4.94}$$

Ruht der Kern vor dem Stoß, so ist

$$\mathcal{P}_K = \{E_K/c, 0\} = \{M_0 c, 0\} ,$$

und wir erhalten aus (4.94) wegen (4.93a)

$$\mathcal{P}_e \cdot \mathcal{P}_K = \mathcal{P}'_e \cdot (\mathcal{P}_e + \mathcal{P}_K - \mathcal{P}'_e)$$

$$\Rightarrow E_e \cdot M_0 c^2 = E'_e \cdot E_e - \boldsymbol{p}_e \cdot \boldsymbol{p}'_e \cdot c^2 + E'_e \cdot M_0 c^2 - (m_0 c^2)^2 . \tag{4.95}$$

Bei hohen Energien ($E_e \gg m_0 c^2$) kann man den Term $(m_0 c^2)^2$ vernachlässigen und erhält bei einem Streuwinkel ϑ wegen

$\boldsymbol{p}_e \cdot \boldsymbol{p}'_e \cdot c^2 = p_e \cdot c \cdot p'_e \cdot \cos\vartheta = E_e \cdot E'_e \cos\vartheta$:

$$E_e \cdot M_0 c^2 = E'_e \cdot E_e (1 - \cos\vartheta) + E'_e \cdot M_0 c^2 .$$

Dies ergibt die Beziehung

$$E'_e = \frac{E_e}{1 + (E_e/M_0 c^2)(1 - \cos\vartheta)} \tag{4.96}$$

zwischen der Energie des Elektrons E_e vor und E'_e nach dem Stoß bei vorgegebenem Streuwinkel ϑ.
Für $\vartheta = 90°$ wird

$$E'_e = \frac{E_e}{1 + E_e/(M_0 c^2)} .$$

Bei $E_e = M_0 c^2$ wird $E'_e = \frac{1}{2} E_e$. Die Hälfte der Anfangsenergie geht in Rückstoßenergie des Kerns.

2. Reaktive Streuung von zwei Teilchen nach dem Schema:

$$\mathrm{A} + \mathrm{B} \rightarrow \mathrm{C} + \mathrm{D} . \tag{4.97}$$

Dieser Prozeß, bei dem das Projektil A auf ein Target B stößt, dieses in C umwandelt und dabei ein Teilchen D emittiert, wird abgekürzt als $B(A, D)C$ geschrieben. Wegen der Konstanz des Quadrates $\mathcal{P}^2$ des Viererimpulses gilt:

$$\mathcal{P}^2 = (\mathcal{P}_A + \mathcal{P}_B)^2 = (\mathcal{P}_C + \mathcal{P}_D)^2 = \text{const}$$

$$\Rightarrow c^2 \mathcal{P}^2 = (E_A + E_B)^2 - c^2(\boldsymbol{p}_A + \boldsymbol{p}_B) = (E_C + E_D)^2 - c^2(\boldsymbol{p}_C + \boldsymbol{p}_D)^2 . \tag{4.98}$$

Im Schwerpunktsystem ist $\boldsymbol{p}_A + \boldsymbol{p}_B = \boldsymbol{p}_C + \boldsymbol{p}_D = \boldsymbol{0}$. Mit den Energien E_A^*, E_B^* im Schwerpunktsystem ergibt sich die invariante Gesamtenergie im Schwerpunktsystem:

$$c^2 \mathcal{P}^2 = (E_A^* + E_B^*)^2 = (E_C^* + E_D^*)^2 = \text{const} . \tag{4.99}$$

Diese Energie kann beim Stoß vollständig in innere Energie (z. B. zur Erzeugung neuer Teilchen) umgewandelt werden. Da $\mathcal{P}^2$ invariant ist, muß für ruhende Targetteilchen B ($\boldsymbol{p}_B = \boldsymbol{0}$) im Laborsystem nach (4.98) gelten:

$$\begin{aligned} c^2 \mathcal{P}^2 &= (E_A + m_B c^2)^2 - p_A^2 c^2 \\ &= E_A^2 + (m_B c^2)^2 + 2E_A m_B c^2 - (p_A c)^2 \\ &= (m_A c^2)^2 + (m_B c^2)^2 + 2E_A \cdot m_B c^2 . \end{aligned}$$

Daraus folgt für die Gesamtenergie im Schwerpunktsystem:

$$\begin{aligned} E_S &= \sqrt{c^2\mathscr{P}^2} \\ &= \sqrt{(m_A c^2)^2 + (m_B c^2)^2 + 2E_A \cdot m_B c^2} \\ &\approx \sqrt{2E_A \cdot m_B c^2} \end{aligned} \quad (4.100)$$

für $E_A \gg m_A c^2, m_B c^2$. Wenn z. B. zwei Protonen mit $E_A = E_B = 500\,\text{GeV}$ mit entgegengesetzten Impulsen zusammenstoßen, ist ihr Schwerpunkt in Ruhe

$$E_S = (500 + 500)\,\text{GeV} = 10^3\,\text{GeV}.$$

Um die gleiche Schwerpunktenergie zu erhalten, müßte ein Proton, das auf ein ruhendes Proton stößt, die Energie

$$E_A = \frac{E_S^2}{2m_B c^2} = \frac{10^6}{0,93}\,\text{GeV} \approx 5,3 \cdot 10^5\,\text{GeV}$$

haben. Man kann deshalb bei Collider-Experimenten (Stoß zwischen entgegengesetzt laufenden Teilchen) bei wesentlich geringeren Energien E_A eine vorgegebene Energieschwelle für Anregung oder Erzeugung neuer Teilchen erreichen als bei ruhendem Target.

4.4.2 Elastische Streuung

Wie in Bd. 1, Abschn. 4.3 dargestellt wurde, läßt sich die Streuung zweier Teilchen aneinander im Schwerpunktsystem beschreiben durch die Streuung eines Teilchens mit der reduzierten Masse $M = M_A \cdot M_B/(M_A + M_B)$ an einem Potential, das durch die gegenseitige Wechselwirkung der Teilchen bestimmt ist.

Bei der quantenmechanischen Behandlung ersetzt man die Teilchen durch ihre Wellenpakete, d. h. laufende Wellenpakete treffen auf das Streupotential, aus dem kugelschalenförmige Wellenpakete wieder herauslaufen. Die mathematische Behandlung dieser zeitabhängigen Wellenpaket-Streuung ist jedoch sehr schwierig, und man beschreibt deshalb ein in z-Richtung einlaufendes Teilchen mit scharfem Impuls p_z und $p_x = p_y = 0$ durch eine ebene Welle $\exp(\mathrm{i}k_z)$, deren Ausdehnung in z-Richtung so groß ist, daß der Streuvorgang als stationär angesehen werden kann

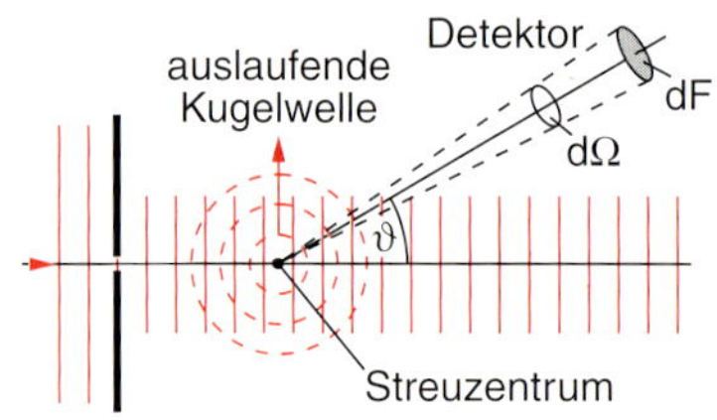

Abb. 4.70. Stationäre Beschreibung der Streuung

(siehe [4.19]). In dieser stationären Beschreibung der Streuung setzt sich die das Streuteilchen beschreibende Wellenfunktion

$$\psi(\boldsymbol{r}) = A \cdot \left[\mathrm{e}^{\mathrm{i}kz} + f(\vartheta) \cdot \frac{1}{r}\,\mathrm{e}^{\mathrm{i}kr} \right] \quad (4.101)$$

zusammen aus einer einfallenden ebenen Welle und einer auslaufenden Kugelwelle, deren Amplitude $A \cdot f(\vartheta)/r$ noch vom Streuwinkel ϑ abhängen kann (Abb. 4.70). Der Detektor mit der empfindlichen Fläche $\mathrm{d}F$ im Abstand r vom Streuzentrum mißt alle in den Raumwinkel $\mathrm{d}\Omega = \mathrm{d}F/r^2$ gestreuten Teilchen. Solange sein Abstand $r \cdot \sin\vartheta$ von der z-Achse größer ist als der durch Blenden begrenzte halbe Durchmesser des einfallenden Strahls, wird die einfallende Welle nicht mitgemessen. Der auf den Detektor einfallende Teilchenstrom ist dann bei einer Teilchengeschwindigkeit v_a:

$$\begin{aligned} j_a \mathrm{d}F &= v_a |\psi_a|^2\, \mathrm{d}F = v_a \left| A \cdot f(\vartheta) \cdot \frac{1}{r}\,\mathrm{e}^{\mathrm{i}kr} \right|^2 \mathrm{d}F \\ &= v_a \cdot A^2 \cdot |f(\vartheta)|^2 \cdot \mathrm{d}\Omega. \end{aligned} \quad (4.102)$$

Der Streuquerschnitt $\sigma(\vartheta)\mathrm{d}\Omega$ ist definiert als der Quotient $j_a \cdot \mathrm{d}F/j_e$ aus gestreuter Teilchenrate zu einfallender Stromdichte. Der Vergleich mit (4.102) ergibt wegen $v_e = v_a$ bei elastischer Streuung für den differentiellen Streuquerschnitt:

$$\frac{\mathrm{d}\sigma}{\mathrm{d}\Omega} = \frac{v_a \cdot A^2 \cdot |f(\vartheta)|^2}{v_e A^2} = |f(\vartheta)|^2. \quad (4.103)$$

Der differentielle Streuquerschnitt der elastischen Streuung ist also gleich dem Absolutquadrat der ***Streuamplitude*** $f(\vartheta)$.

Wenn man bei gegebenem Streupotential die Streuamplitude berechnen kann, läßt sich damit der differentielle Streuquerschnitt bestimmen. Diese Berechnung ist im allgemeinen nur näherungsweise

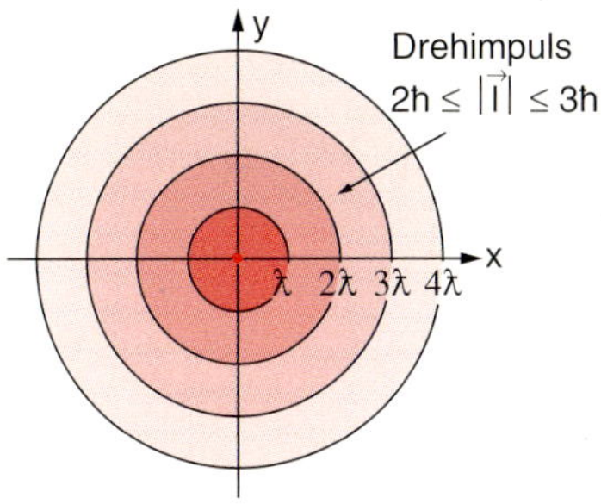

Abb. 4.71. Die zum Bahndrehimpuls $n \cdot \hbar$ gehörenden Ringzonen um das Streuzentrum

möglich. Eine solche Näherung ist die ***Partialwellenzerlegung*** der einfallenden ebenen Welle in Partialwellen mit Drehimpulsen $n \cdot \hbar$ in Bezug auf das Streuzentrum.

Haben die einfallenden Teilchen den Impuls $\boldsymbol{p}$, so können wir den Strahlquerschnitt in Kreisringzonen aufteilen mit den Radien $r_n = n \cdot ƛ = n \cdot \hbar / p$ (Abb. 4.71). Ein Teilchen mit Stoßparameter $b = n \cdot ƛ$ und Impuls p hat dann den Drehimpuls $\boldsymbol{l} = \boldsymbol{r} \times \boldsymbol{p}$ mit $|\boldsymbol{l}| = n \cdot \hbar$.

Der integrale Streuquerschnitt für alle Teilchen mit dem Bahndrehimpuls $l \cdot \hbar$ ist dann gleich der Fläche der l-ten Ringzone:

$$\begin{aligned} \sigma_l &= \pi (l+1)^2 ƛ^2 - \pi \cdot l^2 ƛ^2 \\ &= (2l+1)\pi \cdot ƛ \,, \end{aligned} \tag{4.104a}$$

und der gesamte Streuquerschnitt ist:

$$\sigma_{\text{tot}} = \sum_{l=0}^{l_{\max}} (2l+1)\pi ƛ^2 \,. \tag{4.104b}$$

Bei vorgegebener Energie und damit festgelegtem Impuls p der einfallenden Teilchen hängt der maximale Drehimpuls der gestreuten Teilchen von der Reichweite des Streupotentials ab. Man kann die Wellenfunktion der einfallenden Welle nach Legendre-Polynomen P_l entwickeln und erhält die Partialwellenentwicklung (siehe Lehrbücher der Quantenmechanik)

$$\begin{aligned} \mathrm{e}^{\mathrm{i}kz} &= \mathrm{e}^{\mathrm{i}kr \cdot \cos\vartheta} \\ &= \sum_{l=0}^{\infty} (2l+1)\mathrm{i}^l \cdot J_l(kr) \cdot P_l(\cos\vartheta) \,. \end{aligned} \tag{4.105}$$

Dabei sind die $J_l(k \cdot r)$ die sphärischen Besselfunktionen. Man sieht aus Abb. 4.72, daß für $k \cdot r < 1$ das erste Glied der Reihe (4.105) den wesentlichen Anteil

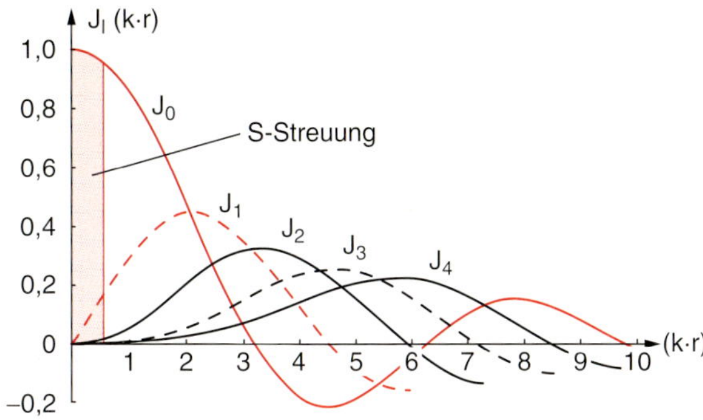

Abb. 4.72. Verlauf der Besselfunktionen $J_l(k \cdot r)$ mit $l = 0, 1, \ldots, 4$

liefert. Je größer $k \cdot r = r/ƛ$ wird, desto mehr Partialwellen sind an der Streuung beteiligt.

Trägt nur das erste Glied mit $l = 0$ merklich zur Streuung bei (***S-Streuung***), so wird die Winkelverteilung der gestreuten Teilchen kugelsymmetrisch, d. h. die Streuamplitude $f(\vartheta)$ wird von ϑ unabhängig. Der Streuquerschnitt $\sigma = \pi \cdot ƛ^2$ hängt dann nur noch von der reduzierten de-Broglie-Wellenlänge $ƛ$, d. h. vom Impuls des einfallenden Teilchens ab, und seine Messung bringt keinerlei Information über das Wechselwirkungspotential, außer, daß seine Reichweite kleiner als $ƛ$ ist.

BEISPIEL

$1/k = ƛ = \hbar/(m \cdot v) = 10^{-14}$ m. Dann gilt $k \cdot r < 1$ für Stoßparameter $b \le r < 10^{-14}$ m. Ist die Ausdehnung des Streuzentrums (z. B. Kernvolumen) kleiner als 10^{-14} m, so erhält man für $ƛ = 10^{-14}$ m im wesentlichen nur S-Streuung.

Für große Entfernungen vom Streuzentrum (d. h. $k \cdot r \gg 1$) geht die Besselfunktion in (4.105) über in die Sinusfunktion, d. h. es gilt:

$$J_l(kr) \to \frac{1}{kr} \sin\left(kr - \frac{l}{2}\pi\right) \,. \tag{4.106}$$

Wir können dann die einfallende Welle (4.105) wegen $\sin x = \frac{1}{2\mathrm{i}}(\mathrm{e}^{\mathrm{i}x} - \mathrm{e}^{-\mathrm{i}x})$ schreiben als

$$\begin{aligned} \Psi_{\mathrm{e}} = \mathrm{e}^{\mathrm{i}kz} &= \frac{1}{2kr} \sum_{l=0}^{\infty} (2l+1)\mathrm{i}^{l+1} \\ &\cdot \left[\mathrm{e}^{-\mathrm{i}(kr-(l/2)\pi)} - \mathrm{e}^{+\mathrm{i}(kr-(l/2)\pi)}\right] \cdot P_l(\cos\vartheta) \,. \end{aligned} \tag{4.107}$$

In dieser Darstellung wird die einlaufende ebene Welle also dargestellt als Summe von einlaufenden und auslaufenden Kugelwellen, deren Amplituden eine Winkelabhängigkeit haben, welche durch $P_l(\cos\vartheta)$ angegeben wird.

Gleichung (4.107) beschreibt die ebene Teilchenwelle, die sich ergibt, wenn kein Streupotential vorhanden ist. Durch das Potential werden Amplituden und Phasen der *auslaufenden* Welle verändert, weil sich während der Potentialdurchquerung die de-Broglie-Wellenlänge λ ändert und die Amplitude um den Faktor $\alpha < 1$ abnimmt. Die resultierende Phasenänderung ist

$$\begin{aligned}\Delta\varphi &= 2\pi \int \left(\frac{1}{\lambda_0} - \frac{1}{\lambda}\right) \mathrm{d}s \qquad (4.108)\\ &= \frac{2\pi}{h} \int \left[\sqrt{2mE} - \sqrt{2m(E - E_{\mathrm{pot}})}\right] \mathrm{d}s\,,\end{aligned}$$

wenn $\lambda_0 = \sqrt{2mE_{k_0}}/h$ die de-Broglie-Wellenlänge im potentialfreien Gebiet ist. Statt (4.107) erhalten wir dann mit den Abkürzungen $\eta_l = \alpha(l) \cdot \mathrm{e}^{\mathrm{i}\,\Delta\varphi}$ und $\delta_l = kr - \frac{l}{2}\pi$ für die durch das Potentialgebiet transmittierte Welle die Wellenfunktion:

$$\begin{aligned}\Psi_{\mathrm{t}} = \frac{1}{2kr} \sum_{l=0}^{\infty} (2l+1)\,\mathrm{i}^{l+1} \qquad (4.109)\\ \cdot \left[\mathrm{e}^{-\mathrm{i}\delta_l} - \eta_l \mathrm{e}^{+\mathrm{i}\delta_l}\right] P_l(\cos\vartheta)\,.\end{aligned}$$

Nach (4.101) gilt aber für die gesamte Wellenfunktion

$$\Psi = \Psi_{\mathrm{t}} = \Psi_{\mathrm{e}} + \Psi_{\mathrm{Str}} = \mathrm{e}^{\mathrm{i}kz} + f(\vartheta)\,\mathrm{e}^{\mathrm{i}kr}/r\,,$$

woraus mit (4.107,109) folgt:

$$\begin{aligned}\Psi_{\mathrm{Str}} &= f(\vartheta) \cdot \mathrm{e}^{\mathrm{i}kr}/r = \Psi_{\mathrm{t}} - \Psi_{\mathrm{e}}\\ &= \frac{1}{2kr} \sum_{l=0}^{\infty} (2l+1)\,\mathrm{i}^{l+1}(1-\eta_l)\\ &\quad \cdot \mathrm{e}^{\mathrm{i}(kr-(l/2)\pi)} P_l(\cos\vartheta)\,,\end{aligned}$$

und wir erhalten für die Streuamplitude:

$$\begin{aligned}f(\vartheta) = \frac{\mathrm{i}}{2k} \sum_{l=0}^{\infty} (2l+1)\mathrm{i}^l(1-\eta_l)\\ \cdot \mathrm{e}^{\mathrm{i}(kr-(l/2)\pi)} P_l(\cos\vartheta) \qquad (4.110)\end{aligned}$$

und für den differentiellen Streuquerschnitt

$$\frac{\mathrm{d}\sigma}{\mathrm{d}\Omega} = \frac{1}{4k^2} \left| \sum_{l=0}^{\infty} (2l+1)(1-\eta_l) P_l(\cos\vartheta) \right|^2 . \qquad (4.111)$$

Der Anteil der einzelnen Partialwellen zum differentiellen Streuquerschnitt wird also durch ihre Phasenverschiebung beim Durchqueren des Potentials bestimmt.

Da in (4.111) die Amplituden der Partialwellen mit ihren unterschiedlichen Phasen η_l addiert werden, treten Interferenzeffekte auf, und es ergeben sich im allgemeinen unsymmetrische Winkelverteilungen.

Nutzt man die Orthogonalität der Legendre-Polynome

$$\int P_l(\cos\vartheta) \cdot P_{l'}(\cos\vartheta)\,\mathrm{d}\Omega = \frac{4\pi}{2l+1}\,\delta_{l,l'}$$

aus, so erhält man aus (4.111) durch Integration über alle Streuwinkel ϑ den integralen Streuquerschnitt

$$\sigma_{\mathrm{int}} = \frac{\pi}{k^2} \sum_{l=0}^{\infty} (2l+1)(1-\eta_l)^2 . \qquad (4.112)$$

Jede Partialwelle trägt den Beitrag

$$\sigma_l = \pi \cdot \lambda\!\!\!^{-2}(2l+1)(1-\eta_l)^2 \qquad (4.113)$$

zum integralen Streuquerschnitt bei. Das Potential modifiziert den ohne Berücksichtigung des Potentials gewonnenen Ansatz (4.104a) durch Hinzufügen der Phasenverschiebung $\eta_l = \exp(2\mathrm{i}\delta_l)$.

Bei der elastischen Streuung wird $|\eta_l| = 1$, und wir erhalten für die Streuamplitude aus (4.110)

$$\begin{aligned}f(\vartheta) &= \frac{\mathrm{i}}{2k} \sum_{l=0}^{\infty} (2l+1) \left(1 - \mathrm{e}^{2\mathrm{i}\delta_l}\right) P_l(\cos\vartheta)\\ &= \lambda\!\!\!^{-} \sum_l (2l+1)\mathrm{e}^{\mathrm{i}\delta_l} \sin\delta_l \cdot P_l(\cos\vartheta) \qquad (4.114)\end{aligned}$$

und für den integralen Streuquerschnitt aus (4.112)

$$\sigma_{\mathrm{int}}^{\mathrm{el}} = 4\lambda\!\!\!^{-2} \sum_{l=0}^{\infty} (2l+1)\sin^2\delta_l\,. \qquad (4.115)$$

Der Einfluß des Potentials auf die l-te Potentialwelle wird also durch die Phasenverschiebung δ_l beschrieben.

Aus (4.114) folgt für $\vartheta = 0$ (Vorwärtsstreuung) wegen $P_l(0) = 1$:

$$\begin{aligned}\operatorname{Im}\big(f(0)\big) &= \lambda\!\!\!^{-} \cdot \sum_l (2l+1)\sin^2\delta_l \\ &= \frac{1}{4\lambda\!\!\!^{-}} \cdot \sigma_{\text{int}}^{\text{el}}, \qquad (4.116)\end{aligned}$$

die als ***optisches Theorem*** bezeichnete Beziehung zwischen dem integralen Streuquerschnitt und dem Imaginärteil der Streuamplitude in Vorwärtsrichtung.

4.4.3 Was lernt man aus Streuexperimenten?

Wie wir im vorigen Abschnitt gesehen haben, hängt der gemessene integrale Streuquerschnitt $\sigma_{\text{int}}^{\text{el}}$ für die elastische Streuung von den Phasenverschiebungen δ_l ab, welche die Materiewellen beim Durchqueren des Wechselwirkungspotentials erfahren (4.115). Mißt man $\sigma_{\text{int}}^{\text{el}}$ als Funktion der Energie des einfallenden Teilchens, so trägt bei genügend kleinen Energien nur die S-Welle mit $l = 0$ zum Streuquerschnitt bei. Mit wachsender Energie überlagern sich immer mehr Partialwellen, die zur Streuung und damit zum Streuquerschnitt beitragen. Dadurch lassen sich die Streuphasen δ_l einzeln bestimmen und damit die r-Abhängigkeit des Potentials ermitteln.

Einen direkteren Zugang zur r-Abhängigkeit des Potentials bietet die Messung des differentiellen Streuquerschnitts $\mathrm{d}\sigma(\vartheta)/\mathrm{d}\Omega$ als Funktion des Streuwinkels ϑ, da ja der Ablenkwinkel ϑ mit dem Stoßparameter b des einfallenden Teilchens verknüpft ist.

Solche Streumessungen ergeben allerdings nur den kugelsymmetrischen Anteil des Wechselwirkungspotentials. Winkelabhängige Anteile muß man durch zusätzliche experimentelle Informationen erschließen. Dazu gehört z. B. die Streuung von spinorientierten Teilchen (Elektronen, Protonen, Neutronen) an orientierten Targetteilchen. Hierdurch lernt man etwas über die Abhängigkeit der Wechselwirkung von der relativen Orientierung der Spins.

Informationen über die innere Energiestruktur (Energieniveaus von Kernen) erhält man aus der Messung des Energieverlustes der Projektile bei der inelastischen Streuung. Mißt man den differentiellen inelastischen Streuquerschnitt, so kann dieser bei bestimmten Winkeln ϑ Maxima zeigen. Dies bedeutet, daß bei den zugehörigen Stoßparametern die Wahrscheinlichkeit für eine Anregung des Targetteilchens besonders groß ist.

Auch bei der elastischen Streuung kann man Resonanzen im Streuquerschnitt beobachten, wenn die Energie im Schwerpunktsystem der Energie eines angeregten Zustandes entspricht, der dann nur *virtuell* angeregt wird, d. h. sofort wieder abgeregt wird, so daß dem Projektil keine Energie fehlt. Die Energiebreite solcher Resonanzen gibt Informationen über die Lebensdauer dieses virtuellen Zustands.

Die Phasenverschiebung δ_l der Partialwelle, die hauptsächlich zur Anregung der Resonanz beiträgt, ändert sich beim Überfahren der Resonanz steil und hat den Wert $\pi/2$ in der Mitte der Resonanz. Dies ist analog zur erzwungenen Schwingung in der Mechanik (siehe Bd. 1, Abschn. 10.5).

4.5 Kernspektroskopie

Kernspektroskopie bedeutet die Messung der Energie von γ-Quanten, Elektronen, Positronen oder Neutronen, die von energetisch angeregten Kernen emittiert werden.

Diese angeregten Zustände entstehen beim radioaktiven Zerfall von Mutterkernen in energetisch angeregte Tochterkerne (Abschn. 3.2), bei der Kernspaltung (Abschn. 6.5), bei der Anregung von Kernen durch Absorption von γ-Strahlung oder beim Beschuß der Kerne mit anderen Projektilen.

Die Kernspektroskopie gibt aber nicht nur Informationen über die Energie der angeregten Zustände, sondern auch über ihre Parität, ihren Drehimpuls und über eventuelle elektrische oder magnetische Momente. Zeitaufgelöste Messungen erlauben die Bestimmung der Lebensdauern angeregter Kernzustände, die von 10^{-12} s bis zu 10^9 Jahren reichen können.

In vieler Hinsicht ist die Zielsetzung der Kernspektroskopie völlig analog zur Spektroskopie der Elektronenhülle. Die Hauptunterschiede sind die um mehrere Größenordnungen höheren Energien, die im keV- bis MeV-Bereich liegen und die kleineren Anregungsquerschnitte für die Bevölkerung solcher angeregten Kernzustände.

4.5.1 Gamma-Spektroskopie

Zur Messung der Energie $h \cdot \nu$ der γ-Quanten sind eine Reihe von Methoden entwickelt worden. Man kann Halbleiter-Detektoren verwenden (Abschn. 4.3.3), Szintillationsdetektoren (Abschn. 4.3.2) oder ein Kristall-Spektrometer, in dem die γ-Strahlung gemäß der Bragg-Bedingung

$$2d \cdot \sin\alpha_m = m \cdot \lambda \;\Rightarrow\; h \cdot \nu = m \cdot \frac{h \cdot c}{2d \sin\alpha_m}$$

bei den Einfallswinkeln α_m gegen eine Netzebenschar bei der Streuung konstruktiv interferiert und deshalb Maxima der Streuintensität zeigt.

Da im Experiment nicht beliebig kleine Winkel α_m realisiert werden können, muß man bei höheren γ-Energien in höherer Interferenzordnung m messen.

BEISPIEL

$\sin\alpha_m = 0{,}01$, $m = 5$, $d = 0{,}2$ nm
$\Rightarrow h \cdot \nu = 22{,}5 \cdot 10^{-14}\,\mathrm{J} = 1{,}4\,\mathrm{MeV}$.

Die wichtigsten Auswahlkriterien für das geeignete Spektrometer sind sein Energieauflösungsvermögen $E/\Delta E$ und seine Effektivität η, die als Verhältnis der Zahl detektierter zur Zahl der einfallenden γ-Quanten definiert ist.

Man sieht aus den in Abb. 4.73 gezeigten Kurven, daß beide Größen von der Energie $h \cdot \nu$ abhängen. Das Kristall-Spektrometer hat die größte Energieauflösung, aber die kleinste Effektivität, während Szintillationsdetektoren umgekehrt die größte Effektivität, aber die kleinste Energieauflösung zeigen. Den besten Kompromiß bilden Halbleiterdetektoren, weshalb sie auch in zunehmendem Maße eingesetzt werden.

Die Energieauflösung eines mit Li dotierten Germanium-Halbleiterdetektors wird durch das Spektrum in Abb. 4.59 illustriert, das bei $E = 100\,\mathrm{keV}$ eine Auflösung von $\Delta E \approx 1$ keV ergibt.

Bei einem Szintillationszähler muß das Szintillatorvolumen so groß sein, daß die durch den Compton-Effekt entstehenden Sekundär-γ-Quanten nicht den Szintillator verlassen können. Oft wählt man die 4π-Geometrie der Abb. 4.56, bei der die zu untersuchende γ-emittierende Probe ringsum von Szintillationszählern umgeben ist. Abbildung 3.30 zeigt ein mit einer solchen Anordnung gemessenes γ-Spektrum des angeregten Kerns ${}^{22}_{10}\mathrm{Ne}^+$ (siehe Abschn. 3.5.1).

Wir hatten im Abschn. 3.5.2 gesehen, daß angeregte Kerne, je nach ihrem Drehimpuls und ihrer Parität, Multipolstrahlung der Ordnung 2^L aussenden können, wobei $|\boldsymbol{L}| = \sqrt{L(L+1)}\hbar$ der Bahndrehimpuls des ausgesendeten γ-Quants in Bezug auf den Kern ist. Die Winkelverteilung der emittierten γ-Strahlung hängt ab von der Multipolordnung. Die Messung der Zahl $N(\vartheta)$ der emittierten γ-Quanten als Funktion des Winkels ϑ gegen eine physikalisch ausgezeichnete Achse, die wir als z-Richtung wählen, gibt daher Informationen über den Charakter der Multi-

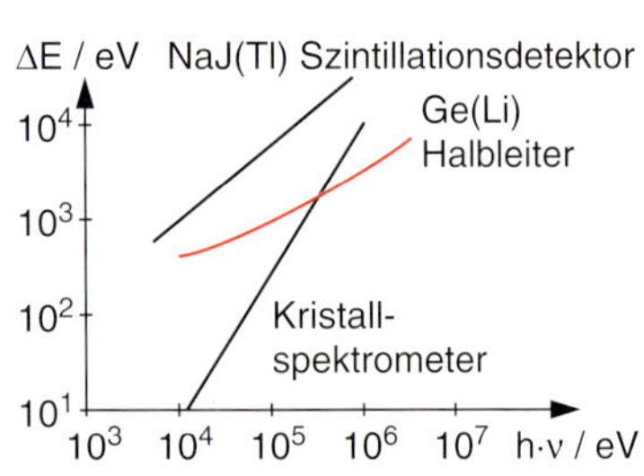

Abb. 4.73. Kleinstes noch auflösbares Energieintervall ΔE verschiedener Detektoren für γ-Strahlung als Funktion der γ-Quantenenergie $h \cdot \nu$

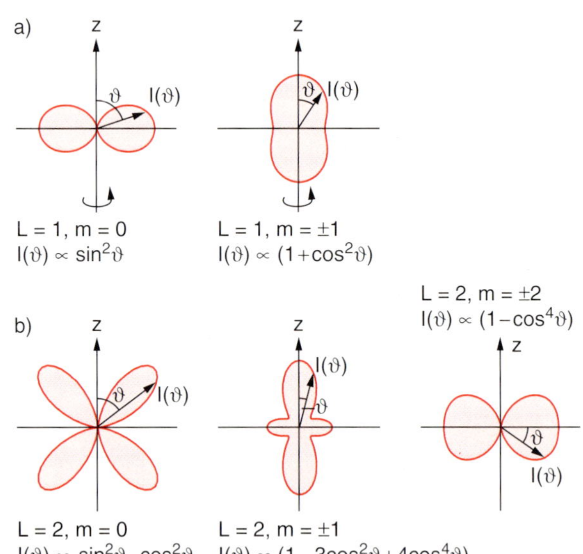

Abb. 4.74a,b. Richtungsverteilung der abgestrahlten γ-Intensität für (**a**) Dipol- und (**b**) Quadrupolübergänge

polstrahlung. Die räumliche Intensitätsverteilung der Multipolstrahlung ist proportional zum Quadrat $|Y_L^m|^2$ der Kugelflächenfunktionen Y_L^m, wobei L die Drehimpulsquantenzahl und m die Projektionsquantenzahl ist.

Für elektrische oder magnetische Dipolstrahlung gilt (Abb. 4.74a):

$$\begin{aligned} I_1^0 &\propto |Y_1^0|^2 \propto \sin^2\vartheta\,, \\ I_1^{\pm 1} &\propto |Y_1^{\pm 1}|^2 \propto (1+\cos^2\vartheta)\,, \end{aligned} \tag{4.117a}$$

während Quadrupolstrahlung die Beiträge liefert (Abb. 4.74b)

$$\begin{aligned} I_2^0(\vartheta) &\propto \sin^2\vartheta\cos^2\vartheta\,, \\ I_2^{\pm 1}(\vartheta) &\propto (1-3\cos^2\vartheta+4\cos^4\vartheta)\,, \\ I_2^{\pm 2}(\vartheta) &\propto (1-\cos^4\vartheta)\,. \end{aligned} \tag{4.117b}$$

Man sieht aus (4.117), daß $I(\vartheta)=I(\pi-\vartheta)$ gilt. Man braucht $I(\vartheta)$ daher nur in einem Winkelbereich von $\pi/2$, z. B. bei Winkeln $90° \le \vartheta \le 180°$ zu messen. Die Ursache dieser Symmetrie ist die Paritätserhaltung bei elektromagnetischen Wechselwirkungen.

Eine anisotrope Intensitätsverteilung kann nur erwartet werden, wenn die emittierenden Kerne eine Vorzugsrichtung haben, die durch den Kernspin $\boldsymbol{I}$ mit $I \ge 1$ gegeben ist (siehe Abschn. 2.5). Im thermischen Gleichgewicht einer Probe aus vielen Kernen sind ohne äußeres Magnetfeld die Spinrichtungen statistisch verteilt, d. h. die energetisch entarteten Niveaus $|m_I\rangle$ sind gleich besetzt, so daß im statistischen Mittel keine Vorzugsrichtung vorhanden ist. Deshalb ist dann auch für Kerne mit $I \ne 0$ die γ-Strahlung im allgemeinen isotrop verteilt. Um die den Multipolmomenten entsprechenden Winkelverteilungen zu erhalten, müssen die Kernspins wenigstens teilweise ausgerichtet werden. Dies kann z. B. durch ein äußeres Magnetfeld geschehen, das dann *eine* Vorzugsrichtung vorgibt.

Eine Methode, bei der auch ohne ein Magnetfeld eine Bezugsrichtung festgelegt wird, ist die Messung

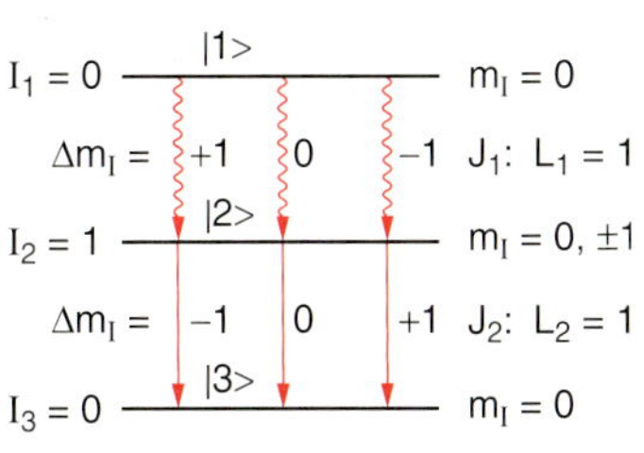

Abb. 4.75. Kaskaden-γ-Übergang zwischen angeregten Kernniveaus mit $\Delta I = \pm 1$ und $\Delta m_I = 0, \pm 1$ (Dipol-Dipol-Kaskade)

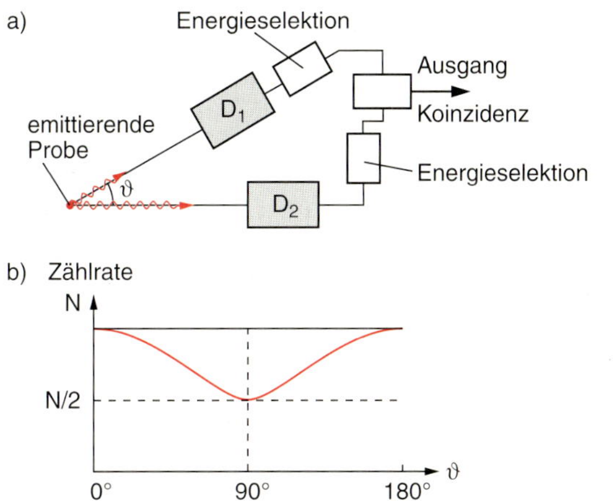

Abb. 4.76. (**a**) Experimentelle Anordnung zur Messung der Winkelkorrelation von γ-Quanten. (**b**) Korrelationszählrate $N(\vartheta)$ für eine Dipol-Dipol-Kaskade

von Kaskadenübergängen in Kernen (Abb. 4.75). Wird bei der Emission eines γ-Quants γ_1 mit der Energie $h \cdot \nu_1$ und den Bahndrehimpulszahlen L_1, m_{L_1} ein angeregter Zwischenzustand $|2\rangle$ besetzt, der selbst wieder durch Emission eines Quants $\gamma_2(h\nu_2, L_2, m_{L_2})$ in einen tieferen Zustand $|3\rangle$ übergeht, so kann der Multipolcharakter dieser γ_2-Quanten ermittelt werden durch eine Winkelkorrelationsmessung. Die Emissionsrichtung von γ_1 gibt die Vorzugsrichtung an, und man kann durch eine verzögerte Koinzidenzmessung (Abb. 4.76) die Wahrscheinlichkeit messen, daß bei Aussenden des γ_1-Quants ein zweites Quant γ_2 unter dem Winkel ϑ gegen die Richtung von γ_1 emittiert wird. Durch Messung der Energien $h\nu_1$ und $h\nu_2$ kann die Zuordnung der beiden Quanten erfolgen. In Abb. 4.76b ist für die Dipol-Dipol-Kaskade der Abb. 4.75 die Winkelkorrelation $I(\gamma_1, \gamma_2, \vartheta)$ dargestellt. Das Zwischenniveau mit $I_2 = 1$ hat die energetisch entarteten Komponenten $m_I = 0, \pm 1$. Entspricht γ_1 einem Übergang mit $\Delta m_I = +1$, so wird das Zwischenniveau $m_I = +1$ besetzt, und für den Übergang $|2\rangle \to |3\rangle$ muß $\Delta m_I = -1$ gelten. Analoges gilt für die Reihenfolge $\gamma_1(\Delta m = -1) \to \gamma_2(\Delta m = +1)$. Die Winkelkorrelation folgt deshalb gemäß (4.117a) der Verteilung $|Y_1^{\pm 1}|^2 \propto 1/2 \cdot (1+\cos^2\vartheta)$.

Da elektrische und magnetische Multipolübergänge entgegengesetzte Parität besitzen (siehe Abschn. 3.5.2), aber die gleiche Winkelverteilung haben, läßt sich aus der Winkelkorrelationsmessung allein

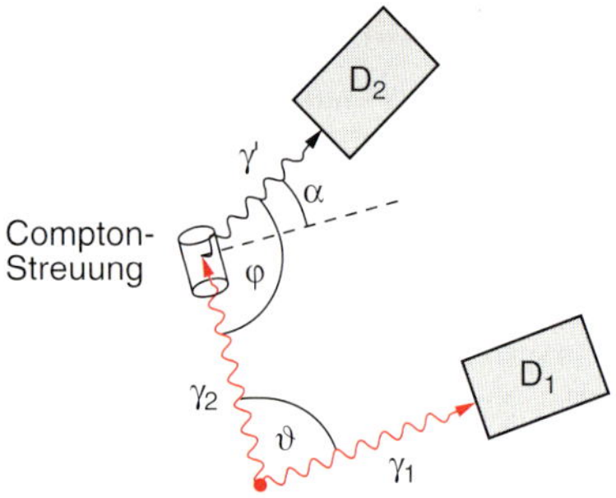

Abb. 4.77. Anordnung zur Messung der polarisationsabhängigen Winkelkorrelation mit Hilfe der Compton-Streuung

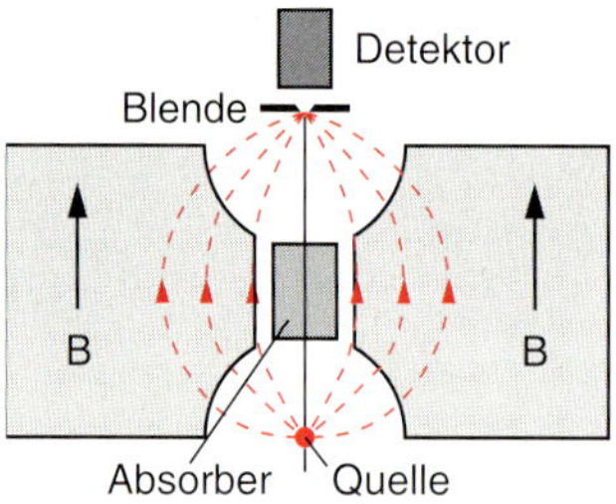

Abb. 4.78. Linsen-Beta-Spektrometer mit axialsymmetrischen Magnetfeld

der Charakter der Multipolstrahlung nicht vollständig angeben. Dazu kann jedoch die Kenntnis der Polarisation der γ-Strahlung dienen, welche die Richtung des elektrischen Feldvektors der elektromagnetischen Welle angibt. Zur Messung der Polarisation können alle Effekte benutzt werden, die von der Polarisation abhängen, wie z. B. der Compton-Effekt, bei dem der Compton-Streuquerschnitt nicht nur vom Winkel φ zwischen einlaufendem Quant γ und gestreutem Quant γ' abhängt (siehe Bd. 3, Abschn. 3.1.3), sondern auch von der Polarisationsrichtung α von γ' gegen die Richtung, in die γ' gestreut wird. Man kann deshalb mit der in Abb. 4.77 gezeigten Anordnung Polarisations-Winkel-Korrelationsmessungen durchführen, aus deren Ergebnissen dann auch die Paritäten der am Kaskaden-γ-Übergang beteiligten Kernniveaus bestimmt werden können.

4.5.2 Beta-Spektrometer

Zur Messung der Energie von Elektronen oder Positronen, die z. B. von instabilen Kernen ausgesandt werden (siehe Abschn. 3.4), können z. B. Szintillationsdetektoren und Halbleiterdetektoren eingesetzt werden, aber auch magnetische Spektrometer, die von allen Spektrometern die größte Energieauflösung besitzen. Eine einfache Ausführung mit homogenem Magnetfeld ist in Abb. 3.25 gezeigt, bei der die Fokussierung in einem magnetischen 180°-Sektorfeld ausgenutzt wird (siehe Abschn. 3.4.4).

Eine größere Transmission wird mit einem speziell geformten magnetischen Längsfeld erreicht (siehe Bd. 3, Abschn. 2.6.4), bei dem alle von einem Punkt unter dem Winkel $\alpha < 90°$ gegen die Magnetfeldachse emittierten Elektronen gleicher Energie wieder auf einen Punkt im Abstand

$$z_{\mathrm{f}} = \frac{2\pi}{e \cdot \int B \, \mathrm{d}z} \sqrt{2mE}$$

fokussiert werden. Dabei ist $B(z)$ das Magnetfeld entlang des Elektronenweges. Eine mögliche experimentelle Ausführung ist in Abb. 4.78 gezeigt. Das axialsymmetrische Magnetfeld wird durch eine stromdurchflossene Spule mit geeigneter Formgebung erzeugt, welches die von der Quelle emittierten Elektronen bzw. Positronen auch bei großem Winkel α gegen die Feldachse auf eine Lochblende vor dem Detektor fokussiert. Um die direkte in z-Richtung emittierte Strahlung abzuschirmen, wird ein β-Absorber in den direkten Strahlengang gestellt. Durch Variation der Magnetfeldstärke kann das Energiespektrum der β-Strahlung aufgenommen werden.

Um die Zuordnung von β-Übergängen in β-γ-Kaskaden treffen zu können, werden β-Detektoren und γ-Detektoren in Koinzidenz geschaltet, so daß man, ähnlich wie bei der Messung der γ-γ-Winkelkorrelation, Koinzidenzraten als Funktion des Winkels zwischen den Emissionsrichtungen von β- und γ-Teilchen messen kann und dadurch Informationen über die Spins der beteiligten Kernzustände erhält.

ZUSAMMENFASSUNG

- Geladene Teilchen lassen sich auf hohe Energien beschleunigen, indem man sie einmal eine hohe Potentialdifferenz durchlaufen läßt (elektrostatische Beschleuniger) oder ihnen durch viele Beschleunigungsstrecken akkumulativ Energie zuführt.
- Bei Kreisbeschleunigern werden die Teilchen durch Magnetfelder auf Kreisbahnen gehalten, und ihre Energie wird durch synchron gesteuerte Hochfrequenzbeschleunigungsstrecken sukzessive erhöht.
- Beim Zyklotron bleibt das Magnetfeld zeitlich konstant. Die Kreisradien werden deshalb mit zunehmender Energie der Teilchen größer. Beim Betatron und beim Synchrotron bleiben die Kreisradien konstant. Das Magnetfeld muß daher mit wachsender Teilchenenergie zunehmen. In allen Fällen stellt das Magnetfeld die Begrenzung für die erreichbare Maximalenergie der Teilchen dar.
- Die Teilchen können aus den Beschleunigern in Speicherringe injiziert werden, wo sie bei konstanter Energie für lange Zeit gespeichert werden. Man erreicht Stromstärken bis zu 10 A. Die Strahlungsverluste müssen durch zusätzliche Energiezufuhr ersetzt werden.
- Die Stabilität der Teilchenbahnen wird mit Hilfe der Teilchenfokussierung durch geeignet geformte Magnetfelder und durch Quadrupollinsen erreicht.
- Der Nachweis von Mikroteilchen (Elektronen, Protonen, Neutronen, Mesonen etc.) basiert auf ihrer teilchenspezifischen und energieabhängigen Wechselwirkung mit Materie. Es wird kinetische Energie der Teilchen umgewandelt in Anregungs- oder Ionisationsenergie oder in elektromagnetische Strahlung.
- Energie und Impulse der Teilchen können durch Reichweitemessungen und durch die Ablenkung der Teilchen in Magnetfeldern bestimmt werden.
- Ionisationskammern, Geigerzähler und Funkenkammern wandeln die Ionisation, die die zu detektierenden Teilchen in in einem Füllgas bewirken, in elektrische Spannungsimpulse um; Szintillationsdetektoren verwenden die nach elektronischer Anregung erfolgende Lichtemission.
- Elektronen, die schneller als die Phasengeschwindigkeit von Licht durch Materie fliegen, senden Čerenkov-Strahlung aus, die zu ihrem Nachweis benutzt wird.
- Spurendetektoren (Nebel-Blasen-Funkenkammer, Streamer-Kammern) machen die Bahn eines Teilchens sichtbar. Aus der Spurendichte läßt sich Information über die Art des Teilchens, aus der Krümmung der Bahn im Magnetfeld sein Impuls messen.
- Detektoren an Hochenergiebeschleunigern bestehen aus einer Kombination verschiedener Detektortypen.
- Aus Messungen des differentiellen Streuquerschnittes bei der elastischen Streuung von Teilchen kann die Abstandsvariation des Wechselwirkungspotentials erschlossen werden. Für die Bestimmung von nicht-kugelsymmetrischen Anteilen im Wechselwirkungspotential braucht man orientierte Teilchen (z.B. Spin-ausgerichtete Protonen).
- Für unelastische und reaktive Stöße steht nur die Energie im Schwerpunktsystem zur Umwandlung in innere Energie zur Verfügung. Der Rest geht in Translationsenergie der Stoßpartner.
- Bei allen Stößen bleiben alle Komponenten des Vierer-Impulsvektors erhalten.
- Bei der stationären quantenmechanischen Behandlung der elastischen Streuung ist der differentielle Streuquerschnitt gleich dem Absolutquadrat der Streuamplitude $|f(\vartheta)|^2$.

ÜBUNGSAUFGABEN

1. Ein Elektron, ein Proton und ein α-Teilchen werden jeweils auf eine kinetische Energie von $e \cdot U = 1$ GeV beschleunigt. Wie groß ist jeweils die Geschwindigkeit v und die Gesamtenergie?
2. In einem Betatron sollen Elektronen innerhalb 10 ms auf eine kinetische Energie von 1 MeV beschleunigt werden. Sie starten mit der Energie Null. Wie groß muß der maximale magnetische Fluß ϕ_m am Ende der Beschleunigungszeit sein, und wie groß ist dann das Magnetfeld am Elektronenring mit Radius $r_0 = 1$ m?
3. Ein Protonen-Synchrotron soll Protonen auf 400 GeV beschleunigen, bei einem Bahnradius von 10^3 m. Wie groß muß das Magnetfeld sein?
4. Ein paralleler Protonenstrahl der Energie $E_{kin} = 100$ MeV soll durch ein magnetisches Längsfeld fokussiert werden. Wie groß muß die Feldstärke B sein, damit die Brennweite dieser magnetischen Linse $f = 10$ m wird?
5. Wie groß ist der Energieverlust eines Elektrons durch Strahlung pro Umlauf im LEP-Speicherring bei einem Radius von 4 km und einer Energie von 50 GeV? Wieviel Leistung wird insgesamt bei einem Strom von 0,1 A abgestrahlt?
6. Zeigen Sie, daß in einem Linearbeschleuniger die Teilchenbeschleunigung proportional zum Energiegewinn $\mathrm{d}E/\mathrm{d}x$ pro Länge ist. Wie groß ist $\mathrm{d}E/\mathrm{d}x$ beim 3,2 km langen Stanford-Linearbeschleuniger, der Elektronen auf die Endenergie 50 GeV beschleunigt? Wie groß müßte $\mathrm{d}E/\mathrm{d}x$ werden, damit die Strahlungsverluste für ein Elektron so groß wie beim LEP werden?
7. Welche Maximalenergie steht zur Produktion neuer Teilchen zur Verfügung, wenn ein Teilchen der Masse m_1 mit der Energie E_1, dem Impuls $\boldsymbol{p}_1$ mit einem im Laborsystem ruhenden Teilchen der Masse m_2 zusammenstößt? Berechnen Sie die Schwellenenergie E_0 eines Protonenstrahls für die Erzeugung von Antiprotonen durch die Reaktion

$$\mathrm{p} + \mathrm{p} \rightarrow \mathrm{p} + \mathrm{p} + \bar{\mathrm{p}} + \mathrm{p}$$

a) in einem ruhenden Target,
b) wenn beide Protonen mit $\boldsymbol{p}_1 = -\boldsymbol{p}_2$ frontal gegeneinander stoßen!

8. Berechnen Sie die Luminosität (in $\mathrm{cm}^{-2} \cdot \mathrm{s}^{-1}$) für folgende Anordnungen:
a) Ein Strahl von α-Teilchen mit der Stromstärke $I_1 = 1\,\mu$A trifft auf eine $^{12}_{6}$C-Folie mit der Massenbelegung 64 μg/cm^2.
b) In dem Doppelspeicherring DORIS werden Elektronen und Positronen mit Geschwindigkeiten $v \approx c$ unter dem Winkel $\alpha = 5°$ zur Kollision gebracht. Die Ströme seien $I_1 = I_2 = 2$ A, mit homogenem Strahlquerschnitt $b \cdot h$ und $b_1 = b_2 = 1$ mm, $h_1 = h_2 = 4$ mm.
c) In einem Speicherring werden Ströme $I_1 = I_2$ von Elektronen und Positronen zu jeweils k Paketen (Breite b, Höhe h) pro Umfang komprimiert und mit der Frequenz f gegeneinander geführt ($I_1 = I_2 = 3{,}2$ A, $b = h = 1$ mm, $k = 8$, $f = 10$ MHz).
9. Der Schwächungskoeffizient für Röntgenstrahlen von 100 keV in Blei sei $\mu = 5 \cdot 10^3\ \mathrm{m}^{-1}$. Wie dick muß eine Bleischicht sein, um die Röntgenstrahlung auf 1‰ abzuschwächen?
10. In einem Experiment betrage der Impuls geladener Teilchen $p = 367$ MeV/c. Von diesen Teilchen wird in schwerem Flintglas (Brechungsindex $n = 1{,}70$) unter einem Winkel $\theta = 51°$ Čerenkov-Licht erzeugt. Um was für Teilchen handelt es sich? Welche Mindestenergie E müssen diese Teilchen haben, um auf diese Weise festgestellt werden zu können? Wie hängt die Intensität des abgestrahlten Lichtes pro Weglänge der Teilchen vom Winkel θ ab?
11. Protonen von 1877 MeV kinetischer Energie treffen auf 1 g/cm^2 dicke Schichten aus Al bzw. Pb. Um welchen Faktor werden sie in welchem Material stärker abgebremst? *Hinweis:* Man setze in (4.62) $\langle E_B \rangle \approx 10 \cdot Z_2 \cdot \mathrm{eV}$ als mittlere Bindungsenergie der Targetelektronen. Wie ändert sich das Ergebnis, wenn gleiche geometrische Schichtdicken verwendet werden? (Dichten: $\varrho_{Al} = 2{,}70$ g/cm^3, $\varrho_{Pb} = 11{,}34$ g/cm^3).
12. Der Wirkungsquerschnitt σ für den Neutroneneinfang ist für langsame Neutronen ($E_{kin} = 0{,}025$ eV) etwa 10^{-24}–10^{-23} m^2, obwohl der Kernradius nur $R = 1{,}2 \cdot A^{1/3}$ fm beträgt? Wie kann man dies erklären? Begründen Sie, warum $\sigma \propto 1/v$ umgekehrt proportional zur Neutronengeschwindigkeit v ist.

13. Begründen Sie, daß
a) Neutronen mit der kinetischen Energie $E <$ 1 MeV bei der Streuung an Kernen der Massenzahl $A = 20$ praktisch mit gleicher Wahrscheinlichkeit in alle Richtungen gestreut werden.
b) Zeigen Sie, daß der mittlere Energieverlust eines Neutrons der Energie E pro Stoß $\Delta E = 2A/(1+A)^2\,E$ beträgt.
14. Zeigen Sie, daß die Quadrate $\mathcal{R}^2$ und $\mathcal{P}^2$ der Vierervektoren in (4.90) von Ort und Impuls bei einer Lorentztransformation invariant bleiben.

5. Kernkräfte und Kernmodelle

Aus den Ergebnissen in Kap. 2 wissen wir, daß die starke Wechselwirkung zwischen den Nukleonen durch anziehende Kernkräfte bewirkt wird, die weit stärker sein müssen als die abstoßende Coulombkraft zwischen den Protonen. Aus der praktisch homogenen Massendichte im Kern können wir schließen, daß Kernkräfte eine kurze Reichweite haben und deshalb hauptsächlich zwischen benachbarten Nukleonen wirken.

In diesem Kapitel wollen wir etwas detailliertere Einsichten in die physikalische Natur der Kernkräfte und Modelle zu ihrer Beschreibung gewinnen. Dies wird uns dann zu den verschiedenen Kernmodellen führen, die jeweils zur Beschreibung verschiedener Eigenschaften der Kerne optimiert wurden.

Die Wechselwirkung zwischen zwei Nukleonen läßt sich natürlich am besten an isolierten Zwei-Nukleonen-Systemen studieren. Der einzige stabile Kern aus zwei Nukleonen ist das Deuteron ${}^2_1\mathrm{H} = \mathrm{D}$, das aus einem Proton und einem Neutron besteht. Die Messung seiner Bindungsenergie, seines Kernspins, seines magnetischen Dipolmomentes und elektrischen Quadrupolmomentes gibt uns wichtige Informationen über die Kernkräfte und die Substruktur der Nukleonen. Wir wollen uns dies im Abschn. 5.1 näher ansehen.

Die beiden Zwei-Nukleonen-Systeme p-p und n-n sind nicht gebunden. Man kann jedoch ihre Wechselwirkung und deren Abhängigkeit von der relativen Orientierung ihres Spins durch Streuexperimente untersuchen. Dies wird im Abschn. 5.2 diskutiert.

5.1 Das Deuteron

Die Bindungsenergie des Deuterons kann mit verschiedenen Methoden genau gemessen werden:

- Aus der ***Photospaltung*** des Deuterons mit Hilfe von γ-Quanten:

$$ {}^2_1\mathrm{H} + h \cdot \nu \to \mathrm{n} + \mathrm{p} + E_{\mathrm{kin}} . \qquad (5.1)$$

Dazu wird ein Deuterontarget (z. B. schweres Wasser D_2O) mit γ-Quanten variabler Energie $h \cdot \nu$ bestrahlt (Abb. 5.1). Die maximale Energie $h\nu$

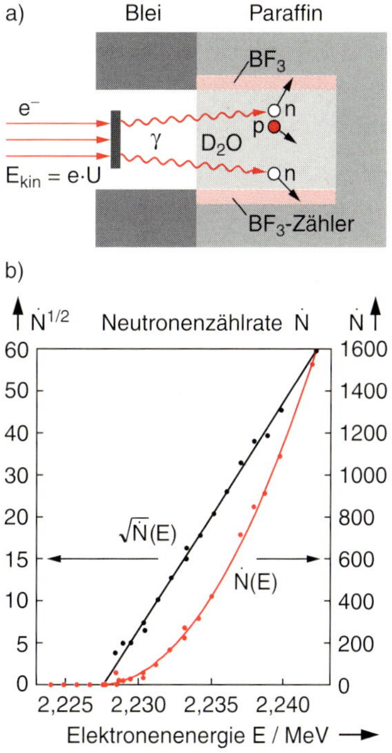

Abb. 5.1a,b. Messung der Bindungsenergie des Deuterons mit Hilfe der Photospaltung. (**a**) Experimentelle Anordnung; (**b**) gemessene Neutronenrate $\dot{N}$ als Funktion der Elektronenenergie E (*rote Kurve*) und $\sqrt{\dot{N}(E)}$ (*schwarze Kurve*). Nach R.C. Mobly, R.A. Laubenstein: Photo-Neutron Threshold of Beryllium and Deuterium. Phys. Rev. **80**, 309 (1950)

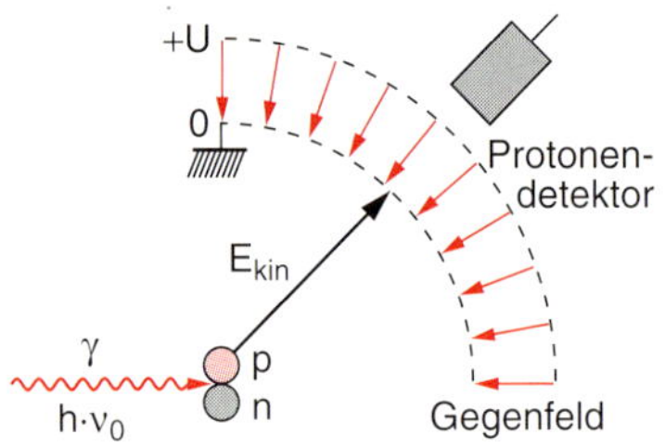

Abb. 5.2. Messung der kinetischen Energie des Protons mit Hilfe eines elektrischen Gegenfeldes bei der Photospaltung des Deuterons

wird dabei aus der Elektronenenergie $E_{\text{kin}} = e \cdot U = h \cdot \nu_{\max}$ bestimmt. Mit einem Neutronen-Detektor (siehe Abschn. 4.3.6) werden die bei der Photospaltung frei werdenden Neutronen nachgewiesen. Die kinetische Energie der Spaltprodukte teilt sich wegen $m_{\text{p}} \approx m_{\text{n}}$ praktisch zu gleichen Teilen auf Neutron und Proton auf. Die Protonenenergie kann entweder aus der Eindringtiefe in ein Absorbermaterial (z. B. Wasser) oder durch die Ablenkung in einem Magnetfeld oder mit Hilfe eines elektrischen Gegenfeldes (Abb. 5.2) gemessen werden. Die Bindungsenergie des Deuterons ist dann:

$$-E_{\text{B}} = -\left[h \cdot \nu - E_{\text{kin}}(\text{p}) - E_{\text{kin}}(\text{n})\right]. \tag{5.2}$$

- Aus der ***Rekombinationsstrahlung*** bei der Anlagerung langsamer Neutronen, die z. B. aus einem Kernreaktor kommen, an Protonen (z. B. in Paraffin oder flüssigem Wasserstoff)

$$\text{n} + {}^1_1\text{H} \rightarrow {}^2_1\text{H} + \gamma \quad \text{mit} \quad h \cdot \nu = E_{\text{B}}\,. \tag{5.3}$$

Hier wird die γ-Energie $h \cdot \nu$ (z. B. mit einem Halbleiterdetektor, Abschn. 4.3.3) gemessen (Abb. 5.3).

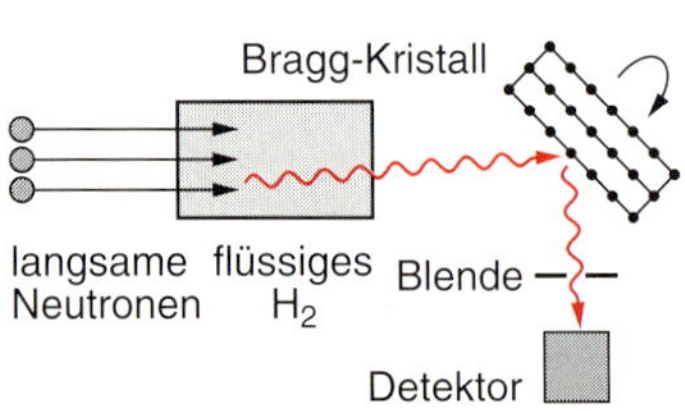

Abb. 5.3. Messung der γ-Energie der Rekombinationsstrahlung bei der Anlagerung von langsamen Neutronen an Protonen

Der aus beiden Methoden erhaltene experimentelle Wert

$$\boxed{E_{\text{B}} = (2{,}224644 \pm 0{,}000046)\ \text{MeV}}$$

zeigt, daß die Bindungsenergie des Deuterons klein ist gegen den bei größeren Kernen gemessenen Mittelwert $E_{\text{b}} = E_{\text{B}}/A \approx 8$ MeV pro Nukleon. Hieraus kann man schließen, daß die beiden Nukleonen im Deuteron eine große kinetische Energie besitzen müssen.

Sie kann auf Grund der Unschärferelation abgeschätzt werden: Bei einem Kernradius R ist die minimale Nukleonenimpulskomponente $p_i \approx \hbar/R$ $(i = 1, 2, 3)$ und damit seine kinetische Energie

$$E_{\text{kin}} \geq \frac{p^2}{2m} \approx \frac{3\hbar^2}{2mR^2}\,.$$

Mit $R = 2{,}0$ fm erhält man $E_{\text{kin}} > 23$ MeV pro Nukleon, also insgesamt etwa 46 MeV.

Da die Bindungsenergie die Summe

$$-E_{\text{B}} = -E_0 + E_{\text{kin}}$$

aus negativer potentieller und positiver kinetischer Energie ist, muß die Potentialtopftiefe des Deuterons als Zwei-Nukleonen-Systems mit parallelem Spin nach dieser groben Abschätzung etwa 48 MeV betragen (Abb. 5.4).

Aus Hyperfeinstrukturmessungen und Zeeman-Aufspaltungen am $1s$-Zustand des ${}^2_1$H-Atoms (Abschn. 2.4) ergibt sich, daß der Kernspin des Deuterons $I = 1 \cdot \hbar$ ist, d. h. die Spins von Neutron und Proton sind parallel.

Die mit großer Präzision bestimmte Aufspaltung der beiden HFS-Komponenten (Abb. 5.5) ergibt ein magnetisches Moment des Deuteronkerns:

$$\mu_{\text{D}} = (0{,}857348 \pm 0{,}00003)\,\mu_{\text{K}}\,.$$

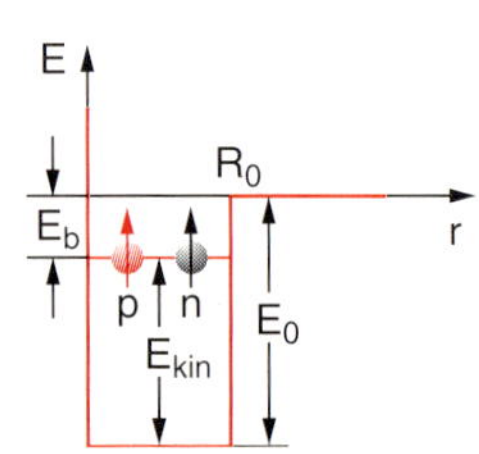

Abb. 5.4. Schematische Darstellung von Potentialtopftiefe E_0, kinetischer Energie und Bindungsenergie der beiden Nukleonen mit parallelem Spin im gebundenen Zustand des Deuterons

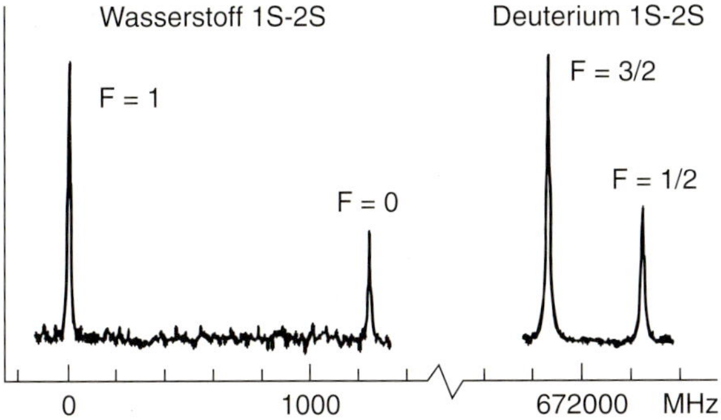

Abb. 5.5. Vergleich der HFS-Aufspaltung des dopplerfrei gemessenen Zweiphotonenüberganges $2S \leftarrow 1S$ bei den beiden Isotopen ${}^1_1\mathrm{H}$ und ${}^2_1\mathrm{H} = {}^2_1\mathrm{D}$. Nach T.W. Hänsch in: *The Hydrogen Atom*, ed. by G.F. Bassani, M. Inguscio and T.W. Hänsch (Springer, Berlin, Heidelberg 1989)

Es ist damit nur wenig kleiner als die Summe der magnetischen Momente von Proton und Neutron, die $0{,}87963\,\mu_\mathrm{K}$ beträgt (siehe Tabelle 2.4). Dies zeigt, daß das magnetische Moment des Deuterons im wesentlichen von den parallelen Spins der beiden Nukleonen herrührt und der Bahndrehimpuls $\boldsymbol{L}$ des Systems Null sein sollte.

Dies bedeutet, daß in erster Näherung das Deuteron in einem S-Zustand ($L = 0$) mit kugelsymmetrischer Aufenthaltswahrscheinlichkeit für die beiden Nukleonen ist. Der Zustand des Deuterons wird daher analog zu der Bezeichnung in der Elektronenhülle als ${}^3S$-Zustand bezeichnet. Es ist der einzige gebundene Zustand. Ein gebundener Singulett-Zustand wurde nicht gefunden.

Die Experimente zeigen jedoch, daß das Deuteron ein elektrisches Quadrupolmoment

$$QM_\mathrm{D} = (2{,}860 \pm 0{,}015) \cdot 10^{-27}\,\mathrm{cm}^2 \cdot e$$

besitzt, und daher seine Ladungsverteilung *nicht* völlig kugelsymmetrisch sein kann.

Außer mit den im Abschn. 2.5.2 aufgeführten Methoden kann man das Quadrupolmoment messen durch die Isotopieverschiebung der Spektrallinien im ${}^1_1\mathrm{H}$-Atom bzw. ${}^2_1\mathrm{H}$-Atom (Abb. 5.5), welche sowohl durch den Masseneffekt (verschiedene reduzierte Massen $\mu = M_\mathrm{K} \cdot m_\mathrm{e}/(M_\mathrm{K} + m_\mathrm{e})$), als auch durch die magnetische Hyperfeinstruktur und das Quadrupolmoment bewirkt wird (siehe Bd. 3, Abschn. 5.6).

Um den mittleren Abstand zwischen Proton und Neutron zu ermitteln, gehen wir als erste Näherung zunächst einmal von einem kugelsymmetrischen Kastenpotential mit der Potentialtopftiefe E_0 und der Ausdehnung R_0 aus, in dem sich Proton und Neutron bewegen (Abb. 5.4). Man kann dieses Zwei-Körper-Problem reduzieren auf die Bewegung eines Teilchens mit der reduzierten Masse

$$\mu = \frac{m_\mathrm{p} \cdot m_\mathrm{n}}{m_\mathrm{p} + m_\mathrm{n}}$$
$$\Rightarrow \mu \approx \tfrac{1}{2} m \quad \text{mit} \quad m = \tfrac{1}{2}(m_\mathrm{p} + m_\mathrm{n})$$

(siehe Bd. 1, Abschn. 4.1) im Kastenpotential

$$E_\mathrm{pot} = \begin{cases} -E_0 & \text{für } r < R_0 \\ 0 & \text{für } r \geq R_0 \end{cases}.$$

Wie in Bd. 3, Abschn. 4.2.4 gezeigt wurde, hat die radiale Schrödingergleichung

$$\frac{\mathrm{d}^2 u}{\mathrm{d}r^2} + \frac{m}{\hbar^2}\left[E - E_\mathrm{pot}(r)\right] = 0 \tag{5.4}$$

für die Wellenfunktionen $u(r) = r \cdot \psi(r)$ mit den Randbedingungen $u(0) = 0$, $u(\infty) = 0$, $E = -E_\mathrm{B} < 0$ die Lösungen

$$\begin{aligned} u_1 &= A_1 \cdot \sin(k_1 r) \quad \text{für} \quad r \leq R_0 \\ &\text{mit} \quad k_1 = \frac{1}{\hbar}\sqrt{m(E_0 - E_\mathrm{B})}\,, \\ u_2 &= A_2 \cdot \mathrm{e}^{-r/a} \quad \text{für} \quad r > R_0 \\ &\text{mit} \quad \frac{1}{a} = \frac{1}{\hbar}\sqrt{m \cdot E_\mathrm{B}}\,. \end{aligned} \tag{5.5}$$

Aus der Forderung, daß $u(r)$ und $u'(r)$ für $r = R_0$ stetig sein müssen, folgt:

$$A_1 \sin(k_1 R_0) = A_2 \mathrm{e}^{-R_0/a} \tag{5.6a}$$

$$k_1 A_1 \cos(k_1 R_0) = -\frac{A_2}{a}\,\mathrm{e}^{-R_0/a}\,. \tag{5.6b}$$

Division von (5.6a) und (5.6b) liefert

$$k_1 \cdot \cot(k_1 R_0) = -1/a\,, \tag{5.7}$$

was durch Einsetzen der Abkürzungen k_1 und a

$$\cot\left[\frac{R_0 \cdot \sqrt{m(E_0 - E_\mathrm{B})}}{\hbar}\right] = -\sqrt{\frac{E_\mathrm{B}}{E_0 - E_\mathrm{B}}} \tag{5.8}$$

liefert. Die Breite R_0 des Potentialtopfs muß der Reichweite der Kernkräfte entsprechen, die nach den Abschätzungen im Abschn. 2.3 etwa bei 1,5 Fermi liegt. Setzen wir $R_0 = 1{,}5$ Fermi und den experimentellen Wert $E_B = 2{,}2$ MeV in (5.8) ein, ergibt sich $E_0 \approx 45$ MeV!

Der Potentialtopf ist also wesentlich tiefer als das einzige gebundene Energieniveau $E = -E_B = -2{,}2$ MeV des Deuterons, d. h. die kinetische Energie von Proton und Neutron (*Nullpunktsenergie*) ist fast so groß wie der Betrag seiner (negativen) potentiellen Energie (Abb. 5.4).

Mit $E_0 \gg |E_B|$ folgt aus (5.8)

$$\cot\sqrt{\frac{R_0^2}{\hbar^2}\,m(E_0 - E_B)} \ll 1$$
$$\Rightarrow \frac{m}{\hbar^2}\,R_0^2(E_0 - E_B) \approx \left(\frac{\pi}{2}\right)^2 .$$

Für die Potentialtopftiefe ergibt sich damit wegen $E_0 - E_B \approx E_0$

$$\boxed{E_0 = \left(\frac{\pi}{2}\right)^2 \frac{\hbar^2}{m R_0}} . \tag{5.9}$$

Dies gibt den Zusammenhang an zwischen der Tiefe $-E_0$ und der Breite R_0 des Potentialtopfes des Deuterons, in dem sich die beiden Nukleonen mit der Masse m bewegen.

Auch für $r > R_0$ ergibt sich nach (5.5) eine endliche Amplitude der Wellenfunktion, die exponentiell mit r abfällt. Die Wahrscheinlichkeit $W(r)$, Proton und Neutron bei einem Abstand $r > R_0$ im Intervall von r bis $r + \mathrm{d}r$ anzutreffen, ist

$$W(r)\cdot \mathrm{d}r = 4\pi r^2 |\psi(r)|^2 \mathrm{d}r = 4\pi |u_2(r)|^2 \mathrm{d}r$$
$$= 4\pi A_2^2 \mathrm{e}^{-2r/a} .$$

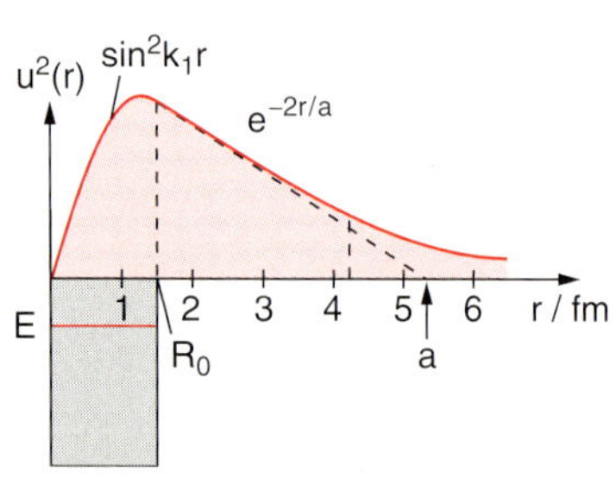

Abb. 5.6. Verlauf der Wahrscheinlichkeit $4\pi r^2|\psi|^2 = 4\pi|u(r)|^2$, die Nukleonen des Deuterons beim Abstand r zu finden

Für $r = a$ fällt $u_2(r)$ auf $1/\mathrm{e}$ des Wertes bei $r = 0$ ab (Abb. 5.6). Man nennt a auch den Radius des Deuterons. Einsetzen von $E_B = 2{,}2$ MeV ergibt $a = 4{,}3$ fm, was wesentlich größer ist als die Ausdehnung $R_0 = 1{,}5$ fm des Potentialtopfes!

Die Aufenthaltswahrscheinlichkeit für Proton und Neutron außerhalb des Potentialtopfes ist

$$W(r > R_0) = 4\pi \int\limits_{r=R_0}^{\infty} |u|^2\,\mathrm{d}r = 3\pi a\cdot A_2^2 \cdot \mathrm{e}^{-2R_0/a} . \tag{5.10}$$

Für realistische Werte von $R_0 \approx 1{,}5$ fm wird $W(r > R_0) \approx 2{,}15 \cdot \mathrm{e}^{-3/4{,}3} \approx 0{,}8$.

Dies bedeutet, daß sich beide Nukleonen bei ihrer Relativbewegung etwa 80% der Zeit außerhalb des Potentialtopfes aufhalten!

Dies ist einer der Gründe für die geringe Bindungsenergie des Deuterons. Schwere Kerne mit $E_B/A \approx 8$ MeV pro Nukleon haben einen kleinen mittleren Nukleonenabstand und damit eine höhere Nukleonendichte und eine stärkere Anziehung.

Wir wollen nun noch eine Erklärung für die Existenz des elektrischen Quadrupolmomentes, der geringen Abweichung des magnetischen Momentes $\boldsymbol{\mu}_D$ von der Vektorsumme $\boldsymbol{\mu}_p + \boldsymbol{\mu}_n$ und der Nichtexistenz eines gebundenen Singulett-Zustandes mit $I = 0$ angeben:

Alle drei experimentellen Fakten lassen sich erklären, wenn man annimmt, daß die Kraft zwischen den Nukleonen außer einem zentralsymmetrischen Anteil noch einen zusätzlichen, schwächeren Anteil hat, der von der relativen Spinrichtung der beiden Nukleonen abhängt. Wir machen deshalb für das Wechselwirkungspotential zwischen zwei Nukleonen den Ansatz:

$$V_{NN} = V_1(r) + V_2(\boldsymbol{I}_1, \boldsymbol{I}_2) , \tag{5.11}$$

wobei der spinabhängige Teil

$$V_2(\boldsymbol{I}_1, \boldsymbol{I}_2) = a_I \cdot \left[3 \cdot \frac{(\boldsymbol{I}_1\cdot\boldsymbol{r})\cdot(\boldsymbol{I}_2\cdot\boldsymbol{r})}{r^2} - \boldsymbol{I}_1\cdot\boldsymbol{I}_2\right] \tag{5.12}$$

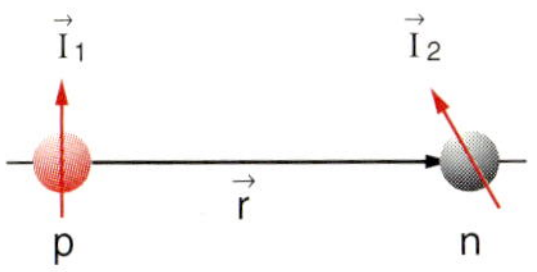

Abb. 5.7. Zur Spinabhängigkeit des Wechselwirkungspotentials

wie das Potential zwischen zwei Dipolen (siehe Bd. 3, Abschn. 9.4) von der Orientierung der beiden Nukleonenspins gegen die Verbindungsachse abhängt (Abb. 5.7). Der Term in (5.12) wird maximal für $\boldsymbol{I}_1 \parallel \boldsymbol{I}_2$, d. h. für den Triplettzustand. Soll der Spinanteil (5.12) zur Bindung beitragen, so muß $V_2 < 0$ sein. Dies wird erreicht für eine in Spinrichtung gestreckte Anordnung von Proton und Neutron, die deshalb zu einer tieferen Energie (d. h. einer größeren Bindungsenergie) führt als eine abgeplattete Anordnung (Abb. 5.8). Die Nukleonendichte im Deuteron zeigt also eine geringe Abweichung von der Kugelsymmetrie. Die Ladungsverteilung entspricht einem leicht gestreckten prolaten Rotationsellipsoid und führt zu einem positiven Quadrupolmoment $QM > 0$ im Einklang mit dem experimentellen Ergebnis.

Man kann dies auch folgendermaßen ausdrücken: Der s-Wellenfunktion mit $L = 0$ ist ein kleiner Beitrag einer Wellenfunktion mit $L > 0$ überlagert. Da Experimente eindeutig gezeigt haben, daß die Parität des Deuterons positiv ist, kann dies nur eine Beimischung mit $L =$ gerade sein, z. B. eine d-Funktion mit dem Bahndrehimpuls $L = 2\hbar$. Da ein zusätzlicher Bahndrehimpuls der Nukleonen einen Beitrag zum magnetischen Moment liefert, andererseits $\boldsymbol{\mu}_\mathrm{D}$ nur wenig vom reinen Spinmoment $\boldsymbol{\mu}_\mathrm{p} + \boldsymbol{\mu}_\mathrm{n}$ abweicht, kann diese Beimischung nur wenige Prozent betragen.

Dieses Modell der spinabhängigen Kernkraft erklärt sowohl die Tatsache, daß nur der Triplettzustand gebunden ist, als auch die Existenz des elektrischen Quadrupolmomentes und der geringen Abweichung

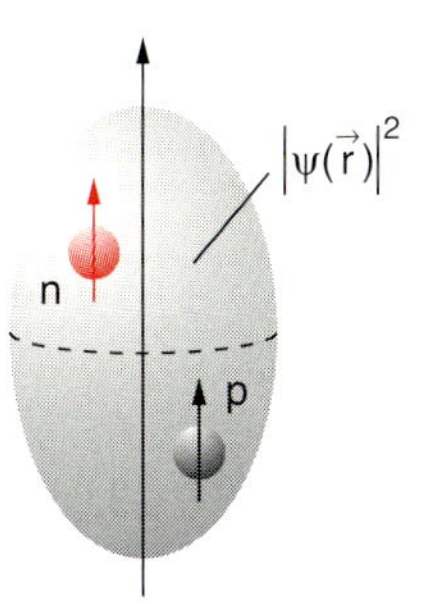

Abb. 5.8. Ladungs- und Massenverteilung im Deuteron als prolates Rotationsellipsoid

des magnetischen Momentes von der für $L = 0$ erwarteten Vektorsumme der Spinmomente von Proton und Neutron.

> Es soll hier ausdrücklich betont werden, daß der spinabhängige Teil der Kernkraft nicht die magnetische Wechselwirkung zwischen zwei magnetischen Dipolen ist, die viel zu schwach ist, um die beobachteten Effekte zu erklären. Es handelt sich vielmehr um eine spezifische Eigenschaft der *starken* Wechselwirkung.

Die Abhängigkeit der Nukleon-Nukleon-Wechselwirkung von der Spinorientierung ergibt sich auch aus Experimenten über die Nukleon-Nukleon-Streuung, der wir uns jetzt zuwenden wollen.

5.2 Nukleon-Nukleon-Streuung

Aus der Messung des totalen und des differentiellen Streuquerschnitts bei der elastischen Streuung von Nukleonen lassen sich wichtige Eigenschaften der Nukleon-Nukleon-Wechselwirkung erschließen. Die Information, die man dabei erhält, hängt ganz wesentlich von der Relativenergie der Stoßpartner ab, wie im folgenden diskutiert wird.

Während bei der ***Neutron-Proton-Streuung*** nur die starke Wechselwirkung eine Rolle spielt (die magnetische Wechselwirkung zwischen den magnetischen Momenten ist dagegen völlig vernachlässigbar), muß bei der ***Proton-Proton-Streuung*** zusätzlich die Coulombkraft berücksichtigt werden.

5.2.1 Grundlagen

Die experimentelle Anordnung für ein solches Streuexperiment ist in Abb. 5.9 gezeigt: Ein kollimierter Nukleonenstrahl (Protonen oder Neutronen) mit der kinetischen Energie E_0 trifft auf ein ruhendes Target, das Protonen oder Neutronen enthält (H_2 oder D_2). Gemessen wird die Zahl der um den Winkel ϑ in den vom Detektor erfaßten Raumwinkel $\mathrm{d}\Omega$ gestreuten Nukleonen.

Als Target wird im allgemeinen flüssiger Wasserstoff verwendet. Da die beiden Protonen im H_2-Molekül einen Abstand von $\approx 10^{-10}$ m haben, der sehr groß

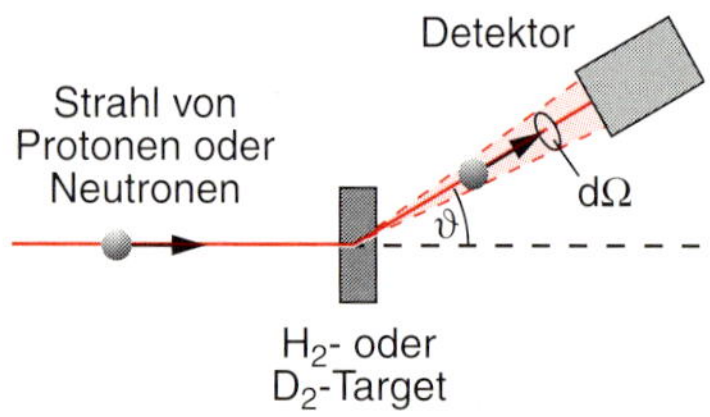

Abb. 5.9. Schematische experimentelle Anordnung zur Messung des differentiellen Streuquerschnitts bei der Nukleon-Nukleon-Streuung

ist gegen den Protonenradius ($\approx 10^{-15}$ m), kann die Streuung an jedem der beiden Protonen als unabhängig voneinander betrachtet werden, d. h. es macht praktisch keinen Unterschied, ob die Streuung an H-Atomen oder H_2-Molekülen geschieht. Bei der Streuung an D_2 addieren sich die Beiträge der Streuamplituden für die Streuung am Proton und am Neutron in jedem Kern.

Die Berechnung des Streuvorganges geschieht zweckmäßig im Schwerpunktsystem (siehe Bd. 1, Abschn. 4.1). Die im Schwerpunktsystem zur Verfügung stehende Energie ist dann $\mu \cdot v_{\text{rel}}^2/2 = E_0/2$, weil die reduzierte Masse $\mu = m/2$ wegen $m_\text{p} \approx m_\text{n}$ bei nichtrelativistischen Energien ($E_\text{kin} \ll mc^2$) gleich der halben mittleren Nukleonenmasse $m = \frac{1}{2}(m_\text{p} + m_\text{n})$ ist. Bei kleinen bis mittleren Energien ist der Bahndrehimpuls

$$\begin{aligned} &\boldsymbol{L} = \boldsymbol{r} \times \boldsymbol{p} \\ \Rightarrow\ &|\boldsymbol{L}| = b \cdot \mu \cdot v_0 = b \cdot \sqrt{m E_0/2} \end{aligned} \tag{5.13}$$

des einfallenden bzw. gestreuten Teilchens, bezogen auf das Streuzentrum, klein, da der Stoßparameter b kleiner als die Reichweite $2R_0$ der Kernkräfte zwischen zwei Nukleonen sein muß, um eine Ablenkung auf Grund der Kernkräfte zu bewirken. Mit

$$|\boldsymbol{L}_{\max}| = l_{\max} \cdot \hbar \lesssim 2R_0 \cdot \mu \cdot v_0 = 2R_0 \hbar k$$

ergibt sich für die maximale Bahndrehimpulsquantenzahl:

$$l_{\max} \leq 2R_0 \cdot k = \frac{2R_0}{\hbar} \sqrt{m \cdot E_0/2}\,. \tag{5.14}$$

BEISPIEL

Ein Beispiel ist die Proton-Neutron-Streuung bei $E_0/2 = 1$ MeV im Schwerpunktsystem. Für $R_0 = 1{,}5 \cdot 10^{-15}$ m folgt $l_{\max} \leq 0{,}50$. Bei dieser Energie werden daher überwiegend Nukleonen mit $l = 0$ und nur wenige mit $l = 1$ gestreut (s- und p-Streuung). Für $E_0 \leq 0{,}2$ MeV wird $l_{\max} \leq 0{,}16$. Dann hat man also eine reine s-Streuung mit $l = 0$, und die Streuverteilung ist kugelsymmetrisch (siehe Abschn. 4.4).

Bei der quantenmechanischen Beschreibung der elastischen Streuung durch eine einlaufende ebene Welle und eine gestreute Welle (Abschn. 4.4.2) erhielten wir für den integralen Streuquerschnitt von Teilchen mit der reduzierten de-Broglie-Wellenlänge $\lambda\!\!\!^{-}_\text{dB} = \hbar/p$

$$\sigma_\text{int}^\text{el} = 4\pi \lambda\!\!\!^{-\,2}_\text{dB} \sum_{l=0}^{l_{\max}} (2l+1) \sin^2 \delta_l\,, \tag{5.15}$$

wobei die Streuphasen δ_l die durch das Wechselwirkungspotential bedingten Phasenverschiebungen der Streuwelle zum Drehimpuls $|\boldsymbol{l}| = \sqrt{l(l+1)}\hbar$ sind (siehe (4.115)).

Die gesamte Information über das Wechselwirkungspotential steckt in den Phasenverschiebungen $\delta_l(E_0)$, die wiederum von der Einfallsenergie der Nukleonen abhängen.

Je höher die Einfallsenergie E_0 wird, desto kleiner wird $\lambda\!\!\!^{-}_\text{dB}$, aber desto mehr Drehimpulsanteile $l\hbar$ tragen zur Streuwelle bei. Mißt man $\sigma_\text{tot}^\text{el}(E_0)$ als Funktion von E_0, so tastet man das Wechselwirkungspotential $V(r)$ als Funktion des Abstandes r zwischen den Nukleonen ab. Wie in Abschn. 2.2 bereits erwähnt wurde, kann man allerdings aus der Messung von $\sigma_\text{tot}^\text{el}(E_0)$ nicht direkt den Potentialverlauf bestimmen, weil in (5.15) immer mehrere Summanden mit verschiedenen Phasen δ_l beitragen, deren Zahl mit steigender Einfallsenergie anwächst. Man kann jedoch ein Modellpotential mit freien Parametern aufstellen, berechnet mit diesem Potential die sich ergebenden Phasenverschiebungen $\delta_l(E_0)$ und daraus den differentiellen oder totalen Streuquerschnitt. Jetzt variiert man die freien Potentialparameter solange, bis die berechnete mit der gemessenen Streuverteilung übereinstimmt.

5.2.2 Spinabhängigkeit der Kernkräfte

Bei der Neutron-Proton-Streuung bei kleinen Energien ($E \ll 10$ MeV) werden hauptsächlich Teilchen mit dem Bahndrehimpuls Null ($l = 0$) gestreut. Sind die Teilchen nicht polarisiert, d. h. sind ihre Spins nicht räumlich orientiert, so können die Spins von Neutron und Proton beim Zusammenstoß entweder parallel sein (Triplettstreuung mit $S = 1$) oder antiparallel (Singulettstreuung mit $S = 0$). Weil das Wechselwirkungspotential von der Spinstellung abhängt, werden sich die Streuphasen δ_0 für die Triplettstreuung bzw. Singulettstreuung unterscheiden. Die Vorzugsrichtung ist die z-Richtung senkrecht auf der Streuebene, in die auch der Bahndrehimpuls zeigt. Der Gesamtspin $\boldsymbol{I} = \boldsymbol{I}_1 + \boldsymbol{I}_2$ kann bei parallelen Spins $\boldsymbol{I}_1 \parallel \boldsymbol{I}_2$ in $\pm z$-Richtung oder senkrecht zur z-Richtung zeigen. Da es deshalb für den Triplettzustand ($I = 1$) drei räumliche Einstellmöglichkeiten $I_z = 0, \pm 1$ gibt, für den Singulettzustand mit $I = 0$ aber nur eine ($I_z = 0$), wird der totale Streuquerschnitt bei der Streuung unpolarisierter Teilchen als gewichteter Mittelwert aus Singulett- und Triplettstreuung (gemäß (5.15)) durch den Ausdruck

$$\sigma_{\text{tot}}^{\text{el}} = \frac{4\pi}{k^2} \left[\frac{3}{4} \sin^2 \delta_0^{\text{t}} + \frac{1}{4} \sin^2 \delta_0^{\text{s}} \right] \tag{5.16}$$

beschrieben, wobei die Wellenzahl der einlaufenden Neutronen $k = 1/\lambda\!\!\!^{-}_{\text{dB}}$ ist.

Der experimentelle Wert für die Neutron-Proton-Streuung bei kleinen Neutronenenergien ($E_{\text{kin}} \approx 10\,\text{eV}$) ist

$$\sigma_{\text{tot}}^{\text{el}} = 20{,}3 \cdot 10^{-24}\,\text{cm}^2 = 20{,}3\,\text{barn}\,.$$

Wie teilt sich dieser Wert in den Triplett- und Singulettanteil auf?

Im vorigen Abschnitt wurde für den Triplett-Zustand ein Potential mit $E_0 = -45\,\text{MeV}$ und einer Breite $R_0 = 1{,}5$ Fermi ermittelt.

Im Gegensatz zum gebundenen Zustand $E = -E_{\text{B}} = -2{,}2\,\text{MeV}$ liegt bei der Streuung ein Zustand mit $E > 0$ vor. Aus der Schrödingergleichung (5.4) erhalten wir für $E > 0$ die Lösungen:

$$\begin{aligned} u_1 &= A_1 \sin k_1 r \quad \text{für} \quad r < R_0 \\ &\quad \text{mit} \quad k_1 = \sqrt{2\mu(E_{\text{kin}} + E_0)/\lambda\!\!\!^{-2}_{\text{dB}}}\,, \\ u_2 &= A_2 \sin(k_2 r + \delta_0^{\text{t}}) \quad \text{für} \quad r > R_0 \\ &\quad \text{mit} \quad k_2 = \sqrt{2\mu E_{\text{kin}}/\lambda\!\!\!^{-2}_{\text{dB}}}\,. \end{aligned} \tag{5.17}$$

Die Stetigkeitsbedingung für $r = R_0$ gibt, analog zu (5.7)

$$k_1 \cot(k_1 R_0) = k_2 \cot(k_2 R_0 + \delta_0^{\text{t}})\,. \tag{5.18}$$

Für sehr kleine Einfallsenergien wird $k_2 R_0 \ll \delta_0^{\text{t}}$ und wir erhalten für $E_{\text{kin}} \to 0$ aus (5.18)

$$\cot(k_1 R_0) = \frac{k_2^0}{k_1} \cot \delta_0^{\text{t}}\,. \tag{5.19}$$

Für den totalen Triplettstreuquerschnitt erhält man damit im Grenzfall kleiner Energie

$$\sigma_{\text{tot}}^{\text{t}} = \frac{4\pi}{k_2^2} \sin^2 \delta_0^{\text{t}} = \frac{4\pi}{k_2^2} \frac{1}{1 + \cot^2 \delta_0^{\text{t}}}\,,$$

was mit (5.18) übergeht in

$$\lim_{\substack{E_{\text{kin}} \to 0 \\ (k_2 \to 0)}} \left(\sigma_{\text{tot}}^{\text{t}} \right) = \frac{4\pi}{k_{10}^2 \cot^2(k_{10} R_0)} = 4\pi a^2 \tag{5.20}$$

mit $k_{10}^2 = m \cdot E_0/\hbar^2$. Der totale Triplettstreuquerschnitt $\sigma_{\text{tot}}^{\text{t}} = 4\pi a^2$ ist also durch den Parameter a in (5.7) bestimmt, der angibt, bei welchem Abstand vom Zentrum die Nukleonenaufenthaltswahrscheinlichkeit auf $1/e$ abgesunken ist. Man nennt a daher auch ***Streulänge***. Setzt man den Wert $a = 5{,}5\,\text{fm}$ ein, der im vorigen Abschnitt aus der Spektroskopie des Deuterons gewonnen wurde (Abb. 5.6), so erhält man:

$$\sigma_{\text{tot}}^{\text{t}} \approx 3{,}8 \cdot 10^{-24}\,\text{cm}^2 = 3{,}8\,\text{barn}\,.$$

Vergleicht man dies mit dem experimentellen Wert $\sigma_{\text{tot}} = 20{,}3$ barn für den gesamten Streuquerschnitt, so ergibt sich aus (5.16), daß der Singulettquerschnitt σ^{s} den wesentlich größeren Wert

$$\sigma^{\text{s}} \approx 72 \cdot 10^{-24}\,\text{cm}^2 = 72\,\text{barn}$$

haben muß.

> Der Singulettstreuquerschnitt ist also wesentlich größer als der Triplettstreuquerschnitt.

Die Kernkräfte müssen deshalb spinabhängig sein, und das Wechselwirkungspotential für die Singulettstreuung muß langreichweitiger sein als das für die Triplettstreuung!

Um mehr über die Potentialform $V(r)$ des Nukleon-Nukleon-Potentials zu erfahren, muß man schnellere Neutronen mit kleinerer de-Broglie-Wellenlänge verwenden, die dann auch größere Drehimpulse beitragen. Das heißt, man muß die Energieabhängigkeit des differentiellen elastischen Streuquerschnittes messen.

Das Ergebnis einer solchen Messung ist in Abb. 5.10 für zwei verschiedene Energien aufgetragen.

Die genaueste Information über die Spinabhängigkeit der Kernkräfte erhält man aus den Streumessungen mit spinpolarisierten Nukleonen. Solche Experimente benutzen eine Doppelstreuung (Abb. 5.11).

Der einfallende unpolarisierte Teilchenstrahl wird an einem ersten Streuzentrum aus polarisierten Targetteilchen gestreut. Die Targetnukleonen können z. B. in einem Magnetfeld bei tiefen Temperaturen orientiert werden (***Kernspin-Polarisation***). Da der Streuquerschnitt von der relativen Orientierung der Spins der Stoßpartner abhängt, werden unter dem Winkel ϑ_1 wesentlich mehr Teilchen mit zum Targetspin antiparallelem Spin gestreut als mit parallelem. Der gesamte Strahl in Richtung ϑ_1 ist also teilweise polarisiert, d. h., das erste Streuzentrum wirkt wie ein Polarisator. Er wird dann an einem zweiten Streuzentrum aus polarisierten Targetnukleonen erneut gestreut. Man mißt den differentiellen Wirkungsquerschnitt $\sigma(\vartheta_2)$ für parallele bzw. antiparallele Spinstellung der Stoßpartner, indem man die Spins der Targetteilchen im zweiten Target geeignet orientiert.

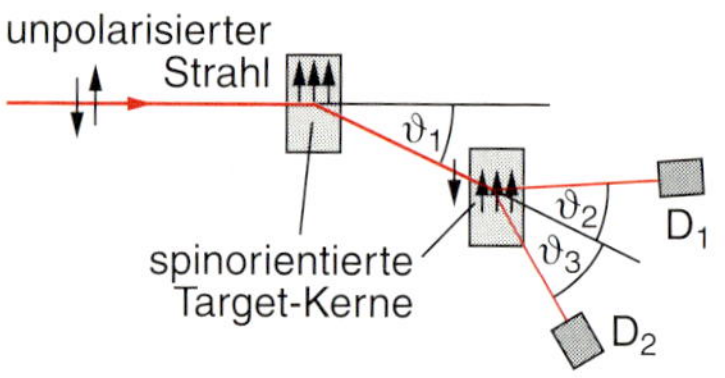

Abb. 5.11. Messung der Spinabhängigkeit der Kernkräfte mit Hilfe eines Doppelstreuexperimentes

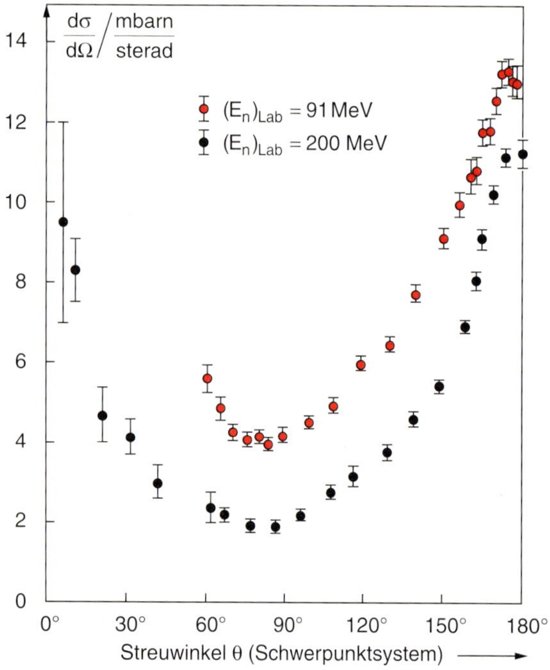

Abb. 5.10. Differentieller elastischer Streuquerschnitt von schnellen Neutronen an Protonen bei zwei verschiedenen kinetischen Energien. Nach A. Bohr, B. Mottelson: *Struktur der Atomkerne*, Bd. I und II (Akademie-Verlag, Leipzig 1975)

5.2.3 Ladungsabhängigkeit der Kernkräfte

Um zu untersuchen, ob die Kernkräfte vom Ladungszustand der Nukleonen abhängen, muß man die Streuquerschnitte für die p-n-Streuung mit denen der p-p-Streuung und n-n-Streuung vergleichen. Dabei muß allerdings folgendes beachtet werden:

Bei der p-p- und der n-n-Streuung werden identische Teilchen aneinander gestreut. Wie man aus Abb. 5.12 sieht, kann man nicht unterscheiden, ob das einfallende Teilchen im Schwerpunktsystem um den Winkel ϑ oder um $\pi - \vartheta$ abgelenkt wurde. Deshalb muß man (völlig analog zum Doppelspaltexperiment, Bd. 3, Abschn. 3.5) die totale Streuamplitude als Linearkombination der einzelnen Streuamplituden schreiben und erhält für den differentiellen Streuquerschnitt bei identischen Teilchen anstelle von (4.103) den Ausdruck:

$$\left(\frac{d\sigma}{d\Omega}\right)_{el} = \left|f(\vartheta) \pm f(\pi - \vartheta)\right|^2 . \qquad (5.21)$$

Bei genügend langsamen Stoßpartnern ist der Bahndrehimpuls $l = 0$. Dann ist die räumliche Wellenfunktion symmetrisch bei Vertauschung der zwei Teilchen, weil für $l = 0$ gilt: $f(\vartheta) = f(\pi - \vartheta)$. Für Fermionen muß jedoch die Gesamtwellenfunktion antisymmetrisch sein. Deshalb müssen die Spins der beiden Fermionen antiparallel sein!

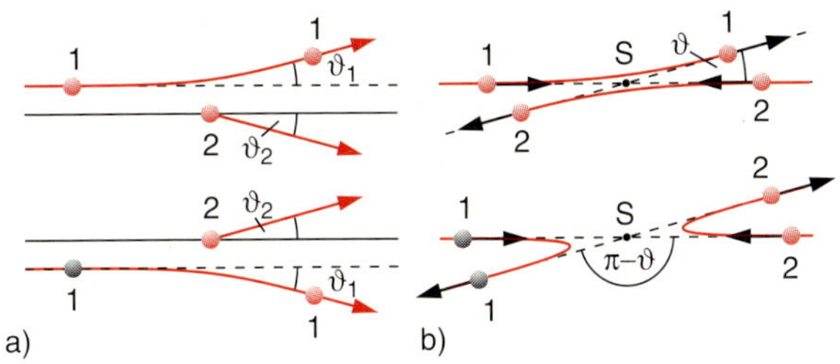

Abb. 5.12a,b. Ununterscheidbare Stoßprozesse bei der Streuung von Teilchen (**a**) im Laborsystem, (**b**) im Schwerpunktsystem

> Die Streuung von Protonen an Protonen oder von Neutronen an Neutronen erfolgt bei kleinen Energien ausschließlich im Singulett-Zustand.

Man muß deshalb die Streuquerschnitte der p-p- bzw. n-n-Streuung mit dem Singulett-Streuquerschnitt der p-n-Streuung vergleichen.

Vergleicht man die p-p-Streuquerschnitte mit den n-n-Querschnitten, so muß man berücksichtigen, daß bei der p-p-Streuung außer den Kernkräften noch zusätzlich die Coulombabstoßung wirkt. Diese läßt sich genau berechnen, und man kann deshalb ihren Beitrag zum Streuquerschnitt abziehen. Wenn man dies tut, ergibt sich aus den Experimenten, daß die durch die Kernkräfte bewirkten Streuquerschnitte für die p-p-Streuung und die n-n-Streuung gleich sind.

> Dies bedeutet, daß die Kernkräfte unabhängig vom Ladungszustand der Nukleonen sind!

Ein Vergleich mit den Ergebnissen der n-p-Streuung zeigt jedoch, daß die Streuquerschnitte hier um wenige Prozent größer sind als bei der p-p- und der n-n-Streuung, d. h. die Kernkräfte zwischen Proton und Neutron sind etwa um 1,5% stärker als zwischen gleichen Nukleonen. Der Grund dafür wird im Abschn. 5.4 diskutiert.

5.3 Isospin-Formalismus

Die Ladungsunabhängigkeit der Kernkräfte zeigt, daß man Proton und Neutron hinsichtlich der starken Wechselwirkung als gleiche Teilchen (Nukleonen) ansehen kann, die sich nur durch ihre Ladung unterscheiden, d.h. nur hinsichtlich der Coulombwechselwirkung verschieden sind. Deshalb hatte *Heisenberg* bereits 1932 vorgeschlagen, Proton und Neutron als ein und dasselbe Nukleon anzusehen, das sich in zwei verschiedenen Ladungszuständen $q = 1 \cdot e$ und $q = 0 \cdot e$ befinden kann.

Mathematisch kann man eine Beschreibung für die beiden Ladungszustände des Nukleons analog der Charakterisierung des Elektrons in seinen beiden Spinzuständen $m_s = +\frac{1}{2}$ und $m_s = -\frac{1}{2}$ (siehe Bd. 3, Abschn. 6.1.3) benutzen. Dort hatten wir die Wellenfunktion

$$\psi_e = \psi(\boldsymbol{r}) \cdot \chi^{\pm}$$

des Elektrons als Produkt aus Ortsfunktion $\psi(\boldsymbol{r})$ und Spinfunktion χ dargestellt, wobei die *Spinfunktion* durch den zweikomponentigen Vektor

$$\chi^+ = \begin{pmatrix} 1 \\ 0 \end{pmatrix} \quad \text{für} \quad \uparrow , \qquad \chi^- = \begin{pmatrix} 0 \\ 1 \end{pmatrix} \quad \text{für} \quad \downarrow \tag{5.22}$$

beschrieben wird.

Analog dazu wird das Nukleon durch die Wellenfunktion

$$\psi_p = \psi_N(\boldsymbol{r}) \cdot \pi \quad \text{mit} \quad \pi = \begin{pmatrix} 1 \\ 0 \end{pmatrix} \quad \text{für das Proton} ,$$

$$\psi_n = \psi_N(\boldsymbol{r}) \cdot \nu \quad \text{mit} \quad \nu = \begin{pmatrix} 0 \\ 1 \end{pmatrix} \quad \text{für das Neutron}$$

beschrieben. Genau wie das Elektron durch den Spin $\boldsymbol{S}$ mit der z-Komponente $S_z = \pm m_s \hbar$ charakterisiert wird, kann für das Nukleon ein Vektor $\boldsymbol{\tau} = \{\tau_1, \tau_2, \tau_3\}$ eingeführt werden, der ***Isospin*** heißt und der alle Eigenschaften eines Drehimpulses hat. Seine Komponenten können genau wie die Pauli-Matrizen beim Elektronenspin durch die zweispaltigen Matrizen

$$\tau_1 = \frac{1}{2}\begin{pmatrix} 0 & 1 \\ 1 & 0 \end{pmatrix}, \quad \tau_2 = \frac{1}{2}\begin{pmatrix} 0 & -i \\ i & 0 \end{pmatrix}, \quad \tau_3 = \frac{1}{2}\begin{pmatrix} 1 & 0 \\ 0 & -1 \end{pmatrix} \tag{5.23}$$

dargestellt werden. Die dritte Komponente, angewandt auf die Isospinwellenfunktionen π und ν, ergibt

$$\tau_3\pi = \frac{1}{2}\begin{pmatrix}1 & 0\\ 0 & -1\end{pmatrix}\begin{pmatrix}1\\0\end{pmatrix} = \frac{1}{2}\begin{pmatrix}1\\0\end{pmatrix} = \frac{1}{2}\pi\,,$$
$$\tau_3\nu = \frac{1}{2}\begin{pmatrix}1 & 0\\ 0 & -1\end{pmatrix}\begin{pmatrix}0\\1\end{pmatrix} = -\frac{1}{2}\begin{pmatrix}0\\1\end{pmatrix} = -\frac{1}{2}\nu\,. \qquad (5.24)$$

Genau wie beim Gesamtspin $\boldsymbol{S} = \sum \boldsymbol{s}$ eines Mehrelektronensystems (siehe Bd. 3, Abschn. 6.5.1) läßt sich der Isospin $\boldsymbol{T}$ eines Kernes als Vektorsumme der Isospins aller Nukleonen schreiben:

$$\boldsymbol{T} = \sum \boldsymbol{\tau}_k\,. \qquad (5.25)$$

Für einen Wert $T = |\boldsymbol{T}|$ gibt es $2T + 1$ mögliche Werte der Komponente $T_3 = \sum \tau_{3k}$.

Die Bedeutung des Isospins, dessen drei Komponenten *nicht* Komponenten in einem Ortsraum sind, sondern in einem abstrakten Isospinraum, soll durch die folgenden Beispiele illustriert werden:

Wir betrachten zuerst zwei Spiegelkerne, die durch Vertauschung der Neutronen- und Protonenzahl ineinander übergehen. So bilden z.B. die Kerne $^{11}_{6}$C und $^{11}_{5}$B ein Spiegelkernpaar (Abb. 5.13a).

Ohne die Coulombabstoßung sollten die beiden Kerne gleiche Wellenfunktionen und deshalb auch gleiche Energieniveaus haben. Wegen der Coulombabstoßung zwischen den Protonen liegen die Energieniveaus von $^{11}_{6}$C etwas höher, so daß der Kern $^{11}_{6}$C durch β^+-Emission (d.h. Umwandlung eines Protons in ein Neutron) in $^{11}_{5}$B zerfallen kann (Abb. 5.13b).

Wegen des Pauliprinzips (siehe Abschn. 2.6) ordnen sich die Nukleonen so an, daß jeweils zwei Protonen und zwei Neutronen mit antiparallelem Kernspin die tiefsten Energieniveaus besetzen. Für diese voll besetzten Niveaus ist daher immer $T_3 = 0$.

Zur Isospinkomponente T_3 trägt nur das ungepaarte Nukleon bei. Für $^{11}_{6}$C ist $T_3 = +\frac{1}{2}$, für $^{11}_{5}$B ist $T_3 = -\frac{1}{2}$. Die beiden Spiegelkerne unterscheiden sich also durch die „Richtung" des Isospinvektors im Isospinraum: Bei $^{11}_{5}$B zeigt $\boldsymbol{T}$ nach „unten", bei $^{11}_{6}$C nach „oben". Man sagt: sie bilden ein ***Isospin-Dublett***.

Der β^+-Zerfall führt dann zum Übergang von der Komponente $T_3 = +\frac{1}{2}$ zur Komponente $T_3 = -\frac{1}{2}$. Er ändert nichts an den durch die starke Wechselwirkung verursachten Bindungsverhältnissen des Kerns (abgesehen von der elektrostatischen Abstoßungsenergie).

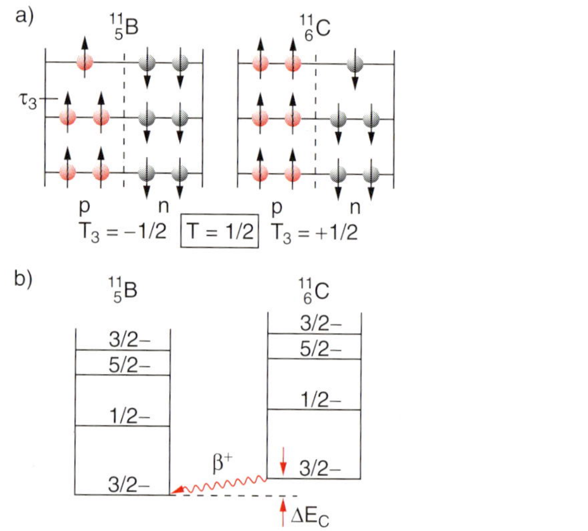

Abb. 5.13. (**a**) Die beiden Spiegelkerne $^{11}_{5}$B und $^{11}_{6}$C mit den Isospinkomponenten τ_z der Nukleonen (die Pfeile symbolisieren τ_z, *nicht* den Nukleonenspin); (**b**) Grundzustand und die tiefsten angeregten Zustände der Spiegelkerne mit Kernspin und Parität

Ganz allgemein ergibt sich für einen Kern mit Z Protonen und N Neutronen

$$T_3 = \sum_{k=1}^{A} \tau_{3k} = \frac{1}{2}(Z - N)\,. \qquad (5.26)$$

Die dritte Komponente T_3 des Isospins $\boldsymbol{\tau}$ gibt also den halben Neutronenüberschuß eines Kernes an. Tabelle 5.1 gibt einige Beispiele.

Die Komponente T_3 definiert einen bestimmten Kern einer Isobarenreihe. Deshalb wurde der Vektor $\boldsymbol{T}$ auch ***Isobarenspin*** (meistens als ***Isospin*** abgekürzt) genannt.

Wir wollen nun den Isospin des einfachsten Systems aus zwei Nukleonen betrachten (Abb. 5.14):

- Das System n-n (*Di-Neutron*) hat $T_3 = -1$,
- das Deuteron n-p hat $T_3 = 0$,
- das System p-p hat $T_3 = +1$.

Tabelle 5.1. Isospinkomponente $T_3 = \frac{1}{2}(Z - N)$ einiger Kerne mit ungeraden Neutronen- oder Protonenzahlen

Kern	$^{45}_{20}$Cd	$^{45}_{21}$Sc	$^{45}_{22}$Ti	$^{45}_{23}$V	$^{45}_{24}$Cr	$^{45}_{25}$Mn
T_3	−5/2	−3/2	−1/2	+1/2	+3/2	+5/2

Tabelle 5.2. Isospinfunktionen des Zweinukleonensystems

T	T_3	Isospinfunktion	
1	1	$\varphi_0^1 = \pi(1)\cdot\pi(2)$	Isospin-triplett
1	0	$\varphi_0^1 = \frac{1}{\sqrt{2}}[\pi(1)\nu(2)+\pi(2)\nu(1)]$	
1	−1	$\varphi_{-1}^1 = \nu(1)\cdot\nu(2)$	
0	0	$\varphi_0^0 = \frac{1}{\sqrt{2}}[\pi(1)\nu(2)-\pi(2)\nu(1)]$	Isospin-singulett

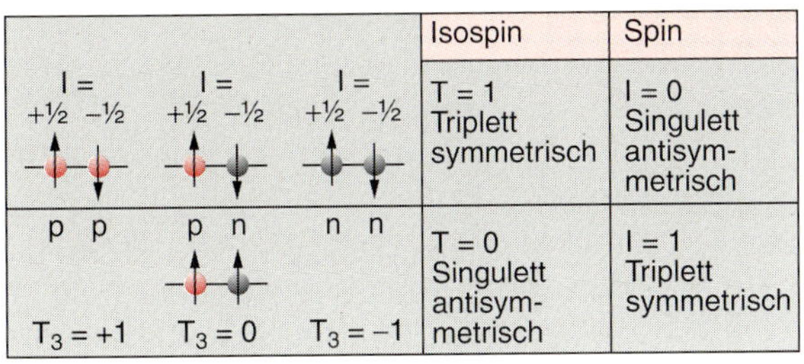

Abb. 5.14. Mögliche Zustände von Isospin und Kernspin (*schwarze Pfeile*) des Zweinukleonensystems. Nur das Deuteron mit $T_3 = 0$, $I = 1$ ist stabil

Analog zur Spinfunktion beim He-Atom mit zwei Elektronen (siehe Bd. 3, Abschn. 6.1) ergibt sich das Zwei-Nukleonen-System durch die Isospinwellenfunktionen (Tabelle 5.2).

Die Funktionen des Isospin-Tripletts sind symmetrisch gegen Vertauschung zweier Nukleonen, die des Singuletts antisymmetrisch (Abb. 5.14).

5.4 Meson-Austauschmodell der Kernkräfte

Werden zwei Elektronen aneinander gestreut, so wird dabei elektromagnetische Strahlung emittiert, weil elektrische Ladungen beim Stoßprozeß beschleunigt bzw. gebremst werden.

$$e^- + e^- \rightarrow e^- + e^- - \Delta E_{\text{kin}} + h\cdot\nu \quad \text{mit} \quad \Delta E_{\text{kin}} = h\cdot\nu \tag{5.27a}$$

Man kann auch sagen: Bei der Wechselwirkung zwischen elektrischen Ladungen wird ein Photon $h\cdot\nu$ emittiert (Abb. 5.15a). Geschieht die Streuung in einem

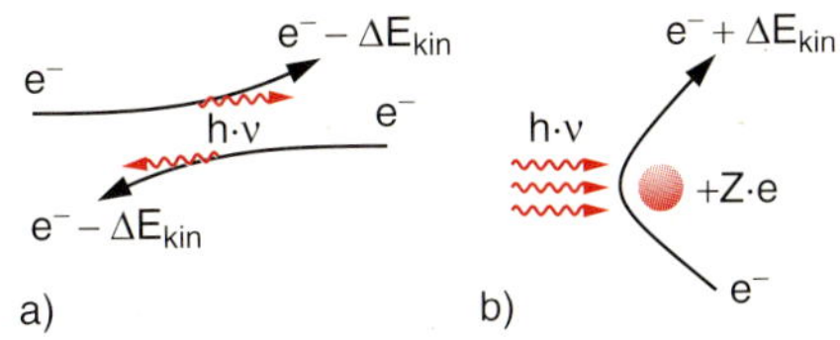

Abb. 5.15. (**a**) Photonenabstrahlung bei der Streuung von zwei Elektronen (Bremsstrahlung); (**b**) inverse Bremsstrahlung bei der Streuung eines Elektrons im Coulombfeld bei der Einstrahlung einer elektromagnetischen Welle

starken elektromagnetischen Feld, z.B. in einem Laserstrahl, so kann auch der inverse Prozeß

$$e^- + e^- + h\cdot\nu \rightarrow e^- + e^- + \Delta E_{\text{kin}} \tag{5.27b}$$

beobachtet werden (*inverse Bremsstrahlung*), wobei ein Photon $h\cdot\nu$ absorbiert wird und die Elektronen die entsprechende Energie gewinnen (Abb. 5.15b).

Analog zur Wechselwirkung zwischen zwei Wasserstoffatomen, bei der der Austausch der Elektronen zur Bindungsenergie im H_2-Molekül beiträgt (siehe Bd. 3, Kap. 9), kann man die elektromagnetische Wechselwirkung zwischen zwei geladenen Teilchen ganz allgemein durch einen Austausch virtueller Photonen beschreiben, bei dem ein Teilchen ein Photon emittiert, das vom anderen Teilchen absorbiert wird.

Man stellt dies in einem Feynman-Diagramm (Abb. 5.16) dar, in dem die Zeitachse nach oben zeigt und die Raumrichtung durch die horizontale x-Achse symbolisiert wird. Der Austausch virtueller Photonen erzeugt die Wechselwirkung bei der Streuung von Elektronen an aneinander und bewirkt die Richtungsänderung der Teilchen beim Stoß. In Abb. 5.16b ist

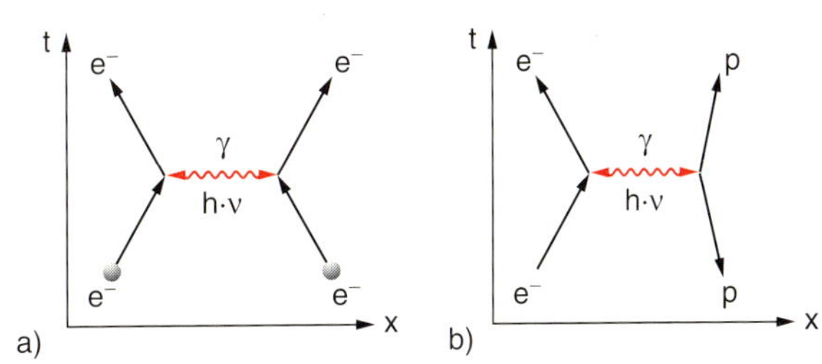

Abb. 5.16a,b. Schematische Darstellung des Austausches virtueller Photonen bei der Coulomb-Wechselwirkung zwischen zwei Ladungen: (**a**) Elektron-Elektron-Streuung, (**b**) Elektron-Proton-Streuung

das Feynman-Diagramm für die Streuung von Elektronen an Protonen dargestellt.

Da die Erzeugung eines Photons die zusätzliche Energie $E = h \cdot \nu$ erfordert, kann dieses Photon höchstens eine Zeitspanne

$$\Delta t \leq \hbar / h \cdot \nu = 1/(2\pi\nu)$$

existieren, damit die Schwankung $\Delta E = h \cdot \nu$ der Gesamtenergie E des Systems der beiden geladenen Teilchen den durch die Heisenbergsche Unschärferelation

$$\Delta E \cdot \Delta t \geq \hbar$$

bedingten minimalen Wert $\Delta E = \hbar / \Delta t$ nicht überschreitet.

Diese Zeit $\Delta t = r/c$ hängt von der Entfernung r zwischen den miteinander wechselwirkenden Teilchen ab. Mit zunehmender Entfernung muß die Energie $h \cdot \nu$ der virtuellen Photonen wegen $h \cdot \nu \leq \hbar / \Delta t = \hbar \cdot c / r$ abnehmen. Nimmt man jetzt in diesem *Austauschmodell* an, daß die Wechselwirkungsenergie zwischen den geladenen Teilchen proportional ist zur Energie $h \cdot \nu$ der Austauschphotonen, so erhält man hieraus sofort das Coulombgesetz $E_{\text{pot}}(r) \propto 1/r$.

Bei der Streuung von Nukleonen aneinander beobachtet man oberhalb einer Schwellenenergie $E_{\text{kin}} > 200\,\text{MeV}$ die Erzeugung neuer Teilchen, die sich als π-Mesonen herausstellen (siehe Kap. 7). Die verschiedenen inelastischen Streuprozesse lassen sich analog zu (5.27) beschreiben durch

$$\begin{aligned} \text{p} + \text{p} &\Rightarrow \text{p} + \text{p} - \Delta E_{\text{kin}} + \pi^0 \\ &\rightarrow \text{p} + \text{n} - \Delta E_{\text{kin}} + \pi^+ \end{aligned} \tag{5.28a}$$

$$\begin{aligned} \text{p} + \text{n} &\Rightarrow \text{p} + \text{n} + \Delta E_{\text{kin}} + \pi^0 \\ &\rightarrow \text{p} + \text{p} - \Delta E_{\text{kin}} + \pi^- \\ &\rightarrow \text{n} + \text{n} - \Delta E_{\text{kin}} + \pi^+ . \end{aligned} \tag{5.28b}$$

Man sieht daraus, daß bei Stoßprozessen, bei denen die starke Wechselwirkung eine Rolle spielt, π-Mesonen erzeugt werden.

Es liegt nun nahe, die starke Wechselwirkung analog zum Photonenaustauschmodell der elektromagnetischen Wechselwirkung durch einen Austausch von virtuellen π-Mesonen zu beschreiben. Meistens läßt man in diesen „Stenogrammen" der dargestellten Wechselwirkungen durch Austausch von virtuellen Teilchen die Koordinatenachsen weg, wie dies durch die Feynman-Diagramme in Abb. 5.17 gezeigt ist.

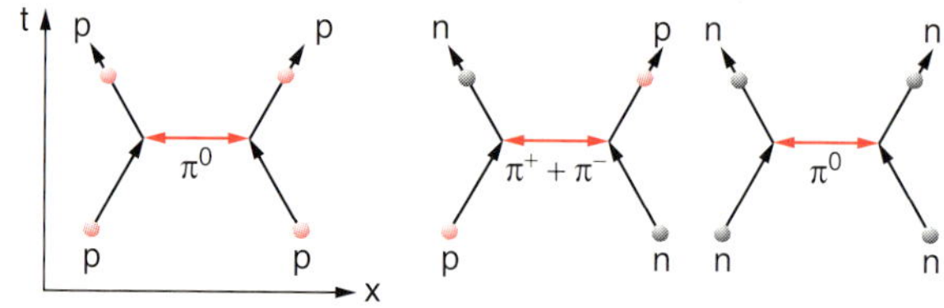

Abb. 5.17. Darstellung der starken Wechselwirkung zwischen p-p, p-n und n-n durch den Austausch virtueller π-Mesonen

Dieses Austauschmodell der Kernkräfte wurde bereits 1936 von dem japanischen Physiker *Hideki Yukawa* (1907–1981, Nobelpreis 1949) (Abb. 5.18) vor der Entdeckung der Mesonen aufgestellt. *Yukawa* konnte sogar aus der bekannten Reichweite der Kernkräfte die Masse des π-Mesons vorhersagen.

Die Bindungsenergie der starken Wechselwirkung zwischen zwei Nukleonen ist proportional zur Massenenergie $E = m \cdot c^2$ der Austauschteilchen. Während bei der elektromagnetischen Wechselwirkung die Photonen als Austauschteilchen die Ruhemasse Null haben und dadurch die Coulombwechselwirkung $V(r) \propto 1/r$ unendlich weit reicht, bewirkt der Mesonenaustausch wegen der festen endlichen Masse m_π eine definierte Reichweite. Sie ist wegen

$$\Delta E \cdot \Delta t \geq \hbar \quad \text{mit} \quad \Delta E = m_\pi c^2 , \quad r \leq c \cdot \Delta t$$

Abb. 5.18. Hideki Yukawa

begrenzt auf

$$r \le r_0 = \frac{\hbar}{m_\pi \cdot c}, \tag{5.29}$$

weil das π-Meson sich nicht schneller als mit Lichtgeschwindigkeit bewegen kann. Setzt man den Wert $m_\pi c^2 = 139\,\text{MeV}$ für die Ruheenergie des π-Mesons ein, so ergibt (5.29) den Wert $r_0 = 1{,}4 \cdot 10^{-15}\,\text{m}$, also etwa den Radius des Protons.

Yukawa schlug für die Kernkräfte ein Modellpotential

$$V(r) = \frac{g}{r} \cdot \mathrm{e}^{-m_\pi \cdot c/\hbar \cdot r} \tag{5.30}$$

vor, dessen Stärke durch die Kopplungskonstante g beschrieben wird. Bei $r = r_0 = \hbar/(m_\pi c)$ fällt die Wechselwirkung auf $1/\mathrm{e}$ ab. Damit wird die Reichweite r_0 der Kernkräfte gleich der reduzierten Comptonwellenlänge (siehe Bd. 3, Abschn. 3.1.3)

$$r_0 = \lambda\!\!\!^{-}_{\mathrm{c}\pi} = \frac{\hbar}{m_\pi c} \tag{5.31}$$

des π-Mesons. Diese kurze Reichweite der Kernkräfte bewirkt, daß in Kernen aus vielen Nukleonen die Kernkraft immer nur zwischen benachbarten Nukleonen wirkt. Deshalb ist das Kernvolumen proportional zur Zahl der Nukleonen und der Kernradius $R_0 = r_0 \cdot \sqrt[3]{A}$ (siehe Abschn. 2.2).

Aus den Gleichungen (5.28) und Abb. 5.17 wird auch deutlich, warum die starke Wechselwirkung zwischen Proton und Neutron etwas stärker ist als zwischen Neutron und Neutron oder Proton und Proton. Während bei der p-p- oder n-n-Streuung nur π^0-Mesonen ausgetauscht werden, können bei der p-n-Streuung zusätzlich π^+- oder π^--Mesonen ausgetauscht werden, die eine etwas größere Masse haben als die π^0-Mesonen.

5.5 Kernmodelle

Um die bisher diskutierten experimentellen Ergebnisse über Bindungsenergien, magnetische und elektrische Momente der Kerne sowie über die verschiedenen Ursachen der Instabilität von Kernen zu erklären, sind verschiedene Kernmodelle entwickelt worden. Jedes Modell erklärt einige der Beobachtungen, aber nicht alle. Die realen Kerne sind komplizierter als die hier vorgestellten Modelle. Erst durch die Aufstellung von komplexeren Modellen, welche Aspekte der verschiedenen einfachen Modelle vereinigen und auch die Zusammensetzung der Nukleonen aus Quarks (siehe Abschn. 7.4) berücksichtigen, können inzwischen alle experimentellen Ergebnisse einigermaßen befriedigend beschrieben werden.

Es gibt im wesentlichen zwei verschiedene Ansätze zur Beschreibung eines Kerns als Vielteilchensystem: Der erste Ansatz geht von einem *Einteilchenmodell* aus, in dem ein Nukleon herausgegriffen wird, das sich in einem Kernpotential bewegt, welches durch eine zeitliche Mittelung der Wechselwirkung mit allen anderen Nukleonen im Kern erzeugt wird. Dies ist völlig analog zum Hartree-Fock-Verfahren bei der Berechnung der Atomhülle (siehe Bd. 3, Abschn. 6.4) und führt in der einfachsten Form zum Fermigasmodell und in seiner Erweiterung zum Schalenmodell.

Es gibt eine Reihe von Phänomenen (wie z. B. Kernschwingungen und Rotationen, Kernspaltung), wo die Wechselwirkung zwischen den Nukleonen einen ganz entscheidenden Einfluß hat und nicht mehr als kleine Störung der Einteilchenbewegung beschrieben werden kann. Hier sind *Kollektivmodelle* geeigneter, welche die kollektive Bewegung der Nukleonen im Kern berücksichtigen.

Wir wollen in diesem Kapitel einige dieser Kernmodelle kurz diskutieren.

5.5.1 Nukleonen als Fermigas

Wir hatten in Kap. 2 gesehen, daß die Dichteverteilung im Kern annähernd konstant und in einem relativ kleinen Bereich Δr, dem *Kernrand*, schnell auf Null abfällt. Dies kann durch ein Modell beschrieben werden, bei dem sich die Nukleonen in einem Potentialtopf mit flachem Boden und steilem Rand befinden, der vereinfacht durch ein Kastenpotential angenähert wird, das bei $r = a$ einen Potentialsprung von $-V_0$ auf 0 macht, wenn wir von der Coulombkraft absehen. Wir wollen jetzt genauer untersuchen, welche Energieniveaus die Nukleonen in diesem Potential, das auf die anziehenden Kernkräfte zwischen den Nukleonen zurückzuführen ist, einnehmen können und wie man daraus eine Reihe charakteristischer Kerneigenschaften bestimmen kann.

Wir nehmen zuerst einmal an, daß sich jedes Nukleon im Kern praktisch frei, d. h. ohne Zusammenstöße mit den anderen Nukleonen in einem Potential $V(r)$ bewegt. Diese Annahme wird gerechtfertigt durch die Tatsache, daß der Durchmesser des abstoßenden „harten" Kerns eines Nukleons ($\approx 0{,}2$ fm) klein ist gegen den mittleren Abstand der Nukleonen ($\approx 1{,}8$ fm) im Atomkern. Das Potential $V(r)$ wird beschrieben durch eine Mittelung über alle Wechselwirkungen, die das Nukleon N_i auf Grund der anziehenden Kernkräfte mit allen anderen Nukleonen hat.

Im Inneren des Kerns heben sich wegen der homogenen Verteilung der Nukleonen die Kräfte aller umgebenden Nukleonen auf das Nukleon N_i im Mittel auf; die Gesamtkraft auf N_i ist Null, d. h. das Potential muß im Inneren des Kerns konstant sein. Am Kernrand $r = a$ tritt wegen der fehlenden Nukleonen für $r > a$ eine nach innen gerichtete, starke Anziehungskraft auf, die wegen der kurzen Reichweite der Kernkräfte $\boldsymbol{F} = -\,\mathbf{grad}\,V$ zu einem steilen Anstieg des Potentials führt. Dies ist völlig analog zu den Verhältnissen in einem Flüssigkeitstropfen.

Ein Nukleon im Kern bewegt sich daher in diesem Modell quasi frei in einem Potentialtopf $V(r)$ mit der potentiellen Energie

$$E_{\text{pot}}(r) = \begin{cases} -E_0 & \text{für } r < a \\ 0 & \text{für } r \geq a \end{cases} . \tag{5.32}$$

der wie eine Kugelhülle wirkt, welche die Nukleonen einschließt.

Wir wollen nun die möglichen Energiezustände und ihre Besetzung durch Protonen und Neutronen ermitteln.

In Bd. 3, Kap. 4 wurden für ein Teilchen in einem zweidimensionalen, rechteckigen Kastenpotential die Wellenfunktionen und Energiezustände berechnet. In völlig analoger Weise kann man für ein dreidimensionales, quaderförmiges Kastenpotential die Schrödingergleichung

$$\frac{-\hbar^2}{2m}\,\Delta\psi - E_0\psi = E\psi \tag{5.33}$$

für ein Teilchen der Masse m mit der potentiellen Energie $E_{\text{pot}} = -E_0$ in diesem Potentialkasten durch den Produktansatz

$$\psi(x, y, z) = \psi_1(x)\cdot\psi_2(y)\cdot\psi_3(z) \tag{5.34}$$

in drei eindimensionale Gleichungen

$$\begin{aligned} \frac{-\hbar^2}{2m}\frac{\partial^2\psi_1}{\partial x^2} &= E_x\psi_1\,, \\ \frac{-\hbar^2}{2m}\frac{\partial^2\psi_2}{\partial y^2} &= E_y\psi_2\,, \\ \frac{-\hbar^2}{2m}\frac{\partial^2\psi_3}{\partial z^2} &= E_z\psi_3 \end{aligned} \tag{5.35}$$

aufspalten, deren Energieeigenwerte der Relation

$$E_x + E_y + E_z = E + E_0$$

genügen, wobei E die Gesamtenergie und $E - E_{\text{pot}} = E + E_0$ die kinetische Energie eines Nukleons ist. Mit den Wellenvektorkomponenten $k_i = \frac{1}{\hbar}\sqrt{2mE_i}$, $(i = x, y, z)$ können die Gleichungen (5.35) vereinfacht als

$$\begin{aligned} \frac{\partial^2\psi_1}{\partial x^2} &= -k_x^2\psi_1\,, \\ \frac{\partial^2\psi_2}{\partial y^2} &= -k_y^2\psi_2\,, \\ \frac{\partial^2\psi_3}{\partial z^2} &= -k_z^2\psi_3 \end{aligned} \tag{5.35a}$$

geschrieben werden. Da die Wellenfunktionen ψ_i an den Rändern $x = a$, $y = b$, $z = c$ des Potentialtopfes verschwinden müssen, haben die Lösungen von (5.35a) die Form

$$\begin{aligned} \psi_1 &= A_1 \sin k_x x \quad \text{mit} \quad k_x = n_x\cdot\pi/a\,, \\ \psi_2 &= A_2 \sin k_y y \quad \text{mit} \quad k_y = n_y\cdot\pi/b\,, \\ \psi_3 &= A_3 \sin k_z z \quad \text{mit} \quad k_z = n_z\cdot\pi/c\,, \end{aligned} \tag{5.36}$$

wobei $n_x, n_y, n_z = 0, 1, \ldots$ ganze Zahlen sind (Abb. 5.19). Für den kubischen Potentialtopf wird $a = b = c$.

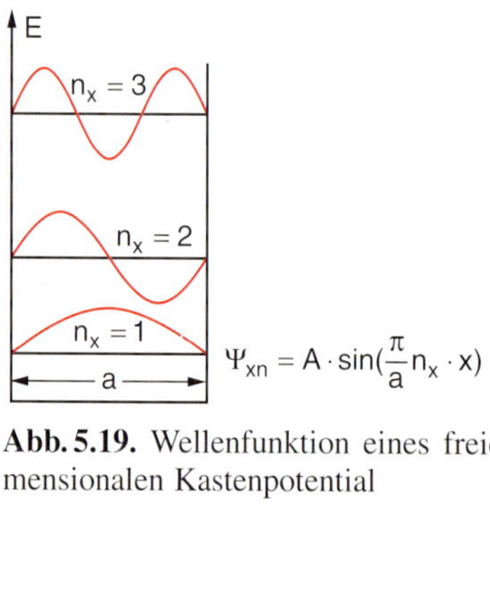

Abb. 5.19. Wellenfunktion eines freien Nukleons im eindimensionalen Kastenpotential

Die entsprechenden Energiewerte sind daher

$$E_i = \frac{\hbar^2}{2m}\frac{\pi^2}{a^2} n_i^2 , \quad i = x, y, z , \tag{5.37}$$

und für die gesamte kinetische Energie ergeben sich die Eigenwerte:

$$E + E_0 = \frac{\hbar^2}{2m}\frac{\pi^2}{a^2} (n_x^2 + n_y^2 + n_z^2) . \tag{5.38}$$

In einem Koordinatensystem im k-Raum mit den Achsenabschnitten $\hbar\pi/(a \cdot \sqrt{2m})$ entspricht jedem möglichen Energiewert ein Punkt (Abb. 5.20).

Die Zahl der möglichen Energiewerte $E \le E_{\max} - E_0 < 0$, die im Potentialtopf möglich sind, ist gleich der Zahl der Gitterpunkte im Oktanten ($k_x > 0, k_y > 0, k_z > 0$) einer Kugel mit dem Radius

$$R = \frac{a}{\hbar\pi}\sqrt{2mE_{\max}} . \tag{5.39}$$

Dies sind

$$n = \frac{1}{8} \cdot \frac{4}{3}\pi R^3 = \frac{a^3}{6\pi^2\hbar^3} (2m \cdot E_{\max})^{3/2} \tag{5.40}$$

mögliche Energieeigenwerte. Die $A = N + Z$ Nukleonen eines Kerns der Massenzahl A gehorchen als

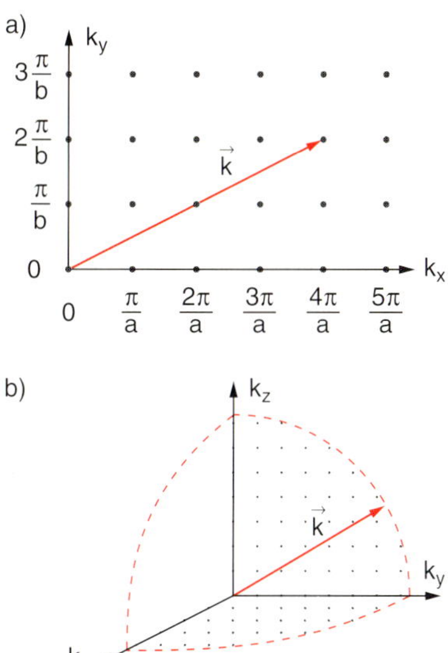

Abb. 5.20. (**a**) Darstellung der auf Grund der Randbedingungen möglichen $\boldsymbol{k}$-Vektoren durch Punkte im zweidimensionalen Gitter; (**b**) Kugeloktant im dreidimensionalen k-Raum

Fermionen mit Nukleonenspin $I = \frac{1}{2}\hbar$ dem Pauliprinzip. Jeder dieser Zustände kann mit je zwei Neutronen und Protonen besetzt werden. Die Nukleonen füllen daher die tiefsten Zustände mit $n \le n_F$ bis zur ***Fermienergie*** E_F aus. Für $Z = N$ sind dies insgesamt $n_F = A/4$ Zustände.

Die Zahl n_F/a^3 der insgesamt besetzten Zustände pro Volumeneinheit ist gemäß (5.40)

$$\frac{n_F}{V} = \frac{2}{3\pi^2\hbar^3} (2m \cdot E_F)^{3/2} . \tag{5.41}$$

Sie hängt also nur von der Fermienergie E_F ab, nicht vom Volumen V des Topfes. Die Fermienergie ergibt sich aus (5.41) zu

$$E_F = \frac{1}{2m} \cdot \left(\frac{3n_F\pi^2\hbar^3}{2V}\right)^{2/3} . \tag{5.42}$$

Die Zahl der Energieniveaus pro Energieintervall $\mathrm{d}E$ (Zustandsdichte) erhält man aus (5.40) durch Differentiation nach E als

$$\boxed{\frac{\mathrm{d}n}{\mathrm{d}E} = \frac{a^3 \cdot m^{3/2}}{\pi^2\hbar^3 \cdot \sqrt{2}} \cdot \sqrt{E}} . \tag{5.43}$$

Die Zustandsdichte im dreidimensionalen Kastenpotential steigt mit $\sqrt{E}$ (Abb. 5.21), d. h. der Abstand der Energieniveaus *sinkt* mit wachsender Energie.

Für alle stabilen Kerne ist $E_F < E_{\max}$, d. h. $E < 0$. Die besetzten Niveaus liegen unterhalb der Potentialgrenze $E_{\text{kin}} = E_0$ und sind daher gebunden.

Aus der Dichteverteilung $\varrho(r)$ im Abschn. 2.3 erhält man eine mittlere Nukleonendichte von

$$\varrho_N \approx \frac{n_F}{V} \approx 0{,}15 \text{ Nukleonen/fm}^3 .$$

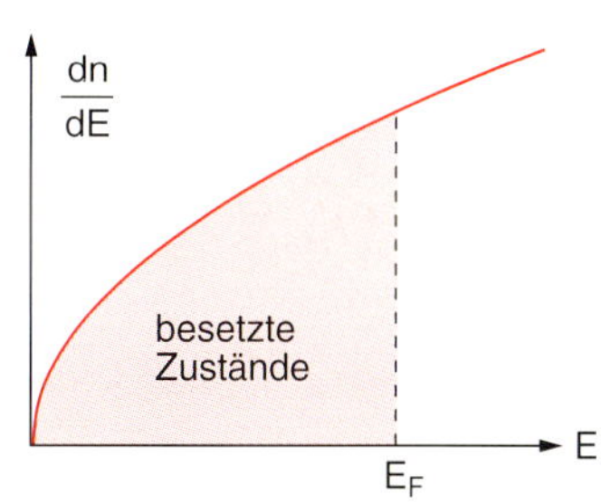

Abb. 5.21. Zustandsdichte $\mathrm{d}n/\mathrm{d}E$ im dreidimensionalen Kastenpotential

Damit ergibt sich eine Fermienergie von etwa 35 MeV. Da typische Bindungsenergien von Nukleonen in Kernen kleiner als 10 MeV sind, ist die Potentialtopftiefe etwa

$$-E_0 \approx 40\text{–}50\,\text{MeV}\,,$$

unabhängig von der Größe des Kerns!

Anmerkung

Die hier dargestellte Behandlung der Nukleonen als Fermigas ist völlig analog zu der des Elektronengases in Metallen (siehe Bd. 3, Abschn. 13.1).

Es ist lehrreich, das Verhältnis von Fermienergie zu Potentialtopftiefe für verschiedene Systeme zu vergleichen (Abb. 5.22).

Das Verhältnis von E_F/E_0 ist für die Leitungselektronen im Kupfer (siehe Bd. 3, Abschn. 13.1) mit $E_F \approx 7\,\text{eV}$, $E_0 = 10\,\text{eV} \Rightarrow E_F/E_0 = 0{,}7$ von ähnlicher Größe wie beim Kern ($E_F = 35\,\text{MeV}$, $E_0 = 45\,\text{MeV}$ $\Rightarrow E_F/E_0 = 0{,}78$), obwohl die Absolutwerte um sechs Größenordnungen höher sind.

Beim Stickstoff hingegen sind die äußeren drei Valenzelektronen in den Verbindungen N≡N gebunden. Die Fermienergie von festem Stickstoff bei tiefen Temperaturen ist deshalb mit $E_F \sim 10^{-2}\,\text{eV}$ sehr klein gegen die Bindungsenergie $E_D = 7\,\text{eV}$ (Paarenergie) zweier Stickstoffatome.

Um das einfache Fermigasmodell der Wirklichkeit besser anzupassen, muß die Coulombabstoßung zwischen den Protonen beachtet werden. Man kann für Neutronen und Protonen eigene Potentialtöpfe anneh-

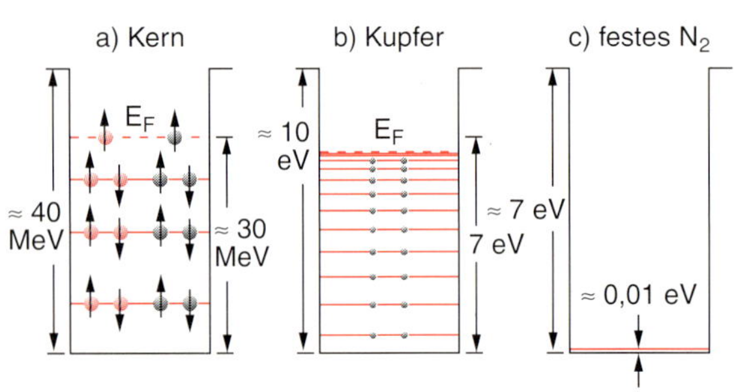

Abb. 5.22a–c. Vergleich von Potentialtopftiefe und Fermienergie in verschiedenen Bereichen der Physik: (**a**) Nukleonen im Kernpotential, (**b**) Elektronengas im Metall, (**c**) Elektronen in festem Stickstoff (nach Mayer-Kuckuck)

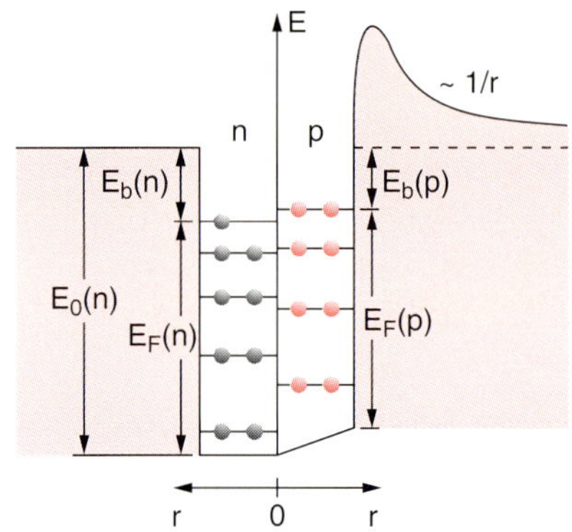

Abb. 5.23. Kernkastenpotential mit getrennten Potentialtöpfen für Neutronen und Protonen

men, wobei der Topf für Protonen wegen der Coulombabstoßung etwas höher liegt (Abb. 5.23) und außerdem am Rand eine Coulombbarriere hat. Streng genommen ist sein Boden auch nicht mehr flach, weil das Coulombpotential für ein Proton den in Abb. 5.24 gezeigten Verlauf hat (siehe Bd. 2, Abschn. 1.3).

Die Energieniveaus in den beiden Töpfen werden dann jeweils mit zwei Nukleonen bis zur Fermienergie besetzt. Man sieht daraus auch, daß bei vorgegebener Massenzahl A ein Neutronenüberschuß bei größeren Kernen zu einer kleineren Gesamtenergie führt.

Bei kleineren Kernen ist die Spinabhängigkeit der Kernkräfte (Abschn. 5.2) dafür verantwortlich, daß z. B. die Konfiguration n-p des Deuterons eine kleinere Gesamtenergie hat als das Dineutron n-n.

Das hier vorgestellte Kastenpotential hat den Vorteil der einfachen Berechnung der Energieniveaus. Es stellt aber nur eine grobe Näherung an das wirkliche effektive Potential der Einteilchennäherung dar. Man könnte auch ein dreidimensionales harmonisches Oszillatorpotential

$$V(r) = \begin{cases} -V_0\left[1-(r/R_m)^2\right] & \text{für } r < R_m \\ 0 & \text{für } r \geq R_m \end{cases}\,. \qquad (5.44)$$

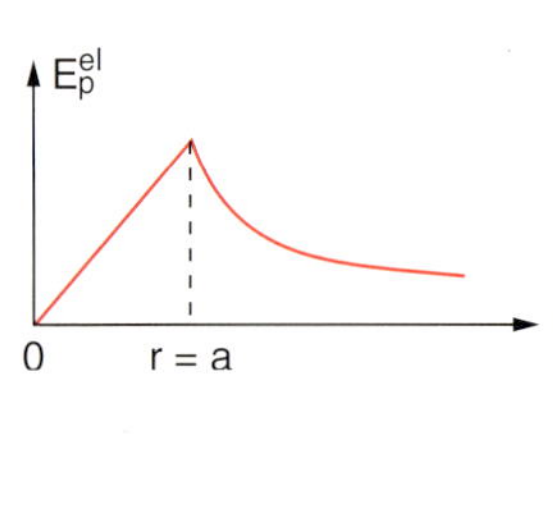

Abb. 5.24. Potentialverlauf innerhalb und außerhalb des Kerns, wenn nur Coulombkräfte wirken würden

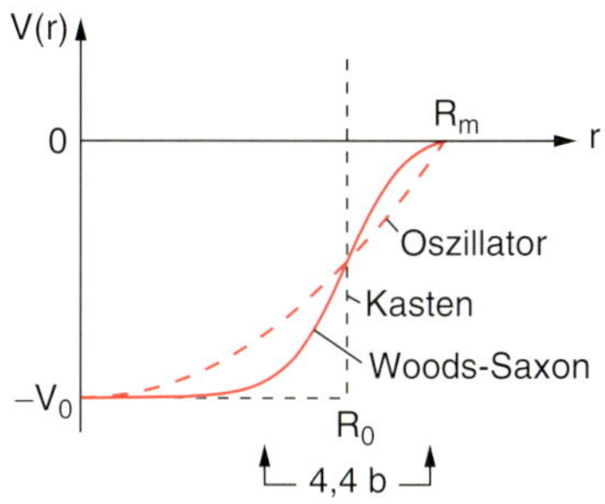

Abb. 5.25. Vergleich zwischen Kastenpotential, Parabelpotential des harmonischen Oszillators und Woods-Saxon-Potential

verwenden, dessen Energieeigenwerte aus der Schrödingergleichung auf einfache Weise berechenbar sind. Ein an die realistischen Verhältnisse gut angepaßtes Potential ist das ***Woods-Saxon-Potential***

$$V(r) = -\frac{V_0}{1 + e^{(r-R_0)/b}} , \tag{5.45}$$

wobei der Fitparameter b ein Maß für die Randunschärfe ist, d. h. für den Bereich von r, bei dem das Potential sich stark ändert (Abb. 5.25). Sein Radialverlauf liegt zwischen dem des Kastenpotentials und dem harmonischen Oszillatorpotential.

5.5.2 Schalenmodell

Die Energie E_b, die man aufwenden muß, um ein Proton bzw. Neutron aus dem Kern abzuspalten, ergibt sich als Differenz

$$-E_b = E_{kin}^{max} + E_{pot} = E_F - E_0 \tag{5.46}$$

aus maximaler kinetischer Energie im höchsten besetzten Energieniveau $E_{kin}^{max} = E_F$ und potentieller Energie $E_{pot} = -E_0$ (Abb. 5.23).

Aus dem Fermigasmodell des vorigen Abschnitts ergab sich, daß diese Energie zumindest bei größeren Kernen unabhängig von der Massenzahl A sein sollte, da E_F gemäß (5.42) nur von der Nukleonendichte n_F/V abhängt, die praktisch unabhängig von A ist.

Im Experiment beobachtet man jedoch ausgeprägte Maxima von $E_b(Z, N)$, wenn man die gemessene Separationsenergie $E_b(p)$ für ein Proton als Funktion der Protonenzahl (Abb. 5.26a) bzw. $E_b(n)$ für ein Neutron als Funktion der Neutronenzahl N aufträgt (Abb. 5.26b). Die Protonen- bzw. Neutronenzahlen, bei denen solche Maxima auftreten, sind 2, 8, 20, 28, 50, 82, 126 und werden ***magische Zahlen*** genannt, weil ihre Erklärung auf Grund der bisherigen Modelle nicht möglich war.

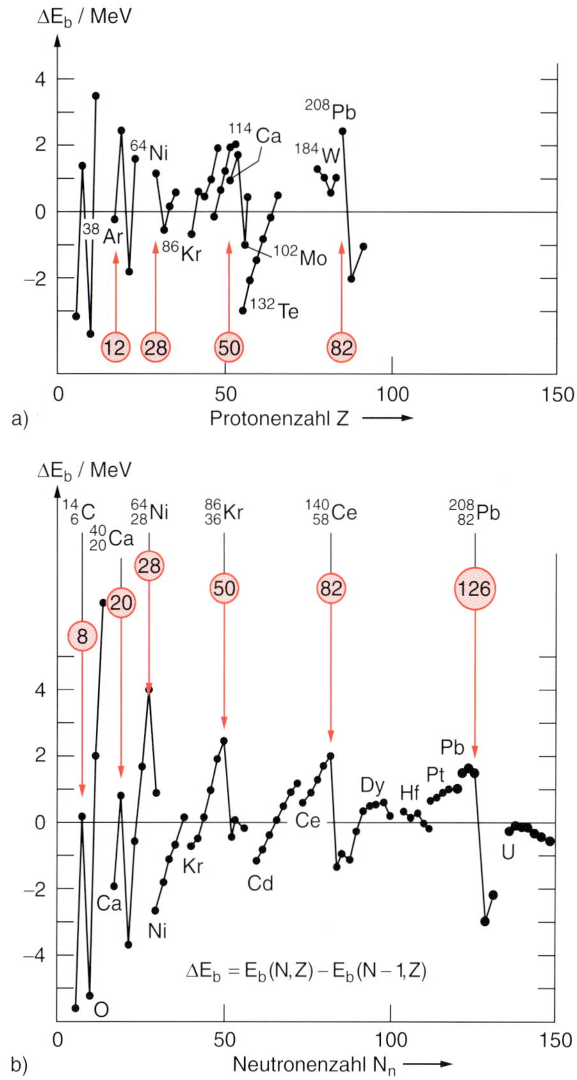

Abb. 5.26. (**a**) Bindungsenergie eines Protons für die verschiedenen Isotone bei fester Neutronenzahl. (**b**) Bindungsenergie eines Neutrons für Isotope. Bei den magischen Neutronenzahlen ändern sich die Bindungsenergien besonders stark. Nach K. Bethge: *Kernphysik* (Springer, Berlin, Heidelberg 1996)

Auch die Anregungsenergien für ein Proton bzw. Neutron vom Grundzustand in den ersten angeregten Zustand, die z. B. durch γ-Absorption gemessen wer-

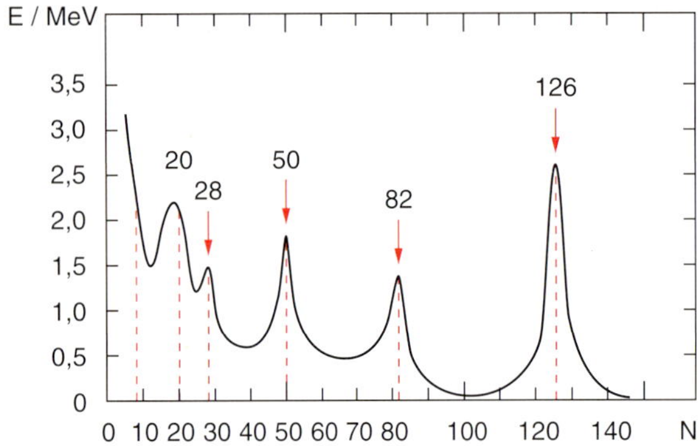

Abb. 5.27. Energie des ersten angeregten Zustandes von g-g-Kernen als Funktion der Neutronenzahl

den können, zeigen entsprechende Maxima bei den magischen Zahlen (Abb. 5.27), ebenso die Häufigkeit stabiler Isotope bzw. Isotone (Abb. 5.28).

Diese Maxima der Separationsenergien erinnern an die entsprechenden Maxima der Ionisationsenergien der Atome, die durch den Schalenaufbau der Elektronenhülle völlig erklärt werden konnten (Bd. 3,

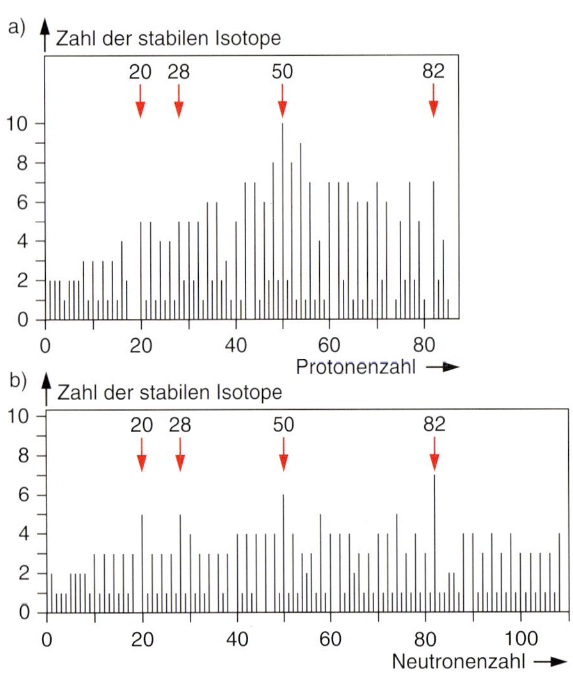

Abb. 5.28a,b. Häufigkeit der stabilen Isotope als Funktion (**a**) der Protonenzahl und (**b**) der Neutronenzahl. Nach K. Bethge: *Kernphysik* (Springer, Berlin, Heidelberg 1996)

Abschn. 6.2): Immer dann, wenn eine abgeschlossene Elektronenschale erreicht ist (*Edelgas*), hat die Ionisationsenergie ausgeprägte Maxima, während bei dem darauffolgenden Element (*Alkali*), wo ein Elektron die nächste Schale besetzt, ein Minimum beobachtet wird. Es liegt daher nahe, dieses Schalenmodell auch zur Erklärung der Kernstruktur und der magischen Zahlen zu versuchen.

In einem kugelsymmetrischen Potential $V(r)$ läßt sich die Schrödingergleichung in einen Winkelanteil und einen Radialanteil separieren (siehe Bd. 3, Abschn. 4.3.2). Die Lösungsfunktionen des Winkelanteils sind für jedes kugelsymmetrische Potential, unabhängig von der Radialform des Potentials, die Kugelflächenfunktionen Y_l^m, die von der Drehimpulsquantenzahl l und der Quantenzahl m der z-Komponente von $\boldsymbol{l}$ abhängen.

Um die Lösungsfunktionen $R(r)$ für den Radialanteil der Wellenfunktion $\psi(r, \vartheta, \varphi)$ zu erhalten, muß die Schrödingergleichung für $u(r) = r \cdot R(r)$

$$\frac{\mathrm{d}^2 u}{\mathrm{d}r^2} + \frac{2m}{\hbar^2}\left[E - V(r) - \frac{l(l+1)\hbar^2}{2mr^2}\right] u = 0 \qquad (5.47)$$

für das entsprechende Potential $V(r)$ gelöst werden (siehe Bd. 3, Abschn. 5.1). Wir wollen hier jedoch zuerst einen anschaulichen Weg gehen:

Das reale Kernpotential $V(r)$ muß irgendwo zwischen den beiden Grenzfällen des Kastenpotentials (das im vorigen Abschnitt behandelt wurde) und des harmonischen Potentials liegen (Abb. 5.25). Während das Kastenpotential (5.32) zu steil ist, gibt das Parabelpotential (5.44) einen zu flachen Verlauf am Rand.

Die Lösungen und Energieeigenwerte für das Kastenpotential haben wir bereits im vorigen Abschnitt behandelt. Für das Potential

$$V(r) = c \cdot r^2 + d\,, \qquad (d = -V_0) \qquad (5.48)$$

des dreidimensionalen harmonischen Oszillators lassen sich die Lösungen $\psi(r)$ wegen

$$\big(V(r) - d\big) \propto r^2 = x^2 + y^2 + z^2$$

für $l = 0$ genau wie beim dreidimensionalen Kastenpotential als Produkt von drei Funktionen einer Veränderlichen

$$\psi(r) = \psi_x(x) \cdot \psi_y(y) \cdot \psi_z(z) \qquad (5.49)$$

schreiben. Jede dieser Funktionen ist Lösung des eindimensionalen harmonischen Oszillators (siehe Bd. 3, Kap. 4).

Die Gesamtenergie wird daher

$$\begin{aligned} E_n &= \hbar\omega\left(n_x + \tfrac{1}{2}\right) + \hbar\omega\left(n_y + \tfrac{1}{2}\right) + \hbar\omega\left(n_z + \tfrac{1}{2}\right) \\ &= \hbar\omega\left(n + \tfrac{3}{2}\right) \qquad (5.50\text{a}) \\ &\text{mit} \quad n = n_x + n_y + n_z = 0, 1, \ldots \end{aligned}$$

Es gibt $q = (n+1) \cdot (\frac{n}{2} + 1)$ verschiedene Kombinationen von n_x, n_y, n_z, die zum gleichen Wert von n führen

Tabelle 5.3. Zum Entartungsgrad $q(n)$ beim dreidimensionalen harmonischen Oszillator

n	n_x	n_y	n_z	q
0	0	0	0	1
1	1	0	0	3
	0	1	0	
	0	0	1	
2	2	0	0	6
	0	2	0	
	0	0	2	
	1	1	0	
	0	1	1	
	1	0	1	
3	3	0	0	10
	0	3	0	
	0	0	3	
	2	1	0	
	2	0	1	
	1	2	0	
	1	0	2	
	0	1	2	
	0	2	1	
	1	1	1	

Tabelle 5.4. Maximale Besetzungszahlen der Eigenzustände des dreidimensionalen harmonischen Oszillatorpotentials

n	0	1	2	3	4	5	
p	1	3	6	10	15	21	
N_p, N_n	2	6	12	20	30	42	
$\sum_{i=0}^{n} N_i(\text{p}, \text{n})$	2	8	20	40	70	112	
magische Zahlen	2	8	20	28	50	82	126

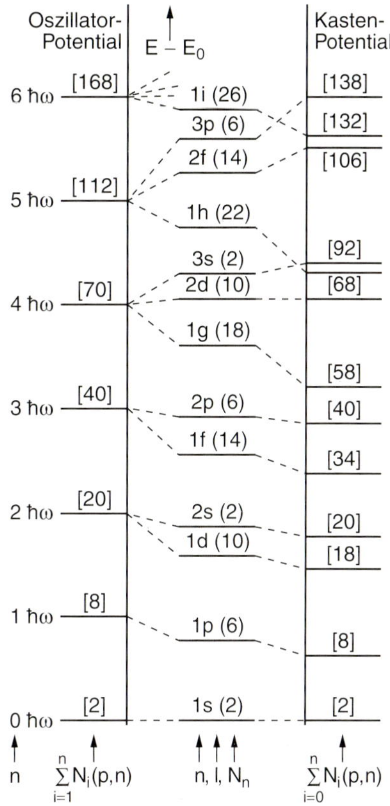

Abb. 5.29. Vergleich der Energieniveaus des dreidimensionalen Kastenpotentials und des dreidimensionalen harmonischen Oszillators. Nach M. Goeppert-Mayer, J.H.D. Jensen: *Elementary Theory of Nuclear Shell Structure* (Wiley, New York 1955)

(siehe Aufg. 5.6). Die Energieniveaus E_n sind daher q-fach entartet (Tabelle 5.3).

Wir nennen alle q entarteten Energieniveaus zum gleichen Wert von n eine ***Energieschale***, in Analogie zur Elektronenhülle. Besetzt man jeweils nach dem Pauliprinzip jede dieser Schalen mit $2q$ Protonen bzw. $2q$ Neutronen (die Niveaus mit gleichem n aber mit verschiedenen n_x, n_y, n_z, unterscheiden sich durch ihre räumliche Wellenfunktionen (5.49), so daß sie trotz Energieentartung keine identischen Quantenzustände sind), so erhält man die in der linken Spalte von Abb. 5.29 aufgeführten Besetzungszahlen $(N_\text{p} + N_\text{n})_n$ einer Schale.

Die Besetzungssummen $\sum_0^n N(\text{p}, \text{n})$ geben bis $n = 2$ in der Tat die ersten drei magischen Zahlen, aber für $n > 2$ weichen sie von ihnen ab (Tabelle 5.4).

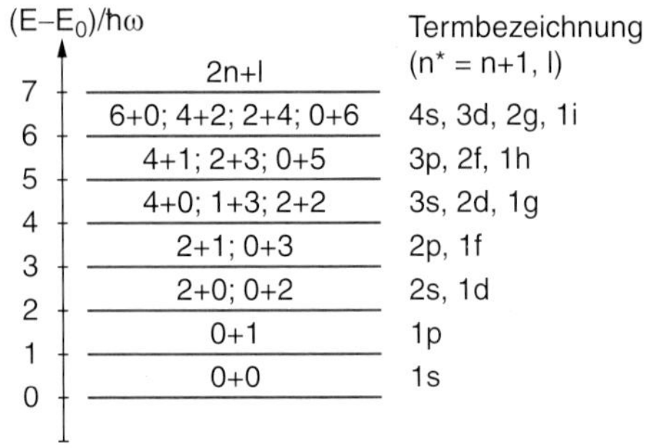

Abb. 5.30. Äquidistante Energieniveaus $E(n, l)$ des dreidimensionalen harmonischen Oszillators mit den Termbezeichnungen (n^*, l) in Analogie zum H-Atom

Abb. 5.31. *Maria Goeppert-Mayer.* Aus E. Bagge: *Die Nobelpreisträger der Physik* (Heinz-Moos-Verlag, München 1964)

Man kann dies auch durch Separation der Wellenfunktion

$$\psi(r, \vartheta, \varphi) = R_n(r) \cdot Y_l^m(\vartheta, \varphi)$$

in einen Radialanteil und den winkelabhängigen Teil sehen. Der Radialteil bestimmt die Hauptquantenzahl n, der Winkelanteil die Bahndrehimpulsquantenzahl l und die Projektionsquantenzahl m_l Die Energiewerte

$$E(n, l) = \hbar\omega\,(2n + l + 3/2) \tag{5.50b}$$

hängen nicht von m_l ab (Kugelsymmetrie). Deshalb sind die Energiezustände $(2l + 1)$-fach entartet (Abb. 5.30).

Geht man vom Oszillatorpotential zum Kastenpotential über, so spalten die entarteten Niveaus auf (Abb. 5.29).

Nach Abb. 5.25 sollte man erwarten, daß die Energieniveaus des realen Kerns im Übergangsgebiet zwischen Kasten- und Oszillatorpotential liegen (Abb. 5.29). Die experimentellen Ergebnisse sind aber für größere Werte von n nicht in Einklang mit dieser Annahme.

Otto Haxel und *Johannes Hans Daniel Jensen* und unabhängig davon auch *Maria Goeppert-Mayer* (Abb. 5.31) erkannten 1948, daß diese Diskrepanzen und die Abweichungen der Besetzungszahlen von den höheren magischen Zahlen durch die *Spin-Bahn-Kopplung* in größeren Kernen bewirkt wird. Durch diese Kopplung werden die Energieniveaus aufgespalten. Während die durch die schwache magnetische Spin-Bahn-Wechselwirkung der Elektronen in der Atomhülle bewirkte Feinstrukturaufspaltung sehr klein ist (siehe Bd. 3, Kap. 5), führt die durch die starken Kernkräfte bewirkte Spin-Bahn-Kopplung der Nukleonen zu großen Energieaufspaltungen, welche sogar größer werden können als die Energiedifferenz zwischen aufeinanderfolgenden Schalen.

Löst man die Radialgleichung (5.47) für das dreidimensionale Oszillatorpotential einschließlich des Zentrifugalterms, so erhält man analog zu (5.50) die äquidistanten Eigenwerte

$$E_n = \hbar\omega\left(n + \frac{3}{2}\right) \tag{5.51}$$

mit $n = 2(n^* - 1) + l$, $n^* = 1, 2, \ldots, l = 0, 1, \ldots$, wobei l die Bahndrehimpulsquantenzahl ist. Die zu den tiefsten n-Werten möglichen Werte von l sind in Tabelle 5.4 aufgeführt.

Man sieht daraus, daß zu jedem Energiewert E_n mit $n \geq 2$ mehrere Drehimpulse $l \cdot \hbar$ beitragen. Beim Übergang zum Kastenpotential wird diese Drehimpulsentartung aufgehoben (Abb. 5.29). Die Aufspaltung bleibt jedoch gering, so daß sich eng benachbarte Gruppen von Niveaus für jeden Wert von n ergeben. Die Besetzungszahlen in Tabelle 5.4 ändern sich dadurch nicht.

Im Abschn. 5.2 haben wir gesehen, daß die Wechselwirkung zwischen zwei Nukleonen von der gegenseitigen Orientierung ihres Spins abhängt. Analog zur Behandlung in der Elektronenhülle führten *M. Goeppert-Mayer*, *Jensen* und *Haxel* eine Spin-Bahn-Wechselwirkung $V_{ls}(r_i) \cdot \boldsymbol{l} \cdot \boldsymbol{s}$ für das i-te Nukleon im effektiven Potential

$$V_i(r) = V(r) + V_{ls}(r) \cdot \boldsymbol{l} \cdot \boldsymbol{s} \tag{5.52}$$

ein. Der Erwartungswert von $\boldsymbol{l} \cdot \boldsymbol{s}$ ist (siehe Bd. 3, Abschn. 5.5.3)

$$\langle \boldsymbol{l} \cdot \boldsymbol{s} \rangle = \tfrac{1}{2}\big[\, j(j+1) - l(l+1) - s(s+1)\big] \cdot \hbar^2 \,. \tag{5.53}$$

Wegen $s = \pm 1/2$ ist $j = l \pm 1/2$, und wir erhalten für $\langle \boldsymbol{l} \cdot \boldsymbol{s} \rangle$ die beiden Werte $l/2 \cdot \hbar$ und $-1/2\,(l+1) \cdot \hbar$ und damit die beiden effektiven Potentiale für das i-te Nukleon

$$V_i^{\text{eff}}(r) = V(r) + \tfrac{1}{2} V_{ls}(r) \cdot l \cdot \hbar \quad \text{für } j = l + 1/2 \,, \tag{5.54a}$$

$$V_i^{\text{eff}}(r) = V(r) - \tfrac{1}{2} V_{ls}(r) \cdot (l+1) \cdot \hbar \quad \text{für } j = l - 1/2 \,, \tag{5.54b}$$

die zu einer Energieaufspaltung

$$\Delta E = (2l+1) \cdot \tfrac{1}{2} V_{ls} \cdot \hbar \tag{5.55}$$

führen, deren Größe proportional zu $(2l + l)$ ist. Der Betrag der Aufspaltung ist von gleicher Größenordnung wie die Energieabstände für verschiedene Werte von n in (5.50), wie ausführliche Rechnungen gezeigt haben [5.1].

> Es erweist sich dabei, daß $V_{ls}(r)$ genau wie $V(r)$ negativ ist. Deshalb liegen die Zustände für $j = l - 1/2$ energetisch höher als die mit $j = l + 1/2$.

Um die maximal mögliche Zahl der Nukleonen in jedem Zustand $|n, l, j\rangle$ zu erhalten, müssen wir alle nach (5.51) erlaubten Kombinationen von n, l und die sich daraus ergebenden Werte von j bestimmen (Tabelle 5.5). Da es zu jedem Wert von j, genau wie in der Atomhülle, $(2j+1)$ mögliche energieentartete Richtungseinstellungen gibt, erhält man die in der letzten Zeile angegebenen Nukleonenzahlen in allen nach steigender Energie angeordneten Niveaus bis zum obersten besetzten Niveau.

Die energetische Reihenfolge und die Absolutenergien der Niveaus ergeben sich erst aus einer umfangreichen Rechnung.

Trägt man die aus solchen Rechnungen sich ergebende Niveaufolge mit ihren Besetzungszahlen auf (Abb. 5.32), so ergeben sich in der Tat die experimentell gefundenen magischen Zahlen als Summe aller Protonen- bzw. Neutronenzahlen, die alle Niveaus bis zu einem Niveau $E_{n,j}$ besetzen können, bei dem eine besonders große Energielücke zum nächsthöheren Niveau auftritt. Dies wird noch besser deutlich in Abb. 5.33, wo die Energieniveaus in Form schraffierter Bänder aufgetragen sind, so daß die Energielücken besser sichtbar werden. Kerne, bei denen sowohl die Protonenzahl, als auch die Neutronenzahl einer magischen Zahl entsprechen, heißen ***doppelt magische Kerne***. Sie haben eine besonders große Stabilität. Beispiele sind: ${}^{4}_{2}\text{He}$ ($N_\text{p} = 2$, $N_\text{n} = 2$), ${}^{16}_{8}\text{O}$ ($N_\text{p} = 8$, $N_\text{n} = 8$), ${}^{40}_{20}\text{Ca}$ ($N_\text{p} = 20$, $N_\text{n} = 20$), ${}^{48}_{20}\text{Ca}$ ($N_\text{p} = 20$, $N_\text{n} = 28$), ${}^{208}_{82}\text{Pb}$ ($N_\text{p} = 82$, $N_\text{n} = 126$).

Das Schalenmodell erklärt aber noch weitere experimentelle Fakten: Wenn eine Schale (d. h. ein Zustand mit Teilchen vorgegebener Gesamtdrehimpulsquantenzahl j) voll mit Nukleonen besetzt ist, muß der Gesamtdrehimpuls $\boldsymbol{j} = \sum \boldsymbol{j}_i$ des Kerns, der als Kernspin $\boldsymbol{I}$ bezeichnet wird, Null sein, da alle $2j+1$ Unterzustände m_j mit $-j \le m_j \le j+1$ besetzt sind.

> Kerne mit abgeschlossenen Schalen müssen daher kugelsymmetrisch sein, den Kernspin $I = 0$ haben und können kein Quadrupolmoment besitzen.

Tabelle 5.5. Energetische Reihenfolge und Besetzungszahlen der Niveaus $|n, l, j\rangle$ nach dem Schalenmodell mit Spin-Bahn-Kopplung

n, l, j Bezeichnung	1, 0, 1/2 $1s_{1/2}$	1, 1, 3/2 $1p_{3/2}$	1, 1, 1/2 $1p_{1/2}$	1, 2, 5/2 $1d_{5/2}$	2, 0, 1/2 $2s_{1/2}$	1, 2, 3/2 $1d_{3/2}$	1, 3, 7/2 $1f_{7/2}$
$2j+1$	2	4	2	6	2	4	8
$\sum_j 2j+1$	2	6	8	14	16	20	28

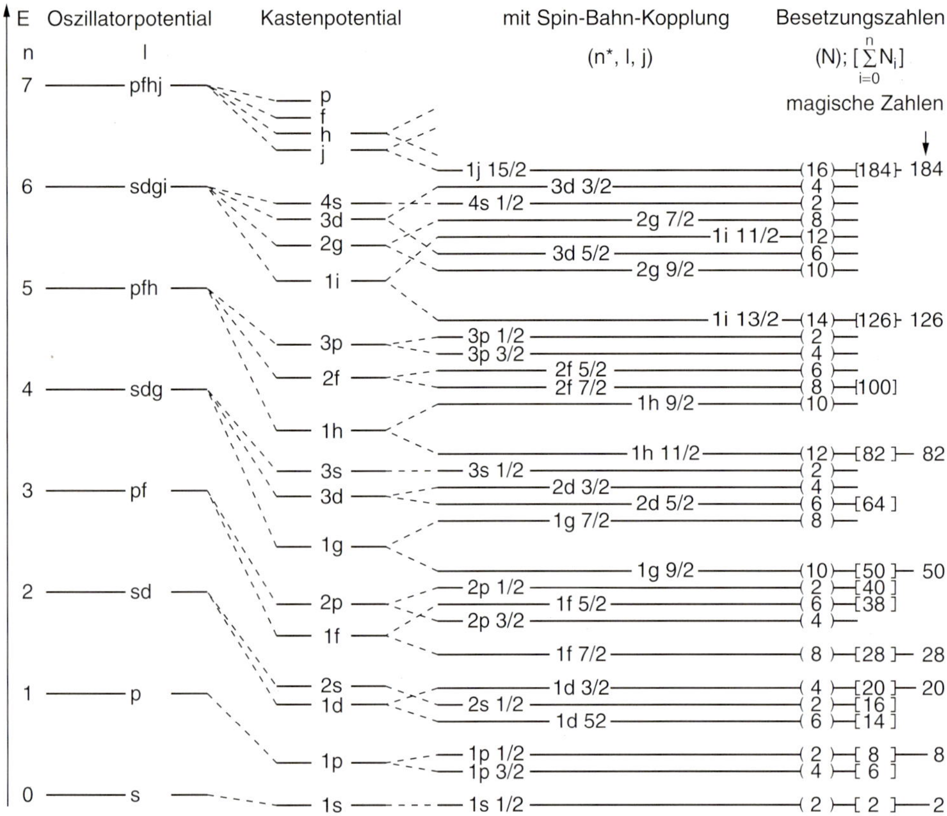

Abb. 5.32. Einteilchenenergiezustände nach dem Schalenmodell mit Spin-Bahn-Kopplung. Nach H. Bucka: *Nukleonenphysik* (de Gruyter, Berlin 1981)

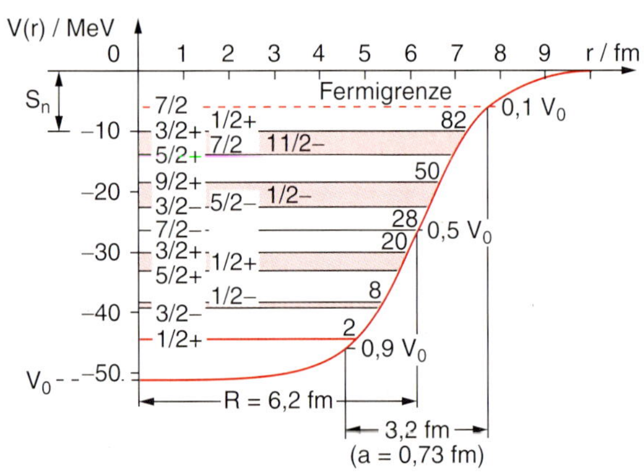

Abb. 5.33. Neutronenzustände eines Kerns mit $N_{\text{n}} = 82$ im Woods-Saxon-Potential mit Spin-Bahn-Kopplung. Nach T. Mayer-Kuckuk: *Kernphysik* (Teubner, Stuttgart 1993)

Dies wird auch experimentell beobachtet (Abb. 5.34).

Fügt man zu einem Kern mit abgeschlossener Schale ein weiteres Nukleon N_i hinzu, so wird der Kernspin

$$I = j = l_i + s_i$$

durch den Bahndrehimpuls l_i und Spin s_i dieses ungepaarten Nukleons bestimmt. Die Quantenzahlen l_i, s_i und j_i sind durch die entsprechenden Quantenzahlen des nächsthöheren unbesetzten Niveaus über der abgeschlossenen Schale festgelegt. Die Situation ist analog zu der in der Elektronenhülle bei den Alkaliatomen (siehe Bd. 3, Kap. 6).

Bei *zwei* Nukleonen in nicht abgeschlossenen Schalen wird die Situation komplizierter, weil jetzt mehr Möglichkeiten für die Kopplung der Drehimpulse bestehen. Da die Spin-Bahn-Kopplung zwischen l_i und s_i eines Nukleons im allgemeinen stark ist gegen-

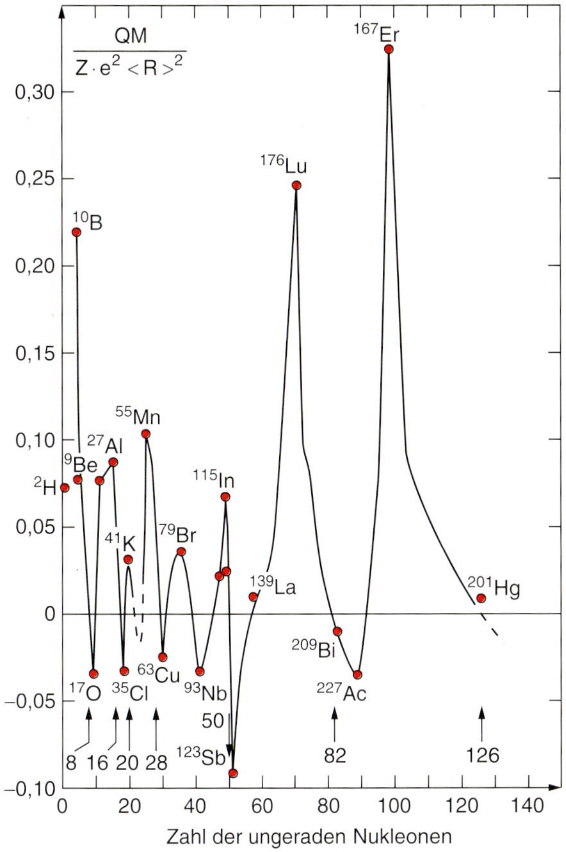

Abb. 5.34. Kernquadrupolmomente als Funktion der Zahl der ungeraden Nukleonen. Nach Povh et al.: *Teilchen und Kerne* (Springer, Berlin, Heidelberg 1994)

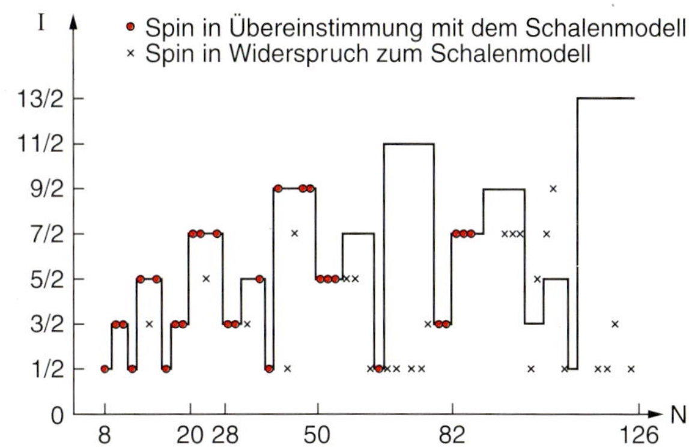

Abb. 5.35. Experimentelle Werte der Kernspins als Funktion der Neutronenzahl. Aus P. Marmier, E. Sheldon: *Physics of Nuclei and Particles* (Academic Press, New York 1969)

über der Kopplung zwischen den Bahndrehimpulsen $\boldsymbol{l}_i$, $\boldsymbol{l}_k$ bzw. der Spins $\boldsymbol{s}_i$, $\boldsymbol{s}_k$ zweier verschiedener Nukleonen, kann man $\boldsymbol{j}$-$\boldsymbol{j}$-Kopplung annehmen, d. h. die Gesamtdrehimpulse $\boldsymbol{j}_i$ der einzelnen Nukleonen koppeln zum Gesamtspin des Kerns

$$\boldsymbol{j} = \boldsymbol{I} = \sum_i \boldsymbol{j}_i \, .$$

Man beachte:

Kerne in einem energetisch angeregten Zustand mit unterschiedlichen Werten von l_i, l_j können durchaus einen anderen Kernspin $\boldsymbol{I}$ haben als im Grundzustand.

Während die Voraussagen des Schalenmodells bei kleinen und mittleren Kernen gut bestätigt werden, findet man bei größeren Kernen doch deutliche Abweichungen (Abb. 5.35). Diese lassen sich durch folgende Fakten erklären:

- Bei schweren Kernen wird die Abweichung von der Kugelsymmetrie immer größer. Auch das mittlere Potential, in dem sich ein Nukleon im Rahmen unserer Einteilchen-Näherung bewegt, weicht immer mehr von einem reinen Radialpotential ab. Dies liegt zum einen daran, daß die Summe der Restwechselwirkungen (z. B. der Paarkorrelationen zwischen zwei Nukleonen) größer wird, so daß die Einteilchen-Näherung immer schlechter wird. Zum anderen wird die Coulombabstoßung zwischen den Protonen immer stärker. Dies führt zu einem Minimum der potentiellen Energie bei einer ellipsoidförmigen Verteilung der Protonen (siehe Abschn. 5.6).
- In einem nichtkugelsymmetrischen Potential ist der Drehimpuls eines Nukleons nicht mehr zeitlich konstant und deshalb muß auch der Gesamtdrehimpuls einer abgeschlossenen Schale nicht mehr notwendigerweise Null sein. Hinzu kommt noch, daß solche deformierten Kerne als Ganzes rotieren können und dadurch einen zusätzlichen Drehimpuls erhalten.

Der letzte Punkt soll im nächsten Abschnitt näher behandelt werden.

5.6 Rotation und Schwingung von Kernen

Bisher haben wir jeweils ein einzelnes Nukleon betrachtet, das sich im zeitlich gemittelten kugelsymmetrischen Potential bewegt, welches durch die Wechselwirkung aller Nukleonen entsteht. Die so berechneten Energiezustände eines Nukleons wurden dann gemäß dem Pauliprinzip bis zur Unterbringung aller Protonen und Neutronen aufgefüllt. Die Wechselwirkung zwischen den Nukleonen wurden hier nur indirekt und pauschal über das gemittelte Potential berücksichtigt.

Mit zunehmender Nukleonenzahl im Kern werden die Abweichungen vom kugelsymmetrischen Potential immer gravierender. Die dadurch notwendigen Korrekturen zur Zentralfeld-Näherung können in einem kollektiven Modell von *A. Bohr* und *B. Mottelson*, das eine Verfeinerung und Erweiterung des Tröpfchenmodells darstellt, besser berücksichtigt werden. Dieses kollektive Modell erklärt außerdem noch viele weitere Eigenschaften schwerer Kerne, wie z. B. kollektive Schwingungen oder Rotationen der Kerne. Kollektives Verhalten der Kerne tritt vor allem bei deformierten Kernen auf. Kugelsymmetrische Kerne können nicht zur Rotation angeregt werden, während deformierte Kerne beim Stoß mit anderen Teilchen ein Drehmoment erfahren und deshalb ihren Drehimpuls ändern können.

5.6.1 Deformierte Kerne

Ein Nukleon außerhalb einer abgeschlossenen Schale kann durch seine Wechselwirkung mit den Nukleonen in den abgeschlossenen Schalen den sonst kugelsymmetrischen „Kernrumpf" deformieren, wenn es selbst nicht in einem s-Zustand mit $l = 0$ ist. Dies ist völlig analog zur Polarisation der Elektronenhülle von Atomen durch ein Elektron außerhalb abgeschlossener Schalen.

Die Kern-Deformation kann für ein rotationssymmetrisches Ellipsoid durch eine Polardarstellung

$$R(\vartheta) = R_0\left[1 + \beta \cdot Y_2^0(\cos\vartheta)\right] \tag{5.56}$$

beschrieben werden (Abb. 5.36), wobei R_0 der mittlere Kernradius, Y_2^0 die Kugelflächenfunktion $Y_l^m(\vartheta, \varphi)$ und

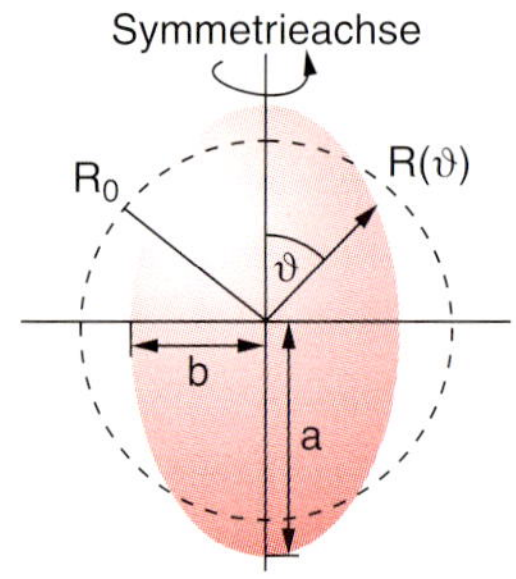

Abb. 5.36. Polardarstellung deformierter Kerne

$$\beta = \frac{4}{3}\sqrt{\frac{\pi}{5}} \cdot \frac{\Delta R}{R_0} \tag{5.57}$$

der Deformationsparameter ist, welcher ein Maß für die Abweichung

$$\Delta R = a - b \tag{5.58a}$$

des Ellipsoids mit großer Halbachse a und kleiner Halbachse b ist. Oft wird auch die Größe

$$\delta = \frac{a - b}{R_0} = 0{,}946\,\beta \tag{5.58b}$$

als Deformationsparameter verwendet.

Kerne mit $\beta > 0$ bilden ein in Richtung der Symmetrieachse langgezogenes Rotationsellipsoid (prolater symmetrischer Kreisel, Abb. 5.37a), während $\beta < 0$ oblate Ellipsoide beschreibt (Abb. 5.37b).

Trägt man die potentielle Energie E_{pot} des Kerns als Funktion der Deformation auf, so steigt $E_{\text{pot}}(\beta)$ für Kerne mit abgeschlossenen Schalen monoton an (Abb. 5.38). Mit zunehmender Zahl von Nukleonen außerhalb geschlossener Schalen wird die Steigung jedoch kleiner und erreicht sogar ein Minimum für $\beta \neq 0$.

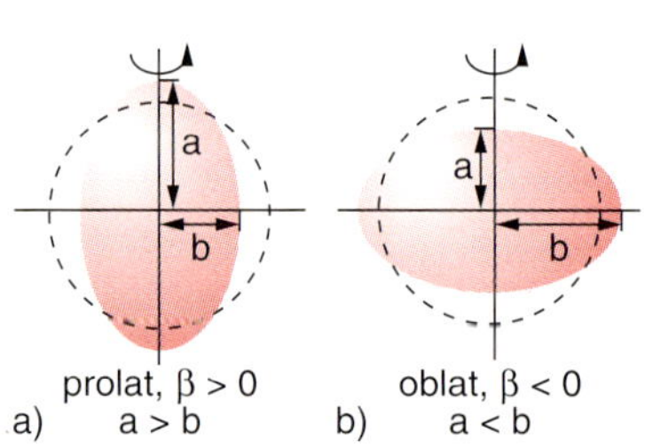

Abb. 5.37. (**a**) Prolate (zigarrenförmige), (**b**) oblate (diskusförmige) Form des Rotationsellipsoides eines deformierten Kerns

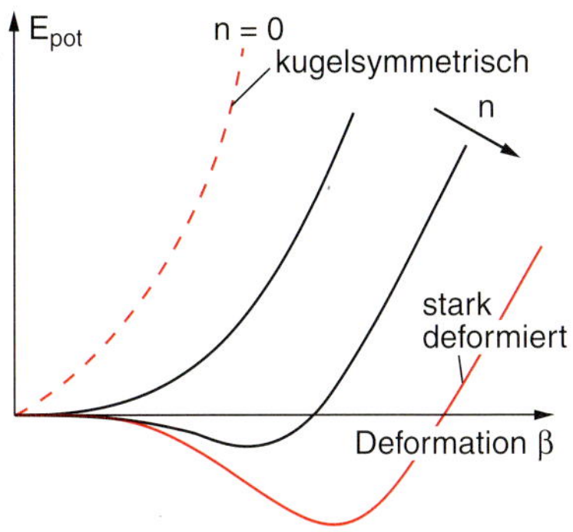

Abb. 5.38. Schematischer Verlauf der Deformationsenergie als Funktion des Deformationsparameters β für Kerne mit wachsender Zahl n der Nukleonen außerhalb geschlossener Schalen

Dies bedeutet, daß für eine solche Nukleonenanordnung ein stabiler Kern als Ellipsoid und nicht als Kugel vorliegt.

Dies ist in Abb. 5.39 noch einmal am konkreten Beispiel der Samarium-Isotope illustriert, wo der Verlauf von $E_{\text{pot}}(\beta)$ für verschiedene Neutronenzahlen N gezeigt wird.

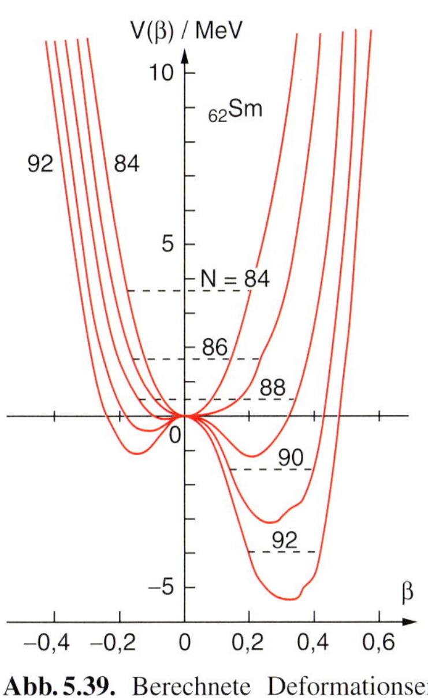

Abb. 5.39. Berechnete Deformationsenergie verschiedener Isotope des Samariumkerns als Funktion des Deformationsparameters β für verschiedene Neutronenzahlen N. Nach G. Musiol, J. Ranft, R. Reif, D. Seeliger: *Kern- und Elementarteilchenphysik*, 2. Aufl. (Harri Deutsch, Frankfurt/M. 1995)

Kerne, für die $E_{\text{pot}}(\beta)$ ein Minimum bei $\beta \neq 0$ hat, sind aus energetischen Gründen (zumindest in ihrem Grundzustand) deformiert. Ihre Form kann durch ein Rotationsellipsoid beschrieben werden.

In den deformierten Kernen ist auch die Protonenverteilung nicht mehr kugelsymmetrisch. Die Kerne müssen deshalb ein Quadrupolmoment haben, das mit dem Deformationsparameter β anwächst.

Durch diese Polarisation des Kernrumpfes, der aus allen Nukleonen in abgeschlossen Schalen besteht, kann der Gesamtdrehimpuls des Rumpfes von Null abweichen, weil jetzt ja kein kugelsymmetrisches Potential mehr vorliegt. Der Kernspin wird dann nicht mehr allein durch die äußeren Nukleonen in den nicht abgeschlossenen Schalen bestimmt, so daß man deshalb auch die beobachteten großen Kernspinwerte bei schweren Kernen verstehen kann.

Wie man aus Abb. 5.39 erkennt, können auch g-g-Kerne, deren Kernspin I gleich Null ist, deformiert sein. Solche deformierten Kerne haben keine kugelsymmetrische Ladungsverteilung und daher ein „inneres Quadrupolmoment", das aber nicht beobachtet werden kann, weil bei $I = 0$ alle Richtungen der Deformationsachse im Raum gleich wahrscheinlich sind und daher das resultierende „mittlere" Quadrupolmoment Null ist (siehe nächster Abschnitt).

5.6.2 Kernrotationen

Nichtkugelsymmetrische Kerne können bei Stößen mit geladenen schweren Projektilen (Protonen, α-Teilchen oder andere Kerne) große Drehimpulse erhalten und zu Rotationen angeregt werden. Dazu muß beim Stoß ein Drehmoment ausgeübt werden. Wie in Abb. 5.40b illustriert wird, tritt ein solches Drehmoment auf, weil auf gegenüberliegende Punkte des Ellipsoids wirkende Kräfte unsymmetrisch sind (bei einer Kugel wären sie symmetrisch und das Drehmoment Null, Abb. 5.40a).

Eine solche Übertragung von Drehimpuls aus dem Bahndrehimpuls $L = b \cdot \mu \cdot v$ des Stoßpaares mit Stoßparameter b und reduzierter Masse μ ist bereits bei großen Stoßparametern b, bei denen keine Kernkräfte mehr wirken, auf Grund der langreichweitigen Coulomb-Wechselwirkung möglich.

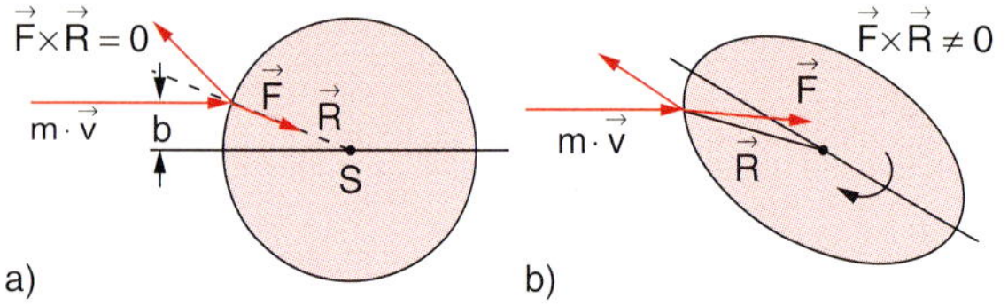

Abb. 5.40a,b. Übertragung von Drehimpuls auf deformierte Kerne beim Stoß wegen des wirkenden Drehmomentes, während bei kugelsymmetrischen Kernen das Drehmoment Null ist, weil nur eine radiale Kraft wirkt

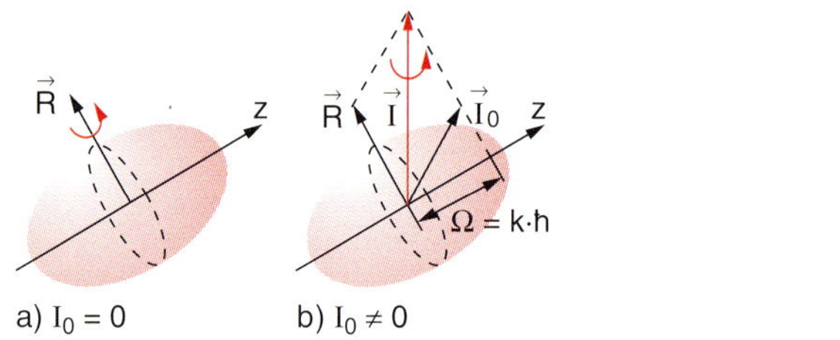

Abb. 5.41a,b. Kernspin $\boldsymbol{I}$ und kollektiver Rotationsdrehimpuls $\boldsymbol{R}$ im körperfesten Koordinatensystem des Kerns

Der Kern kann nach solchen Stößen dann als Ganzes rotieren (kollektive Rotation der Nukleonen) und dadurch, genau wie ein rotierendes Molekül, die erhaltene Rotationsenergie in Form von Strahlung wieder abgeben. Während beim Molekül diese Strahlung im Mikrowellengebiet liegt, beobachtet man bei Übergängen zwischen Kernrotationszuständen γ-Strahlung im 0,1–10-MeV-Bereich, d. h. bei etwa 10^8–10^{10} mal größeren Energien.

Wir wollen uns die Kernrotationszustände etwas genauer ansehen: Wir betrachten zuerst Kerne, die ohne diese Rotationsenergie einen Kernspin $I = 0$ haben. Für ein Rotationsellipsoid sind Rotationen um die Symmetrieachse nicht anregbar, da hier das übertragene Drehmoment Null ist (Abb. 5.40a). Der Rotationsdrehimpuls $\boldsymbol{R}$ des Kerns muß daher senkrecht auf der Symmetrieachse stehen. Die Rotationsenergie eines solchen symmetrischen Kreisels ist bei Rotation um eine beliebige Achse senkrecht zur Symmetrieachse (siehe Bd. 1, Kap. 5):

$$E_{\text{rot}} = \frac{\boldsymbol{R}^2}{2\Theta}\,, \tag{5.59}$$

wobei Θ das Trägheitsmoment des Kerns bezüglich der Rotationsachse ist, das hier mit Θ statt mit I bezeichnet wird, um Verwechslungen mit dem Kernspin I zu vermeiden.

Nun haben die einzelnen Nukleonen eigene Drehimpulse $\boldsymbol{j}_i = \boldsymbol{l}_i + \boldsymbol{s}_i$, deren Vektorsumme bei nicht abgeschlossenen Schalen im allgemeinen nicht Null ist. Der Gesamtdrehimpuls des Kerns im tiefsten Anregungszustand, in dem nicht von außen Rotationsenergie zugeführt wurde, sei

$$\boldsymbol{I}_0 = \sum \boldsymbol{j}_i\,.$$

Dieser Gesamteigendrehimpuls ist aber im kernfesten Koordinatensystem zeitlich nicht konstant, weil das Kraftfeld nicht kugelsymmetrisch ist. Er präzediert um die Symmetrieachse des Kerns, so daß im zeitlichen Mittel nur eine Komponente entlang der Kernsymmetrieachse übrigbleibt.

Ist Ω_i die Projektion des Nukleonendrehimpulses $\boldsymbol{j}_i$ auf die Kernsymmetrieachse, so gilt für die zeitlich konstante Gesamtprojektion (Abb. 5.41):

$$\Omega = \sum_i \Omega_i = k\cdot\hbar\,. \tag{5.60}$$

Wird ein solcher Kern mit $I_0 \neq 0$ nun durch Stöße zur kollektive Rotations mit Drehimpuls $\boldsymbol{R}\perp\hat{\boldsymbol{e}}_z$ angeregt, so koppelt $\boldsymbol{R}$ nun mit $\boldsymbol{I}_0$ zu einem Gesamtdrehimpuls $\boldsymbol{I}$ (Abb. 5.41), der nicht mehr senkrecht auf der Symmetrieachse steht, die wir als z-Achse wählen.

Da $\boldsymbol{R}$ aber senkrecht auf der Symmetrieachse steht, ist die Projektion des Gesamtdrehimpulses $\boldsymbol{I} = \boldsymbol{I}_0 + \boldsymbol{R}$ auf die Symmetrieachse $I_z = K\cdot\hbar$, unabhängig von $\boldsymbol{R}$.

Die gesamte zusätzlich als Anregungsenergie zugeführte Rotationsenergie ist jetzt:

$$E_{\text{rot}} = \frac{I_x^2}{\Theta_x} + \frac{I_y^2}{\Theta_y}\,,$$

was wegen $\Theta_x = \Theta_y = \Theta$ und $I_x^2 + I_y^2 = I^2 - I_z^2$ geschrieben werden kann als

$$\boxed{E_{\text{rot}} = \frac{\left[I(I+1) - K^2\right]\hbar^2}{2\Theta}}\,. \tag{5.61}$$

Die Projektionsquantenzahl K der Projektion von $\boldsymbol{I}$ auf die Kernsymmetrieachse kann alle Werte von $0, 1, 2\ldots, I$ (bzw. $\frac{1}{2}, \frac{3}{2}, \ldots, I$ für halbzahlige Werte von I) annehmen. Man erhält also für jeden möglichen Wert von K eine Energieleiter $E_{\text{rot}}(I, K)$ (Abb. 5.42), völlig analog zum symmetrischen Kreiselmolekül (Bd. 3, Kap. 9), das um eine Achse durch den Schwerpunkt schräg zur Symmetrieachse rotiert.

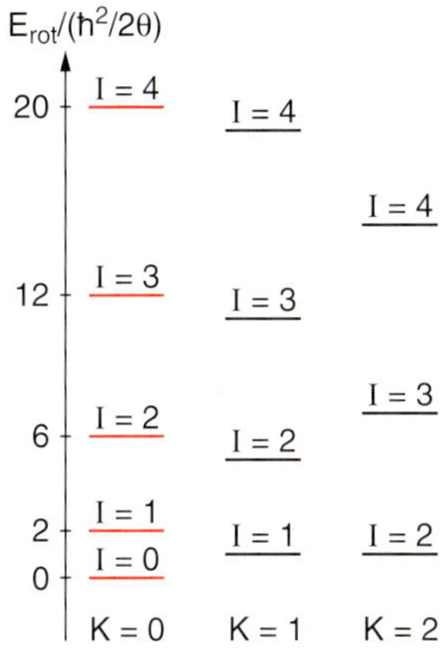

Abb. 5.42. Rotations-Anregungsenergien eines oblaten Kerns für verschiedene Projektionsquantenzahlen K

Um die Rotationsspektren der Kerne zu verstehen, wollen wir zuerst den einfachen Fall mit $I_0 = 0 \Rightarrow K = 0$ behandeln. In diesem Fall steht der Kerndrehimpuls $\boldsymbol{I} = \boldsymbol{R}$ immer senkrecht zur Symmetrieachse. Seine Wellenfunktion ist dann symmetrisch bezüglich einer Rotation um die Achse senkrecht zur Symmetrieachse des Rotationsellipsoid.

Deshalb können wegen der Paritätserhaltung der Wellenfunktionen $Y_R^M(\vartheta, \varphi)$ nur gerade Rotationsquantenzahlen I von $I = 0$ aus angeregt werden. In Abb. 5.43a sind die möglichen Rotationsniveaus mit ihren Energien angegeben und mit gemessenen Rotationsübergängen des $^{238}_{92}$U-Kerns verglichen.

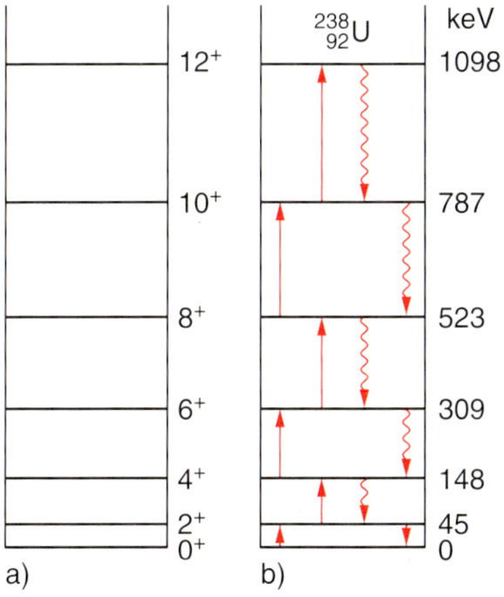

Abb. 5.43. (**a**) Mögliche anregbare Rotationsniveaus für kollektive Rotation in einem deformierten g-g-Kern und $I_0 = 0$; (**b**) Beobachtete Rotationsübergänge in $^{238}_{92}$U, die durch Elektronenstoß angeregt wurden

Übergänge mit $\Delta I = 2$ zwischen Kernzuständen $I + 2 \rightarrow I$, bei denen ein γ-Quant ausgesandt wird, haben dann gemäß (5.61) für $K = 0$ die γ-Energien

$$h \cdot \nu = \frac{(I+2)\cdot(I+3) - I(I+1)}{2\Theta}\hbar^2 = \frac{2I+3}{\Theta}\hbar^2 \,. \tag{5.62}$$

Aus der Messung der γ-Energien läßt sich das Trägheitsmoment Θ des Kerns bestimmen.

Vergleicht man jedoch die experimentellen Ergebnisse mit den aus Kernmodellen eines starr rotierenden Kerns berechneten Werten, so erhält man für Θ wesentlich kleinere Werte, als es dem Trägheitsmoment

$$\Theta_s = \tfrac{2}{5} M R_0^2 = \tfrac{2}{5} A \cdot m_N \cdot R_0^2 \tag{5.63}$$

des starr rotierenden Kerns mit der Massenzahl A entsprechen würde. Daraus muß man schließen, daß nicht alle Nukleonen im Kern an einer kollektiven Rotation teilnehmen, sondern nur die Nukleonen im Randgebiet des Kerns.

Der Kern rotiert dann differentiell wie eine viskose Flüssigkeit in einem rotierenden Zylinder, d. h. die Winkelgeschwindigkeit hängt vom Abstand eines Nukleons vom Zentrum ab.

Man kann sich solch eine nichtstarre Rotation am Beispiel von Ebbe und Flut klarmachen (siehe Bd. 1, Abschn. 6.6), wo infolge der Gravitationsanziehung durch den Mond und der täglichen Rotation der Erde zwei Deformationsberge (Flut) und -täler (Ebbe) um die Erde umlaufen. Analog kann eine Deformationswelle um den Kern laufen, bei der die Nukleonen nicht starr mit gleicher Winkelgeschwindigkeit rotieren, sondern z. B. durch eine Überlagerung von Rotation und Deformationsschwingungen eine differentielle Rotation der Nukleonen entsteht, bei der die Winkelgeschwindigkeit vom Abstand r vom Schwerpunkt abhängt (Abb. 5.44).

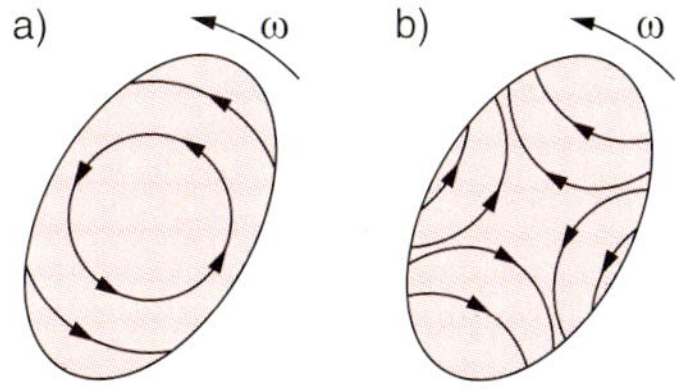

Abb. 5.44. Schematische Darstellung der starren (**a**) und nicht starren (**b**) Rotation des deformierten Kerns um eine Achse senkrecht zur Zeichenebene

5.6.3 Kernschwingungen

Während Rotationen nur bei deformierten Kernen angeregt werden können, treten Schwingungen des Kerns in vielfältiger Form sowohl bei kugelsymmetrischen als auch bei deformierten Kernen auf. Man kann sich die Verhältnisse am Modell eines Flüssigkeitstropfens klarmachen. Folgende Schwingungsformen können auftreten:

- Radiale Kompressionsschwingungen (Abb. 5.45a), bei denen die Dichte des Kerns sich periodisch ändert und bei denen kein Drehimpuls auftritt (*Monopolschwingungen*). Da jedoch die Kernmaterie fast inkompressibel ist, wird die Anregungsnergie für solche Schwingungen sehr hoch sein.
- Oberflächenschwingungen, bei denen das Kernvolumen sich nicht ändert, aber der Kern deformiert wird. Hier kann z. B. die Kugel abwechselnd in ein oblates oder prolates Rotationsellipsoid übergehen (Abb. 5.45b).

Ganz allgemein läßt sich die Vielzahl der möglichen Oberflächenschwingungen durch die Auslenkungen

$$R(\vartheta,\varphi,t) = R_0\left[1+\sum_{l=0}^{\infty}\sum_{m=-l}^{+l} a_{l,m}(t)Y_l^m(\vartheta,\varphi)\right] \tag{5.64}$$

beschreiben, wobei die Y_l^m Kugelflächenfunktionen (siehe Bd. 3, Abschn. 4.3.2) sind und die $a_{l,m}(t)$ die zeitabhängigen Schwingungsamplituden beschreiben. Für $l=0$ erhalten wir die radialen Schwingungen (Monopolschwingungen). Für $l=1$ liegt eine Dipolschwingung vor und für $l=2$ eine Quadrupolschwingung, die gemäß (5.64) beschrieben wird durch

$$R(\vartheta,\varphi,t) = R_0\left[1+\beta(t)\cos\gamma(t)\cdot Y_2^0(\vartheta,\varphi) + \frac{1}{\sqrt{2}}\beta(t)\sin\gamma(t)\cdot Y_2^2(\vartheta,\varphi)\right], \tag{5.65}$$

wobei der zeitabhängige Deformationsparameter $\beta(t)$ durch (5.58) definiert ist. Während β die Größe der Deformation angibt, beschreibt γ ihre Form. Ein Vergleich mit (5.64) zeigt, daß

$$a_{20} = \beta\cos\gamma\,, \quad a_{22} = \frac{\beta}{\sqrt{2}}\sin\gamma\,. \tag{5.66}$$

In Abb. 5.46 sind einige dieser Kernschwingungen illustriert. Die Messung der Schwingungsfrequenzen gibt Aufschluß über die Kräfte zwischen den Nukleonen und ihre Richtungs- und Spinabhängigkeit.

Es können nur Schwingungen angeregt werden, bei denen der Schwerpunkt des Kerns in Ruhe bleibt. Da Funktionen Y_l^m mit ungeraden l zu einer Schwingung des Kernschwerpunktes führen würden, können sie nicht auftreten.

Außer der radialen Monopolschwingung mit $l=0$ ist die nächsthöhere Schwingungsform die Quadrupolschwingung mit $l=2$.

Bei genügend kleinen Amplituden sind die Rückstellkräfte proportional zur Auslenkung, und wir erhalten die Energiewerte des harmonischen Oszillators

$$E_{\text{vib}} = \hbar\omega_{l,m}\left(n+\tfrac{1}{2}\right), \tag{5.67}$$

wobei die Schwingungsfrequenzen $\omega_{l,m}$ von der Art der Schwingung abhängen und für die verschiedenen Deformationen Y_l^m unterschiedlich sind.

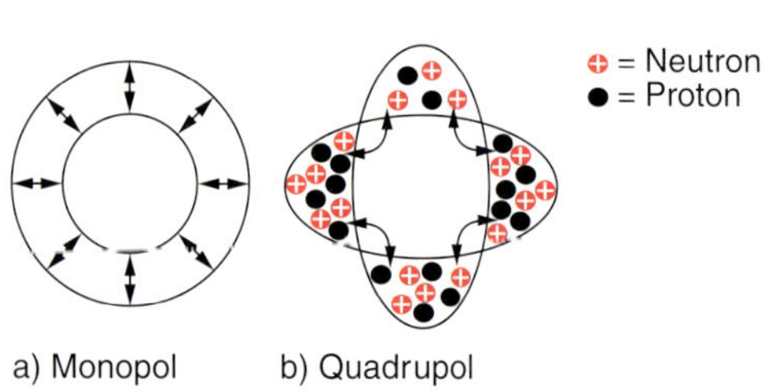

Abb. 5.45. (**a**) Radiale Kompressionsschwingung; (**b**) Deformationsschwingung

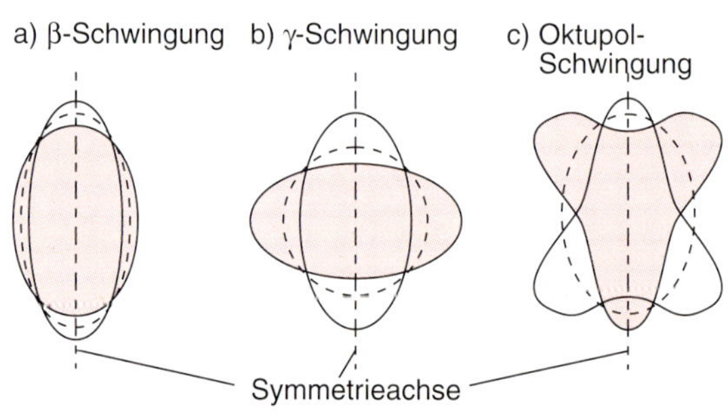

Abb. 5.46a,b. Mögliche Schwingungsformen von Kernen. Die gestrichelte Kurve gibt die Gleichgewichtsstruktur des Kerns an

5.7 Experimenteller Nachweis angeregter Rotations- und Schwingungszustände

Wenn ein schnelles geladenes Teilchen genügend nahe am Kern vorbeifliegt, kann durch den dabei auf den Kern ausgeübten Induktionsstoß eine elektrische Anregung des Kerns erfolgen (Coulomb-Anregung). Das Projektil verliert dabei an kinetischer Energie (inelastischer Stoß). Man kann diese Coulomb-Anregung am besten beobachten, wenn der Stoßparameter so groß ist, daß der Minimalabstand zwischen den Stoßpartnern immer größer bleibt als die Reichweite der Kernkräfte. Dies ist immer erfüllt bei genügend kleiner kinetischer Energie des Projektils, weil dann der abstoßende Coulombwall nicht durchdrungen werden kann (Abb. 5.47).

Der Wirkungsquerschnitt für die Coulomb-Anregung eines Zustands mit der Multipolordnung l

$$\sigma_{\mathrm{CA}} \propto \left(\frac{Z \cdot e}{\hbar v}\right)^2 \cdot a^{-(2l+2)} \tag{5.68}$$

ist proportional zum Quadrat der Kernladung des Targetkerns und sinkt mit zunehmendem Minimalabstand a zwischen Target und Projektil [5.2].

Kernzustände mit besonders hohem Drehimpuls lassen sich in Fusionsreaktionen erzeugen, bei denen schwere Ionen als Projektile im Targetkern steckenbleiben und einen gemeinsamen schweren Kern bilden. Dabei wird der gesamte Bahndrehimpuls des Projektils (bezogen auf den Schwerpunkt des Targets) in den Drehimpuls des neuen Compoundkerns umgewandelt.

Wenn kollektive Schwingungen eines Kerns durch Absorption von γ-Quanten angeregt werden, an denen ein erheblicher Teil der Nukleonen beteiligt sind,

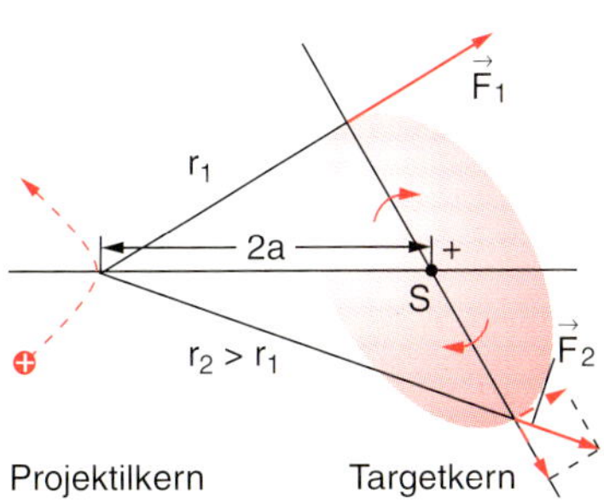

Abb. 5.47. Coulomb-Anregung von Kernrotationen

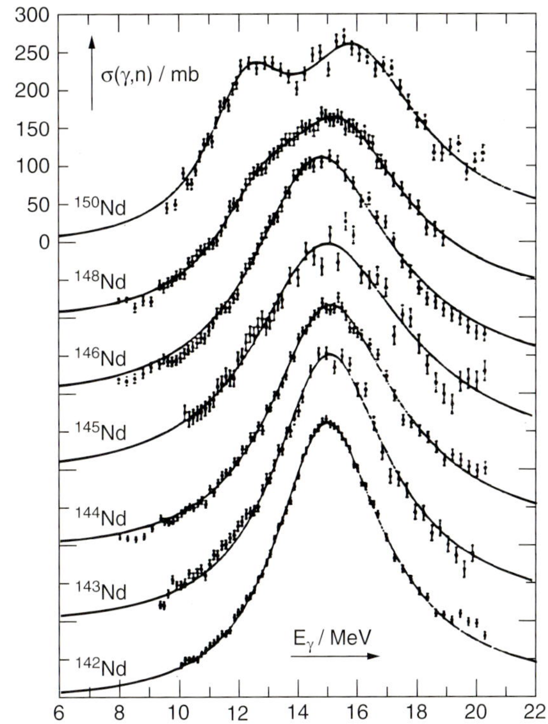

Abb. 5.48. Riesenresonanz im Wirkungsquerschnitt $\sigma(\gamma, \mathrm{n})$ für die γ-induzierte Neutronenemission nach Anregung verschiedener Neodym-Isotope. Nach B.L. Berman, C.S. Fultz: Rev. Mod. Phys. **47**, 713 (1975)

beobachtet man sehr starke Resonanzen im Absorptionsquerschnitt $\sigma(E_\gamma)$ z. B. für die $(\gamma,\nu \cdot \mathrm{n})$-Reaktion

$$^{A}_{Z}\mathrm{N} + \gamma \rightarrow {}^{A-\nu}_{\ \ Z}\mathrm{N}^* + \nu \cdot \mathrm{n}\,, \tag{5.69}$$

bei der nach der γ-Absorption vom angeregten Kern ν Neutronen ($\nu = 1, 2, 3$) emittiert werden (Abb. 5.48).

Diese ***Riesenresonanz*** entspricht der Anregung einer kollektiven Schwingung, bei der alle Protonen des Kerns gegen die Neutronen schwingen, ohne daß sich die Form des Kerns ändert. Solche *Entmischungsschwingungen* können als Monopolschwingung (radiale Schwingung mit der Multipolordnung $l = 0$), Dipolschwingung (Schwingung in eine Richtung mit $l = 1$) oder als Quadrupolschwingungen mit verschiedenen Werten für die Änderung von Isospin T oder Kernspin I auftreten (Abb. 5.49).

Schwingen Protonen und Neutronen gleichphasig, gibt es keine Entmischung und der Isospin ändert sich nicht ($\Delta T = 0$). Schwingen hingegen die Protonen ge-

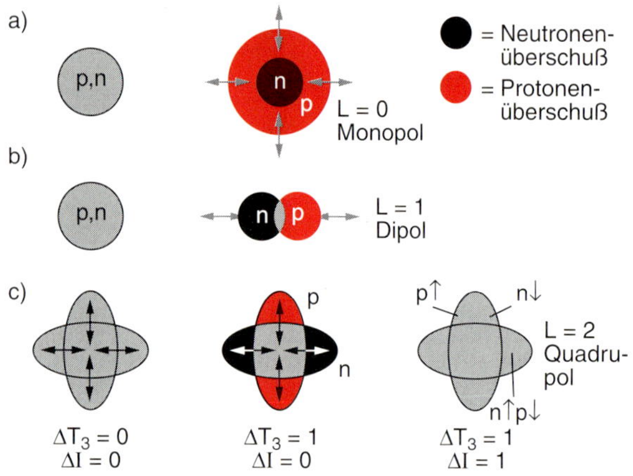

Abb. 5.49a–c. Anschauliche Darstellung der Anregung von Riesenresonanzen als kollektive Entmischungsschwingungen mit verschiedenen Multipolordnungen L; (**a**) radiale Entmischungsschwingung, (**b**) Dipolschwingung, (**c**) Quadrupolschwingungen ohne Entmischung, mit Entmischung ($\Delta T = 1$) und mit Nukleonenspin-Entmischung

gen die Neutronen, so findet in jedem Volumenelement eine periodische Änderung der Differenz $\Delta = N_\mathrm{p} - N_\mathrm{n}$ statt, so daß die Isospinkomponente von $+1/2$ nach $-1/2$ schwingt. Man nennt eine solche Schwingung mit $\Delta T_3 = 1$ ***isovektorielle Resonanz***.

ZUSAMMENFASSUNG

- Die Wechselwirkung zwischen zwei Nukleonen kann am besten an einem Zweinukleonensystem studiert werden. Das einzige stabile System ist das Deuteron d = (p, n) mit parallelen Spins von Proton und Neutron.
- Die Bindungsenergie des Deuterons ist $E_\mathrm{B} = -2{,}2\,\mathrm{MeV}$, die Potentialtopftiefe dagegen $E_\mathrm{pot} \approx 45\,\mathrm{MeV}$, das magnetische Dipolmoment ist $\mu_\mathrm{D} = 0{,}857\,\mu_\mathrm{K}$ und das elektrische Quadrupolmoment $Q_\mathrm{D} = 2{,}86 \cdot 10^{-27}\,\mathrm{cm}^2$. Der mittlere Abstand zwischen Proton und Neutron im gebundenen Deuteron ist mit 4,3 fm wesentlich größer als die Ausdehnung $R_0 = 1{,}5\,\mathrm{fm}$ des Potentialtopfes der anziehenden Kernkraft.
- Alle anderen Zweinukleonensysteme außer dem Deuteron (p $\uparrow$ n $\uparrow$) sind nicht gebunden. Sie können mit Hilfe von Streuexperimenten untersucht werden. Besonders aussagekräftig, aber experimentell schwieriger zu realisieren, sind Streuexperimente mit spinpolarisierten Nukleonen. Aus ihnen kann der spinabhängige Anteil der starken Wechselwirkung erschlossen werden.
- Die starke Wechselwirkung zwischen Nukleonen ist unabhängig von ihrer Ladung, aber sie hängt von der relativen Orientierung ihrer Spins ab.
- Mit Hilfe des Isospin-Formalismus können Proton und Neutron als zwei Isospin-Komponenten eines Nukleons aufgefaßt werden. Der Isospin $\boldsymbol{T}$ ist ein Vektor mit drei Komponenten in einem abstrakten Raum.
  Die drei Komponenten T_i werden durch zweireihige quadratische Matrizen dargestellt. Der Isospin $\boldsymbol{T} = \sum_k \boldsymbol{\tau}_k$ eines Kerns ist gleich der Vektorsumme der Isospins der Nukleonen. Der Betrag der dritten Komponente des Isospins ist für einen Kern mit Z Protonen und N Neutronen $T_3 = \frac{1}{2}(Z - N)$.
- Die starke Wechselwirkung läßt sich formal durch den Austausch virtueller π-Mesonen beschreiben. Ihre Reichweite ist dann gleich der reduzierten Compton-Wellenlänge $r_0 = \hbar/(m_\pi c)$ des π-Mesons.
- Viele beobachtete Kerneigenschaften lassen sich durch ein Einteilchenmodell freier Nukleonen in einem mittleren Potential beschreiben, das die gemittelte Wechselwirkung zwischen einem herausgegriffenen Nukleon N_i und allen anderen Nukleonen angibt.
  Als realistisches Modell erweist sich das kugelsymmetrische Woods-Saxon-Potential, dessen Radialverlauf zwischen dem Kastenpotential und dem harmonischen Oszillator-Potential liegt.
- Das Schalenmodell der Kerne entspricht dem der Elektronenhülle. Zu jeder Hauptquantenzahl n gibt es verschiedene Drehimpulsquantenzahlen l und Projektionsquantenzahlen m_l. Alle Unterzustände (n, l, m_l) mit gleichem n bilden eine Schale. Kerne bei denen alle Unterzustände mit Nukleonen voll besetzt sind, erweisen sich besonders stabil.

- Erst die Berücksichtigung der Spin-Bahn-Kopplung ergibt die richtige energetische Reihenfolge der abgeschlossenen Schalen und erklärt die beobachteten *magischen Zahlen* für Protonen und Neutronen, bei denen die Kerne besonders stabil sind.
- Der Kernspin $\boldsymbol{I}_0$ eines Kerns im Grundzustand ist gleich der Vektorsumme $\boldsymbol{j} = \sum \boldsymbol{j}_i$ der einzelnen Nukleonenspins. Bei deformierten Kernen kann eine kollektive Rotation aller Nukleonen mit Drehimpuls $\boldsymbol{R}$ um den Schwerpunkt angeregt werden, so daß der gesamte Kerndrehimpuls $\boldsymbol{I} = \boldsymbol{I}_0 + \boldsymbol{R}$ wird.
- Deformierte Kerne können durch ein Rotationsellipsoid beschrieben werden. Der Deformationsparameter $\delta = (a-b)/R_0$ gibt die Größe der Verformung von einer Kugel mit Radius R_0 an.
- In Rotation versetzte Kerne können ihre Anregungsenergien in Form von γ-Quanten abstrahlen (Multipol-Strahlung).
- Kerne können durch Stöße zu Schwingungen angeregt werden. Außer radialen Schwingungen gibt es Deformationsschwingungen, bei denen die Verformung des Kerns sich mit der Schwingungsperiode ändert.
- Die Anregungen von Rotationen und Schwingungen durch Stöße machen sich als Resonanzen im inelastischen Streuquerschnitt bemerkbar.

ÜBUNGSAUFGABEN

1. a) Welche Zustände des Deuterons d mit Gesamtdrehimpulsquantenzahl $J = 1$ sind möglich?
   b) Welche davon haben positive Parität?
   c) Schätzen Sie aus magnetischem Dipolmoment und elektrischem Quadrupolmoment den Anteil der d-Wellenfunktion ab.
2. In einem Massenspektrometer ergeben sich die Massendifferenzen:
$$^2\mathrm{H}_3^+ - \frac{1}{2}\,{}^{12}\mathrm{C}^{++} = 42{,}306 \cdot 10^{-3}\ \mathrm{AME}\,,$$
$$^1\mathrm{H}_2^+ - {}^2\mathrm{H}^+ = 1{,}548 \cdot 10^{-3}\ \mathrm{AME}\,.$$
   Bestimmen Sie daraus
   a) die Massenüberschüsse von ^{1}H, ^{2}H und deren atomare Massen mit Hilfe des Standards
$$\frac{1}{12} m(^{12}\mathrm{C}) = 1\ \mathrm{AME} = 931{,}4943\ \mathrm{MeV}/c^2\,,$$
   b) die Massen m_p des Protons, m_d des Deuterons und (aus der gemessenen Bindungsenergie des Deuterons 2,22456 MeV) die Masse m_n des Neutrons.
3. Tritium ^{3}H hat eine Bindungsenergie $E_\mathrm{B} = 8{,}4819$ MeV und ist damit stärker gebunden als ^{3}He mit $E_\mathrm{B} = 7{,}7182$ MeV. Warum kann es trotzdem durch β^--Zerfall in ^{3}He übergehen? Bestimmen Sie die Maximalenergie $E_{\max}(\beta^-)$ und die maximale Rückstoßenergie von ^{3}He bei Annahme eines masselosen Antineutrinos.
4. Der Kern ^{6}Li hat oberhalb des Grundzustandes $J^P = 1^+$ drei angeregte Zustände mit a-Teilchen-Unterstruktur: $J^P = 3^+$ (2,185 MeV), $J^P = 2^+$ (4,31 MeV), $J^P = 1^+$ ($\approx 5{,}7$ MeV), die alle den Isospin $T = 0$ haben.
   Geben Sie eine Erklärung für diese energetische Reihenfolge und bestimmen Sie aus der energetischen Aufspaltung Vorzeichen und Erwartungswert der Spin-Bahn-Wechselwirkung $V_{LS} = a \cdot \sum \boldsymbol{l}_i \cdot \boldsymbol{s}_i$.
5. Berechnen Sie das magnetische Moment eines g-u- oder u-g-Kerns im Vektorkopplungsmodell für die beiden Fälle $J = j = 1 \pm 1/2$ ($g_\mathrm{s} = 5{,}586$ für p, $g_\mathrm{s} = 3{,}826$ für n). Welche magnetischen Momente erwartet man für ^{7}Li ($J = 3/2$), ^{13}C ($J = 1/2$), ^{17}O ($J = 5/2$)?
6. Wieviele entartete Eigenniveaus gibt es für den dreidimensionalen harmonischen Oszillator zur Quantenzahl n?
7. Begründen Sie im Rahmen des Fermigas-Modells und der Bethe-Weizsäcker-Formel, warum es nur wenige stabile u-u-Kerne gibt.
8. Begründen Sie qualitativ im Rahmen des Schalenmodells, warum der Kernspin $\boldsymbol{I}$ im Grundzustand des stabilen u-u-Kerns $^{14}_{7}$N die Quantenzahl $I = 1$ hat.

6. Kernreaktionen

Unter Kernreaktionen versteht man inelastische Stöße, bei denen Atomkerne angeregt, in andere Kerne umgewandelt oder auch gespalten werden können. Bei der experimentellen Untersuchung solcher Reaktionen werden meistens Projektil-Teilchen mit der kinetischen Energie E_{kin} auf Target-Kerne geschossen. Als Projektile können z. B. Elementarteilchen, wie Elektronen, Positronen, Protonen, Neutronen oder Mesonen, aber auch Atomkerne (z. B. α-Teilchen oder C_6^+-Kerne) verwendet werden.

Bei genügend hoher Energie der Projektilteilchen kann der Zusammenstoß mit dem Targetkern zur Erzeugung ganz neuer Teilchen führen. So werden z. B. beim Zusammenstoß von zwei Protonen bei Energien $E_{kin} > 300\,\text{MeV}$ Neutronen und π^+-Mesonen erzeugt gemäß der Reaktionsgleichung

$$p + p \rightarrow n + p + \pi^+ .$$

Solche Hochenergieprozesse, bei denen neue Elementarteilchen erzeugt werden, sollen erst im Kap. 7 behandelt werden.

Wir wollen uns in diesem Kapitel mit den Grundlagen und experimentellen Anordnungen zur Untersuchung von Kernreaktionen im „Mittelenergiebereich“ befassen, bei denen Kerne angeregt, umgewandelt oder gespalten werden, oder beim Stoß zu größeren Kernen verschmelzen (*Fusion*).

6.1 Grundlagen

Eine Kernreaktion, bei der ein Teilchen a auf einen Kern X trifft und aus ihm einen Kern Y macht, wobei ein Teilchen b emittiert wird, soll durch die Reaktionsgleichungen

$$a + X \rightarrow Y + b \tag{6.1a}$$

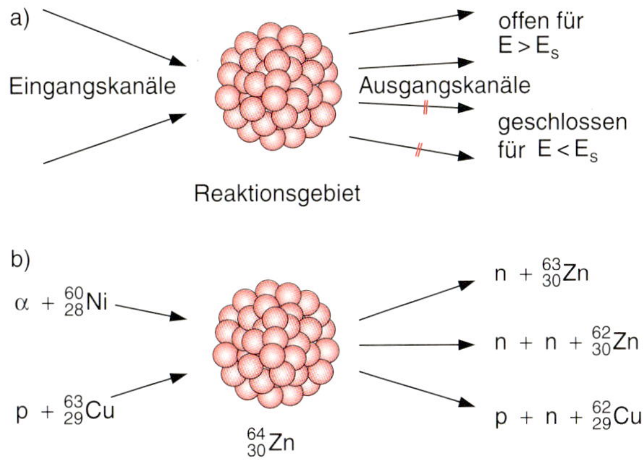

Abb. 6.1. (**a**) Schematische Darstellung einer Kernreaktion mit Eingangskanal, sowie offenen und geschlossenen Ausgangskanälen. (**b**) Beispiel für Bildung und Zerfall des ${}^{64}_{30}\text{Zn}$-Kerns

oder in Kurzform

$$X(a;\, b)Y \tag{6.1b}$$

beschrieben werden. Die linke Seite der Gleichung heißt ***Eingangskanal***, die rechte ***Ausgangskanal***. Der Ausgangskanal hängt von der Art der Teilchen a, X im Eingangskanal und ganz wesentlich von der Energie des Projektils a bei ruhendem Targetkern X ab (Abb. 6.1).

Solche Kernreaktionen lassen sich in verschiedene Kategorien einteilen:

6.1.1 Die inelastische Streuung mit Kernanregung

$$a(E) + X \rightarrow X^* + a(E - \Delta E) , \tag{6.2a}$$

bei der ein Teil $\Delta E = \Delta E_1 + E_{\text{rückstoß}}(X^*)$ der kinetischen Energie E des einfallenden Teilchens a in

Anregungsenergie $\Delta E_1 = E_B(X^*) - E_B(X)$ und in Rückstoßenergie des ursprünglich ruhenden Targetkerns X umgewandelt wird. Die Anregungsenergie kann als Rotations- oder Schwingungsenergie des Kerns X^* auftreten. Der angeregte Kern X^* kann seine „innere" Energie ΔE_1 durch Emission von γ-Quanten

$$X^* \rightarrow X + \gamma \tag{6.2b}$$

abgeben und dabei wieder in seinen ursprünglichen Zustand X übergehen, oder sich durch Emission von Elektronen e^-, Positronen e^+ oder α-Teilchen in einen anderen Kern umwandeln (siehe Kap. 3).

6.1.2 Die reaktive Streuung

$$a + X \rightarrow Y + b\,, \tag{6.3}$$

wo der Targetkern X in einen anderen Kern Y umgewandelt wird und dabei ein anderes Teilchen b oder sogar mehrere Teilchen b_1, b_2, ... emittiert werden (*Umwandlungsreaktion*).

Beispiele sind die beiden Reaktionen

$$p + {}^7_3\text{Li} \begin{array}{l} \nearrow {}^7_4\text{Be} + n\,, \\ \searrow {}^4_2\text{He} + {}^3_1\text{H} + p\,. \end{array} \tag{6.4}$$

6.1.3 Die stoßinduzierte Kernspaltung

$$a + X \rightarrow (aX)^* \rightarrow Y_1 + Y_2 + \nu \cdot n\,, \tag{6.5}$$

bei der das Projektil a vom Kern X eingefangen wird und ihn auf Grund seiner kinetischen Energie oder seiner Bindungsenergie bei der Anlagerung so hoch anregt, daß der Komplex $(aX)^*$ in zwei oder mehr Bruchstücke zerfallen kann.

Ein Beispiel ist die durch schnelle Neutronen induzierte Spaltung des Uran-Isotopes :

$$\begin{aligned} n(E) + {}^{238}_{92}\text{U} &\rightarrow {}^{239}_{92}\text{U}^* \\ &\rightarrow {}^{A_1}_{Z_1}Y_1 + {}^{A_2}_{Z_2}Y_2 + \nu \cdot n \end{aligned} \tag{6.6}$$

mit $A_1 + A_2 = 239 - \nu$ und $Z_1 + Z_2 = 92$, die für $E \geq 1{,}5$ MeV einsetzt und bei der außer den beiden Spaltkernen noch ν Neutronen frei werden (Abschn. 6.5).

6.1.4 Energieschwelle

Die Wahrscheinlichkeiten für diese Reaktionen hängen von den Stoßpartnern a und X ab, aber auch ganz entscheidend von der Stoßenergie. Viele Reaktionen treten erst oberhalb einer für die jeweilige Reaktion spezifischen Energieschwelle E_s auf. Insbesondere bei positiv geladenen Projektilen (p, α, C^{6+}) muß die Eingangsenergie so hoch sein, daß die Coulombbarriere überwunden werden kann, damit die Kernreaktion eintritt. Man schreibt die Energiebilanz der Kernreaktion (6.1) als

$$M(a) + M(X) = \left[M(b) + M(Y)\right] + Q/c^2\,.$$

Die Größe Q wird ***Wärmetönung*** der Reaktion genannt. Sie ist gleich der Differenz $\Delta M \cdot c^2$ der Energien in Ausgangs- und Eingangskanal. Für $Q > 0$ ist die Reaktion *exotherm*. Sie tritt schon bei kleinen Stoßenergien auf, die nur groß genug sein müssen, um die Coulombbarriere zu überwinden. Q gibt dann die kinetische + Anregungsenergie der Reaktionsprodukte an.

Für $Q < 0$ ist die Reaktion *endotherm*. Im Eingangskanal muß mindestens die Stoßenergie $E_{\text{kin}} \geq Q$ zur Verfügung stehen, um die Reaktionsschwelle zu erreichen.

Man kann viele Kernreaktionen durch ein von Niels Bohr vorgeschlagenes Compoundkern-Modell darstellen: Nach diesem Modell stoßen die beiden miteinander reagierenden Kerne zusammen und verschmelzen zu einem Zwischenkern, dem ***Compoundkern***. Dabei führt die große Bindungsenergie bei der Verschmelzung zu einer hohen Anregung des Compoundkerns, der deshalb wieder zerfällt. Da sich die bei der Bildung des Compoundkerns zur Verfügung stehende Bindungsenergie auf viele innere Freiheitsgrade der Nukleonen im Compoundkern statistisch verteilt, verliert der angeregte Compoundkern schnell die „Erinnerung" an seine Entstehung, d. h. der Zerfallskanal ist nur von der Energie abhängig, nicht vom spezifischen Eingangskanal.

Im Compoundkern-Modell wird eine Kernreaktion also in zwei Schritte zerlegt: die Fusion der beiden Reaktanden und der Zerfall des Compoundkerns. Beispiele für solche *Fusionsreaktionen* sind:

$$\begin{aligned} d + d \rightarrow {}^4_2\text{He}^* &\rightarrow {}^3_2\text{He} + n + 3{,}25\,\text{MeV} \\ &\rightarrow {}^3_1\text{H} + p + 4{,}0\,\text{MeV} \end{aligned} \tag{6.7a}$$

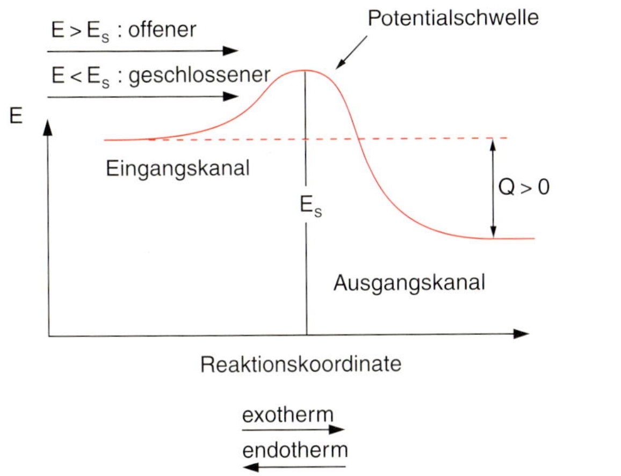

Abb. 6.2. Schematischer Potentialverlauf für exotherme und endotherme Reaktionen

$$\begin{aligned} p + {}^{6}_{3}\mathrm{Li} &\to {}^{7}_{4}\mathrm{Be}^* \\ &\to {}^{4}_{2}\mathrm{He} + {}^{3}_{2}\mathrm{He} + 22{,}4\,\mathrm{MeV}\,. \end{aligned} \tag{6.7b}$$

Wenn die Energie E im Eingangskanal die Schwellenenergie $E_s(k)$ für eine spezifische Reaktion (k) übersteigt, sagt man, daß der entsprechende Ausgangskanal (k) geöffnet ist (Abb. 6.2).

Ist $E_{\mathrm{kin}} = p_{\mathrm{a}}^2/(2m_{\mathrm{a}})$ die kinetische Energie des Teilchens a, so muß E_{kin} so groß sein, daß die Wärmetönung Q der Reaktion plus die Energie der Schwerpunktbewegung aufgebracht werden kann. Für ein ruhendes Teilchen X ergibt das

$$\begin{aligned} E_{\mathrm{S}} &= Q + \frac{|p(\mathrm{a}+\mathrm{X})|^2}{2(m_{\mathrm{a}}+m_{\mathrm{X}})} \\ &= Q + \frac{p_{\mathrm{a}}^2}{2(m_{\mathrm{a}}+m_{\mathrm{X}})} = E_{\mathrm{kin}}^{\mathrm{min}} \\ \Rightarrow E_{\mathrm{kin}}^{\mathrm{min}} &= Q\left(1 + \frac{m_{\mathrm{a}}}{m_{\mathrm{X}}}\right)\,. \end{aligned} \tag{6.8}$$

BEISPIELE

1. Für die Reaktion

   $$\alpha + {}^{4}_{2}\mathrm{He} \to {}^{7}_{3}\mathrm{Li} + \mathrm{p}$$

   beträgt $Q = -17\,\mathrm{MeV}$. Der Schwellwert für die Reaktion ist dagegen mit

   $$E_{\mathrm{S}} = E_{\mathrm{kin}}^{\mathrm{min}} = 17 \cdot (1 + 4/4)\,\mathrm{MeV} = 34\,\mathrm{MeV}$$

   doppelt so hoch wie die Reaktionsenergie Q.

2. Bei Anregung des ersten angeregten Niveaus $E_1 = 0{,}87\,\mathrm{MeV}$ im Eisenkern durch inelastischen Stoß mit einem Neutron

   $$\mathrm{n} + {}^{56}\mathrm{Fe} \to {}^{56}\mathrm{Fe}^* + \mathrm{n} - \Delta E_{\mathrm{kin}}$$

   wird die Schwellenenergie

   $$E_{\mathrm{S}} = 0{,}87(1 + 1/56)\,\mathrm{MeV} = 0{,}88\,\mathrm{MeV}$$

   nur wenig höher als die Anregungsenergie.

6.1.5 Reaktionsquerschnitt

Die Wahrscheinlichkeit, daß die Reaktion aus einem gegebenen Eingangskanal (i) in einen bestimmten Ausgangskanal (k) verläuft, wird durch den entsprechenden Wirkungsquerschnitt $\sigma_{ik}(E)$ beschrieben (Abb. 6.3a). Sie hängt im allgemeinen vom Winkel ϑ gegen die Einfallsrichtung ab, unter dem die Teilchen im Ausgangskanal wegfliegen.

Die Zahl $\dot{N}_k$ der in den Ausgangskanal (k) pro Zeiteinheit erfolgenden Reaktionen ist bei einem einfallenden Teilchenfluß $\Phi_{\mathrm{a}}(i)$ (Zahl der Teilchen a pro

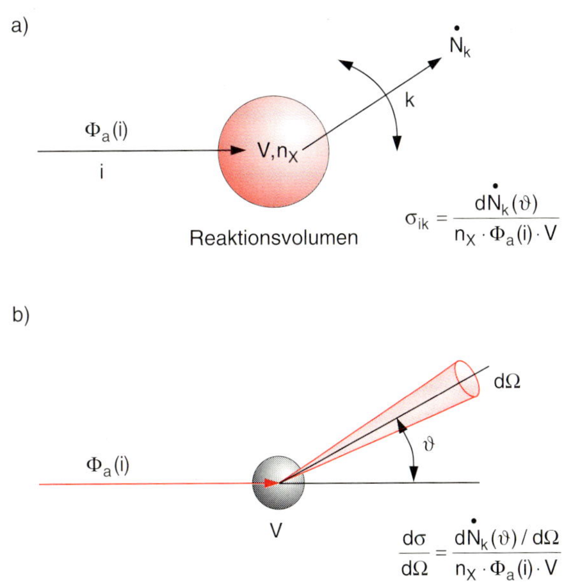

Abb. 6.3. (**a**) Zum Wirkungsquerschnitt einer Kernreaktion (**b**) Zur Definition des differentiellen Wirkungsquerschnitts

sec und cm^2 im Eingangskanal (i)) und einer Targetkerndichte n_X im Reaktionsvolumen gegeben durch

$$\dot{N}_k = \sigma_{ik}(E) \cdot n_X \cdot V \cdot \Phi_a(i) \,. \tag{6.9}$$

Dabei ist $\sigma_{ik}(E)$ der von der Energie abhängige integrale Wirkungsquerschnitt für den Übergang vom Eingangskanal (i) in den Ausgangskanal (k). Durch den integralen Wirkungsquerschnitt $\sigma_{ik}(E)$ ist noch nicht die Richtung ϑ gegen die Einfallsrichtung definiert, in welche die Reaktionsprodukte fliegen. Für winkelauflösende Streumessungen, bei denen die Rate $\mathrm{d}\dot{N}_k/\mathrm{d}\Omega$ der pro Raumwinkeleinheit erzeugten Teilchen im Ausgangskanal (k) als Funktion des Streuwinkels ϑ bestimmt wird (Abb. 6.3b), führt man den ***differentiellen Wirkungsquerschnitt*** ein durch die Definition

$$\frac{\mathrm{d}}{\mathrm{d}\Omega}\big(\sigma_{ik}(\vartheta, E)\big) = \frac{1}{n_X \cdot V \cdot \Phi_a(i)} \cdot \frac{\mathrm{d}\dot{N}_k(\vartheta)}{\mathrm{d}\Omega} \,. \tag{6.10}$$

Die Energieabhängigkeit $\sigma_{ik}(E)$ des integralen Wirkungsquerschnitts wird ***Anregungsfunktion*** der Kernreaktion vom Eingangskanal (i) in den Ausgangskanal (k) genannt. In Abb. 6.4 sind als Beispiele die Anregungsfunktionen der beiden für die Kernfusion wichtigen Reaktionen

$$\mathrm{d} + {}^3_1\mathrm{H} \to {}^4_2\mathrm{He} + \mathrm{n}$$
$$\mathrm{d} + \mathrm{d} \to {}^3_2\mathrm{He} + \mathrm{n}$$

angegeben, die illustrieren, daß die Energieabhängigkeit drastisch sein kann (man beachte den logarithmischen Ordinatenmaßstab) und für verschiedene Targetkerne bei gleichem Projektil völlig verschieden aussehen können.

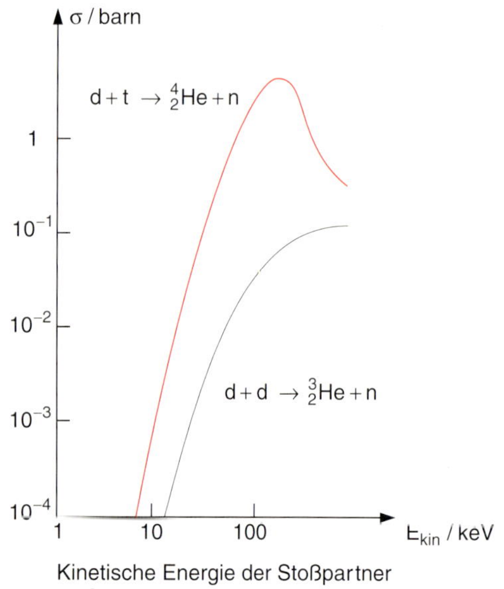

Abb. 6.4. Anregungsfunktionen der Fusionsreaktionen $\mathrm{d} + {}^3_1\mathrm{H} \to {}^4_2\mathrm{He} + \mathrm{n}$ und $\mathrm{d} + \mathrm{d} \to {}^3_2\mathrm{He} + \mathrm{n}$

6.2 Erhaltungssätze

Bei allen bisher untersuchten Kernreaktionen wurde immer gefunden, daß außer Energie und Impuls noch weitere Größen erhalten bleiben:

6.2.1 Erhaltung der Nukleonenzahl

Bei Energien unterhalb der Schwellenenergie E_S, bei der neue Elementarteilchen gebildet werden, bleibt die Zahl der Nukleonen bei allen Reaktionen konstant:

$$A_1 + A_2 = A_3 + A_4 \,. \tag{6.11}$$

6.2.2 Erhaltung der elektrischen Ladung

Bei allen Reaktionen der Art (6.1) wurde immer gefunden, daß

$$Z_1 + Z_2 = Z_3 + Z_4 \tag{6.12}$$

gilt, d. h. die gesamte Ladung bleibt erhalten.

6.2.3 Drehimpuls-Erhaltung

Bei der Reaktion (6.3) muß für die Gesamtdrehimpulse gelten:

$$\begin{aligned} \boldsymbol{J}(\mathrm{a}+\mathrm{X}) &= \boldsymbol{I}_\mathrm{a} + \boldsymbol{I}_\mathrm{X} + \boldsymbol{L}_\mathrm{aX} \\ &= \boldsymbol{J}(\mathrm{b}+\mathrm{Y}) = \boldsymbol{I}_\mathrm{b} + \boldsymbol{I}_\mathrm{Y} + \boldsymbol{L}_\mathrm{bY} \,, \end{aligned} \tag{6.13}$$

wobei $\boldsymbol{L}_\mathrm{aX}$ der Bahndrehimpuls des Projektils a bezogen auf das Target X und $\boldsymbol{I}_i$ die Kernspins der beteiligten Teilchen sind. Bei einem Impuls $\boldsymbol{p}_\mathrm{a}$ und einem Stoßparameter b ist $|\boldsymbol{L}_\mathrm{aX}| = p_\mathrm{a} \cdot b$.

Der bei einem reaktiven Stoß vorkommende maximale Drehimpuls $L_\mathrm{aX}^\mathrm{max}$ ist bestimmt durch die kinetische Energie E_kin und die maximale Reichweite R der Wechselwirkung, bei der die Reaktion noch eintreten kann. Es gilt bei einem Stoßparameter b im Laborsystem:

$$|\boldsymbol{L}_\mathrm{aX}| = p_\mathrm{a} \cdot b < L_\mathrm{aX}^\mathrm{max} = p_\mathrm{a} \cdot R$$

mit $L = \hbar\sqrt{l(l+1)}$ und $p_\mathrm{a} = \sqrt{2m_\mathrm{a} \cdot E_\mathrm{kin}}$;

$$\Rightarrow L_\mathrm{aX}^\mathrm{max} = \hbar\sqrt{l_\mathrm{max}(l_\mathrm{max}+1)} \leq R \cdot \sqrt{2m_\mathrm{a} \cdot E_\mathrm{kin}}$$

$$\Rightarrow l_\mathrm{max} \leq \frac{R}{\hbar}\sqrt{2m_\mathrm{a} \cdot E_\mathrm{kin}} \tag{6.14}$$

Im Schwerpunktsystem wird m_a durch die reduzierte Masse $\mu = m_\mathrm{a} \cdot m_\mathrm{X}/(m_\mathrm{a}+m_\mathrm{X})$ ersetzt. Der Drehimpuls ist dann auf den Schwerpunkt S bezogen.

Für die Nukleon-Nukleon-Streuung ($\mathrm{a} = \mathrm{n}$, $\mathrm{X} = \mathrm{p}$) ist $R = r_\mathrm{p} + r_\mathrm{n} \approx 2{,}6 \cdot 10^{-15}\,\mathrm{m}$, $m_\mathrm{a} = 1{,}67 \cdot 10^{-27}\,\mathrm{kg}$. Damit folgt durch Einsetzen in (6.14):

$$l_\mathrm{max}^\mathrm{lab} \leq 1{,}5 \cdot 10^6\sqrt{E_\mathrm{kin}/\mathrm{J}} \approx 0{,}6 \cdot \sqrt{E_\mathrm{kin}/\mathrm{MeV}}$$

im Laborsystem und

$$l_\mathrm{max}^\mathrm{S} \leq 0{,}4\sqrt{E_\mathrm{kin}^\mathrm{S}/\mathrm{MeV}}$$

im Schwerpunktsystem.

BEISPIEL

Für $R = 2{,}6\,\mathrm{fm}$, $E_\mathrm{kin} = 1\,\mathrm{MeV}$ folgt $l_\mathrm{max} \leq 0{,}6$, d. h. es tritt nur S-Streuung mit $l = 0$ auf. $l_\mathrm{max} = 6$ für $E_\mathrm{kin} = 100\,\mathrm{MeV}$.

Für die Streuung von Nukleonen an Blei ist die Reichweite der Kernkräfte $R = r_0(1 + A^{1/3}) \approx 9{,}5\,\mathrm{fm}$, und die maximale Drehimpulsquantenzahl ist $l_\mathrm{max} = 7$ für $E = 10\,\mathrm{MeV}$.

6.2.4 Erhaltung der Parität

Die Parität P beschreibt das Verhalten der Wellenfunktion bei Spiegelung aller Koordinaten am Ursprung.

In einem kugelsymmetrischen Potential kann die Wellenfunktion aufgespalten werden in einen Radialteil und einen Winkelanteil:

$$\psi(r, \vartheta, \varphi) = R(r) \cdot Y(\vartheta, \varphi)\,.$$

Da $R(r)$ invariant bei Spiegelung am Nullpunkt ist, wird die Parität allein durch die Kugelflächenfunktion $Y_l^m(\vartheta, \varphi)$ bestimmt. Es gilt:

$$Y_l^m(\pi - \vartheta, \varphi + \pi) = (-1)^l Y_l^m(\vartheta, \varphi)\,.$$

Zustände mit geradem l haben deshalb gerade Parität, solche mit ungeradem l haben ungerade Parität.

Bei Prozessen der starken Wechselwirkung bleibt die Parität erhalten. Es gilt:

$$\begin{aligned} P_\mathrm{a+X} &= P_\mathrm{a} \cdot P_\mathrm{X} \cdot (-1)^{l_\mathrm{aX}} \\ &= P_\mathrm{b+Y} = P_\mathrm{b} \cdot P_\mathrm{Y} \cdot (-1)^{l_\mathrm{bY}}\,, \end{aligned} \tag{6.15}$$

wobei P_a, P_X die „inneren" Paritäten der an der Reaktion beteiligten Teilchen sind, die vom Spin der Teilchen abhängen.

BEISPIEL

Elastische Streuung von Protonen an Neutronen: ($I_\mathrm{a} = I_\mathrm{X} = \frac{1}{2}$).

Da die Natur der Teilchen und damit ihre Parität nicht geändert wird, gilt:

$$P_\mathrm{a} = P_\mathrm{X} = P_\mathrm{b} = P_\mathrm{Y}\,,$$

und (6.15) geht über in:

$$(-1)^{l_\mathrm{aX}} = (-1)^{l_\mathrm{bY}}$$
$$\Rightarrow \Delta l = l_\mathrm{aX} - l_\mathrm{bY} = \text{gerade}\,.$$

Nur solche Prozesse sind möglich, bei denen sich die Bahndrehimpulsquantenzahl um gerade ganze Zahlen ändert. Da bei einem *Spinflip* eines Teilchens $\Delta I = 1$ wird, sind solche Prozesse „paritätsverboten". Weil der gesamte Drehimpuls erhalten bleiben muß (6.13), kann nur $\Delta l = 0$ und $\Delta I = 0$ bzw. $\Delta l = 2$ und $\Delta I = -2$ oder $\Delta l = -2$ und $\Delta I = +2$ auftreten. Da jedoch für $\Delta I = \pm 2$ beide Spins der Nukleonen umklappen müssen, ist dieser Prozeß sehr unwahrscheinlich.

Diese Erhaltungssätze schränken daher die aus energetischen Gründen möglichen Kernreaktionen ein.

6.3 Spezielle stoßinduzierte Kernreaktionen

Zur Illustration wollen wir einige Reaktionen behandeln, bei denen die Erhaltungssätze und die Energiebilanz verdeutlicht werden.

6.3.1 Die (α,p)-Reaktion

Die historisch erste künstliche Kernumwandlung vom Typ

$$ {}^4_2\mathrm{He} + {}^A_Z\mathrm{X} \rightarrow {}^{A+4}_{Z+2}\mathrm{Y}^* \rightarrow {}^{A+3}_{Z+1}\mathrm{Y} + {}^1_1\mathrm{H} + Q \qquad (6.16) $$

wurde von *Rutherford* bei Beschuß von Stickstoffkernen mit α-Teilchen in einer Nebelkammer entdeckt.

$$ \alpha + {}^{14}_{7}\mathrm{N} \rightarrow {}^{17}_{8}\mathrm{O} + \mathrm{p} \qquad (6.16a) $$

Die entsprechende Nebelkammeraufnahme ist in Abb. 6.5 gezeigt. Die Größe

$$ Q = E_{\mathrm{kin}}(\alpha) + \left[M(\alpha) + M(\mathrm{X}) - M(\mathrm{Y}) - M(\mathrm{p})\right]c^2 $$

gibt die Energiebilanz der Reaktion an.

Beispiele für (α,p)-Reaktionen sind

$$ \begin{aligned} &{}^4_2\mathrm{He} + {}^{10}_{5}\mathrm{B} \rightarrow {}^{14}_{7}\mathrm{N}^* \\ &\quad \rightarrow {}^{13}_{6}\mathrm{C} + {}^1_1\mathrm{H} + 4{,}04\,\mathrm{MeV}\,, \\ &{}^4_2\mathrm{He} + {}^{27}_{13}\mathrm{Al} \rightarrow {}^{31}_{15}\mathrm{P}^* \\ &\quad \rightarrow {}^{30}_{14}\mathrm{Si} + {}^1_1\mathrm{H} + 2{,}26\,\mathrm{MeV}\,, \\ &{}^4_2\mathrm{He} + {}^{32}_{16}\mathrm{S} \rightarrow {}^{36}_{18}\mathrm{Ar}^* \\ &\quad \rightarrow {}^{35}_{17}\mathrm{Cl} + {}^1_1\mathrm{H} - 2{,}10\,\mathrm{MeV}\,. \end{aligned} \qquad (6.17) $$

Die *Reaktionsenergie Q* kann als kinetische Energie oder Anregungsenergie (*innere Energie*) der Reaktionspartner auftreten. Dies wird für die Reaktion

$$ \alpha + {}^{27}_{13}\mathrm{Al} \rightarrow {}^{31}_{15}\mathrm{P}^* \rightarrow {}^{30}_{14}\mathrm{Si} + \mathrm{p} $$

in Abb. 6.6 verdeutlicht, wo die kinetische Energie für Protonen über ihre Reichweite in Luft bestimmt wurde. Man erkennt zwei Gruppen von Protonen mit Reichweiten von 28 cm und 58 cm, entsprechend der kinetischen Energien

$$ E_{\mathrm{kin}_1} = 1{,}1\,\mathrm{MeV} \quad \text{und} \quad E_{\mathrm{kin}_2} = 2{,}26\,\mathrm{MeV}\,. $$

Dies zeigt, daß der Siliziumkern in mindestens zwei verschiedenen Energiezuständen gebildet wird.

Die Anregungsenergie $E_\mathrm{a} = E_{\mathrm{kin}_2} - E_{\mathrm{kin}_1}$ kann als γ-Quant mit $h \cdot \nu = E_\mathrm{a}$ abgegeben werden. Dies wurde experimentell auch beobachtet.

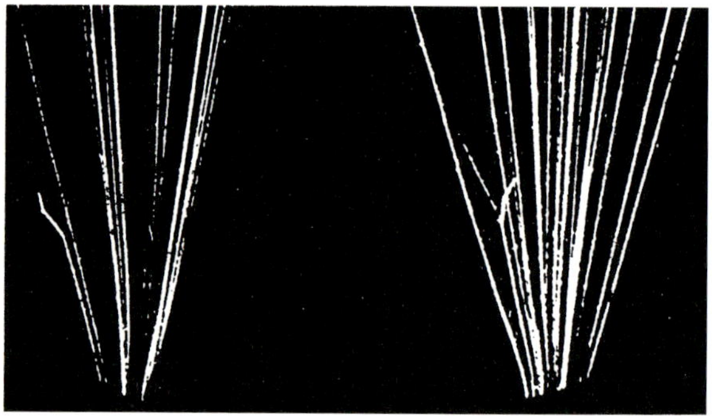

Abb. 6.5. Zwei stereographische Nebelkammeraufnahmen der zuerst von Rutherford entdeckten Kernumwandlung bei der Reaktion $\alpha + {}^{14}_{7}\mathrm{N} \rightarrow {}^{17}_{8}\mathrm{O} + \mathrm{p}$. Die dünne Spur stammt vom Proton, die dicke vom Rückstoß des O-Kerns

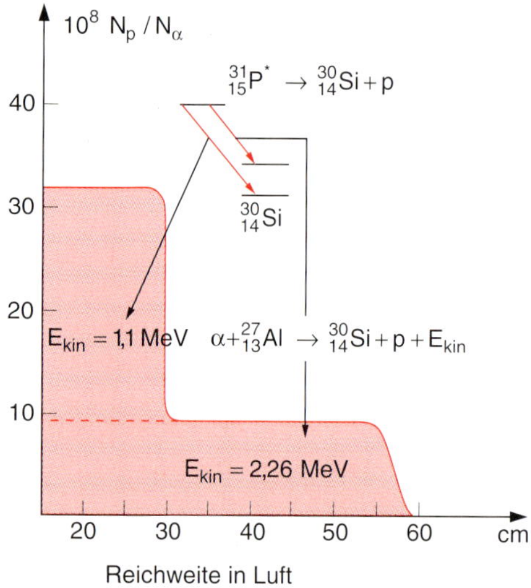

Abb. 6.6. Energieverteilung der Protonen (gemessen durch ihre Reichweite in Luft) bei der Reaktion $\alpha + {}^{27}_{13}\mathrm{Al} \rightarrow {}^{31}_{15}\mathrm{P}^* \rightarrow {}^{30}_{14}\mathrm{Si} + \mathrm{p}$

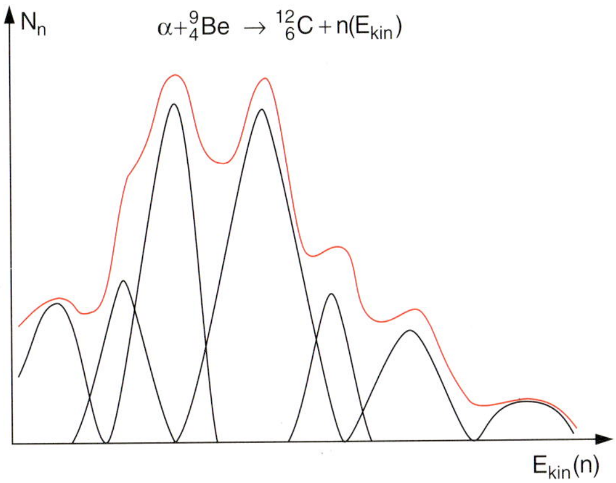

Abb. 6.7. Energiegruppen von Neutronen bei der Reaktion ${}^9_4\text{Be}(\alpha, \text{n}){}^{12}_6\text{C}$. Nach Whitmore and Baker, Phys. Rev. **78**, 799 (1950)

6.3.2 Die (α,n)-Reaktion

Beschießt man Beryllium mit α-Teilchen, so werden Neutronen frei gemäß der Reaktion:

$$\alpha + {}^9_4\text{Be} \rightarrow {}^{13}_6\text{C}^* \rightarrow {}^{12}_6\text{C} + \text{n}\,. \tag{6.18}$$

Bei vielen solcher (α,n)-Reaktionen bleiben die gebildeten Kerne in angeregten Zuständen zurück, so daß die emittierten Neutronen in mehreren Energiegruppen auftreten. In Abb. 6.7 ist die Energieverteilung der Neutronen gezeigt, die beim Beschuß von ${}^9_4\text{Be}$ mit α-Teilchen aus einer radioaktiven Poloniumquelle entsteht. Die Neutronenenergien werden gemessen durch die entsprechenden Rückstoßenergien der Protonen, wenn die Neutronen in Paraffin abgebremst werden.

Weitere Beispiele für (α,n)-Reaktionen sind

$$\boxed{\begin{aligned} &\alpha + {}^7_3\text{Li} \rightarrow {}^{11}_5\text{B}^* \rightarrow {}^{10}_5\text{B} + \text{n}\,,\\ &\alpha + {}^{11}_5\text{B} \rightarrow {}^{15}_7\text{N}^* \rightarrow {}^{14}_7\text{N} + \text{n}\,,\\ &\alpha + {}^{19}_9\text{F} \rightarrow {}^{23}_{11}\text{Na}^* \rightarrow {}^{22}_{11}\text{Na} + \text{n}\,,\\ &\alpha + {}^{27}_{13}\text{Al} \rightarrow {}^{31}_{15}\text{P}^* \rightarrow {}^{30}_{15}\text{P} + \text{n} \end{aligned}}\,. \tag{6.19}$$

6.4 Stoßinduzierte Radioaktivität

Die stoßinduzierte Radioaktivität wurde von *Irène Curie* und *Frédéric Joliot-Curie* 1934 entdeckt, als sie α-Teilchen auf leichte Kerne schossen und feststellten, daß die beschossene Substanz β^+-, β^-- und γ-Strahlen emittierte, auch wenn der Beschuß schon aufgehört hatte. An folgenden Reaktionen wurde dieses Phänomen z. B. gefunden:

$$\alpha + {}^{10}_5\text{B} \rightarrow {}^{14}_7\text{N}^* \rightarrow {}^{13}_7\text{N} + \text{n} \tag{6.20a}$$
$${}^{13}_7\text{N} \rightarrow {}^{13}_6\text{C} + \beta^+ + \nu \quad (\tau = 9{,}96\,\text{min})\,,$$
$$\alpha + {}^{27}_{13}\text{Al} \rightarrow {}^{31}_{15}\text{P}^* \rightarrow {}^{30}_{15}\text{P} + \text{n} \tag{6.20b}$$
$${}^{30}_{15}\text{P} \rightarrow {}^{30}_{14}\text{Si} + \beta^+ + \nu \quad (\tau = 2{,}5\,\text{min})\,.$$

Die durch α-Beschuß erzeugten Kerne sind instabil und zerfallen durch Emission von Positronen oder Elektronen.

Im Gegensatz zu den in der Natur vorkommenden natürlichen radioaktiven Stoffen nennt man die durch Stoßreaktionen erzeugten Radionuklide auch künstliche radioaktive Stoffe. Inzwischen gibt es eine große Zahl möglicher Erzeugungsreaktionen für künstliche Radioisotope.

Die meisten dieser Radionuklide werden in Kernreaktoren erzeugt, einmal als radioaktive Bruchstücke, die bei der Kernspaltung entstehen (siehe Abschn. 6.5) und zum anderen durch Neutronen-Bestrahlung von Proben, die in den Kernreaktor (durch speziell dafür vorgesehene Rohre) eingebracht werden.

Durch thermische Neutronen ($E_{\text{kin}} \approx 0{,}03\,\text{eV}$) werden z. B. (n,γ)-Reaktionen induziert. Die meisten der in der Praxis verwendeten radioaktiven Isotope entstehen durch solche Neutroneneinfangreaktion. Ein Beispiel ist die Reaktion

$${}^{23}_{11}\text{Na} + \text{n} \xrightarrow[\sigma=53\,\text{fm}^2]{} {}^{24}_{11}\text{Na}^* \tag{6.21a}$$
$$\xrightarrow{\gamma} {}^{24}_{11}\text{Na} \xrightarrow[1{,}39\,\text{MeV}]{\beta^-} {}^{24}_{12}\text{Mg}^* \rightarrow {}^{24}_{12}\text{Mg} + \gamma\,,$$

wobei das β^--emittierende ${}^{24}_{11}\text{Na}$-Nuklid eine Halbwertszeit von 14,96 h hat (Abb. 6.8).

Für Bestrahlungszwecke bei der Krebstherapie wird das Radionuklid ${}^{60}_{27}\text{Co}$ benutzt, das nach der Reaktion

$${}^{59}_{27}\text{Co} + \text{n} \xrightarrow[\sigma=3700\,\text{fm}^2]{} {}^{60}_{27}\text{Co}^* \tag{6.21b}$$
$$\xrightarrow{\gamma_1,\beta^-} {}^{60}_{28}\text{Ni}^* \rightarrow {}^{60}_{28}\text{Ni} + \gamma_2 + \gamma_3$$

entsteht (Abb. 6.9).

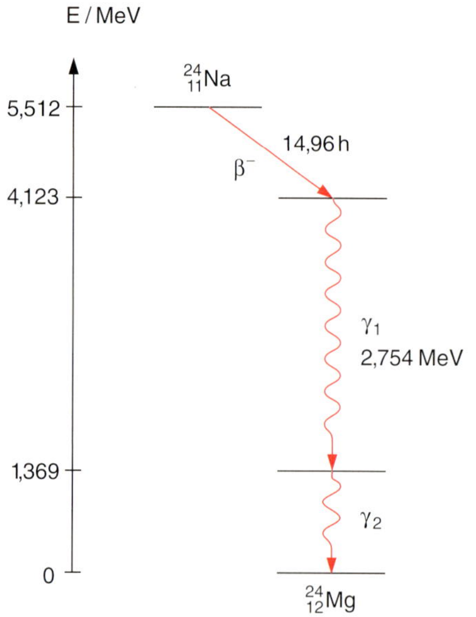

Abb. 6.8. Zerfallsschema des radioaktiven Isotops $^{24}_{11}\mathrm{Na}^*$

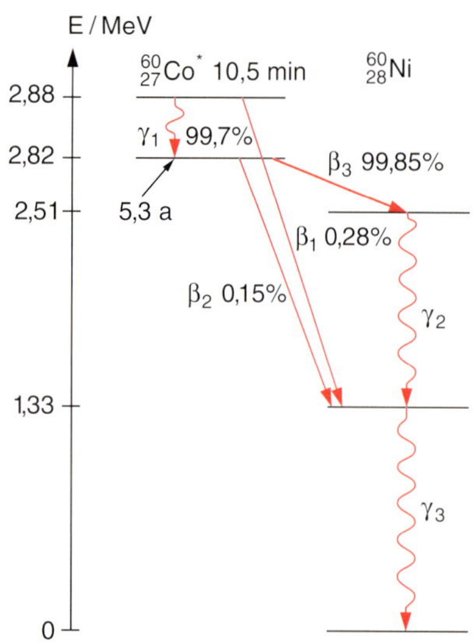

Abb. 6.9. Zerfallsschema des durch die Reaktion (6.21b) erzeugten radioaktiven Nuklids $^{60}_{27}\mathrm{Co}$

Durch schnelle Neutronen werden überwiegend (n,p)-Reaktionen ausgelöst, die meistens zu β^--strahlenden Radionukliden führen. Beispiele sind die Reaktionen $^{14}_{7}\mathrm{N(n,p)}^{14}_{6}\mathrm{C}$ oder $^{35}_{17}\mathrm{Cl(n,p)}^{35}_{16}\mathrm{S}$ nach dem Schema

$$
\begin{aligned}
&^{14}_{7}\mathrm{N} + \mathrm{n} \xrightarrow[\sigma=181\,\mathrm{fm}^2]{} {}^{14}_{6}\mathrm{C}^* + \mathrm{p} \\
&^{14}_{6}\mathrm{C}^* \xrightarrow[\tau=5730\,\mathrm{a}]{\beta^-(0{,}15\,\mathrm{MeV})} {}^{14}_{7}\mathrm{N}\,, \qquad (6.22\mathrm{a})\\
&^{35}_{17}\mathrm{Cl} + \mathrm{n} \xrightarrow[\sigma=7{,}8\,\mathrm{fm}^2]{} {}^{35}_{16}\mathrm{S}^* + \mathrm{p} \\
&^{35}_{16}\mathrm{S}^* \xrightarrow[\tau=87{,}5\,\mathrm{d}]{\beta^-(0{,}167\,\mathrm{MeV})} {}^{35}_{17}\mathrm{Cl}\,. \qquad (6.22\mathrm{b})
\end{aligned}
$$

Beim Beschuß von Kernen mit α-Teilchen kann außer den im vorigen Abschnitt beschriebenen (α,n)- oder (α,p)-Reaktionen auch der angeregte Compoundkern durch γ-Emission in seinen Grundzustand übergehen und dadurch stabilisiert werden, so daß dann im Ausgangskanal außer dem γ-Quant keine weiteren Teilchen emittiert werden.

Als Beispiel dient die Reaktion

$$\alpha + {}^{7}_{3}\mathrm{Li} \rightarrow {}^{11}_{5}\mathrm{B}^* \rightarrow {}^{11}_{5}\mathrm{B} + \gamma\,. \qquad (6.23)$$

Abbildung 6.10 zeigt die Ausbeute an γ-Quanten als Funktion der Energie der α-Teilchen. Bei scharf definierten Energien von 0,4 MeV, 0,82 MeV und 0,96 MeV beobachtet man einen steilen Anstieg der

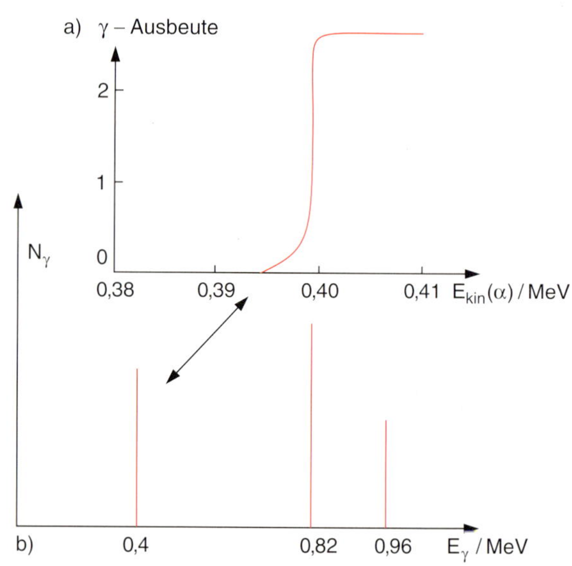

Abb. 6.10. (**a**) Ausbeute an γ-Quanten bei der Reaktion $^{7}_{3}\mathrm{Li}(\alpha,\gamma)^{11}_{5}\mathrm{B}$ als Funktion der kinetischen Energie der α-Teilchen und (**b**) γ-Spektrum des angeregten $^{11}_{5}\mathrm{B}^*$-Kerns bei einer Energie $E_{\mathrm{kin}} = 1{,}5$ MeV der α-Teilchen

Ausbeute. Dies ist auf den *Resonanzeinfang* der α-Teilchen zurückzuführen. Bei den Resonanzenergien E_r wird bei der Reaktion $\alpha + {}^7_3\mathrm{Li} \to {}^{11}_5\mathrm{B}^*(E_r)$ ein Energiezustand des Compoundkerns ${}^{11}_5\mathrm{B}^*$ erreicht, für den die Anlagerung des α-Teilchens ein Maximum erreicht.

Man kann sich die Aktivität der künstlich erzeugten Radionuklide folgendermaßen überlegen:

Sei Φ die Neutronenflußdichte am Bestrahlungsort und σ_a der Aktivierungsquerschnitt. Dann ist die Bildungsrate $\mathrm{d}N/\mathrm{d}t$ von Radionukliden aus N_0 stabilen Mutterkernen:

$$\frac{\mathrm{d}N}{\mathrm{d}t} = \sigma_a \cdot \Phi \cdot N_0 \tag{6.24a}$$

Die entstehenden instabilen Radionuklide zerfallen mit der Zerfallskonstante λ (siehe Abschn. 3.2). Die gesamte zeitliche Änderung ist dann:

$$\frac{\mathrm{d}N}{\mathrm{d}t} = \sigma_a \Phi N_0 - \lambda \cdot N\,. \tag{6.24b}$$

Integration über die Bestrahlungszeit t_B liefert:

$$N(t_B) = \frac{\sigma_a \cdot \Phi \cdot N_0}{\lambda}\left(1 - \mathrm{e}^{-\lambda \cdot t_B}\right). \tag{6.25}$$

Die Aktivität $A = \lambda \cdot N$ ist daher

$$\boxed{A(t_B) = \sigma_a \cdot \Phi \cdot N_0 \left(1 - \mathrm{e}^{-\lambda t_B}\right)}\,. \tag{6.26}$$

Nach Ende der Bestrahlungszeit klingt die Aktivität exponentiell mit der Abklingkonstante λ ab (Abb. 6.11).

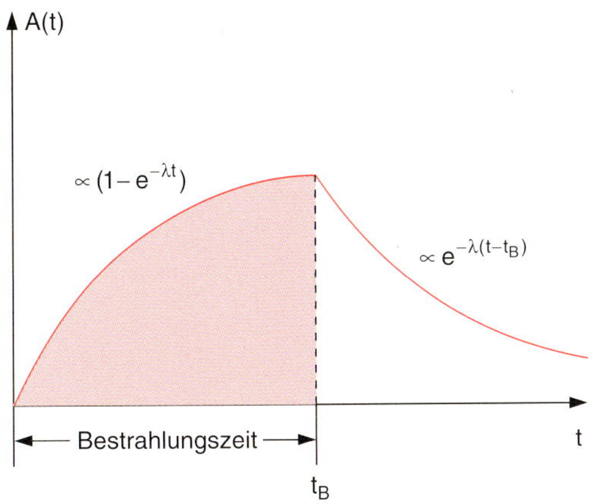

Abb. 6.11. Zeitlicher Verlauf der Aktivität $A(t)$ von künstlich erzeugten Radionukliden während und nach der Bestrahlung

6.5 Kernspaltung

Kerne können durch Beschuß mit geeigneten Projektilen in zwei oder mehr Bruchstücke gespalten werden. Bei sehr schweren Kernen tritt auch eine spontane Spaltung auf, also ohne äußere Energiezufuhr. Allerdings finden wir heute solche spontan spaltenden Kerne nur noch dann vor, wenn die Spaltwahrscheinlichkeit so klein ist, daß noch genügend Mutterkerne seit ihrer Bildung übriggeblieben sind.

6.5.1 Spontane Kernspaltung

Damit ein Kern sich spalten kann, muß seine im allgemeinen fast kugelsymmetrische Nukleonenverteilung deformiert werden in eine ellipsoidförmige Verteilung. Dazu muß Energie aufgewendet werden. Die potentielle Energie des Kerns als Funktion des Deformationsparameters ε ist in Abb. 6.12 schematisch dargestellt.

Man kann sich die Energieverhältnisse bei der Kernspaltung an Hand des Tröpfchenmodells klarmachen (Abschn. 2.6.3). Die beiden wesentlichen Energieanteile, die sich bei der Deformation ändern, sind die Oberflächenenergie und die Coulombenergie. Bei der Deformation einer Kugel mit Radius R in ein Rotationsellipsoid mit den Achsen $a = R(1+\varepsilon)$, $b = R/\sqrt{1+\varepsilon} \approx R \cdot (1 - \frac{1}{2}\varepsilon)$ kann die Oberfläche S eines Ellipsoids als Funktion des Deformationsparameters als Reihenentwicklung

$$S = 4\pi R^2 \left(1 + \frac{2}{5}\varepsilon^2 + \cdots\right) \tag{6.27}$$

geschrieben werden.

Die Oberflächenenergie nimmt daher bei der Verformung von E_0^S bei der Kugel auf

$$E_e^S = E_0^S \left(1 + \frac{2}{5}\varepsilon^2\right) = E_0^S + \Delta E^S \tag{6.28}$$

beim Ellipsoid zu, währen die Coulomb-Abstoßungsenergie sich verringert (Aufg. 6.5) auf

$$E_e^C = E_0^C \left(1 - \frac{2}{5}\varepsilon^2\right) = E_0^C - \Delta E^C\,. \tag{6.29}$$

Der Kern bleibt stabil, wenn für kleine Verformungen $\Delta E^S > \Delta E^C$ bleibt.

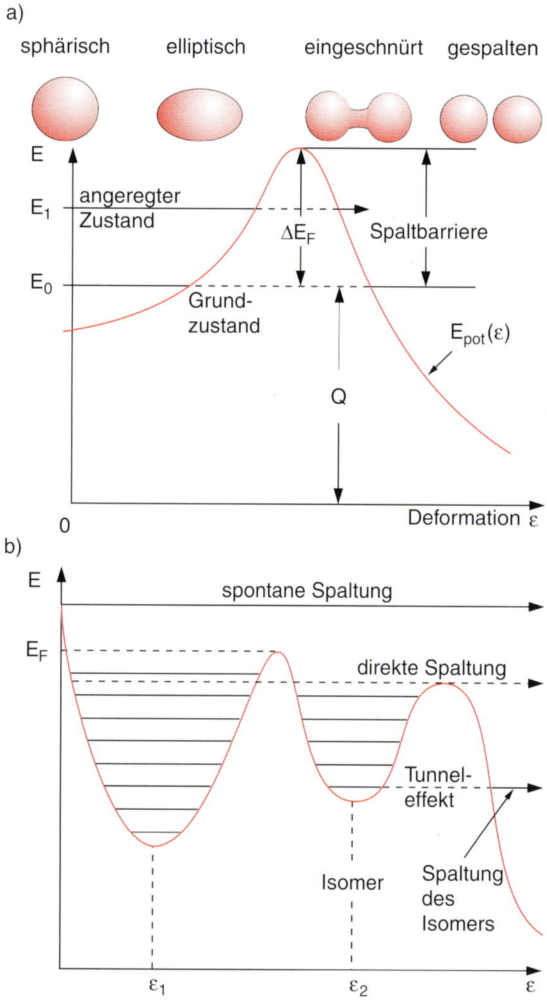

Abb. 6.12a,b. Schematischer Verlauf der potentiellen Energie bei der Kernspaltung mit den energetischen Verhältnissen (**a**) bei sphärischen Kernen, (**b**) bei stark deformierten Kernen mit einem Doppelminimum-Potential $E_{pot}(\varepsilon)$

Eine spontane Spaltung des Kerns kann daher nur eintreten, wenn

$$\Delta E^C \geq \Delta E^S \;\Rightarrow\; E_0^C \geq 2E_0^S \tag{6.30}$$

gilt. Man führt einen Spaltbarkeitsparameter

$$X_s = \tfrac{1}{2} E_0^C / E_0^S \tag{6.31}$$

ein, so daß Kerne, für die $X_s \geq 1$ wird, spontan spalten können.

Mit dem in Abschn. 2.6.3 gegebenen Werten für Coulomb- und Oberflächenenergie wird der Spaltbarkeitsparameter

$$X_s = \frac{a_C \cdot Z^2/A^{1/3}}{2a_S \cdot A^{2/3}} = \frac{a_C}{2a_S}\,\frac{Z^2}{A}\,. \tag{6.32}$$

Setzt man die in (2.36) angegebenen Werte für die Parameter $a_C = 0{,}714\,\text{MeV}/c^2$ und $a_S = 18{,}33\,\text{MeV}/c^2$ ein, so erhält man:

$$X_s \geq 1 \quad \text{für} \quad \frac{Z^2}{A} \geq 51\,. \tag{6.33}$$

Kerne mit $Z^2/A > 51$ spalten spontan und sind deshalb heute in der Natur nicht mehr vorhanden. Man kann sie durch Zusammenstöße kleinerer Kerne künstlich erzeugen. Sie haben dann aber nur eine kurze Lebensdauer. Bei Kernen mit $Z^2/A < 51$ muß man eine Energie ΔE_F zuführen, um die Spaltung zu erreichen.

Man beachte:

Auf Grund des Tunneleffektes können auch Kerne mit $X_s < 1$ spontan spalten (Abb. 6.13), jedoch nimmt die Wahrscheinlichkeit für die Spaltung sehr steil ab mit

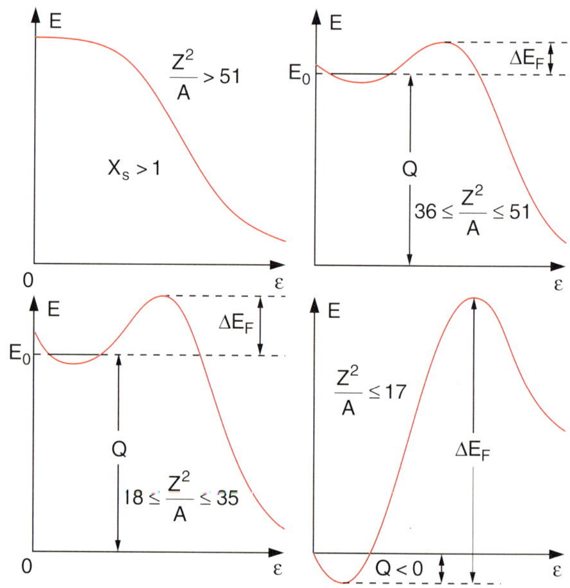

Abb. 6.13. Potentialschwelle ΔE_F für die Kernspaltung für verschiedene Werte des Verhältnisses Z^2/A

Tabelle 6.1. Spaltbarkeitsparameter und Halbwertszeiten $T_{1/2}$ für die spontane Spaltung und für den α-Zerfall einiger Kerne

Nuklid	X_s	$T_{1/2}$(Spaltung)	$T_{1/2}$(α-Zerfall)
$^{232}_{90}Th$	0,68	$> 10^{19}$ a	$1{,}4 \cdot 10^{10}$ a
$^{235}_{92}U$	0,70	$\sim 10^{17}$ a	$7 \cdot 10^8$ a
$^{238}_{92}U$	0,693	$\sim 10^{16}$ a	$4 \cdot 10^9$ a
$^{242}_{94}Pu$	0,71	$\sim 10^{11}$ a	$\sim 4 \cdot 10^5$ a
$^{252}_{98}Cf$	0,74	$6 \cdot 10^1$ a	2,2 a
$^{254}_{100}Fm$	0,76	246 d	3,4 h
$^{255}_{102}No$	0,80	?	180 s

sinkenden Werten von X_s, weil die Bruchstücke große Massen haben und deshalb die Tunnelwahrscheinlichkeit sehr klein ist. Dann kann der Zerfall durch α-Emission wahrscheinlicher als die Spaltung werden. In Tabelle 6.1 sind einige Zahlenwerte für spontane Spaltungen und α-Zerfall zusammengestellt.

6.5.2 Stoßinduzierte Spaltung leichter Kerne

Die erste Spaltung leichter Kerne wurde von *Cockcroft* und *Walton* 1932 beim Beschuß von ^7_3Li mit Protonen ($E_{kin} \leq 0{,}5$ MeV) beobachtet:

$$p + {}^7_3Li \to {}^8_4Be^* \to \alpha + \alpha + Q\,. \tag{6.34}$$

Die beiden α-Teilchen haben eine Reichweite von 8,3 cm in Luft, was einer kinetischen Energie von 8,63 MeV entspricht. Die Reaktionswärme Q dieser Kernspaltung ist daher

$$Q = 17{,}26\,\text{MeV}\,.$$

Bei genügend großer Energie geladener Projektile lassen sich auch mittelschwere Kerne spalten. Beispiele sind die durch schnelle Protonen induzierten Spaltreaktionen

$$^{63}_{29}Cu + p \nearrow {}^{38}_{17}Cl + {}^{25}_{13}Al + n \tag{6.35a}$$

$$^{63}_{29}Cu + p \searrow {}^{24}_{11}Na + {}^{39}_{19}K + n\,, \tag{6.35b}$$

deren Wirkungsquerschnitte als Funktion der Protonenenergie in Abb. 6.14 dargestellt sind. Man sieht, daß

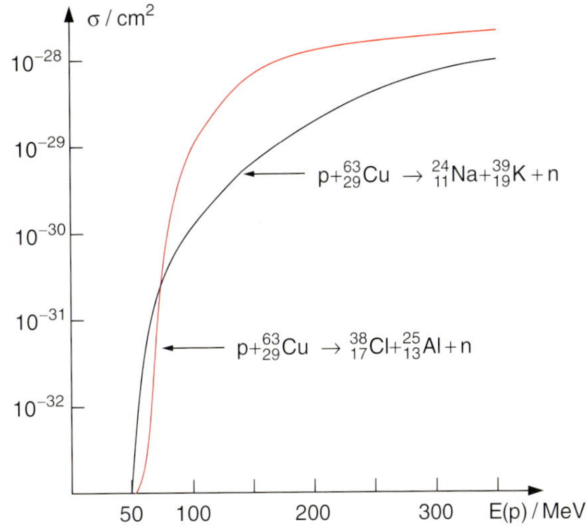

Abb. 6.14. Wirkungsquerschnitte $\sigma(E)$ für die Spaltung von Cu-Kernen durch schnelle Protonen der Energie E (Batzel, Seaborg: Phys. Rev. **82**, 609 (1952))

die Schwellenenergie für diese Reaktionen bei etwa 50–60 MeV liegt, weil das Proton die Coulombbarriere überwinden muß.

Besonders effektive Projektile für die induzierte Kernspaltung sind Neutronen. Da sie keine Coulombbarriere durchdringen müssen, können auch langsame Neutronen eine Kernspaltung bewirken. Beispiele sind:

$$n + {}^6_3Li \to {}^7_3Li^* \to {}^3_1He + {}^4_2He \tag{6.36a}$$

$$n + {}^{10}_5B \to {}^{11}_5B^* \to {}^7_3Li + {}^4_2He\,. \tag{6.36b}$$

Die (n,α)-Bor-Reaktion (6.36b) hat einen großen Wirkungsquerschnitt und wird daher oft als Nachweisreaktion für Neutronen benutzt oder auch zur Absorption von Neutronen in Kernreaktoren (siehe Abschn. 8.3).

6.5.3 Induzierte Spaltung schwerer Kerne

Auf Grund der Ergebnisse vieler vorhergehender Versuche in vielen Laboratorien versuchten *Enrico Fermi* (1901–1954) und Mitarbeiter 1934 durch Beschuß von Uran mit Neutronen neue Elemente zu erzeugen. Sie fanden dabei β-aktive Folgeprodukte, die sie neuen Transuran-Elementen ($Z \geq 93$) zuschrieben.

Sehr sorgfältige chemische Untersuchungen von *Otto Hahn*, (1879–1968) und *Fritz Straßmann* (1902–1980) (Abb. 1.4) 1939 zeigten dann aber eindeutig, daß unter den Reaktionsprodukten Y bei der Neutronen-induzierten Reaktion

$$n + {}^{238}_{92}\mathrm{U} \rightarrow \mathrm{Y}_1 + \mathrm{Y}_2 + \nu \cdot n \tag{6.37}$$

Barium nachweisbar war. *Lise Meitner* (1878–1968) erkannte als erste, daß es sich hier um eine Spaltung des Urankerns in zwei fast gleich schwere Bruchstücke Y_1, Y_2 handelte, die wegen des großen Neutronenüberschusses β^--aktiv sind.

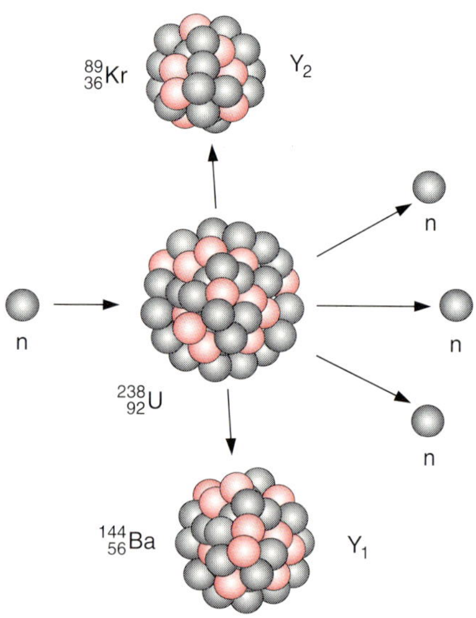

Abb. 6.15. Schematische Darstellung der durch Neutronen induzierten Kernspaltung

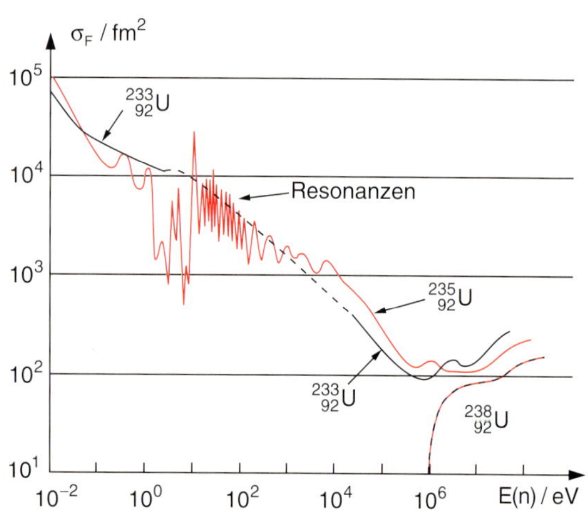

Abb. 6.16. Spaltungsquerschnitt $\sigma(U, n, f)$ als Funktion der kinetischen Energie der Neutronen für ${}^{238}_{92}$U, ${}^{235}_{92}$U und ${}^{233}_{92}$U

Tabelle 6.2. Kritische Energie E_c (Höhe der Spaltbarriere), Bindungsenergie E_b des Neutrons im Compoundkern und Spaltschwellenenergie $\Delta E_F = E_c - E_b$ für die kinetische Energie der Spaltneutronen

Targetkern X	Compundkern X+n	E_c (MeV)	E_b (MeV)	$E_c - E_b$ (MeV)
${}^{233}_{92}$U	${}^{234}_{92}$U	5,8	7,0	−1,2
${}^{235}_{92}$U	${}^{236}_{92}$U	5,3	6,4	−1,1
${}^{234}_{92}$U	${}^{235}_{92}$U	5,8	5,3	+0,5
${}^{238}_{92}$U	${}^{239}_{92}$U	6,1	5,0	+1,1
${}^{231}_{91}$Pa	${}^{232}_{91}$Pa	6,2	5,5	+0,7
${}^{232}_{90}$Th	${}^{233}_{90}$Th	6,8	5,5	+1,3

Die Reaktion verläuft nach dem Schema

$$n + {}^{238}_{92}\mathrm{U} \rightarrow \left({}^{239}_{92}\mathrm{U}^*\right) \rightarrow \mathrm{Y}_1^* + \mathrm{Y}_2 + \nu \cdot n \tag{6.38}$$

(Abb. 6.15) und setzt bei einer kinetischen Energie $E_{kin} \geq 1$ MeV der Neutronen ein. Das Uran-Isotop ${}^{235}_{92}$U kann dagegen bereits durch langsame Neutronen mit wesentlich größerem Wirkungsquerschnitt gespalten werden (Abb. 6.16). Der Grund dafür ist der folgende:

Bei der durch Projektile induzierten Kernspaltung wird ein angeregter Zwischenkern gebildet, dessen Anregungsenergie durch die kinetische Energie des Projektils und durch seine Bindungsenergie im Compoundkern bestimmt wird. Damit Kernspaltung eintreten kann, muß diese Anregungsenergie größer sein als eine kritische Energie $E_c = \Delta E_F$, die dem Energieabstand ΔE_F zur Potentialbarriere in Abb. 6.12 entspricht. In Tabelle 6.2 sind die Energieverhältnisse für einige spaltbare Kerne aufgeführt.

BEISPIEL

Bei der Einlagerung eines Neutrons in den Kern ${}^{238}_{92}$U entsteht der g-u-Zwischenkern ${}^{239}_{92}$U, dessen Bindungsenergie für das Neutron kleiner ist als bei g-g-Kernen (siehe Abschn. 2.6). Diese Bindungsenergie ergibt sich aus der Massendifferenz von Anfangs- und Endprodukten:

$$E_b = \left[m\left({}^{238}_{92}\mathrm{U}\right) + m_n - m\left({}^{239}_{92}\mathrm{U}\right)\right]c^2 = 5{,}2\,\mathrm{MeV}\,.$$

Sie reicht nicht aus, um $^{289}_{92}$U zu spalten, da die Mindestenergie $E_c = 5{,}9$ MeV ist, so daß die Neutronen zusätzliche kinetische Energie haben müssen.

Beim $^{235}_{92}$U entsteht durch den Einbau des Neutrons der g-g-Kern $^{236}_{92}$U mit großer Bindungsenergie ($E_B = 6{,}4\,\text{MeV} > E_c = 5{,}3\,\text{MeV}$), so daß $^{235}_{92}$U auch durch Einfang langsamer Neutronen gespalten werden kann. Der Wirkungsquerschnitt σ_F für die neutroneninduzierte Spaltung steigt steil an mit wachsender de-Broglie-Wellenlänge λ_{dB} (also mit sinkender kinetischer Energie) der Neutronen. Er ist deshalb für die Spaltung von $^{235}_{92}$U durch thermische Neutronen um etwa drei Größenordnungen größer als für die Spaltung von $^{238}_{92}$U durch schnelle Neutronen (Abb. 6.16).

Die Massenverteilung der Spaltprodukte zeigt, daß die wahrscheinlichste Spaltung zu zwei Bruchstücken mit etwas unterschiedlichen Massen führt (Abb. 6.17). Natürlich muß für die Massenzahlen der Bruchstücke $^{A_1}_{Z_1}X_1$, $^{A_2}_{Z_2}X_2$ bei der Spaltung von $^{A}_{Z}$U immer gelten:

$$A_1 + A_2 + \nu = A \quad \text{und} \quad Z_1 + Z_2 = Z\,. \tag{6.39}$$

Eine der möglichen Spaltreaktionen ist z. B.

$$\begin{aligned} n + {}^{235}_{92}\text{U} &\to {}^{236}_{92}\text{U}^* \\ &\to {}^{141}_{56}\text{Ba} + {}^{92}_{36}\text{Kr} + 3n + Q\,. \end{aligned} \tag{6.40}$$

Schwere Kerne können auch durch Beschuß mit geladenen Projektilen gespalten werden, wenn deren kinetische Energie genügend hoch ist, um die Coulombbarriere zu überwinden, so daß sie in den Kern eindringen können.

Je höher die kinetische Energie der Projektile ist, desto symmetrischer wird die Verteilung der Spaltprodukte (Abb. 6.18).

Schwere Kerne können auch durch Photonen genügender Energie (Gammaquanten $h \cdot \nu$) gespalten werden.

So können z. B. die Bremsstrahlungs-γ-Quanten, die bei der Bestrahlung von Wolfram mit Elektronen aus einem Synchrotron entstehen, zur Kernspaltung verwendet werden. Da man die γ-Quantenenergie durch Variation der Elektronenenergie kontinuierlich verändern kann, lassen sich die Schwellwertenergien für die photoneninduzierte Kernspaltung messen.

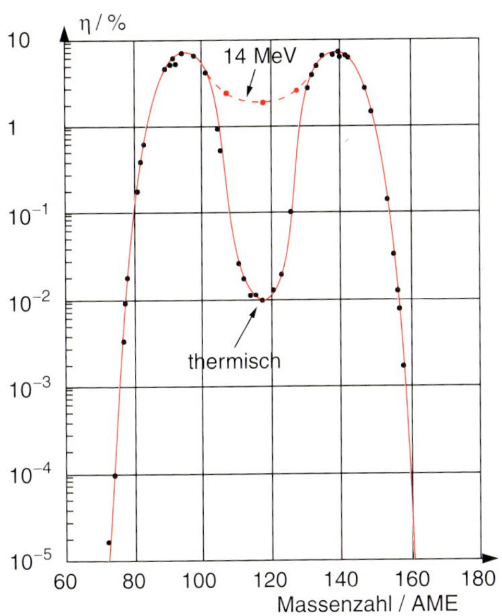

Abb. 6.17. Spaltwahrscheinlichkeit η in % als Funktion der Massenzahl der Spaltprodukte bei der Spaltung von Uran $^{235}_{92}$U durch langsame (thermische) Neutronen und durch 14-MeV-Neutronen

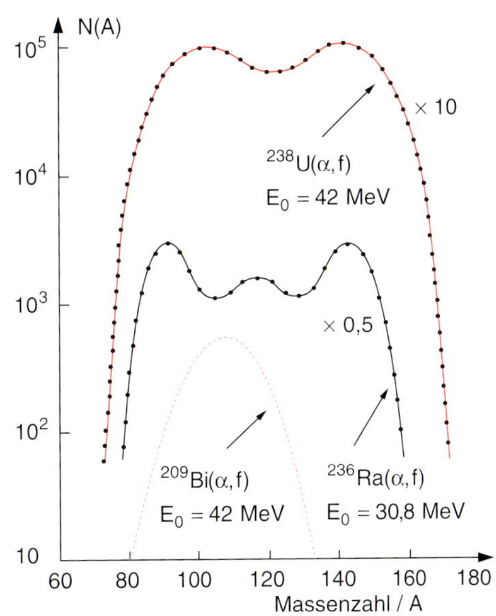

Abb. 6.18. Massenverteilung der Spaltprodukte bei einigen durch α-Beschuß mit der kinetischen Energie $E_0(\alpha)$ induzierten Kernspaltungen. Nach R. Vandenbosch, J.R. Huzenga: *Nuclear Fission*, Academic Press, New York 1973

6.5.4 Energiebilanz bei der Kernspaltung

Rechnet man aus der Massenbilanz von Anfangs- und Endproduktion bei der Reaktion (6.40) die Reaktionsenergie Q aus, so ergibt sich eine bei der Spaltung frei werdende Energie $Q = 180\,\text{MeV}$. Diese Energie tritt hauptsächlich als kinetische Energie der Spaltprodukte auf (167 MeV), ein kleinerer Teil als kinetische Energie der Spaltneutronen (6 MeV) (Abb. 6.19). Die Energieverteilung $N_n(E_{kin})$ der Spaltneutronen kann angenähert beschrieben werden durch die Funktion

$$N(E) = C \cdot \sinh\left(\sqrt{E_{kin}}\right) \cdot e^{-E_{kin}}$$

Die Bruchstücke sind selbst angeregt und können ihre Anregungsenergie durch γ-Strahlung abgeben und durch β^--Emission ihren Neutronenüberschuß abbauen nach dem Reaktionsschema:

$$^{A_X}_{Z_X}X^* \rightarrow {}^{A_X}_{Z_X+1}Y + \beta^- + \bar{\nu}\,. \qquad (6.41)$$

Bei diesem β-Zerfall wird ein Antineutrino emittiert, das entweicht und seine kinetische Energie mitnimmt, da seine Absorptionswahrscheinlichkeit verschwindend klein ist.

Manche Spaltprodukte emittieren auch Neutronen. Ihre Zerfallszeit reicht von einigen Millisekunden bis zu einigen Tagen, so daß diese Neutronenemission

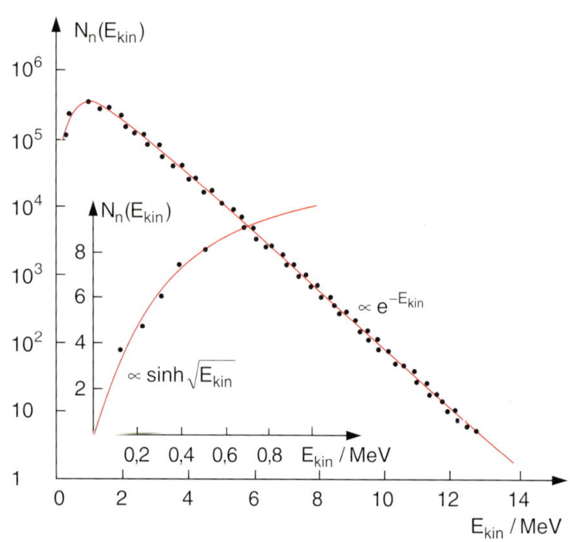

Abb. 6.19. Energieverteilung der Spaltneutronen

verzögert ist gegenüber der prompten Neutronenerzeugung bei der direkten Kernspaltung

$$^{A_X}_{Z_X}X^* \rightarrow {}^{A_X-1}_{Z_X}X + n\,. \qquad (6.42)$$

Diese verzögerten Neutronen spielen eine große Rolle bei der Steuerung von Kernreaktoren (Abschn. 8.3).

Die gesamte Energie, die dann pro Spaltung eines Urankernes frei wird, ist:

E_{kin}(Spaltprodukte)	167 MeV
E_{kin}(Spaltneutronen)	6 MeV
direkte γ-Strahlung während der Spaltung	7 MeV
Gesamte prompte Energie pro Spaltkern	180 MeV

verzögerte Energieabgabe der Spaltprodukte:

γ-Strahlung der Spaltprodukte	6 MeV
β^--Strahlung der Spaltprodukte	5 MeV
Antineutrino-Strahlung	10 MeV
Gesamte verzögerte Energie pro Spaltkern	21 MeV

Insgesamt werden daher 201 MeV Energie frei, von denen die unbeobachtbare Antineutrinoenergie entweicht.

Dies ist etwa 20mal mehr Energie als bei der durch α-Teilchen induzierten Spaltung leichter Kerne und etwa 10^6mal mehr als bei chemischen Reaktionen der Elektronenhüllen von Atomen pro Atom frei wird.

Man kann die kinetische Energie der Spaltbruchstücke mit Hilfe einer Flugzeitmethode messen (Abb. 6.20a). Eine dünne Folie spaltbaren Materials (z. B. $^{235}_{92}UO_3$) wird mit thermischen Neutronen aus einem Reaktor bestrahlt. Die beiden bei der Spaltung entstehenden Bruchstücke fliegen in entgegengesetzte Richtungen. Diejenigen, die parallel zur Achse des evakuierten Flugzeitrohres fliegen, werden von zwei Detektoren D_1 bzw. D_2 (z. B. Szintillationszähler) als kurze Pulse registriert. Die Entfernung Quelle, D_1, ist sehr klein (1 cm), während $\overline{QD_2} \approx 350\,\text{cm}$ ist. Das Ausgangssignal von D_1 startet einen linearen Spannungsanstieg im Zeit-Amplituden-Wandler, während das Signal von D_2 ihn stoppt. Die gemessene Flugzeit wird dadurch in ein Spannungssignal umgewandelt. Man erhält entsprechend der Massenverteilung der Bruchstücke zwei Maxima in der gemessenen Geschwindigkeitsverteilung, wobei das leichte Bruchstück die größere Geschwindigkeit hat (Abb. 6.20b).

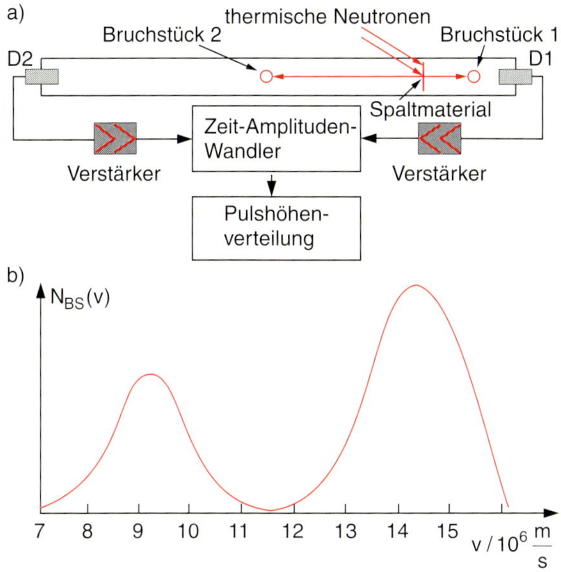

Abb. 6.20. (**a**) Anordnung zur Messung der Geschwindigkeit der bei der Kernspaltung entstehenden Spaltprodukte. (**b**) Geschwindigkeitsverteilung $N_{BS}(v)$ der Bruchstücke bei der Spaltung von $^{235}_{92}U$ durch thermische Neutronen, gemessen mit der Flugzeitmethode von (**a**). Nach R.B. Leachman: Phys. Rev. **87**, 444 (1952)

6.6 Kernfusion

Beim Zusammenstoß von Kernen können unter geeigneten Bedingungen die beiden Projektilkerne zu einem schwereren Kern verschmelzen (***Kernfusion***). Die kinetische Energie der Reaktanden muß mindestens so groß sein, daß die Coulombbarriere überwunden werden kann:

$$E_{kin} \geq \frac{Z_1 \cdot Z_2 \cdot e^2}{4\pi\varepsilon_0(a_1 + a_2)} ,$$

wenn a_i die Reichweite der Kernkräfte des Kerns der Ladung $Z_i \cdot e$ ist.

BEISPIEL

Für die Reaktion

$$^2_1H + ^2_1H \rightarrow ^3_1H + p + 3{,}0\,\text{MeV}$$

ist $a_1 = a_2 = 1{,}5 \cdot 10^{-15}\,\text{m}$, $Z_1 = Z_2 = 1 \Rightarrow E_{kin} \geq 0{,}5\,\text{MeV}$. Dies würde der mittleren thermischen Energie $\overline{(m/2)v^2}$ bei einer Temperatur von $6 \cdot 10^9\,\text{K}$ entsprechen. Wenn man abschätzt, daß der Kernradius $a \propto Z^{1/3}$ anwächst, wird die Mindestenergie zur Überwindung der Coulombbarriere $E_{kin} \propto (Z_1 \cdot Z_2)^{2/3}$.

Wegen des Tunneleffektes können zwei Kerne auch bereits bei kleineren kinetischen Energien verschmelzen. Die Wahrscheinlichkeit dafür sinkt exponentiell ab mit fallender Energie. Deshalb steigt die Wahrscheinlichkeit für die Kernfusion in Abb. 6.4 so steil mit der Energie an (siehe auch Abschn. 3.3).

Man sieht aus dieser Überlegung bereits, daß Kernfusion hauptsächlich bei kleinen Kernen auftritt, weil die Höhe der Coulombbarriere proportional zu $(Z_1 \cdot Z_2)^{2/3}$ ist. Da die Bindungsenergie der Kerne pro Nukleon mit wachsender Kernmasse bis zum Eisenkern zunimmt, ist die Masse des fusionierten Kerns kleiner als die Summe der Massen der Reaktanden. Man gewinnt also Energie bei der Fusion von Kernen ^A_ZK mit $A < 56$ (siehe Abb. 2.25).

Fusionsreaktionen, die auch im Inneren von Sternen eine Rolle spielen (siehe Abschn. 10.5), sind:

$$p + p \rightarrow ^2_1H + e^+ + \nu_e , \tag{6.43a}$$

$$d + d \rightarrow ^3_2He + n + 3{,}25\,\text{MeV} , \tag{6.43b}$$

$$^3_1H + ^2_1H \rightarrow ^4_2He + n + 17{,}6\,\text{MeV} , \tag{6.43c}$$

$$^3_1H + ^3_1H \rightarrow ^4_2He + 2n + 20{,}7\,\text{MeV} , \tag{6.43d}$$

$$^6_3Li + ^2_1H \rightarrow ^4_2He + ^4_2He + 22{,}4\,\text{MeV} . \tag{6.43e}$$

Ist n_1, n_2 die Dichte der Fusionsreaktanden und $\sigma(v)$ der von der Relativgeschwindigkeit v abhängende Wirkungsquerschnitt für die Fusion, so beträgt die Zahl der Fusionsreaktionen pro Volumen und Zeit:

$$\begin{aligned}\frac{dN}{dt} &= \iint n_1(v_1) \cdot n_2(v_2) \cdot \sigma(\boldsymbol{v}_1 - \boldsymbol{v}_2) \\ &\quad \cdot |\boldsymbol{v}_1 - \boldsymbol{v}_2| \, dv_1 dv_2 \\ &\approx \frac{n_2 \cdot n_1}{v^3_{W_1} \cdot v^3_{W_2}} \cdot \iint v_1^2 v_2^2 e^{-m_1 v_1^2/(2k_B T)} \\ &\quad \cdot e^{-m_2 v_2^2/(k_B T)} \sigma(v)\, v \, dv_1 \, dv_2 ,\end{aligned} \tag{6.44}$$

wobei $v = |\boldsymbol{v}_1 - \boldsymbol{v}_2|$ die Relativgeschwindigkeit der Fusionspartner und $\sigma(v)$ der von der Relativgeschwindigkeiten abhängige Fusionsquerschnitt ist.

Der Energiegewinn pro Masse fusionierter Materie ist, je nach Fusionsreaktion, vergleichbar oder sogar größer als der bei der Spaltung schwerer Kerne. Deshalb werden große Anstrengungen unternommen, solche Fusionsreaktionen unter kontrollierten Bedingungen auf der Erde zu realisieren. Die experimentellen Schwierigkeiten dabei liegen vor allem darin, die fusionierenden Teilchen so hoch aufzuheizen und sie genügend lange in einem begrenzten Volumen zu halten, daß die Wahrscheinlichkeit für Fusion groß genug wird (siehe Abschn. 8.4).

Bei der Wasserstoffbombe wird die hohe Temperatur durch Implosion von Kernspaltungsbomben erreicht, die für kurze Zeit die Fusionsreaktion (6.43d) explosionsartig ermöglichen.

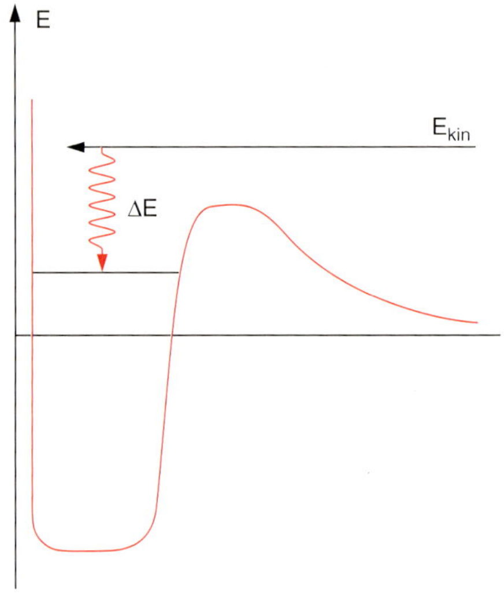

Abb. 6.21. Zur Illustration der Bildung und Stabilisierung von Transuran-Kernen

6.7 Die Erzeugung von Transuranen

Wir hatten in Kap. 2 gesehen, daß die Stabilität von Kernen durch die Differenz zwischen anziehender Kernkraft und abstoßender Coulombkraft bestimmt wird. Obwohl die Kerne mit $Z > 92$ instabil gegen Spaltung oder α-Zerfall werden, zeigen Überlegungen, die auf dem Schalenmodell basieren, daß für $Z > 117$ in einem bestimmten Massenbereich wieder stabile Kerne möglich sein sollten (Stabilitätsinsel), weil man hier abgeschlossene Schalen erreicht.

Es gibt eine Reihe von Bemühungen, solche *Transurane* durch Zusammenstöße zwischen mittelschweren und schweren stabilen Kernen zu erzeugen [6.1]. Da die Bindungsenergie pro Nukleon für Kerne oberhalb des Eisenkerns wieder abnimmt, ist die Reaktionswärme solcher Fusionsreaktionen schwerer Kerne negativ, d. h. man muß mehr Energie zum Erreichen der Fusion aufbringen, als man gewinnt. Diese Fusionsreaktionen bilden daher keine Energiequelle, sondern sie werden untersucht, um Informationen über Transurane zu erhalten.

Stabile Fusionsprodukte können sich nur dann bilden, wenn die kinetische Energie der Relativbewegung, die nötig ist, um die Coulombbarriere zu überwinden, wenigstens teilweise abgeführt werden kann, bevor der Compoundkern wieder zerfällt (Abb. 6.21), d. h. der angeregte Compoundkern muß die Energie ΔE (z. B. in Form von γ-Quanten oder durch die Emission von Neutronen) schnell genug wieder abgeben.

Die ersten Experimente zur Erzeugung von Transuranen begannen mit dem Beschuß schwerer Kerne mit leichten Kernen, z. B.:

$$ {}^{22}_{10}\mathrm{Ne} + {}^{238}_{92}\mathrm{U} \to {}^{260}_{102}\mathrm{No}^* \to {}^{256}_{102}\mathrm{No} + 4\mathrm{n}\,, \qquad (6.45\mathrm{a}) $$

$$ {}^{18}_{8}\mathrm{O} + {}^{243}_{95}\mathrm{Am} \to {}^{261}_{103}\mathrm{Lr}^* \to {}^{256}_{103}\mathrm{Lr} + 5\mathrm{n}\,. \qquad (6.45\mathrm{b}) $$

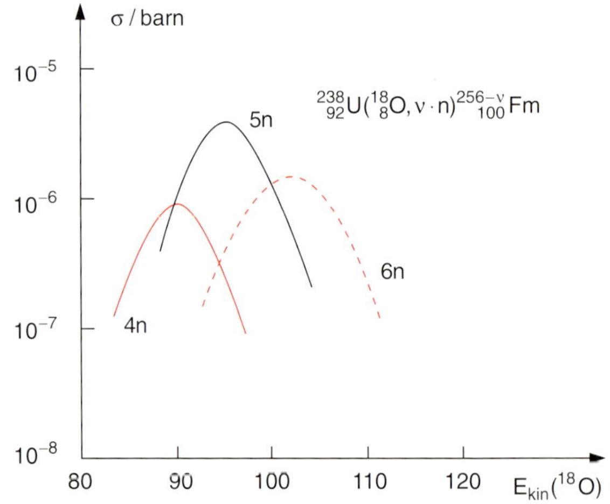

Abb. 6.22. Reaktionsquerschnitt für die Bildung von Fermium-Isotopen durch Beschuß von Uran mit ${}^{18}_{8}\mathrm{O}$-Kernen als Funktion der kinetischen Energie (in MeV) der Sauerstoffkerne. Nach G. Musiol et. al.: *Kern- und Elementarteilchenphysik* (Harri Deutsch, Frankfurt/M. 1995)

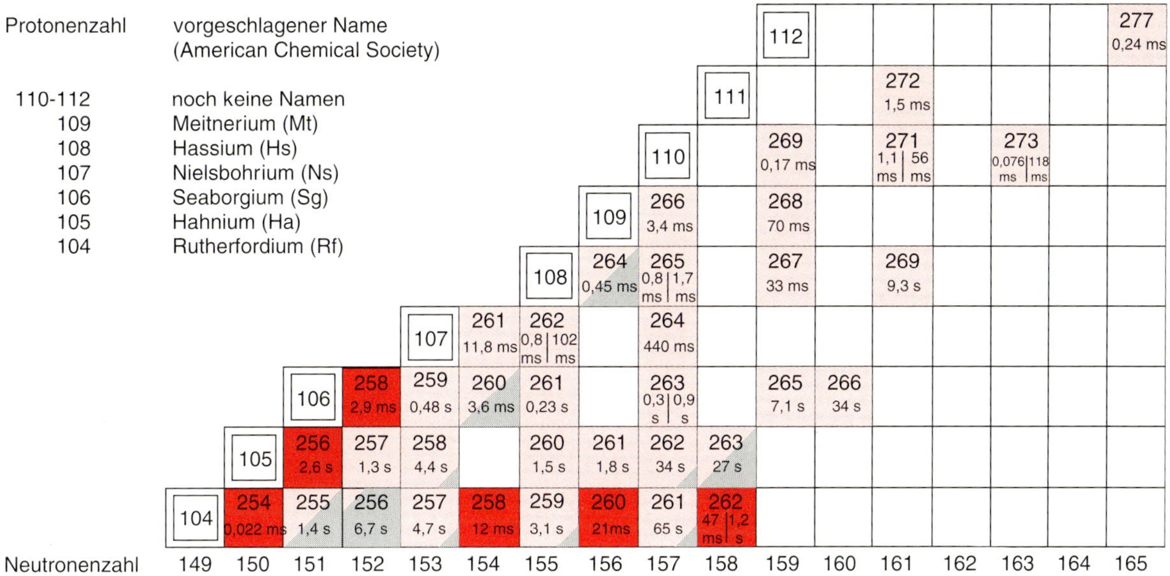

Abb. 6.23. Nuklidkarte der durch schwerionen-induzierte Fusion gebildeten Transurane mit ihren mittleren Lebensdauern. Die Farbkodierung bedeutet: *Hellrot:* α-Zerfall; *dunkelrot:* Spaltung; *schwarz:* Elektroneneinfang. Nach P. Armbruster: Spektrum d. Wiss., Dez. 1996

Die Wirkungsquerschnitte für diese Fusionsreaktionen sind stark abhängig von der kinetischen Energie der Stoßpartner. Das Maximum hängt ab von der Zahl der emittierten Neutronen (Abb. 6.22). Man beachte, daß für die Reaktion nur die Energie im Schwerpunktsystem zur Verfügung steht, der Rest bleibt als kinetische Energie der Produktkerne (siehe Aufg. 6.8).

Inzwischen sind Transurane mit Ordnungszahlen bis $Z = 112$ durch Fusion schwerer Kerne erzeugt und eindeutig nachgewiesen worden [6.2].

Alle gebildeten Transurane sind radioaktiv. Sie zerfallen durch α- oder β-Emission in andere Kerne mit Halbwertszeiten von μs bis zu vielen Tagen.

BEISPIEL

$$\begin{aligned}
{}^{240}_{96}\mathrm{Cm} &\to {}^{236}_{94}\mathrm{Pu} + {}^{4}_{2}\mathrm{He} \quad (T = 26{,}8\,\mathrm{d})\,,\\
{}^{243}_{97}\mathrm{Bk} &\to {}^{239}_{95}\mathrm{Am} + {}^{4}_{2}\mathrm{He} \quad (T = 4{,}5\,\mathrm{h})\,,\\
{}^{244}_{98}\mathrm{Cf} &\to {}^{240}_{96}\mathrm{Cm} + {}^{4}_{2}\mathrm{He} \quad (T = 25\,\mathrm{min})\,,\\
{}^{261}_{107}\mathrm{Ns} &\to {}^{257}_{105}\mathrm{Ha} + {}^{4}_{2}\mathrm{He} \quad (T = 1\,\mathrm{ms})\,.
\end{aligned}$$

Abbildung 6.23 zeigt eine Nuklidkarte der durch schwerioneninduzierte Fusion gebildeten Transurane mit ihren mittleren Lebensdauern, und Abb. 6.24 gibt als Beispiel eine Zerfallskette des Elementes ${}^{273}_{111}\mathrm{X}$, das bisher noch keinen Namen hat.

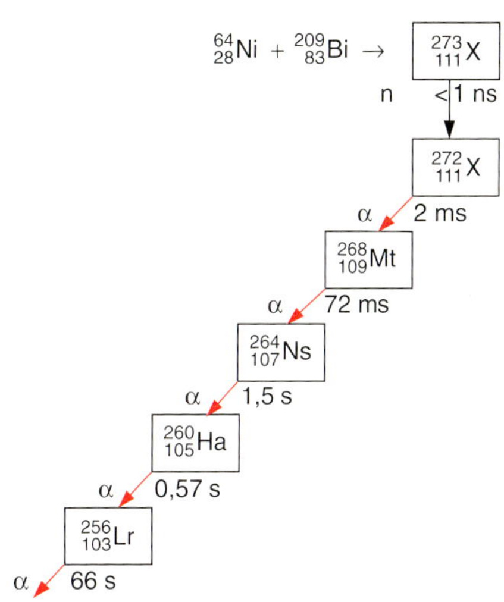

Abb. 6.24. Zerfallskette des Compoundkerns ${}^{273}_{111}\mathrm{X}$, der durch Stöße ${}^{64}_{28}\mathrm{Ni} + {}^{209}_{83}\mathrm{Bi}$ gebildet wird Nach P. Armbruster: Spektrum d. Wiss., Dez. 1996

ZUSAMMENFASSUNG

- Kernreaktionen umfassen inelastische und reaktive Stöße von Kernen, bei denen energetisch angeregte Kerne oder auch ganz neue Kerne entstehen können. Die stoßinduzierte Kernspaltung oder die Kernfusion sind spezielle Kernreaktionen.
- Viele Kernreaktionen können durch das Compoundkern-Modell beschrieben werden, bei dem während der Reaktion ein Stoßkomplex gebildet wird, der dann in verschiedene Reaktionsprodukte zerfallen kann. Die Reaktanden bilden den Eingangskanal, die Reaktionsprodukte den Ausgangskanal.
- Kernreaktionen werden durch ihre Reaktionsenergie (Wärmetönung) Q beschreiben. Sie laufen nur bei Energien $E > E_s$ oberhalb einer Energieschwelle ab. Reaktionen mit $Q > 0$ sind exotherm. Auch sie können eine Schwellenenergie besitzen (Reaktionsbarriere). Jedoch wird bei exothermen Reaktionen mehr Energie E_a im Ausgangskanal frei als die Energie E_e im Eingangskanal. Ausgangskanäle für die $E_S > E_e$ gilt, heißen geschlossen, solche mit $E_S < E_e$ sind offen.
- Bei allen Kernreaktionen bleiben die Nukleonenzahl, die elektrische Ladung, der Drehimpuls und die Parität erhalten.
- Durch stoßinduzierte Kernreaktionen können künstlich radioaktive Nuklide erzeugt werden, die in der Natur nicht (mehr) vorkommen.
- Alle Kerne ${}^A_Z X$ mit $Z^2/A > 51$ können sich spontan ohne Tunneleffekt in kleinere Kerne spalten. Für $Z^2/A < 51$ wird die Spaltung nur durch den Tunneleffekt möglich. Je kleiner Z^2/A ist, desto länger wird die Halbwertszeit für spontane Spaltung.
- Zur Spaltung muß ein Kern deformiert werden. Der Verlauf der potentiellen Energie als Funktion des Deformationsparameters ε ist im wesentlichen durch die Vergrößerung der Oberflächenenergie und die Verkleinerung der Coulombabstoßung bestimmt. Bei allen nicht spontan spaltenden Kernen hat $E_{\text{pot}}(\varepsilon)$ ein Maximum, das höher ist als das höchste besetzte Kernniveau.
- Viele stabile Kerne können durch entsprechende Energiezufuhr gespalten werden. Der zugeführte Energiebetrag muß größer sein. als die Potentialbarriere ΔE_s bei der Spaltung.
- Bei der Photospaltung muß $h \cdot \nu > \Delta E_s$ sein. Bei der neutroneninduzierten Kernspaltung tragen kinetische Energie des Neutrons und seine Bindungsenergie im Compoundkern zur Spaltung bei. Es muß $E_B + E_{\text{kin}} > \Delta E_s$ sein.
- Durch Stöße zwischen geladenen Kernen können stabile größere Kerne entstehen (Kernfusion). Die kinetische Energie der Reaktionspartner muß im Schwerpunktsystem größer sein als die Höhe der Coulombbarriere, wenn Tunneleffekte vernachlässigt werden. Bei der Kernfusion leichter Teilchen gewinnt man Energie (bis zur Fusion von Eisenkernen).
- Durch Stöße mittelschwerer Kerne (oder von leichten mit schweren Kernen) können durch Fusionsprozesse Transurane gebildet werden. Die Reaktion ist endotherm. Die gebildeten Kerne mit $92 < Z < 110$ sind instabil. Sie zerfallen durch Spaltung oder Emission von α- oder β-Strahlung.
- Bisher wurden die erwarteten Stabilitätsinseln bei $Z \approx 144$ und $Z \approx 164$ experimentell noch nicht erreicht.

ÜBUNGSAUFGABEN

1. Ein Teilchen der Masse M_1 mit der kinetischen Energie E_1 wird von einem ruhenden Kern eingefangen. Der Compoundkern der Masse M_0 emittiert ein leichtes Teilchen der Masse m_3 in eine Richtung senkrecht zum einfallenden Teilchen und geht dabei in einen Kern der Masse M_2 über. Wie groß sind die kinetische Energie von m_3 und M_2, wenn die Wärmetönung Q der Reaktion durch die Massendifferenz im Eingangs- und Ausgangskanal gegeben ist?

2. Benutzen Sie das Ergebnis von Aufg. 6.1, um die Energie der Neutronen zu bestimmen, die bei der Reaktion

$$d(0{,}2\,\text{MeV}) + {}^3_1\text{H}(0\,\text{MeV}) \to {}^4_2\text{He} + \text{n}$$

unter 90° gegen den einfallenden Deuteronenstrahl emittiert werden.

3. Ein Neutron der kinetischen Energie E stößt elastisch mit einem Kern der Massenzahl A zentral zusammen. Neutron und Targetkern mögen als harte Kugeln angesehen werden mit Radius $r = r_0\sqrt[3]{A}$.
a) Wie hängen Ablenkwinkel ϑ und Stoßparameter b zusammen?
b) Wie hängt der Energieverlust vom Stoßparameter ab?
c) Wie groß ist dann der mittlere Energieverlust, gemittelt über alle Stoßparameter? Wenden Sie das Ergebnis auf Targetkerne mit $A = 1$ (Wasserstoff) und $A = 12$ (Kohlenstoff) an.
4. Eine Kernreaktion habe im Laborsystem den differentiellen Wirkungsquerschnitt $\mathrm{d}\sigma/\mathrm{d}\Omega$ mit $\mathrm{d}\Omega = 2\pi \sin\theta \mathrm{d}\theta$. Berechnen Sie daraus den entsprechenden Wirkungsquerschnitt $d\sigma/\mathrm{d}\omega$ im Schwerpunktsystem.
5. Zeigen Sie, daß bei der Deformation eines Kerns in ein Rotationsellipsoid für kleine Werte des Deformationsparameters ε Oberflächenenergie und Coulombenergie durch (6.28) und (6.29) beschrieben werden.
6. Man berechne die kinetische Energie E_{kin} der Spaltprodukte bei der Spaltung von ${}^{235}_{92}\text{U}$ durch thermische Neutronen in Bruchstücke im Massenverhältnis 1,25 : 1, wenn im Mittel $\nu = 3$ Spaltneutronen entstehen mit einer mittleren Energie von 2 MeV und wenn bei der Spaltung ein γ-Quant mit $h\nu = 4{,}6$ MeV emittiert wird. Wie teilt sich E_{kin} auf, wenn das Massenverhältnis der beiden Fragmente $m_1/m_2 = 1{,}4$ ist?
7. Bei der Kernspaltung von ${}^{235}_{92}\text{U}$ möge die kinetische Energie der Fragmente $(Z_i, A_i) = (35, 72)$ und $(57, 162)$ 200 MeV sein. Wie groß war ihr Abstand am äußeren Rand des Coulombwalls bei der Spaltung?
8. Wie groß ist die Energie der Relativbewegung im Schwerpunktsystem für das Maximum der in Abb. 6.22 gezeigten Reaktion ${}^{238}_{92}\text{U}\,({}^{18}_{8}\text{O}, 5\text{n})\,{}^{251}_{100}\text{Fm}$?
9. Welche Ausgangskanäle sind energetisch möglich, wenn ein α-Teilchen mit der Energie $E_{\text{kin}} = 17$ MeV auf einen ruhenden Tritiumkern ${}^3_1\text{H}$ trifft? Man betrachte als mögliche Endprodukte ${}^4\text{He}$, ${}^5\text{He}$, ${}^6\text{He}$, ${}^6\text{Li}$, ${}^7\text{Li}$ mit den in der Tabelle am Ende des Buches angegebenen Massen.
10. a) Zeigen Sie, daß bei der Reaktion $\text{a} + \text{A} \to \text{b} + \text{B}^*$ (Anregungsenergie E_x, $v_\text{A} = 0$) der Streuwinkel θ im Laborsystem nicht größer werden kann als $\theta_{\max}$ mit $\sin\theta_{\max} = A$ mit $A = v_\text{b}/v_\text{S}$, wenn v_S die Schwerpunktgeschwindigkeit ist.
b) Berechnen Sie den Wert von A für die elastische Streuung.
c) Wie groß ist A bei vorgegebener kinetischer Energie $E_{\text{kin}}(a)$ und vorgegebenem Q-Wert der Reaktion?

7. Physik der Elementarteilchen

Wir haben in Kap. 5 gelernt, daß nach dem von *H. Yukawa* 1935 postulierten Modell der Kernkräfte die starke Wechselwirkung zwischen den Nukleonen durch Austausch von Teilchen mit einer Masse von etwa $140\,\text{MeV}/c^2$ zustandekommt. Da dieses Modell viele experimentelle Beobachtungen richtig beschreiben konnte, aber den großen Nachteil hatte, daß die hier geforderten Yukawa-Teilchen noch nicht gefunden worden waren, setzte eine intensive Suche nach ihnen ein.

Zu der Zeit gab es noch keine Beschleuniger, so daß man bei der Suche nach neuen Teilchen, die durch Stöße zwischen hochenergetischen stabilen bekannten Teilchen erzeugt werden können, auf die Höhenstrahlung angewiesen war. Dies ist eine von außerirdischen Quellen stammende hochenergetische Teilchenstrahlung ($\text{p}, \text{e}^-, \gamma$) (***Primärstrahlung***), die in der Erdatmosphäre durch Stoßprozesse mit den Luftmolekülen neue Teilchen erzeugt (***Sekundärstrahlung***) [7.1,2].

7.1 Die Entdeckung der Myonen und Pionen

Carl David Anderson (1905–1991) fand 1937 in der Tat Teilchenspuren in einer Nebelkammer (siehe Abschn. 4.3.4), die durch Höhenstrahlung erzeugt wurden und die einem Teilchen zugeordnet werden konnten, das ungefähr die vorhergesagte Masse des gesuchten Yukawa-Teilchens hatte [7.3]. Ähnliche Beobachtungen wurden unabhängig davon von *Street* und *Stephenson* gemacht. Man fand sowohl positiv als auch negativ geladene Teilchen mit gleicher Masse.

Es stellte sich jedoch bald durch weitere Experimente heraus, daß diese Teilchen *nicht* die gesuchten Yukawa-Teilchen sein konnten, da sie keine starke Wechselwirkung mit Atomkernen zeigten, sondern eine schwache Wechselwirkung, die einen relativ langsamen Zerfall in Leptonen mit einer mittleren Lebensdauer von etwa $2\,\mu\text{s}$ verursacht. Man nannte diese schwach wechselwirkenden positiv oder negativ geladenen Teilchen ***Myonen***. Sie zerfallen gemäß dem Schema

$$\mu^- \to \text{e}^- + \nu_\mu + \overline{\nu}_\text{e}\,, \qquad (7.1\text{a})$$

$$\mu^+ \to \text{e}^+ + \nu_\text{e} + \overline{\nu}_\mu \qquad (7.1\text{b})$$

in Elektron (bzw. Positron) und zwei verschiedene Neutrinos, das Myon-Neutrino und das Elektron-Neutrino (siehe Abschn. 7.3).

Erst zehn Jahre später wurde dann 1947 von *C.F. Powell* und Mitarbeitern das gesuchte Yukawa-Teilchen entdeckt durch Schwärzungsspuren in Photoemulsionen (Abb. 7.1), die mit einem Ballon in 3000 m Höhe gebracht wurden, um sie dort der primären Höhenstrahlung (Protonen, Elektronen) auszusetzen [7.4]. Es zeigte sich, daß die hier gefundenen Teilchen, die π-Mesonen oder auch ***Pionen*** genannt wurden, sowohl als positiv als auch negativ geladene Teilchen vorkommen, die beide mit einer mittleren Lebensdauer von $2{,}6 \cdot 10^{-8}\,\text{s}$ in ein entsprechend geladenes Myon zerfallen:

$$\pi^+ \to \mu^+ + \nu\,, \qquad (7.2\text{a})$$

$$\pi^- \to \mu^- + \overline{\nu} \qquad (7.2\text{b})$$

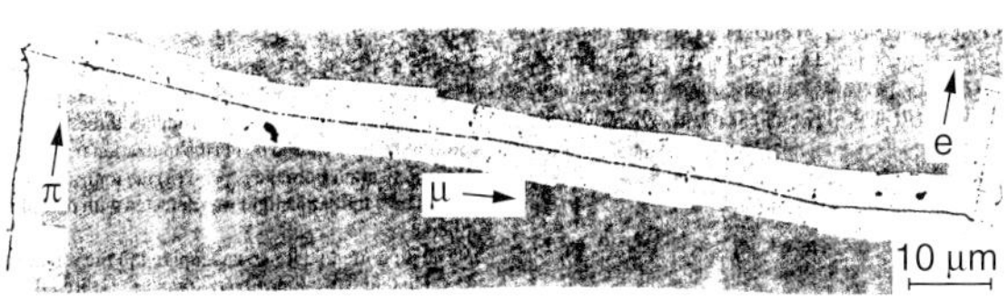

Abb. 7.1. Die Spuren von π^+, μ^+, e^+ in einer Photoemulsion, die den Zerfall $\pi^+ \to \mu^+ \to \text{e}^+$ des durch Höhenstrahlung erzeugten Pions zeigen. Aus H. Brown et al.: Nature **163**, 47 (1949)

Die Myonen zerfallen dann gemäß (7.1) weiter in Positronen bzw. Elektronen und Neutrinos (Abb. 7.1).

Diese π-Mesonen wechselwirken in der Tat mit Nukleonen. Man fand die Reaktionen

$$\pi^+ + {}^A_Z\mathrm{N} \rightarrow \mathrm{p} + {}^{A-1}{}_Z\mathrm{N}\,, \tag{7.3a}$$

$$\pi^- + {}^A_Z\mathrm{N} \rightarrow \mathrm{n} + {}^{A-1}_{Z-1}\mathrm{N}\,. \tag{7.3b}$$

Die π^+-Mesonen wandeln also bei diesen Reaktionen ein Neutron in ein Proton um, die π^--Mesonen ein Proton in ein Neutron.

Damit hatte man das von *Yukawa* geforderte Teilchen gefunden. Es zeigte sich jedoch später, daß die Yukawa-Theorie zum Verständnis der starken Wechselwirkung nicht ausreichte, sondern daß erst das Quarkmodell (siehe Abschn. 7.4) alle bisherigen Beobachtungen richtig erklären kann.

7.2 Der Zoo der Elementarteilchen

Bis 1947 kannte man als elementar angenommene Teilchen nur die leichten Teilchen e^-, ν, μ^- und ihre Antiteilchen e^+, $\overline{\nu}$, μ^+ sowie die schwereren Teilchen p, n, π^+, π^- (siehe Tabelle 7.1). Im Jahre 1948 wurde dann, ebenfalls in der Höhenstrahlung, ein neues Teilchen, das ***Kaon*** K^0, gefunden, das elektrisch neutral ist und in zwei Pionen zerfällt:

$$K^0 \rightarrow \pi^+ + \pi^-\,. \tag{7.4}$$

Durch die Entwicklung der Beschleuniger (siehe Kap. 4) war man nach 1952 in der Lage, große Ströme hochenergetischer Teilchen zu realisieren, die bei Stößen mit anderen stabilen Targetteilchen ganz neue, bisher unbekannte Teilchen erzeugen konnten. Dadurch war man nicht mehr auf die seltenen und mehr zufällig entdeckten Reaktionen der Höhenstrahlteilchen mit den Targetteilchen auf der Erde angewiesen, und es begann eine intensive systematische Suche nach solchen neuen *Elementarteilchen*.

Diese systematische Suche war sehr erfolgreich, und 16 stark wechselwirkende Teilchen mit Massen kleiner als die Protonmasse und sogar über 100 mit Massen $m > m_\mathrm{p}$ wurden gefunden (Tabellen 7.1 und 7.2). Alle diese Teilchen sind jedoch nicht stabil, sondern zerfallen nach kurzer Zeit (10^{-6} s bis 10^{-24} s) in andere Teilchen.

Die große Zahl neuer Teilchen machte die Hoffnung auf eine Reduktion aller Materie auf *wenige* wirklich elementare Teilchen erst einmal zunichte. Um eine gewisse Ordnung in diesen „Teilchenzoo" zu bringen, wurden nun detaillierte Messungen der charakteristischen Eigenschaften der Teilchen, wie z. B. Masse, Ladung, Spin, Parität, Lebensdauer und eventuelle Zerfallskanäle durchgeführt, um Unterschiede und gemeinsame Merkmale der verschieden Teilchen zu finden [7.5]. Ein solches Vorgehen ist hilfreich, wenn es noch keine vollständige Theorie der Elementerteilchen gibt, weil man dadurch Erhaltungssätze prüfen kann oder vielleicht auch Verletzungen von bisher bekannten Regeln findet. Dies soll an einigen Beispielen erläutert werden:

Tabelle 7.1. Stabile und einige instabile Teilchen

Teilchen	Vorhersage	experimteller Nachweis	Masse $\cdot c^2$ in MeV	Spin in $\hbar$	Ladung $\cdot e$	Wechselwirkung*
Elektron	—	1895	0,51	1/2	−1	e, sch, g
Proton	—	≈ 1905	938,28	1/2	+1	alle
Neutron	1920	1932	939,57	1/2	0	s, sch, g
Positron	1928	1932	0,51	1/2	+1	e, sch, g
Antiproton	1928	1955	938,28	1/2	−1	alle
Myon	—	1937	105,66	1/2	±1	e, sch, g
π-Meson	1935	1947	134,96	0	0, ±1	alle
τ-Lepton	—	1975	1784	1/2	−1	e, sch, g
e-Neutrino	1930	1953	$< 10^{-5}$	1/2	0	sch, g?

* e – elektromagnetisch, s – stark, sch – schwach, g – gravitativ

Tabelle 7.2. Charakteristische Daten einiger Teilchen mit Lebensdauern $> 10^{-22}$ s

	Teilchen	Symbol	Baryonenzahl B	Masse (MeV/c^2)	Ladung	Spin in $\hbar$	Isospin T	Seltsamkeit S	Lebensdauer in s
	Photon	γ	0	0	0	1	0	0	∞
Leptonen	Neutrino	$\nu_e, \bar{\nu}_e$	0	$< 10^{-5}$	0	1/2	0		∞
		$\nu_\mu, \bar{\nu}_\mu$	0	$< 10^{-4}$	0	1/2	0	0	∞
		$\nu_\tau, \bar{\nu}_\tau$	0	?	0	1/2	0		∞
	Elektron	e^+, e^-	0	0,511	$\pm e$	1/2	0	0	∞
	Myon	μ^-, μ^+	0	105,66	$\pm e$	1/2	0	0	$2{,}199 \cdot 10^{-6}$
Mesonen	Pionen	π^+, π^-	0	139,57	$\pm e$	0	1	0	$2{,}602 \cdot 10^{-8}$
		π^0	0	134,97	0	0	1	0	$8{,}4 \cdot 10^{-17}$
	Kaonen	K^+, K^-	0	439,71	$\pm e$	0	1/2	+1	$1{,}237 \cdot 10^{-8}$
		K^0_S	0	497,71	0	0	1/2		$8{,}82 \cdot 10^{-11}$
		K^0_L	0	497,71	0	0	1/2		$5{,}2 \cdot 10^{-8}$
	Eta-	η	0	548,5	0	0	0		$2{,}5 \cdot 10^{-17}$
		η'	0						$3{,}3 \cdot 10^{-21}$
	Phi-	ϕ	0	1019	0	1	0	0	$1{,}5 \cdot 10^{-22}$
	Psi-	ψ	0	3095	0	1	0	0	10^{-20}
Baryonen	Proton	p^+, p^-	1, −1	938,26	$\pm e$	1/2	1/2	0	∞
	Neutron	$n, \bar{n}$	1, −1	939,55	0	1/2	−1/2	0	918
	Lambda-	$\Lambda, \bar{\Lambda}$	1, −1	1115,59	0	1/2	0	−1, +1	$2{,}5 \cdot 10^{-10}$
	Sigma-	$\Sigma^+, \bar{\Sigma}^+$		1189,4	$\pm e$				$8 \cdot 10^{-11}$
		$\Sigma^0, \bar{\Sigma}^0$		1192,5	0	1/2	0		$< 10^{-14}$
		$\Sigma^-, \bar{\Sigma}^-$		1197,3	$-e$				
	Omega-	Ω^-	+1	1672	$-e$	3/2	0	−2	$1{,}3 \cdot 10^{-10}$

Die *Masse* kann durch eine kombinierte Messung von Impuls und Energie bestimmt werden. Aus der relativistischen Beziehung (4.3)

$$E_{\text{kin}} = \sqrt{(m_0 c^2)^2 + (pc)^2} - m_0 c^2 \tag{7.5}$$

folgt durch Auflösung nach der Ruhemasse m_0:

$$m_0 = \frac{p^2 - E_{\text{kin}}^2/c^2}{2E_{\text{kin}}} \,. \tag{7.6}$$

Der Impuls des Teilchens kann durch seine Ablenkung im Magnetfeld $\boldsymbol{B}$ gemessen werden (siehe Bd. 3, Abschn. 2.6). Die Energie läßt sich aus der Reichweite in abbremsender Materie bestimmen (Abschn. 4.2)

Die Messung einiger weiterer charakteristischer Teilchenmerkmale soll am Beispiel des π-Mesons illustriert werden.

7.2.1 Lebensdauer des Pions

Die experimentellen Methoden zur Messung der Lebensdauern der Teilchen hängen ab von der Größenordnung dieser Lebensdauern. Die erste Messung der Lebensdauer des π^+-Pions wurde 1950 von *O. Chamberlain* et al. durchgeführt [7.6].

Die in einem 340-MeV-Synchrotron beschleunigten Elektronen wurden am Ende ihrer Beschleunigungsphase auf ein Target aus schweren Kernen gelenkt, wo sie durch Bremsstrahlung einen gerichteten Strahl hochenergetischer Photonen (γ-Strahlung) erzeugten (Abb. 7.2a). Diese Photonen treffen auf Protonen in einem Paraffinblock und erzeugen Pionen nach dem Schema

$$\gamma + p \rightarrow \pi^+ + n \,. \tag{7.7}$$

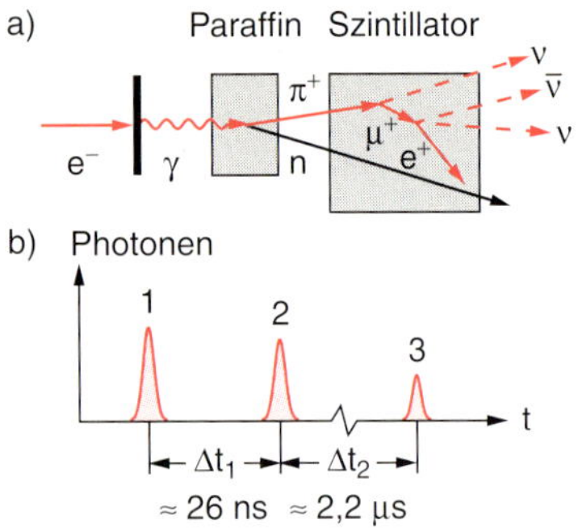

Abb. 7.2. (**a**) Experimentelle Anordnung zur Messung der Lebensdauern des π-Mesons. (**b**) Zeitfolge der Lichtblitze in einem Szintillatorkristall, in dem die Zerfallskette $\pi^+ \to \mu^+ \to e^+$ stattfindet

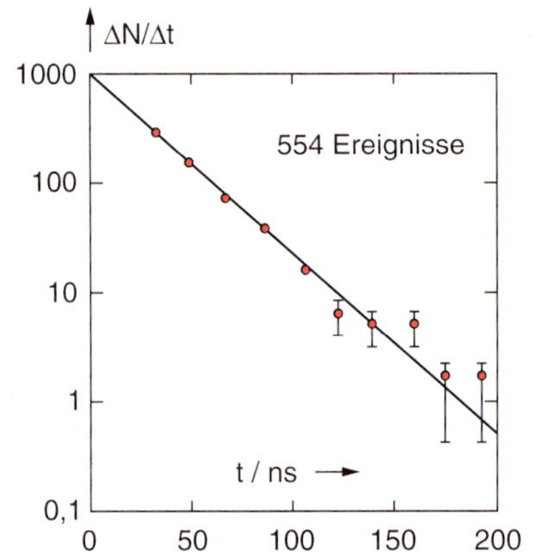

Abb. 7.3. Zahl der gemessenen π^+-Zerfälle $\Delta N/\Delta t$ in einem Zeitintervall von $\Delta t = 18$ ns als Funktion der Zeitverzögerung gegen den ersten Lichtpuls. Nach O. Chamberlain et al.: Phys. Rev. **81**, 284 (1950)

Die Pionen werden in einem Szintillatorkristall abgebremst durch Anregung und Ionisation der Szintillatormoleküle. Das dabei erzeugte Lichtsignal ist ein Maß für ihre Energie. Die abgebremsten Pionen ($E_{\text{kin}} \approx 0$) zerfallen ($\pi^+ \to \mu^+ + \nu$). Die Myonen geben ihre kinetische Energie

$$E_{\text{kin}}(\mu^+) = (m_{\pi^+} - m_{\mu^+})c^2 - E_{\text{kin}}(\nu) \tag{7.8}$$

ebenfalls im Szintillatorkristall ab und zerfallen in Ruhe nach dem Schema

$$\mu^+ \to e^+ + \nu + \bar{\nu}\,, \tag{7.9}$$

wobei das Positron wieder seine kinetische Energie als Anregungsenergie des Szintillators abgibt, bevor es mit einem Elektron im Szintillator zerstrahlt gemäß $e^+ + e^- \to 2\gamma$.

Insgesamt beobachtet man daher bei der Zerfallskette $\pi^+ \to \mu^+ \to e^+$ drei Lichtblitze, die von π^+, μ^+ und e^+ erzeugt werden (Abb. 7.2b). Das Zeitintervall Δt_1 zwischen dem ersten und zweiten Puls entspricht der Lebensdauer des π^+-Pions, während das Intervall Δt_2 zwischen zweitem und drittem Lichtblitz die wesentlich längere Lebensdauer des μ^+-Myons angibt.

Man beachte, daß der Zerfall eines Teilchens ein statistischer Vorgang ist, so daß nicht alle π^+-Pionen nach der gleichen Zeitspanne zerfallen. Es gilt für die Zahl der Zerfälle im Intervall t bis $t + \mathrm{d}t$, die gleich der Abnahme $-\mathrm{d}N$ der Teilchen ist: $-\mathrm{d}N = \lambda \cdot N(t)\,\mathrm{d}t$

$$\Rightarrow\ N(t) = N_0 \cdot e^{-\lambda \cdot t} = N_0 \cdot e^{-t/\tau}\,, \tag{7.10}$$

wobei $\tau = 1/\lambda$ die mittlere Lebensdauer ist.

Man muß deshalb viele solcher Messungen machen, um die statistische Verteilung der Intervalle Δt_1 zu bestimmen. Dies wurde von *Chamberlain* et al. getan. Ihr Ergebnis ist in Abb. 7.3 gezeigt, wo die Zahl der beobachteten Zerfälle pro Zeit $\mathrm{d}N/\mathrm{d}t$ gegen den gemessenen Abstand $t = \Delta t_1$ der Lichtblitze aufgetragen ist. Gemäß (7.10) ergibt die Steigung der Geraden $\ln \Delta N/\Delta t \approx \ln \mathrm{d}N/\mathrm{d}t = -\lambda \cdot t + \text{const}$ die reziproke mittlere Lebensdauer $\lambda = 1/\tau$ der π^+-Pionen.

7.2.2 Spin des Pions

Die bei der Entdeckung des Pions noch offene Frage war, ob der Eigendrehimpuls des Pions ein halbzahliges oder ganzzahliges Vielfaches von $\hbar$ ist, d. h. ob das Pion ein Fermion (wie Proton oder Elektron) oder ein Boson (wie z. B. das Photon) ist.

Dies konnte experimentell durch die Messung der Wirkungsquerschnitte für die beiden inversen Prozesse

$$p + p \to \pi^+ + d\,, \tag{7.11a}$$

$$\pi^+ + d \to p + p \tag{7.11b}$$

geklärt werden. Da der Spin des Protons $I = 1/2$ ist und der des Deuterons $I = 1$ (siehe Abschn. 5.1), muß der Spin des π^+ ganzzahlig sein, wenn die Reaktion (7.11a) beobachtet wird, da ein eventuell vorhandener Bahndrehimpuls immer ganzzahlig ist.

Da der Reaktionsquerschnitt proportional ist zum statistischen Gewicht der Endzustände, muß für unpolarisierte Protonen, deren Spins statistisch orientiert sind, gelten:

$$\begin{aligned}\sigma(\mathrm{p}+\mathrm{p} \rightarrow \pi^+ + \mathrm{d}) &\propto (2I_\pi + 1)(2I_\mathrm{d}+1)\\ &= (2I_\pi+1)\cdot 3\,. \qquad (7.12)\end{aligned}$$

Für die Umkehraktion erhalten wir entsprechend:

$$\begin{aligned}\sigma(\pi^+ + \mathrm{d} \rightarrow \mathrm{p}+\mathrm{p}) &\propto \tfrac{1}{2}(2I_\mathrm{p}+1)(2I_\mathrm{p}+1)\\ &= 2\,, \qquad (7.13)\end{aligned}$$

wobei der Faktor $1/2$ berücksichtigt, daß die beiden entstehenden identischen Protonen nach dem Pauliprinzip nicht in allen Quantenzahlen übereinstimmen können. Bei der Reaktion (7.13) kann deshalb nur die Hälfte der möglichen Orientierungen beider Protonenspins wirklich erreicht werden. Das Verhältnis der Wirkungsquerschnitte beider Reaktionen ist deshalb:

$$\begin{aligned}\frac{\sigma(\mathrm{p}+\mathrm{p} \rightarrow \pi^+ + \mathrm{d})}{\sigma(\pi^+ + \mathrm{d} \rightarrow \mathrm{p}+\mathrm{p})} &= \frac{3}{2}(2I_\pi+1)\\ &= \begin{cases} 3/2 & \text{für } I_\pi = 0\,,\\ 9/2 & \text{für } I_\pi = 1\,. \end{cases} \qquad (7.14)\end{aligned}$$

Die Messung dieses Verhältnisses zeigt eindeutig, daß $I_{\pi^+} = 0$ ist. Auch für das negative Pion π^- ergibt sich $I_{\pi^-} = 0$.

π-Mesonen haben den Spin $I = 0$.

7.2.3 Parität des π-Mesons

Wie schon im Abschn. 6.2.4 behandelt wurde, gibt die Parität eines Zustandes das Verhalten seiner Wellenfunktion bei Spiegelung aller Koordinaten am Ursprung an. Wenn $\psi(x, y, z) = +\psi(-x, -y, -z)$ gilt, ist die Parität positiv, für $\psi(x, y, z) = -\psi(-x, -y, -z)$ ist sie negativ. Die Parität P_AB eines Systems von zwei Teilchen A und B ist definiert durch

$$P_\mathrm{AB} = P_\mathrm{A} \cdot P_\mathrm{B} \cdot (-1)^l\,, \qquad (7.15)$$

wenn l die Quantenzahl des Bahndrehimpulses der relativen Bewegung von A gegen B ist, und P_A und P_B die intrinsischen Paritäten der Teilchen A und B.

Die Parität der Nukleonen wird als $P_\mathrm{p} = P_\mathrm{n} = 1$ definiert. Es zeigt sich, daß bei allen Reaktionen, die auf Grund der starken Wechselwirkung stattfinden, die Parität erhalten bleibt. Dies ist anders bei der schwachen Wechselwirkung, wo die Paritätserhaltung nicht gilt (siehe Abschn. 7.6).

Betrachten wir die Reaktion

$$\pi^- + \mathrm{d} \rightarrow \mathrm{n} + \mathrm{n}\,, \qquad (7.16)$$

bei der ein π^--Meson im Deuterium abgebremst wird, von Deuteronkernen eingefangen wird (starke Wechselwirkung!) und dabei zwei Neutronen erzeugt.

Da die Reaktion mit ruhenden Pionen erfolgt, ist der Bahndrehimpuls Null, d. h. $l = 0$. Der Gesamtdrehimpuls der linken Seite von (7.16) ist deshalb wegen $I_\pi = 0$, $I_\mathrm{d} = 1$, $l = 0$, $|\boldsymbol{j}| = |\boldsymbol{I}_\pi + \boldsymbol{I}_\mathrm{d} + \boldsymbol{l}| = \sqrt{j(j+1)}\,\hbar$ mit $j = 1$.

Deshalb muß wegen der Erhaltung des Drehimpulses bei der Reaktion (7.16) auch der Gesamtdrehimpuls der Reaktionsprodukte auf der rechten Seite von (7.16) durch $|\boldsymbol{j}| = \sqrt{j(j+1)}\,\hbar$ mit $j = 1$ festgelegt sein. Wegen der verschiedenen Möglichkeiten der Kopplung der Neutronenspins $\boldsymbol{I}_\mathrm{n}$ mit $I = 1/2$ zum Gesamtspin $\boldsymbol{I}$, der dann mit dem möglichen Bahndrehimpuls $\boldsymbol{l}$ der wegfliegenden Neutronen zu $\boldsymbol{j} = \boldsymbol{l} + \boldsymbol{I}$ koppelt, erhält man die Endzustände ($l = 0$, $I = 1$), ($l = 1$, $I = 0$), ($l = 1$, $I = 1$) und ($l = 2$, $I = 1$). Durch das Pauliprinzip wird diese Auswahl jedoch eingeschränkt. Da die beiden Reaktionsprodukte identische Fermionen sind, muß die Gesamtwellenfunktion antisymmetrisch gegen Vertauschung beider Teilchen sein. Die Symmetrie des Ortsanteils der Wellenfunktion ist ungerade für ungerade Werte von l und gerade für gerade l.

Der Spinanteil ist symmetrisch für $I = 1$ (beide Neutronenspins sind parallel) und antisymmetrisch für $I = 0$. Deshalb sind Kombinationen von geraden Werten von l mit $I = 1$ oder von ungeraden l mit $I = 0$ verboten, und es bleibt von den oben aufgeführten Möglichkeiten nur die eine ($l = 1$, $I = 1$) übrig, bei der die Gesamtwellenfunktion antisymmetrisch ist. Deshalb ist die Parität der rechten Seite in (7.16) gemäß (7.15) $P = -1$. Wegen der Paritätserhaltung bei der starken Wechselwirkung muß dann auch die Parität des Ausgangszustandes $P = -1$ sein. Die Parität des Deuterons ist $P_\mathrm{d} = +1$, weil das Deuteron ein gebundener Zustand von Proton und Neutron mit $I = 1$ und $l = 0$ ist. Da der Bahndrehimpuls beim Einfang des

π^--Mesons $l = 0$ ist, muß die Parität des π-Mesons $P_{\pi^-} = -1$ sein.

Auf ähnliche Weise findet man, daß auch für das positiv geladene π^+-Meson $P_{\pi^+} = -1$ gilt.

Die Parität der π-Mesonen ist $P = -1$.

7.2.4 Entdeckung weiterer Teilchen

Beim Zusammenstoß hochenergetischer stabiler Teilchen wurden eine große Zahl weiterer neuer Teilchen entdeckt. Manchmal machen sich solche kurzlebigen Teilchen nur durch Resonanzen im Wirkungsquerschnitt und durch die langlebigeren Teilchen, in die sie zerfallen, bemerkbar. Wir wollen dies an einigen Beispielen verdeutlichen:

Bei antikollinearen Zusammenstößen von Elektronen mit Positronen, die in Speicherringen in den Kreuzungspunkten frontal aufeinanderprallen (Abb. 4.28), werden außer Myonen in der Reaktion

$$e^- + e^+ \to \mu^- + \mu^+ \tag{7.17}$$

auch schwerere Teilchen, die τ-Leptonen, erzeugt:

$$e^+ + e^+ \to \tau^- + \tau^+ , \tag{7.18a}$$

$$\begin{aligned} \tau^+ &\to \mu^+ + \nu_\mu + \overline{\nu}_\tau \\ &\hookrightarrow e^+ + \nu_e + \overline{\nu}_\tau , \end{aligned} \tag{7.18b}$$

$$\begin{aligned} \tau^- &\to \mu^- + \overline{\nu}_\mu + \nu_\tau \\ &\hookrightarrow e^- + \overline{\nu}_e + \nu_\tau , \end{aligned} \tag{7.18c}$$

die eine Masse von $1{,}777\,\mathrm{GeV}/c^2$ haben und weiter in Myonen, Elektronen und Neutrinos zerfallen. Ursprünglich nahm man an, daß es nur eine einzige Sorte von Neutrinos ν mit ihren Antiteilchen $\overline{\nu}$ gibt. Es stellte sich dann aber heraus, daß es drei verschiedene Neutrinoarten mit jeweils einem Antineutrino gibt: Das Elektron-Neutrino ν_e, $\overline{\nu}_e$, das Myon-Neutrino ν_μ, $\overline{\nu}_\mu$ und das τ-Neutrino ν_τ, $\overline{\nu}_\tau$ (siehe Abschn. 7.3).

Der Wirkungsquerschnitt $\sigma(E_S)$ für die Produktion von Leptonenpaaren sinkt als Funktion der Schwerpunktsenergie E_S der Stoßparameter mit $1/E_S^2$ und ist für die beiden Reaktionen (7.17) und (7.18) etwa gleich groß (Abb. 7.4). Er zeigt keine Resonanzen.

Anders ist es bei der Erzeugung von Baryonen bei e^--e^+-Stößen (Abb. 7.5). Hier treten bei bestimmten

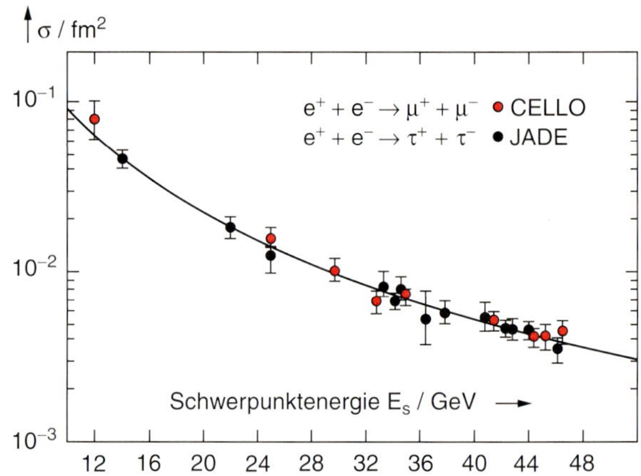

Abb. 7.4. Wirkungsquerschnitte der Reaktionen $e^+ + e^- \to \mu^+ + \mu^-$ (*rot*) und $e^+ + e^- \to \tau^+ + \tau^-$ (*schwarz*). (JADE-Kollaboration DESY und CELLO-Kollaboration DESY)

Schwerpunktenergien E_S scharfe Maxima im Wirkungsquerschnitt auf, die als ***Resonanzen*** bezeichnet werden. Ihre Höhe ist ein Maß für die Produktionsrate der neuen Teilchen, ihre Breite Γ umgekehrt proportional zur Lebensdauer des erzeugten Teilchens.

Breite Resonanzen entsprechen also sehr kurzlebigen Teilchen, schmale Resonanzen langlebigen Teilchen.

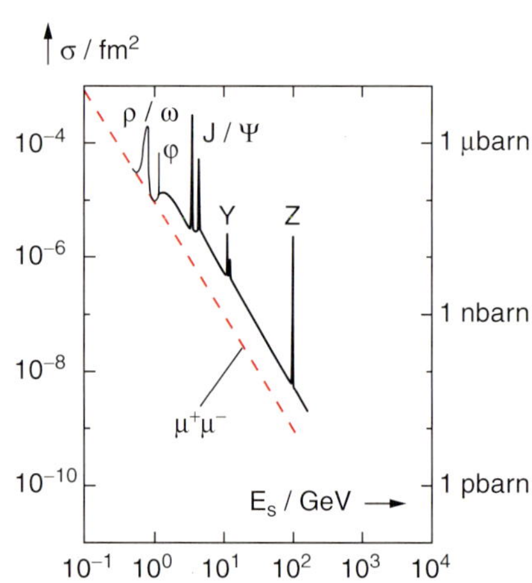

Abb. 7.5. Resonanzen im Wirkungsquerschnitt $\sigma(E_S)$ der Reaktion $e^- + e^+ \to$ Hadronen als Funktion der Schwerpunktsenergie E_S [7.7]. Zum Vergleich ist der Wirkungsquerschnitt für die direkte Myonenerzeugung eingezeichnet

BEISPIEL

Die Resonanz bei $E_S = 770\,\text{MeV}$, die der Erzeugung des ϱ^0-Teilchens entspricht, ist etwa $\Delta E \approx 100\,\text{MeV}$ breit (siehe weiter unten). Dies entspricht nach der Unschärferelation $\Delta E \cdot \tau \geq \hbar$ einer Lebensdauer von etwa $\tau = 10^{-23}\,\text{s}$, während die Resonanz bei $E_S \approx 3\,\text{GeV}$, die den langlebigen ψ-Teilchen entspricht, mit $\Delta E < 100\,\text{keV}$ äußerst scharf ist.

Das ϱ^0 zerfällt nach der mittleren Zeit τ in zwei π-Mesonen:

$$\varrho^0 \rightarrow \pi^+ + \pi^- . \tag{7.19}$$

Bei einer Energie von $E_S = 1019\,\text{MeV}$ tritt eine relativ scharfe Resonanz mit $\Delta E = 4{,}4\,\text{MeV}$ auf, die einem Hadron, dem ϕ-Teilchen, zugeordnet wird. Dieses Teilchen zerfällt mit einer mittleren Lebensdauer von $\tau \approx 5 \cdot 10^{-21}\,\text{s}$ in zwei K-Mesonen (auch ***Kaonen*** genannt):

$$\phi \begin{array}{l} \nearrow \mathrm{K}^+ + \mathrm{K}^- \\ \searrow \mathrm{K}^0 + \overline{\mathrm{K}}^0 . \end{array} \tag{7.20}$$

Die Kaonen werden zwar durch die starke Wechselwirkung erzeugt (weil sie aus dem Hadron ϕ entstehen und als Mesonen der starken Wechselwirkung unterliegen), aber sie zerfallen nur auf Grund der schwachen Wechselwirkung in

$$\mathrm{K}^+ \begin{array}{lr} \nearrow \mu^+ + \overline{\nu}_\mu & (64\%) \\ \rightarrow \pi^+ + \pi^0 & (21\%) \\ \searrow \pi^+ + 2\pi_0 . & \end{array} \tag{7.21}$$

Da das Zwei-Pionen-System positive Parität hat, das Drei-Pionen-System aber negative Parität, sieht man, daß hier Paritätsverletzung vorliegt, d.h. daß die schwache Wechselwirkung beim Zerfall des Kaons beteiligt ist.

> Man nennt deshalb die Kaonen, die auf Grund der *starken* Wechselwirkung erzeugt werden, aber nur durch schwache Wechselwirkung zerfallen, ***seltsame Teilchen***.

Eine extrem scharfe Resonanz, die den ψ-Teilchen (manchmal auch J-Teilchen genannt) zugeordnet wird, wurde 1974 bei $E_S = 3017\,\text{MeV}$ entdeckt. Sie hat eine Resonanzbreite von nur 88 keV, was einer Lebensdauer von $\tau \approx 10^{-20}\,\text{s}$ entspricht. Dies ist für hadronische instabile Teilchen eine sehr lange Lebensdauer. Es handelt sich um ein Meson mit einem Spin $I = 1$ und negativer Parität. Wir werden im Rahmen des Quarkmodells in Abschn. 7.4.3 noch ausführlich auf das ψ-Teilchen zurückkommen.

Nachdem das Positron e^+ als Antiteilchen des Elektrons e^- bereits 1932 von *C. Anderson* entdeckt wurde, dauerte es bis 1955, bis das Antiproton p^- als Antiteilchen des Protons p^+ von *O. Chamberlain*, *E. Segrè*, *C. Wiegand* und *T. Ypsilantis* [7.8] bei Zusammenstößen zwischen Protonen mit der Energie $E = 6{,}2\,\text{GeV}$ mit Protonen in einem Kupfertarget gefunden wurde.

$$\mathrm{p} + \mathrm{p} \rightarrow \mathrm{p} + \mathrm{p} + \mathrm{p} + \overline{\mathrm{p}} \tag{7.22a}$$

Die experimentelle Schwierigkeit lag in der Detektion dieses seltenen Prozesses, der überlagert wird von den viel häufigeren Prozessen

$$\begin{aligned} &\mathrm{p} + \mathrm{p} \rightarrow \mathrm{p} + \mathrm{p} + \pi^+ + \pi^- , \\ &\mathrm{p} + \mathrm{n} \rightarrow \mathrm{p} + \mathrm{n} + \pi^+ + \pi^- . \end{aligned} \tag{7.22b}$$

Auf jedes erzeugte Antiproton $\overline{\mathrm{p}}^-$ kommen bei dieser Stoßenergie etwa $6 \cdot 10^4$ π^--Mesonen, so daß die Antiprotonen sorgfältig von dem großen Untergrund an π^--Mesonen getrennt werden mußten. Dies geschah im Experiment durch Impulsselektion in Magnetfeldern, zwischen denen Abschirmblöcke mit schmalen Spalten angeordnet waren (Abb. 7.6). Da die Antiprotonen wegen ihrer größeren Masse eine etwas kleinere Geschwindigkeit haben, kann man durch eine Flugzeitmessung eine zusätzliche Unterdrückung der π^--Mesonen erreichen. Der Abstand D_1–D_2 betrug im Experiment etwa 12 m. Eine weitere Diskriminierung der π^--Mesonen kann durch eine raffinierte Antikoinzidenzschaltung erreicht werden. Der Čerenkov-Zähler (siehe Abschn. 4.3.5) C_1 zählt nur Teilchen mit einer Geschwindigkeit $\beta = v/c > 0{,}79$, während C_2 so konstruiert ist, daß er nur Teilchen mit $0{,}75 < \beta < 0{,}78$ detektiert. Die Antiprotonen haben nach Durchlaufen der Szintillationszähler etwa $\beta = 0{,}765$, während $\beta(\pi^+) \approx 0{,}99$ ist. Deshalb gibt C_1 ein Signal für π^--Mesonen,

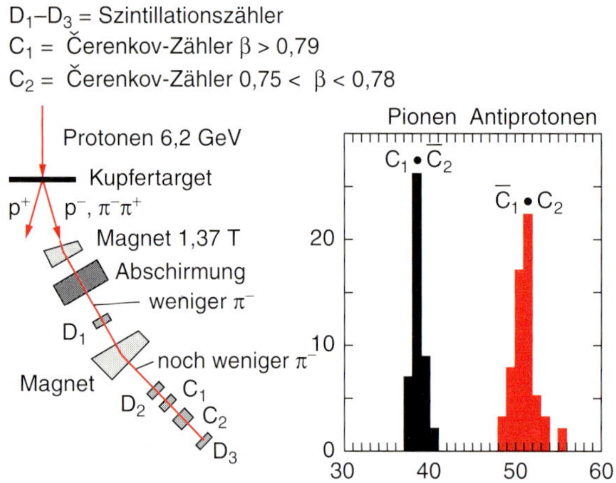

Abb. 7.6. Zur Entdeckung des Antiprotons (siehe Text). Nach O. Chamberlain et al.: Phys. Rev. **100**, 947 (1955)

aber nicht für Protonen, während C_2 auf Protonen, aber nicht auf π^--Mesonen anspricht. Eine Antikoinzidenzschaltung $\overline{C_1} \cdot C_2$ (nicht C_1, jedoch C_2) zählt nur Antiprotonen, die Schaltung $C_1 \cdot \overline{C_2}$ (C_1, aber nicht C_2) nur Pionen.

Man sieht, daß bei diesen schwierigen Experimenten viel Erfindungsreichtum gefragt ist, um seltene Ereignisse eindeutig zu identifizieren.

7.2.5 Klassifikation der Teilchen

Man kann alle bisher gefundenen Teilchen in zwei Klassen einteilen:

- Die ***Leptonen*** (vom griechischen $\lambda\varepsilon\pi\tau\acute{o}\varsigma$ = schwach). Dies sind alle Teilchen, welche keine starke Wechselwirkung zeigen, sondern nur der schwachen oder elektromagnetischen Wechselwirkung unterworfen sind. Beispiele sind: das Elektron e^-, das Myon μ^-, das Positron e^+, das Antimyon μ^+ und die Neutrinos ν_e, ν_μ, ν_τ sowie ihre Antiteilchen.
- Die ***Hadronen*** (vom griechischen ἁδϱός = robust, schwer gebaut). Zu ihnen gehören alle Teilchen, die eine starke Wechselwirkung zeigen. Sie werden unterteilt in die ***Baryonen*** (schwere Teilchen, z. B. die Nukleonen Proton p, Neutron n oder die Hyperonen Λ, Σ, Ω) und die ***Mesonen*** (mittelschwere Teilchen, z. B. π^+, π^0, π^-, K^+, K^0, K^-, η, ϱ, ϕ, ψ).

Alle Hadronen, außer dem Proton p und dem Antiproton $\overline{p}$, sind instabil und zerfallen entweder in p, $\overline{p}$ oder in Mesonen, die dann weiter in Leptonen oder Photonen zerfallen. Dabei ist der Zerfall auf Grund der starken Wechselwirkung schnell (Lebensdauer $\tau \approx 10^{-20}$–10^{-24} s). Es gibt aber auch Hadronen, die nur auf Grund der schwachen Wechselwirkung zerfallen. Ihre Lebensdauer ist dann relativ lang (typisch 10^{-20}–10^{+3} s). Ein Beispiel ist die Lebensdauer des Neutrons ($\tau = 887$ s), das auf Grund der schwachen Wechselwirkung in ein Proton zerfällt (β-Zerfall).

Mit Hilfe des Quarkmodells kann man die Vielzahl dieser Teilchen auf je drei *Familien* von Quarks und Leptonen zurückführen. Dies wird in Abschn. 7.4.7 eingehend erläutert.

7.2.6 Quantenzahlen und Erhaltungssätze

Um systematische Beziehungen zwischen den verschiedenen Teilchen zu finden und Gesetzmäßigkeiten bei Teilchenreaktionen und Teilchenzerfällen aufzudecken, werden den Teilchen, analog zu den Eigenzuständen in der Atomhülle oder den Anregungszuständen von Atomkernen, Energien und Quantenzahlen zugeordnet.

Den Energien entsprechen hier die Massen der Teilchen, die meistens in der Einheit MeV/c^2 angegeben werden. Die Parität P der Teilchen gibt das Verhalten ihrer Wellenfunktionen bei Spiegelung aller Koordinaten am Ursprung an.

Eine wichtige Teilcheneigenschaft ist der Drehimpuls $|\boldsymbol{I}| = \sqrt{I(I+1)}\hbar$ (Spin) der Teilchen mit der Drehimpulsquantenzahl I. Ferner hat sich der Isospin $\boldsymbol{T}$ der Teilchen und seine Komponente T_3 (Abschn. 5.3) als bedeutsam zur Klassifizierung der Teilchen herausgestellt. Für Nukleonen ist die Isospinkomponente T_3 mit der Ladungsquantenzahl $Q = q/e = Z \cdot e/e$ eines Teilchens durch die Relation

$$T_3 = Z - \tfrac{1}{2} = Q - \tfrac{1}{2} \tag{7.23}$$

verknüpft. Eine Klassifizierung nach Werten von T_3 bedeutet daher eine Unterscheidung nach dem Ladungszustand.

Alle Baryonen erhalten zur Charakterisierung die ***Baryonenzahl*** $B = 1$, die Antibaryonen (z. B. das Antiproton $\overline{p}$) entsprechend $B = -1$, für alle Nichtbaryonen, wie z. B. Mesonen oder die Leptonen, ist $B = 0$.

Alle bisherigen Experimente haben gezeigt, daß bei allen Reaktionen oder Zerfällen von Baryonen die Baryonenzahl immer erhalten bleibt, d. h. $\Delta B = 0$.

BEISPIEL

Beim β-Zerfall des Neutrons $\mathrm{n} \to \mathrm{p} + \mathrm{e}^- + \overline{\nu}_\mathrm{e}$ ist die Baryonenbilanz $1 \to 1 + 0 + 0$.

> Ein Baryon kann also nur dann in Mesonen oder Leptonen zerfallen, wenn dabei gleichzeitig ein anderes Baryon entsteht.

Diese Auswahlregel begründet, warum das Proton als das leichteste Baryon stabil ist. Beim Zerfall kann kein anderes Baryon entstehen. Man hat in den letzten Jahren intensiv nach einem möglichen Zerfall des Protons (z. B. in Mesonen oder Leptonen) gesucht, der die Auswahlregel $\Delta B = 0$ verletzen würde.

> Bisher sind keine Proton-Zerfälle beobachtet worden. Man kann als untere Grenze für die Lebensdauer des Protons $\tau \geq 5 \cdot 10^{32}$ a angeben.

Eine weitere Quantenzahl zur Charakterisierung von Teilchen ist die ***Seltsamkeit*** S (im engl. strangeness). Sie wurde eingeführt, als „seltsame Teilchen" entdeckt wurden (z. B. K-Mesonen und Λ-Teilchen), die zwar mit großem Reaktionsquerschnitt durch starke Wechselwirkung erzeugt werden, aber nur sehr langsam mit Lebensdauern $\tau = 10^{-9}$–10^{-11} s zerfallen, was darauf schließen läßt, daß eine schwache Wechselwirkung für den Zerfall verantwortlich ist.

Man ordnet z. B. den K^0-Mesonen die Seltsamkeit $S = 1$ zu, den Λ-Teilchen $S = -1$, den Nukleonen und Pionen $S = 0$ (siehe Tabelle 7.2).

> Bei Prozessen mit starker oder elektromagnetischer Wechselwirkung bleibt die Seltsamkeit erhalten ($\Delta S = 0$), bei solchen mit schwacher Wechselwirkung gilt $\Delta S = \pm 1$.

BEISPIEL

Erzeugung seltsamer Teilchen durch die Reaktion der starken Wechselwirkung:

$$\mathrm{p} + \pi \to \mathrm{K}^0 + \Lambda^0\,,$$
$$S = 0 + 0 \to 1 + (-1) \;\Rightarrow\; \Delta S = 0\,.$$

Zerfall von K^0 (schwache Wechselwirkung):

$$\mathrm{K}^0 \to \pi^+ + \pi^- \to \mu^+ + \mu^- + \nu + \overline{\nu}\,,$$
$$S = 1 \to 0 + 0 \;\Rightarrow\; \Delta S = -1\,.$$

Für die bis 1974 entdeckten Teilchen konnten die Quantenzahlen Strangeness S, Baryonenzahl B und Isospinkomponente T_3 sind mit der elektrischen Ladungsquantenzahl Q verknüpft werden durch

$$Q = \tfrac{1}{2}(B + S) + T_3\,. \tag{7.24}$$

BEISPIELE

1. π^--Meson:

$$Q = -1\,, \quad B = 0\,, \quad S = 0 \;\Rightarrow\; T_3 = -1\,.$$

2. Δ^{++}-Hyperon:

$$Q = 2\,, \quad B = 1\,, \quad S = 0 \;\Rightarrow\; T_3 = \tfrac{3}{2}\,.$$

3. Ξ^--Teilchen:

$$Q = -1\,, \quad B = 1\,, \quad S = -2 \;\Rightarrow\; T_3 = -\tfrac{1}{2}\,.$$

7.3 Leptonen

Alle Teilchen mit Spin 1/2, die keine starke Wechselwirkung zeigen, heißen ***Leptonen***. Man ordnet ihnen eine Quantenzahl zu, die Leptonenzahl, wobei $L = 1$ für alle Leptonen und $L = -1$ für ihre Antiteilchen gilt. Bei allen bisher beobachteten Reaktionen oder Zerfällen wurde immer gefunden, daß die Leptonenzahl sich nicht ändert.

> Für die Leptonenzahl gilt also der Erhaltungssatz
>
> $$\sum_i L_i = \text{const} \;\Rightarrow\; \Delta L = 0\,. \tag{7.25}$$

BEISPIELE

1. Neutronenzerfall:

$$n \to p + e + \overline{\nu} \quad L:\ 0 = 0 + 1 - 1$$

2. Neutrinoerzeugung durch e^+-e^--Vernichtung

$$e^+ + e^- \to \nu + \overline{\nu} \quad L:\ -1 + 1 \to 1 + (-1)$$

Wir haben schon im Abschn. 7.1 die von *Anderson* 1937 in der Höhenstrahlung entdeckten Myonen kennengelernt, deren Masse $m_\mu = 105{,}7\ \mathrm{MeV}/c^2$ beträgt. Das Myon zerfällt mit einer Lebensdauer von $2{,}2\ \mu\mathrm{s}$ in ein Elektron und zwei Neutrinos

$$\mu^- \to e^- + \nu_\mu + \overline{\nu}_e\,, \tag{7.26}$$

wobei die Leptonenzahl L erhalten bleibt, wenn man dem negativen Myon μ^- die Leptonenzahl $L = 1$ zuordnet. Es stellte sich heraus, daß die beiden Neutrinos verschiedener Art sind. Dazu wurde 1961 von *L. Ledermann*, *M. Schwarz* und *J. Steinberger* [7.9] folgendes Experiment durchgeführt (Abb. 7.7):

Der Protonenstrahl des Brookhaven-Protonensynchrotrons erzeugt in einem Beryllium-Target π^+- und π^--Mesonen, die einen in Vorwärtsrichtung gebündelten Strahl bilden. Die Pionen zerfallen im Flug in Myonen

$$\pi^+ \to \mu^+ + \nu_\mu\,; \quad \pi^- \to \mu^- + \overline{\nu}_\mu\,, \tag{7.27}$$

wobei Neutrinos und Antineutrinos gebildet werden. Diese durchfliegen einen großen Eisenblock, der die Pionen und Myonen abschirmt, während die Neutrinos praktisch ungehindert durchgelassen werden.

Man sucht nun nach Reaktionen, die durch die Neutrinos in einem Aluminium-Target induziert werden. Dies sind z. B.

$$\nu_\mu + n \to \mu^- + p\,, \tag{7.28a}$$

$$\overline{\nu}_\mu + p \to \mu^+ + n\,. \tag{7.28b}$$

Die entstehenden Myonen werden detektiert.

Wenn die Neutrinos ν_μ dieselben Neutrinos wären, die beim β-Zerfall entstehen, dann müßten auch die Reaktionen

$$\nu + n \to e^- + p\,, \tag{7.29a}$$

$$\overline{\nu} + p \to e^+ + n \tag{7.29b}$$

auftreten. Trotz intensiver Suche wurden solche Reaktionen jedoch nicht gefunden. Deshalb müssen die Myon-Neutrinos ν_μ beim Pionenzerfall ein anderer Typ sein als die Elektron-Neutrinos ν_e beim β-Zerfall.

Wir unterscheiden sie durch einen entsprechenden Index: ν_e, $\overline{\nu}_e$, ν_μ, $\overline{\nu}_\mu$.

Im Jahre 1975 wurde bei e^+-e^--Stößen gemäß (7.18) ein neues Lepton entdeckt mit einer Masse $m = 1777\ \mathrm{MeV}/c^2$, das also wesentlich schwerer als das Proton ist. Man nannte es τ-Lepton. Es ist instabil und zerfällt mit einer mittleren Lebensdauer von etwa $3 \cdot 10^{-13}$ s in die Zerfallsprodukte von (7.18b,c).

Ein Beispiel für einen solchen Zerfall ist in Abb. 7.8 gezeigt. Der Zusammenstoß $e^+ + e^-$ erfolgt im roten Kreis im Kreuzungspunkt der antikollinearen e^+- und e^--Strahlen des Speicherrings. Die τ-Leptonen werden senkrecht zum Strahl in der Zeichenebene mit entgegengesetztem Impuls für τ^+ und τ^- ausgesandt. Wegen der kurzen Lebensdauer der τ-Leptonen sieht man ihre Spur in Abb. 7.8 nicht. Sie ist für

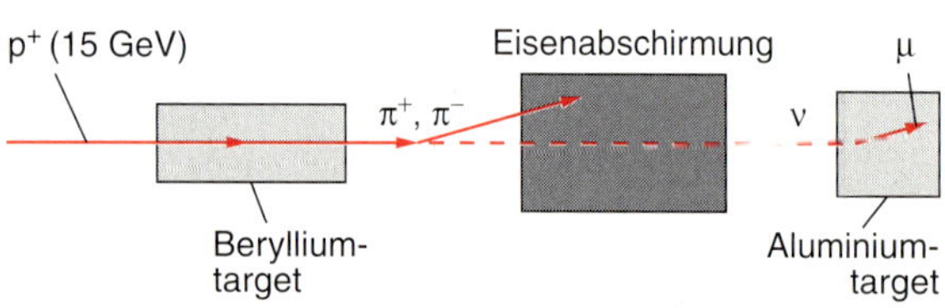

Abb. 7.7. Experimentelle Anordnung zum Nachweis zweier verschiedener Neutrinoarten ν_μ und ν_e

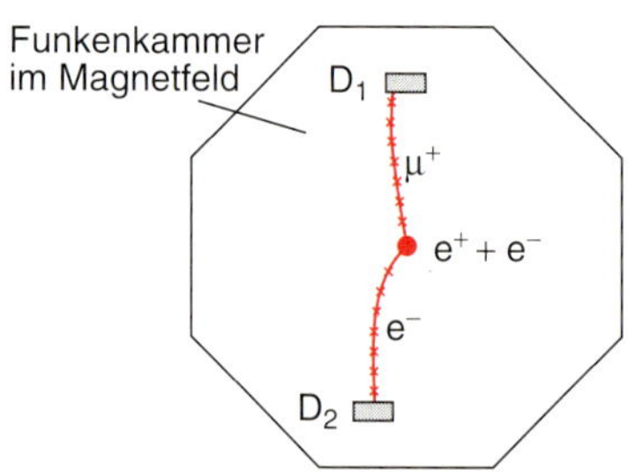

Abb. 7.8. Experimenteller Nachweis der Produktion eines τ^+-τ^--Paares. Aus G.J. Feldmann, M.L. Perl: Phys. Reports **19C**, 233 (1975)

$\tau = 3 \cdot 10^{-13}$ s weniger als 80 µm lang. Man sieht jedoch die Spuren der geladenen Zerfallsprodukte: des μ^+-Myons vom Zerfall

$$\tau^+ \to \mu^+ + \nu_\mu + \overline{\nu}_\tau$$

und des Elektrons vom Zerfall

$$\tau^- \to e^- + \overline{\nu}_e + \nu_\tau .$$

Die Bahnen der Teilchen sind im Magnetfeld gekrümmt.

Elektron e^- und Myon μ^+ fliegen nicht genau antikollinear auseinander, weil ein Teil des Impulses von den Neutrinos abgeführt wird. Die Summe der kinetischen Energien $E(\mu^+) + E(e^-)$ ist wesentlich geringer als die Schwerpunktsenergie $E_S(e^+ + e^-)$ bei der Erzeugung des τ^+-τ^--Paares. Deshalb kann man aus dem Energieerhaltungssatz auf die Energie der Neutrinos schließen. Energie- und Impulssatz zusammen geben einen eindeutigen Hinweis auf die Reaktionen (7.18).

Die Wechselwirkung des τ-Neutrinos ν_τ mit Materie wurde bisher noch nicht direkt beobachtet, sondern nur indirekt erschlossen.

Ordnet man jedem Lepton e, µ, τ „sein" Neutrino zu, so erhält man ein Schema aus drei Leptonenfamilien, die in Tabelle 7.3 zusammengestellt sind. Jede dieser Leptonenfamilien hat ihre eigene Leptonenzahl L_e, L_μ, L_τ. Bei allen bisher beobachteten Prozessen blieb die Leptonenzahl innerhalb jeder Familie erhalten, d. h.

$$\sum L_e = \text{const}\,, \quad \sum L_\mu = \text{const}\,, \quad \sum L_\tau = \text{const}\,. \tag{7.30}$$

Die gesamte Leptonenzahl L ist die Summe

$$L = L_e + L_\mu + L_\tau\,, \tag{7.31}$$

die dann natürlich auch erhalten bleiben muß.

Tabelle 7.3. Die drei Leptonenfamilien

	Lepton	Leptonen-zahl	Masse in MeV	Lebensdauer
1.	e^-	$L_e = +1$	0,511	∞
	e^+	$L_e = -1$	0,511	∞
	ν_e	$L_e = +1$	$< 10^{-5}$	∞
	$\overline{\nu}_e$	$L_e = -1$	$< 10^{-5}$	∞
2.	μ^-	$L_\mu = +1$	105,7	$2{,}2 \cdot 10^{-6}$ s
	μ^+	$L_\mu = -1$	105,7	$2{,}2 \cdot 10^{-6}$ s
	ν_μ	$L_\mu = +1$	$< 0{,}25$	∞ ?
	$\overline{\nu}_\mu$	$L_\mu = -1$	$< 0{,}25$	∞ ?
3.	τ^-	$L_\tau = +1$	1777	$3 \cdot 10^{-12}$ s
	τ^+	$L_\mu = -1$	1777	$3 \cdot 10^{-12}$ s
	ν_τ	$L_\mu = +1$	< 35	∞ ?
	$\overline{\nu}_\tau$	$L_\mu = -1$	< 35	∞ ?

7.4 Das Quarkmodell

Trägt man die bisher bekannten Hadronen in einem Diagramm ein, in dem ihre Masse als Ordinate und ihr Spin als Abszisse gewählt wird (Abb. 7.9), so fällt auf, daß es bestimmte Gruppen gibt, in denen die Teilchen in diesem Diagramm eng benachbart sind, d. h. gleichen Spin, gleiche Parität und fast gleiche Masse haben.

Dies brachte *Murray Gell-Mann* und *George Zweig* unabhängig voneinander auf die Idee, daß Hadronen aus wenigen „elementareren" Teilchen zusammengesetzt sein sollten. Diese Idee wurde unterstützt durch das anomale magnetische Moment des Neutrons (siehe Abschn. 2.5), das als neutrales Teilchen eigentlich kein magnetisches Moment haben sollte, außer wenn es aus geladenen Teilchen zusammengesetzt ist, deren Ladungen sich zu Null kompensieren.

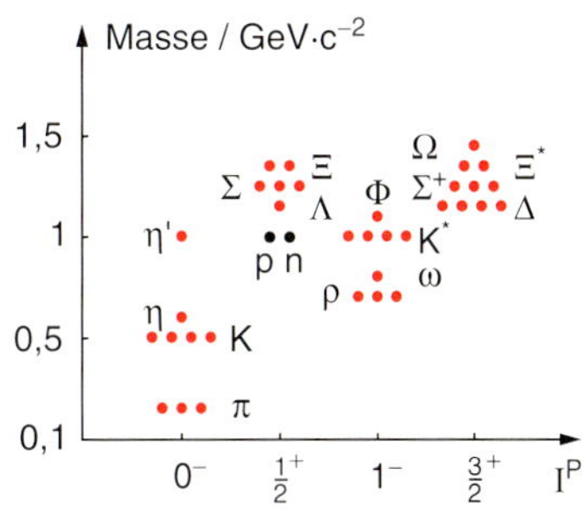

Abb. 7.9. Klassifikation der Hadronen nach ihrer Masse, ihrem Spin I und ihrer Parität P

7.4.1 Der achtfache Weg

Anfangs wurden drei solcher Bausteine der Hadronen angenommen, die von *Gell-Mann* aus einer literarischen Laune ***Quarks*** genannt wurden (nach dem Roman *Finnegan's Wake* von *James Joyce*, in dem der Satz vorkommt: „Three quarks for muster Mark").

Diese drei Quarks sind das Up-Quark (u), Down-Quark (d) und Strange-Quark (s), die sich in den Quantenzahlen des Isospins T, seiner Komponente T_3, in der elektrischen Ladung und in der Quantenzahl S (Seltsamkeit) unterscheiden (Tabelle 7.4).

> Man sieht, daß alle Quarks den Spin 1/2 haben, also *Fermionen* sind.

Aus diesen drei Quarks q und ihren Antiquarks $\overline{\mathrm{q}}$ (welche sich von ihren Quarks unterscheiden in den Vorzeichen der Ladung und den Quantenzahlen Baryonenzahl B, Isospinkomponente T_3 und Seltsamkeit S), lassen sich fast alle in Abb. 7.9 bzw. in Tabelle 7.2 dargestellten Hadronen (Baryonen und Mesonen) aufbauen. So läßt sich z. B. das Proton $\mathrm{p} = \{\mathrm{u}, \mathrm{u}, \mathrm{d}\}$

$$\mathrm{p} = 2\mathrm{u} + \mathrm{d}\,; \quad q = \left(2 \cdot \tfrac{2}{3} - 1 \cdot \tfrac{1}{3}\right) e = +1 \cdot e$$

aus zwei u-Quarks und einem d-Quark zusammensetzen, so, daß der Gesamtdrehimpuls $\boldsymbol{I} = \sum \boldsymbol{I}_\mathrm{q} = \boldsymbol{I}_\mathrm{p}$ mit $I_\mathrm{p} = 1/2$ wird, die Baryonenzahl 1 und die Isospinkomponente $T_3 = 2 \cdot 1/2 - 1 \cdot 1/2 = +1/2$. Analog wird das Neutron

$$\mathrm{n} = \mathrm{u} + 2\mathrm{d}\,; \quad q = \left(1 \cdot \tfrac{2}{3} - 2 \cdot \tfrac{1}{3}\right) e = 0$$

aus einem up-Quark und zwei down-Quarks aufgebaut. Hier wird $I_\mathrm{n} = +1/2$, $T_3 = -1/2$.

Allgemein werden alle Baryonen aus drei Quarks aufgebaut, während die Mesonen aus zwei Quarks, nämlich einem Quark und einem Antiquark zusammengesetzt sind. Tabelle 7.5 gibt eine Übersicht über den Quark-Aufbau einiger Baryonen und Mesonen.

Da die Spinquantenzahl der Quarks $I_\mathrm{q} = 1/2$ ist, können die Baryonen, die aus drei Quarks aufgebaut sind, je nach der Vektoraddition der drei Quarkspins die Gesamtspinquantenzahl $I_\mathrm{B} = 1/2$ oder $I_\mathrm{B} = 3/2$ haben. Mesonen müssen dagegen den Spin 0 oder 1 haben, da sie aus zwei Quarks zusammengesetzt sind. Dies alles wird durch Experimente voll bestätigt.

Es zeigt sich, daß Hadronen mit höherem Spin als angeregte Zustände der entsprechenden Hadronen mit kleinerem Spin aufgefaßt werden können. Ebenso können Mesonen mit Spin $I = 1$ als angeregte Zustände der Mesonen mit $I = 0$ dargestellt werden.

Die Seltsamkeit S eines Teilchens ist im Quarkmodell genau gleich der Differenz zwischen der Anzahl der s-Quarks und der Anzahl der $\overline{\mathrm{s}}$-Antiquarks.

In dem von *Gell-Mann* und *Zweig* vorgeschlagenen Quarkmodell können die Teilchen insgesamt durch acht Quantenzahlen beschrieben werden, so daß dieser Zugang zur Erklärung der Substruktur der Hadronen auch der ***achtfache Weg*** genannt wurde [7.9]. Die mathematische Begründung geht auf eine spezielle Lie-Gruppe, die $SU(3)$-Gruppe zurück. Dies ist eine Gruppe, deren Gruppenelemente dreireihige Matrizen sind. Man kann nun alle Hadronen so in *Familien* einordnen, daß diese möglichen Darstellungen der Gruppe entsprechen. Dabei sind die Darstellungen von Gruppen homomorphe Abbildungen der Gruppen (siehe z. B. [7.11,12]).

Die Hadronenfamilien können aus einem, drei, sechs, acht, zehn oder mehr Mitgliedern bestehen, weil

Tabelle 7.4. Quantenzahlen der ersten drei Quarks und ihrer Antiquarks

Quantenzahlen	u	d	s	$\overline{\mathrm{u}}$	$\overline{\mathrm{d}}$	$\overline{\mathrm{s}}$	c	$\overline{\mathrm{c}}$
Spin I	1/2	1/2	1/2	1/2	1/2	1/2	1/2	1/2
Isospin T	1/2	1/2	0	1/2	1/2	0	0	0
Isospinkomponente T_3	+1/2	−1/2	0	−1/2	+1/2	0	0	0
Ladung Q	2/3	−1/3	−1/3	−2/3	+1/3	+1/3	+2/3	−2/3
Baryonenzahl B	1/3	1/3	1/3	−1/3	−1/3	−1/3	1/3	−1/3
Seltsamkeit S	0	0	−1	0	0	+1	0	0
Charm C	0	0	0	0	0	0	1	−1

Tabelle 7.5. Quarkaufbau einiger Hadronen und Mesonen

Baryonen		Mesonen	
Teilchen	Quarkausteine	Teilchen	Quarkbausteine
Proton p	$2u+d$	π^-	$d+\bar{u}$
Neutron n	$u+2d$	π^+	$u+\bar{d}$
Σ^-	$2d+s$	K^-	$s+\bar{u}$
Σ^+	$2u+s$	K^0	$d+\bar{s}$
Σ^0	$u+d+s$	K^+	$u+\bar{s}$
Ξ^-	$d+2s$	π^0	$u\bar{u}+d\bar{d}$
Ξ^0	$\bar{u}+2s$	η	$u\bar{u}+d\bar{d}+s\bar{s}$
		η'	$u\bar{u}+d\bar{d}+s\bar{s}$

dies die Dimensionen der möglichen Darstellungen der $SU(3)$-Gruppe sind.

Man faßt nun alle Hadronen mit gleicher Gesamtspinquantenzahl I zu einer Familie von Teilchen zusammen und stellt sie in einem S-T_3-Diagramm dar, wodurch die Symmetrie des Quarkaufbaus von Mesonen und Baryonen verdeutlicht wird, wie im folgenden erläutert wird.

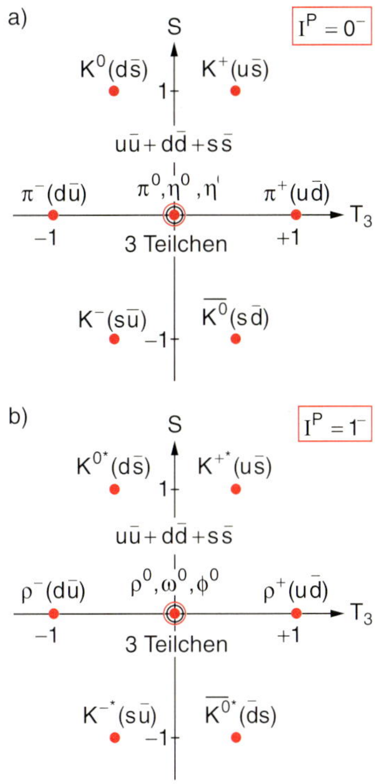

Abb. 7.10a,b. Quarkmodell der Mesonen (**a**) mit Spin $I = 0$, (**b**) mit Spin $I = 1$

7.4.2 Quarkmodell der Mesonen

Beginnen wir mit den Mesonen, die jeweils aus einem Quark und einem Antiquark bestehen. Da sich insgesamt neun Kombinationen von Quark-Antiquark-Paaren aus den drei Quarks bilden lassen, haben die Mesonenfamilien mit $I = 0$ und $I = 1$ jeweils neun Mitglieder. Sie lassen sich, je nach ihrem Isospin T, in verschiedene Isospinmultipletts einordnen: Je ein Singulett ($T = 0$, $S = 0$) und ein Oktett ($T \neq 0$, $S = 0, \pm 1$) (Abb. 7.10a,b). Dies entspricht gerade den Dimensionen 1 und 8 von Darstellungen der $SU(3)$-Gruppe. Die Mesonen mit $I = 0$ und negativer Parität werden auch ***Pseudoskalare*** genannt. Alle Teilchen, die kein s-Quark enthalten, oder nur die Kombinationen $s+\bar{s}$, haben die Seltsamkeit $S = 0$ und liegen auf der Mittelgeraden (Horizontalen) des Diagramms. Es sind dies z. B. die drei Teilchen π^+ ($\bar{u}\bar{d}$), π^0 und π^- (du) des Pionen-Isospintripletts mit $T = 1$ und $T_3 = +1, 0, -1$.

Das π^0-Teilchen ist sein eigenes Antiteilchen. Es muß daher bei Vertauschung seiner Quarkkonstituenten in ihre Antiteilchen in sich übergehen. Deshalb ist seine Quarkdarstellung

$$|\pi^0\rangle = 1/\sqrt{2}\,\{|u\bar{u}\rangle + |d\bar{d}\rangle\}\,. \tag{7.32}$$

Es gibt zwei weitere Mesonen mit $T_3 = 0$ und $S = 0$, die aber s-Quarks und $\bar{s}$-Quarks enthalten. Es sind dies die η- und η'-Teilchen. Sie sind ungeladen und gleich ihren eigenen Antiteilchen. Ihre Quarkzusammensetzung muß ebenfalls in sich übergehen, wenn die Quarks jeweils in ihre Antiquarks überführt werden. Eine mögliche Darstellung ist:

$$\begin{aligned} |\eta\rangle &= 1/\sqrt{6}\,\{|u\bar{u}\rangle + |d\bar{d}\rangle - 2|s\bar{s}\rangle\}\,, \\ |\eta'\rangle &= 1/\sqrt{3}\,\{|u\bar{u}\rangle + |d\bar{d}\rangle + |s\bar{s}\rangle\}\,, \end{aligned} \tag{7.33}$$

wobei die Vorfaktoren als Normierungsfaktoren so gewählt sind, daß das Quadrat des Integrals der Wellenfunktion auf eins normiert ist, d. h.

$$\begin{aligned} &\big||\pi^0\rangle\big|^2 = \big||\eta\rangle\big|^2 = \big||\eta'\rangle\big|^2 = 1\,; \\ &\big||u\bar{u}\rangle\big|^2 = \big||d\bar{d}\rangle\big|^2 = \big||s\bar{s}\rangle\big|^2 = 1\,. \end{aligned}$$

Die seltsamen Teilchen mit $S=+1$ sind das K^0-(d$\bar{\mathrm{s}}$)-Meson und das K^+-(u$\bar{\mathrm{s}}$)-Meson. Ihre Ladung ist gemäß Tabelle 7.4: $q(\mathrm{K}^0)=0$ und $q(\mathrm{K}^+)=1\cdot e$. Ihre Antiteilchen $\overline{\mathrm{K}}^+=\mathrm{K}^-$ ($\bar{\mathrm{u}}$s) und $\overline{\mathrm{K}}^0$ ($\bar{\mathrm{d}}$s) haben die Seltsamkeit $S=-1$.

Analog lassen sich die Mesonen mit $I=1$, die ***Vektorbosonen*** genannt werden, anordnen.

Man sieht aus Abb. 7.10b, daß die Quarkzusammensetzung äquivalent zu Abb. 7.10a ist. Die durch die Punkte im Diagramm Abb. 7.10b dargestellten Teilchen müssen daher angeregte Zustände der Teilchen sein, die an den äquivalenten Punkten in Abb. 7.10a sitzen. Dies ist völlig analog zu den energetisch angeregten Zuständen der Elektronenhülle, die auch dieselbe Zahl von Elektronen, Protonen und Neutronen haben wie die Grundzustände. Bei den hier dargestellten Teilchen sind die Anregungsenergien um viele Größenordnungen höher. Sie manifestieren sich in den größeren Massen der entsprechenden Mesonen.

Dies läßt sich sehr eindrucksvoll demonstrieren an den Zuständen des ψ-Mesons, die wir jetzt behandeln wollen.

7.4.3 Charm-Quark und Charmonium

Im Jahre 1974 wurde, unabhängig voneinander von zwei Gruppen um *B. Richter* am SLAC und *S. Ting* in Brookhaven, ein neues Teilchen mit einer Masse von 3095 MeV/c^2 gefunden [7.13,14]. Die Stanford-Gruppe beobachtete eine extrem scharfe Resonanz bei dem Prozeß

$$\begin{aligned} &\mathrm{e}^+ + \mathrm{e}^- \to \psi + \text{Hadronen}\,; \\ &\quad \psi \to \mathrm{e}^+ + \mathrm{e}^-\,, \end{aligned} \tag{7.34a}$$

die als ψ-Teilchen bezeichnet wurde (Abb. 7.11), während in Brookhaven die Reaktion

$$\mathrm{p}+\mathrm{p} \to \mathrm{J}+\mathrm{X}\,; \quad \mathrm{J} \to \mathrm{e}^+ + \mathrm{e}^- \tag{7.34b}$$

untersucht wurde. Es zeigte sich bald, daß ψ und J dasselbe Teilchen darstellen, das aber *nicht* aus den bisher angenommenen Quarks aufgebaut sein konnte, da es dafür eine zu große Masse hat. Die in Abb. 7.11 gezeigte experimentelle Breite der Resonanz von etwa 2 MeV war im wesentlichen durch die Energieunschärfe der Elektronen- und Positronenstrahlen begrenzt. Genauere Messungen zeigten später, daß die Breite nur $\Gamma=63$ keV ist, was einer Lebensdauer von 10^{-20} s entspricht. Dies ist etwa drei Größenordnungen länger als typische Zerfälle mit starker Wechselwirkung.

Durch die Einführung eines neuen Quarks, welches ***Charm-Quark*** c genannt wurde und dessen Existenz bereits 1970 vor der Entdeckung des ψ-Mesons theoretisch postuliert wurde, konnte das ψ-Meson als (c$\bar{\mathrm{c}}$)-Kombination dieses Charm-Quarks und seines Antiteilchens interpretiert werden.

Die Ladung des Charm-Quarks ist analog zum u-Quark $Q=+2/3\,e$. Das ψ-Meson ist ein Vektorboson; es hat den Spin $I=1$ und wie die anderen Mesonen negative Parität.

Wenige Tage nach der Entdeckung des ψ-Mesons wurde eine scharfe Resonanz entdeckt, die bei etwa

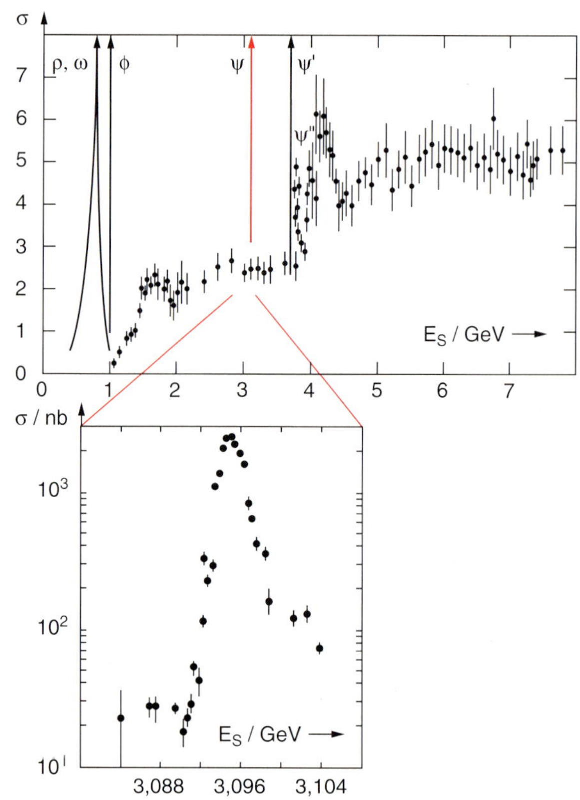

Abb. 7.11. Entdeckung des ψ-Mesons als scharfe Resonanz im Streuquerschnitt $\mathrm{e}^+ + \mathrm{e}^- \to \psi$. Aus G.J. Feldman, M.L. Perl: Phys. Reports **19C**, 233 (1975)

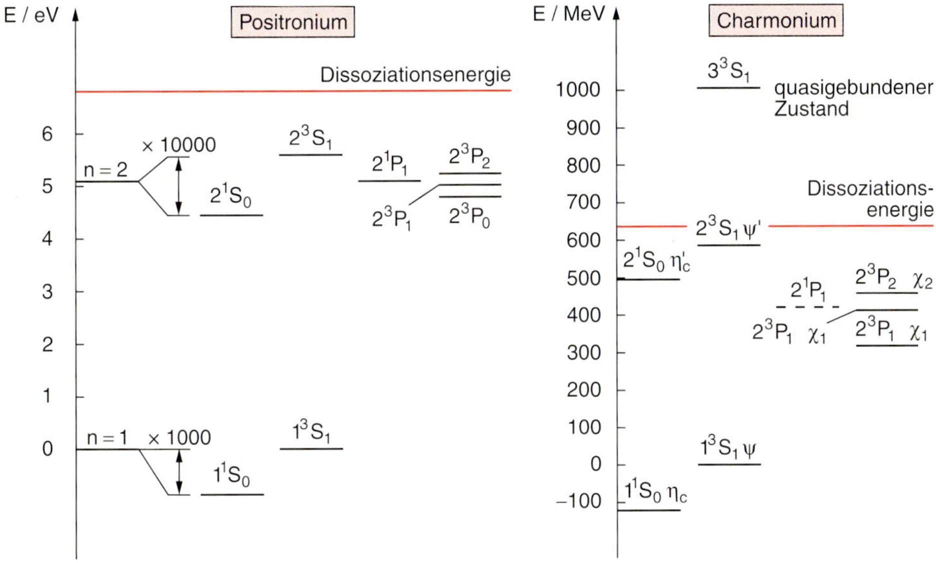

Abb. 7.12. Vergleich der Termschemata des Positroniums und des Charmoniums. Man beachte den unterschiedlichen Energiemaßstab!

3,7 GeV lag und ψ' genannt wurde. Es zeigte sich, daß das ψ'-Teilchen zerfällt nach dem Schema

$$\psi' \to \pi^+ + \pi^- + \psi \to \pi^+ + \pi^- + e^+ + e^- ,$$

was nahelegte, daß ψ' ein angeregter Zustand des ψ-Mesons war. Dies wurde durch weitere Messungen, in denen noch mehrere solcher angeregten Zustände gefunden wurden, völlig bestätigt.

Das ψ-Meson als Zwei-Quark-System ($c\bar{c}$) ist analog zum Positronium-System (e^+e^-) aufgebaut (Abb. 7.12) und wurde deshalb ***Charmonium*** getauft. Die angeregten Zustände tauchen als Resonanzen im Wirkungsquerschnitt der Reaktion $e^+ + e^- \to \psi^*$ auf und erhielten die in Abb. 7.12 angegebenen Namen ψ, ψ', χ_0, χ_1, χ_2, η_c, η_c'. Die angeregten Charmoniumzustände können durch Emission von γ-Quanten in den Grundzustand übergehen (Abb. 7.13). Mißt man das Spektrum der γ-Quanten mit entsprechenden energieauflösenden Detektoren (***Crystal Ball Detector***), so läßt sich das Energieniveauschema in Abb. 7.13 bestimmen.

Der eigentliche Grundzustand $1\,^1S_0$ des Charmoniums kann nicht durch e^+-e^--Stöße erreicht werden. Er kann nur durch γ-Emission aus höheren Zuständen bevölkert werden. Deshalb wurde der Nullpunkt der Energieskala in Abb. 7.12 in den tiefsten direkt durch Stöße anregbaren $1\,^3S$-Zustand gelegt.

Das ψ-Meson kann nicht in Hadronen zerfallen, die ein Charm-Quark besitzen, da seine Energie nicht ausreicht, um ein Hadronenpaar zu erzeugen, bei dem ein Hadron ein c-Quark, das andere ein $\bar{c}$-Quark enthält. Deshalb kann es nur auf Grund der schwachen Wechselwirkung zerfallen, was seine lange Lebensdauer erklärt.

Bei Berücksichtigung des Charm-Quarks lassen sich alle Mesonen mit vorgegebenem Spin zu einem ***Supermultiplett*** anordnen. Dies wird in Abb. 7.14 für Mesonen mit Spin $I = 1$ gezeigt. Für die Mesonen mit

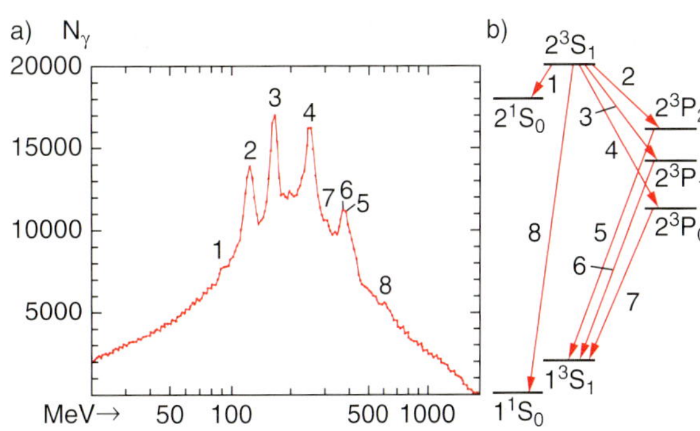

Abb. 7.13. (**a**) Experimentelles γ-Spektrum der angeregten Zustände des Charmoniums. Die numerierten Linien entsprechen den Übergängen im Termschema (**b**). Aus Crystal Ball Collaboration, reported by E.O. Bloom and C.W. Peck: Ann. Rev. Nucl. Part. Science **33**, 143 (1983)

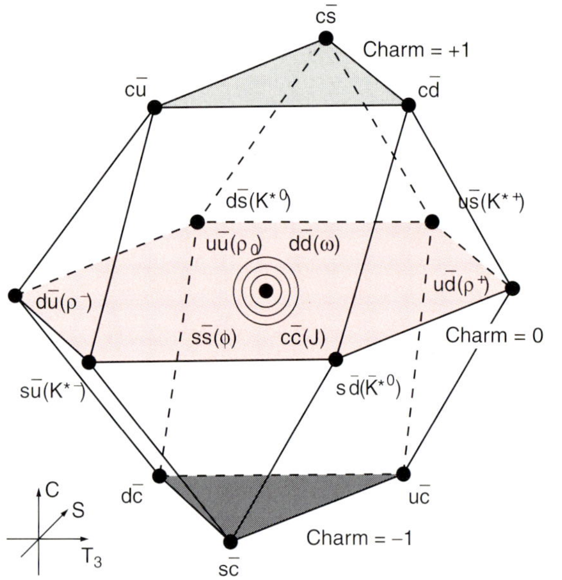

Abb. 7.14. Supermultiplett der Mesonen mit Spin $I = 1$. Aus L. Glashow: Sci. Am. (Oct. 1975)

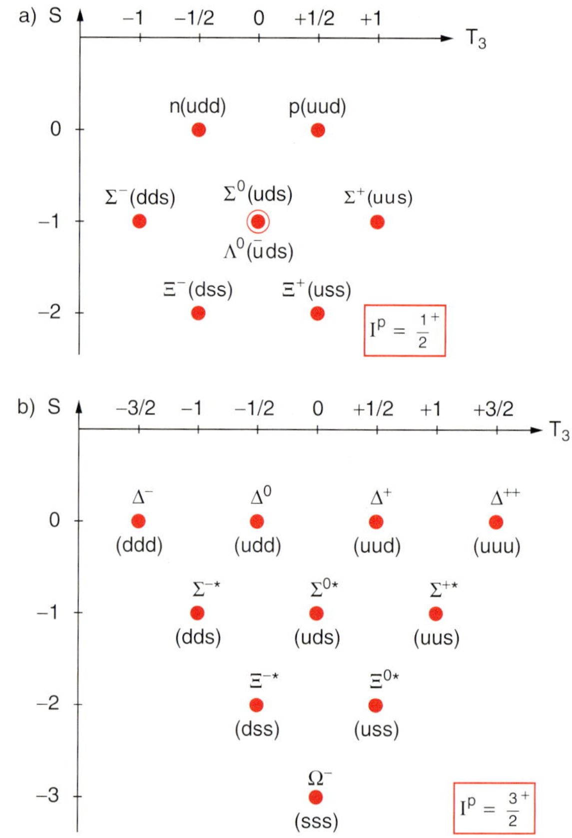

Abb. 7.15. (**a**) Baryonenoktett aller charmfreien Baryonen mit $I = 1/2$; (**b**) Dekuplett der charmfreien Baryonen mit $I = 3/2$

Spin $I = 0$ ergibt sich eine völlig analoge Figur. Die Position eines Teilchens in diesem Diagramm ist durch die drei Quantenzahlen: Isospin-Komponente T_3, Seltsamkeit S und Charmquantenzahl C festgelegt. Die 16 Mesonen mit Spin $I = 0$ besetzen die Ecken eines Kubooktaeders und seinem Mittelpunkt, der von vier Teilchen besetzt ist. Die rot gezeichnete Mittelebene gibt die bereits in Abb. 7.10 dargestellten charmfreien Teilchen in der S-T_3-Ebene an.

7.4.4 Quarkaufbau der Baryonen

Da Quarks den Spin $1/2$ haben, müssen die Baryonen, die aus drei Quarks aufgebaut sind, den Gesamtspin $1/2$ oder $3/2$ haben. Der Baryonenspin ist also immer halbzahlig im Gegensatz zum Mesonenspin, der ganzzahlig ist. Baryonen sind Fermionen, während Mesonen Bosonen sind.

Auch die Baryonen können in symmetrischen S-T_3-Diagrammen aufgetragen werden. Die Baryonen mit $I = 1/2$ bilden dann ein Oktett und die Baryonen mit $I = 3/2$ ein Dekuplett. Dies entspricht wieder den möglichen Dimensionen der Darstellung der $SU(3)$-Gruppe. Wie man aus Abb. 7.15a sieht, gibt es zwei Baryonen mit $I = 1/2$, $S = 0$, dies sind die Nukleonen Neutron und Proton; vier Baryonen mit $I = 1/2$, $S = -1$, die also ein s-Quark enthalten, und zwei Baryonen, die Ξ-Teilchen, die zwei s-Quarks enthalten. Außer dem Δ^--, Δ^{++}- und Ω^--Teilchen sind alle Baryonen mit $I = 3/2$ angeregte Zustände der Teilchen mit $I = 1/2$, weil sie die gleiche Quarkzusammensetzung haben.

Auch hier lassen sich bei Berücksichtigung des Charm-Quarks zusätzliche Baryonen in einem Supermultiplett konstruieren (Abb. 7.16), in dem die unterste Ebene (rot gezeichnet) den in Abb. 7.15a gezeigten Teilchen ohne Charm-Quark entspricht. Manche Punkte im Diagramm sind doppelt besetzt, da, je nach der relativen Spinstellung der Quarks (z. B. $u\uparrow d\uparrow s\downarrow$ und $u\uparrow d\downarrow s\uparrow$) verschiedene Teilchen mit gleichem Gesamtspin entstehen können.

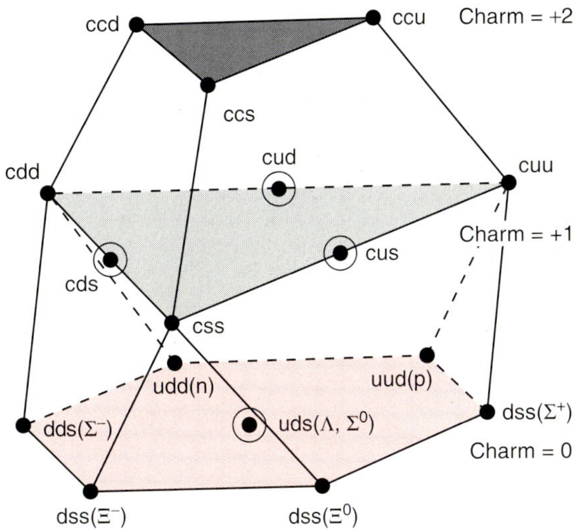

Abb. 7.16. Baryonensupermultiplett in einem T_3-, S-, c-Raum für alle Baryonen mit Spin 1/2. Die von den Kreisen umgebenen Punkte sind doppelt mit Teilchen besetzt

Man kann die empirisch gefundene Relation (7.24) nun zwanglos auf den Quarkaufbau zurückführen. Ordnet man den Quarks die in Tabelle 7.4 angegebenen Quantenzahlen zu, so ergibt sich die ***Gell-Mann-Nishijima-Relation***

$$Q = \tfrac{1}{2}(B + U + D + S + C)\,,$$

wobei U und D die Differenz der Anzahl von u-, $\bar{\text{u}}$- bzw. d-, $\bar{\text{d}}$-Quark sind und $T_3 = U + D$ gilt.

Das Quarkmodell wurde glänzend bestätigt, als das Ω^--Teilchen gefunden wurde, das bereits vorher als eine mögliche Quarkkombination vom Quarkmodell gefordert wurde, und dessen Masse und Zerfallskanäle richtig vorhergesagt wurden.

Es wurde erzeugt durch den Prozeß

$$\text{K}^- + \text{p} \rightarrow \Omega^- + \text{K}^+ + \text{K}^0$$

der starken Wechselwirkung, bei der die Seltsamkeit erhalten bleibt. Da die Seltsamkeit für K^--Mesonen $S = -1$ und für K^+ und K^0 gleich $+1$ ist (Abschn. 7.2.6), folgt aus Abb. 7.15 für die Quantenzahl des Ω^--Teilchens

$$S = (-1) + (0) = (-1) - (1) = -3\,.$$

Das Ω^--Teilchen muß stabil gegen einen Zerfall auf Grund der starken Wechselwirkung sein, weil seine Masse kleiner ist als die Masse jeder Kombination von Hadronen, welche die Bedingung $B = 1$, $q = -e$ und $S = -3$ erfüllt.

Da das Ω^--Teilchen deshalb nur auf Grund der schwachen Wechselwirkung zerfallen kann, muß seine Lebensdauer entsprechend lang sein. Seine Ionisationsspur kann deshalb in einer Blasenkammer beobachtet werden, bevor es auf Grund der schwachen Wechselwirkung gemäß

$$\left.\begin{aligned} &\Omega^- \rightarrow \Xi^0 + \pi^- \\ &\qquad \hookrightarrow \Lambda^0 + \pi^0 \\ &\qquad\quad \hookrightarrow \text{p} + \pi^- \end{aligned}\right\} \Rightarrow \Omega^- \rightarrow 2\pi^- + \pi^0 + \text{p} \tag{7.35}$$

zerfällt (Abb. 7.17). Man sieht aus der Blasenkammeraufnahme eines Ω^--Zerfalls in Abb. 7.17, daß die Analyse der photographischen Spuren keinesfalls trivial ist und neben kriminalistischem Spürsinn auch viel Intuition erfordert.

Sowohl das Ω^--Baryon als auch das Δ^{++}-Teilchen stellten für das bisher behandelte Quarkmodell jedoch auch eine große Bewährungsprobe dar, weil sie in diesem Modell aus drei gleichen Quarks mit parallelem Spin bestehen müssen, um ein Teilchen mit Gesamtspin $I = 3/2$ zu bilden. Da die Quarks mit

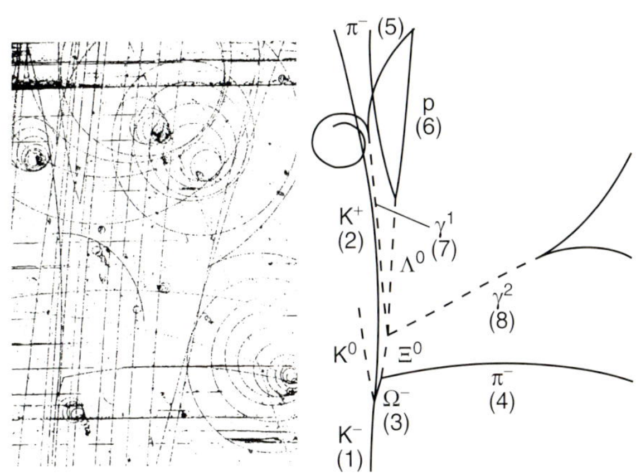

Abb. 7.17. Blasenkammeraufnahme der Erzeugung und des Zerfalls des Ω^--Baryons. Die gestrichelten Kurven entsprechen neutralen Teilchen, die in der Blasenkammer keine Spuren hinterlassen. Aus V.E. Barnes et al.: Phys. Rev. Lett. **12**, 204 (1964)

$I_q = 1/2$ Fermionen sind, müssen sie dem Pauliprinzip gehorchen, welches verbietet, daß sich drei gleiche Fermionen in gleichen Quantenzuständen befinden.

Man hat lange diskutiert, ob man das Quarkmodell aufgeben müßte, das sonst sehr erfolgreich alle anderen Hadronen gut beschrieben hat, oder das Pauliprinzip, dessen Gültigkeit bisher nie angezweifelt wurde, weil man noch nie experimentell eine Verletzung des Pauliprinzips gefunden hatte.

Die rettende Idee kam von *O.W. Greenberg*, der vorschlug, eine weitere Quantenzahl einzuführen, die er Farbe nannte. Sie hat nichts mit der Farbe im üblichen Sinne zu tun, sondern diente anfangs lediglich der Unterscheidung von Quarks, die sonst in allen anderen Eigenschaften (Spin, Parität, Masse, Ladung, Isospin, T_3) übereinstimmen. *Greenberg* postulierte, daß alle Quarks in drei Erscheinungsformen vorkommen sollen, die er rot, grün und blau nannte. Wenn jetzt die drei s-Quarks im Ω^- oder die drei u-Quarks des Δ^{++}-Baryons als jeweils rote, grüne und blaue Quarks vorkommen, unterscheiden sie sich in einer Eigenschaft, d. h. sie sind nicht mehr identische Teilchen, und das Pauliprinzip ist auch für das Ω^- oder Δ^{++} gerettet.

Natürlich stieß diese Idee anfänglich auf große Skepsis, da sie eine ad-hoc-Einführung einer sonst noch nicht experimentell untermauerten neuen Eigenschaft der Quarks darstellte, die anfangs nur benötigt wurde, um das Quarkmodell zu retten, ohne das Pauliprinzip zu verletzen.

Es zeigte sich jedoch bald, daß die Einführung dieser Farbeigenschaft viel weitergehende Konsequenzen hatte, die wesentlich zu einem tieferen Verständnis der starken Wechselwirkung beitrug. Diese Eigenschaft der Quarkfarbe ist nämlich für die starke Kraft verantwortlich, welche die Quarks im Inneren der Baryonen zusammenhält. In Analogie zur elektromagnetischen Wechselwirkung, die durch die elektrischen Ladungen verursacht wird, nannte man die für die starke Wechselwirkung verantwortliche Farbeigenschaft der Quarks auch ***Farbladung***.

7.4.5 Farbladungen

Durch die Farbhypothese wird die Zahl der verschiedenen Quarks verdreifacht. Man möchte anfangs glauben, daß sich die Zahl der Kombinationsmöglichkeiten von zwei Quarks zu Mesonen damit verneunfachen ($3^2 = 9$) bzw. die Zahl der Baryonen um den Faktor $3^3 = 27$ erhöht. Dies ist jedoch nicht der Fall, weil es bestimmte Kombinationsregeln gibt, die auch erklären, warum man bisher keine freien Quarks beobachtet hat.

Diese Kombinationsregeln besagen, daß beim Aufbau von beobachtbaren Teilchen nur solche Farbkombinationen zugelassen sind, bei denen die Gesamtfarbe (im übertragenen Sinne der Farbmischung) weiß (= farblos) ergibt.

Eine solche erlaubte Farbmischung ist rot-grün-blau. Alle Baryonen, die aus drei Quarks aufgebaut sind, müssen daher aus einem roten, einem blauen und einem grünen Quark bestehen. Die Antiquarks tragen dann die Farbladung antirot, antigrün, antiblau. Die Kombination einer Farbladung eines Quarks mit der Antifarbladung eines anderen Quarks muß nicht unbedingt weiß ergeben. Deshalb muß eine weitere Farbkombinationsregel gültig sein, die sicherstellt, daß Mesonen, die ja aus einem Quark und einem Antiquark bestehen, immer farblos sind.

So tragen z. B. bei einigen Mesonen das Quark und das Antiquark gleichartige Farben. Dazu muß jede der drei möglichen Farbvarianten mit gleicher Wahrscheinlickeit auftreten. Man kann sich dies durch einen ständigen Farbwechsel des Quarks vorstellen, so daß das Quark und das Antiquark beide zur gleichen Zeit ihre Farbe wechseln, so daß innerhalb eines meßbaren Zeitraums jedes Quark gleich oft rot, grün oder blau ist.

Diese Vorstellung erscheint anfangs etwas abenteuerlich, aber sie ist inzwischen durch eine umfassende Theorie, die Quantenchromodynamik (Abschn. 7.5) untermauert worden und steht im Einklang mit allen bisher gefundenen experimentellen Ergebnissen.

7.4.6 Experimentelle Hinweise auf die Existenz von Quarks

Obwohl die Quarkhypothese sehr erfolgreich Ordnung in den Teilchenzoo brachte, waren viele Physiker lange Zeit der Meinung, daß die Quarks rein hypothetische Teilchen ohne reale Existenz seien.

Experimentelle Hinweise auf die Realität von Teilchen innerhalb der Nukleonen wurden durch Streuexperimente geliefert, bei denen Protonen mit hohen Energien zusammenstießen. Wenn das Proton

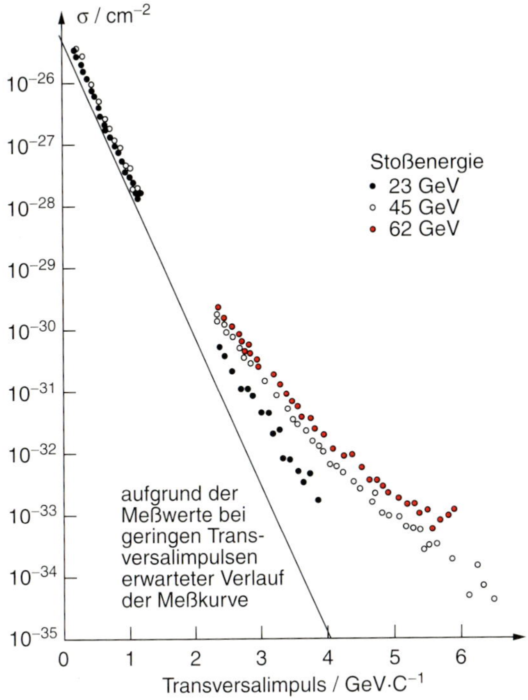

Abb. 7.18. Wirkungsquerschnitt für die Reaktion $\mathrm{p+p} \to$ neue Teilchen als Funktion des bei antikollinearen Stößen $\mathrm{p+p}$ auf die Reaktionsprodukte übertragenen Transversal-Impulses. Aus M. Jacob, P. Landshoff: Spektrum der Wissenschaft (Mai 1980)

ein homogenes geladenes Teilchen mit Radius $r = r_0 \approx 1{,}3\,\mathrm{fm}$ wäre, so würde man bei antikollinearen Zusammenstößen in den Kreuzungspunkten eines Proton-Proton-Speicherrings eine Ablenkung der Protonen beobachten, deren Größe von der Schwerpunktenergie E_S und vom Stoßparameter b abhängt. Der Wirkungsquerschnitt σ sollte mit zunehmendem Ablenkwinkel ϑ, d.h. wachsendem Transversalimpuls der gestreuten Teilchen wie die in Abb. 7.18 gezeigte schwarze Kurve abnehmen.

Die Messungen am CERN bei großen Schwerpunktenergien zeigten jedoch einen deutlich größeren Wirkungsquerschnitt bei großen Ablenkwinkeln. Außerdem wurde nicht nur elastische Streuung von Protonen beobachtet, wie dies bei Teilchen ohne innere Struktur erwartet wurde, bei denen nur elastische Streuung möglich ist, sondern es entstand bei den Zusammenstößen eine Fülle neuer Teilchen. Mißt man die Vektorsumme ihrer Impulse, so muß Null her-

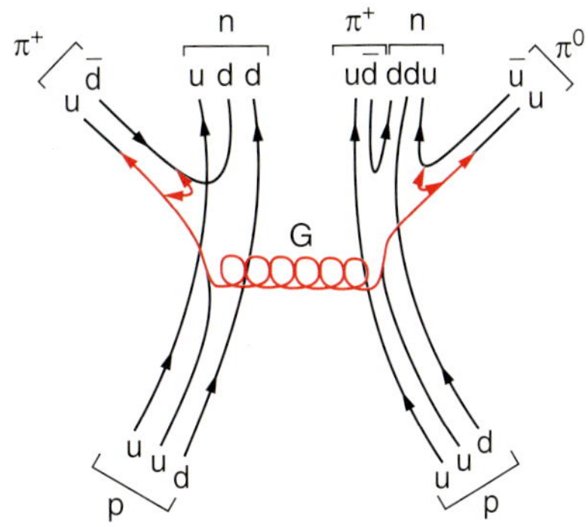

Abb. 7.19. Feynman-Diagramm der Reaktion $\mathrm{p+p} \to$ Hadronen. Aus M. Jacob, P. Landshoff: Spektrum der Wissenschaft (Mai 1980)

auskommen, weil der Gesamtimpuls der kollidierten Protonen Null war. Die Gesamtenergie aller erzeugten Teilchen muß gleich der Schwerpunktsenergie sein. Das Feynman-Diagramm dieser Prozesse im Rahmen des Quark-Modells ist in Abb. 7.19 dargestellt.

Auch bei antikollinearen Elektron-Positron-Stößen findet man, daß bei genügend hohen Energien viele neue Teilchen entstehen, wie z. B. das in Abschn. 7.4.3 diskutierte ψ-Meson. Der Erzeugungsmechanismus auf Grund des Quarkmodells läuft über ein virtuelles Photon γ ab

$$\mathrm{e}^+ + \mathrm{e}^- \to \gamma \to \mathrm{c} + \bar{\mathrm{c}}\,, \tag{7.36}$$

das als Mittler zwischen der Paarvernichtung von e^+ und e^- und der Paarerzeugung von $\mathrm{c} + \bar{\mathrm{c}}$ des Charm-Quark-Paares dient.

Ganz allgemein kann das bei zentralen Stößen $\mathrm{e}^+ + \mathrm{e}^-$ erzeugte γ in ein Quark-Antiquark-Paar $\mathrm{q} + \bar{\mathrm{q}}$ zerfallen. Die beiden Quarks müssen aus Impulserhaltungsgründen in entgegengesetzte Richtungen fliegen. Bevor sie sich jedoch weiter als einen Hadronenradius voneinander entfernt haben, werden aus der Feldenergie ihrer Wechselwirkungen neue Teilchen gebildet (***Hadronenjets***, siehe Abschn. 7.5), so daß man die einzelnen Quarks nicht sieht, sondern nur die aus ihnen erzeugten Teilchen.

Auch beim Zusammenstoß hochenergetischer Neutrinos mit Protonen können neue Hadronen erzeugt werden, wie die Blasenkammeraufnahme Abb. 7.20 zeigt. Hier ist die Spur des ungeladenen Neutrinos, das von links kommt, nicht zu sehen. Die Analyse der ent-

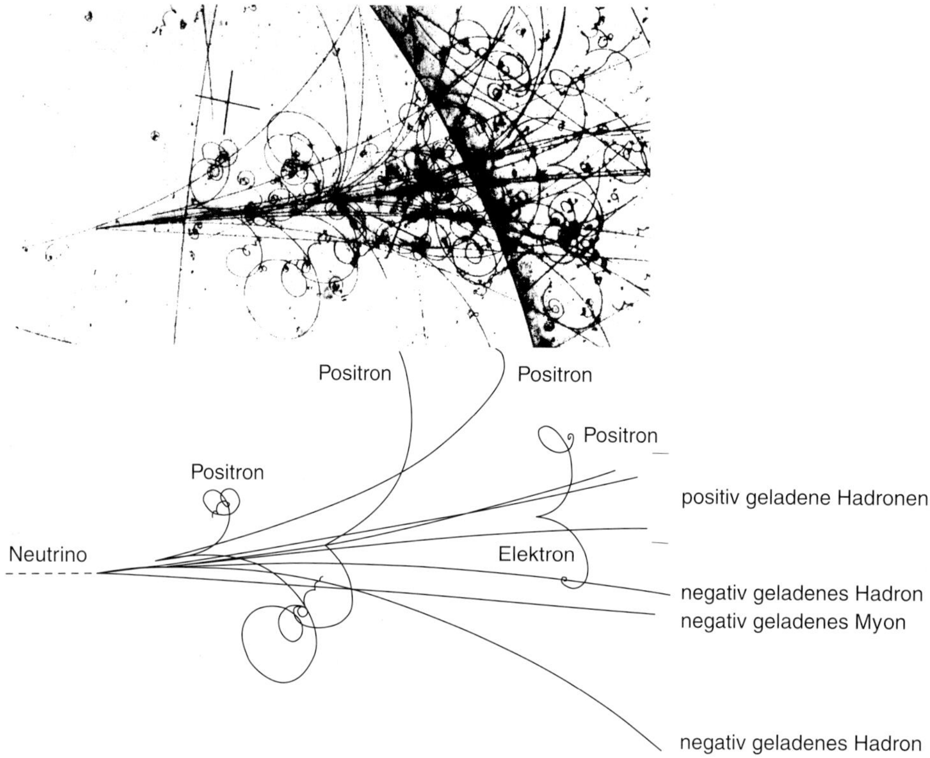

Abb. 7.20. Blasenkammeraufnahme der Reaktion $\nu_e + p \rightarrow$ Hadronen + Myonen. Im unteren Teil sind die für die Hadronenjets relevanten Spuren aus der Vielzahl der im oberen Bild sichtbaren Spuren herausgezeichnet. Mit freundlicher Genehmigung des CERN

standenen Hadronenjets zeigt, daß im Proton Quarks vom Neutrino getroffen wurden, die dann neue Hadronen bilden.

Alle diese experimentellen Ergebnisse haben inzwischen die große Mehrzahl der Physiker von der realen Existenz der Quarks überzeugt. Ob die Quarks selber elementar sind oder doch eine Substruktur haben, wird zur Zeit noch kontrovers diskutiert.

7.4.7 Quarkfamilien

In den letzten Jahren wurden zwei weitere schwere Quarktypen entdeckt, welche die Namen Bottom(b)-Quark und Top(t)-Quark erhielten, so daß es insgesamt sechs verschiedene Quarks mit den zugehörigen Antiquarks gibt. Jeder dieser Quarks kann mit drei verschiedenen Farbladungen vorkommen. Die Massenskala der sechs Quarks ist in Abb. 7.21 dargestellt und mit den Massen der sechs Leptonen verglichen.

Zur Unterscheidung zwischen den sechs Quarktypen führte man die Bezeichnung „flavour" ein. (Im Deutschen würde man dies mit „Geschmack" übersetzen, aber wir wollen hier einfach den Ausdruck ***Quarktyp*** verwenden.) So haben z. B. u- und d-Quark unterschiedliche flavours, d. h. sie stellen unterschiedliche Quarktypen dar, aber beide können mit drei verschiedenen Farbladungen vorkommen.

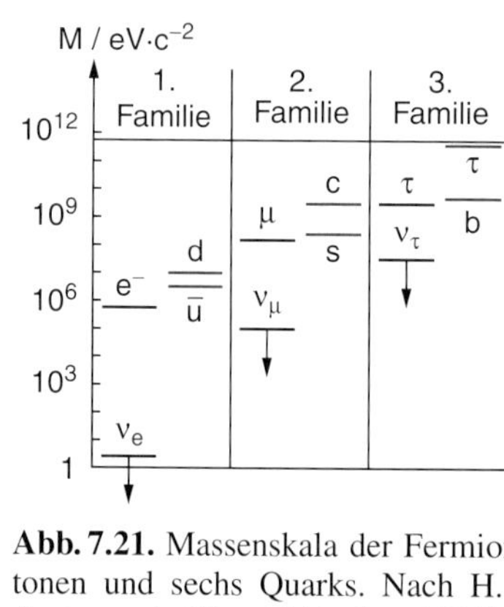

Abb. 7.21. Massenskala der Fermionen, d. h. der sechs Leptonen und sechs Quarks. Nach H. Schopper: *Materie und Antimaterie* (Piper, München 1989)

Tabelle 7.6. Die drei Quarkfamilien mit je zwei Quarks und zwei Antiquarks

1. Familie		2. Familie		3. Familie	
Quark	Ladung	Quark	Ladung	Quark	Ladung
d	$-1/3\,e$	s	$-1/3\,e$	b	$-1/3\,e$
u	$+2/3\,e$	c	$+2/3\,e$	t	$+1/3\,e$
$\bar{d}$	$+1/3\,e$	$\bar{s}$	$+1/3\,e$	$\bar{b}$	$+1/3\,e$
$\bar{u}$	$-2/3\,e$	$\bar{c}$	$-2/3\,e$	$\bar{t}$	$-2/3\,e$

Durch Quarktyp und Farbladung ist ein Quark also festgelegt. Wir werden sehen, daß sich der Quarktyp nur durch die schwache Wechselwirkung ändern kann, während die Farbladung sich auf Grund der starken Wechselwirkung ändern kann.

Die sechs verschiedenen Quarktypen lassen sich nach steigender Masse in drei Familien anordnen (Tabelle 7.6). Zusammen mit den Antiquarks enthält jede Familie vier Mitglieder. Berücksichtigt man noch die drei möglichen Farbladungen, so sind es zwölf Mitglieder pro Familie.

Man beachte, daß diese Einteilung (sieht man einmal von der Farbunterteilung ab, die nur mit der starken Wechselwirkung zu tun hat) völlig analog ist zur Anordnung aller Leptonen in drei Familien mit jeweils vier Teilchen und Antiteilchen (Tabelle 7.3).

Es scheint in der Natur also eine gewisse Symmetrie zu herrschen, die durch das Quarkmodell sichtbar gemacht wird. Vor wenigen Jahren wurde am CERN experimentell nachgewiesen, daß es nur drei Leptonenfamilien gibt. Wenn man an dieses Symmetrieprinzip glaubt, könnte man schließen, daß es dann auch nur drei Quarkfamilien geben sollte. Dies würde bedeuten, daß damit alle möglichen Quarktypen bereits gefunden wurden. Dies ist allerdings mehr eine Überzeugung als ein Beweis, und man kann nicht ausschließen, daß unser heutiges Modell doch noch erweitert werden muß.

7.5 Quantenchromodynamik

Das bisher behandelte Quarkmodell läßt noch eine Reihe von Fragen offen:

1. Gibt es die Quarks wirklich, oder stellen sie nur fiktive Gebilde dar, die als exzellente Arbeitshypothese zur Erklärung der Teilcheneigenschaften im Teilchenzoo sehr nützlich ist?
2. Warum hat man bisher trotz intensiver Suche noch keine freien Quarks gefunden?
3. Was bedeuten die Farbladungen physikalisch?
4. Wieso kann man durch Zusammenstöße von Leptonen, die keine starke Wechselwirkung zeigen, Hadronen mit starker Wechselwirkung erzeugen, und warum können Hadronen in Leptonen zerfallen (unter Erhaltung der Baryonen- und Leptonenzahl)?

Diese Fragen werden durch eine umfassende Theorie größtenteils beantwortet, die analog zur Quantenelektrodynamik aufgebaut ist. Sie ist mathematisch sehr schwierig, und deshalb können wir hier nur ihre Ergebnisse in möglichst anschaulicher Form wiedergeben.

Während die Elektrodynamik die elektromagnetische Wechselwirkung behandelt, die zwischen elektrischen Ladungen besteht, verknüpft die Quantenchromodynamik (vom griechischen $\chi\varrho\tilde{\omega}\mu\alpha$ = Farbe) die starke Wechselwirkung zwischen den Quarks mit den Farbladungen der Quarks. Wir wollen sie deshalb ***Farbwechselwirkung*** nennen.

Die elektromagnetische Wechselwirkung kann durch den Austausch masseloser Photonen mit Spin 1 (Vektorbosonen) erklärt werden (Abb. 7.22a), was auf ein Abstandsgesetz $F_C \propto 1/r^2$ für die Coulombkraft führt. Analog dazu wird die Farbwechselwirkung auf den Austausch von anderen masselosen Vektorbosonen mit Spin 1 zurückgeführt, die man ***Gluonen*** nennt (vom Englischen: *glue* = Leim, Kitt), weil sie für den Zusammenhalt der Quarks verantwortlich sind.

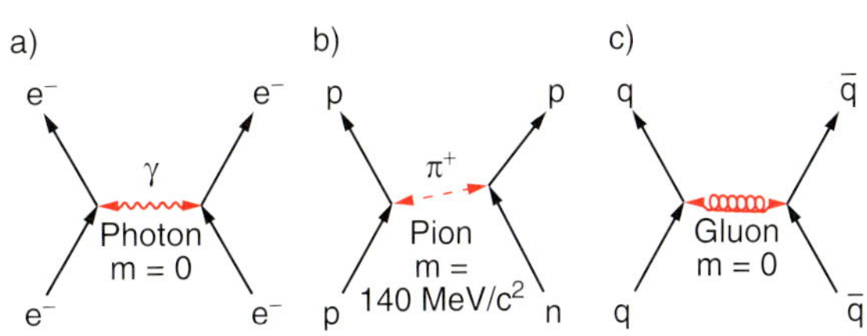

Abb. 7.22. Feynman-Diagramme der elektromagnetischen Wechselwirkung (**a**), der starken Wechselwirkung zwischen Nukleonen (**b**) und der Farbwechselwirkung zwischen Quark q und Antiquark $\bar{q}$ (**c**)

Mit Hilfe von Feynman-Diagrammen (siehe Abschn. 5.4) kann man die verschiedenen Wechselwirkungen in einer Kurzschrift darstellen (Abb. 7.22), welche die Gemeinsamkeit der Beschreibungen der verschiedenen Wechselwirkungen verdeutlicht. Es gibt jedoch einen wesentlichen Unterschied zwischen Photonen und Gluonen: Während die Photonen keine Ladung tragen und es deshalb auch keine Photon-Photon-Wechselwirkung gibt, tragen die Gluonen Farbladungen, so daß sie miteinander wechselwirken können.

Jedes Gluon kann, wie die Quarks, in drei Farbladungen vorkommen. Es trägt jeweils eine Farbe und eine Antifarbe, so daß es insgesamt farblos ist. Deshalb würde man insgesamt $3 \times 3 = 9$ verschiedene Gluonen erwarten, die in Abb. 7.23 dargestellt sind, wobei die Farben hier aus drucktechnischen Gründen nur als Buchstaben verdeutlicht werden. Es sei nochmals betont, daß die Farbladungen nichts mit den üblichen Farben zu tun haben, sondern lediglich als bequemes und anschauliches Unterscheidungsmerkmal benutzt werden! Wir verwenden hier folgenden Farbkodex: $\mathrm{r} =$ rot, $\mathrm{g} =$ grün, $\mathrm{b} =$ blau, $\bar{\mathrm{r}} =$ antirot, $\bar{\mathrm{g}} =$ antigrün, $\bar{\mathrm{b}} =$ antiblau.

Die Wahl der Farbkombinationen für die Gluonen ist nicht eindeutig, sondern eine Frage der Konvention. Man kann z. B. die acht Kombinationen: $\mathrm{r\bar{g}}$, $\mathrm{r\bar{b}}$, $\mathrm{g\bar{b}}$, $\mathrm{g\bar{r}}$, $\mathrm{b\bar{r}}$, $\mathrm{b\bar{g}}$, $\sqrt{1/2}\,(\mathrm{r\bar{r}} - \mathrm{g\bar{g}})$, $\sqrt{1/6}\,(\mathrm{r\bar{r}} + \mathrm{b\bar{b}} - 2\mathrm{b\bar{b}})$ wählen. Die neunte Kombination ergäbe dann das Farbsingulett: $\sqrt{1/3}\,(\mathrm{r\bar{r}} + \mathrm{g\bar{g}} + \mathrm{b\bar{b}})$, das invariant ist gegen Änderungen der Farben und deshalb nicht farbspezifisch wirkt. Es kann daher nicht zwischen Farbladungen ausgetauscht werden und kommt als mögliches Gluon nicht in Frage. Es gibt daher insgesamt acht Gluonen!

Man stellt sich jetzt die Farbwechselwirkung zwischen den Quarks so vor, daß sich beim Austausch von Gluonen zwischen den Quarks die Quarkfarben entsprechend ändern. Bei jeder Farbänderung sendet ein Quark ein Gluon aus, das sich mit Lichtgeschwindigkeit bewegt und von einem anderen Quark absorbiert wird (Abb. 7.24). Dieses ändert durch die Absorption ebenfalls seine Farbe, aber so, daß sich die Farbänderung des emittierten Quarks und des absorbierenden Quarks gerade kompensieren.

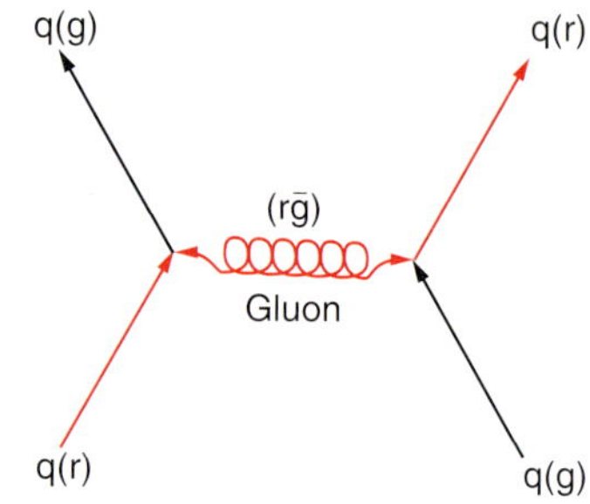

Abb. 7.24. Farbwechselwirkung zwischen zwei Quarks durch Austausch eines Gluons

BEISPIEL

Sendet ein rotes Quark ein Gluon ($\mathrm{r\bar{g}}$) aus, so wird es grün. Wird das Gluon von einem grünen Quark absorbiert, so wird das Quark rot, weil g und $\bar{\mathrm{g}}$ weiß ergeben und deshalb rot übrig bleibt.

Die Quarks im Inneren der Hadronen werden also durch ständigen Gluonenaustausch aneinander gebunden. Obwohl sie bei diesem Austausch dauernd ihre Farbe wechseln, bleibt das Hadron immer farblos, weil die Gluonen jede Farbänderung kompensieren. Im zeitlichen Mittel kommt jede Farbe innerhalb eines Quarks gleich häufig vor.

Die Frage ist jetzt, warum es offensichtlich keine freien Quarks gibt, da man sie bisher nie gefunden hat.

Numerische Rechnungen mit der Methode der Gittereichtheorie [7.14] haben Hinweise dafür gegeben, daß die Kraft zwischen den Quarks mit zunehmenden Abständen nicht abnimmt wie bei den anderen Wechselwirkungen, sondern wahrscheinlich konstant bleibt und daher die potentielle Energie mit zunehmendem Abstand zwischen den Quarks zunimmt (Abb. 7.25). Die Quarks sind also in einem anschaulichen Vergleich wie mit einem starken, unzerreißbaren Gummiband aneinander gebunden, und man müßte eine unendlich große Energie aufwenden, um sie zu trennen (Quarkeinschluß, engl. *Confinement*).

Nun kommt der entscheidende Punkt: Sobald man in ein Hadron genügend Energie (z. B. durch Zusammenstoß hochenergetischer Teilchen) hineingebracht

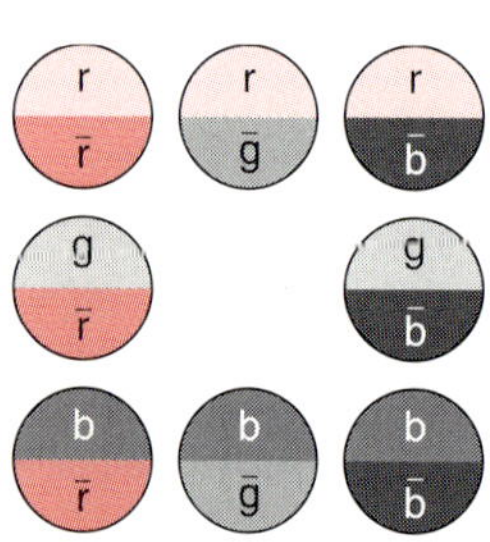

Abb. 7.23. Die acht möglichen Gluonen mit ihren Farbladungen

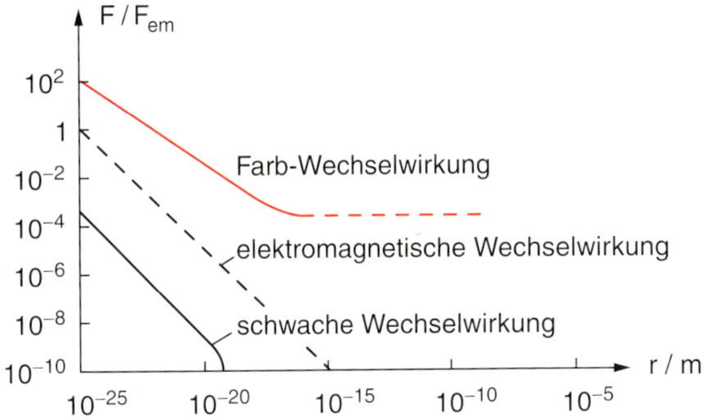

Abb. 7.25. Vergleich der verschiedenen Wechselwirkungskräfte und ihrer Abstandsabhängigkeit

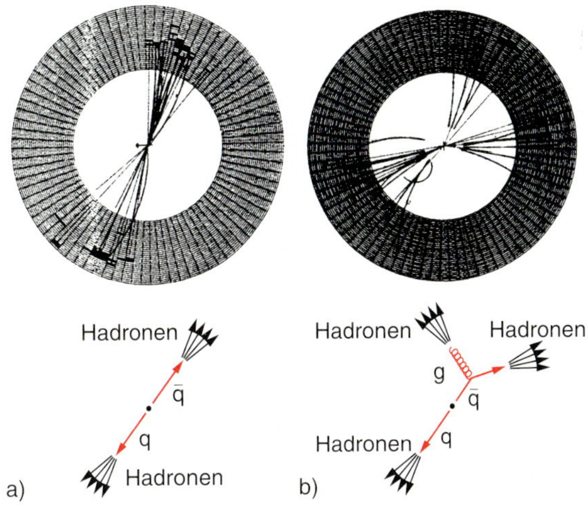

Abb. 7.27a,b. Beobachtung von Hadronenjets bei hochenergetischen Zusammenstößen von Elektronen und Positronen: (**a**) Zwei-Jet-Ereignis des Prozesses $e^+ + e^- \to q + \overline{q} \to$ Hadronen; (**b**) Drei-Jet-Ereignis des Prozesses $e^+ + e^- \to q + \overline{q} + g \to$ Hadronen

hat, um ein Quark-Antiquark-Paar zu erzeugen, bilden sich aus den Gluonen solche Paare, d. h. es entstehen Mesonen. Die Energie wird also nicht zur Trennung der Quarks, sondern zur Erzeugung neuer farbloser Teilchen verbraucht. Dies bedeutet, daß die Quarks eingeschlossen bleiben. Daß dies geschehen kann, wird durch die Wechselwirkung zwischen den Gluonen bewirkt (Abb. 7.26).

Die Experimente bei Zusammenstößen sehr hochenergetischer Teilchen zeigen in der Tat, daß dabei eine große Anzahl neuer Teilchen (Hadronen und Leptonen) entstehen.

Man beobachtet sogenannte *Jets* von Hadronen, die bei antikollinearen Zusammenstößen von Leptonen entstehen. Sie werden nach dem Schema gebildet:

$$e^+ + e^- \to \gamma \to \overline{q} + q \to \text{Hadronen}\,.$$

Die beiden Quarks fliegen in entgegengesetzte Richtung quer zur Strahlrichtung der erzeugenden Elektronen bzw. Positronen. Bevor sie sich jedoch weiter als der Hadronenradius voneinander entfernt haben, bilden sie neue Hadronen. Diese Hadronen bilden deshalb zwei Bündel von Teilchen, deren Richtungsverteilung, Energie und Teilchenidentität von entsprechenden Detektoren, welche die Kollisionszone umgeben (siehe Abschn. 4.3), gemessen werden (Abb. 7.27a).

Wenn die Energie der Stoßpartner $e^+ + e^-$ genügend hoch ist, können auch Gluonen g gebildet werden, analog zur Erzeugung von Photonen (Bremsstrahlung) bei der Abbremsung von Elektronen im Coulombfeld des Kerns. Das Gluon kann dann bei seiner Umwandlung in Hadronen beim Prozeß

$$\begin{array}{l} e^+ + e^- \to q + \overline{q} + g \to \text{Hadronen} \\ \qquad\qquad\quad |\qquad \llcorner\!\!\to \text{Hadronen} \\ \qquad\qquad\quad \llcorner\!\!\to \text{Hadronen} \end{array}$$

einen dritten Jet erzeugen (Abb. 7.27b).

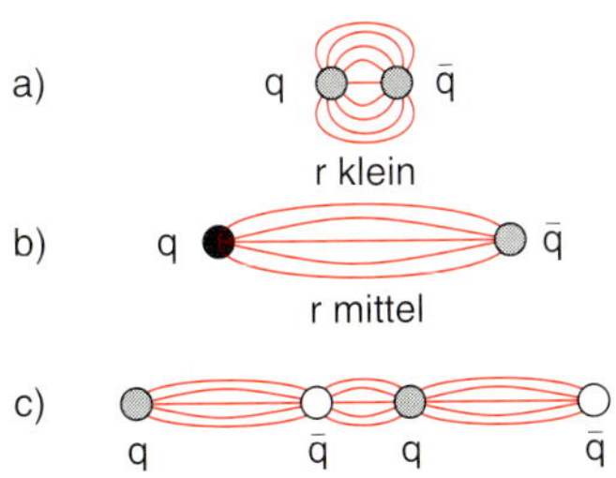

Abb. 7.26a–c. Anschauliches Modell zum Quarkeinschluß

7.6 Starke und schwache Wechselwirkungen

Als starke Wechselwirkung haben wir zu Anfang die Wechselwirkung zwischen den Nukleonen im Kern eingeführt, die dafür sorgt, daß die Nukleonen im

Kern gebunden sind trotz der abstoßenden Coulombkräfte. Im Licht des Quarkmodells sind die Quarks innerhalb eines Nukleons durch den Austausch von Gluonen so stark gebunden, daß sie das Nukleon nicht verlassen können. Die starken Kräfte zwischen den Nukleonen kann man dann ansehen als die Restwechselwirkungen, die auftreten, wenn aus einem Quark und einem Antiquark ein π^+-Meson $(u\bar{d})$ entsteht, das als farbloses Teilchen das Nukleon verlassen kann und vom Nachbarnukleon wieder absorbiert wird. Damit kann das Yukawa-Modell der Kernkräfte, das auf dem Austausch von Pionen basiert, auf das fundamentalere Konzept des Austauschs von Quarks und Gluonen zurückgeführt werden.

Eine analoge Situation tritt bei der van-der-Waals-Bindung zwischen zwei neutralen Atomen auf (Bd. 3, Abschn. 9.4.3). Sie wird wirksam, weil sich durch Ladungsverschiebungen (Polarisation) das Potential der positiven und negativen Ladungen des Atoms an einem Ort außerhalb des Atoms nicht völlig kompensiert. Die van-der-Waals-Bindung, die eine Wechselwirkung zwischen induzierten Dipolen ist, kann also als nicht völlig kompensierte Coulombwechselwirkungen zwischen den positiven bzw. negativen Ladungen der Atome angesehen werden.

> Kernkräfte sind also im Quarkmodell die Reste von nicht völlig kompensierten Farbkräften.

Dies macht deutlich, daß die Farbkräfte zwischen den Quarks stärker sein müssen als die „Restkräfte" zwischen den Nukleonen, die als Kernkräfte bezeichnet werden.

Nun wurde bereits erwähnt und an einigen Beispielen gezeigt, daß Hadronen auch auf Grund der schwachen Wechselwirkung zerfallen können. Am Beispiel des β-Zerfalls $n \to p + e^- + \bar{\nu}_e$ wandelt sich dabei z. B. das schwerere Neutron in das leichtere Proton und ein Lepton-Antilepton-Paar um. Im Quarkmodell bedeutet dies gemäß

$$(udd) \to (uud) + e^- + \bar{\nu}_e \qquad (7.37)$$

die Verwandlung eines d-Quarks in ein u-Quark. Während sich bei der starken Wechselwirkung die Farbladung eines Quarks ändert, der Quarktyp aber erhalten bleibt, ändert sich bei der schwachen Wechselwirkung der Quarktyp (auch *flavour* genannt). Im Quarkmodell läßt sich der β-Zerfall also darstellen als:

$$d \xrightarrow{\text{schwache W.W.}} u + e^- + \bar{\nu}_e \,.$$

Wir wollen den Unterschied zwischen schwachem und starkem Zerfall noch an zwei weiteren Beispielen illustrieren:

Beim Zerfall eines Σ^+-Baryons

$$\Sigma^+(uus) \to p(uud) + \pi^0(u\bar{u} + d\bar{d}) \qquad (7.38)$$

wird ein s-Quark in ein d-Quark umgewandelt. Gleichzeitig entstehen aus der Überschußenergie $\Delta E = (m_{\Sigma^+} - m_p)c^2$ das Quark-Antiquark-Paar $u\bar{u}$ bzw. $d\bar{d}$, die ein π^0-Meson bilden. Die Umwandlung $s \to d$ ist ein Zerfall der schwachen Wechselwirkung, der entsprechend langsam erfolgt ($\tau \approx 8 \cdot 10^{-11}$ s). Im Gegensatz dazu wird bei einem Zerfall der starken Wechselwirkung, z. B.

$$\Delta^+(uud) \to p(uud) + \pi^0(u\bar{u} + d\bar{d}) \qquad (7.39)$$

der Quarktyp *nicht* geändert. Das Δ^+-Teilchen ist im Sinne des Quarkmodells ein angeregter Zustand des Protons, der bei Aussendung eines π^0-Mesons zerfällt mit einer Lebensdauer von $6 \cdot 10^{-24}$ s, also um 13 Größenordnungen schneller als der schwache Zerfall (7.38).

Beschreibt man die Wechselwirkung durch Kopplungskonstanten α, so sind die Quotienten der Lebensdauern proportional zum Quotienten der Quadrate der Kopplungskonstanten

$$\frac{\tau_{\text{stark}}}{\tau_{\text{schwach}}} = \left(\frac{\alpha_{\text{schwach}}}{\alpha_{\text{stark}}}\right)^2 . \qquad (7.40)$$

Die ist völlig analog zu den Verhältnissen bei Übergängen in der Elektronenhülle von Atomen, wo die Übergangswahrscheinlichkeit proportional zum Quadrat des Matrixelementes ist (siehe Bd. 3, Abschn. 7.1).

Setzt man einen Mittelwert der experimentellen Ergebnisse für die Lebensdauern dieses und anderer Beispiele für starke und schwache Zerfälle ein, so erhält man das Verhältnis

$$\frac{\alpha_{\text{schwach}}}{\alpha_{\text{stark}}} \approx 10^{-6} \,. \qquad (7.41)$$

Vergleicht man dies mit dem Verhältnis

$$\frac{\alpha_{\text{schwach}}}{\alpha_{\text{em}}} \approx 10^{-4} \,, \qquad (7.42)$$

so ergeben sich die relativen Größenordnungen der Kopplungskonstanten

$$\alpha_{\text{stark}} : \alpha_{\text{em}} : \alpha_{\text{schwach}} = 1 : 10^{-2} : 10^{-6} . \qquad (7.43)$$

Die Frage ist jetzt, ob man die schwache Wechselwirkung analog zur starken und elektromagnetischen Wechselwirkung auch durch den Austausch von Teilchen beschreiben kann, und welche Eigenschaften solche Austauschteilchen haben müßten.

7.6.1 W- und Z-Bosonen als Austauschteilchen der schwachen Wechselwirkung

Es gibt zwei verschiedene Prozesse mit schwacher Wechselwirkung:

1. Solche, bei denen sich die elektrische Ladung ändert. Man nennt solche Prozesse auch ***Reaktionen der geladenen Ströme***. Ein Beispiel ist der β-Zerfall des Neutrons $n \to p + e^- + \bar{\nu}_0$.
2. Prozesse, bei denen keine Änderung der Ladung auftritt (***neutrale Ströme***), z. B.: Zerfall des τ-Leptons

$$\begin{aligned} \tau^- &\to \mu^- + \bar{\nu}_\mu + \nu_\tau \\ &\quad \hookrightarrow e^- + \nu_\mu + \bar{\nu}_e \end{aligned} \qquad (7.44)$$

oder die Streuung von Neutrinos an Protonen

$$\nu_\mu + p \to \nu_\mu + p \qquad (7.45)$$

oder an Elektronen

$$\nu_e + e^- \to \nu_e + e^- . \qquad (7.46)$$

An all diesen Prozessen der schwachen Wechselwirkung nehmen vier Fermionen teil.

Will man nun, wie bei allen anderen Wechselwirkungen, auch die Prozesse der schwachen Wechselwirkung durch den Austausch von Teilchen beschreiben, so muß dies bei den geladenen Strömen ein geladenes Teilchen sein. Man nennt es das W-Boson (weil es, wie das Photon, den Spin 1 besitzt). Bei den neutralen Strömen muß das Austauschteilchen neutral sein. Es erhält den Namen Z^0-Boson. Da die Reichweite der schwachen Kraft sehr klein ist (siehe Abb. 7.25), muß die Masse der Austauschteilchen entsprechend groß sein. Man kann sie auf zwei Weisen abschätzen:

Yukawa nahm für die Reichweite der schwachen Wechselwirkung einen Wert von etwa $2 \cdot 10^{-18}$ m an. Damit ergibt sich, wie bei der Abschätzung der Masse des π-Mesons als Austauschteilchen der Kernkräfte in Abschn. 5.5, eine Masse gemäß

$$\begin{aligned} mc^2 \cdot \Delta t &\geq \hbar \quad \text{mit} \quad \Delta t = r/c \\ \Rightarrow m &\geq \frac{\hbar}{r \cdot c} \approx 1{,}5 \cdot 10^{-25}\,\text{kg} \\ \Rightarrow mc^2 &\geq 80\,\text{GeV} . \end{aligned} \qquad (7.47)$$

Die Masse des Austauschteilchens der schwachen Wechselwirkung muß also wesentlich größer als die Nukleonenmasse sein!

Benutzt man die in der Theorie des β-Zerfalls auftretende ***Fermi-Kopplungskonstante***

$$G_F = \frac{e^2 \hbar^2}{\varepsilon_0 E^2} = 8{,}96 \cdot 10^{-8}\,\text{GeV} \cdot \text{fm}^3 , \qquad (7.48)$$

die proportional ist zur Wahrscheinlichkeit W_{if} in (3.38) und in einem Modell des β-Zerfalls berechnet werden kann, und setzt man für die Energie E gemäß $E = m \cdot c^2$ die Masse m des Austauschteilchens ein, so erhält man wieder eine Masse von etwa $m \approx 8 \cdot 10^{10}\,\text{eV}/c^2$.

Der β-Zerfall würde in diesem Modell also folgendermaßen ablaufen:

Das Neutron geht in ein Proton über, indem ein d-Quark in ein u-Quark umgewandelt wird, wobei ein virtuelles W^--Boson emittiert wird, das wir mit W^* bezeichnen wollen. Dieses W^*-Boson erzeugt dann ein Elektron und ein Antineutrino, bevor es selbst beobachtet werden kann (Abb. 7.28):

$$d \to u + W^{*-} \qquad (7.49a)$$

$$W^{*-} \to e^- + \bar{\nu}_e , \qquad (7.49b)$$

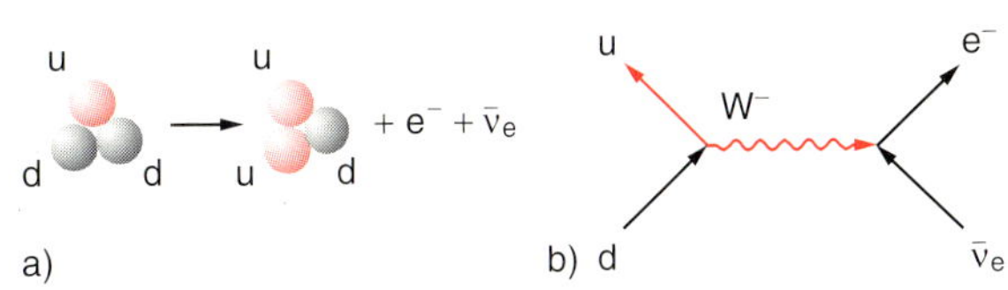

Abb. 7.28a,b. Betazerfall des Neutrons: (**a**) Schematische Darstellung; (**b**) Feynman-Diagramm mit Austausch eines W^--Bosons

so daß insgesamt beim β-Zerfall der Prozeß

$$d \to u + e^- + \bar{\nu}_e \tag{7.49c}$$

abläuft.

Man kann sich die schwache Wechselwirkung in Analogie zur elektromagnetischen Wechselwirkung verdeutlichen: Die elektrische Ladung ist ein Maß dafür, wie stark ein geladenes Teilchen mit dem Photon, dem Überträger der elektromagnetischen Kraft, wechselwirkt. Analog dazu führt man die ***schwache Ladung*** ein, die beschreibt, wie stark ein Teilchen mit dem W-Boson als Träger der schwachen Kraft wechselwirkt. Im Modell der schwachen Wechselwirkung durch Austausch von W-Bosonen kann man z. B. den Prozeß (7.46) der Streuung von Neutrinos an Elektronen in zwei Teilschritte zerlegen (Abb. 7.29a)

$$e^- \to \nu_e + W^{*-}\,, \tag{7.50a}$$

$$\nu_e \to e^- + W^{*+}\,, \tag{7.50b}$$

d. h. ein Elektron wandelt sich in ein Neutrino um, indem es ein virtuelles W^{*-}-Boson emittiert und ein Neutrino geht durch Aussendung eines W^{*+}-Bosons in ein Elektron über.

Genauso läßt sich der β^--Zerfall zerlegen in die beiden Teilschritte (Abb. 7.29b)

$$d \to u + W^{*-}\,, \tag{7.51a}$$

$$W^{*-} \to e^- + \bar{\nu}_e \tag{7.51b}$$

oder der β^+-Zerfall in

$$u \to d + W^{*+}\,, \tag{7.52a}$$

$$W^{*+} \to e^+ + \nu_e\,. \tag{7.52b}$$

Dadurch wird die Beschreibung wesentlich vereinfacht: Man muß jetzt nicht mehr die Wechselwirkung zwischen vier Fermionen berücksichtigen, sondern nur noch die zwischen den Fermionen und einem Boson. Dies macht die Behandlung der Prozesse mit schwacher Wechselwirkung analog zu denen der elektromagnetischen Wechselwirkung. Die Stärke der Wechselwirkung kann durch eine Zahl, nämlich die Kopplungskonstante α_{schwach} in (7.41) und (7.42) angegeben werden, analog zur Feinstrukturkonstante $\alpha_{\text{em}} = 1/137$ der elektromagnetischen Wechselwirkung.

Schreibt man die Leptonen (ν_e, e^-) und die Quarks (u,d) als zweireihige Spaltenvektoren

$$\begin{pmatrix} \nu_e \\ e^- \end{pmatrix}, \quad \begin{pmatrix} u \\ d \end{pmatrix},$$

so transformiert die schwache Wechselwirkung (d. h. der Austausch von W-Bosonen) die obere Komponente in die untere und umgekehrt. Dies ist analog zur Isospinladung, die ein Proton in ein Neutron, d. h. ein u-Quark in ein d-Quark umwandelt und umgekehrt.

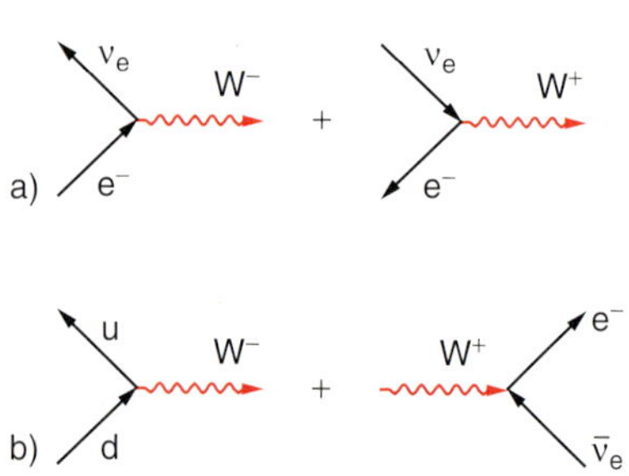

Abb. 7.29a,b. Aufteilung der Prozesse der Elektron-Neutrino-Streuung (**a**) und des β-Zerfalls (**b**) in zwei Teilschritte

7.6.2 Reelle W- und Z-Bosonen

Um ein $W^\pm$- oder Z^0-Boson zu erzeugen, müssen ein Quark und ein Antiquark oder ein Lepton und ein Antilepton miteinander reagieren. Die dazu erforderliche Mindestenergie E_S im Schwerpunktsystem für die Erzeugung eines neutralen Z^0-Bosons durch den Prozeß

$$e^+ + e^- \to Z^0$$

ist $E_S \geq M_Z \cdot c^2$.

Die geladenen Vektorbosonen W^+, W^- der schwachen Wechselwirkung wurden 1982 am CERN durch *C. Rubbia* und Mitarbeiter bei Zusammenstößen

$$p + \bar{p} \to W + X \tag{7.53}$$

zwischen Protonen und Antiprotonen entdeckt, wobei X für weitere eventuell erzeugte Teilchen steht. Das W-Boson wird gebildet durch die schwache Wechselwirkung zwischen einem Quark im Proton und einem Antiquark im Antiproton:

$$u + \bar{d} \to W^+\,, \tag{7.54a}$$

$$\bar{u} + d \to W^-\,. \tag{7.54b}$$

Kurz danach wurde auch das Z^0-Boson gefunden, das durch die Reaktion

$$u + \bar{u} \to Z^0 \tag{7.54c}$$

ensteht.

Die W-Bosonen zerfallen in Leptonen gemäß

$$W^+ \to e^+ + \nu_e\,, \tag{7.55a}$$

$$W^- \to e^- + \bar{\nu}_e\,. \tag{7.55b}$$

Das Z^0-Boson zerfällt in ein Lepton-Antilepton-Paar

$$Z^0 \to e^+ + e^- \quad \text{oder} \quad Z^0 \to \mu^+ + \mu^-\,. \tag{7.55c}$$

Zum Nachweis der gebildeten Z^0-Bosonen beobachtet man ein hochenergetisches e^+-e^-- oder μ^+-μ^--Paar, wobei Lepton und Antilepton in entgegengesetzte Richtungen fliehen.

Man mißt mit Kalorimeterzellen, welche die p-$\bar{p}$-Kollisionszone umgeben, die transversale Energie von Elektron und Positron als Funktion von Polarwinkel ϑ und Azimutalwinkel φ. In Abb. 7.30 ist ein Meßdiagramm der ersten gemessenen Ereignisse dargestellt für die Reaktion

$$p + \bar{p} \to Z^0 \to e^+ + e^-\,.$$

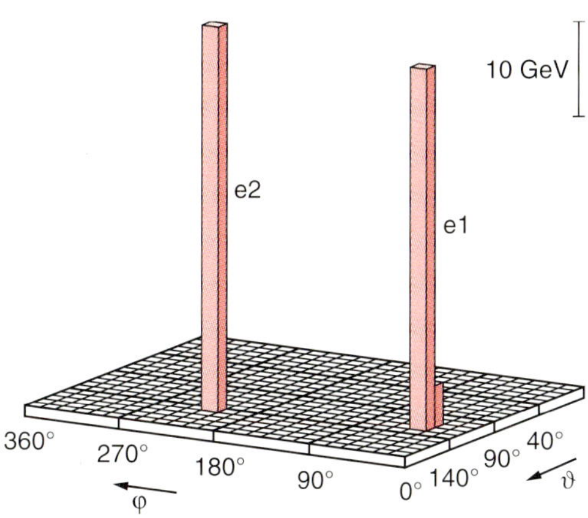

Abb. 7.30. Diagramm der ersten gemessenen Zerfälle $Z^0 \to e^+ + e^-$, durch die das Z^0-Boson nachgewiesen wurde. Aufgetragen ist die durch Kalorimeter gemessene Transversalenergie von e^- und e^+ als Funktion der Winkel ϑ und φ. VA2-Kollaboration, CERN, P. Bagnaia et al.: Phys. Lett. B **129**, 110 (1983)

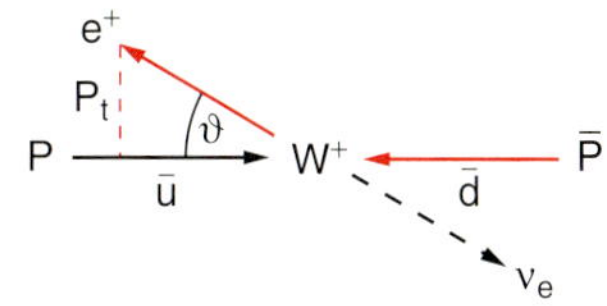

Abb. 7.31. Impulsdiagramm des Prozesses $u + \bar{d} \to W^+ \to e^+ + \nu_e$. Nach Povh, Rith, Scholz, Zetsche: *Teilchen und Kerne* (Springer, Berlin, Heidelberg 1995)

Beim Zerfall der geladenen $W^\pm$-Bosonen entsteht nur ein geladenes Teilchen; das Neutrino ist im Detektor nicht sichtbar. Man mißt deshalb die Transversalimpulse und Energien aller nachgewiesenen Teilchen, deren Summe ungleich Null ist. Der fehlende Transversalimpuls wird dem Neutrino zugeschrieben.

Nehmen wir an, daß das beim antikollinearen Stoß $p + \bar{p} \to W^+$ entstehende W^+-Boson in Ruhe in $e^+ + \nu_e$ zerfällt, wobei e^+ unter dem Winkel ϑ gegen die Flugrichtung von $\bar{p}$ emittiert wird (Abb. 7.31). Dann gilt für den Transversalimpuls:

$$p_t(e^+) = \frac{M_W \cdot c}{2} \cdot \sin\vartheta\,, \tag{7.56}$$

weil das Neutrino die andere Hälfte mitnimmt. Die Winkelverteilung der Produkte hängt ab vom Wirkungsquerschnitt $\sigma(p_t)$ für den Zerfall $W^- \to e^+ + \nu_e$.

Die Abhängigkeit des Wirkungsquerschnitts $\sigma(p_t)$ vom Transversalimpuls kann als Abhängigkeit vom Winkel ϑ geschrieben werden:

$$\frac{d\sigma}{dp_t} = \frac{d\sigma}{d\cos\vartheta} \cdot \frac{d\cos\vartheta}{dp_t}\,. \tag{7.57}$$

Einsetzen von $\cos\vartheta = \sqrt{1 - \sin^2\vartheta}$ in (7.56) ergibt:

$$\frac{d\sigma}{dp_t} = \frac{d\sigma}{d\cos\vartheta} \cdot \frac{2p_t}{M_W \cdot c \cdot \sqrt{(M_W \cdot c/2)^2 - p_t^2}}\,. \tag{7.58}$$

Dies zeigt, daß der Wirkungsquerschnitt bei einem Transversalimpuls $p_t = M_W \cdot c/2$ ein Maximum besitzt.

Im allgemeinen wird das W-Boson nicht in Ruhe erzeugt (weil noch andere Reaktionsprodukte beim p-$\bar{p}$-Stoß entstehen). Deshalb wird die Kurve $\sigma(p_t)$ verschmiert.

Aus dem Maximum von $\sigma(p_t)$ läßt sich die Masse der W-Bosonen ermitteln, aus der Breite der Verteilung

Tabelle 7.7. Massen und Resonanzbreiten der W- und Z-Bosonen

Boson	Masse in GeV/c^2	Resonanzbreite Γ in GeV
$W^{\pm}$	$80,2 \pm 0,26$	$2,08 \pm 0,07$
Z^0	$91,19 \pm 0,004$	$2,497 \pm 0,004$

$\sigma(E_S)$ als Funktion der Schwerpunktsenergie beim Stoß $p + \overline{p}$ auch die Breite der Resonanz und damit die Lebensdauer des W-Bosons. Die Meßwerte sind in Tabelle 7.7 zusammengefaßt.

Zur Erzeugung von W- oder Z^0-Bosonen durch p-p- oder p-$\overline{p}$-Stöße braucht man eine wesentlich höhere Schwerpunktsenergie, als es der Massenenergie $M_W \cdot c^2$ entspricht.

Dies liegt daran, daß die Erzeugung durch den Zusammenstoß zweier Quarks gemäß (7.54) erfolgt. In einem schnell bewegten Proton wird etwa die Hälfte des Impulses von den Gluonen (siehe Abschn. 7.5) getragen, und der Rest teilt sich auf die drei Quarks auf. Man kann abschätzen, daß ein für die Reaktion (7.54) benötigtes Quark nur etwa 12% des Protonenimpulses hat. Deshalb muß die Energie der Protonen- und Antiprotonenstrahlen etwa 300 GeV betragen, um W-Bosonen durch die Reaktion $p + \overline{p} \rightarrow W^{\pm}$ zu erzeugen.

Bei der Erzeugung von Z^0-Bosonen in Elektron-Positron-Speicherringen

$$e^+ + e^- \rightarrow Z^0 \tag{7.59a}$$

muß man dagegen nur die Schwerpunktsenergie $E_S = M_Z c^2 \approx 90\,\text{GeV}$ aufbringen. Durch die Fertigstellung des LEP-Beschleunigers am CERN konnten diese Energien erreicht werden und dadurch Z^0-Bosonen in großer Zahl erzeugt werden.

Zur Erzeugung von W-Bosonen

$$e^+ + e^- \rightarrow W^+ + W^- \tag{7.59b}$$

braucht man etwa die doppelte Energie $2M_W c^2$, also etwa 160 GeV, d. h. mindestens 80 GeV pro Strahl.

7.6.3 Paritätsverletzung bei der schwachen Wechselwirkung

Während bei allen Prozessen der elektromagnetischen und der starken Wechselwirkung die Parität erhalten bleibt, wurde 1956 von *Dao Lee* und *Chen Ning Yang* vorhergesagt, daß bei der schwachen Wechselwirkung das Prinzip der Paritätserhaltung verletzt wird. Dies konnte 1957 durch Frau *C.S. Wu* und ihre Gruppe experimentell bestätigt werden. In diesem Experiment

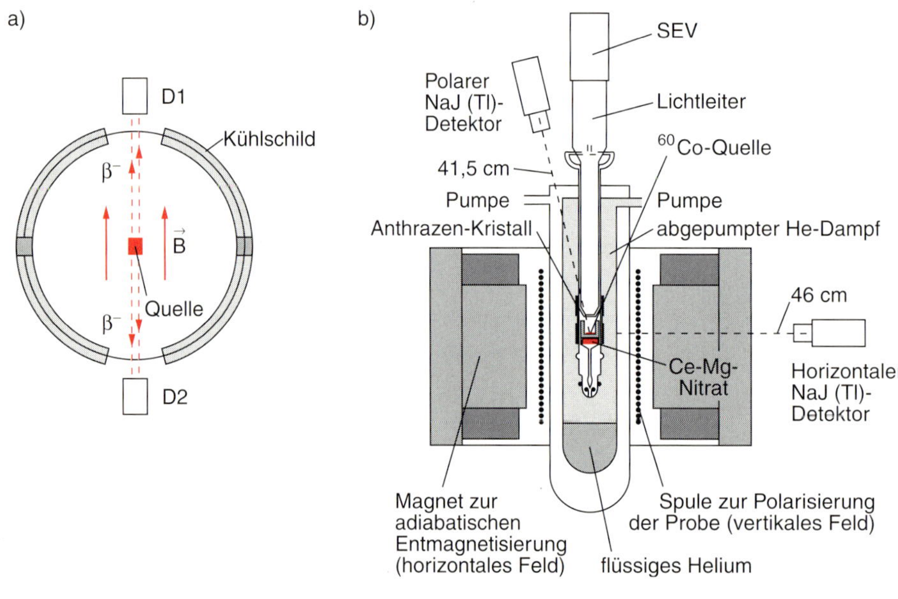

Abb. 7.32a,b. Zum Experiment zur Messung der Paritätsverletzung beim β-Zerfall. (**a**) Schematische Darstellung; (**b**) Anordnung der Wu-Gruppe . Nach C.S. Wu, E. Ambler, R.W. Hayward, D.P. Hoppes, R.P. Hudson: Experimental Test of Parity Conservation in Beta Decay. Phys. Rev. **107**, 1413 (1957)

wurden $^{60}_{27}$Co-Kerne in einem Magnetfeld auf Grund ihres magnetischen Momentes ($\mu_{Co} = +3{,}75\mu_K$) ausgerichtet. Um dies zu erreichen, muß man die Probe auf Temperaturen unter 1 K abkühlen (Abb. 7.32). Die Kerne zerfallen durch β-Emission

$$^{60}\text{Co} \to {}^{60}\text{Ni} + \text{e}^- + \overline{\nu}_e \tag{7.60}$$

mit einer Halbwertszeit von 5,26 Jahren (Abb. 7.33). Bei der Messung der Winkelverteilung der emittierten Elektronen (Abb. 7.32a) stellte man fest, daß mehr Elektronen entgegengesetzt zur Magnetfeldrichtung, also antiparallel zum Kernspin der Kobaltkerne ausgesandt wurden als in Richtung von $\boldsymbol{B}$ (Abb. 7.34).

Führt man ein analoges Experiment für den β^+-Zerfall von ^{58}Co durch, so zeigt sich, daß die Positronen überwiegend in Richtung des Magnetfeldes, also parallel zum Spin der orientierten ^{58}Co-Kerne emittiert werden.

Kehrt man das Magnetfeld und damit den Kernspin um, so kehrt sich auch die Richtung maximaler β-Emission um. Man sieht aus Abb. 7.34, daß diese Asymmetrie eine Nichterhaltung der Parität bedeutet. Da der Kernspin ein axialer Vektor ist, dreht sich sein Schraubensinn bei Spiegelung an einer Ebene um. Die räumliche Verteilung sollte jedoch erhalten bleiben, im Gegensatz zum experimentellen Befund.

Um diese Asymmetrie zu analysieren, führen wir die ***Helizität***

$$H = \frac{\boldsymbol{s} \cdot \boldsymbol{v}}{|\boldsymbol{s}| \cdot |\boldsymbol{v}|} \tag{7.61}$$

eines Teilchens mit Spin $\boldsymbol{s}$ ein, daß sich mit der Geschwindigkeit $\boldsymbol{v}$ bewegt.

Ein Elektron, dessen Spin parallel zur Flugrichtung ausgerichtet ist, hat danach positive Helizität. Transformiert man jedoch auf ein Koordinatensystem,

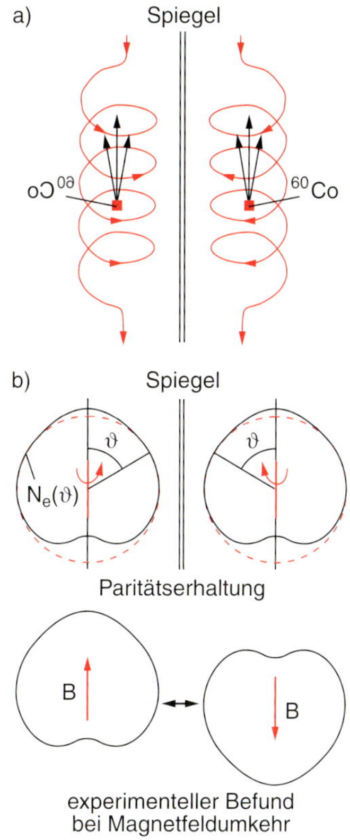

Abb. 7.34a,b. Zur Paritätsverletzung beim β-Zerfall. (**a**) Schematische Darstellung; (**b**) Winkelverteilung der Elektronen bei Paritätserhaltung und im Experiment

das sich mit einer Geschwindigkeit $v^* > v$ in Richtung von $\boldsymbol{v}$ bewegt, so ist in diesem Koordinatensystem die Geschwindigkeit $\boldsymbol{v}' = \boldsymbol{v} - \boldsymbol{v}^*$ antiparallel zum Elektronenspin, und die Helizität wird negativ. Man sieht daraus, daß die Helizität eines Teilchens mit einer Ruhemasse $m > 0$, das sich immer mit einer Geschwindigkeit $v < c$ bewegt, von der Wahl des Bezugssystems abhängt.

Dies ist anders bei Neutrinos, deren Ruhemasse wahrscheinlich Null ist und die sich mit Lichtgeschwindigkeit bewegen, unabhängig von der Wahl des Bezugssystems (siehe Bd. 1, Abschn. 3.4).

> Das überraschende experimentelle Ergebnis der Messung der Helizität von Neutrinos ist, daß alle bisher beobachteten Neutrinos negative Helizität $H = -1$ haben, d. h. der Spin des Neutrinos zeigt immer in eine Richtung entgegengesetzt zu seiner Geschwindigkeit.

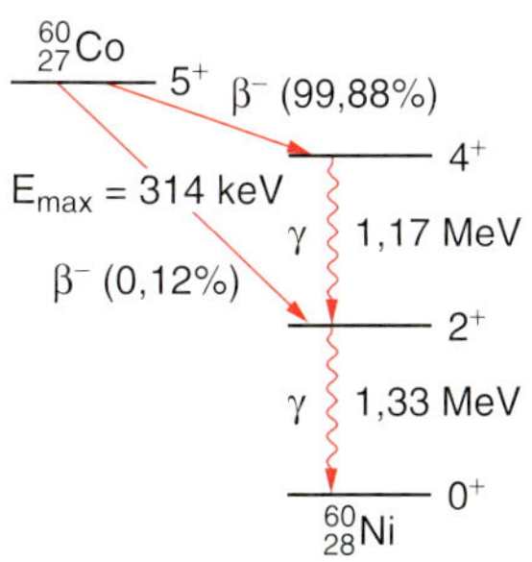

Abb. 7.33. Zerfallsschema von $^{60}_{27}$Co

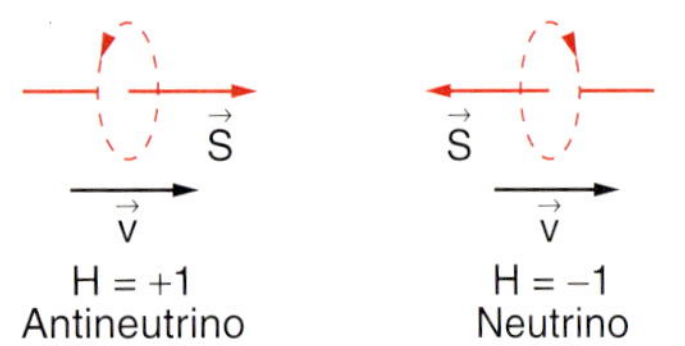

Abb. 7.35. Helizität des Neutrinos und des Antineutrinos

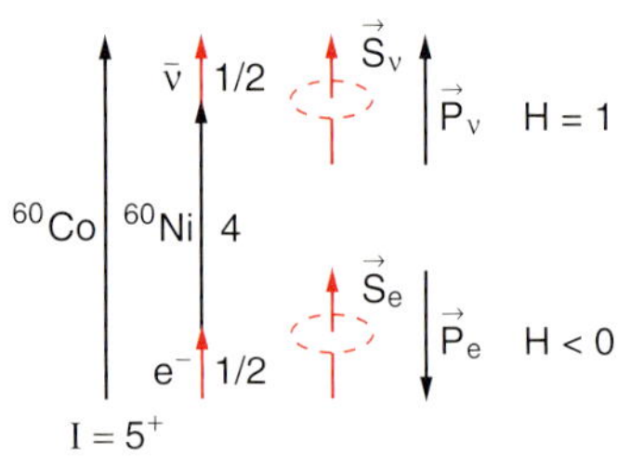

Abb. 7.36. Zur Erklärung der Paritätsverletzung auf Grund der Helizität des Antineutrinos

Solche Teilchen werden ***linkshändig*** genannt. Alle Antineutrinos haben dagegen positive Helizität, sie sind ***rechtshändig*** (Abb. 7.35).

Es zeigt sich, daß die Asymmetrie beim β-Zerfall (7.60) mit der Rechtshändigkeit der Antineutrinos zusammenhängt. Dies sieht man folgendermaßen:

In Abb. 7.36 sind die Spin- und Paritätsverhältnisse beim β^--Zerfall von ^{60}Co illustriert. Der ^{60}Co-Kern hat den Kernspin $5\hbar$ und positive Parität. Der Tochterkern ^{60}Ni hat den Kernspin $4\hbar$ und ebenfalls positive Parität. Deshalb müssen die Spins $s_{\overline{\nu}} = \hbar/2$ des Antineutrinos und $s_e = \hbar/2$ des Elektrons parallel sein. Das Antineutrino hat die Helizität $H = +1$, sein Spin muß also in Richtung seines Impulses zeigen. Beim Zerfall des ruhenden ^{60}Co-Kernes müssen die beiden Impulse von Antineutrino und Elektron antiparallel sein, d. h. $\boldsymbol{p}_{\overline{\nu}} = -\boldsymbol{p}_e$ (Impulserhaltung). Deswegen muß der Spin des Elektrons antiparallel zu seinem Impuls sein, d. h. das Elektron fliegt in einer Richtung antiparallel zum Kernspin.

Ein weiteres Beispiel für die Paritätsverletzung ist der Zerfall des Myons

$$\mu^- \to e^- + \nu_\mu + \overline{\nu}_e \,.$$

Beim Zerfall eines ruhenden Myons hat das Elektron maximale Energie, wenn die Impulse der beiden Neutrinos parallel zueinander aber entgegengesetzt zum Impuls des Elektrons gerichtet sind. Da in diesem Fall die Spins von ν_μ und $\overline{\nu}_e$ antiparallel sind, muß der Spin des Elektrons parallel zum Spin des Myons sein,

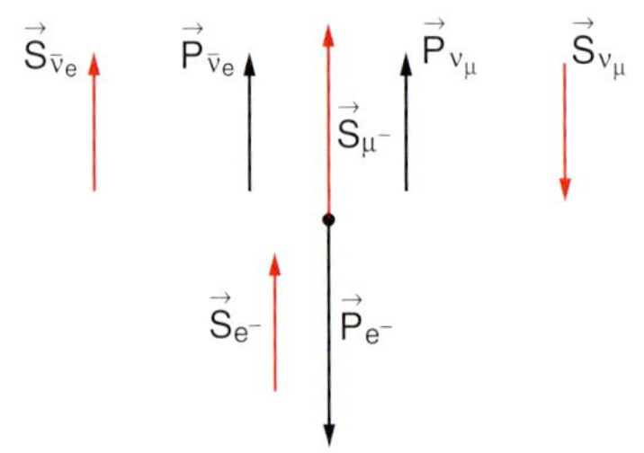

Abb. 7.37. Impuls- und Spinbilanz beim Zerfall des Myons: $\mu^- \to e^- + \overline{\nu}_e + \nu_\mu$

da sonst die Drehimpulserhaltung verletzt wäre (Abb. 7.37).

Das Experiment zeigt, daß beim Zerfall polarisierter Myonen, deren Spins also ausgerichtet sind, die Elektronen bevorzugt entgegen der Myon-Spinrichtung emittiert werden. Sie sind also bevorzugt linkshändig. In dieser Links-Rechts-Asymmetrie zeigt sich wieder die Paritätsverletzung.

7.6.4 Die CPT-Symmetrie

Drei wichtige Symmetrie-Operationen in der Physik sind:

- die ***Teilchen-Antiteilchen-Konjugation*** $\hat{C}$ (auch ***Ladungskonjugation*** genannt), bei der ein Teilchen in sein Antiteilchen übergeht,
- ***Paritätsoperation*** $\hat{P}$, die einer Raumspiegelung $\boldsymbol{r} \to -\boldsymbol{r}$ entspricht,
- ***Zeitumkehr*** $\hat{T}$, bei der der Zeitablauf umgekehrt wird.

Es zeigt sich, daß bei allen bisher beobachteten Prozessen in der Natur das Produkt $\hat{C} \cdot \hat{P} \cdot \hat{T}$ aller drei Operationen immer invariant ist, also erhalten bleibt.

Dies folgt aus ganz allgemeinen Symmetrieprinzipien. Es gibt keine in sich konsistente Theorie, bei der die CPT-Symmetrie verletzt ist. Diese CPT-Erhaltung bedingt die Gleichheit von Masse und Lebensdauer von Teilchen und Antiteilchen und auch den gleichen Betrag (aber entgegengesetztes Vorzeichen) des magnetischen Momentes.

Man sieht sofort, daß durch die festgelegte Helizität des Neutrinos die C-Symmetrie (Ladungskonjugation) allein nicht erhalten bleibt, denn beim Übergang vom Neutrino zum Antineutrino müßte die Helizität gleich bleiben, d. h. aus linkshändigen Neutrinos müßten linkshändige Antineutrinos werden, die aber in der Natur nicht vorkommen.

> Alle Prozesse der schwachen Wechselwirkung verletzen die C-Symmetrie.

Hingegen wird bei der kombinierten Anwendung $\hat{C} \cdot \hat{P}$ von Ladungskonjugation und Raumspiegelung aus einem linkshändigen Neutrino ein rechtshändiges Antineutrino, d. h. die Ausführung der Operation $\hat{C} \cdot \hat{P}$ ist ein möglicher, den experimentellen Befunden entsprechender Prozeß.

Es gibt jedoch auch beobachtete Prozesse, bei denen die CP-Symmetrie verletzt wird, wie z. B. der Zerfall des neutralen K^0-Mesons (auch Kaon genannt).

Neutrale Kaonen können sowohl in zwei als auch in drei Pionen zerfallen. Es zeigt sich, daß es ein kurzlebiges K_s^0-Meson gibt, das gemäß den beiden Zerfallskanälen

$$\begin{aligned} K_s^0 &\to \pi^+ + \pi^- \\ &\to \pi^0 + \pi^0 \end{aligned} \tag{7.62}$$

mit einer mittleren Lebensdauer von $\tau_s = 9 \cdot 10^{-11}$ s zerfällt, und ein langlebiges K_l^0-Meson, das mit $\tau_l = 5 \cdot 10^{-8}$ s in drei Pionen

$$\begin{aligned} K_l^0 &\to \pi^+ + \pi^- + \pi^0 \\ &\to \pi^0 + \pi^0 + \pi^0 \end{aligned} \tag{7.63}$$

zerfällt.

Die Frage ist nun, warum es zwei neutrale Kaonen mit derselben Masse, aber unterschiedlichen Lebensdauern und unterschiedlichen Zerfallsprodukten gibt.

Das Zwei-Pionen-System hat positive Parität (siehe Abschn. 7.2.3), das Drei-Pionen-System dagegen negative. Die Tatsache, daß beide Zerfälle (7.62) und (7.63) möglich sind, ist ein weiteres Beispiel für die Paritätsverletzung.

Im Quarkmodell ist der Quarkaufbau der Kaonen $K^0 = (d\overline{s})$ und $\overline{K^0} = (s\overline{d})$. Die Seltsamkeitsquantenzahl von K^0 ist $S = +1$, und die von $\overline{K^0}$ ist $S = -1$. Auf Grund der schwachen Wechselwirkung können K^0 und $\overline{K^0}$ ineinander übergehen, wodurch sich der Quarktyp ändert ($\overline{s} \leftrightarrow s$, $d \leftrightarrow \overline{d}$), wobei zwei W-Bosonen ausgetauscht werden. Eine solche Quarkmischung ist möglich, wenn das Kaon lange genug lebt, um den Austausch der W-Bosonen zu ermöglichen.

Das Ergebnis dieser Quarkmischung sind zwei Zustände, die jeweils einer Linearkombination von K^0 und $\overline{K^0}$ entsprechen. Wir nennen sie

$$\begin{aligned} |K_1^0\rangle &= \frac{1}{\sqrt{2}} \left\{ |K^0\rangle - |\overline{K}^0\rangle \right\} \\ &\text{mit} \quad \hat{C} \cdot \hat{P}\, |K_1^0\rangle = +1\, |K_1^0\rangle\,, \end{aligned} \tag{7.64a}$$

$$\begin{aligned} |K_2^0\rangle &= \frac{1}{\sqrt{2}} \left\{ |K^0\rangle - |\overline{K^0}\rangle \right\} \\ &\text{mit} \quad \hat{C} \cdot \hat{P}\, |K_2^0\rangle = -1\, |K_2^0\rangle\,. \end{aligned} \tag{7.64b}$$

Wenn die CP-Symmetrie erhalten bleiben soll, muß das K_1^0 in zwei Pionen und das K_2^0 in drei Pionen zerfallen.

Wenn man im Experiment die Kaonen eine Strecke durchlaufen läßt, deren Flugzeit lang ist gegenüber der Lebensdauer des kurzlebigen K_1^0-Zustands, sollte nur noch der langlebige K_2^0-Zustand übrig bleiben, d. h. man sollte nur noch Kaon-Zerfälle in drei Pionen beobachten. Es zeigt sich jedoch, daß das langlebige K_2^0-Kaon zwar überwiegend in drei Pionen zerfällt, aber mit geringer Wahrscheinlichkeit $(3 \cdot 10^{-3})$ auch in nur zwei Pionen.

Dies wäre ein erster experimenteller Hinweis auf eine Verletzung der CP-Symmetrie.

Zusätzlich hat man beim semileptonischen Zerfall

$$K_l^0 \to \pi^+ + \mu^- + \overline{\nu}_\mu \tag{7.65a}$$

$$\to \pi^- + \mu^+ + \nu_\mu \tag{7.65b}$$

eine Asymmetrie zwischen beiden Zerfallskanälen gefunden. Der Zerfall (7.65b) ist um den Faktor 1,0033 häufiger als der Zerfall (7.65a). Auch hier liegt somit geringe CP-Verletzung vor.

Es ist interessant, daß diese CP-Verletzung es ermöglicht, das Ladungsvorzeichen zu bestimmen und damit zwischen Teilchen und Antiteilchen zu unterscheiden.

Wäre die CP-Symmetrie nicht verletzt, so könnten wir Bewohnern anderer Welten nicht mitteilen, ob unsere Materie aus Teilchen oder Antiteilchen aufgebaut ist, da alle physikalischen Experimente gleich ablaufen würden, wenn alle Ladungen vertauscht würden.

Auf Grund der CP-Verletzung können wir jedoch sagen:

Wir definieren als Antiteilchen π^- und μ^+ die Teilchen, die beim Zerfall des K_l^0-Mesons häufiger auftreten als die Teilchen π^+ und μ^-. Ebenso können wir

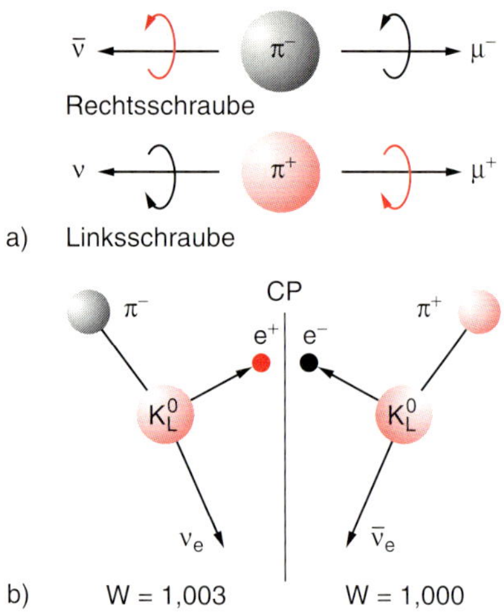

Abb. 7.38a,b. Zur Möglichkeit der Unterscheidung von rechts und links (**a**) und Teilchen und Antiteilchen (**b**) auf Grund der CP-Verletzung beim K_l^0-Zerfall

zwischen links und rechts unterscheiden, wie in Abb. 7.38 illustriert. Das beim π^--Zerfall entstehende Neutrino hat eine Helizität $H = -1$, entsprechend einer Linksschraube, während beim μ^--Zerfall das Antineutrino mit $H = +1$ (Rechtsschraube) erzeugt wird.

Wenn das Produkt $\hat{C} \cdot \hat{P} \cdot \hat{T}$ der drei Symmetrien immer erhalten bleibt, muß bei CP-verletzenden Prozessen die Zeitspiegelsymmetrie gebrochen sein. Dies bedeutet, daß bei solchen Prozessen die Wahrscheinlichkeit für den Umkehrprozeß ($t \to -t$) verschieden sein muß. Bisher gibt es keine direkten Hinweise auf eine T-Verletzung.

Eine solche experimentelle Bestätigung wäre z. B. der Nachweis eines elektrischen Dipolmomentes des Neutrons. Ein in Ruhe befindliches, von äußeren Einwirkungen isoliertes Neutron hat als einzige Vorzugsrichtung seinen Spin $\boldsymbol{s}$, die dann auch die Vorzugsrichtung für ein eventuelles elektrisches Dipolmoment $\boldsymbol{d}_\text{n}$ wäre. Die Wechselwirkungsenergie mit einem äußeren elektrischen Feld $\boldsymbol{E}$ wäre dann

$$W = -\boldsymbol{d}_\text{n} \cdot \boldsymbol{E} \propto \boldsymbol{s} \cdot \boldsymbol{E} .$$

Eine Paritätstransformation $\boldsymbol{r} \to -\boldsymbol{r}$ würde eine Transformation $(\boldsymbol{s}, \boldsymbol{E}) \to (\boldsymbol{s}, -\boldsymbol{E})$ bedeuten, eine Zeitumkehr hingegen $(\boldsymbol{s}, \boldsymbol{E}) \to (-\boldsymbol{s}, \boldsymbol{E})$ (Tabelle 7.8). Wenn man Spinrichtung oder elektrisches Feld umpolt, würde dies eine Änderung $\Delta W = 2W$ der Energie bewirken.

Tabelle 7.8. Transformationsverhalten einiger physikalischer Größen bei Raumspiegelung $\hat{P}$, Ladungskonjugation $\hat{C}$ und Zeitumkehr $\hat{T}$

Größe	$\hat{P}$	$\hat{C}$	$\hat{T}$
Ortsvektor $\boldsymbol{r}$	$-\boldsymbol{r}$	$\boldsymbol{r}$	$\boldsymbol{r}$
Zeit t	t	t	$-t$
Impuls $\boldsymbol{p}$	$-\boldsymbol{p}$	$\boldsymbol{p}$	$-\boldsymbol{p}$
Drehimpuls $\boldsymbol{L}$	$\boldsymbol{L}$	$\boldsymbol{L}$	$-\boldsymbol{L}$
Spin $\boldsymbol{s}$	$\boldsymbol{s}$	$\boldsymbol{s}$	$-\boldsymbol{s}$
elektr. Feld $\boldsymbol{E}$	$-\boldsymbol{E}$	$-\boldsymbol{E}$	$\boldsymbol{E}$
magn. Feld $\boldsymbol{B}$	$\boldsymbol{B}$	$-\boldsymbol{B}$	$-\boldsymbol{B}$

Bisher hat man jedoch in sehr sorgfältigen Messungen (z. B. von *Norman Ramsey*) keine solche Änderung gefunden. Die experimentelle Genauigkeit gibt dann eine obere Grenze

$$d_\text{n} < 1{,}2 \cdot 10^{-25} \cdot e\,\text{cm} = 2{,}3 \cdot 10^{-46}\,\text{C} \cdot \text{m}$$

für ein mögliches elektrisches Dipolmoment des Neutrons.

In Tabelle 7.8 ist das Symmetrieverhalten einiger wichtiger physikalischer Größen bei C-, P- und T-Transformationen zusammengestellt.

7.6.5 Erhaltungssätze und Symmetrien

Wir hatten gesehen, daß bei der Klassifizierung von Teilchen ihre charakteristischen Eigenschaften, wie Energie, Impuls, Drehimpuls und Quantenzahlen, die Baryonenzahl B, Leptonenzahl L, Parität P oder Ladungsquantenzahl C und deren Erhaltung bei Reaktionen eine große Rolle spielen. Insbesondere für die Wahrscheinlichkeit des Zerfalls instabiler Teilchen sind Erhaltungssätze von fundamentaler Bedeutung.

Wir können als Universalprinzip formulieren:

> Jedes Teilchen zerfällt in leichtere Teilchen, wenn dies nicht durch Erhaltungssätze verboten ist.

Das Photon ist stabil, weil es die Ruhenasse Null hat und es deshalb kein leichteres Teilchen gibt, in das es zerfallen könnte. Das Elektron-Neutrino ν_e (das wahrscheinlich die Ruhemasse Null hat) ist stabil, weil es kein leichteres Lepton gibt.

Das Elektron e^- (und sein Antiteilchen e^+) sind stabil, weil sie die leichtesten geladenen Teilchen sind und die Ladungserhaltung einen Zerfall in Neutrinos verbietet.

Das Proton ist wahrscheinlich stabil, weil es kein leichteres Baryon gibt und die Erhaltung der Baryonenzahl einen Zerfall verbietet.

Die Messung der Lebensdauern instabiler Teilchen gibt wichtige Hinweise auf den Charakter des Zerfalls, d. h. die Art der Wechselwirkung, die für den Zerfall verantwortlich ist. So wird z. B. der Zerfall

$$\Delta^{++} \rightarrow p^+ + \pi^+$$

durch die starke Wechselwirkung verursacht, während der Zerfall

$$\pi^0 \rightarrow \gamma + \gamma$$

durch die elektromagnetische Wechselwirkung ermöglicht wird, weil als Reaktionsprodukte nur zwei Photonen auftreten. Ein Beispiel für einen Zerfall auf Grund der schwachen Wechselwirkung ist

$$\Sigma^- \rightarrow \mu + e^- + \overline{\nu}_e ,$$

weil hier ein Antineutrino auftaucht, das nur eine schwache Wechselwirkung aufweist.

Typische Lebensdauern starker Zerfälle sind $\tau \approx 10^{-23}$ s, bei elektromagnetischen Zerfällen 10^{-16}–10^3 s.

Es ist interessant, daß die Erhaltung der Leptonenzahl L und der Baryonenzahl B nicht aus allgemeinen Symmetrieprinzipien hergeleitet werden kann, sondern eine empirische Regel ist, von der bisher noch keine Ausnahme gefunden wurde.

Deshalb werden in mehreren Labors Anstrengungen unternommen, einen möglichen Zerfall des Protons nachzuweisen; bisher ohne Erfolg. Die untere Grenze für die Lebensdauer des Protons ist zur Zeit $T_p > 9 \cdot 10^{32}$ Jahre, also um mehr als den Faktor 10^{20} länger als das Alter des Universums (siehe Kap. 12).

In Tabelle 7.9 sind die Erhaltungssätze, die bei verschiedenen Wechselwirkungen gelten, zusammengefaßt.

Von *Emmy Noether* wurde 1917 ein grundlegendes Theorem aufgestellt, welches besagt, daß jede Symmetrie in der Natur einen Erhaltungssatz bedingt. So folgt z. B. aus der Homogenität des Raumes eine Invarianz der Naturgesetze bei Translation. Daraus folgt die Erhaltung des Impulses. Eine Invarianz gegen zeitliche Transformationen bedeutet die Erhaltung der Energie. Aus der Isotropie des Raumes folgt die Invarianz gegen Rotationen, was die Erhaltung des Drehimpulses impliziert.

Tabelle 7.9. Erhaltungsgrößen bei den verschiedenen Wechselwirkungen in der Teilchenphysik

Erhaltungsgröße	elmagn. W.W.	schwache W.W.	starke W.W.
Energie	ja	ja	ja
Impuls	ja	ja	ja
Drehimpuls	ja	ja	ja
Baryonenzahl B	ja	ja	ja
Leptonenzahl L	ja	ja	ja
Parität P	ja	nein	ja
Ladungsquantenzahl C	ja	nein	ja
Produkt $C \cdot P$	ja	nein	ja
Zeitspiegelinvarianz T	ja	nein	ja
Produkt $C \cdot P \cdot T$	ja	ja	ja

7.7 Das Standardmodell der Teilchenphysik

Das Standardmodell faßt alle in diesem Kapitel behandelten experimentellen Fakten zusammen und macht auch Vorhersagen über bisher nicht gefundene Teilchen. Es basiert auf einer ***Eichtheorie***, in der renormierbare Parameter auftreten, die mit experimentell meßbaren Größen, wie Wirkungsquerschnitte, Masse der Austauschteilchen der verschiedenen Wechselwirkungen und Zerfallswahrscheinlichkeiten instabiler Teilchen verglichen werden kann [7.16]

In einer Eichtheorie treten Größen auf, die bei Eichtransformationen invariant bleiben. Dies sind z. B. in der klassischen Elektrodynamik die Potentiale $\phi(\boldsymbol{r}, t)$ und $\boldsymbol{A}(\boldsymbol{r}, t)$. Dadurch kann man ihre Werte durch eine Eichung festlegen (z. B. die Coulomb-Eichung).

Die Invarianz gegenüber Zeittransformationen bedeutet z. B. die Erhaltung der Energie, die Invarianz gegenüber Translationen die Erhaltung des Impulses und die Invarianz bei Rotationen ergibt die Erhaltung des Drehimpulses.

Nach unseren heutigen Kenntnissen besteht die gesamte Materie und ihre Wechselwirkungen aus drei Sorten elementarer Teilchen: Leptonen, Quarks und Austauschteilchen. Sie sind in den Tabellen 7.10 und 7.11 zusammengestellt. Leptonen und Quarks sind Fermionen, die Austauschteilchen Bosonen. Die sechs Leptonen (und ihre sechs Antiteilchen) werden klassifiziert gemäß ihrer Ladung Q, ihrer Elektron-Leptonenzahl L_e, Myon-Leptonenzahl L_μ und τ-Leptonenzahl L_τ.

Die sechs Quarks (und ihre Antiquarks) unterscheiden sich durch ihren Quarktyp (*flavour*), und jeder Quarktyp kann drei verschiedene Farbladungen (rot, grün, blau) tragen. Man teilt Leptonen und Quarks in Familien (auch Generationen genannt) ein.

Zur jeder Wechselwirkung gibt es Austauschteilchen: das Photon für die elektromagnetische Wechselwirkung, drei Bosonen (W^+, W^-, Z^0) für die schwache Wechselwirkung; acht Gluonen für die starke Wechselwirkung; das Graviton für die Gravitationswechselwirkung, die aber im Standardmodell nicht enthalten ist.

Insgesamt gibt es nach dem Standardmodell zwölf Leptonen, 36 Quarks und zwölf Austauschteilchen.

Tabelle 7.10. Aufbau der Welt aus elementaren Teilchen ...

Fermionen	Familie 1	Familie 2	Familie 3	elektr. Ladung	Farbe	Spin
Leptonen	ν_e	ν_μ	ν_τ	0	—	1/2
	e^-	μ^-	τ^-	−1	—	1/2
Quarks	u	c	t	+2/3	r, g, b	1/2
	d	s	b	−1/3	r, g, b	1/2

Tabelle 7.11. ... und Wechselwirkungen

Wechselwirkung	koppelt an	Austauschteilchen	Masse (GeV/c^2)	I^P
stark	Farbladung	8 Gluonen	0	1^-
elektromagnetisch	elektrische Ladung	1 Photon	0	1^-
schwach	schwache Ladung	3: $W^\pm$, Z^0	80, 90	1
Gravitation	Masse	Graviton	0	2

Dazu kommt noch ein bisher nicht gefundenes Teilchen (das Higgs-Boson), das vom Standardmodell gefordert wird, so daß es insgesamt nach diesem Modell 61 Teilchen gibt.

Das große Ziel der Physiker ist es, alle vier bisher bekannten Wechselwirkungen auf eine gemeinsame Ursache zurückzuführen (*Grand Unification Theory* GUT). Ein erster Schritt auf diesem Wege der Vereinigung war die Vereinigung von elektrischer und magnetischer Wechselwirkung durch die Maxwell-Theorie (Bd. 2, Kap. 4) im vorigen Jahrhundert. Nun kamen in unserem Jahrhundert zwei neue Kräfte, die schwache und starke Kraft, hinzu, so daß die Vielfalt größer statt kleiner wurde. Sie zu vereinigen ist wesentlich schwieriger. Obwohl in den letzten Jahren große Fortschritte auf diesem Weg erreicht wurden, sind wir doch noch weit von einer endgültigen Lösung dieses Problems entfernt.

Immerhin ist es *S.L. Glashow*, *St. Weinberg* und *A. Salam* gelungen, die elektromagnetische und die schwache Wechselwirkung auf eine gemeinsame „elektroschwache Kraft" zurückzuführen. Die GWS-Theorie geht von vier masselosen Austauschteilchen aus. Drei von ihnen (nämlich die W^+-, W^-- und Z^0-Bosonen) erhalten in diesem Modell Masse durch einen Prozeß, der ***spontane Symmetriebrechung*** genannt wird. Diese tritt auf, wenn der Grundzustand eines Systems nicht mehr die volle Symmetrie des Systems bei höherer Energie hat.

Eine solche spontane Symmetriebrechung tritt in vielen Bereichen der Physik auf, und zwar immer dann, wenn ein System aus Symmetriegründen energetisch entartet ist. Ein Beispiel ist ein dreiatomiges Molekül, das bei einer gleichseitigen Dreiecksgeometrie (D_{3h}-Symmetrie) zwei energetisch entartete Zustände hat. Es geht dann von selbst (spontan) in zwei Zustände geringerer Symmetrie (gleichschenkliges Dreieck mit Apexwinkel $\neq 60°$), deren Energie aufgespalten ist.

In der Teilchenphysik werden die Energien E durch die Massen $m = E/c^2$ bestimmt. Sie können daher bei einer Symmetriebrechung in einen tieferen Endzustand (masseloses Photon als Austauschteilchen der elektromagnetischen Wechselwirkung) und höhere Energiezustände (Teilchen mit Masse: W^+, W^-, Z^0 als Austauschteilchen der schwachen Wechselwirkung) übergehen, wobei die Masse der Bosonen theoretisch vorhergesagt wurde. Die Aussagen der GWS-Theorie können experimentell geprüft werden und wurden durch die Entdeckung der W^+-, W^--Bosonen sowie der neutralen Ströme mit dem Z^0-Boson glänzend bestätigt.

Eine weitere Vorhersage der Theorie ist die Existenz eines weiteren Teilchens, das Higgs-Boson, das bisher noch nicht gefunden wurde.

ZUSAMMENFASSUNG

- Durch hochenergetische Zusammenstöße zwischen stabilen Teilchen läßt sich eine große Zahl neuer Teilchen erzeugen, die allerdings instabil sind und oft über mehrere Reaktionsketten in stabile Teilchen zerfallen.
- Die Teilchen können charakterisiert werden durch Masse m, Ladung Q, Spin I, Parität P, Isospin T, Isospinkomponente T_3 und Lebensdauer τ.
- Alle Teilchen können in zwei Klassen eingeteilt werden: Leptonen (e^-, μ^-, τ^-, ν_e, ν_μ, ν_τ und ihre Antiteilchen) und die Hadronen (Mesonen und Baryonen).
- Die Leptonen unterliegen der schwachen Wechselwirkung (wenn sie elektrische Ladung haben, auch der elektromagnetischen Wechselwirkung). Sie werden durch eine Leptonenzahl L charakterisiert. Die Hadronen erfahren die starke Wechselwirkung (bzw. zusätzlich elektromagnetische Wechselwirkung bei geladenen Hadronen). Sie werden durch eine Baryonenzahl B charakterisiert.
  Bei allen bisher gefundenen Reaktionen bleiben Leptonenzahl L und Baryonenzahl B erhalten.
- Im Quarkmodell können alle Hadronen aus insgesamt maximal sechs Quarktypen aufgebaut werden.
  Mesonen bestehen aus einem Quark und einem Antiquark, Baryonen aus drei Quarks. Die Quarks haben Ladungen von $\pm 1/3$ bzw. $\pm 2/3$ und halbzahligen Spin. Sie sind also Fermionen.
  Alle Quarks lassen sich, gemeinsam mit den Leptonen, in drei Familien anordnen. Jede Familie enthält zwei Quarks, zwei Leptonen und die jeweiligen Antiteilchen.
- Außer Masse, elektrischer Ladung, Spin, Isospin, haben die Quarks eine zusätzliche Eigenschaft, die Farbladung genannt wird. Sie ist verantwortlich für die starke Wechselwirkung. Jedes Quark kann mit drei verschiedenen Farbladungen auftreten.
- Die starke Wechselwirkung wird durch den Austausch von Gluonen bewirkt. Gluonen sind masselose Vektorbosonen mit Spin 1. Auch sie tragen Farbladungen, aber immer in der Kombination Farbe–Antifarbe, so daß sie farblos sind. Auf Grund ihrer Farbladung wechselwirken Gluonen auch miteinander. Es gibt acht erlaubte Farbkombinationen und damit acht verschiedene Gluonen.
- Die Farbwechselwirkungskraft zwischen Quarks nimmt nicht mit zunehmendem Abstand ab. Deshalb nimmt die potentielle Energie mit wachsendem Quarkabstand zu. Führt man genügend Energie zu, so entstehen Quark-Antiquark-Paare (Mesonen), aber keine freien Quarks. Man kann deshalb keine freien Quarks erzeugen.
- Die Farbzusammensetzung der Quarks in beobachtbaren Teilchen ist immer farbneutral, d. h. alle beobachtbaren Teilchen sind farblos.
- Die Kernkräfte sind Restkräfte nicht völlig kompensierter Farbkräfte, analog zu der van-der-Waals-Wechselwirkung bei der Molekülbindung neutraler Atome. Mit zunehmendem Abstand wird die Kompensation immer besser, so daß die Kernkräfte mit dem Nukleonenabstand schnell abnehmen.
- Die sehr kurzreichweitige schwache Wechselwirkung wird durch drei Vektorbosonen W^+, W^- und Z^0 bewirkt. Sie haben eine große Masse ($M_W \approx 80\,\mathrm{GeV}/c^2$, $M_{Z^0} \approx 90\,\mathrm{GeV}/c^2$).
- Bei Prozessen der schwachen Wechselwirkung wandeln sich Quarks um in andere Quarktypen. Bei der starken Wechselwirkung bleibt der Quarktyp erhalten, es ändert sich jedoch die Farbladung.

▶

- Das Quarkmodell hat viele experimentelle Bestätigungen erfahren, auch wenn man keine freien Quarks beobachten kann.
- Viele schwere Hadronen können als angeregte Zustände leichterer Hadronen mit gleicher Quarkzusammensetzung angesehen werden.
- Nach dem bisherigen Weltbild können alle Teilchen zurückgeführt werden auf sechs Leptonen, sechs Quarks und ihre Antiteilchen. Die Quarks können drei verschiedene Farbladungen tragen. Die Wechselwirkungen zwischen den Teilchen werden dann beschrieben durch ein masseloses Photon (elektromagnetische Wechselwirkung), drei massive Vektorbosonen (W^+, W^-, Z^0) der schwachen Wechselwirkung und acht masselose Gluonen (starke Wechselwirkung).

ÜBUNGSAUFGABEN

1. Zeigen Sie, daß der Wirkungsquerschnitt für die Reaktion $\mathrm{p}+\mathrm{p} \rightarrow \pi+\mathrm{d}$ geschrieben werden kann als

$$\sigma = A \cdot \frac{(2I_\pi+1)\cdot(2I_\mathrm{d}+1)\cdot p_\pi^2}{v_\mathrm{pp}\cdot v_{\pi\mathrm{d}}},$$

wenn A eine Konstante, p_π der Impuls des Pions, I die Spinquantenzahl, v_pp die Relativgeschwindigkeit der beiden Protonen, $v_{\pi\mathrm{d}}$ die von π und d ist.

2. Wie groß sind Minimal- und Maximalimpuls des Elektrons, wenn ein Myon μ^- in Ruhe zerfällt?
3. a) Die Kopplungskonstante der schwachen Wechselwirkung bei einer Energie von 1 GeV ist etwa $\alpha_\mathrm{W} \approx 10^{-6}$. Schätzen Sie den Absorptionsquerschnitt für ein 1 GeV-Neutrino beim Durchgang durch Materie ab.
   b) Wie groß ist die mittlere freie Weglänge eines solchen Neutrinos bei seinem Weg durch die Erde?
4. Wenn man dem Nukleon definitionsgemäß gerade Parität zuordnet, welche Parität haben dann das $\bar{\mathrm{u}}$- und d-Quark und das Deuteron?
5. Warum ist der Übergang im Charmonium $\psi' \rightarrow \psi + \gamma$ in Abb. 7.12 verboten?
6. Schätzen Sie die maximale Reichweite der starken und der schwachen Wechselwirkung mit ihren Austauschteilchen Pion π und W-Boson ab, indem Sie annehmen, daß sich die Austauschteilchen maximal mit Lichtgeschwindigkeit bewegen können.
7. a) Zwei Teilchen gleicher Masse m (z. B. Teilchen und Antiteilchen) stoßen mit gleichen, aber entgegengerichteten Geschwindigkeiten $v = 3/5\,c$ genau zusammen. Welche Energie $E = Mc^2$ hat das vereinigte System? (Vergleichen Sie M mit $2m$!)
   b) Ein Teilchen der Masse M zerfalle in zwei gleich schwere Teilchen der Masse m. Ist das immer möglich? Mit welcher Geschwindigkeit v fliegen beide Teilchen auseinander?
8. Mit einer Flugzeitapparatur soll die kinetische Energie von 14-MeV-Neutronen gemessen werden. Wie lang muß die Flugstrecke sein, damit eine Energieauflösung von 0,5 MeV bei einer vorgegebenen Zeitauflösung von 10^{-9} s erreicht wird?

8. Anwendungen der Kern- und Hochenergiephysik

Die Erkenntnisse und technischen Entwicklungen der Kernphysik und Hochenergiephysik haben inzwischen vielfältige Anwendungen in Biologie, Medizin, Umweltforschung, Archäologie, Geologie, Meßtechnik und Energietechnik gefunden. In diesem Kapitel wollen wir kurz einige dieser Anwendungen diskutieren.

8.1 Radionuklid-Anwendungen

Viele natürliche radioaktive Stoffe, vor allem aber künstlich erzeugte Radionuklide, eröffnen vielfältige Anwendungen, deren Nutzen für die Menschheit unbestritten ist, deren Gefahren jedoch in der Öffentlichkeit kontrovers diskutiert werden, weil die Langzeitwirkung ionisierender Strahlung auf biologisches Gewebe und die daraus resultierenden Veränderungen von Zellen unterschiedlich eingeschätzt werden. Um bei der Strahlenbelastung von Menschen hier zu quantitativen Aussagen gelangen zu können, wollen wir deshalb zuerst einige Begriffe und Einheiten der Strahlenmeßtechnik erläutern und das Verhältnis der Strahlenbelastung von natürlichen Quellen zu der von künstlich erzeugter Radioaktivität bewirkten diskutieren.

8.1.1 Strahlendosis, Meßgrößen und Meßverfahren

Wie wir in Abschn. 4.2 gesehen haben, wird beim Durchgang energiereicher Teilchen (e^-, e^+, α^{++}, n, γ) durch Materie Energie auf die Atome bzw. Moleküle übertragen. Dies führt zur Anregung, Ionisation oder Dissoziation, wobei die Ionisation der wichtigste Energieübertragungsmechanismus ist. Deshalb nennt man diese Strahlung auch ***ionisierende Strahlung***. Sie kann von natürlichen radioaktiven Quellen (im Erdboden und aus ihm gewonnenen Materialien), aus der Höhenstrahlung, von künstlich erzeugten Radionukliden und aus Röntgenröhren und Kreisbeschleunigern stammen.

Diese Strahlung wird durch folgende Größen charakterisiert:

- Die ***Teilchenflußdichte***

$$\Phi = \frac{\mathrm{d}^2 N}{\mathrm{d}A \cdot \mathrm{d}t}\,, \quad [\Phi] = 1\,\mathrm{m}^{-2}\,\mathrm{s}^{-1} \tag{8.1}$$

gibt die Zahl der Teilchen an, die pro Zeiteinheit durch die Flächeneinheit einer die Quelle umgebenden Fläche treten.

- Die ***Aktivität*** einer radioaktiven Substanz wird durch die Zahl der pro Sekunde zerfallenden Kerne angegeben. Ihre Einheit ist:

$$\begin{aligned} 1\,\mathrm{Bq}\ (\mathrm{Becquerel}) &= 1\ \mathrm{Zerfall/s} \\ &= 1\,\mathrm{s}^{-1}\,. \end{aligned} \tag{8.2}$$

In der älteren Literatur findet man noch die Einheit

$$1\,\mathrm{Curie} = 1\,\mathrm{Ci} = 3{,}7 \cdot 10^{10}\,\mathrm{Bq}\,.$$

- Bei der Bestrahlung von Materie spielt die ***Energiedosis** D* eine entscheidende Rolle. Sie gibt die gesamte im bestrahlten Körper absorbierte Strahlungsenergie pro Masseneinheit an.
Die Einheit der Energiedosis D ist

$$[D] = 1\,\mathrm{Gy}\ (\mathrm{Gray}) = 1\,\mathrm{J/kg}\,. \tag{8.3}$$

Eine Energiedosis von x Gy entspricht also einer absorbierten Strahlungsenergie von x Joule pro kg durchstrahlter Materie.
Früher wurde als Einheit 1 rd (= rad = radiation absorbed dose) benutzt. Die Umrechnung lautet:

$$1\,\mathrm{Gy} = 100\,\mathrm{rd} \Leftrightarrow 1\,\mathrm{rd} = 0{,}01\,\mathrm{Gy}\,. \tag{8.4}$$

Tabelle 8.1. Qualitätsfaktoren Q für ionisierende Strahlen

Q	Strahlungsart
1	Röntgen-, Gammastrahlung und Elektronen
2,3	thermische Neutronen
10	schnelle Neutronen, Protonen und einfach geladene Ionen
20	α-Teilchen und schwere Ionen

Als ***Dosisleistung*** wird die pro Zeiteinheit absorbierte Energiedosis $\mathrm{d}D/\mathrm{d}t$ (Einheit 1 Gy/s) bezeichnet.

- Nun haben die verschiedenen Strahlenarten unterschiedliche Schädigung zur Folge. So schädigt eine Energiedosis von 1 Gy α-Strahlen weit mehr als 1 Gy von Röntgenstrahlen. Um den Einfluß ionisierender Strahlung auf Gewebe quantitativ zu erfassen, führt man für die verschiedenen Strahlungsarten unterschiedliche dimensionslose ***Qualitätsfaktoren*** Q ein und definiert die ***Äquivalentdosis*** H als Produkt

$$H = D \cdot Q \tag{8.5}$$

aus Energiedosis D und Qualitätsfaktor Q. Ihre Einheit ist

$$1\,\mathrm{Sv}\ (\mathrm{Sievert}) = 1\,\mathrm{J/kg}\,. \tag{8.6}$$

Die Qualitätsfaktoren Q für die verschiedenen Strahlungsarten sind in Tabelle 8.1 zusammengestellt. Früher wurde die Einheit

$$1\,\mathrm{rem} = 0{,}01\,\mathrm{Sv}\,,$$
$$1\,\mathrm{mrem} = 10^{-5}\,\mathrm{Sv} = 10^{-2}\,\mathrm{mSv}$$

verwendet.

BEISPIEL

Ein Mensch befindet sich 2 m entfernt von einer kleinen Neutronenquelle, die 10^{10} Neutronen/s mit der Energie 1 MeV gleichförmig in alle Richtungen emittiert. Die Teilchenflußdichte durch seinen Körper ist dann

$$\Phi = \frac{10^{10}}{4 \cdot 4\pi}\,\mathrm{m^{-2}s^{-1}} \approx 2 \cdot 10^{8}\,\mathrm{m^{-2}s^{-1}}\,.$$

Wenn 20% der Neutronenenergie im Körper absorbiert wird, erhalten wir für die Energiedosis pro Sekunde Bestrahlung (= Dosisleistung) bei einer Querschnittsfläche von $0{,}6\,\mathrm{m^2}$ und einem Gewicht von 75 kg

$$\begin{aligned}\frac{\mathrm{d}D}{\mathrm{d}t} &= 0{,}2 \cdot 2 \cdot 10^{8}\,\mathrm{m^{-2}s^{-1}} \cdot 1{,}6 \cdot 10^{-13}\,\mathrm{J} \\ &\quad \cdot 0{,}6\,\mathrm{m^2}/75\,\mathrm{kg} \\ &\approx 5 \cdot 10^{-8}\,\mathrm{J/(kg \cdot s)}\,.\end{aligned}$$

Die Strahlenbelastung ist bei einem Qualitätsfaktor von 10 für schnelle Neutronen

$$\frac{\mathrm{d}H}{\mathrm{d}t} = 10\frac{\mathrm{d}D}{\mathrm{d}t} = 5 \cdot 10^{-7}\,\mathrm{Sv/s}\,.$$

Hält sich der Mensch 10 min lang an diesem strahlungsexponierten Ort auf, so erhält er insgesamt eine Strahlenbelastung von etwa 0,3 mSv.

Bei der Messung solcher Strahlungsbelastungen verwendet man entweder Dosisleistungsmesser, die den gerade herrschenden Dosispegel messen (Gasionisations- oder Szintillations-Detektoren) oder Dosimeter, welche die über den Zeitraum der Exposition integrierte Strahlungsdosis bestimmen.

Als Dosisleistungsmesser werden für Röntgen-, γ-Strahlung und schnelle Elektronen Ionisationskammern im Proportionalbereich benutzt, die für γ-Strahlung im Bereich 10–1000 keV ein relativ gut konstantes Ansprechvermögen haben.

Oft werden auch Geiger-Müller-Zählrohre (siehe Abschn. 4.3.1) verwendet, die im Prinzip jedoch keine Dosis messen, sondern nur die Flußdichte der ionisierenden Teilchen, unabhängig von ihrer Energie.

Um die äquivalente Dosisleistung zu bestimmen, wurden „gewebeäquivalente" Detektoren entwickelt, deren Füllgas und Detektorwandmaterial die Strahlung genauso absorbieren wie das menschliche Weichgewebe.

Neutronendetektoren benutzen meistens die beim elastischen Stoß mit Wasserstoffkernen erzeugten Rückstoßprotonen als Nachweis. Um auch hier einen

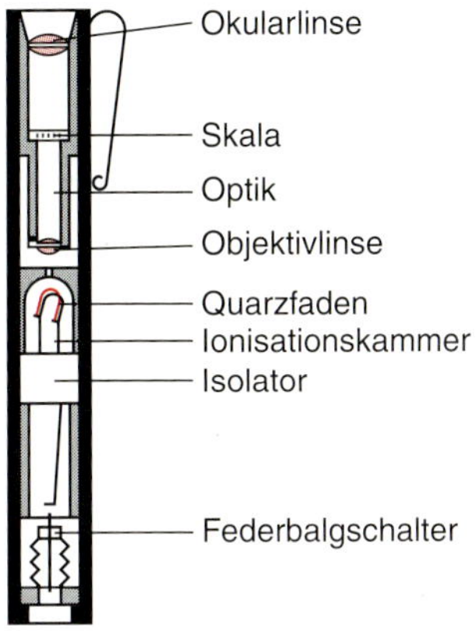

Abb. 8.1. Füllhalter-Dosimeter. Nach Kiefer, Koelzer: *Strahlen und Strahlenschutz* (Springer, Berlin, Heidelberg 1987)

Tabelle 8.2. Natürliche Radioaktivität außerhalb und innerhalb des Hauses

Außenbereich		Belastung im Haus	
Gestein	$A/\mathrm{Bq/kg}$	Quelle	Aktivität
Granit	1000	Radon	$\approx 50\ \mathrm{Bq/m^3}$ Luft
Tonschiefer	700	Leitungswasser	$1{-}30\ \mathrm{Bq/dm^3}$
Sandstein	350	Kalium im Körper	4500 Bq
Basalt	250		
Gartenerde	400		

gewebeäquivalenten Nachweis zu erhalten, werden Proportionalzählrohre aus Polyethylenwandung und Ethylengasfüllung eingesetzt.

Als Dosimeter, welche die zeitliche integrierte Dosisleistung anzeigen, werden oft die in Abb. 8.1 gezeigten ***Füllhalterdosimeter*** verwendet. Dies sind kleine luftgefüllte Ionisationskammern mit einer gut isolierten Innenelektrode, die aufgeladen wird. Die im Gasraum absorbierte ionisierende Strahlung bewirkt eine Entladung, die proportional zur absorbierten Energiedosis ist.

Sie wird durch ein kleines Elektrometer (Quarzfaden) angezeigt und über eine Vergrößerungsoptik abgelesen. Der Nachteil dieses sehr handlichen Gerätes ist seine Erschütterungsempfindlichkeit.

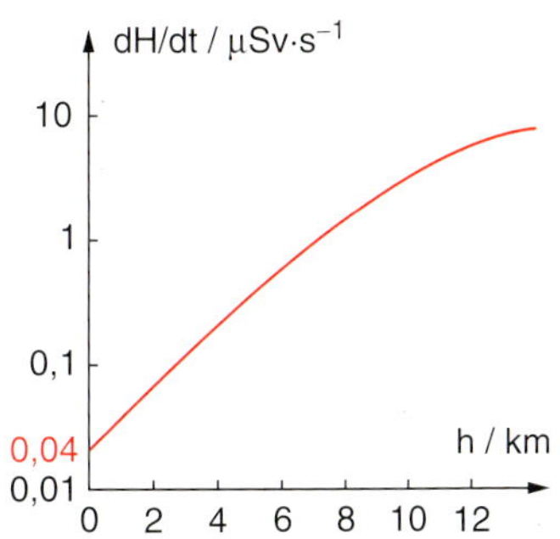

Abb. 8.2. Äquivalentdosisleistung der kosmischen Strahlung in mittlerer geographischer Breite als Funktion der Höhe h über dem Erdboden

Um die Strahlenbelastung durch künstlich erzeugte Strahlung (künstliche Radionuklide für Medizin und Diagnostik, Strahlung aus Kernreaktoren, Röntgenbestrahlung) in Relation zur natürlichen Strahlenbelastung setzen zu können, wollen wir die verschiedenen Quellen der natürlichen Strahlenbelastung kurz aufführen:

Eine wichtige Quelle ist die ***Höhenstrahlung***, deren Äquivalentdosisleistung in Abb. 8.2 als Funktion der Höhe in $\mu\mathrm{Sv/h}$ angegeben ist. Eine weitere Quelle sind die Vielzahl natürlicher radioaktiver Stoffe in unserer Erdkruste.

In Tabelle 8.2 sind die über verschiedene Gegenden in Deutschland gemittelten Aktivitätskonzentrationen der hauptsächlichen Nuklide in Gesteinen (in Bq/kg) und von Radon (in $\mathrm{Bq/m^3}$ Luft) in Häusern angegeben.

Die natürliche Strahlenbelastung des Menschen rührt von einer externen Strahlenexposition (etwa 25%) her und einer internen Strahlenexposition (etwa 75%). Die externe Belastung stammt zu 50% aus der Höhenstrahlung und zu je 25% aus Kalium-40 und den Nukliden der Uran- und Thoriumreihe.

Die interne Belastung kommt zu etwa 68% durch Einatmen von Radon in der Zimmerluft (je weniger gelüftet wird, desto höher wird die Konzentration), durch Thoron ($^{220}_{86}\mathrm{Rn}$) und seine Folgeprodukte und durch Kalium und Polonium (über die Nahrungsaufnahme).

Die effektive Äquivalentdosisleistung der „natürlichen" Strahlenbelastung eines Menschen liegt in Deutschland, je nach Gegend, zwischen 1,5 und

Tabelle 8.3. Mittlere natürliche und zivilisatorische Strahlenbelastung in Deutschland pro Kopf der Bevölkerung angegeben als effektive Äquivalentdosis $(\mathrm{d}H/\mathrm{d}t)_{\mathrm{eff}}$

Quelle	Strahlungsart	$(\mathrm{d}H/\mathrm{d}t)_{\mathrm{eff}}$ (mSv/Jahr)
Äußere Exposition (Höhenstrahlung, Erdboden, Gebäude)	γ, p, n	0,30 } 0,7 0,4 }
Innere Exposition (Inhalation, Nahrungsaufnahme)	$^{3}_{1}$H, $^{14}_{6}$C, β	0,01
	$^{22}_{11}$Na, $^{40}_{19}$K, β, γ	0,17
	Uran-Radon α, β, γ	0,7–1,4
	Thorium-Radon α, β, γ	0,4
Summe		1,9–2,4
Medizinische Strahlenbelastung	γ, β	0,5–1,0
Emission aus Kohle- und Kernkraftwerken	γ, β	< 0,003
Berufliche Strahlenbelastung		< 0,002
Totale Belastung		2,5–3,5

4 mSv/Jahr. Der mittlere Wert beträgt 2,2 mSv/Jahr = 220 mrem/Jahr (Tabelle 8.3) [8.1,2]. Hinzu kommt eine durch medizinische Untersuchungen verursachte Strahlenbelastung von etwa 0,5–1,0 mSv/Jahr.

8.1.2 Technische Anwendungen

Die Absorption oder Streuung radioaktiver Strahlung beim Durchgang durch Materie bildet die Grundlage zahlreicher radiometrischer Meßverfahren [8.3]. So gestatten z. B. radiometrische Dickenmeßgeräte eine berührungslose Dickenbestimmung bei der kontinuierlichen Produktion flächenhaft ausgedehnter Materialien, wie z. B. Papier, Plastikfolien, Metallbleche oder Glas (Abb. 8.3). Als Quellen werden Radionuklide verwendet, die β- oder γ-Strahlung emittieren und eine genügend lange Halbwertszeit haben (Tabelle 8.4).

Als Strahlungsdetektoren dienen hauptsächlich Ionisationskammern. Das detektierte Signal wird einem Regelkreis zugeführt, der die Produktionsanlage so steuert, daß immer eine vorgegebene Abschwächung der transmittierten Strahlung und damit die gewünschte Dicke erzeugt wird.

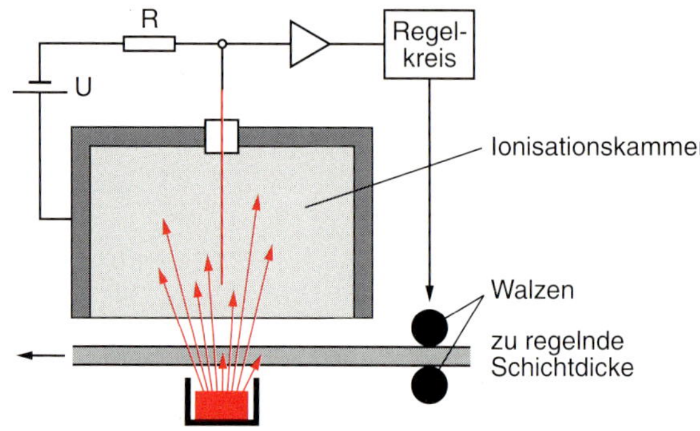

Abb. 8.3. Prinzip der Dickenmessung nach dem Durchstrahlungsverfahren

Tabelle 8.4. Zur Dickenmessung eingesetzte Radionuklide

Radionuklid	ausgenutzte Strahlungsart und Energie (MeV)	Halbwertszeit	zusätzliche Strahlung
^{226}Ra	α, 4,59	1620 a	β, γ
^{238}Pu	α, 5,50	88 a	
$^{3}_{1}$H	β^-, 0,018	12,3 a	—
^{22}Na	β^+, 0,55	2,58 a	γ
^{32}P	β^-, 1,71	14,3 d	—
^{85}K	β^-, 0,67	10,7 a	γ
^{90}Sr	β^-, 0,55	28 a	—
^{60}Co	γ, 1,33; 1,17	5,26 a	β^-
^{137}Cs	γ, 0,662	30 a	β^-
^{99}Tc	γ	6 h	
^{132}I	γ	2,3 h	β^-

Bei geeigneter Wahl der in Tabelle 8.4 angegebenen Radionuklide kann man, je nach Energie und Strahlenart, Dicken mit Flächenmassen im Bereich von 10^{-2}–10^{+3} kg/m^2 erfassen (Abb. 8.4). Dies entspricht z. B. bei Aluminium einem Dickenmeßbereich von 4 μm bis 0,4 m. Statt der Abschwächung der transmittierten Strahlung läßt sich auch die Rückstreuung von γ-Quanten ausnutzen, die bis zu einer gewissen vom Material abhängigen Maximaldicke der Schicht mit wachsender Dicke ansteigt (Abb. 8.5).

Ist $\dot{N}_0$ die Zahl der pro Zeit auf die streuende Schicht fallenden Teilchen (γ- oder β-Strahlen), und

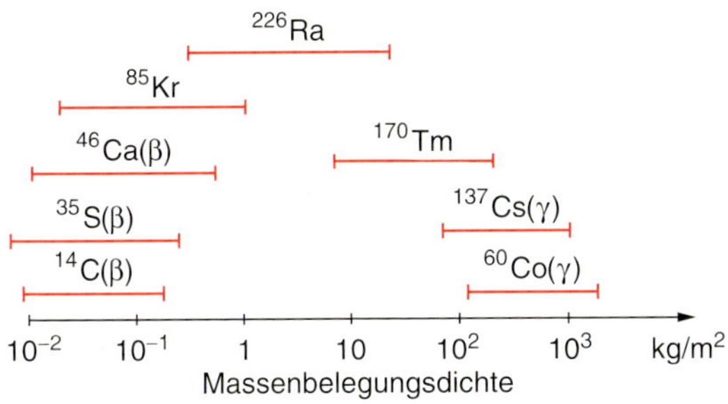

Abb. 8.4. Einsatzbereiche von Radionukliden bei verschiedenen Massenbelegungsdichten

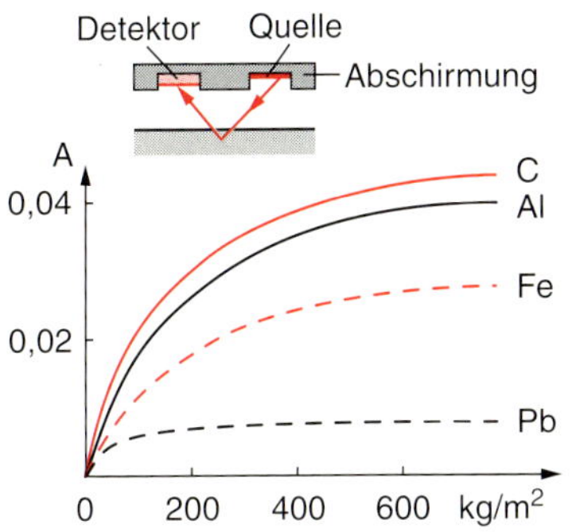

Abb. 8.5. Albedo einer rückstreuenden Schicht für γ-Quanten aus ^{60}Co als Funktion der Massenbelegungsdichte

$\dot{N}_R$ die Rate der in den Halbraum über der Fläche zurückgestreuten Teilchen, so wird das Verhältnis

$$A = \frac{\dot{N}_R}{\dot{N}_0} \tag{8.7}$$

die ***Albedo*** der streuenden Schicht genannt. Die Albedo A strebt mit wachsender Schichtdicke einem Grenzwert zu (Abb. 8.5).

Die Schwächung der γ-Strahlung kann ausgenutzt werden für Füllstandskontrollen von Flüssigkeiten und Schüttgütern in geschlossenen Behältern (Abb. 8.6). Hier werden als Strahlungsquellen überwiegend $^{60}_{27}$Co und $^{137}_{55}$Cs/$^{137}_{56}$Ba verwendet. Aus der Differenz der Signale der Detektoren D_i in Abb. 8.6 läßt sich die Füllhöhe eindeutig bestimmen. Man braucht keine Meßgeräte im Inneren des Behälters, was besonders für extreme Bedingungen, wie z. B. in Hochöfen, in Hochdruckkesseln oder in Behältern mit chemisch aggressiven Füllstoffen von großem Vorteil ist.

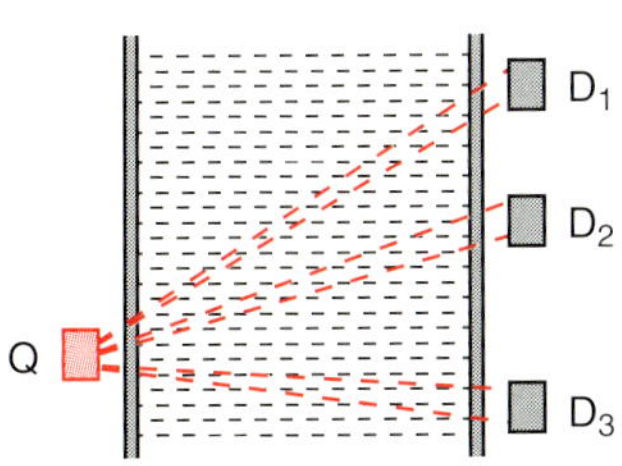

Abb. 8.6. Füllstandskontrolle mit einer Radionuklidstrahlungsquelle und mehreren Detektoren

8.1.3 Anwendungen in der Biologie

Ionisierende Strahlung wird in großem Maße zur Bekämpfung von Mikroorganismen wie z. B. Bakterien, Mikroben und pathogenen Keimen eingesetzt. Beispiele sind die Strahlensterilisierung von Materialien, wie chirurgischen Instrumenten, Verbandsmaterialien und die Konservierung von Lebensmitteln, um die Haltbarkeit zu verlängern. Bei Kartoffeln, Möhren, Zwiebeln kann man z. B. durch β-Strahlung die Lager- und Transportfähigkeit verbessern, ohne daß die Ernährungsqualität verlorengeht. Natürlich muß zuvor die Unbedenklichkeit der Strahlenbehandlung hinsichtlich möglicher Folgeerscheinungen beim Verzehr solcher Lebensmittel sehr sorgfältig geprüft werden.

Durch Bestrahlung von Getreide mit γ-Strahlung können Schädlinge, wie z. B. die Kakaomotte, vernichtet werden, die bei der Lagerung von Getreide und Mehl große Schäden anrichten.

Die Radionuklide können auch in Kombination mit biologischer Schädlingsbekämpfung eingesetzt werden. Da die Gonaden besonders strahlungsempfindlich sind, lassen sich z. B. Insektenmännchen durch Bestrahlung sterilisieren, ohne ihre biologische Aktivität zu verlieren. Ihre Aussetzung in Gebieten, die von Schädlingen befallen sind, führt zu einer stark verminderten Reproduktionsrate und damit zu einer Verringerung des Schädlingsbefalls bis hin zum völligen Aussterben.

8.1.4 Anwendungen von Radionukliden in der Medizin

Die verschiedenen medizinischen Anwendungen von Radionukliden zur Diagnostik und Therapie sind in den letzten Jahrzehnten so stark gewachsen, daß es inzwischen einen eigenen wohl etablierten Bereich der *Nuklearmedizin* gibt. Wir können hier nur wenige Beispiele diskutieren. Für ausführliche Darstellungen wird auf die Spezialliteratur [8.4] verwiesen.

Bei der nuklearmedizinischen Diagnostik werden dem Patienten radioaktiv markierte Verbindungen (Radiopharmaka) oral oder durch Injektion verabreicht. Diese Substanzen verhalten sich bei Transportvorgängen und Stoffwechselprozessen genau wie die entsprechenden inaktiven Isotope. Wenn man die Verteilung der Radiopharmaka und ihren zeitlichen Verlauf im Körper mit Hilfe ihrer Strahlung verfolgt, kann man dadurch die entsprechenden Vorgänge in Organismen untersuchen, ohne in den Körper einzugreifen.

Die Radiopharmaka müssen dazu folgende Bedingungen erfüllen:

- Die Strahlung muß außerhalb des Körpers nachweisbar sein. Deshalb kommen nur γ-Strahlen oder Positronenstrahler in Frage (weil bei der Paarvernichtung $e^+ + e^- \to 2\gamma$ ebenfalls γ-Strahlung entsteht).
- Die Verweildauer der Nuklearpharmaka im Körper sollte nicht wesentlich größer sein als die Dauer der Untersuchung, damit der Körper nicht unnötig strahlenbelastet wird. Als das Maß für die Verweildauer wird die effektive Halbwertszeit

$$T_{\text{eff}} = \frac{T_{1/2} \cdot T_{\text{B}}}{T_{1/2} + T_{\text{B}}} \tag{8.8}$$

definiert, die durch die physikalische Halbwertszeit $T_{1/2}$ des Radionuklids und durch die biologische Halbwertszeit T_{B} bestimmt wird. Dabei gibt T_{B} die Zeitdauer an, nach der die ursprünglich im Körper vorhandenen Radionuklide vom Organismus ausgeschieden wurden.

Als wichtigstes Beispiel soll der Radionuklidtest zur Diagnostik von Schilddrüsenerkrankungen angeführt werden, welche sich in charakteristischen Veränderungen des Jodstoffwechsels bemerkbar machen. Dem Patienten wird Na^{131}I oral verabreicht, und man

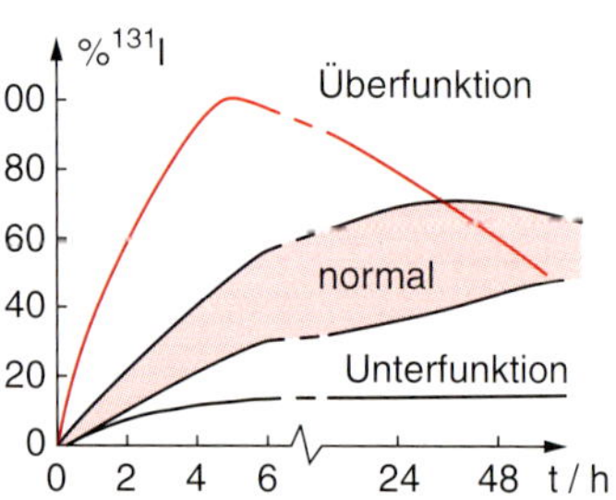

Abb. 8.7. Radiojodaufnahme der Schilddrüse bei Über- bzw. Unterfunktion. Der Normalbereich ist rot schraffiert

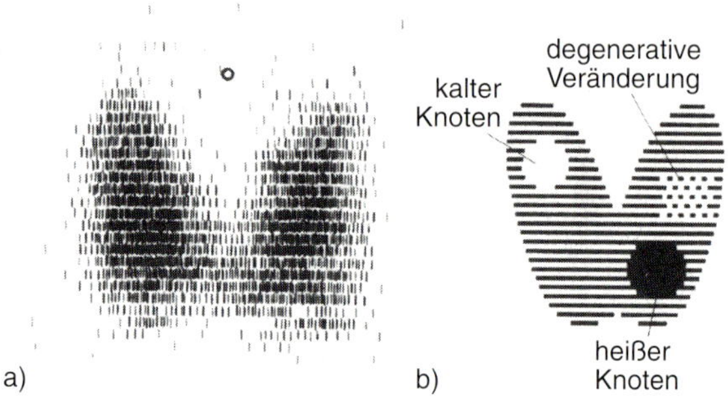

Abb. 8.8. (**a**) Schilddrüsen-Szintigramm; (**b**) schematische Darstellung von kalten und heißen Knoten

mißt, mit welcher Geschwindigkeit die Schilddrüse das zugeführte Jod aufnimmt und wieder abgibt (Abb. 8.7).

Bei der Lokalisationsdiagnostik der Schilddrüse wird die γ-Strahlung des in der Schilddrüse gespeicherten Radionuklids mit einem räumlich auflösenden Detektor am Hals des Patienten gemessen. Aus einem solchen Szintigramm kann man Veränderungen der Schilddrüse, wie kalte Knoten (Stellen mit geringerer Einlagerung von Jod) oder heiße Knoten (Karzinome, die größere Aktivität zeigen und deshalb mehr Jod einlagern) räumlich lokalisieren (Abb. 8.8).

Seit einigen Jahren wird statt des ^{131}I-Nuklids das γ-strahlende Technetium $^{99}_{43}$Tc verwendet, das von der Schilddrüse wie Jod aufgenommen wird, aber mit $T_{1/2} = 6\,\text{h}$ eine wesentlich kürzere Halbwertszeit hat, so daß die Strahlenbelastung des Patienten entsprechend reduziert wird, weil bei gleicher Strahlungsleistung eine kleinere Substanzmenge ausreicht.

Eine besonders interessante Methode, um kontrastreiche Bilder von pathophysiologischen Prozessen im Körper mit hoher räumlicher Auflösung zu erhalten, ist die Positronen-Emissions-Tomographie (PET). Hier werden Positronen emittierende Nuklide in speziellen Substanzen verwendet, die vom Körper an bestimmte Stellen transportiert werden. Als Nuklide kommen vor allem die kurzlebigen Isotope $^{11}_{6}$C, $^{13}_{7}$N, $^{15}_{8}$N und $^{18}_{9}$F in Frage. Die Messung der beiden in entgegengesetzte Richtung emittierten γ-Quanten beim Vernichtungsprozeß $e^+ + e^- \to 2\gamma$ erfolgt durch Koinzidenzschaltung gegenüberliegender Detektoren (Abb. 8.9). In modernen Geräten werden Anordnungen von Detektorarrays verwendet, die den Patienten umgeben. Ähnlich wie bei der Röntgentomographie lassen sich so zweidimensionale Schnittbilder in be-

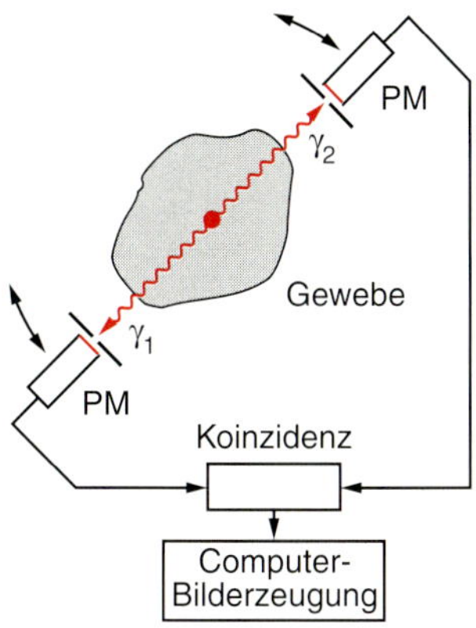

Abb. 8.9. Zur Positronen-Emissions-Tomographie

liebig gewählten Schnittebenen erzeugen. Der Vorteil gegenüber der Röntgentomographie ist jedoch, daß die γ-Quelle, nämlich der β^+-emittierende Kern, genau in der Schnittebene liegt, so daß Überlagerungen mit anderen Ebenen völlig vermieden werden. Dadurch werden die Bilder untergrundfrei und besonders kontrastreich.

Anwendungsbeispiele sind Untersuchungen von Durchblutungsstörungen im Gehirn und im Herzmuskel oder des Glukose-Stoffwechsels bestimmter Organe.

8.1.5 Nachweis geringer Atomkonzentrationen durch Radioaktivierung

Bestrahlt man eine zu analysierende Probe mit Neutronen, Protonen oder γ-Quanten, so kann man die Atome der Probe teilweise in radioaktive Nuklide umwandeln (siehe Abschn. 6.4), deren Emission dann nach der Bestrahlung mit großer Empfindlichkeit nachgewiesen werden kann. Dies erlaubt die quantitative Bestimmung sehr geringer Atomkonzentrationen (Abb. 8.10).

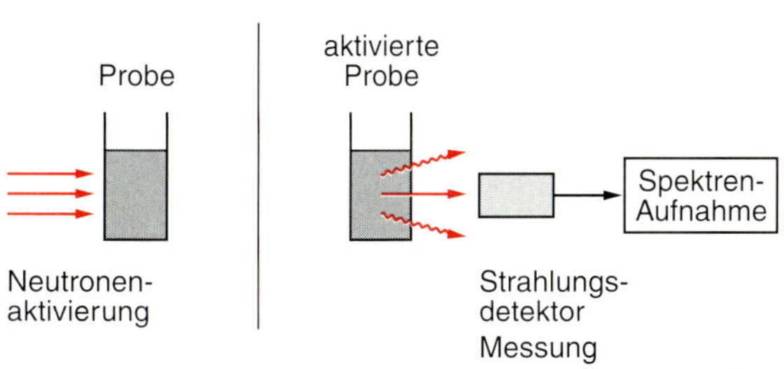

Abb. 8.10. Nachweis geringer Atomkonzentrationen durch Neutronenaktivierung radioaktiver Isotope

Ein Beispiel ist die Aktivierungsreaktion

$$\begin{aligned} & n + {}^{16}_{8}O \rightarrow {}^{16}_{7}N^* + p \\ & \qquad \underset{7{,}2\,s}{\hookrightarrow} {}^{16}_{8}O + \beta^-(10{,}4\,MeV)\,, \end{aligned} \tag{8.9}$$

mit der über die β^--Strahlung des ${}^{16}_{7}N$-Nuklids geringe Mengen von Sauerstoff (z. B. in Metallen) bestimmt werden können.

Die Konzentration von Stickstoff kann z. B. ermittelt werden durch die Aktivierungsreaktion

$$\begin{aligned} & n + {}^{14}_{7}N \rightarrow {}^{14}_{6}C + p \\ & \qquad \underset{5730\,a}{\hookrightarrow} {}^{14}_{7}N + e^-(0{,}156\,MeV)\,. \end{aligned} \tag{8.10}$$

Die quantitative Aktivierungsanalyse beruht auf der Proportionalität zwischen der Aktivität des entstandenen Radionuklids und der Menge der Mutterkerne des gesuchten Elementes. Da es schwierig ist, den Bruchteil der aktivierten Kerne zu bestimmen, fügt man bei der Aktivierung eine Standardprobe des gleichen Elementes mit bekannter Konzentration bei, die unter genau gleichen Bedingungen aktiviert wird wie die zu untersuchende Probe. Das Verhältnis der gemessenen Aktivitäten von Probe und Standard ergibt dann auch das Verhältnis der Elementkonzentrationen [8.5].

8.1.6 Altersbestimmung mit radiometrischer Datierung

Zur Altersbestimmung geologischer oder archäologischer Objekte kann oft die zeitabhängige Aktivität natürlicher radioaktiver Substanzen mit bekannten Halbwertszeiten verwendet werden.

Kennt man die Zahl $N(t_0)$ der radioaktiven Atome in einer Probe zur Zeit t_0, so läßt sich aus der gemessenen Zahl $N(t)$ zur Zeit t wegen des exponentiellen Zerfallsgesetzes:

$$\begin{aligned} N(t) &= N(t_0) \cdot e^{-\lambda(t-t_0)} \qquad \text{mit } \lambda = \ln 2/T_{1/2} \\ &= N(t_0) \cdot 2^{(t-t_0)/T_{1/2}} \end{aligned} \tag{8.11}$$

die Zeitspanne

$$\Delta t = t - t_0 = \frac{1}{\lambda} \ln \frac{N(t_0)}{N(t)} \tag{8.12}$$

bestimmen.

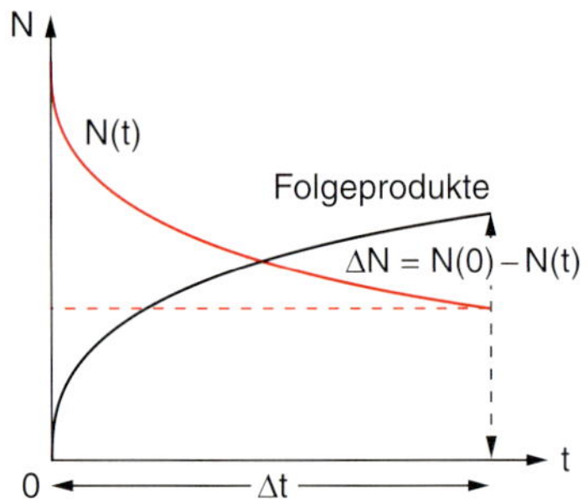

Abb. 8.11. Zur Altersbestimmung aus dem Zerfall radioaktiver Nuklide

Kennt man $N(t_0)$ nicht, so läßt sich in manchen Fällen die während der Zeitspanne Δt gebildete Zahl $\Delta N = N(t_0) - N(t)$ der stabilen Folgenuklide des zerfallenden Nuklids messen (Abb. 8.11). Einsetzen in (8.12) ergibt:

$$\Delta t = \frac{1}{\lambda} \ln \left(\frac{\Delta N}{N(t)} + 1 \right) . \tag{8.13}$$

Um Δt genügend genau bestimmen zu können, sollte Δt nicht mehr als um einen Faktor zehn von der Halbwertszeit $T_{1/2}$ des radioaktiven Nuklids abweichen.

Dieses Verfahren soll an einigen Beispielen illustriert werden:

Am besten bekannt ist die ^{14}C-Datierungsmethode, die auf folgender Überlegung beruht: In der hohen Erdatmosphäre werden durch die Höhenstrahlung und durch schnelle Protonen von der Sonne N- und O-Kerne getroffen, die dadurch in Nukleonen zertrümmert werden. Während die Protonen bereits in großen Höhen abgebremst werden, dringen die Neutronen bis in tiefere Schichten vor und erzeugen durch die Reaktion $^{14}_{7}\mathrm{N}(\mathrm{n,p})^{14}_{6}\mathrm{C}$ das ^{14}C-Isotop, das sich dann mit Sauerstoff zu $^{14}CO_2$ verbindet. Die mittlere Erzeugungsrate pro m^2 Erdoberfläche ist etwa $2{,}5 \cdot 10^4$ C-Atome/(m^{2}s).

Das derzeitige Verhältnis $^{14}\mathrm{C}/^{12}\mathrm{C}$ und damit auch von $^{14}CO_2/^{12}CO_2$ liegt bei $1{,}2 \cdot 10^{-12}$. Das CO_2 gelangt durch die Durchmischung der Luft in der Atmosphäre in die Erdoberfläche und wird dort von Pflanzen durch Assimilation aufgenommen und gelangt durch Nahrungsaufnahme in den tierischen bzw. menschlichen Körper.

In Abb. 8.12 sind die verschiedenen Quellen und Senken für die Produktion bzw. Ablagerung von ^{14}C dargestellt. Die Konzentration in der Atmosphäre ist durch die Erzeugungsrate und durch den Austausch zwischen Atmosphäre, Biosphäre, Oberflächenschicht der Erde und dem Ozean bestimmt.

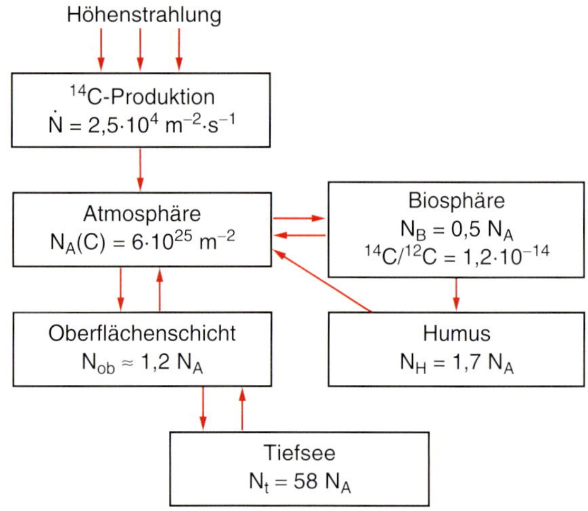

Abb. 8.12. Kohlenstoff-Reservoir und ihr Austausch (N_i gibt die Zahl der C-Atome pro cm^2 Erdoberfläche an). Nach H. Willkomm: *Altersbestimmung im Quartär* (Thiemig, München 1976)

Während der CO_2-Austausch innerhalb der Atmosphäre nur wenige Monate benötigt, dauert er bis in tiefere Schichten der Ozeane Jahrzehnte. Die Zahlen N_A in Abb. 8.12 geben den Kohlenstoffgehalt pro m^2 Erdoberfläche in der Atmosphäre an. Außerdem sind noch die relativen Werte N/N_A für Biosphäre, Humusschicht, Erdoberfläche und Tiefsee angegeben.

Das $^{14}CO_2/^{12}CO_2$-Verhältnis in der gesamten Biosphäre entspricht daher dem in der Atmosphäre. Beim Tod eines biologischen Lebewesens hört die CO_2-Aufnahme auf. Während die Konzentration von ^{12}C von da ab konstant bleibt, sinkt die von ^{14}C mit der Halbwertszeit $T_{1/2} = 5730\,\mathrm{a}$ exponentiell ab. Die ^{14}C-Konzentration kann durch seine β^--Aktivität ($E_\mathrm{max} = 0{,}155\,\mathrm{MeV}$) gemessen werden.

Mit dieser ^{14}C-Methode ist die Datierung archäologischer Funde (Knochen, Fossilien, ausgegrabene Reste von Holzhäusern) im Zeitraum zwischen 1000 und 7500 Jahren möglich. Zur zuverlässigen Altersbestimmung müssen allerdings folgende Faktoren berücksichtigt werden:

Durch die Verbrennung von ^{14}C-armer Kohle aus großen Tiefen der Erde hat sich seit etwa 100 Jahren das $^{14}CO_2/^{12}CO_2$-Verhältnis in der Atmosphäre verringert. Durch Kernwaffentests in der Atmosphäre um

1960 hat sich der ^{14}C-Gehalt um bis zu 4% erhöht. Die bei einer H-Bomben-Explosion freiwerdenden Neutronen erzeugen auf Grund der Reaktion $^{14}_{7}\mathrm{N(n,p)}^{14}_{6}\mathrm{C}$ genau wie die Neutronen der sekundären Höhenstrahlung zusätzliches $^{14}_{6}$C.

Außerdem gibt es langfristige, natürliche Schwankungen der ^{14}C-Konzentration, die durch Änderung der Höhenstrahlung, durch Sonnenaktivitäten und durch Änderungen des Erdmagnetfeldes verursacht werden. Die Auswertung von $^{14}_{6}$C-Konzentrationsmessungen zur Altersbestimmung erfordert daher eine sehr sorgfältige Analyse aller Störeffekte [8.6].

Zur Altersbestimmung von Gesteinen und Mineralien auf der Erde und in Meteoriten muß man Radionuklide mit längeren Halbwertszeiten verwenden. Die natürlichen radioaktiven Kerne, wie $^{238}_{92}$U ($T_{1/2} = 4{,}5 \cdot 10^9$ a); $^{235}_{92}$U ($T_{1/2} = 7 \cdot 10^8$ a); $^{232}_{90}$Th ($T_{1/2} = 1{,}4 \cdot 10^{10}$ a) zerfallen durch α-Emission und bilden dabei Zerfallsreihen, die schließlich in stabilen Bleiisotopen enden (siehe Abschn. 3.2.3). Die längste Halbwertszeit eines Kerns in der Zerfallskette bestimmt das heute gemessene Verhältnis von Konzentrationen dieser Kerne zu der der stabilen Endkerne. Aus der Thorium-Zerfallsreihe z. B. folgt für $t_0 = 0$ aus (8.11) und (8.13):

$$N_{\mathrm{Th}}(t) = N_{\mathrm{Th}}(0)\,\mathrm{e}^{-\lambda t}$$

$$N_{\mathrm{Pb}}(t) = N_{\mathrm{Th}}(0) - N_{\mathrm{Th}}(t) = N_{\mathrm{Th}}(t)(\mathrm{e}^{+\lambda t} - 1)$$

$$\Rightarrow\ t = \frac{1}{\lambda_{\mathrm{Th}}} \ln\left(\frac{N_{\mathrm{Pb}}(t)}{N_{\mathrm{Th}}(t)} + 1\right), \qquad (8.14)$$

wenn man annimmt, daß anfangs kein Blei im Mineral vorhanden war. Mißt man also das Mengenverhältnis von Bleikernen zu Thoriumkernen (z. B. mit Massenspektrometern), so läßt sich aus (8.14) das Alter t des Minerals bestimmen. War auch zur Zeit $t = 0$ bereits Blei im Gestein enthalten, so ist die zur Zeit t vorhandene Bleimenge $N_{\mathrm{Pb}}(t) = N_{\mathrm{Pb}}(0) + N_{\mathrm{Th}}(t)(\mathrm{e}^{\lambda t} - 1)$.

Mißt man das Verhältnis

$$N_{\mathrm{Pb}}(t)/N_{\mathrm{Th}}(t) = \big(N_{\mathrm{Pb}}(0)/(N_{\mathrm{Th}}(0)\big)\mathrm{e}^{\lambda t} + \mathrm{e}^{\lambda t} - 1\,,$$

so kann man daraus das ursprüngliche Verhältnis zur Zeit $t = 0$ schließen. Das daraus bestimmte Alter der Gesteine wird kleiner als (8.14) (Abb. 8.13).

Sind in den Proben auch noch die Uranisotope $^{235}_{92}$U und $^{238}_{92}$U enthalten, so muß die Entstehung von Blei aus allen vorkommenden Zerfallsketten berücksichtigt werden.

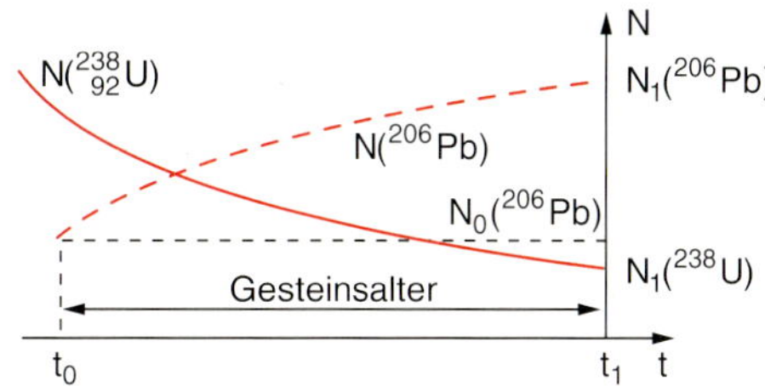

Abb. 8.13. Zur radioaktiven Altersbestimmung von Gesteinen, in denen bereits anfangs stabile Zerfallsprodukte enthalten waren

In vielen Mineralien ist Kalium enthalten, das zu 0,017% als radioaktives Nuklid $^{40}_{19}$K ($T_{1/2} = 1{,}28 \cdot 10^9$ a) vorkommt. Es zerfällt durch Elektroneneinfang in $^{40}_{18}$Ar. Bestimmt man das Konzentrationsverhältnis $N(^{40}_{18}\mathrm{Ar})/N(^{40}_{19}\mathrm{K})$, so läßt sich analog zu (8.14) das Alter des Minerals bestimmen, da bei der Bildung des Gesteins noch kein Argon vorhanden sein konnte. Diese Kalium-Argon-Methode setzt allerdings voraus, daß während der Zeitspanne zwischen Bildung und Untersuchung der Probe kein Argon aus dem Material entwichen ist.

Die Kombination der Blei- und Kalium-Argon-Methode ergibt ein Alter von etwa $4 \cdot 10^9$ a für die ältesten Gesteine auf der Erde. Dies legt das Alter der Erde auf 4–5 Milliarden Jahre fest.

8.1.7 Hydrologische Anwendungen

Oft möchte man den Verlauf und die Strömungsgeschwindigkeit unterirdischer Wasseradern verfolgen. So versickert z. B. ein Teil des Donauwassers im Kalkgestein der schwäbischen Alb und kommt zum Teil wieder bei Engen aus ergiebigen Quellen hervor.

Dies läßt sich meßtechnisch verfolgen, wenn man dem versickernden Wasser Zugaben von Tritium als HTO beifügt und die zeitliche Änderung der Tritiumkonzentration an den vermuteten Quellpunkten mißt (Abb. 8.14).

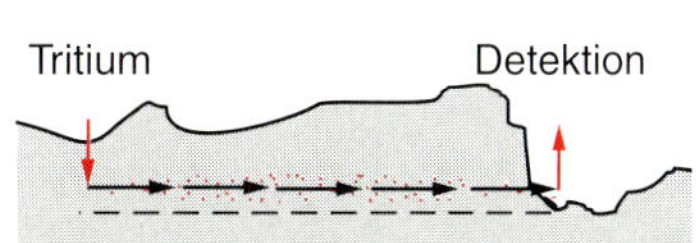

Abb. 8.14. Prinzip der radioaktiven Markierung unterirdischer Wasserläufe

Mit Hilfe der Tritium-Methode ($T_{1/2} = 12{,}43$ a) läßt sich durch Messung des Verhältnisses HTO/H_2O auch das Alter jüngerer Gewässer und der Zeitverlauf des Wasseraustausches zwischen Atmosphäre und Erdoberfläche bestimmen, wenn er im Zeitrahmen von einigen Jahren bis etwa 50 Jahren liegt. Dabei wird das Verhältnis T : H außer durch massenspektrometrische Bestimmung auch mit Hilfe der β^--Strahlung des Tritiums nach elektrolytischer Anreicherung mit einem Proportionalzähler gemessen.

Zur Exploration von Erdölfeldern läßt sich radioaktives Krypton $^{85}_{36}$Kr in ein Bohrloch einbringen, und man mißt den Austritt des Kryptons aus anderen Bohrungen, um zu sehen, wie weit sich ein zusammenhängendes Erdölfeld erstreckt.

8.2 Anwendungen von Beschleunigern

Zur Bestrahlungstherapie von Tumoren werden außer Radionukliden auch Beschleuniger eingesetzt. So gibt es in vielen Kliniken Betatrons (siehe Abschn. 4.1.5), bei denen entweder der gebündelte austretende Elektronenstrahl ($E = 1$–10 MeV) über eine geeignete Elektronenoptik auf die Tumorregion des Patienten fokussiert wird, oder die Elektronen erzeugen (wie in der Röntgenröhre) in einem Kupfer- oder Wolframtarget Gammastrahlen, deren Strahlquerschnitt durch geeignete Blenden so geformt wird, daß er an die zu bestrahlende Region optimal angepaßt wird. Der Patient wird dann während der Bestrahlungszeit so umgedreht, daß nur die Tumorregion die maximale Bestrahlungsdosis erhält, alle anderen Regionen wesentlich weniger (Abb. 8.15).

In besonderen Zentren, die in Verbindung mit Beschleunigern stehen, in denen π-Mesonen erzeugt werden können, werden auch Tumorbestrahlungen mit π-Mesonen durchgeführt.

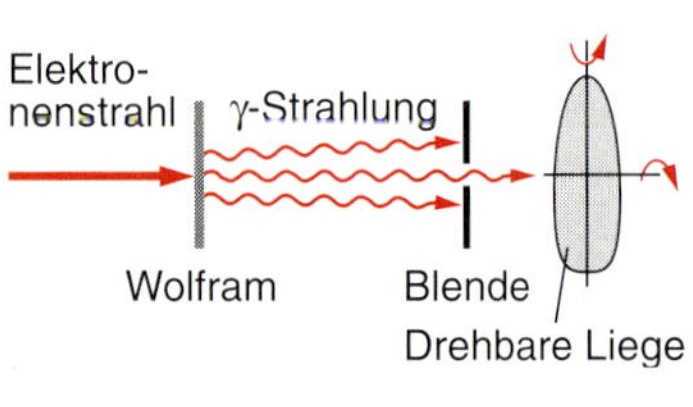

Abb. 8.15. Anwendung von Betatrons in der Bestrahlungstherapie

Bei geeigneter Energiewahl dringen die π-Mesonen genau bis in die Tumorregion ein und zerfallen dort nach dem Schema: $\pi^+ \rightarrow \mu^+ + \nu$, wobei das Myon weiter zerfällt gemäß $\mu^+ \rightarrow e^+ + \nu_e + \bar{\nu}_\mu$. Das Positron wird eingefangen und zerstrahlt: $e^+ + e^- \rightarrow 2\gamma$.

Fast die gesamte Energie des Pions (außer der Neutrino-Energie) wird dadurch am Ort des Tumors deponiert, so daß man Tumortherapie mit minimaler Schädigung der gesunden Umgebung durchführen kann.

Natürlich sind Aufwand und Kosten für eine solche Bestrahlungstherapie extrem hoch und rechtfertigen sich nur für Fälle, wo der Vorteil der lokalen Energiedeposition wesentlich ist und mit anderen Methoden nicht adäquat erreicht werden kann. Ein Beispiel ist die Bestrahlung von Augenkrebs, bei der gezielt nur kleine Bereiche bestrahlt werden dürfen, um das Auge nicht zu zerstören.

Solche Bestrahlungen werden z. B. am Paul-Scherrer-Institut in Villigen/Schweiz durchgeführt.

8.3 Kernreaktoren

Wir hatten in Abschn. 6.5 gesehen, daß bei der Spaltung eines Urankerns eine Energie von etwa 200 MeV frei wird, während bei der „Verbrennung" eines C-Atoms zu CO_2 nur etwa 13,5 eV gewonnen werden können. Aus der Spaltung von 1 kg Uran gewinnt man genauso viel Energie wie bei der Verbrennung von 750 t Kohle, bei der 2770 t CO_2 in die Atmosphäre emittiert werden. Der große Vorteil der Kernreaktoren ist die Vermeidung der CO_2-Produktion und damit des Treibhauseffektes.

Ihr Nachteil ist die Produktion radioaktiver Spaltprodukte, von denen einige langlebig sind und die deshalb für lange Zeit so sicher gelagert werden müssen, daß sie nicht in den Biokreislauf gelangen können. Ein weiterer Nachteil ist die höhere Gefährdung der Umgebung im Falle einer Havarie, deren Wahrscheinlichkeit jedoch bei den in der BRD vorgeschriebenen Sicherheitsmaßnahmen extrem klein ist. Man muß bei der Diskussion über Nutzen und Risiken der Kernenergie alle Faktoren in Betracht ziehen, um zu einer objektiven Beurteilung zu gelangen. Dies wird leider häufig nicht beachtet.

8.3.1 Kettenreaktionen

Die bei der Kernspaltung entstehenden Neutronen können weitere Kerne spalten, so daß eine Kettenreaktion einsetzt. Nun können die freiwerdenden Neutronen auch absorbiert werden, bevor sie weitere Kernspaltungen induzieren. Um eine kontrollierte Kettenreaktion zu realisieren, bei der die Neutronen eines gespaltenen Kerns im Mittel genau wieder eine neue Spaltung induzieren, müssen Neutronenmultiplikation bei der Spaltung und Verlustmechanismen für die Neutronen im richtigen Verhältnis zueinander stehen.

In Abschn. 6.5 wurde gezeigt, daß $^{238}_{92}\mathrm{U}$ nur durch schnelle Neutronen ($E_{\mathrm{kin}} > 1$ MeV) gespalten werden kann, während das Isotop $^{235}_{92}\mathrm{U}$ auch durch thermische Neutronen spaltbar ist, wobei der Wirkungsquerschnitt für die neutroneninduzierte Kernspaltung mit sinkender Neutronenenergie wie $\sigma \propto E^{-1/2}$ zunimmt (Abb. 6.16).

BEISPIEL

$\sigma(E = 0{,}01\ \mathrm{eV}) \approx 10^4 \cdot \sigma(1\ \mathrm{MeV})$

Um eine genügend große Wahrscheinlichkeit für Kernspaltung zu erreichen, muß man genügend große Konzentrationen von $^{235}_{92}\mathrm{U}$ verwenden und die bei der Kernspaltung freiwerdenden energiereichen Neutronen (Abb. 6.19) abbremsen. Dies geschieht durch ***Moderatoren***. Die Anforderungen an ein gutes Moderatormaterial sind:

- Gutes Abbremsvermögen, d. h. pro elastischem Stoß muß ein maximaler Energieverlust auftreten. Deshalb muß man Moderatoren mit leichten Kernen verwenden (z. B. H_2O, D_2O, Graphit).

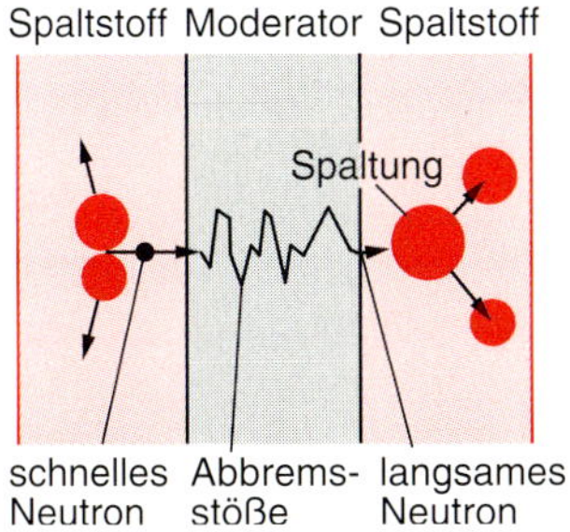

Abb. 8.16. Schematische Darstellung der Abbremsung schneller Spaltneutronen und neue Spaltung durch langsame Neutronen

- Die Neutronen sollen zwar von den Moderatorkernen abgebremst, aber nicht absorbiert werden, weil sie dann für weitere Kernspaltungen verloren sind (Abb. 8.16).

Beschreibt man die mittlere Abbremsung durch das mittlere logarithmische Energiedekrement

$$\xi = \overline{\ln(E_1/E_2)}\,, \tag{8.15}$$

wobei E_1 die Energie des Neutrons vor dem Stoß und E_2 nach dem Stoß ist, so läßt sich eine Näherungsformel herleiten:

$$\xi = \frac{6}{2 + 3M + 1/M^2}\,. \tag{8.16}$$

BEISPIEL

Für Wasserstoff ($M = 1$) wird $\xi = 1$, so daß $\overline{E_{1/2}/E_2} = \mathrm{e} \approx 2{,}72$ und der mittlere relative Energieverlust pro Stoß $(E_1 - E_2)/E_1 = \Delta E/E = (1 - 1/\mathrm{e}) = 0{,}63$ wird. Für Kohlenstoff ($M = 6$) wird $\xi = 0{,}3$, so daß $\overline{E_1/E_2} = 1{,}35$ ist und $\Delta E/E = 0{,}26$ wird.

Die mittlere Zahl C von Stößen, die notwendig ist, um Neutronen der Anfangsenergie E_0 auf thermische Energien E_{th} abzubremsen, ist nach (8.15)

$$C = \frac{1}{\xi} \ln E_0/E_{\mathrm{th}}\,. \tag{8.17}$$

BEISPIEL

$E_0 = 2\ \mathrm{MeV}$, $E_{\mathrm{th}} = 0{,}052\ \mathrm{eV} \Rightarrow C = 18{,}2/\xi$.

Mit Wasserstoffkernen als Moderator ist $\xi = 1$, d. h. man braucht im Mittel 18,2 Stöße zur Abbremsung, während im Graphitmoderator ($\xi = 0{,}3$) im Mittel 60,7 Stöße notwendig sind.

Es gibt mehrere Gründe dafür, daß trotzdem in einigen Kernreaktoren (z. B. dem Tschernobyl-Typ) Graphit als Moderator verwendet wird. Einer dieser Gründe ist die geringe Absorption der Neutronen in Graphit.

Leider werden die Neutronen nämlich während der Abbremsung auch absorbiert, und zwar sowohl durch den Moderator als auch durch das Spaltmaterial. In Abb. 8.17 sind die Absorptionsquerschnitte für die Reaktion U(n, γ), d. h. $\mathrm{n} + \mathrm{U} \to \mathrm{U}^* \to \mathrm{U} + \gamma$ für $^{235}\mathrm{U}$ und

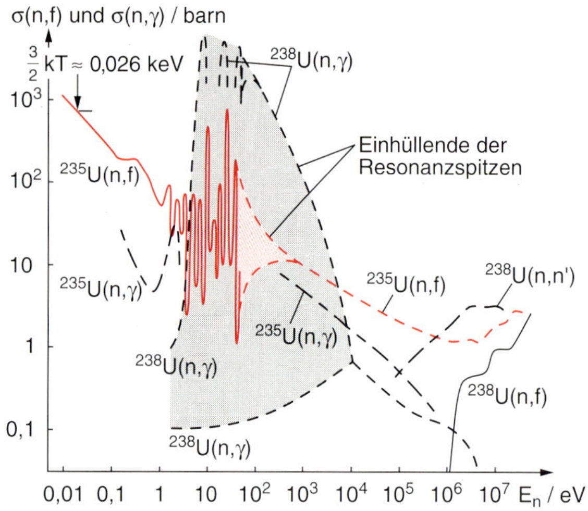

Abb. 8.17. Absorptions- und Spaltquerschnitte für Neutronen durch ^{235}U und ^{238}U als Funktion der Neutronenenergie. Im Bereich 10–800 eV gibt es so viele Resonanzen, daß nur die Einhüllenden gezeichnet sind. Man beachte den logarithmischen Maßstab

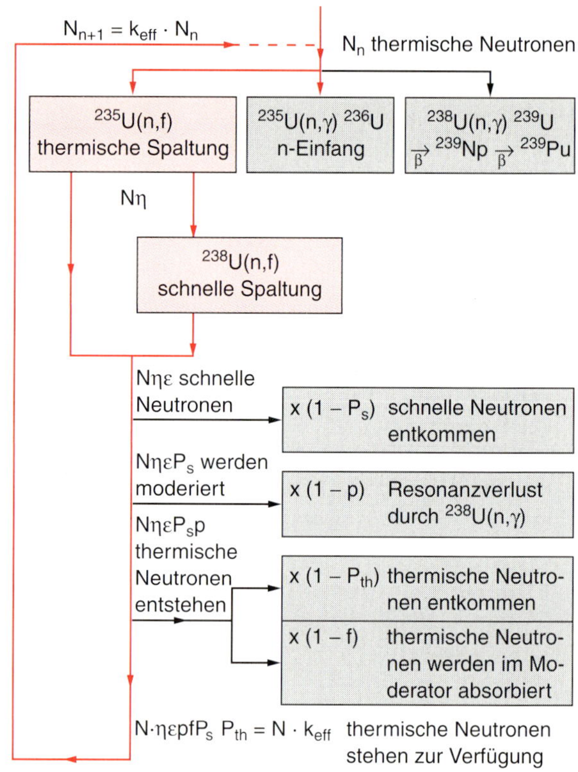

Abb. 8.19. Lebenszyklus von N_n thermischen Neutronen von einer Spaltgeneration zur nächsten. Nach T. Mayer-Kuckuk: *Kernphysik* (Teubner, Stuttgart 1992)

^{238}U als Funktion der Neutronenenergie eingezeichnet. Sie haben bei bestimmten Energien scharfe Resonanzen, die in Abb. 8.17 nur schematisch eingezeichnet sind. Die Einhüllende gibt die Grenzen für den minimalen und maximalen Absorptionsquerschnitt an. Um die Vielzahl dieser scharfen Resonanzen zu illustrieren, sind in Abb. 8.18 nur für den schmalen Energiebereich 600–900 eV die Wirkungsquerschnitte $\sigma(n, \gamma)$, welche zu Neutronenverlusten führen (schwarz), ver-

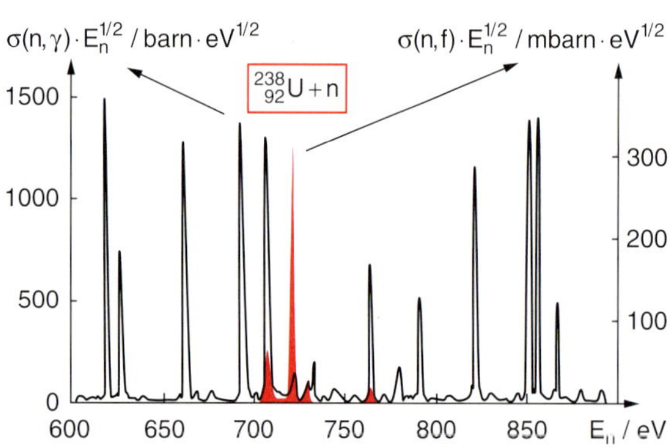

Abb. 8.18. Absorptionsquerschnitte $\sigma(n, \gamma)$ und Spaltquerschnitte $\sigma(n, f)$ von ^{238}U für Neutronen im Energiebereich 600–900 eV. Man beachte den etwa 5000mal kleineren Ordinatenmaßstab für die Spaltquerschnitte

glichen mit den Wirkungsquerschnitten $\sigma(n, f)$ für die gewünschten Kernspaltungen (rot).

Wir wollen uns an Hand von Abb. 8.19 den Lebenszyklus von N_n thermischen Neutronen ansehen, die nach der Moderation für die Spaltung zur Verfügung stehen: Sie können ^{235}U spalten, oder sie können sowohl von ^{235}U als auch von ^{238}U eingefangen werden, ohne zu einer Spaltung zu führen. Bei der Spaltung von ^{235}U mögen $N_n \cdot \eta$ $(\eta > 1)$ Spaltneutronen mit einer in Abb. 6.19 dargestellten Energieverteilung entstehen. Die schnellen Neutronen können zum Teil auch ^{238}U spalten, so daß insgesamt $N_n \cdot \eta \cdot \varepsilon$ $(\varepsilon > 1)$ schnelle Neutronen nach der Spaltung der n-ten Generation zur Verfügung stehen. Der Faktor $\eta \cdot \varepsilon$ gibt also die mittlere Zahl der Neutronen an, die durch thermische Neutronen bei der Spaltung von ^{235}U und durch schnelle Neutronen bei der Spaltung von ^{238}U entstehen. Die schnellen Neutronen können zum Teil aus dem Reaktorkern entweichen und gehen damit für die Kettenreaktion verloren. Ist $(1 - P_s)$ die Entweichwahrscheinlichkeit, p die Wahrscheinlichkeit dafür, daß ein Neutron abgebremst wird, ohne durch Resonanzeinfang im Uran verlorenzugehen, $(1 - P_{th})$ die Entweichwahrscheinlichkeit für ein thermisches Neutron nach der Moderation und $(1 - f)$ die Wahrscheinlichkeit, daß ein Neutron im Moderator absorbiert wird, so bleiben von den N_n anfänglich vorhandenen thermischen Neutronen der n-ten Generation

$$N_{n+1} = N_n \cdot \eta \cdot \varepsilon \cdot p \cdot f \cdot P_s \cdot P_{th} = k_{eff} \cdot N_n \qquad (8.18)$$

thermische Neutronen für die Spaltung der $(n+1)$-ten Generation zur Verfügung. Ist T die mittlere Zykluszeit zwischen zwei Spaltgenerationen, so wird die Zunahme dN der Neutronenzahl während des Zeitintervalls dt:

$$dN = \frac{k_{eff} - 1}{T} \cdot N \cdot dt\,. \qquad (8.19)$$

Für einen stationären Betrieb muß der Multiplikationsfaktor

$$k_{eff} = \eta \cdot \varepsilon \cdot p \cdot f \cdot P_s \cdot P_{th} \qquad (8.20)$$

gleich 1 sein. Für $k_{eff} < 1$ geht die Kettenreaktion aus, für $k_{eff} > 1$ wächst die Zahl der Neutronen exponentiell an. Aus (8.20) folgt:

$$N = N_0 \cdot e^{(k_{eff} - 1) \cdot t/T}\,. \qquad (8.21)$$

Bei üblichen Dimensionen des Reaktorkerns (einige Meter) ist die Entweichwahrscheinlichkeit klein, d.h. $P_s \approx 1$, $P_{th} \approx 1$, so daß für den Grenzfall des unendlich ausgedehnten Reaktors die ***Vierfaktorformel***

$$\boxed{k_\infty = \eta \cdot \varepsilon \cdot p \cdot f} \qquad (8.22)$$

gilt. Die Größe

$$\varrho = \frac{k_{eff} - 1}{k_{eff}} \qquad (8.23)$$

heißt die ***Reaktivität*** eines Kernreaktors. Im stationären Betrieb muß $\varrho = 0$ gelten.

Dies wird erreicht durch Absorptionsmedien im Moderator und durch regelbare Absorberstäbe, die kontrolliert in den Reaktor eingefahren werden können.

Soll die Leistung des Kernreaktors größer werden, d.h. sollen mehr Kernspaltungen pro Sekunde erfolgen, so werden die Kontrollstäbe etwas aus dem Kern gefahren, soll die Leistung abgesenkt werden, müssen sie weiter in den Reaktorkern hineingefahren werden. Die Regelung und ihre Sicherheit werden in Abschn. 8.3.3 und 8.3.5 ausführlicher dargestellt.

8.3.2 Aufbau eines Kernreaktors

Der zentrale Bereich eines Kernreaktors, in dem die Kernspaltung stattfindet, heißt Reaktorkern. Man unterscheidet zwischen ***homogenen Reaktoren***, bei denen Spaltstoff und Moderator gleichmäßig vermischt sind und ***heterogenen Reaktoren***, die eine räumliche Trennung von Uranbereichen und Moderatorbereichen haben. Die überwiegende Zahl der heute arbeitenden Kernreaktoren sind heterogene Typen. Es gibt graphitmoderierte Reaktoren (Tschernobyl) und wassermoderierte Reaktoren (alle westlichen Reaktoren). Hier unterscheidet man zwischen Druckwasser- und Siedewasser-Reaktoren. Die ersteren haben einen Primärkreislauf bei hohem Druck und einen Sekundärkreislauf bei kleinerem Druck, während die Siedewasser-Reaktoren nur einen Kreislauf haben.

In Abb. 8.20 sind die Bestandteile eines heterogenen Reaktorkerns für einen typischen Druckwasser-Reaktor in Deutschland schematisch dargestellt. Das spaltbare Material wird in Brennstofftabletten aus Uranoxyd UO_2 aufgearbeitet. Etwa 200 solcher UO_2-Tabletten werden in ein gasdicht verschweißtes Hüllrohr aus Zirkon (Brennstoffstab) eingelagert. Im Inneren des Hüllrohres muß genügend freies Volumen für die gasförmigen Spaltprodukte (Kr, Xe, I) vorgesehen werden, damit der Innendruck bei der Brenntemperatur von etwa 500–600 °C nicht zu groß wird. Etwa 20–25 Brennstäbe werden zu einem ***Brennelement*** mit quadratischem Querschnitt zusammengefaßt. Das Wasser, welches als Moderator dient, und das gleichzeitig die Wärmeenergie von den Brennstoffstäben abführen muß, fließt zwischen den Brennstoffstäben durch das Brennelement.

Viele solcher Brennelemente bilden schließlich den Reaktorkern. Zwischen den verschiedenen quadratischen Brennelementen sind die Steuerstäbe angeordnet, die aus neutronenabsorbierenden Materialien

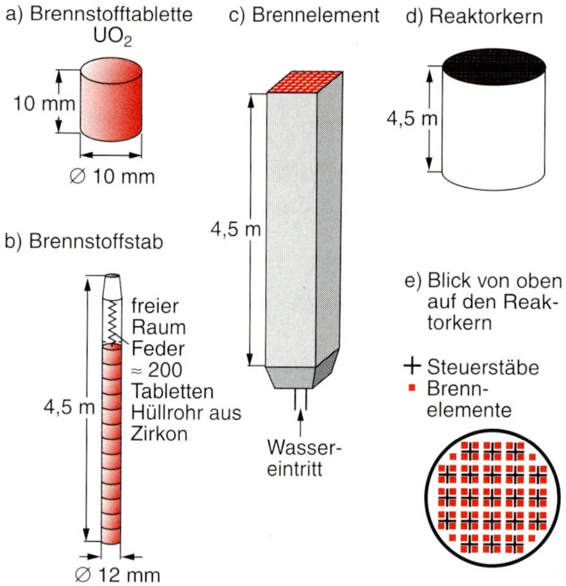

Abb. 8.20a–e. Die Bestandteile des Reaktorkerns eines wassermoderierten heterogenen Reaktors

(z. B. Bor oder Cadmium) bestehen und die durch Antriebsstangen verschieden weit in den Reaktor eingefahren werden können.

Der Gesamtaufbau eines Reaktors ist in Abb. 8.21 am Beispiel eines Druckwasserreaktors dargestellt. Der Wasserdruck im Reaktorgefäß ist so groß ($\approx$ 150 bar), daß bei der Wassertemperatur von etwa 326 °C das Wasser noch nicht verdampft. Bei einer thermischen Leistung von 3 GW werden etwa 70 000 t Kühlwasser pro Stunde durch den Reaktor gepumpt. Es durchläuft einen Wärmeaustauscher, in dem Wasser im Sekundärkreislauf bei 66 bar verdampft. Der Dampf treibt dann wie in einem fossilen Kraftwerk die Turbine an, welche mit einem elektrischen Generator verbunden ist.

Durch dieses Zweikreissystem wird erreicht, daß die im Primärkühlkreislauf des Reaktorkühlwassers auftretenden radioaktiven Stoffe (vor allem Tritium ^3_1H) nicht in Turbine und Kondensor gelangen.

Typische elektrische Leistungen des Generators sind für das Beispiel des Kernkraftwerks Brockdorf 1400 MW bei einer Spannung von 27 kV. Von dieser Leistung werden etwa 70 MW für den Eigenbedarf des Kraftwerks verbraucht, so daß etwa 1330 MW nach außen abgegeben werden. Bei einer thermischen Leistung von 3760 MW bedeutet dies einen Nettowirkungsgrad von 35,4%. Die technischen Daten eines Druckwasserreaktors sind in Tabelle 8.5 zusammengefaßt.

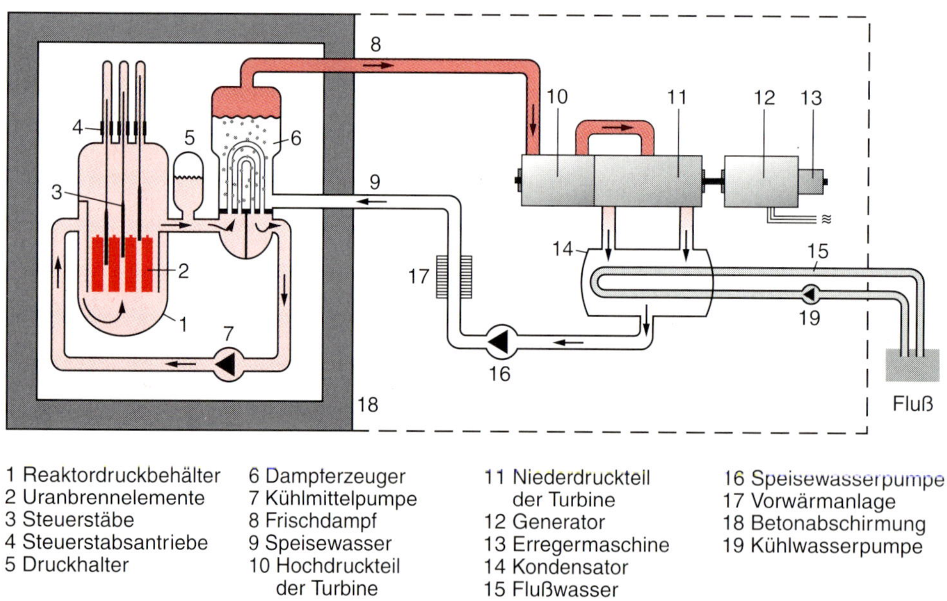

Abb. 8.21. Schematische Skizze eines Druckwasser-Kernreaktors. Aus M. Volkmer: *Kernenergie Basiswissen* (Informationskreis Kernenergie, Bonn 1993)

Tabelle 8.5. Technische Daten zum Druckwasserreaktor des Kernkraftwerks Brokdorf. Nach M. Volkmer: *Kernenergie Basiswissen* (Informationskreis Kernenergie, Bonn 1993)

Kernbrennstoff:	UO_2
Anreicherung an U-235:	1,9%; 2,5%; 3,5%
Brennstoffmenge:	103 t
Anzahl der Brennelemente:	193
Anzahl der Brennstäbe je Brennelement:	236
Anzahl der Steuerstäbe:	61
Absorbermaterial:	InAgCd
Kühlmittel und Moderator:	entsalztes H_2O
thermische Leistung:	3765 MW
elektrische Bruttoleistung:	1395 MW
elektrische Nettoleistung:	1326 MW
Nettowirkungsgrad:	35,5%
mittlere Leistungsdichte im Reaktorkern:	92,3 kW/dm^3
Entlade-Abbrand:	53 000 MW d/t Uran

8.3.3 Steuerung und Betrieb eines Kernreaktors

Im Abschn. 8.3.1 wurde gezeigt, daß der zeitliche Verlauf der Dichte spaltfähiger Neutronen und damit auch der Kernspaltungen pro Zeiteinheit durch

$$N = N_0 \cdot e^{\varrho \cdot k_{\mathrm{eff}} \cdot t/T} \tag{8.24}$$

gegeben ist. Um einen stationären Betrieb zu erreichen, muß daher zuverlässig dafür gesorgt werden, daß die Reaktivität $\varrho = (k_{\mathrm{eff}} - 1)/k_{\mathrm{eff}}$ Null bleibt. Bei einer Reaktorperiode $T = 1\,\mu$s für eine typische Zeit zwischen zwei Spaltgenerationen würde dies eine schnelle Regelung erfordern, um auf kurzfristige Schwankungen von ϱ genügend schnell reagieren zu können.

Glücklicherweise sind hier die in Abschn. 6.5.4 diskutierten verzögerten Neutronen, die von den Spaltbruchstücken emittiert werden hilfreich. Etwa 0,75% aller bei der Kernspaltung freiwerdenden Neutronen werden erst mit einer zeitlichen Verzögerung von etwa 0,10–80 s von den Spaltprodukten abgegeben. Ein Beispiel ist der Zerfall des Spaltprodukts

$${}^{87}_{35}\mathrm{Br} \xrightarrow{\beta^-} {}^{87}_{36}\mathrm{Kr}^* \xrightarrow{\mathrm{n}} {}^{86}_{36}\mathrm{Kr}\,,$$

bei dem die Neutronen um 76,4 min gegenüber den prompten Neutronen verzögert sind. Diese verzögerten Neutronen verlängern die Reaktorperiode T erheblich. Betreibt man den Reaktor so, daß die Reaktivität ϱ ohne die verzögerten Neutronen kleiner als Null ist und durch sie größer als Null wird, so hat die mechanische Regelung genügend Zeit, Schwankungen der Reaktivität durch Ein- bzw. Ausfahren der Regelstäbe (Neutronenabsorber) genau auf $\varrho = 0$ zu regeln.

Beim Anfahren des Reaktors muß natürlich $\varrho > 0$ sein. Man startet mit einer künstlichen Neutronenquelle im Reaktorkern, läßt die Regelstäbe eine Zeitlang in einer Stellung, bei der $\varrho \approx 10^{-3}$ ist, so daß die Neutronenzahl langsam ansteigt, und regelt dann stufenweise hoch, bis der Sollwert, der von der gewünschten thermischen Leistung des Reaktors abhängt, erreicht ist.

Die thermische Leistung beträgt im Reaktorkern etwa 40 kW pro kg Uran. Dies bedeutet eine Leistungsdichte von 100 kW/dm^3 im Reaktorkernvolumen. Bei einer thermischen Leistung von 3 GW werden daher etwa 90 t angereichertes Uran benötigt, das in einem Reaktorkern mit dem Volumen von 30 m^3 verteilt ist. Der erreichbare mittlere Abbrand erlaubt eine elektrische Energie von 10^4 MW-Tagen pro Tonne Uran, d. h. bei einem Kernkraftwerk, das eine elektrische Leistung von 1 GW erzeugt, müssen pro Jahr 30 t Uran ausgetauscht werden.

Die Anordnung der Brennelemente im Reaktorkern wird so gewählt, daß das am höchsten angereicherte ^{235}U im Außenbereich, das am schwächsten angereicherte im zentralen Bereich sitzt, weil die Verlustrate der Neutronen durch Diffusion aus dem Reaktorkern in der Mitte kleiner ist als am Rande (Abb. 8.22).

Nach etwa zwei Jahren Vollastbetrieb wird der Reaktor für einige Tage abgeschaltet, und die Brennelemente werden umgesetzt. Etwa 1/3 aller Elemente,

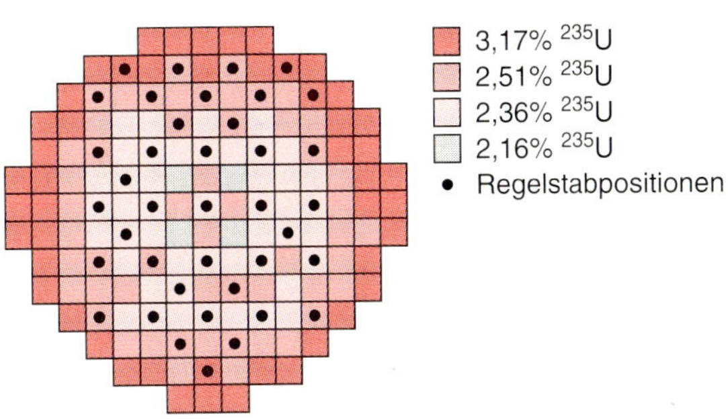

Abb. 8.22. Anordnung der Brennelemente mit verschiedenen Anreicherungsgraden von ^{235}U im Reaktorkern

nämlich die aus der Mitte mit der geringsten Anreicherung, die außerdem den größten Abbrand erfahren, werden herausgenommen, die vom Rande werden in die Mitte versetzt, und neue Elemente mit großer Anreicherung kommen an den Rand. Auf diese Weise bleibt die Reaktivität einigermaßen gleichmäßig über den Reaktorkern verteilt. Nach sechs Jahren ist damit die gesamte Uranmenge des Reaktors ausgetauscht. Die abgebrannten Brennelemente werden in Wiederaufbereitungsanlagen gebracht, wo das Uran, Thorium und Plutonium abgetrennt und zu neuen Brennelementen verarbeitet wird.

Die bei der Kernspaltung entstehenden Spaltprodukte sind zum Teil Neutronenabsorber. Dadurch wird die Reaktivität des Reaktors vermindert. Im allgemeinen sind die Neutroneneinfangquerschnitte jedoch sehr klein, außer bei Xenon und Samarium.

Während des Reaktorbetriebs entsteht Xenon als eines der Spaltprodukte nach dem Schema

$$\mathrm{U} \xrightarrow[\text{Spaltung}]{} {}^{135}\mathrm{Te} \xrightarrow[2\,\text{min}]{\beta^-} {}^{135}\mathrm{I} \xrightarrow[6{,}7\,\text{h}]{\beta^-} {}^{135}\mathrm{Xe}\,. \tag{8.25}$$

Andererseits zerfällt Xenon wieder

- durch β^--Zerfall in stabiles ^{135}Ba

$$^{135}\mathrm{Xe} \xrightarrow[9{,}2\,\text{h}]{\beta^-} {}^{135}\mathrm{Cs} \xrightarrow[2\cdot 10^6\,\text{a}]{\beta^-} {}^{135}\mathrm{Ba}\,, \tag{8.26}$$

- durch (n,γ)-Umwandlung ($\sigma_a = 2{,}9 \cdot 10^6$ barn)

$$^{135}\mathrm{Xe} + \mathrm{n} \rightarrow {}^{136}\mathrm{Xe}^* \xrightarrow{\gamma} {}^{136}\mathrm{Xe} \tag{8.27}$$

in das stabile Isotop ^{136}Xe, das keine Neutronen absorbiert.

Beim stationären Reaktorbetrieb stellt sich deshalb eine Gleichgewichtskonzentration von ^{135}Xe ein, bei der die Bildungsrate gleich der Zerfallsrate ist (***Xenonvergiftung***). Als Vergiftungsgrad eines Reaktors definiert man den Quotienten

$$V = \sum_{\text{spalt}}^{\text{a}} \Big/ \sum_{\text{brenn}}^{\text{a}} \tag{8.28}$$

der totalen Neutronenabsorptionsquerschnitte von Spaltprodukten und Brennstoff.

Nach dem Abschalten des Reaktors bleibt die Bildung von ^{135}Xe aus den Spaltprodukten von (8.25) noch eine Zeitlang erhalten, aber es fehlt der Abbau durch die (n,γ)-Reaktion (8.27), weil die Neutronen fehlen. Deshalb steigt die Konzentration von ^{135}Xe anfangs an (Abb. 8.23), bis das nachliefernde Jod ^{135}I mit der Halbwertszeit $T_{1/2} = 6{,}7$ h zerfallen ist.

Wenn die Reaktivität ϱ des Reaktors noch nicht hoch genug ist, kann man ihn deshalb nicht gleich nach dem Abschalten wieder anschalten, sondern man muß warten, bis die Xenonvergiftung genügend weit abgeklungen ist.

Im allgemeinen hat ein Reaktor nach neuer Beschickung mit Uran genügend Reaktivitätsreserve. Damit diese nicht allein durch die Steuerstäbe kontrolliert

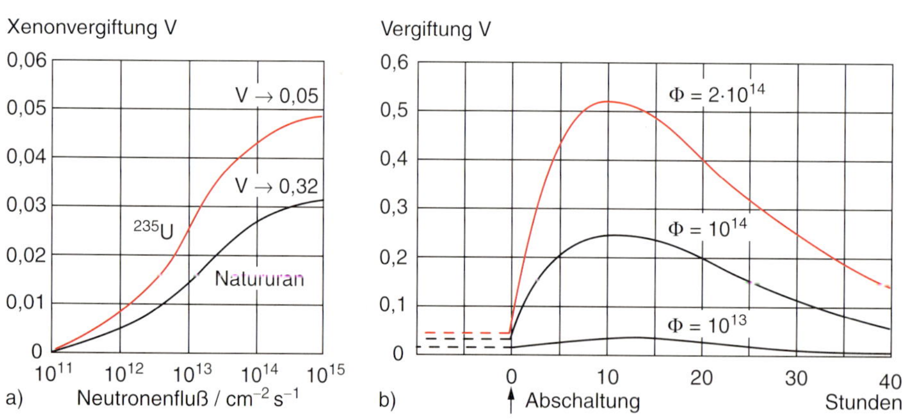

Abb. 8.23a,b. Vergiftung $V(t)$ eines Reaktors durch Spaltprodukte (**a**) im stationären Betrieb als Funktion des Neutronenflusses, (**b**) nach Abschalten des Reaktors bei verschiedenen Neutronenflüssen Φ

werden muß, fügt man dem Kühlwasser im Primärkreislauf neutronenabsorbierendes Bor bei. Während eines Betriebsjahres, in dem die Reaktivität wegen des Abbrands stetig sinkt, wird entsprechend die Borkonzentration verringert.

8.3.4 Reaktortypen

Außer dem oben beschriebenen und am häufigsten gebauten Druckwasserreaktor gibt es eine Reihe anderer Reaktortypen, die wir kurz besprechen wollen:

Besondere Schlagzeilen hat der graphitmoderierte *Siedewasser-Druckröhren-Reaktor* vom Tschernobyl-Typ wegen des dort erfolgten katastrophalen Unfalls gemacht.

Bei diesem heterogenen Reaktor besteht der Reaktorkern aus etwa 1700 Tonnen Graphitziegeln, die in einem zylindrischen Block (7 m Höhe, 12 m Durchmesser) aufgeschichtet sind (Abb. 8.24). Das Volumen des Reaktorkerns ist damit mehr als zehnmal so groß, wie in einem Druckwasserreaktor in Deutschland.

Die Brennelemente (3,65 m lang und 115 kg Uran) hängen in Druckröhren in senkrechten Bohrungen innerhalb des Graphitblocks durch die das Kühlwasser fließt. Insgesamt gibt es im Tschernobyl-Reaktor 1661 solcher Druckröhren und außerdem entsprechende Bohrungen für die 211 Steuer- und Absorberstäbe.

Der ganze Graphitblock ist von einem Stahlmantel umgeben, und der freie Raum innerhalb des umschlossenen Graphitblocks ist mit einem Schutzgas (He, N_2) gefüllt, um Graphitbrände zu verhindern.

Die bei der Kernspaltung erzeugte Wärme wird vom Wasser aufgenommen, das dabei teilweise verdampft. Das Dampf-Wasser-Gemisch wird in einem Dampfabscheider getrennt, und der Dampf treibt eine Turbine an.

Die ökonomischen Vorteile dieses Reaktortyps, welche die sowjetischen Techniker bewogen haben, sich für diesen Typ zu entscheiden, sind:

- Ein Kühlmittelverlust betrifft nur einzelne Druckröhren, so daß ein totaler Verlust praktisch auszuschließen ist.
- Die Entwicklung von Reaktoren größerer Leistung ist leichter möglich, weil gleiche Komponenten lediglich in ihrer Zahl vermehrt werden müssen.
- Ein Wechsel der Brennelemente ist während des Betriebs möglich, so daß Stillstandszeiten vermieden werden. Außerdem kann dann nach der optimalen Brutzeit waffenfähiges Plutonium entnom-

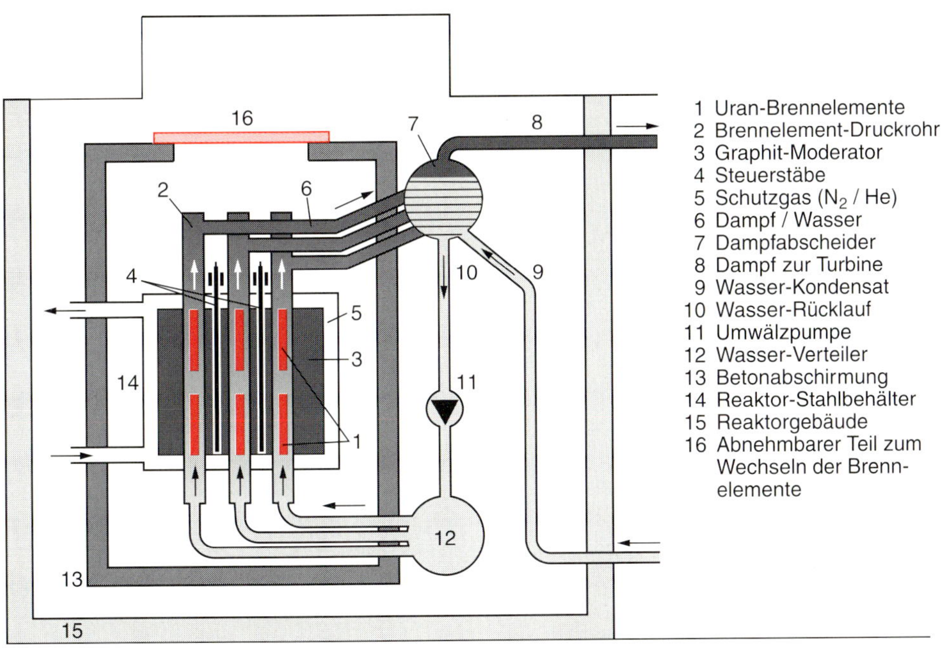

Abb. 8.24. Prinzipschema des graphitmoderierten Druckröhren-Reaktors in Tschernobyl

men werden. Deshalb haben vor allem die Militärs diesen Reaktortyp bevorzugt.

Diesen Vorteilen stehen jedoch gravierende Nachteile gegenüber:

- Die Reaktivität ϱ hat einen *positiven* Temperatur-Koeffizienten, weil bei höherer Temperatur mehr Wasser verdampft und dadurch weniger Neutronen absorbiert werden können. Man beachte, daß hier die Moderation im wesentlichen durch Graphit erfolgt, so daß der Verlust an Wasser kaum zu einer schlechteren Moderierung der Neutronen führt. Der Reaktor neigt daher ohne sorgfältige Steuerung zu instabilem Verhalten.
- Wegen des großen Volumens ist die Steuerung der Kettenreaktion schwieriger, weil leicht lokale Neutronenüberhöhungen auftreten können.
- Es fehlen Reaktordruckbehälter und Sicherheitsbehälter (siehe auch Abschn. 8.3.5).

Ein besonders sicherer Reaktortyp, der zudem einen hohen thermodynamischen Wirkungsgrad hat, ist der heliumgekühlte Hochtemperatur-Thorium-Reaktor (Abb. 8.25). Die Brennelemente sind Graphitkugeln mit einem Durchmesser von 6 cm, die mit einer Schutzschicht aus Siliziumnitrid überzogen sind. Sie enthalten pro Kugel etwa 1 g ^{235}U und als Brutstoff etwa 10 g ^{232}Th in Form von kleinen Kügelchen von 0,5–0,7 mm Durchmesser. In einer Graphitkugel sind etwa 35 000 solcher mit einer Schutzhülle umgebenen Brennstoffkügelchen enthalten. In einem großen Behälter aus Graphit werden nun etwa 360 000 solcher Graphitkugeln mit Brennstoffkügelchen, 280 000 reine Graphitkugeln zur Moderation und 35 000 borhaltige Graphitkugeln zur Neutronenabsorption aufgeschüttet und gleichmäßig gemischt. Hier handelt es sich also um einen homogenen Reaktor, bei dem Spaltstoff und Moderator gleichmäßig vermischt sind.

Die bei der Spaltung von ^{235}U entstehenden Spaltneutronen können aus ^{232}Th durch die Reaktion

$$^{232}_{90}\mathrm{Th} + \mathrm{n} \to {}^{233}_{90}\mathrm{Th} \to {}^{233}_{91}\mathrm{Pa} + \mathrm{e}^-$$

^{233}Pa erzeugen, das genau wie ^{235}U auch durch langsame Neutronen spaltbar ist. Der Graphit dient als Moderator. Anders als beim Tschernobyl-Reaktor wird hier als Kühlmittel nicht Wasser, sondern Helium verwendet. Dadurch läßt sich die Kühlmitteltemperatur bis auf etwa 800 °C steigern, was den thermodynamischen Wirkungsgrad theoretisch auf über 70% bringt. In der Praxis erreicht man immerhin etwa 60%.

Das Heliumgas strömt von oben mit etwa 250 °C in den Reaktor ein, verläßt ihn wieder bei 800 °C und gibt seine Wärmeenergie über einen Wärmeaustauscher an einen Wasserdampf-Kühlkreislauf ab.

Das Helium wird durch Neutronenstrahlung praktisch nicht aktiviert, so daß der Kühlkreislauf nicht radioaktiv belastet wird. Da Graphit erst bei einer Temperatur von 3650 °C schmilzt, kann auch bei einer Abschaltung wegen Kühlausfalls die Graphitkugelschüttung nicht schmelzen. Vielmehr kann die

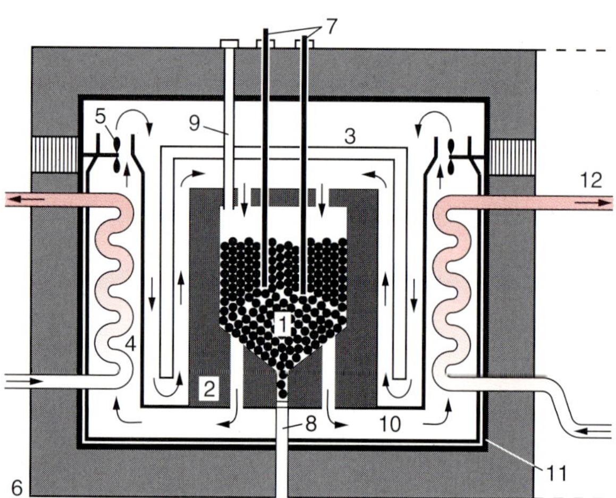

1 Kugelhaufen (Reaktorkern)
2 Neutronenreflektor (Graphit)
3 Schild aus Eisen
4 Dampferzeuger
5 Kühlgasgebläse
6 Spannbetonbehälter
7 Steuerstäbe (Kernstäbe)
8 Kugelabzugsrohr
9 Kugelzugaberohr
10 Kühlgas (Helium)
11 Dichthaut aus Stahl
12 Frischdampf

Abb. 8.25. Schema des heliumgekühlten Hochtemperatur-Reaktors. Nach M. Volkmer: *Kernenergie Basiswissen* (Informationskreis Kernenergie, Bonn 1993)

Wärmeenergie bei höherer Temperatur durch Wärmestrahlung ($\propto T^4$!) abgegeben werden. Der heliumgekühlte Hochtemperaturreaktor hat einen negativen Temperaturkoeffizienten, d. h. $\mathrm{d}\varrho/\mathrm{d}T < 0$, anders als beim Tschernobylreaktor, wo $\mathrm{d}\varrho/\mathrm{d}T > 0$ ist (siehe Abschn. 8.3.5). Obwohl dieser Hochtemperaturreaktor der bisher beste und sicherste Kernspaltungsreaktor war, ist das erste Versuchsmodell in Hamm-Uentrop aus politischen und ökonomischen Gründen 1989 abgeschaltet worden.

Um den Ausnutzungsgrad des Uranbrennstoffs zu erhöhen, wurden Brutreaktoren entwickelt. Sie nutzen die Spaltung von ^{238}U und ^{239}Pu durch schnelle Neutronen zur Energiegewinnung und zur Erzeugung von Spaltneutronen aus. Diese Neutronen können dabei folgende Reaktionskette induzieren:

$$^{238}_{92}\mathrm{U} + \mathrm{n} \rightarrow {}^{239}_{92}\mathrm{U} \xrightarrow[23{,}5\ \mathrm{min}]{\beta^-} {}^{239}_{93}\mathrm{Np}\,, \tag{8.29a}$$

$$^{239}_{93}\mathrm{Np} \xrightarrow[2{,}36\ \mathrm{d}]{\beta^-} {}^{239}_{94}\mathrm{Pu} \xrightarrow[2{,}4\cdot 10^4\ \mathrm{a}]{\alpha} {}^{235}_{92}\mathrm{U}\,. \tag{8.29b}$$

Durch diesen Prozeß wird also aus $^{238}_{92}$U über die Bildung von Plutonium das Isotop $^{235}_{92}$U „erbrütet“.

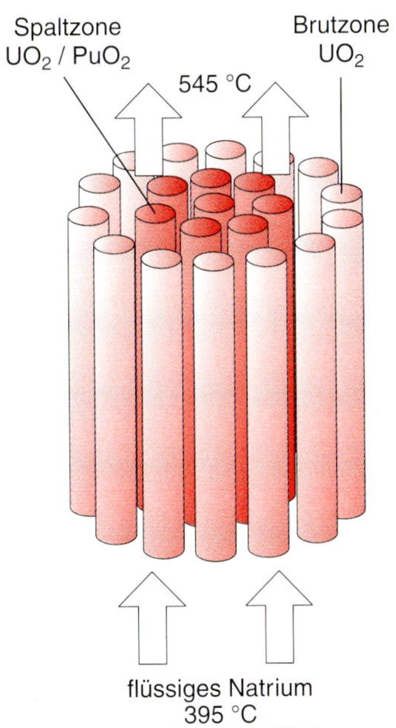

Abb. 8.26. Schematische Darstellung des Reaktorkerns eines schnellen Brutreaktors. Nach M. Volkmer: *Kernenergie Basiswissen* (Informationskreis Kernenergie, Bonn 1993)

Weil dieser Reaktortyp schnelle Neutronen zur Kernspaltung ausnutzt, braucht man keinen Moderator. Da der Spaltquerschnitt für schnelle Neutronen jedoch kleiner ist als für langsame (Abb. 8.17) muß der Reaktorkern kompakter sein und eine höhere Spaltstoff-Konzentration haben als bei Leichtwasser-Reaktoren.

Man kann als Kühlmittel kein Wasser verwenden, weil dieses durch Absorption und Abbremsung die Zahl der schnellen Neutronen zu stark vermindern würde. Deshalb wird flüssiges Natrium zur Kühlung benutzt, das außerdem eine größere Wärmemenge abführen kann als Wasser (Abb. 8.26).

Die eigentliche Spaltzone, in der durch schnelle Neutronen ^{238}U und ^{239}Pu gespalten werden, ist umgeben von der Brutzone, in der ^{238}U durch Neutroneneinfang gemäß der Reaktion (8.29) in ^{239}Pu und in ^{235}U umgewandelt wird.

Man kann den Betrieb so optimieren, daß mehr spaltbares ^{239}Pu erbrütet wird, als durch Spaltung verbraucht wird. Der Brutreaktor kann also Spaltstoffe für andere Kernkraftwerke bereitstellen.

Das technologische Risiko eines solchen schnellen Brüters liegt einmal in der Beherrschung des heißen Natriums, das chemisch aggressiv ist und zur Korrosion von Metalleitungen führen kann. Außerdem wird das durch den Reaktorkern strömende Natrium durch Neutronenbeschuß radioaktiv:

$$^{23}_{11}\mathrm{Na} + \mathrm{n} \rightarrow {}^{24}_{11}\mathrm{Na} \xrightarrow[15\ \mathrm{h}]{\beta^-} {}^{24}_{12}\mathrm{Mg}\,. \tag{8.30}$$

Um das radioaktive Natrium innerhalb der Sicherheitszone zu halten, werden drei Kühlkreisläufe verwendet (Abb. 8.27). Im Primärkreislauf tritt Natrium bei einer Temperatur vom 395 °C von unten in den Reaktorkern ein und bei $T = 545\,°\mathrm{C}$ oben wieder aus. Der Siedepunkt von Natrium liegt bei 883 °C, der Schmelzpunkt bei 98 °C, so daß auch bei kleinem Druck das Natrium immer flüssig bleibt. Es gibt seine Wärmemenge an insgesamt vier Kühlschlangen des Sekundärkreislaufes ab, der auch mit Natrium betrieben wird, das aber hier nicht radioaktiv ist. Im Wärmetauscher wird dann schließlich die Wärmeenergie an einen Wasserdampf-Kreislauf abgegeben, der die Turbine antreibt.

Ein weiterer Nachteil des schnellen Brutreaktors ist sein positiver Temperaturkoeffizient der Reaktivität $\varrho(T)$, die mit steigender Temperatur anwächst. Dies macht die Steuerung des Reaktors zwar immer noch sicher beherrschbar, doch kritischer als bei den Leicht-

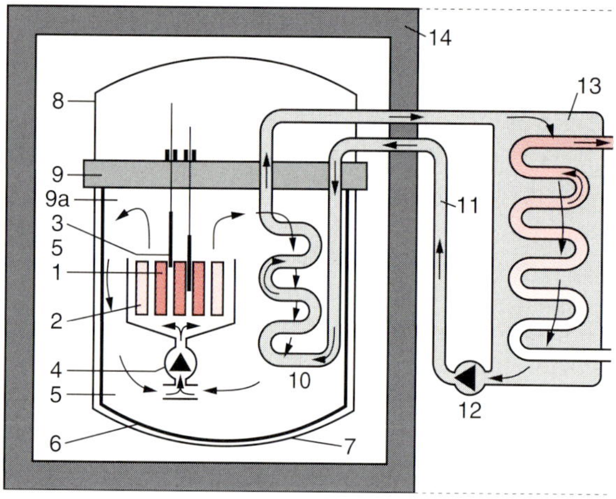

1 Brennelemente (Spaltzone)
2 Brennelemente (Brutzone)
3 Steuerstäbe
4 Primärnatriumpumpe
5 Primärnatrium für Primärnatriumkreislauf
6 Reaktortank (rostfreier Stahl)
7 Sicherheitstank
8 Reaktorkuppel
9 Deckel
9a Schutzgasatmosphäre (Argon)
10 Zwischenwärmetauscher (im Kraftwerk vier vorhanden)
11 Sekundärnatriumkreislauf
12 Sekundärnatriumpumpe
13 Dampferzeuger (im Kraftwerk vier vorhanden)
14 Reaktorgebäude

Abb. 8.27. Aufbauprinzip eines Kernkraftwerks mit schnellem Brutreaktor. Nach M. Volkmer: *Kernenergie Basiswissen* (Informationskreis Kernenergie, Bonn 1993)

wasserreaktoren. Deshalb ist ein fast fertiggestellter Brutreaktor in Kalkar aus Sicherheitsbedenken und wegen der aus den Sicherheitsauflagen resultierenden Kostensteigerungen nicht in Betrieb gegangen. Das größte Kernkraftwerk mit schnellem Brutreaktor (Superphénix in Creys-Malville in Frankreich) ist seit 1986 in Betrieb.

8.3.5 Sicherheit von Kernreaktoren

Die Sicherheit eines Kernkraftwerks betrifft mehrere Aspekte:

- Zum ersten muß gewährleistet sein, daß die Kettenreaktion immer kontrollierbar bleibt, d. h. im Reaktor darf keine unkontrolliert ansteigende Neutronenzahl auftreten.
- Zum zweiten muß die Wärmeabfuhr gesichert sein, damit es nicht zu einer Überhitzung kommt, die zum Bruch von Wänden oder Schmelzen von Teilen des Reaktorkerns kommen kann.
- Drittens muß die radioaktive Strahlung so abgeschirmt werden, daß sie nicht Menschen gefährden kann.
- Viertens muß man dafür sorgen, daß alles radioaktive Material so sicher eingeschlossen wird, daß es weder beim Betrieb noch beim Transport des Brennmaterials oder der radioaktiven Abfälle in die Biosphäre gelangen kann.

Wir wollen diese Punkte etwas genauer untersuchen:

a) Kontrolle der Kettenreaktion

Die Reaktivität ϱ eines Reaktors wird gemäß (8.22), (8.23) durch die Balance zwischen Neutronenvermehrung bei der Spaltung und Neutronenverlusten bestimmt. Die Reaktivität hängt von der Temperatur T im Reaktorkern ab.

Dafür gibt es mehrere Ursachen: Zum einen wird mit wachsender Temperatur die Dopplerbreite der Absorptionsresonanzen für Neutronen durch Uran (Abb. 8.18) größer, so daß die Chance für eine Neutronenabsorption während der Abbremsung mit steigender Temperatur größer wird. Dies führt also zu einem negativen Beitrag von $\mathrm{d}\varrho/\mathrm{d}T$. Ein größerer Effekt tritt jedoch durch das Kühlwasser auf. Bei den westlichen Leichtwasserreaktoren dient das Wasser als Moderator und Kühlmittel. Verdampft bei steigender Temperatur ein Teil des Wassers oder bilden sich im Wasser Dampfblasen, so sinkt die Effektivität der Neutronenabbremsung und damit die Reaktivität (Dampfblaseneffekt).

Dies führt daher ebenfalls zu einem negativen Temperaturkoeffizienten $\mathrm{d}\varrho/\mathrm{d}T < 0$. Durch die Verdampfung des Wassers wird jedoch auch die Neutronenabsorption im Wasser verringert, was zu einem positiven Temperaturkoeffizienten führt. Der erste Effekt ist größer als der zweite, so daß insgesamt ein negativer Temperaturkoeffizient herauskommt, der noch durch den oben erwähnten Dopplereffekt verstärkt wird.

Bei den graphitmoderierten Reaktoren vom Tschernobyl-Typ fällt die Verringerung der Neutronenabbremsung bei der Verdampfung des Wassers fort, weil ja hier die Neutronen im Graphit abgebremst werden. Deshalb hat dieser Reaktortyp einen positiven Temperaturkoeffizienten.

Es soll betont werden, daß auch Reaktoren mit positivem Temperaturkoeffizienten sicher betrieben werden können, wenn alle Betriebsvorschriften eingehalten werden. Das Tschernobyl-Unglück ist auf eine Reihe grober und fahrlässiger Betriebsfehler der Bedienungsmannschaft zurückzuführen, die ein spezielles Experiment beim Abschalten des Reaktors durchführen wollte und dabei die warnenden Alarmsignale einfach abgeschaltet hat. Der Bericht über den Ablauf dieser Katastrophe vor der internationalen Atomenergie-Kommission liest sich wie ein Schauermärchen.

Ein Reaktor mit negativem Temperaturkoeffizienten ist nicht so kritisch gegen Fehlbedienung wie der Tschernobyl-Reaktor, der außerdem wegen seiner Größe eine räumlich variierende Reaktivität hat, die schwieriger zu kontrollieren ist.

b) Wärmeabfuhr

Der zweite Sicherheitsaspekt bei Kühlmittelausfall (z. B. bei Bruch einer Hauptkühlleitung) beruht auf folgendem physikalischen Effekt: Selbst bei schneller Abschaltung des Reaktors durch Einfahren der Kontrollstäbe wird durch den radioaktiven Zerfall der Spaltprodukte noch Wärme erzeugt. Dieser Anteil beträgt direkt nach dem Abschaltzeitpunkt je nach Betriebszeit des Reaktors zwischen 5–8% der thermischen Leistung vor der Abschaltung des Reaktors. So beträgt diese „Nachwärme" bei einer thermischen Leistung von 3 GW immerhin noch 240 MW. Sie muß abgeführt werden, um ein Schmelzen des Reaktorkerns zu vermeiden. Deshalb gibt es mehrere voneinander unabhängige Notkühlsysteme.

Die Nachwärme klingt mit den Zerfallszeiten der Spaltprodukte ab. Man muß die Notkühlung bei einem Kühlleitungsbruch deshalb im wesentlichen für die ersten Stunden nach dem Abschalten des Reaktors einsetzen.

c) Strahlenschutz

Der Reaktorkern stellt eine intensive Quelle radioaktiver Strahlung dar, die folgende Komponenten hat:

- Neutronen, die bei der Kernspaltung entstehen und (zum geringen Maße) aus dem Reaktorkern entweichen können.
- Die Spaltprodukte sind künstlich erzeugte radioaktive Nuklide, die sowohl β- als auch γ-Strahlung aussenden [8.7].
- Durch Neutronenbeschuß können auch stabile Nuklide, die sonst nicht strahlen, in instabile Nuklide umgewandelt werden. Beispiele sind die Wände des Reaktorkerns und die Rohrleitungen.
- Auch der Brennstoff selbst kann durch Neutroneneinfang in radioaktive Isotope übergehen, die dann durch β-Strahlung zerfallen. Ein Beispiel ist die Reaktionskette:

$$ {}^{238}_{92}\mathrm{U} + \mathrm{n} \to {}^{239}_{92}\mathrm{U} \xrightarrow[23{,}5\,\mathrm{min}]{\beta} {}^{239}_{93}\mathrm{Np} \tag{8.31a} $$

$$ \xrightarrow[2{,}35\,\mathrm{d}]{\beta} {}^{239}_{94}\mathrm{Pu} \xrightarrow[2{,}4\cdot 10^{4}\,\mathrm{a}]{\alpha} {}^{235}_{92}\mathrm{U}\,, $$

$$ {}^{239}_{94}\mathrm{Pu} + \mathrm{n} \to {}^{240}_{94}\mathrm{Pu}^{*} \xrightarrow{\gamma} {}^{240}_{94}\mathrm{Pu}\,, \tag{8.31b} $$

$$ {}^{240}_{94}\mathrm{Pu} + \mathrm{n} \to {}^{241}_{94}\mathrm{Pu}^{*} \xrightarrow{\gamma} {}^{241}_{94}\mathrm{Pu} \xrightarrow[14{,}4\,\mathrm{a}]{\alpha} {}^{237}_{92}\mathrm{U} $$

$$ \xrightarrow[6{,}7\,\mathrm{d}]{\beta} {}^{237}_{93}\mathrm{Np} \xrightarrow[2{,}2\cdot 10^{6}\,\mathrm{a}]{\alpha} {}^{233}_{91}\mathrm{Pa}\,. \tag{8.31c} $$

Außer der α-Strahlung der Urankerne und der γ-Strahlung von Brennstoffkernen stellen die Spaltprodukte die größte zusätzliche Quelle der Radioaktivität dar. Es gibt über 35 verschiedene Spaltelemente, die in mehr als 200 radioaktiven Isotopen vorkommen [8.8].

Diese radioaktiven Nuklide werden durch mehrere Schutzbarrieren eingeschlossen. Dies sind:

- Die verschweißten Zirkonhüllrohre, in denen die UO_2-Tabletten eingelagert sind.
- Das Reaktordruckgefäß mit dem Reaktorkern und dem Rohrsystem des Primärkühlkreislaufes.
- Der Sicherheitsbehälter mit Dichthaut.
- Rückhalteeinrichtungen für flüssige und gasförmige Stoffe.

Das Reaktordruckgefäß besteht aus einem zylindrischen Stahlbehälter mit 17 cm Wandstärke, das einen Innendruck von $p > 150$ bar aushält.

Dieses Druckgefäß steht in einer Betonkammer mit eigener Kühlung, welche als biologischer Strahlenschild gegen radioaktive Strahlung aus dem Primärkühlkreislauf dient.

Der Sicherheitsbehälter ist die Betonumhüllung des eigentlichen Reaktors. Er hat meistens eine Doppelwand, wo zwischen den beiden Wänden ein Unterdruck aufrecht erhalten wird, um selbst beim Austritt gasförmiger radioaktiver Stoffe (z. B. bei einem Unfall) zu verhindern, daß diese in die Außenluft gelangen.

Eine detaillierte Darstellung aller Sicherheitsfunktionen findet man in [8.9,10].

8.3.6 Radioaktiver Abfall und Entsorgungskonzepte

In Abb. 8.28 ist der Versorgungs- und Entsorgungsweg für den Brennstoff eines Kernkraftwerkes schematisch dargestellt. Uranhaltiges Gestein wird im Tagebau oder im Untertagebergwerk abgebaut. Daraus wird nach mechanischer Zerkleinerung und chemischer Trennung Uran gewonnen. Dieses wird durch eine chemische Reaktion mit Fluor in gasförmiges Uranhexafluorid UF_6 umgewandelt. Das natürliche Uran enthält etwa 0,8% ^{235}U. Durch Diffusionsverfahren, schnelle Gaszentrifugen oder durch das Trenndüsenverfahren wird das Isotop ^{235}U angereichert [8.11]. Aus diesem auf 2–4% isotopenangereichertem UF_6 wird festes Uranoxid gewonnen, das in Form von Tabletten gepreßt wird, aus denen dann die Brennelemente hergestellt werden. Der Jahresbedarf der deutschen Kernkraftwerke liegt zur Zeit etwa bei $3 \cdot 10^3$ Tonnen. Die abgebrannten Brennelemente werden in einem Zwischenlager im Kernkraftwerk gelagert, wo der größte Teil der durch die kurzlebigen Spaltprodukte bedingten Radioaktivität abklingt.

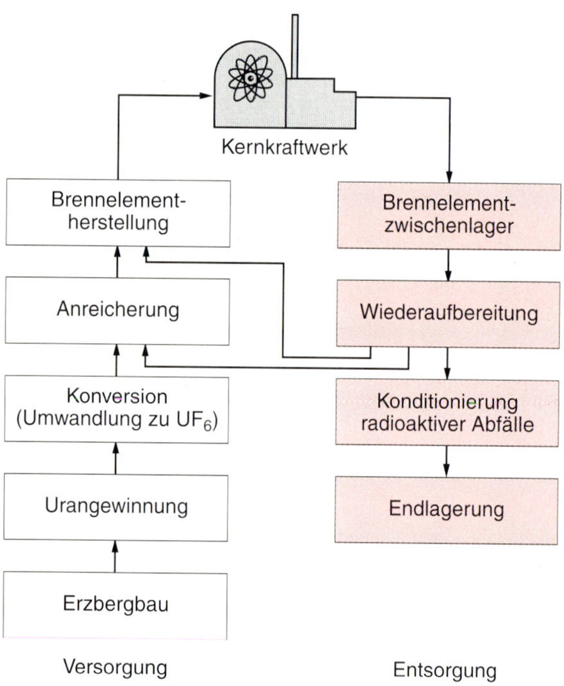

Abb. 8.28. Brennstoffkreislauf eines Leichtwasser-Reaktors mit angereichertem Uran. Nach M. Volkmer: *Kernenergie Basiswissen* (Informationskreis Kernenergie, Bonn 1993)

Danach werden die Brennelemente zur Wiederaufbereitung transportiert, in der neue Brennelemente hergestellt werden. Die dabei entstehenden radioaktiven Abfälle müssen sicher gelagert werden. Hierzu können die Abfälle in Glasblöcke eingeschmolzen oder in Stahlbehälter eingeschlossen werden, die dann in Salzbergwerkschächten endgelagert werden. Abgebrannte Brennelemente, die nicht mehr aufgearbeitet werden, können in Spezialbehältern (*Castor-Behälter*) aufbewahrt, transportiert und endgelagert werden [8.12].

8.3.7 Neue Konzepte

Es gibt einen interessanten Vorschlag aus Los Alamos, wie man den radioaktiven Abfall mit Energiegewinn beseitigen kann. Dies geschieht auf folgende Weise:

In einem Linearbeschleuniger werden Protonen auf eine Energie von 800–1000 MeV beschleunigt und auf ein Target aus geschmolzenem Blei-Bismut-Eutektikum geschossen. Dabei entstehen viele schnelle Neutronen. Man nennt diese Art der Neutronenerzeugung durch hochenergetische Partikel, bei der Neutronen von einem schweren Kern „abgedampft“ werden, auch ***Spallation***. Damit diese Neutronen von den Spaltprodukten der Kernspaltung effizient absorbiert werden, müssen sie abgebremst werden. Dies geschieht in einem Graphitmoderator, der die Spallationsquelle zylinderförmig umgibt (Abb. 8.29).

Durch den Moderator fließt eine flüssige Lösung der Abfallprodukte des Kernreaktors, Sie bestehen aus zwei verschiedenen Anteilen: den durch Neutronenanlagerung im Reaktor entstandenen Actiniden (Plutonium, Neptunium, Americium und Curium) und die bei der Kernspaltung entstandenen Spaltprodukte wie Jod, Cäsium, Krypton, etc.) Durch Neutronenanlagerung werden die Actiniden (Plutonium, Uran) gespalten,

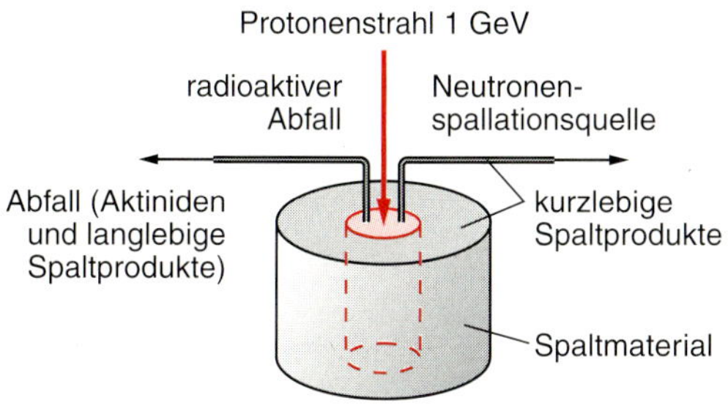

Abb. 8.29. Prinzip der Umwandlung radioaktiver Spaltprodukte in stabile Elemente durch Beschuß mit hochenergetischen Protonen

und die dabei freiwerdende Energie kann wie bei einem Kernreaktor zu 20% für den Beschleuniger und zu 80% als abzugebende Energie genutzt werden. Der Neutronenbeschuß der Spaltprodukte wandelt diese um in andere Kerne. Sind diese kurzlebig, so zerfallen sie schnell und geben ihre Energie als Nutzwärme ab. Sind sie stabil, werden sie aus dem Kreislauf extrahiert, weil sie dann ja nicht mehr radioaktiv sind. Die langlebigen Nuklide werden wieder dem Volumen unter Neutronenbeschuß zugeführt.

Abschätzungen und erste Versuche haben ergeben, daß mit diesem Verfahren etwa 99,9% der Actiniden gespalten werden und mindestens 99% der Spaltprodukte in ungefährliche Isotope umgewandelt werden können.

Sollten sich diese Abschätzungen in der Praxis bestätigen, so wäre das größte Problem der Kernenergie, nämlich die Lagerung radioaktiver Abfälle, gelöst.

Wenn diese *Transmutationsanlage* in einen Reaktorkern eingebaut wird, kann der Reaktor selbst unterkritisch gefahren werden, weil er zusätzliche Neutronen aus der Spallationsquelle erhält. Ein einfaches Abschalten des Beschleunigers würde die Kettenreaktion unterbrechen. Dadurch wird auch die Sicherheit des Reaktorbetriebs erhöht. Die Auslegung eines solchen Reaktorvorschlages ist in Abb. 8.30 dargestellt.

Die experimentelle Schwierigkeit dieses Konzeptes liegt in der Instabilität der Protonenstrahl-Intensität, die zu einer zeitlichen Fluktuation der Neutronenproduktion und damit auch der Reaktivität führt.

Weitere zur Zeit entwickelte Konzepte betreffen die Verbesserung der Sicherheitseinrichtungen, damit auch für den unwahrscheinlichen Fall einer Reaktorkernschmelze keine Radioaktivität aus dem äußeren Sicherheitsbehälter austreten kann.

Eine Erhöhung des Wirkungsgrades würde bei gleicher abgegebener elektrischen Leistung eine Ver-

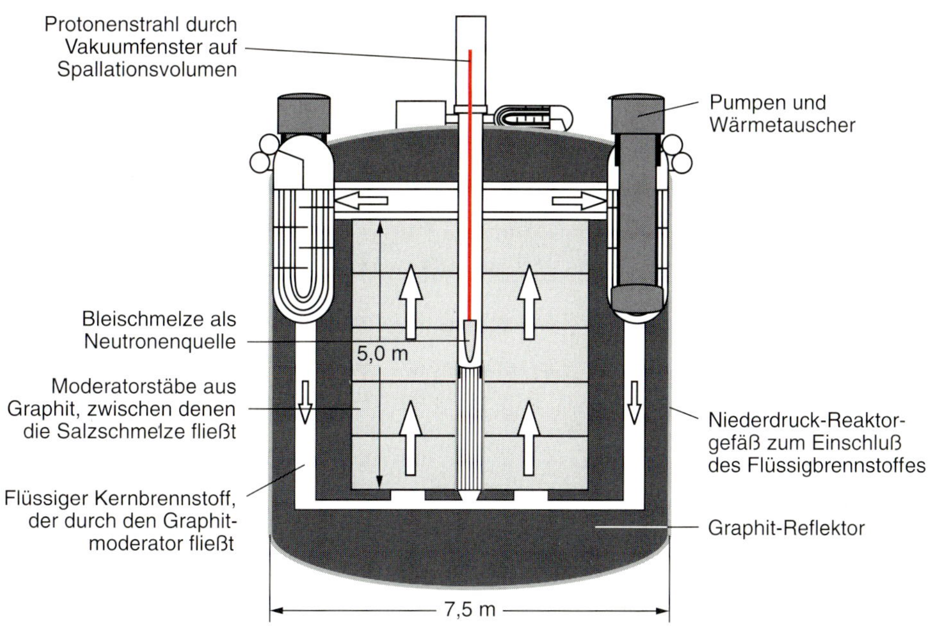

Abb. 8.30. Schematischer geplanter Aufbau eines Transmutations-Kernreaktors

minderung des radioaktiven Abfalls bedeuten. Auch hier gibt es Vorschläge für Modifikationen des Hochtemperatur-Reaktors [8.13].

8.3.8 Vor- und Nachteile der Kernspaltungsenergie

Die Vorteile der Kernenergie sind:

- keine CO_2-Abgabe,
- Uran-Brennstoff ist länger verfügbar als fossile Brennstoffe,
- die Reaktivitätsabgabe beim Normalbetrieb ist geringer als bei ungefilterten Kohlenkraftwerken. Die Filterung gegen radioaktives Kalium, Krypton, Jod und Cäsium ist bei Kohlekraftwerken wegen des wesentlich größeren Gasumsatzes bei der Feuerung schwieriger und teurer als beim Kernkraftwerk.

Die Nachteile sind:

Der Betrieb eines Kernkraftwerkes, der Transport und die Endlagerung der radioaktiven Abfälle muß mit einem großen Sicherheitsaufwand betrieben werden. Im Entsorgungskreislauf muß das hochgiftige Plutonium „entsorgt" werden.

Um Vor- und Nachteile der Kernenergie abzuschätzen, muß man statt emotionaler Reaktionen eine nüchterne Risikoabschätzung vornehmen:

1. Wie groß ist das Risiko, daß durch einen größten anzunehmenden Unfall (GAU), der zu einer Reaktorschmelze führen könnte, radioaktive Stoffe in die Biosphäre gelangen? Das Sicherheitskonzept deutscher Kernkraftwerke sieht vor, daß ein solcher GAU beherrschbar bleibt, d. h. keine Radioaktivität oberhalb der zulässigen Grenzwerte aus dem Sicherheitsbehälter austritt.
2. Wie groß ist das Risiko, daß aus Endlagerstätten radioaktive Stoffe in den Wasserkreislauf und damit eventuell in die Biosphäre gelangen können?
3. Wie groß ist das Risiko, daß durch zu große Abgaben von CO_2 in die Atmosphäre unser Klima instabil wird?

Nach Meinung der meisten Experten ist das Risiko 3 um Größenordnungen höher als 1 und 2.

Eine Darstellung der verschiedenen Möglichkeiten der Energieerzeugung und -nutzung findet man in dem sehr empfehlenswerten Buch [8.14].

8.4 Kontrollierte Kernfusion

Es ist verlockend, die in der Sonne ablaufende kontrollierte Kernfusion (siehe Abschn. 10.5), der wir alles Leben auf der Erde verdanken, in irdischen Fusionskraftwerken zu realisieren, d. h. das „Sonnenfeuer" auf die Erde zu holen [8.15]. Die bei der Fusion freiwerdende Energie pro fusionierter Masse ist wesentlich größer als bei der Kernspaltung. Außerdem ist der radioaktive Abfall geringer und auch kurzlebiger als bei Kernspaltungsreaktoren. Es ist daher nicht verwunderlich, daß in den letzten 50 Jahren erhebliche Anstrengungen unternommen wurden, um kontrollierte Kernfusion zu erreichen. Obwohl dies nach vielen Rückschlägen inzwischen auch prinzipiell gelungen ist, wird es doch noch viele Jahre dauern, bis ein technisch zuverlässiger Fusionsreaktor einsetzbar ist. Das große technische Problem ist, sehr hohe Temperaturenüber längere Zeit aufrechtzuerhalten, damit die Reaktionspartner genügend Energie haben, die Coulomb-Barriere zu überwinden und auch genügend Zeit haben, um miteinander zu stoßen und zu fusionieren. Die aussichtsreichste Fusionsreaktion ist die Deuterium-Tritium-Reaktion

$$^{2}_{1}\mathrm{H} + ^{3}_{1}\mathrm{H} \rightarrow ^{4}_{2}\mathrm{He}(3{,}5\,\mathrm{MeV}) + \mathrm{n}(14{,}1\,\mathrm{MeV})\,, \tag{8.32}$$

bei der pro Fusion 17,6 MeV als kinetische Energie frei werden, die sich auf das Neutron und das α-Teilchen im Verhältnis m_α/m_n der Massen verteilen.

Es gibt drei technische Lösungswege zur kontrollierten Kernfusion:

- Der Einschluß der zu fusionierenden Kerne (Deuterium und Tritium) in starken, geeignet geformten Magnetfeldern und ihre Aufheizung durch einen elektrischen Strom, durch eingestrahlte Hochfrequenzleistung und durch Stöße mit schnellen neutralen Teilchen, die in das Plasma eingeschlossen werden (magnetischer Einschluß).
- Die Aufheizung eines festen Deuterium-Tritium-Targets durch Beschuß mit Hochleistungslasern (laserinduzierte Kernfusion).
- Die durch Myonen katalysierte Kernfusion, wobei die Myonen aus den durch Protonen aus Beschleunigern induzierten Reaktionen $\mathrm{p}+\mathrm{p} \rightarrow \pi^+ + \mathrm{D}$ und $\pi^+ \rightarrow \mu^+ + \bar{\nu}$ (siehe Abschn. 7.1) erzeugt werden.

Vor einigen Jahren sorgten Meldungen über eine im kleinen Laborexperiment angeblich realisierte „kalte Kernfusion" für große Aufregung. Sie stellten sich jedoch bald durch Nachprüfungen in anderen Labors als Flop heraus [8.16].

8.4.1 Allgemeine Anforderungen

Um die Coulomb-Barriere zu überwinden, müssen die Fusionspartner d und t in der Reaktion (8.32) eine genügend große kinetische Energie besitzen. In Abb. 6.4 ist der Fusionsquerschnitt als Funktion der Relativenergie dargestellt. Man sieht daraus, daß erst bei kinetischen Energien von etwa 10 keV genügend große Fusionsquerschnitte erreicht werden. Dies entspricht bei einer thermischen Bewegung der Stoßpartner einer Temperatur von über 100 Millionen Grad (1 eV $\hat{=}$ 11 605 K). Bei einer solch hohen Temperatur sind alle leichteren Atome vollständig ionisiert, es entsteht ein Plasma, das aus nackten d- und t-Kernen und aus Elektronen besteht.

Ein Plasma ist immer quasineutral, d. h. im örtlichen Mittel muß die gesamte Ionenladungsdichte gleich der Elektronendichte sein:

$$\mathrm{n_d} + \mathrm{n_t} = \mathrm{n_e}\,. \tag{8.33}$$

Die Zahl Z_f der Fusionsprozesse pro Sekunde und Volumeneinheit ist durch das Produkt:

$$Z_\mathrm{f} = \mathrm{n_d} \cdot \mathrm{n_T} \cdot \overline{\sigma_\mathrm{f}(E) \cdot v} = \frac{\mathrm{n_e^2}}{4} \cdot \overline{\sigma_\mathrm{f} \cdot v} \tag{8.34}$$

aus Deuterium- und Tritiumdichte und dem Mittelwert des Produktes aus Fusionsquerschnitt σ und Relativgeschwindigkeit v gegeben. Damit diese Zahl groß genug wird, muß die mittlere Zeit, die ein Teilchen im Plasma verbringt, länger sein, als die Zeit bis zu einem Fusionsstoß.

Bei laserinduzierten Plasmen ist die Dichte $\mathrm{n_e}$ extrem hoch ($> 10^{22}\,/\mathrm{cm}^3$), die aber nur für kurze Zeit ($t < 10^{-8}$ s) aufrecht erhalten werden kann, weil das Plasma schnell expandiert. Beim magnetischen Einschluß hingegen erreicht man nur wesentlich geringere Dichten. Deshalb muß man versuchen, das Plasma möglichst lange stabil einzuschließen, bevor es an die Wände der Plasmaapparatur kommt, wo es absorbiert wird und dabei zur Zerstäubung der Wand beiträgt.

Der wichtige Fusionsparameter ist das Produkt

$$F = \mathrm{n_e} \cdot \tau_\mathrm{E} \cdot T$$

aus Elektronendichte $\mathrm{n_e}$, Einschlußzeit τ_E und Temperatur T des Plasmas.

In Abb. 8.31 sind die im Laufe der letzten Jahrzehnte erreichten Fusionsparameter zusammengestellt.

Damit ein Fusionsreaktor als Energiequelle ausgenutzt werden kann, muß die Fusionsenergie größer sein als die hereingesteckte Energie.

Da das Neutron bei der Fusionsreaktion (8.32) nicht durch das Magnetfeld im Plasma gehalten werden kann, steht für die Aufheizung des Plasmas nur die kinetische Energie $E_\alpha = 3{,}5$ MeV des α-Teilchens zur Verfügung, die durch Stöße auf die Kerne d und t übertragen werden kann. Die kinetische Energie der Neutronen stellt neben der Strahlungsenergie die nach

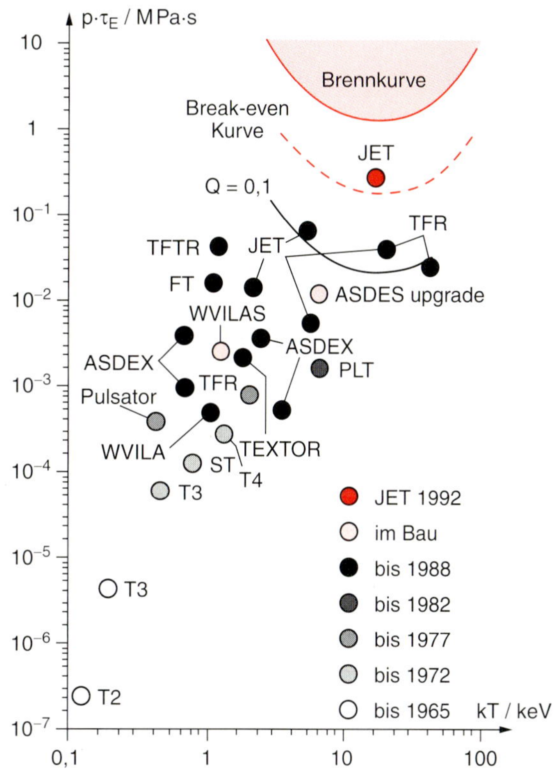

Abb. 8.31. Erreichte Ionentemperatur bei maximal erreichtem Produkt von Teilchendruck p mal Einschlußzeit τ_E mit Zündkurve. Nach K. Pinkau, U. Schumacher, H.G. Wolf: Phys. Blätter **45**, 41 (1989)

außen abgegebene Energie dar, die durch Abbremsung der Neutronen in Wärmeenergie und dann, wie in einem konventionellen Kraftwerk, in elektrische Energie umgewandelt werden muß.

Die zur Aufheizung des Plasmas verfügbare Fusionsleistungsdichte ist mit $n = n_e$ nach (8.34)

$$P_A = \frac{1}{4} n^2 \overline{\sigma_F \cdot v} \cdot E_\alpha \tag{8.35}$$

während die Verlustleistungsdichte bei einer Plasmaeinschlußzeit τ_E und einer Plasmatemperatur T (wir nehmen hier an, daß die Elektronentemperatur T_e gleich der Ionentemperatur T_i ist, also $T_i = T_e = T$ gilt)

$$P_V = 3nk \cdot T/\tau_E \,. \tag{8.36}$$

Die Bedingung $P_A \geq P_V$ ergibt:

$$n \cdot \tau_E > \frac{12kT}{E_\alpha \cdot \overline{\sigma_F \cdot v}} \,. \tag{8.37}$$

Der Fusionsquerschnitt σ_F hängt stärker als linear von der Temperatur ab, und auch die mittlere Relativgeschwindigkeit $\overline{v}$ steigt proportional zur Wurzel aus T. Deshalb *sinkt* das minimal erforderliche Produkt $n \cdot \tau_E$ mit wachsender Temperatur T. Man führt einen Zündparameter

$$ZP = nkT \cdot \tau_E = p \cdot \tau_E \tag{8.38}$$

als Produkt aus Plasmadruck p und Einschlußzeit τ_E ein, der nach (8.37) als Funktion der Temperatur berechnet werden kann. Für $ZP > 1$ wird die Fusionsleistung, die im Plasma verbleibt, größer als die Energieverluste des Plasmas, die durch Strahlung, Wärmeleitung, Diffusion an die Wand etc. bestimmt werden.

Um ein Fusionsplasma zu „zünden", d. h. so viele Fusionsprozesse zu erhalten, daß die Bedingung (8.37) erfüllt ist, muß das Produkt $ZP = nkT \cdot \tau_E \geq 10^{21}\,\mathrm{keV \cdot s \cdot m^{-3}}$ werden.

8.4.2 Magnetischer Einschluß

Um Kernfusion in einem durch Magnetfelder eingeschlossenem Plasma zu erreichen, müssen folgende experimentelle Schritte unternommen werden:

- Das Plasma muß in genügender Dichte erzeugt werden.
- Es muß auf Temperaturen $T > 10^8$ K aufgeheizt werden.
- Es muß in diesem heißen Zustand genügend lange zusammengehalten werden.
- Die durch Kernfusion erzeugte Energie muß als Wärme nach außen abgeführt werden.
- Das als „Asche" bei der Kernfusion entstehende Helium muß genügend schnell entfernt werden, da es nichts mehr zur Fusion beiträgt, aber zu Verlusten führt.

Die mit diesen Schritten verbundenen experimentellen Probleme sind bisher nur teilweise gelöst. Wir wollen sie im folgenden etwas genauer besprechen.

Es gibt zur Zeit für den magnetischen Einschluß zwei fortgeschrittene experimentelle Möglichkeiten:

Der ***Tokamak***, der 1952 in Rußland von *Igor E. Tamm* und *Andrej D. Sacharov* entwickelt wurde, und der ***Stellerator***, der z. B. im Institut für Plasmaphysik in Garching bei München betrieben wird.

Der Name „Tokamak" ist ein Akronym für die russische Bezeichnung: *Тороидальная Камера Магнитная Катушка* (toroidale Kammer im Spulenmagnetfeld).

Das Prinzip des magnetischen Einschlusses durch einen Tokamak ist in Abb. 8.32 dargestellt. Es beruht auf einer speziellen Anordnung von drei Magnetsystemen: Ein zeitlich veränderlicher Strom durch die Transformatorspulen im Zentrum erzeugt in der ringförmigen, mit dem Fusionsgas gefüllten Toroidkammer, die als Sekundärwicklung des Trafos dient, einen elektrischen Strom.

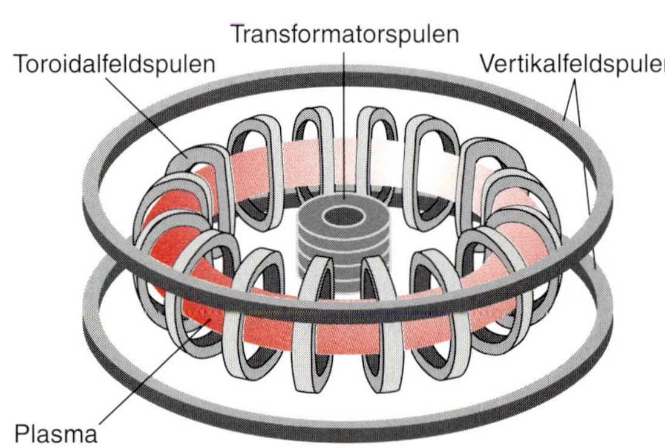

Abb. 8.32. Prinzip des Tokamak

Dieser Strom heizt das Gas auf und ionisiert es, so daß ein Plasma entsteht. Die Toroid-Feldspulen erzeugen ein ringförmiges Magnetfeld entlang des Torus. Die geladenen Teilchen im Plasma spiralen um die Magnetfeldlinien. Der Strom im Plasma selbst erzeugt ebenfalls ein Magnetfeld, das die Stromfäden ringförmig umgibt. Schließlich erzeugt ein großes horizontal liegendes Spulenpaar ein vertikales Magnetfeld, das die geladenen Teilchen daran hindert, in radialer Richtung den Torus zu verlassen.

Alle diese Magnetfelder müssen so optimiert werden, daß sie den Plasmadruck

$$p = n \cdot k \cdot T ,$$

der im heißen Plasma mit der Teilchendichte n entsteht, kompensieren und das Plasma genügend lange einschließen können, damit es nicht mit den Wänden in Berührung kommt.

Nun ensteht folgendes Problem:

Bei kleinen Abweichungen des Plasmas vom Gleichgewichtszustand (z. B. Fluktuationen von Stromstärke und Richtung) kompensieren sich die Druckkräfte und die Magnetfeldkräfte (Lorentzkraft) nicht mehr vollständig.

Die verbleibenden Restkräfte können das Plasma entweder zurück in die Gleichgewichtslage treiben (dann ist das Plasma stabil), oder sie können es weiter aus dem Gleichgewichtszustand entfernen (Instabilität), bevor man durch Verändern des Magnetfeldes eingreifen kann.

Solche Instabilitäten waren viele Jahre lang nicht richtig unter Kontrolle und haben das Erreichen der Zündbedingung verhindert.

Es gibt eine Reihe verschiedener Instabilitäten, die man in makroskopische und mikroskopische unterteilt. Die ersteren führen zu makroskopischen Veränderungen der Sollwerte für Druck, Temperatur und Stromverteilung, die letzteren machen sich dadurch bemerkbar, daß in kleinen Volumengebieten Dichte- und Temperaturfluktuationen auftreten. Wenn sich z. B. die Richtung des Plasmastromes ändert, verschiebt sich damit auch das von ihm erzeugte Magnetfeld, was zu einer weiteren räumlichen Veränderung der Plasmadichte führen kann. Solche, die Instabilitäten antreibenden Effekte, können die stabilisierende Wirkung des Magnetfeldes vermindern. Inzwischen hat man gelernt, durch spezielle Formgebung der Magnetfelder und durch schnelle Steuerung die Instabilitäten zu begrenzen und dadurch die Einschlußzeiten erheblich zu verlängern.

Außer diesen Instabilitäten tritt ein weiteres Problem auf:

Treffen einige der heißen Ionen auf die Wand der Fusionskammer, so zerstäuben sie dort Wandmaterial (z. B. Kohlenstoff oder Eisen). Die so freigesetzten Atome haben eine, im Vergleich zu H-Atomen große Kernladung Z. Gelangen sie ins Plasma, werden sie durch Elektronenstoß ionisiert. Die dadurch entstehenden Kerne mit großem Z führen zu erheblichen Bremsstrahlungsverlusten der Elektronen im Plasma. Diese Strahlungsverluste können so groß sein, daß sie durch die Plasmaheizung nicht aufgebracht werden können, d. h. die Plasmatemperatur sinkt.

Durch Einbau eines *Divertors*, der die zerstäubten Teilchen in einen Seitenraum lenkt (Abb. 8.33), von wo sie abgepumpt werden können, hat die Situation sehr verbessert.

Man sieht hieraus, daß es günstig ist, den Torus so groß wie möglich zu machen, damit das Plasma in der Mitte, weit weg von den Wänden, eingeschlossen werden kann. Natürlich braucht man dann größere Magnetfeldspulen. Um den Energieverbrauch zur Aufrechterhaltung des Magnetfeldes nicht zu groß werden

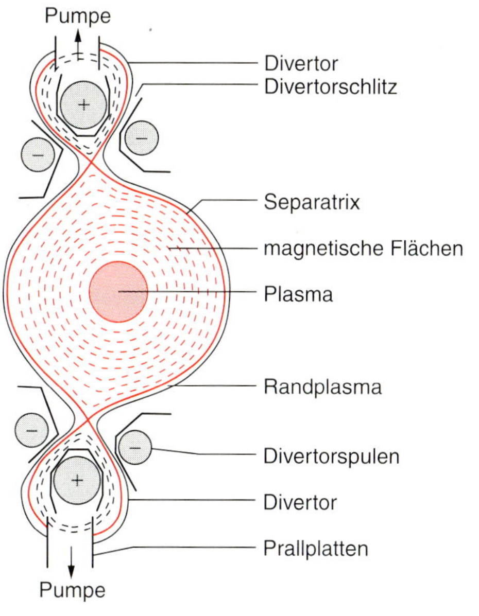

Abb. 8.33. Das Divertorprinzip

Abb. 8.34. Der „Joint European Torus JET" in Culham, England

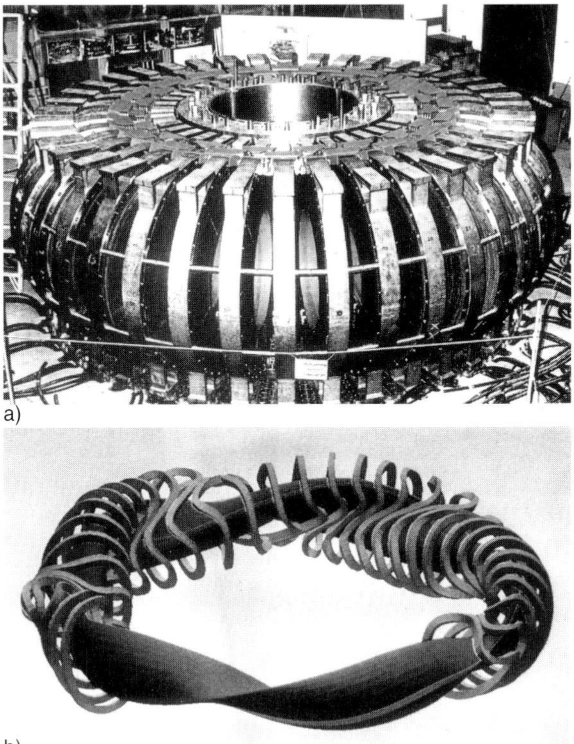

a) b)

Abb. 8.35. (**a**) Stellerator Wendelstein II des MPI für Plasmaphysik in Garching bei München. (**b**) Computerzeichnung der Magnetfeldspulen und des verdrillten Plasmas im Torus des Stellerators (MPI für Plasmaphysik, Garching)

zu lassen, benutzt man supraleitende Spulen. Da die Magnetfeldkräfte sehr groß sind, muß eine sehr stabile mechanische Konstruktion dafür sorgen, daß die Anlage nicht implodiert.

Der größte bisher realisierte Tokamak ist der Joint European Torus JET in Culham, England (Abb. 8.34). Hier wurde 1991 zum ersten Mal eine Deuterium-Tritium-Mischung verwendet. Die Betriebsdaten waren: $n_d > 10^{20}\,\mathrm{m}^{-3}$, $T > 15\,\mathrm{keV}$ und $\tau_E > 1\,\mathrm{s}$.

Bei einer Tritiummenge von 0,2 g wurde ein Zündparameter $Z_{\mathrm{eff}} > 1{,}5 \cdot 10^{21}$ erreicht, der über der Zündgrenze liegt, so daß Kernfusion eintritt. Es wurden etwa $1{,}5 \cdot 10^{18}$ Fusionsprozesse registriert.

Die maximale Leistung während der Brenndauer von 2 s betrug 1,7 MW.

Es ist geplant, einen größeren internationalen Testreaktor (ITER) zu bauen, der dann nach den bisherigen Erfahrungen die *break-even-Grenze* überschreitet, bei der mehr Fusionsleistung gewonnen wird, als zur Plasmaerzeugung, Aufheizung und zum Einschluß gebraucht wird.

Eine Alternative zum Tokamak ist ein in Garching betriebener verbesserter Stellerator, der den Namen Wendelstein II (nach einem Berg in den bayerischen Alpen) erhielt. Hier wurden alle bisherigen Erfahrungen über Plasmainstabilitäten verwendet, um eine vom Computer berechnete, komplizierte Magnetfeldspulenanordnung zu bauen (Abb. 8.35), die statt der drei Spulenpaare beim Tokamak nur eine einzige Spule außerhalb des Torus verwendet. Das damit erzeugte Magnetfeld führt zu einer Verdrillung des Plasmastroms im Torus. Diese Anordnung wird zur Zeit getestet.

8.4.3 Plasmaheizung

Außer der oben erwähnten Stromheizung kann das Plasma durch Einschuß hochenergetischer neutraler Teilchen aufgeheizt werden. Dazu werden z. B. Deuterium-Moleküle D_2 ionisiert und dissoziiert, durch ein elektrisches Feld beschleunigt und dann durch eine Ladungsaustauschzelle geschickt (Abb. 8.36), in der ein Alkalidampf erzeugt wird. Beim Durchgang durch die Dampfzone entreißen die Deuteronkerne den Alkaliatomen das äußere Elektron (Ladungsaustausch) bei fast streifenden Stößen. Die neutralisierten schnellen D-Atome werden dann tangential in den Plasmatorus eingeschossen (*Neutralteilcheninjektion*) [8.17].

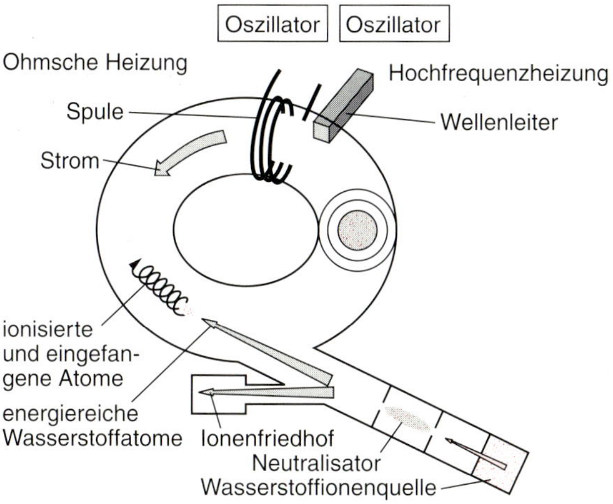

Abb. 8.36. Schematische Darstellung der Neutralteilcheninjektion zur Plasmaheizung zusammen mit der Ohmschen Heizung und Hochfrequenzheizung. Nach E. Speth: Neutralteilchenheizung von Kernfusionsplasmen, Phys. in uns. Zeit **22**, 119 (1991)

Würde man Ionen einschießen, so würden diese auf Grund der Lorentzkraft schon beim Eintritt in das Magnetfeld abgelenkt. Die Neutralteilchen werden dagegen erst dann vom Magnetfeld abgelenkt, wenn sie durch Stöße ihr Elektron abgegeben haben. Dies geschieht erst mitten im Plasma, wo die Dichte maximal ist. Durch Stöße mit den Plasmateilchen wird das Plasma aufgeheizt, wenn die Einschußenergie höher ist als die thermische Energie der Plasmateilchen.

Eine neue Technik verwendet kleine gefrorene Deuteriumkügelchen, die mit Hilfe einer Hochdruckkanone in das Plasma eingeschossen werden. Kommen sie bis in die Mitte des Plasmas, bevor sie verdampfen, so erhöht sich dort die Plasmadichte gegenüber den Randschichten. Dies ist günstig, weil dann weniger Teilchen an die Wand gelangen [8.23].

Eine dritte Methode zur Plasmaheizung benutzt die Einspeisung von Hochfrequenzleistung (30 MHz) oder Mikrowellen (140 GHz) in das Plasma. Während die Hochfrequenz durch Sendeantennen am Rand des Plasmas in das Plasma eingestrahlt wird, können die Mikrowellen wie Licht über Spiegel in das Plasma eingekoppelt werden.

Die Elektronen im Plasma werden durch das elektrische Feld der eingekoppelten Wellen beschleunigt und geben ihre gewonnene Energie durch Stöße an die Ionen ab.

8.4.4 Laserinduzierte Kernfusion

Schießt man einen genügend intensiven gepulsten Laserstrahl auf die Oberfläche eines Festkörpers, so wird in einem kleinen Volumen in kurzer Zeit so viel Lichtenergie absorbiert, daß die Temperatur T lokal schnell auf Werte von 10^5–10^8 K steigen kann. Das Material verdampft und so entsteht ein kleines Mikroplasma sehr hoher Dichte.

Durch den Rückstoß des verdampfenden Materials entsteht im Festkörper eine Verdichtungswelle, welche die Dichte lokal bis auf das 100fache der normalen Festkörperdichte ansteigen läßt.

Besteht der Festkörper aus kleinen gefrorenen Deuterium-Tritium-Kügelchen, so können bei dem erreichbaren großen Produkt $n \cdot T$, das um viele Größenordnungen höher ist als beim magnetischen Einschluß, Fusionsprozesse einsetzen, die zur weiteren Aufheizung und damit schnelleren Fusion führen. Man hat hier also eine Mikro-Wasserstoff-Fusionsbombe.

Sobald die Dichte durch die Expansion des verdampfenden Materials soweit abgeklungen ist, daß der Zündparameter $ZP = n \cdot k \cdot T \cdot \tau_E$ unter die Zündbedingung abfällt, hören die Fusionsprozesse auf. Diese Zeit beträgt nur etwa 10^{-8}–10^{-7} s.

Damit in kurzer Zeit eine möglichst hohe Temperatur erreicht wird und die Fusionsprozesse den größten Teil des Deuterium-Tritium-Inhaltes der Mikrokugel verbrennen, wird das Kügelchen von 8–12 verschiedenen Richtungen gleichzeitig bestrahlt (Abb. 8.37). Dazu teilt man den Laserstrahl in verschiedene Teilstrahlen auf, die dann nachverstärkt werden und alle auf das Target fokussiert werden.

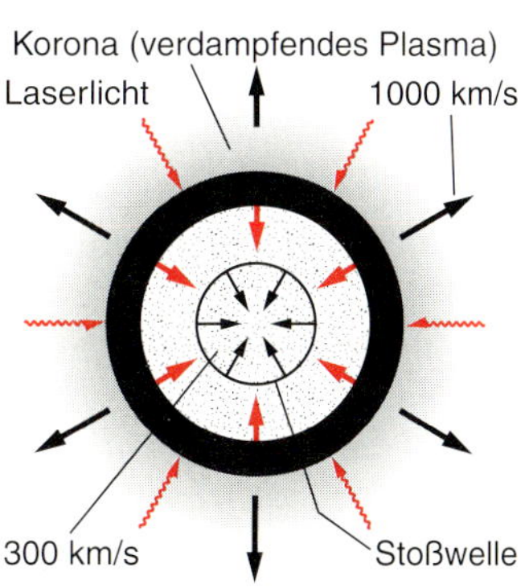

Abb. 8.37. Experimentelle Anordnung zur laserinduzierten Kernfusion

Abb. 8.38. Laseranlage Shiva Nova in Livermore

In Abb. 8.38 ist die größte zur Zeit vorhandene Laseranlage, der Shiva-Nova-Laser (nach dem vielarmigen indischen Gott Shiva) gezeigt. Sie besteht aus einem Nd-Glas-Laser, der bei $\lambda = 1{,}05\,\mu$m Strahlung emittiert, die vorverstärkt wird und dann in acht Teilstrahlen aufgespalten wird, die jeweils in Blitzlampen-gepumpten großen Nd-Glas-Stäben weiter verstärkt werden. Damit die Leistungsdichte nicht zu hoch wird, werden alle Strahlen aufgeweitet. Zum Schluß wird die Strahlung in nichtlinearen Kristallen frequenzvervierfacht, und die dabei entstehenden UV-Strahlen werden auf das Deuterium-Tritium-Target fokussiert.

ZUSAMMENFASSUNG

- Um die Wirkung ionisierender Strahlung quantitativ zu erfassen, werden eine Reihe meßbarer charakteristischer Größen definiert:
  1. Die Aktivität einer radioaktiven Substanz gibt die Zahl der Zerfälle pro Sekunde an (Einheit: 1 Becquerel).
  2. Die Energiedosis D gibt die gesamte im bestrahlten Körper pro Masseneinheit absorbierte Strahlungsenergie an (Einheit: (1 Gray = 1 Gy = 1 J/kg).
  3. Die Äquivalentdosis

  $$H = Q \cdot D$$

  berücksichtigt durch den Qualitätsfaktor Q die strahlenartabhängige Gewebeschädigung (Einheit: 1 Sievert $= Q \cdot 1$ Gray).
- Die Strahlendosisleistung wird durch Dosisleistungsmesser (Ionisationskammern) experimentell bestimmt. Zeitlich integrierende Geräte bestimmen die während des Zeitraumes Δt anfallende Energiedosis.
- Die materialspezifische Transmission oder Reflexion von β- oder γ-Strahlen werden zur Dickenmessung und Kontrolle benutzt.
- Die gewebeschädigende Wirkung von γ-Strahlen wird zur Sterilisation, Schädlingsbekämpfung und Verlängerung der Haltbarkeit von Lebensmitteln eingesetzt.
- In der medizinischen Diagnostik werden Radioisotope zur Markierung von Schilddrüsenveränderungen, zur Untersuchung von Stoffwechselvorgängen im Körper und zur Positronentomographie verwendet.
- Zur Strahlentherapie (Tumorbekämpfung) werden sowohl γ-strahlende Radioisotope (z. B. ^{60}Co) als auch hochenergetische Elektronen aus Beschleunigern und die von ihnen erzeugte γ-Strahlung eingesetzt.
- Mit Hilfe bekannter Halbwertszeiten radioaktiver Nuklide kann das Alter archäologischer Objekte, von Gesteinsschichten oder von Meteoriten bestimmt werden.
- Zur Erzeugung von Energie aus Kernspaltungen muß eine kontrollierte Kettenreaktion aufrecht erhalten werden. Dies kann z. B. erreicht werden durch mit ^{235}U angereichertes Uran. Die Spaltneutronen werden in einem Moderator abgebremst, weil langsame Neutronen einen größeren Spaltquerschnitt haben.

Die Zunahme der Neutronenzahl von einer Spaltgeneration zur nächsten wird durch

$$N(T) = N(0) \cdot e^{(k_{\text{eff}}-1)\cdot t/T}$$

beschrieben, wobei die Reaktorperiode T die mittlere Zeit zwischen zwei Spaltgenerationen ist. Der Multiplikationsfaktor $k_{\text{eff}} = \eta \cdot \varepsilon \cdot p \cdot f$ setzt sich zusammen aus der mittleren Zahl von Spaltneutronen pro ^{235}U-Kern η, pro ^{238}U-Kern ε, der Abbremswahrscheinlichkeit p für ein Neutron und der Wahrscheinlichkeit f, daß ein Neutron nicht im Moderator absorbiert wird. Im stationären Betrieb muß $k_{\text{eff}} = 1$ sein.

- Die sichere Steuerung eines Kernreaktors wird erleichtert durch die verzögerten Neutronen, die von den Spaltprodukten emittiert werden.
- Energiegewinnung durch kontrollierte Kernfusion ist möglich durch 1. magnetischen Einschluß eines heißen Plasmas, 2. Erzeugung und Kompression eines dichten Plasmas durch Beschuß von festem Deuterium/Tritium mit Hochleistungslasern, 3. Beschuß eines D-T-Targets mit Myonen.
- Magnetischer Einschluß kann mit einem gasgefüllten Torus in speziellen Magnetfeldanordnungen (Tokamak) erreicht werden.
- Die Aufheizung eines Plasmas geschieht durch Ohmsche Heizung, Hochfrequenzheizung und Einschuß energiereicher neutraler Deuteriumatome.

ÜBUNGSAUFGABEN

1. Bei einer Ganzkörper-Röntgenbestrahlung mit 50-keV-Röntgenquanten erhält ein Patient (75 kg) die Äquivalentdosis 0,2 mSv.
Wieviele Röntgenquanten wurden in seinem Körper absorbiert? Wie groß war die Flußdichte der einfallenden Röntgenstrahlung bei einer Bestrahlungszeit von 1 s, wenn die bestrahlte Fläche 0,1 m^2 war und 50% der Röntgenquanten absorbiert wurden?
2. α-Teilchen der Energie $E_{\text{kin}} = 6$ MeV werden in einer Aluminiumschicht mit der Massenbelegung $8 \cdot 10^{-3}$ g/cm^2 gerade auf $E = 0$ abgebremst.
Wie groß ist ihre Energie hinter einer Alufolie von 20 μm Dicke?
3. Die mittlere Reichweite von β-Strahlen der Energie $E_{\text{kin}} = 2$ MeV ist in Eisen etwa 1,5 mm. Welcher Prozentsatz durchdringt eine Schichtdicke von 1 mm, 1,5 mm, und 2 mm?
4. ^{14}C ist ein β-Strahler mit einer Halbwertszeit von (5739 ± 30) a. Die spezifische ^{14}C-Aktivität von Kohlenstoff natürlich lebender Gewebe beträgt 0,255 Bq/g. Die 1947 entdeckten Tonkrugfunde mit Schriftrollen in Höhlen bei Qumran am Toten Meer wollten einige Archäologen bis ins 9. Jh. n. Chr. datieren. Für das Buch des Propheten Jesaja (700 v. Chr.) ergab die Messung einer Probe von 2 g Kohlenstoff eine Aktivität von 0,404 Bq im Jahre 1952.
a) Berechnen Sie den Zeitpunkt des Absterbens des organischen Materials und den Fehler.
b) Berechnen Sie die Anzahl der ^{14}C-Atome in der Probe zum Zeitpunkt der Messung und zum Zeitpunkt des Absterbens des organischen Materials.
c) Schätzen Sie das Isotopenverhältnis ^{14}C/^{12}C in lebendem Gewebe ab. Zeigt der Kohlenstoff von Pflanzen, die in der Nähe der Autobahn stehen, eine veränderte Aktivität verglichen mit der von Pflanzen, die tief im Wald wachsen?
5. In einem ursprünglich kein Blei enthaltendem Uran-Mineral entsteht Blei durch den radioaktiven Zerfall der Isotope ^{235}U (Häufigkeit heute: 0,72%, Halbwertszeit $7{,}038 \cdot 10^8$ a) und ^{238}U (Häufigkeit heute: 99,28%, Halbwertszeit: $4{,}468 \cdot 10^9$ a).
Das Mineral sei 600 Millionen Jahre alt. Welches Gewichtsverhältnis Blei zu Uran enthält das Mineral heute, und wie groß ist das Häufigkeitsverhältnis ^{207}Pb/^{206}Pb?
Bestimmen Sie das Alter der Erde unter der Annahme, daß an ihrem Anfang ^{235}U und ^{238}U gleich häufig vorkamen.

6. Der Block 4 des Kernkraftwerkes Tschernobyl wurde bis zum Unfall am 26. April 1986, 01:23 h, kontinuierlich mit einer thermischen Leistung von (mindestens!) 1000 MW betrieben. Bei etwa 2% der Kernspaltungen wird als Spaltprodukt ein Kern des Jodisotops ^{131}I, das eine Halbwertszeit von 8,04 d besitzt, gebildet. Nach einer gewissen Zeit (welcher etwa?) stellt sich praktisch ein Gleichgewicht zwischen Zerfall und Neubildung von ^{131}I ein.
Welche Menge ^{131}I war daher im Kernreaktor zur Zeit des Unfalls enthalten? Vernachlässigen Sie für die Energiebilanz des Reaktors die erzeugte Radioaktivität der Spaltprodukte, d. h. rechnen Sie mit 190 MeV freigesetzter Energie pro Spaltung.

9. Grundlagen der experimentellen Astronomie und Astrophysik

Die Beobachtung der Sterne und Planeten hat eine viele tausend Jahre alte Tradition. Dies hat mehrere Gründe: Kaum jemand kann sich der Faszination entziehen, die der Anblick des Sternenhimmels auf den Beobachter ausübt. Die sich im Jahresrhythmus periodisch wiederholenden aber sonst scheinbar unveränderlichen Konstellationen der Sterne wecken im Menschen ein Gefühl der Ewigkeit, und es ist deshalb nicht verwunderlich, daß der Himmel mit dem Sitz der Götter identifiziert wurde, die von dort oben das Geschick der Menschen lenken. Deshalb war eine der Aufgaben der Astronomie bis zu Keplers Zeiten die Erstellung von Horoskopen (nach denen sich die Staatsmänner auch richteten). Auch heute noch gibt es viele Leute, die an den Einfluß der Sterne auf ihr Schicksal glauben, wozu allerdings die Astronomen nicht mehr gehören.

Ein weiterer, mehr praktischer Grund für das Interesse an der Astronomie war ihre Bedeutung für die Navigation auf See, für die Zeitrechnung und die Vorhersage periodischer, jahreszeitlich bedingter für die Menschen wichtiger Naturereignisse, wie z. B. die Nilflut oder die Monsunregen in Asien oder von besonderen Ereignissen am Himmel, wie Sonnen- und Mondfinsternisse.

Die Frage, ob unser Universum ewig vorhanden war, oder ob es irgendwann entstanden ist, wurde vom philosophischen und religiösen Standpunkt aus seit jeher diskutiert. Das Verlangen des Menschen, mehr zu erfahren über seine Stellung und Bedeutung innerhalb des Kosmos, über die Entwicklung der Erde und ihrer Umgebung hat das Interesse an astronomischen Fragen immer groß sein lassen.

Es ist deshalb verständlich, daß Entdeckungen der Astronomen in der Öffentlichkeit häufig mehr Beachtung finden als neue Entwicklungen in anderen Gebieten der Naturwissenschaften. Dies wurde z. B. deutlich an der jüngsten Marsmission des Pathfinders.

9.1 Einleitung

Eine Hauptaufgabe der Astronomen war neben ihrer Verantwortlichkeit für Zeitmessungen die Beobachtung der Sterne und ihrer Konstellationen und die möglichst genaue Bestimmung ihrer Orte auf der Himmelskugel (d. h. ihrer Winkelkoordinaten). Über die Entfernung der Sterne gab es bis vor wenigen hundert Jahren nur vage und oft völlig falsche Vorstellungen.

Natürlich fiel auch den frühen Astronomen bald auf, daß nicht alle Sterne einen festen Ort an der Himmelssphäre hatten, sondern daß es sogenannte „Wandelsterne“ gab, die sich gegen die „Fixsterne“ bewegten. Eine Erklärung der Bewegung dieser Wandelsterne (die sich später als die Planeten unseres Sonnensystems herausstellten) hat die Astronomen über mehr als tausend Jahre beschäftigt. Das erste, in sich konsistente Modell wurde von dem in Alexandria lebenden Astronomen *Claudius Ptolemäus* (um 100–165 n. Chr.) aufgestellt, nach dem die Erde im Mittelpunkt des Universums stand und die Planeten sich auf Kreisen um Zentren bewegten, die selber auf Kreisen um die Erde liefen. Diese zusammengesetzte Bewegung hieß ***Epizyklenbahn*** (geozentrisches Modell, siehe Bd. 1, Kap. 1).

Erst durch *Nikolaus Kopernikus* (1473–1543) wurde das heliozentrische Weltbild, das bereits im Altertum von *Aristarch* aus Samos (etwa 310–230 v. Chr.) postuliert worden war, dann aber durch das ptolemäische geozentrische Modell verdrängt wurde und deshalb in Vergessenheit geriet, reaktiviert und konkretisiert. Das kopernikanische Modell, in dem die Planeten sich auf Kreisen um die Sonne bewegen, konnte viele Beobachtungen einfacher und genauer erklären als das geozentrische Epizyklenmodell, obwohl auch hier noch kleine Diskrepanzen zwischen Vorhersagen und den Meßergebnissen der Astronomen bestanden.

Auf Grund genauer Messungen von *Tycho Brahe* (1546–1601) konnte dann *Johannes Kepler* (1571–1630) sein auch heute noch akzeptiertes genaueres Planetenmodell aufstellen, bei dem sich die Planeten auf Ellipsen um die Sonne bewegen, die im gemeinsamen Brennpunkt der Ellipsen steht (siehe Kap. 10 und Bd. 1, Kap. 2). *Isaac Newton* hat später die drei Kepler-Gesetze (siehe Bd. 1, Kap. 2) auf das allgemein gültige Gravitationsgesetz zurückgeführt. Der Grund für die Planetenbewegung ist die Gravitationskraft zwischen Sonne und jeweiligem Planeten, die als Zentralkraft bewirkt, daß der Drehimpuls zeitlich konstant und die Planetenbahn deshalb in einer Ebene verlaufen muß.

Der philosophische Aspekt dieser „Revolution" unseres Weltbildes kann gar nicht hoch genug eingeschätzt werden. Die Erde rückt vom Mittelpunkt der Welt weg zu einem kleineren von vielen Planeten, die um einen Zentralstern, unsere Sonne, kreisen. Die Sonne stand allerdings immer noch im Zentrum des Weltalls. Die Fixsternsphäre wurde als ewig und unveränderlich angesehen im Gegensatz zur irdischen vergänglichen Sphäre. Dieser Glaube an ein ewig gleiches Weltall wurde allerdings durch das Erscheinen von ***Gaststernen*** (nur für kurze Zeit sichtbare Sterne, die heute als Novae oder Supernovae erklärt werden können (siehe Abschn. 11.7)) bisweilen erschüttert. Solche Sterne wurden von *Tycho Brahe* und *Johannes Kepler* beobachtet und wohl auch schon früher mit Verwunderung gesehen. Da ihr Erscheinen jedoch nicht in das gängige, von der Kirche vertretene Schöpfungsbild paßte, wurde über sie nicht viel veröffentlicht. Deshalb findet man mehr Informationen darüber aus nichteuropäischen Quellen.

Ein weiterer Hinweis auf zeitliche Veränderungen gaben die ersten Beobachtungen der Sonnenflecken durch *Galileo Galilei*, die Vorstellungen über die „fleckenlose Reinheit" und Unvergänglichkeit der Himmelsobjekte in Frage stellten.

Es ist bisher eine noch offene Frage, wie viele solcher Planetensysteme wirklich im Universum existieren, und ob es in ihnen andere Planeten gibt, auf denen Bedingungen herrschen, welche die Entwicklung intelligenter Wesen erlauben. Damit verliert auch der Mensch seine Sonderstellung im Universum und wird zu einer für die Entwicklung des Universums völlig unbedeutenden kurzfristigen Erscheinung.

Es ist bewundernswert, daß die Menschen trotz ihrer im Verhältnis zum Alter des Universums winzig kurzen Entwicklungszeit es geschafft haben, so viel über dieses Universum zu lernen, wobei der größte Teil unserer Kenntnisse in den letzten 100 Jahren gewonnen wurde.

Mit verbesserter Meßtechnik ausgerüstet, waren die Astronomen im 19. Jahrhundert in der Lage, auch erste Angaben über die Entfernung der nächsten Sterne zu machen und damit die dritte Dimension des Weltraums, die bis dahin nur durch Spekulationen erraten werden konnte, quantitativ zu erschließen.

Die Frage, was Sterne eigentlich sind, wie sie entstehen können, wie lange sie leben, und ob und wie sie „sterben", konnte erst in diesem Jahrhundert beantwortet werden. Der Weg von der Astrometrie, d. h. der Vermessung von Sternorten, zur Astrophysik, in der die physikalischen Ursachen für die Existenz des Universums mit seinen Sternen hinterfragt wird, wurde durch mehrere parallele Entwicklungen möglich:

- Durch den Bau leistungsstarker Teleskope, mit denen nicht nur die Strahlung der Sterne, sondern auch ihre spektrale Energieverteilung gemessen werden konnte. Dadurch wurde eine neue Informationsquelle erschlossen. Die Messung der *zeitlichen Änderung* der von einem Stern emittierten Strahlung gab wichtige Hinweise auf die dynamische Entwicklung von Sternen und räumte endgültig mit der Vorstellung des „statischen" unveränderten Weltalls auf.
- Durch die Entwicklung der Atom- und Plasmaphysik in Verbindung mit der Quantentheorie konnten atomphysikalische Prozesse in den Sternatmosphären im Labor untersucht und verstanden werden. Die Erkenntnisse der Kernphysik erlaubten Einsichten in den Energieerzeugungsmechanismus der Kernfusion im Inneren der Sterne. Die neueren Entwicklungen in der Hochenergie- und Teilchenphysik (siehe Kap. 7) haben detaillierte Modelle über die Entstehung des Weltalls, der Sterne und der im Kosmos vorhandenen chemischen Elemente gebracht.
- Die Beobachtung vom Erdboden aus beschränkt die von den Sternen empfangene Strahlung auf die von der Erdatmosphäre durchgelassenen Spektralbereiche (Abb. 9.1). Es gibt im wesentlichen drei *atmosphärische Fenster*, in denen Strahlung durchgelassen wird. Dies sind, neben dem sichtbaren Fenster (vom nahen UV bis zum nahen Infra-

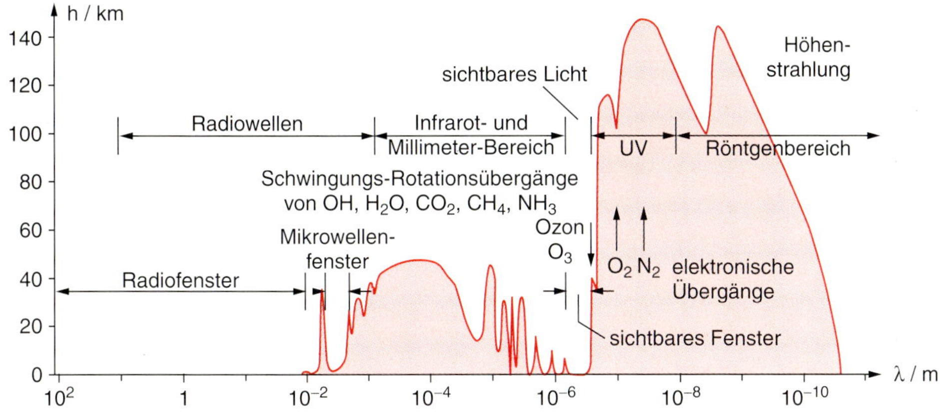

Abb. 9.1. Die „spektralen Fenster“ der Erdatmosphäre. Dargestellt ist die Höhe h über dem Erdboden, bei der die Strahlungsleistung von außen auf $1/e$ abgesunken ist

rot) der klassischen Astronomie, das Radiowellen- und Millimeterwellengebiet ($\lambda = 1$ mm–1 m) und das extreme γ-Gebiet der Höhenstrahlung ($h \cdot \nu > 10^{10}$ eV).

Durch die Entwicklung der Radioastronomie hat sich die Astrophysik das 2. Fenster und damit eine neue, aussagestarke Informationsquelle erschlossen. Die Höhenstrahlung wurde in den letzten Jahren durch die Errichtung großer Detektorenfelder intensiv untersucht.

- Durch Raumsonden und Beobachtungsstationen in Satelliten außerhalb unserer Erdatmosphäre konnten viele neue Spektralbereiche erschlossen werden. Beispiele sind der Röntgensatellit ROSAT oder der Infrarotsatellit IRAS.
- Das Hubble-Weltraum-Teleskop, das ohne die Störungen durch die Erdatmosphäre eine höhere Winkelauflösung erreicht und deshalb „tiefer“ in den Raum blicken und sehr ferne Galaxien noch beobachten und messen kann, sowie der Satellit KOBE, der die kosmische Hintergrundstrahlung und ihre Richtungsverteilung genau vermißt, haben unsere Kenntnis über frühe Stadien des Universums vertieft.
- Von nicht zu unterschätzendem Einfluß ist die Entwicklung schnellerer Computer und detaillierter Programme, mit denen Modelle des Sternaufbaus und der Struktur von Galaxien modelliert und berechnet werden können.

Der Fortschritt in unserer Erkenntnis über die Astrophysik des Universums ist also durch mehrere sowohl experimentelle als auch theoretische Entwicklungen begründet. Deshalb ist, wie in allen anderen Bereichen der Physik, die Zusammenarbeit von Experimentatoren und Theoretikern von entscheidender Bedeutung für die Erkenntnisgewinnung.

9.2 Meßdaten von Himmelskörpern

Durch die Beobachtung von Himmelskörpern (Sterne, Planeten, Kometen) können folgende Meßdaten gewonnen werden:

- Der Ort des Objektes im Raum. In sphärischen Koordinaten bedeutet dies die Bestimmung des Ortsvektors $\boldsymbol{r} = \{r, \vartheta, \varphi\}$. Dazu muß ein geeignetes Koordinatensystem gewählt werden, in dem der Ortsvektor $\boldsymbol{r}$ definiert wird. Bewegt sich das Objekt in diesem Koordinatensystem, so werden seine Koordinaten zeitabhängig: $\boldsymbol{r}(t) = \{r(t), \vartheta(t), \varphi(t)\}$.
- Die elektromagnetische Strahlungsleistung L_S, die von dem beobachteten Objekt in der Entfernung r emittiert wird. Der Detektor empfängt davon den Bruchteil $L_S \cdot \Delta\Omega/4\pi$, wobei $\Delta\Omega = F_D/r^2$ der vom Detektor mit der Sammelfläche F_D (z. B. der nutzbaren Öffnung eines Teleskops) empfangene Raumwinkel ist. Auch $L_S(t)$ kann zeitabhängig sein (z. B. bei veränderlichen Sternen).
- Die spektrale Verteilung dieser Strahlung, die mit wellenlängenselektierenden Instrumenten (Spektrograph, Interferometer) in Verbindung mit einem Teleskop gemessen werden kann.

- Partikelstrahlung (e^-, p^+, ν, $\overline{\nu}$), die von Objekten (z. B. der Sonne) emittiert wird und mit geeigneten Detektoren nachgewiesen werden kann.
- Die physikalische, chemische und mineralogische Analyse von Meteoriten, die auf die Erde fallen.

Dies sind die wesentlichen Informationsquellen, aus denen unsere Kenntnis über den Aufbau, die Entwicklung und die Dynamik von Sternen, Galaxien und das Universum stammt. Wie daraus ein in sich konsistentes Modell unserer Welt wird, soll im folgenden näher erläutert werden.

9.3 Astronomische Koordinatensysteme

Um die Winkelkoordinaten der Sterne angeben zu können, ist es zweckmäßig, ein sphärisches Koordinatensystem einzuführen. Dazu gibt es verschiedene Möglichkeiten:

9.3.1 Das Horizontsystem

Vom Standpunkt eines Beobachters auf der Erdoberfläche bietet sich das Horizontsystem (Abb. 9.2) an, in dem die Vertikale vom Ort des Beobachters zum ***Zenit*** Z zeigt, die dazu senkrechte Ebene ist die Horizontebene, die vom Horizont begrenzt wird. Der Gegenpol zum Zenit Z ist der Nadir $\overline{\text{Z}}$. Die „Längenkreise" in diesem Koordinatensystem heißen ***Vertikalkreise***, die „Breitenkreise" heißen ***Horizontalkreise*** oder auch ***Azimutalkreise***. Auf der Horizontebene werden die Himmelsrichtungen Nord (zum Nordpol der Erde), Ost, Süd und West definiert. Ihre Schnittpunkte mit der Himmelskugel sind Nordpunkt N, Südpunkt S, Ostpunkt O und Westpunkt W in Abb. 9.2a. Der Vertikalkreis durch den Nordpunkt und den Südpunkt der Horizontalebene heißt ***Himmelsmeridian*** (Mittagskreis). Die Position eines Sterns wird durch seine Höhe h und sein Azimut A angegeben, wobei h der Winkel zwischen Horizontebene und Horizontalkreis durch den Stern ist und A der Winkel zwischen Meridian und Vertikalkreis durch den Stern, gerechnet vom Südpunkt aus, der als Nullpunkt gewählt wird, über Westen, Norden, Osten nach Süden (0–360°). Manchmal wird auch anstelle der Höhe h die Zenitdistanz $z = 90° - h$ angegeben.

Da sich die Erde um ihre Nord-Süd-Achse dreht, ändert sich im Horizontsystem, das ja mit der rotierenden Erde fest verknüpft ist, die Position eines Sterns

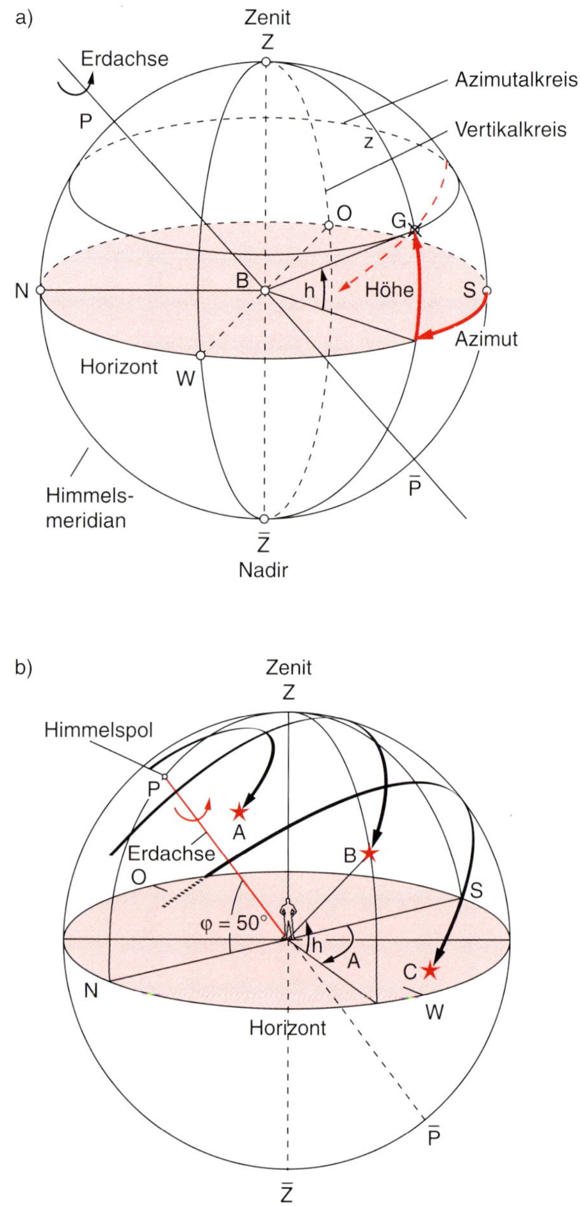

Abb. 9.2. (**a**) Horizontsystem. Der Beobachter B sitzt im Mittelpunkt des Koordinatensystems. (**b**) Scheinbare Bewegung von drei Sternen mit verschiedener Zenitdistanz um den Himmelspol. Nach Karttunen et al.: *Astronomie* [9.1]

im Laufe der Zeit (Abb. 9.2b). Außerdem hat derselbe Stern zur selben Zeit für zwei verschiedene Beobachter an verschiedenen Orten unterschiedliche Koordinaten. Um die Orte von Sternen in einer für alle Beobachter gültigen Sternkarte angeben zu können, braucht man deshalb andere Koordinatensysteme.

9.3.2 Die Äquatorsysteme

Im Äquatorsystem dient die Ebene durch den Erdäquator als Bezugsebene. Sie schneidet die Himmelskugel im Himmelsäquator. Die verlängerte Erdachse schneidet die Himmelskugel im Himmelsnordpol P und im Himmelssüdpol $\overline{P}$. Die Großkreise durch die Himmelspole heißen ***Stundenkreise***, die zum Äquator parallelen Breitenkreise sind die ***Parallelkreise*** (Abb. 9.3). Der Stundenkreis durch den Zenit, Nord- und Südpunkt der Horizonte, durch Himmelsnordpol und Südpol ist der ***Meridian***. Die Winkelkoordinaten eines Sterns sind bestimmt durch seinen Stundenkreis und seinen Parallelkreis.

Beim ***festen Äquatorsystem*** wird der ***Stundenwinkel*** t gemessen als Winkel zwischen den Ebenen durch Meridian und Stundenkreis des Sterns. Der Winkelabstand des Parallelkreises durch den Stern vom Äquator heißt ***Deklination*** δ. Sie wird, genau wie die geographische Breite auf der Erde, von 0° bis 90° vom Äquator zum Nordpol bzw. 0° bis −90° zum Südpol gezählt.

Bei der Drehung der Erde um ihre Achse bleibt ein Stern im wesentlichen (abgesehen von Präzession und Nutation der Erdachse, siehe Bd. 1, Abschn. 5.8) auf seinem Parallelkreis, d. h. seine Deklination bleibt zeitlich konstant. Sein Stundenwinkel wächst dagegen gleichmäßig mit der Zeit an. Da einem Zeitintervall von 24 h ein Winkelbereich von 360° entspricht, ändert sich der Stundenwinkel pro Stunde um 15°. Man zählt den Stundenwinkel von 0 h (Objekt im Süden) an vom Schnittpunkt des Meridians mit dem Äquator (S für den Beobachter auf der Nordhalbkugel, N für B auf der Südhalbkugel). Weil der Anfangspunkt für die Zählung des Stundenwinkels fest mit dem Beobachtungsort verbunden ist, nennt man dieses Koordinatenystem, in dem δ zeitlich konstant, der Winkel t jedoch zeitabhängig ist, das feste Äquatorsystem.

Beim ***beweglichen Äquatorsystem*** wird, genau wie beim festen System, die Äquatorebene als Bezugsebene gewählt, so daß die Deklination δ in beiden Systemen gleich ist. Als Nullpunkt für den Stundenwinkel wird jedoch jetzt der Schnittpunkt von Himmelsäquator und Ekliptik gewählt, an dem die Sonne sich zum Zeitpunkt des Frühlingsanfangs befindet (Frühlingspunkt). Die ***Ekliptik*** ist der Großkreis auf der Himmelssphäre, auf dem, von der Erde aus gesehen, die scheinbare Bewegung der Sonne geschieht (Abb. 9.4). Der vom Frühlingspunkt aus auf dem Äquator gemessene Winkel des Stundenkreises durch den Stern heißt ***Rektaszension*** α. Er wird, in Richtung der Erdrotation (also entgegen der scheinbaren Bewegungsrichtung der Sterne) von 0 bis 24 h gezählt. Da

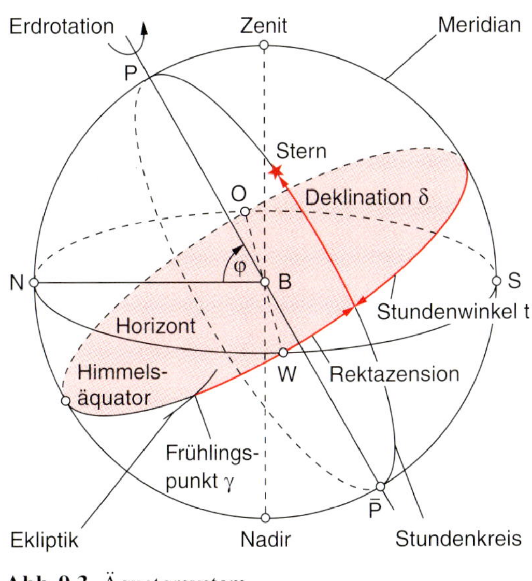

Abb. 9.3. Äquatorsystem

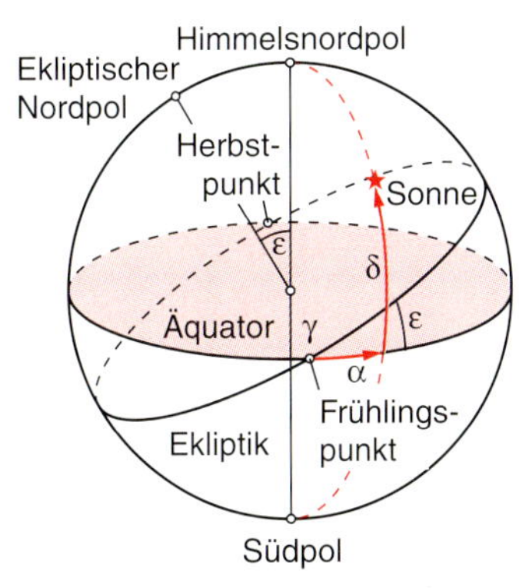

Abb. 9.4. Lage der Ekliptik zur Äquatorebene. Der Winkel ε gibt die Neigung der Erdachse gegen die Normale zur Ekliptik an

am scheinbaren täglichen Umlauf der Himmelskugel teilnimmt, bleibt die Rektaszension α eines Sterns zeitlich konstant.

Im beweglichen Äquatorsystem sind daher die Winkelkoordinaten (Deklination δ und Rektaszension α) eines Sterns in erster Näherung für alle Erdbeobachter gleich und zeitlich konstant und können deshalb in Sterntafeln tabelliert werden.

9.3.3 Das Ekliptikalsystem

Für die Beschreibung der Bahnen von Planeten und anderen Objekten unseres Sonnensystems (siehe Kap. 10) ist ein Koordinatensystem geeignet, das die Ekliptik, also die Bahnebene der Erde, als Bezugsebene hat.

Diese Ebene schneidet die Himmelssphäre in einem Großkreis, den die Sonne im Laufe eines Jahres, von der Erde aus gesehen, durchläuft (Abb. 9.4). Die Äquatorebene ist gegen die Ekliptik um $23° 26'$ geneigt. Die Schnittgerade beider Ebenen verläuft durch Frühlingspunkt und Herbstpunkt. Die scheinbare Bewegung der Sonne verläuft im Frühling von der südlichen in die nördliche Hemisphäre und kreuzt zu Frühlingsbeginn die Äquatorebene im Frühlingspunkt. Dessen Deklination und Rektaszension sind im Äquatorsystem beide Null.

Die Lage eines Objektes an der Himmelssphäre wird im ekliptischen System (Abb. 9.5) bestimmt durch den Winkelabstand β von der Ekliptik (ekliptikale Breite) und den Winkel λ der ekliptikalen Länge, der vom Frühlingspunkt aus im Gegenuhrzeigersinn gemessen wird. Der Nullpunkt des Koordinatensystems wird entweder in den Mittelpunkt der Sonne (*heliozentrisches System*) oder der Erde (*geozentrisches System*) gelegt.

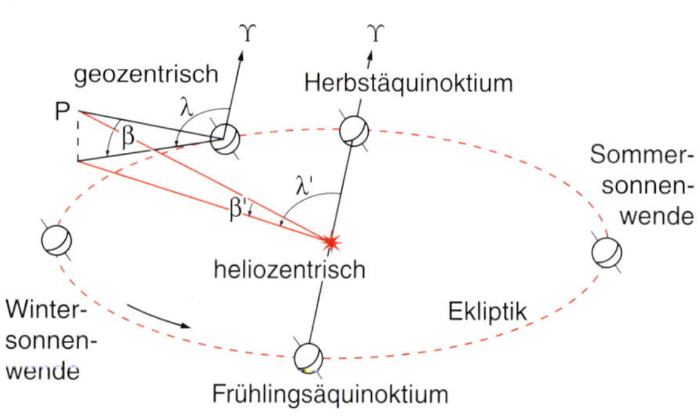

Abb. 9.5. Das Ekliptikalsystem mit den heliozentrischen Koordinaten β', λ' und den geozentrischen Koordinaten β, λ eines Punktes P. Nach Karttunen et al.: *Astronomie* [9.1]

Während für die Bestimmung der Koordinaten weit entfernter Sterne diese Unterscheidung praktisch keinen Unterschied macht, spielt sie zur Beschreibung der Bahn von Planeten oder Kometen unseres Sonnensystems natürlich eine große Rolle.

9.3.4 Das galaktische Koordinatensystem

Die bisher behandelten Koordinatensysteme sind entweder mit der Erde verbunden (geozentrische Systeme wie z. B. das Äquatorsystem bzw. das geozentrische Ekliptikalsystem) oder mit der Sonne (heliozentrisches Ekliptikalsystem). Obwohl das bewegliche Äquatorsystem die tägliche Drehung der Erde um ihre Achse und die jährliche Bewegung der Erde um die Sonne berücksichtigt, führen doch langfristige Änderungen der Lage der Erdachse (wie z. B. ihre Präzession oder Nutationsbewegungen) zu Korrekturen für die Winkelkoordinaten der Sterne.

Die differentielle Rotation unseres Sonnensystems, zusammen mit den Nachbarsternen, um das Zentrum unserer Milchstraße führt zu weiteren zeitlichen Veränderungen aller drei Koordinaten (einschließlich der Entfernungen).

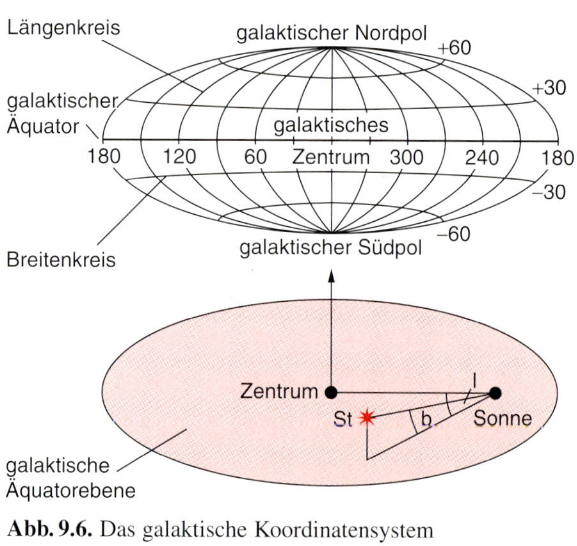

Abb. 9.6. Das galaktische Koordinatensystem

Zur Untersuchung der räumlichen Verteilung der Sterne innerhalb unserer Galaxis ist deshalb das galaktische Koordinatensystem geeigneter (Abb. 9.6). Seine Grundebene ist die galaktische Äquatorebene, die fast mit der Mittelebene des am Himmel sichtbaren Bandes der Milchstraße zusammenfällt. Als Koordinaten werden galaktische Länge l und Breite b gewählt. Die galaktische Länge l ist der Winkel zwischen der Richtung zum galaktischen Zentrum (Nullpunkt) und dem Schnittpunkt des Längenkreises des Sterns mit dem Äquator. Die galaktische Breite ist der Winkel zwischen dem Breitenkreis durch den Stern und dem Äquator. Das galaktische Zentrum hat im Äquatorsystem (d. h. von der Erde aus gesehen) zur Zeit die Rektaszension $\alpha = 17^{\mathrm{h}}\,42\overset{\mathrm{m}}{.}4$ und die Deklination $\delta = -28°\,55'$. Der galaktische Nordpol liegt bei $\alpha = 12^{\mathrm{h}}\,49^{\mathrm{m}}$ und $\delta = +27{,}4°$.

9.3.5 Zeitliche Veränderungen der Koordinaten

Wie in Bd. 1, Abschn. 5.8 dargelegt wurde, bleibt die Richtung der Erdachse im Raum zeitlich nicht konstant. Bedingt durch Drehmomente, die von Sonne, Mond und anderen Planeten auf das abgeplattete Rotationsellipsoid der Erde ausgeübt werden, präzediert die Erdachse im Laufe von 26 000 Jahren auf einem Kegel mit Öffnungswinkel $2 \times 23°\,26'$ um eine zur Bahnebene vertikale Richtung. Dadurch verändern sich Rektaszension α und Deklination δ eines Sterns. Wie in [9.1] hergeleitet wird, erhält man für die jährlichen Änderungen

$$\Delta\alpha = m + n \cdot \sin\alpha \tan\delta\,, \tag{9.1a}$$

$$\Delta\delta = n \cdot \cos\alpha\,, \tag{9.1b}$$

wobei $m \approx 3{,}07\ \mathrm{s/a}$ und $n \approx 1{,}33\ \mathrm{s/a} = 20{,}0''/a$ ***Präzessionskonstanten*** heißen, die in astronomischen Tabellen zu finden sind.

Zur *Präzession* kommt noch eine regelmäßige, durch den Mond bedingte Variation der Präzession mit einer Periode von 18,6 Jahren und die unregelmäßige *Nutation* der Erdachse hinzu, die durch Änderungen der Massenverteilung innerhalb der Erde (jahreszeitliche Schwankungen, Gletscherdrifts, Erdbeben, Vulkanausbrüche, etc.) verursacht wird. Man sieht daraus, daß auch im Äquatorsystem keineswegs völlig zeitunabhängige Winkelkoordinaten α und δ eines Sterns gemessen werden. Man gibt deshalb bei Koordinatenangaben im Äquatorsystem den Zeitpunkt an, auf den sie sich beziehen. Diesen Zeitpunkt nennt man ***Epoche***. Sie wird in der Koordinatenangabe in Klammern nachgestellt.

Anmerkung

Übliche Epochen sind 1900.0 (der 1. Januar 1900, 12 h UT), 1950.0 und 2000.0.

Die Äquatorialkoordinaten der Riesengalaxie NGC 1275 im Perseushaufen (Abb. 12.15) betragen

$$\alpha(2000.0) = 3^{\mathrm{h}}\,19^{\mathrm{m}}\,48\overset{\mathrm{s}}{.}159\,,$$

$$\delta(2000.0) = 41°\,30'\,42\overset{''}{.}10\,.$$

Man beachte, daß es sich in der Astronomie eingebürgert hat, die Winkeleinheit über das Dezimalkomma zu stellen. Das „Dezimalkomma“ ist bei den Astronomen i. allg. ein Dezimalpunkt. Helligkeitsangaben werden auf die gleiche Weise dargestellt (siehe Abschn. 9.8).

9.3.6 Zeitmessung

Da sich die gemessenen Sternkoordinaten im Laufe der Zeit ändern, ist eine genaue Zeitmessung für die Astronomie essentiell.

Als Einheit der Zeit wird die Sekunde benutzt, die durch Cäsium-Atomuhren realisiert wird (Bd. 1, Abschn. 1.6). Die relative Genauigkeit dieser Atomzeit beträgt etwa $5 \cdot 10^{-13}$. In der Astronomie wird die ***internationale Atomzeit*** (TAI) als Mittelwert mehrerer Atomuhren (Braunschweig, Boulder/Colorado, Paris, London) benutzt. Im Jahre 1972 wurde eine ***koordinierte Universalzeit*** (UTC) eingeführt, die durch Zeitzeichensender bestimmt wird und für jeden Ort der Erde eine genaue Zeit definiert, die gleich der TAI-Zeit ist plus der Zeitzonendifferenz des jeweiligen Ortes.

Die Grundlage der astronomischen Zeitsysteme ist die mittlere Sonnenzeit von Greenwich (siehe Bd. 1, Abschn. 1.6.3), die bei Berücksichtigung von Präzession und Nutation die UT1-Zeit (*universal time*) heißt.

Um die UTC-Zeit möglichst genau an die aus der Erdrotation abgeleitete Zeit UT1 anzupassen, werden Abweichungen infolge der unregelmäßigen Erdrotation durch Schaltsekunden ausgeglichen, so daß die Differenz zwischen UTC-Zeit und der astronomisch bestimmten Zeit UT1 niemals größer wird als 1 s. Da sich die Erdrotation geringfügig verlangsamt, wurde seit 1972 jedes Jahr eine Schaltsekunde eingefügt.

9.4 Beobachtung von Sternen

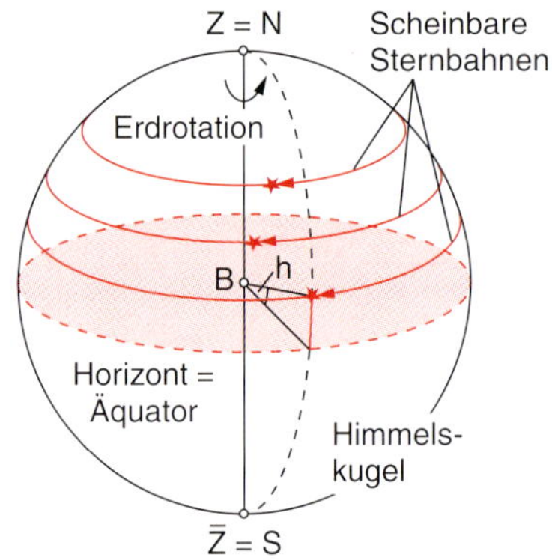

Abb. 9.8. Die Himmelskugel und die scheinbare Bewegung von Sternen für einen Beobachter am Nordpol

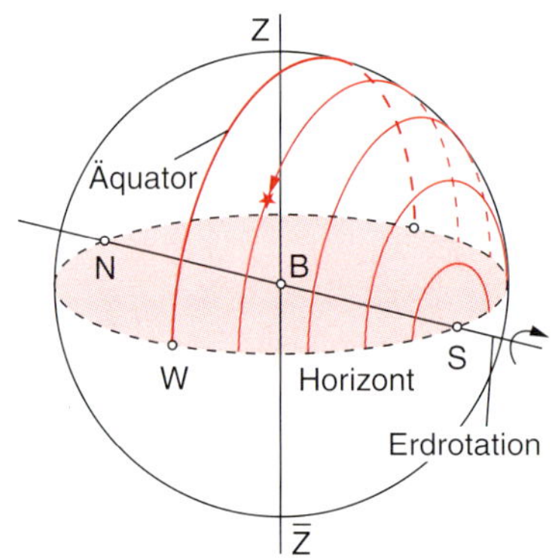

Abb. 9.9. Scheinbare Bewegung der Sterne für einen Beobachter am Äquator der Erde

Um sich am Himmel orientieren zu können und Sterne mit den in Sterntabellen angegebenen Werten von Rektaszension α und Deklination δ finden zu können, ist es nützlich, sich für verschiedene Beobachtungsorte auf der Erde die scheinbare Bewegung der Sterne klarzumachen.

Für einen Beobachter am Nordpol der Erde fällt der Himmelsnordpol mit dem Zenit zusammen, am Südpol ist der Zenit mit dem Himmelssüdpol identisch. Die scheinbaren Bahnen der Sterne sind Kreise um den Pol als Mittelpunkt (Abb. 9.7), die vom Nordpol aus gesehen im Uhrzeigersinn (Abb. 9.8), vom Südpol aus im Gegenuhrzeigersinn durchlaufen werden. Der Radius der Kreise hängt ab von der Deklination δ der Sterne.

Für einen Beobachter am Erdäquator liegen Himmelsnordpol $\mathrm{P} = \mathrm{N}$ und Südpol $\overline{\mathrm{P}} = \mathrm{S}$ in der Horizontebene. Die sichtbaren Sternbahnen sind Halbkreise, die, vom Südpunkt aus gesehen im Gegenuhrzeigersinn vom Nordpunkt aus gesehen im Uhrzeigersinn durchlaufen werden (Abb. 9.9). Ihr Radius hängt wieder von der Deklination δ ab. Er ist maximal für $\delta = 0$ und wird Null für $\delta = 90°$.

Für einen Beobachter auf der beliebigen geographischen Breite φ ist der Winkel zwischen Zenit und Himmelsnordpol $(90° - \varphi)$. Die Polhöhe h_P ist daher gleich der geographischen Breite φ (Abb. 9.10):

$$\boxed{h_\mathrm{P} = \varphi} \,. \tag{9.2}$$

Ein Stern mit der Deklination $\delta = 0$ durchläuft bei der Drehung der Erde den Himmelsäquator (Abb. 9.11). Er geht im Ostpunkt O der Horizontebene auf, erreicht im Süden am Schnittpunkt von Äquator und Meridian seinen höchsten Punkt (***Kulmination***) in der Höhe $h = 90° - \varphi$ und geht im Westpunkt W des Horizontes unter. Er befindet sich gleich lange oberhalb wie unterhalb des Horizontes. Man sagt: sein ***Tagbogen*** ist gleich lang wie sein ***Nachtbogen***.

Abb. 9.7. Aufnahme des Sternenhimmels mit feststehendem Teleskop in Richtung des Nordpols mit längerer Belichtungszeit ($\Delta t = 3$ Stunden), um die scheinbaren Bahnen der Sterne bei der Drehung der Erde um die Nord-Süd-Achse sehen zu können. Aus Gondolatsch: *Astronomie* [9.2]. Mit freundlicher Genehmigung des Klett-Verlages

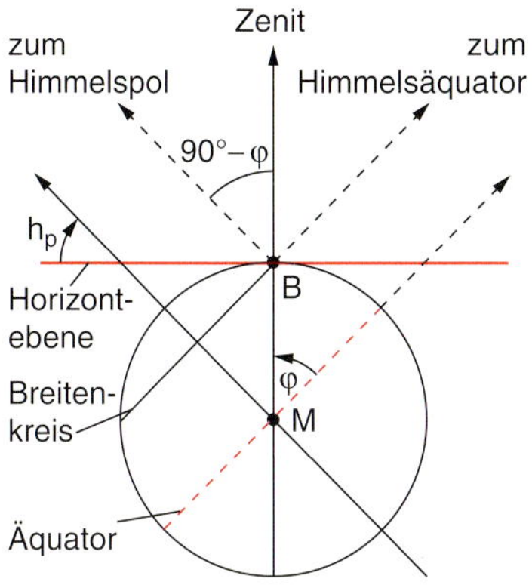

Abb. 9.10. Beobachtungsverhältnisse auf der geographischen Breite φ

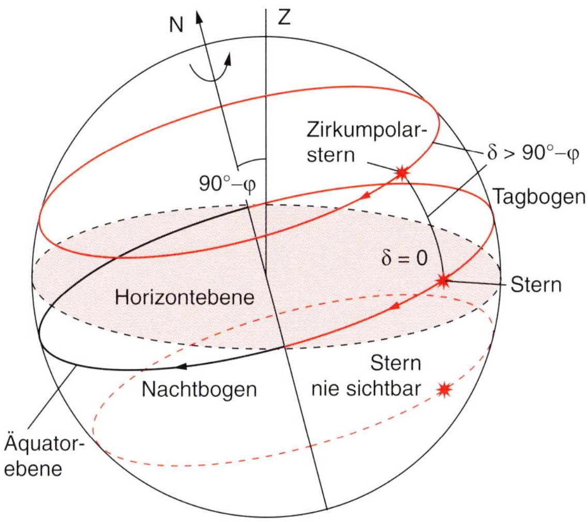

Abb. 9.11. Tag- und Nachtbogen eines Sterns mit der Deklination δ für einen Beobachter auf der geographischen Breite φ

Für $\delta > 0$ rücken Aufgangspunkt und Untergangspunkt am Horizont beide gegen Norden. Der Tagbogen ist dann größer als der Nachtbogen; während für $\delta < 0$ Aufgangs- und Untergangspunkt nach Süden rücken, so daß der Tagbogen kürzer wird als der Nachtbogen.

Anmerkung

Der Tagbogen ist der Teil der Bahn, für den der Stern sichtbar ist. Da man Sterne im allgemeinen nur während der Nacht zwischen Sonnenuntergang und -aufgang beobachten kann, sieht man nur solche Sterne, deren Tagbogen während des Nachtbogens der Sonne durchlaufen wird.

Die Höhe der oberen bzw. unteren Kulmination eines Sterns der Deklination δ ist für einen Beobachter auf der geographischen Breite φ:

$$h_{\text{ob}} = \delta + (90° - \varphi)\,, \tag{9.3a}$$

$$h_{\text{unt}} = \delta - (90° - \varphi)\,. \tag{9.3b}$$

Für einen Ort der geographischen Breite φ geht ein Stern nie unter, wenn $h_{\text{unt}} > 0°$ wird, d. h. $\delta > 90° - \varphi$. Solche Sterne heißen ***zirkumpolar***. Ein Beispiel ist das Sternbild des Großen Bären (*Ursa Major*), dessen Deklination sich von $\delta = 30°$ bis $\delta = 73°$ erstreckt. Er ist deshalb für alle Breiten $\varphi \geq 90° - \delta \approx 60°$ zirkumpolar.

Ein Stern ist bei der geographischen Breite φ nie sichtbar, wenn $h_{\text{ob}} < 0°$ ist, d. h. wenn seine Deklination $\delta < \varphi - 90°$ beträgt. Zum Beispiel ist in unseren Breiten ($\varphi \approx 50°$) der Stern Canopus (α Carinae) mit $\delta = -52{,}40°$ nie sichtbar.

Als ***Ekliptik*** wird der Großkreis bezeichnet, der als Schnittkreis der Ebene der Erdbahn mit der Himmelssphäre entsteht. Entlang dieser Ekliptik bewegt sich die Sonne von der Erde aus gesehen auf ihrer scheinbaren jährlichen Bahn von Westen nach Osten, also pro Tag um $360°/365 \approx 1°$. Der Name Ekliptik kommt daher, daß sich an den Schnittpunkten zwischen Ekliptik und Mondbahnebene Sonnen- und Mondfinsternisse (Eklipsen) ereignen können, wenn sich Mond, Sonne und Erde auf einer Verbindungsgeraden befinden.

Wegen der Neigung der Erdachse gegen ihre Bahnebene bilden Äquatorebene und Ekliptikebene einen Winkel von 23,5° miteinander. Die Großkreise von Ekliptik und Himmelsäquator schneiden sich in zwei Punkten, dem ***Frühlingspunkt*** (Widderpunkt ♈), durch den die Sonne am 21. März von Süden nach Norden läuft, und den ***Herbstpunkt*** (Waagepunkt ♎) am 23. September. Am Tage der ***Sommersonnenwende*** (22. Juni) hat die Sonne ihre größte Deklination $\delta = +23{,}5°$, am Tage der ***Wintersonnenwende*** (23. Dezember) ihre kleinste Deklination $\delta = -23{,}5°$.

9.5 Teleskope

Mit dem bloßen Auge kann man bei klarer Nacht und in dunkler Umgebung von einem Punkt der Erde etwa 3000 Sterne sehen. Allein in unserer Milchstraße gibt es etwa 10^{11} Sterne, die man nur mit entsprechenden Teleskopen beobachten kann, weil sie für das unbewaffnete Auge zu lichtschwach sind. Außer unserer Milchstraße gibt es viel Milliarden anderer Sternsysteme, von denen die meisten mit bloßem Auge nicht zu sehen sind [9.3,4].

9.5.1 Lichtstärke von Teleskopen

Einer der Hauptvorteile von Teleskopen ist ihr größeres Sammelvermögen für die Strahlung von Himmelsobjekten. Sei d der Durchmesser der Augenpupille und D der Durchmesser der freien Teleskopöffnung, so ist das Verhältnis der empfangenen Strahlungsleistungen von einem Stern (der als punktförmige Strahlungsquelle angesehen werden kann):

$$V^2 = \frac{\pi D^2}{\pi d^2} = (D/d)^2 ; \qquad (9.4)$$

solange das Beugungsbild kleiner als der Durchmesser der Augenpupille (siehe Bd. 2, Abschn. 11.4) bleibt.

BEISPIEL

$d = 5$ mm, $D = 5$ m $\Rightarrow V^2 = 10^6$.

Man gewinnt also bei der visuellen Beobachtung durch ein Teleskop den Faktor V^2 an empfangener Lichtleistung, verglichen mit dem bloßen Auge.

Man unterscheidet Linsenteleskope (***Refraktoren***) und Spiegelteleskope (***Reflektoren***) (Abb. 9.12). Die ersten von *Galilei* und *Kepler* benützten Fernrohre waren Linsenteleskope. Es ist technisch schwierig, blasenfreie Linsen mit Durchmessern $D > 1$ m zu fertigen. Solche großen Linsen haben außerdem den Nachteil, daß sie nur am Rande gehaltert werden können und sich deshalb unter ihrem Eigengewicht verbiegen. Darum sind heute alle großen Teleskope Spiegelteleskope [9.5]. Sie vermeiden außerdem die chromatische Aberration (siehe Bd. 2, Abschn. 9.5.5) und in Form von Parabolspiegeln auch die sphärische Aberration (Bd. 2, Abschn. 9.3).

Die meisten Sternbeobachtungen werden nicht visuell, sondern mit Photoplatten oder CCD-Arrays durchgeführt, wo man die empfangene Lichtleistung über längere Zeit aufintegrieren kann und dadurch nochmals die Reichweite steigert [9.6]. Dazu muß jedoch das Teleskop immer genau auf das zu beobachtende Objekt gerichtet sein, d. h. die Drehung der Erde muß durch eine entsprechende entgegengesetzte Drehung des Teleskops kompensiert werden (Abschn. 9.5.4).

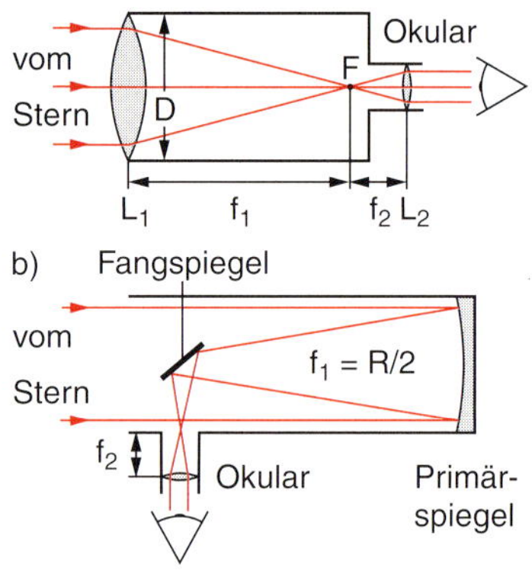

Abb. 9.12a,b. Vergleich von Linsenfernrohr (**a**) und Spiegelteleskop (**b**) (*Newton-Teleskop*). Die Brennweite des meist parabolischen Spiegels ist $f = R/2$, wobei R der Krümmungsradius eines sphärischen Spiegels ist, dessen Kugelfläche das Paraboloid im Zentrum mit gleicher Krümmung berührt

9.5.2 Vergrößerung

Für Beobachtungen ausgedehnter Objekte (Sonne, Mond, Planeten, Galaxien, Nebel) spielt die Vergrößerung (= Winkelvergrößerung) des Teleskops eine große Rolle. Wie in Bd. 2, Abschn. 11.2.3 dargelegt, wird die Winkelvergrößerung eines Linsenteleskops mit Objektivlinse der Brennweite f_1 und Okularlinse der Brennweite f_2 (Abb. 9.13) durch das Verhältnis

$$V = f_1/f_2 \qquad (9.5)$$

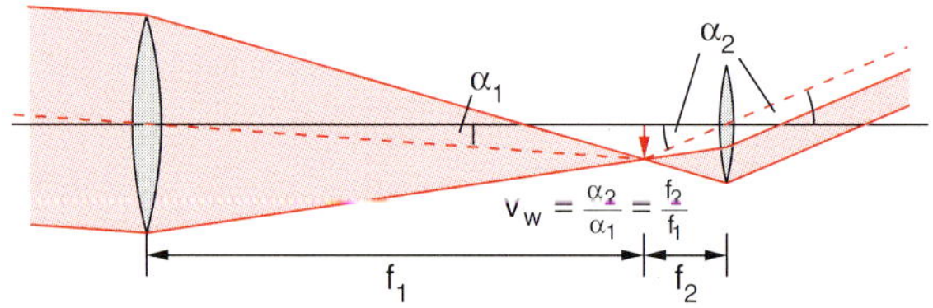

Abb. 9.13. Zur Vergrößerung beim Keplerschen Linsenfernrohr

der Brennweiten von Objektiv L_1 und Okular L_2 bestimmt. Beim Spiegelteleskop ist f_1 die Brennweite des Hauptspiegels, f_2 die des Okulars bzw. des Fangspiegels.

Um große Winkelvergrößerungen zu erreichen (was günstig für die Parallaxenmessungen ist), sollte deshalb die Brennweite f_1, die gleich dem halben Krümmungsradius des zum Parabolspiegel äquivalenten sphärischen Spiegels ist, so groß wie möglich, f_2 so klein wie möglich sein.

Die wichtigsten Größen eines Teleskops sind jedoch das Winkelauflösungsvermögen (siehe unten) und die Lichtstärke, die beide durch den Durchmesser D der freien Teleskopöffnung gegeben sind.

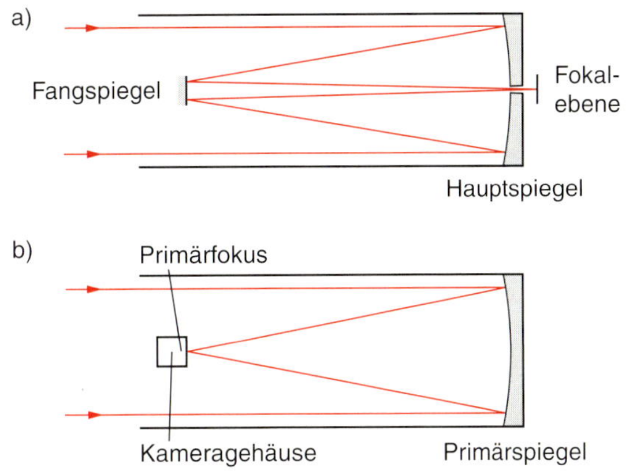

Abb. 9.14. (**a**) Cassegrain-Anordnung mit Fangspiegel; (**b**) Spiegelteleskop mit Detektor im Primärfokus

9.5.3 Teleskopanordnungen

Bei der ***Cassegrain-Anordnung*** (Abb. 9.14a) wird die auf den sphärischen bzw. parabolischen Hauptspiegel fallende Strahlung auf einen kleinen Fangspiegel reflektiert, der sie durch eine Bohrung im Hauptspiegel auf den Detektor fokussiert, auf dem das Bild des Sterns abgebildet wird. Bei sehr großen Spiegelteleskopen sitzt der Empfänger oft im Primärfokus des Hauptspiegels im einfallenden parallelen Strahlenbündel (Abb. 9.14b). Er blockiert deshalb einen Bruchteil η der einfallenden Strahlung, der jedoch bei großen Hauptspiegeln klein ist.

BEISPIEL

Durchmesser des Hauptspiegels $D = 5$ m, Durchmesser der Detektorkabine $d = 1\,\text{m} \Rightarrow \eta = (d/D)^2 = 0{,}04$

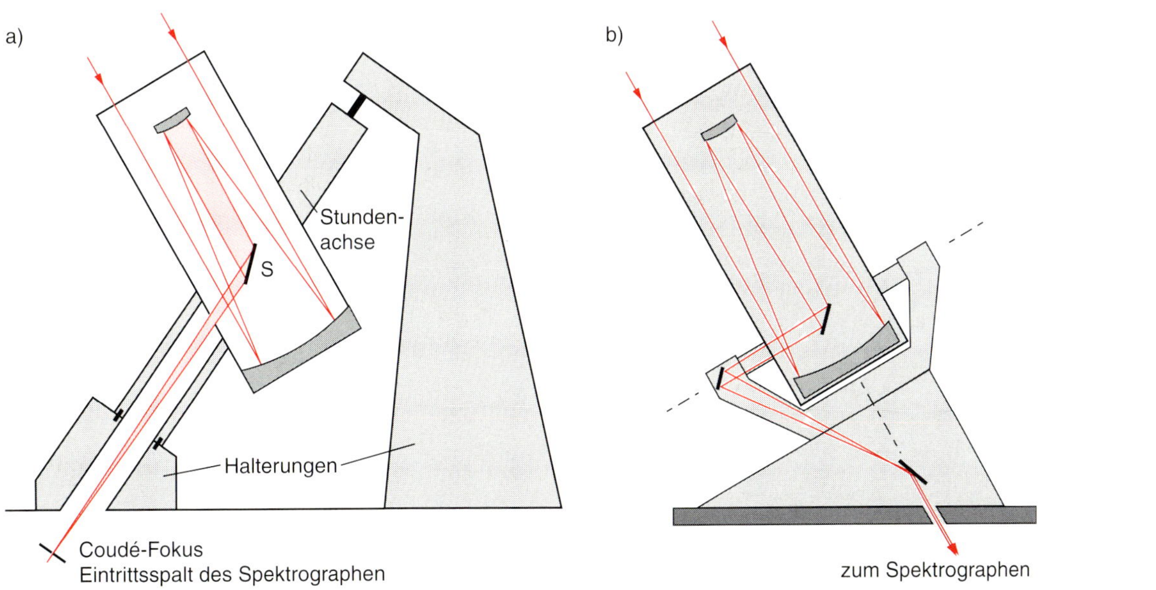

Abb. 9.15a,b. Coudé-Strahlengang (**a**) mit synchron mitbewegtem Umlenkspiegel S; (**b**) mit drei fest montierten Umlenkspiegeln. Nach Sauermost (Red.): *Lexikon der Astronomie* [9.7]

Für spektroskopische Untersuchungen der Sternstrahlung muß man hinter dem Teleskop einen Spektrographen verwenden. Da dieser im allgemeinen sehr groß und schwer ist, läßt er sich nicht einfach mit dem Teleskop bei seiner Einstellung auf verschiedene Sterne und bei seiner Nachführung (Kompensation der Erdbewegung) mitbewegen. Hier hilft eine geniale Konstruktionsidee, die ***Coudé-Anordnung*** (vom französischen *coudé* = geknickt) (Abb. 9.15a), bei der die vom Fangspiegel reflektierte Strahlung durch einen Umlenkspiegel, der sich im Schnittpunkt der Drehachsen des Teleskops befindet, durch eine Bohrung in der Stundenachse zum Spektrographen geschickt wird. Die Stundenachse ist immer parallel zur Erdachse, so daß das austretende Lichtbündel bei jeder Lage des Fernrohrs die gleiche Richtung hat. Der Umlenkspiegel muß bei Drehung des Teleskops durch einen Motor nachgeführt werden [9.8].

Anmerkung

Es gibt kompliziertere Anordnungen von Coudé-Teleskopen mit drei oder mehr Umlenkspiegeln, bei denen die Nachführung der Umlenkspiegel nicht mehr nötig ist (Abb. 9.15b).

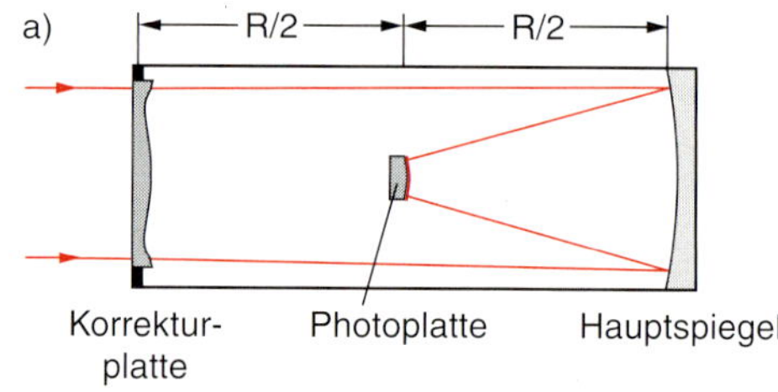

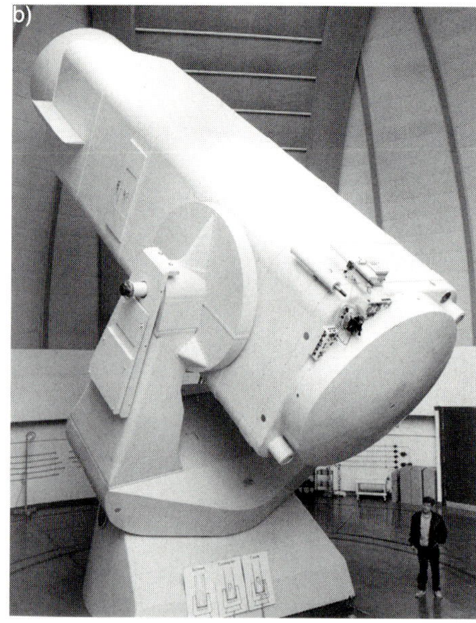

Abb. 9.16. (**a**) Aufbau eines Schmidt-Teleskops. (**b**) Das größte optische Teleskop Deutschlands steht in Tautenburg bei Jena. Es ist mit 2 m Spiegeldurchmesser gleichzeitig das größte Schmidt-Teleskop der Welt. Mit freundlicher Genehmigung der Thüringer Landessternwarte Tautenburg

Auch Spiegel haben Abbildungsfehler (siehe Bd. 2, Abschn. 9.5.5). Diese treten z. B. als Koma auf, wenn Strahlen schräg zur Teleskopachse einfallen. Solche Strahlen werden dann in der Fokalebene nicht mehr in einem Punkte vereinigt, sondern auf einer Fläche, welche einem Kometenschweif ähnelt. Durch solche Abbildungsfehler wird das brauchbare Gesichtsfeld des Teleskops eingeschränkt. So hat z. B. der 5-m-Spiegel des Palomar-Teleskops nur ein ausnutzbares Gesichtsfeld von $4'$. Dies entspricht nur 1/8 des Sonnendurchmessers.

Für Übersichtsaufnahmen größerer Bereiche des Himmels sind größere Gesichtsfelder wünschenswert. Deshalb wurde von dem an der Hamburger Sternwarte arbeitendem Optiker *Bernhard Waldemar Schmidt* (1879–1935) das nach ihm benannte komafreie ***Schmidt-Teleskop*** entwickelt (Abb. 9.16). Statt eines parabolischen Spiegels wird ein sphärischer Spiegel verwendet. Die dabei auftretende sphärische Aberration korrigiert man durch eine dünne asphärisch geschliffene Glasplatte im Krümmungsmittelpunkt des sphärischen Spiegels. Damit erreicht man große Gesichtsfelder von mehreren Grad (das erste von Schmidt entwickelte Teleskop erreichte $16°$!). Dies ist besonders vorteilhaft bei Aufnahmen von ausgedehnten Nebeln (z. B. Orion-Nebel, Abb. 11.13) oder Sternhaufen.

Der Nachteil des Schmidt-Teleskops ist neben der großen Baulänge eine sphärisch gekrümmte Fokalebene. Die Photoplatten müssen deshalb leicht gebogen werden.

Entscheidend für die räumliche Trennung der Bilder zweier benachbarter Sterne in der Detektorebene ist das Winkelauflösungsvermögen des Teleskops (Bd. 2, Abschn. 11.3). Es ist prinzipiell durch die Beugung begrenzt. Bei einem nutzbaren Durchmesser D des Teleskops ist bei einer Wellenlänge λ der kleinste noch auflösbare Winkelabstand $\alpha_{\min}$ zweier Sterne durch

$$\sin \alpha_{\min} = 1{,}2 \cdot \frac{\lambda}{D} \tag{9.6}$$

gegeben. Dieses theoretische Auflösungsvermögen kann für ein Teleskop im Vakuum (Hubble-Teleskop im Weltraum) auch fast erreicht werden, wenn alle Abbildungsfehler minimiert werden. Für Teleskope auf der Erde ist die Luftunruhe ein wesentlich begrenzender Faktor für das Winkelauflösungsvermögen (***Seeing***).

BEISPIEL

$\lambda = 0{,}5\,\mu\text{m}$, $D = 3\,\text{m} \Rightarrow \alpha_{\min} = 0\overset{''}{.}04$. Durch die Luftunruhe wird $\alpha_{\min}$ jedoch auf etwa $0{,}5$–$1''$ verschlechtert.

Man kann den störenden Einfluß der Atmosphäre teilweise kompensieren durch eine adaptive Optik (Bd. 2, Abschn. 11.7).

Zum Vergleich: Das Winkelauflösungsvermögen des Auges beträgt etwa $\alpha_{\min} \approx 1'$, ist also etwa 60mal schlechter als die durch die Luftunruhe begrenzte Winkelauflösung von Teleskopen.

Man beachte:

Die Beugungsbegrenzung wird für Teleskope mit $D = 0{,}15\,\text{m}$ gleich dem Seeing. Größere Teleskope (ohne adaptive Optik) bringen daher auf der Erde keinen Gewinn an Auflösungsvermögen, aber durchaus an Lichtstärke und damit an Empfindlichkeit.

9.5.4 Nachführung

Damit die Teleskope auch über längere Zeiten immer genau auf dasselbe Himmelsobjekt gerichtet bleiben können, muß ihre Montierung sehr stabil und so beschaffen sein, daß die Drehung der Erde exakt kompensiert wird. Dies wird am einfachsten durch die parallaktische Montierung der Abb. 9.17 erreicht. Das Fernrohr wird durch einen elektronisch geregelten Antrieb dauernd um eine Achse parallel zur Erdachse gedreht, pro Stunde um 15°, entgegengesetzt zur Erddrehung. Diese Achse heißt Stundenachse oder auch Polachse. Außerdem ist es drehbar um eine dazu senkrechte Achse (die Deklinationsachse), um es auf das gewünschte Himmelsobjekt einstellen zu können.

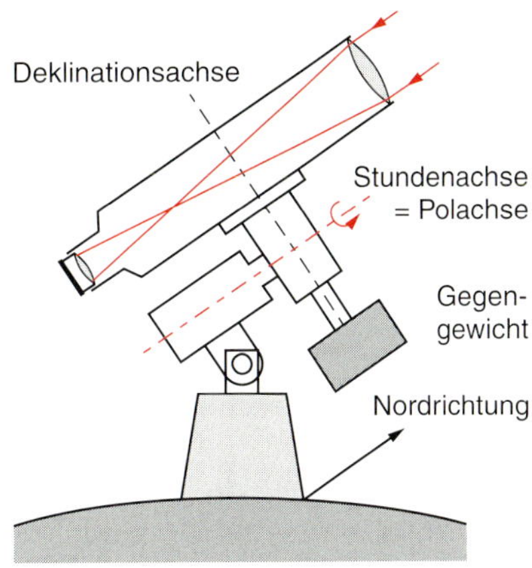

Abb. 9.17. Parallaktische Montierung eines Teleskops

Das Gewicht des Fernrohrs wird dabei durch ein entsprechendes Gegengewicht kompensiert, so daß das gesamte Drehmoment bei jeder Teleskopstellung praktisch Null ist (Abb. 9.18).

Die neueren großen Teleskope mit Computersteuerung haben meistens eine azimutale Montierung, bei der eine Achse vertikal steht (Azimutachse) und die zweite dazu senkrecht in der Horizontebene (Eleva-

Abb. 9.18. Ansicht des großen Hale-Spiegel-Teleskops mit Montierung auf dem Mt. Palomar (Spiegeldurchmesser 5 m)

tionsachse). Der Grund dafür ist die einfache Lagerung der Massen. Zur Nachführung muß das Teleskop dann allerdings um beide Achsen synchron gedreht werden, was aber mit Hilfe der Computer kein Problem ist.

9.5.5 Radioteleskope

Wir empfangen aus dem Universum nicht nur das sichtbare Licht der Sterne, sondern ein breites Spektrum elektromagnetischer Strahlung vom Radiofrequenzbereich bis zum Gammabereich. Von diesem Spektrum läßt unsere Erdatmosphäre nur wenige schmale Bereiche durch, zu denen auch der Radiofrequenzbereich mit $\lambda = 1$ m–1 mm gehört (Abb. 9.1).

Seit Ende der dreißiger Jahre, in großem Stil allerdings erst nach dem 2. Weltkrieg, begann der Bau von Radioteleskopen, von denen es mehrere Varianten gibt.

Bei der beweglichen Parabolantenne kann das Teleskop auf einen beliebigen Punkt am Himmel innerhalb des zugänglichen Winkelbereiches eingestellt werden. Das weltweit größte bewegliche Radioteleskop steht in Effelsberg in der Eifel (Bd. 2, Abb. 9.16 und Anhang, Tafel 7). Die Radiostrahlung aus dem vom Teleskop erfaßten Raumgebiet wird von dem Paraboloid auf einem Detektor im Fokus des Paraboloids gesammelt. Der Detektor ist im allgemeinen ein empfindlicher, auf 4 K gekühlter Empfänger, dessen Ausgangssignal nach dem Prinzip des Heterodyn-Empfängers mit einem lokalen Oszillator gemischt wird und die Differenzfrequenz durch Filter vom Untergrundrauschen getrennt wird. Gemessen werden vor allem der Hyperfeinübergang $1s(F = 1 \to F = 0)$ im atomaren Wasserstoff bei $\lambda = 21$ cm ($\nu = 1{,}43$ GHz) und Rotationsübergänge von Molekülen ($\lambda = 0{,}1$–10 cm) die von interstellaren Molekülwolken emittiert werden.

Das größte existierende Radioteleskop ist nicht beweglich. Es ist als feststehende Parabolschüssel mit 300 m Durchmesser bei Arecibo in Puerto Rico in ein natürliches Tal gebaut. Es dreht sich mit der Erde und kann dadurch im Laufe eines Tages alle Radioquellen erfassen, die innerhalb eines vom Teleskop erfaßten Deklinationsbereiches liegen. Der Detektor ist an Drahtseilen oberhalb der Schüssel angebracht und kann in engen Grenzen so verschoben werden, daß der erfaßbare Deklinationsbereich etwas größer wird (Abb. 9.19).

Abb. 9.19. Arecibo-Radioteleskop in Puerto Rico (Foto Arecibo Observatory)

Das Winkelauflösungsvermögen eines Radioteleskops ist wegen der viel größeren Wellenlänge λ schlechter als beim optischen Teleskop [9.9].

BEISPIEL

Der minimale noch auflösbare Winkel $\alpha_{\min} \approx \sin \alpha_{\min} = 1{,}2\,\lambda/D$ wird mit $\lambda = 21$ cm und $D = 100$ m $\Rightarrow$ $\alpha_{\min} \approx 2{,}5 \cdot 10^{-3} = 9'$ um den Faktor 500 schlechter als beim optischen Teleskop.

Man kann das Winkelauflösungsvermögen drastisch verbessern durch Verwendung von synchron geschalteten Antennen-Arrays, die alle auf die gleiche

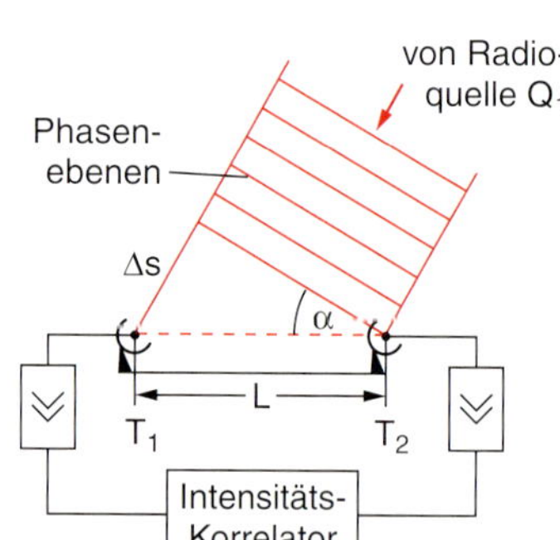

Abb. 9.20. Zur Winkelauflösung eines synchron betriebenen Radioteleskop-Paares mit Basislänge L

Radioquelle ausgerichtet werden und deren Signale synchron (mit Hilfe von Atomuhren) aufgezeichnet werden. Die zeitliche Intensitätskorrelation der einzelnen Antennensignale gestatten dann eine wesentlich genauere Festlegung der Quelle. Das Winkelauflösungsvermögen einer solchen Anordnung ist gemäß $\sin\alpha_{\min} \approx \lambda/L$ nun durch den größten Abstand L zwischen den Antennen gegeben (Abb. 9.20).

Dies kann man wie folgt einsehen:
Bei einer weit entfernten Quelle Q_1, deren Radiostrahlung praktisch als ebene Welle die Teleskope erreicht, ist der Wegunterschied $\overline{Q_1T_1} - \overline{Q_1T_2} = \Delta s_1 = L \cdot \sin\alpha_1$. Für die Strahlung einer benachbarten Quelle Q_2 gilt analog: $\Delta s_2 = L \cdot \sin\alpha_2$. Mischt man die beiden empfangenen Signale mit dem gleichen lokalen Oszillator, so werden die beiden Mischsignale eine Phasenverschiebung $\Delta\varphi = (2\pi/\lambda) \cdot (\Delta s_1 - \Delta s_2)$ gegeneinander haben, die man messen kann. Die Phasenverschiebungsdifferenz $\delta\varphi = \Delta\varphi_1 - \Delta\varphi_2 = (2\pi/\lambda)$ $(\Delta s_1 - \Delta s_2)$ für die Strahlung zweier benachbarter Quellen sollte einen Minimalwert haben, den wir hier als π annehmen, weil dann das Intensitätsmaximum von Q_1 mit dem Intensitätsminimum von Q_2 zusammenfällt und die beiden Quellen noch getrennt werden können (siehe Bd. 2, Abschn. 11.3). Mit $\Delta\alpha = \alpha_1 - \alpha_2 \ll 1$ folgt aus

$$\begin{aligned}\sin\alpha_1 - \sin\alpha_2 &= \sin\alpha_1 - \sin(\alpha_1 - \Delta\alpha)\\ &\approx \sin\alpha_1 - (\sin\alpha_1 \cos\Delta\alpha - \cos\alpha_1 \sin\Delta\alpha)\\ &\approx \cos\alpha_1 \cdot \Delta\alpha\end{aligned}$$

für den minimal auflösbaren Winkel:

$$\Delta\alpha \geq \frac{\Delta s_1 - \Delta s_2}{L \cdot \cos\alpha_1} \approx \frac{\delta\varphi \cdot \lambda}{2\pi \cdot L \cdot \cos\alpha_1} \geq \frac{\lambda}{2L}. \qquad (9.7)$$

Solche *long baseline interferometry* wird z. B. durch zwei Radioteleskope realisiert, von denen eines in Deutschland, das andere in den USA steht, so daß die Entfernung $L \approx 6000$ km beträgt. Damit wird das Winkelauflösungsvermögen (und damit auch die Genauigkeit der Winkelbestimmung einer Radioquelle)

$$\alpha_{\min} \approx \lambda/L \leq 4 \cdot 10^{-8} \approx 0\overset{\prime\prime}{.}007$$

(für $\lambda = 21$ cm, $L = 6 \cdot 10^6$ m) also wesentlich besser als bei einem erdgebundenen optischen Teleskop (Abb. 9.21).

Bei einer so großen Entfernung kann man nicht mehr den gleichen lokalen Oszillator verwenden. Man synchronisiert die beiden lokalen Oszillatoren mit Hilfe von Atomuhren und vergleicht die mit beiden Teleskopen aufgenommenen Intensitäten der Mischsignale und bildet das Signal

$$S = \int_0^\infty \frac{I_1(t) \cdot I_2(t + \Delta t)\Delta t}{I_1(t) \cdot I_2(t)}$$

(Intensitätskorrelationen) [9.10,11].

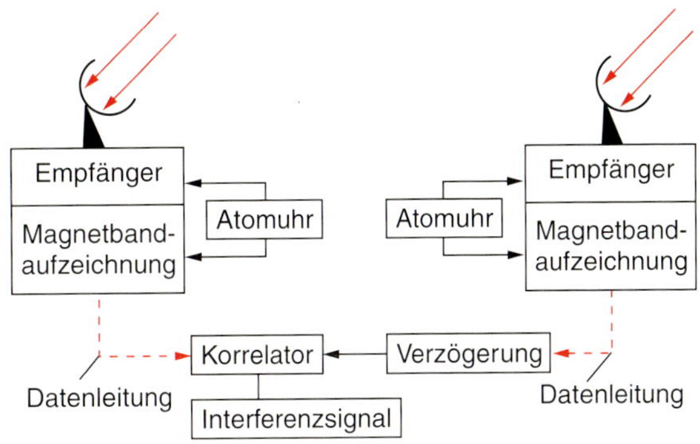

Abb. 9.21. Schematische Darstellung der VLBI (*very long baseline interferometry*) mit 2 Radioteleskopen

9.5.6 Röntgenteleskope

Viele Quellen im Universum, z. B. auch die Sonne, senden intensive Röntgenstrahlung aus. Sie wird in der Erdatmosphäre absorbiert, so daß zu ihrer Untersuchung Röntgenteleskope mit speziellen Röntgendetektoren in Satelliten außerhalb unserer Atmosphäre stationiert werden müssen. Einer der bisher erfolgreichsten Röntgensatelliten ist der vom Max-Planck-Institut in München unter der Leitung von *Prof. Trümper* gebaute ROSAT [9.12], der bisher schon mehrere tausend neuer Röntgenquellen entdeckt hat [9.13,14]. Das Prinzip des Röntgenteleskops ist in Abb. 9.22 dargestellt. Die einfallende Röntgenstrahlung wird von einer rotationssymmetrischen Spiegelwand unter flachem Winkel auf einen energieauflösenden Halbleiterdetektor abgebildet. (Bei nahezu streifendem Einfall wird das Reflexionsvermögen von Metallen für Röntgenstrahlung größer.) Dazu muß, wegen der kleinen Wellenlänge der Röntgenstrahlung (100 eV–20 keV), die Oberfläche des Röntgenspiegels extrem glatt poliert sein, da auch nur

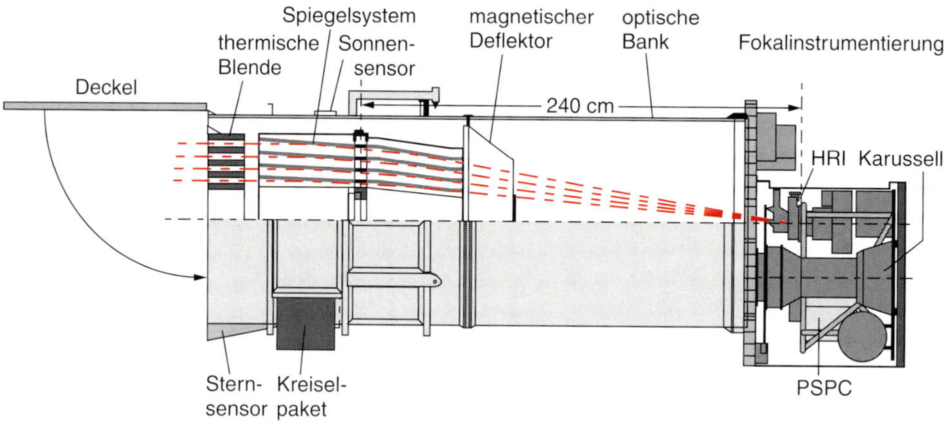

Abb. 9.22. Darstellung des Röntgenteleskops ROSAT. Aus B. Aschenbach, A.M. Hahn, J. Trümper: *Der unsichtbare Himmel* (Birkhäuser, Basel 1996)

kleine Rauhigkeiten zur Streuung der Strahlung führen, was eine Verminderung der Abbildungsqualität zur Folge hat.

Als Detektoren werden ortsauflösende Halbleiter-Arrays in Form von Röntgen-CCDs, die auch bei hoher Strahlenbelastung störungsfrei arbeiten müssen [9.15]. Solche Detektoren sind integrierte Anordnungen von orts- und energieauflösenden Photonendetektoren, bei denen die einfallende Strahlung zu einer proportionalen Entladung der aufgeladenen Kapazität der in Sperrichtung vorgespannten Halbleiterdioden führt.

9.6 Parallaxe, Aberration und Refraktion

Durch die Nachführung der Teleskope wird die Rotation der Erde um ihre Achse kompensiert. Nun bewegt sich die Erde aber zusätzlich um die Sonne. Dies führt dazu, daß nicht zu weit entfernte Sterne von der bewegten Erde aus gesehen elliptische Bahnen vor dem Hintergrund weit entfernter Sterne durchlaufen um einen Mittelpunkt M, an dem sie für einen Beobachter auf der Sonne erscheinen würden.

Die Form der Ellipse hängt ab von der Position des Sterns relativ zur Bahnebene der Erde (Ekliptik). Steht der Radiusvektor des Sterns senkrecht auf der Bahnebene, so ist seine scheinbare Bahn ein Kreis (Abb. 9.23a), zeigt er in Richtung der Bahnebene, so ist die scheinbare Bahn des Sterns ein Geradenstück, das zeitlich sinusförmig durchlaufen wird (Abb. 9.23b).

Der Winkel, der dem Halbmesser dieser elliptischen scheinbaren Bahn des Sterns entspricht, ist gleich dem Winkel, unter dem der Erdbahnhalbmesser vom Stern aus erscheint. Er heißt ***Parallaxe*** π des Sterns.

Kennt man den Erdbahnhalbmesser (astronomische Längeneinheit 1 AE), so läßt sich aus der gemessenen Parallaxe die Entfernung r des Sterns bestimmen (siehe Bd. 1, Abschn. 1.6).

Ein Stern, dessen Parallaxe $\pi = 1''$ beträgt, hat die Entfernung

$$\begin{aligned} r &= 1\ \text{Parsec} = 1\ \text{pc} \\ &= 3 \cdot 10^{16}\ \text{m} = 3{,}2\ \text{Lichtjahre}\,. \end{aligned}$$

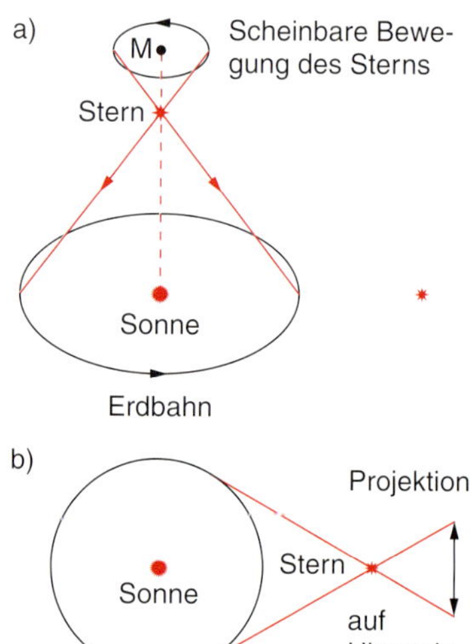

Abb. 9.23a,b. Scheinbare auf Grund der Erdbewegung um die Sonne beobachtete elliptische Bahnen der Sterne. (**a**) Blickrichtung senkrecht zur Erdbahnebene; (**b**) in der Ebene

Man kann die Parallaxe eines näheren Sterns messen, indem man seine Winkel und ihre Veränderung während eines Jahres vergleicht mit denen eines sehr weit entfernten Sterns, dessen Parallaxe daher entsprechend klein ist.

BEISPIEL

Die Parallaxe des nächsten Sterns Proxima Centauri beträgt $\pi = 0\farcs76 \Rightarrow r = 1{,}31$ pc $\approx 4{,}27$ ly, die der Betelgeuze (α Orionis) $\pi = 0\farcs00763 \Rightarrow r = 131$ pc $\approx$ 427 ly.

Außer dieser *jährlichen Parallaxe* π_a gibt es auf Grund der Erdrotation noch eine (viel kleinere) *tägliche Parallaxe* π_d (Abb. 9.24), die aber nur bei der Beobachtung von nahen Himmelskörpern unseres Sonnensystems eine Rolle spielt. Diese tägliche Parallaxe ist der Winkel, unter dem der Äquatorradius der Erde vom Himmelskörper aus erscheint.

BEISPIEL

Die tägliche Parallaxe π_a des Mondes beträgt $\pi_\mathrm{a} = 57'$, die der Sonne $8\farcs79$, die des Neptuns $< 0\farcs3$.

Ein weiterer Effekt, welcher die gemessene Position eines Sterns gegenüber seiner wirklichen Position verschiebt, ist die ***Aberration***. Während der Laufzeit $\Delta t = L/c$ des Lichtes durch das Teleskop der Länge L bewegt sich die Erde und damit auch das Teleskop mit der Geschwindigkeit $v = 30$ km/s um die Sonne. Hat der Radiusvektor vom Teleskop zum Stern den Winkel ϑ gegen die Geschwindigkeit $\boldsymbol{v}$, so muß das Teleskop um den Winkel

$$\alpha = \frac{v_\mathrm{E}}{c} \cdot \sin\vartheta$$

gegen $\boldsymbol{r}$ geneigt werden, damit das Licht vom Stern genau parallel zur Achse des mit der Erde bewegten Fernrohres verläuft (Abb. 9.25). Der Beobachter sieht

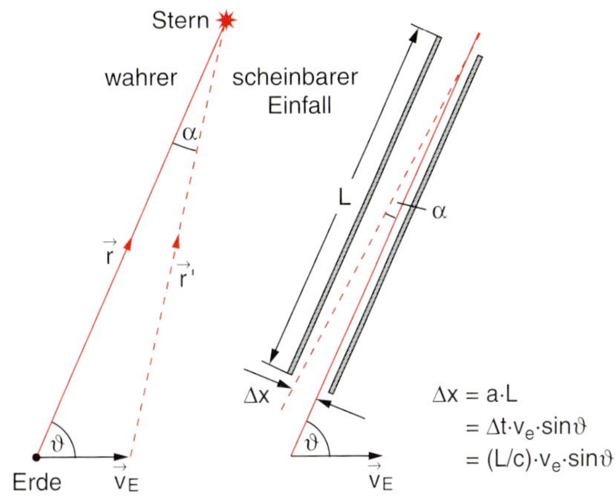

Abb. 9.25. Zur Aberration des Lichtes

also ein Himmelsobjekt um den Aberrationswinkel α rad in Richtung der Geschwindigkeit seines Teleskops gegen die wirkliche Position verschoben.

Da der Geschwindigkeitsvektor der Erde immer Tangente an ihre Bahnkurve ist, führt die Aberration zu einer scheinbaren elliptischen Bahn eines Sterns, deren Exzentrizität vom Winkel β des Radiusvektors abhängt. Für $\beta = 0$ ergibt sich eine Gerade, für $\beta = 90°$ ein Kreis. Die große Halbachse der Ellipse für $0 < \beta < 90°$ ist für alle Sterne gleich groß und heißt ***Aberrationskonstante*** $A = 20\farcs5 = \overline{v}_\mathrm{E}/c$.

BEISPIEL

Die durch die Bahnbewegung der Erde verursachte maximale Aberration für $\vartheta = 90°$ beträgt $a = v/c = 10^{-4}$ rad $\widehat{=} 20\farcs5$. Die durch die tägliche Rotation der Erde hervorgerufene maximale Aberration (am Äquator) ist mit $a < 0\farcs3$ viel kleiner.

Die Aberration ist deshalb für alle Sterne groß gegen ihre Parallaxe. Die beobachtete Ellipse der scheinbaren Sternbewegung ist also eine Überlagerung von Aberration und Parallaxe.

Der wichtigste Punkt ist jedoch:
Sterne mit kleinem Winkelabstand, aber unterschiedlicher Entfernung haben die gleiche Aberration, aber unterschiedliche Parallaxen. Um Parallaxen zu messen, muß man also die scheinbaren Bewegungen winkelmäßig naher Sterne bestimmen.

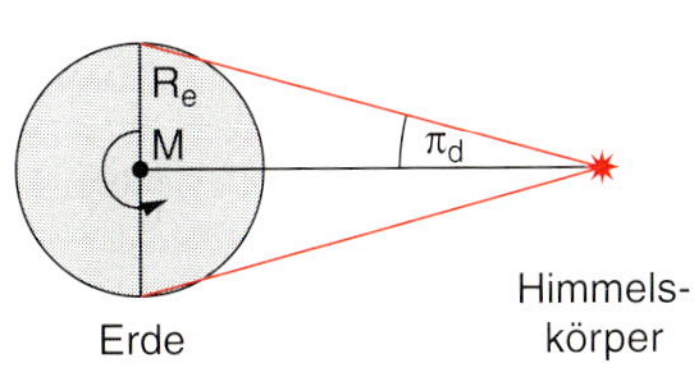

Abb. 9.24. Zur täglichen Parallaxe auf Grund der Erdrotation. Die Größe der Erde ist vergrößert gezeichnet

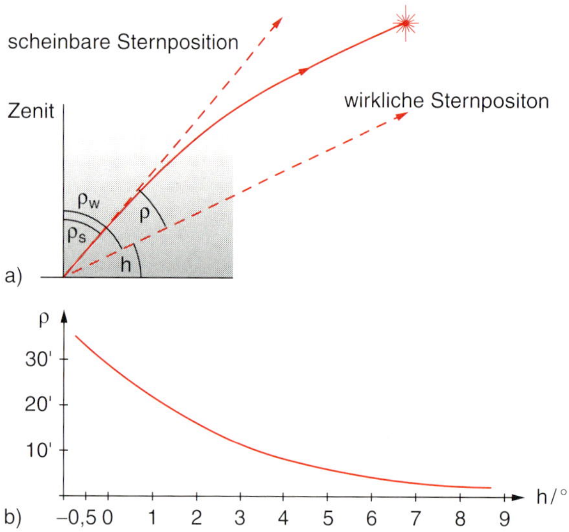

Abb. 9.26. (**a**) Brechung des Sternenlichtes in der Atmosphäre; (**b**) Refraktionswinkel ϱ (in Bogenminuten) als Funktion der wahren Höhe h (in Grad) eines Sterns

Für alle erdgebundenen Teleskope muß das Licht von den Sternen durch unsere Erdatmosphäre laufen, wo es auf Grund des radialen Brechungsindexgradienten gebrochen wird (***Refraktion***) (Abb. 9.26). Wie in Bd. 2, Abschn. 9.7 hergeleitet wurde, beträgt der Refraktionswinkel $\varrho = a(n_0 - 1) \cdot \tan \zeta_s$, wobei $\zeta_s = 90° - h$ die gemessene (scheinbare) Zenitdistanz des Sterns ist, $\varrho = \zeta_w - \zeta_s$ die Differenz zwischen wahrer und scheinbarer Zenitdistanz, n_0 der Brechungsindex der Atmosphäre am Erdboden, und a eine von ζ nur schwach abhängige Funktion mit dem Wert $a \approx 1$ ist. Man erhält aus Beobachtungen einen Mittelwert $\varrho = 58.''2 \cdot \tan \zeta_s$.

Der Refraktionswinkel ϱ ist in Abb. 9.26b als Funktion der wahren Höhe $h = 90° - \zeta$ eines Sterns dargestellt.

Außer Aberration und Refraktion, welche eine Differenz zwischen wahrer und gemessener Position eines Sternes bewirken, kommt noch hinzu, daß die Erde als Plattform für erdgebundene Teleskope keine zeitliche konstante Lage im Raum hat. Außer der (nicht völlig gleichförmigen) täglichen Rotation und ihrer Bahnbewegung um die Sonne (die auf Grund von Störungen durch Mond und andere Planeten auch nicht sehr gleichförmig ist) kommen die Präzession und Nutation der Erdachse hinzu (Bd. 1, Abschn. 5.8).

Man sieht, daß der Astronom eine Reihe von Effekten berücksichtigen muß, um aus der gemessenen auf die wahre Position eines Himmelsobjektes schließen zu können. Es ist deshalb um so bewundernswerter, wie genau solche Positionen in der modernen Astronomie bestimmt werden können.

9.7 Entfernungsmessungen

Die Entfernungen der nächsten Himmelskörper unseres Sonnensystems (Mond, Sonne, Nachbarplaneten) können durch Triangulation von der Erde aus gemessen werden (Abb. 9.27), indem die Länge a einer Basis und zwei Winkel bestimmt werden.

BEISPIEL

$a = 100\,\text{km}$, $r = 380\,000\,\text{km} \Rightarrow \tan\alpha = 3{,}8 \Rightarrow \alpha = 89{,}98°$. Bei einer Winkelmeßgenauigkeit von $1''$ kann die Entfernung r zum Mond bei einer Basislänge $a = 100\,\text{km}$ auf etwa 4000 km genau gemessen werden.

Viel genauer sind Entfernungsmessungen, die auf der Laufzeit von Radarsignalen zum Himmelskörper und zurück beruhen.

So läßt sich z. B. die Laufzeit eines kurzen Laserpulses von einem Punkt der Erde zu dem von den Astronauten auf dem Mond installierten Retroreflektor und zurück mit einer Genauigkeit von $\Delta t \leq 10^{-10}\,\text{s}$ messen. Dies entspricht einer Ungenauigkeit $\Delta r \lesssim 3 \cdot 10^8 \cdot 0{,}5 \cdot 10^{-10}\,\text{m} = 1{,}5\,\text{cm}$ (!), die im wesentlichen durch die ungenaue Kenntnis des Brechzahlverlaufs in unserer Atmosphäre und die geringe Zahl zurückkehrender Photonen (Aufg. 9.5) bedingt ist. Die dazu verwendete Anordnung ist in Abb. 9.28 gezeigt. Der Laserstrahl wird durch ein Teleskop aufgeweitet, um die beugungsbedingte Divergenz zu verringern. Das vom Retroreflektor reflektierte Licht wird vom

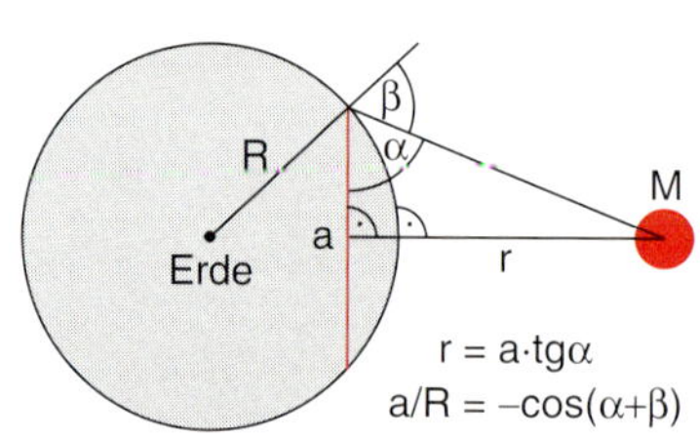

Abb. 9.27. Entfernungsmessung naher Himmelskörper durch Triangulation

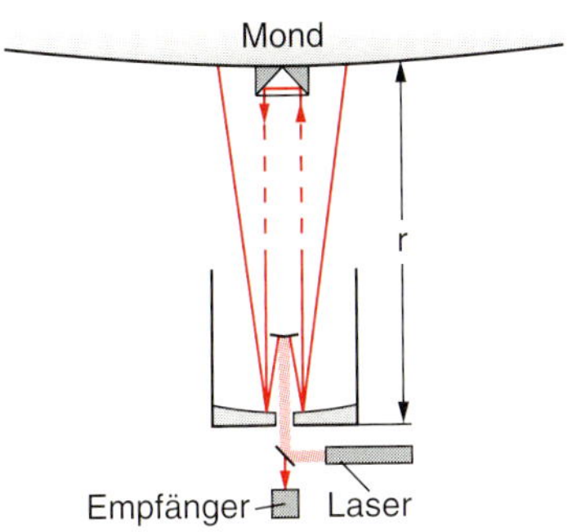

Abb. 9.28. Messung der Entfernung Erde–Mond mit Hilfe der LIDAR-Technik

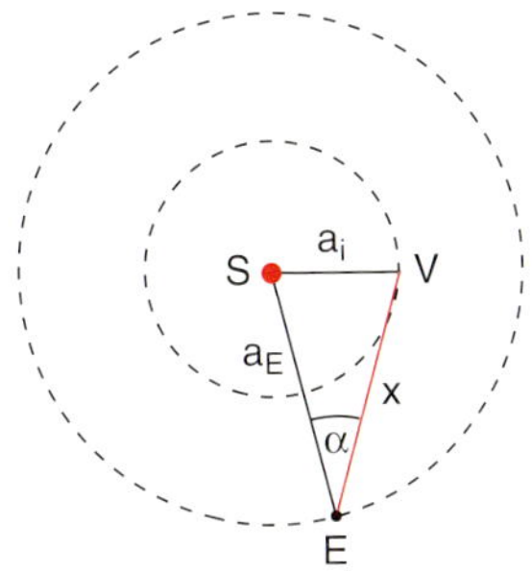

Abb. 9.29. Zur Absolutmessung der astronomischen Einheit

Teleskop aufgefangen und die Zeitverzögerung der ankommenden Laserphotonen gegen den Zeitnullpunkt (= Zeitpunkt des ausgesandten Laserpulses) gemessen. Mißt man gleichzeitig die Entfernungen r_1 und r_2 von zwei verschiedenen Punkten P_1, P_2 auf der Erde zum Mond und ihre zeitliche Änderung, so läßt sich die zeitliche Abstandsänderung $\overline{P_1 P_2}(t)$ auf der Erde, z. B. die Kontinentaldrift, bestimmen. Man mißt auf diese Weise also Entfernungsänderungen auf der Erde über den Mond als Hilfspunkt.

Auf ähnliche Weise wird die Entfernung zu den nächsten Planeten (Venus, Mars) oder kleineren Planetoiden (Eros) gemessen. Hier verwendet man allerdings Radarpulse im Mikrowellenbereich. Auf diese Weise lassen sich die absoluten Entfernungen x zwischen Erde und Planet bei verschiedenen Stellungen von Erde und Planet bestimmen (Abb. 9.29). Die relativen Entfernungen a_E/a_i der Planeten zur Sonne können aus dem 3. Keplerschen Gesetz gewonnen werden, nach dem die Quadrate der Umlaufzeiten T_i der Planeten i proportional sind zu den Kuben der großen Halbachsen a_i ihrer elliptischen Bahnen. Es gilt (siehe Abschn. 10.2):

$$T_i^2 = \frac{4\pi^2}{G(M_\odot + m_i)} \cdot a_i^3 \,, \tag{9.8}$$

wobei G die Gravitationskonstante ist. Aus den gemessenen Werten: T_i und T_E für Planet i und Erde erhält man wegen $M_\odot \geq m_i$

$$\frac{a_i^3}{a_E^3} = \frac{M_\odot + m_i}{M_\odot + m_E} \frac{T_i^2}{T_E^2} \approx \frac{T_i^2}{T_E^2} \,. \tag{9.9}$$

Aus dem Kosinussatz ergibt sich für das Dreieck ESV (siehe Abb. 9.29):

$$a_i^2 = a_E^2 + x^2 - 2a_E x \cdot \cos\alpha \,.$$

Mit (9.9) läßt sich a_i durch a_E ausdrücken, so daß man bei Messung von α für verschiedene Positionen von Erde und Venus die Halbachse a_E der Erdbahn und die aus den Absolutmessungen nach Umrechnungen bekannte absolute Differenz $\Delta a = a_i - a_E$ der großen Halbachsen erhält. Die große Halbachse a_E der Erdbahn dient als ***astronomische Einheit***: Der heute akzeptierte Wert ist:

$$\boxed{a_E = 1\ \mathrm{AE} = 1{,}49597870 \cdot 10^{11}\ \mathrm{m}} \,.$$

Anmerkung

Da die Masse $M_\odot$ der Sonne sehr groß ist gegen die der Planeten ($M_\odot = 3{,}3 \cdot 10^5\, m_E$) ist der Vorfaktor in (9.9)

$$\frac{M_\odot + m_i}{M_\odot + m_E} = \frac{1 + m_i/M_\odot}{1 + m_E/M_\odot} \approx 1 \,.$$

Für eine sehr genaue Bestimmung der Größe von a_E muß man also nur die Massenverhältnisse $m_i/M_\odot$ und $m_E/M_\odot$ kennen, die viel genauer bekannt sind als die absoluten Massen, weil in deren Bestimmung die Gravitationskonstante eingeht, die nicht genau genug gemessen werden kann (siehe Abschn. 10.2).

Die astronomische Einheit a_E bildet nun die Basis für die Entfernungsmessung naher Sterne. Wie in Abschn. 9.6 dargelegt, ist die Parallaxe π eines Sterns der Winkel, unter dem die große Halbachse der Erdbahn (also die Länge 1 AE) vom Stern aus erscheint (Abb. 9.30). Die Entfernung r des Sterns vom Mittelpunkt der Sonne ist dann

$$r = \frac{a_E}{\tan\pi} \approx \frac{1\ \mathrm{AE}}{\pi} \,. \tag{9.10}$$

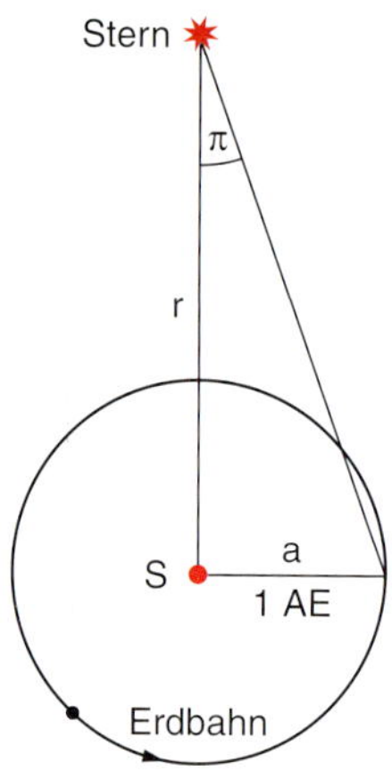

Abb. 9.30. Parallaxe π und Entfernung r eines Sterns

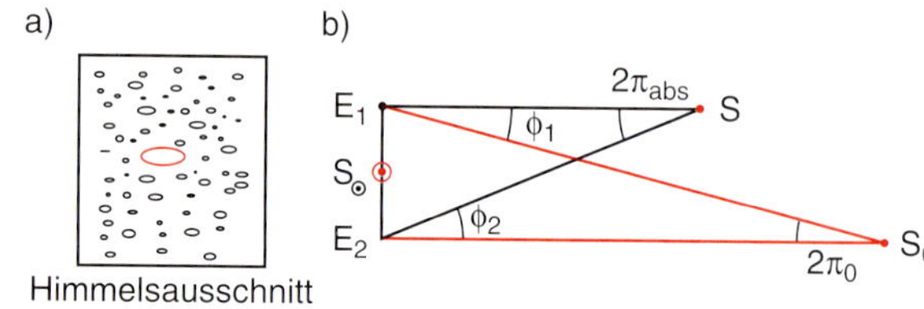

Abb. 9.31. (**a**) Schematische Darstellung der Auswertung photographisch aufgenommener Parallaxen-Ellipsen eines sonnennahen (*rot*) und von weiter entfernten Sternen innerhalb eines Himmelsausschnitts; (**b**) Prinzip der absoluten Parallaxenmessung von zwei Punkten E_1 und E_2 der Erdbahn aus durch Vergleich mit den Parallaxen weit entfernter Hintergrundsterne S_0. Nach U. Bastian: Astronomie und Raumfahrt **33**, 10 (1996)

Ein Stern mit der Parallaxe $\pi = 1''$ hat wegen $1'' = (1/206\,265)$ rad die Entfernung $r = 1$ parsec $= 1$ pc $= 206\,265$ AE $= 3{,}0857 \cdot 10^{16}$ m $= 3{,}26$ Lichtjahre vom Mittelpunkt der Sonne.

Die erste trigonometrische Fixsternparallaxe wurde 1838 von *Friedrich Wilhelm Bessel* (1784–1846) für den Stern 61 Cygni zu $\pi = 0\overset{''}{.}3$ gemessen. Bis 1990 wurden die Parallaxen von etwa 8000 Sternen gemessen. Allerdings ist die Parallaxe der meisten Sterne nicht sehr viel größer als der mittlere Meßfehler von $0\overset{''}{.}01$.

Alle von der Erde aus gemessenen Parallaxen sind *relative* Werte. Man vergleicht die Parallaxe des zu messenden Sterns mit der weit entfernter Sterne, weil man die absolute Winkelposition eines Sterns nicht so genau messen kann wie die relativen Winkelabstände von Sternen, die auf der Himmelskugel nahe beieinander stehen, die also fast die gleichen Winkelpositionen haben.

Wenn man im Laufe eines Jahres mehrere Fotoplatten eines Himmelabschnitts aufnimmt, bewegen sich alle Sterne wegen des Erdumlaufes um die Sonne auf Ellipsen, deren Halbmesser nicht nur durch ihre Parallaxe, sondern vor allem durch die Aberration bestimmt wird (siehe Abschn. 9.6), die aber für alle Sterne innerhalb eines kleinen Winkelbereichs dieselbe ist. Man muß deshalb den kleineren Effekt der Parallaxe durch Differenzbildung der Ellipsenbahnen winkelmäßig benachbarter Sterne ermitteln. Dies ergibt dann die reinen Parallaxenellipsen. Das Verfahren ist durch die Winkelauflösung des *Seeings* von etwas $1''$ begrenzt, das sich aber auf alle benachbarten Sterne gleichermaßen auswirkt.

In Abb. 9.31 ist die Parallaxenellipse eines sonnennahen Sterns (Mitte, rot) zusammen mit den gleichzeitig aufgenommenen Parallaxen entfernter Sterne (Referenzsterne) schematisch dargestellt. Diese Darstellung ist nicht auf einer Photoplatte zu sehen, sondern gibt das Ergebnis vieler Aufnahmen über ein ganzes Jahr wieder. Bei der Auswertung wirklicher Fotoaufnahmen sind die wahren Ellipsen als Differenz zwischen Aberrations- und Parallaxen-Ellipsen viel kleiner.

Die Parallaxe π_{abs} eines Sterns S wird bestimmt, indem man seine periodische Verschiebung ϕ gegenüber den im Mittel viel weiter entfernten Hintergrundsternen S_0 mißt, während die Erde verschiedene Punkte E_i ihrer Bahn um die Sonne $S_\odot$ durchläuft. Die wahre Parallaxe π_{abs} des Sterns S ergibt sich aus dem Mittelwert der Summe der gemessenen relativen Parallaxen $\pi_{\text{rel}} = 1/2(\phi_2 - \phi_1)$ und dem Mittelwert der Parallaxen π_0 der weit entfernten Hintergrundsterne [9.16].

Man erstellt nun ein Modell über die räumliche Verteilung der Sterne und bestimmt dadurch eine mittlere Parallaxe $\overline{\pi_{\text{R}}}$ der Referenzsterne. Die wahre Parallaxe des zu messenden Sterns ist dann gleich der Summe aus gemessener Differenz-Parallaxe und mittlerer Referenzparallaxe $\overline{\pi_{\text{R}}}$. Die Genauigkeit dieser Methode liegt etwa bei $0\overset{''}{.}005$, wobei man jedoch sorgfältig systematische Fehler ausschalten muß.

Seit kurzem stehen wesentlich genauere Parallaxen zur Verfügung, die von dem Satelliten ***HIPPARCOS*** (High Precision Parallax Collecting Satellite) geliefert werden, der inzwischen die Parallaxen von 120 000 Sternen gemessen hat, von denen etwa 4000 mit einer Genauigkeit von 5% und 300 mit 1% bestimmt werden konnten [9.17].

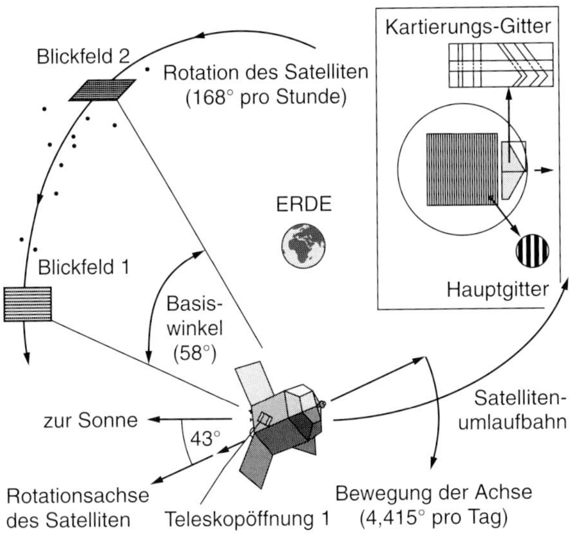

Abb. 9.32. Parallaxenmessung mit dem Astrometrie-Satelliten HIPPARCOS; *Ausschnitt*: Zum Prinzip der Sternpositionsbestimmung. Nach U. Bastian: Astronomie und Raumfahrt **33**, 1026 (1996)

Das Prinzip der HIPPARCOS-Messungen ist in Abb. 9.32 dargestellt [9.17]. Die Optik im HIPPARCOS enthält einen zweiteiligen Spiegel, der das Licht von zwei 58° voneinander entfernten Gesichtsfeldern am Himmel aufnimmt und parallel auf den Objektivspiegel des Teleskops leitet, so daß die beiden Gesichtsfelder in der Brennebene des Teleskops genau überlagert sind. Dies hat den Vorteil, daß gleichzeitig Sterne mit kleinem Winkelabstand ($\approx 1°$) und großem Abstand (58°) gemessen werden können. Der große Winkel ϕ_2 in Abb. 9.31 hängt z. B. *nicht* von der Parallaxe des Referenzsterns S_0 ab.

Der Satellit rotiert in ca. 2 Stunden einmal um seine Längsachse, so daß sein Teleskop in dieser Zeit einen vollen Kreis von 360° am Himmel überstreicht.

In der Brennebene befindet sich ein Gitter, auf das die Sterne abgebildet werden (Ausschnittsvergrößerung in Abb. 9.32).

Das Licht der infolge der Rotation des Satelliten über die Spalte wandernden Sterne zeigt deshalb am Detektor hinter dem Gitter eine periodische Intensitätsmodulation. Die Zeitpunkte t_i der Helligkeitsmaxima geben Information über die Position eines Sterns.

Die Nachweiselektronik mißt nun 1200 mal pro Sekunde, wie viele Photonen innerhalb eines Zeitintervalls $\Delta t = 1/1200$ s auf den Detektor fallen und funkt diese Zahl zur Meßstation auf der Erde. Bei mehreren gleichzeitig durch das Gesichtsfeld laufenden Sternen ändert sich diese Zahl in charakteristischer Weise, so daß daraus die Positionen verschiedener Sterne viele Male miteinander verglichen werden können. Dies erlaubt es, die Komponente des Winkelabstandes zweier Sterne in der momentanen Rotationsrichtung des Satelliten genau zu bestimmen.

Im Laufe seiner Bahnbewegung um die Erde überdecken die vom Teleskop eingesehenen Bereiche die gesamte Himmelskugel.

Für weitere Einzelheiten wird auf die Literatur [9.17] verwiesen.

Solche Parallaxenmessungen sind die einzigen direkten Entfernungsmessungen von Sternen. Sie reichen bei einer mittleren Meßgenauigkeit von 0.″001 (!) aus, die Entfernungen von Sternen bis zu einem Abstand von 100 pc mit einer Genauigkeit von 10% zu bestimmen, bis zu 300 pc mit 30%. Für Sternhaufen läßt sich die Entfernung mit Hilfe der Sternstromparallaxen messen, solange man annimmt, daß alle Sterne des Haufens die gleiche Geschwindigkeit haben (siehe Kap. 11).

Für größere Sternabstände müssen die Entfernungen indirekt bestimmt werden, z. B. bei Sternen mit periodischen Helligkeitsschwankungen aus ihrer Helligkeit und der Schwankungsperiode, oder bei Doppelsternen aus deren Winkelabstand und ihrer Umlaufperiode. Diese Methoden setzen jedoch immer Annahmen über ein Modell des Sterns voraus (siehe Kap. 11).

9.8 Scheinbare und absolute Helligkeiten

Die dem Erdbeobachter erscheinende Helligkeit eines Sterns wird durch die das Auge erreichende Energieflußdichte Φ ($[\Phi] = 1\,\mathrm{W/m^2}$) der Sternstrahlung im sichtbaren Bereich bestimmt. Das von den Sehzellen des menschlichen Auges an das Gehirn weitergeleitete Signal ist nicht proportional zu Φ sondern zu $\log \Phi$ (***Weber-Fechnersches Gesetz***). Man definiert deshalb als ***Helligkeitsklasse*** (auch ***Größenklasse*** genannt) die Größe

$$m = -2{,}5 \cdot \log_{10} \frac{\Phi}{\Phi_0} \,. \tag{9.11}$$

Diese Definition schließt an eine im Altertum erfolgte Helligkeitseinteilung der sichtbaren Sterne durch *Hipparcos* (≈ 200 v. Chr.) in 6 Helligkeitsklassen an, nach der die hellsten Sterne der 1. Klasse, die gerade noch mit bloßem Auge sichtbaren Sterne der Klasse 6 zugeordnet wurden. Sterne mit der Strahlungsflußdichte $\Phi = \Phi_0$ haben nach (9.11) die Größenklasse $m = 0$, solche mit $\Phi = 100\,\Phi_0$ gehören zur Größenklasse $m = -5$. Größenklassen sind dimensionslose Zahlen. Um aber zu verdeutlichen, daß mit einer Zahl eine Größenklasse gemeint ist, schreibt man für $m = 5$ auch 5^{m} oder 5 mag (*magnitudines*).

Die heutige Einteilung lehnt sich zwar an die von *Hipparcos* an, geht aber in beide Richtungen über sie hinaus.

Man beachte:

Je kleiner m ist, desto heller erscheint der Stern. Ein Größenklassenunterschied von $\Delta m = 5$ entspricht einem Intensitätsverhältnis von 100, für $\Delta m = 1$ folgt $\Delta\Phi \approx 2{,}5$.

BEISPIELE

Polarstern: $m = +2\overset{\mathrm{m}}{.}12$, Sirius: $m = -1\overset{\mathrm{m}}{.}5$, Venus: $m_{\max} = -4\overset{\mathrm{m}}{.}4$, Vollmond: $m = -12\overset{\mathrm{m}}{.}5$, Sonne: $m = -26\overset{\mathrm{m}}{.}8$

Die schwächsten mit dem bloßen Auge noch sichtbaren Sterne haben $m = +6$. Mit großen Teleskopen lassen sich noch Sterne bis $m > +25$ messen.

Die nach (9.11) definierten Helligkeitsklassen heißen ***scheinbare Helligkeiten***, weil sie angeben, wie hell ein Stern dem Beobachter auf der Erde erscheint. Da der Strahlungsfluß Φ im allgemeinen von der Wellenlänge der Strahlung abhängt, wird das gemessene Signal von der spektralen Empfindlichkeit des Detektors abhängen. Ein und derselbe Stern kann deshalb verschiedene scheinbare Helligkeiten haben, je nachdem, in welchem Spektralgebiet sein Strahlungsfluß gemessen wird. Man unterscheidet zwischen ***visueller Helligkeit*** (mit dem Auge beobachtet), ***bolometrischer Helligkeit*** (der spektral integrierte Strahlungsfluß wird mit einem Bolometer gemessen, dessen Empfindlichkeit unabhängig von der Wellenlänge ist) oder ***spektraler Helligkeit*** in einem durch Spektralfilter ausgewählten Spektralbereich.

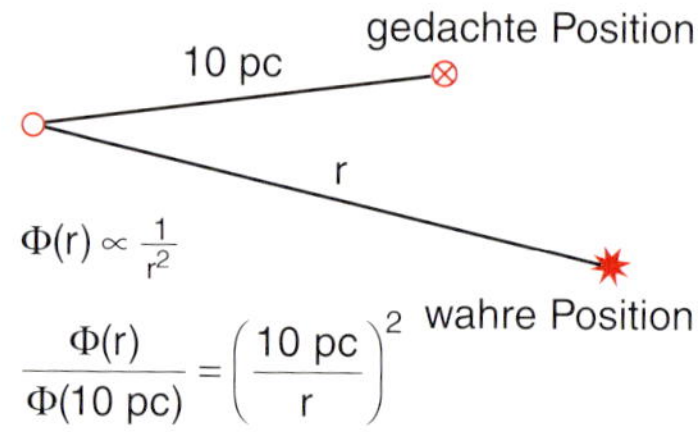

Abb. 9.33. Zur Definition der absoluten Helligkeit

Die Strahlungsflußdichte eines Sterns nimmt für Entfernungen r vom Stern, die groß gegen seinen Durchmesser sind, mit $1/r^2$ ab (Abb. 9.33). Sterne mit größerer Entfernung erscheinen deshalb bei gleicher Strahlungsleistung weniger hell als solche in kleinerer Entfernung.

Um die wahren Helligkeiten verschiedener Sterne miteinander vergleichen zu können, führt man die ***absolute Helligkeit*** M ein. Sie ist definiert als die scheinbare Helligkeit, die der Stern haben würde, wenn man ihn in die Entfernung $r = 10$ pc von der Sonne bringen würde. Aus der Relation für die Strahlungsflußdichten

$$\frac{\Phi(r)}{\Phi(10\,\mathrm{pc})} = \left(\frac{10\,\mathrm{pc}}{r}\right)^2 \tag{9.12}$$

ergibt sich aus (9.11) und (9.12) die Differenz zwischen scheinbarer und absoluter Helligkeit (***Entfernungsmodul***)

$$\begin{aligned} m - M &= -2{,}5 \cdot \log_{10} \frac{\Phi(r)}{\Phi(10\,\mathrm{pc})} \\ &= -2{,}5 \cdot \log_{10} \left(\frac{10\,\mathrm{pc}}{r}\right)^2 \\ \Rightarrow &\ \boxed{m - M = 5 \cdot \log_{10}(r/10\,\mathrm{pc})}\,. \end{aligned} \tag{9.13}$$

Absolute Helligkeiten werden durch große Buchstaben gekennzeichnet.

Die absolute visuelle Helligkeit der Sonne ergibt sich aus (9.13) mit $r = 1{,}5 \cdot 10^{11}$ m und $m = -26{,}8$ zu

$$\begin{aligned} M &= m - 5 \cdot \log_{10} \frac{1{,}5 \cdot 10^{11}\,\mathrm{m}}{3{,}1 \cdot 10^{17}\,\mathrm{m}} \\ &= +4{,}8\,. \end{aligned} \tag{9.14}$$

Die absolute Helligkeit M eines Sterns hängt mit seiner Leuchtkraft $L = 4\pi r^2 \cdot \Phi$ zusammen, welche die gesamte vom Stern in den Raumwinkel 4π abgestrahlte Leistung angibt.

Vergleicht man die Leuchtkraft L eines Sterns mit der bekannten Leuchtkraft $L_\odot$ der Sonne (siehe Abschn. 10.5), so erhält man für die absoluten bolometrischen Helligkeiten

$$M_{\text{bol}}^{\text{Stern}} - M_{\text{bol}}^{\odot} = -2{,}5 \cdot \log_{10} \frac{L}{L_\odot} . \qquad (9.15)$$

Die absolute bolometrische Helligkeit der Sonne ist mit $M_{\text{bol}}^{\odot} = 4{,}72$ etwas größer als die absolute visuelle Helligkeit, weil das Maximum der Sonnenstrahlung im sichtbaren Bereich liegt, jedoch auch Strahlung in anderen Wellenbereichen emittiert wird.

Die Leuchtkraft der Sonne läßt sich aus der Solarkonstante bestimmen (siehe Bd. 2, Abschn. 12.6) zu $L_\odot = 3{,}9 \cdot 10^{26}$ W.

9.9 Messung der spektralen Energieverteilung

Die spektrale Verteilung der von einem Stern emittierten kontinuierlichen Strahlung hängt ab von seiner Oberflächentemperatur (siehe Bd. 2, Abschn. 12.4) und seiner chemischen Zusammensetzung. Ihre Messung gestattet daher die Bestimmung der Oberflächentemperatur. Außer dem kontinuierlichen Spektrum beobachtet man auch Emissions-Linienspektren, die von angeregten Atomen, Ionen oder Molekülen in der äußeren Hülle der Sternatmosphäre emittiert werden und Absorptionslinien, die durch die Absorption der kontinuierlichen Strahlung durch kältere Atome und Moleküle verursacht werden. Ihre Messung gibt Informationen über die chemische Zusammensetzung der Sternatmosphäre.

Zur Messung solcher Spektren benutzt man Spektrographen. Die vom Teleskop empfangene Strahlung wird über Umlenkspiegel (z. B. Coudé-Anordnung, siehe Abb. 9.15) auf den Eintrittsspalt eines Gitterspektrographen abgebildet. Für höhere spektrale Auflösung werden oft auch Interferometer bzw. Echelle-Spektrographen benutzt. Dies sind Gitterspektrographen, die in hoher Beugungsordnung m betrieben werden, so daß ihr spektrales Auflösungsvermögen $\lambda/\Delta\lambda = m \cdot N$, $N =$ Zahl der belichteten Gitterstriche, sehr hoch ist (siehe Bd. 2, Abschn. 11.6).

Da die Strahlung durch die Erdatmosphäre läuft, sind dem zu messenden Spektrum oft Absorptions- und Emissionslinien von Atomen, Molekülen oder Ionen unserer Atmosphäre überlagert, die dann vom eigentlichen Sternspektrum abgezogen werden müssen.

Wenn das Spektrum von nicht selbst leuchtenden Körpern (Mond, Planeten) gemessen wird, so entspricht die gemessene Strahlung dem Spektrum der vom Körper gestreuten bzw. reflektierten Sonnenstrahlung. Seine spektrale Energieverteilung ist deshalb durch die der einfallenden Strahlung und durch das wellenlängenabhängige Reflexionsvermögen $R(\lambda)$ bestimmt.

$$I_{\text{R}}(\lambda) = I_0(\lambda) \cdot R(\lambda)$$

Man erhält daraus bei Kenntnis von $I_0(\lambda)$ das Reflexionsvermögen $R(\lambda)$, was Auskunft gibt über Dichte, Zusammensetzung und Tiefe der reflektierenden Schicht an der Oberfläche der Planeten bzw. Monde (siehe Abschn. 10.2,3).

ZUSAMMENFASSUNG

- Die Positionsastronomie (Astrometrie) bemüht sich um die möglichst genaue Bestimmung der Sternpositionen und deren zeitliche Veränderung.
- Das für den Beobachter natürliche Horizontsystem dreht sich mit der Rotation der Erde. Von der Erdrotation unabhängige Koordinaten erhält man im beweglichen Äquatorsystem, bei der die Bezugsebene die Ebene durch den Erdäquator ist, die die Himmelskugel im Himmelsäquator schneidet. Der Breitenkreis durch einen Stern gibt dessen Deklination δ an, der Längenkreis die Rektaszension α, die vom Frühlingspunkt aus auf dem Äquator gemessen wird. Der Frühlingspunkt ist der Schnittpunkt von Ekliptik und Himmelsäquator An ihm befindet sich die Sonne am 21. März.
- Infolge von Präzession und Nutation der Erdachse verschiebt sich der Frühlingspunkt in 26 000 Jah-

ren um 2π. Die Lage der Pole verändert sich ebenfalls. Deshalb ändern sich auch die Rektaszension α und die Deklination δ.

- Die scheinbare Bahn eines Sterns, die er infolge der Erdrotation für einen Erdbeobachter durchläuft, wird in den Tagbogen vom Aufgang bis zum Untergang des Sterns und einen Nachtbogen, auf dem er nicht sichtbar ist, eingeteilt. Die Länge des Tagbogens hängt ab von der Deklination δ des Sterns und der geographischen Breite φ des Beobachters.
  Sterne mit $\delta > 90° - \varphi$ heißen zirkumpolar. Sie sind während des ganzen Jahres sichtbar. Sterne mit $\delta < \varphi - 90°$ sind bei dieser Breite φ nie sichtbar.
- Es gibt Linsenfernrohre und Spiegelteleskope. Ihre Lichtstärke ist proportional zum Quadrat ihres Objektivdurchmessers. Ihr Winkelauflösungsvermögen ist prinzipiell durch die Beugung auf $\alpha_{\text{min}} = 1{,}2\lambda/D$ beschränkt, wird aber durch die Luftunruhe der Atmosphäre ohne Gegenmaßnahmen (adaptive Optik) im sichtbaren Licht auf etwa $0{,}5'' - 1''$ begrenzt.
  Die Beugungsgrenze wird nur für Teleskope im Weltraum nahezu erreicht.
- Um die Erdrotation zu kompensieren, müssen Teleskope eine Nachführung haben, damit bei längerer Belichtungszeit das Teleskop immer auf denselben Himmelspunkt zeigt.
- Außer den Teleskopen für den sichtbaren und nahen Infrarotbereich gibt es Radioteleskope ($\lambda = 350\,\mu\text{m} - > 1\,\text{m}$) auf der Erde sowie Infrarot- ($\lambda = 0{,}7$–$10\,\mu\text{m}$) und Röntgenteleskope ($\lambda = 1$–$100\,\text{Å}$) auf Satelliten außerhalb der Erdatmosphäre. Das Winkelauflösungsvermögen von Radioteleskopen kann durch Zusammenschalten mehrerer Teleskope mit großem Abstand (*long baseline interferometry*) drastisch erhöht werden, so daß es besser wird als das optischer Teleskope.
- Weil ein Erdbeobachter sich mit der Erde um die Sonne bewegt, scheinen die Sterne im Laufe eines Jahres elliptische Bahnen auf der Himmelskugel zu durchlaufen. Der große Halbmesser dieser Ellipsenbahn wird durch die Aberration ($\approx 20''$) und die Parallaxe ($< 1''$) bestimmt.
- Die Parallaxe bewirkt, daß nahe Sterne *relativ* zum Himmelshintergrund weit entfernter Sterne kleine Parallaxen-Ellipsen beschreiben. Die Parallaxe ist gleich dem Winkel, unter dem der große Halbmesser der Erdbahn vom Stern aus erscheint. 1 Parsec (Parallaxensekunde, Abk. pc) ist die Entfernung, bei der die Parallaxe $\pi = 1''$ ist.
- Die Entfernung eines Sterns in Parsec ist gleich dem Kehrwert der Parallaxe $r = 1/\pi$ pc.
- Die Lichtbrechung in der Erdatmosphäre krümmt die Lichtstrahlen und läßt die Höhe h eines Sterns zu hoch erscheinen (Refraktion). Aberration und Lichtbrechung müssen berücksichtigt werden, um die wahre Position eines Sterns zu bestimmen.
- Die einzigen direkten Methoden, die Entfernung von Himmelskörpern zu messen, beruhen auf der Laufzeitmessung elektromagnetischer Wellen (bei nahen Himmelskörpern) oder der Triangulation (Parallaxenmessung), wobei der Erdbahndurchmesser als Basis verwendet wird. Mit Hilfe des HIPPARCOS-Satelliten werden Parallaxen mit einer Genauigkeit von 1 Millibogensekunde ($0\overset{''}{.}001$) gemessen.
- Die scheinbare Helligkeit eines Sterns ist ein logarithmisches Maß für die auf der Erde empfangene Strahlungsflußdichte ϕ des Sterns. Sie wird durch Größenklassen

  $$m = -2{,}5 \cdot \log \frac{\phi}{\phi_0}$$

  definiert, wobei ϕ_0 die Strahlungsflußdichte eines Sterns der scheinbaren Helligkeit $m = 0^{\text{m}}$ ist. Die absolute Helligkeit M eines Sterns ist definiert als die scheinbare Helligkeit, die der Stern hätte, wenn er in einer Entfernung von 10 pc stünde.
- Die bolometrische Helligkeit ist ein Maß für den spektral integrierten Strahlungsfluß $\Phi = \int_0^\infty \Phi_\lambda(\lambda)\mathrm{d}\lambda$.

ÜBUNGSAUFGABEN

1. Wie lauten die Transformationsgleichungen zwischen Horizontsystem und Äquatorsystem?
2. Bestimmen Sie die Dauer des längsten und kürzesten Tages für Deutschland ($\varphi = 50°$, Schiefe der Ekliptik 23,5°).
3. Wie groß ist der Halbmesser der Ellipse der scheinbaren Relativbewegung zweier winkelmäßig benachbarter Sterne mit Entfernungen $r_1 = 3$ pc und $r_2 = 6$ pc?
4. Berechnen Sie die Entweichgeschwindigkeit eines Körpers für Venus, Jupiter, Erdmond und Sonne.
5. Ein Laserpuls (Spitzenleistung $P = 1$ GW, $\lambda = 500$ nm, Dauer $\tau = 150$ ps) wird durch ein Teleskop ($D = 0{,}75$ m) zum Mond geschickt.

   a) Wie groß ist der Durchmesser des zentralen Beugungsmaximums auf dem Mond bei idealisierten Bedingungen?

   b) Die reale Strahldivergenz infolge Beugung und Seeing betrage $\alpha = 3''$. Welcher Bruchteil η_1 der ausgesandten Photonen erreicht den Retroreflektor ($0{,}4 \times 0{,}4\,\mathrm{m}^2$) auf dem Mond?

   c) Welcher Bruchteil η_2 des reflektierten Lichtes erreicht das Telekop? Die stark temperaturabhängige Genauigkeit des Retroreflektors beträgt im Mittel $4''$.

   d) Wieviel Photonen wurden ausgesandt, wieviele wieder empfangen?

   e) Wie groß ist die Schwankung der Ankunftszeit, wenn sich $(n-1)$ mit $n =$ Brechungsindex der Luft entlang des Lichtweges um 1% ändert?
6. Ein Radarpuls von der Erde zur Venus und zurück braucht zur Zeit der geringsten Entfernung Erde – Venus eine Zeit $\Delta t = 276$ s. Wie lange würde er 30 Tage später brauchen (bei Annahme von Kreisbahnen für beide Planeten)?
7. Zeigen Sie, daß die Differenz $\varrho = \xi_\mathrm{w} - \xi_\mathrm{s}$ zwischen wahrer und scheinbarer Zenitdistanz $\xi = 90° - h$ eines Sterns infolge der Lichtbrechung in der Erdatmosphäre durch

   $$\varrho = a\big(n(0) - 1\big) \cdot \tan \xi_\mathrm{s}$$

   gegeben ist.
8. Zwei Sterne mit der gleichen absoluten Helligkeit $M = 1{,}0$ haben die scheinbaren Helligkeiten $m_1 = -1{,}0$ und $m_2 = +2{,}0$. Wie groß sind ihre Entfernungen von der Erde?
9. Ein Stern mit Radius R habe die Leuchtkraft L. Wie groß ist seine Oberflächentemperatur? Zahlenbeispiel: $R = 7 \cdot 10^8$ m, $L = 10^{27}$ W.
10. Der Stern Canopus (α-Carinae) hat die absolute Helligkeit $M_\mathrm{V} = -4{,}6$ und die scheinbare visuelle Helligkeit $m_\mathrm{v} = -0{,}71$. Wie weit ist er entfernt?

10. Unser Sonnensystem

Unser Sonnensystem besteht aus folgenden Komponenten:

- einem Zentralstern, unserer Sonne, dessen Masse mehr als 99% der Gesamtmasse des Systems beträgt,
- den vier *inneren* Planeten Merkur, Venus, Erde, Mars, die überwiegend aus festem Gestein bestehen,
- den fünf *äußeren* Planeten Jupiter, Saturn, Uranus, Neptun und Pluto, die überwiegend gasförmig sind,
- vielen Monden dieser Planeten,
- vielen kleinen Planetoiden (Asteroiden),
- Kometen
- sowie Staub- und Mikropartikeln, die sich in Ringen um Jupiter, Saturn, Uranus und Neptun bewegen und auch im interplanetaren Raum zu finden sind.

Viele Informationen über unser Sonnensystem wurden im Laufe von Jahrhunderten durch Beobachtungen von der Erde aus gewonnen. Wesentlich neue Details über die Struktur der Planeten und ihrer Monde, über die Ringsysteme und den Aufbau der Kometen konnten in den letzten Jahren durch Raumsonden (Voyager, Viking, Venera, Helios, Giotto, etc.) und durch die Mondexkursionen der bemannten Raumfahrt erschlossen werden.

Auch genauere Details der Sonnenoberfläche und dynamische Vorgänge auf ihr (z. B. Sonnenoszillationen, Eruptionen, Granulen) konnten mit speziellen Sonnenbeobachtungssatelliten im ultravioletten und Röntgenbereich zeitaufgelöst verfolgt werden.

Solche Raummissionen haben außerdem unser Verständnis der Planetenatmosphären und der chemischen Zusammensetzung der Planetenoberflächen wesentlich erweitert und damit neue Hinweise auf die Entstehung unseres Sonnensystems gegeben.

10.1 Allgemeine Beobachtungen und Gesetze der Planetenbewegungen

Im heliozentrischen Modell unseres Sonnensystems kann die Beschreibung der Planetenbewegungen wesentlich vereinfacht werden gegenüber den komplizierten Epizyklenbahnen in dem von *Ptolemäus* angenommenen geozentrischen System (Abb. 10.1).

10.1.1 Planetenbahnen; Erstes Keplersches Gesetz

Jeder Planet mit der Masse m bewegt sich auf Grund der Gravitationskraft

$$\boldsymbol{F} = -G \cdot \frac{m \cdot M_{\odot}}{r^2} \hat{\boldsymbol{r}} \tag{10.1}$$

zwischen Planet und Sonne (Masse $M_{\odot}$) auf einer elliptischen Bahn (siehe Bd. 1, Abschn. 2.9), deren Bahnkurve in Polarkoordinaten (r, φ) (Bd. 1, (2.65))

$$r_S(t) = \frac{a \cdot (1 - \varepsilon^2)}{1 + \varepsilon \cdot \cos\varphi(t)} \tag{10.2}$$

durch die Exzentrizität $\varepsilon = \sqrt{a^2 - b^2}/a$ der Ellipse mit den Halbachsen a und b bestimmt wird (Abb. 10.2). Dabei ist r_S der Abstand des Planeten vom Schwerpunkt S, der in einem Brennpunkt F der Ellipse liegt.

In der Praxis beobachtet man nicht r_S, sondern den Relativabstand r zwischen Planet und Sonnenmitte. Berücksichtigt man, daß sich Planet und Sonne um den gemeinsamen Schwerpunkt S bewegen (solange man Störungen durch die anderen Planeten vernachlässigt),

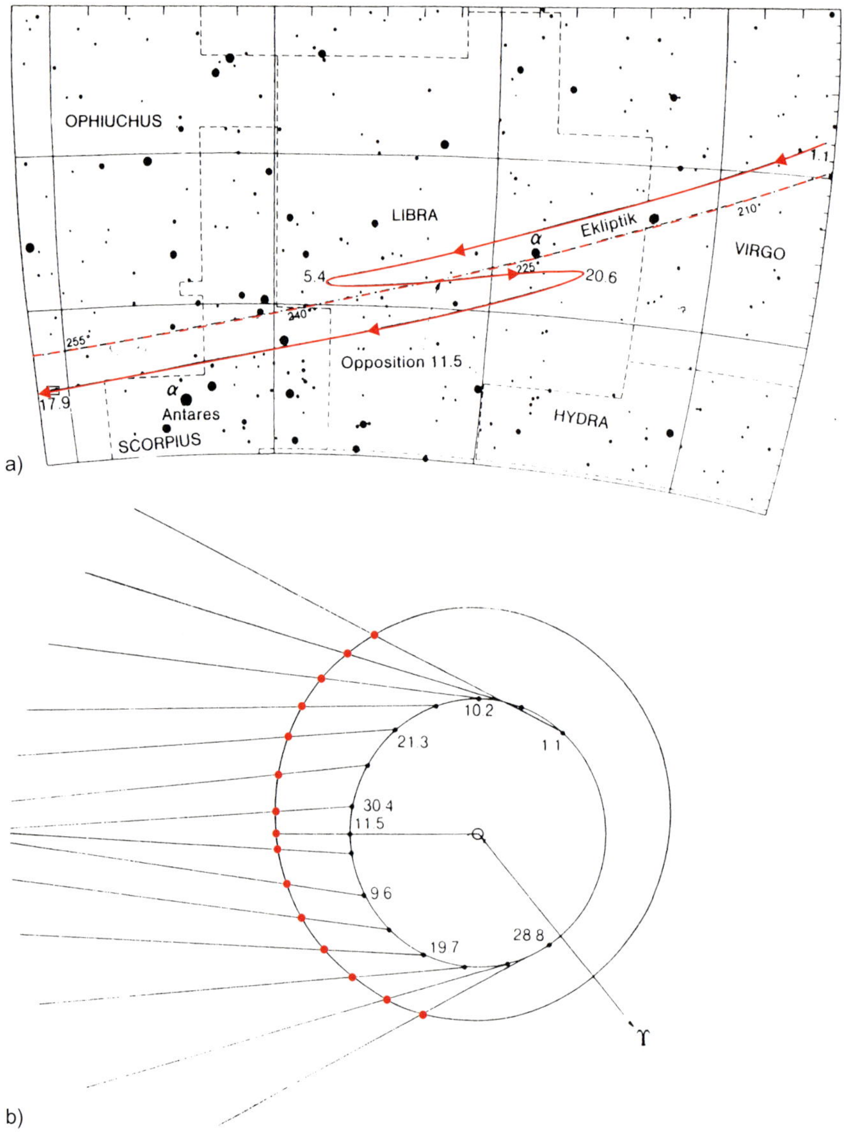

Abb. 10.1. (**a**) Die scheinbare Bewegung des Mars im Jahre 1984, von der Erde aus beobachtet. (**b**) Relative Stellungen von Mars und Erde während der Beobachtungsperiode. Die Projektion der Richtung Erde–Mars auf die Himmelskugel führt zur beobachteten Bahn in (**a**). Nach Karttunen et al.: *Astronomie* (Springer, Berlin, Heidelberg 1990)

so kann (10.1) wegen der Bewegungsgleichungen

$$m\ddot{r}_S = -G \cdot \frac{m \cdot M_{\odot}}{r^2}\hat{\boldsymbol{r}} \tag{10.3a}$$

$$M_{\odot}\ddot{r}_1 = +G \cdot \frac{m \cdot M_{\odot}}{r^2}\hat{\boldsymbol{r}} \tag{10.3b}$$

für Planet und Sonne durch Subtraktion der Gleichung (10.3b) von (10.3a) in die Bewegungsgleichung des Planeten in Relativkoordinaten

$$m\ddot{r} = -G \cdot \frac{m \cdot (M_{\odot} + m)}{r^2}\hat{\boldsymbol{r}} \tag{10.3c}$$

umgeformt werden. Sie führt wie (10.1) zu einer elliptischen Bahn um den Mittelpunkt der Sonne. Wegen $r_1/r_S = m/M_{\odot}$ und $r = r_1 + r_S$ wird die Halbachse dieser Ellipse um den Faktor $(M_{\odot} + m)/M_{\odot}$ größer als in (10.2). Führt man den Bahndrehimpuls $\boldsymbol{L}$ des Planeten mit $L = |\boldsymbol{L}|$ ein, so ergibt sich statt Bd. 1, (2.66) die Bahnkurve in Relativkoordinaten

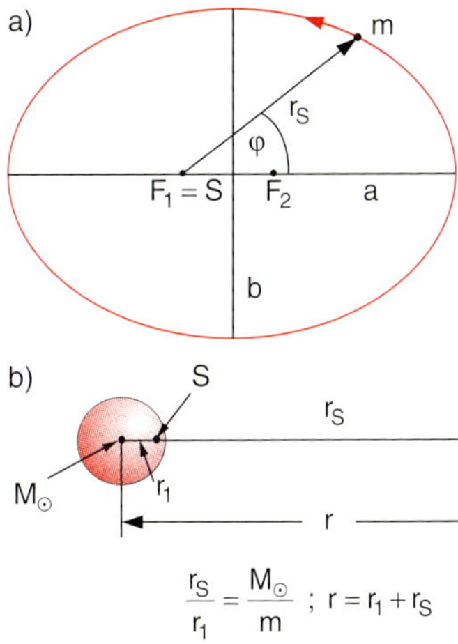

Abb. 10.2. (**a**) Elliptische Bahn eines Planeten der Masse m um den Schwerpunkt S, der in einem Brennpunkt der Ellipse liegt. (**b**) Zusammenhang zwischen Schwerpunktsabstand r_S und Relativabstand r

$$r(t) = \frac{L^2}{G \cdot m^2 (M_\odot + m)(1 + \cos\varphi(t))}, \qquad (10.4)$$

die sich um den Faktor $(m + M_\odot)/M_\odot$ von Bd. 1, (2.66) unterscheidet, wobei der Unterschied zwischen r und r_S wegen $m \ll M_\odot$ meistens vernachlässigbar ist. Dies ist die mathematische Darstellung des 1. Keplerschen Gesetzes:

> Die Bahn eines Planeten ist eine Ellipse, in deren einem Brennpunkt die Sonne steht.

BEISPIEL

Für die Erde gilt: $m_E = 3 \cdot 10^{-6} M_\odot$, $\varepsilon = 0{,}017$, $a = 1$ AE, $b = 0{,}999985$ AE, $r_1 = 3 \cdot 10^{-6} r_S$, $r = 1{,}000003\, r_S$. Der Schwerpunkt des Erde-Sonne-Systems liegt also nur 450 km vom Sonnenmittelpunkt entfernt. Der sonnenfernste Punkt (Aphel) ist für $\cos\varphi = -1$ mit $r_{max} = a(1+\varepsilon) = 1{,}0167$ AE am 23. Juni erreicht, der sonnennächste Punkt für $\cos\varphi = +1$ mit $r_{min} = a(1-\varepsilon) = 0{,}9833$ AE am 22. Dezember.

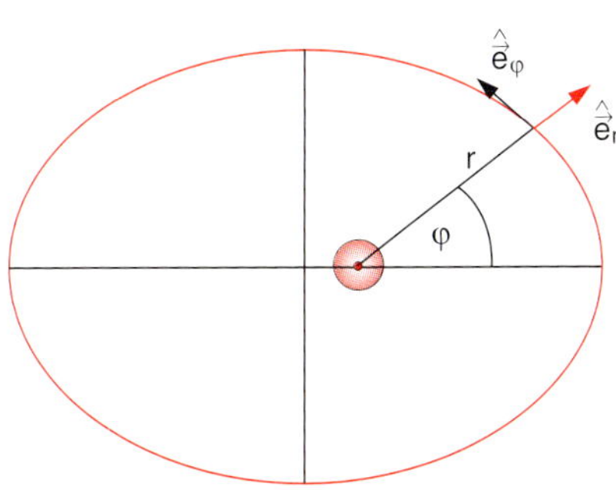

Abb. 10.3. Zur Definition der Einheitsvektoren $\hat{e}_r$ und $\hat{e}_\varphi$

10.1.2 Zweites und drittes Keplersches Gesetz

Aus dem Radiusvektor $\boldsymbol{r} = r \cdot \hat{\boldsymbol{e}}_r$ eines Planeten mit dem Nullpunkt im Mittelpunkt der Sonne (Abb. 10.3) erhält man die Planetengeschwindigkeit

$$\begin{aligned} \boldsymbol{v} = \dot{\boldsymbol{r}} &= \dot{r} \cdot \hat{\boldsymbol{e}}_r + r \cdot \dot{\hat{\boldsymbol{e}}}_r \\ &= \dot{r} \cdot \hat{\boldsymbol{e}}_r + r \cdot \varphi \cdot \hat{\boldsymbol{e}}_\varphi \,. \end{aligned} \qquad (10.5)$$

Weil die Gravitationskraft eine Zentralkraft ist, bleibt der Bahndrehimpuls $\boldsymbol{L}$ zeitlich konstant (siehe Bd. 1, Abschn. 2.8) und steht senkrecht zur Bahnebene (Abb. 10.4a). In Polarkoordinaten läßt sich $\boldsymbol{L}$ schreiben als

$$\boldsymbol{L} = (\boldsymbol{r} \times m \cdot \boldsymbol{v}) = r^2 \cdot \dot{\varphi} \cdot \hat{\boldsymbol{e}}_z \,. \qquad (10.6)$$

Der Radiusvektor $\boldsymbol{r}$ überstreicht während der Zeit Δt die rot schraffierte Fläche ΔA in Abb. 10.4b, die sich

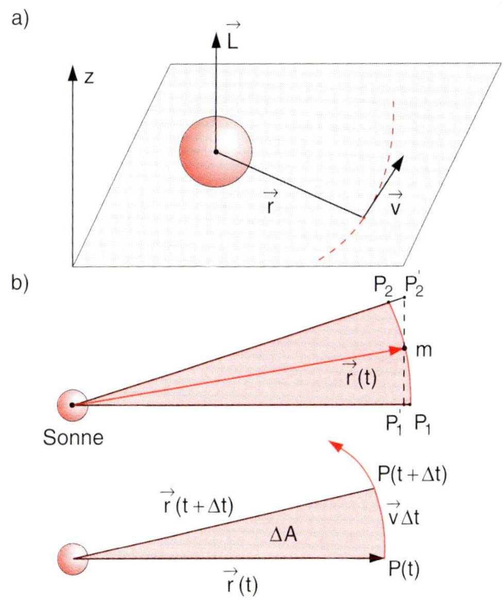

Abb. 10.4a,b. Zum 2. Keplerschen Gesetz: (**a**) Drehimpuls und Bahnebene; (**b**) Zum Flächensatz

durch das Dreieck $OP_1'P_2'$ annähern läßt, d. h.

$$\Delta A = \tfrac{1}{2} r \cdot v \cdot \Delta t\,.$$

Für $\Delta t \to 0$ erhalten wir deshalb:

$$\frac{\mathrm{d}A}{\mathrm{d}t} = \frac{1}{2} r v = \frac{1}{2m} \cdot |\boldsymbol{L}|\,. \tag{10.7}$$

Wegen $\boldsymbol{L} = \text{const}$ ist $\mathrm{d}A/\mathrm{d}t = \text{const}$. Dies ist das ***zweite Keplersche Gesetz*** (auch ***Flächensatz*** genannt).

> Der Radiusvektor von der Sonne zum Planeten überstreicht in gleichen Zeiten gleiche Flächen.

Aus $|\boldsymbol{L}| \approx m \cdot r \cdot v = \text{const}$ folgt für die Geschwindigkeit v des Planeten auf seiner Bahn um die Sonne:

$$v \propto 1/r\,.$$

Der Planet bewegt sich also im Perihel ($r = r_{\min}$) schneller als im Aphel ($r = r_{\max}$).

Integriert man (10.7) über einen vollen Umlauf des Planeten mit der Umlaufzeit T, so ergibt sich

$$A = \int \mathrm{d}A = \frac{L}{2m} \int_0^T \mathrm{d}t = \frac{L \cdot T}{2m}\,. \tag{10.8}$$

Die Fläche einer Ellipse mit Halbachsen a und b und der Exzentrizität ε ist

$$A = \pi \cdot a \cdot b = \pi a^2 \sqrt{1 - \varepsilon^2}\,,$$

so daß aus (10.8) wird:

$$\pi a^2 \cdot \sqrt{1 - \varepsilon^2} = \frac{L \cdot T}{2m}\,. \tag{10.9}$$

Um den Drehimpuls L zu eliminieren, benutzen wir (10.4). Für $\cos\varphi = -1$ wird der größte Abstand $r_{\max} = a(1 + \varepsilon)$ erreicht. Daraus folgt:

$$L^2 = a(1+\varepsilon)(1-\varepsilon) \cdot G \cdot m^2 (m + M_\odot)\,. \tag{10.10}$$

Einsetzen in (10.9) liefert

$$\frac{T^2}{a^3} = \frac{4\pi^2}{G \cdot (m + M_\odot)}\,. \tag{10.11}$$

Für zwei verschiedene Planeten mit Massen m_1, m_2 ergibt sich dann die mathematische Darstellung des ***dritten Keplerschen Gesetzes***:

$$\frac{T_1^2}{T_2^2} = \frac{a_1^3}{a_2^3} \frac{m_2 + M_\odot}{m_1 + M_\odot} \approx \frac{a_1^3}{a_2^3}\,. \tag{10.12}$$

> Das Verhältnis der Quadrate der Umlaufzeiten zweier Planeten ist gleich dem Verhältnis der Kuben ihrer großen Halbachsen.

10.1.3 Die Bahnelemente der Planeten

Die Bahnebenen der einzelnen Planeten sind etwas gegenüber der Erdbahnebene geneigt (Tabelle 10.1). Die Neigungswinkel i sind jedoch, mit Ausnahme der Plutobahn, sehr klein. Dies bedeutet, daß man die Planeten immer in der Nähe der ***Ekliptik*** findet (Großkreis, den die Erdbahnebene aus der Himmelskugel ausschneidet und auf dem die Sonne, von der Erde aus betrachtet, läuft). Sie bewegen sich von einem Punkt unterhalb der Erdbahnebene von Süden nach Norden durch die Ekliptik zu einem Punkt oberhalb der Erdbahnebene. Dieser Schnittpunkt der Planetenbahn mit der Ekliptik heißt der *aufsteigende Knoten* (Abb. 10.5), der gegenüberliegende Punkt, an dem der Planet die Ekliptik von Norden nach Süden schneidet, ist der *absteigende Knoten*. Die Verbindungsgerade beider Knoten (Knotenlinie) ist die Schnittgerade der Planetenebene mit der Erdbahnebene.

Tabelle 10.1. Exzentrizität ε der Planetenbahnen und Neigung i der Bahnebenen gegen die Ekliptik

Planet	ε	$i/°$
Merkur	0,2056	7,0
Venus	0,0068	3,39
Erde	0,0167	—
Mars	0,0934	1,85
Jupiter	0,0485	1,30
Saturn	0,0556	2,49
Uranus	0,0472	0,77
Neptun	0,0086	1,77
Pluto	0,250	17,2

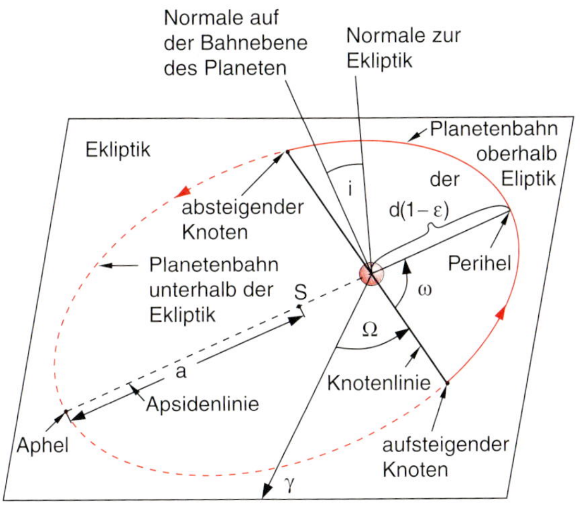

Abb. 10.5. Die Bahnelemente zur Beschreibung einer Planetenbahn. Nach Karttunen et al.: *Astronomie* (Springer, Berlin, Heidelberg 1990)

Die Bahn eines Planeten wird bestimmt durch sechs Bestimmungsgrößen. Man könnte z. B. den Radiusvektor $\boldsymbol{r}(t_1)$ und die Geschwindigkeit $\boldsymbol{v}(t_1)$ des Planeten zu einem Zeitpunkt t_1 zur Beschreibung verwenden. In der Praxis ist es günstiger, die folgenden sechs Bahnelemente zu benutzen:

- die große Halbachse a,
- die Exzentrizität ε,
- die Neigung i (Inklination) der Bahnebene gegen die Erdbahnebene,
- den Winkel Ω zwischen Frühlingspunkt (siehe Abschn. 9.3) und aufsteigendem Knoten,
- den Winkel ω zwischen aufsteigendem Knoten und Perihel,
- die Perihelzeit τ, d. h. die Zeit, zu der der Planet im Perihel steht.

Man unterscheidet zwischen *unteren* Planeten (Merkur, Venus mit $a_i < 1$ AE) und *oberen* Planeten (Mars, Jupiter, Saturn, Uranus, Pluto mit $a_i > 1$ AE) (Tabelle 10.2).

Befindet sich ein Planet auf der Sichtlinie Erde–Sonne auf der entgegengesetzten Seite wie die Sonne, so sagt man, er sei in ***Opposition***, steht er auf derselben Seite wie die Sonne, so heißt diese Position ***Konjunktion***. Wie aus Abb. 10.6 klar wird, gibt es für untere Planeten keine Oppositionsposition, aber dafür zwei Konjunktionspunkte, die obere und die untere

Tabelle 10.2. Einteilung in innere und äußere Planeten bzw untere ($a_i < 1$ AE) und obere ($a_i > 1$ AE) Planeten

Einteilung nach fest oder gasförmig	Planeten und ihre Symbole		Einteilung Abstand von der Sonne
innere Planeten (erdähnlich)	Merkur	☿	untere Planeten
	Venus	♀	
	Erde	♁	
	Mars	♂	obere Planeten
äußere Planeten (jupiterähnlich)	Jupiter	♃	
	Saturn	♄	
	Uranus	♅	
	Neptun	♆	
	Pluto	♇	

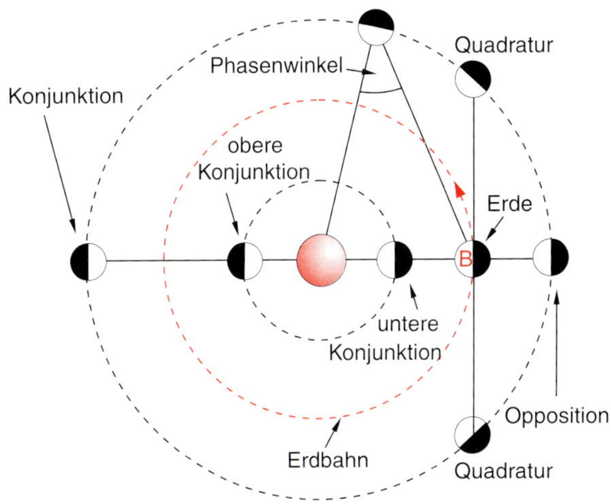

Abb. 10.6. Oppositions- und Konjunktionsstellung eines oberen Planeten und die beiden Konjunktionspositionen eines unteren Planeten vom Beobachter B von der Erde aus gesehen

Konjunktion, während es für obere Planeten je eine Oppositions- und eine Konjunktionsposition gibt. Bei der unteren Konjunktion hat z. B. die Venus die kleinste Entfernung zur Erde. Während der Konjunktion sind die Planeten nicht sichtbar, da sie am Taghimmel stehen und von der Sonne überstrahlt werden (obere Konjunktion) oder uns außerdem ihre Schattenseite zuwenden (untere Konjunktion).

Die unteren Planeten können von der Erde aus nur in einem Winkelbereich $\varphi \leq \varphi_{\max}$ gegen die Sonne be-

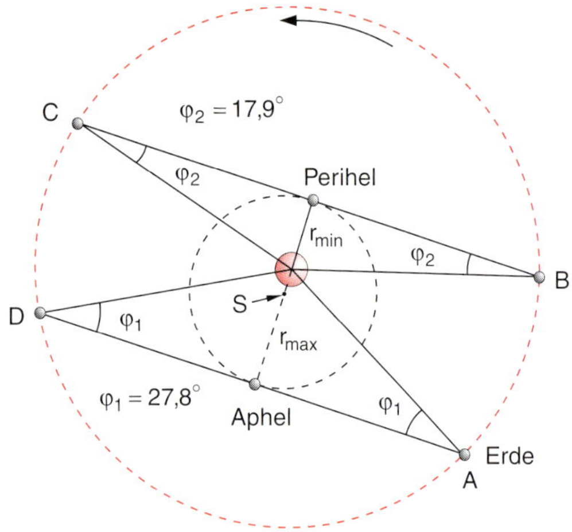

Abb. 10.7. Maximale Elongationswinkel φ (Winkel Sonne–Erde–Planet) am Beispiel des Merkurs

obachtet werden. Um die möglichen Winkel zwischen den Verbindungslinien Erde–Planet und Erde–Sonne zu erkennen, betrachten wir Abb. 10.7.

Der Winkel φ zwischen den Sichtlinien Erde–unterer Planet und Erde–Sonne kann im Laufe eines Jahres mehrere Maxima durchlaufen, die dann auftreten, wenn der Sichtstrahl Erde–Planet eine Tangente an die Planetenbahn ist. Wie man aus Abb. 10.7 sieht, sind diese maximalen Winkel z. B. für die stark exzentrische Merkurbahn

$$
\begin{aligned}
\sin \varphi_1^{\max} &= \frac{a_1(1+\varepsilon_1)}{r_E} \approx \frac{0{,}47\ \mathrm{AE}}{1\ \mathrm{AE}} = 0{,}47 \\
&\Rightarrow \varphi_1 = 28°\,, \\
\sin \varphi_2^{\max} &= \frac{a_1(1-\varepsilon_1)}{r_E} = 0{,}31 \\
&\Rightarrow \varphi_2 = 18°\,. \qquad (10.13)
\end{aligned}
$$

Man sieht den Merkur deshalb nur kurz nach Sonnenuntergang oder kurz vor Sonnenaufgang dicht über dem Horizont. Für die Beobachtungszeitpunkte A und C sieht man den Merkur am Abendhimmel, kurz nach Sonnenuntergang, in den Punkten B und D am Morgenhimmel kurz vor Sonnenaufgang.

Ähnliches gilt für die Venus: Vor Erreichen der unteren Konjunktion ist sie am Abendhimmel sichtbar, nach deren Überschreiten am Morgenhimmel. Deshalb heißt Venus, die als helles Objekt deutlich zu sehen ist, auch Morgen- oder Abendstern.

Von der Erde aus sieht man (wie beim Erdmond) immer nur den Teil der beleuchteten Planetenfläche, welcher der Erde zugekehrt ist. Deshalb beobach-

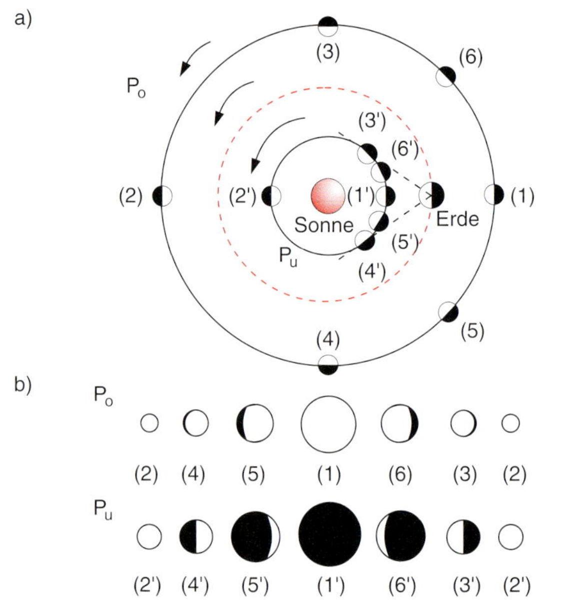

Abb. 10.8. Beleuchtungsphasen P_o für einen oberen und P_u für einen unteren Planeten bei den im oberen Teil angegebenen Konstellationen. Nach Gondolatsch et. al.: *Astronomie* (Klett, Stuttgart 1995)

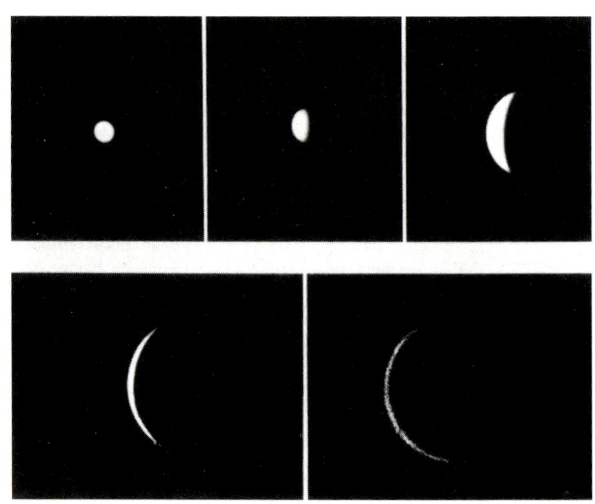

Abb. 10.9. Der Planet Venus, beobachtet bei verschiedenen Entfernungen in den fünf Positionen 2′, 3′, 6′, zwischen 6′ und 1′ und in 1′. Aus Gondolatsch et. al.: *Astronomie* (Klett, Stuttgart 1995)

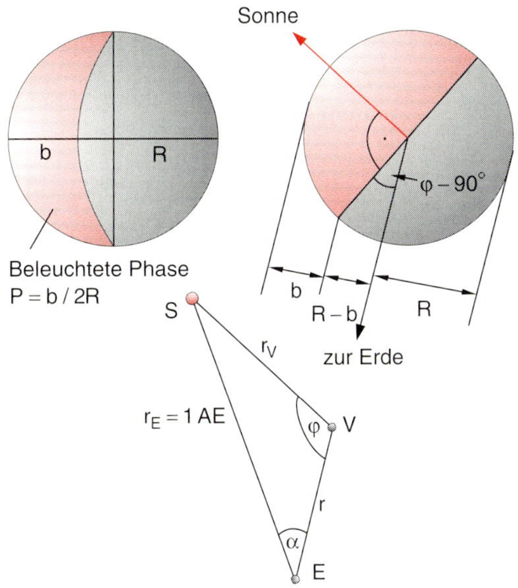

Abb. 10.10. Zur Messung der Entfernung Erde–Venus aus den Venusphasen

tet man periodische Planetenphasen (Abb. 10.8) wie z. B. die in Abb. 10.9 dargestellten Venusphasen. Man erkennt in Abb. 10.9 an den unterschiedlichen Größen der Venusscheibe (bei gleicher Teleskopvergrößerung) die verschiedenen Entfernungen der Venus von der Erde bei den verschiedenen Planeten.

Aus der Messung dieser Phasen läßt sich die Entfernung Erde–Venus bestimmen (Abb. 10.10). Dabei ist die Phase $P = b/2R$ definiert als der beleuchtete Teil des Venusäquators, der uns als Durchmesser $2R$ einer Kreisscheibe erscheint. Man entnimmt der Abb. 10.10:

$$\frac{r}{r_\text{E}} = \frac{\sin(\alpha+\varphi)}{\sin\varphi} \Rightarrow r = 1\,\text{AE}\cdot\frac{\sin(\alpha+\varphi)}{\sin\varphi}\,.$$

Der Winkel α läßt sich aus der Stellung der Venus relativ zur Sonne messen, der Winkel φ nach Abb. 10.10 aus

$$\sin(\varphi - 90°) = \frac{R-b}{R}\,.$$

10.1.4 Die Umlaufzeiten der Planeten

Nach dem 3. Keplerschen Gesetz nehmen die Umlaufzeiten T_i der Planeten mit wachsendem Abstand von der Sonne proportional zur Wurzel aus der dritten Potenz der großen Halbachsen zu. In Bd. 1, Tabelle 2.1 sind die Umlaufzeiten aller Planeten zusammengestellt. So dauert z. B. ein Jupiterumlauf 11,9 Jahre.

Die mittleren Bahngeschwindigkeiten der Planeten

$$v_i = \frac{\text{Bahnumfang}}{\text{Umlaufzeit}} \approx \frac{2\pi a_i}{T_i} \propto \frac{1}{\sqrt{a_i}} \tag{10.14}$$

nehmen proportional zu $a^{-1/2}$ ab.

BEISPIEL

Die mittlere Bahngeschwindigkeit der Erde ist

$$\overline{v}_\text{E} = \frac{2\pi}{1\,\text{a}}\cdot 1\,\text{AE} \approx 29{,}8\,\text{km/s}\,,$$

die des Jupiters ist mit $a_♃ = 5{,}2$ AE und $T_♃ = 11{,}9\,\text{a} \Rightarrow \overline{v}_♃ = 13{,}1\,\text{km/s}$.

Man muß unterscheiden zwischen der ***siderischen Umlaufzeit*** T_sid bezüglich eines ruhenden Bezugssystems, welche die Zeit angibt, nach der ein Planet für einen ruhenden Beobachter einen vollen Umlauf ausgeführt hat (Abb. 10.11) und der ***synodischen Umlaufzeit***, der Zeit zwischen zwei Konjunktionen bzw.

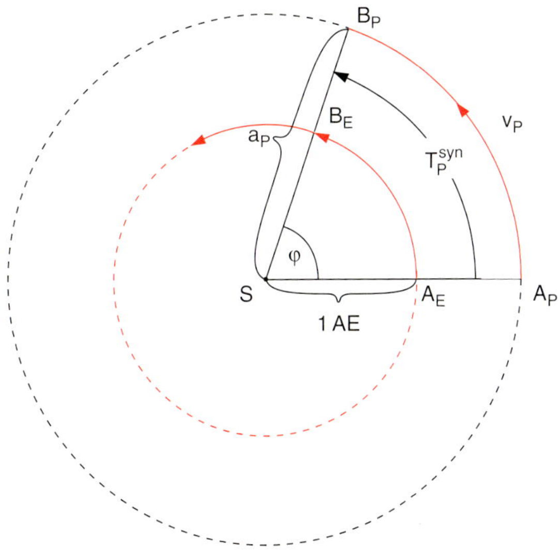

Abb. 10.11. Zur Relation zwischen siderischer und synodischer Umlaufzeit

Oppositionen des Planeten, die von der umlaufenden Erde aus gemessen werden.

Wir wollen uns dies am Beispiel eines oberen Planeten ansehen.

Für die mittleren Winkelgeschwindigkeiten ω_E, ω_P von Erde und Planet gilt

$$\omega_E = \frac{2\pi}{T_E^{sid}}\,; \quad \omega_P = \frac{2\pi}{T_P^{sid}}\,. \tag{10.15}$$

Der Planet möge zur Zeit $t = 0$ in der Stellung A_P in Opposition zur Sonne und die Erde im Punkt A_E auf der Verbindungsgeraden S–A_P stehen. Nach der synodischen Umlaufzeit T_P^{syn}, nach der Sonne, Planet und Erde wieder auf einer Geraden SB_EB_P liegen, möge der Fahrstrahl des Planeten einen Winkel φ überstrichen haben.

Während dieser Zeit hat die Erde wegen ihrer größeren Winkelgeschwindigkeit jedoch den Winkel $\varphi + 2\pi$ durchlaufen, d. h. einen Umlauf mehr gemacht. Es gilt daher:

$$\omega_E \cdot T_P^{syn} = \omega_P T_P^{syn} + 2\pi\,. \tag{10.16}$$

Einsetzen von (10.15) liefert:

$$\frac{2\pi}{T_E^{sid}} \cdot T_P^{syn} = \frac{2\pi}{T_P^{sid}} \cdot T_P^{syn} + 2\pi\,,$$

$$\boxed{\frac{1}{T_P^{syn}} = \frac{1}{T_E^{sid}} - \frac{1}{T_P^{sid}}}\,. \tag{10.17a}$$

Für einen unteren Planeten ($a_P < 1$ AE $\Rightarrow T_P^{sid} < T_E^{sid}$) gilt entsprechend:

$$\boxed{\frac{1}{T_P^{syn}} = \frac{1}{T_P^{sid}} - \frac{1}{T_E^{sid}}}\,. \tag{10.17b}$$

Man beachte:

Aus astronomischen Beobachtungen erhält man die synodische Umlaufzeit, die man dann gemäß (10.17) in die siderische Umlaufzeit, die in den Keplergesetzen verwendet wird, umrechnen muß.

Anmerkung

Die synodische Umlauffrequenz $\nu_P^{syn} = 1/T_P^{syn}$ entspricht der Differenzfrequenz $\nu_E^{sid} - \nu_P^{sid}$ im Fall eines oberen Planeten bzw. $\nu_P^{sid} - \nu_E^{sid}$ bei einem unteren Planeten. Man kann deshalb die Planetenumlauffrequenzen als „Schwebungen" zwischen ν_P^{sid} und ν_E^{sid} auffassen.

Weil in der Musik Harmonien durch Überlagerung akustischer Schwingungen entstehen (siehe Bd. 1, Abschn. 10.10.2 und 10.15) verglich *Kepler* in seinem Buch *Harmonices Mundi Libri* die Plantenfrequenzen mit „Sphärenklängen".

10.1.5 Größe, Masse und mittlere Dichte der Planeten

Bei der Beobachtung durch Fernrohre erscheinen die Planeten als kleine Scheibchen, deren Winkeldurchmesser $\Delta\alpha$ bei bekannter Entfernung r die wahren Durchmesser

$$D = r \cdot \Delta\alpha$$

der Planeten liefert. Die Entfernung r zwischen Planet und Erde ändert sich dauernd. Sie ist für die unteren Planeten Merkur und Venus am kleinsten bei der unteren Konjugation, bei der man den Planeten jedoch

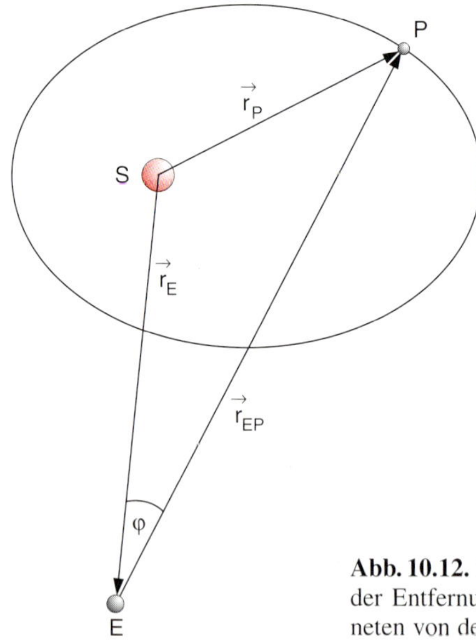

Abb. 10.12. Zur Messung der Entfernung eines Planeten von der Erde

nicht sehen kann, da er vor der Sonne steht und wir deshalb seine Schattenseite sehen (Abb. 10.8).

Bildet die Sichtlinie Erde–Planet den Winkel φ gegen die Gerade $\overline{SE}$ so gilt nach dem Cosinussatz für das Dreieck ESP (Abb. 10.12):

$$\boldsymbol{r}_{\mathrm{E}} + \boldsymbol{r}_{\mathrm{EP}} = \boldsymbol{r}_{\mathrm{P}}$$
$$\Rightarrow r_{\mathrm{E}}^2 + r_{\mathrm{EP}}^2 + 2r_{\mathrm{E}}r_{\mathrm{EP}}\cos\varphi = r_{\mathrm{P}}^2 , \qquad (10.18)$$

woraus sich mit $r_{\mathrm{E}} = 1$ AE, dem bekannten Wert von r_{P} (aus der Umlaufzeit des Planeten P) und dem gemessenen Winkel φ die Entfernung r_{EP} zur Zeit der Messung ergibt. Für die benachbarten Planeten sind genauere Entfernungsbestimmungen mit Hilfe von Laufzeitmessungen von Radarsignalen von der Erde zum Planeten und zurück möglich (siehe Abschn. 9.7).

Aus der Messung der Durchmesser parallel und senkrecht zur Rotationsachse des Planeten kann die Abweichung von der Kugelgestalt ermittelt werden.

Es zeigt sich, daß Merkur und Venus praktisch kugelförmig sind, während Erde und Mars Rotationsellipsoide mit geringer Abplattung bilden (siehe Tabelle „Daten der Planeten" im Anhang).

Die *Masse* eines Planeten, der mindestens einen Mond hat, läßt sich aus der Umlaufzeit dieses Mondes mit Hilfe des 3. Keplerschen Gesetzes bestimmen.

BEISPIEL

Beim Erdmond beträgt die Umlaufzeit $T = 27{,}32166$ d, die mittlere Entfernung von der Sonne $\bar{r} = 384\,400$ km.

Aus

$$\frac{mv^2}{r} = G \cdot \frac{m \cdot M_{\mathrm{E}}}{r^2}$$
$$\Rightarrow M_{\mathrm{E}} = \frac{r \cdot v^2}{G} = \frac{4\pi^2}{G} \cdot \frac{r^3}{T^2}$$
$$\Rightarrow M_{\mathrm{E}} = 6 \cdot 10^{24}\,\mathrm{kg} . \qquad (10.19)$$

Für Merkur und Venus, die keine Monde besitzen, mußte die Masse m_{P} früher aus den Störungen berechnet werden, die der Planet auf die Bewegung eines Nachbarplaneten ausübt. Inzwischen läßt sich m_{P} wesentlich genauer aus der Ablenkung von Satellitenbahnen beim Vorbeiflug an dem Planeten oder aus der Umlaufzeit von Satelliten um diese Planeten bestimmen.

Die Planetenmassen sind in Abb. 10.13 im logarithmischen Maßstab aufgetragen. Man erkennt, daß

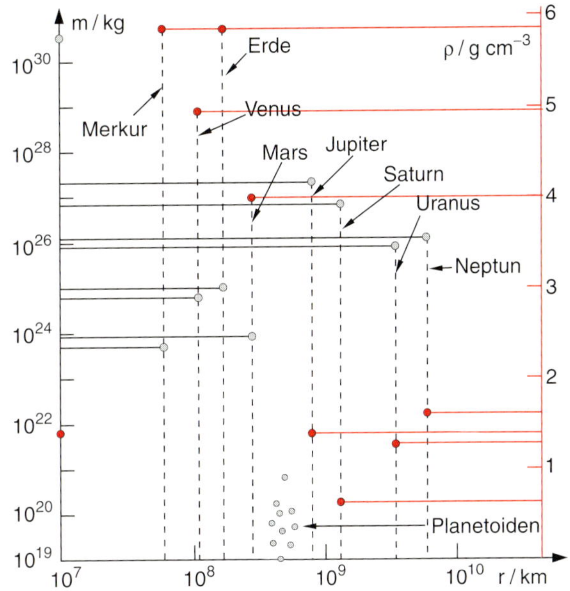

Abb. 10.13. Massen (*schwarze Punkte*), mittlere Dichten (*rote Punkte*) und Sonnenentfernung (Abzisse) der Planeten

die inneren Planeten eine Gruppe um eine mittlere Masse von 10^{24} kg bilden, während die äußeren Planeten (außer Pluto) eine Gruppe mit wesentlich größeren Massen bilden. Zwischen beiden Gruppen liegen die Planetoiden mit sehr kleinen Massen.

Aus den Planetenradien R und den Massen lassen sich die mittleren Dichten

$$\bar{\varrho} = \frac{m}{\frac{4}{3}\pi R^3}$$

berechnen. Abbildung 10.13 zeigt, daß die inneren, festen Planeten mittlere Dichten von $\bar{\varrho} \approx 4\text{–}5\,\mathrm{kg/dm^3}$ haben, während bei den äußeren (gasförmigen) Planeten die mittleren Dichten mit $\bar{\varrho} \approx 1{,}4\,\mathrm{kg/dm^3}$ um einen Faktor 3–4 kleiner und vergleichbar mit der mittleren Dichte der Sonne sind.

Die inneren Planeten haben also kleine Massen und große Dichten, die äußeren große Massen aber kleine Dichten.

Die inneren Planeten werden deshalb als erdähnlich, die äußeren als jupiterähnlich bezeichnet.

Die Namen der Planeten entstammen der altrömischen und griechischen Götterwelt. Der größte Planet, Jupiter, erhielt den Namen des Göttervaters (griechisch: Zeus), dessen Vater Saturn (Kronos) war, der altrömische Saatgott mit seiner Sichel. In der griechischen Mythologie erhält Saturn (Kronos) die Sichel als Symbol, weil er seinen Vater, Uranus, mit einer Sichel entmannte und ihn stürzte. Neptun ist der Meeresgott, Mars der Kriegsgott, Merkur der Götterbote; Pluto ist der Gott der Unterwelt, und Uranus (Himmel), Vater des Kronos, ist in der griechischen Mythologie der Erzeuger der Zyklopen und Titanen. Venus, als heller Abend- und Morgenstern, erhielt den Namen der altrömischen Liebesgöttin.

10.1.6 Energiehaushalt der Planeten

Planeten sind nichtselbstleuchtende Körper. Sie reflektieren bzw. streuen das von der Sonne zugestrahlte Licht teilweise zurück. Diese Reflexion geschieht sowohl an der festen Oberfläche als auch in der Atmosphäre des Planeten.

Man nennt das Verhältnis

$$A = \frac{S_{\text{rück}}}{S_{\text{ein}}}$$

von diffus reflektierter zu senkrecht einfallender Strahlungsleistungsdichte die ***Albedo*** eines Planeten (das Wort stammt aus dem Lateinischen = weiße Farbe).

Die Planeten erhalten von der Sonne die zugestrahlte Leistungsdichte

$$S(r) = SK \cdot \left(\frac{1\,\text{AE}}{r}\right)^2 = \frac{R_\odot^2}{r^2} \cdot \sigma \cdot T_\odot^4 , \qquad (10.20)$$

wobei $SK = 1{,}37\,\text{kW/m}^2$ die ***Solarkonstante*** ist, welche die auf der Erde außerhalb der Atmosphäre einfallende Strahlungsleistungsdichte angibt. Bei einem mittleren Reflexionsvermögen A (Albedo) wird dann von einem Planeten mit Radius R der Anteil

$$\frac{\mathrm{d}W_1}{\mathrm{d}t} = \pi R^2 (1 - A) \cdot S(r) \qquad (10.21)$$

vom Planeten und seiner Atmosphäre absorbiert. Außerdem kann ein Planet „innere" Energiequellen besitzen, die z. B. bei der Erde zum größten Teil aus radioaktiven Zerfällen im Erdinnern stammt, bei gasförmigen Planeten aber auch durch innere Kontraktion und Kondensation erzeugt werden und durch Konvektion aus dem heißeren Innern an die Oberfläche gelangen kann.

Sei Q_i die Wärmestromdichte aus dem Inneren, so erhält die Oberfläche die Energiezufuhr

$$\frac{\mathrm{d}W_2}{\mathrm{d}t} = 4\pi R^2 Q_i . \qquad (10.22)$$

Hat die Planetenoberfläche überall die Temperatur T, so wird nach dem Stefan-Boltzmannschen Strahlungsgesetz die Energie

$$\frac{\mathrm{d}W_3}{\mathrm{d}t} = 4\pi R^2 \sigma \cdot T^4 \qquad (10.23)$$

abgestrahlt. Ohne Rotation des Planeten würde sich dann auf der Tagseite eine stationäre Temperatur T_{eff} einstellen, die durch das Gleichgewicht zwischen zugeführter und abgestrahlter Energie und durch eventuelle Wärmeleitung $\mathrm{d}Q_{\text{WL}}/\mathrm{d}t$ zur Nachtseite bestimmt ist.

Ohne Atmosphäre kühlt sich die Nachtseite jedoch so stark ab, daß wir ihre Abstrahlung vernachlässigen können. Wir erhalten dann aus der Gleichgewichtsbedingung für die Tagseite des Planeten:

$$\begin{aligned} &2\pi R^2 \sigma T_{\text{eff}}^4 + \frac{\mathrm{d}Q_{\text{WL}}}{\mathrm{d}t} \\ &\quad = \pi R^2 (1 - A) S(r) + 2\pi R^2 Q_i , \end{aligned} \qquad (10.24)$$

woraus bei Vernachlässigung des Wärmeleitungsterms sich eine Tagtemperatur des nichtrotierenden Planeten von

$$T_{\text{eff}}^{\text{tag}} = \sqrt[4]{\frac{1}{2\sigma r^2}\left[(1 - A) \cdot SK\right] + Q_i/\sigma} \qquad (10.25\text{a})$$

einstellt, wobei r in AE eingesetzt wird. Auf der Nachtseite des Planeten wird, wieder bei Vernachlässigung des Wärmeleitungsterms, die Gleichgewichtstemperatur

$$T_{\text{eff}}^{\text{nacht}} = \sqrt[4]{Q_i/\sigma} . \qquad (10.25\text{b})$$

Ein schnell rotierender Planet emittiert annähernd die gleiche Strahlungsenergie $4\pi R^2 \sigma T^4$ von allen Teilen seiner Oberfläche, und die effektive Temperatur wird dann um den Faktor $\sqrt[4]{2}$ kleiner als nach (10.25a).

Die gemessenen Oberflächentemperaturen sind jedoch wesentlich höher bei allen Planeten mit genügend dichter Atmosphäre. Dies liegt daran, daß die von der

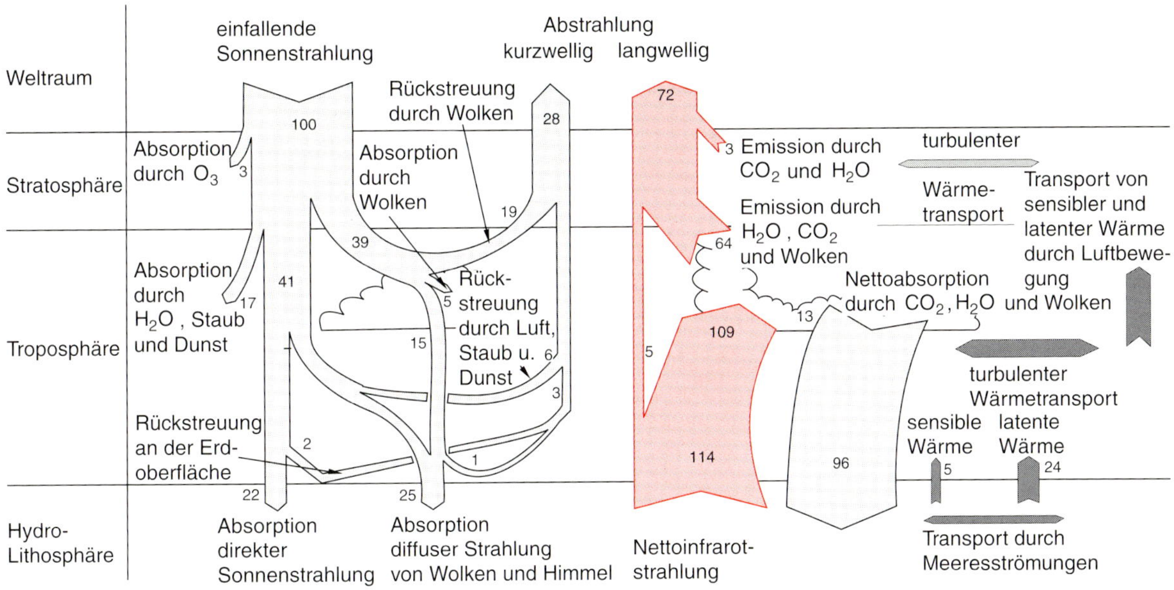

Abb. 10.14. Energiehaushalt der Erde und ihrer Atmosphäre. Nach S.H. Schneider, R. Lander: *The Coevolution of Climate and Life* (Sierra Club Books, San Francisco 1989)

Oberfläche abgestrahlte Leistung, deren Maximum im Infraroten liegt, von der Planetenatmosphäre teilweise oder vollständig absorbiert wird und damit dem Planeten teilweise erhalten bleibt.

Planeten ohne Atmosphäre bzw. sehr dünner Atmosphäre zeigen sehr starke Tag-Nacht-Schwankungen der Oberflächentemperatur, während Planeten mit dichter Atmosphäre nur geringe Differenzen $T_{\text{tag}} - T_{\text{Nacht}}$ aufweisen.

Zur Illustration ist in Abb. 10.1 der Energiehaushalt der Erde dargestellt mit der eingestrahlten Energie und den von Wolken und Erdoberfläche reflektierten und absorbierten Anteilen.

Diese Darstellung zeigt links, wie sich die eingestrahlte Sonnenenergie (100%) verteilt auf Absorption in der Stratosphäre (3%), in der Troposphäre (17%), vom Erdboden (22%) und auf die Rückstreuung durch Wolken (19%), Staub und Dunst (6%). Auf der rechten Seite ist die Aufteilung der von der Erde emittierten Wärmestrahlung gezeigt. Man sieht daraus, daß der größte Teil der Strahlung durch *Treibhausgase* wie CO_2, H_2O, CH_4 absorbiert oder rückgestreut wird, so daß diese zum Wärmehaushalt der Erde ganz wesentlich beitragen.

10.2 Die inneren Planeten und ihre Monde

Die vier inneren Planeten Merkur, Venus, Erde und Mars bestehen alle aus festem Gestein. Während Merkur praktisch keine Atmosphäre besitzt ($p < 10^{-15}$ bar), zeigt Venus eine wesentlich dichtere Gashülle ($p \geq 90$ bar) als die Erde, Mars hat dagegen eine Atmosphäre geringer Dichte ($p \approx 7$ mbar).

Merkur und Venus haben keinen Mond, die Erde hat einen und Mars zwei kleine Monde (Deimos und Phobos).

Die Oberflächen der inneren Planeten, die inzwischen durch Raumsonden viel genauer photographiert wurden, als dies von der Erde aus möglich ist, zeigen einige wichtige Übereinstimmungen: Auf allen inneren Planeten sind Kratergebiete und vulkanische Becken zu finden. Die Kratergebiete sind durch Meteoriteneinschläge geformt worden, während die vulkanischen Becken auf Schmelzvorgänge im Inneren des Planeten schließen lassen, wobei die feste Kruste zerbricht und flüssige Lava austritt, welche die Becken gebildet hat. Aus dem Verhältnis von Kraterfläche zu Vulkanbeckenfläche lassen sich Schlüsse ziehen auf die Stabilität der Kruste. Wenn die Oberfläche Meteoriteneinschläge überstanden hat, ohne zu zerbrechen, muß sie eine stabile feste Kruste besitzen. Beispiele sind Merkur und der Erdmond, deren Oberflächen sehr ähnlich sind.

10.2.1 Merkur

Die Bahn des Merkur hat (außer Pluto) die größte Exzentrizität $\varepsilon = 0{,}206$. Infolge der Störung der Bahn durch Venus und Erde wirkt auf Merkur keine reine Zentralkraft mehr. Dies führt dazu, daß die große Achse der Ellipse nicht raumfest bleibt, sondern sich in 100 Jahren um einen Winkel von $531''$ drehen sollte (Periheldrehung) (Abb. 10.15).

Die beobachtete Periheldrehung beträgt jedoch $574''/100\,\mathrm{a}$. Die Differenz von $43''/100\,\mathrm{a}$ konnte erst 1915 durch *A. Einstein* mit Hilfe der allgemeinen Relativitätstheorie erklärt werden. Dies war der erste überzeugende experimentelle Hinweis auf die Richtigkeit dieser Theorie.

Merkur ist mit einem Durchmesser von $D = 4878\,\mathrm{km}$ nur etwas größer als der Erdmond, seine mittlere Dichte ist $\overline{\varrho} = 5{,}44\,\mathrm{kg/dm^3}$. Daraus läßt sich schließen, daß Merkur einen Eisenkern mit einem Durchmesser von etwa 1800 km besitzt. Durch Radarmessungen mit Radioteleskopen konnte die Eigenrotation des Merkur mit einer siderischen Rotationsperiode von $T = 58{,}65\,\mathrm{d}$ gemessen werden. Seine synodische Rotationsperiode, die seinen Tag-Nacht-Zyklus angibt, ist $T_{\mathrm{syn}} = 176\,\mathrm{d}$. Da seine Umlaufzeit um die Sonne 88 d beträgt, *dauert ein Tag auf dem Merkur zwei Merkurjahre*. Das Verhältnis von siderischer Rotationsperiode zu Umlaufzeit beträgt 2 : 3. Diese 2 : 3-Resonanz ist wahrscheinlich das Ergebnis der Verzögerung einer ursprünglich schnelleren Rotation durch die Gezeitenwirkung der Sonne. Diese kann wirksam werden, weil Merkur einen kleinen „Buckel" von etwa 10^{-5} Merkurradien hat. An dieser Abweichung von der Kugelgestalt bewirkt die Gravitationskraft Sonne–Merkur ein Drehmoment (siehe Bd. 1, Abschn. 5.8).

Die amerikanische Raumsonde Mariner sandte 1979 detaillierte Bilder der Merkuroberfläche zur Erde (Abb. 10.16). Neben vielen Meteoriten-Einschlagkratern gibt es große Vulkanbecken, deren größtes, das Caloris-Becken einen Durchmesser von 1300 km hat und wahrscheinlich durch den Einschlag eines sehr großen Körpers, der zum Aufbruch der festen Kruste mit anschließender Überflutung mit Lava führte, entstanden ist. Auf dem Merkur muß Vulkanismus eine weit größere Rolle gespielt haben als auf dem Erdmond, wie man aus vielen vulkanischen Strukturen (Risse, Brüche, Lavameere) schließen kann.

Weil keine wärmespeichernde Atmosphäre vorhanden ist, entstehen während der langen Tage und Nächte sehr große Temperaturdifferenzen. Die Temperatur steigt mittags auf 467 °C und sinkt während der Merkurnacht auf −183 °C ab, wie Temperaturmessungen der Raumsonde Mariner gezeigt haben.

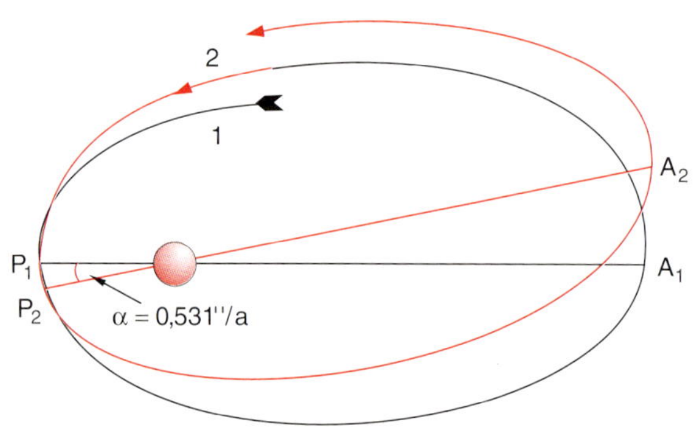

Abb. 10.15. Periheldrehung der Merkurbahn. Die Größe der Periheldrehung und die Exzentrizität sind stark übertrieben gezeichnet

Abb. 10.16. Details der Merkuroberfläche (innerer Teil des Caloris-Beckens), aufgenommen von der Raumsonde Mariner 10. Der Durchmesser des großen Kraters beträgt 60 km (NASA)

10.2.2 Venus

Die Venus ist nach Sonne und Mond das hellste Objekt am Himmel. Dies liegt nicht nur daran, daß sie von allen Planeten der Erde am nächsten kommt und wegen ihrer Größe mehr Sonnenlicht auf die Erde streut, sondern auch an ihrem großen Reflexionsvermögen (Albedo $A = 0{,}8$), das durch die dichte Venusatmosphäre mit Wolkenbildung bedingt wird (Abb. 10.17). Diese besteht zu 96% aus CO_2, zu 3,5% aus N_2, während der Rest sich auf SO_2, H_2SO_4, Wasserdampf H_2O und Argon aufteilt. Die Venus ist immer durch dichte Wolken bedeckt, welche sichtbare Strahlung reflektiert und absorbiert, so daß man die feste Oberfläche nicht sehen kann. Nur etwa 2% des einfallenden Sonnenlichtes erreicht die Venusoberfläche.

Durch russische und amerikanische Raumsonden (Venera bzw. Pioneer) konnte der Temperatur- und Druckverlauf in der Venusatmosphäre bestimmt werden.

Auf der festen Venusoberfläche herrscht ein Druck von 90 bar und eine Temperatur von 730 K. Diese hohe Temperatur wird durch die große CO_2-Konzentration bewirkt (Treibhauseffekt), da ein Teil der Sonnenstrahlung bis in die unteren Atmosphärenschichten durchgelassen und dort absorbiert wird, aber vor allem weil die Infrarotstrahlung von der Venusoberfläche durch CO_2 zum großen Teil absorbiert wird. Die dichte Atmosphäre verhindert daher eine Energieabstrahlung von der Oberfläche. Deshalb sind die Temperaturunterschiede zwischen Tag und Nacht gering. Die Wolkendichte nimmt mit der Höhe zu und erreicht bei etwa 50 km Höhe ihr Maximum.

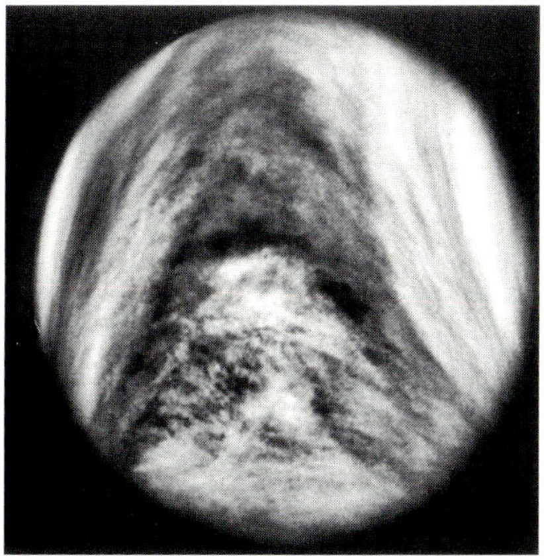

Abb. 10.17. Aufnahme der Venus mit ihrem dichten Wolkenschleier (NASA)

Durch die Dopplerverschiebungen der von den Rändern der Venus bei Radarmessungen von der Erde aus reflektierten Signale konnte die Eigenrotation der Venus gemessen werden. Sie dreht sich in *entgegengesetzter* Bahnrichtung (retrograd), d. h. der Eigendrehimpuls zeigt in die entgegengesetzte Richtung wie der Bahndrehimpuls, in 243,1 d einmal um ihre Achse.

> Die Dauer eines Venustages (synodische Rotationsperiode) ist daher mit 116,75 d *kürzer* als die siderische Rotationsperiode $T_{\text{sid}}^{\text{rot}} = 243{,}1$ d.

Bilder von Raumfahrzeugen, die auf der Venus gelandet sind, zeigen eine überraschend vielgestaltige Oberfläche, die einer steinigen Wüstenlandschaft gleichen. Etwa 70% der Venusoberfläche sind riesige Ebenen. Es gibt einige große Krater mit Durchmessern bis zu 50 km, die entstanden sein müssen, bevor die Venusatmosphäre ihre heutige Dichte erreicht hatte.

Die Venus hat kein eigenes Magnetfeld. Dies liegt wohl an ihrer langsamen Rotation, die nicht ausreicht, um durch den Dynamo-Effekt im Inneren ein Magnetfeld zu erzeugen (siehe Bd. 2, Abschn. 3.6).

10.2.3 Die Erde

Natürlich ist unser Planet, die Erde, von allen Planeten am besten erforscht. Ihre äußere Gestalt kann in erster Näherung durch ein abgeplattetes Rotationsellipsoid beschrieben werden mit einem Äquatorradius $r_{\text{Äq}} = a = 6378$ km und einem Radius $r_{\text{Pol}} = b = 6357$ km. Die Elliptizität bzw. Abplattung ist also $(a-b)/a = 0{,}0033 \approx 3‰$. Genauere Vermessungen haben gezeigt, daß die reale Form, die Geoid genannt wird, wegen Inhomogenitäten im Erdinneren etwas vom Rotationsellipsoid abweicht. Dies ist in Abb. 10.18 übertrieben, d. h. nicht maßstäblich, verdeutlicht, wobei die Zahlenwerte die absoluten Abweichungen in Metern angeben.

Der innere Aufbau der Erde kann durch ein ***Schalenmodell*** beschrieben werden (siehe Bd. 1, Abschn. 6.6). Die Hauptinformationen über die Schalenstruktur stammt aus Messungen der Geschwindigkeiten und Dämpfungen verschiedener Erdbebenwellen, die an den Grenzflächen zwischen den verschiedenen Schalen reflektiert und gebrochen werden (Abb. 10.2).

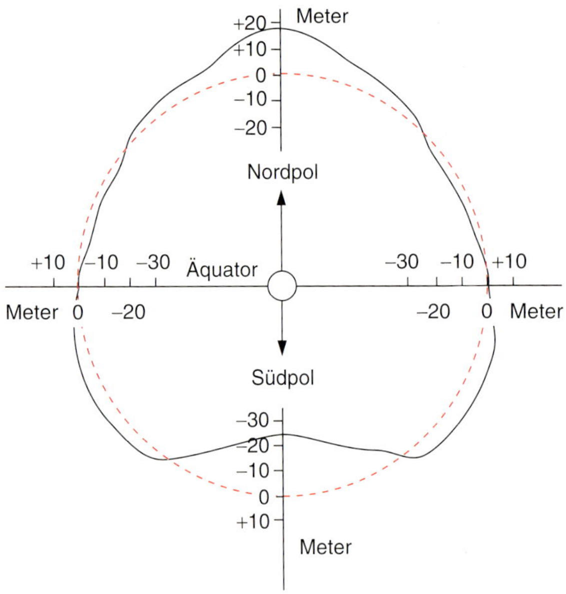

Abb. 10.18. Verlauf der Höhe des Geoids, bezogen auf ein Rotationsellipsoid mit der Polabplattung 1 : 298,25. Die Abweichungen sind 80 000fach überhöht gezeichnet

Während sich in fester Materie sowohl longitudinale als auch transversale Wellen ausbreiten können, werden in Flüssigkeiten wegen des fehlenden Schermoduls nur longitudinale Wellen transportiert (siehe Bd. 1, Abschn. 10.9.5). Die Transversalwellen werden deshalb an der Grenzfläche zum flüssigen äußeren Kern reflektiert, und es gibt einen Schattenbereich, aus dessen Winkeldurchmesser die Ausdehnung des Kerns ermittelt werden kann. Nach diesen experimentellen Ergebnisses besteht der innerste Teil der Erde (innerer Kern) aus festem Metall, im wesentlichen Eisen und Nickel. Die nächste Schale (der äußere Kern) enthält flüssiges Metall. Die Dichte im Erdkern liegt zwischen 13 und 14 kg/dm^3. Sie ist damit höher als die von Eisen bei Normaldruck (7,5 kg/dm^3), was durch den großen Druck im Erdkern ($p = 3 \cdot 10^{11}$ Pa) bewirkt wird.

Über dem Erdkern befindet sich der Erdmantel aus heißem festen Gestein (Silikate von Eisen), das aber infolge des hohen Druckes verformt wird und fließen kann. Im äußeren Teil des Erdmantels befindet sich teilweise Materie mit niedrigerem Schmelzpunkt

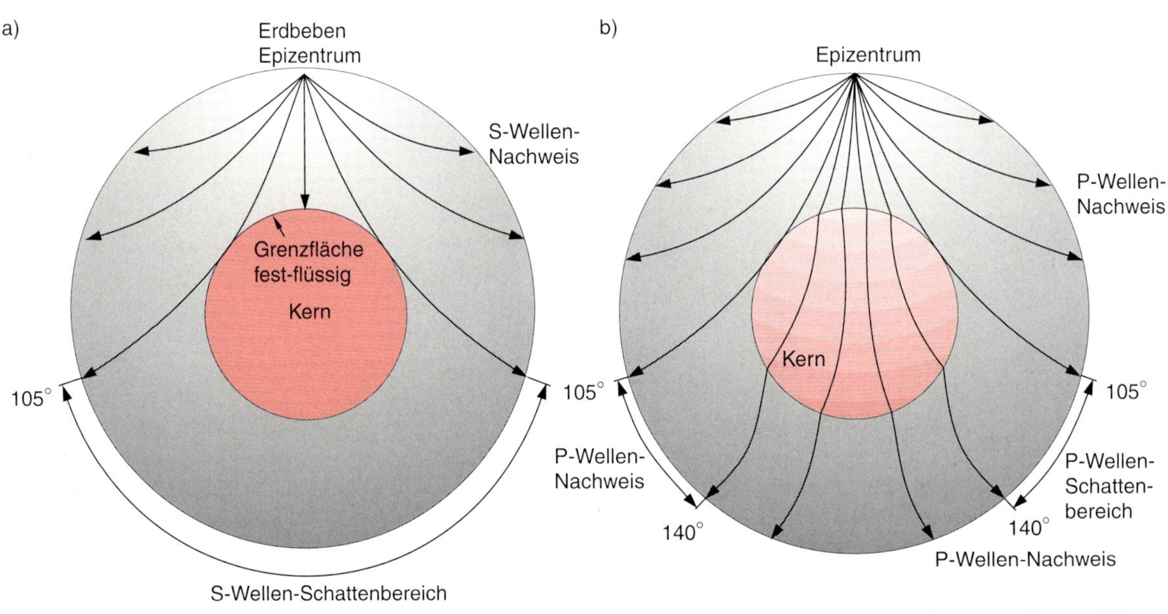

Abb. 10.19a,b. Zur Messung der Schalenstruktur der Erde mit Hilfe seismischer Wellen, die vom Epizentrum eines Erdbebens ausgehen. (**a**) Transversalwellen (S-Wellen = Scherwellen); (**b**) Longitudinalwellen (P-wellen = Primärwellen)

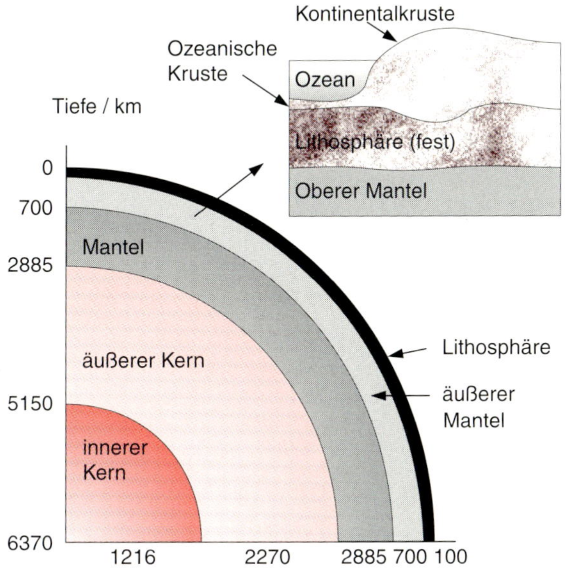

Abb. 10.20. Schematische Darstellung des Aufbaus der Erde

in flüssiger Form. Der Erdmantel enthält etwa 65% der gesamten Erdmasse.

Die äußerste Schale, die Erdkruste oder Lithosphäre, ist verhältnismäßig dünn und schwimmt in Schollen auf dem plastischen Untergrund (Abb. 10.20).

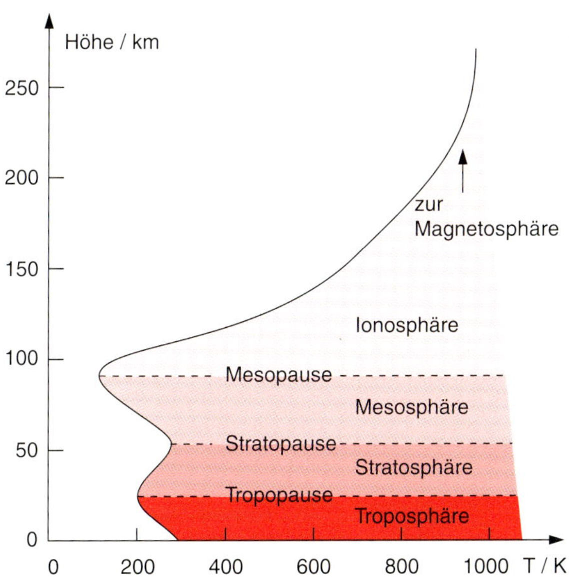

Abb. 10.21. Temperaturverlauf in der Erdatmosphäre und Schichteneinteilung

Die ***Erdatmosphäre*** (Abb. 10.21) hat nach oben keine feste Begrenzung. In etwa 5 km ist der Luftdruck auf die Hälfte des Bodendruckes von 1 bar gesunken, in 50 km Höhe auf etwa 10^{-1} mbar.

Die Temperaturverteilung $T(h)$ wird durch die in verschiedenen Höhen unterschiedlichen Heizmechanismen durch Sonnenstrahlung und durch die Infrarotstrahlung vom Erdboden bestimmt, aber auch durch Konvektion (siehe Bd. 1, Abschn. 7.6).

Die Umkehrung des Temperaturgradienten in der Erdatmosphäre zwischen Troposphäre und Stratosphäre beruht auf der Absorption des ultravioletten Anteils im Sonnenlicht durch Ozon. In der Mesosphäre ist weniger Ozon vorhanden, d.h. die Erwärmung durch Ozon ist geringer, aber die CO_2-Moleküle strahlen Infrarotstrahlung in den Weltraum ab, so daß die Temperatur sinkt. In der Ionosphäre steigt die Temperatur stark an, weil hier H_2-, N_2- und O_2-Moleküle die kurzwellige Sonnenstrahlung absorbieren und dadurch elektronisch angeregt oder ionisiert werden.

In hohen Schichten, die noch von der Vakuum-UV-Strahlung der Sonne erreicht werden, ist ein großer Teil der Atome und Moleküle ionisiert. Auch der Sonnenwind, Protonen und Elektronen von der Sonne, tragen zur Ionisation bei: Die Bewegung dieser Ionen wird durch das Magnetfeld der Erde beeinflußt und umgekehrt werden die Magnetfeldlinien durch die Ionenbewegung verbogen. Die Erdmagnetosphäre reicht deshalb weit in den Raum hinaus (Abb. 10.22). Auf der der Sonne zugewandten Seite wird sie kompri-

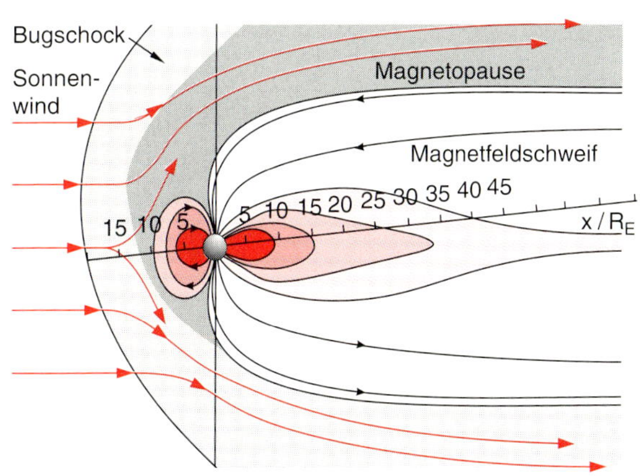

Abb. 10.22. Magnetosphäre der Erde. Die Skala gibt die Entfernung senkrecht zur magnetischen Dipolachse der Erde in Einheiten des Erdradius an

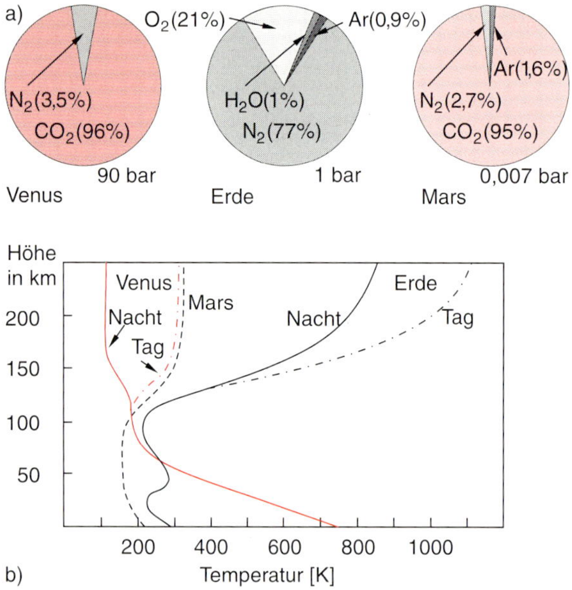

Abb. 10.23. (**a**) Vergleich von Zusammensetzung und Totaldruck der Atmosphären von Venus, Erde und Mars. (**b**) Tag- und Nachttemperaturverlauf. Nach J.K. Beatty et. al.: *Die Sonne und ihre Planeten* (Physik-Verlag, Weinheim 1985)

miert, weil dort der Sonnenwind auf die Ionen und Elektronen der äußeren Ionosphäre trifft und eine Stoßwelle erzeugt (Bugschock). Die Magnetopause gibt die Grenzfläche zwischen Magnetosphäre und dem äußeren Sonnenwind an.

In Abb. 10.23 sind die Zusammensetzungen der Atmosphären von Venus, Erde und Mars miteinander verglichen und die daraus und aus der Taglänge resultierenden Variationen der Tag- und Nachttemperaturen.

Die Temperaturen in den oberen Bereichen der Atmosphäre von Venus und Mars sind viel niedriger als in der Erdatmosphäre, weil sie mehr CO_2 enthalten, das Infrarotstrahlung abgibt und damit abkühlt.

In den unteren Bereichen sind die Unterschiede zwischen Tag- und Nachttemperaturen sowohl bei der Venus als auch bei der Erde sehr klein, weil die dichten Atmosphären die Wärmeabstrahlung der Planetenoberfläche teilweise absorbieren und damit die fehlende Sonneneinstrahlung bei Nacht ausmitteln.

Es ist interessant, einmal am Beispiel der Erde die gesamte Energiebilanz von eingestrahlter, absorbierter und rückgestreuter Sonnenleistung zu studieren (Abb. 10.1), um sich die Bedeutung der Atmosphäre für den Energiehaushalt der Erde klarzumachen.

Die heutige Erdatmosphäre ist wesentlich bestimmt worden durch biologische Prozesse. Während die kurz nach der Entstehung der Erde wahrscheinlich vorhandene Uratmosphäre durch den, damals stärkeren Sonnenwind, weggeblasen wurde, entwickelte sich durch Ausgasen der Erdkruste und durch Vulkanismus eine neue Atmosphäre, die jedoch nur wenig Sauerstoff enthielt. Nachdem Mikroorganismen im Wasser durch Photosynthese aus CO_2 und Wasser genügend Sauerstoff produziert hatten, konnte sich das Leben vom Wasser auf das Land ausbreiten.

Der jetzige Sauerstoffgehalt wird im wesentlichen durch Photosynthese (Assimilation) der grünen Pflanzen (Wälder) bestimmt. Da diese auf Venus und Mars fehlt, ist dort nur wenig Sauerstoff vorhanden.

10.2.4 Der Erdmond

Der Ursprung des Mondes war lange Zeit umstritten. Jüngste vergleichende Untersuchungen des Mondgesteins und verfeinerte Simulationsmodelle scheinen zu erhärten, daß der Mond nicht lange nach der Entstehung der Erde durch einen Zusammenprall der Erde mit einem großen Himmelskörper (wahrscheinlich einem Planetoiden) aus der Erde herausgeschlagen wurde. Diese Erklärung steht im Einklang mit allen bisherigen Beobachtungen, wie im folgenden deutlich wird.

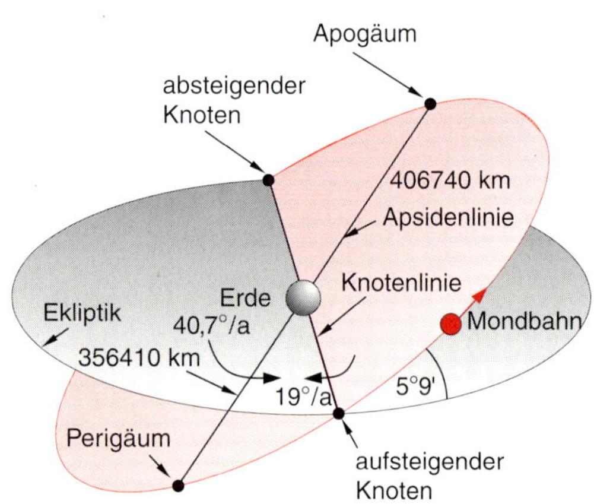

Abb. 10.24. Neigung der Mondbahnebene gegen die Ekliptik und elliptische Bahn des Mondes mit größter (Apogäum) und kleinster (Perigäum) Entfernung

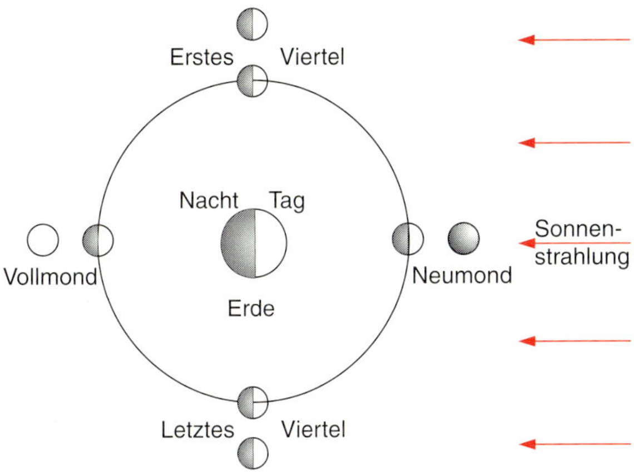

Abb. 10.25. Zur Entstehung der Mondphasen. Nach A. Unsöld, B. Baschek: *Der neue Kosmos* (Springer, Berlin, Heidelberg 1991)

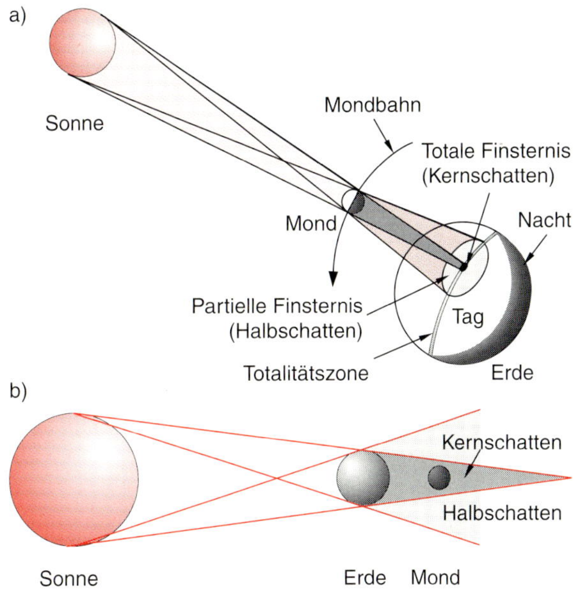

Abb. 10.26a,b. Zur Entstehung von (**a**) Sonnen- und (**b**) Mondfinsternissen. Nach A. Unsöld, B. Baschek: *Der neue Kosmos* (Springer, Berlin, Heidelberg 1991)

Während bei vielen anderen Planetenmonden die Bahnebene in der Äquatorebene ihres Planeten liegt (was darauf hindeutet, daß Planet und Mond gleichzeitig entstanden sind) ist die Bahnebene des Erdmondes gegen die Äquatorebene der Erde geneigt. Da ihrre Neigung gegen die Ekliptik $5°\,9'$ beträgt (Abb. 10.24), diese aber gegen die Äquatorebene der Erde um $23{,}5°$ geneigt ist, beträgt der Winkel zwischen Mondbahnebene und Erdäquatorebene $29{,}5°$. Der Mond erscheint also im Winkelbereich zwischen $\pm 28{,}5°$ oberhalb bzw. unterhalb der Erdäquatorebene. Das Verhältnis von Mondmasse zu Erdmasse $m_{\text{Mond}}/m_{\text{E}} = 0{,}012$ ist größer als bei allen anderen Monden im Planetensystem mit Ausnahme des Plutomondes Charon ($m_{\text{Charon}}/m_{\text{Pluto}} = 0{,}137$).

Der Mond ist, außer der Sonne, das hellste Objekt am Himmel. Durch die relative Position von Mond, Erde und Sonne werden die Mondphasen verursacht (Abb. 10.25), d.h. die Tatsache, daß von der Erde aus gesehen, ein periodisch variierender Teil der Mondfläche beleuchtet erscheint. Wenn der Mond in Opposition zur Sonne steht, ist Vollmond, während bei der Konjunktionsstellung die unbeleuchtete Hälfte zur Erde zeigt (Neumond).

Eine ***Mondfinsternis*** kann nur bei Vollmond auftreten, wenn die Erde auf der Verbindungslinie Sonne–Mond steht und ihren Schatten auf den Mond wirft. Eine ***Sonnenfinsternis*** kann hingegen nur bei Neumond auftreten, weil dann der Mond auf der Sichtlinie Erde–Sonne steht und durch seinen Schatten die Sonne ganz oder teilweise abdeckt (Abb. 10.26).

Wenn die Mondbahnebene mit der Ekliptik zusammenfallen würde, gäbe es bei jedem Neumond, d.h. alle 29,5 Tage, eine Sonnenfinsternis und, dagegen um 14,7 Tage versetzt, jedesmal eine Mondfinsternis. Da die Mondbahnebene jedoch gegen die Erdbahnebene geneigt ist, tritt diese Konstellation wesentlich seltener auf, nämlich genau dann, wenn die Schnittlinie der beiden Ebenen (Knotenlinie) mit der Verbindungsgeraden Sonne–Erde zusammenfällt und außerdem der Mond sich gerade auf dieser Geraden befindet.

Der Bahndrehimpuls des Mondes, bezogen auf die Erde, ist wegen der Störung durch die Sonne zeitlich nicht genau konstant. Die Knotenlinie wandert um $9°$/a in entgegengesetzter Richtung wie der Mondumlauf (Abb. 10.24). Auch die Apsidenlinie, die Verbindung zwischen erdnächstem (Perigäum) und entferntesten Punkt (Apogäum) dreht sich um $40{,}7°$/a *in* Richtung des Mondumlaufes. Die genaue Vorhersage von Sonnenfinsternissen verlangt deshalb eine detaillierte, umfangreiche Rechnung, die alle diese Bewegungen berücksichtigt. Allerdings gibt es eine empirisch gefundene, schon seit dem Altertum bekannte Periodizität aller Ereignisse von 18 Jahren, so daß die Vorhersagen einfacher werden.

Während eine totale Mondfinsternis von allen Orten der Erde zu sehen ist, für die der Mond über dem Horizont steht (Abb. 10.26b), ist eine totale Sonnenfinsternis nur in einem relativ schmalen Streifen auf der Erde zu sehen (Abb. 10.26a). Dies liegt daran, daß der Kernschatten der Erde größer ist als der Monddurchmesser, der Kernschatten des Mondes jedoch mit 270 km viel kleiner als der Erddurchmesser.

Genau wie bei den Planeten unterscheiden wir bei der Umlaufzeit des Mondes um die Erde zwischen siderischem Monat (dies ist die Zeit von 27,3 Tagen, die der Mond braucht, um einen Umlauf von 360° bezüglich der Sterne zu vollenden), und dem synodischen Monat (die Zeitperiode zwischen zwei gleichen Phasen des Mondes). Während eines Umlaufs des Mondes ist die Erde auf ihrer Bahn um die Sonne etwa 30° weiter gelaufen, so daß der Mond für einen synodischen Monat $360° + 30° = 390°$ durchlaufen muß.

Aus (10.17b) folgt für die synodische Umlaufzeit

$$\frac{1}{T_{\text{Mond}}^{\text{syn}}} = \frac{1}{T_{\text{Mond}}^{\text{sid}}} - \frac{1}{T_{\text{E}}^{\text{sid}}}, \qquad (10.26)$$

wobei $T_{\text{E}}^{\text{sid}}$ die siderische Umlaufzeit der Erde um die Sonne ist. Aus $T_{\text{Mond}}^{\text{sid}} = 27{,}3\,\text{d}$ und $T_{\text{E}}^{\text{sid}} = 365{,}2\,\text{d}$ ergibt sich die Länge des synodischen Monats zu $T_{\text{Mond}}^{\text{syn}} = 29{,}5\,\text{d}$.

Erde und Mond bewegen sich um ihren gemeinsamen Schwerpunkt S, der noch im Inneren der Erde liegt (4670 km vom Erdmittelpunkt). Infolge der Störung durch die Sonnenanziehung ist die Mondbahn keine reine Kepler-Ellipse mit zeitlich konstanten Bahnelementen. Die große Halbachse der Mondbahnellipse, welche etwa gleich der mittleren Entfernung Erde–Mond ist, beträgt $a = 384\,400\,\text{km}$.

Die Exzentrizität der Mondbahn ist $\varepsilon = 0{,}055$, Minimal- und Maximalabstand von der Erde sind wegen der Störungen nicht genau $a(1 \pm \varepsilon)$, sondern

$$r_{\min} = 356\,410\,\text{km} \quad (\text{Perigäum}),$$
$$r_{\max} = 406\,740\,\text{km} \quad (\text{Apogäum}).$$

Die Entfernung Erde–Mond kann inzwischen durch Messung der Laufzeit eines kurzen Laserpulses, der am von den Astronauten installierten Reflektor reflektiert wird, mit einer Genauigkeit von 10 cm (!) bestimmt werden (siehe Abschn. 9.7).

Der Mond kehrt uns immer die gleiche Seite zu, d. h. seine Eigenrotationsperiode ist gleich seiner Umlaufzeit (*gebundene Rotation*). Dies war nicht immer so. Manches deutet darauf hin, daß der Mond früher schneller rotierte. Infolge der Anziehung des Mondes durch die Erde verformt sich der Mond etwas, völlig analog zur Entstehung der Gezeiten auf der Erde durch die Mondanziehung (siehe Bd. 1, Abschn. 6.6). Bei schneller Rotation des Mondes wandert eine Deformationswelle über die Mondoberfläche (Gezeitenbewegung), die infolge Reibung zur Verminderung der Rotationsenergie des Mondes und damit seiner Winkelgeschwindigkeit führt. Diese Reibung verlangsamt also die Mondrotation solange, bis die Rotationsperiode gleich seiner siderischen Bahnperiode ist. Dann bleibt die Verformung auf der Mondoberfläche ortsfest.

Genau das gleiche passiert mit der Erde, die auf Grund der Gezeitenreibung abgebremst wird (siehe Bd. 1, Aufg. 1.4).

Die Eigendrehimpulse von Erde und Mond nehmen daher im Laufe der Zeit ab. Da der Gesamtdrehimpuls des Erde-Mond-Systems konstant bleiben muß (abgesehen von kleinen Störungen), muß der Bahndrehimpuls $\boldsymbol{l} = \boldsymbol{r} \times M \cdot \boldsymbol{v}$ zunehmen (M = reduzierte Masse). Da die Bahngeschwindigkeit des Mondes nicht zunehmen kann (dazu müßte seine kinetische Energie zunehmen), muß der Abstand Erde–Mond im Laufe der Zeit größer werden. Der Mond war also früher näher an der Erde als heute. Auch dies stützt die These, daß der Mond aus der Erde stammt.

Ganz allgemein gilt für Monde, die Planeten umkreisen:

Sind sie näher am Planeten, als der Synchronbahnradius r_{S} (das ist derjenige Radius, bei dem die Umlaufzeit des Mondes gleich der Rotationsperiode des Planeten ist), so werden sie durch die Gezeitenreibung abgebremst und fallen irgendwann auf den Planeten. Für $r > r_{\text{S}}$ werden sie beschleunigt (auf Kosten der Rotationsenergie des Planeten) und entfernen sich weiter vom Planeten.

Für den Erdmond ist $r_{\text{S}} \approx 42\,000\,\text{km}$ (geostationäre Bahn). Der Mond muß daher beim Herausschleudern aus der Erde eine Mindestenergie mitbekommen haben, die ihn über diesen Radius hinaus angehoben hat.

10.2.5 Mars

Von allen Planeten hat der Mars, als der erdnächste der oberen Planeten, die besondere Aufmerksamkeit der Menschen erregt. Dies liegt einmal an seiner gelbrötlichen Farbe („roter Planet"), die ihn in der Phantasie des Beobachters mit Feuer und Krieg in Verbindung brachte und ihm bereits im Altertum den Namen des Kriegsgottes Mars eintrug.

Sein Äquatordurchmesser ist mit 6794,4 km etwa halb so groß wie der Erddurchmesser, seine Masse ist $m_{♂} = 0{,}11\, m_E$. Seine siderische Rotationsperiode beträgt $24^h\, 37^m\, 22\overset{s}{.}7$.

Ein Marstag ist also etwa so lang wie ein Erdentag. Seine Rotationsachse hat fast die gleiche Neigung gegen die Bahnebene wie bei der Erde, so daß es jahreszeitlich bedingte Temperaturänderungen insbesondere an den Polen gibt. In der Tat zeigen die Beobachtungen mit Teleskopen von der Erde aus, daß es weiße Polkappen gibt, deren Ausdehnung jahreszeitlich periodische Schwankungen aufweisen. Auf der Winterseite sind sie groß, auf der Sommerseite klein.

Im Jahre 1817 fertigte *G.V. Schiaparelli* eine detaillierte Karte der Marsoberfläche an, die auf der Zusammenstellung der Ergebnisse vieler Beobachter beruhte. Auf dieser Karte zeichnete er zahlreiche dunkle Linien ein, die er *canali* nannte, woraus dann in populärwissenschaftlichen Veröffentlichungen die von Marsbewohnern geschaffenen Marskanäle wurden [10.1]. Bei Marsbeobachtungen mit größeren Teleskopen verschwanden die Kanäle wieder, was jahrelange Kontroversen zwischen den verschiedenen Beobachtern auslöste.

Genauere Informationen über die Marsoberfläche erbrachten unbemannte Raumsonden. So wurde 1971 die amerikanische Sonde Mariner 9 auf eine Umlaufbahn um den Mars gebracht und lieferte hervorragende Bilder der Marsoberfläche. Besonders wichtige Informationen lieferte die Viking-Mission (1975–76), bei der eine Raumsonde auf dem Mars landete und hervorragende Bilder lieferte (Abb. 10.27) sowie gute Bodenanalysen durchführte. Schließlich landete 1997 die Raumsonde Pathfinder auf dem Mars, um dort Boden- und Gesteinsproben zu analysieren. Es zeigte sich, daß die rote Farbe des Mars durch eisenoxidhaltiges Gestein und auch durch Stürme von rötlichem Staub hervorgerufen wird, der in der dünnen Marsatmosphäre ($p_0 = 9$ mbar) bis in große Höhen aufgewirbelt wird

Abb. 10.27. Marsoberfläche um den Landeplatz der Viking 2-Landefähre (NASA)

und dort über einen großen Teil der Marsoberfläche verteilt wird. Diese Stürme wurden bereits aus Beobachtungen von der Erde vermutet, aber die Raumsonden brachten wesentlich mehr Details zu Tage. So konnte durch die Mariner-Sonden die Temperatur als Funktion der Höhe h in der Marsatmosphäre gemessen und mit Simulationsrechnungen verglichen werden. Es zeigte sich, daß der Staub auch die Temperaturverteilung in der Atmosphäre beeinflußt (Abb. 10.28). Die Oberfläche des Mars ist vielgestaltig gegliedert und steht hinsichtlich ihrer Struktur zwischen der des Erdmondes und der Erde.

Die Atmosphäre des Mars besteht zu 95% aus CO_2, 2,7% N_2, 1,6% Argon und geringen Mengen von Sauerstoff und Wasserdampf, der hauptsächlich von der nördlichen Polkappe stammt, die außer CO_2 auch Wassereis enthält, während die südliche Polkappe überwiegend aus CO_2-Schnee besteht. Deshalb sind die jahreszeitlichen Schwankungen der Polkappen größer am Südpol (weil CO_2 bereits bei $T = 216$ K bei $p = 9$ mbar verdampft) als am Nordpol, wo die Kappe überwiegend aus Wassereis besteht. Wegen der dünnen Atmosphäre (1/100 der Dichte der Erdatmosphäre) werden Tagesrhythmus und jahreszeitlicher Verlauf der Temperatur im wesentlichen durch die solare Strahlung bestimmt, da Wärmespeicherung und Umverteilung durch Konvektion der Atmosphäre nur einen geringen Einfluß hat, anders als auf der Erde. So sinkt die Temperatur am Äquator im Marssommer vor Sonnenaufgang auf unter −100 °C und steigt kurz nach Mittag auf über 20 °C.

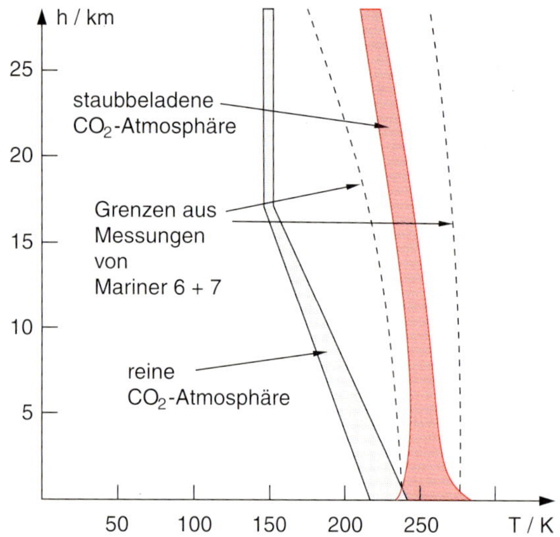

Abb. 10.28. Simulierte Temperaturverteilung der Marsatmosphäre bei reiner CO_2-Atmosphäre und bei staubbeladener CO_2-Atmosphäre. Die gestrichelten Linien geben die Grenzen der Meßgenauigkeit der Marinersonden an. Nach F.H. Shu: *The Physical Universe* (University Science Books, Mill Valley 1982)

Abb. 10.29. Der Schildvulkan Mons Olympus, mit 25 km Höhe der größte Vulkanberg im Sonnensystem (NASA)

Durch die Landung von Marssonden auf der Marsoberfläche (Viking 1 am 20.07.1976, Viking 2 am 03.09.1976), konnte die Umgebung der Landestelle sehr detailliert beobachtet werden (Abb. 10.27) und sogar Bodenproben entnommen und analysiert werden. Bei diesen Messungen wurde jedoch keine Spur lebender Organismen entdeckt. Neuere Untersuchungen von Meteoriten, die durch einen Einschlag auf dem Mars aus größeren Tiefen des Mars herausgeschlagen wurden und auf die Erde gelangten, haben Anzeichen für die Existenz von primitiven frühen Entwicklungsformen von Leben erbracht. Diese kürzlich veröffentlichten Ergebnisse werden jedoch noch kontrovers diskutiert.

Auf dem Mars gibt es den Vulkan Mons Olympus, der mit einer Höhe von 25 km und einem Basisdurchmesser von 600 km der größte im Sonnensystem bekannte Vulkan ist (Abb. 10.29). Um einen solche großen Berg tragen zu können, muß die Marskruste entsprechend dick und fest sein. Etwa 40% der Marsoberfläche sind mit Einschlagkratern bedeckt. Daneben gibt es große, mit vulkanischem Lava bedeckte Flächen, die einen Teil früherer Einschlagkrater zugedeckt haben.

Zu den besonders auffälligen Charakteristika der Marsoberfläche gehören große Schluchten (Canyons). Die längste von ihnen ist 2700 km lang, über 100 km breit und bis zu 6 km tief. Man vergleiche damit den „Grand Canyon" in Arizona, der „nur" 1,8 km tief und 35 km lang und damit ein Zwerg gegenüber den Mars-Canyons ist. Sie stammen wahrscheinlich aus Spaltenbildung nach Abfluß unterirdischer Lavaströme, vielleicht auch aus frühzeitlichen Oberflächenströmen von den Bergen in die Täler. Wahrscheinlich hat es in der Frühzeit des Mars dort mehr Wasser als heute gegeben. Die von *Schiaparelli* angegebenen „canali" haben jedoch mit diesen Formationen nichts zu tun und sind wohl auf Fehlinterpretationen schlecht aufgelöster Marsaufnahmen zurückzuführen.

Der Mars hat zwei kleine Monde:

- Phobos (ein unregelmäßig wie eine Kartoffel geformter Körper) (Abb. 10.30) mit einem größten Durchmesser von 27 km ($26{,}6 \times 22{,}2 \times 18{,}6$ km) und einer Masse von $10^{16}\,\mathrm{kg} = 1{,}5 \cdot 10^{-9}\,m_{\mathrm{E}}$, der den Mars im Abstand von 9380 km mit einer Periode von 7 h 39 min umkreist.
- Deimos ($15 \times 12{,}4 \times 10{,}8$ km), $m_{\mathrm{De}} = 2 \cdot 10^{15}\,\mathrm{kg} = 4 \cdot 10^{-10} m_{\mathrm{E}}$. Seine Oberfläche ist sehr dunkel (Albedo 0,05). Er umkreist den Mars im Abstand von 23 560 km mit einer Periode von 1,262 d, wobei seine Längsachse immer auf den Mars zeigt.

Deimos und Phobos bestehen wahrscheinlich, wie viele Planetoiden, aus kohlehaltigem Chondrit mit einer Dichte von etwa $2\,\mathrm{kg/dm^3}$.

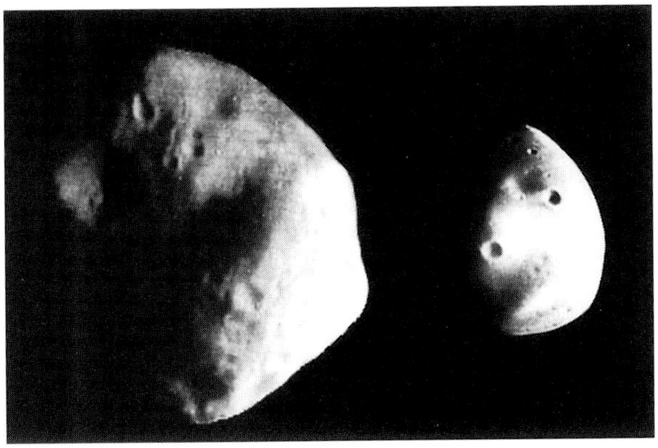

Abb. 10.30. Marsmonde Phobos (*links*) und Deimos (*rechts*), aufgenommen vom Viking Orbiter 1977. Der Krater Hall am Schattenrand von Phobos hat einen Durchmesser von 6 km. (NASA)

10.3 Die äußeren Planeten

Von den äußeren Planeten waren zur Zeit *Galileis* nur Jupiter und Saturn bekannt. *Galilei*, der als erster Mensch den Himmel systematisch mit Hilfe seines neu entwickelten Fernrohrs absuchte, entdeckte die vier *Galileischen Monde* des Jupiter (Io, Europa, Ganymed und Callisto) und maß ihre Umlaufzeit. Diese Entdeckung war für ihn der Beweis, daß die Planeten nicht an „gläsernen Schalen" befestigt waren, wie man damals annahm, weil die Monde bei ihrem Umlauf die Schalen durchdringen müßten.

Der Planet Uranus wurde 1781 von dem Amateurastronomen *William Herschel* entdeckt. Aus beobachteten Störungen der Uranusbahn berechneten *John Couch Adams* aus Cambridge und *Urbain Jean-Joseph le Verrier* aus Paris unabhängig voneinander die Position eines neuen Planeten, der dann auch 1846 von *Johann Gottfried Galle* aus Berlin entdeckt wurde und den Namen Neptun erhielt.

Der äußerste Planet des Sonnensystems, Pluto, wurde erst 1930 nach einer umfangreichen photographischen Durchmusterung gefunden.

10.3.1 Jupiter und seine Monde

Jupiter ist der größte Planet unseres Sonnensystems mit einem Äquatordurchmesser von 142 796 km. Seine Masse ist $m_{♃} = 317{,}9\, m_{\mathrm{E}} = (1/1047) M_{\odot}$. Er hat eine

Abb. 10.31. Jupiter mit der Streifenstruktur seiner Atmosphäre und dem großen roten Fleck, aufgenommen von Voyager 1 aus Millionen km Entfernung (NASA)

dichte Wolkenstruktur, die ausgeprägte Streifen parallel zum Äquator hat (Abb. 10.31). Von *G.D. Cassini* wurde bereits 1665 der große rote Fleck entdeckt, der von einem langlebigen riesigen Wirbel in der Atmosphäre verursacht wird, der über mehrere Jahrhunderte hinweg existiert.

Durch die Raumsonde Pioneer 10, die 1973 in einem Abstand von 130 000 km am Jupiter vorbeiflog, durch Pioneer 11 (1974) und besonders durch die Voyager-Missionen Voyager 1 und Voyager 2 (1979) haben wir eine Fülle detaillierter Informationen über die Struktur der Jupiteratmosphäre gewonnen. Dort gibt es Wolkenbänder, mit Wirbeln und Konvektionszonen, bei denen große Geschwindigkeitsgradienten auftreten.

Jupiter rotiert extrem schnell, aber nicht wie ein starrer Körper. Wegen seines vorwiegend flüssigen und gasförmigen Zustandes tritt eine differentielle Rotation auf, wobei die größte Rotationsgeschwindigkeit am Äquator beobachtet wird, wo die Rotationsperiode 9 h 50 min beträgt, während die polaren Gebiete etwas langsamer rotieren. Diese differentielle Rotation führt zu den beobachteten Geschwindigkeitsgradienten zwischen benachbarten Breitenkreiszonen, was wiederum Wirbelbildung hervorruft.

Tabelle 10.3. Relative Häufigkeit der verschiedenen Moleküle für die Atmosphären von Jupiter und Saturn und für eine Modellatmosphäre mit solarer Zusammensetzung

Atom/Molekül	Jupiter	Saturn	Sonne
$H+H_2$	0,90	$>0{,}94$	0,89
He	0,10	$<0{,}06$	0,11
H_2O	$1\cdot10^{-6}$	—	$1\cdot10^{-3}$
CH_4	$7\cdot10^{-4}$	$5\cdot10^{-4}$	$5\cdot10^{-4}$
NH_3	$2\cdot10^{-4}$	$2\cdot10^{-4}$	$1{,}5\cdot10^{-4}$

Durch spektroskopische Messungen von der Erde aus und insbesondere durch die Raumsonden Pioneer und Voyager wurde die Zusammensetzung der Jupiteratmosphäre bestimmt (Tabelle 10.3). Außer dem Hauptbestandteil von 90% H_2-Molekülen und 10% He-Atomen wurden Spuren von Methan (CH_4), Ammoniak (NH_3), Acetylen (C_2H_2), Ethan (C_2H_6), Wasser (H_2O), Cyanwasserstoff (HCN) und Phosphin (PH_3) gefunden. Die höchsten Wolkenschichten haben eine mittlere Temperatur von etwa 150 K und bestehen hauptsächlich aus NH_3-Kristallen.

Die Analyse aller Beobachtungsergebnisse brachte das Resultat, daß Jupiter überwiegend aus unveränderter Solarmaterie besteht, d.h. aus den Stoffen (Atomverhältnis H/He $=10/1$), aus dem auch unsere Sonne gebildet wurde.

Jupiter zeigt eine wesentlich größere, rotationsbedingte Abplattung $AP_{♃}=(R_{äq}-R_{pol})/R_{äq}=0{,}067$ als die Erde ($AP_E=0{,}0034$). Würde Jupiter völlig aus Gas bestehen, so müßte diese Abplattung noch größer sein. Daraus läßt sich schließen, daß im Inneren ein Kern aus schwerer fester Materie vorhanden ist. Wahrscheinlich ist dies wie bei der Erde ein Eisen-Nickel-Kern, der von einer Schicht aus metallischem Wasserstoff umgeben ist. Wegen des extremen Druckes von etwa $3\cdot10^6$ bar im Inneren und einer Temperatur $T>10^4$ K ist der molekulare Wasserstoff dissoziiert und die meisten H-Atome ionisiert.

Aus der Zustandsgleichung $p=N\cdot k\cdot T$ erhält man die mittlere Dichte $N\approx2\cdot10^{30}\,/\mathrm{m}^3$ der H-Atome und den mittleren Abstand $\bar{d}=1{,}3\cdot10^{-10}$ m. Die Fermi-Energie der Elektronen ist deshalb größer als ihre Bindungsenergie, und die freien Elektronen bewegen sich quasi frei in einem „Gitter" von Protonen, wie in einem Festkörper. Darum ist die elektrische Leitfähigkeit groß und der Zustand heißt metallisch.

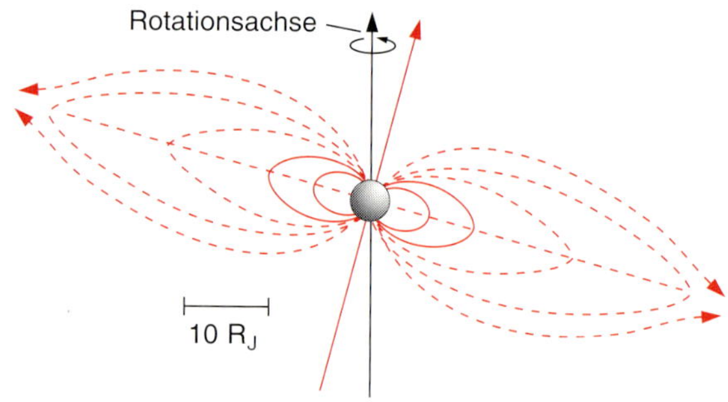

Abb. 10.32. Die Magnetosphäre des Jupiter nach Pioneer-10-Beobachtungen im Jahre 1973. Sie reicht bis über 100 Jupiterradien in den Raum hinaus

Ein Indiz für diesen metallischen Kern aus Eisen, Nickel und Wasserstoff ist das relativ starke Magnetfeld des Jupiter. Sein magnetisches Moment ist etwa 19 000 mal größer als das der Erde, wobei seine Richtung etwa 9,5° gegen die Rotationsachse geneigt ist (Abb. 10.32).

Auf Grund des mit dem Jupiter rotierenden Magnetfeldes werden geladene Teilchen, besonders Elektronen, beschleunigt und senden Synchrotronstrahlung aus, deren Maximum im Radiofrequenzbereich liegt und als Radiostrahlung des Jupiter gemessen wurde.

Bei etwa 0,77 Jupiterradien findet bei einem Druck von $3\cdot10^{11}$ Pa und einer Dichte von $10^3\,\mathrm{kg/m^3}$ der

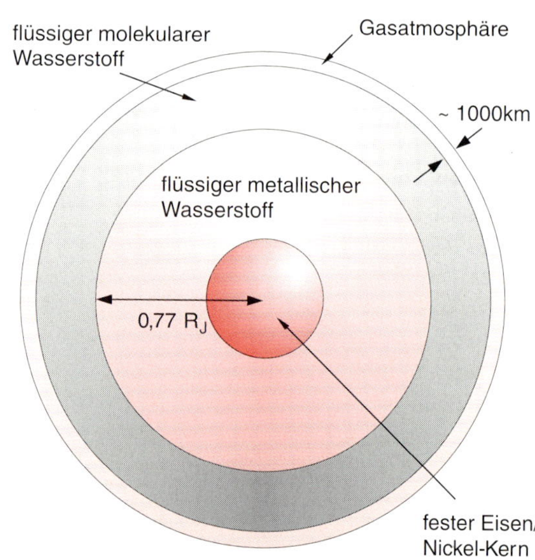

Abb. 10.33. Schichtenaufbau des Jupiter

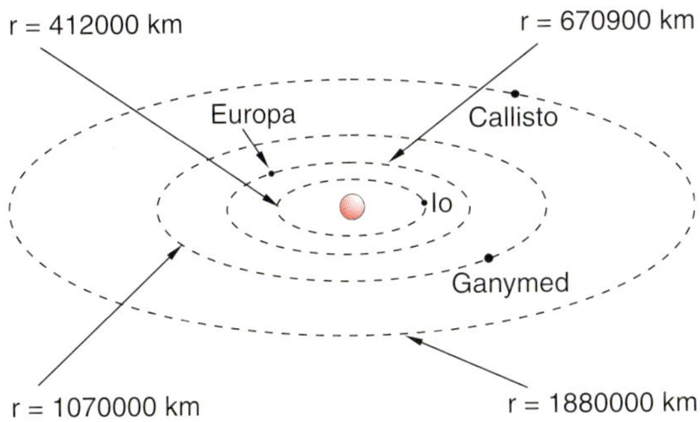

Abb. 10.34. Die Galileischen Monde

Phasenübergang vom flüssigen metallischen zum flüssigen molekularen H_2 statt (Abb. 10.33).

Die äußere Schicht bis zur unteren Jupiteratmosphäre besteht überwiegend aus flüssigem molekularen Wasserstoff. Die Dicke der gasförmigen Atmosphäre beträgt etwa 1000 km. Die Dicke der Wolkenzone beträgt dagegen nur 0,2% des Jupiterradius, also etwa 140 km. Die Temperatur an der Obergrenze der Wolken liegt bei 130 K.

Jupiter strahlt etwa doppelt soviel Energie ab, wie ihm von der Sonne zugestrahlt wird. Die zusätzliche Energie wird durch Konvektionsströmungen aus dem Inneren an die Oberfläche transportiert. Dies bedeutet, daß der Planet insgesamt Energie verliert. Er wird dadurch entweder kälter oder kontrahiert langsam, so daß die abgegebene Nettoenergie durch Gravitationsenergie kompensiert wird.

Bisher wurden 16 ***Monde*** des Jupiter entdeckt, von denen die vier größten die Galileischen Monde Io, Europa, Ganymed und Callisto sind (Abb. 10.34). Die Voyager-Missionen haben eine Fülle detaillierter Beobachtungen dieser Monde gebracht, die überraschende Unterschiede zwischen den Oberflächenstrukturen der verschiedenen Monde aufgezeigt haben. Seit 1996 liefert die Galileo-Sonde extrem detailreiche Bilder der Jupitermonde, die eine Fülle neuer Erkenntnisse lieferten.

Die Größen der Galileischen Monde sind vergleichbar mit der unseres Erdmondes. Sie umlaufen den Jupiter innerhalb seiner Magnetosphäre und werden daher mit hochenergetischen, vom Magnetfeld des Jupiter eingefangenen Ionen bombardiert, was zu einer Erosion der Mondoberflächen führen kann.

Der Mond Io zeigt große vulkanische Aktivität. Während des Vorbeiflugs von Voyager konnten mehrere Vulkanausbrüche beobachtet werden (Abb. 10.35). Seine Oberfläche enthält Schwefel und hat dadurch eine gelb-rote Färbung. Es gibt eine große Zahl von Calderen (Vulkankegel mit eingebrochenem Zentralgebiet), die teilweise einen Durchmesser von über 20 km haben und die der Iooberfläche ein pockennarbiges Aussehen geben. Durch den Vulkanauswurf wird die Oberfläche mit einer Schicht bedeckt, die im Laufe der Zeit Einschlagkrater zudeckt.

Abb. 10.35. Vulkanausbruch auf dem Jupitermond Io, am linken oberen Rand als kleine Fontaine zu sehen, aufgenommen von Voyager 1. (NASA)

Die Energie für die Aufheizung des Io kommt wahrscheinlich durch periodische Kompressionen des Mondes (Gezeiten) auf seiner Bahn um den Jupiter. Diese verläuft nämlich leicht exzentrisch, weil Bahnresonanzen zwischen den inneren Galileischen Monden (die Umlaufzeiten verhalten sich wie $T_{\text{Io}} : T_{\text{Europa}} : T_{\text{Ganymed}} = 1 : 2 : 4$) periodische Abweichungen von der Kreisbahn um den Jupiter erzwingen. Dadurch wird eine periodische Änderung der Gravitationskraft bewirkt, welche die Gezeitenverformung der Kugelgestalt des Io verursacht (siehe Aufg. 10.5).

Im Gegensatz zum Io zeigt der Mond Europa eine helle, kontrastarme Oberfläche mit einem Netzwerk von Linien. Es fehlen größere Krater (größer als 50 km Durchmesser), was auf ein geringes Alter ($\approx 10^8$ Jahre) der Oberfläche hindeutet. Die Oberfläche ist mit einer Eisschicht bedeckt, was ihr eine wesentlich höhere Albedo verleiht als dem Io.

Auch Ganymed ist von Eis bedeckt, das aber teilweise von dunkleren Gebieten überdeckt ist, vermutlich durch Ablagerungen von Vulkanausbrüchen.

Mond	mittler Abstand vom Jupiter/km	Umlaufzeit in Tagen	Radius km	Masse kg	Dichte kg/dm^3
Io	412 600	0,675	1816	$8{,}9 \cdot 10^{22}$	3,55
Europa	670 900	1,769	1536	$4{,}9 \cdot 10^{22}$	3,04
Ganymed	1 070 000	3,551	2638	$1{,}5 \cdot 10^{23}$	1,93
Callisto	1 880 000	7,155	2410	$1{,}1 \cdot 10^{23}$	1,81

Tabelle 10.4. Charakteristische Daten der Galileischen Jupiter-Monde

Die Oberfläche des äußersten Galileischen Mondes Callisto weist wesentlich mehr Einschlagkrater auf als die der anderen drei Monde.

In Tabelle 10.4 sind die charakteristischen Daten der Jupitermonde zusammengestellt.

Jupiter besitzt außer seinen Monden ein schwach ausgebildetes Ringsystem im Radiusbereich zwischen $1{,}71-1{,}81 R_{♃}$, dessen Dicke kleiner als 30 km (!) ist. Es besteht aus Teilchen, deren Größe von wenigen µm bis einige Meter variiert, die den Jupiter auf Kreisbahnen umlaufen. Das Ringsystem wurde zuerst von Pioneer 11 im Jahre 1974 entdeckt und dann von Voyager genauer untersucht. Seine Schichtstruktur wird durch Resonanzen zwischen den Umlaufszeiten der Ringteilchen und einigen Monden verursacht (siehe Abschn. 10.3.2).

10.3.2 Saturn

Saturn ist mit einem Durchmesser von 120 000 km und einer Masse von $95 m_E$ der zweitgrößte Planet des Sonnensystems. Seine mittlere Dichte beträgt nur $\overline{\varrho} = 0{,}7\,\mathrm{kg/dm^3}$. Die Saturnmaterie ist also im Mittel leichter als Wasser. Seine Rotationsperiode ist 10 h 30 min. Seine Rotationsachse ist um 29° gegen seine Bahnebene geneigt, so daß man jeweils nach einer halben Umlaufzeit, d. h. nach etwa 15 Jahren abwechselnd den Nordpol oder den Südpol gut beobachten kann.

Das auffälligste Merkmal des Saturn ist sein Ring, der bereits 1610 von *Galilei* entdeckt wurde (Abb. 10.36). Bei erneuten Beobachtungen zwei Jahre später stellte *Galilei* verblüfft fest, daß der Ring verschwunden war. Heute wissen wir die Erklärung: Das Ringsystem verläuft in der Äquatorebene des Saturn. Wegen des großen Neigungswinkels der Rotationsachse gibt es Stellungen, bei denen wir von der Erde aus genau in die Richtung der Äquatorebene schauen. Da das Ringsystem eine sehr geringe Dicke besitzt, ist es in dieser Position nicht sichtbar. Bisher wurden 17 Monde des Saturn entdeckt. Der größte von ihnen ist Titan mit einer Masse $m = 1{,}35 \cdot 10^{23}\,\mathrm{kg} \approx$ 2 Erdmondmassen. Neun von ihnen wurden bereits von der Erde aus beobachtet, während die restlichen 8 erst durch die Voyager Missionen gefunden wurden.

Der innere Aufbau des Saturn ist ähnlich wie der des Jupiter. Seine Atmosphäre zeigt weniger Struktur als beim Jupiter. Das Ringsystem erstreckt sich vom innersten Ring bei $r = 67\,000$ km (also nur dicht oberhalb des Saturnrandes) bis zu $r = 480\,000$ km am äußeren Rand des äußersten Ringes. Sein Durchmesser ist damit etwa 8 mal so groß wie der des Saturns. Die Dicke des Ringsystems ist mit $d \leq 0{,}2$ km erstaunlich klein.

Die Materie im Ringsystem besteht aus Wassereis-Partikeln, deren Größenverteilung vom Mikrometerbereich bis zu vielen Metern reicht. Der Hauptanteil liegt bei Partikeln im cm- bis m-Bereich. Zusammensetzung und Größenverteilung lassen sich aus dem spektralen Reflexionsvermögen der Ringe und aus dem Verhältnis von Vorwärts- zu Rückwärtsstreuung schließen.

Abb. 10.36. Aufnahme des Saturns mit seinem Ring von der Erde aus

Abb. 10.37. Ausschnitt aus dem Ringsystem, aufgenommen von der Voyagersonde. (NASA)

Eingeschlossen in diese Schneebälle sind „Verunreinigungen" von Methan, Ammoniak und Staub.

Das Ringsystem ist sehr wahrscheinlich zusammen mit dem Saturn entstanden. Schon von der Erde aus hatte man mit lichtstarken Fernrohren beobachtet, daß der Saturnring unterteilt war, d. h. daß es eine Lücke gab (Cassinische Teilung). Die Bilder von Voyager haben dann gezeigt, daß das Ringsystem viel reichhaltiger strukturiert ist (Abb. 10.37).

Diese Strukturierung hängt, ähnlich wie die Kirkwood-Lücken im Asteroidengürtel, mit Resonanzphänomenen zusammen. Es gibt Resonanzen zwischen den Umlaufzeiten der Ringpartikel bei bestimmten Radien mit denen der inneren Monde des Saturn.

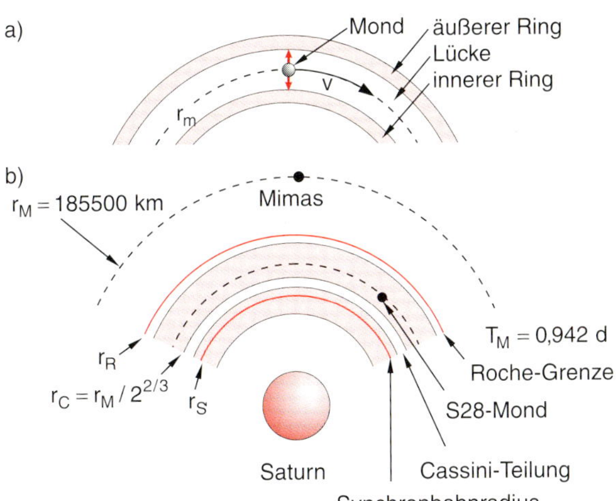

Abb. 10.38a,b. Zur Erklärung der Lücken im Ringsystem mit den störenden Monden, dem Synchronbahnradius r_S und der Roche-Grenze r_R

Wir betrachten einen Mond auf einer Umlaufbahn mit Radius r_M, die innerhalb des Ringsystems verlaufen möge. Teilchen mit Bahnradien $r > r_M$ laufen langsamer als der Mond, solche mit $r < r_M$ sind schneller. Auf Grund der gravitativen Wechselwirkung zwischen Mond und Ringteilchen erhöht sich der Drehimpuls der Teilchen mit $r > r_M$ und er erniedrigt sich für solche mit $r < r_M$

Die Teilchen mit $r > r_M$ werden deshalb zu größeren Radien getrieben, die mit $r < r_M$ zu kleineren. Es entsteht eine Lücke um die Mondbahn (Abb. 10.38a).

Es gibt einen zweiten Mechanismus, der auf Resonanzphänomenen beruht. Wenn es Resonanzen gibt zwischen den Umlaufzeiten eines Mondes und denen der Ringteilchen, kommen sich beide immer an derselben Stelle nahe, so daß sich die lokalen Störungen aufschaukeln und die Bahnen bei diesen „Resonanzradien" instabil werden.

Dies ist in Abb. 10.38b verdeutlicht, wo ein Ausschnitt aus dem Ringsystem zusammen mit den Bahnen einiger Saturnmonde dargestellt ist.

Dabei spielen zwei Radien eine besondere Rolle. Dies sind der Synchronradius r_S, bei dem die Umlaufzeit eines Teilchens gleich der Rotationsperiode des Saturns ist und die Roche-Grenze r_R. Für alle Körper, die sich in Abständen $r < r_R$ um den Planeten bewegen, ist die Differenz der Gravitationskräfte am unteren und oberen Ende des Körpers größer als die Gravitation innerhalb des Körpers (Aufg. 10.5). Besteht er aus gravitativ gebundenen Partikeln, so wird er auseinandergerissen, d. h. gravitativ gebundene Körper können innerhalb der Roche-Grenze nicht existieren (Abb. 10.39).

Das Ringsystem des Saturn befindet sich innerhalb der Roche-Grenze. Deshalb können in ihm nur Partikel existieren, die durch stärkere Kohäsionskräfte zusammenhalten, wie z. B. durch chemische Bindung oder van-der-Waals-Bindung. Dies beschränkt die obere Größe der Partikel. Vermutlich sind größere Materiebrocken auf Grund der Roche-Instabilität zerrissen worden, so daß sie jetzt den Ring mit vielen kleinen Teilchen bilden.

Die Cassini-Teilung des Saturnringes, die eine ausgeprägte Lücke im Ringsystem darstellt, kommt durch eine 1 : 2-Resonanz mit dem Saturnmond Mimas zu-

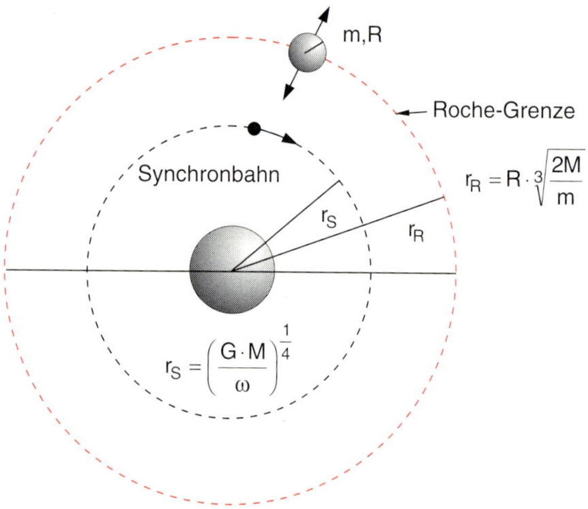

Abb. 10.39. Zur Erklärung der Roche-Grenze

stande. Teilchen mit Umlaufbahnen in dieser Lücke hätten gerade eine Umlaufzeit, die halb so groß wie die des Mimas wäre. Sie würden deshalb durch die periodisch wirkende Gravitationsstörung aus ihrer Bahn geworfen.

Auch die anderen Lücken im Ringsystem können durch Resonanzen mit einem der vielen Monde erklärt werden. Um die Stabilität der existierenden Ringstruktur zu erklären, wurde ein „Schäferhund-Modell" vorgeschlagen (Abb. 10.40).

Ein innerer Mond (1980 S26) und ein äußerer Mond (1980 S27) hüten z. B. die Teilchen in dem schmalen F-Ring bei $r = 140\,600$ km. Da die Geschwindigkeit des inneren Mondes bei $r = 139\,350$ km

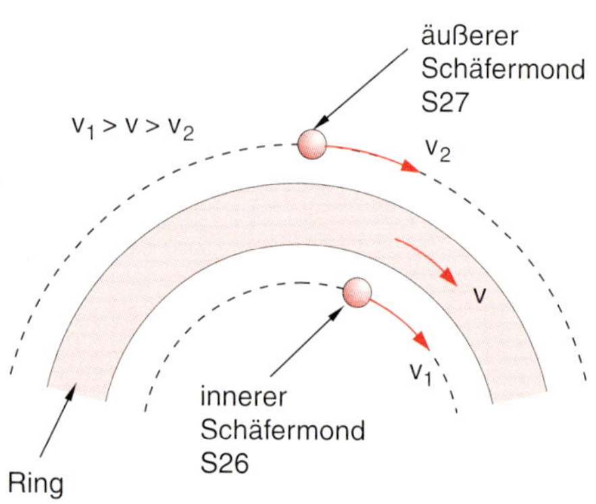

Abb. 10.40. Schäferhund-Modell zur Erklärung der Stabilität eines Teilringes

etwas größer ist als die der Ringteilchen, beschleunigt er sie durch gravitative Anziehung. Dadurch werden sie auf größere Radien gebracht. Der obere Mond bei $r = 141\,700$ km hingegen ist langsamer als die Ringteilchen und bremst sie ab. Dadurch werden sie auf kleinere Radien hingetrieben. Die beiden Monde halten dadurch die Ringpartikel innerhalb eines begrenzten Radiusbereiches und wirken deshalb wie Schäferhunde, die ihre Herde zusammenhalten.

10.3.3 Die äußersten Planeten

Uranus und ***Neptun*** haben fast gleiche Durchmesser von 50 000 km und Atmosphären aus Wasserstoff, Helium und Methan. Sie gehören zur Gruppe der vier Riesenplaneten (auch jupiterähnliche Planeten genannt). In mancher Hinsicht unterschieden sie sich jedoch vom Jupiter. So hat Uranus ($\overline{\varrho} = 1{,}27\,\text{kg/dm}^3$) eine kleinere, Neptun ($\overline{\varrho} = 1{,}66\,\text{kg/dm}^3$) eine größere mittlere Dichte als Jupiter ($\overline{\varrho} = 1{,}33\,\text{kg/dm}^3$). Neptun muß deshalb schwerere Elemente enthalten. Der Großteil der Masse dieser Planeten besteht wahrscheinlich aus Wasserstoff, Sauerstoff, Stickstoff, Kohlenstoff, Silizium und Eisen. Nach neueren Modellen enthalten beide Planeten einen Gesteinskern aus Silikaten und Metallen, während im Mantel hauptsächlich Methan, Ammoniak und Wasser konzentriert sind. Die äußere Schicht besteht aus durch den Gravitationsdruck stark komprimiertem Wasserstoff und Helium. Sie geht kontinuierlich in die Planetenatmosphäre über.

Uranus hat als einziger Planet im Sonnensystem eine Rotationsachse, die fast in der Bahnebene liegt. Sie ist um 98° gegen sie Senkrechte zur Bahn geneigt, so daß Uranus rückläufig rotiert. Seine Magnetfeldachse ist um etwa 60° gegen die Rotationsachse geneigt.

Uranus hat ein Ringsystem, das zuerst 1977 durch Beobachtungen von der Erde aus entdeckt wurde, als das Licht des Sterns SAO 158687 durch die Scheibe des Uranus und durch seine Ringe abgedeckt wurde. Das transmittierte, auf der Erde empfangene Licht des Sterns zeigte Einbrüche als Funktion der Beobachtungszeit (Abb. 10.41) beim Vorbeizug des Uranus vor dem Stern. Mit der bekannten Geschwindigkeit des Uranus konnte man aus dem Zeitabstand der Einbrüche auf Zahl und Radien der Ringe schließen. Später wurden die Ringe auch von Voyager beobachtet.

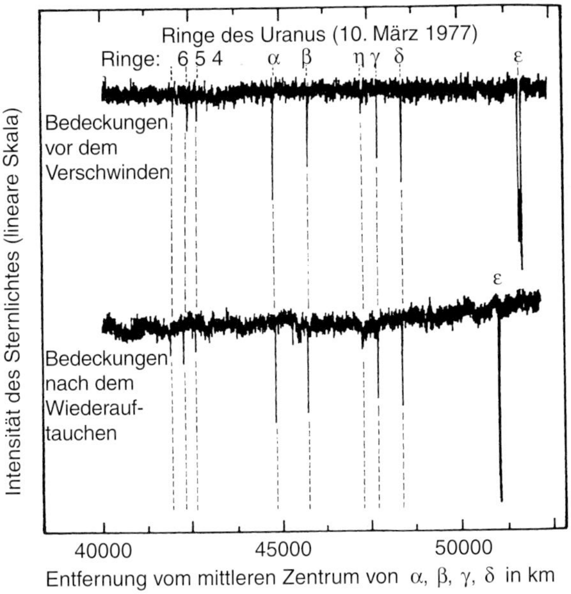

Abb. 10.41. Zeitlicher Verlauf des Lichtes vom Stern SAO 58687 während der Bedeckung durch die Uranus-Ringe. Aus J.L. Elliot: Annual Rev. of Astronomy and Astrophysics **17**, 445 (1979)

Bisher wurden fünf Monde des Uranus (Miranda, Ariel, Umbriel, Titania und Oberon) entdeckt.

Die große Halbachse der Neptunbahn beträgt $a = 30$ AE, seine Umlaufzeit um die Sonne ist 165 Jahre, seine Rotationsperiode 16 h 3 min. Wie beim Saturn ist seine Rotationsachse um 29° gegen die Bahnebene geneigt. Auch Neptun besitzt, wie die anderen Riesenplaneten, ein Ringsystem, und bisher wurden acht Monde entdeckt. Die beiden größten sind Triton und Nereide. Triton hat etwa die halbe Masse des Erdmondes und besitzt eine dünne Atmosphäre, die überwiegend aus Stickstoff besteht.

Die Umlaufbahn des Neptunmondes Nereide ist stark exzentrisch mit einer Perihelentfernung von 1,4 Millionen km und einer Aphelentfernung von 9,7 Millionen km.

Der zeitweilig äußerste Planet des Sonnensystems, ***Pluto***, ist ein Sonderling. Er ist mit einer Masse von $0{,}0022 m_E$ der kleinste aller Planeten. Die Plutobahn unterscheidet sich von allen anderen Planetenbahnen durch ihre große Bahnneigung von 17° gegen die Ekliptik und durch ihre große Exzentrizität $\varepsilon = 0{,}25$. Während seines 250 Jahre langen Umlaufes um die Sonne ist Pluto während eines Zeitraums von 20 Jahren näher an der Sonne als Neptun (zuletzt von 1979–1999).

Pluto hat einen Mond Charon, der von der Erde aus durch Speckle-Interferometrie (siehe Bd. 2, Abschn. 11.3) gefunden wurde. Mit einem Durchmesser von 1500 km ist er nur wenig kleiner als Pluto (2300 km) [10.2].

10.4 Kleine Körper im Sonnensystem

Außer den in den vorigen Abschnitten besprochenen Planeten gibt es eine Vielzahl kleiner Körper im Sonnensystem. Hierzu gehören die Kleinplaneten (auch ***Planetoiden*** oder ***Asteroiden*** genannt), die Partikel in den Ringsystemen, die Kometen, die Meteorite und interplanetarer Staub und Gas. Ihre Untersuchung bringt eine Fülle von Information über Stabilitätsfragen und Resonanzphänomene im Sonnensystem und über die frühe Entwicklung des Sonnensystems. Wir wollen uns deshalb in diesem Abschnitt mit diesen kleinen Körpern befassen.

10.4.1 Die Planetoiden

Zwischen den Bahnen von Mars und Jupiter gibt es eine große Zahl kleiner Körper, deren Durchmesser von $d < 1$ km bis $d = 1000$ km variieren. Sie sind mit bloßem Auge nicht zu sehen, aber mit Teleskopen wurden bisher etwa 3000 solcher Planetoiden gefunden. Man schätzt ihre Gesamtzahl auf mindestens eine halbe Million. Der größte Planetoid ist Ceres (Durchmesser 974 km), der bereits 1801 entdeckt wurde.

Trägt man die mittleren Entfernungen a der Planeten nach einer von *Titius* und *Bode* gefundenen empirischen Regel

$$A = \tfrac{1}{10}(4 + 3 \cdot 2^n)\ \text{AE} \tag{10.27}$$

gegen die ganze Zahl n auf, so erhält man für die Bahnen der bekannten Planeten die in Tabelle 10.5 angegebenen Werte von n.

Man sieht, daß für $n = 3$ kein Planet existiert. Für $n = 3$ erhält man aus (10.27) $a = 2{,}8$ AE. Dies entspricht gerade dem mittleren Wert für den Ringbereich

Tabelle 10.5. Nach der Titius-Bode-Relation berechnete Planetenabstände, verglichen mit den beobachteten großen Halbachsen der Planetenbahnen

Planet	n	Abtstand/AE	
		berechnet	beobachtet
Merkur	$-\infty$	0,4	0,4
Venus	0	0,7	0,7
Erde	1	1,0	1,0
Mars	2	1,6	1,5
	3	2,8	—
Jupiter	4	5,2	5,2
Saturn	5	10,0	9,2
Uranus	6	19,6	19,2
Neptun	7	38,8	30,1
Pluto	8	77,2	39,5

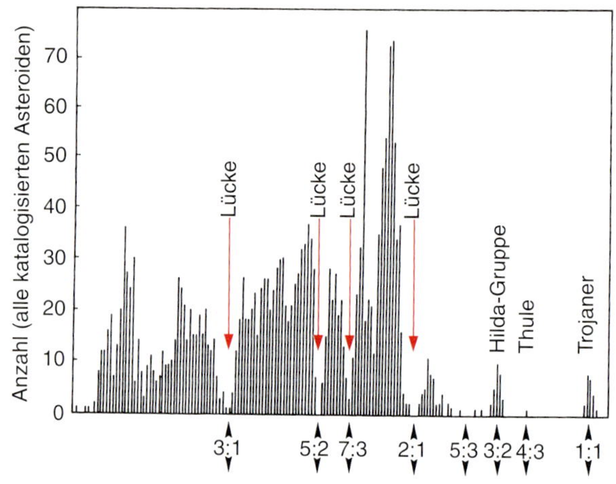

Abb. 10.42. Zahl der bisher gefundenen Planetoiden gegen ihren Abstand von der Sonne. Die Pfeile geben Abstände mit Resonanzen $T_{\mathrm{Pl}}/T_{♃}$ an. Nach J.K. Beatty et. al.: *Die Sonne und ihre Planeten* (Physik-Verlag, Weinheim 1985)

der Planetoiden (Asteroidengürtel). Das Volumen dieses von vielen kleinen Planetoiden erfüllten Gürtels um die Sonne ist größer als das Volumen der Kugel innerhalb der Marsbahn.

Die Planetoiden haben in letzter Zeit zunehmend an Interesse gewonnen, seit man erkannt hat, daß ein großer Teil der auf die Erde niedergehenden Meteorite aus diesem Asteroidengürtel stammt.

Um ihre Entstehungsgeschichte zu verstehen, wollen wir zuerst die experimentellen Fakten zusammentragen:

Trägt man alle bisher gefundenen Planetoiden mit Durchmessern größer als 80 km gegen ihre mittlere Entfernung von der Sonne auf, so ergibt sich das Histogramm der Abb. 10.42. Es fällt sofort auf, daß es in dieser Verteilung Lücken gibt, also Entfernungen a, bei denen keine Planetoiden entdeckt wurden. Wie kommen diese Lücken zustande?

Berechnet man nach dem 3. Keplerschen Gesetz das Verhältnis $T_{\mathrm{Pl}}/T_{♃}$ der Umlaufzeiten eines Planetoiden zu der des Jupiters, so ergeben sich für die Lücken Verhältnisse kleiner ganzer Zahlen.

Dies kann folgendermaßen erklärt werden: Durch die Gravitationswechselwirkung zwischen dem schweren Jupiter und einem Planetoiden wird die Kepler-Ellipse des Planetoiden gestört. Ist das Verhältnis der Umlaufzeiten ein Bruch n/m kleiner ganzer Zahlen, so erscheint nach n Umläufen des Planetoiden die Störung wieder an der gleichen Stelle. Die Abweichung von der Kepler-Ellipse schaukelt sich durch diese „Resonanz" der Umlaufzeiten deshalb auf, bis die Bahn des Planetoiden weit von seiner ursprünglichen Bahn entfernt ist. Bei dieser resonanzbedingten Abweichung von seiner Kepler-Ellipse kann ein Planetoid mit anderen Planetoiden zusammenstoßen und dadurch noch weiter aus seiner Bahn abgelenkt werden, daß er sogar die Bahnebene verlassen kann. Solche „Ausreißer" aus dem Asteroidengürtel können die Bahn anderer Planeten kreuzen und sogar mit den Planeten zusammenstoßen (Meteorite). Deshalb gibt es heute an diesen Resonanzstellen in Abb. 10.42, die auch ***Kirkwood-Lücken*** heißen, keine Planetoiden mehr.

Es gibt zwei Ausnahmen: Die ***Trojaner*** ($T_{\mathrm{Pl}}T_{♃} = 1:1$) und die Hilda-Gruppe (3:2). Die Trojaner bilden zwei Gruppen von etwa 100 Asteroiden, welche die gleiche Umlaufzeit haben wie Jupiter und die Namen homerischer Helden des Trojanischen Krieges führen.

Schon *Joseph Louis de Lagrange* hat bereits 1772 erkannt, daß bei bestimmten Positionen die Wechselwirkung zwischen drei Körpern stabile Konstellationen ergeben kann mit einem lokalen Minimum der potentiellen Energie (***Lagrange-Punkte***). Für diese Konstellationen läßt sich das Drei-Körper-Problem exakt lösen. Wir wollen dies an Abb. 10.43a klarmachen: Wenn zwei große Massen m_1 und m_2 (in diesem Falle Sonne und Jupiter) um ihren gemeinsamen Schwerpunkt S rotieren, so gibt es insgesamt fünf ***Lagrangepunkte*** L_1 bis L_5 mit lokalen Minima der potentiellen Energie,

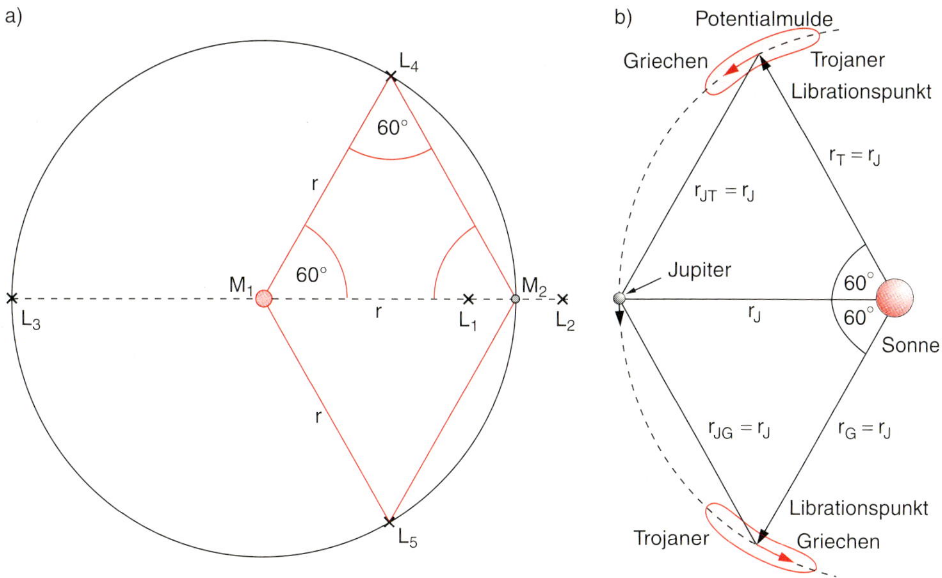

Abb. 10.43. (**a**) Lagrangepunkte bei der Gravitations-Wechselwirkung zwischen zwei schweren Massen M_1, M_2 und einem leichten Körper. (**b**) Bewegung der Trojaner in der Potentialmulde (Librationen)

von denen zwei auf den Ecken gleichseitiger Dreiecke liegen (siehe Aufg. 10.6).

In diesen beiden Lagrangepunkten sitzen die Trojaner, benannt nach den Helden aus *Homers* Ilias. Die vorhergehenden nach den griechischen Kriegern, die nachfolgenden nach den Verteidigern Trojas.

Die bei diesen Punkten eingefangenen Planetoiden können auf Grund von Störungen Bewegungen um den Punkt des lokalen Energieminimums durchführen, so daß sie nierenförmige Bahnen beschreiben (***Librationen***) (Abb. 10.43b). Deshalb heißen diese Punkte auch ***Librationspunkte***. Solange die Störungen nicht zu groß sind, bleiben die Körper auf begrenzten Bahnen in ihrer Energiemulde.

Über Form und Gestalt der Asteroiden sind unterschiedliche Modelle aufgestellt worden.

Beachtet man die Intensität $I(t)$ des von den größeren Planetoiden reflektierten Lichts, so stellt man in vielen Fällen eine periodische Variation von $I(t)$ fest. Man hat dies anfangs der Rotation langgestreckter Ellipsoidkörper zugeschrieben, aber inzwischen gibt es Hinweise, daß wenigstens ein Teil dieser Beobachtungen durch Doppelsysteme von zwei Planetoiden, die um ihren gemeinsamen Schwerpunkt kreisen, erklärt werden sollten. Ein Beispiel sind das Paar Ida und Gaspra (Abb. 10.44). Danach sollte die Form der größeren Planetoide zwar unregelmäßig, aber nicht soweit von der Kugelgestalt entfernt sein.

Die meisten Planetoiden sind extrem dunkel mit einer typischen Albedo von 0,03–0,04, woraus man folgert, daß sie aus kohlehaltigen Chondriten bestehen. Nach unserem bisherigen Wissen sind Planetoiden kalte Himmelskörper ohne eigene Atmosphäre.

Da die Bahnexzentrizitäten der Planetoiden etwas unterschiedlich sind, gibt es bei ihrer großen Zahl eine

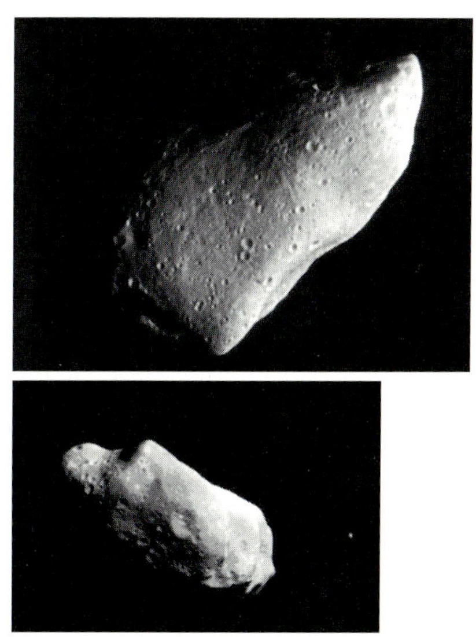

Abb. 10.44. Die Planetoiden Ida (*unten*) und Gaspra (Aufnahmen: NASA)

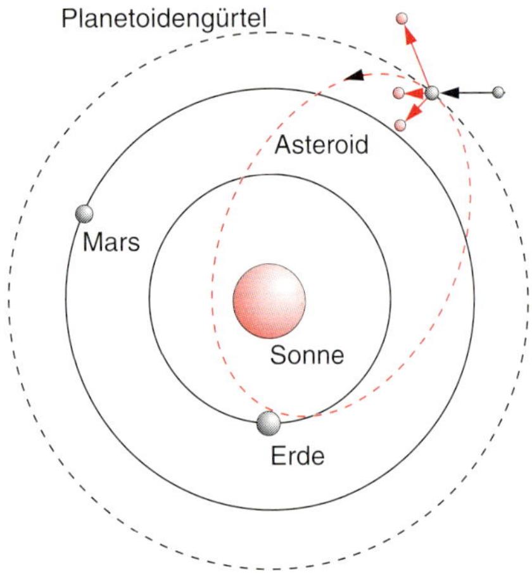

Abb. 10.45. Erdnahe Asteroidenbahn infolge eines Zusammenstoßes zwischen Planetoiden

Abb. 10.46. Der Komet Hale-Bopp, aufgenommen von H. Perret, SAGA Kaiserslautern

endliche Wahrscheinlichkeit für Kollisionen zwischen ihnen. Vor allem solche Planetoiden, die durch Resonanzstörungen aus der Bahnebene geworfen wurden, können diese Ebene wieder kreuzen und zu Stößen führen, die bei typischen Relativgeschwindigkeiten von 5 km/s geschehen. Die dabei frei werdende Energie ist bei weitem ausreichend, um die Stoßpartner zu zertrümmern.

Die Trümmer können dann auch auf eine Bahn gelangen, welche die Erdbahn kreuzt (Abb. 10.45). Treffen Sie auf die Erde, so sprechen wir von einem Meteoriteneinschlag.

Ob die Asteroiden sich, wie die Planeten, bei der Bildung des Sonnensystems (siehe Kap. 12) aus der Urmaterie direkt als kleine Körper gebildet haben, oder ob sie durch Zertrümmerung größerer Körper infolge von Zusammenstößen fragmentierten, ist noch nicht völlig geklärt.

10.4.2 Kometen

Das Erscheinen eines hellen Kometen (Schweifsterns) am Himmel hat schon seit der Frühzeit die Menschen fasziniert und oft auch beunruhigt, weil Kometen als Vorboten von Katastrophen angesehen wurden. Der Name kommt aus dem Griechischen (*κομήτης* = langhaarig, gefiedert). Ein besonders eindrucksvolles Beispiel ist der Komet *Hyakutake*, der im März 1996 der Erde so nahe kam, daß er mit bloßem Auge gut sichtbar war. Zu den hellsten Kometen der Neuzeit gehörte Komet *Hale-Bopp*, der 1996/97 für mehrere Monate mit dem bloßen Auge sichtbar war und mehrere Wochen lang zu den hellsten Objekten des Nachthimmels gehörte (Abb. 10.46). Jedes Jahr werden etwa 5–10 Kometen beobachtet, von denen die meisten jedoch eine so geringe Helligkeit haben, daß sie nur mit lichtstarken Teleskopen verfolgt werden können.

Die Bahnen der meisten Kometen sind langgestreckte Ellipsen mit großen Halbachsen, die von 40 000 AE bis 150 000 AE reichen (der nächste Fixstern α-Centauri liegt etwa $4\,\text{ly} = 260\,000\,\text{AE}$ entfernt).

Die Umlaufzeiten dieser langperiodischen Kometen betragen 10^5–10^6 Jahre. Daneben gibt es die kurzperiodischen Kometen mit Umlaufszeiten zwischen 2–200 Jahren, deren elliptische Bahnen große Halbachsen zwischen 2 und 30 AE haben, und Kometen mit mittleren Perioden (200–10^5 Jahre) wie z. B. Hale-Bopp.

Bisher wurden etwa 50 Kometen gefunden, die sich auf hyperbolischen Bahnen bewegen.

Man nimmt heute an, daß ursprünglich alle Kometen zur Gruppe der langperiodischen Kometen gehörten. Durch Ablenkungen ihrer Bahn beim Vorbeiflug an Planeten können sie entweder beschleunigt werden (Swing), so daß sie genügend Energie erhalten, das Sonnensystem auf einer hyperbolischen Bahn zu verlassen, oder abgebremst werden, so daß ihre Energie sinkt und sie sich nicht mehr so weit von der Sonne

Abb. 10.47. Photo des Kometen Halley, photographiert am 09.01.1986 von Dr. K. Birkle mit dem Schmidt-Teleskop des Calar-Alto-Observatoriums des MPI für Astronomie, Heidelberg

entfernen können (siehe Aufg. 10.7). Ihre Bahn wird dadurch kurzperiodisch.

Beispiele für kurzperiodische Kometen sind:

- der Komet Halley (Abb. 10.47), Umlaufzeit 76 a, große Halbachse $a = 18\,\text{AE}$, Exzentrizität $\varepsilon = 0{,}967$. Das Perihel liegt bei 0,6 AE, das Aphel in der Nähe der Neptunbahn.
- der Komet Hyakutake.

Ein Komet besteht in Sonnennähe aus dem eigentlichen Kometenkern, einem festen Körper mit wenigen km Durchmesser, einem Halo, d. h. einer gasförmigen Hülle aus Atomen, Molekülen und Ionen mit einem Durchmesser von bis zu 100 000 km und dem Kometenschweif, der sich bei Annäherung an die Sonne entwickelt und viele Millionen km lang sein kann.

Alle bisherigen Beobachtungen deuten darauf hin, daß der Kometenkern ein großer schmutziger Schneeball ist, d. h. ein unregelmäßig geformter Körper aus Wassereis, durchsetzt mit Staub und kohlenstoff- und silikathaltigen Mineralien, sowie gefrorenem CO_2, NH_3. Er ist oft mit einer dunklen Kruste überzogen.

Wenn sich der Komet der Sonne auf etwa 3 AE nähert, verdampft ein geringer Teil des Kometenkerns. An den dunklen Stellen, wo die Absorption der Sonnenstrahlung besonders hoch ist, schießen aus dem Kern Jets von verdampfendem Material, wie das Photo des Kerns des Kometen Halley (Abb. 10.48), das von der Raumsonde Giotto während eines sehr nahen Vorbeiflugs am Halley aufgenommen wurde, eindrucksvoll zeigt. Dieses Photo ist das erste Bild, das jemals von einem Kometenkern gemacht wurde.

Abb. 10.48. Photo des Kometenkerns des Halley-Kometen, aufgenommen von der Giotto-Sonde beim nahen Vorbeiflug (MPI für Aeronomie, Lindau/Harz)

Die verdampfende Materie bildet die sphärische Koma des Kometen, also die ihn umgebende Gaswolke. Die Dichte in der Koma beträgt zwischen 10^6 und 10^4 Molekülen pro cm^3. Sie strömt mit einer Geschwindigkeit von etwa $0{,}5\,\text{km/s}$ vom Kometen weg. Die Moleküle werden durch die UV-Strahlung der Sonne dissoziiert und ionisiert, so daß die Koma aus Radikalen, Atomen und Ionen besteht. Die Ionen werden im Magnetfeld der ausgedehnten Sonnenmagnetosphäre abgelenkt und durch den Sonnenwind vom Kometen weggetrieben. Dadurch entsteht der lange Kometenschweif, der zwar bis zu 10^8 km lang werden kann, aber eine sehr geringe Gasdichte hat ($\approx$ 10–100 Moleküle/cm^3). Es würde deshalb nichts für uns Menschen ausmachen, wenn der Schweif eines sehr nahe vorbeifliegenden Kometen die Erde berühren würde, wie es z. B. 1910 mit dem Kometenschweif von Halley passierte.

Oft beobachtet man, daß der Schweif aus mehreren Komponenten besteht. Durch den Strahlungsdruck der Sonnenstrahlung wird auch die neutrale Komponente (z. B. Staubpartikel) abgelenkt und zwar von der Sonne weg (siehe Bd. 2, Abb. 7.13), so daß man zwei Hauptkomponenten hat, den ionischen Anteil, der durch die Magnetfelder der Magnetosphäre abgelenkt wird, und die neutrale Komponente, die durch den Sonnenwind abgelenkt wird.

Aus den für mehr als 600 Kometen vermessenen Bahnen lassen sich Modelle über den Ursprung der Kometen aufstellen. Es zeigt sich, daß alle bisher beobachteten Kometen Mitglieder unseres Sonnensystems sind, also nicht aus dem interstellaren Raum zu uns gelangt sind. Nach der Oortschen Theorie (siehe Abschn. 12.5) stammen alle Kometen aus einer im wesentlichen sphärischen Wolke um die Sonne mit einem Radius von 10^4–10^5 AE. Gravitative Störungen durch vorbeiziehende Sterne können die Kometen aus dieser Wolke sowohl in den inneren Teil des Sonnensystems bringen, als auch aus dem Sonnensystem hinaus katapultieren.

Diese aus der Oortschen Wolke zu uns gelangenden Kometen sind primär langperiodische Kometen, die erst durch Störungen durch die Planeten zu kurzperiodischen werden.

10.4.3 Meteore und Meteorite

Meteore, auch „Sternschnuppen" genannt, sind Lichtspuren am Nachthimmel, die durch kleine interplanetarische Staubpartikel (Meteorite) erzeugt werden, wenn sie mit großer Geschwindigkeit in die Erdatmosphäre eintreten und dort infolge der Luftreibung sich so stark erwärmen, daß sie verglühen.

Die Lichtspur kommt dabei durch einen Kanal angeregter und ionisierter Luftmoleküle zustande, den das Staubteilchen durch Stöße mit den Molekülen (Relativgeschwindigkeit bis zu 70 km/s) erzeugt, und die ihre Anregungsenergie in Form von Licht abgeben. Der Höhenbereich der Meteorerscheinung liegt zwischen 330 km und 10 km über dem Erdboden, wobei die maximale Helligkeit etwa bei 80–100 km Höhe liegt. Ein Meteor ist dann etwa 1 s lang sichtbar.

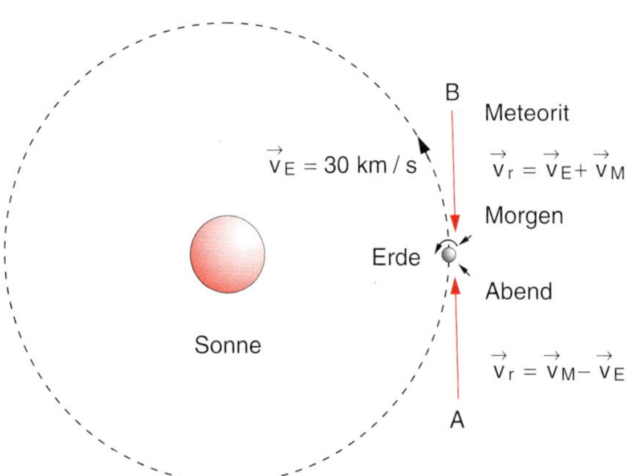

Abb. 10.49. Verschiedene Relativgeschwindigkeiten eines Meteoriten bei Einfallsrichtungen in Richtung bzw. gegen die Richtung der Bahngeschwindigkeit der Erde

Die Relativgeschwindigkeit der Staubpartikel relativ zur Erde hängt ab von ihrer Einfallsrichtung (Abb. 10.49). Bei Beginn der Nacht befindet sich der Beobachter auf der „Rückseite" der die Sonne umlaufenden Erde, so daß die Relativgeschwindigkeit der Meteore $\boldsymbol{v}_r = \boldsymbol{v}_M - \boldsymbol{v}_E$ geringer ist als bei Beobachtung am frühen Morgen, bei denen $\boldsymbol{v}_r = \boldsymbol{v}_M + \boldsymbol{v}_E$ gilt.

BEISPIEL

Für typische Meteoritgeschwindigkeiten von $\langle \boldsymbol{v}_M \rangle = 42\,\text{km/s}$ und $v_E = 30\,\text{km/s}$ wird $v_r(A) = 12\,\text{km/s}$, aber $v_r(B) = 72\,\text{km/s}$.

Der größte Teil der in die Erdatmosphäre eindringenden Teilchen (insgesamt etwa $1{,}6 \cdot 10^7$ kg/Jahr) haben Durchmesser von wenigen μm bis etwa 1 cm und Massen im Bereich von Milligramm bis Gramm. Sie verglühen in der Atmosphäre und erreichen daher nicht den Erdboden. Daneben gibt es größere Brocken, deren Masse von mehreren Gramm bis zu vielen Tonnen reicht und die als Meteorite die Erde erreichen und dort bei genügend großer Masse große Einschlagkrater verursachen.

Die kleinen Meteorite treten zu bestimmten Jahreszeiten gehäuft auf (Sternschnuppenschwärme). Beispiele sind die Perseiden vom 27. Juli –17. August, die Leoniden-Schwärme vom 11.–20. November und die Geminiden vom 6.–16. Dezember. Sie stammen aus den Staubschweifen von Kometen, die abgestoßen werden, wenn der Komet sich in Sonnennähe befindet, und deren Reste die Erdbahn an verschiedenen Stellen kreuzen. An diesen Stellen liegt daher eine erhöhte Staubkonzentration vor.

Der Ursprung der großen Meteorite war lange Zeit unklar. Nach vielen Beobachtungen der Bahnen von Meteoriten (die man meistens nur über relativ kurze Strecken verfolgen kann), hat sich herausgestellt, daß die meisten Meteorite aus dem Planetoidengürtel stammen. Wenn ein Planetoid durch Störungen aus seiner Bahn geworfen wird, kann er durch Stöße mit anderen Planetoiden zertrümmert werden, und diese Trümmer laufen dann als Meteorite auf elliptischen Bahnen um die Sonne, wobei die Bahnebenen stark geneigt gegen die Erdbahnebene sein können (Abb. 10.45).

Kommt ein solcher Meteorit der Erde so nahe, daß er in die Atmosphäre eintaucht, wird er gebremst und kann auf die Erde fallen. Da seine Eintrittsgeschwindigkeit im allgemeinen wesentlich größer als die Fluchtgeschwindigkeit von 11,2 km/s (siehe Bd. 1, Abschn. 2.6.3) ist, kann er auch tangential durch die hohen Schichten der Atmosphäre fliegen und diese wieder verlassen. Durch die Reibungswärme erhitzt sich der Meteorit so weit, daß Material von seiner Oberfläche verdampft. Um den Meteoriten entsteht eine heiße Plasmakugel, die gleißend leuchtet (Feuerball) und so hell wie die Sonne sein kann. Durch die zwischen Oberfläche und Innerem entstehenden Temperaturgradienten können so große thermische Spannungen entstehen, daß der Meteorit zerbricht. Durch das Zerbersten kann ein ganzer Meteoritenschauer entstehen. Pro Jahr fallen im Mittel etwa 20 000 Meteorite mit einer Masse $m > 100$ g auf die Erde.

Etwa 95% der aufgefundenen Meteorite bestehen vorwiegend aus steinigem Material mit geringen Metallbeimengungen, etwa 5% enthalten überwiegend Metalle (z. B. 90% Eisen und 8–9% Nickel).

Bei den Steinmeteoriten unterscheidet man ***Chondrite*** und ***Achondrite***. Die Chondrite enthalten kugelförmige Einschlüsse ($\varnothing \approx 0{,}1$–$1$ cm) aus Olivin oder anderen Mineralien. Man erklärt sie durch aufgeschmolzene Tröpfchen, die beim Zusammenstoß von Planetoiden entstanden sind. Achondrite sind im wesentlichen metallreiche Steinmeteorite, die direkt oder indirekt durch vulkanische Tätigkeit auf Planeten bzw. Planetoiden gebildet wurden. Die chemische und mineralogische Analyse der Meteorite gibt Aufschluß über den Zustand bei der Bildung des Meteoriten. Eine radioaktive Altersbestimmung erlaubt es, den Bildungszeitpunkt zu bestimmen (siehe Abschn. 8.1). Das Entstehungsalter ist der Zeitpunkt, als der Meteorit nach einer Hochtemperaturphase zum ersten Mal abkühlte und ein abgeschlossenes chemisches System bildete, das sich seitdem nicht mehr in seiner Zusammensetzung veränderte. Aus der Menge der Spaltprodukte, die im Meteoriten durch die kosmische Strahlung erzeugt wurden, läßt sich das Bestrahlungsalter des Meteoriten, d. h. die Zeit, die er der kosmischen Strahlung ausgesetzt war, bestimmen. Da diese nur wenige Meter in das Meteoritenmaterial eindringen kann, läßt sich daraus oft der Zeitpunkt bestimmen, an dem der Meteorit durch Zerbersten eines Planetoiden entstanden ist (siehe auch Abschn. 12.8).

10.5 Die Sonne als stationärer Stern

Viele charakteristischen Eigenschaften der Sonne ändern sich im Laufe der Zeit so wenig, daß wir sie als zeitlich konstant ansehen können. Mit diesen Eigenschaften und mit den experimentellen Methoden zu ihrer Bestimmung wollen wir uns in diesem Abschnitt befassen. Zu ihnen gehören Größe, Masse, Temperatur und Leuchtkraft der Sonne. Wir wollen lernen, wie man aus den beobachtbaren Größen, zusammen mit bekannten Gesetzen der Physik, ein Modell der Sonne entwickeln kann, das alle Beobachtungen richtig wiedergibt. Dieses Modell erlaubt uns dann auch, den inneren Zustand der Sonne zu beschreiben, auch wenn wir außer der Neutrinostrahlung aus dem Inneren der Sonne keine direkt beobachtbare Meßgröße über den Zustand im Sonneninneren zur Verfügung haben, sondern auf indirekte Schlüsse angewiesen sind.

Neben diesen stationären Eigenschaften der Sonne gibt es eine Reihe dynamischer, kurzfristig veränderlicher Größen, wie z. B. Sonnenflecken, die Granulation der Sonnenoberfläche, Flares und Protuberanzen, die dann im Abschn. 10.6 behandelt werden.

10.5.1 Masse, Größe, Dichte und Leuchtkraft der Sonne

Aus der Messung der Umlaufzeit der Erde um die Sonne ($T = 1$ a) und der großen Halbachse $a = 1$ AE ihrer Bahn läßt sich nach (10.11) die Masse der Sonne $M_\odot$ bestimmen, wobei die Erdmasse m_E aus der Umlaufzeit des Erdmondes bekannt ist.

Einsetzen der Zahlenwerte ergibt:

$$M_\odot = 1{,}989 \cdot 10^{30}\,\mathrm{kg}\,.$$

Die Sonne erscheint bei Beobachtung durch ein abschwächendes Filter als fast runde Scheibe, mit einem Winkeldurchmesser von $2\alpha = 31'59''\!.2 = 0{,}009204$ rad (Abb. 10.50). Der Sonnenradius ist daher

$$R_\odot = 1\,\mathrm{AE} \cdot \sin\alpha = 6{,}96 \cdot 10^8\,\mathrm{m}\,.$$

Damit wird das Volumen der Sonne

$$V_\odot = \frac{4}{3}\pi R_\odot^3 = 1{,}3 \cdot 10^{27}\,\mathrm{m}^3$$

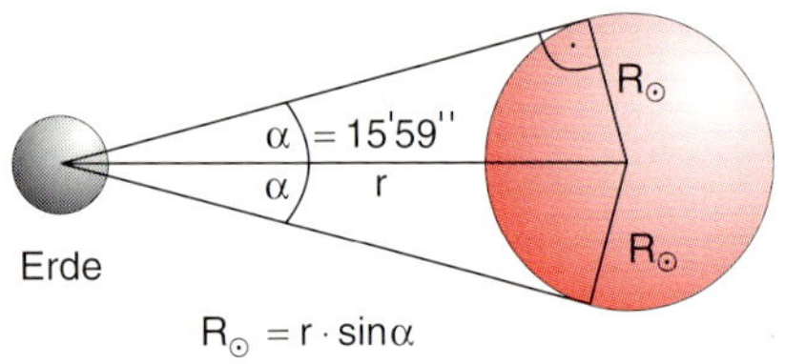

Abb. 10.50. Zur Messung des Sonnenradius

und die mittlere Dichte

$$\overline{\varrho} = M_\bigcirc / V_\bigcirc = 1{,}41\ \mathrm{kg/dm^3}\,,$$

die damit fast viermal so klein ist wie die mittlere Dichte der Erde.

Die Leuchtkraft $L_\bigcirc$ der Sonne, d. h. die gesamte Strahlungsleistung, die in den vollen Raumwinkel 4π abgegeben wird, kann aus der Messung der Solarkonstanten SK bestimmt werden (Abb. 10.51).

Ein m^2 der Erdoberfläche empfängt bei senkrechter Bestrahlung außerhalb der Erdatmosphäre die Strahlungsleistung (Solarkonstante)

$$SK = \frac{L_\bigcirc}{4\pi r^2} \quad \text{mit} \quad r = 1\ \mathrm{AE}\,. \tag{10.28}$$

Die Solarkonstante wird mit Bolometern gemessen, deren Empfangsfläche A geschwärzt und aufgerauht ist, so daß alle einfallende Strahlung völlig absorbiert wird. Die aufgenommene Strahlungsleistung führt zu einer Temperaturerhöhung des nach außen thermisch gut isolierten Bolometers mit der Masse m und der Wärmekapazität $Q = c_v \cdot m$:

$$\frac{\mathrm{d}T}{\mathrm{d}t} = A \cdot \frac{SK}{c_v \cdot m}\,, \tag{10.29}$$

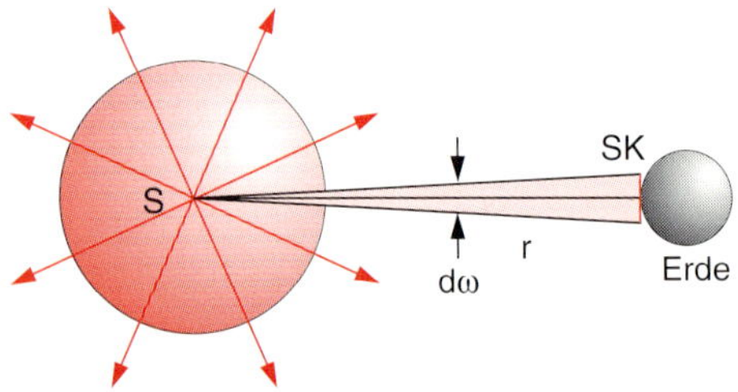

Abb. 10.51. Zur Bestimmung der Leuchtkraft der Sonne aus der Messung der Solarkonstanten

aus deren Messung die Solarkonstante bestimmt werden kann. Ihr Zahlenwert ist

$$SK = 1{,}36 \cdot 10^3\ \mathrm{W/m^2}\,. \tag{10.30}$$

Daraus ergibt sich nach (10.28) die Leuchtkraft der Sonne zu

$$L_\bigcirc = 3{,}82 \cdot 10^{26}\ \mathrm{W}\,.$$

Gemäß der Relation $E = m \cdot c^2$ verliert die Sonne auf Grund ihrer Energieabstrahlung pro Zeiteinheit die Masse

$$\frac{\mathrm{d}M_\bigcirc}{\mathrm{d}t} = 4{,}2 \cdot 10^9\ \mathrm{kg/s}\,.$$

Wenn wir annehmen, daß die Sonne während ihrer bisherigen Lebensdauer von etwa 5 Milliarden Jahren immer mit der heutigen Leuchtkraft Energie abgestrahlt hat, ergibt sich ein totaler Massenverlust von

$$\Delta M = 6{,}7 \cdot 10^{26}\ \mathrm{kg} = 3{,}4 \cdot 10^{-4} M_\bigcirc\,,$$

d. h. während ihrer gesamten Brenndauer hat die Sonne auf Grund ihrer Abstrahlung nur 0,3‰ ihrer Masse verloren.

Obwohl genauere Messungen (Abb. 10.52) gezeigt haben, daß die Leuchtkraft der Sonne nicht völlig zeitlich konstant ist, sondern kleine statistische Variationen

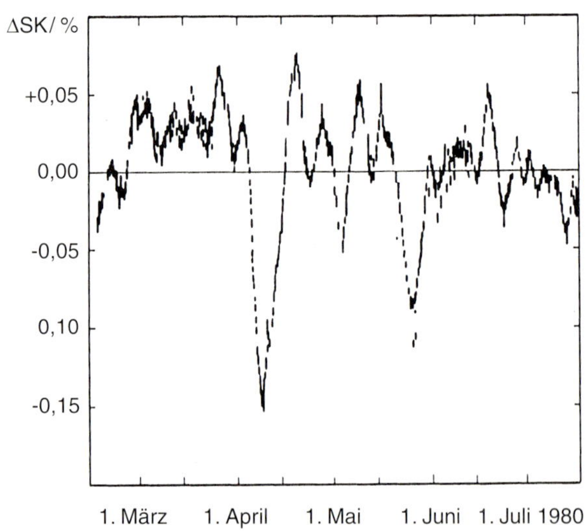

Abb. 10.52. Zeitliche Variationen der Solarkonstante. Aus J.K. Beatty et. al.: *Die Sonne und ihre Planeten* (Physik-Verlag, Weinheim 1985)

aufweist, deuten viele unabhängige Indikatoren darauf hin, daß sie sich im zeitlichen Mittel über die letzten 4–5 Milliarden Jahre nicht wesentlich geändert hat.

Die Sonne hat in dieser Zeit eine Gesamtenergie von $W = 6 \cdot 10^{43}$ J abgestrahlt und die Frage ist nun, woher diese Energie stammt.

Nach dem Stefan-Boltzmann-Gesetz (siehe Bd. 2, Abschn. 12.6) ist die gesamte Strahlungsleistung eines schwarzen Körpers mit der Oberfläche $A = 4\pi R_\odot^2$, deren Temperatur T sei:

$$\frac{\mathrm{d}W}{\mathrm{d}t} = L_\odot = 4\pi R_\odot^2 \cdot \sigma \cdot T^4 , \tag{10.31}$$

wobei σ die Stefan-Boltzmann-Konstante ist.

Nähern wir die Sonne durch einen schwarzen Körper an, so ergibt sich eine effektive Oberflächentemperatur der Sonne von

$$T_{\mathrm{eff}} = \left(\frac{L_\odot}{4\pi\sigma R_\odot^2} \right)^{1/4} . \tag{10.32}$$

Die effektive Temperatur T_{eff} ist die Temperatur eines kugelförmigen schwarzen Körpers mit dem Radius $R_\odot$, welcher die gleiche Strahlungsleistung $L_\odot$ hat, wie die Sonne.

Setzt man in (10.32) die Zahlenwerte für $L_\odot$, $R_\odot$ und σ ein, so ergibt sich die effektive Oberflächentemperatur der Sonne zu

$$T_{\mathrm{eff}} = 5770\,\mathrm{K} .$$

Da sich sowohl der Sonnenradius als auch die Leuchtkraft der Sonne über die letzten 3–5 Milliarden Jahre nicht wesentlich geändert haben, muß die abgestrahlte Leistung durch eine entsprechende Energieproduktion im Inneren der Sonne mit Energietransport vom Inneren an die Oberfläche gedeckt worden sein.

10.5.2 Mittelwerte für Temperatur und Druck im Inneren der Sonne

Wir wollen uns zuerst die Größenordnungen an Hand eines sehr groben Modells klarmachen: Wenn wir die Sonne als homogenen Gasball ansehen, so ist die potentielle Energie auf Grund der Gravitationsanziehung (siehe Aufg. 10.8)

$$E_{\mathrm{pot}} = -\frac{3}{5} G \cdot \frac{M_\odot^2}{R_\odot} = -2{,}35 \cdot 10^{41}\,\mathrm{J} . \tag{10.33}$$

Setzt man hydrostatisches und thermisches Gleichgewicht voraus, so gilt der Virialsatz:

$$\overline{E_{\mathrm{kin}}} = \frac{3}{2} \frac{M_\odot}{\overline{m}} \cdot k\overline{T} = -\frac{1}{2} E_{\mathrm{pot}} = 1{,}2 \cdot 10^{41}\,\mathrm{J} , \tag{10.34}$$

wobei $\overline{m}$ die mittlere Masse eines Atoms in der Sonne und $N = M_\odot/m$ die Zahl der Atome in der Sonne ist. Die kinetische Energie setzt sich aus thermischer Energie $N \cdot \frac{3}{2} kT$ und Rotationsenergie der Sonne zusammen, wobei die letztere folgendermaßen nach oben abgeschätzt werden kann:

$$E_{\mathrm{rot}} = \frac{1}{2} I\omega^2 \le \frac{1}{5} M_\odot R_\odot^2 \omega^2 . \tag{10.35}$$

Da die Dichte der Sonne nach innen zunimmt, ist E_{rot} in Wirklichkeit kleiner. Die Rotationsperiode der Sonne (siehe Abschn. 10.6.1) ist 25,38 d $\Rightarrow \omega = 2{,}8 \cdot 10^{-6}\,\mathrm{s}^{-1} \Rightarrow E_{\mathrm{rot}} < 4 \cdot 10^{36}$ J.

Daher ist die Rotationsenergie völlig vernachlässigbar gegenüber der thermischen Energie.

Der Hauptanteil der Sonnenmaterie ist Wasserstoff. Setzen wir in (10.34) für m die Masse eines H-Atoms ein, so ergibt sich für die mittlere Temperatur der Sonne

$$\overline{T} = \frac{m}{3M_\odot \cdot k} E_{\mathrm{pot}} \approx 5 \cdot 10^6\,\mathrm{K} .$$

Bei dieser Temperatur ist Wasserstoff vollständig ionisiert, d. h. im Sonneninneren muß ein Plasma aus Protonen und Elektronen vorhanden sein, so daß man für die mittlere Masse der Teilchen

$$\overline{m} = \frac{1}{2}(m_{\mathrm{p}} + m_{\mathrm{e}}) \approx \frac{1}{2} m_{\mathrm{p}}$$

einsetzen muß. Dies führt dann auf eine mittlere Temperatur von

$$\overline{T}_\odot = 2{,}5 \cdot 10^6\,\mathrm{K} .$$

Da die Temperatur an der Sonnenoberfläche nur 5700 K ist, muß die Temperatur im Inneren bei $r = 0$ wesentlich höher sein als 2 Millionen Grad. Es muß also ein großer Temperaturgradient vom Inneren zur Sonnenoberfläche auftreten, der zu einem Energietransport führt.

Auch für den Druck im Sonneninneren läßt sich eine einfache, grobe Abschätzung machen. Denkt man sich die Sonne in zwei Kugelhälften aufgeschnitten, so ziehen sich diese mit der Kraft:

$$F_G = -G \cdot \frac{(M_\odot^2/2)^2}{r^2}$$

an. Der Druck an der Schnittfläche ist dann

$$p = \frac{F_G}{\pi R_\odot^2} = G \cdot \frac{M_\odot^2}{4\pi R_\odot^4}, \qquad (10.36)$$

wobei wir in dieser vereinfachenden Betrachtung $r = R_\odot$ setzen. Einsetzen der Zahlenwerte ergibt einen Druck

$$\overline{p} = 8{,}8 \cdot 10^{13}\,\text{Pa}.$$

Nach der allgemeinen Gasgleichung gilt:

$$\overline{p} \cdot V = N \cdot k \cdot \overline{T}, \qquad (10.37)$$

woraus mit $V = M_\odot/\overline{\varrho}_\odot$ und $N = M_\odot/\overline{m}$ eine Temperatur von $\overline{T} = 3{,}8 \cdot 10^6\,\text{K}$ folgt, wenn wir für $\overline{\varrho} = 1{,}4\,\text{kg/dm}^3$ die mittlere Sonnendichte und für $\overline{m} \approx \frac{1}{2} m_\text{p}$ die halbe Wasserstoffatommasse einsetzen. Wir erhalten daher aus dieser Überlegung dieselbe Größenordnung für die Temperatur wie aus dem Virialsatz.

Die allgemeine Gasgleichung gilt genau nur für ein ideales Gas, bei dem die mittlere kinetische Energie sehr groß ist gegenüber der gegenseitigen Anziehungsenergie der Protonen und Elektronen. Dies ist in der Tat im Sonneninneren erfüllt, wie man folgendermaßen sieht: Die Anziehungsenergie auf Grund der Coulombkraft ist:

$$E_\text{pot} = -\frac{e^2}{4\pi\varepsilon_0 \cdot \overline{d}}, \qquad (10.38)$$

wobei $\overline{d}$ der mittlere Abstand zwischen den Teilchen ist.

Für diesen Abstand erhält man:

$$\overline{d} = \sqrt[3]{V_\odot/N} = \sqrt[3]{\frac{\overline{m}}{\varrho_\odot}} \approx 10^{-10}\,\text{m}.$$

Die Bedingung für ein ideales Gas lautet dann:

$$\overline{E}_\text{kin} = 2 \cdot \frac{3}{2} k\overline{T} \gg \frac{e^2}{4\pi\varepsilon_0 \overline{d}}. \qquad (10.39)$$

Setzt man $\overline{T} = 3 \cdot 10^6\,\text{K}$ und $\overline{d} = 10^{-10}\,\text{m}$ ein, so erhält man:

$$\overline{E}_\text{kin}/\overline{E}_\text{pot} \approx \frac{1{,}2 \cdot 10^{-16}\,\text{J}}{2{,}3 \cdot 10^{-18}\,\text{J}} = 52,$$

so daß man die Materie im Inneren der Sonne wie ein ideales Gas behandeln kann.

Um Energieproduktion und Energietransport quantitativ zu erfassen, müssen wir über dieses einfache Abschätzungsmodell hinausgehen und mehr lernen über den radialen Verlauf von Dichte, Druck und Temperatur im Sonneninneren.

10.5.3 Radialer Verlauf von Druck, Dichte und Temperatur

In einem realistischeren, aber immer noch vereinfachten Modell betrachten wir die Sonne als kugelsymmetrischen heißen Gasball. Auf Grund der Gravitation drücken die oberen Gasschichten auf die unteren, so daß der Druck $p(r)$ nach innen hin zunehmen muß. Dies ist völlig analog zu den Verhältnissen in der Erdatmosphäre (siehe Bd. 1, Abschn. 7.6).

Auf ein Massenelement $\text{d}m = \varrho(r)\text{d}V = \varrho(r)\text{d}r \cdot \text{d}A$ im Abstand r von der Sonnenmitte (Abb. 10.53) wirkt die Gravitationskraft

$$\text{d}F_G(r) = G \cdot \frac{M(r)}{r^2}\,\text{d}m = G \cdot \frac{M(r)}{r^2}\varrho(r)\,\text{d}A\,\text{d}r, \qquad (10.40)$$

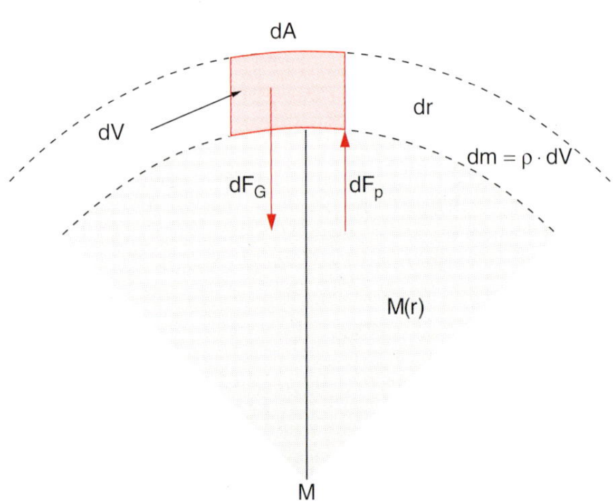

Abb. 10.53. Zur Bestimmung des Druckverlaufs $p(r)$

wobei $M(r)$ die Masse innerhalb der Kugel mit Radius r ist. Damit die Gasschicht zwischen den Radien r und $r+\mathrm{d}r$ stabil bleibt, muß eine entsprechende Druckkraft

$$\begin{aligned}\mathrm{d}F_p &= \left[p(r+\mathrm{d}r)-p(r)\right]\mathrm{d}A\\ &= -\frac{\mathrm{d}p}{\mathrm{d}r}\,\mathrm{d}r\,\mathrm{d}A\end{aligned} \tag{10.41}$$

die Gravitationskraft kompensieren. Dies ergibt die Relation:

$$\boxed{\frac{\mathrm{d}p}{\mathrm{d}r} = -G\cdot\frac{M(r)}{r^2}\varrho(r)} \tag{10.42}$$

zwischen Druckgradient $\mathrm{d}p/\mathrm{d}r$ und Dichte $\varrho(r)$. Die Masse einer Kugelschale zwischen den Radien r und r ist: $\mathrm{d}M = 4\pi r^2\varrho(r)\mathrm{d}r$

$$\Rightarrow \boxed{\frac{\mathrm{d}M}{\mathrm{d}r} = 4\pi r^2\varrho(r)}\,. \tag{10.43}$$

Auch für die Energie können wir eine Gleichgewichtsbedingung aufstellen: Im stationären Gleichgewicht muß die gesamte im Inneren produzierte Energie nach außen transportiert werden und von der Oberfläche abgestrahlt werden. Der Energiefluß durch eine Kugelfläche mit Radius r ist dann $L(r)$. Wird innerhalb einer Kugelschale der Dicke $\mathrm{d}r$ die Leistung

$$\frac{\mathrm{d}W}{\mathrm{d}t} = \epsilon\cdot\mathrm{d}M(r) = 4\pi r^2\epsilon\cdot\varrho(r)\,\mathrm{d}r$$

produziert, so gilt die Energieerhaltung:

$$\mathrm{d}L_r = L(r+\mathrm{d}r)-L(r) = \epsilon\cdot\mathrm{d}M(r) \tag{10.44}$$

$$\Rightarrow \boxed{\frac{\mathrm{d}L_r}{\mathrm{d}r} = 4\pi r^2\epsilon\cdot\varrho(r)}\,, \tag{10.45}$$

wobei $\epsilon(\varrho, T)$ die pro Masseneinheit produzierte Leistung im Abstand r vom Sonnenzentrum ist, die sowohl von der Dichte ϱ als auch von der Temperatur T abhängt.

Der Temperaturverlauf $T(r)$ im Inneren der Sonne hängt davon ab, ob die Energie durch Strahlung, durch Wärmeleitung oder durch Konvektion transportiert wird. Wir werden im Abschn. 10.5.5 sehen, daß im inneren Teil der Sonne ($0 \le r \le 0{,}8\,R_\odot$) der Energietransport fast ausschließlich durch Strahlung geschieht.

Dann erhält man für den Temperaturgradienten (siehe Aufg. 10.9):

$$\boxed{\frac{\mathrm{d}T}{\mathrm{d}r} = -C\cdot\frac{L(r)}{4\pi r^2}\frac{\kappa}{T^3}\cdot\varrho(r)}\,, \tag{10.46a}$$

wobei κ die Strahlungsabsorption pro Masseneinheit angibt und C eine Konstante ist.

Bei konvektivem Energietransport erhält man statt (10.46a) den adiabatischen Temperaturgradienten

$$\boxed{\frac{\mathrm{d}T}{\mathrm{d}r} = \frac{c_p-c_V}{c_p}\frac{T}{p}\cdot\frac{\mathrm{d}p}{\mathrm{d}r}}\,, \tag{10.46b}$$

wo c_p, c_V die spezifischen Wärmen sind.

Die Gleichungen (10.42–46) verknüpfen die radialen Gradienten von Druck $p(r)$, Masse $M(r)$, Energiefluß $L(r)$ und Temperatur $T(r)$ mit dem radialen Dichteverlauf $\varrho(r)$.

Wir hatten oben gesehen, daß die Sonnenmaterie in guter Näherung wie ein ideales Gas behandelt werden kann. Damit hängen $p(r)$ und $\varrho(r)$ über die Zustandsgleichung:

$$p(r) = \frac{kT}{\overline{m}}\varrho(r)$$

zusammen.

Zur Lösung dieser 4 Differentialgleichungen müssen wir die folgenden Randbedingungen beachten:

- Die Masse $M(r=R) = M_\odot$ ist gleich der Sonnenmasse,
- $M(r=0) = 0$,
- es gibt keine punktförmige Energiequelle im Mittelpunkt der Sonne: $\Rightarrow L(r=0) = 0$,
- die Oberflächenwerte $T(R)$ für die Temperatur und $p(R)$ für den Druck (Aufg. 10.10) sind bekannt. Da beide Werte sehr klein gegen die Werte für $r = 0$ sind, können wir in guter Näherung $T(R) = 0$, $p(R) = 0$ setzen.

Mit diesen Randbedingungen können, wenn die chemische Zusammensetzung bekannt ist, die Funktionen $p(r)$, $T(r)$ und $L(r)$ berechnet werden [10.3]. Sie sind in Abb. 10.54 für die Sonne dargestellt. Für $r = R$ liegen damit auch Gleichgewichtsradius R der Sonne und Leuchtkraft $L(R)$ fest und können mit den Beobachtungen verglichen werden.

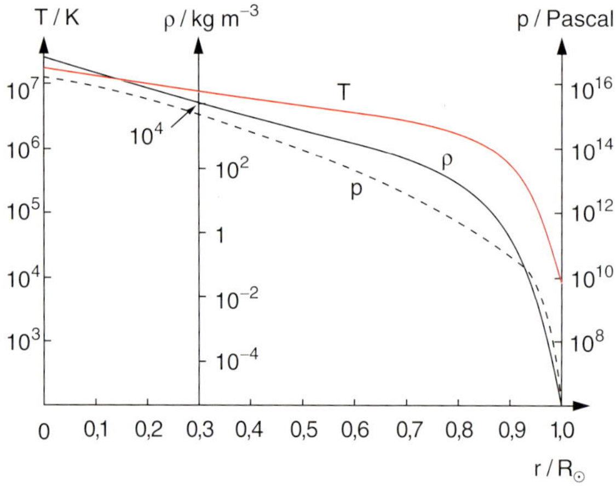

Abb. 10.54. Radialer Verlauf von Temperatur $T(r)$, Druck $p(r)$ und Dichte $\varrho(r)$ in der Sonne

Für $r = 0$ in der Sonnenmitte ergibt sich eine Zentraltemperatur

$$\boxed{T(r=0) = 15 \cdot 10^6\,\text{K}}\ .$$

Man kann diesen Werte auch bereits durch folgende einfache Abschätzung gewinnen: Nimmt man einen linearen Temperaturverlauf

$$T(r) = T_0(1 - r/R_{\odot}) \tag{10.47}$$

an, so ergibt sich die mittlere Sonnentemperatur

$$\overline{T} = \frac{1}{V_{\odot}} \int\limits_0^{V_{\odot}} T\,\mathrm{d}V \tag{10.48}$$

$$= \frac{3T_0}{4\pi R_{\odot}^3} \int\limits_0^{R_{\odot}} (1 - r/R_{\odot}) 4\pi r^2\,\mathrm{d}r = \frac{1}{4} T_0\,.$$

Da wir früher für $\overline{T}$ aus der allgemeinen Gasgleichung (10.37) und dem Druck p im Zentrum (10.36) einen Wert von $(3\text{–}4) \cdot 10^6$ K abgeschätzt hatten, folgt $T_0 = (12\text{–}16) \cdot 10^6$ K.

10.5.4 Energieerzeugung im Inneren der Sonne

Da bei $T \approx 10^7$ K alle Atome im Sonneninneren vollständig ionisiert sind, scheiden chemische Prozesse als Energiequelle aus, da diese ja auf der Bindung von Atomen zu Molekülen beruhen. Die Gravitationsenergie, die bei der Bildung der Sonne aus einer riesigen Gaswolke mit Radius $R \gg R_{\odot}$ frei wurde, ist:

$$E_\text{G} = E_\text{pot}(R) - E_\text{pot}(R_{\odot}) = G M_{\odot}^2 \left(\frac{1}{R} - \frac{1}{R_{\odot}} \right)$$
$$\approx +G \cdot M_{\odot}^2 / R_{\odot}\,, \tag{10.49}$$

weil $R \gg R_{\odot}$. Einsetzen der Zahlenwerte ergibt

$$E_\text{G} \approx 3{,}8 \cdot 10^{41}\,\text{J}\,.$$

Da, wie in Abschn. 10.5.1 berechnet wurde, die Sonne im Laufe ihres Lebens bereits etwa $6 \cdot 10^{43}$ J abgestrahlt hat, kann die Gravitationsenergie diese Abstrahlung bei weitem nicht decken.

Als einzige mögliche Energiequellen kommen Kernfusionsprozessein Frage.

Es gibt dafür im wesentlichen folgende Möglichkeiten:

a) p-p-Kette (Abb. 10.55)

$${}^1_1\text{H} + {}^1_1\text{H} \rightarrow {}^2_1\text{D} + \text{e}^+ + \nu_\text{e} + \Delta E(1{,}19\,\text{MeV})\,, \tag{10.50a}$$

$${}^2_1\text{D} + {}^1_1\text{H} \rightarrow {}^3_2\text{He} + \gamma + \Delta E(5{,}49\,\text{MeV})\,. \tag{10.50b}$$

Das Deuterium kann auch über die Reaktion

$$\text{p} + \text{p} + \text{e}^- \rightarrow {}^2_1\text{D} + \nu_\text{e} + \Delta E(1{,}44\,\text{MeV}) \tag{10.50c}$$

erzeugt werden.

Der Aufbau von ${}^4_2$He kann nun über verschiedene Wege erfolgen. Der Hauptteil verläuft über die Reaktion

$$\text{I:}\quad {}^3_2\text{He} + {}^3_2\text{He} \rightarrow {}^4_2\text{He} + \text{p} + \text{p} + \Delta E(12{,}85\,\text{MeV})\,. \tag{10.50d}$$

Bei dieser Reaktionskette (10.50a–d) werden also insgesamt vier Wasserstoffkerne umgewandelt in einen Heliumkern. Die dabei freiwerdende Energie ist:

$$\Delta E = (2 \times 1{,}19 + 2 \times 5{,}49 + 12{,}85)\,\text{MeV}$$
$$= 26{,}2\,\text{MeV}\,,$$

also 6,55 MeV pro Proton.

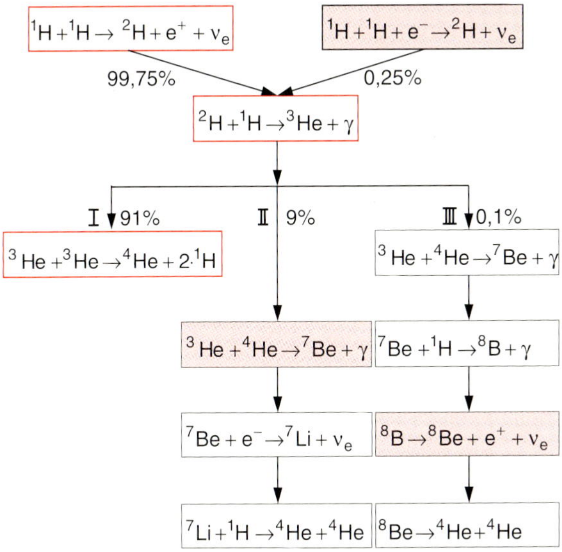

Abb. 10.55. Die p-p-Fusionskette. Alle Reaktionsschritte, bei denen Neutrinos entstehen, sind rot hervorgehoben

Ein kleinerer Teil der Fusionsprozesse läuft über die Bildung von Beryllium:

$$^3_2He + ^4_2He \to ^7_4Be + \gamma \,. \tag{10.50e}$$

Dabei gibt es zwei Reaktionswege:

$$\text{II:} \quad \left.\begin{array}{l} ^7_4Be + e^- \to ^7_3Li + \nu_e \\ ^7_3Li + p \to ^4_2He + ^4_2He \end{array}\right\} + \Delta E(25{,}67\,\text{MeV}) \,, \tag{10.50f}$$

$$\text{III:} \quad \left\{\begin{array}{c} ^7_4Be + p \to ^8_5B + \gamma \\ ^8_5B + e^- \\ \to ^8_4Be + \nu_e \to ^4_2He + ^4_2He \end{array}\right\} + \Delta E(19{,}28\,\text{MeV}) \,. \tag{10.50g}$$

Die Reaktionsraten $R/(m^{-3}s^{-1})$ für die Fusionsprozesse

$$R = n_1 \cdot n_2 \cdot \bar{v}_r \cdot \sigma(v_r) \tag{10.51}$$

sind proportional zum Produkt $n_1 \cdot n_2$ der Dichten der Stoßpartner, der Relativgeschwindigkeit v_r und dem Wirkungsquerschnitt $\sigma(v_r)$, der von der Relativgeschwindigkeit v_r der Stoßpartner abhängt. In Abb. 10.56 ist die Energieabhängigkeit der einzelnen

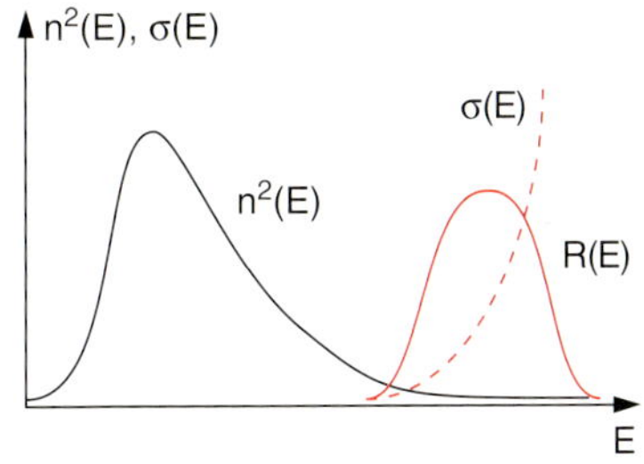

Abb. 10.56. Schematischer Verlauf von Wirkungsquerschnitt $\varrho(E_r)$, Energieverteilung $n(E_r)$ der Stoßpartner und Fusionsrate als Funktion der Temperatur

Größen $n^2 = n_1 \cdot n_2$, $\sigma(E)$ und $R(E)$ schematisch dargestellt.

Man sieht daraus, daß Fusionsprozesse nur vom äußersten Maxwellschwanz in der Energieverteilung der Stoßpartner induziert werden, wo die Dichten $n_i(E)$ der Stoßparameter bereits klein sind. Dies ist unser Glück, weil sich dadurch die gesamte Fusionsrate so einstellt, daß ein stabiler Zustand erreicht wird. Bei wesentlich mehr Fusionsprozessen würde die Sonne instabil werden (siehe Abschn. 11.4).

b) CNO-Zyklus

Es gibt noch einen weiteren Fusionsprozeß, der allerdings in der Sonne nur eine sehr untergeordnete Rolle spielt, aber bei heißeren Sternen den Hauptanteil an der Energieerzeugung ausmachen kann. vor allem, wenn der Helium-Anteil im Inneren des Sterns groß genug ist.

Hier werden He-Kerne zu Kohlenstoff fusioniert nach dem sogenannten, von *Bethe* und *Weizsäcker* postulierten CNO-Reaktionszyklus (Abb. 10.57), bei dem die Reaktionen ablaufen:

$$^{12}C + ^1H \to ^{13}N + \gamma \tag{10.52a}$$
$$\hookrightarrow ^{13}C + e^+ + \nu_e \,,$$
$$^{13}C + ^1H \to ^{14}N + \gamma \,, \tag{10.52b}$$
$$^{14}N + ^1H \to ^{15}O + \gamma \tag{10.52c}$$
$$\hookrightarrow ^{15}N + e^+ + \nu_e \,,$$
$$^{15}N + ^1H \to ^{12}C + ^4He \,. \tag{10.52d}$$

Der Kohlenstoff wirkt hier lediglich als Katalysator für die Fusion von vier Protonen zu einem He-Kern. Dieser Prozeß spielt deshalb nur dann eine Rolle, wenn genügend Kohlenstoff in der Brennzone vorhanden ist.

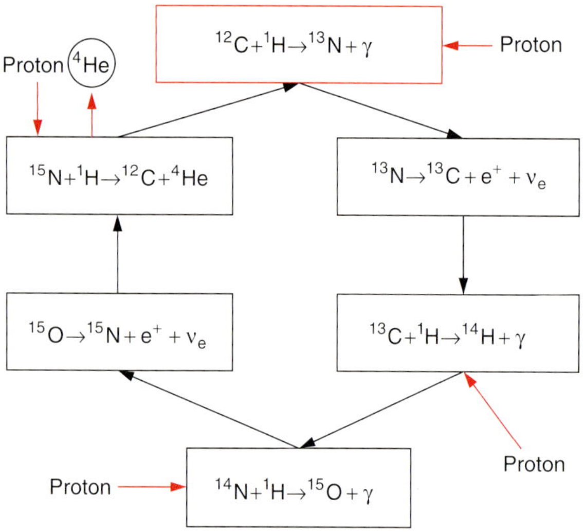

Abb. 10.57. Der CNO-Zyklus

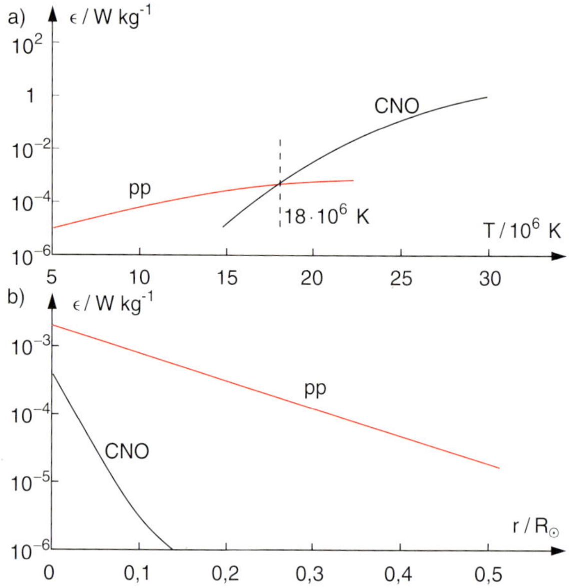

Abb. 10.58. (**a**) Temperaturabhängigkeit der spezifischen Energieerzeugung ϵ bei der p-p-Fusionskette und dem CNO-Zyklus. (**b**) Spezifische Energieerzeugung in der Sonne durch beide Prozesse als Funktion des Mittelpunktabstandes $r/R_\odot$

Der Kohlenstoff wird dabei über die Prozesse

$$^4\mathrm{He} + {^4\mathrm{He}} + \Delta E \to {^8\mathrm{Be}} + \gamma - \Delta E(95\,\mathrm{keV})\,, \tag{10.53a}$$

$$^8\mathrm{Be} + {^4\mathrm{He}} \leftrightarrow {^{12}\mathrm{C}^*} \to {^{12}\mathrm{C}} + \gamma \tag{10.53b}$$

erzeugt. Dabei ist (10.53a) endotherm, läuft daher erst bei genügender Energie der Stoßpartner ab.

Die Temperaturabhängigkeit der beiden Fusionszyklen ist in Abb. 10.58 dargestellt, woraus man sieht, daß der CNO-Zyklus erst bei Temperaturen oberhalb 18 Millionen Grad wahrscheinlicher wird als der p-p-Zyklus.

Für beide Fusionszyklen werden vier Wasserstoffkerne zu einem Heliumkern fusioniert mit der Teilchenbilanz:

$$4 \cdot {^1_1\mathrm{H}} \to 1 \cdot {^4_2\mathrm{He}} + 2\mathrm{e}^+ + 2\nu_\mathrm{e} + 2\gamma + \Delta E\,. \tag{10.54}$$

Pro Fusionszyklus wird bei der p-p-Kette die Energie $\Delta E = 26{,}21$ MeV frei. Um die Strahlungsleistung $L_\odot$ der Sonne zu decken, müssen daher

$$\frac{\mathrm{d}N}{\mathrm{d}t} = \frac{L_\odot}{\Delta E} = \frac{3{,}82 \cdot 10^{26}\,\mathrm{W}}{4{,}1 \cdot 10^{-12}\,\mathrm{J}} \approx 10^{38}\,\mathrm{s}^{-1}$$

Fusionsprozesse stattfinden.

Wenn die Sonne nur 10% aller Wasserstoffatome für die Fusion verbrauchen würde, könnte sie damit ihre Energieabstrahlung für 10^{10} Jahre decken. Sie wird damit ihren jetzigen Zustand noch für mindestens 5 Milliarden Jahre aufrecht erhalten können.

Bei den Fusionsreaktionen werden Neutrinos erzeugt, die wegen ihrer geringen Wechselwirkung die Sonne praktisch ungehindert verlassen können. Die Messung ihrer Zahl und ihrer Energieverteilung gibt uns direkte Informationen über die zur Zeit ablaufenden Fusionsprozesse in der Sonne, da die Flugzeit der Neutrinos bis zur Erde nur etwa $500\,\mathrm{s} = 8{,}3\,\mathrm{min}$ beträgt.

Deshalb werden zur Zeit große experimentelle Anstrengungen unternommen, diese Sonnenneutrinos zu messen [10.4].

In Abb. 10.59 ist das theoretische Neutrinospektrum aus den einzelnen Reaktionsschritten (10.50) gezeigt, wobei die Energieverteilung der Neutrinos aus Laborexperimenten gewonnen werden kann. Die Neutrinos aus der Reaktion (10.50a) haben ein kontinuierliches Energiespektrum mit einer Maximalenergie

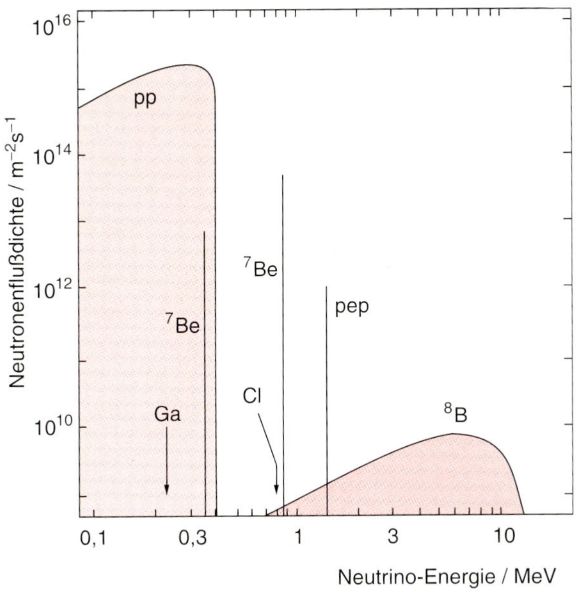

Abb. 10.59. Theoretisches Neutrino-Spektrum der Sonne. Man beachte die logarithmische Skala. Nach T. Kirsten: Phys. Blätt. **39**, 313 (1983)

von 0,4 MeV. Die Neutrinos aus der p-p-Reaktion (10.50c) sind monoenergetisch ($E = 1{,}44$ MeV), ebenso die Neutrinos aus den Zweikörperzerfällen des $^7_4$Be (10.50f), die, je nach innerer Anregung des ^{7}Li-Kerns in zwei Energiegruppen auftreten. Die höchsten Energien haben die beim Dreikörperzerfall des ^{8}B auftretenden Neutrinos, die allerdings aus dem Zweig III kommen, der nur 0,1% aller Fusionsprozesse liefert.

Ausführliche Messungen der Neutrinorate wurden von *R. Davis* in einer Goldmine in Dakota durchgeführt [10.5], bei der gemäß der Reaktion

$$\nu_e + {}^{37}\mathrm{Cl} \to {}^{37}\mathrm{Ar} + e^- \tag{10.55}$$
$$ {}^{37}\mathrm{Ar} \xrightarrow[\text{Elektroneneinfang}]{35\,\mathrm{d}} {}^{37}\mathrm{Cl} + \text{Augerelektronen}$$

die Neutrinos durch einen Tank mit 610 Tonnen C_2Cl_4 (Tetrachlorethylen) fliegen und dabei Argonatome erzeugen, die durch Augerzerfall (siehe Bd. 3, Abschn. 6.6.3) wieder in ^{37}Cl übergehen. Das gasförmige Argon wird aus dem flüssigen C_2Cl_4 extrahiert und sein Zerfall in speziellen Zählern registriert. Das Ergebnis dieser sorgfältigen Messungen, bei denen allerdings nur Neutrinos mit Energien größer als 0,81 MeV die Reaktion (10.55) auslösen, war eine Neutrinorate von etwa 0,4 Neutrinos/Tag. Dies entspricht nur 1/3 des erwarteten Wertes der Sonnenneutrinos, was die Astrophysiker beunruhigte [10.6]. Da hier nur Neutrinos aus der p-p-Kette III in Abb. 10.54 nachgewiesen wurden, die nur 0,1% aller Fusionsprozesse ausmachen, wurde nach neuen, effektiveren Meßverfahren gesucht, welche auch auf Neutrinos geringerer Energie ansprechen.

Seit einigen Jahren läuft das Gallex-Experiment in einem Seitenstollen eines Autobahntunnels im Gran-Sasso-Gebirge in Italien [10.7]. Hier wird ein großer Galliumtank (30 t $GaCl_3$-Lösung) zum Einfang der Neutrinos verwendet. Die Reaktion

$$ {}^{71}\mathrm{Ga} + \nu \to {}^{71}\mathrm{Ge} + e^-$$
$$ {}^{71}\mathrm{Ge} \xrightarrow[\text{Elektroneneinfang}]{11{,}4\,\mathrm{d}} {}^{71}\mathrm{Ga} + \text{Augerelektronen}$$

hat eine Schwellenenergie der Neutrinos von nur 0,23 MeV (Abb. 10.59). Das Germanium wird extrahiert durch chemische Trennverfahren, in gasförmiges GeH_4 umgewandelt, das dann in Auger-Zähler geleitet wird. In beiden Experimenten werden die Augerelektronen beim Zerfall von ^{37}Cl bzw. ^{71}Ge gemessen.

Die bisherigen Ergebnisse zeigen deutlich, daß in der Tat ein Neutrinodefizit gefunden wurde, das zwar nicht mehr einen Faktor 3 betrug, doch deutlich außerhalb der Fehlergrenzen des Experiments liegen.

Es gibt verschiedene Erklärungsansätze, von denen einer eine Neutrinooszillation postuliert. Dies bedeutet, daß ein Elektron-Neutrino ν_e sich auf dem Weg durch die Sonne umwandeln kann in ein μ-Neutron ν_μ. Dies wird jedoch noch kontrovers diskutiert.

10.5.5 Der Energietransport in der Sonne

Nach Abb. 10.58 geschieht die Energieerzeugung durch die Fusionsprozesse im wesentlichen innerhalb einer Kugel mit $r < 0{,}5\,R_\odot$. Die von der Sonnenoberfläche abgestrahlte Energie muß deshalb auch durch die Grenzflächen einer Kugel mit Radius $r = R_\odot/2$ fließen. Nach Abb. 10.54 ist das Temperaturgefälle bei $r = R_\odot/2$ etwa 6 Millionen Grad pro $\Delta r = R_\odot/10$. Dies entspricht einem radialen Temperaturgradienten von

$$\frac{\mathrm{d}T}{\mathrm{d}r}(r = R_\odot/2) = 1{,}6 \cdot 10^{-2}\,\mathrm{K/m}\,.$$

Hat die Sonnenmaterie die Wärmeleitfähigkeit λ, so wird der Wärmeenergietransport $\mathrm{d}W/\mathrm{d}t$ pro Zeiteinheit durch die Fläche A (siehe Bd. 1, Abschn. 7.5)

$$\frac{\mathrm{d}W}{\mathrm{d}t} = \lambda \cdot A \cdot \frac{\mathrm{d}T}{\mathrm{d}r} . \tag{10.56}$$

Setzt man hier realistische Werte ($\lambda \approx 10^8$ W/K$^0 \cdot$ m) für die Wärmeleitfähigkeit des Plasmas bei $r = R_\odot/2$ ein, so erhält man eine Energieflußdichte, die weniger als 1% des notwendigen Energienachschubes für die Leuchtkraft der Sonne ergibt. Daraus folgt:

> Wärmeleitung als Energietransportmechanismus im Inneren der Sonne ist vernachlässigbar klein!

In der Erdatmosphäre spielt die Konvektion eine entscheidende Rolle für den Wärmetransport. Wir wollen deshalb untersuchen, ob sie auch in der Sonne einen wesentlichen Beitrag liefert.

Beim radialen Energietransport durch Konvektion steigen heiße Plasmapakete, die auf Grund ihrer lokalen Erwärmung eine geringere Dichte haben als ihre Umgebung, aus einer Zone beim Radius r auf in eine höhergelegene Zone mit Radius $r + h$ und transportieren auf diese Weise ihren Wärmeinhalt nach außen. Dieses Phänomen wird ***Thermik*** genannt.

Beim Aufsteigen kühlt sich das Gaspaket ab. Diese Abkühlung geschieht adiabatisch, wenn die Aufstiegszeit kurz genug ist, so daß kein Wärmeaustausch mit der Umgebung stattfindet. Damit es weiter aufsteigen kann, muß seine Dichte immer kleiner bleiben als die seiner Umgebung. Dies bedeutet, daß

$$\left(\frac{\mathrm{d}T}{\mathrm{d}h}\right)_{\text{adiab}} < \left(\frac{\mathrm{d}T}{\mathrm{d}h}\right)_{\text{Umgebung}} . \tag{10.57}$$

Es zeigt sich, daß diese Ungleichung nur in den äußeren Schichten für $r > 0{,}84\,R_\odot$ erfüllt ist, und zwar aus zwei Gründen: Einmal ist dort nach Abb. 10.54 der Temperaturgradient der Sonnenmaterie, d. h. die rechte Seite von (10.57) besonders groß, zum anderen kann ein Teil des Plasmas (Ionen und Elektronen) im aufsteigenden Gaspaket bei abnehmender Temperatur rekombinieren (Abb. 10.60). Die dabei freiwerdende Rekombinationsenergie vermindert die Abkühlung im Gaspaket, so daß die linke Seite von (10.57) kleiner bleibt.

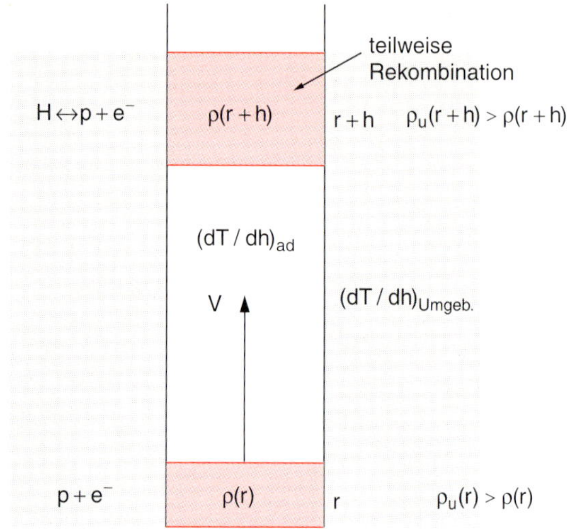

Abb. 10.60. Aufsteigendes Plasmapaket mit adiabatischer Abkühlung und teilweiser Rekombination

> Der Energietransport findet in dem schmalen Bereich $0{,}84\,R_\odot$ – $0{,}98\,R_\odot$ überwiegend durch Konvektion statt.

Die Aufstiegsgeschwindigkeit der Gaspakete erreicht dabei Werte von bis zu 1 km/s.

Im überwiegenden Teil der Sonne ($r < 0{,}84\,R_\odot$) muß also die *Wärmestrahlung* für den Energietransport verantwortlich sein. Wie geht dies im Einzelnen vonstatten? Die bei den Kernfusionsprozessen (10.50) und (10.52) freiwerdenden γ-Quanten können sowohl durch Paarbildung vernichtet werden, als auch durch Compton-Effekt einen Teil ihrer Energie auf die Elektronen des Plasmas übertragen. Diese geben beim Vorbeiflug an den positiven Kernen (im wesentlichen Protonen und He^{++}-Kerne) ihre Energie in Form von Bremsstrahlung ab. Diese kann wieder durch Comptoneffekt teilweise auf Elektronen übertragen werden, usw. Insgesamt findet ein dauernder Wechsel zwischen Photonenenergie und Elektronenenergie statt. Die Photonen laufen dabei nicht geradeaus radial nach außen, sondern erleiden bei jedem dieser Umwandlungsprozesse eine Richtungsänderung. Sie diffundieren daher mit sehr kleiner mittlerer freier Weglänge durch das Sonnenplasma. Die mittlere Zeit, die sie brauchen, um an die Sonnenoberfläche zu gelangen, ist dabei sehr lang. Die Gesamtzeit für den Energietransport vom

Erzeugungsort zur Oberfläche läßt sich einfach abschätzen: Ist

$$W_{\text{th}} = \frac{M_\odot}{\overline{m}} \cdot \frac{3}{2} k\overline{T} \approx 1{,}2 \cdot 10^{41}\,\text{J}$$

der gesamte thermische Energieinhalt der Sonne bei einer mittleren Temperatur $\overline{T} = 5 \cdot 10^6$ K (10.34) und $L_\odot = 3{,}8 \cdot 10^{26}$ W die gesamte Abstrahlungsleistung, so ist die mittlere Energietransportzeit

$$\tau = W_{\text{th}}/L_\odot = 3 \cdot 10^{14}\,\text{s} = 10^7\,\text{Jahre!} \tag{10.58}$$

Dies ist ein erstaunlich hoher Wert. Er bedeutet, daß wir aus der Abstrahlung der Sonne nur etwas über die Energieerzeugung im Inneren vor 10^7 a lernen!

Nur die Sonnenneutrinos durchqueren die Sonne praktisch ungehindert und brauchen daher von ihrem Erzeugungsort bis zur Erde etwa 500 s $\approx$ 8 min.

Der Energietransport in der Konvektionszone benötigt nur einen kleinen Teil dieser Zeit. Bei einer Dicke $d = 0{,}14\,R_\odot \approx 10^5$ km und einer mittleren Geschwindigkeit $\overline{v} = 0{,}5$ km/s der Gaspakete ist die Transportzeit $\bar{t}_{\text{Konv}} = d/\overline{v} \approx 2 \cdot 10^5\,\text{s} \approx 55$ h.

10.5.6 Die Photosphäre

Bei Beobachtung der Sonne durch ein abschwächendes Filter (oder am Abend kurz vor Sonnenuntergang, wo der lange Weg durch die Erdatmosphäre als Filter wirkt) sieht man eine runde Scheibe mit scharfem Rand. Die Flächenhelligkeit L der Sonnenscheibe (Energieabstrahlung pro Flächeneinheit) ist nicht konstant, sondern nimmt mit zunehmendem Abstand x von der Mitte der Sonnenscheibe zum Rand hin ab (Abb. 10.61). Der Helligkeitsgradient ist für kurze Wellenlängen steiler als für lange. Am Rand selbst fällt $L(x)$ innerhalb einer Schicht von etwa 200 km Dicke (dies entspricht $2{,}7 \cdot 10^{-4}\,R_\odot$) von etwa 40% der zentralen Helligkeit auf praktisch Null ab.

Fährt man mit einem schmalen Spalt vor dem Strahlungsempfänger über das von einem Sonnenteleskop entworfene Bild der Sonne (Abb. 10.61a), so findet man eine Abhängigkeit $L(x)$ der gemessenen Strahlungsleistung (die ein Maß für die Flächenhelligkeit ist), welche annähernd beschrieben werden kann durch den Ausdruck

$$L(x) = \frac{2}{5} L_0 \left(1 + \frac{3}{2}\sqrt{1 - (x/R_\odot)^2}\right) . \tag{10.59}$$

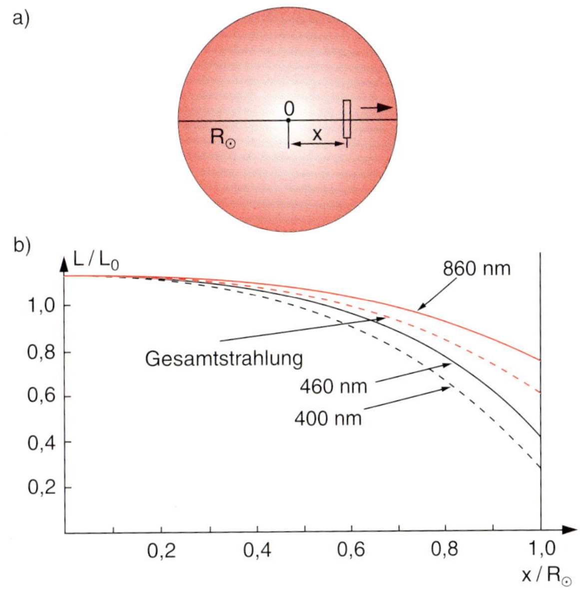

Abb. 10.61a,b. Mitte-Rand-Verdunklung der Sonne. (**a**) Meßanordnung; (**b**) Meßkurven für zwei verschiedene Wellenlängen

Definiert man den Mittelwert $\overline{L}$ der Flächenhelligkeit $L(x)$ als

$$\overline{L} = \frac{1}{\pi R_\odot^2} \int_0^{R_\odot} L(x) \cdot 2\pi x \,\mathrm{d}x , \tag{10.60}$$

so ergibt dies nach Einsetzen von (10.59)

$$\overline{L} = \frac{4}{5} L(x = 0) \tag{10.61}$$

und (10.59) läßt sich schreiben als

$$L(x) = \frac{1}{2}\overline{L}\left(1 + \frac{3}{2}\sqrt{1 - (x/R_\odot)^2}\right) . \tag{10.62}$$

Man kann diese Beobachtungsergebnisse erklären, wenn man annimmt, daß die sichtbare Sonnenstrahlung aus einer sehr dünnen Oberflächenschicht, der ***Photosphäre***, stammt, die für sichtbares Licht einen großen Absorptionskoeffizienten hat (Abb. 10.62).

In der Mitte der Sonnenscheibe können wir tiefer in diese Schicht sehen als am Rande. Da die Temperatur der Photosphäre von innen nach außen abnimmt,

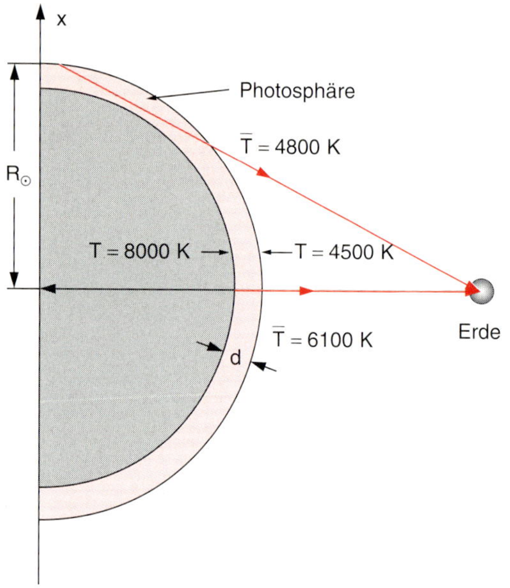

Abb. 10.62. Schematische Darstellung der Einblicktiefe in die Photosphäre zur Erklärung der Mitte-Rand-Verdunklung. Die Dicke d der Photosphäre ist hier stark vergrößert gezeichnet

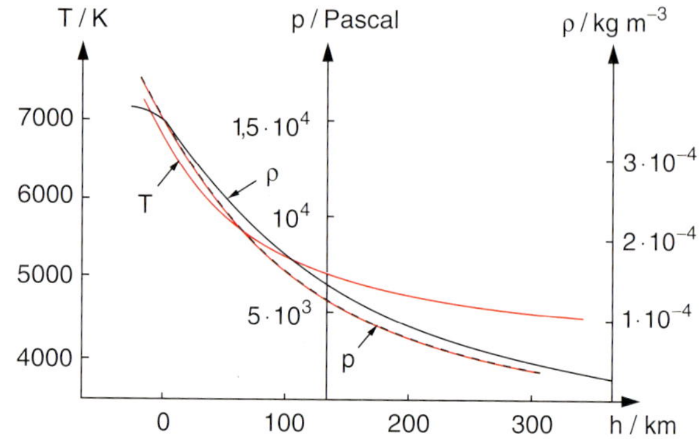

Abb. 10.63. Verlauf von Druck, Dichte und Temperatur in der Photosphäre

sehen wir in der Mitte der Sonnenscheibe heißere Schichten als am Rande, die mehr Energie abstrahlen als die kälteren äußeren Schichten.

Man kann das gemessene Helligkeitsprofil (10.62) in ein Temperaturprofil umrechnen, wenn man die Sonne als schwarzen Strahler ansieht, für den das Stefan-Boltzmanngesetz $L = \sigma \cdot T^4$ gilt. Nimmt man als Wert für die mittlere Oberflächentemperatur der Sonne den im Abschn. 10.5.1 aus der Solarkonstanten ermittelten Wert $\overline{T} = T_{\text{eff}} = 5770\,\text{K}$, so wird $\overline{L} = \sigma \cdot \overline{T}^4$, und aus (10.62) wird

$$T(x) = 5770\,\text{K} \cdot \sqrt[4]{\frac{1}{2} + \frac{3}{4}\sqrt{1-(x/R_\odot)^2}}\,. \quad (10.63)$$

Am Sonnenrand ($x = R_\odot$), wo wir nur in die obersten Schichten der Photosphäre sehen, wird $T_{\text{oben}} = 4850\,\text{K}$, während in der Sonnenmitte ($x = 0$), wo wir Strahlung aus allen Schichten der Photosphäre empfangen, sich der Wert $T_0 = 6100\,\text{K}$ ergibt, der einen Mittelwert über alle Photosphärenschichten darstellt.

In Abb. 10.63 sind der Verlauf von Druck, Dichte und Temperatur, als Funktion der Höhe h vom inneren Rand der Photosphäre aus gemessen, aufgetragen, wie er sich aus einem detaillierten Modell der Photosphäre ergibt.

Die Frage ist nun, wie das kontinuierliche Spektrum der Sonne entsteht, obwohl die sichtbare Sonnenstrahlung aus einer dünnen Schicht mit relativ geringem Druck stammt, in der die Druckverbreiterung keine wesentliche Rolle spielen sollte.

Die kontinuierliche Strahlung kann deshalb nicht bei Übergängen zwischen gebundenen Zuständen von Atomen oder Ionen entstehen, weil diese zu einem diskreten Linienspektrum führen würden.

Anders ist es bei der Rekombinationsstrahlung, bei der ein freies Elektron mit einem Ion oder einem neutralen Atom in gebundene Zustände rekombiniert und die dabei freiwerdende Energie als Strahlung aussendet (Bd. 3, Abschn. 7.7).

Bei einer mittleren Photosphärentemperatur von $\overline{T} = 6000\,\text{K}$ sind nur etwa 10^{-4} aller Wasserstoffatome ionisiert, so daß die Rekombination von Elektronen mit Protonen sehr unwahrscheinlich ist. Dagegen können Elektronen mit neutralen H-Atomen zu gebundenen negativen H^--Ionen rekombinieren.

Die Elektronenaffinität von H^- ist 0,75 eV, d. h. bei der Strahlungsrekombination eines Elektrons der kinetischen Energie E_{kin} mit einem neutralen H-Atom werden Photonen der Energie

$$h \cdot \nu = E_{\text{kin}}(\text{e}^-) + E_{\text{B}} \approx E_{\text{kin}}(\text{e}^-) + 0{,}75\,\text{eV}$$

frei. Die langwellige Grenze dieser Emission liegt bei $h \cdot \nu = 0{,}75\,\text{eV} \Rightarrow \lambda_{\text{Gr}} = 1660\,\text{nm}$.

Außer durch Strahlungsrekombination kann ein Strahlungskontinuum entstehen durch Bremsstrahlung

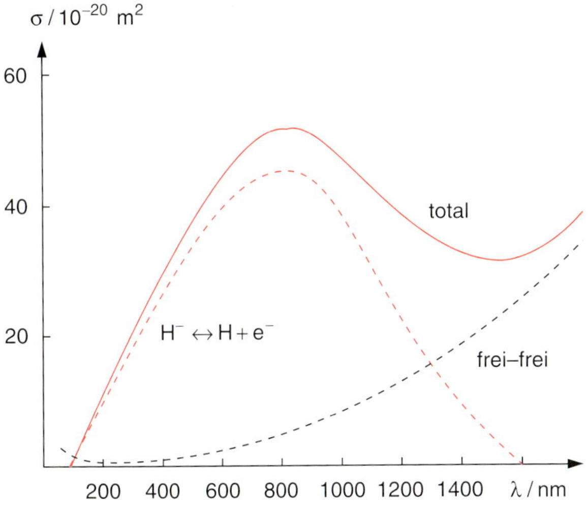

Abb. 10.64. Optischer Absorptions- bzw. Emissionsquerschnitt für Photodetachment $H^- + h \cdot \nu \to H + e^-(E_{kin})$ bzw. Rekombination $H + e^- \to H^- + h \cdot \nu$ und für frei-frei Übergänge von Elektronen $e^-(E_{kin} + h\nu) + p \to p + e^-(E_{kin} - h\nu) + h \cdot \nu$

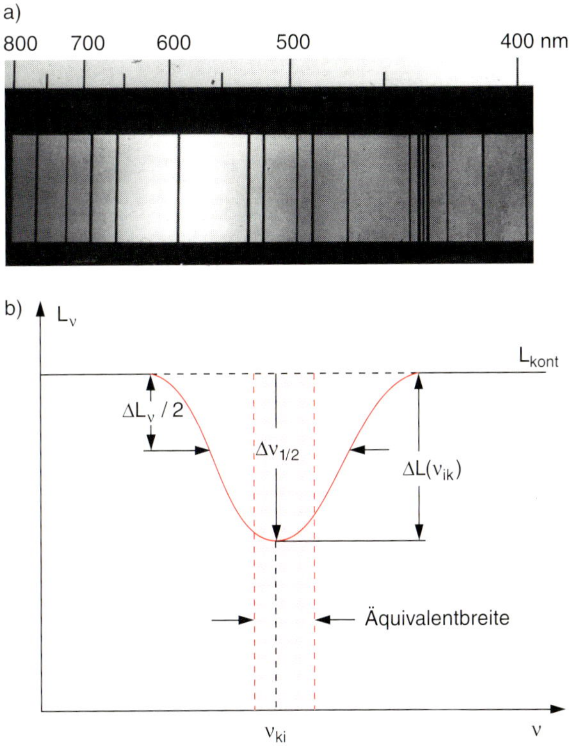

Abb. 10.65. (**a**) Fraunhoferlinien im Sonnenspektrum. (**b**) Halbwertsbreite und Äquivalentbreite eines Absorptionslinienprofils

der Elektronen im Coulombfeld der Kerne (Protonen und wenige schwerere Kerne). In Abb. 10.64 ist der Spektralverlauf für beide Prozesse für die Photosphäre eingetragen.

Die durch Strahlungsrekombination gebildeten H^--Ionen können durch Stöße mit Elektronen oder auch durch Strahlungsabsorption ihr zusätzliches Elektron wieder verlieren, so daß der Vorrat an neutralen H-Atomen wieder aufgefüllt wird.

Beobachtet man das Kontinuum der Photosphäre spektral aufgelöst mit einem Spektrographen genügend hoher Auflösung, so entdeckt man viele dunkle diskrete Absorptionslinien auf dem hellen kontinuierlichen Untergrund (Abb. 10.65a). Diese Fraunhoferlinien (die nach *Joseph von Fraunhofer* (1787–1826) benannt sind, der als erster ein Verzeichnis von über 500 solcher Absorptionslinien zusammengestellt hat), kommen zustande durch selektive Absorption der Kontinuumsstrahlung durch Atome, deren Temperatur unter der Temperatur der Emissionsquelle liegt. Das Licht aus der unteren Photosphäre kann deshalb von neutralen Atomen oder Ionen in der oberen Photosphäre absorbiert werden. Die Messung von Wellenlängen und Linienprofilen der Fraunhoferlinien gibt Informationen über die Element-Verteilung in der Sonne (Tabelle 10.6). Ist $n(E_k, h)$ die Dichte absorbierender Atome im Energieniveau E_k in der Höhe h der Photosphäre und ist σ_{ki} der optische Absorptionsquerschnitt für die Absorption auf dem Übergang $E_k \to E_i$, so wird der Absorptionskoeffizient in der Höhe h:

$$\alpha(\nu_{ki}) = \left[n(E_k, h) - (g_i/g_k)\, n(E_i, h)\right] \cdot \sigma_{ki} \tag{10.64}$$

(siehe Bd. 3, Abschn. 8.1).

Tabelle 10.6. Relative Häufigkeiten der Elemente in der Sonnenmaterie

H	1,0	Mg	$2{,}3 \cdot 10^{-5}$
He	0,1	Fe	$3{,}0 \cdot 10^{-6}$
O	$1{,}0 \cdot 10^{-3}$	Na	$2{,}0 \cdot 10^{-6}$
C	$5{,}2 \cdot 10^{-4}$	Ca	$1{,}4 \cdot 10^{-6}$
N	$1{,}0 \cdot 10^{-4}$	Ni	$8{,}3 \cdot 10^{-7}$
Si	$2{,}8 \cdot 10^{-5}$	Cr	$2{,}3 \cdot 10^{-7}$

Strahlung, die durch eine Schicht absorbierender Atome läuft, wird dann durch Absorption geschwächt, so daß die transmittierte Strahlungsleistung auf der Mittenfrequenz ν_{ki} durch

$$L_t(\nu_{ki}) = L_0(\nu_{ki}) \cdot e^{-\int_{h_0}^{\infty} \alpha(\nu_{ki},h)\,dh} \tag{10.65}$$

gegeben ist.

Die absorbierte Leistung auf der Frequenz ν_{ki} ist dann

$$\Delta L = L_0 - L_t = L_0 \left(1 - e^{\int \alpha(\nu_{ki},h)\,dh}\right) .$$

Integriert man über das Linienprofil der Absorptionslinie, so erhält man die fehlende Leistung des Kontinuums für eine Fraunhoferlinie

$$\Delta L = \int_{\nu} \Delta L_{\nu}(\nu)\,d\nu . \tag{10.66}$$

Dieses Profil ist im wesentlichen durch die Dopplerbreite der Absorptionslinien gegeben (siehe Bd. 3, Abschn. 7.5). Da die Dopplerbreite nur von der Frequenz ν, der Masse m der absorbierenden Atome und der Temperatur T abhängt, kann man aus der Messung der Linienbreite der Fraunhoferlinien die Temperatur am Absorptionsort bestimmen.

Oft definiert man die Äquivalenzbreite A_λ einer Absorptionslinie als ein Rechteckprofil mit vollständiger Absorption, dessen Fläche gleich der Fläche unter dem wahren Absorptionsprofil ist (Abb. 10.65b).

Bei genügend hoher räumlicher Auflösung sieht man mit speziellen Sonnenteleskopen, aber vor allem bei Beobachtung vom Weltraum aus, wo die Luftunruhe der Atmosphäre ausgeschaltet ist, daß die Photosphäre eine körnige Struktur hat. Sie besteht aus einer unregelmäßigen Struktur von kleinen hellen ***Granulen***, die durch dunklere Kanäle voneinander getrennt sind (Abb. 10.66 und Farbtafel 10). Die Struktur ändert sich ständig und die Photosphärenoberfläche sieht wie eine brodelnde Flüssigkeit aus.

Der mittlere Durchmesser dieser Granulen ist etwa 1000 km. Die Helligkeitsunterschiede zwischen hellen und dunklen Stellen beträgt etwa 15%, woraus man aus dem Stefan-Boltzmann-Gesetz $L \propto T^4$ auf Temperaturunterschiede von etwa 200 K schließen kann. Aus Messungen der Doppler-Verschiebungen von Fraunhoferlinien läßt sich experimentell bestätigen, daß es sich bei der Granulen-Struktur um auf- und absteigende Gaspakete handelt, also in der Tat um eine „brodelnde" Gasoberfläche, wobei die Geschwindigkeit der Gaspakete bis zu 1 km/s beträgt.

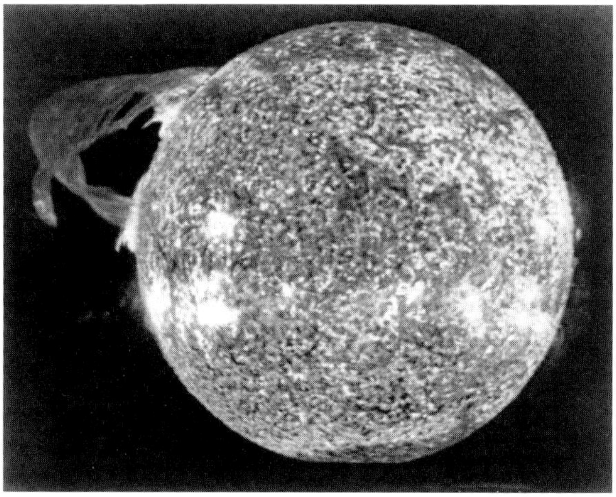

Abb. 10.66. Granulation der Photosphären-Oberfläche mit bogenförmiger Protuberanz, fotografiert von Skylab im VUV auf der Linie $\lambda = 30{,}4$ nm des einfach ionisierten Heliums (NASA)

10.5.7 Chromosphäre und Korona

Oberhalb der die Hauptstrahlung der Sonne emittierenden Photosphäre liegen noch weitere gasförmige Schichten, deren Dichte und Emissionsstärke aber so viel geringer sind als die der Photosphäre, daß man sie bei Sonnenbeobachtungen normalerweise nicht sieht.

Bei einer totalen Sonnenfinsternis hingegen, bei der die Sonnenscheibe vollständig abgedeckt ist, bieten die Leuchterscheinungen dieser Schichten ein spektakuläres Bild (Abb. 10.67). Die Chromosphäre erstreckt sich als dünne Schicht etwa bis 10 000 km oberhalb der Photosphäre, wo sie in die wesentlich ausgedehntere Korona (Kranz, Krone) übergeht, die bis mehr als 1 Million km über den Sonnenrand hinaus reichen kann.

Heute lassen sich diese Schichten mit modernen Koronographen auch ohne Sonnenfinsternis beobachten. Dazu wird das Bild der Sonnenscheibe in der Abbildungsebene des Teleskops genau abgedeckt durch eine geschwärzte Scheibe. Durch Blenden wird Streulicht abgeschirmt, so daß nur die Strahlung von

Abb. 10.67. Korona der Sonne während der Sonnenfinsternis am 07.04.1970. Aus H. Karttunen et. al.: *Astronomie* (Springer, Berlin, Heidelberg 1990)

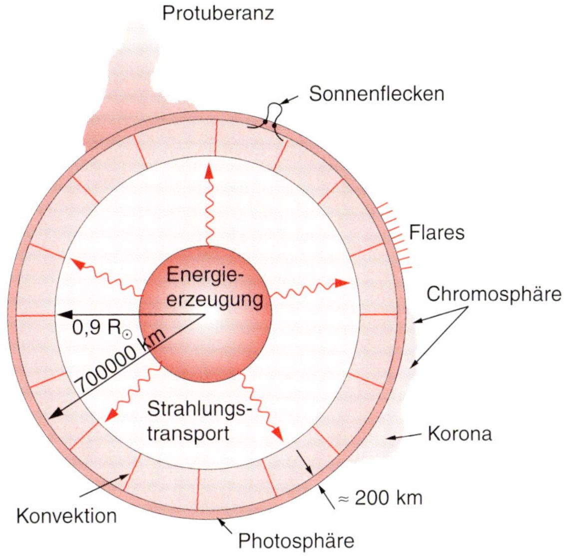

Abb. 10.68. Schematische zusammenfassende Darstellung der Sonne mit Energieerzeugung, Energietransport und Sonnenatmosphäre

Chromosphäre und Korona durchgelassen wird. Durch schmalbandige Interferenzfilter können spezifische Emissionslinien dieser Schichten selektiv beobachtet werden.

Die Dichte der Chromosphäre nimmt, gemäß der barometrischen Höhenformel, exponentiell mit der Höhe ab. Die Temperatur steigt jedoch mit der Höhe vom Wert $T_1 \approx 4500$ K am äußersten Rand der Photosphäre auf etwa 6000 K am Übergang zur Korona, wo sie weiter bis auf etwa 10^6 K ansteigt.

Die Emission der Korona besteht aus einem Linienspektrum, im Gegensatz zur Photosphäre, die ein Kontinuum aussendet. Bisher wurden mehr als 3000 Linien identifiziert. Die hellsten Linien entsprechen Übergängen des H-Atoms, des He-Atoms und des He^+-Ions, sowie einiger Metalle, wie z. B. Mg, Fe, Mn, Na. Die Gasdichte in der Korona ist so klein, daß trotz der hohen Temperatur die in ihm gespeicherte thermische Energie klein ist. Die Gasteilchen am oberen Rand der Korona haben eine Maxwellsche Geschwindigkeitsverteilung, so daß wegen der hohen Temperatur Teilchen mit genügend großer Geschwindigkeit die Sonne verlassen können und als Sonnenwind in den interplanetaren Raum strömen. Der dadurch bedingte Massenverlust beträgt etwa $10^{-13}\,M_{\odot}$ pro Jahr, ist also viel kleiner als der Massenverlust durch die Strahlungsleistung der Sonne. In der Nähe der Erde beträgt die Flußdichte des Sonnenwindes etwa $(5\text{–}10) \cdot 10^4$ Teilchen pro m^2.

Die Abbildung 10.68 faßt noch einmal die Ergebnisse dieses Abschnittes hinsichtlich des Aufbaus der Sonne, der Energieerzeugung und des Energietransportes zusammen. Flares, Sonnenflecken und Protuberanzen werden im folgenden Abschnitt behandelt.

10.6 Die aktive Sonne

Die Sonne zeigt eine Reihe von Phänomenen, die sich im Laufe der Zeit ändern und deren Ursache dynamische Vorgänge dicht unterhalb der Sonnenoberfläche sind. Zu ihnen gehören die ***Sonnenflecken***, die ***Supergranulation***, die ***Fackeln***, ***Flares*** und die ***Protuberanzen***. Alle diese Phänomene stehen in engem Zusammenhang mit zeitlichen Veränderungen lokaler Magnetfelder in den obersten Schichten der Sonne. Wir wollen uns in diesem Abschnitt kurz mit den dynamischen Vorgängen auf der Sonnenoberfläche befassen.

10.6.1 Sonnenflecken

Bildet man das von einem Fernrohr entworfene vergrößerte Bild der Sonnenscheibe auf eine Fläche in der

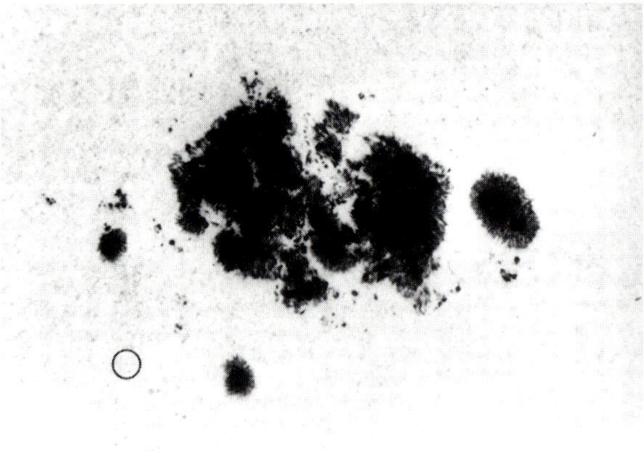

Abb. 10.69. Sonnenflecken mit zentralem dunklen Teil (Umbra) und weniger dunklem Rand (Penumbra) (Foto: Mt. Wilson Observatory). Der Kreis unten links gibt zum Vergleich die Größe des Erdmondes an

Fokalebene ab, so sieht man im allgemeinen auf der hellen Scheibe eine Reihe dunkler Flecken, die wie ein ausgefranstes Loch aussehen (Abb. 10.69). Sie bestehen aus einem dunklen zentralen Teil, der ***Umbra***, und einem weniger dunklen, ausgefransten Rand, der ***Penumbra***, der eine fadenförmige Feinstruktur zeigt, die auf turbulente Ströme von ein- bzw. ausströmendem Gas hinweisen.

Der Durchmesser der Umbra für mittelgroße Sonnenflecken liegt bei 10 000 km. Die Lebensdauer der Flecken hängt von ihrer Größe ab. Sie reicht von wenigen Tagen für kleine Flecken bis zu etwa 100 Tagen ($\approx$ 4 Sonnenrotationsperioden) für große Flecken.

Die Flecken treten häufig in Gruppen auf. Die Oberflächentemperatur in der Umbra liegt etwa um 1500 K unterhalb der Temperatur $T_{\text{eff}} \approx 5900\,\text{K}$ der ungestörten Photosphären-Oberfläche.

Da die Energieabstrahlung $L \propto T^4$ ist, nimmt sie in der Umbra auf

$$a \simeq \left(\frac{4300}{5800}\right)^4 \approx 0{,}3 = 30\%$$

der Leuchtkraft außerhalb der Flecken ab. Dies erklärt, warum die Flecken soviel dunkler erscheinen.

Um die Sonnenfleckenhäufigkeit quantitativ zu beschreiben, wurde eine Sonnenflecken-Relativzahl

$$R = C(S + 10 \cdot G) \qquad (10.67)$$

eingeführt, wobei C eine vom Beobachtungsinstrument abhängige Konstante, S die Anzahl der Flecken und G die Zahl der Fleckengruppen angibt. Ausführliche Beobachtungen haben gezeigt, daß zwischen R und der von Sonnenflecken bedeckten Fläche F auf der uns zugewandten Sonnenhalbkugel mit der Fläche $A = 3{,}04 \cdot 10^{18}\,\text{m}^2$ im zeitlichen Mittel die Relation

$$F = 16{,}7 \cdot 10^{-6} \cdot A \cdot R \qquad (10.68)$$

besteht.

> Die Relativzahl R ist deshalb ein statistisches Maß für den von Flecken bedeckten Teil der uns zugewandten Sonnenhalbkugel.

Langjährige Beobachtungen ergaben, daß die Sonnenflecken-Relativzahl R eine zeitlich periodische Variation mit einer mittleren Periode von etwa 11 Jahren aufweist (Abb. 10.70) (Sonnenfleckenzyklus). Die Periodendauer schwankt statistisch zwischen 9 und 13 Jahren.

Beobachtet man die Flecken über mehrere Tage, so stellt man fest, daß sie von West nach Ost über die Sonnenscheibe wandern. Dies zeigt, daß die Sonne ro-

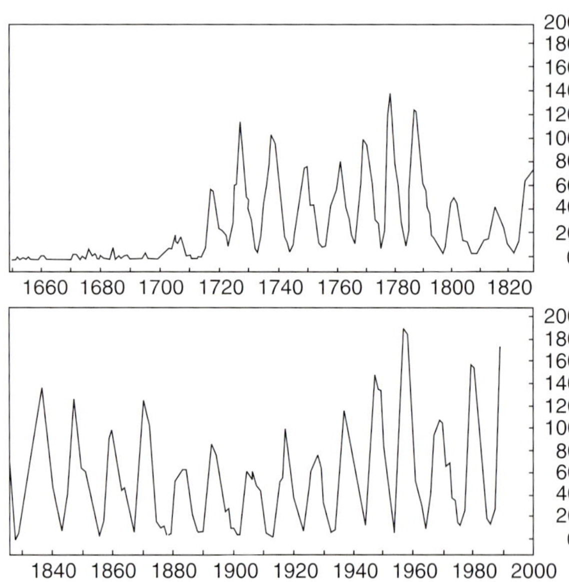

Abb. 10.70. Zeitlicher näherungsweise periodischer Verlauf der Sonnenflecken-Relativzahl R während der letzten 240 Jahre

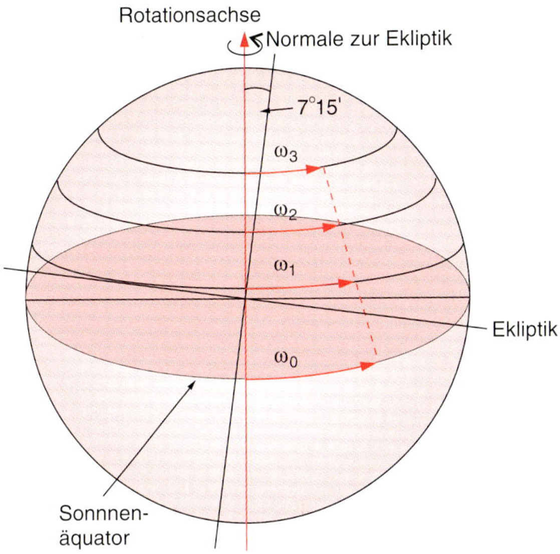

Abb. 10.71. Zur differentiellen Rotation der Sonne

tieren muß. Aus der Bahn der Flecken erkennt man, daß die Rotationsachse nicht senkrecht auf der Bahnebene der Erde steht, sondern um den Winkel $i = 7°\ 15'$ gegenüber der Normalen zur Ekliptik geneigt ist (Abb. 10.71).

Die Rotation der Sonne erfolgt im gleichen Drehsinn wie die Bahnbewegung der Erde. Man muß also, wie bereits im Abschn. 10.1.4 dargelegt, unterscheiden zwischen der siderischen (relativ zum Fixsternhimmel) und der synodischen (relativ zur Erdposition) Rotationsperiode. Es gilt, wie in (10.17):

$$\frac{1}{T_{\odot}^{\text{syn}}} = \frac{1}{T_{\odot}^{\text{sid}}} - \frac{1}{T_{\text{E}}^{\text{sid}}} \qquad (10.69)$$

mit

$$T_{\text{E}}^{\text{sid}} = 365{,}256\,\text{d}\,.$$

Zur Bestimmung der Position der Flecken auf der Sonnenoberfläche führt man, analog zum Koordinatensystem auf der Erde, ein System ein von Längenkreisen, die durch Süd- und Nordpol der Sonne als Durchstoßpunkte der Rotationsachse gehen und von Breitenkreisen, die parallel zum Sonnenäquator verlaufen.

Die heliographische Breite B beginnt bei $B = 0$ am Äquator, hat am Sonnennordpol den Wert $B =$

Tabelle 10.7. Differentielle Rotation der Sonne. Abhängigkeit der Rotationsperiode von der heliographischen Breite

Heliographische Breite B	0°	20°	40°	60°
$T_{\odot}^{\text{sid}}$	25,0	25,6	27,2	31,0

$+90°$ und am Südpol $B = -90°$. Um den Längenkreis anzugeben, wird als heliographische Länge der Positionswinkel L zwischen Nullmeridian und Längenkreis eingeführt. Dabei wird als international vereinbarter Nullmeridian der Zentralmeridian vom 1.1.1854, 12 Uhr Weltzeit definiert.

Die Beobachtung der Sonnenfleckenbewegung zeigt, daß die Sonne nicht wie ein starrer Körper, sondern differentiell rotiert: Am Sonnenäquator rotiert sie schneller als an den Polen (Abb. 10.71 und Tabelle 10.7).

Die Sonnenflecken entstehen sowohl auf der nördlichen als auch der südlichen Heliosphäre in mittleren Breiten um $B = \pm 30°$. Während ihrer Wanderung von West nach Ost driften sie zum Äquator hin.

Mit Hilfe der Zeeman-Aufspaltungen von Fraunhoferlinien wurde experimentell gefunden, daß in den Sonnenflecken starke radiale Magnetfelder auftreten, deren Feldstärke B bis zu 0,45 T reichen kann (Abb. 10.72). Sie sind in der Umbra radial nach oben (magnetischer Nordpol) oder nach unten (Südpol) gerichtet. Die meisten Sonnenflecken treten als bipolare Gruppen mit zwei Hauptflecken entgegengesetzter Polarität auf.

Diese beiden Hauptflecken bewegen sich hintereinander auf gleicher heliographischer Breite. Man

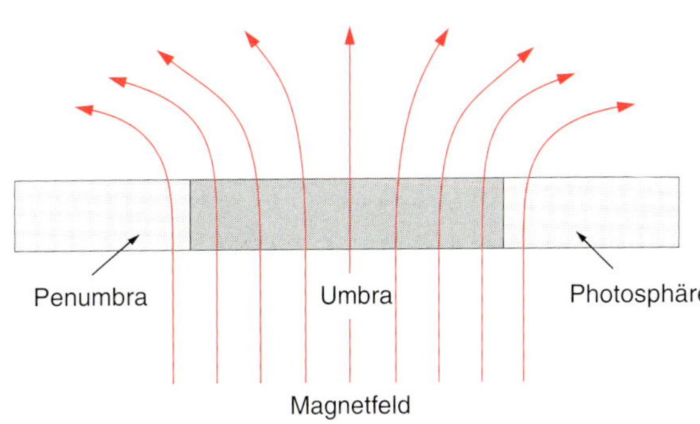

Abb. 10.72. Magnetfeld in einem Sonnenflecken

nennt den vorlaufenden Flecken p-Flecken (preceeding), den nachfolgenden f-Flecken (following).

Während eines Sonnenfleckenzyklus bleibt die Polaritätsfolge erhalten. So sind z. B. während eines Zyklus auf der nördlichen Hemisphäre alle p-Flecken Nordpole, alle f-Flecken Südpole, während auf der südlichen Hemisphäre die Reihenfolge umgekehrt ist. Im nächsten Zyklus kehren sich die Verhältnisse um.

Alle diese Beobachtungen bilden eine wichtige experimentelle Grundlage für ein Modell zur Erklärung der Sonnenflecken, das ganz wesentlich auf dem Verständnis des Magnetfeldes der Sonne beruht.

10.6.2 Das Magnetfeld der Sonne

Die Sonne hat nicht, wie die Erde, ein globales magnetisches Dipolfeld. Es gibt jedoch starke lokale Magnetfelder, deren Überlagerung dann ein globales schwaches Magnetfeld ergibt.

Die von Ort zu Ort variierenden lokalen Magnetfelder können experimentell auf Grund der Zeeman-Aufspaltungen von Fraunhoferlinien mit Hilfe von Magnetographen bestimmt werden. Ein Magnetograph ist die Kombination von einem Spektrographen mit Polarisatoren. Die von den beiden Zeeman-Komponenten emittierte zirkular polarisierte σ^+- bzw. σ^--Strahlung wird durch ein $\lambda/4$-Plättchen in zwei zueinander senkrecht linear polarisierte Komponenten umgewandelt. Diese werden durch einen Polarisationsstrahlteiler auf zwei Detektoren D_1 und D_2 selektiv reflektiert. Man stimmt die vom Spektrographen durchgelassene Wellenlänge über das Profil einer Fraunhoferlinie durch und mißt die Differenz zwischen links- und rechtszirkular polarisierten Zeemankomponente (Abb. 10.73). Oft wählt man die Eisenlinie bei $\lambda = 525{,}02$ nm, die wegen des großen Landé-Faktors $g = 3$ zu einer großen Zeeman-Aufspaltung führt (siehe Bd. 3, Abschn. 5.5). Die räumliche Auflösung beträgt bei Messungen von Satelliten aus etwa 100 km. Man mißt also räumliche Mittelwerte lokal variierender Magnetfelder. Die Ergebnisse der Messungen zeigen folgendes Bild:

Die Sonnenoberfläche ist durchsetzt von magnetischen Flußschläuchen, in denen ein Magnetfeld von etwa 0,1–0,2 T herrscht. Diese entstehen durch lokale Konvektion des heißen Plasmas in und unterhalb der Photosphäre. Bei den dadurch entstehenden Plasmaströmen kann die Driftgeschwindigkeit von Ionen

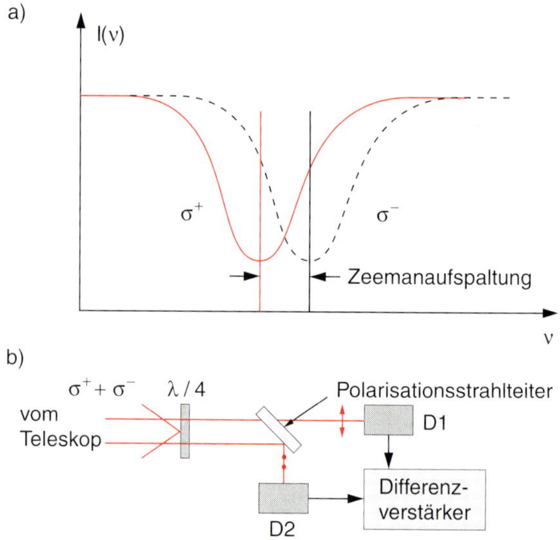

Abb. 10.73a,b. Zum Meßprinzip eines Magnetographen. (**a**) Zeeman-Aufspaltung einer Fraunhoferlinie; (**b**) Meßanordnung

und Elektronen unterschiedlich sein, so daß ein elektrischer Nettostrom entsteht, der ein Magnetfeld erzeugt. In der ungestörten Photosphäre existiert das Magnetfeld in Form von lokalen isolierten dünnen vertikalen Flußröhren mit Durchmessern von 100–200 km. Da es aufsteigende und absinkende Gaspakete gibt, können die lokalen Magnetfelder unterschiedliche Richtungen haben. Da geladene Teilchen sich frei nur in Richtung der magnetischen Feldlinien bewegen können, während bei einer Bewegung senkrecht zum Magnetfeld die Lorentzkraft auf sie wirkt, können durch Konvektion angetriebene Plasmateilchen ihrerseits das Magnetfeld bei ihrer Bewegung mitführen und damit verformen. Dadurch entsteht insgesamt ein globales, aber wesentlich schwächeres Magnetfeld, dessen Feldlinien in der ungestörten Photosphäre dicht unter der Sonnenoberfläche verlaufen vom Südpol zum Nordpol (Abb. 10.74a).

Infolge der differentiellen Rotation der Sonne wird diese Mitführung am Äquator schneller sein als in höheren Breiten. Dadurch verformen sich die Magnetfeldlinien in charakteristischer Weise (Abb. 10.74b–c) und werden zu immer engeren Schleifen parallel zu den Breitenkreisen.

Durch Konvektion angetriebene Gasmassen, die von Bereichen unterhalb der Photosphäre senkrecht

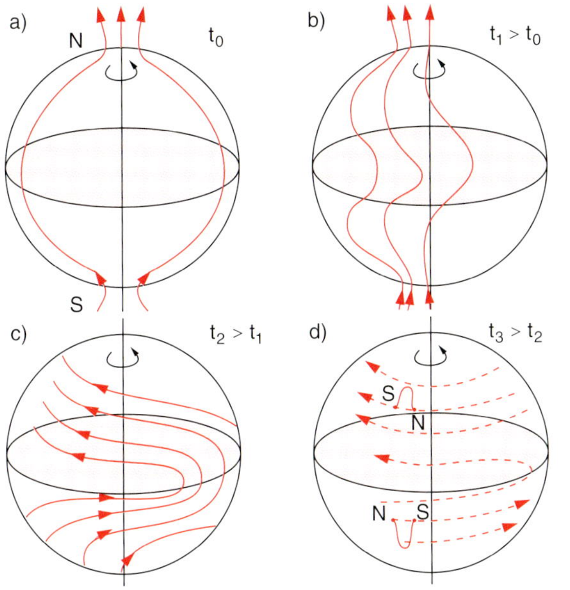

Abb. 10.74a–d. Schematische Darstellung der Verformung der Magnetfeldlinien infolge der differentiellen Rotation der Sonne nach dem Modell von *Babcock*

nach oben steigen, können die Magnetfeldlinien teilweise mitführen und so verbiegen, daß sie aus der Photosphäre austreten. Oberhalb der Photosphäre sinkt die Plasmadichte steil ab. so daß die Magnetfeldlinien dort verdünnt werden (Abb. 10.75). Es entsteht dann auf der Sonnenoberfläche eine Magnetfeldschleife mit Nord- und Südpol. Das Magnetfeld behindert jedoch auf Grund der Lorentzkraft das senkrechte Aufsteigen der Plasmapakete, weil es sie in den Punkten N und S tangential ablenkt. Deshalb wird der Nachschub heißer Materie aus dem Inneren an die Oberfläche an den Orten der Durchstoßpunkte behindert und die Temperatur sinkt. Die Sonnenflecken entsprechen in diesem Modell den Durchstoßbereichen des durch Plasmabewegung verformten Magnetfeldes.

10.6.3 Fackeln, Flares und Protuberanzen

Betrachtet man die Sonnenscheibe durch ein Filter, das nur einen engen Spektralbereich um eine starke Fraunhoferlinie durchläßt, so sieht man in der Umgebung von Sonnenflecken ein Netzwerk heller Strukturen, die durch Gasausbrüche bis in die Chromosphäre erzeugt werden (chromosphärische Fackeln) (Abb. 10.76), wie man durch Beobachtungen von Fackeln am Sonnenrand erkennen kann. Die Fackeln bilden Wolken leuchtenden Gases und zeigen eine erhöhte Sonnenaktivität mit magnetischen Störungen an. Oft entstehen sie vor der Bildung eines Sonnenfleckens und bleiben auch noch nach Verschwinden des Fleckens bestehen.

Noch größere plötzliche und sehr heftige Gasausbrüche, die bis in die Korona reichen und von wenigen Minuten bis zu mehreren Stunden dauern, werden „Flares“ genannt. Die in Flares abgegebene Strahlungsenergie reicht von 10^{21} J bis 10^{25} J. (Man beachte: Die Energie von 10^{25} J entspricht der Energie von mehr als 100 Milliarden Hiroshima Atombomben!)

In den Flares werden Elektronen und Protonen durch die zeitlich sich ändernden Magnetfelder auf hohe Energien beschleunigt. Die beschleunigten Elektronen erreichen Geschwindigkeiten bis zu $v \leq 0{,}5c$

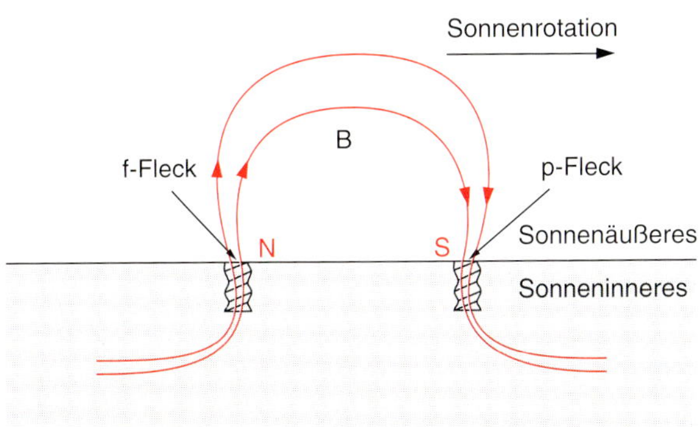

Abb. 10.75. Magnetfeldlinien eines Sonnenfleckenpaares

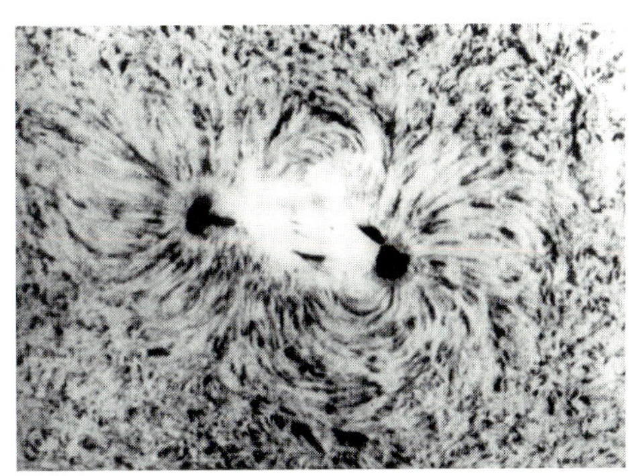

Abb. 10.76. Fackeln als helle Gebiete in der Umgebung eines Sonnenfleckenpaares

und strahlen entsprechend Bremsstrahlung (bzw. Synchrotronstrahlung) ab, deren Spektrum vom Röntgengebiet bis zum Radiowellenbereich reicht. Eine weitere Quelle der emittierten Strahlung sind durch Flares angestoßene Plasma-Oszillationen, bei denen die Elektronen im Plasma der Korona gegen die Protonen schwingen. Die Flares bilden eine der Quellen für den Sonnenwind, weil hier Elektronen und Protonen auf Geschwindigkeiten beschleunigt werden, die größer als die Fluchtgeschwindigkeit sind.

Besonders spektakuläre Erscheinungen der aktiven Sonne sind die Protuberanzen (siehe Farbtafel) bei denen geladene Teilchen mit großer Geschwindigkeit aus der Photosphäre ausgestoßen werden und dann z. B. um die Magnetfeldlinien eines bipolaren Sonnenfleckenpaares spiralen. Dadurch sieht man große leuchtende Bögen, die weit über die Photosphärenoberfläche herausragen. Da die Lichtemission von Flares und Protuberanzen immer noch wesentlich geringer ist als die Photosphäre, sieht man solche Erscheinungen nur bei Sonnenfinsternissen, oder mit einem Koronagraphen oder wenn man sie durch ein schwaches Spektralfilter photographiert, das nur das Licht einer Emissionslinie durchläßt. Besonders deutlich sind Flares und Protuberanzen im UV- und Röntgengebiet zu beobachten. Deshalb bieten UV-Aufnahmen von Satelliten aus besonders spektakuläre Bilder von Sonnen-Protuberanzen.

Man unterscheidet zwischen „ruhenden" Protuberanzen, die als große, langgestreckte leuchtende Wolken in der Korona erscheinen und dort mehrere Wochen lang ihre Form nur wenig ändern und eruptive aufsteigende Protuberanzen, die oberhalb von Sonnenflecken als große leuchtende Bögen erscheinen und nur von kurzer Dauer sind.

Man sieht aus diesen Beispielen, daß die Sonne ein sehr aktiver dynamischer Gasball ist, in dem es brodelt, wirbelt und spritzt. Trotz großer Fortschritte in der detaillierten Beobachtung dieser dynamischen Erscheinungen sind alle relevanten Phänomene bei weitem noch nicht geklärt. Seit Ende 1995 beobachtet deshalb der Satellit SOHO (Solar and Heliospheric Observatory) aus dem Lagrangepunkt L_1 kontinuierlich die Sonne in verschiedensten Wellenlängen.

Da, wie wir im nächsten Kapitel sehen werden, die Sonne als ein „Standardstern" mit mittlerer Leuchtkraft angesehen werden kann, lohnt sich ein intensives Studium der Sonne, nicht nur, weil wir von ihr leben, sondern auch im Hinblick auf ein besseres Verständnis der Sternentwicklung allgemein. Die Sonne ist unser nächster Stern (Entfernung 7 Lichtminuten, verglichen mit 4 Lichtjahren zum zweitnächsten Stern Proxima Centauri). Deshalb lassen sich viele Phänomene räumlich aufgelöst untersuchen, so daß ein Studium der Sonne viel detailliertere Informationen gibt, als das entfernter Sterne.

ZUSAMMENFASSUNG

- Das Sonnensystem besteht aus Sonne, Planeten, deren Monden, vielen Planetoiden, Kometen, Meteoriten, Staubpartikeln und dem interplanetarischen Gas.
- Planeten-, Planetoiden-, Mond- und Kometenbewegungen werden durch die drei Keplerschen Gesetze beschrieben.
- Störungen durch Nachbarplaneten und Monde verursachen Abweichungen von den Keplerbahnen. Periodische Störungen können sogar zu instabilen Bahnen führen. Dies wird besonders bei den Planetoiden und den Ringsystemen der Planeten wichtig.
- Hat der Fahrstrahl eines Planeten zur Sonne denselben Umlaufswinkel wie der der Erde, so steht der Planet in Opposition (Konjunktion), wenn er von der Erde aus in entgegengesetzter (gleicher) Richtung wie die Sonne steht.
- Während der siderischen Umlaufzeit eines Planeten überstreicht sein Fahrstrahl zur Sonne den Winkel 2π bezüglich eines ruhenden Koordinatensystems. Die synodische Umlaufzeit ist die Zeit zwischen zwei aufeinanderfolgenden Oppositionsstellungen bzw. Konjunktionspositionen des Planeten bzw. Mondes. Die synodischen Umlaufzeiten für untere Planeten sind kürzer, für obere Planeten länger als ihre siderischen Umlaufzeiten.
- Die inneren (erdähnlichen) Planeten Merkur, Venus, Erde, Mars haben mittlere Dichten von $\varrho =$ 4–5 $\mathrm{kg/dm^3}$ und bestehen überwiegend aus fester Kruste und flüssigem Magma im Inneren. ▶

Die äußeren (jupiterähnlichen) Planeten Jupiter, Saturn, Uranus, Neptun haben keine feste Kruste sondern eine Gashülle und im Innern feste und flüssige Materie. Ihre mittlere Dichte ist mit $\varrho = 0{,}7–1{,}6\,\text{kg/dm}^3$ sonnenähnlich. Ihre Masse ist wesentlich größer als die der inneren Planeten.

- Merkur hat keine Atmosphäre, Venus eine sehr dichte (fast 100 bar), Mars eine sehr dünne (9 mbar). Die Erde steht mit $p = 1$ bar in der Mitte.
- Merkur und Venus haben keine Monde, die Erde einen, Mars zwei sehr kleine, Jupiter mindestens 16, Saturn mindestens 17, Uranus mindestens 5, Neptun mindestens 8, Pluto mindestens 1.
- Die Riesenplaneten Jupiter, Saturn, Uranus, Neptun haben ein Ringsystem, das aus Staubpartikeln und Gesteinsbrocken besteht. Es ist am stärksten ausgeprägt beim Saturn. Es liegt in der Äquatorebene des Planeten, seine Dicke ist nur 0,2 km, seine radiale Ausdehnung jedoch 410 000 km. Die Ringstruktur kann erklärt werden durch Resonanzen zwischen Umlaufzeiten der Ringpartikel und den Monden des Planeten.
- Planetoide sind kleine Himmelskörper auf Umlaufbahnen meist zwischen Mars und Jupiter. Ihre Bahnen können instabil werden, wenn Resonanzen zwischen ihren Umlaufzeiten und denen des Jupiter auftreten.
- Kometen sind kleine, aus Eis und Staub bestehende Himmelskörper, die wahrscheinlich aus einer fernen Region des Sonnensystems (Oortsche Wolke) stammen und deren Bahn durch Störungen in langgestreckte Ellipsen gebracht wurde. Beim Vorbeiflug an der Sonne verdampft ein Teil des Kometenkerns, und es bildet sich die Koma und der Kometenschweif.
- Meteore (Sternschnuppen) sind Leuchterscheinungen am Nachthimmel, die durch Mikropartikel aus Kometenschweifen, welche die Erdbahn kreuzen und in der Erdatmosphäre verglühen, verursacht werden.
- Meteorite sind größere Gesteinsbrocken, die überwiegend aus instabil gewordenen Planetoidentrümmern stammen und auf die Erde fallen. Auf ihrem Weg durch die Erdatmosphäre sind sie als helle Feuerkugeln zu sehen.
- Die Sonne bezieht ihre Strahlungsenergie aus Kernfusionsprozessen im Inneren. Die Energie wird hauptsächlich durch diffundierende Strahlung und im äußeren Bereich auch durch Konvektion an die Oberfläche transportiert. Die mittlere Energietransportzeit beträgt 10^7 Jahre.
- Die effektive Oberflächentemperatur der Sonne beträgt etwa 5800 K. Die Temperatur steigt nach innen an. Die Zentraltemperatur ist etwa $1{,}5 \cdot 10^7$ K.
- Die kontinuierliche Emission der Sonne geschieht aus einer dünnen Schicht, der Photosphäre, die nur etwa 200 km dick ist. Sie wird durch Rekombination $\text{H} + \text{e}^- \rightarrow \text{H}^- + h \cdot \nu$ von Elektronen mit neutralem Wasserstoff erzeugt.
- Oberhalb der Photosphäre sind ausgedehnte leuchtende Plasmahüllen mit geringem Gasdruck, aber hohen Temperaturen (Chromosphäre und Korona). Man sieht sie nur, wenn das um viele Größenordnungen hellere Licht der Photosphäre abgedeckt wird.
- Die Sonne zeigt viele zeitabhängige dynamische Phänomene. Beispiele sind die Sonnenflecken, Flares, Fackeln und Protuberanzen.

ÜBUNGSAUFGABEN

1. Ein Komet habe im sonnennächsten Punkt die Entfernung $r_{\text{min}} = 0{,}5$ AE von der Sonne und die Geschwindigkeit $v_{\text{max}} = 50\,\text{km/s}$. Wie groß ist seine maximale Entfernung von der Sonne? Wie groß ist seine Umlaufperiode?
2. Man berechne die scheinbare Helligkeit des Mars während der Opposition 1982, bei der die Entfernung Mars – Sonne 1,64 AE betrug. Benutzen Sie dazu die Daten $m_1 = -1{,}6^{\text{m}}$ während der Opposition 1975, bei der $r_1 = 1{,}55$ AE war. Wie

groß ist die Albedo des Mars auf Grund dieser Daten?

3. Ein Planetoid habe die Entfernung $r = 3$ AE von der Sonne und die visuelle Helligkeit $+10{,}0^{\mathrm{m}}$ zur Zeit der Opposition. Wie groß ist sein Durchmesser, wenn seine Albedo 0,15 ist? Wie genau kann sein Durchmesser bestimmt werden, wenn die Berechnung der Albedo auf 30% und die Messung der Helligkeit auf 10% möglich ist?
4. Wie groß müßte die Abplattung des Jupiters sein, wenn er vollständig aus Gas bestehen würde?
   a) Bei konstanter Dichte ϱ_0,
   b) bei $\varrho(r) = \varrho_0(1 - r/R_{♃})$?
   c) Berechnen Sie die Masse des Jupiter aus der Umlaufzeit $T = 7{,}1546$ Tage des Mondes Ganymed, dessen Abstand $a = 1{,}0705 \cdot 10^6$ km beträgt.
5. Man berechne die Differenz der Gravitationskräfte zwischen oberer und unterer Seite des Io als Funktion des Abstandes r vom Jupiterzentrum. Bei welchem Wert von r liegt die Roche-Grenze?
6. Zeigen Sie, daß die Punkte P_i auf einem Kreis um die Sonne mit dem Radius $R_{♃}$ der Jupiterbahn, welche ein gleichseitiges Dreieck SJP_i bilden, lokale Minima der potentiellen Energie darstellen.
7. Wieso kann eine Raumsonde beim Vorbeiflug an einem Planeten Energie gewinnen bzw. verlieren? Berechnen Sie Energiegewinn bzw. -verlust in Abhängigkeit von der Relativgeschwindigkeit.
8. Leiten Sie (10.33) her (Anleitung siehe Bd. 1, Abschn. 2.9.5).
9. Leiten Sie (10.46a) für den Temperaturgradienten bei Strahlungstransport her.
10. Wie groß ist der Gravitationsdruck auf der Sonnenoberfläche, wenn die Dichte ϱ vom Photosphärenrand ($r = R_{\odot}$) aus exponentiell abfällt mit $\varrho = \varrho(R_{\odot}) \cdot \mathrm{e}^{-(r-R_{\odot})/a}$ mit $a = 100$ km? Wie groß ist dort die Entweichgeschwindigkeit eines Körpers?
11. Leiten Sie (10.49) her.

11. Geburt, Leben und Tod von Sternen

Früher glaubte man, daß die Sterne und das Universum statische Gebilde seien, die sich nicht verändern, sondern „von Ewigkeit zu Ewigkeit" existierten. Heute weiß man, daß sowohl die Sterne als auch das gesamte Universum sich fortwährend verändern. Die Sterne entstehen durch Kontraktion riesiger Gas- und Staubwolken. Sie durchlaufen, wie ein Mensch, verschiedene Entwicklungsstadien, während denen sie Strahlungsleistung abgeben, um dann schließlich, nach Durchlaufen verschiedener Zwischenstadien, in ein Endstadium überzugehen, in welchem sie schnell oder auch langsam verlöschen. Bei diesem Übergang wird oft wieder Material für die Bildung neuer Sterne frei. In diesem Sinne kann man von Geburt, Leben und Tod eines Sternes reden.

Das Leben eines Sternes dauert im allgemeinen viele Millionen bis Milliarden Jahre; nur sehr heiße massereiche Sterne leben weniger als 1 Million Jahre. Innerhalb der Beobachtungszeit eines Menschenlebens läßt sich deshalb nur jeweils der Jetztzustand eines Sterns beobachten. Um trotzdem genauere Aussagen über die verschiedenen Entwicklungsphasen von Sternen machen zu können, muß man viele Sterne beobachten, die sich jeweils in verschiedenen Stadien ihrer Entwicklung befinden. Je größer der Bruchteil aller beobachteten Sterne in einem bestimmten Stadium ist, desto länger dauert dieses Stadium in der Sternentwicklung. Dies ist völlig analog zu der Situation eines Besuchers in einem fremden Land, der etwas lernen möchte über die Entwicklungsphasen der dort lebenden Menschen. Er trifft gleichzeitig Menschen aller Altersstufen, die er in Lebensabschnitte: Säuglinge, Kinder, Erwachsene und Greise einteilt. Aus dem prozentualen Anteil der verschiedenen Altersgruppen schließt er auf die dazu proportionalen zeitlichen Dauern der einzelnen Lebensabschnitte. Dieser Schluß ist richtig, wenn die Bevölkerung über längere Zeit stationär bleibt.

Wir müssen deshalb zuerst diskutieren, welche Eigenschaften eines Sternes Indikatoren für sein Lebensalter und seinen jetzigen Zustand sind, wie man diese Eigenschaften messen kann und welche Modelle daraus für die Sternentwicklung folgen.

Die wichtigsten charakteristischen Eigenschaften eines Sterns sind seine *Masse*, sein *Radius*, seine *Leuchtkraft* (= gesamte abgestrahlte Leistung) und sein *Spektraltyp*, welcher von der spektralen Verteilung seiner Strahlung, also im wesentlichen von seiner Oberflächentemperatur und seiner chemischen Zusammensetzung, abhängt. Wir haben im Abschn. 9.8 gelernt, daß man aus der gemessenen scheinbaren Helligkeit eines Sterns nur dann auf seine absolute Helligkeit und damit seine Leuchtkraft L schließen kann, wenn man seine Entfernung kennt. Ein zweites Verfahren der Leuchtkraftbestimmung beruht auf der Messung des Sternradius R und der Oberflächentemperatur T. Wir müssen deshalb zuerst einige Verfahren zur Entfernungsmessung und zur Bestimmung von Sternradien diskutieren.

11.1 Die sonnennächsten Sterne

Der uns nächste Stern ist Proxima Centauri in einer Entfernung von 4,27 ly = 1,3 pc. Die mittlere Dichte der Sterne in unserer „näheren" Umgebung ist etwa 0,1 Sterne pro pc^3. In Tabelle 11.1 ist die Zahl der Sterne innerhalb einer Kugel mit Radius r um die Sonne aufgelistet. Die Entfernung der meisten sonnennahen Sterne wurde inzwischen mit großer Genauigkeit vom Satelliten HIPPARCOS direkt mit Hilfe eines speziellen trigonometrischen Verfahrens gemessen (siehe Abschn. 9.7).

Die Entfernungen der 300 nächsten Sterne konnten mit einem Fehler von kleiner als 1%, die von 4000 weiteren Sternen mit 5% Unsicherheit und von 10^5 Sternen

Tabelle 11.1. Zahl der sonnennächsten Sterne

Radius r um Sonne	Zahl der Sterne in Kugel mit Radius r
3 pc	12
5 pc	52
10 pc	≈ 400
30 pc	10^4
100 pc	$3 \cdot 10^5$
300 pc	10^7

BEISPIEL

Der uns zweitnächste Stern α-Centauri A hat einen Radius von $R \approx 8 \cdot 10^8$ m und eine Entfernung von $R = 1{,}34\,\text{pc} \mathrel{\hat{=}} 4 \cdot 10^{16}$ m. Sein Durchmesser erscheint deshalb von der Erde aus als Winkeldurchmesser $\Delta\alpha = 2R/r \approx 0{,}01''$. Dies ist um 2 Größenordnungen kleiner als das durch das Seeing bedingte Winkelauflösungsvermögen von Teleskopen und liegt immerhin noch um eine Größenordnung unter der beugungsbedingten Auflösungsgrenze eines Fernrohres mit 1 m Objektivdurchmesser.

mit $\leq 10\%$ bestimmt werden. Damit sind aus den beobachteten scheinbaren Helligkeiten dieser Sterne ihre Leuchtkräfte L genügend genau bekannt, um daraus eine Beziehung zwischen Spektraltyp, Leuchtkraft und Sternradius R_S herausstellen. Kennt man aus der Messung der Spektralverteilung (wie bei der Sonne) die Temperatur T der Sternoberfläche und Leuchtkraft L, so läßt sich aus dem Stefan-Boltzmann-Gesetz der Sternradius ermitteln, weil für diesen Fall gilt:

$$L_\text{S} = 4\pi R_\text{S}^2 \sigma \cdot T^4 \;\Rightarrow\; R_\text{S} = \frac{1}{T^2}\sqrt{\frac{L_\text{S}}{4\pi\sigma}}\,. \qquad (11.1)$$

Um die Orientierung am Sternhimmel zu erleichtern und die verschiedenen Sterne unterscheiden zu können, hat man schon früh bestimmte Sterngruppen zu *Sternbildern* zusammengefaßt und den einzelnen Sternen Namen gegeben. Beispiele für bekannte Sternbilder sind der Große Bär (Ursa Major), Orion, Fuhrmann (Auriga), Pegasus, Widder (Aries), Bärenhüter (Bootes), Steinbock (Capricornus). Die Einzelsterne tragen häufig arabische Namen. Heute werden die Sterne eines Sternbildes nach dem griechischen Alphabet entsprechend ihrer scheinbaren Helligkeit angeordnet. Der hellste Stern im Sternbild des großen Wagens heißt α Ursae Majoris (α UMa) (arabisch: Dubhe), der zweithellste β Ursae Majoris (Merak), usw.

Abb. 11.1 zeigt zur Illustration die am Äquator im Nordwinter sichtbaren Sternbilder.

11.1.1 Direkte Messung von Sternradien

Die Winkeldurchmesser von Sternen sind selbst für die nächsten Sterne (außer der Sonne) bei weitem zu klein, um sie mit Hilfe trigonometrischer Verfahren messen zu können.

Jeder Stern erscheint deshalb selbst in großen Teleskopen bei optischer Beobachtung als Beugungsbild einer punktförmigen Lichtquelle.

Trotzdem gibt es einige Verfahren, die Durchmesser naher und genügend großer Sterne zu messen. Dazu gehören z. B. genaue Messungen von Sternbedeckungen durch den Mond. Der Helligkeitsabfall des Sternenlichts bei einer Verdunklung durch den Mond verläuft wegen der Beugung am Mondrand nicht gleichmäßig, sondern zeigt eine Folge von Beugungsmaxima und Minima, deren Amplituden bei einem endlichen Sterndurchmesser kleiner sind als bei einer punktförmigen Lichtquelle. Mit Hilfe der Beugungstheorie (siehe Bd. 2, Abschn. 10.6,7) läßt sich aus dem photometrisch gemessenen Intensitätsverlauf bei der Sternbedeckung der Sterndurchmesser bestimmen.

Ein genaueres Verfahren ist bei engen Doppelsternsystemen möglich, wo einer der beiden Sterne periodisch den anderen bedeckt (siehe Abschn. 11.1.2).

Für große Sterne unserer näheren Umgebung kann der Radius mit Hilfe der von *Michelson* eingeführten Stellar-Interferometrie gemessen werden [11.1]. Dies funktioniert folgendermaßen:

Das Licht eines Sterns wird durch zwei möglichst weit voneinander entfernte Spiegel S_1, S_2 auf die Öffnung eines Fernrohres gelenkt (Abb. 11.2a), und man beobachtet in der Fokusebene B die durch ein schmalbandiges Spektralfilter SpF durchgelassene Intensität $I_\lambda(d)$ als Funktion der Entfernung d der beiden Spiegel. Das von der ausgedehnten Lichtquelle (d. h. dem Stern mit Radius R_S) emittierte Licht erzeugt in der Beobachtungsebene ein Interferenzmuster, völlig analog zum Youngschen Doppelspaltversuch (Bd. 2, Abschn. 10.3.2). Ist $r_\text{S} \gg d$ die Entfernung des Sterns, so gilt für die maximal auftretende Wegdifferenz für

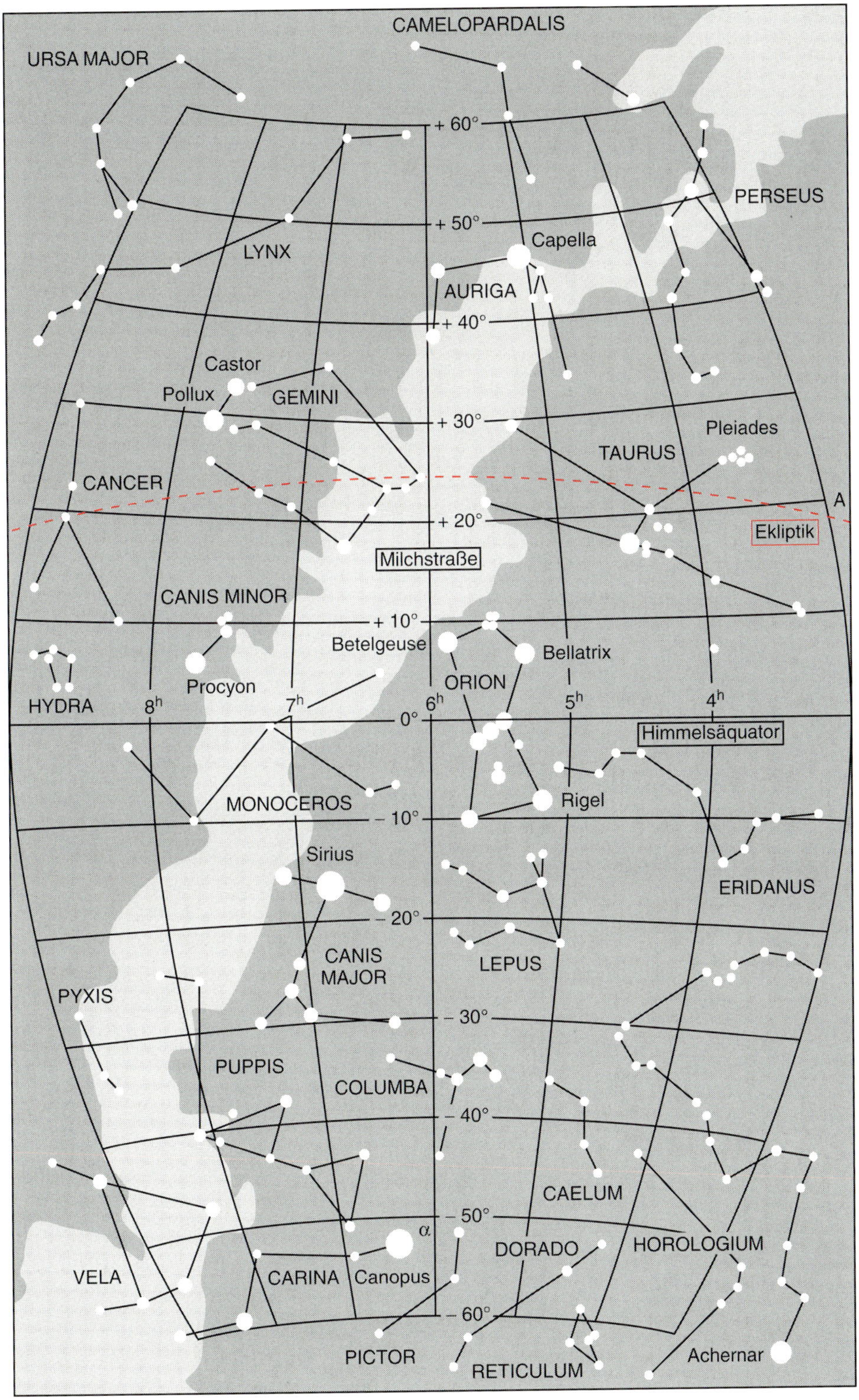

Abb. 11.1. Die Wintersternbilder der Zonen um den Himmelsäquator

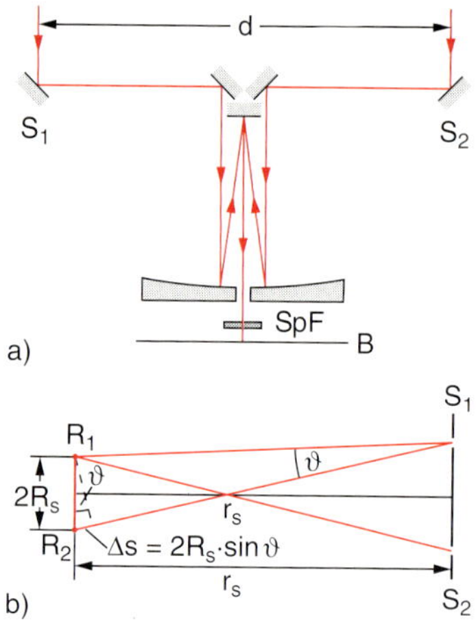

Abb. 11.2a,b. Zum Prinzip des Michelsonschen Stellar-Interferometers: (**a**) Experimentelle Anordnung; (**b**) zur Entstehung der Interferenzstruktur

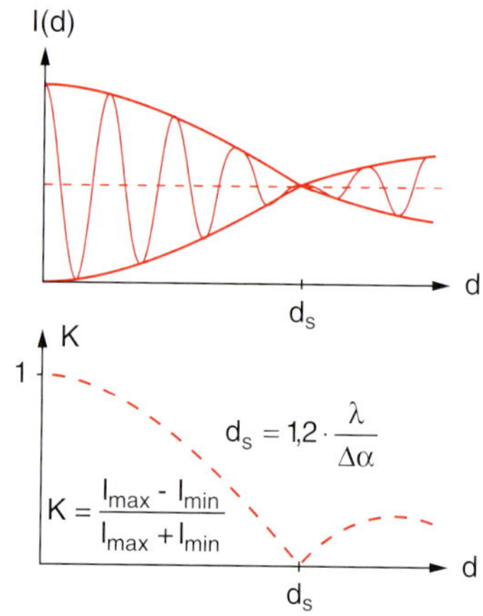

Abb. 11.3. Intensitätsverteilung und Kontrast der Interferenzstruktur als Funktion des Spiegelabstandes d

Licht von entgegengesetzten Endpunkten des Sterns (Abb. 11.2b)

$$\begin{aligned} \Delta s_{\max} &= \overline{R_2 S_1} - \overline{R_1 S_1} = \overline{R_1 S_2} - \overline{R_1 S_1} \\ &\approx 2R_S \cdot \sin\vartheta = 2R_S \cdot d/2r_S\,. \end{aligned} \tag{11.2}$$

Wird $\Delta s_{\max}$ größer als $\lambda/2$, so wird wegen der statistischen Emission des Lichtes von den einzelnen Punkten des Sterns die Phasendifferenz

$$\Delta\varphi = (2\pi/\lambda)\Delta s$$

statistisch zwischen Null und π schwanken. Damit wird die Interferenzstruktur in der Beobachtungsebene B sich zeitlich ausmitteln und ist nicht mehr beobachtbar.

Die Bedingung für die kohärente (d. h. phasenkorrelierte) Beleuchtung der beiden Spiegel ist daher:

$$\begin{aligned} &\Delta s_{\max} \approx \frac{R_S \cdot d}{r_S} \le \lambda/2 \\ &\Rightarrow\ R_S \le r_S \cdot \frac{\lambda}{2d}\,. \end{aligned} \tag{11.3}$$

Mißt man den Kontrast

$$K = \frac{I_{\max} - I_{\min}}{I_{\max} + I_{\min}}$$

der Interferenzstruktur als Funktion des Abstandes d der beiden Spiegel (Abb. 11.3), so läßt sich aus dem Abstand d_S, bei dem der Kontrast Null wird, der Sternradius

$$R_S = r_s \cdot \frac{\lambda}{2d_s} \ \Rightarrow\ d_s = \frac{\lambda}{\Delta\alpha} \tag{11.4}$$

mit $\Delta\alpha = 2R_S/r_S$ ermitteln, wenn die Entfernung r_s des Sterns bekannt ist.

Der erste Stern, dessen Winkeldurchmesser $\Delta\alpha = 0{,}047''$ mit diesem Verfahren gemessen wurde, war der rote Riesenstern Beteigeuze (α Orionis). Aus der bekannten Entfernung von $r = 310$ ly ergibt sich sein linearer Durchmesser $D = 4{,}1 \cdot 10^8$ km, 300mal so groß wie der der Sonne, und größer als der Durchmesser der Marsbahn.

Dieses Verfahren wurde von *R. Hanbury-Brown* und *R.Q. Twiss* verbessert [11.2], indem statt der Amplituden-Interferenz, die empfindlich ist gegen unterschiedliche Schwankungen der Luftbrechzahl für die beiden interferierenden Teilstrahlen, eine Intensitätskorrelation gemessen wird. Man mißt die Zahl $(\mathrm{d}N/\mathrm{d}t)\Delta t$ der detektierten Photonen im Zeitintervall Δt in beiden Kanälen (Abb. 11.4) und ermittelt in einem Korrelator das Signal

$$\begin{aligned} S(\tau) &= \int_0^{\Delta t} \frac{I_1(t) \cdot I_2(t+\tau)}{\langle I^2(t)\rangle}\,\mathrm{d}t \\ &= \frac{1}{\langle \dot N^2\rangle} \int_0^{\Delta t} \frac{\mathrm{d}N_1(t)}{\mathrm{d}t} \cdot \frac{\mathrm{d}N_2(t+\tau)}{\mathrm{d}t}\,\mathrm{d}t\,, \end{aligned}$$

das von der Verzögerungszeit τ abhängt.

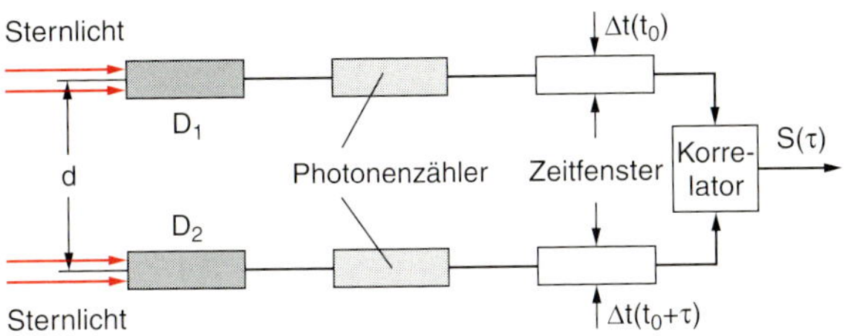

Abb. 11.4. Prinzip des Hanbury-Brown-Twiss-Intensitätskorrelators

Die Funktion $S(\tau)$ ist ein Maß für die Kohärenz der emittierenden Lichtquelle und damit, wie beim Michelson-Stellarinterferometer, für ihren Durchmesser.

11.1.2 Doppelsternsysteme und die Bestimmung von Sternmassen

Zur Bestimmung der Massen von Sternen erweisen sich Doppelsternsysteme als äußerst nützliche Informationsquellen. Solche Systeme bestehen aus zwei Sternen, die um ihren gemeinsamen Schwerpunkt kreisen. Doppelsterne sind keineswegs eine Ausnahme unter den Sternen. Mehr als 50% aller Sterne gehören zu Systemen aus zwei oder mehr Sternen.

Der Abstand zwischen den zwei Komponenten eines Doppelsternsystems reicht von einigen 10^2 AE bis herab zur Summe der beiden Sternradien, wo sich beide Sterne gerade berühren. Die Umlaufzeiten sind mit den Abständen über das 3. Keplersche Gesetz verknüpft und reichen von einigen Stunden bei sehr kleinen Abständen bis zu Tausenden von Jahren bei großen Abständen.

Beide Komponenten laufen auf elliptischen Bahnen um den gemeinsamen Schwerpunkt. Beschreibt man die Bahn einer Komponente in einem Koordinatensystem, dessen Nullpunkt im Mittelpunkt der anderen Komponente liegt, so wird die Bahn wieder eine Ellipse (siehe Abschn. 10.1).

Man unterscheidet die Doppelsternsysteme nach ihrer Beobachtungsmöglichkeit:

Bei ***visuellen Doppelsternen*** kann man beide Sterne getrennt beobachten. Ihr Winkelabstand muß also größer als $0\overset{''}{.}1$ sein, weil dies die Auflösungsgrenze irdischer Teleskope ist.

Bei den ***astrometrischen Doppelsternen*** ist nur ein Stern sichtbar. Die Beobachtung seiner Eigenbewegung zeigt jedoch an, daß ein zweiter, unsichtbarer Stern vorhanden sein muß, der mit dem ersten, sichtbaren Stern um einen gemeinsamen Schwerpunkt kreist.

Die ***spektroskopischen Doppelsterne*** lassen sich zwar räumlich nicht getrennt auflösen, aber ihre gegenläufige Bewegung um ihren Schwerpunkt zeigt sich in entgegengesetzten Dopplerverschiebungen ihrer Spektrallinien. Im Spektrum des Paares erscheinen die Spektrallinien also aufgespalten in Doppler-Dubletts, deren Abstand periodisch variiert.

Die vierte Kategorie von Doppelsternen sind die Bedeckungsveränderlichen (photometrische Doppelsterne), bei denen eine Komponente periodisch vor oder hinter der anderen Komponente vorbeiläuft. Deshalb variiert die Helligkeit des Systems mit der Periode der Umlaufszeit.

Oft erscheinen zwei Sterne am Firmament nahe beieinander, ohne daß sie wirkliche Doppelsterne sind, weil ihre Entfernungen r_1 und r_2 sehr unterschiedlich sind. Man nennt sie ***optische Doppelsterne***.

Als Beispiel wollen wir das Sternbild des Großen Bären betrachten (Abb. 11.5). Alcor und Mizar, die beide mit bloßem Auge sichtbar sind, bilden ein optisches Doppelsternsystem mit einem Winkelabstand von $11'50''$, Alcor (das „Reiterlein" auf dem Wagen)

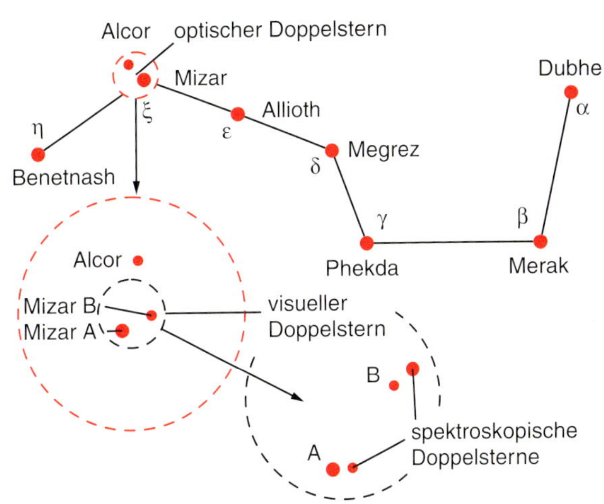

Abb. 11.5. Beispiel optischer Doppelsterne (Alcor und Mizar) im großen Bären, visueller Doppelsterne (Mizar A und B) und spektroskopischer Doppelsterne (je zwei Komponenten von Mizar A und B)

ist jedoch mit einer Entfernung von $r_1 = 24{,}88$ pc weit entfernt von Mizar ($r_2 = 23{,}96$ pc). Man vergleiche ihre Entfernung $\Delta r = 0{,}92$ pc mit der zu unserem nächsten Stern Proxima Centauri ($\Delta r = 1{,}3$ pc). Mizar selbst bildet ein echtes visuelles Doppelsternsystem mit den Komponenten A und B, deren Winkelabstand $14''$ beträgt und die deshalb mit einem Teleskop aufgelöst werden können. Beide Komponenten A und B bilden ihrerseits wieder spektroskopische Doppelsternsysteme (Abb. 11.5), die nur auf Grund der Dopplerverschiebungen ihrer Spektrallinien unterschieden werden können.

a) Visuelle Doppelsterne

Für visuelle Doppelsterne, bei denen man beide Komponenten und ihre elliptischen Bahnen um den gemeinsamen Schwerpunkt direkt beobachten kann (Abb. 11.6), ist das Verhältnis der Massen der Komponenten:

$$\frac{M_1}{M_2} = \frac{a_2}{a_1}\,. \tag{11.5}$$

Die große Halbachse der relativen Bahn (Abb. 11.6b) ist $a = a_1 + a_2$, so daß man die Beziehungen

$$a_1 = \frac{M_2}{M_1 + M_2}\,a\,; \quad a_2 = \frac{M_1}{M_1 + M_2}\,a \tag{11.6}$$

erhält.

Die Massensumme $m_1 + m_2$ kann nach dem dritten Keplerschen Gesetz aus der Umlaufzeit T gemäß

$$M_1 + M_2 = \frac{4\pi^2}{G}\,\frac{a^3}{T^2} \tag{11.7}$$

bestimmt werden ($G =$ Gravitationskonstante), so daß aus (11.6) und (11.7) bei Messung von a_1, a_2 und T die Massen beider Komponenten gewonnen werden können. Erscheint die große Halbachse a von der Erde aus unter dem Winkel $\alpha = a/r$ und ist die Parallaxe des Doppelsternsystems in Parsec $\pi = 1\,\mathrm{AE}/r$, wobei r seine Entfernung von der Sonne ist, so gilt für den Absolutwert der großen Halbachse:

$$a = \frac{1\,\mathrm{AE}}{\pi}\cdot\alpha\,. \tag{11.8}$$

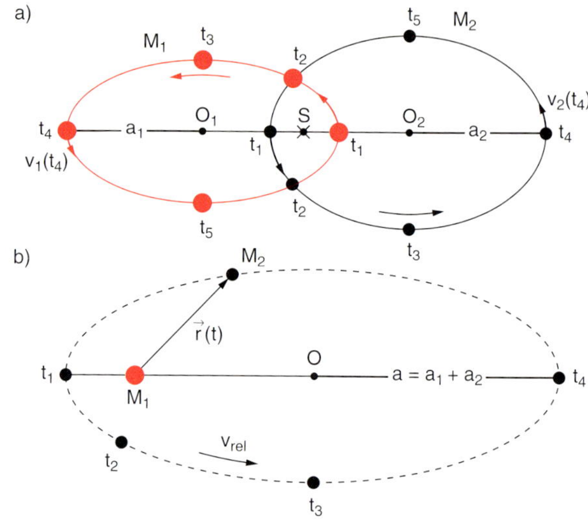

Abb. 11.6a,b. Elliptische Bahnen der beiden Komponenten eines visuellen Doppelsterns (**a**) im Schwerpunktsystem, (**b**) in Relativkoordinaten mit Ursprung im schweren Stern

Meistens drückt man die Massen der Sterne in Einheiten der Sonnenmasse $M_\odot$ aus. Damit wird aus (11.7):

$$\frac{M_1 + M_2}{M_\odot} = \left(\frac{\alpha}{\pi}\right)^3 \left(\frac{1\alpha_S}{T}\right)^2, \tag{11.9}$$

wobei $a_S = 1$ Jahr die siderische Umlaufzeit der Erde um die Sonne ist.

Aus (11.6) folgt dann für die Einzelmassen der beiden Komponenten in Einheiten der Sonnenmasse:

$$\frac{M_1}{M_\odot} = \frac{M_1 + M_2}{M_\odot}\,\frac{a_2}{a}\,;$$
$$\frac{M_2}{M_\odot} = \frac{M_1 + M_2}{M_\odot}\,\frac{a_1}{a}\,. \tag{11.10}$$

Die Beziehung (11.8) kann direkt aus den Beobachtungen nur dann gewonnen werden, wenn die Bahnebene der beiden Komponenten entweder senkrecht zur Sichtlinie Erde – Doppelstern oder parallel zu ihr liegt. Im allgemeinen ist sie jedoch gegen die Sichtlinie geneigt (Abb. 11.7). Deshalb muß man den Neigungswinkel i bestimmen. Dies ist möglich, weil sich bei der Projektion einer geneigten Bahnebene die hellere Komponente nicht wie in Abb. 11.6b im Brennpunkt der Ellipsenbahn der schwächeren Komponente befindet. Man muß den Winkel i so wählen, daß die Keplergesetz für die wahren Bahnen erfüllt sind.

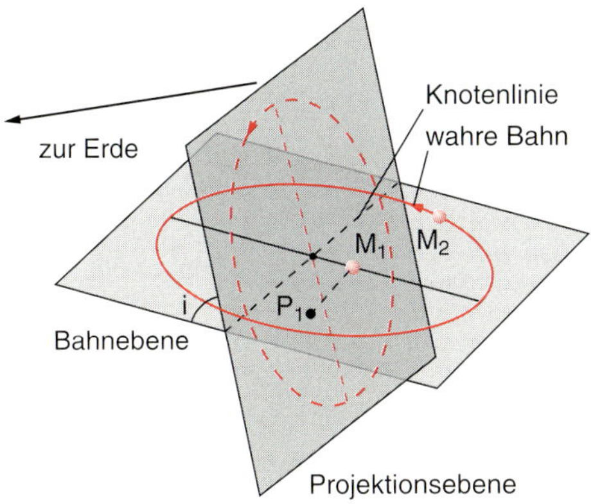

Abb. 11.7. Wahre und auf eine Ebene senkrecht zur Sichtlinie Erde – Doppelstern projizierte Bahn. Der Projektionspunkt P_1 von M_1 liegt nicht mehr im Brennpunkt der projizierten Ellipse

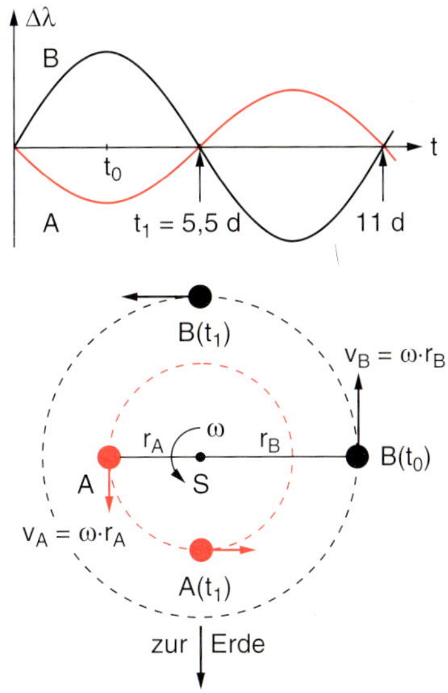

Abb. 11.9a,b. Zur Analyse der Bahnelemente eines Doppelsterns aus den Dopplerverschiebungen. (**a**) Dopplerverschiebungen; (**b**) Bahn der Komponenten A und B

b) Spektroskopische Doppelsterne

Das Prinzip der Messung der Bahndaten von spektroskopischen Doppelsternen wird in Abb. 11.8 verdeutlicht. In der Stellung A findet keine Dopplerverschiebung statt, weil die Geschwindigkeit beider Komponenten senkrecht auf der Sichtlinie zur Erde steht. In der Stellung B sind die Spektrallinien der Komponente 1 nach rot, die der Komponente 2 nach blau verschoben.

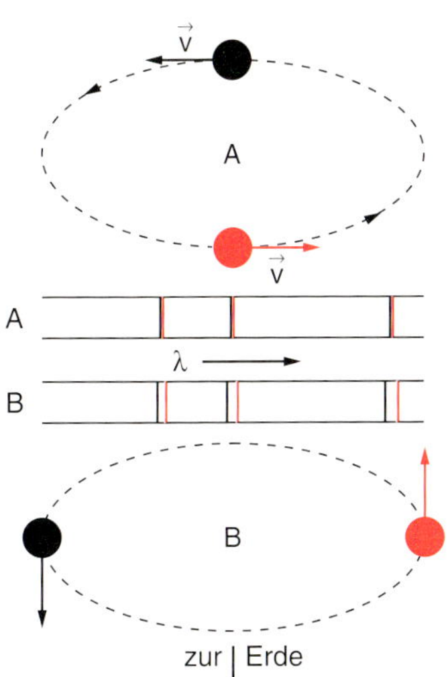

Abb. 11.8. Doppleraufspaltung der Spektrallinien bei spektroskopischen Doppelsternen

BEISPIEL

Die Dopplerverschiebungen $\Delta\lambda(t)$ einer Emissionslinie bei 589 nm eines Doppelsternes A–B mögen einen sinusförmigen zeitlichen Verlauf $\Delta\lambda(t) = \Delta\lambda_0 \cdot \sin \omega t$ mit einer Periode von $T = 2\pi/\omega = 11$ d und $\Delta\lambda_0(A) = 3{,}2 \cdot 10^{-4}\,\lambda_0$; $\Delta\lambda_0(B) = 1{,}6 \cdot 10^{-4}\,\lambda_0$ besitzen. Wegen $\Delta\lambda = \lambda_0 \cdot v/c$ laufen die beiden Komponenten A und B mit Geschwindigkeiten $v_A = 50\,\mathrm{km/s}$, $v_B = 100\,\mathrm{km/s}$ auf einer Kreisbahn um den Schwerpunkt (Abb. 11.9). Der Abstand r_A und r_B der beiden Komponenten vom Schwerpunkt S ist daher

$$\begin{aligned} r_A &= v_A/\omega = v_A \cdot T/2\pi = 5 \cdot 10^4 \cdot 1{,}5 \cdot 10^5\,\mathrm{m} \\ &= 0{,}75 \cdot 10^{10}\,\mathrm{m} = 0{,}05\,\mathrm{AE}\,, \\ r_B &= v_B/\omega = 0{,}1\,\mathrm{AE}\,. \end{aligned}$$

c) Photometrische Doppelsterne

Die photometrischen Doppelsterne (Bedeckungsveränderliche) gaben den Astronomen lange Zeit ein Rätsel auf, weil man ihre Helligkeitschwankungen nicht deuten konnte. Erst 1782 wurde am Beispiel des veränderlichen Sterns Algol (β Persei) durch *J. Goodrike* gezeigt, daß die Helligkeitsänderungen periodisch waren und die Hypothese aufgestellt, daß die Ursache für diese Änderung in der Bedeckung durch den zweiten Stern eines Doppelsternsystems liegen. Diese Hypothese wurde erst 100 Jahre später bestätigt, als

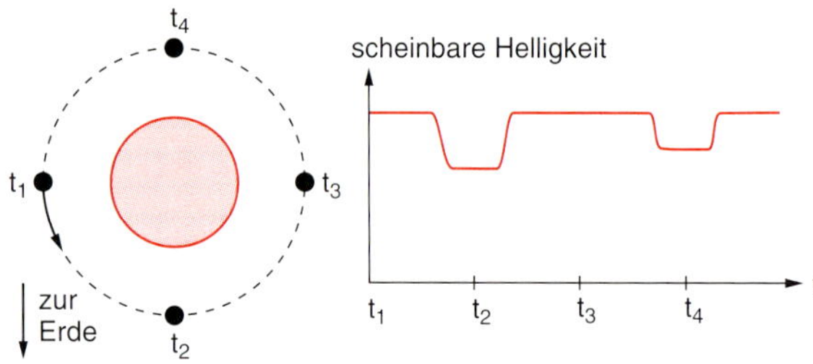

Abb. 11.10. Bedeckungsveränderliche Doppelsterne und ihre schematische Lichtkurve

H.C. Vogel auf Grund der Dopplerverschiebung zeigen konnte, daß die Radialgeschwindigkeit von Algol sich mit derselben Periode ändert.

Für das Beispiel einer helleren Komponente A und einer lichtschwächeren Komponente B ist die Lichtkurve der scheinbaren Helligkeit der Bedeckungsveränderlichen in Abb. 11.10 schematisch gezeigt.

Aus dem Verlauf des Abfalls und Anstiegs der Helligkeitskurven läßt sich das Verhältnis der Sternradien von A und B und aus den Einbrüchen der Helligkeit zu den Zeiten t_2 und t_4 das Verhältnis der Leuchtkräfte der beiden Komponenten A und B bestimmen (siehe Aufg. 11.3).

11.1.3 Spektraltypen der Sterne

Beobachtet man die Strahlung eines Sterns spektral zerlegt, so zeigen die Sterne, genau wie die Sonne, ein kontinuierliches Spektrum (siehe Abschn. 10.5), dem sowohl diskrete dunkle Absorptionslinien (Fraunhoferlinien) als auch helle Emissionslinien überlagert sind. Die spektrale Verteilung des Kontinuums hängt ab von der Oberflächentemperatur des Sterns und von der Dicke der das Kontinuum emittierenden Oberflächenschicht (Photosphäre). Die Absorptionslinien werden durch Übergänge in Atomen und Molekülen erzeugt, deren Temperatur tiefer ist als die der Kontinuumsstrahlung, während die Emissionslinien von Atomen oder Ionen in heißeren Schichten (z. B. der Chromosphäre der äußeren Sonnenatmosphäre) stammen. Das diskrete Absorptions- bzw. Emissionsspektrum wird durch die chemische Zusammensetzung der Sternatmosphären bestimmt.

Die erste photographische Aufnahme eines Sternspektrums wurde von *Henry Draper* 1872 gemacht. Später wurden am Harvard Observatorium mit Hilfe eines Objektiv-Prismen-Teleskops die Spektren von etwa 400 000 Sternen aufgenommen und nach bestimmten Merkmalen klassifiziert. Diese ***Harvard-Klassifikation*** basiert auf den Intensitätsverhältnissen wichtiger Emissionslinien im Sternspektrum, wie z. B. die Balmerserie im H-Atom, die Linien des He-Atoms, Linien des neutralen Eisenatoms und des Kalzium-Ions und verschiedener Molekülllinien wie z. B. des CN-Radikals und des TiO-Moleküls. Diese Intensitätsverhältnisse hängen empfindlich ab von der Temperatur der emittierenden Oberflächenschichten.

Tabelle 11.2. Klassifikation der Spektraltypen der Sterne. Aus A. Unsöld, B. Baschek: *Der neue Kosmos*. (Springer, Berlin, Heidelberg 1991)

Spektraltyp	T/K	Klassifikationskriterien
O	50 000	Linien hochionisierter Atome: He II, Si IV, N III . . . ; Wasserstoff H relativ schwach; gelegentlich Emissionslinien.
B0	25 000	He II fehlt; He I schwach; Si III, O II; H stärker.
A0	10 000	He I fehlt; H im Maximum; Mg II, Si II stark; Fe II, Ti II schwach, Ca II schwach.
F0	7600	H schwächer; Ca II stark; die ionisierten Metalle, z. B. Fe II, Ti II hatten ihr Maximum bei ~ A5; die neutralen Metalle, z. B. Fe I, Ca I erreichen nun etwa die gleiche Stärke.
G0	6000	Ca II sehr stark; neutrale Metalle Fe I . . . stark.
K0	5100	H relativ schwach, neutrale Atomlinien stark; Molekülbanden.
M0	3600	Neutrale Atomlinien, z. B. Ca I sehr stark; TiO-Banden
M5	3000	Ca I sehr stark, TiO-Banden stärker.
C	3000	Starke CN-, CH-, C_2-Banden; TiO fehlt. Neutrale Metalle wie bei K und M.
S	3000	Starke ZrO-, YO-, LaO-Banden; Neutrale Atome wie bei K und M.

Die Spektraltypen der Harvardklassifikation werden mit großen Buchstaben bezeichnet. In der Reihenfolge sinkender Temperaturen lautet die Harvardsequenz, nach verschiedenen Umstellungen im Laufe verfeinerter Beobachtungen, heute

$$O - B - A - F - G - K - \begin{matrix} S \\ M \\ C \end{matrix}$$

(Merksatz: O Be A Fine Girl, Kiss Me; bzw. für deutsche Astronomiestudenten: Ohne Bier arbeiten feine Gammler keine Minute).

Die O-Sterne sind die heißesten, die M-Sterne die kältesten (siehe Tabelle 11.2). Die zusätzlichen Spektraltypen C (Kohlenstoff-Sterne) und S wurden eingeführt, als man entdeckte, daß in einigen kühleren Sternen Absorptionsbanden des molekularen Kohlenstoffs C_2 und der Moleküle CH, CN auftraten, oder Metalloxide wie ZrO und LaO (in S-Sternen), die bei den M-Sternen mit gleicher Oberflächentemperatur nicht zu sehen waren.

Später wurde diese Klassifikation verfeinert durch eine Unterteilung jedes Spektraltyps in 10 Untergruppen. So gehört unsere Sonne z. B. zum Spektraltyp G2.

Die Festlegung der Harvard-Sequenz erfolgt durch die Spektren bestimmter Standard-Sterne, die als Referenz dienen.

11.1.4 Hertzsprung-Russel-Diagramm

In den Jahren 1910–1913 fanden der dänische Astronom *Ejnar Hertzsprung* (1873–1967), der in Göttingen, Potsdam und Leiden als Professor arbeitete und der amerikanische Astronom *Henry Norris Russel* (1877–1957) in Princeton durch Vergleich vieler Sternspektren einen bemerkenswerten systematischen Zusammenhang zwischen den absoluten Helligkeiten und den Spektraltypen der Sterne. Trägt man für bisher vermessene Sterne die absoluten Helligkeiten gegen den Spektraltyp auf, ergibt sich das ***Hertzsprung-Russel-Diagramm*** (HRD), oft auch ***Farben-Helligkeits-Diagramm*** genannt, der Abb. 11.11.

Es fällt auf, daß man die Sterne in Gruppen einteilen kann, die, wie später klar wird, verschiedenen

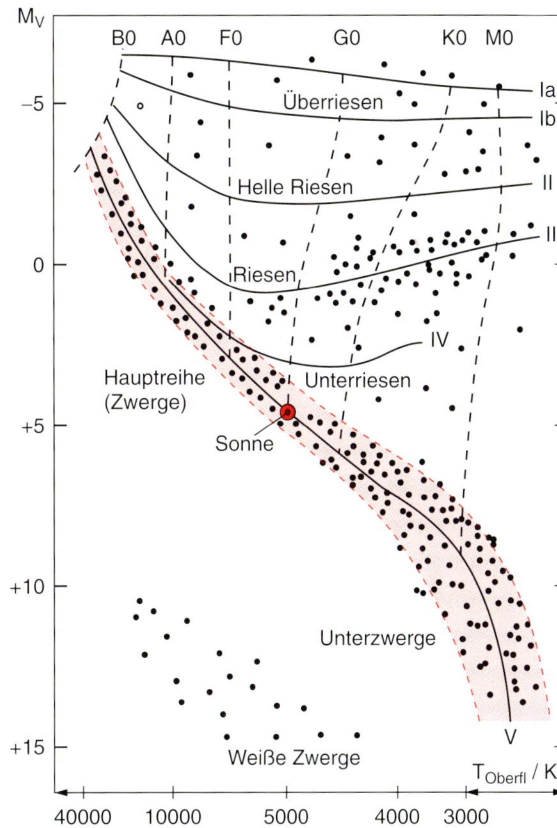

Abb. 11.11. Hertzsprung-Russel Diagramm. Nach H. Karttunen et. al.: *Astronomie* (Springer, Berlin, Heidelberg 1990)

Entwicklungsstadien der Sterne entsprechen. Die meisten Sterne liegen in der Nähe einer Kurve, die man ***Hauptreihe*** nennt. Zu ihnen gehört auch die Sonne. Es sind Sterne während ihrer stabilen Brennphase. Oberhalb der Hauptreihe gibt es drei Bereiche, in denen ***Riesensterne*** ($R_S \gg R_\odot$) liegen. Links unterhalb der Hauptreihe befinden sich die sogenannten ***Weißen Zwerge***.

Man unterscheidet verschiedene ***Leuchtkraftklassen*** der Sterne (Yerkes-Klassifikation oder auch MKK-Klassifikation nach *W. Morgan*, *Phillip Keenan* und *Edith Kellman* vom Yerkes-Observatorium der Universität Chicago in Wisconsin). Diese Klassen sind in ihrer verfeinerten Version der MK-Klassifikation:

- 0 Extrem leuchtkräftige Super-Überriesen,
- Ia Überriesen mit großer Leuchtkraft,
- Ib Überriesen mit geringer Leuchtkraft,

II Riesen mit großer Leuchtkraft,
III Normale Riesen,
IV Unterriesen,
V Hauptreihensterne (Zwergsterne),
VI Unterzwerge.

Im Bereich oberhalb der Hauptreihe gibt es außerdem eine Reihe veränderlicher Sterne, welche ihre Leuchtkraft periodisch oder unregelmäßig ändern und instabile Übergangsphasen der Sterne darstellen.

Für die stabilen Hauptreihensterne gibt es eine 1925 von *Sir Arthur Stanley Eddigton* (1882–1944) gefundene Relation zwischen der Masse und der Leuchtkraft (***Masse-Leuchtkraft-Funktion*** (Abb. 11.12). Es gilt

$$L \propto M^{\alpha} .$$

Für große Massen ($M > 3M_{\odot}$) wird $\alpha \approx 3$. Für kleine Massen ($M < 0{,}5\,M_{\odot}$) wird $\alpha \approx 4$. Danach ist ein Stern mit $M = 10\,M_{\odot}$ etwa 1000 mal heller als die Sonne. Die Weißen Zwerge und die Roten Riesen weichen von dieser Beziehung stark ab.

Die kleinsten bisher beobachteten Sternmassen liegen bei etwa $0{,}05\,M_{\odot}$. Sie liegen in HRD im rechten unteren Teil der Hauptreihe. Die größten Massen von beobachteten Sternen liegen zwischen $10\,M_{\odot}$ und $50\,M_{\odot}$. Eine Ausnahme ist der veränderliche Stern η Carinae in der südlichen Milchstraße, der mit $M \approx 100\,M_{\odot}$ wahrscheinlich der massereichste Stern in unserem Milchstraßensystem ist. Die Massen der Weißen Zwerge im linken unteren Gebiet des HRD sind durchweg kleiner als 1,5 Sonnenmassen.

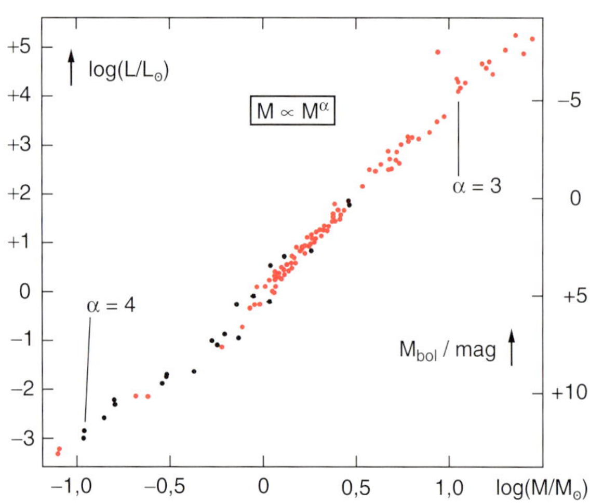

Abb. 11.12. Masse-Leuchtkraft-Diagramm: *rote Punkte*: spektroskopische Doppelsterne; *schwarze Punkte*: visuelle Doppelsterne. Aus A. Unsöld, B. Baschek: *Der neue Kosmos* (Springer, Berlin, Heidelberg 1991)

Anmerkung

Durch die in den letzten Jahren erfolgten genauen Entfernungsmessungen von über 5000 Sternen durch den Satelliten HIPPARCOS sind die Leuchtkräfte dieser Sterne nun wesentlich genauer bekannt, so daß mit diesen Daten ein genaueres HRD aufgestellt werden kann, welches erlaubt, auch feinere Details von Modellen der Sternentwicklung experimentell genauer zu überprüfen [11.3].

Von besonderem Interesse ist der Vergleich von Sternen in einem Sternhaufen, weil diese Sterne alle etwa zur gleichen Zeit entstanden sind, so daß man hier den Zusammenhang zwischen Sternmasse und Entwicklungsstadium studieren kann.

Wir wollen jetzt diskutieren, welche Bedeutung diese empirisch gefundenen Diagramme für unser Verständnis der Sternentwicklung haben.

11.2 Die Geburt von Sternen

Nach unserer heutigen Kenntnis entstehen Sterne durch Kontraktion riesiger Wolken aus Gas und Staub. Diese Wolken können sich aus der interstellaren Materie bilden, wobei die Dichte durch verschiedene Mechanismen lokal erhöht werden kann, z. B. durch die Explosion von Sternen und die dabei entstehenden Stoßwellen (siehe Abschn. 11.4). Innerhalb unserer Milchstraße, die etwa 10^{11} Sterne enthält, entstehen Sterne hauptsächlich in den Spiralarmen. Die mittlere Entstehungsrate ist etwa 3–5 Sterne pro Jahr. Der Entstehungsprozeß dauert jedoch, je nach Masse des Sterns, zwischen 10^3–10^7 Jahre.

Ein Beispiel für eine interstellare Gas- und Staubwolke, in der man die Entstehung von Sternen beobachten kann, ist der Orionnebel (Abb. 11.13).

Abb. 11.13. Der Orionnebel ist eine mit bloßem Auge sichtbare Wolke interstellaren Staubes und Gases. In ihr entstehen neue Sterne, die mit ihrem Licht das umliegende Gas ionisieren und zum Leuchten anregen. (Thüringer Landessternwarte Tautenburg)

11.2.1 Das Jeans-Kriterium

Kontraktion einer solchen Gaswolke mit der Masse M und der mittleren Dichte ϱ kann eintreten, wenn der (anziehende) Gravitationsdruck größer wird als der (abstoßende) Gasdruck und der bei Rotation der Gaswolke auftretende Zentrifugaldruck.

Nehmen wir vereinfachend eine nicht rotierende Gaswolke mit homogener Massendichte ϱ und einer Temperatur T an. Die Massendichte ϱ ist so gering, daß wir die Wolke als ideales Gas beschreiben können, so daß sich der Gasdruck aus der allgemeinen Gasgleichung $p \cdot V = \nu \cdot R \cdot T$ ergibt zu

$$p_{\text{gas}} = \frac{\varrho}{\overline{\mu} \cdot m_{\text{H}}} \cdot kT\,, \tag{11.11}$$

wobei $\overline{\mu}$ die mittlere atomare Massenzahl und m_{H} die Masse eines H-Atoms ist. Für eine Wolke aus H_2-Molekülen ist z. B. $\mu = 2$, für eine Wolke aus 70% H-Atomen, 10% H_2-Molekülen und 20% He-Atomen wäre $\overline{\mu} = 0{,}7 \cdot 1 + 0{,}1 \cdot 2 + 0{,}2 \cdot 4 = 1{,}7$.

Für den Gravitationsdruck gilt für eine kugelförmige Gaswolke mit Radius R und Masse M (siehe Aufg. 11.5)

$$p_{\text{grav}} = -\frac{3}{8}\,\frac{G \cdot M^2}{\pi R^4}\,. \tag{11.12}$$

Gravitative Instabilität tritt auf, wenn $p_{\text{gas}} < p_{\text{grav}}$ wird. Daraus folgt für die Mindestmasse M einer gravitativ instabilen Gaswolke mit Radius R das Jeans-Kriterium

$$\boxed{M \geq \frac{2kT}{G \cdot \overline{\mu} \cdot m_{\text{H}}} \cdot R}\,. \tag{11.13}$$

Setzt man die Zahlenwerte für eine typische diffuse interstellare Wolke aus atomaren Wasserstoffgas ein mit $T = 100\,\text{K}$, $R = 2\,\text{pc} = 6 \cdot 10^{16}\,\text{m}$, $\overline{\mu} = 1$, so erhält man $M > 2000 M_{\odot}$.

Solche Wolken haben aber im allgemeinen nur Massen von $M = 50\text{–}300\,M_{\odot}$. Sie sind daher nicht gravitativ instabil.

Um kollabieren zu können, müssen die Wolken kalt sein. So lautet z. B. das Jeans-Kriterium für eine kalte Molekülwolke aus H_2-Molekülen $\overline{\mu} = 2$, $T = 20\,\text{K}$, $R = 2\,\text{pc}$: $M > 200\,M_{\odot}$.

Mit $M = \frac{4}{3}\pi\overline{\varrho}R^3$ läßt sich (11.13) auch schreiben als:

$$\overline{\varrho} = \frac{3kT}{2G \cdot \overline{\mu} \cdot m_{\text{H}}} \cdot \frac{1}{R^2}$$

$$\Rightarrow R^2 > \frac{3kT}{2G \cdot \varrho \cdot \overline{\mu} \cdot m_{\text{H}}}\,. \tag{11.14a}$$

Für $R = 2\,\text{pc}$, $T = 20\,\text{K}$ ergibt sich eine Mindestdichte von etwa 200 H_2-Molekülen pro cm^3. Der Radius solcher kalten Molekülwolken ist etwa so groß wie der mittlere Abstand zwischen zwei Sternen in unserer Galaxis.

Ersetzt man R in (11.13) durch $R = (3M/4\pi\varrho)^{1/3}$, so geht (11.13) über in

$$M \geq \sqrt{\frac{6}{\pi}} \left(\frac{kT}{G \cdot \overline{\mu} \cdot m_{\text{H}}}\right)^{3/2} \cdot \frac{1}{\sqrt{\varrho}}\,. \tag{11.14b}$$

Man sieht daraus, daß die Mindestmasse für einen Gravitationskollaps *nicht* von der Ausdehnung der Wolke abhängt, sondern nur von der Dichte ϱ und der Temperatur T (Abb. 11.14).

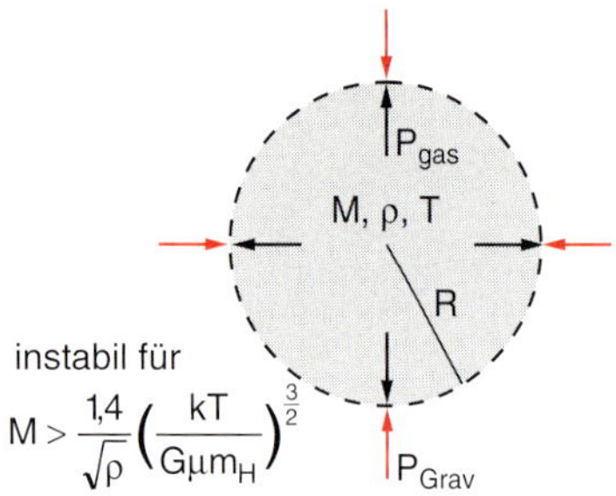

Abb. 11.14. Kontraktion einer gravitativ instabilen kalten Gaswolke

In Tabelle 11.3 sind für verschiedene Dichten ϱ und Temperaturen T die Mindestmassen aufgelistet.

Anmerkung

Man kann das Jeans-Kriterium auch aus dem *Virialsatz* herleiten. Bei einer anziehenden Kraft, die proportional zu r^{-2} ist, gilt, daß ein Gas im stabilen Gleichgewicht ist, wenn die doppelte mittlere thermische kinetische Energie $\overline{E}_{\text{kin}} = 2 \cdot \frac{3}{2}kT$ gleich dem Betrag der mittleren potentiellen Energie ist:

$$2\overline{E}_{\text{kin}} = -E_{\text{pot}} \tag{11.15}$$

Instabilität tritt auf, wenn $2\overline{E}_{\text{kin}} < -E_{\text{pot}}$ wird. Dies führt (bis auf einen Faktor der Größenordnung 1) auf dasselbe Ergebnis (11.13) für das Jeans-Kriterium.

Die obigen Abschätzungen haben ergeben, daß die kontrahierenden Gaswolken, je nach Dichte, eine Mindestmasse von einigen hundert Sonnenmassen haben müssen (Tabelle 11.3). Da die massereichsten bisher beobachteten Sterne jedoch nur Massen $M < 50\,M_\odot$ haben, bedeutet dies, daß bei der Kontraktion nicht einzelne Sterne entstehen, sondern Sternhaufen, d. h. viele Sterne zusammen oder daß nicht alles Gas zu Sternen kondensiert. In Wirklichkeit treffen beide Argumente zu: Bei der Entstehung von Sternhaufen tritt unvollständige Kondensation auf. Ein Teil der Molekülwolke verbleibt als interstellares Gas.

Tabelle 11.3. Mindestmasse (in Einheiten der Sonnenmasse) einer gravitativ instabilen homogenen Gaswolke

T	1 H-Atom pro cm^3	10^2 H-Atome pro cm^3	10^4 H-Atome pro cm^3
5 K	270	27	2,7
10 K	750	75	7,5
100 K	25 000	2500	250

Diese Entstehung von Sternhaufen läßt sich erklären, wenn man in der kollabierenden Wolke lokale Variationen der Dichte annimmt. Diese können z. B. entstehen durch Stoßwellen, die durch Abstoßen von Gashüllen aus Sternen während ihrer instabilen Endphasen erzeugt werden (siehe Abschn. 11.5).

In den Spiralarmen von Galaxien entstehen Dichte-Wellen auf Grund der differentiellen Rotation (siehe Abschn. 12.4). Auch während des Kollapses einer Gaswolke können durch Reibung und durch Magnetfelder Turbulenzen entstehen, die eine reine radiale Kompression stören und zu lokalen Dichteschwankungen führen.

Solche räumlich kleinere Teilgebiete der Wolke mit erhöhter Dichte ϱ können dann für sich gravitativ instabil werden, da ja nach (11.14) der Mindestradius $R \propto 1/\sqrt{\varrho}$ mit wachsender Dichte abnimmt.

Sie bilden dann eigene Kondensationsgebiete, d. h. die kollabierende Gaswolke fragmentiert in Teilbereiche, mit größerer Dichte und kleiner Masse, welche die Vorläufer der Sterne sind.

Wir wollen noch eine Abschätzung für die minimale Kollapszeit vornehmen:

Wenn wir ein Teilchen ohne Anfangsgeschwindigkeit im Abstand r vom Mittelpunkt der Gaswolke betrachten, so erhält es auf Grund der gravitativen Anziehungskraft $F = -G \cdot M \cdot m/r^2$ die von r abhängige Beschleunigung:

$$\ddot{r}(r) = G \cdot \frac{4}{3}\pi\varrho r^3/r^2 = G \cdot \frac{4}{3}\pi\varrho r\,.$$

Seine Bewegung entspricht dann (ohne Stöße) einer Sinusschwingung mit der Frequenz $\omega = (\frac{4}{3}\pi\varrho G)^{1/2}$ (siehe Bd. 1, Aufg. 2.26). Die Fallzeit bis zum Zentrum ist gleich 1/4 der Schwingungsperiode, also

$$T_{\text{Fall}} = \frac{2\pi}{4\omega} = \frac{1}{4}\sqrt{\frac{3\pi}{\varrho \cdot G}}\,. \tag{11.16}$$

BEISPIEL

$n = 10^2$ H-Atome/cm^3 $\Rightarrow$ $\varrho = 1{,}67 \cdot 10^{-19}\,\text{kg/m}^3$, $G = 6{,}67 \cdot 10^{-11}\,\text{m}^3\text{kg}^{-1}\text{s}^{-2}$ $\Rightarrow$ $T_{\text{Fall}} = 2{,}3 \cdot 10^{14}\,\text{s} = 7{,}3 \cdot 10^6\,\text{a}$.

Man sieht hieraus, daß die Kollapszeiten und damit die Bildungszeiten von Sternen für unser Zeitverständnis sehr lang sind. Sterne entstehen nicht plötzlich!

11.2.2 Die Bildung von Protosternen

Wir wollen uns den Verlauf des Kollapses etwas näher ansehen: Während des Kollapses steigt die Dichte ϱ und damit auch der Gasdruck p an, während die potentielle Energie sinkt (sie wird negativer). Solange die Dichte ϱ klein genug bleibt, kann die dabei freiwerdende Energie ΔE_{pot} als Strahlungsenergie nach außen abgegeben werden, so daß die Temperatur der Gaswolke nicht wesentlich ansteigt.

Dadurch können nach (11.15) kleinere Massen instabil werden und in Richtung ihrer eigenen Massenzentren kollabieren. Diese fragmentierten Teilbereiche bilden die Geburtsstätte von einzelnen Sternen.

Wenn die Teilwolken mit zunehmender Dichte optisch dicht werden, kann die Strahlung die Wolke nicht mehr verlassen. Sie heizt die Wolke auf und erzeugt schließlich einen so hohen Gasdruck, daß der Kollaps gebremst und die Wolke stabilisiert wird. Je nach Größe und Temperatur der Fragmentwolke ergeben sich Fragmentmassen zwischen $0{,}1\,m_{\odot}$ und $50\,m_{\odot}$, was auch in etwa dem Massenbereich beobachteter Sterne entspricht.

Die am Ende solcher Fragmentierungsprozesse entstandenen annähernd kugelförmigen Materiekonzentrationen mit genügend hohen Dichten zur Absorption der bei der Kontraktion erzeugten Strahlung heißen ***Protosterne*** (Abb. 11.15).

Der rasche adiabatische (keine Energieabgabe!) Druckanstieg gemäß $p \cdot V^{\kappa} = \text{const}$ bremst den Kollaps etwa bei einer Temperatur von $T = 100\,\text{K}$ und einer Dichte $\varrho = 10^{-7}\,\text{kg/m}^3$. Dadurch verlangsamt sich die Kontraktion, während die Temperatur auf einige tausend Kelvin ansteigt.

Bei diesen Temperaturen beginnt der molekulare Wasserstoff zu dissoziieren. Die hierzu gebrauchte Dissoziationsenergie führt zur Senkung der kinetischen Energie der Teilchen und damit zu einer Verlangsamung von Temperatur- und Druckanstieg, während der Gravitationsdruck wegen der zunehmenden Dichte weiter ungebremst ansteigt. Dadurch nimmt die Kontraktionsgeschwindigkeit wieder zu (Abb. 11.16).

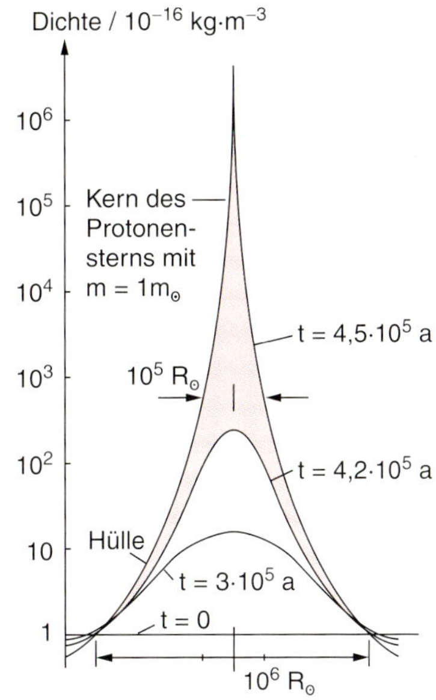

Abb. 11.15. Radialer Dichteverlauf einer kontrahierenden Gaswolke der Dichte $\varrho = 10^{-16}\,\text{kg/m}^3$ und einer Temperatur $T = 10\,\text{K}$ mit einer Sonnenmasse zu verschiedenen Kontraktionszeiten. Nach H. Scheffler, H. Elsässer: *Physik der Sterne und der Sonne* (BI Wissenschaftsverlag, Mannheim 1990)

Der Protostern kollabiert so lange weiter, bis alle H_2-Moleküle dissoziiert sind. Jetzt steigt die Zentraltemperatur wieder steiler an. Der Kern bleibt aber trotz steigender Temperatur unsichtbar, weil die Hülle optisch dicht ist und alle Strahlung absorbiert. Dadurch heizt sich die Hülle bis auf $T_{\text{H}} \approx 700\,\text{K}$ auf und leuch-

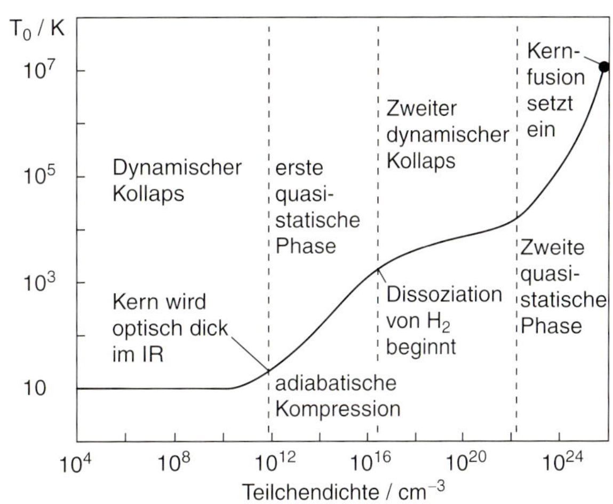

Abb. 11.16. Schematischer Verlauf der Zentraltemperatur als Funktion der Teilchendichte im Zentrum beim Kollaps eines Molekülwolkenfragments bis zur Bildung eines Hauptreihensterns. Nach H. Scheffler, H. Elsässer: *Physik der Sterne und der Sonne* (BI Wissenschaftsverlag, Mannheim 1990)

tet im Infraroten ($\lambda(I_{max}) >\approx 4\,\mu m$). Der Protostern erscheint als Infrarotstern.

Durch gravitative Anziehung fällt immer mehr Materie der Hülle in den Kern. Dadurch wird die Hülle dünner und läßt Strahlung des Kerns durch, so daß dieser jetzt sichtbar wird, während die Masse des Kerns zunimmt. Durch weitere Kontraktion steigt die Zentraltemperatur soweit an, daß Wasserstoff ionisiert wird. Dies bremst, wie bei der Dissoziation, die Kontraktionsgeschwindigkeit. Hat die Zentraltemperatur den Wert $T = 10^5$ K erreicht, so ist alles Gas ionisiert. Der Kern erreicht dann hydrostatisches Gleichgewicht, wenn der Gasdruck des ionisierten Gases gleich dem Gravitationsdruck wird. Der Radius des Protosterns ist bis dahin von etwa 100 AE ($10^4\,R_\odot$) auf etwa 0,2 AE ($40\,R_\odot$) gesunken.

Da seine Hülle optisch immer dünner wird, kann sie nicht mehr durch die Strahlung aufgeheizt werden. Ihre kinetische Energie bleibt unter dem Betrag der potentiellen Energie und sie fällt auf den Kern herab. Dadurch werden die Masse des Kerns und der Gravitationsdruck größer, d.h. der Kern kontrahiert langsam weiter, seine Temperatur steigt.

11.2.3 Der Einfluß der Rotation auf kollabierende Gaswolken

Wir haben bisher noch nicht berücksichtigt, daß die Wolkenfragmente im allgemeinen rotieren und deshalb einen Drehimpuls besitzen. Wenn sie sich z. B. in einem Spiralarm unserer Galaxie bilden, so nehmen die Teilchen vor der Kontraktion an der differentiellen Rotation der Milchstraße teil (Abb. 11.17), so daß

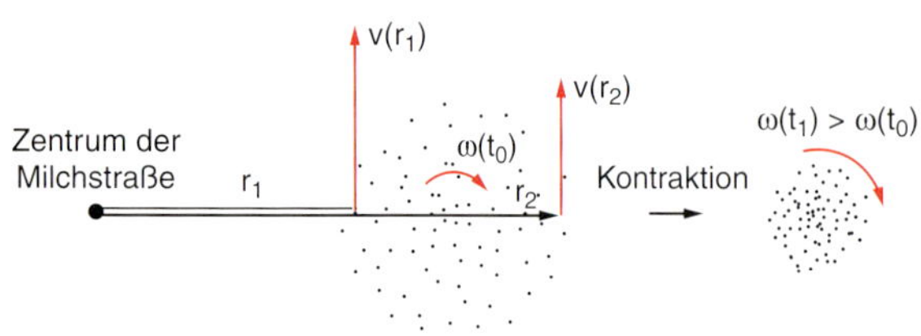

Abb. 11.17. Zur Erklärung der Rotation einer kollabierenden Gaswolke

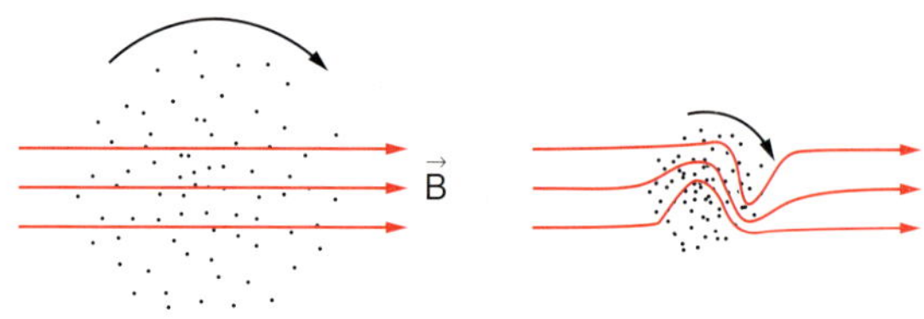

Abb. 11.18. Verbiegung der Magnetfeldlinien des interstellaren Magnetfeldes durch eine rotierende, geladene Teilchen enthaltende kontrahierende Gaswolke

die kollabierende Gaswolke einen Drehimpuls bezogen auf ihr Massenzentrum hat. Auch bei der Fragmentierung von Gaswolken durch turbulente Wirbel entstehen rotierende Fragmente.

Weil der Drehimpuls eines Wolkenfragments, das nicht mehr in Kontakt mit anderen Fragmenten steht, erhalten bleibt, muß die Rotationsgeschwindigkeit bei der Kontraktion zunehmen. Der Kollaps senkrecht zur Rotationsachse wird durch die Zentrifugalkräfte gebremst gegenüber dem Kollaps parallel zur Rotationsachse, so daß ein abgeplattetes Rotationsellipsoid entsteht. Damit sich ein kugelförmiger Stern bilden kann, muß Drehimpuls im Protostern von innen nach außen abgeführt werden. Dies kann auf mehrere Weisen geschehen:

Es zeigt sich, daß im interstellaren Raum ein schwaches Magnetfeld ($B \approx 10^{-10}$ T) existiert. Da in der kollabierenden und rotierenden Gaswolke auch geladene Teilchen sind, wird das Magnetfeld von diesen Ionen mitgeführt und aufgewickelt (Abb. 11.18). Dadurch wird die Rotationsgeschwindigkeit gebremst.

Mit zunehmender Dichte des Protosterns rekombinieren die Ionen, weil Stöße häufiger werden. Deshalb wird die Ionendichte im Inneren kleiner. Im äußeren Bereich werden die geladenen Teilchen von den in Rotationsrichtung mitgeführten Magnetfeldlinien beschleunigt, so daß ihr Drehimpuls, bezogen auf das Zentrum des Protosterns, größer wird. Auf diese Weise kann durch Kombination von Magnetfeldeffekt und Stößen Drehimpuls von innen nach außen transportiert werden.

Ein solcher Prozeß muß auch bei der Bildung unseres Sonnensystems eine Rolle gespielt haben, denn obwohl die Sonne mehr als 99% der Gesamtmasse des Systems enthält, beträgt ihr Drehimpuls weniger als 1% des Bahndrehimpulses aller Planeten (siehe Abschn. 12.7).

11.2.4 Der Weg des Sterns im Hertzsprung-Russel-Diagramm

Die Temperatur eines Sterns, der gerade am Ende des Kollapses des Protosterns das Gleichgewicht erreicht hat, ist noch zu niedrig, um Kernfusionsprozesse in Gang zu setzen. Sein Energietransport von innen nach außen geschieht hauptsächlich durch Konvektion, die sehr effektiv ist. Deshalb ist der Temperaturgradient vom Inneren nach außen kleiner als bei der Sonne, d. h. die Oberflächentemperatur ist verhältnismäßig hoch. Er steht im Hertzsprung-Russel-Diagramm (Abb. 11.19) rechts oben.

Von dem japanischen Astrophysiker *C. Hayashi* wurde eine Bedingung für das Gleichgewicht konvektiver Sterne berechnet, die einen, von der Masse des Sterns abhängigen Zusammenhang zwischen Leuchtkraft und Oberflächentemperatur angibt. Im HRD entspricht diese Gleichgewichtsbedingung einer fast senkrechten Linie (***Hayashi-Linie***). Rechts von dieser Linie sind Sterne noch nicht im Gleichgewicht.

Bei der Entwicklung eines Protosterns zum stabilen Stern bewegt sich der Protostern nach links in der instabilen Zone, bis er die Hayashi-Linie erreicht und damit im Gleichgewicht ist (Abb. 11.19). Je größer seine Masse ist, desto höher trifft er die Hayashi-Linie. Bei der nun folgenden langsamen Kontraktion nimmt seine Oberfläche ab, während die Oberflächentemperatur nur wenig ansteigt. Deshalb nimmt seine Leuchtkraft

$$L = 4\pi R^2 \sigma \cdot T^4 \qquad (11.17)$$

ab. Er wandert auf der Hayashi-Linie nach unten.

Schließlich wird die Temperatur im Inneren so hoch, daß Strahlungstransport einsetzt (siehe Abschn. 10.5.5), so daß der Stern die Hayashi-Linie verläßt. Er wandert dann nach links im HRD auf die Hauptreihe zu. Dabei steigt seine Zentraltemperatur weiter an, bis Kernfusionsprozesse zünden können. Bei diesem Übergang von der Erzeugung thermischer Energie durch Kontraktion (Gravitationsenergie) zur Energieerzeugung durch Kernfusion durchläuft der Stern oft eine instabile Phase (T-Tauri-Phase), während der Temperatur und Sternradius irreguläre Schwankungen zeigen. Man erkennt dies an den Dopplerverschiebungen von Spektrallinien, die auf mit hoher Geschwindigkeit zum Kern fallendes bzw. abströmendes Gas schließen lassen. Man beobachtet dieses Stadium an T-Tauri-Sternen in diffusen Nebeln, in denen Sternentstehung stattfindet (T-Tauri-Wind).

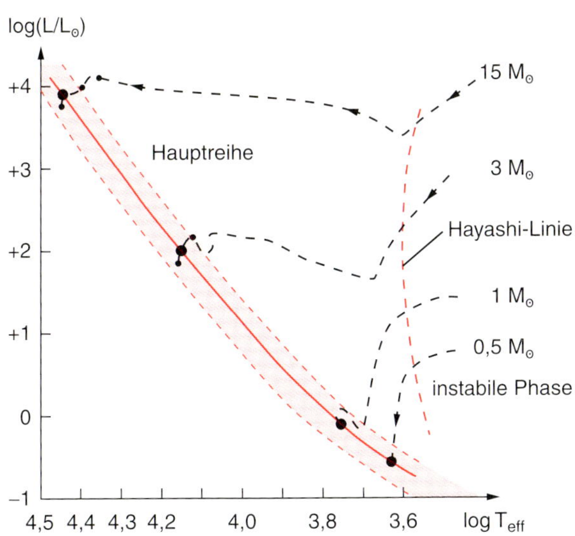

Abb. 11.19. Wege im HRD von Sternen verschiedener Massen bis zum Erreichen der Hauptreihe

Abb. 11.20. Die Plejaden im Sternbild Stier. Reste der interstellaren Materie, aus der die Sterne entstanden sind, reflektieren das Sternlicht und sind als Nebel sichtbar (Thüringer Landessternwarte Tautenburg)

Nach diesen Geburtswehen beginnt die stabile Phase des Sterns, die den weitaus längsten Lebensabschnitt des Sterns ausmacht. Während dieser Phase bleibt der Stern auf der Hauptreihe im HRD, die deshalb auch den größten Teil aller beobachteten Sterne enthält und daher ihren Namen hat.

Ein junger Sternhaufen, bei dem die Gaswolken noch erkennbar sind, sind die ***Plejaden*** (Siebengestirn, Abb. 11.20)

11.3 Der stabile Lebensabschnitt von Sternen (Hauptreihenstadium)

Die Lebensdauer und die Entwicklungsstadien eines Sterns werden im wesentlichen durch zwei Eigenschaften bestimmt. Dies sind seine Masse und seine chemische Zusammensetzung.

Protosterne mit Massen $M < 0{,}08\,M_\odot$ können nicht genug Gravitationsenergie aufbringen, um ausreichend hohe Zentraltemperaturen zur Zündung von Kernreaktionen zu erreichen. Sie haben deshalb nicht genügend Energievorrat, um lange zu leuchten, und erreichen daher nicht das Hauptreihenstadium.

Protosterne mit Massen oberhalb $50\,M_\odot$ haben hingegen beim Kollaps so viel Gravitationsenergie freigesetzt, daß ihre Zentraltemperaturen extrem hoch werden. Dadurch kommt zum Gasdruck der wesentlich höhere Strahlungsdruck, der $\propto T^4$ (!) ansteigt und die Materie nach außen treibt, so daß solche massereichen Sterne nicht stabil existieren können. Wir erwarten daher auf der Hauptreihe Sterne im Massenbereich $0{,}1\,M_\odot < M < 50\,M_\odot$.

11.3.1 Der Einfluß der Sternmasse auf Leuchtkraft und Lebensdauer

Die von *Eddington* gefundene Masse-Leuchtkraft-Beziehung $L \propto M^\alpha$ mit $\alpha = 3$–4 erlaubt eine Abschätzung der Verweilzeit eines Sterns auf der Hauptreihe:

Es zeigt sich, daß während dieser Zeit die Energieerzeugung im wesentlichen durch Fusion von Wasserstoff zu Helium geschieht. Detaillierte Sternmodelle ergeben, daß während der stabilen Brennphase eines hauptsächlich aus Wasserstoff bestehenden Sterns nur ein kleiner Bruchteil η ($\approx 10\%$) seines Wasserstoffvorrates im Kerngebiet des Sterns zu Helium fusionieren kann, weil dann andere Fusionsprozesse einsetzen, welche den Stabilitätszustand des Sternes stören, so daß er von der Hauptreihe wegläuft.

Die pro Wasserstoffatom erzeugte Fusionsenergie ist beim p-p-Prozeß $E_\mathrm{H} = 5\,\mathrm{MeV} = 8 \cdot 10^{-13}\,\mathrm{J}$.

Die Verweilzeit auf der Hauptreihe ist dann

$$\tau_\mathrm{HR} = \frac{\eta \cdot (M/m_\mathrm{H}) \cdot E_\mathrm{H}}{L}, \tag{11.18}$$

wobei L die Leuchtkraft, also die abgestrahlte Leistung ist.

Für Sterne, wie die Sonne, bei denen der Energietransport durch Strahlung und Konvektion geschieht (siehe Abschn. 10.5), gilt annähernd: $L \propto M^3$. Damit folgt aus (11.18) für die Verweilzeit ($\approx$ Lebensdauer) des Sterns:

$$\tau_\mathrm{HR} \propto \frac{1}{M^2}. \tag{11.19}$$

> Massereiche Sterne sind wesentlich kurzlebiger als leichte Sterne.

Meistens drückt man Masse und Leuchtkraft in Einheiten der entsprechenden Sonnenwerte aus. Damit wird aus (11.18)

$$\tau_\mathrm{HR} = \frac{\eta \cdot E_\mathrm{H}}{m_\mathrm{H}} \cdot \left(\frac{M/M_\odot}{L/L_\odot}\right) \cdot \frac{M_\odot}{L_\odot}, \tag{11.20}$$

woraus man wegen $L/L_\odot = (M/M_\odot)^3$ erhält:

$$\tau_\mathrm{HR} = \frac{\eta \cdot E_\mathrm{H}}{m_\mathrm{H}} \cdot \frac{M_\odot}{L_\odot}\left(\frac{M_\odot}{M}\right)^2. \tag{11.21}$$

Setzt man die bekannten Werte $E_\mathrm{H} = 5\,\mathrm{MeV}$, $m_\mathrm{H} = 1{,}67 \cdot 10^{-27}\,\mathrm{kg}$, $M_\odot = 2 \cdot 10^{30}\,\mathrm{kg}$, $L_\odot = 3{,}85 \cdot 10^{26}\,\mathrm{W}$, $\eta = 0{,}1$ so ergibt sich

$$\tau_\mathrm{HR} = 6 \cdot 10^9 (M_\odot/M)^2\ \text{Jahre}. \tag{11.22}$$

Ein Stern mit einer Sonnenmasse bleibt nach diesem Modell also etwa 6 Milliarden Jahre auf der Hauptreihe. Man vergleiche dies mit der im Verhältnis dazu winzigen Zeit von $5 \cdot 10^6$ Jahren, die er für die Kontraktionsphase und die Protosternphasen braucht. Infolge von Konvektion kann während der stabilen

Wasserstoffbrennphase neuer, unverbrannter Wasserstoff in den Kern gelangen, wo die Fusion stattfindet. Dies erhöht den Ausnutzungsgrad η und damit auch die Lebensdauer. Genauere Sonnenmodelle ergeben eine stabile Brennphase der Sonne von 10^{10} a.

Ein massereicher Stern mit $M = 20\,M_\odot$ bleibt hingegen nur 15 Millionen Jahre auf der Hauptreihe, also nur wenig länger als seine Geburtsphase.

11.3.2 Die Energieerzeugung in Sternen der Hauptreihe

Die Art der Energieerzeugung und des Energietransportes sowie die Entwicklung des Sterns hängen ganz wesentlich von der Sternmasse ab. Für Sterne auf dem unteren Teil der Hauptreihe ($m < 1{,}5\,m_\odot$, $T_Z < 18 \cdot 10^6$ K) wird die Energie wie bei der Sonne hauptsächlich durch die p-p-Reaktion (siehe Abschn. 10.5.4) erzeugt. In bezug auf Energietransport und weitere Entwicklung verhalten sich jedoch Sterne mit $M < 0{,}25\,M_\odot$ anders als solche mit $M > 0{,}25\,M_\odot$.

a) $M < 0{,}25\,M_\odot$

Bei Sternen mit sehr kleinen Massen ($0{,}08\,M_\odot < M < 0{,}25\,M_\odot$) erreicht nur ein kleines Zentralgebiet die Zündtemperatur für die p-p-Reaktion. Der radiale Temperaturgradient ist dann groß und deshalb ist überall Konvektion der Hauptmechanismus für den Energietransport nach außen (siehe Abschn. 10.5). Die Konvektion vermischt die verschiedenen Schichten des Sterns, so daß der gesamte Wasserstoffvorrat für die Fusion zur Verfügung steht (Abb. 11.21a). Diese Sterne laufen während ihrer stabilen Brennphase im HRD langsam ein kleines Stück entlang der Hauptreihe nach links oben. Ist ihr gesamter Wasserstoff zu Helium verbrannt, sinken Temperatur und Druck im Inneren, der Stern kollabiert, erreicht dabei aber nicht so hohe Temperaturen, daß der CNO-Zyklus effektiv werden kann. Sie erkalten langsam und werden zu Weißen Zwergen, deren Leuchtkraft wegen fehlender Energiezufuhr ständig abnimmt (siehe Abschn. 11.5).

b) $0{,}25\,M_\odot < M < 1{,}5\,M_\odot$

Für Sterne mit Massen im Bereich $0{,}25\,M_\odot < M < 1{,}5\,M_\odot$ ist die Situation komplexer. Hier werden Zündtemperaturen für die p-p-Reaktion in einem größeren

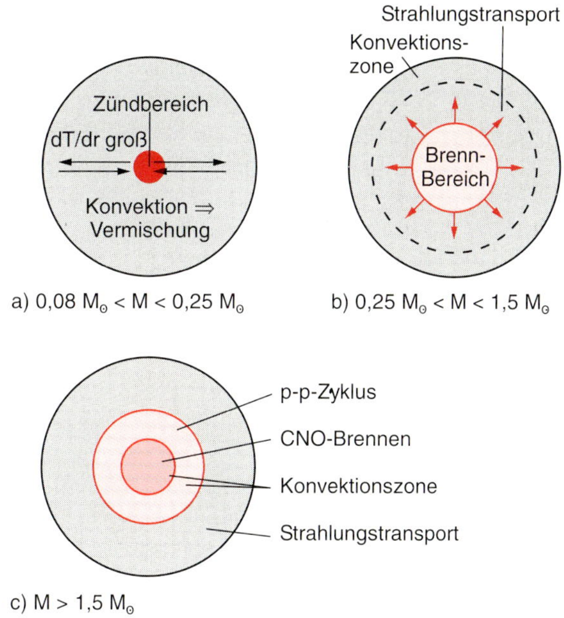

Abb. 11.21a–c. Vergleich von Energieproduktion und Energietransport für Hauptreihensterne mit verschiedenen Massen: (**a**) $M < 0{,}25\,M_\odot$, (**b**) $0{,}25\,M_\odot < M < 1{,}5\,M_\odot$, (**c**) $M > 1{,}5\,M_\odot$

Zentralgebiet ($r \le 0{,}3\,R$) erreicht, so daß die Energieproduktion über ein größeres Gebiet verteilt ist. Deshalb treten im Kern keine großen Temperaturgradienten auf und damit keine Konvektion (Abb. 11.21b). Die Energie wird im Inneren im wesentlichen durch Strahlung transportiert (siehe Abschn. 10.5).

In den äußeren Schichten wird $\mathrm{d}T/\mathrm{d}r$ größer, weil der Absorptionskoeffizient für Strahlung wegen der geringeren Absoluttemperatur größer wird. Deshalb setzt hier Konvektion ein. *Das Zentrum dieser Sterne ist also radiativ, die Hülle konvektiv.* Deshalb tritt auch zwischen Kern und Hülle kaum eine Vermischung statt. Im Zentrum nimmt der Wasserstoffvorrat auf Grund der Fusion ab, der Heliumanteil steigt. In der Hülle bleibt der Wasserstoffgehalt im wesentlichen erhalten.

Durch den Energietransport wird die Oberfläche der Sterne heißer und der Stern bewegt sich langsam etwas auf der Hauptreihe nach links oben (Abb. 11.19).

Wenn der Wasserstoff im Kern verbraucht ist und der Kern überwiegend aus Helium besteht, geht die Kernreaktion im Zentrum aus, die Temperatur und damit der Druck sinken, so daß der innere Teil des Sterns kontrahiert. Dadurch werden wasserstoffrei-

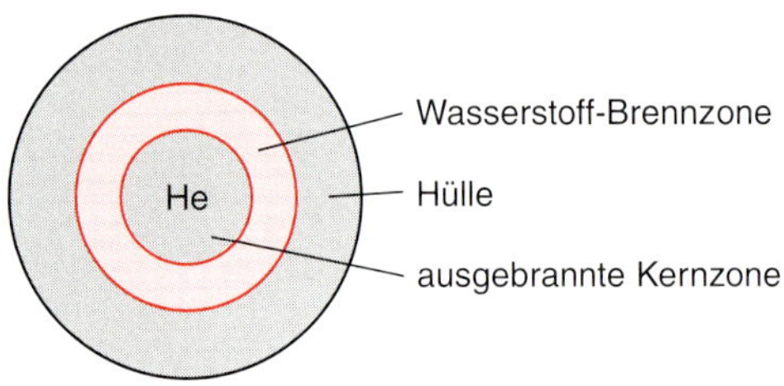

Abb. 11.22. Nichtbrennender He-Kern und wasserstoffbrennende Schale im späten Stadium der Hauptreihenentwicklung von Sternen mit mittleren Massen

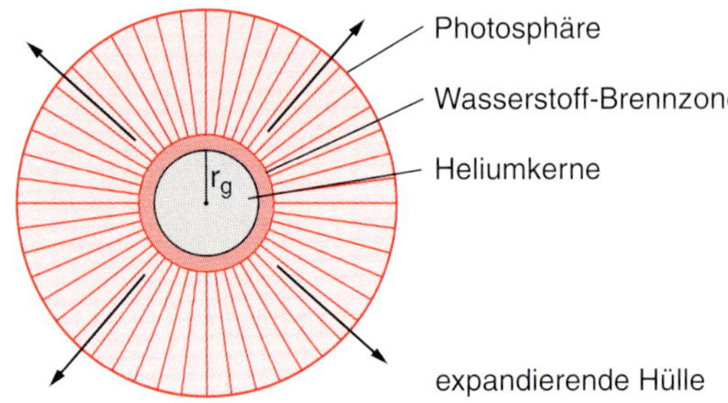

Abb. 11.24. Sternzustand nach Verbrauch des Wasserstoffvorrates im Kern

che Schalen um den früheren Brennkern komprimiert, ihre Temperatur steigt und Fusionsprozesse beginnen dort. Der Stern bekommt eine energieproduzierende Wasserstoff-Brennschale im Inneren (Abb. 11.22).

Während dieser stabilen Brennphasen verringert sich die Zahl der Teilchen pro Masseneinheit, weil aus vier H-Atomen ein He-Atom wird. Deshalb wird das mittlere Molekulargewicht $\overline{\mu}$ erhöht. An der Grenze $R = R_g$ zwischen heliumreichem Kernbereich (Innenbereich) und wasserstoffreicher Hülle (Außenbereich) müssen im hydrostatischen Gleichgewicht die Grenzbedingungen gelten

$$p_i = p_a\,; \quad T_i = T_a\,.$$

Wegen der Gasgleichung

$$p_a = N_a k T_{ai}\,, \quad p_i = N_i k T_i$$

folgt daraus für die Teilchendichten: $N_i = N_a$.

Da die Gesamtzahl aller Teilchen im Kern durch die Fusion kleiner geworden sind, muß das Kernvolumen schrumpfen bei Erhaltung der Kernmasse. Dadurch wird die Dichte ϱ größer in der heliumreichen Zone $r < R_g$, aber kleiner in der wasserstoffreichen Zone $r > R_g$, weil dort die Temperatur höher wird als vor dem Schalenbrennen.

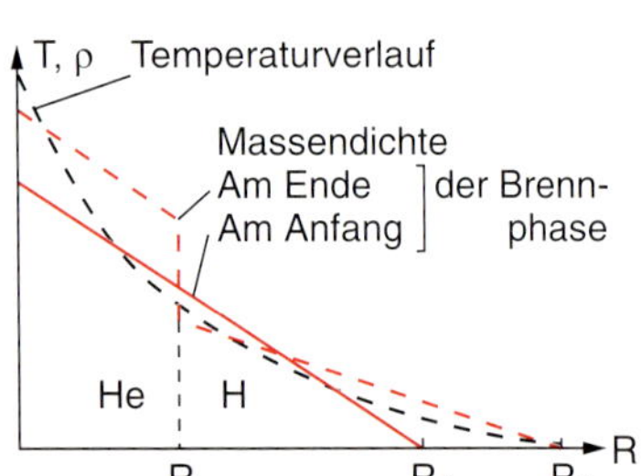

Abb. 11.23. Zur Erklärung der Zunahme des Radius von massereichen Sternen am Ende des Wasserstoffbrennens

Die Massendichte $\varrho = N \cdot \overline{\mu} \cdot m_H$ macht daher einen Sprung an der Grenzfläche zwischen Kern und Hülle (Abb. 11.23). Da die Gesamtmasse

$$M = 4\pi \int_0^R \varrho(r) r^2\,\mathrm{d}r$$

des Sterns erhalten bleibt, muß wegen der Abnahme der Dichte ϱ für $r > R_g$ sein Volumen zunehmen, d.h. der Sternradius wird größer. Dadurch sinkt die Oberflächentemperatur T_{eff} etwas, aber die Oberfläche wächst und damit auch die Leuchtkraft $L = 4\pi R^2 \cdot \sigma \cdot T_{eff}^4$ (Abb. 11.24). Im HRD wandert der Stern deshalb etwas nach rechts oben und verläßt die Hauptreihe. Diese Entwicklung setzt ein, wenn etwa 10% der Gesamtmasse des Sterns in Helium umgewandelt wird.

c) $M > 1{,}5\,M_\odot$

In den massereichen Sternen im oberen Teil der Hauptreihe ($M > 1{,}5\,M_\odot$) ist die Zentraltemperatur so hoch ($T > 20 \cdot 10^6$ K), daß der CNO-Zyklus (10.52) einen wesentlichen Teil der Energieproduktion übernimmt (Abb. 10.58). Wegen der steilen Temperaturabhängigkeit dieses Fusionsprozesses ist der Hauptteil der Energieerzeugung auf ein kleines Volumen im Zentralbereich beschränkt, die Energieflußdichte im Inneren wird sehr groß und damit auch die radialen Temperaturgradienten (Abb. 11.21c). Deshalb übernimmt die Konvektion den größten Teil des Energietransportes. Dies bewirkt eine gute Durchmischung der Materie, so daß während der Brenndauer der Wasserstoffanteil im Kern gleichmäßig abnimmt.

Außerhalb des Kerns wird der radiale Temperaturgradient kleiner, so daß hier die Strahlung den Energietransport übernimmt. Zwischen Kern und Hülle gibt es eine Übergangszone, in welcher der Wasserstoffanteil nach außen hin zunimmt.

> Solche massereichen Sterne sind also im Kernbereich konvektiv, während im äußeren Bereich Energietransport durch Strahlung auftritt, genau umgekehrt wie bei den Sternen mittlerer Masse.

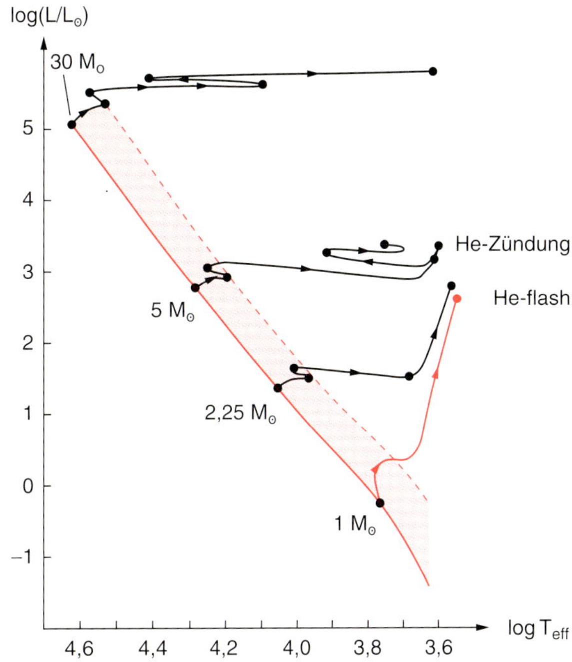

Abb. 11.25. Entwicklungswege im HRD während des Nach-Hauptreihenstadiums für verschiedene Sternmassen. Aus H. Karttunen et. al.: *Astronomie* (Springer, Berlin, Heidelberg 1994)

11.4 Die Nach-Hauptreihen-Entwicklung

Auch die Entwicklung am Ende der stabilen Brennphase hängt entscheidend von der Sternmasse ab.

Wenn im Kern ein so großer Bruchteil des Wasserstoffs zu Helium fusioniert ist, daß die Fusionswahrscheinlichkeit und damit die Energieerzeugung merklich abnehmen, wird der Druck sinken, und das Innere des Sterns beginnt zu kontrahieren. Dadurch steigt die Temperatur am Rande des Kerns so hoch an, daß Wasserstoffbrennen in einer Schale um den Kern einsetzt, die noch genügend Wasserstoffvorrat hat. Dies bewirkt eine Erhöhung der Temperatur in der Schale und eine Erniedrigung der Zentraltemperatur, d. h. der radiale Temperaturgradient wird flacher. Diese Prozesse laufen genügend langsam ab, so daß man zu jedem Zeitpunkt näherungsweise hydrostatisches Gleichgewicht annehmen kann. Dann gilt der Virialsatz

$$\Delta E_{\text{kin}} = -\tfrac{1}{2}\,\Delta E_{\text{pot}}\,.$$

Die bei der Kontraktion freiwerdende potentielle Energie muß also zur Hälfte in thermische Energie der Teilchen umgewandelt werden. Da die Teilchenzahl nach Beendigung der Fusionsprozesse konstant bleibt, muß sich die Temperatur erhöhen. Die restliche Hälfte kann sowohl abgestrahlt werden als auch in potentielle Energie umgewandelt werden. Das erstere führt zur Erhöhung der Leuchtkraft, das zweite zur Vergrößerung des Sternradius. Bei den extrem massearmen Sternen steigt während der Vergrößerung des Sternradius auch die Oberflächentemperatur, weil die Hülle konvektiv bleibt und deshalb die Wärmeenergie besser von innen nach außen transportiert wird, d. h. der Stern wandert nach links oben im HRD. Bei massereicheren Sternen mit Massen $M > 0{,}26\,M_\odot$ kann die Aufblähung relativ zur Leuchtkraftsteigerung so groß werden, daß die Oberflächentemperatur anfangs abnimmt, obwohl die Leuchtkraft zunimmt. Dies ist der Fall, wenn $\mathrm{d}/\mathrm{d}R(4\pi R^2\sigma T^4) > 0$ wird. Der Stern wird zum Roten Riesen, bei sehr großer Masse zum Überriesen und wandert im HRD anfangs nach rechts oben.

Anfangspunkt und Verlauf des Weges im HRD und vor allem die Zeitspanne für diesen Weg hängen entscheidend von der Sternmasse ab. So werden die in Abb. 11.25 dargestellten Entwicklungswege von massereichen Sternen sehr viel schneller durchlaufen als von massearmen Sternen.

11.4.1 Sterne geringer Masse

Für Sterne mit Massen $0{,}08\,M_\odot < M < 0{,}26\,M_\odot$ verläuft die Entwicklung am einfachsten. Da sie während ihrer gesamten Brennphase voll konvektiv waren, konnten sie fast ihren gesamten Wasserstoffvorrat verbrennen. Danach bestehen sie überwiegend aus Helium. Sie erreichen jedoch nie die Zündtemperatur, um Helium in Kohlenstoff zu verbrennen. Deshalb kühlen sie nach Ende der Wasserstoffbrennphase langsam ab, kontrahieren und werden Weiße Zwerge (Abschn. 11.5.2).

11.4.2 Die Entwicklung von Sternen mit mittleren Massen

Für Sterne im Massenbereich $0{,}26\,M_\odot \leq M \leq 2{,}5\,M_\odot$ verläuft die Entwicklung komplexer. Nach Beendigung des Wasserstoffbrennens im Zentralbereich kontrahiert der Zentralbereich und heizt sich dadurch auf, weil Gravitationsenergie in thermische Energie umgewandelt wird. Dadurch erreichen Gebiete außerhalb des Kerns Fusionstemperaturen und Wasserstoffbrennen in Schalen um den Kern setzt ein. Damit steigt deren Temperatur weiter an, die äußeren Bereiche des Sterns expandieren, und der Stern wird zum Roten Riesen.

Für Sterne mit $M > 0{,}5\,M_\odot$ erreicht die Zentraltemperatur Werte von 10^8 K, so daß die Zündtemperatur für den 3-α-Prozeß überschritten wird, bei dem Helium in Kohlenstoff umgewandelt wird, gemäß der Reaktion:

$$^4\mathrm{He} + {}^4\mathrm{He} \rightarrow {}^8\mathrm{Be} + \gamma \qquad (\Delta E = -0{,}1\,\mathrm{MeV})\,, \tag{11.23a}$$

$$^8\mathrm{Be} + {}^4\mathrm{He} \rightarrow {}^{12}\mathrm{C} + \gamma \qquad (\Delta E = +7{,}4\,\mathrm{MeV})\,. \tag{11.23b}$$

Da ^{8}Be instabil ist und bereits nach etwa $2{,}5 \cdot 10^{-16}$ s zerfällt, muß der Prozeß (11.23b) praktisch gleichzeitig mit (11.23a) ablaufen, d. h. 3 α-Teilchen müssen gleichzeitig zusammenstoßen.

Während bei Sternen mit Massen $M > 1{,}4\,M_\odot$ die Helium-Fusion kontinuierlich verläuft, ist für $M < 1{,}4\,M_\odot$ der Temperaturanstieg bei der Kontraktion des Zentralbereiches so steil, daß das Heliumbrennen explosionsartig einsetzt (***Helium-Flash***).

Der Grund dafür ist der folgende: Die Elektronendichte im Zentralgebiet ist bei diesen Sternen so hoch, daß der „Entartungsdruck" (Fermidruck) der Elektronen p_e auf Grund der Unschärferelation (siehe Abschn. 11.5 und Bd. 3, Abschn. 13.1) höher als der thermische Gasdruck der Ionen ist. Der gesamte Druck (Gasdruck + Entartungsdruck) hält dem Gravitationsdruck die Waage. Die Erhöhung des thermischen Druckes bei Temperaturerhöhung spielt deshalb keine Rolle und führt nicht zu einer Expansion des Zentralvolumens, solange $p_i < p_e$. Deshalb kann das Zentralgebiet die durch die 3-α-Prozesse gelieferte Energie *nicht* in Expansionsenergie umwandeln sondern nur in kinetische Energie.

Wegen der großen Leistungserzeugung im Inneren durch den Helium-Flash ist die Leuchtkraft im Inneren für eine gewisse Zeit höher als der Energietransport zur Sternoberfläche. Der Stern ist nicht im stabilen Gleichgewicht. Die Strahlung aus dem Inneren wird jedoch von den äußeren Hüllen absorbiert, die dadurch aufgeheizt werden.

Durch den plötzlichen Temperaturanstieg der Hülle beim Helium-Flash und infolge des Strahlungsdruckes bläst der Stern einen Teil seiner Hülle ab. Dabei entstehen ***Planetarische Nebel*** (z. B. Ringnebel, Abb. 11.26). Der Stern verliert dadurch etwa $0{,}1\,M_\odot$. Die genauen Entwicklungsstufen in dieser späten Phase des Riesenstadiums sind noch nicht völlig geklärt. Nach Modellrechnungen durchläuft der Stern eine instabile Phase mit Oszillationen seines Radius und seiner Leuchtkraft. Er wird zu einem Veränderlichen Stern.

Man kann diese Oszillationen wie folgt erklären: Wenn das Helium im Kern verbraucht ist, gibt es im Stern zwei Schalen, in denen weiterhin Fusionsprozesse stattfinden. In der inneren Schale das Helium-

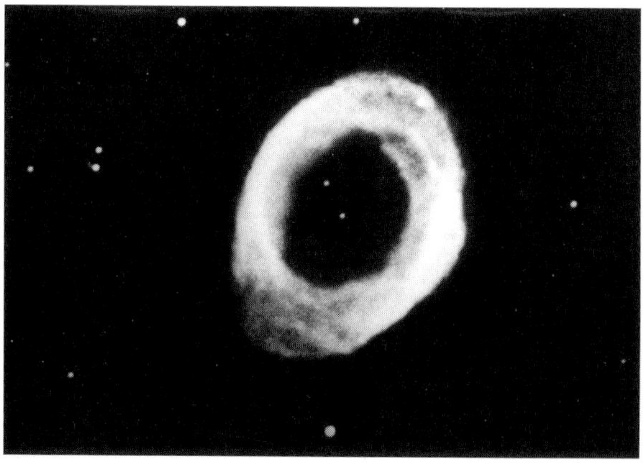

Abb. 11.26. Ringnebel im Sternbild Leier als Beispiel für einen Planetarischen Nebel. Photo: Hale-Observatory, 200-Zoll-Teleskop

brennen, in der darüberliegenden das Wasserstoffbrennen. Die Temperatur in diesen Schalen steigt wegen der dort erzeugten Energie an, was die Fusionsrate weiter erhöht. Ist der Temperaturgradient zu den darüberliegenden Schalen so groß geworden, daß Konvektion einsetzt und dadurch mehr Energie zur Sternoberfläche transportiert wird, so kühlt die Heliumbrennschicht ab; die Fusionsrate sinkt bis die Konvektion aufhört. Dadurch steigen Temperatur und Fusionsrate wieder an, usw. Der Stern durchläuft daher eine Reihe thermischer Oszillationen.

Dadurch kann ein Teil der äußeren Schichten des roten Riesen als intensiver „Sternenwind" den Stern verlassen (Massenverlustrate bis $10^{-6}\, M_\odot$ pro Jahr). Um solche veränderlichen Sterne (Mira-Sterne) werden auch in der Tat zirkumstellare Hüllen (Nebel) beobachtet, in denen ein Teil des kalten Gases bereits zu Staub kondensiert ist.

Der Radius eines solchen Riesensterns kann bis zu $250\, R_\odot$ anwachsen (Abb. 11.27). Das bedeutet, daß unsere Sonne am Ende ihrer stabilen Brennphase (in etwa 6–8 Milliarden Jahren) eine Ausdehnung bis etwa zur Erdbahn erreichen wird. Die Erde liegt dann am Rande der Sonne und wird deshalb wohl verdampfen. Das impliziert, daß das Leben auf der Erde ein natürliches Ende findet, wenn es nicht vorher durch menschliches Fehlverhalten oder durch andere kosmische Ereignisse ausgelöscht wird.

Nach Verlust eines großen Teils seiner Hülle wird aus dem Riesenstern ein Weißer Zwerg (Abschn. 11.5.2), wenn seine Restmasse im Falle eines nicht rotierenden Sterns $M < 1{,}4\, M_\odot$ ist. Bei einem rotierenden Stern kann M bis zu $3\, M_\odot$ sein. Der

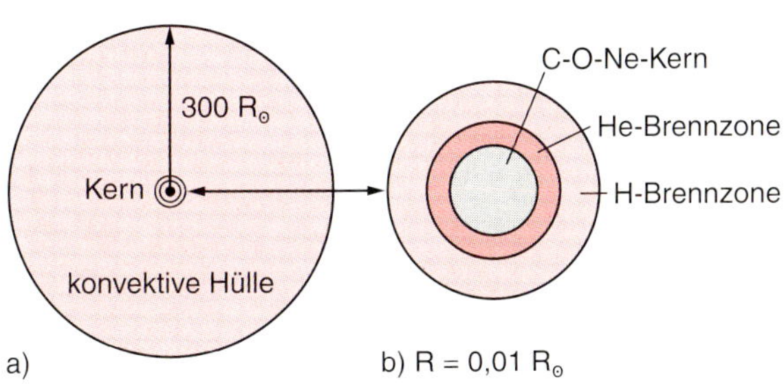

Abb. 11.27. (**a**) Schematische Darstellung eines Roten Riesensterns mit Kern aus C, O und Ne und zwei Brennschalen im innersten Bereich; (**b**) zeigt ein stark vergrößertes Bild des zentralen Bereiches

vollständige Weg eines solchen Sterns im HRD mit $m < 2{,}5\, m_\odot$ ist in Abb. 11.25 dargestellt.

11.4.3 Die Entwicklung massereicher Sterne und die Synthese schwerer Elemente

In massereichen Sternen verläuft der Prozeß des Wasserstoffbrennens ähnlich wie bei massearmen Sternen (siehe Abschn. 11.4.1 und 11.4.2). Der Hauptunterschied beginnt beim Heliumbrennen, das wegen der höheren Temperatur bereits einsetzt, bevor der Kern stark kontrahiert ist. Die Materie im Kern ist deshalb noch nicht entartet und das Heliumbrennen verläuft nicht explosionsartig, wie in kleineren Sternen, d. h. es gibt keinen Helium-Flash. Während im Kern Helium zu Kohlenstoff gemäß den Reaktionen (11.23) verbrennt, geht die Wasserstoff-Fusion in den Schalen um den Kern weiter.

Wenn im Kern alles Helium verbrannt ist, beginnt der Kohlenstoff-Kern zu kontrahieren. Die dabei auftretende Temperaturerhöhung zündet die He-Reaktionen (11.23) in den Schalen um den Kern, die wegen der H-Fusion noch genügend Helium enthalten. Die dadurch steigende Temperatur erlaubt bei Sternen mit $M > 8\, M_\odot$ neue Fusionsprozesse, nämlich das:

- **C-Brennen**

$$^{12}\mathrm{C} + {}^{4}\mathrm{He} \rightarrow {}^{16}\mathrm{O} + \gamma \qquad (11.24a)$$
$$(\Delta E = +7{,}15\ \mathrm{MeV})\,,$$
$$^{16}\mathrm{O} + {}^{4}\mathrm{He} \rightarrow {}^{20}\mathrm{Ne} + \gamma \qquad (11.24b)$$
$$(\Delta E = +4{,}73\ \mathrm{MeV})\,,$$
$$^{12}\mathrm{C} + {}^{12}\mathrm{C} \begin{cases} \rightarrow {}^{24}\mathrm{Mg} + \gamma & (11.24c) \\ \rightarrow {}^{23}\mathrm{Mg} + \mathrm{n} & \\ \rightarrow {}^{23}\mathrm{Na} + \mathrm{p} & (\Delta E = 2{,}2\ \mathrm{MeV}) \\ \rightarrow {}^{20}\mathrm{Ne} + {}^{4}\mathrm{He} & (\Delta E = 4{,}6\ \mathrm{MeV}) \end{cases}$$

- **Ne-Brennen**

$$^{20}\mathrm{Ne} + {}^{4}\mathrm{He} \rightarrow {}^{24}\mathrm{Mg} + \gamma \qquad (11.25)$$

- **O-Brennen**

$$^{16}\mathrm{O} + {}^{16}\mathrm{O} \begin{cases} \rightarrow {}^{32}\mathrm{Si} + \gamma & (11.26) \\ \rightarrow {}^{31}\mathrm{Si} + \mathrm{n} & \\ \rightarrow {}^{31}\mathrm{P} + \mathrm{p} & \\ \rightarrow {}^{28}\mathrm{Mg} + {}^{4}\mathrm{He} & \end{cases}$$

- **Si-Brennen**

$$\begin{aligned} {}^{28}\mathrm{Si} + {}^{28}\mathrm{Si} &\rightarrow {}^{56}\mathrm{Ni} + \gamma \\ &\rightarrow {}^{52}\mathrm{Fe} + {}^{4}\mathrm{He} \end{aligned} \quad (11.27)$$

Diese Fusionsprozesse lösen einander ab, wobei sich die Zentraltemperatur jeweils erhöht.

Die Brenndauern werden mit steigender Temperatur immer kürzer. So dauert das Sauerstoffbrennen bei einem Stern mit $M = 25\,M_\odot$ nur etwa 180 d, das Si-Brennen aber nur noch etwa einen Tag.

Bei Sternen im unteren Bereich der massereichen Sterne endet die Synthese der Elemente mit (11.24c), weil die Zentraltemperatur nicht hoch genug ist, um schwerere Elemente mit größerer Coulombbarriere zu fusionieren.

Die bei den Reaktionen (11.24–27) freiwerdende Energie erhöht die Temperatur in den Schalen um den Kern, so daß sich die Brennschalen immer weiter nach außen schieben.

Bis zur Synthese von Eisen kann bei diesen Fusionsprozessen Energie gewonnen werden, weil beim Eisen die Bindungsenergie pro Nukleon ein Maximum hat (Abb. 2.25).

Ein solcher massereicher Stern hat dann eine in Abb. 11.28 gezeigte „Zwiebelschalenstruktur" mit einem Eisenkern und Schalen, in denen nach wie vor Fusionsprozesse ablaufen, unter einer Wasserstoffhülle, die zu kalt ist, um Kernreaktionen zu ermöglichen.

Durch dieses schalenweise Brennen dehnt sich der Stern stark aus. Er wird zu einem Überriesen mit einem extrem dichten Kern aus Fe und Ni und darüberliegenden Schalen mit jeweils leichteren Elementen.

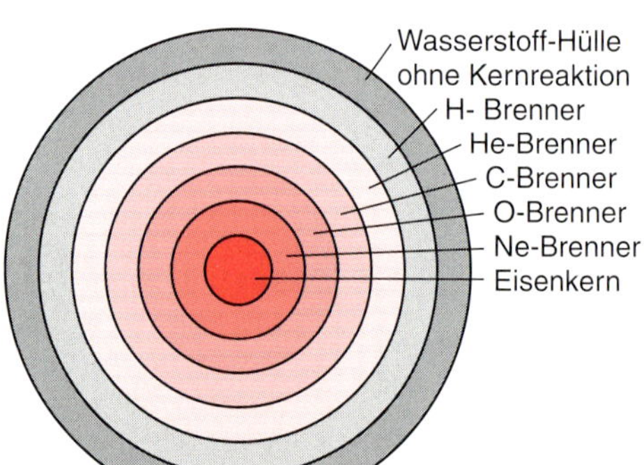

Abb. 11.28. Zwiebelschalenstruktur eines massereichen Sterns nach Erlöschen der letzten Fusionsenergiequelle im Kern. Nach H. Scheffler, H. Elsässer: *Physik der Sterne und der Sonne* (Spektrum, Heidelberg 1990)

Durch die plötzliche Energiefreisetzung beim Si-Brennen steigt die Temperatur stark an, bleibt aber noch unter der Fermi-Temperatur der Elektronen, die bei der Synthese der schweren Elemente wegen der steigenden Dichte sehr hoch ist und einer Fermi-Energie von etwa 1–10 MeV (je nach Masse des Sterns) entspricht. Jetzt können die Elektronen sich durch inversen Betazerfall $\mathrm{e}^- + \mathrm{p} \rightarrow \mathrm{n} + \nu_\mathrm{e}$ in Neutronen und Neutrinos umwandeln, so daß der Entartungsdruck der Elektronen sinkt (siehe Abschn. 11.5.3). Mit dem plötzlichen Ende des Si-Brennens erlischt die Energieerzeugung im Kerngebiet. Der thermische Druck sinkt, und der Stern kollabiert auf Grund des Gravitationsdrucks. Die Materie stürzt praktisch im freien Fall auf das Zentrum zu, bis die Dichte so hoch wird, daß der Gravitationsdruck durch andere Kräfte (Entartungsdruck der Neutronen, siehe Abschn. 11.5.3) kompensiert wird. Dies ist bei einem Radius von etwa 10 km (!) der Fall.

Bei dieser Kontraktion wird für eine kollabierende Masse von $M = 4\,M_\odot$ und $R = 10\,\mathrm{km}$ die ungeheuer große Gravitationsenergie

$$\Delta E_\mathrm{G} = G \cdot \frac{M^2}{R} = 5 \cdot 10^{47}\,\mathrm{J}$$

frei. Der Kollaps wird plötzlich gestoppt bei Erreichen der Atomkerndichte ($\varrho = 10^{16}\,\mathrm{kg/m^3}$), so daß eine Rückstoßwelle mit einer Anfangsgeschwindigkeit von $5 \cdot 10^4\,\mathrm{km/s}$ radial nach außen läuft. Sie stößt die äußere wasserstoffreiche Hülle des Sterns explosionsartig ab, wobei die freiwerdende Energie teilweise als Strahlung ausgesandt wird. Dieses Phänomen heißt Supernova-Explosion vom Typ II (siehe Abschn. 11.7.4).

Zurück bleibt ein ***Neutronenstern*** (siehe Abschn. 11.5.3). Die bei dieser Supernova-Explosion freigesetzte Strahlungsenergie beträgt etwa $2 \cdot 10^{44}\,\mathrm{J}$, also weniger als 1% der im Zentralgebiet freiwerdenden Gravitationsenergie: Ein Teil der Energie wird verbraucht durch Dissoziation der in den Schalen durch Fusion gebildeten schwereren Kerne. Der größte Teil (99%) wird aber von den bei der Umwandlung von Protonen und Elektronen in Neutronen entstandenen Neutrinos abgeführt gemäß der Reaktion $\mathrm{p} + \mathrm{e}^- \rightarrow \mathrm{n} + \nu$.

Bei sehr massereichen Sternen ($M > 8\,M_{\odot}$) kann der Kollaps des Zentralgebietes nicht mehr durch den Entartungsdruck der Neutronen gebremst werden, weil der Gravitationsdruck zu groß ist. Dann entsteht ein Schwarzes Loch (Abschn. 11.6).

Bevor wir die verschiedenen Endstadien von Sternen nach Ende ihrer nuklearen Brennphase besprechen, müssen wir uns etwas mit den charakteristischen Eigenschaften entarteter Sternmaterie auseinandersetzen.

11.5 Entartete Sternmaterie

Für Hauptreihensterne wie z. B. die Sonne kann die Materie im Sterninneren in guter Näherung als ideales Gas angesehen werden (siehe Abschn. 10.5). Die Zustandsgleichung heißt dann:

$$p \cdot V_{\mathrm{M}} = N_{\mathrm{A}} \cdot k \cdot T\,. \tag{11.28}$$

Ersetzt man das Molvolumen

$$V_{\mathrm{M}} = N_{\mathrm{A}} \cdot \overline{\mu} \cdot m_{\mathrm{H}}/\varrho \tag{11.29}$$

durch Avogadrokonstante N_{A} und mittlere Masse $\overline{\mu} \cdot m_{\mathrm{H}}$ der Gasmoleküle, so läßt sich für das Verhältnis von Druck p und Massendichte ϱ schreiben:

$$\frac{p}{\varrho} = \frac{k}{\overline{\mu} \cdot m_{\mathrm{H}}} \cdot T\,. \tag{11.30}$$

Das Verhältnis von Druck zu Dichte für nicht-entartete Sternmaterie ist proportional zur Temperatur.

Division durch das Quadrat der Lichtgeschwindigkeit c ergibt:

$$\boxed{\frac{p}{\varrho c^2} = \frac{kT}{\overline{\mu} \cdot m_{\mathrm{H}} c^2}}\,. \tag{11.31}$$

Die rechte Seite ist das Verhältnis von thermischer Energie $k \cdot T$ zu Massenenergie $\overline{\mu} \cdot m_{\mathrm{H}} c^2$ eines Gasteilchens. Ist $k \cdot T$ größer als die Ionisierungsenergie, so wird das Gas ionisiert, und wir setzen statt der Masse m_{H} des neutralen H-Atoms die Masse m_{p} des Protons ein und für $\mu = \frac{1}{2}(m_{\mathrm{p}} + m_{\mathrm{e}})/m_{\mathrm{p}} \approx 1/2$.

BEISPIEL

Für typische mittlere Temperaturen von $T = 10^7$ K im Zentralbereich des Sterns wird $kT \approx 10^{-16}\,\mathrm{J} = 1\,\mathrm{keV}$.

Die Massenenergie von Protonen ($\overline{\mu} = 1$) beträgt $m_{\mathrm{p}} c^2 \approx 1\,\mathrm{GeV}$. Daraus folgt: $kT/(m_{\mathrm{p}} c^2) \approx 10^{-6}$.

Materie, bei denen die thermische Energie klein ist gegen die Massenenergie, heißt *nicht-entartet* oder auch *nicht-relativistisch*.

11.5.1 Zustandsgleichung entarteter Materie

Wird für die Materie im Sterninneren der Gravitationsdruck größer als der thermische Druck p, dann kollabiert sie. Dadurch steigt die Dichte stark an, solange bis ein quantenmechanischer Effekt, nämlich der Fermidruck der Elektronen, so groß wird, daß er den Gravitationsdruck kompensieren kann. In Bd. 3, Abschn. 3.3.3 wurde gezeigt, daß für das Produkt $p_x \cdot x$ aus Impuls der Elektronen und Ortsunschärfe x die Unbestimmtheitsrelation gilt:

$$p_x \cdot x \gtrsim \hbar\,. \tag{11.32}$$

Sperrt man Elektronen in ein Raumgebiet der Dimension d ein, so gilt (11.32) für jede Impulskomponente, so daß für den Betrag des Impulses folgt:

$$p^2 = p_{\mathrm{F}}^2 = p_x^2 + p_y^2 + p_z^2 \geq 3\hbar^2/d^2\,.$$

Man nennt p_{F} auch den Fermi-Impuls. (Vergleiche die analoge Überlegung in Bd. 3, Abschn. 13.1 für Elektronen in einem Metall.)

Die Fermienergie wird dann

$$E_{\mathrm{F}} = \frac{p_{\mathrm{F}}^2}{2m_{\mathrm{e}}} \geq \frac{3\hbar^2}{2m_{\mathrm{e}} \cdot d^2} \approx \frac{\hbar^2}{m_{\mathrm{e}} d^2}\,, \tag{11.33}$$

wobei es uns bei den folgenden Abschätzungen nur auf die Größenordnung ankommt, so daß der vernachlässigte Faktor 1,5 keine Rolle spielt.

Je kleiner das Volumen d^3 ist, das den Elektronen zur Verfügung steht, desto höher wird die Fermienergie.

Für $E_{\mathrm{F}} \geq kT$ nennt man das Gas ***entartet***.

Die Zustandsgleichung eines entarteten Gases kann aus (11.31) erhalten werden, wenn man für kT die Fermienergie E_F einsetzt [11.4]. Dann ergibt sich:

$$\frac{p}{\varrho c^2} \approx \frac{E_\mathrm{F}}{\overline{\mu} \cdot m_\mathrm{p} c^2} \approx \frac{\hbar^2}{\overline{\mu} \cdot m_\mathrm{p} \cdot m_\mathrm{e} c^2 \cdot d^2}\,, \tag{11.34}$$

wobei $\overline{\mu} m_\mathrm{p}$ die Masse eines Gasteilchens und $m_\mathrm{e} \ll \overline{\mu} \cdot m_\mathrm{p}$ die eines Elektrons ist. Für $E_\mathrm{F} \gg kT$ ist der thermische Druck p der Gasteilchen sehr klein gegen den Fermidruck (Entartungsdruck) der Elektronen. Hingegen ist die Ruhemassenenergie $m_\mathrm{p} c^2$ der Protonen (bei einem Wasserstoffgas mit $\mu = 1$) bzw. der schweren Kerne wesentlich größer als die der Elektronen! Die Massendichte

$$\varrho = \frac{m_\mathrm{e} + \mu m_\mathrm{p}}{d^3} \approx \frac{\mu m_\mathrm{p}}{d^3} \tag{11.35}$$

(weil $m_\mathrm{e} \ll \mu m_\mathrm{p}$) ist hauptsächlich durch die Kerne, weniger durch die Elektronen bestimmt. Setzt man dies in (11.34) ein, so ergibt sich:

$$\frac{p}{\varrho c^2} \approx \frac{\hbar^2}{m_\mathrm{e} c^2 \cdot \overline{\mu} m_\mathrm{p}} \left(\frac{\varrho}{\overline{\mu} \cdot m_\mathrm{p}} \right)^{2/3}\,. \tag{11.36}$$

Führt man eine kritische Dichte

$$\begin{aligned} \varrho_\mathrm{c} &= \frac{\overline{\mu} \cdot m_\mathrm{p}}{(\hbar / m_\mathrm{e} c)^3} \\ &\approx 3 \cdot 10^{10}\,\mathrm{kg/m^3} \quad \text{für} \quad \overline{\mu} = 1 \end{aligned} \tag{11.37}$$

ein, bei welcher der mittlere Abstand der Protonen (und damit wegen der Neutralität des Plasmas auch der Elektronen) auf die Compton-Wellenlänge der Elektronen (siehe Bd. 3, Abschn. 3.1.3)

$$\lambdabar_\mathrm{c} = \frac{\hbar}{m_\mathrm{e} \cdot c} = 4 \cdot 10^{-13}\,\mathrm{m}$$

gesunken ist, dann läßt sich die Zustandsgleichung (11.36) für entartete Materie schreiben als

$$\boxed{\frac{p}{\varrho c^2} = \frac{m_\mathrm{e}}{\overline{\mu} \cdot m_\mathrm{p}} \cdot \left(\frac{\varrho}{\varrho_\mathrm{c}} \right)^{2/3} \quad \text{für} \quad \varrho < \varrho_\mathrm{c}}\,. \tag{11.38}$$

Für die kritische Dichte ϱ_c wird also das Verhältnis von Druck p (der durch den Fermidruck der Elektronen erzeugt wird) und Massenenergiedichte ϱc^2 (die durch die Kerne bewirkt wird) gleich dem Verhältnis von Elektronenmasse m_e zu mittlerer Kernmasse $\overline{\mu} \cdot m_\mathrm{p}$.

Man kann sich die Bedeutung der kritischen Dichte auch noch folgendermaßen klarmachen: Setzt man in (11.32) für x die Comptonwellenlänge für Elektronen ein, so ergibt sich:

$$\frac{p_\mathrm{F} \cdot \hbar}{m_\mathrm{e} \cdot c} \gtrapprox \hbar \;\Rightarrow\; p_\mathrm{F} \gtrapprox m_\mathrm{e} \cdot c\,. \tag{11.39}$$

Dies bedeutet: Sperrt man die Elektronen auf ein Raumgebiet $\lambdabar_\mathrm{c}^3$ der Comptonwellenlänge $\lambdabar_\mathrm{c}$ ein, dann strebt ihre Geschwindigkeit v gegen die Lichtgeschwindigkeit c. Ihre Gesamtenergie wird dann auf Grund des Fermi-Impulses groß gegen ihre Ruheenergie $m_\mathrm{e} c^2$.

Die Elektronen sind dann relativistisch und bewegen sich mit Geschwindigkeiten $v \approx c$, welche nahe bei der Lichtgeschwindigkeit liegen.

Für $\varrho > \varrho_\mathrm{c}$ steigt die Elektronenenergie weiter an, und wir können in (11.34) für die Fermi-Energie

$$E_\mathrm{F} = p_\mathrm{F} \cdot c$$

setzen. Damit ergibt sich die Zustandsgleichung

$$\frac{p}{\varrho c^2} \approx \frac{m_\mathrm{e}}{\mu m_\mathrm{p}} \left(\frac{\varrho}{\varrho_\mathrm{c}} \right)^{1/3} \quad \text{für } \varrho > \varrho_\mathrm{c}\,.$$

Wir erhalten damit die allgemeine Zustandsgleichung für entartete Materie, bei der der Fermidruck groß ist gegen den thermischen Druck:

$$\frac{p}{\varrho c^2} \approx \frac{m_\mathrm{e}}{\mu m_\mathrm{p}} \left(\frac{\varrho}{\varrho_\mathrm{c}} \right)^{n/3} \tag{11.40}$$

mit

$$n = \begin{cases} 2 & \text{für } \varrho \ll \varrho_\mathrm{c} \\ 1 & \text{für } \varrho \gg \varrho_\mathrm{c} \end{cases}\,.$$

Dieses durch Abschätzungen gewonnene Ergebnis stimmt mit exakteren Rechnungen im Dichtebereich $10^4\,\mathrm{kg/m^3} < \varrho < 10^{13}\,\mathrm{kg/m^3}$ gut überein [11.4].

11.5.2 Weiße Zwerge

Wir hatten in Abschnitt 11.4 diskutiert, daß für Sterne mit Massen $M < 2{,}5\, M_\odot$ nach Beendigung des Wasserstoffbrennens der Kern so weit kollabiert, daß seine Dichte in einen Bereich kommt, in dem der Fermidruck der Elektronen größer wird als der thermische Druck. Das Innere des Sterns besteht in diesem Stadium der Nach-Hauptreihenentwicklung aus entartetem Elektronengas und Helium. Beim Zünden des Helium-Brennens wird deshalb die dabei freiwerdende Energie nicht zur Expansion des Kerns verbraucht, weil zwar der Gasdruck mit der Temperatur ansteigt, aber immer noch unter dem Fermidruck bleibt, welcher dem Gravitationsdruck die Waage hält. Daher verläuft das He-Brennen explosionsartig (***Helium-Flash***). Der Stern stößt dabei häufig einen Teil seiner Hülle ab, die dann einen ***Planetarischen Nebel*** bildet. Die Zentraltemperatur steigt aber nicht hoch genug, um das Kohlenstoffbrennen in Gang zu setzen. Die äußeren Bereiche um das Zentralgebiet kühlen nach Ende des He-Brennens ab und kontrahieren, so daß am Ende ein Weißer Zwerg übrig bleibt. Bei der Kontraktion wird Energie frei, die den Stern aufheizen kann. Dies bremst die Kontraktion aber nicht merklich, da der Zentralbereich bereits entartet ist.

Ein Beispiel für einen Weißen Zwerg ist der Begleiter des Sirius als Komponente B des Doppelsternsystems Sirius A und B. Seine Oberflächentemperatur ist etwa 2,5–3 mal so hoch wie die der Sonne, seine Leuchtkraft beträgt aber nur etwa 0,3% der Leuchtkraft der Sonne. Daraus kann man wegen $L = \pi R^2 \sigma T^4$ den Radius des Weißen Zwerges

$$R = R_\odot \cdot \frac{T_\odot^2}{T^2} \cdot \sqrt{L/L_\odot} \tag{11.41}$$

zu $6 \cdot 10^{-2}\, R_\odot \approx 5 \cdot 10^3$ km abschätzen.

Inzwischen wurde eine große Zahl Weißer Zwerge entdeckt. Man schätzt ihre Zahl auf etwa $0{,}03/\mathrm{pc}^3$. Dies würde etwa 1/3 der Dichte der Hauptreihensterne bedeuten. Weiße Zwerge bilden damit einen wesentlichen, nicht vernachlässigbaren Bestandteil unserer Galaxis.

Weiße Zwerge haben eine Masse $M \approx 1 M_\odot$, sie sind aber etwa nur so groß wie die Erde. Ihre Massendichte ist mit $\varrho \approx 10^9\ \mathrm{kg/m^3}$ deshalb enorm hoch.

Ein cm^3 Materie eines Weißen Zwerges wiegt also etwa 1 Tonne!

Um den Zusammenhang zwischen Masse, Radius und Dichte eines Weißen Zwerges zu bestimmen, gehen wir von (11.40) aus.

Damit der Weiße Zwerg stabil bleibt, muß der Entartungsdruck p gleich dem Gravitationsdruck (11.12)

$$p_\mathrm{G} = -\frac{3}{8} \frac{M^2 \cdot G}{\pi R^4} \tag{11.42}$$

sein. Setzt man $\varrho = M/(\frac{4}{3}\pi R^3)$ ein, so ergibt sich mit (11.38)

$$\begin{aligned} \frac{p}{\varrho c^2} &= \frac{1}{2} \frac{G \cdot M}{R c^2} \\ &= \frac{m_\mathrm{e}}{\mu m_\mathrm{p}} \left(\frac{\varrho}{\varrho_\mathrm{c}}\right)^{n/3}, \end{aligned} \tag{11.43}$$

Wegen

$$M = \frac{4}{3}\pi \varrho R^3 \;\Rightarrow\; R = \left(\frac{3M}{4\pi\varrho}\right)^{1/3}$$

läßt sich der Radius R ersetzen und man erhält für das Verhältnis von Druck p zu Massenenergiedichte ϱc^2:

$$\frac{p}{\varrho c^2} \approx \frac{\pi}{6}^{1/3} \frac{G}{c^2} M^{2/3} \varrho^{1/3}\,. \tag{11.44}$$

Setzt man dies in (11.43) ein, so ergibt sich für die Masse M eines Weißen Zwerges:

$$M(\varrho) = \sqrt{6/\pi} \cdot \left(\frac{m_\mathrm{e} c^2}{G \cdot \mu m_\mathrm{p}}\right)^{3/2} \frac{\sqrt{\varrho}}{\varrho_\mathrm{c}} \quad \text{für} \quad \varrho < \varrho_\mathrm{c}\,, \tag{11.45a}$$

$$M(\varrho) = \sqrt{6/\pi} \cdot \left(\frac{m_\mathrm{e} c^2}{G \cdot \mu m_\mathrm{p}}\right)^{3/2} \frac{1}{\sqrt{\varrho_\mathrm{c}}} \quad \text{für} \quad \varrho \geq \varrho_\mathrm{c}\,. \tag{11.45b}$$

Dies ist ein bemerkenswertes Ergebnis: die Masse $M(\varrho)$ steigt mit der Wurzel aus der Dichte ϱ an, bis ϱ die kritische Dichte ϱ_c erreicht. Dort hat die Masse eines stabilen Weißen Zwerges eine obere Grenze $M_\mathrm{c} = M(\varrho_\mathrm{c}$ für $\varrho = \varrho_\mathrm{c}$. Sie heißt nach ihrem Entdecker, dem indisch-amerikanischen Astrophysiker *Subrahmanyan Chandrasekhar* (1920–1994) ***Chandrasekhar-Grenze*** M_c.

> Es gibt keine stabilen Weißen Zwerge mit Massen größer als M_c.

Setzt man den Wert für ϱ_c aus (11.37) ein, so ergibt dies:

$$M_c(\varrho_c) = \sqrt{6/\pi}\left(\frac{\hbar c}{G(\mu m_p)^2}\right)^{3/2} \cdot \overline{\mu} m_p \,. \qquad (11.46)$$

Der dimensionslose Bruch

$$\alpha_G = \frac{G(\mu m_p)^2}{\hbar c} \approx 6 \cdot 10^{-39} \qquad (11.47)$$

wird auch ***Feinstrukturkonstante der Gravitation*** genannt, so daß die Chandrasekhar-Masse größenordnungsmäßig als

$$M_c \approx 1{,}4 \cdot \frac{\overline{\mu} m_p}{\alpha^{3/2}} \qquad (11.48)$$

geschrieben werden kann, wobei μm_p die mittlere Masse der Kerne im Stern ist.

Setzt man die Zahlenwerte für die Konstanten in (11.46) ein und nimmt man für die mittlere Kernmasse $\overline{\mu} = 2{,}4\, m_H$ als gewichteten Mittelwert eines Wasserstoff-Heliumgemisches an, so erhält man für die Chandrasekhar-Grenzmasse

$$M_c \approx 3 \cdot 10^{30}\,\text{kg} \approx 1{,}5\, M_\odot \,.$$

Man beachte, daß diese Grenzmasse für den Weißen Zwerg gilt, also für die Restmasse eines Sterns, der in sein Endstadium übergeht. Da der Stern vor diesem Übergang seine Hülle abstößt und dabei einen erheblichen Teil seiner Masse verliert, kann die Masse des Hauptreihensterns durchaus größer als $1{,}5\, M_\odot$ sein.

Außerdem haben wir bisher nicht vorausgesetzt, daß der Stern nicht rotiert. Bei schneller Rotation des Weißen Zwergs erlaubt die Zentrifugalkraft, die einen Teil der Schwerkraft kompensiert, eine größere Grenzmasse, die bis zu $3\, M_\odot$ reichen kann.

Die Radien Weißer Zwerge ergeben sich aus folgender Abschätzung:

$$\begin{aligned} R &= \left(\frac{3M}{4\pi\varrho}\right)^{1/3} \qquad (11.49)\\ &= \left(\frac{3}{4\pi}\right)^{1/3} \cdot \left(\frac{M_c}{\varrho_c}\right)^{1/3} \cdot \left(\frac{M}{M_c}\right)^{1/3} \cdot \left(\frac{\varrho_c}{\varrho}\right)^{1/3} . \end{aligned}$$

Führen wir den kritischen Radius

$$R_c = \left(\frac{3}{4\pi} \cdot \frac{M_c}{\varrho_c}\right)^{1/3} \qquad (11.50)$$

ein, welcher der Radius des schwersten möglichen Weißen Zwerges mit $M = M_c$ ist, und verwenden die aus (11.45a) für $\varrho < \varrho_c$ folgende Beziehung

$$M = M_c \cdot \sqrt{\varrho/\varrho_c} \qquad (11.51)$$

so wird aus (11.49) für $\varrho < \varrho_c$

$$R = \left(\frac{\varrho_c}{\varrho}\right)^{1/6} \cdot R_c \,. \qquad (11.52)$$

Für $\varrho > \varrho_c$ folgt aus (11.49) mit $M = M_c$

$$R = \left(\frac{\varrho_c}{\varrho}\right)^{1/3} \cdot R_c \,. \qquad (11.53)$$

Einsetzen der Zahlenwerte von M_c und ϱ_c aus (11.46) und (11.37) ergeben einen Grenzradius $R_c \approx 10^7$ m $= 10^4$ km.

Die Radien Weißer Zwerge sind also von der Größenordnung 10^4 km, was mit den Beobachtungen (siehe oben) übereinstimmt. Sie sind für $\varrho < \varrho_c$ größer als R_c und für $\varrho > \varrho_c$ kleiner als R_c (Abb. 11.29).

Aus (11.51,52) folgt die wichtige Beziehung

$$M \cdot R^3 = M_c \cdot R_c^3 \qquad (11.54)$$

zwischen Masse und Radius eines Weißen Zwerges.

Die Radien Weißer Zwerge

$$\begin{aligned} R &= (M_c/M)^{1/3} \cdot R_c \\ &= \text{const} \cdot M^{-1/3} \qquad (11.55) \end{aligned}$$

fallen mit zunehmender Masse! Für die Chandrasekhar-Grenzmasse M_c erreichen sie den Wert $R_C \approx 10^4$ km.

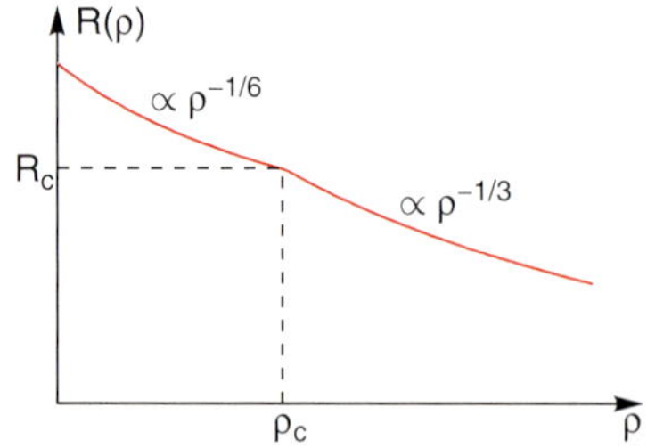

Abb. 11.29. Der Radius eines Weißen Zwerges als Funktion der Massendichte ϱ

Das Verhältnis von Fermidruck zu Massenenergiedichte hat für Weiße Zwerge die Größenordnung

$$\frac{p_F}{\varrho c^2} = \frac{m_e}{\mu m_p}\left(\frac{\varrho}{\varrho_c}\right)^{2/3} \approx 10^{-4} . \qquad (11.56)$$

11.5.3 Neutronensterne

Übersteigt die Dichte ϱ im zentralen Teil eines Sterns großer Masse in seinem Endstadium nach Erlöschen der Kernreaktionen im Zentralgebiet die kritische Dichte ϱ_c für einen Weißen Zwerg, so muß die Fermienergie E_F der Elektronen weiter ansteigen, um den Gravitationsdruck zu kompensieren. Sobald E_F aber über den Grenzwert

$$E_F^{Gr} \geq (m_n - m_p)\, c^2$$

der Massenenergiedifferenz von Neutron und Proton ansteigt, können sich Elektronen beim Stoß mit Protonen in Neutronen umwandeln.

$$e + p \to n + \nu_e \quad \text{(inverser } \beta\text{-Zerfall)} \qquad (11.57)$$

In dem Plasma von Elektronen und Atomkernen wird dadurch die Dichte der Elektronen geringer und der zentrale Teil des Sterns wird instabil, weil der Gravitationsdruck nicht mehr kompensiert wird. Durch den Kollaps steigt jedoch die Dichte weiter an. Bei den Werten $\varrho > 10^{16}\,\mathrm{kg/m^3}$ wird das den Neutronen zur Verfügung stehende Volumen so klein, daß nun der Entartungsdruck der Neutronen stark ansteigt. Der zentrale Teil des Sterns kollabiert bis auf ein Volumen, bei dem der Entartungsdruck der Neutronen dem Gravitationsdruck standhalten kann.

a) Dichten, Massen und Radien von Neutronensternen

Wir erhalten die entsprechenden Relationen wie in (11.40), wenn wir die Elektronenmasse m_e durch die Neutronenmasse $m_n \approx m_p$ ersetzen. Dadurch wird das Verhältnis von Fermidruck zu Massenenergiedichte im zentralen Teil des Sterns, der nun überwiegend aus Neutronen besteht:

$$\frac{p}{\varrho c^2} \approx \frac{m_n}{\mu \cdot m_p} \cdot \left(\frac{\varrho}{\varrho_1}\right)^{n/3} \qquad (11.58)$$

mit

$$n = \begin{cases} 2 & \text{für } \varrho \ll \varrho_1 \\ 1 & \text{für } \varrho \gg \varrho_1 \end{cases} ,$$

wobei die neue kritische Dichte

$$\varrho_1 = \frac{(\mu + 1)m_p}{(\hbar/m_n c)^3} \approx 10^{20}\,\mathrm{kg/m^3} \qquad (11.59)$$

wegen der größeren Neutronenmasse um fast 10 Größenordnungen über der kritischen Dichte ϱ_c (in (11.37)) für Weiße Zwerge liegt.

Für die Massen der Neutronensterne erhalten wir analog zu (11.45), wenn wir wieder die Elektronenmasse m_e durch die Neutronenmasse m_n ersetzen für $\varrho \ll \varrho_1$:

$$M(\varrho) = \sqrt{6/\pi} \cdot \left(\frac{m_n c^2}{G \cdot \mu m_p}\right)^{3/2} \frac{\sqrt{\varrho}}{\varrho_1} . \qquad (11.60)$$

Auch hier gibt es, wie bei den Weißen Zwergen, eine obere Grenzmasse für stabile Neutronensterne, die ***Oppenheimer-Volkow-Grenzmasse***, die dann erreicht wird, wenn der Fermidruck der Neutronen dem Gravitationsdruck nicht mehr standhalten kann. Diese Grenzmasse liegt bei nichtrotierenden Neutronensternen bei $M \approx 3{,}2\, M_\odot$. Übersteigt die Masse des Zentralgebietes eines Sterns diese Grenzmasse, so stürzt die Materie auf das Zentrum zu, ohne aufgehalten zu werden. Es entsteht ein Schwarzes Loch. Nun haben aber die Neutronensterne eine um etwa $3 \cdot 10^9$ größere Grenzdichte als Weiße Zwerge. Deshalb muß das Volumen der Neutronensterne um diesen Faktor kleiner sein, ihr Radius also um etwa 10^3 mal kleiner.

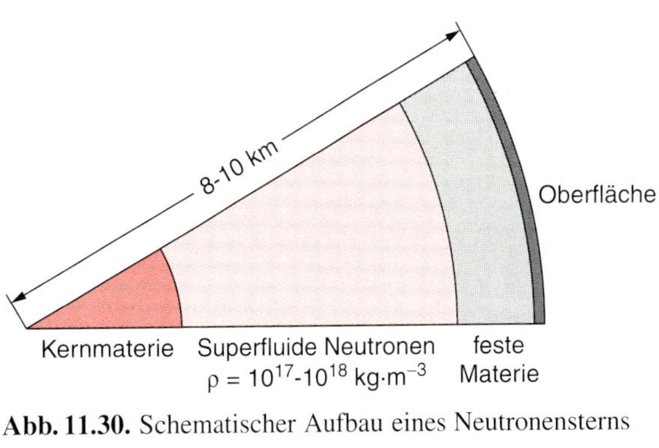

Abb. 11.30. Schematischer Aufbau eines Neutronensterns

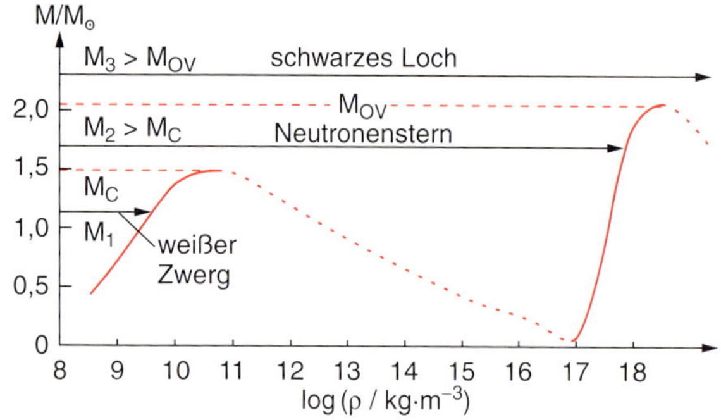

Abb. 11.31. Massenfunktion $M(\varrho)$ entarteter Sterne

> Neutronensterne besitzen trotz ihrer großen Masse $M \approx 2$–$3\,M_{\odot}$ Radien von nur etwa 10 km.

Abbildung 11.30 zeigt schematisch den Aufbau eines Neutronensterns.

Trägt man die Masse von Sternen mit entarteter Materie auf gegen ihre Dichte, so ergibt sich qualitativ die in Abb. 11.31 gezeigte Kurve. In den Bereichen, in denen $M(\varrho)$ negative Steigung hat, also $\mathrm{d}M/\mathrm{d}\varrho < 0$ gilt, gibt es keine stabilen Sterne. Sie kollabieren bis zu den Dichtewerten, bei denen die Steigung wieder positiv wird.

b) Die Entstehung von Neutronensternen

Neutronensterne sind die Endphasen von Sternen mit genügend großen Massen, so daß zum Schluß ihrer nuklearen Brennphase in ihrem zentralen Bereich das Silizium-Brennen stattfinden kann. Dieses dauert für einen Stern mit $15\,M_{\odot}$ etwa eine Stunde. Es verläuft daher fast explosionsartig und führt zu einem großen Temperatur- und Druckanstieg im zentralen Bereich.

Typische Parameter am Ende der Brennphase für einen Stern mit $M = 15\,M_{\odot}$ sind: Masse des Zentralgebietes $\approx 1{,}5\,M_{\odot}$, also etwa 10% der Sternmasse, Zentraltemperatur $T \approx 8 \cdot 10^9\,\mathrm{K}$, Dichte im Zentrum $\varrho \approx 4 \cdot 10^9\,\mathrm{g/cm^3}$.

Die Fermi-Energie der Elektronen ist mit etwa 5–10 MeV hoch genug, um die endothermen Prozesse

$$\mathrm{e}^- + \mathrm{p} \rightarrow \mathrm{n} + \overline{\nu}_\mathrm{e}\,, \tag{11.61a}$$

$$\mathrm{e}^- + {}^{Z}\mathrm{K} \rightarrow {}^{Z-1}\mathrm{K}\nu_\mathrm{e} \tag{11.61b}$$

zu ermöglichen, d. h. die Protonen in den Kernen wandeln sich durch Elektroneneinfang in Neutronen um. Dies hat eine fatale Konsequenz für den Stern: Durch die Verminderung der Elektronendichte sinkt der Fermidruck der Elektronen und der Gravitationsdruck wird nicht mehr kompensiert. Die Materie stürzt praktisch im freien Fall zum Zentrum hin. An diesem Kollaps ist nur das Zentralgebiet des Sterns beteiligt. Die Hülle wird vom Kollaps anfangs nicht beeinflußt.

Dieser Kollaps wird erst gebremst, wenn die Dichte so groß geworden ist, daß der steigende Entartungsdruck der Neutronen groß genug wird, um dem Gravitationsdruck standzuhalten. Die einfallende Materie wird dann am Rande des dichten Zentralbereichs aus Neutronen zurückgeworfen, und es entsteht eine reflektierte Stoßwelle, die radial nach außen läuft. Die Energie der Stoßwelle hängt davon ab, ob der Rückprall am Neutronenkern weich oder hart ist, je nachdem wie groß der Dichtegradient ist.

Die Stoßwelle kann die weiterhin einfallenden Eisenkerne wieder in Protonen und Neutronen dissoziieren. Dabei verliert die Stoßwelle zwar Energie, aber durch die starke Erhöhung der Teilchenzahl bei der Dissoziation der Kerne wächst der Druck explosionsartig an, und es entsteht eine Druckwelle, welche die Hälfte des Sterns wegblasen kann (Supernova-Explosion vom Typ II, siehe Abschn. 11.7.4). Dabei spielen die bei der Umwandlung von Protonen in Neutronen (11.61a) entstehenden Neutrinos eine wichtige Rolle, wie wir im nächsten Abschnitt sehen werden.

c) Die Rolle der Neutrinos bei der Bildung des Neutronensterns

Die bei der Bildung des Neutronenkerns entstehenden Neutrinos können zu Beginn des Kollapses die zentrale Zone praktisch ungehindert verlassen. Mit zunehmender Dichte wird die Streurate der Neutrinos an den schweren Kernen trotz des kleinen Wirkungsquerschnittes so groß, daß die Neutrino-Diffusionszeit größer wird als die Kollapszeit. Der zentrale Bereich des Neutronensterns wird für die Neutrinos „optisch dicht", während der äußere Bereich mit geringerer Dichte für Neutrinos durchlässig bleibt.

Der innere Teil des Neutronensterns besteht aus einem Gas aus Elektronen, Neutronen, Neutrinos und neutronenreichen Kernen.

Die Grenze zwischen den „Neutrino-optisch dichten“ und dem transparenten Bereich definiert die ***Neutrino-Sphäre***, völlig analog zur Photosphäre für die Photonen (siehe Abschn. 10.5).

Der Neutronenstern ist zu Anfang ein heißes, leptonenreiches Objekt, das sich durch Neutrinoemission in seinen Endzustand, den kompakten, durch Neutronenentartung stabilisierten Zustand entwickelt. Man kann ihn deshalb in diesem Anfangszustand als „Neutrinostern“ bezeichnen.

Die emittierten Neutrinos spielen für die Supernova-Explosion eine entscheidende Rolle.

In dem Bereich des Sterns, in dem durch die Stoßwelle eine Dissoziation der Eisenkerne stattfindet, wird die Neutrino-Streurate wieder kleiner, so daß ihre freie Weglänge in der Stoßwelle wieder größer wird. Hinter der nach außen laufenden Stoßwelle sammeln sich die Neutrinos an. Bricht die Stoßwelle durch den Eisenkern in die äußeren Schalen des Sterns, so können diese Neutrinos ungehindert entweichen, weil ihr Streuquerschnitt an den leichteren Atomkernen in diesen Hüllen wesentlich kleiner ist.

Für das Durchbrechen der Stoßwelle, und damit für die Supernova-Explosion, hilft der Neutrinodruck hinter der Stoßwelle in entscheidender Weise.

d) Energiefreisetzung bei der Bildung des Neutronensterns

Die Masse des verbleibenden Neutronensterns ist kleiner als die der zentralen Region im Riesenstern, aus der der Neutronenstern entstanden ist. Dies liegt zum einen daran, daß die Hülle des Sterns bei der SN-Explosion abgestoßen wird. Zum anderen wird bei der Kontraktion Gravitationsenergie frei, die wegen der entarteten Materie vollständig als Strahlungsenergie abgegeben wird.

> Neutronensterne beinhalten mit 1,4–3 $M_\odot$ nur einen Bruchteil der Gesamtmasse des ursprünglichen Sterns

Die ursprüngliche Masse des Sterns, dessen Zentralbereich zu einem Neutronenstern wird, kann also wesentlich größer als die Oppenheimer-Volkow-Grenzmasse sein.

Woher stammt nun die gewaltige Energie, die bei einem Supernova-Ausbruch frei wird und als Neutrino-Energie, optische Strahlung, Röntgenstrahlung und kinetische Energie der abgestoßenen Hülle auftaucht?

Die potentielle Energie eines Sterns mit Masse M_0, Radius R_0 und homogener Dichte ϱ ist (siehe Aufg. 10.8)

$$E_{\text{pot}}(R_0) = -\frac{3}{5}\,G\cdot\frac{M_0^2}{R_0}\,. \tag{11.62a}$$

Kontrahiert der Stern auf dem Radius $R < R_0$, so wird die Energie

$$\Delta E_{\text{pot}} = \frac{3}{5}\,GM_0^2\left(\frac{1}{R}-\frac{1}{R_0}\right) \tag{11.62b}$$

frei, die in Form von Neutrinos oder Photonen den Stern verläßt. Die Masse des kontrahierten Sterns ist also um

$$\Delta M = \Delta E/c^2$$

kleiner. Für $R \ll R_0$ ergibt dies

$$\begin{aligned} M(R) &= M_0(R_0) - \frac{3}{5}\,G\frac{M_0^2}{Rc^2} \\ \Rightarrow \frac{\Delta M}{M_0} &= -\frac{3}{5}\,G\frac{M_0}{Rc^2}\,. \end{aligned} \tag{11.63}$$

Hinzu kommt noch der Massenverlust durch die beim Supernova-Ausbruch abgeworfene Sternhülle.

BEISPIEL

Der zentrale Bereich des Sterns, der an der Kontraktion teilnimmt, habe einen Radius $R_0 = 10^5$ km, der auf $R = 10$ km kontrahiert, $M_0 = 2{,}0\,M_\odot$. Einsetzen der Zahlenwerte ergibt:

$$\frac{\Delta M}{M_0} = 0{,}2\,,$$

d. h. der Neutronenstern verliert bereits 20% seiner Masse alleine durch Kontraktion. Hinzu kommt der viel größere Masseverlust durch das Abstoßen der Hülle.

Die potentielle Energie ΔE_{pot} (11.62b), die bei der Kontraktion des zentralen Sterngebietes frei wird, ist enorm: Für $R_0 = 10^5$ km, $R = 10$ km und $M_0 = 2\,M_\odot$ erhält man aus (11.62b):

$$\Delta E_{\text{pot}} = 1{,}6\cdot 10^{50}\,\text{J}\,.$$

Nun stellt (11.62b) nur eine obere Grenze für die freiwerdende Energie dar. Weil die Dichte der äußeren Schichten kleiner ist, wird die potentielle Energie in Wirklichkeit mindestens um 1–2 Größenordnungen kleiner. Etwa 99% dieser Energie werden von den Neutrinos fortgetragen.

Die Frage ist nun, ob es möglich ist, solche Neutronensterne zu beobachten.

11.5.4 Pulsare als rotierende Neutronensterne

Im Jahre 1967 fand die Doktorandin *Jocelyn Bell* des Astronomieprofessors *Anthony Hewish* bei einer Durchmusterung des Himmels auf der Suche nach Radiostörungen durch den Sonnenwind scharfe sehr regelmäßige Radiopulse mit Pulsbreiten von weniger als einer Millisekunde und Periodendauern von Millisekunden bis Sekunden (Abb. 11.32). Sie glaubte zuerst an Radiosignale fremder intelligenter Wesen, aber es stellte sich bald durch Beobachtungen vieler Radioastronomen heraus, daß es einige hundert solcher „Pulsare" gab und daß die Signale zu regelmäßig waren, um verschlüsselte Botschaften ferner Zivilisationen zu sein.

Was war die Quelle dieser Signale? Die am genauesten vermessene Pulsarquelle liegt im Krebsnebel Abb. 11.33, der als Überrest einer Supernova-Explosion bekannt war. Die kurze zeitliche Dauer der Pulse zeigt sofort, daß sie von einer kleinen Quelle kommen müssen. Hat die Quelle nämlich den Radius R, so ist die maximale Lichtlaufzeitdifferenz von verschiedenen Punkten der Quelle $\Delta t_\mathrm{m} \approx 2R/c$.

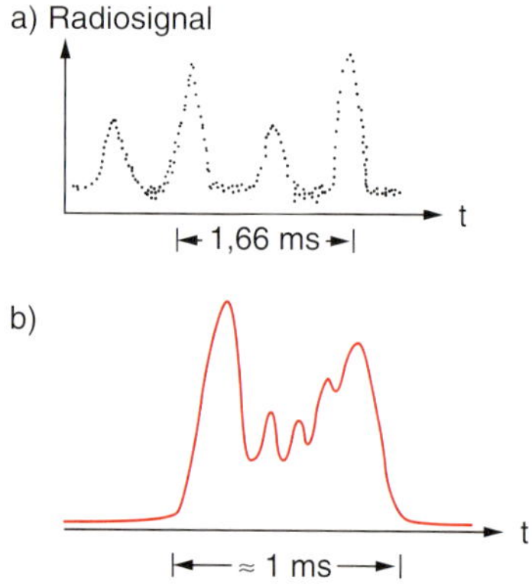

Abb. 11.32. (**a**) Radiopulse des Pulsars PSR 1937+21; (**b**) Feinstruktur eines Pulses vom Pulsar PSR 1237+25

Abb. 11.33. Der Krebsnebel ist ein 2 kpc entfernter Planetarischer Nebel. Er ist der Überrest eines Supernovaausbruchs im Jahre 1054. Im Zentrum befindet sich ein Pulsar. Mit freundlicher Genehmigung der Thüringer Landessternwarte Tautenburg

Mit $\Delta t = 10^{-3}$ s folgt $R < 150$ km.

Es zeigte sich, daß die Pulse eine zeitliche Feinstruktur im Mikrosekundengebiet haben (Abb. 11.32b), so daß die Ausdehnung des Ortes, an dem die Radiostrahlung erzeugt wird, weiter eingeengt werden kann. Da man durch Radio-Interferometrie die Pulsarorte lokalisieren und ihre Entfernung bestimmen konnte, wurde klar, daß die Pulsare riesige Leistungen abstrahlen müssen.

Solche kleinen Objekte, die trotzdem so große Leistungen abstrahlen, müssen kompakte Objekte mit genügend großer Energie sein. Dafür kommen Neutronensterne in Frage. Aus der Beobachtung von periodisch veränderlichen Sternen wußte man, daß bei vielen Sternen radiale Schwingungen für die periodischen Helligkeitsänderungen verantwortlich sind. Ihre Periode ist durch die Laufzeit einer Schallwelle durch den Stern gegeben.

Wenn die Pulsarsignale durch pulsierende Neutronensterne erzeugt würden, müßte die Periodendauer mindestens $\Delta t = 2R/v_\mathrm{S} \approx 2 \cdot 10^4/2 \cdot 10^3\ \mathrm{s} \approx 10\ \mathrm{s}$ sein.

Die beobachteten Millisekundenperioden schließen daher pulsierende Sterne als Quellen aus.

Die richtige Erklärung, die erst nach vielen Diskussionen unter den Astronomen herauskam, nimmt schnell rotierende Neutronensterne als Quelle für die Pulse an. Das heute akzeptierte Modell läßt sich wie folgt zusammenfassen:

Beim Kollaps eines rotierenden Sterns der Masse M mit Radius R_1, Winkelgeschwindigkeit ω_1 und Drehimpuls $J = \frac{2}{5} M R_1^2 \cdot \omega_1$ muß der Drehimpuls erhalten bleiben, so daß bei Verkleinerung des Radius die Winkelgeschwindigkeit zunehmen muß.

BEISPIEL

Ein Stern mit der Masse $M = 3\,M_\odot = 6 \cdot 10^{30}$ kg, $R_1 = 3 \cdot 10^9$ m (Radius des Zentralbereiches) möge mit der Winkelgeschwindigkeit $\omega_1 = 3 \cdot 10^{-6}\,\mathrm{s}^{-1}$ (wie unsere Sonne) rotieren. Beim Kollaps auf einen Neutronenstern mit $R_2 = 10^4$ m wird dann $\omega_2 = 3 \cdot 10^{-6}$ $(3 \cdot 10^4)^2 \approx 3 \cdot 10^3\,\mathrm{s}^{-1} \Rightarrow T = 2$ ms.

Die Rotationsenergie

$$E_{\mathrm{rot}} = \frac{1}{2} I \omega^2 = \frac{1}{5}\, M R^2 \omega^2 = \frac{5 J^2}{4 M R^2} \tag{11.64}$$

nimmt bei konstantem Drehimpuls J während des Kollapses mit $1/R^2$ steil zu.

Nun wird ein Teil des Drehimpulses beim Kollaps des Sternes durch die abgestoßene Hülle abgeführt, so daß für den Neutronenstern nur noch ein Bruchteil übrigbleibt.

BEISPIEL

Für unseren Anfangsstern des obigen Beispiels ist die Rotationsenergie

$$E_{\mathrm{rot}}^{\mathrm{Stern}} = \tfrac{1}{5} \cdot 6 \cdot 10^{30} \cdot 9 \cdot 10^{16} \cdot 9 \cdot 10^{-12}\,\mathrm{J} \approx 10^{36}\,\mathrm{J}\,.$$

Für den Neutronenstern hingegen ist

$$E_{\mathrm{rot}}^{\mathrm{Ns}} = 10^{45}\,\mathrm{J}\,.$$

Selbst wenn 90% des Drehimpulses abgeführt werden, verbleibt noch eine Rotationsenergie von 10^{44} J. Diesen Wert erhält man auch, wenn man als Rotationsperiode $\tau = 1$ ms für einen Neutronenstern mit $M = 2\,M_\odot$ und $R = 10$ km annimmt.

Man beachte:

Die Rotationsenergie eines solchen Neutronensterns ist etwa so groß wie die von unserer Sonne ($L_\odot = 3{,}85 \cdot 10^{26}$ J/s) im Laufe ihres Lebens ($\approx 10^{10}$ Jahre) abgestrahlte Energie!

Man muß sich nun fragen, unter welchen Bedingungen ein so schnell rotierender Stern überhaupt stabil bleiben kann und nicht durch die Zentrifugalkraft auseinandergerissen wird.

Die Zentrifugalbeschleunigung am Äquator des rotierenden Sterns ist

$$F_{\mathrm{Z}} = \omega^2 \cdot R\,, \tag{11.65}$$

die Gravitationsbeschleunigung ist

$$F_{\mathrm{G}} = -G \cdot \frac{M}{R^2}\,. \tag{11.66}$$

Ersetzt man die Masse $M = \frac{4}{3}\pi R^3 \cdot \varrho$ durch die Dichte, so heißt die Stabilitätsbedingung für die Kräfte

$$F_{\mathrm{G}} + F_{\mathrm{Z}} \leq 0 \;\Rightarrow\; \varrho > \frac{3\omega^2}{4\pi G}\,. \tag{11.67}$$

Setzt man hier Zahlenwerte ein, so erhält man für $\omega = 3 \cdot 10^3\,\mathrm{s}^{-1}$ eine Dichte $\varrho \approx 3 \cdot 10^{16}\,\mathrm{kg/m^3}$, die nur in Neutronensternen realisiert ist (siehe Abschn. 11.5.3).

Wie kommen nun die Radiopulse zustande?

Beim Kollaps des Zentralgebietes eines massereichen Sterns wird durch die Kontraktion des Plasmas das anfänglich schwache Magnetfeld von den geladenen Teilchen mitgenommen und komprimiert. Dabei wird bei konstantem magnetischem Gesamtfluß die Magnetfeldstärke B (Flußdichte!) größer. Wenn der Stern vom Radius R_1 auf $R_2 \ll R_1$ kollabiert, so wächst die Magnetfeldstärke um den Faktor $(R_1/R_2)^2$.

BEISPIEL

Anfangsmagnetfeld $B_1 = 10^{-2}$ Tesla, $R_1 = 10^5$ km, $R_2 = 10$ km $\Rightarrow B_2 = 10^6$ Tesla.

Neutronensterne besitzen daher ein sehr starkes Magnetfeld!

Da das ursprüngliche Magnetfeld des Sterns vor dem Kollaps im allgemeine starke lokale Schwankungen aufweist (siehe Abschn. 10.6.2), wird das Magnetfeld nach dem Kollaps nicht unbedingt die Form

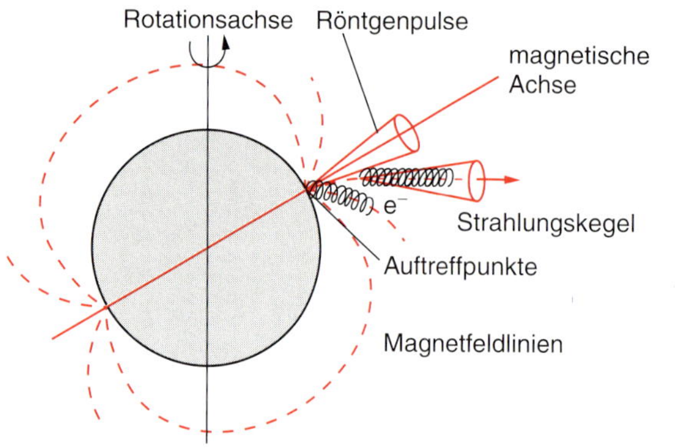

Abb. 11.34. Magnetfeld eines rotierenden Neutronensterns und möglicher Mechanismus der Strahlungsemission

eines magnetischen Dipols haben und seine Richtung im Inneren des Neutronensterns braucht keineswegs mit der Rotationsachse zusammenfallen (Abb. 11.34). Die Durchstoßpunkte des Magnetfeldes durch die Sternoberfläche rotieren dann mit dem Neutronenstern. Das rotierende materiefeste Magnetfeld kann geladene Teilchen, insbesondere Elektronen bis auf relativistische Geschwindigkeiten beschleunigen.

Man beachte:

Die Geschwindigkeit des rotierenden Neutronensterns ist $v = R \cdot \omega \approx 10^4 \cdot 3 \cdot 10^3\,\mathrm{m/s} = 3 \cdot 10^7\,\mathrm{m/s} = 0{,}1\,c$ (am Äquator).

Auf Grund der Lorentzkraft wird ein Elektron in eine schraubenförmige Bahn entlang einer magnetischen Feldlinie gezwungen und nimmt mit dieser Feldlinie an der Rotation des Neutronenstroms teil. Läuft es nach außen, so wird seine Geschwindigkeit mit wachsendem Abstand vom Sternzentrum größer, so daß es fast Lichtgeschwindigkeit erreichen kann. Diese relativistischen Elektronen emittieren Synchrotronstrahlung, die genau wie beim Synchrotron auf einen engen Kegel um die Geschwindigkeit der Elektronen beschränkt ist (Abb. 11.34). Außerdem können geladene Teilchen, die um die Magnetfeldlinien spiralen, auf Grund der Gravitationskraft an den Austrittspunkten der Magnetfeldlinien auf die Oberfläche prallen. Diese Punkte sind daher Quellen intensiver Strahlung.

Der rotierende Neutronenstern strahlt daher wie ein Leuchtturm Strahlung in einen engen Winkelbereich aus, der mit dem Stern rotiert, so daß die Strahlung für einen Beobachter, der sich zufällig in Strahlrichtung befindet, wie ein kurzer Puls erscheint. Seine Zeitdauer hängt ab von dem Öffnungswinkel Ω des Kegels und der Winkelgeschwindigkeit ω des Neutronensterns: $\Delta t = \Omega/\omega$.

BEISPIEL

$\Omega = 0{,}1$ rad, $\omega = 3 \cdot 10^3\,\mathrm{s}^{-1} \Rightarrow \Delta t = 5 \cdot 10^{-5}\,\mathrm{s}$.

Es gibt einen weiteren Hinweis darauf, daß Pulsare rotierende Neutronensterne sind. Wir hatten im Abschn. 11.3 gesehen, daß beim Kollaps eines schweren Sterns, bei dem das Zentralgebiet zum Neutronenstern kollabiert, durch die dabei freiwerdende Energie die gesamte Hülle des Sterns explodieren kann (Supernovae vom Typ II). Es liegt also nahe, an den Orten, an denen solche Supernovae-Explosionen beobachtet wurden, nach Pulsaren zu suchen. Das berühmteste Beispiel ist der Krebsnebel (Abb. 11.33), der als Überrest einer im Jahre 1054 beobachteten Supernova-Explosion erscheint. Im Jahre 1968 wurde dann in der Tat dort ein Pulsar mit der Periode $T = 0{,}0332$ s im optischen Bereich gefunden.

Inzwischen wurden viele hundert Pulsare entdeckt (Abb. 11.35). Dies ist jedoch nur ein kleiner Bruchteil aller Neutronensterne, nämlich nur solcher, deren Emissionskegel die Erde trifft.

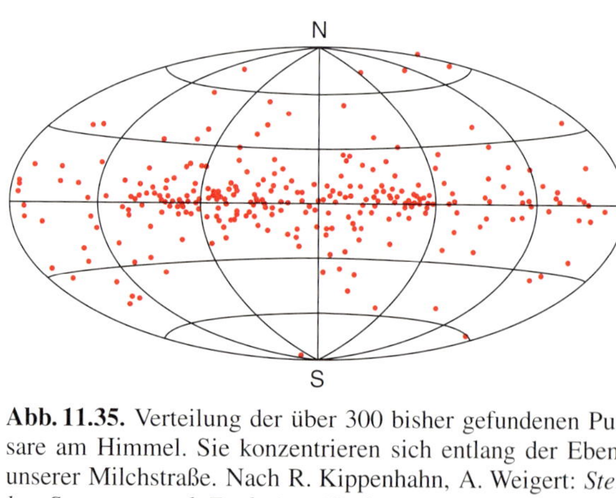

Abb. 11.35. Verteilung der über 300 bisher gefundenen Pulsare am Himmel. Sie konzentrieren sich entlang der Ebene unserer Milchstraße. Nach R. Kippenhahn, A. Weigert: *Stellar Structure and Evolution* (Springer, Berlin, Heidelberg 1984)

11.6 Schwarze Löcher

Überschreitet die Masse eines Sterns den Grenzwert, bei denen der Fermidruck der Neutronen den Gravitationsdruck gerade noch kompensieren kann, so gibt es keine neue Gleichgewichtskonfiguration mehr. Der Stern kollabiert weiter zu einem ***Schwarzen Loch***.

Wir wollen uns die Bildung eines solchen Schwarzen Loches näher ansehen:

11.6.1 Der Kollaps zu einem schwarzen Loch

Obwohl die Prozesse, die zur Bildung eines Schwarzen Loches führen, streng genommen im Rahmen der Allgemeinen Relativitätstheorie behandelt werden müssen, liefert auch eine klassische Rechnung bereits brauchbare Resultate, die von einer strengen Rechnung im wesentlichen bestätigt werden.

Für ein Atom der Masse m an der Oberfläche der als kugelförmig angenommenen Masse

$$M = \frac{4}{3}\pi\varrho R^3$$

gilt auf Grund der Gravitationskraft die Bewegungsgleichung:

$$m \cdot \frac{\mathrm{d}^2 R}{\mathrm{d}t^2} = -G \cdot \frac{M}{R^2} \cdot m\,. \tag{11.68}$$

Multiplikation mit $\mathrm{d}R/\mathrm{d}t$ und Division durch m liefert

$$\frac{\mathrm{d}}{\mathrm{d}t}\left[\frac{1}{2}\left(\frac{\mathrm{d}R}{\mathrm{d}t}\right)^2 - \frac{M \cdot G}{R}\right] = 0\,, \tag{11.69}$$

woraus durch Integration der Energiesatz

$$\frac{1}{2}\left(\frac{\mathrm{d}R}{\mathrm{d}t}\right)^2 - \frac{M \cdot G}{R} = \text{const} = -\frac{M \cdot G}{R_0} \tag{11.70}$$

folgt, wobei $R_0 = R(t_0)$ ist.

Integration von (11.70) ergibt

$$t(R) = \left(\frac{R \cdot R_0(R_0 - R)}{2M \cdot G}\right)^{1/2} + R_0\left(\frac{R_0}{8MG}\right)^{1/2} \arccos\left(\frac{2R}{R_0} - 1\right)\,, \tag{11.71}$$

wobei $t(R_0) = 0$ ist. Für $R = 0$ ergibt sich die Zeit t_K, die das Objekt braucht, um vom Radius $R(t = 0)$ aus in eine Singularität $R = 0$ zu kollabieren.

$$t_\mathrm{K} = \pi\left(\frac{R_0^3}{8\,G \cdot M}\right)^{1/2} \approx \frac{1}{\sqrt{G \cdot \varrho}}\,. \tag{11.72}$$

Anmerkung

Das gleiche Ergebnis wurde in Abschn. 11.4 für eine kollabierende Gaswolke erhalten, die zum Protostern führte. Man beachte, daß die Fallzeit nur von der mittleren Dichte, nicht vom Radius des kollabierenden Objekts abhängt. Es gibt jedoch einen gravierenden Unterschied: Bei der Bildung des Protosterns sind die Fallgeschwindigkeiten immer sehr klein gegen die Lichtgeschwindigkeit, während bei der Bildung eines Schwarzen Loches $v \to c$ geht, sobald der Radius R kleiner als der Schwarzschildradius (siehe nächster Abschnitt) wird.

BEISPIEL

Angenommen, im Inneren eines Sterns mit $M = 10\,M_\odot$ und $\varrho = 10^4\,\mathrm{kg/m^3}$ würde plötzlich das nukleare Brennen aufhören, so daß der Gravitationsdruck nicht mehr kompensiert wird und der zuvor stabile Stern plötzlich zu kollabieren beginnt. Die Kollapszeit des gesamten Sterns wird dann nach (11.72)

$$t_\mathrm{K} = \frac{1}{\sqrt{G \cdot \varrho}} = 20\,\mathrm{min}\,.$$

In Wirklichkeit kollabiert nur der zentrale Bereich des Sterns. Nehmen wir dafür einen Radius von $R_0 = 10^3\,\mathrm{km}$ und eine Masse $M = 2\,M_\odot$ an, so wird die Kollapszeit $t_\mathrm{K} = 70\,\mathrm{ms}$. Bevor die Hülle mit ihrer langen Kollapszeit wirklich kollabieren kann, geschieht die oben beschriebene Supernova-Explosion und bläst die Hülle weg.

Für $M > 10\,M_\odot$ wird nach Erlöschen der Kernreaktionen in der Tat ein solcher Kollaps eintreten. Die klassische Gravitationstheorie sagt dann voraus, daß die Masse bis auf einen Punkt kollabiert, die Dichte also unendlich groß ist. Da wir es hier mit relativistischen Phänomenen zu tun haben (man beachte, daß bereits an der Chandrasekhargrenze die Fermigeschwindigkeiten der Elektronen (bei Weißen Zwergen) und der Neutronen (bei Neutronensternen) gegen die Lichtgeschwindigkeit konvergiert), muß das Problem im Rahmen der allgemeinen Relativitätstheorie behandelt werden, weil in der Umgebung einer Massensingularität die Metrik des Raumes sich stark ändert. Auch die Relativitätstheorie bestätigt für nichtrotierende Sterne die Singularität. Ihre Bildung wird aber in entscheidender Weise modifiziert. Ob auch im Rahmen einer relativistischen Quantentheorie eine echte Singularität auftritt, ist noch nicht völlig geklärt. Um den Verlauf des Kollapses in ein Schwarzes Loch genauer zu verstehen, wollen wir zuerst den Begriff des Schwarzschild-Radius einführen.

11.6.2 Schwarzschild-Radius

In Bd. 3, Abschn. 3.1.5 wurde erläutert, daß die Energie $h \cdot \nu$ eines Photons um den Betrag

$$\Delta E = \frac{h \cdot \nu}{c^2} \big(\phi_{\mathrm{G}}(r_2) - \phi_{\mathrm{G}}(r_1)\big)$$

kleiner wird, wenn es im Gravitationspotential ϕ_{G} einer Masse vom Radius r_1 zum Radius r_2 aufsteigt (Rotverschiebung im Gravitationsfeld) (Abb. 11.36a). Dies wurde durch das dort beschriebene Experiment von *Pound* und *Rebka* bestätigt.

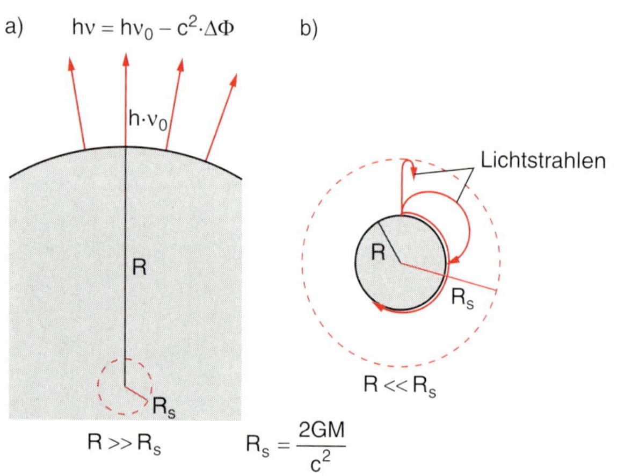

Abb. 11.36a,b. Rotverschiebung von Photonen und Ablenkung eines Lichtstrahls im Gravitationsfeld einer Masse M

Die relative Frequenzverschiebung ist dann

$$\frac{\Delta\nu}{\nu} = \frac{\Delta\phi}{c^2} \,.$$

Das Gravitationspotential an der Oberfläche einer kugelförmigen Masse mit Radius R ist

$$\phi(R) = -\frac{G \cdot M}{R} \,.$$

Steigt ein Photon von der Oberfläche bis ins Unendliche ($R = \infty$) auf, so ist $\Delta\phi = -G \cdot M/R$ und die Rotverschiebung wird

$$\frac{\Delta\nu}{\nu} = -\frac{G \cdot M}{Rc^2} \,. \tag{11.73}$$

Für

$$\boxed{R = \mathcal{R} = \frac{2MG}{c^2}} \tag{11.74}$$

wird $\Delta\nu/\nu = 1/2$.

Dieser spezielle Radius $\mathcal{R}$ heißt ***Schwarzschild-Radius***.

Die Rotverschiebung nimmt daher bei Verwendung des Schwarzschild-Radius die einfache Form an:

$$\boxed{\frac{\Delta\nu}{\nu} = \frac{\mathcal{R}}{2R}} \,. \tag{11.75}$$

Für Teilchen innerhalb des Schwarzschild-Radius wird die Entweichgeschwindigkeit v größer als die Lichtgeschwindigkeit c, wie man folgendermaßen sieht:

$$\frac{m}{2} v^2 \geq -E_{\mathrm{pot}} = \frac{G \cdot M \cdot m}{R} \,.$$

Für $R = \mathcal{R}$ folgt $v^2 \geq c^2$.

> Teilchen und auch Photonen innerhalb des Schwarzschild-Radius $\mathcal{R}$ können das Volumen mit $R < \mathcal{R}$ nicht verlassen, da hierfür Überlichtgeschwindigkeit nötig wäre! Deshalb nennt man diesen Bereich $R \leq \mathcal{R}$ ein Schwarzes Loch.

Setzt man in (11.74) die Masse M in Sonnenmassen ein, so ergibt sich für den Schwarzschildradius

$$\mathcal{R} = 2{,}95 \cdot (M/M_{\odot})\,\mathrm{km} \,. \tag{11.76}$$

Tabelle 11.4. Schwarzschild-Radien $\mathcal{R}$ einiger kosmischer Objekte

Objekt	Masse m (kg)	Radius R (m)	$\mathcal{R}/m$	$\mathcal{R}/R$
Erde	$6\cdot10^{24}$	$6\cdot10^{6}$	$9\cdot10^{-3}$	$1{,}5\cdot10^{-9}$
Sonne	$2\cdot10^{24}$	$7\cdot10^{8}$	$3\cdot10^{3}$	$4\cdot10^{-6}$
Weißer Zwerg	$2\cdot10^{30}$	10^{7}	$3\cdot10^{3}$	$3\cdot10^{-4}$
Neutronenstern	$3\cdot10^{30}$	10^{4}	$4{,}5\cdot10^{3}$	0,45
Galaxis	10^{41}	10^{21}	10^{14}	10^{-7}

Für die Mindestdichte eines Schwarzen Loches der Masse M mit Radius $R \leq \mathcal{R}$ erhält man aus (11.76)

$$\varrho \geq \varrho_S = 1{,}84\cdot10^{16}(M_\odot/M)^2\,\mathrm{g/cm^3}\,.$$

Bei sehr massereichen Schwarzen Löchern ($M \gg M_\odot$) kann die Dichte kleinere Werte annehmen als bei einem Weißen Zwerg.

Der Schwarzschild-Radius $\mathcal{R}$ definiert die Oberfläche eines nichtrotierenden Schwarzen Loches. Die Oberfläche heißt ***Ereignishorizont***.

Man unterscheidet zwischen nichtrotierenden und rotierenden Schwarzen Löchern. Bei den rotierenden Schwarzen Löchern kann aus Gründen der Drehimpulserhaltung die Materie nicht bis auf eine Singularität kollabieren.

In Tabelle 11.4 sind die Schwarzschildradien einiger Objekte angegeben.

11.6.3 Lichtablenkung im Gravitationsfeld

Wenn sich ein Lichtstrahl im Gravitationsfeld einer Masse M ausbreitet, wird er unter dem Einfluß der Schwerkraft gekrümmt (Abb. 4.36,37). Wir können dies folgendermaßen näherungsweise berechnen [11.4]: Da, wie im vorigen Abschnitt gezeigt wurde, Photonen im Gravitationsfeld wie Teilchen mit der Masse $m = h\nu/c^2$ behandelt werden können, wirkt bei der Ausbreitung eines Lichtstrahls in x-Richtung an einem Stern vorbei in y-Richtung die Beschleunigung $g = G\cdot M/R^2$, so daß die Form der Lichtkurve in der x-y-Ebene lautet:

$$x = c\cdot t\,;\qquad y = \frac{g}{2}t^2 = \frac{G\cdot M}{2R^2}t^2\,. \tag{11.77}$$

Da die Geschwindigkeit in x-Richtung sehr groß ist gegen die in y-Richtung, wird v_x durch die Ablenkung nicht wesentlich geändert, so daß wir $v_x = c$ setzen können.

Einsetzen von $t = x/c$ in die Gleichung für y liefert, genau wie beim waagerechten Wurf einer Masse (Bd. 1, Abschn. 2.3), die Parabel

$$y = \frac{G\cdot M}{2R^2c^2}x^2\,. \tag{11.78}$$

Wir nehmen an, daß der größte Teil der Ablenkung im Bereich $0 < x < 2R$ geschieht. Der Ablenkwinkel δ ist dann:

$$\tan\delta \approx \delta = y'(2R) = \frac{2MG}{Rc^2}\,. \tag{11.79}$$

Dieses Ergebnis wurde durch eine klassische Näherungsrechnung gewonnen, bei der wir nur die Ablenkung während des Weges $\Delta x = 2R$ berücksichtigt haben, um die Größenordnung des Effektes zu bestimmen.

Eine exakte Rechnung im Rahmen der allgemeinen Relativitätstheorie liefert einen doppelt so hohen Wert wie (11.79).

Führen wir den Schwarzschildradius $\mathcal{R}$ (11.74) ein, so erhalten wir für die korrekte Lichtablenkung

$$\boxed{\delta = \frac{4GM}{Rc^2} = \frac{2\mathcal{R}}{R}}\,. \tag{11.80}$$

> Die Lichtablenkung im Gravitationsfeld einer Masse ist gleich dem doppelten Verhältnis von Schwarzschildradius zum Abstand R des Lichtstrahls vom Massenzentrum.

Dieses Ergebnis wurde experimentell bestätigt, als bei einer Sonnenfinsternis die Lichtablenkung eines Sterns am Sonnenrand beobachtet wurde (Abb. 11.37). Die optischen Messungen waren anfangs noch ungenau. Ihre Genauigkeit konnte jedoch in den letzten Jahren erheblich gesteigert werden. Der Lichtablenkungswinkel δ ist für die Sonne $\delta = 1''\!.75$. Die genauesten Resultate erhält man mit Hilfe der Radioastronomie, wo die Radiosignale eines fernen Objektes (QUASAR = Quasi-Stellar-Object) direkt vor und nach der Bedeckung durch die Sonne gemessen wurden.

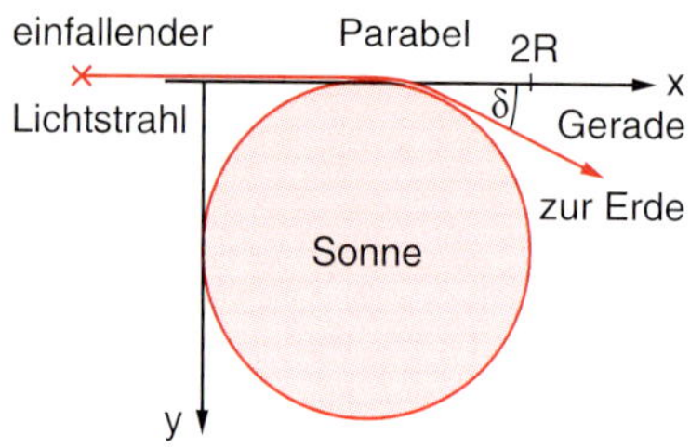

Abb. 11.37. Zur Messung der Lichtablenkung von Sternenlicht bei einer Sonnenfinsternis

Für genaue Positionsmessungen von Sternen (*Astrometrie*), wie sie z. B. von HIPPARCOS vorgenommen wurden, muß die Lichtablenkung durch Sonne und Jupiter (und zum Teil durch andere Planeten) auch bei großen Winkelabständen berücksichtigt werden.

11.6.4 Zeitlicher Verlauf des Kollapses eines schwarzen Loches

Der zeitliche Verlauf des Kollapses des Zentralgebietes eines genügend massereichen Sterns auf eine Singularität der Massendichte nach dem Erlöschen der nuklearen Brennprozesse ist in Abb. 11.38 illustriert.

Wir betrachten den Gravitationskollaps in einem Raum-Zeit-Diagramm [11.4], wobei die Zeit als Ordinate nach oben fortschreitet und die Abszisse den Radius R des Objektes angibt. Die vertikale Linie im Zentrum ist die Weltlinie des Sternmittelpunktes (siehe Bd. 1, Abschn. 3.6.2), während der Kreis ein Querschnitt durch den Stern ist. Die gekrümmten Kurven geben die Weltlinien eines hypothetischen Beobachters ① an, der am Rande des Sterns sitzt und mit ihm kollabiert. Nach der Zeit $t_{\mathrm{K}} = (G \cdot \varrho)^{-1/2}$ ist er am Mittelpunkt $R = 0$ angekommen, d. h. der Stern ist auf eine Singularität kollabiert.

Ein zweiter Beobachter sitzt weiter außen bei $R \gg R_0$ und nimmt deshalb nicht am Kollaps teil. Seine Weltlinie ist die senkrechte Gerade $R = \text{const}$. Nun hat ② mit ① vereinbart, daß er in regelmäßigen Zeitabständen $\Delta t_{①}$ Signale an ② sendet. Er sendet deshalb insgesamt $N = t_{\mathrm{K}}/\Delta t_{①}$ Signale. Diese erreichen jedoch ② *nicht* in gleichen Zeitabständen, weil das Licht in Gravitationsfeldern gekrümmt wird. Die Weltlinien der von ① ausgesandten Lichtsignale sind daher gekrümmte Linien, die um so steiler verlaufen, je stärker das Gravitationsfeld wird, d. h. je näher ① an den Schwarzschild-Radius $\mathcal{R}$ gelangt. Die Zeitabstände $\Delta t_{②}$, in denen ② die Signale empfängt, werden deshalb immer länger und erreichen ihn schließlich überhaupt nicht mehr, sobald ① innerhalb des Schwarzschild-Radius angekommen ist, denn beim Schwarzschild-Radius wird die Lichtablenkung δ so groß, daß das Licht auf einem Kreis um die Zentralmasse geführt wird, d. h. seine Radialgeschwindigkeit wird Null. Seine Weltlinie ist dann eine senkrechte Gerade. ② kann den Kollaps also nur bis $R > \mathcal{R}$, *nicht* bis $R = 0$ verfolgen.

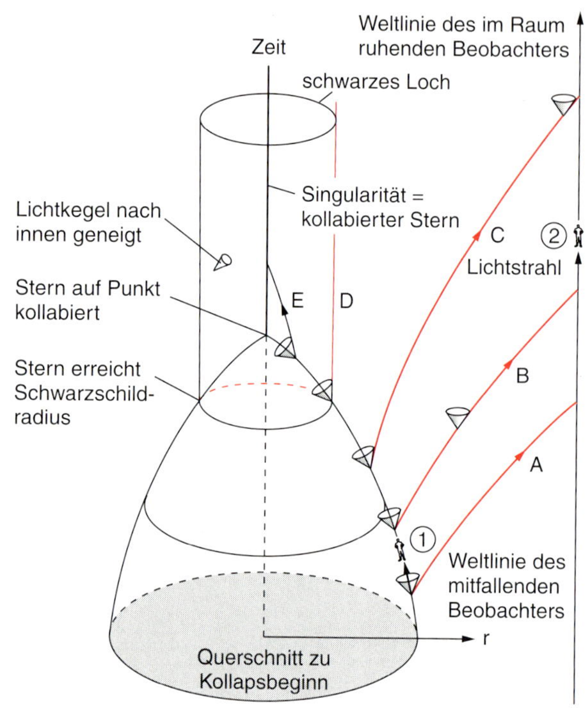

Abb. 11.38. Zeitlicher Verlauf des Kollapses eines Schwarzen Loches in einem x-t-Diagramm (Minkowski-Diagramm). Nach R. und H. Sexl: *Weiße Zwerge – Schwarze Löcher* (Vieweg, Braunschweig 1995)

> Für den Beobachter *verlangsamt* sich der Kollaps also immer mehr, bis er beim Erreichen des Schwarzschild-Radius völlig zum Erliegen kommt (Abb. 11.39).

Die genaue Rechnung zeigt, daß ein Signal, das von ① beim Radius $R = \mathcal{R}(1+\varepsilon)$ $(\varepsilon \ll 1)$ ausgesandt wird, ② erst nach einer Zeit $\Delta t = -c(R/c) \cdot \ln \varepsilon$ erreicht.

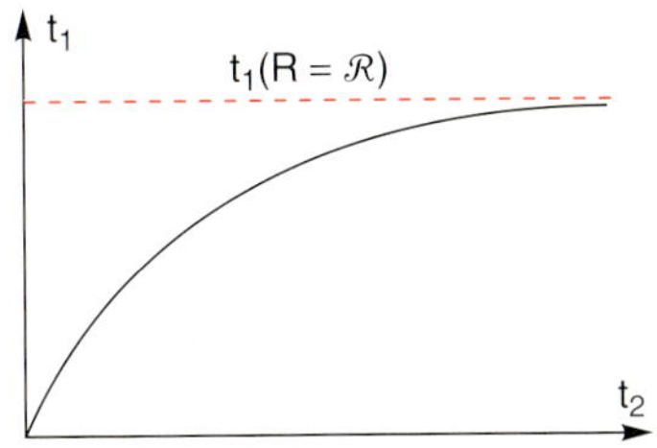

Abb. 11.39. Relation zwischen der vom Beobachter ① gemessenen Zeit $t_{①}$ und der von ① gemessenen Zeit $t_{②}$ beim Kollaps in ein Schwarzes Loch

Für den Beobachter ① erreicht also der kollabierende Stern nie den Schwarzschild-Radius. Er wird also nie zu einem wirklich schwarzen Loch. Wegen der Rotverschiebung der Photonen nimmt allerdings die Helligkeit des Sterns immer mehr ab. Seine Leuchtkraft nimmt in der Endphase des Kollapses wie

$$L(t) = L_0 \cdot e^{-t/\tau} \quad \text{mit } \tau = \mathcal{R}/c \tag{11.81}$$

ab, wobei $t = 0$ für $R = \mathcal{R}$ ist.

BEISPIEL

Für $M = 10\,M_{\odot}$ ist $\mathcal{R} = 30\,\text{km} \Rightarrow \tau = 10^{-4}\,\text{s}$.

11.6.5 Die Suche nach schwarzen Löchern

Da man, wie wir oben diskutiert haben, schwarze Löcher nicht direkt sehen kann, muß man nach indirekten Hinweisen auf ihre Existenz suchen. Dazu gibt es mehrere Möglichkeiten:

Wenn z. B. das schwarze Loch eine Komponente eines Doppelsternsystems bildet, zusammen mit einem sichtbaren Stern, dann läßt sich aus der Eigenbewegung der sichtbaren Komponente auf die Masse des unsichtbaren Begleiters schließen (siehe Abschn. 11.1.2). Eine solche Situation ist durchaus denkbar. Auch wenn beide Komponenten eines Doppelsternsystems zur selben Zeit entstanden ist, wird sich die schwerere Komponente schneller entwickeln und in ihr Endstadium übergehen (siehe Abschn. 11.3.1), so daß ein genügend massereicher Stern bereits zum schwarzen Loch kollabiert sein kann, während der leichtere Begleiter sich noch im Hauptreihenstadium befindet, solange er durch den Supernova-Ausbruch der massereicheren Komponente nicht zerrissen worden ist.

Eine weitere Möglichkeit der Beobachtung besteht bei sehr engen Doppelsternen, wenn die schwerere Komponente sich bereits zu einem Schwarzen Loch entwickelt hat. Ist der Abstand der beiden Doppelsternsysteme kleiner als die Roche-Grenze (siehe Abschn. 11.7.3), so fließt Masse von der leichteren auf die schwerere Komponente.

Die dabei auf relativistische Energien beschleunigten Teilchen strahlen elektromagnetische Wellen im Röntgengebiet ab, die nachgewiesen werden können, solange die Teilchen noch nicht den Schwarzschild-Radius erreicht haben (Röntgen-Doppelsterne).

Der bisher vielversprechendste Kandidat für ein Schwarzes Loch stellt die Röntgenquelle Cygnus X1 dar, ein etwa 8000 ly entferntes Röntgen-Doppelsternsystem.

11.7 Beobachtbare Phänomene während des Endstadiums von Sternen

Wir haben in den letzten Abschnitten gesehen, daß Sterne nach der stabilen Hauptreihenentwicklung je nach ihrer Masse mehrere instabile Phasen durchlaufen. Diese äußern sich durch Schwankungen ihrer Leuchtkraft. Man nennt solche Sterne ***veränderliche Sterne***. Manchmal sind solche Veränderungen dramatisch, wenn sich die Leuchtkraft um viele Größenklassen ändert (Novae bzw. Supernovae).

Man hat bis jetzt etwa 30 000 veränderliche Sterne beobachtet. Wir wollen in diesem Abschnitt kurz einige physikalische Ursachen für die Veränderung der Leuchtkraft besprechen. Die genauesten Messungen werden heutzutage photoelektrisch mit CCD-Anordnungen oder mit Bildverstärkern durchgeführt. Die beobachtete zeitabhängige scheinbare Helligkeit des Sterns nennt man seine ***Lichtkurve***. Ist die Veränderung periodisch, so lassen sich die Periode und die Amplitude der Helligkeitsvariation angeben.

11.7.1 Pulsationsveränderliche

Die Pulsationsveränderlichen stellen die größte Gruppe (etwa 90%) aller Veränderlichen dar. Bei ihnen beobachtet man eine periodische Variation der Leuchtkraft und der Wellenlänge der Spektrallinien. Deshalb liegt der Schluß nahe, daß sich hier der Sternradius periodisch ändert (Abb. 11.40), weil dann die Leuchtkraft

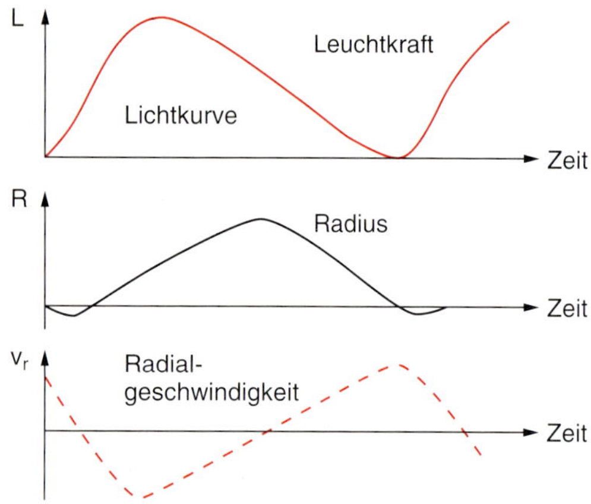

Abb. 11.40. Lichtkurve, Radiusvariation und Radialgeschwindigkeit der Sternoberfläche eines periodisch pulsierenden Sterns

wegen der Änderung der Oberfläche pulsiert und der Dopplereffekt die periodische Verschiebung der Wellenlänge bewirkt.

Zu den Pulsationsveränderlichen gehören die ***Cepheiden*** (nach dem Stern δ-Cephei, bei dem die Pulsation zuerst entdeckt wurde), die ***Mira-Veränderlichen*** (nach dem Stern Mira Ceti) und die ***RR-Lyra-Sterne***.

Die Pulsationsperiode entspricht der Periodendauer einer radialen akustischen Eigenschwingung des Sterns. Wir wollen sie herleiten [11.5]. Betrachten wir ein Volumenelement der Masse $\mathrm{d}m = \varrho \mathrm{d}V$, im Abstand r vom Sternmittelpunkt. Seine Bewegungsgleichung unter dem Einfluß von Druck- und Gravitationskraft ist:

$$\varrho \frac{\partial^2 r}{\partial t^2} = -G \cdot \frac{M \cdot \varrho}{r^2} - \frac{\partial p}{\partial r} . \tag{11.82}$$

Im Gleichgewichtszustand (r_0, p_0, ϱ_0) sei das Volumenelement $\mathrm{d}V$ im Gleichgewicht, d. h. die Gesamtkraft auf $\mathrm{d}m$ ist Null. Nun betrachten wir eine kleine Störung, die den Zustand (r_0, p_r, ϱ_0) verändert in den Zustand (r, p, ϱ) mit

$$\left.\begin{aligned} r &= r_0\big[1+\xi(t,r_0)\big] \\ \varrho &= \varrho_0\big[1+\eta(t,r_0)\big] \\ p &= p_0\big[1+\zeta(t,r_0)\big] \end{aligned}\right\} \quad \text{mit } \xi, \eta, \zeta \ll 1 . \tag{11.83}$$

Die Auslenkung ξ aus der Gleichgewichtslage r_0 führt zu rücktreibenden Kräften und damit zu einer Schwingung. Setzen wir (11.83) in die Bewegungsgleichung ein, so ergeben sich unter Berücksichtigung der Massenerhaltung des Sterns

$$\begin{aligned} & M(r) = M(r_0) \\ \Rightarrow\ & \mathrm{d}M(r) = 4\pi r^2 \varrho\, \mathrm{d}r = 4\pi r_0^2 \varrho_0\, \mathrm{d}r_0 \\ \Rightarrow\ & \partial r/\partial r_0 = \frac{r_0^2 \varrho_0}{r^2 \varrho} \approx \frac{1}{1+2\xi+\eta} \end{aligned}$$

und (10.42):

$$\frac{\partial p}{\partial r} = -GM\varrho/r^2 \ \Rightarrow\ \frac{\partial p_0}{\partial r_0} = -GM\varrho_0/r_0^2$$

die drei Terme in der Bewegungsgleichung (11.82)

$$\begin{aligned} \frac{\partial p}{\partial r} &= \frac{\partial p}{\partial r_0} \cdot \frac{\partial r_0}{\partial r} \\ &= \left[\frac{\partial p_0}{\partial r_0}(1+\zeta) + p_0 \frac{\partial \zeta}{\partial r_0}\right] \cdot (1+2\xi+\eta) \\ &= \left[\frac{-GM\varrho_0}{r_0}(1+\zeta) + p_0 \frac{\partial \zeta}{\partial r_0}\right] (1+2\xi+\eta) , \end{aligned} \tag{11.84a}$$

$$G \frac{M}{r^2} \varrho = G \frac{M}{r_0^2} \varrho_0 (1-2\xi+\eta) , \tag{11.84b}$$

$$\varrho \frac{\partial^2 r}{\partial t^2} = \varrho_0 r_0 \frac{\partial^2 \xi}{\partial t^2} . \tag{11.84c}$$

Damit wird die Bewegungsgleichung (11.82)

$$\frac{\partial^2 \xi}{\partial t^2} - G \frac{M}{r_0^3}(4\xi+\zeta) + \frac{p_0}{\varrho_0 r_0} \frac{\partial \xi}{\partial r_0} = 0 . \tag{11.85}$$

Wenn wir ein Volumenelement $\mathrm{d}m = \varrho\, \mathrm{d}V$ dicht an der Oberfläche des Sterns betrachten, so gilt dort wegen $p_0 = \varrho_0/(nm_\mathrm{p})\, kT_0$ und der gegenüber dem Inneren sehr kleinen Temperatur T_0, daß p_0/ϱ_0 sehr klein wird, so daß wir den letzten Term der linken Seite von (11.85) vernachlässigen können. Wir erhalten dann für $r_0 = R$:

$$\frac{\partial^2 \xi}{\partial t^2} = -G \frac{M}{R^3}(4\xi+\zeta) . \tag{11.86}$$

Wenn die Auslenkung aus der Gleichgewichtslage so schnell verläuft, daß dabei keine Energie mit der Umgebung ausgetauscht wird, ist die Veränderung adiabatisch. Aus der Adiabatengleichung

$$\begin{aligned} & (p/p_0) = (\varrho/\varrho_0)^\kappa \quad \text{mit } \kappa = c_p/c_V \\ \Rightarrow\ & (1+\zeta) = (1+\eta)^\kappa \approx 1 + \kappa\eta \\ & \Rightarrow\ \zeta \approx \kappa \cdot \eta . \end{aligned}$$

Da $\varrho \propto r^{-3}$ ist, folgt aus (11.83) $\eta = -3\xi$, so daß aus (11.86) die Schwingungsgleichung

$$\frac{\partial^2 \xi}{\partial t^2} = -G \cdot \frac{M}{R^3}(3\kappa - 4) \cdot \xi \tag{11.87}$$

wird. Ihre Lösung ist mit der Anfangsbedingung $\xi(0) = 0$

$$\xi = A \cdot \sin \omega t \Rightarrow R = R_0(1 + A \sin \omega t)$$

mit der Schwingungsfrequenz

$$\omega = \sqrt{G \cdot \frac{M}{R^3}(3\kappa - 4)} \tag{11.88a}$$

und der Schwingungsperiode

$$\begin{aligned} \tau = \frac{2\pi}{\omega} &= 2\pi \cdot \sqrt{\frac{R^3}{G \cdot M \cdot (3\kappa - 4)}} \\ &= \sqrt{\frac{3\pi}{3\kappa - 4}} \cdot \sqrt{\frac{1}{G \cdot \overline{\varrho}}}, \end{aligned} \tag{11.88b}$$

wobei wir die Sternmasse $M = \frac{4}{3}\pi R^3 \overline{\varrho}$ gesetzt haben. Setzt man für $\kappa = 5/3$ ein (atomarer Wasserstoff) und für $M = M_\odot$, $R = 10\,R_\odot$, so ergeben sich Schwingungsperioden $\tau = 3$ d.

Da bei konstanter Temperatur die Leuchtkraft des Sterns

$$L = 4\pi R^2 \sigma T^4 \tag{11.89}$$

proportional zu R^2 ist, pulsiert seine Helligkeit mit der Schwingungsperiode. Der Sternradius kann sich dabei bis zu 30% ändern. Die Leuchtkraftvariation kommt sowohl durch die Radiuspulsation als auch durch eine damit verknüpfte Temperaturvariation zustande.

Eigentlich müßten die Schwingungen gedämpft sein, weil während der Kompressionsphase der Temperaturanstieg im Volumenelement dV durch Wärmeleitung teilweise verloren geht. Jedoch kann dieser Temperaturverlust wieder ausgeglichen werden dadurch, daß bei größerer Dichte mehr Strahlung aus dem Sterninneren absorbiert wird, so daß die dadurch dem Volumenelement periodisch zugeführte Energie die Schwingung aufrecht erhält.

Der wichtige Punkt ist nun, daß es eine Beziehung gibt zwischen der Periode T und der absoluten Leuchtkraft L (***Perioden-Leuchtkraft-Beziehung***).

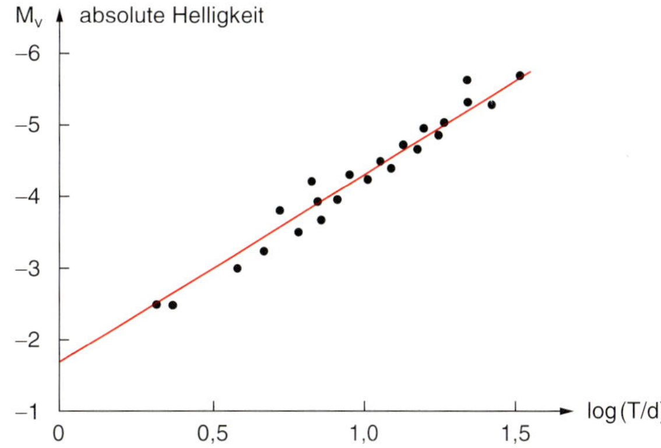

Abb. 11.41. Relation zwischen absoluter Helligkeit und Pulsationsperiode T für die Cepheiden. Aus Novotny: *Introduction to Stellar Atmospheres and Interiors* (Oxford Univ. Press, Oxford 1973)

Kennt man nämlich die Masse M des pulsierenden Sterns (z. B. wenn er eine Komponente eines Doppelsternsystems bildet), so läßt sich aus der beobachteten Periode der Sternradius bestimmen und damit die absolute Leuchtkraft L, wenn die Temperatur aus spektroskopischen Messungen bekannt ist.

Man kann nun mit Hilfe von Referenz-Pulsationsveränderlichen die Perioden-Leuchtkraft-Beziehung eichen und erhält z. B. für die Cepheiden die in Abb. 11.41 gezeigte Gerade. Mißt man die Pulsationsperiode irgendeines Cepheiden-Sterns, so kann man daraus seine absolute Leuchtkraft bestimmen.

Der Vergleich der so berechneten absoluten Helligkeit mit der beobachteten scheinbaren Helligkeit liefert dann die Entfernung des Sterns gemäß (9.13).

Pulsationsveränderliche Sterne sind also Entfernungsmesser der Astronomen bis zu Entfernungen, bei denen trigonometrische Parallaxen versagen. So ließen sich z. B. mit Hilfe der Cepheiden in den nächsten Galaxien deren Entfernungen zum ersten Mal zuverlässig ermitteln.

Die wichtigste Gruppe der Pulsationsveränderlichen bilden die Cepheiden. Es sind Überriesen (Abb. 11.11), die zu den Spektraltypen F–K gehören. Ihre Pulsationsperioden betragen 1–50 Tage und die Amplituden 0,3–2,5 mag (siehe Abschn. 9.8).

Die Mira-Veränderlichen sind lang periodische Veränderliche mit Perioden zwischen 80–1000 Tagen. Sie gehören zu den Riesen- bzw. Überriesen vom Spektraltyp K5–M9. Sie sind also kälter als die Cepheiden.

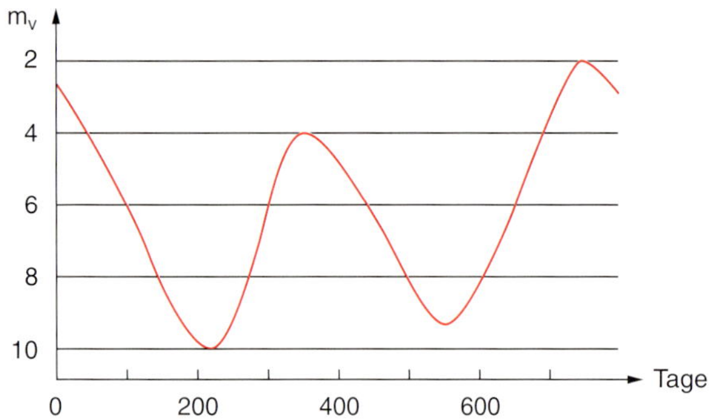

Abb. 11.42. Typische Lichtkurve für Mira-Sterne

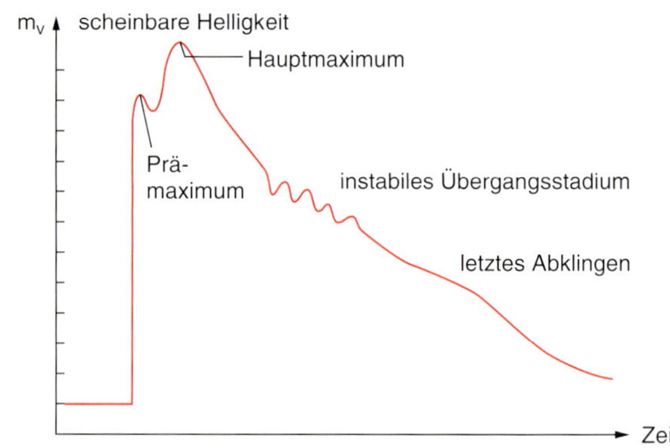

Abb. 11.43. Schematische Lichtkurve einer Nova

Je kühler sie sind, desto länger ist ihre Periode. Die visuellen Amplituden reichen von 2,5 mag bis 11 mag, sind also größer als bei den Cepheiden.

Die großen Helligkeitsschwankungen kommen hier nicht nur durch eine Änderung des Sternradius zustande, sondern auch durch eine stärkere Änderung der Temperatur als bei den Cepheiden. Während der kühleren Phase tritt Molekülbildung durch Rekombination von atomarem Wasserstoff zu H_2 auf, was man an der drastischen Verstärkung der Molekülbanden im Sternspektrum erkennt. In Abb. 11.42 ist eine typische Lichtkurve für Mira-Veränderliche gezeigt.

Eine weitere Gruppe von Veränderlichen mit sehr kurzer Periode (< 1 Tag) sind die RR-Lyra-Sterne, die überwiegend in Kugelsternhaufen (siehe Abschn. 12.5.5) gefunden werden. Es handelt sich um Riesensterne der Spektraltypen A–F, mit kleinen Massen ($M \approx 0{,}5\,M_\odot$), die in einem Entwicklungsstadium kurz nach Verlassen der Hauptreihe sind, in dem das Heliumbrennen (Abschn. 11.4.2) gerade begonnen hat.

11.7.2 Novae

Novae, „neue Sterne", wurden bereits im Altertum beobachtet als plötzliches Aufleuchten eines Objektes am Himmel an einer Stelle, wo früher mit bloßem Auge kein Stern zu sehen war. Der „neue Stern" (lat. *nova*, neu) war einige Nächte lang hell sichtbar, wurde dann langsam schwächer und verschwand wieder.

Es ist interessant, daß solche Ereignisse zwar auch in Europa beobachtet wurden, aber im Mittelalter nicht aufgezeichnet wurden, weil nach der gängigen Lehrmeinung der Himmel eine unveränderliche Schöpfung Gottes sein sollte, so daß solche Abweichungen tunlichst nicht schriftlich fixiert wurden. Man findet daher nur im arabisch-asiatischen Raum Aufzeichnungen von Novae aus dieser Zeit.

In Abb. 11.43 ist eine typische Lichtkurve einer Nova schematisch dargestellt. Der Helligkeitsanstieg geschieht sehr schnell (etwa in 1 Tag) und beträgt etwa 7–15 Größenklassen ($\approx 10^6$fach). Dem langsamen Abklingen sind oft unregelmäßige Oszillationen überlagert.

Die Spektrallinien zeigen eine starke Dopplerverschiebung zum Blauen hin, was einer Geschwindigkeit der emittierenden bzw. absorbierenden Gasschicht von etwa 1000–3000 km/s auf uns zu entspricht. Dies zeigt, daß die Nova einen Stern mit schnell expandierender Hülle darstellt. Ihre Geschwindigkeit liegt oberhalb der Fluchtgeschwindigkeit, so daß die expandierenden Teilchen nicht mehr auf den Stern zurückfallen. Der Stern stößt seine Hülle ab, verliert dabei aber nur etwa 10^{-4} seiner Masse.

Die Ursache für diesen Ausbruch wird nach vielen kontroversen Diskussionen in heutiger Sicht wie folgt erklärt:

Alle bisherigen Beobachtungen zeigen, daß Novae eine Komponente enger Doppelsternsysteme bilden. Eine Komponente ist ein Hauptreihenstern, die andere ein Weißer Zwerg. Wenn der Stern am Ende der Hauptreihenentwicklung in das Riesenstadium übergeht, übersteigt sein Volumen die Roche-Grenze (Abschn. 11.7.3). Dann fließt Masse von ihm auf den Weißen Zwerg hinüber. Sie prallt auf die dichte Oberfläche des Weißen Zwerges (siehe Abschn. 11.5.2) und heizt sie auf. Ist dort genügend Masse aufgeprallt, so sind Temperatur und Dichte des Wasserstoffs auf der Oberfläche des Weißen Zwergs hoch genug, um Wasserstoff-Fusion zu zünden. Da die Materie des Weißen Zwerges entartet ist (Abschn. 11.5.1), wird sie durch den Aufprall kaum komprimiert. Dies führt zu einer besonders starken Temperaturerhöhung, weil die freiwerdende Energie nicht in potentielle, sondern fast nur in kinetische Energie der Materie an der Oberfläche des Weißen Zwerges umgewandelt wird. Deshalb geschieht die Fusion explosionsartig. Durch die dabei freiwerdende Energie wird die angesammelte Hülle des Weißen Zwerges abgestoßen, ihre Oberfläche vergrößert sich rapide und damit die Leuchtkraft. Die Helligkeitszunahme der Nova kommt also durch die Oberflächenvergrößerung und die Temperaturerhöhung zustande. Der gesamte Energieausstoß einer Nova ist von der Größenordnung 10^{37} J. Das entspricht der Energiemenge, die von der Sonne während einer Zeitspanne von 10^4 Jahren abgestrahlt wird!

Durch diesen Ausbruch wird der Begleitstern nicht wesentlich beeinflußt. Deshalb strömt auch nach dem Nova-Ausbruch weiter Masse vom Riesenstern auf den Weißen Zwerg, so daß sich der Nova-Ausbruch wiederholen kann.

Statt des Weißen Zwergs kan auch ein Neutronenstern die schwere Komponente des Doppelsternsystems bilden [11.7].

11.7.3 Sterne stehlen Masse

Im vorigen Abschnitt wurde die Erscheinung der Nova durch Überströmen von Materie von einer Komponente eines engen Doppelsternsystems auf die andere erklärt. Wir wollen uns dieses Phänomen genauer ansehen.

Wir betrachten in Abb. 11.44 zwei Massen M_1 und M_2 eines engen Doppelsternsystems, das sich mit der Winkelgeschwindigkeit ω um eine Achse durch den gemeinsamen Schwerpunkt S dreht. Sind a_1 und a_2 die Abstände der beiden Massen vom Schwerpunkt, so folgt aus der Bedingung: Gravitationskraft = Zentrifugalkraft:

$$\omega^2 = G \cdot (M_1 + M_2)/a^3 \tag{11.90}$$

mit $a = a_1 + a_2$. Um die Äquipotentialflächen des Systems zu bestimmen, wählen wir ein Koordinatensystem mit dem Nullpunkt im Mittelpunkt der Masse M_1, das mit dem System rotiert.

Für einen beliebigen Punkt (x, y, z), dessen Abstand von der Rotationsachse s und von den beiden Massen r_1, r_2, sei, gilt dann das Potential:

$$\phi(x, y, z) = -G \cdot \frac{M_1}{r_1} - G \cdot \frac{M_2}{r_2} - \frac{1}{2}\omega^2 \cdot s\,. \tag{11.91}$$

Es gilt (siehe Abb. 11.44a)

$$s^2 = (a_1 - x)^2 + y^2 = \left(\frac{aM_2}{M_1 + M_2} - x\right)^2 + y^2\,.$$

Ein x-z-Schnitt durch die Äquipotentialflächen $\phi =$ const ist in Abb. 11.44b gezeigt. In der Nähe der Massen M_1, M_2 sind die Äquipotentialflächen annähernd Kugeln, wie bei zwei getrennten Massen. In größerem Abstand umschließen sie beide Massen. Dazwischen gibt es eine Fläche (in Abb. 11.44b rot und in Abb. 11.44a extra gezeichnet), bei der sich die Äquipotentialflächen der beiden Sterne gerade durchschneiden. bei der sich die Äquipotentialflächen der beiden Sterne gerade durchschneiden, und zwar im Librationspunktpunkt L_1 des rotierenden Gesamtsystems. Sie heißt ***Roche-Fläche***, das von ihr umschlossene Volumen heißt ***Roche-Volumen***. Teilchen, die sich innerhalb ihres Roche-Volumens befinden, bleiben gra-

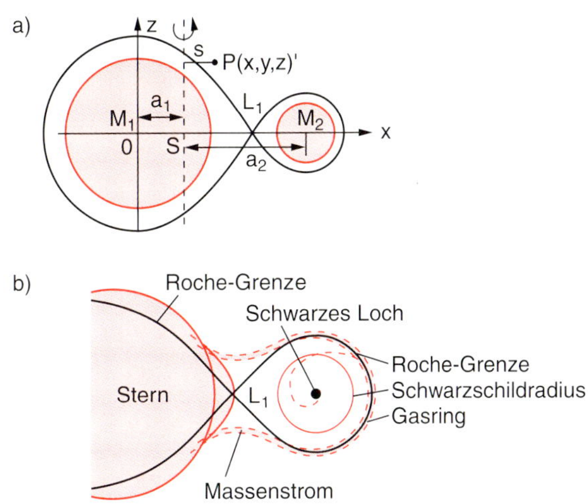

Abb. 11.44. (**a**) Meridianschnitt durch die Äquipotentialflächen eines engen rotierenden Doppelsternsystems; (**b**) Überströmen von Materie von einem Normalstern auf ein Schwarzes Loch mit Bildung eines Gasringes, der dann in das Schwarze Loch spiralt

vitativ an ihren Stern gebunden. Teilchen außerhalb des Roche-Volumens können von einem Stern auf den anderen überströmen. Wenn sich nun eine der beiden Doppelsternkomponenten (z. B. M_1) zum Riesenstern entwickelt, so kann sein Volumen über die Rochefläche hinauswachsen. Der Teil der Masse, der über die Rochegrenze hinausgeht, strömt dann von M_1 nach M_2, d. h. M_1 verliert Masse, M_2 gewinnt sie entsprechend. Der Stern mit der Masse M_2, welcher seinem Doppelstern-Begleiter Masse stiehlt, kann ein Weißer Zwerg, ein Neutronenstern oder ein Schwarzes Loch sein.

Ist M_2 ein schwarzes Loch, so kann in diesem Fall Masse von M_1 in das schwarze Loch spiralen. Die dabei bis auf relativistische Geschwindigkeiten beschleunigten geladenen Teilchen strahlen Energie in Form von Röntgenstrahlung ab. Sie kann nachgewiesen werden, solange die emittierenden Teilchen noch außerhalb des Schwarzschildradius sind.

11.7.4 Supernovae

Die wesentlich seltener zu beobachtenden extrem starken Helligkeitsausbrüche, bei denen die Helligkeit eines Sternes plötzlich auf das 10^8–10^{10}fache seiner normalen Leuchtkraft ansteigt, heißen Supernovae. Für die Dauer von etwa einer Woche kann eine Supernova die Leuchtkraft einer ganzen Galaxie, in der sie steht, übertreffen. In Tabelle 11.5 sind die bisher in unserer Galaxis beobachteten und aus Aufzeichnungen überlieferten Supernovae aufgelistet.

Je nach der beobachteten Lichtkurve und den emittierten Spektren unterscheidet man zwei Typen I und II von Supernova-Ausbrüchen (Abb. 11.45). Während beim Typ II im Spektrum Wasserstofflinien erscheinen, fehlen sie im Typ I.

Oft wird noch unterschieden zwischen den Typen Ia, Ib und Ic. Die großen spektralen Unterschiede zwischen den Supernovatypen deuten auf unterschiedliche Entstehungsmechanismen hin.

Es zeigt sich, daß die ***Supernova vom Typ II*** durch die Explosion eines massereichen Sterns ($M \geq 8M_\odot$) am Ende seiner Entwicklung verursacht wird. Wir hatten im Abschn. 11.4.3 gesehen, daß ein solcher Stern aus einer Zwiebelschalenstruktur von verschiedenen Brennschalen besteht. In der äußeren Schale findet das Wasserstoffbrennen statt. Nach Erlöschen der Fusionsprozesse im Inneren kollabiert der Zentralteil der Sterns zu einem Neutronenstern. Die dabei freigesetzte potentielle Energie wird teilweise auf die äußeren Hüllen übertragen (z. B. durch Stoßwellen, durch Strahlungsdruck und auch Neutrinos), die dadurch Radialgeschwindigkeiten von bis zu 10^4 km/s erhalten und explosionsartig abgestoßen werden. Dadurch wächst der Radius des Sterns innerhalb eines Tages von einigen $R_\odot$ bis auf etwa 10^{10} km, d. h. um mehr als einen Faktor 10^4 an. Mit der entsprechenden Vergrößerung seiner Oberfläche ist ein enormer Anstieg der Leuchtkraft verbunden, die den Supernova-Ausbruch charakterisiert. Der weitaus größte Teil der Energie ($\approx 99\%$) wird jedoch von Neutrinos mitgenommen.

Tabelle 11.5. Bisher in unserer Galaxis sicher beobachtete (s) und überlieferte (ü) Supernova-Ausbrüche

Jahr n. Chr.	Sternbild	Dauer der sichtbaren Supernova	Maximalhelligkeit
185 (ü)	Zentaur	20 Monate	-8^m
393 (ü)	Skorpion	8 Monate	-1^m
1006 (s)	Wolf	2 Jahre	-8^m–-10^m
1054 (s)	Stier	2 Jahre	$-3{,}5^m$
1181 (ü)	Cassiopeia	1,3 Jahre	-4^m
1572 (s)	Cassiopeia	18 Monate	-4^m
1604 (s)	Schlangenträger	1 Jahr	$-2{,}6^m$

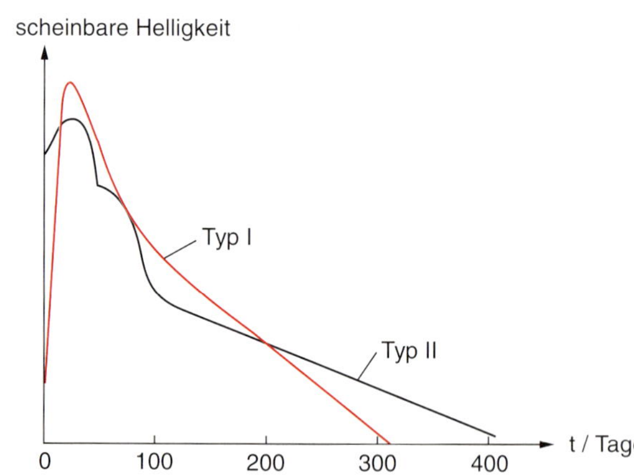

Abb. 11.45. Lichtkurven von Supernovae vom Typ I und II. Supernovae vom Typ I werden deutlich heller als solche vom Typ II

Sie entstehen bei der Bildung eines Neutronensterns (siehe Abschn. 11.5.3) und beim „Verdampfen" schwerer Kerne, die durch die Stoßwelle und die dabei auftretenden hochenergetischen Stoßprozesse dissoziieren.

Dann entsteht auch ^{56}Ni, das mit einer Halbwertszeit von 6,1 d in ^{56}Co zerfällt. Die dabei freiwerdende Zerfallsenergie heizt die Kerngebiete der Supernova auf und führt das Helligkeitsmaximum herbei. Der Zerfall von ^{56}Co (Halbwertszeit 77,1 d) in das stabile Eisen führt zu einer exponentiell abklingenden Energiequelle und ist für den exponentiellen Abfall der Leuchtkraft verantwortlich.

Nach mehreren Monaten bis zu einigen Jahren ist die Hülle soweit expandiert und die Gasdichte so klein geworden, daß sie transparent wird. Dann wird sie als leuchtender Nebel sichtbar. Im Zentrum des Nebels bleibt ein Neutronenstern zurück. Ein Beispiel ist die 1054 beobachtete Supernova im Sternbild des Stieres, die heute als Krebs-Nebel sichtbar ist (Abb. 11.33). In seinem Zentrum wurde in der Tat ein Neutronenstern als Pulsar entdeckt.

Ein kürzliches Beispiel einer Supernova vom Typ II ist die Supernova 1987 A, die in der Magellanschen Wolke, einer 160 000 ly entfernten Nachbargalaxie am 23.2.1987 erstmals beobachtet wurde. Hierbei wurden sowohl die Neutrinos als auch sichtbare und Röntgenstrahlung gemessen.

Supernovae vom Typ I treten analog zu Novae-Ausbrüchen in Doppelstern-Systemen auf. Man nimmt heute an, daß sie ähnlich wie Novae durch das Überströmen von Masse von der Riesenstern-Komponente auf einen Weißen Zwerg entstehen (Abb. 11.46). Wenn der Massenzuwachs des Weißen Zwerges so groß wird, daß seine Masse die kritische Chandrasekhar-Grenze von $M = 1{,}4\,M_\odot$ (siehe Abschn. 11.5.2) überschreitet, kollabiert der Stern.

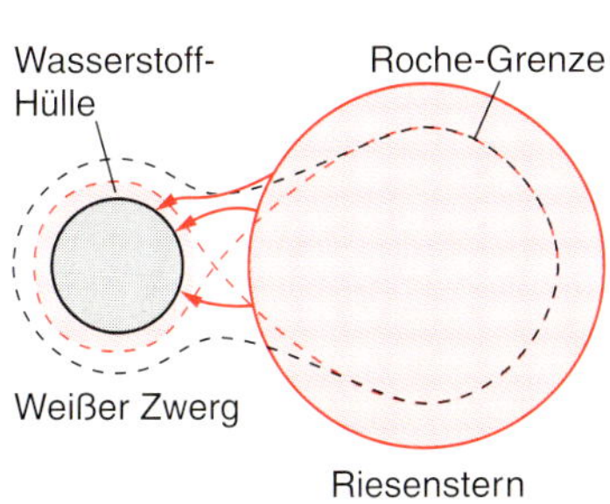

Abb. 11.46. Möglicher Mechanismus für eine Supernova vom Typ I

Die dadurch verursachte Temperaturerhöhung führt zu einer explosionsartigen Zündung des Kohlenstoffbrennens (Abschn. 11.4.3) im gesamten Stern, die ihn völlig zerreißt.

Auch hier ist die wichtigste Energiequelle nach der Explosion der radioaktive Zerfall

$$^{56}\mathrm{Ni} \xrightarrow{6,1\,\mathrm{d}} {}^{56}\mathrm{Co} \xrightarrow{77,1\,\mathrm{d}} {}^{45}\mathrm{Fe}\,.$$

Die ähnlichen Anfangsbedingungen und der radioaktive Zerfall erklären die ähnlichen Lichtkurven der Supernovae vom Typ Ia. Da Weiße Zwerge in allen Galaxien vorkommen, können Supernovae vom Typ Ia überall auftreten.

Während einer Supernova-Explosion herrschen im explodierenden Stern Bedingungen vor, bei denen die im Sterninneren synthetisierten Elemente teilweise dissoziieren können. Dabei werden Neutronen frei, die sich an die nicht dissoziierten Kerne anlagern und über β^--Emission schwerere Elemente synthetisieren können. Dadurch entstehen Elemente, die schwerer als Eisen sind.

Supernova-Explosionen sind der einzige bekannte Prozeß, bei dem Elemente schwerer als Eisen erzeugt und freigesetzt werden (siehe Abschn. 12.6)!

Die Tatsache, daß auf der Erde solche schweren Elemente gefunden werden, zeigt also, daß ein Teil unserer Materie aus explodierten Sternen stammen muß.

11.8 Zusammenfassende Darstellung der Sternentwicklung

Wir wollen hier noch mal kurz an Hand von Abb. 11.47 die wichtigsten Entwicklungsphasen eines Sternes und ihre Abhängigkeit von der Sternmasse zusammenfassen [11.6]

Sterne entstehen in Assoziationen durch Kontraktion von Gaswolken geringer Temperatur und großer Masse, die bei der Kontraktion fragmentieren und dabei kollabierende Teilwolken bilden, die sich infolge der Drehimpulserhaltung scheibenförmig abplatten. In ihren Zentren entstehen Protosterne, auf die Materie abregnet. Die weitere Entwicklung der Protosterne hängt entscheidend von der Sternmasse ab. Für $M < 0{,}08\,M_\odot$ steigt die Temperatur im Zentrum nicht hoch genug an, um Wasserstoff-Fusion zu zünden. Die

Sterne kontrahieren und kühlen dann zu planetenartigen braunen Zwergen ab.

Für Sterne mit Massen im Bereich $M > 0{,}08\,M_{\odot}$ steigt die Temperatur im Zentrum hoch genug an, um bei $T > 4 \cdot 10^6$ K die p-p-Fusionsreaktion zu zünden. Hier beginnt die Hauptreihenentwicklung. Sterne auf der Hauptreihe (stabile Brennphase) mit Massen $0{,}08\,M_{\odot} < M < 0{,}26\,M_{\odot}$ haben nur eine kleine zentrale Brennzone, sie sind voll konvektiv und können deshalb fast ihren gesamten Wasserstoffvorrat verbrennen. Sie leben sehr lange und werden am Ende ihrer Entwicklung zu Weißen Zwergen.

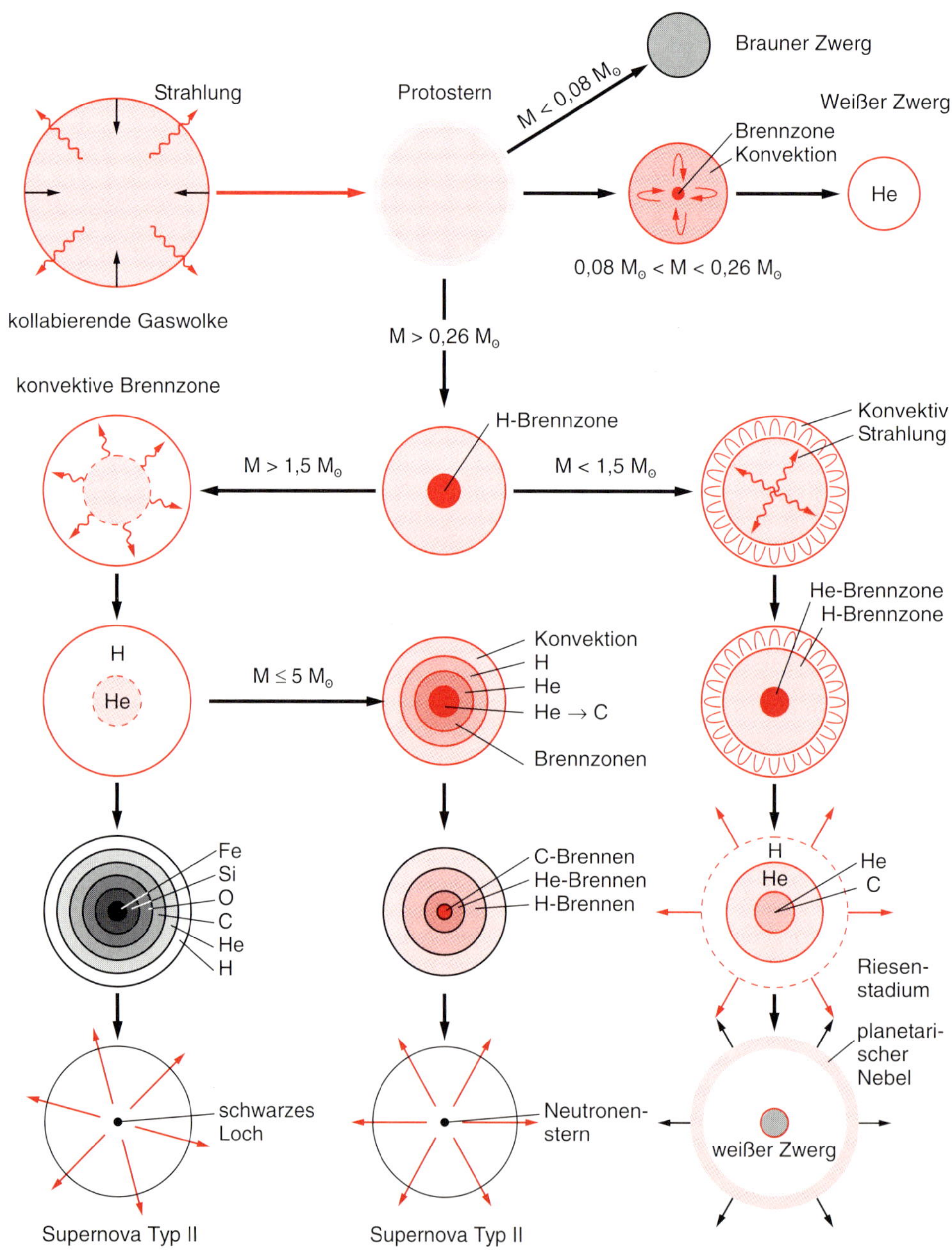

Abb. 11.47. Schematische und vereinfachende Illustration der Entwicklung von Sternen mit unterschiedlichen Massen

Bei Sternen im Bereich $0{,}26\,M_\odot < M < 1{,}5\,M_\odot$ kann ein größerer Zentralbereich Fusionstemperaturen erreichen, so daß der Temperaturgradient in diesem Bereich klein wird und der Energietransport im Inneren durch Strahlung, in der äußeren Hülle durch Konvektion geschieht. Am Ende ihrer Hauptreihenentwicklung entsteht im Inneren ein He-Zentralbereich und um ihn eine Wasserstoffbrennschale. Der äußere Teil expandiert, und der Stern wird zum Riesen. Der kontrahierende Kern wird heißer und bei etwa 10^8 K beginnt die Fusion von He zu Kohlenstoff (3-α-Prozeß). Die Materie im Kern ist entartet. Deshalb entsteht beim Zünden des 3-α-Prozesses ein Helium-Flash. Die dabei expandierende Hülle des Sterns bildet einen planetarischen Nebel, in deren Zentrum ein Weißer Zwerg entsteht.

Für $M > 1{,}5\,M_\odot$ wird die Zentraltemperatur so hoch, daß in einem kleinen Kerngebiet der CNO-Zyklus beginnt. Der Kern des Sterns ist konvektiv, die äußeren Teile radiativ.

Für Sterne im Bereich $3\,M_\odot < M < 15\,M_\odot$ ist die Kohlenstoffmaterie im Kern entartet. Die verschiedenen Fusionsprozesse laufen in Schalen um das Zentralgebiet ab, in dem schließlich durch Silizium-Brennen Eisen entsteht. Nach Beendigung der kurzen Si-Brennphase kollabiert der Kern zu einem Neutronenstern. Durch die dabei freigesetzte Energie werden die äußeren Bereiche des Sterns explosionsartig abgestoßen. Es entsteht eine Supernova vom Typ II, und zurück bleibt ein Neutronenstern.

Ist die Masse noch größer ($M > 15\,M_\odot$), bleibt stattdessen ein Schwarzes Loch zurück.

11.9 Zum Nachdenken

Wir haben in diesem Kapitel gelernt, daß Sterne ihr Leben beginnen als Wasserstoffmolekülwolke, die kontrahiert. Am Anfang ihrer Hauptreihenentwicklung bestehen sie im wesentlichen aus Protonen und Elektronen. Während ihrer Hauptreihen- und Nach-Hauptreihenentwicklung synthetisieren sie schwerere Elemente. Die dabei freiwerdende Kernbindungsenergie wird als Strahlung emittiert. Bei der Sonne entspricht dies einer Strahlungsenergie von

$$W = 3{,}9 \cdot 10^{26}\,\mathrm{W} \cdot 10^{10}\,\mathrm{a} \approx 10^{44}\,\mathrm{J}\,.$$

Der Massendefekt bei der Kernfusion beträgt etwa 1%. Die abgestrahlte Energie entspricht daher einer Fusion von etwa 10% des gesamten Sternmasse.

Bei der nur wenige Minuten dauernden Kontraktion auf den Radius $R \approx 10^4$ km eines Weißen Zwerges wird die Gravitationsenergie von etwa 10^{43} J frei, also etwa 10% der gesamten über 10^{10} a abgestrahlten Energie. Man sieht, daß die Gravitationsenergie einen entscheidenden Beitrag zur vom Stern insgesamt abgestrahlten Energie liefert.

Noch deutlicher wird das bei massereichen Sternen, bei denen das Endstadium ein Neutronenstern ist. Hier wird zum Schluß die Materie des Zentralgebietes in Neutronen umgewandelt, die der Hülle besteht unverändert überwiegend aus Wasserstoff.

Überspitzt formuliert, besteht in diesem Fall die Sternentwicklung von der Geburt des Sterns bis zu seinem Tode in der Umwandlung von Protonen und Elektronen in Neutronen.

Nun kommt aber der springende Punkt: Die Masse eines Neutrons ist *schwerer* als die Summe von Protonen plus Elektronenmasse, d. h. man muß Energie *aufbringen*, um die Reaktion $\mathrm{p} + \mathrm{e} \rightarrow \mathrm{n} + \nu_\mathrm{e}$ in Gang zu bringen. Woher kommt dann eigentlich die riesige Energie, die der Stern während seiner Lebenszeit (Millionen bis Milliarden Jahre lang) ausgestrahlt hat?

Natürlich kommt sie, wie in diesem Kapitel eingehend dargelegt wurde, aus der Fusionsenergie, d. h. der Kernbindungsenergie auf Grund der anziehenden Kernkräfte. Die Fusion wurde aber erst ausgelöst durch die infolge der Gravitationsenergie bewirkte Temperaturerhöhung.

Bei der Bildung des Neutronensterns entstehen neutronenreiche Kerne, für die wieder Energie aufgebracht werden muß.

Der physikalisch ausgebildete Leser glaubt sicherlich an den Energiesatz. Deshalb muß eine andere Energiequelle vorhanden sein, die diese gewaltigen Energien produziert. Sie kommen aus der Gravitation, die wir immer zu den schwächsten aller Kräfte zählen. Der Gewinn an Gravitationsenergie bei der Bildung eines Neutronensterns ist größer als die während der Lebensdauer eines Sterns durch Fusionsprozesse gewonnene Energie. Dies ist noch mehr der Fall, wenn das Endstadium ein Schwarzes Loch ist. Für Sterne, deren Endstadien Neutronenstern oder Schwarze Löcher sind, kann man daher folgende Energiebilanz ziehen:

Trotz der komplizierten und vielfältigen Kernreaktionen im Inneren des Sterns, die wir häufig als die effektivste Energieerzeugung ansehen, ist die eigentliche Energiequelle über das gesamte Leben des Sterns die Gravitationsenergie. Die Kernprozesse haben den Kollaps des Sterns verzögert. Sie helfen also, die Energieabgabe des Sterns über einen größeren Zeitraum zu strecken, so daß die Leistungsabgabe nicht explodiert. Zur über die gesamte Lebensdauer integrierten Energieabgabe des Sterns tragen sie nur einen kleineren Teil bei. Dies ist ein überraschendes Resultat.

ZUSAMMENFASSUNG

- Ein Stern wird charakterisiert durch seine Masse, seine Leuchtkraft und seine Oberflächentemperatur bzw. seinen Radius.
- Im Hertzsprung-Russel-Diagramm wird die Leuchtkraft der Sterne gegen ihre Oberflächentemperatur aufgetragen. Sterne während ihrer stabilen Brennphase liegen in einem eng begrenzten Gebiet (Hauptreihe) dieses Diagramms.
- Zwischen der Masse eines Hauptreihensterns und seiner Leuchtkraft besteht ein systematischer Zusammenhang (Masse-Leuchtkraft-Beziehung).
- Sterne entstehen durch Kontraktion ausgedehnter kalter Molekül- und Staubwolken, die gravitativ instabil werden, wenn die mittlere kinetische Energie der Teilchen kleiner wird als der Betrag der potentiellen Energie (Jeans-Kriterium). Im allgemeinen entstehen Sterne nicht einzeln, sondern in Gruppen (Assoziationen).
- Der Kollaps einer rotierenden Wolke geschieht nicht gleichförmig, sondern wird durch den Drehimpulstransport von innen nach außen beeinflußt. Außerdem wird der Kollaps zeitweilig beeinflußt durch Dissoziation der Moleküle, durch Ionisation der Atome und durch zunehmenden Strahlungsdruck.
- Zuerst bilden sich Protosterne, die im Infraroten strahlen, aber noch keine genügend hohe Zentraltemperatur haben, um Kernfusion zu zünden.
- Sobald die Zündtemperatur für die Wasserstoffusion im Zentrum erreicht wird (dies geschieht nur für $M > 0{,}08\,M_\odot$, kann der Kollaps vollständig gestoppt werden; die stabile Phase der Sternentwicklung beginnt (Hauptreihenstadium).
- Die Dauer des Hauptreihenstadiums und der darauf folgenden instabilen Phasen hängt entscheidend von der Masse eines Sterns ab. Je größer seine Masse ist, desto kürzer lebt er.
- Sterne mit $M < 0{,}26\,M_\odot$ kontrahieren nach dem Ende der H-Fusion zu Weißen Zwergen. Sterne mit $M > 0{,}26\,M_\odot$ durchlaufen nach dem Hauptreihenstadium instabile Phasen, in denen das Zentralgebiet kontrahiert, während die Hülle sich aufbläht und der Sternradius oszillieren kann.
- Das Endstadium der Sterne ist, je nach Masse, ein Weißer Zwerg ($M < 1{,}4\,M_\odot$), ein Neutronenstern ($1{,}4\,M_\odot < M < 3\,M_\odot$) oder ein Schwarzes Loch.
- Bei Weißen Zwergen wird der Gravitationsdruck durch den Entartungsdruck (Fermi-Druck) der Elektronen kompensiert.
- Bei Neutronensternen wandeln sich Protonen plus Elektronen in Neutronen um. Der Stern wird stabilisiert durch den Fermi-Druck der Neutronen.
- Bei der Bildung von Neutronensternen durch den Kollaps des Zentralbereiches massereicher Sterne wird die Hülle durch Stoßwellen, von Neutrinoemission unterstützt, abgeblasen. Dies ist mit einem gewaltigen Anstieg der Leuchtkraft verbunden (Supernova-Ausbruch vom Typ II).
- Weiße Zwerge haben Radien von etwa 10^4 km, Neutronensterne von etwa 10 km.
- Pulsare sind schnell rotierende Neutronensterne, deren magnetische Dipolachse nicht mit der Rotationsachse zusammenfällt. Sie emittieren Synchrotronstrahlung in allen Spektralbereichen vom Radiofrequenz- bis in den Röntgenbereich.
- Supernovae vom Typ I entstehen, wenn in einem engen Doppelsternsystem aus Weißem Zwerg und Rotem Riesen Materie aus der Hülle auf den Weißen Zwerg überströmt und den Weißen Zwerg dadurch über die Stabilitätsgrenze der Chandrasekhar-Masse bringt, so daß er kollabiert, das Kohlenstoffbrennen schlagartig zündet und der Stern durch die Explosion völlig zerrissen wird.

ÜBUNGSAUFGABEN

1. a) Wie groß ist der hydrostatische Druck beim halben Sonnenradius, wenn man die Dichte $\varrho(r) = \overline{\varrho} = \text{const}$ als konstant annimmt,
   b) wenn man $\varrho = \varrho_0(1 - r/R)$ setzt?
   c) Wie groß ist die Temperatur $T(r = R_\odot/2)$ für die Fälle a) und b).
   d) Wie groß ist der Strahlungsdruck bei $r = R_\odot/2$?
2. Man berechne die potentielle Gravitationsenergie eines kugelförmigen Sterns mit Radius R und Masse M.
3. Die zwei Komponenten eines photometrischen Doppelsternsystems mögen gleiche Radien $R_1 = R_2 = R$ haben aber unterschiedliche Oberflächentemperaturen T_1 und T_2 haben. Wie sieht die Lichtkurve des Systems aus?
4. Die Rotationsperiode eines Pulsars sei $\tau = 1{,}2$ ms und nehme pro Jahr um $\Delta\tau = 10^{-5}\,\tau$ zu. Wie groß ist die Rotationsenergie bei einer Masse von $2\,M_\odot$ und einem Radius von $R = 8$ km, und wie groß ist die abgestrahlte Leistung.
5. Berechnen Sie den Gravitationsdruck beim Radius R_0 einer homogenen Kugel, bei der $\varrho = \varrho_0 = \text{const}$ für $r \leq R_0$ und $\varrho = \varrho_0 \cdot \mathrm{e}^{-ar}$ für $r \geq R_0$ gilt. Zahlenbeispiel: Sonne.
6. Wie groß ist die Rotverschiebung im Gravitationsfeld
   a) der Erde,
   b) eines Neutronensterns mit $M = 2\,M_\odot$ und $R = 10^4$ m?
7. Wie groß ist die minmale Masse eines Körpers der Dichte ϱ, bei der die Gravitationsbindungsenergie größer wird als die elektromagnetische Bindungsenergie ($\varepsilon = 1$ eV pro Atompaar) bei einer mittleren Massenzahl A der Atome ($\varrho = 4\,\text{g/cm}^3$, $A = 50$).
8. Wie groß ist die obere Grenze für den Radius von Planeten, wenn der Gravitationsdruck durch abstoßende elektromagnetische Kräfte (Kompressionsdruck $p = 3 \cdot 10^{11}$ Pa) zwischen den Atomen komprimiert werden muß.
9. Wie schnell kann ein Neutronenstern rotieren, bevor für einen Körper auf seinem Äquator die Zentrifugalkraft größer als die anziehende Gravitationskraft wird? ($M = 2\,M_\odot$, $R = 10^4$ m)
10. Am 23.02.1987, 07:35 UT wurden innerhalb von nur 10 s etwa 10 Neutrinos (ν_e oder $\overline{\nu}_e$) von der nur 50 kpc entfernten Supernova SN 1987A in einem großen Tank mit 2140 t Wasser tief in einem Bergwerk in Japan festgestellt. Die Messung erfolgte anhand der Čerenkov-Strahlung der geladenen Leptonen und leichten Rückstoßkerne in Wasser. Die daraus bestimmten Energien der Neutrinos variieren von 5 bis 20 MeV, die durchschnittliche Energie betrug 12 MeV. Bei dieser Energie beträgt der Wirkungsquerschnitt für die Reaktion von Neutrinos mit den Wasserstoffkernen des Wassers etwa $\sigma = 4 \cdot 10^{-46}\,\text{m}^2$ (vergleiche die Tabelle am Ende des Buches).
    Bestimmen Sie den Neutrinofluß Φ des Experiments in $\text{m}^{-2}\text{s}^{-1}$, und schätzen Sie ab, wieviel Energie in Form von Neutrinos von der Supernova in 10 s insgesamt freigesetzt wurde; zu den festgestellten ν_e kommen noch etwa so viele ν_μ und ν_τ.

12. Die Entwicklung und die heutige Struktur des Universums

Früher nahm man an, daß unser Kosmos unendlich ausgedehnt und statisch sei. Kosmologen haben sich im allgemeinen den aus ästhetischer Sicht befriedigenden Aspekt eines homogenen und isotropen Universums zu eigen gemacht. Diese Annahme, daß das Universum für alle Beobachter, unabhängig vom Ort und der Beobachtungsrichtung, gleich aussehen soll, heißt das ***kosmologische Prinzip***.

Auf einer kleinen Skala ist das Universum natürlich nicht homogen, denn es gibt Sterne, Planeten, dazwischen Gas- und Staubwolken, Galaxien und Galaxienhaufen, so daß die Materiedichte keineswegs homogen ist. Auf einer sehr großen Skala (von der Größenordnung von 1 Milliarde Lichtjahren) sind die in einem Volumen von $(10^9\ \mathrm{ly})^3$ enthaltenen Galaxien jedoch gleichmäßig, d. h. statistisch verteilt (Abb. 12.1).

Abb. 12.1. Galaxienkarte eines quadratischen Himmelsausschnittes mit 6° Seitenlänge, aufgenommen von *Rudnicki* et al. aus Krakau. Die durchschnittliche Entfernung der etwa 10 000 hier zu sehenden Galaxien ist etwa 2–3 Milliarden Lichtjahre

Einstein führte in seine Feldgleichungen zur Beschreibung des Universums eine „kosmologische Konstante" ein, welche die durch die Gravitation bedingte Anziehung zwischen den Massen, die zu einer Instabilität eines statischen Universums führt, kompensieren sollte. Später bezeichnete er dies als „die größte Eselei seines Lebens". Zur Zeit wird jedoch diskutiert, ob nicht doch wieder eine kosmologische Konstante benötigt wird, um das frühe Stadium des Universums zu beschreiben.

Heute glauben wir zu wissen, daß das Universum weder statisch, noch unendlich ausgedehnt ist und auch seine Homogenität scheint durch genauere und weiterreichende neuere Messungen nicht mehr völlig gegeben zu sein.

Das heute allgemein akzeptierte Standard-Modell des Universums geht von folgenden Annahmen aus:

- Das Universum ist vor etwa 10–15 Milliarden Jahren aus einem extrem heißen „Feuerball", der auf ein kleines Raumgebiet beschränkt war, entstanden und dehnt sich seither mit stetig sinkender Geschwindigkeit aus (Urknall- oder Big-Bang-Theorie).
- Während der ersten vier Minuten dieses Urknalls haben sich die drei leichtesten Kerne, H, D und He gebildet. Alle anderen Elemente bis zum Eisen sind erst später in Sternen synthetisiert worden. Die schwereren Elemente entstanden zum Großteil während Supernova-Explosionen von massereichen Sternen in ihrem Endstadium.
- Etwa 10^6 Jahre nach dem Urknall fand die Entkopplung Licht $\Leftrightarrow$ Materie statt, da jetzt freie Elektronen mit Protonen rekombinieren ($T \lesssim$

3000 K) und sich neutrale Atome bzw. Moleküle bilden können.

- Die Galaxien und Sterne bildeten sich nach genügender Abkühlung des expandierenden Feuerballs, etwa 10^7 Jahre nach dem Urknall durch Kondensation riesiger Gas- und Staubwolken.

Welche experimentellen Hinweise gibt es zur Stützung dieser Annahmen?

12.1 Experimentelle Hinweise auf ein endliches expandierendes Universum

Der amerikanische Astronom *Edwin Powell Hubble* (1889–1953) entdeckte 1929, daß die Wellenlängen von Spektrallinien, die von entfernten Galaxien ausgesandt wurden, rot verschoben waren. Da er für viele Galaxien Entfernungsmessungen durchgeführt hatte, stellte er fest, daß die Größe der Rotverschiebung proportional zur Entfernung war (siehe Abschn. 12.3.8).

Er deutete diese Beobachtung als Dopplereffekt und zog daraus den Schluß, daß sich alle Galaxien mit einer Geschwindigkeit

$$v = H \cdot r$$

von uns fortbewegen, die proportional zu ihrer Entfernung zu uns ist. Die zeitabhängige Größe H heißt Hubble-Parameter. Ihr heutiger Wert $H_0 = H(t_0)$ heißt ***Hubble-Konstante***. Durch das Hubble-Weltraumteleskop können zur Zeit die Rotverschiebungen auch sehr ferner Galaxien ($r > 5 \cdot 10^9$ ly) gemessen werden, so daß der zur Zeit akzeptierte Wert

$$H_0 = (53 \pm 6)\ \mathrm{km/s}\ \text{pro Megaparsec}$$

wesentlich genauer ist als noch vor wenigen Jahren [12.1]. Da sich die Expansionsgeschwindigkeit des Universums verlangsamt, war H vor 10^9 Jahren größer.

Die zweite entscheidende Stütze für die Urknall-Theorie wurde durch die Entdeckung der Mikrowellenhintergrundstrahlung 1965 durch *A.A. Penzias* und *R.W. Wilson* geliefert (***Drei-Kelvin-Strahlung***). Diese Entdeckung kam eigentlich zufällig, als die beiden bei Bell Telephone arbeitenden Forscher das unerwartete Rauschen bei einer Mikrowellenantenne, die als Empfänger für die Kommunikation mit Satelliten dienen sollte, näher untersuchten. Die Existenz der Drei-Kelvin-Strahlung ist zuvor von *G. Gamow* zu ~ 10 K vorausgesagt worden.

Es stellte sich heraus, daß im Weltall eine isotrope elektromagnetische ***Hintergrundstrahlung*** existiert, die einer thermischen Planck-Verteilung entspricht für eine Temperatur von 2,7 K. Sie wird gedeutet als der durch die Expansion des Universums rot verschobene Rest der vom Urknall herrührenden Strahlung (siehe Abschn. 12.3).

Anmerkung

Langjährige Messungen der spektralen Verteilung und der Richtungsverteilung der Mikrowellenhintergrundstrahlung durch den Satelliten COBE (*cosmic background explorer*) haben eine sehr kleine Anisotropie der Strahlung ergeben, die je nach Raumrichtung zwischen 2,7281 K und 2,72807 K, also um 30 μK variiert.

Diese Variation wird auf anisotrope Funktionen der Materiedichte im frühen Universum zurückgeführt, wie sie von verfeinerten Versionen des Standardmodells auch gefordert werden. Außerdem ist eine großskalige Anisotropie zu erkennen, die die Bewegung unserer Erde durch das Weltall widerspiegelt (Dopplereffekt).

Eine weitere experimentelle Bestätigung des Standardmodells sind die im Weltall gemessenen mittleren atomaren Häufigkeitsverhältnisse

$$\mathrm{H} : \mathrm{D} : \mathrm{He} = 1 : 10^{-5} : 0{,}082$$

der Elemente Wasserstoff, Deuterium und Helium, die den vom Standardmodell geforderten Verhältnissen entsprechen.

Einen frühen Hinweis darauf, daß das mit Sternen erfüllte Weltall endlich ist, gab bereits die von *W. Olbers* (1758–1840) popularisierte, aber auch schon von *Kepler* aufgeworfene Frage, warum der Nachthimmel überhaupt dunkel ist:

In einem homogenen, unendlich ausgedehnten Weltall sei die mittlere Sterndichte n Sterne pro Volumeneinheit, und jeder Stern möge die mittlere Leuchtkraft L haben. Die Intensität (Energieflußdichte in $\mathrm{W/m^2}$), die ein Stern in der Entfernung r auf der

Erde erzeugt, ist dann

$$I_1 = L/4\pi r^2 . \qquad (12.1)$$

In einer Kugelschale zwischen den Radien r und $r + \mathrm{d}r$ befinden sich $N = n \cdot 4\pi r^2 \,\mathrm{d}r$ Sterne. Die von ihnen insgesamt auf der Erde erzeugte Intensität ist dann

$$\mathrm{d}I = N \cdot L/4\pi r^2 = n \cdot L \cdot \mathrm{d}R . \qquad (12.2)$$

Alle Sterne bis zum Abstand $r_{\max}$ von der Erde bewirken daher eine Intensität

$$I(r_{\max}) = n \cdot L \int_0^{r_{\max}} \mathrm{d}r = n \cdot L \cdot r_{\max} . \qquad (12.3)$$

Nun kann ein weit entfernter Stern durch einen näher gelegenen Stern verdeckt werden. Ist der mittlere Sternradius R, so tritt völlige Abdeckung bei einer Entfernung $r_{\max} = (n \cdot \pi R^2)^{-1}$ ein, denn bei einer Sterndichte n ist die effektive Fläche aller Sterne in einem Zylinder mit Querschnitt A und Länge $r_{\max}$ $F_{\text{eff}} = n \cdot A \cdot r_{\max} \cdot \pi R^2 = A$ (siehe Abb. 12.2), so daß für eine Entfernung von 0 bis $r_{\max}$ der ganze Querschnitt von Sternen bedeckt ist. Die auf der Erde beobachtete gesamte Sternenlichtintensität ist daher

$$I(r_{\max}) = n \cdot L \cdot r_{\max} = L/\pi R^2 . \qquad (12.4)$$

Nun ist aber $L/\pi R^2$ gerade die Flächenhelligkeit eines Sterns (abgestrahlte Leistung pro sichtbare Oberflächeneinheit). Das bedeutet: In jeder Richtung sollte die Flächenhelligkeit des Himmels so groß sein wie die eines Sterns. Das bedeutet: Unabhängig davon, in welche Richtung man schaut: Irgendwann trifft der Sehstrahl auf eine Sternoberfläche. Da die Flächenhelligkeit entfernungsunabhängig ist, sollte jeder Punkt des Himmels die gleiche Flächenhelligkeit wie die Sonne haben. Dieses offensichtlich unsinnige Ergebnis heißt das ***Olberssche Paradoxon***.

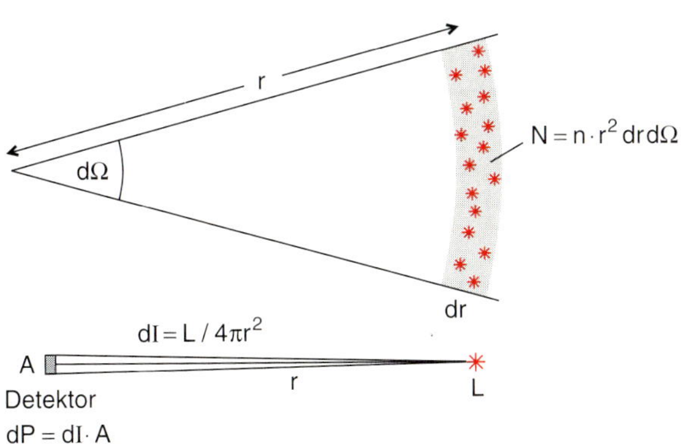

Abb. 12.2. Zur Bestimmung der maximalen Entfernung $r_{\max}$ beim Olbersschen Paradoxon

Das Standardmodell löst dieses Paradoxon, weil es ein expandierendes, *endliches* Universum annimmt. Ist seine Expansionsgeschwindigkeit v und sein Alter seit dem Urknall τ, so ergibt sich ein maximaler Radius (siehe Abschn. 12.3) von

$$r_{\max} = \int_0^{\tau} v(t)\,\mathrm{d}t \approx 15 \text{ Milliarden Lichtjahren} .$$

Demgegenüber ist der im Olbersschen Paradoxon angenommene, durch die Sternbedeckung begrenzte maximale Sichtradius

$$r_{\max} = (n \cdot \pi R^2)^{-1} .$$

Nehmen wir typische Werte für $R = 1\,R_{\odot} = 7 \cdot 10^8$ m und $n = 10^8$ Sterne pro (Millionen Lichtjahre)^3, so ergibt sich

$$r_{\max} = 1{,}7 \cdot 10^{39}\,\text{m} = 1{,}7 \cdot 10^{23}\,\text{ly} .$$

Der aus dem Standardmodell folgende Wert ist also um 13 Größenordnungen kleiner, so daß die Helligkeit aller Sterne des Nachthimmels alleine deshalb um den Faktor 10^{26} geringer wird. Hinzu kommt, daß das Weltall sich ausdehnt, so daß die Energie der von weit entfernten Galaxien emittierten Photonen auf Grund des Dopplereffekts auf $h \cdot \nu = h \cdot \nu_0(1 - v/c)$ sinkt, was wiederum die Intensität verringert.

Ein weiterer Grund für die Dunkelheit des Nachthimmels sind Gas- und Staubwolken, die das Licht von dahinter liegenden Sternen teilweise absorbieren.

Anmerkung

In einem statischen Kosmos würde die Annahme von Absorption als Ursache für den dunklen Nachthimmel nicht ausreichen, da sich die interstellare Materie aufheizen würde und schließlich im Strahlungsgleichgewicht mit der Umgebung stehen würde, so daß keine Nettoabsorption mehr auftritt.

12.1.1 Homogenität des Weltalls

Die Tatsache, daß sich alle Galaxien von uns fortbewegen, scheint auf den ersten Blick die Erde auszuzeichnen, weil sie der Mittelpunkt dieser Expansion zu sein scheint. Daß dies nicht der Fall ist, zeigt die folgende einfache Überlegung (Abb. 12.3). Wir betrachten drei Galaxien A, B und C. Die Abstände seien r_{AB}, r_{AC}, r_{BC}. Vom Beobachter A aus entfernen sich die Galaxien B und C nach dem Hubble-Gesetz mit den Geschwindigkeiten

$$v_{AB} = H_0 \cdot r_{AB}; \quad v_{AC} = H_0 \cdot r_{AC} .$$

Nun gilt

$$\begin{aligned} &\boldsymbol{r}_{BC} = \boldsymbol{r}_{AC} - \boldsymbol{r}_{AB} \\ \Rightarrow\ &\boldsymbol{v}_{BC} = \boldsymbol{v}_{AC} - \boldsymbol{v}_{AB} \\ &\quad = H_0(\boldsymbol{r}_{AC} - \boldsymbol{r}_{AB}) = H_0 \boldsymbol{r}_{BC} . \end{aligned} \tag{12.5}$$

Der Beobachter in B sieht also die gleiche isotrope Expansion wie der in A.

Etwas schwieriger ist die Frage zu klären, *von wo aus* denn die Expansion des Weltalls begonnen hat. Würde dies nicht wieder einen Ort bevorzugen und damit das kosmologische Prinzip verletzen?

Die Antwort darauf liegt in der Einführung eines gekrümmten Raumes, der mathematisch exakt nur in der allgemeinen Relativitätstheorie richtig beschrieben werden kann, deren mathematischer Apparat jedoch den Rahmen dieser Einführung sprengen würde [12.2]. Wir beschränken uns deshalb auf eine anschauliche, halbquantitative Darstellung.

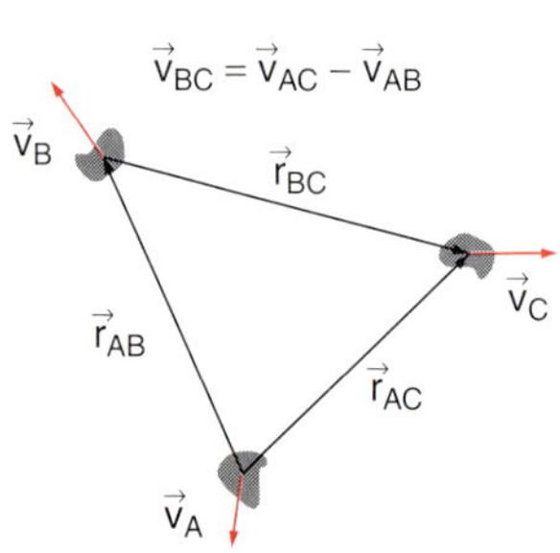

Abb. 12.3. Zur Isotropie der Fluchtbewegung der Galaxien

12.2 Die Metrik des gekrümmten Raumes

Wir beginnen mit einer zweidimensionalen Welt auf der Oberfläche eines Luftballons, auf dem kleine Scheibchen (die Galaxien) aufgeklebt sind.

Durch Aufblasen läßt sich der Radius des Ballons vergrößern, und die Galaxien entfernen sich voneinander. Ihre Entfernung r_{AB} wächst proportional zum Radius R, und die Geschwindigkeit

$$v_{AB} = \frac{\mathrm{d}}{\mathrm{d}t}(r_{AB})$$

ist proportional zur Geschwindigkeit $\mathrm{d}R/\mathrm{d}t$, mit der der Kugelradius sich ändert. Extrapoliert man in die Vergangenheit, so ist die Kugeloberfläche aus einem kleinen Volumen entstanden, *das aber keinen Punkt der Oberfläche auszeichnet.*

Um dieses quantitativ zu beschreiben, muß man Koordinaten und eine Metrik einführen.

Die Oberfläche der Kugel mit Radius R wird beschrieben durch

$$\begin{aligned} x_1^2 + x_2^2 + x_3^2 = R^2 , \\ x_1 = R \cdot \sin\vartheta \cos\varphi , \\ x_2 = R \cdot \sin\vartheta \sin\varphi , \\ x_3 = R \cdot \cos\vartheta . \end{aligned} \tag{12.6}$$

Für das Linienelement $\mathrm{d}l$ auf der Oberfläche gilt die Metrik

$$\mathrm{d}l^2 = R^2\left[(d\vartheta)^2 + \sin^2\vartheta\,(\mathrm{d}\varphi)^2\right] . \tag{12.7}$$

Man sieht, daß für die Metrik auf unserer Kugeloberfläche eine Größe R, der Radius der Kugel, verwendet wird. Diese Größe stellt eine dritte Dimension dar, nämlich die Entfernung von einem Punkt der Oberfläche zum Mittelpunkt der Kugel, *der selbst nicht zur Oberfläche gehört*. Man nennt R den ***Skalenfaktor*** der Metrik. Er bestimmt die Krümmung der Oberfläche und heißt deshalb auch ***Krümmungsradius***. Entfernungen von zwei Punkten (ϑ_1, φ_1) und (ϑ_2, φ_2) auf der Oberfläche sind proportional zum Skalenfaktor R.

Gehen wir nun zu einem gekrümmten dreidimensionalen Raum über (den man sich nicht anschaulich vorstellen kann), so müssen wir eine vierte Koordinate einführen.

Die dreidimensionale „Oberfläche" einer solchen vierdimensionalen Kugel mit Skalenfaktor R wird durch

$$\begin{aligned} x_1^2+x_2^2+x_3^2+x_4^2 &= R^2 , \\ x_1 &= R\cdot\sin\psi\sin\vartheta\cos\varphi , \\ x_2 &= R\cdot\sin\psi\sin\vartheta\sin\varphi , \\ x_3 &= R\cdot\sin\psi\cos\vartheta , \\ x_4 &= R\cdot\cos\psi \end{aligned} \qquad (12.8)$$

beschrieben. Diese Oberfläche entspricht dem Volumen des dreidimensionalen gekrümmten Raumes. Mit den Linienelementen

$$\begin{aligned} \mathrm{d}l_\psi &= R\cdot\mathrm{d}\psi ; \\ \mathrm{d}l_\vartheta &= R\cdot\sin\psi\,\mathrm{d}\vartheta ; \\ \mathrm{d}l_\varphi &= R\cdot\sin\psi\sin\vartheta\,\mathrm{d}\varphi \end{aligned}$$

erhalten wir das Volumen dieser dreidimensionalen Oberfläche (d. h. des dreidimendionalen gekrümmten Raumes)

$$\begin{aligned} V &= \int\limits_{\psi=0}^{\pi}\int\limits_{\vartheta=0}^{\pi}\int\limits_{\varphi=0}^{2\pi} R^3\sin^2\psi\sin\vartheta\,\mathrm{d}\psi\,\mathrm{d}\vartheta\,\mathrm{d}\varphi \\ &= 2\pi^2R^3 , \end{aligned} \qquad (12.9)$$

das sich sowohl von der zweidimensionalen Kugeloberfläche $4\pi R^2$ als auch vom Volumen $\frac{4}{3}\pi R^3$ einer Kugel im Euklidischen dreidimensionalen Raum unterscheidet.

Für das Linienelement in unserem gekrümmten Raum mit Skalenfaktor (Krümmungsradius) R ergibt sich:

$$\begin{aligned} \mathrm{d}l^2 &= \mathrm{d}l_\psi^2+\mathrm{d}l_\vartheta^2+\mathrm{d}l_\varphi^2 \qquad (12.10) \\ &= R^2\left[\mathrm{d}\psi^2+\sin^2(\mathrm{d}\vartheta^2+\sin^2\vartheta\,\mathrm{d}\varphi^2)\right] . \end{aligned}$$

Führt man die Entfernung r durch $r = R\cdot\sin\psi$ ein, so beschreibt $r = \text{const}$ eine Kugel mit Radius r und Oberfläche $4\pi r^2$, wie man aus (12.8) sieht, so daß r z. B. die Entfernung von uns zu einer Galaxie angibt, die proportional zum Skalenfaktor R ist. Ändert sich R bei der Expansion des Weltalls, so ändert sich auch r. Wie können schreiben:

$$r = (R/R_0)\cdot r_0 ,$$

wenn wir mit R_0 den Skalenfaktor zur heutigen Zeit t_0 bezeichnen und mit r_0 die Entfernung zur Zeit t_0.

Mit Hilfe von $r = R\cdot\sin\psi \Rightarrow \mathrm{d}r = R\cdot\cos\psi\,\mathrm{d}\psi$ läßt sich wegen

$$\cos\psi = (1-\sin^2\psi)^{1/2} = \left[1-(r/R)^2\right]^{1/2}$$

im Linienelement (12.10) die Größe ψ eliminieren, und man erhält für das Quadrat des Linienelementes in unserem gekrümmten dreidimensionalen Raum

$$\mathrm{d}l^2 = \frac{\mathrm{d}r^2}{1-r^2/R^2} + r^2\left[(\mathrm{d}\theta)^2+\sin^2\vartheta(\mathrm{d}\varphi)^2\right] . \qquad (12.11a)$$

Es unterscheidet sich von (12.7) um den ersten Term, der vom Skalenfaktor R abhängt. Durch (12.11a) wird die Geometrie des dreidimensionalen Raumes mit positivem Skalenfaktor R beschrieben, ohne die vierte Koordinate in (12.8) zu benutzen.

Nun gibt die Wurzel aus $\mathrm{d}l^2$ die Entfernung zwischen zwei benachbarten Punkten A und B an.

Wenn der Skalenfaktor R größer wird, wachsen die Abstände $\mathrm{d}l^2$ zwischen Punkten unseres dreidimensionalen Raumes, *ohne daß sich* $\mathrm{d}r^2$ *ändern muß.*

Dies ist eine wichtige Einsicht.

> Die „Ausdehnung" unseres Universums besteht im Anwachsen des Skalenfaktors R, der oft in Anlehnung an die zweidimensionale gekrümmte Kugeloberfläche auch „Krümmungsradius" R genannt wird.

Der Grenzwert

$$\lim_{R\to\infty}(\mathrm{d}l)^2 = \mathrm{d}r^2 + r^2\left[(\mathrm{d}\theta)^2+\sin^2\theta(\mathrm{d}\varphi)^2\right] \qquad (12.11b)$$

entspricht dem üblichen Linienelement im dreidimensionalen Euklidischen Raum, den man auch „flach" nennt, weil sein Krümmungsradius $R = \infty$ ist.

Zu Beginn unseres Universums war R sehr klein. (Man beachte, daß R die Dimension einer Länge hat.) Damit war auch das Volumen $V = 2\pi^2R^3$ des Feuerballs klein. Da aus $r = R\cdot\sin\varphi$ folgt: $r \leq R$, muß auch der räumliche Abstand

$$\lim_{R\to 0}(\mathrm{d}l)^2 = r^2\left[(\mathrm{d}\theta)^2+\sin^2\theta(\mathrm{d}\varphi)^2\right] = 0 \qquad (12.11c)$$

für $R \to 0$ gegen Null gehen. Der wichtige Punkt ist aber:

> Für $R \to 0$ wird für *alle* Punkte des Universums r klein. Kein Punkt ist ausgezeichnet. Man kann daher nicht sagen, daß der Urknall an einem bestimmten Ort des dreidimensionalen Raumes stattgefunden hat, völlig analog zu unserem Beispiel der zweidimensionalen Luftballonoberfläche.

Noch ein weiterer Punkt ist bemerkenswert: Obwohl das Volumen unseres gekrümmten Raums $V = 2\pi^2 R^3$ endlich ist, hat es doch keine Begrenzungen, genau wie die gekrümmte Kugeloberfläche in unserem zweidimensionalen Beispiel:

Wenn man vom „Rande unseres Universums" spricht, dann meint man damit die von uns am weitesten entfernten Galaxien. In unserem Beispiel der Kugeloberfläche wären dies gerade die Antipoden. Solche Galaxien „am Rande des Universums" gibt es aber für jeden Punkt des Universums, und die Entfernung zu ihnen ist für jeden Punkt etwa 10–15 Milliarden Lichtjahre (siehe Abschn. 12.3.8).

Führen wir eine vierdimensionale Raum-Zeit-Metrik durch

$$\mathrm{d}s^2 = c^2\,\mathrm{d}t^2 - \mathrm{d}l^2$$

ein, wobei c die Lichtgeschwindigkeit ist, so wird die Weltlinie eines Photons durch $\mathrm{d}s^2 = 0$, also $(\mathrm{d}l/\mathrm{d}t)^2 = c^2$ gegeben. Wenn jedoch die Photonen zur Zeit $t_1 < t_0$ von einer Quelle mit Abstand

$$r(t_1) = \left[R(t_1)/R(t_0)\right] \cdot r(t_0)$$

ausgesandt wurden, so hat sich bei der Ankunftszeit t_1 der Photonen beim Beobachter der Abstand der Galaxie auf $r_0(t_1)$ vergrößert. Die Photonen haben daher einen kürzeren Weg $r(t_1)$ zurückgelegt, als er dem wahren Abstand r_0 der Galaxie zur Zeit der Beobachtung entspricht (siehe Aufg. 12.5).

12.3 Das Standardmodell

In diesem Abschnitt sollen die wichtigsten physikalischen Grundannahmen und die daraus folgenden Konsequenzen des Standardmodells erläutert und ihr Vergleich mit experimentellen Daten vorgestellt werden. Empfehlenswerte Literatur hierzu sind [12.3,4].

12.3.1 Strahlungsdominiertes und massedominiertes Universum

Die von *Penzias* und *Wilson* gefundene Hintergrundstrahlung kann durch eine thermische Planckstrahlung (Hohlraumstrahlung) bei der Temperatur $T = 2{,}7\,\mathrm{K}$ beschrieben werden. Ihre Energiedichte ist dann (siehe Bd. 2, (12.28))

$$w(T) = a \cdot T^4 \quad \text{mit } a = \frac{4\pi^5 k^4}{15 h^3 c^3}\,. \tag{12.12}$$

Für eine Temperatur von $T = 2{,}7\,\mathrm{K}$ ergibt sich der Zahlenwert

$$w(2{,}7\,\mathrm{K}) = 4 \cdot 10^{-14}\,\mathrm{Ws/m^3}\,.$$

Dies entspricht einer Massenäquivalentdichte

$$\varrho = w(T)/c^2 = 4{,}5 \cdot 10^{-31}\,\mathrm{kg/m^3}$$

und ist um mehrere Größenordnungen kleiner als die nach heutiger Kenntnis zur Zeit im Universum vorhandene mittlere Massendichte von

$$\varrho(R) \gtrsim 4 \cdot 10^{-28}\,\mathrm{kg/m^3}\,.$$

Durch die Expansion des Weltalls sinkt die Massendichte

$$\varrho(R) \propto 1/R^3 \tag{12.13}$$

mit zunehmendem Volumen des Universums, während die Strahlungsdichte

$$w(R) \propto 1/R^4 \tag{12.14}$$

absinkt. Dies liegt daran, daß auf Grund der Expansion mit der Geschwindigkeit $\mathrm{d}R/\mathrm{d}t$ die Photonenenergie auf Grund des Dopplereffektes auf

$$h \cdot \nu = h\nu_0(1 - v/c)$$
$$\Rightarrow \frac{\Delta\nu}{\nu} = \frac{v}{c} = \frac{1}{c}\frac{\mathrm{d}R}{\mathrm{d}t}$$

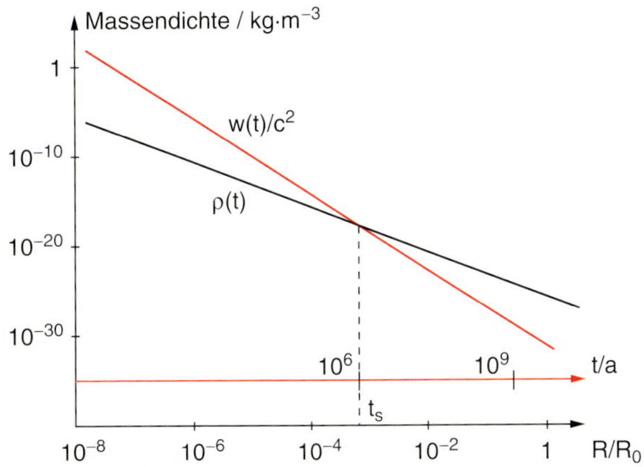

Abb. 12.4. Massendichte $\varrho(t)$ und Massenäquivalent der Strahlungsdichte $w(t)$ als Funktion des Skalenfaktors des expandierenden Universums

verkleinert wird. Da $\mathrm{d}R/\mathrm{d}t = H_0 \cdot R$ proportional zu R ist, wird die Strahlungsdichte um den Faktor R^3 (Vergrößerung des Volumens) mal R (Dopplereffekt) abnehmen. Extrapolieren wir daher von den heutigen Werten von ϱ und w in die Vergangenheit gegen den Wert $R = 0$, so erhalten wir die Kurven in Abb. 12.4. Für Zeiten $t < t_s$ gab es ein strahlungsdominiertes Weltall, während es heute ein massedominiertes Weltall gibt.

Da $w(T) \propto T^4$ und $w(R) \propto R^{-4}$ gilt, ist die Temperatur T proportional zu $1/R$. Deshalb erhalten wir bei einer heutigen gemessenen Strahlungstemperatur $T_0 = 2{,}7$ K in einem Weltall mit Radius R_0 die Temperatur in einem Universum mit dem Radius R:

$$\boxed{T(R) = (R_0/R) \cdot 2{,}7\,\mathrm{K}} \,. \tag{12.15}$$

Extrapolieren wir vom heutigen Krümmungsradius $R_0 \approx 10 \cdot 10^9$ ly $\approx 10^{26}$ m zurück auf einen frühen Zeitpunkt des Universums, bei dem der Krümmungsradius z. B. $R = 10^{10}$ m (10facher Sonnendurchmesser) war, so ergibt sich eine Temperatur von

$$T = 10^{16}\,\mathrm{K}$$

und eine Energiedichte von $w(T) \approx 10^{51}\,\mathrm{J/m^3}$, was einer Äquivalentmassendichte von $\varrho = w(T)/c^2 \approx 10^{34}\,\mathrm{kg/m^3}$ entspricht.

Dieser mit enorm hoher Energiedichte ausgefüllte Raum während der heißen Frühphase des Universums mit einer Temperatur $T \gtrsim 10$ Trillionen Kelvin und einem Radius von $\lesssim 10^{10}$ m wird *Feuerball* genannt.

Bei diesen hohen Temperaturen ist der Expansionsdruck wesentlich größer als der Gravitationsdruck, so daß der Feuerball mit großer Radialgeschwindigkeit expandiert und sich dabei abkühlt (***Urknall***).

12.3.2 Hubble-Parameter und kritische Dichte

Wir betrachten eine beliebige Galaxie der Masse m, deren Abstand von uns r sei und die sich mit der Geschwindigkeit $v(r) = H \cdot r$ von uns fortbewegt (Abb. 12.5). Ihre kinetische Energie ist:

$$E_{\mathrm{kin}} = \frac{1}{2} m v^2 = \frac{1}{2} m H_0^2 r^2 \,. \tag{12.16}$$

Ihre potentielle Energie E_{pot} wird durch die Gravitationskraft von allen Galaxien innerhalb der Kugel mit Radius r bewirkt (die Vektorsumme der Kräfte von allen Galaxien außerhalb der Kugel kompensiert sich zu Null (siehe Bd. 1, Abschn. 2.9.5)). Wir erhalten daher

$$E_{\mathrm{pot}} = -G \cdot \frac{m \cdot M(r)}{r} \,, \tag{12.17}$$

wobei $M(r) = \frac{4}{3}\pi r^3 \overline{\varrho}$ die Gesamtmasse innerhalb der Kugel mit Radius r und $\overline{\varrho}$ die mittlere Dichte ist. Einsetzen in (12.17) ergibt die Gesamtenergie

$$E = m r^2 \left(\frac{1}{2} H_0^2 - \frac{4}{3} \pi G \varrho \right) \,. \tag{12.18}$$

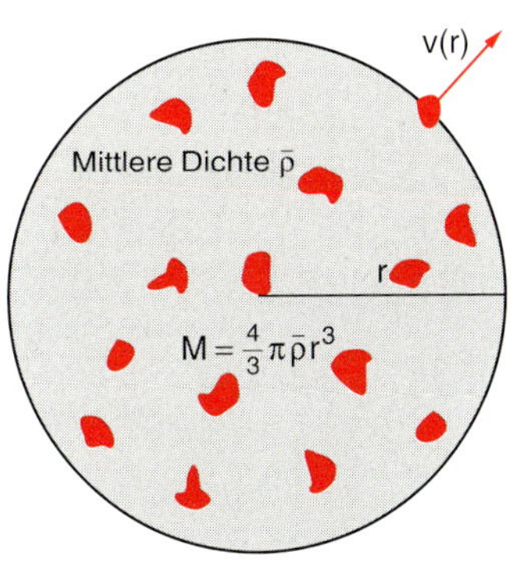

Abb. 12.5. Zur Fluchtbewegung der expandierenden Galaxien

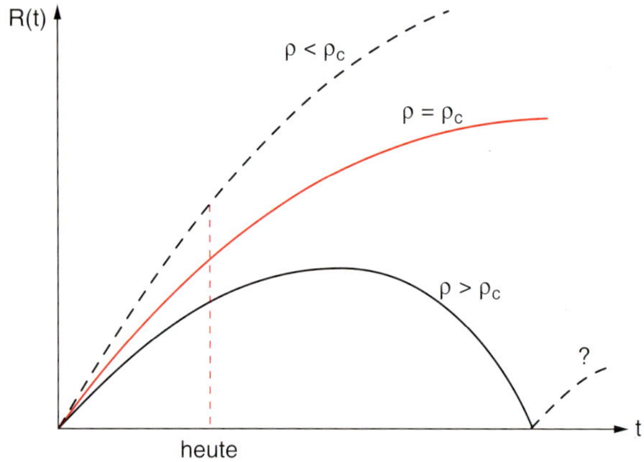

Abb. 12.6. Zeitabhängigkeit des Skalenparameters $R(t)$ für $\varrho > \varrho_c$, $\varrho = \varrho_c$, $\varrho < \varrho_c$

Für die kritische Dichte

$$\varrho_c = \frac{3H_0^2}{8\pi G} \tag{12.19}$$

wird $E = 0$. Für diesen Fall wird die Expansionsgeschwindigkeit für $r \to \infty$ gegen Null gehen.

Ist die mittlere Dichte $\overline{\varrho} < \varrho_c$, so bleibt die Gesamtenergie positiv, die Expansion wird nicht gestoppt. Man sagt, daß für diesen Fall ein offenes Universum vorliegt. Für $\overline{\varrho} > \varrho_c$ befinden wir uns in einem geschlossenen Universum. Die Expansion hört auf, sobald die kinetische Energie völlig in potentielle Energie umgewandelt wurde und geht dann wieder in einen Kollaps über.

Am Ende dieses Kollapses würde wahrscheinlich wieder eine Singularität auftreten, aus der sich dann (vielleicht) wieder wie beim Urknall erneut ein expandierendes Weltall ergeben könnte (Abb. 12.6).

Zur Zeit kennen wir den Zahlenwert der Dichte $\overline{\varrho}$ des Universums nicht genau genug, um zwischen den drei möglichen Fällen zu unterscheiden.

Da bei der Expansion des Universums die Dichte sinkt, muß der Hubble-Parameter früher größer gewesen sein. Wenn wir annehmen, daß die Dichte des Universums nahe bei der kritischen Dichte liegt, kann man gemäß (12.19) schreiben

$$H(t) = \sqrt{\frac{8\pi G}{3}\varrho(t)}\,. \tag{12.20}$$

Anmerkung

Um die Expansion des Universums zu beschreiben, müssen wir eigentlich anstelle der geometrischen Entfernung r in (12.16,17) den Skalenfaktor R benutzen. Da aber gilt:

$$r = (R/R_0) \cdot r_0\,,$$

also $r \propto R$ ist, ändert sich am Ergebnis (12.19) nichts (Abschn. 12.3.7).

Zur experimentellen Bestimmung der heutigen Dichte des Universums gibt es folgende Möglichkeiten:

- Zuerst einmal muß die kritische Dichte ϱ_c möglichst genau ermittelt werden. Man sieht aus (12.19), daß sie mit der Hubble-Konstante H_0 zusammenhängt. Dies kann auf zwei verschiedene Weisen abgeschätzt werden: Wir zeigen in Abschn. 12.3.6, daß das Alter des Universums durch $\tau = \frac{2}{3}/H_0$ gegeben ist, wenn die Dichte $\varrho(t_0) = \varrho_c$ ist. Aus der durch Spektralmessungen und Sternmodellen gestützten Abschätzung $T \geq 10^{10}$ a für das Alter der ältesten Sterne in Kugelsternhaufen folgt logischerweise $\tau \geq T$. Dies ergibt $H_0 < 65\,\mathrm{km\,s^{-1}\,Mpc^{-1}}$.
- Die zweite Methode basiert auf der Hubble-Relation $v = H_0 \cdot r$, aus der H_0 bestimmt werden kann, wenn Geschwindigkeit v und Entfernung r für möglichst viele Galaxien gemessen werden. Die genaue Bestimmung von H_0 wird begrenzt durch die Genauigkeit der Entfernungsmessungen entfernter Galaxien (siehe Abschn. 12.4). Die Radialgeschwindigkeiten der Galaxien lassen sich durch den Dopplereffekt (Rotverschiebung der Spektrallinien) messen. Aber auch hier gibt es Fallen, weil die Rotverschiebung nicht nur durch die Geschwindigkeit v der Galaxie, sondern auch durch die Eigengeschwindigkeit unserer eigenen Galaxis und die Bewegung unseres Sonnensystems innerhalb unserer Galaxis verursacht wird. Der zur Zeit aus den obigen Messungen und Abschätzungen als Bestwert angenommene Zahlenwert des Hubble-Parameters ist $H_0 \approx 50\,\mathrm{kms^{-1} \cdot Mpc^{-1}}$. Daraus folgt: $\varrho_c = 0{,}45 \cdot 10^{-26}\,\mathrm{kg/m^3}$. Dies entspricht drei H-Atomen pro m^3.

- Man kann die mittlere Dichte $\overline{\varrho}$ abschätzen, indem man die Massen der Galaxien (aus ihrer Leuchtkraft und aus ihrer Rotationsgeschwindigkeit) und die Zahl der Galaxien bestimmt (siehe Abschn. 12.5). Die so ermittelte Dichte $\overline{\varrho}$ liegt etwa bei $0{,}06\,\varrho_c$. Dieser Wert ist jedoch wahrscheinlich zu klein, weil bei Leuchtkraftmessungen unsichtbare Materie nicht berücksichtigt wird.
  Eine weitere Methode basiert auf der Bestimmung der Gesamtmasse von Galaxienhaufen aus der gemessenen Geschwindigkeitsdispersion der Galaxien unter Verwendung des Virialsatzes. Man erhält mittlere Dichten $\overline{\varrho} \approx 0{,}2 \cdot \varrho_c$. Ähnliche Werte folgen aus der Raumkrümmung um Galaxienhaufen (Gravitationseffekt).
- Ein anderer Weg zur Bestimmung von $\overline{\varrho}$ beruht auf der Messung des Atomzahlverhältnisses von Deuterium zu Wasserstoff. Detaillierte Rechnungen im Rahmen des Standardmodells haben das theoretisch zu erwartende Verhältnis während der Bildungs- und Abbauphase von Deuterium im Feuerball bei Temperaturen von 10^9 K (siehe Abschn. 12.3.4) bestimmt als Funktion der zu dieser Zeit vorhandenen Baryonendichte. Das heute gemessene Verhältnis von

  $$n({}^2_1\mathrm{H})/n({}^1_1\mathrm{H}) = 2 \cdot 10^{-5}$$

  ist mit den Rechnungen nur dann in Übereinstimmung, wenn die damalige Baryonendichte $\varrho_B(T = 10^9\,\mathrm{K}) = 2 \cdot 10^2\,\mathrm{kg/m^3}$ war (Abb. 12.7).
  Da bei der weiteren Expansion des Universums die Gesamtzahl aller Baryonen konstant geblieben ist, muß die heutige Dichte $\varrho(T = 2{,}7\,\mathrm{K})$ gleich dem Verhältnis der Volumina des Universums sein, d. h.

  $$\begin{aligned}\varrho_B(T = 2{,}7\,\mathrm{K}) &= \varrho_B(T = 10^9\,\mathrm{K}) \cdot (R_0/R)^3 \\ &= \varrho_B(T = 10^9\,\mathrm{K})(2{,}7/10^9)^3\,, \qquad (12.21)\end{aligned}$$

  weil die Temperatur $T \propto 1/R$ umgekehrt proportional zum Skalenfaktor R ist.
  Berechnet man aus (12.21) die heutige Dichte im Weltall, so ergibt sich ein Wert $\overline{\varrho} = 4 \cdot 10^{-28}\,\mathrm{kg/m^3}$, was wieder etwa um einen Faktor 10 unterhalb der kritischen Dichte liegt.

Nach diesen Ergebnissen müßte unser Universum offen sein. Es gibt jedoch mehrere Möglichkeiten, daß

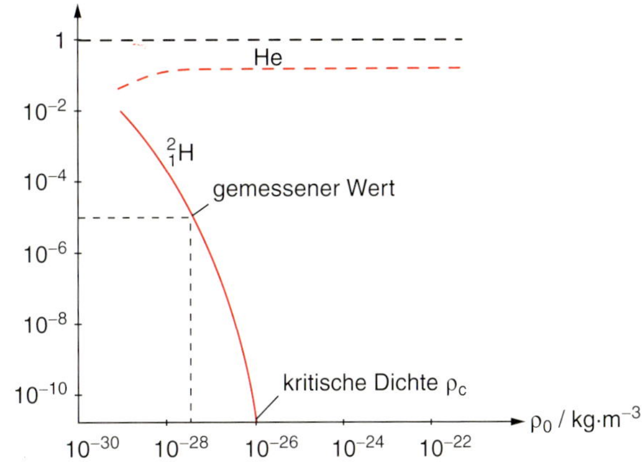

Abb. 12.7. Massenanteil von Deuterium und Helium als Funktion der heutigen Dichte ϱ_0 des Universums nach Rechnungen der Synthese leichter Kerne im heißen Feuerball von *Wagoner*

zusätzliche Masse vorhanden ist, welche die mittlere Dichte erhöht.

- Die intergalaktische Materie könnte so viel oder sogar insgesamt mehr Masse als die Galaxien enthalten. Außerdem kann es erkaltete Sterne (braune und schwarze Zwerge, schwarze Löcher) geben, die nichts zur Leuchtkraft beitragen und deshalb bei der Massenabschätzung aus der Leuchtkraft der Galaxien nicht berücksichtigt werden.
- Wenn Neutrinos eine endliche Ruhemasse haben, könnte dies wegen der sehr großen Zahl von Neutrinos, die im Universum herumschwirren, auch bei kleiner Ruhemasse (die heutige Meßgrenze liegt für die Elektronneutrinos bei $m(\nu_e) \cdot c^2 \le 10\,\mathrm{eV}$ für die μ-Neutrinos bei $m(\nu_\mu) \cdot c^2 \le 170\,\mathrm{keV}$ und für die τ-Neutrinos bei $m(\nu_\tau) \cdot c^2 \le 18\,\mathrm{MeV}$) einen großen Beitrag zur mittleren Dichte liefern.

Es ist daher bis heute nicht entschieden, ob ϱ kleiner (was nach bisherigen Messungen wahrscheinlicher ist) oder größer als die kritische Dichte ϱ_c ist. Aus theoretischen und philosophischen Gründen wird der Wert $\varrho = \varrho_c$ favorisiert.

12.3.3 Die frühe Phase des Universums

Unter Verwendung bekannter physikalischer Gesetze läßt sich die Entwicklung des Universums bis auf Sekundenbruchteile nach Beginn des Urknalls zurückverfolgen. Über die Zeit davor existieren nur spekulative Ansätze, da noch keine vereinheitlichte Theorie der Gravitation, Quantenmechanik und Relativistik existiert und das Verhalten der Materie = Energie unter den damals herrschenden Extrembedingungen weitgehend unbekannt ist.

Wir nehmen an, daß der Urknall mit einer Singularität $\varrho(0) = \infty$ bei $R = 0$ zur Zeit $t = 0$ begann. Um die Expansionszeiten $t(R)$ für das Erreichen eines Skalenfaktors R zu bestimmen, gehen wir von dem Hubble-Parameter

$$H(t) = \sqrt{\frac{8\pi G \cdot \varrho(t)}{3}} \tag{12.22}$$

aus. Für die Dichte $\varrho(t)$ gilt:

$$\varrho(t) \propto \left[1/R(t)\right]^n$$

mit $n = 3$ für das massedominierte und $n = 4$ für das strahlungsdominierte Zeitalter des Universums (Abb. 12.4). Damit folgt für den Hubble-Parameter

$$H(t) \propto \left[1/R(t)\right]^{n/2} . \tag{12.23}$$

Für die Geschwindigkeit der Expansion des Universums erhalten wir

$$v(t) = \frac{\mathrm{d}R}{\mathrm{d}t} = H(t) \cdot R(t) \propto \left[R(t)\right]^{1-n/2} , \tag{12.24}$$

woraus folgt:

$$\int_{t_1}^{t_2} \mathrm{d}t = t_2 - t_1 \propto \int_{R_1}^{R_2} \frac{\mathrm{d}R}{R^{1-n/2}} = \frac{2}{n}\left[\frac{1}{H(t_2)} - \frac{1}{H(t_1)}\right] . \tag{12.25}$$

Setzen wir $t_1 = 0 \Rightarrow R(t_1) = 0$, so ergibt dies mit (12.22) für die Zeit vom Urknall bei $t = 0$ bis zur Ausdehnung auf den Skalenparameter $R(t)$ zur Zeit t:

$$t = \frac{2}{n}\sqrt{\frac{3}{8\pi G\varrho}} \propto R^{n/2} , \quad \text{weil} \quad \varrho \propto \frac{1}{R^n} . \tag{12.26}$$

Für das strahlungsdominierte Zeitalter $(t < t_s)$ ist $n = 4$, so daß die Expansionszeit $t \propto R^2$ bzw. $R(t) \propto \sqrt{t}$ ist. Für das massedominierte Zeitalter $(t > t_s)$ ist $n = 3 \Rightarrow R(t) \approx t^{2/3}$.

Man beachte:

Der Skalenparameter $R(t)$ wächst *nicht* linear mit der Zeit an:

$$R(t) \propto \begin{cases} \sqrt{t} & \text{für strahlungsdominiertes} \\ t^{2/3} & \text{für massedominiertes} \end{cases}$$

Universum.

Anmerkung

Wir hatten in Abschn. 11.2.1, (11.16) die Fallzeit bei dem Kollaps von Objekten (Gaswolken bzw. Sterne) vom Radius R bis auf $R = 0$ zu

$$t_\mathrm{F}(R) = \sqrt{\frac{3\pi}{16\,G \cdot \varrho}} \tag{12.27}$$

berechnet. Aus Symmetriegründen erwarten wir eine analoge Zeit für den Umkehrprozeß, der Expansion von $R = 0$ auf R. In der Tat ist (12.26) für $n = 3$ (massedominiertes Universum) mit $t = \sqrt{1/6\pi G\varrho}$ bis auf einen Faktor 3 mit (12.27) identisch.

Nach dem Standardmodell bestand die heiße „Ursuppe“ im Feuerball zu einer Zeit $t < 10^{-4}$ s nach dem Urknall aus Hadronen (Protonen, Neutronen, Mesonen), Leptonen (Elektronen, Myonen und Neutrinos) und Photonen.

Bei Temperaturen von 10^{16} K ist die Energie der Teilchen ($\approx 10^{12}$ eV) groß gegen die Massenenergie der Hadronen ($m_\mathrm{p}c^2 \approx 10^9$ eV), so daß die im Feuerball enthaltenen Teilchen durch dauernde Stöße miteinander immer neue Teilchen erzeugen, oder beim Stoß mit ihren Antiteilchen in Photonen zerstrahlen. Durch Rekombination von zwei Photonen kann ein Teilchen-Antiteilchenpaar gebildet werden (Paarbildung). In dieser Ära des Feuerballs herrscht Gleichgewicht zwischen Erzeugung und Vernichtung von Teilchen, d. h. der Feuerball ist im thermischen Gleichgewicht. Man nennt diese Zeitspanne, die durch hadronische Prozesse dominiert wird, das ***Zeitalter der Hadronen***. Es gibt etwa gleich viele Hadronen wie Photonen.

Das Standardmodell zeigt, daß aus dem heute beobachtbaren Verhältnis von Strahlungsdichte und Massendichte, das einem Verhältnis $n_\mathrm{Phot}/n_\mathrm{Baryon} = 10^9$ entspricht, Hinweise darauf erhalten werden können, daß die Zahl der Teilchen während der Zeit $t < 10^{-4}$ s um 10^{-9} höher war als die ihrer Antiteilchen. Das heißt, daß auf 10^9 Hadronen nur $(10^9 - 1)$ Antihadronen kommen.

Etwa 10^{-4} s nach dem Urknall waren die Temperatur auf etwa 10^{12} K gesunken und der Radius auf 10^{14} m $\approx$ 700 AE angewachsen. Jetzt können keine Hadronen mehr gebildet werden, weil die thermische Energie ($\approx 10^8$ eV) klein geworden ist gegen die Massenenergie von Proton bzw. Neutron ($\approx 10^9$ eV). Die Hadronen können jedoch noch mit ihren Antiteilchen rekombinieren, so daß Photonen entstehen.

> Wegen der leichten Asymmetrie in der Zahl der Hadronen bzw. Antihadronen bleibt nach der Zerstrahlung ein kleiner Rest von 10^{-9} der ursprünglichen Hadronenzahl übrig. Sie bilden die Grundlage für unsere heutige Materie im Weltall.

Die heute vorhandenen Nukleonen als Bausteine der Atomkerne stammen also aus einer sehr frühen Periode des Universums mit $t < 10^{-4}$ s.

Durch diese Zerstrahlung sank die Hadronenzahl um den Faktor 10^9. Jetzt ist das Verhältnis von Hadronendichte zu Photonendichte nur noch 10^{-9}. Es bleibt während der gesamten weiteren Entwicklung des Universums konstant, da beide Dichten $\propto R^{-3}$ abnehmen. Man beachte jedoch, daß die *Energie*dichte der Strahlung $\propto R^{-4}$ abnimmt.

Die Leptonen können wegen ihrer kleineren Masse immer noch gebildet und vernichtet werden, so daß während des nun folgenden ***Zeitalters der Leptonen*** (von $t_1 = 10^{-4}$ s, $T_1 = 10^{12}$ K bis $t_2 = 1$ s, $T_2 = 10^{10}$ K) Leptonen hinsichtlich der Reaktion

$$e^- + e^+ \leftrightarrow h \cdot \nu$$

im Gleichgewicht mit dem Strahlungsfeld sind (Abb. 12.8).

Auch Kernreaktionen, an denen Leptonen beteiligt sind, finden statt. So können sich nach den Reaktionen

$$p + e^- \leftrightarrow n + \nu_e\,; \quad n + e^+ \leftrightarrow p + \bar{\nu}_e \tag{12.28}$$

Protonen in Neutronen umwandeln und umgekehrt.

Das Gleichgewichtsverhältnis von Neutronen zu Protonen ist durch den Massenunterschied $\Delta m = m_n - m_p = 2{,}32 \cdot 10^{-30}$ kg und die Temperatur T bedingt. Mit $\Delta E = \Delta m \cdot c^2$ wird das Verhältnis

$$\frac{m_n}{m_p} = e^{-\Delta E/kT}\,. \tag{12.29}$$

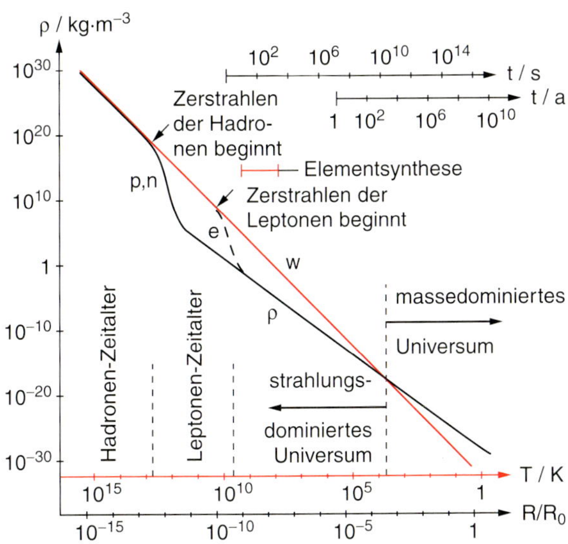

Abb. 12.8. Zusammenfassende Darstellung der verschiedenen Zeitalter bei der Entwicklung des Universums

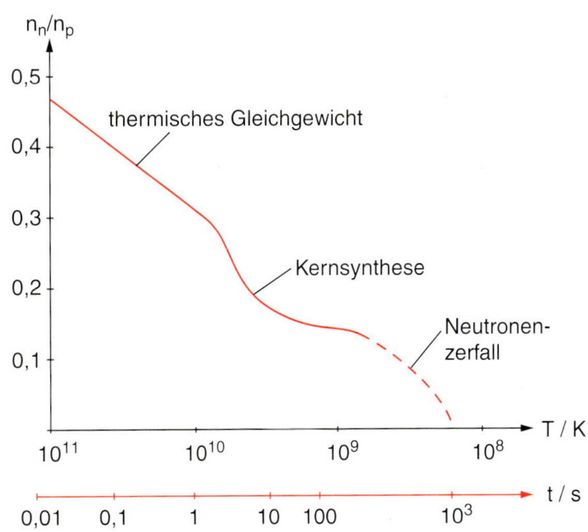

Abb. 12.9. Verhältnis n_n/n_p von Neutronen zu Protonen als Funktion der Temperatur. Nach St. Weinberg: *Die ersten drei Minuten* (DTV, München 1980)

BEISPIEL

Für $T = 10^{10}\,\text{K} \mathrel{\hat{\approx}} 8{,}6 \cdot 10^6\,\text{eV}$, $\Delta E = 1{,}3 \cdot 10^6\,\text{eV} \Rightarrow m_n/m_p \approx e^{-1{,}5} \approx 0{,}22$.

In Abb. 12.9 ist das Verhältnis n_n/n_p von Neutronen- zu Protonenzahl als Funktion von Temperatur bzw. Entwicklungszeit dargestellt.

12.3.4 Die Synthese der leichten Elemente

In der nun folgenden Zeitspanne von 1 s bis etwa 10^2 s fällt die Temperatur auf $T = 10^9$ K.

Die Photonenenergie ist dann nicht mehr hoch genug, um Elektron-Positron-Paare zu erzeugen ($2m_ec^2 \approx 1\,\text{MeV} \mathrel{\hat{\approx}} 10^{10}\,\text{K}$). Deshalb können die Leptonen nur noch zerstrahlen. Da aber ein Überschuß der Elektronen von 10^{-9} über die Zahl der Positronen vorhanden ist, bleibt ein geringer Teil von Elektronen übrig. Dabei entspricht die Dichte der jetzt noch vorhandenen Elektronen derjenigen der Protonen, so daß stets elektrische Quasineutralität herrscht.

Über den Comptoneffekt sind die Elektronen immer noch an das Strahlungsfeld gekoppelt, so daß Energieaustausch zwischen Elektronen und Photonen stattfinden kann.

Die Neutrinos haben sich allerdings vom Strahlungsfeld entkoppelt. Sie fliegen frei mit Lichtgeschwindigkeit durch das Universum. Weil keine Elektronen und Antineutrinos mehr mit genügender Energie für die Bildungsreaktion von Neutronen aus Protonen

$$p + e^- + \overline{\nu}_e \rightarrow n \tag{12.30a}$$

vorhanden sind, werden keine neuen Neutronen mehr erzeugt. Die vorhandenen zerfallen mit ihrer Halbwertszeit von 600 s:

$$n \xrightarrow[600\,\text{s}]{} p + e + \overline{\nu}_e\,. \tag{12.30b}$$

Bevor jedoch alle Neutronen verschwunden sind, können Protonen mit Neutronen zusammenstoßen, um Deuteriumkerne zu bilden:

$$p + n \rightarrow {}^2_1\text{H} + \gamma\,. \tag{12.30c}$$

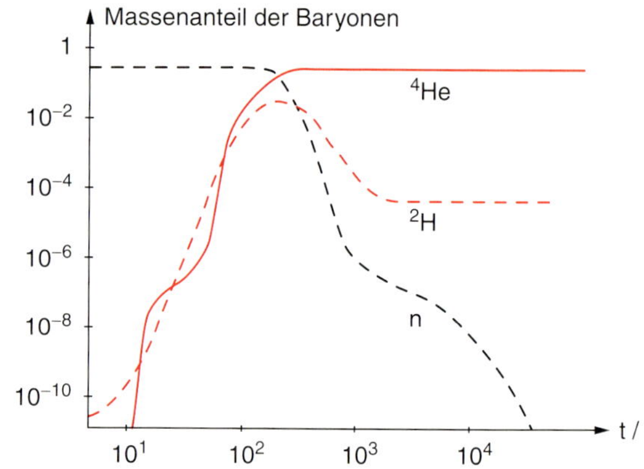

Abb. 12.10. Konzentrationen von H-, D- und He-Kernen während der Synthese im heißen frühen Universum

Bei Temperaturen oberhalb von 10^9 K werden die Deuteriumkerne jedoch wegen ihrer kleinen Bindungsenergie ($E_B \approx 1$ MeV) bei Stößen wieder dissoziieren. Deshalb baut sich erst bei Temperaturen $T \lesssim 10^9$ K, d. h. nach Zeiten $t > 10^2$ s eine merkliche Deuteriumdichte auf (Abb. 12.10). Der gemessene heutige Deuteriumanteil ist also ein kritischer Test für die Aussagen des Standardmodells (Abb. 12.7).

Nachdem genügend Deuteriumkerne vorhanden sind, kann Helium durch die Reaktion ${}^2_1\text{H} + {}^2_1\text{H} \rightarrow {}^4_2\text{He}$ gebildet werden. Nach den Modellrechnungen des Standardmodells setzt die He-Synthese etwa $t_2 = 220$ s nach der Singularität bei $t = 0$ ein, wenn die Temperatur auf etwa $0{,}9 \cdot 10^9$ K gefallen ist und die Protonendichte $n_p(t_2)$ ist. Wenn alle n_n Neutronen pro Volumeneinheit für die Heliumsynthese verbraucht wurden, sind $n_n/2$ He-Kerne entstanden, und es bleiben $n_p = n_p(t_2) - n_n(t_2)$ Protonen übrig.

Deshalb ist das Atomzahlverhältnis von Helium zu Wasserstoff

$$\frac{n(^4\text{He})}{n(^1\text{H})} = \frac{n_n(t_2)}{2 \cdot \left[n_p(t_2) - n_n(t_2)\right]}\,. \tag{12.31}$$

Zum Zeitpunkt t_2 ist das durch (12.28) gegebene Gleichgewichtsverhältnis n_n/n_p nicht mehr vorhanden, weil Neutronen zerfallen können, aber die Temperatur bereits zu niedrig ist, um neue Neutronen aus Protonen gemäß der Reaktion (12.30a) zu bilden. Es beträgt nun etwa $n_n/n_p \approx 0{,}14$.

Dies führt nach (12.31) auf einen Heliumanteil in Atomzahlen von

$$\frac{n(^4\mathrm{He})}{n(^1\mathrm{H})} = \frac{0{,}14}{2\cdot(1-0{,}14)} = 0{,}082\,.$$

Der relative Massenanteil von Helium zur Gesamtmasse (H + D + He) ist dann etwa 25%, was auch dem beobachteten Wert entspricht (Abb. 12.10).

Die freien Neutronen werden fast vollständig zum Aufbau der ^{4}He-Kerne verbraucht. Ein geringer Rest bleibt übrig, um ^{3}He und ^{7}Li zu erzeugen.

12.3.5 Die Bildung von Kugelsternhaufen und Galaxien

Wenn die Temperatur des expandierenden Universums auf Werte von $T = 4000\,\mathrm{K}$ gefallen sind (dies ist etwa nach $5\cdot10^5$ Jahren der Fall), können die Elektronen mit den Protonen zu neutralem Wasserstoff rekombinieren. Schon etwas früher (bei etwa $T = 8000\,\mathrm{K}$) konnten He-Kerne mit Elektronen rekombinieren, um neutrales Helium zu bilden. Dies hat einen fundamentalen Effekt: Die Kontinuumsstrahlung kann nun nicht mehr mit freien Elektronen wechselwirken, so daß der Strahlungsdruck auf die Materie weitgehend wegfällt. Während die Photonen vorher auf Grund der Streuung an den freien Elektronen einen statistisch variierenden Weg durchflogen, können sie jetzt gradlinig durch das Universum fliegen, können es aber natürlich nie verlassen (siehe auch Photosphäre der Sonne in Abschn. 10.5.6).

Zu diesem Zeitpunkt t_s ist die Energiedichte der Photonen etwa gleich derjenigen der Baryonen. Wir befinden uns also am Schnittpunkt der beiden Kurven in Abb. 12.4. Von jetzt ab beginnt das materiedominierte Universum. Das Universum expandiert weiter, und es kühlt sich dabei ab.

Wenn Dichte und Temperatur der neutralen Materie das Jeans-Kriterium erfüllen (siehe Abschn. 11.2.1), kann ein Kollaps der Materiewolke eintreten. Wenn in dieser Wolke Dichteinhomogenitäten auftreten, können sich lokale Kondensationszentren bilden, auf welche die Materie hin kollabiert. Diese bilden dann große Sternhaufen (Kugelsternhaufen, siehe Abschn. 12.5) und Galaxien bzw. Galaxienhaufen, ganz analog zur Bildung von Sternhaufen (siehe Abschn. 11.2). Dies geschieht etwa $(2\text{–}3)\cdot10^7$ a nach dem Urknall, zu einer Zeit, als die mittlere Materiedichte des Universums noch etwa 10^6mal so hoch war wie heute.

Wie diese Dichte-Inhomogenitäten entstanden sind, ist nicht völlig geklärt. Es gibt mehrere Vorschläge zu ihrer Erklärung, aber diese sind noch Gegenstand der Diskussion.

In Abb. 12.8 sind die verschiedenen Entwicklungsstadien des Universums zusammenfassend dargestellt.

12.3.6 Das Alter des Universums

Setzen wir in (12.18) die kritische Dichte ϱ_c ein, so wird die Gesamtenergie (Summe aus $E_\mathrm{kin} + E_\mathrm{pot}$) jeder sich von uns fortbewegenden Galaxie Null. Wir erhalten dann aus dem Energiesatz:

$$\frac{\mathrm{d}r}{\mathrm{d}t} = \left(\frac{2G\cdot M}{r}\right)^{1/2}. \tag{12.32}$$

Integration ergibt mit $r(0) = 0$:

$$\frac{2}{3}r^{3/2} = (2GM)^{1/2}\cdot t\,. \tag{12.33}$$

Nun gilt zur heutigen Zeit $t = t_0$:

$$\left(\frac{\mathrm{d}r}{\mathrm{d}t}\right)_{t_0} = v_0 = H_0\cdot r = \sqrt{\frac{2GM}{r}}$$

$$\Rightarrow\quad \boxed{t_0 = \tfrac{2}{3}\big/H_0}\,. \tag{12.34}$$

Setzt man den heutigen Wert des Hubble-Parameters $H_0 = 50\,\mathrm{km\,s^{-1}Mpc^{-1}}$ ein, so ergibt (12.34) ein Alter des Universums von

$$t_0(\varrho_\mathrm{c}) = 13\cdot10^9\ \text{Jahre}\,.$$

Für $\varrho < \varrho_\mathrm{c}$ wird die Fluchtbewegung der Galaxien weniger gebremst. Für $\varrho = 0$ wäre sie konstant und wir erhielten:

$$t_0(\varrho = 0) = 1/H_0 = 19{,}5\cdot10^9\ \text{Jahre}\,.$$

Man nennt $t_0(\varrho = 0) = 1/H_0$ die ***Hubble-Zeit*** (Abb. 12.11).

Für $\varrho < \varrho_\mathrm{c}$ muß daher das Alter des Universums in den Grenzen

$$\tfrac{2}{3}H_0^{-1} < t_0 < H_0^{-1} \tag{12.35}$$

liegen. Für $\varrho > \varrho_\mathrm{c}$ wird $t_0 < \frac{2}{3}H_0^{-1}$.

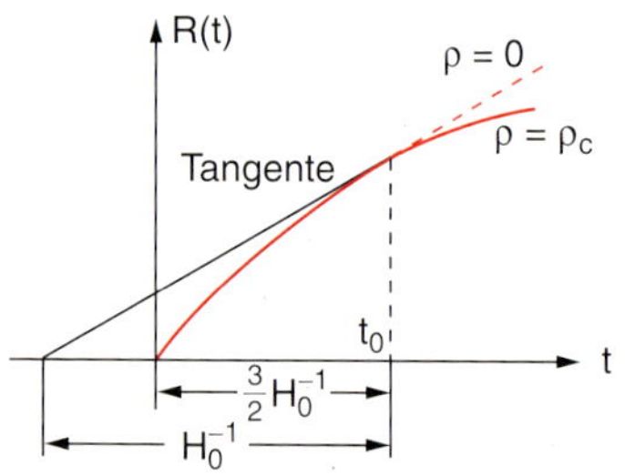

Abb. 12.11. Zur Definition der Hubble-Zeit

Anmerkung

Da der Wert der Hubble-Konstante H_0 bisher nur in den Grenzen $48\,\text{km/(s Mpc)} < H_0 < 60\,\text{km/(s Mpc)}$ angegeben werden kann, liegt das daraus berechnete Hubble-Alter des Universums für $\varrho = 0$ zwischen $16{,}2 \cdot 10^9\,\text{a} < t_0 < 20{,}3 \cdot 10^9\,\text{a}$, für $\varrho = \varrho_c$ zwischen $10{,}8 \cdot 10^9\,\text{a} < t_0 < 13{,}5 \cdot 10^9\,\text{a}$.

12.3.7 Friedmann-Gleichungen

Wir gehen aus von der Bewegungsgleichung

$$m\ddot{r} = -\frac{4}{3}\pi G \varrho m r \tag{12.36a}$$

für eine Galaxie, die sich im Abstand r von uns mit der Geschwindigkeit $v = H_0 \cdot r$ bewegt und deren Fluchtbewegung unter dem Einfluß der anziehenden Gravitationskraft gebremst wird.

Durch Einführen des Skalenparameters R in (12.36a) erhalten wir wegen $r = (R/R_0)r_0$

$$\frac{\mathrm{d}^2 R}{\mathrm{d}t^2} + \frac{4}{3}\pi G \varrho(t) \cdot R = 0\,. \tag{12.36b}$$

Die Massenerhaltung während der Expansion

$$\varrho(t) \cdot R^3(t) = \varrho_0(t_0) \cdot R_0^3$$

erlaubt uns, $\varrho(t)$ in (12.36b) zu eliminieren und durch die heutige Dichte ϱ_0 zu ersetzen. Dies ergibt:

$$\frac{\mathrm{d}^2 R}{\mathrm{d}t^2} + \frac{C}{R^2} = 0 \quad \text{mit } C = \frac{4\pi}{3} G \varrho_0 R_0^3\,. \tag{12.37}$$

Multiplikation mit $\mathrm{d}R/\mathrm{d}t$ und Integration von t_0 bis t liefert wegen

$$\ddot{R} \cdot \dot{R} = \frac{1}{2}\frac{\mathrm{d}}{\mathrm{d}t}(\dot{R}^2)$$

die ***Friedmann-Gleichung***:

$$\left(\frac{\mathrm{d}R}{\mathrm{d}t}\right)^2 - \left(\frac{\mathrm{d}R_0}{\mathrm{d}t}\right)^2 - 2C\left(\frac{1}{R} - \frac{1}{R_0}\right) = 0\,, \tag{12.38a}$$

die man auch wegen $\dot{R}_0 = H_0 \cdot R_0$ schreiben kann als

$$\left(\frac{\mathrm{d}R}{\mathrm{d}t}\right)^2 - \frac{2C}{R} + k = 0 \tag{12.38b}$$

mit

$$k = \left(-H_0^2 + \frac{8\pi G}{3}\varrho_0\right) R_0^2 = (\varrho_0 - \varrho_c)\frac{8\pi G}{3} R_0^2\,.$$

Der Parameter k ist also ein Maß für die Differenz zwischen heutiger mittlerer Dichte ϱ_0 und der durch (12.19) definierten kritischen Dichte. Die Lösungen der Friedmann-Gleichungen hängen ab vom Wert des Parameters k:

1. $k = 0$, d.h. $\varrho_0 = \varrho_c$.
   Die Gleichung (12.38) ist dann elementar integrierbar und ergibt:

$$R(t) = \left(\frac{3H_0}{2}\right)^{2/3} \cdot R_0 \cdot t^{2/3}\,. \tag{12.39}$$

   Der Skalenparameter R, d.h. der Radius des Universums, steigt mit $t^{2/3}$ an und strebt mit sinkender Steigung $\mathrm{d}R/\mathrm{d}t \propto t^{-1/3}$ gegen unendlich (Abb. 12.12).

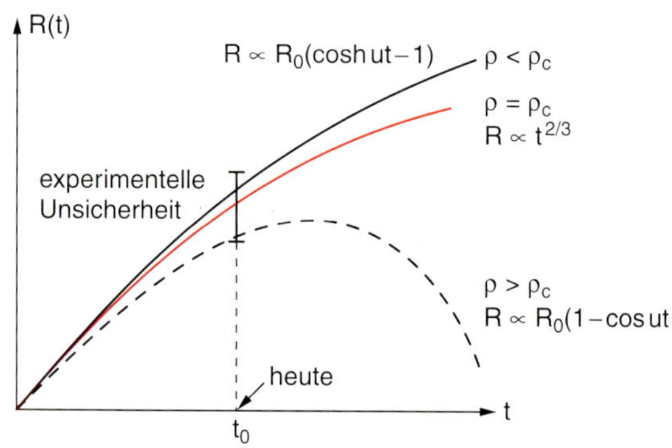

Abb. 12.12. Zeitliche Veränderung des Skalenparameters $R(t)$ für verschiedene Masse-Dichten ϱ des Universums und Vergleich mit der experimentellen Unsicherheit

2. Leeres Universum: $\varrho = 0 \Rightarrow C = 0, k = -H_0^2 R_0^2$.
Die Lösung von (12.38b) ergibt nun

$$R(t) = H_0 R_0 t\,,$$

also ein lineares Anwachsen des Skalenparameters mit der Zeit. Dies ist klar, weil bei $\varrho = 0$ die Expansion nicht durch gravitative Anziehung gebremst wird. Es dehnt sich nur der Raum aus.
3. $k > 0$, d. h. $\varrho < \varrho_c$.
Jetzt wird die Expansion wegen der kleineren Gravitationskraft weniger gebremst. Die Steigung $\mathrm{d}R/\mathrm{d}t$ der Kurve $R(t)$ ist überall größer als im Fall 1. Die Lösung von (12.38) ist:

$$R(t) = R_0(\cosh ut - 1)\,, \tag{12.40}$$

wobei u ein von ϱ abhängiger Parameter ist.
4. $k < 0$, d. h. $\varrho > \varrho_c$.
Die Gravitationskraft ist nun stark genug, um die Expansion völlig zu bremsen. Aus (12.38b) folgt mit $\mathrm{d}R/\mathrm{d}t = 0$ der maximale Radius R_{max}

$$R_{max} = \frac{2C}{k} = \frac{\varrho_0}{\varrho_0 - \varrho_c} \cdot R_0\,. \tag{12.41}$$

BEISPIEL

$\varrho_0 = 2\varrho_c \Rightarrow R_{max} = 2R_0$. In diesem Fall kehrt die Expansion beim doppelten heutigen Radius um in einen Kollaps.

Die Lösung von (12.38) wird

$$R(t) = R_0(1 - \cos ut)\,. \tag{12.42}$$

Bei einer Behandlung im Rahmen der allgemeinen Relativitätstheorie erhält man statt der Friedmann-Gleichung (12.38b) bei Verwendung des Linienelementes $\mathrm{d}s^2 = c^2\mathrm{d}t^2 - \mathrm{d}l^2$ und der Metrik (12.11a) die ***Friedmann-Lemaître-Gleichung***

$$\left(\frac{\mathrm{d}R}{\mathrm{d}t}\right)^2 - \frac{2C}{R} + kc^2 + c^2\Lambda \cdot R^2 = 0$$

$$\Rightarrow \left(\frac{\dot{R}}{R}\right)^2 + \frac{kc^2}{R^2} - \frac{8\pi G}{3}\varrho(t) = -c^2\Lambda\,, \tag{12.43}$$

die einen zusätzlichen Term mit der kosmologischen Konstante Λ enthält. Für $\Lambda = 0$ geht (12.43) über in (12.38b).

Eine positive kosmologische Konstante $\Lambda > 0$ entspricht einer abstoßenden Kraft, welche der durch die Gravitation bewirkten Abbremsung der Expansion entgegenwirkt. Im Rahmen der Quantenfeldtheorie kann die kosmologische Konstante Λ als ein Maß für die Energiedichte w_{vak} des Vakuums gedeutet werden. Führt man formal eine Massendichte $\varrho_{vak} = w_{vak}/c^2$ ein, so kann man

$$c^2\Lambda = \frac{8\pi}{3} G \cdot \varrho_{vak} \quad \text{mit} \quad \varrho_{vak} = w_{vak}/c$$

schreiben und in (12.43) formal statt der Dichte ϱ die verminderte Dichte $\varrho - \varrho_{vak}$ einsetzen.

Die Energiedichte des Vakuums wirkt als zusätzliche treibende Kraft, welche die abbremsende Kraft durch die Massendichte ϱ vermindert.

Bisher läßt sich der Zahlenwert von Λ aus Beobachtungen noch nicht bestimmen. Als obere Grenze wird $|\Lambda| < 10^{-51}\,\mathrm{m}^{-2}$ angegeben, so daß meistens $\Lambda = 0$ gesetzt wird.

12.3.8 Die Rotverschiebung

Die Beobachtungen von *Hubble* hatten gezeigt, daß die Spektrallinien, die von fernen Galaxien ausgesandt wurden, zu längeren Wellenlängen hin verschoben waren.

Diese Rotverschiebung $\Delta\lambda$ wurde als Doppler-Effekt gedeutet und daraus der Schluß gezogen, daß sich die Galaxien mit einer Radialgeschwindigkeit v_r von uns fortbewegen. Die relative Wellenlängenverschiebung, die als Rotverschiebung z bezeichnet wird, ist dann für $v \ll c$ unter Annahme der Hubble-Beziehung $v_r = H_0 \cdot r$

$$z = \frac{\Delta\lambda}{\lambda} \approx \frac{v}{c} = \frac{1}{c} H_0 \cdot r\,. \tag{12.44}$$

Nun kann man die Vergrößerung der Wellenlänge auch auf die *Expansion des Raumes* zurückführen. Dies läßt sich folgendermaßen einsehen: In einem Raum-Zeit-Diagramm, das einem flachen Universum (Krümmungsradius $R = \infty$) entspricht (Abb. 12.13a), sind die Weltlinien eines Photons die rot gezeichneten Geraden mit einem Winkel von 45° gegen die Achsen (siehe Bd. 1, Abschn. 3.6).

Die Weltlinie einer Galaxie, die sich mit der konstanten Geschwindigkeit $v < c$ bewegt, ist die schwarz

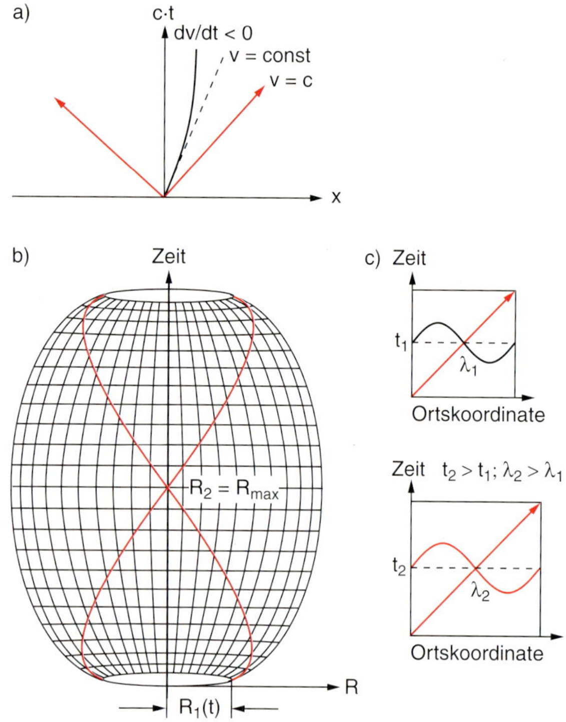

Abb. 12.13. (**a**) Minkowski-Diagramm bei euklidischer Metrik mit den Weltlinien für Photonen (*rot*) und Galaxien (*schwarz*); (**b**) Raum-Zeit-Metrik des gekrümmten Raumes; (**c**) Expansion des Raumes als eigentliche Ursache für die Rotverschiebung

gestrichelte Gerade. Nimmt ihre Geschwindigkeit $v(t)$ im Laufe der Zeit ab, so durchläuft sie die gekrümmte schwarze Weltlinie.

In einem gekrümmten Raum, bei dem sich der Krümmungsradius $R(t)$ zeitlich ändert, sieht dies anders aus, wie in Abb. 12.13b am Beispiel eines geschlossenen Universums ($\varrho > \varrho_c$) verdeutlicht wird. Die Zeitachse ist die senkrechte Mittellinie. Die Weltlinien der Galaxien entsprechen den gekrümmten Linien.

Wenn wir ein räumliches Gitternetz einzeichnen, so würde dies im flachen Universum einem Netz von Quadraten entsprechen, die im gekrümmten Raum verzerrt sind. In Abb. 12.13b ist das Raum-Zeit-Diagramm in einem geschlossenen Universum dargestellt, dessen Krümmungsradius $R(t)$ während der Expansionsphase von $R_1(t)$ bis zum Maximalwert $R_2(t_2) = \varrho_0 R_0/(\varrho_0 - \varrho_c)$ anwächst, um dann beim nachfolgenden Kollaps wieder abzunehmen. Die Weltlinie eines Photons läuft nach wie vor von einer Ecke des verzerrten Netzquadrates diagonal zur gegenüberliegenden Ecke, erscheint aber im Großen wegen der Krümmung des Raumes gekrümmt zu sein. Eine Galaxie, die z. B. zur Zeit t_0 auf einer Ecke eines solchen Netzquadrates liegt, nimmt an der Expansion des Raumes teil, ohne daß sie sich entlang der Raumkoordinate bewegt. Hatte sie zur Zeit t_0 den Abstand r_1 von uns, so wird dieser während der Expansion des Universums größer. Das liegt jedoch an der Vergrößerung der Gitterlänge D, die proportional zum Krümmungsradius $R(t)$ anwächst.

Wir können deshalb sagen, daß der *Raum* sich ausdehnt und deshalb der Abstand zwischen den Galaxien zunimmt. Denken wir wieder an das Beispiel des Luftballons, auf dem Scheibchen als Modelle für die Galaxien aufgeklebt sind, sich also auf der Luftballonoberfläche nicht bewegen können. Trotzdem vergrößert sich ihr Abstand, wenn der Luftballon aufgeblasen wird.

Bei dieser Ausdehnung des Raumes vergrößern sich alle Längen und damit auch die Wellenlänge λ des Lichtes entsprechend. Dies ist in Abb. 12.13c illustriert. Nehmen wir an, eine Galaxie habe zur Zeit t_1 Licht der Wellenlänge λ_1 ausgesandt. Wir wählen unser Gitternetz so engmaschig, daß die Seitenlänge $D_1(t)$ unseres Quadrates gerade gleich λ_1 ist. Das Licht läuft diagonal durch das Quadrat. Die Lichtlaufzeit ist $\Delta t = \lambda_1/c$. Zur späteren Zeit $t_2 > t_1$ hat sich das Netz aufgeweitet, weil $R(t)$ und damit auch die Seitenlänge D anwächst. Da die Expansionszeit t im massedominierten Universum $t \propto R^{3/2}$ anwächst (12.26), wächst mit $R(t)$ auch die Zeitlänge unserer Gittermasche. Nach wie vor läuft das Licht diagonal, aber die Wellenlänge, die ja in unserer Metrik als Länge des Linienelementes (Seitenlänge der Gittermasche) gewählt war, wächst mit. Es gilt:

$$\frac{\lambda_1}{\lambda_2} = \frac{R_1(t_1)}{R_2(t_2)} . \tag{12.45}$$

Betrachten wir den Fall $\varrho = \varrho_c$, d. h. $k = 0$, so wird nach (12.39)

$$\frac{R_1(t_1)}{R_2(t_2)} = \left(\frac{t_1}{t_2}\right)^{2/3} ,$$

so daß die Wellenlänge λ_0 von Licht, das zur Zeit t_e von einer Galaxie mit der Wellenlänge λ emittiert wurde, bei ihrer Ankunft auf der Erde zur Zeit t_0 durch

$$\frac{\lambda_0}{\lambda} = 1 + z = \left(\frac{t_0}{t_e}\right)^{2/3} \tag{12.46}$$

gegeben ist.

Deshalb ist der jetzige Abstand $r(z)$ einer Galaxie, deren Licht die Rotverschiebung z aufweist (siehe Aufg. 12.5)

$$r(z) = \frac{2c}{H_0}\left[1 - \frac{1}{\sqrt{1+z}}\right] + r_e\,. \tag{12.47}$$

Die Entfernung, die das Licht von der Galaxie bis zu uns zurückgelegt hat, ist dagegen nur

$$\begin{aligned} l(z) &= c(t_0 - t_e) = ct_0\left[1 - (t_e/t_0)\right] \\ &= \frac{2c}{3H_0}\left[1 - \frac{1}{(1+z)^{3/2}}\right]\,. \end{aligned} \tag{12.48}$$

Dies zeigt, daß für große Werte von z eine Galaxie weiter von uns entfernt sein kann, als die Strecke, die das Licht während des Alters des Universums zurückgelegt hat.

Je größer die Rotverschiebung z ist, desto früher war der Zeitpunkt, zu dem das Licht ausgesandt wurde. Galaxien mit großen Werten von z offenbaren uns daher jetzt ihren Zustand zu einem früheren Zeitpunkt

$$t_e = t_0 - \frac{2}{3H_0}\left[1 - \frac{1}{(1+z)^{3/2}}\right]\,. \tag{12.49}$$

BEISPIEL

Für die am weitesten entfernten Galaxien mit bekannter Rotverschiebung ist $z = 5$, $t_e = t_0/6^{3/2} = t_0/14{,}7$. Setzt man $t_0 = \frac{2}{3}/H_0$ und für $H_0 = 50\,\mathrm{km\,s^{-1}/Mpc}$, so ergibt dies:

$$t_0 = 15 \cdot 10^9\,\mathrm{a} \Rightarrow t_e \approx 8{,}8 \cdot 10^8\,\mathrm{a}\,.$$

Das Licht wurde also von einer Galaxie zu einer frühen Phase des Universums ausgesandt. Es ist bemerkenswert, daß bereits weniger als 1 Milliarde Jahre nach dem Urknall leuchtkräftige Galaxien existierten [12.5].

Die jetzige Entfernung $r(z)$ der Galaxie ist gemäß (12.47) mit $H_0 = 50\,\mathrm{km\,s^{-1}Mpc^{-1}}$

$$7 \cdot 10^9\,\mathrm{pc} = 22{,}6 \cdot 10^9\,\mathrm{ly}\,,$$

während das Licht nur den Weg

$$l(z) = c \cdot (t_0 = t_e) = 12{,}12 \cdot 10^9\,\mathrm{ly}$$

zurückgelegt hat.

Anmerkung

Für so große z-Werte erreichen die Fluchtgeschwindigkeiten v fast die Lichtgeschwindigkeit c, so daß man statt (12.46) die relativistische Dopplerverschiebung

$$z + 1 = \left(\frac{1 + v/c}{1 - v/c}\right)^{1/2}$$

benutzen muß. Dies ändert die Zahlenwerte im Beispiel.

Zum weiteren Studium der das Standardmodell betreffenden Fragen wird auf die Literatur [12.2–4,6,7] verwiesen.

12.4 Bildung und Struktur von Galaxien

Schon Ende des 18. Jahrhunderts war den Astronomen aufgefallen, daß es außer den Sternen, die als punktförmige Lichtquellen erscheinen, verwaschene leuchtende Gebilde am Himmel zu sehen waren, die man ***Nebel*** nannte. Der bekannteste von ihnen ist der Andromeda-Nebel (Abb. 12.14). Nach der Entwicklung größerer Teleskope stellte sich heraus, daß viele dieser Nebel in Wirklichkeit eine Ansammlung von vielen Millionen bis Milliarden Sternen darstellten. Man nennt sie heute ***Galaxien***, um sie von den echten Nebeln, die ausgedehnte Gebiete von leuchtenden oder auch dunklen Gas- und Staubwolken darstellen, zu unterscheiden.

Der Name Galaxie ist der griechische Ausdruck für „Milchstraße“. Schaut man von einem dunklen Beobachtungsort, fern störender Lichtquellen, in einer sternklaren Sommernacht zum Himmel, so sieht man ein langgestrecktes mattschimmerndes milchigweißes Band, die Milchstraße (Abb. 11.1). Wir werden im nächsten Abschnitt sehen, daß dieses milchigweiße Band durch eine große Sterndichte in dieser

Blickrichtung zustandekommt. Es bildet die Symmetrieebene unseres Milchstraßensystems. Deshalb wurde der Name ***Milchstraße*** später erweitert auf alle Sterne unseres Sternsystems. Da es außer unserer Milchstraße noch viele weitere ähnliche Systeme gibt, bekamen sie den Namen Galaxien. Unsere Milchstraße wird auch als Galaxis bezeichnet, ein fremdes System nennt man eine Galaxie.

12.4.1 Galaxien-Typen

Unser Universum besteht nach heutiger Kenntnis aus mehr als 10^{10} Galaxien mit scheinbaren Helligkeiten von mehr als 25^{m}. Von ihnen sind allerdings bisher nur die hellsten (einige tausend) genauer untersucht worden. Jede dieser Galaxien enthält etwa 10^{9}–10^{12} Sterne, so daß unser Universum die unvorstellbar große Zahl von mehr als 10^{20} Sternen aufweist.

Die Entfernungen zwischen den Galaxien sind im allgemeinen groß gegen ihren Durchmesser. So ist z. B. die uns nächste große Galaxie, der Andromeda-Nebel M 31 (Abb. 12.14) etwa 650 kpc = 2 Millionen Lichtjahre entfernt, ihr Durchmesser beträgt jedoch *nur* etwa 60 kpc, so daß man die Galaxien als „Inseln“ im Weltraum ansehen kann. Häufig findet man Ansammlungen von vielen Galaxien in sogenannten Galaxienhaufen, die bis zu 2500 Galaxien enthalten können.

Ein Beispiel für einen kleinen Galaxienhaufen ist die ***lokale Gruppe***, die außer unserer eigenen Galaxie noch den Andromeda-Nebel und 30 weitere kleine Galaxien enthält. Ein Beispiel großer Galaxienhaufen ist z. B. der Virgo-Haufen, der etwa 2500 Galaxienhaufen enthält und etwa 70 Millionen Lichtjahre von uns entfernt ist oder der Perseus-Haufen (Abb. 12.15).

Die meisten bekannten Galaxien sind in Katalogen aufgelistet, von denen der Messier-Katalog (nach *Charles Messier*, 1730–1817) und der New General Catalogue of Nebulae and Clusters of Stars von *J.L.E. Dreyer* (1852–1926) [12.8] 1888 die wichtigsten sind. Die Galaxien werden deshalb als M + Zahl oder NGC + Zahl bezeichnet. So wird z. B. die Andromeda-Galaxie in der Literatur als M 31 oder NGC 224 geführt.

Abb. 12.14. Der Andromedanebel ist eine mit dem bloßen Auge sichtbare Galaxie, d. h. ein außerhalb unseres Milchstraßensystems befindliches Sternsystem im Sternbild Andromeda. Er ist rund 700 kpc von uns entfernt und besitzt eine ähnliche Spiralstruktur wie unsere Galaxis. Rechts oben im Bild befindet sich die elliptische Galaxie M 32 (siehe Abb. 12.17). (Thüringer Landessternwarte Tautenburg)

Abb. 12.15. Der Perseushaufen A426 zählt zu den galaxienreichsten nahen Haufen, er ist ca. 300 Millionen Lichtjahre entfernt und enthält über 1000 Galaxien. In seinem Zentrum sind vor allem elliptische und S0-Galaxien vertreten (J. Brunzendorf, Tautenburg)

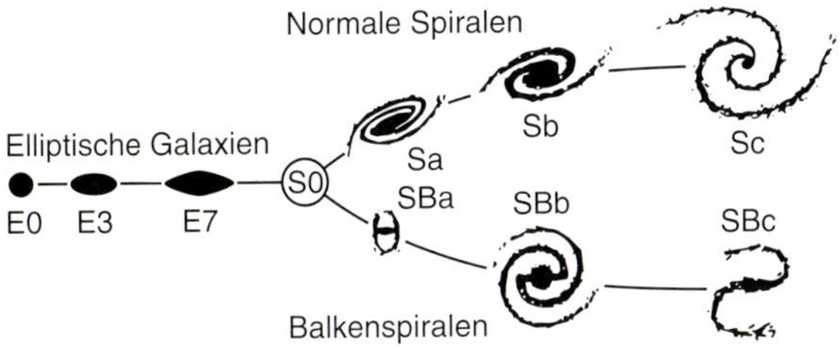

Abb. 12.16. Klassifikation der Galaxientypen, ausgehend von der Hubble-Sequenz

Die Entfernungen der Galaxien waren lange Zeit umstritten. Sie können z. B. mit Hilfe von Pulsationsveränderlichen bestimmt werden. Wie im Abschn. 11.7.1 gezeigt wurde, hängen Periodendauer und Leuchtkraft der pulsierenden Sterne miteinander zusammen, so daß man an Hand bekannter veränderlicher Sterne (z. B. der Cepheiden) in unserer Galaxis, diesen Zusammenhang (11.88) eichen und auf vergleichbare Sterne in Nachbargalaxien anwenden kann.

Um etwas über die Bildungsmechanismen und das Alter von Galaxien zu erfahren, ist es nützlich, ihre Struktur genauer zu untersuchen. Der Vergleich kann uns auch Hinweise auf die Struktur unserer Galaxis geben.

Schon *E. Hubble* hatte 1936 eine bis heute im Prinzip gültige Klassifizierung der Galaxien nach ihrer Struktur angegeben (Abb. 12.16). Sie unterscheidet zwischen elliptischen, linsenförmigen, Spiralgalaxien und irregulären Galaxien. Die Spiralgalaxien werden nochmals in normale und Balken-Galaxien unterteilt. Früher wurde diese ***Hubble-Sequenz*** als eine Entwicklungsfolge angesehen, in der die elliptischen Galaxien die Ausgangsformen darstellen sollten, aus denen sich dann später die Spiralgalaxien entwickelten. Auf Grund des Studiums vieler Tausender von Galaxien weiß man heute, daß diese Sequenz keine zeitliche Entwicklung darstellt. Auch gibt es viele Zwischenformen von Galaxienstrukturen, so daß man eine feinere Einteilung vornimmt, nach der die elliptischen Galaxien von E0 bis E7 klassifiziert werden. Dabei ist für die Klasse En der Index $n = 10(1 - b/a)$ ein Maß für die Abplattung, also das Verhältnis b/a von kleiner zu großer Halbachse der Ellipse.

BEISPIEL

Das Bild einer E0-Galaxie ist kreisförmig.

Man beachte:

Auch eine abgeplattete Ellipse kann kreisförmig aussehen, wenn ihre große Halbachse schräg zur Blickrichtung steht, so daß die Projektion einen Kreis ergibt. Aus der Verteilung der Elliptizitäten weiß man jedoch, daß die elliptischen Galaxien tatsächlich abgeplattet sind und nicht nur infolge von Projektionseffekten elliptisch erscheinen.

Auch die Spiralgalaxien werden feiner unterteilt in SAa, SAb, SAc, SAd. Das A bedeutet einfache Spiralform (also kein Balken), die kleinen Buchstaben geben den Öffnungswinkel an, unter dem die Spiralarme gewunden sind (10° für a bis etwa 25° für d).

Die Balkengalaxien werden analog in die Typen SBa–SBd eingeteilt.

Die elliptischen Galaxien (z. B. M 32 vom Typ E2, rechts oben in Abb. 12.14 und in Abb. 12.17) variieren stark in ihrer Größe (10^8–10^{13} Sterne) und Leuchtkraft. Diese reicht von -9^{m} für Zwerggalaxien bis -24^{m} bei Riesengalaxien. (Zur Erinnerung: Eine Differenz von 2,5 mag entspricht einem Leuchtkraftverhältnis von 10:1.)

Elliptische Galaxien bestehen aus alten Sternen, die alle etwa vor 10^{10} Jahren entstanden sind. Sie enthalten nur wenig interstellares Gas und Staub, so daß keine neuen Sterne entstehen können. Der größte Teil der Galaxien-Leuchtkraft kommt von Roten Riesensternen, während der größte Teil der Masse durch Hauptreihensterne geliefert wird. Elliptische Galaxien besitzen deshalb eine rötliche Farbe. Die Flächenhelligkeit nimmt mit zunehmendem Abstand vom Mittelpunkt stetig ab. Aus der Helligkeitsverteilung kann auf die dreidimensionale Struktur der Galaxie geschlossen werden.

Abb. 12.17. Elliptische Galaxie M 32 vom Typ E2, die ein kleiner Begleiter des Andromeda-Nebels (Abb. 12.14) ist (Kitt-Peak National Observatory)

Abb. 12.18. Spiralgalaxie M 81 (NGC 3031) (Mount Palomar Observatory)

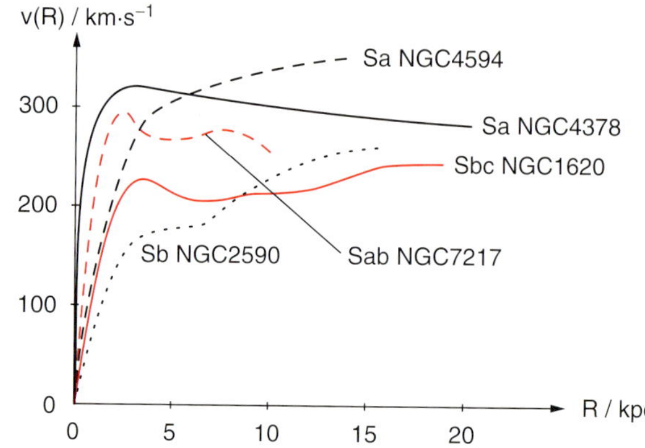

Abb. 12.19. Rotationskurven einiger Spiralgalaxien. Nach V.C. Rubin, W.K. Ford, N. Thonnard: Astrophys. J. **225**, L107 (1978)

Die Rotationsgeschwindigkeit elliptischer Galaxien ist im allgemeinen sehr klein, viel kleiner als die statistischen Eigengeschwindigkeiten der Sterne in der Galaxie.

Spiralgalaxien (Abb. 12.18) haben eine differenziertere Struktur als die elliptischen Galaxien. Sie zeigen eine zentrale Verdickung, deren Struktur und Sternzusammensetzung der einer elliptischen Galaxie ähnlich ist. Um dieses Galaxienzentrum findet man jedoch eine flache Scheibe mit Spiralstruktur, in der die Mehrzahl heller, blauer Sterne angeordnet ist. Die Spiralarme leuchten deshalb im bläulichen Licht. Der Scheibendurchmesser hat eine typische Größe von 30 000 pc, aber nur eine Dicke von etwa 700 pc. Spiralgalaxien rotieren relativ schnell, wie man aus der Dopplerverschiebung der Spektrallinien von Sternen an entgegengesetzten Enden der Galaxie messen kann, wenn man nicht gerade senkrecht auf die Scheibenebene blickt.

Nur bei den näheren Galaxien ist ihr Winkeldurchmesser groß genug, um solche Rotationskurven messen zu können.

Bei weiter entfernten Galaxien wird das Licht (bzw. die Radiostrahlung) der gesamten Galaxie für die Auflösung gebraucht. Man beobachtet dann die Rotation der Galaxie als Dopplerverbreiterung einer Spektrallinie und ihre Fluchtgeschwindigkeit als Dopplerverschiebung.

Die Rotation ist im allgemeinen differentiell, das Zentrum hat eine größere Winkelgeschwindigkeit als die Mitte der Scheibe. Dies sieht man aus Abb. 12.19, die solche differentiellen Rotationskurven $v(R) = \omega(R) \cdot R$ für einige Spiralgalaxien zeigt.

Bei vielen Spiralgalaxien rotieren jedoch die Außengebiete (ab einigen kpc Zentrumsabstand) mit ähnlichen Winkelgeschwindigkeiten.

Auch unsere eigene Galaxie ist eine Spiralgalaxie (siehe Abschn. 12.5). In den Spiralarmen findet man größere Gas- und Staubwolken, in denen neue Sterne entstehen. Balken-Spiralgalaxien (Abb. 12.20) bilden eine besondere Form der Spiralgalaxie, bei der zwei Spiralarme von einem zentralen Kern anfangs radial nach außen laufen, dann scharf abknicken und in eine gewundene Spiralstruktur übergehen. Über die Entstehung der Galaxien gibt es bisher nur qualitative und auch keineswegs gesicherte Erkenntnisse. Nach den gegenwärtigen Vorstellungen haben sich die Galaxien alle etwa zur gleichen Zeit (etwa 10^7 Jahre nach dem Urknall) durch Dichtefluktuationen des abkühlenden Wasserstoff- und Heliumgases gebildet (siehe

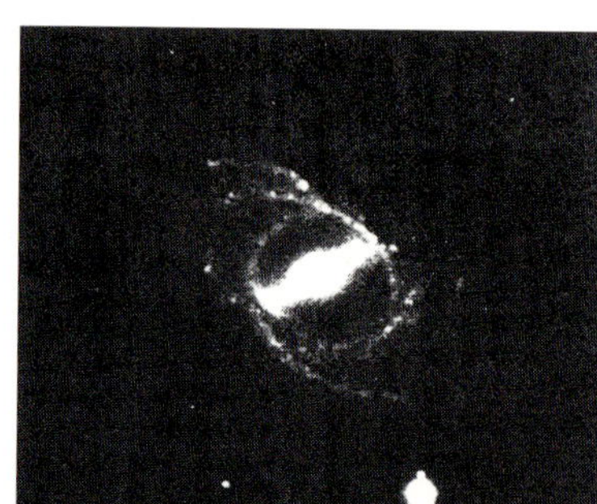

Abb. 12.20. Balken-Spiralgalaxie

Abschn. 12.3.4). In den elliptischen Galaxien begann bald nach der Galaxienbildung auch die Sternbildung, so daß man dort alte Sterne findet. Bei der Sternbildung wurde praktisch alles Gas der Galaxie verbraucht, so daß sie heute kaum Gaswolken enthalten. Die Entwicklung der Spiralgalaxien, die im Gegensatz zu den elliptischen Galaxien rotieren, scheint ein zweistufiger Prozeß gewesen zu sein, wobei sich im Kern der Galaxie zuerst Sterne bildeten. Infolge der Rotation konnte das Gas aber in Radialrichtung nicht genügend schnell kontrahieren, so daß eine Gasscheibe übrig blieb, auf die in z-Richtung (parallel zur Rotationsachse) weiteres Gas einfallen und dadurch die kritische Jeans-Dichte zur Erzeugung von Sternhaufen erreichen konnte. Wir werden diesen Bildungsprozeß am Beispiel unserer Heimatgalaxie näher diskutieren.

Die dritte Klasse von Galaxien sind S0-Galaxien, die vom Aufbau her Spiralgalaxien entsprechen, jedoch keine Spiralarme besitzen und in denen auch keine Sternentstehung mehr stattfindet.

Als irreguläre Galaxien werden solche ohne ausgeprägtes Zentrum (Kern) bezeichnet. Sie sind meist Zwerggalaxien geringer Sterndichte (z. B. Magellansche Wolken).

12.4.2 Aktive Galaxien

Bisher haben wir die Beobachtungsgrößen „normaler" Galaxien besprochen. In den letzten Jahren sind eine Anzahl aus dem bisherigen Schema herausfallender Galaxien gefunden worden, die sowohl hinsichtlich ihrer Leuchtkraft als auch der spektralen Verteilung ihrer Emission deutlich von normalen Galaxien abweichen. Zu ihnen gehören die ***Seyfert-Galaxien*** (nach ihrem Entdecker *Carl Seyfert* genannt) und die ***Quasare*** (*Quasi-Stellar Radio Sources*). Die Seyfert-Galaxien haben einen sehr leuchtstarken Zentralbereich und eine Spiralstruktur, deren Leuchtkraft trotz ihrer wesentlich größeren räumlichen Ausdehnung kleiner sein kann als die des galaktischen Kerns. Diese wiederum kann sich innerhalb eines Jahres um mehr als einen Faktor Zwei ändern, was auf besondere Aktivitäten im Galaxienkern schließen läßt.

In Seyfert-Galaxien kann der Kern, dessen Durchmesser wenige pc beträgt, so viel Strahlung emittieren wie 10^{11} Sterne der gesamten Galaxie. Im emittierten Spektrum des Galaxienkerns findet man starke Emissionslinien, wie aus hellen H II-Regionen und ein Kontinuum, das keine thermische Verteilung zeigt. Die Quasare wurden zuerst 1960 als praktisch punktförmige intensive Radioquellen entdeckt.

Später konnten sie mit Quellen sichtbarer Strahlung identifiziert werden, die aber auch mit dem großen 5 m-Spiegel des Mt. Palomar-Teleskops nicht von Sternen unterschieden werden konnten. Deshalb werden sie heute auch als QSO's (*Quasi Stellar Objects*) bezeichnet. Es gibt aber auch QSO's, die keine Radioquellen sind. Die Quasare sorgten für Aufregung, als sich herausstellte, daß ihre Spektrallinien sehr große Rotverschiebungen (bis $z = 4{,}7$) zeigten. Dies bedeutet, daß sie nach dem Hubble-Gesetz weit entfernt sein mußten. Eine Rotverschiebung $z = 4{,}7$ entspricht einer Entfernung von 12 Milliarden Lichtjahren. Die Strahlung, die wir von ihnen heute empfangen, muß während der frühen Entwicklungsphase des Objektes erzeugt worden sein. Da ihre scheinbare Helligkeit bereits sehr groß ist, folgt aus dieser Entfernung eine riesige Leuchtkraft, viel mehr, als ein einzelner Stern überhaupt abstrahlen kann. Weil die Quasare aber aus einer wesentlich kleineren Fläche abstrahlen als normale Galaxien, muß ihre Flächenhelligkeit extrem groß sein. Heute nimmt man an, daß die Galaxienkerne aktiver Galaxien die Quellen dieser Strahlung sind. Es gibt eine Reihe verschiedener Erklärungsversuche für die Ursachen der großen visuellen Leuchtkraft (bis zu $10^{14}\,L_\odot$!). Die heute favorisierte geht von einem supermassiven schwarzen Loch aus, das die umliegende Materie an sich zieht und zum Leuchten bringt. Dabei bildet sich um das schwarze Loch eine Akkretionsscheibe und praktisch die gesamte Materie kann beim Sturz in das schwarze Loch in Materie umgewandelt werden. Diese Energie $E = Mc^2$ ist etwa 100mal größer als die gesamte Energie $E = \Delta Mc^2$, die bei der Fusion von Wasserstoff der Masse M frei wird.

12.5 Die Struktur unseres Milchstraßensystems

Bereits im frühen 17. Jahrhundert entdeckte *Galileo Galilei*, der als erster Mensch den Himmel mit einem Fernrohr untersuchte, daß die Milchstraße aus unvorstellbar vielen Sternen bestand. Da diese Sterne wesentlich näher sind als die in anderen Galaxien, können wir ihre Verteilung und ihre Bewegungen sowie ihre Spektraltypen viel genauer untersuchen [12.9].

12.5.1 Stellarstatistik und Sternpopulationen

Gegen Ende des 18. Jahrhunderts begann *Friedrich Wilhelm Herschel* (1738–1822), einer der bedeutendsten Astronomen seiner Zeit, systematische Sternzählungen in den verschiedenen Himmelsrichtungen. Er stellte dabei fest, daß die Sterndichte von uns aus gesehen nicht isotrop war, sondern in einer Richtung ein Maximum, in zwei anderen, dazu senkrechten Richtungen Minima aufwies. Solche Sternzählungen wurden nach Einführung der Astrophotographie ausgedehnt und verfeinert, insbesondere, nachdem man erkannt hatte, daß Verfälschungen auftreten konnten durch absorbierende Gas- und Staubwolken, welche die hinter ihnen liegenden Sterne verdecken. Die Grundlage der Stellarstatistik, aus der man die räumliche Verteilung der Sterne verschiedener Helligkeit ermitteln will, beruht auf folgender Überlegung (Abb. 12.21).

Von einem Stern mit der Leuchtkraft L in einer Entfernung r_0 empfangen wir die Energieflußdichte (Intensität)

$$I_0 = L/(4\pi r_0^2)\,. \tag{12.50}$$

Wenn wir annehmen, daß die Dichte $n(L)$ von Sternen der Leuchtkraft L isotrop verteilt ist, dann ergeben alle Sterne der Leuchtkraft L mit Abständen $r < r_0$ eine größere Intensität.

Die Zahl der Sterne, die heller erscheinen ($I > I_0$), ist daher

$$N_\mathrm{L}(I > I_0) = \tfrac{4}{3}\pi r_0^3 \cdot n(L)\,.$$

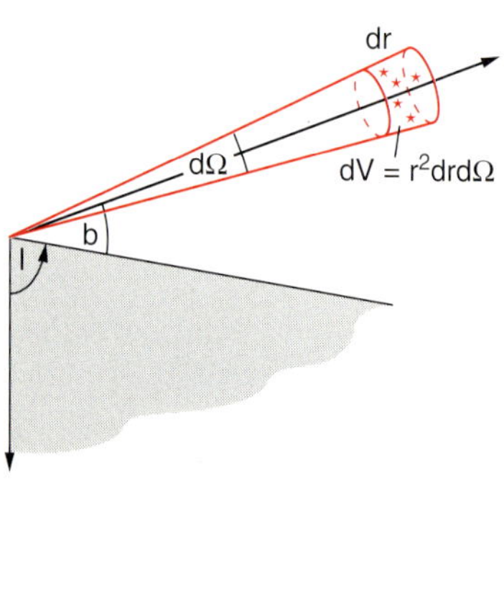

Abb. 12.21. Zur Stellarstatistik: Zahl der Sterne im Volumenelement $\mathrm{d}V = r^2 \mathrm{d}\Omega \mathrm{d}r$. Der Winkel l gibt die galaktische Länge, b die galaktische Breite an

Setzt man r_0 aus (12.50) ein, so ergibt dies:

$$N_\mathrm{L}(I > I_0) = \frac{n(L)\cdot L^{3/2}}{3\sqrt{4\pi}} \cdot I_0^{-3/2}\,. \tag{12.51}$$

Die Gesamtzahl aller Sterne, die eine Intensität $I > I_0$ ergeben, unabhängig von ihrer Leuchtkraft L, ist dann

$$N(I > I_0) = \frac{I_0^{-3/2}}{3\sqrt{4\pi}} \int\limits_{L=0}^{L_\mathrm{max}} n(L)\cdot L^{3/2}\,\mathrm{d}L\,. \tag{12.52}$$

Zählt man alle Sterne, welche eine Mindestintensität I_0 auf die Erde strahlen, so läßt sich daraus die Sterndichte $n = \int n(L)\,\mathrm{d}L$ ermitteln. Diese Zählung kann man nun in verschiedenen Richtungen des Himmels durchführen (Tabelle 12.1).

Aus der nicht isotropen Verteilung der Sterndichte läßt sich schließen, daß wir nicht im Zentrum der Milchstraße sitzen, sondern mehr zum Rande hin und daß die Sternverteilung in Form einer flachen Scheibe vorliegt. Genaue Messungen, die sowohl im optischen als auch im infraroten Spektralbereich und mit Radioteleskopen durchgeführt wurden sowie Vergleiche mit anderen Galaxien, haben das in Abb. 12.22 schematisch dargestellte Bild unseres Milchstraßensystems erbracht. Es besteht aus einer flachen rotierenden Scheibe mit einer zentralen ellipsoidförmigen Verdickung. Die Scheibe selbst hat eine Spiralstruktur,

Tabelle 12.1. Mittlere Sternzahlen der relativen Helligkeit m magnitudines pro Quadratgrad in zwei verschiedenen Richtungen mit galaktischen Breiten b, verglichen mit der Gesamtzahl N_m am Himmel

m	mittlere Sternzahlen pro Quadratgrad		Gesamtzahl am Himmel
	$b = 0$–$20°$	$b = 40$–$90°$	
9	2,28	0,90	62 090
10	6,18	2,33	165 600
11	16,48	5,80	$4{,}3\cdot 10^5$
12	43,0	13,8	$1{,}1\cdot 10^6$
13	110,2	31,5	$2{,}7\cdot 10^6$
14	274,8	67,8	$6{,}5\cdot 10^6$
16	1550	267	$2\cdot 10^7$
18	7312	845	$1{,}4\cdot 10^8$
20	28 190	2138	$5\cdot 10^8$

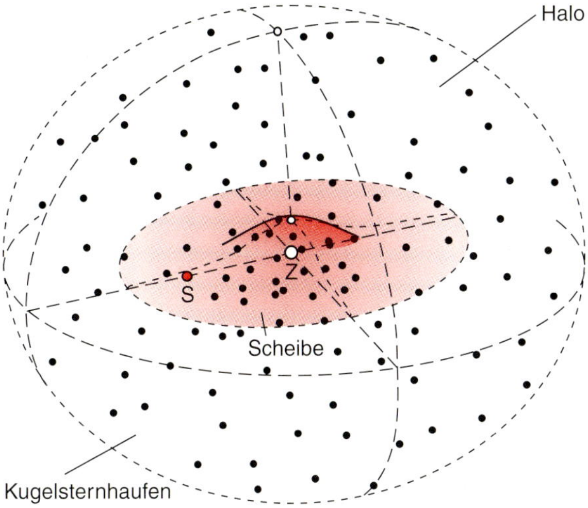

Abb. 12.22. Schematische Darstellung der Struktur unserer Galaxis, der Milchstraße

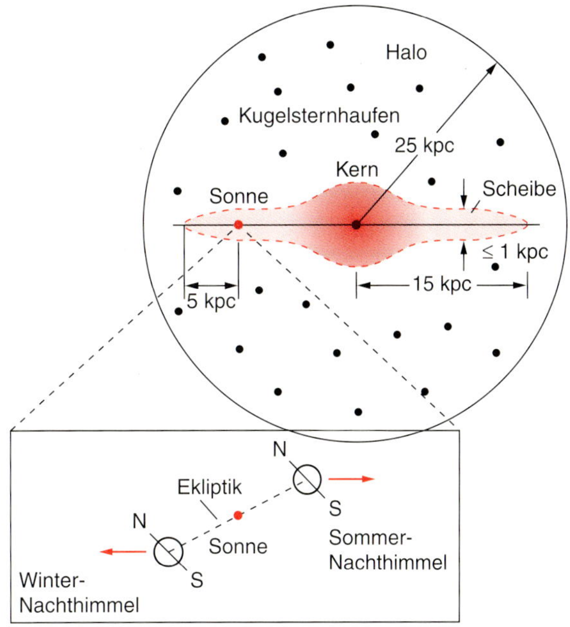

Abb. 12.23. Ausmaße der Milchstraße und Beobachtungsrichtung in Winter- und Sommernächten. Die Pfeile geben die Blickrichtung bei Nacht an

wobei in den Spiralarmen erhöhte Staub- und Gasdichten vorhanden sind, in denen sich fortwährend neue Sterne bilden. Solche neuen, hellen Sterne lassen bei anderen Spiralgalaxien, die wir senkrecht zur Scheibenebene sehen können, die Spiralarme deutlich hervortreten (Abb. 12.18).

Die Scheibe ist umgeben von einem ausgedehnten fast kugelförmigen ***Halo*** von Kugelsternhaufen, wobei der Mittelpunkt des Halo mit dem Rotationszentrum der Scheibe zusammenfällt.

Harlow Shapley (1885–1947) konnte als erster durch die Beobachtung von veränderlichen Cepheiden in den Kugelsternhaufen deren Entfernungen bestimmen und damit das Zentrum und die Ausdehnung unseres Milchstraßensystems ermitteln.

Danach ergibt sich, daß unsere Sonne etwa 10 kpc vom Zentrum entfernt ist, was etwa 2/3 des Radius $R \approx 15\,\text{kpc}$ der Scheibe ausmacht. Wie Abb. 12.23 zeigt, können wir auf der Nordhalbkugel der Erde das weiße Band der Milchstraße nur in Sommernächten sehen, weil wir in Winternächten zum Rande der Scheibe, nicht ins Zentrum schauen. Messungen der Spektralverteilungen der Sternstrahlung zeigten, daß in der Milchstraßenscheibe überwiegend junge, heiße Sterne gefunden werden mit einem relativ hohen Anteil an schweren Elementen (schwerer als Helium). Sie sind eingebettet in interstellare Materie und laufen gemeinsam mit ihr auf kreisförmigen Bahnen um das Zentrum des Milchstraßensystems. Man nennt sie die ***Population I***.

Im Gegensatz dazu handelt es sich bei den Sternen in den Kugelsternhaufen des Halo um sehr alte Sterne ($\geq 10^{10}$ Jahre), die nur wenig schwere Elemente enthalten, also überwiegend aus Wasserstoff und Helium bestehen. Sie bewegen sich auf Bahnen großer Exzentrizität überwiegend außerhalb der galaktischen Ebene. Sie werden Sterne der ***Population II*** genannt.

Zwischen diesen beiden Extremen der Populationen I und II gibt es Zwischenstufen, zu denen z. B. auch die Sonne gehört. Diese werden, zusammen mit der Population I, auch als ***Scheibenpopulation*** bezeichnet.

Anmerkung

Die Astrophysiker bezeichnen oft alle Elemente, die schwerer als Helium sind, als *Metalle*. Danach sind Sterne der Population I metallreich, solche der Population II metallarm.

12.5.2 Die Bewegungen der sonnennahen Sterne

Obwohl sie früher „Fixsterne" genannt wurden, sind Sterne nicht an einen Ort fixiert, sondern bewegen sich in vielfältiger Weise, wie wir in diesem Abschnitt besprechen wollen.

Man kann die Relativgeschwindigkeit eines Sterns in Bezug auf den Beobachter B zerlegen in eine Radialkomponente v_r und eine Tangentialkomponente v_t (Abb. 12.24). Die Radialkomponente bewirkt eine Dopplerverschiebung

$$\Delta\nu = \nu_0 \cdot v_r/c$$

der Frequenz ν_0 emittierter Spektrallinien. Die Tangentialkomponente wird als zeitliche Änderung $\mu = \mathrm{d}\hat{\boldsymbol{e}}_r/\mathrm{d}t$ des Richtungsvektors $\hat{\boldsymbol{e}}_r$ des Sterns gegen eine Referenzrichtung (z. B. ein weit entfernter Stern) beobachtet.

$$v_t = r \cdot \mu \tag{12.53}$$

Der Winkelanteil μ der Tangentialkomponente v_t wird als ***Eigenbewegung*** bezeichnet. Um v_t zu bestimmen, muß man die Entfernung r des Sterns kennen.

Diese von der bewegten Erde aus gemessenen Relativgeschwindigkeiten werden umgerechnet in ein lokales Bezugssystem LSR (vom Englischen *local standard of rest*), das im Folgenden definiert wird:

Man nimmt an, daß alle Sterne in einem Volumen, das sehr klein ist gegen die Dimensionen des Milchstraßensystems, an der Rotation der Milchstraßenscheibe in gleicher Weise teilnehmen, also alle die gleiche Rotationsgeschwindigkeit in Bezug auf das Zentrum der Milchstraße haben. Dieser Rotationsgeschwindigkeit sind jedoch noch überlagert die individuellen statistisch verteilten ***Pekuliar-Geschwindigkeiten*** (Individualgeschwindigkeiten) der einzelnen

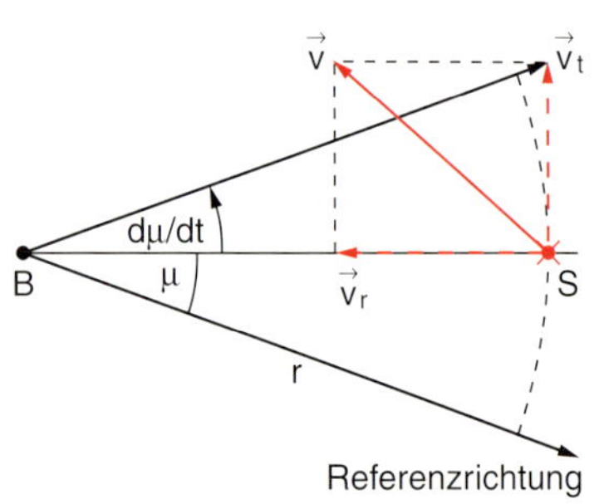

Abb. 12.24. Radial- und Tangentialkomponente der Relativgeschwindigkeit von sonnennahen Sternen relativ zum Beobachter

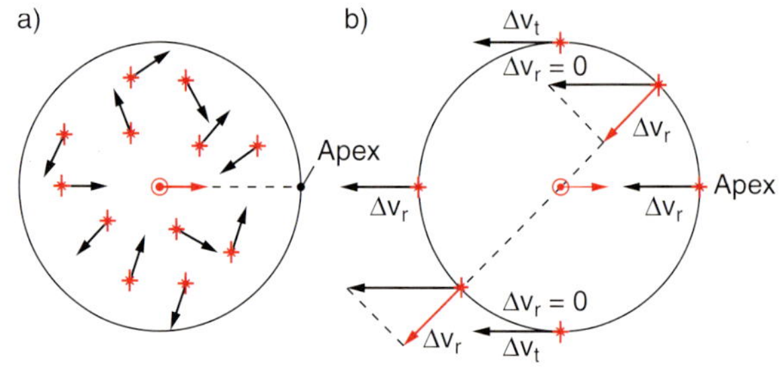

Abb. 12.25. (**a**) Statistische Verteilung der Geschwindigkeiten der Sterne und der Sonne in einem Bezugssystem, das an der Milchstraßenrotation teilnimmt. (**b**) Änderung Δv_r der Radialgeschwindigkeit relativ zur Sonne durch die Eigengeschwindigkeit der Sonne zum Apex hin

Sterne. Diese lassen sich aus den Relativgeschwindigkeiten der Sterne in Bezug auf die Sonne bestimmen.

Mißt man die Radialgeschwindigkeiten der sonnennahen Sterne relativ zur Sonne, so stellt man fest, daß sie *nicht* isotrop verteilt sind, wie man es bei statistisch verteilten Sternbewegungen eigentlich erwarten würde (Abb. 12.25a).

Dies liegt daran, daß sich die Sonne selbst relativ zu diesen Sternen bewegt. Man nennt den Punkt an der Himmelssphäre, auf den sich die Sonne zubewegt, den ***Apex***, den gegenüberliegenden Punkt den ***Antapex*** (Abb. 12.25b).

Deshalb sind die Radialgeschwindigkeiten der Sterne, die in der Richtung zum Apex liegen, um die Sonnengeschwindigkeit vermindert bzw. vergrößert, während Sterne, die senkrecht zur Linie Apex–Antapex liegen, keine Änderung ihrer Radialgeschwindigkeiten erfahren, sondern Änderungen in der gemessenen Eigenbewegung.

Man definiert nun das lokale Bezugssystem so, daß in ihm die Vektorsumme aller gemessenen Sterngeschwindigkeiten relativ zur Sonne gerade entgegengesetzt gleich dem Geschwindigkeitsvektor der Sonne ist. Dann ist der Mittelwert der Geschwindigkeitsvektoren der Pekuliar-Geschwindigkeiten aller Sterne in diesem lokalen Bezugssystem gerade Null, während die Geschwindigkeit der Sonne

$$v_\odot = 19{,}7\,\mathrm{km/s}$$

beträgt. Um die Richtung der Sonnengeschwindigkeit anzugeben, muß man die Apex-Koordinaten kennen. Man kann sie im galaktischen Koordinatensystem

($l = 56°$, $b = +23°$) (Abb. 9.6) oder im Äquatorsystem: ($\alpha = 18^{\text{h}}\,0^{\text{m}}$, $\delta = +30°$) angeben. Der Apex liegt im Sternbild Herkules.

Anmerkung

Heutzutage ist es in der Astronomie üblich, als Referenzsystem ein System von Referenzgalaxien zu verwenden.

12.5.3 Die differentielle Rotation der Milchstraßenscheibe

Die im vorigen Abschnitt behandelten statistischen Pekuliargeschwindigkeiten der Sterne sind klein gegen die Geschwindigkeit der gemeinsamen Rotation aller Scheibensterne und der Gaswolken um das galaktische Zentrum.

Obwohl man aus der Abplattung der galaktischen Scheibe bereits schließen konnte, daß sie rotieren sollte, wurde diese Rotation doch erst um 1930 gemessen und die Winkelgeschwindigkeit $\omega(r)$ quantitativ bestimmt. Die dazu verwendete Methode ist in Abb. 12.26 dargestellt.

Wir nehmen an, daß sich die Sterne auf Kreisbahnen um das galaktische Zentrum bewegen. Wir greifen einen Stern St heraus, der in der Entfernung r von der Sonne unter dem Winkel l gegen das galaktische Zentrum C beobachtet wird. Sein Geschwindigkeitsvektor auf Grund der Rotation um das Zentrum C ist die Tangente an die Kreisbahn mit Radius R und hat die Komponenten v_r und v_t in Bezug auf die Sonne. Die Geschwindigkeiten von Stern bzw. Sonne $v = \omega \cdot R$ bzw. $v_0 = \omega_0 R_0$ lassen sich durch ihre Winkelgeschwindigkeiten und ihren Abstand vom Zentrum ausdrücken. Der Sinussatz für das Dreieck C-St-So ergibt

$$\frac{\sin l}{\sin(90° + \alpha)} = \frac{R}{R_0}$$
$$\Rightarrow \cos\alpha = \frac{R_0}{R} \cdot \sin l\,. \tag{12.54}$$

Die beobachtete Radialgeschwindigkeit des Sterns relativ zur Sonne ist dann:

$$\begin{aligned} v_\text{r} &= v \cdot \cos\alpha - v_0 \cdot \sin l \\ &= \omega \cdot R \cdot (R_0/R) \cdot \sin l - \omega_0 R_0 \cdot \sin l \\ &= R_0(\omega - \omega_0) \cdot \sin l\,. \end{aligned} \tag{12.55}$$

Seine Tangentialgeschwindigkeit relativ zur Sonne ist nach Abb. 12.26

$$v_\text{t} = v \cdot \sin\alpha - v_0 \cdot \cos l\,. \tag{12.56}$$

Aus dem rechtwinkligen Dreieck C-P-So folgt die Relation:

$$R \cdot \sin\alpha = R_0 \cos l - r\,,$$

so daß wir aus (12.56) erhalten:

$$v_\text{t} = R_0(\omega - \omega_0) \cdot \cos l - \omega \cdot r\,. \tag{12.57}$$

Mißt man also v_r und v_t, r, R_0 und l, so lassen sich aus den beiden Gleichungen (12.55) und (12.57) die Winkelgeschwindigkeiten ω und ω_0 bestimmen. Es stellt sich aus diesen Messungen heraus, daß die Winkelgeschwindigkeit ω vom Abstand R vom galaktischen Zentrum abhängt.

Die Scheibe der Milchstraße rotiert also nicht wie ein starrer Körper, sondern differentiell. In Abb. 12.27 ist anschaulich dargestellt, wie sich diese differentielle Rotation auf die gemessenen Geschwindigkeiten im lokalen Bezugssystem auswirkt, wobei hier vorausgesetzt wird, daß die Pekuliargeschwindigkeiten der Sterne klein sind gegen ihre Rotationsgeschwindigkeit.

Für Sterne in der näheren Sonnenumgebung ($r \ll R_0$) ist die Differenz der Winkelgeschwindigkeiten

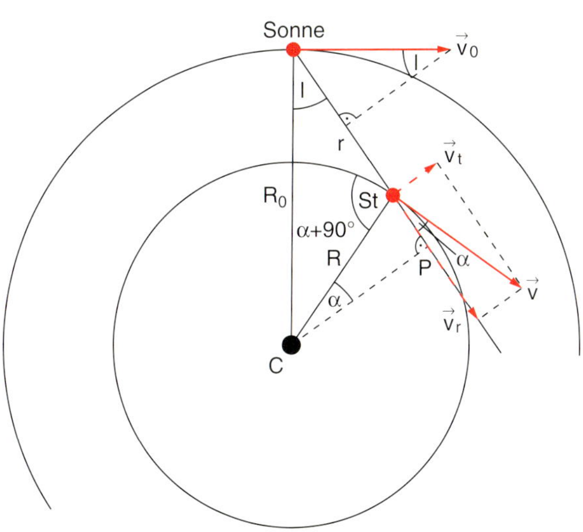

Abb. 12.26. Zur Herleitung der Oortschen Gleichungen

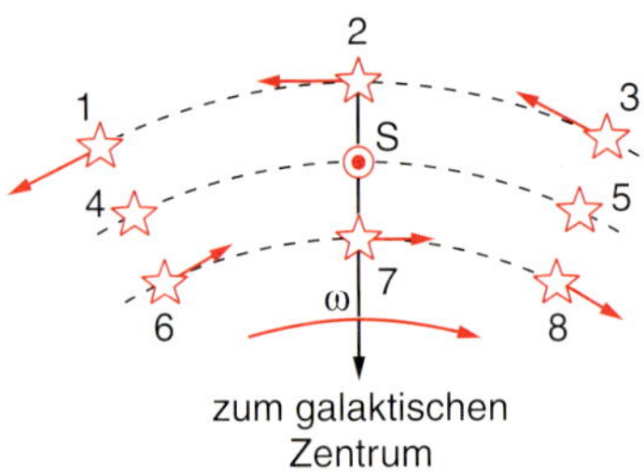

Abb. 12.27. Relativ-Rotationsgeschwindigkeiten der Sterne mit verschiedenen Abständen R_i vom galaktischen Zentrum, gemessen im lokalen Bezugssystem

$(\omega - \omega_0)$ klein. Man kann dann in der Taylorentwicklung

$$\omega - \omega_0 = \left(\frac{d\omega}{dR}\right)_{R_0} \cdot (R - R_0) + \cdots \tag{12.58}$$

die höheren Glieder vernachlässigen. Wegen $\omega = v(R)/R$ erhält man

$$\left(\frac{d\omega}{dR}\right)_{R_0} = \frac{1}{R_0}\frac{dv}{dR} - \frac{v_0}{R_0^2}.$$

Einsetzen in (12.58) ergibt:

$$\omega - \omega_0 \approx \frac{1}{R_0^2}\left[R_0\left(\frac{dv}{dR}\right)_{R_0} - v_0\right](R - R_0).$$

Für $R_0 \gg r$ gilt die Näherung: $(R - R_0) \approx r \cdot \cos l$, so daß die exakte Formel (12.55) für die relative Radialgeschwindigkeit durch die Näherung

$$\begin{aligned} v_r &\approx \left[\frac{v_0}{R_0} - \left(\frac{dv}{dR}\right)_{R_0}\right] r \cdot \cos l \cdot \sin l \\ &\approx A \cdot r \cdot \sin 2l \end{aligned} \tag{12.59}$$

beschrieben werden kann.

Die Konstante

$$A = \frac{1}{2}\left[\frac{v_0}{R_0} - \left(\frac{dv}{dR}\right)_{R_0}\right] \approx 14 \,\frac{\text{km}}{\text{s} \cdot \text{kpc}} \tag{12.60}$$

heißt ***1. Oortsche Konstante*** nach dem holländischen Astronomen *Jan Hendrik Oort* (1900–1996), der diese Konstante aus Messungen mit Radioteleskopen bei $\lambda = 21$ cm als erster bestimmte.

In analoger Weise läßt sich die relative Tangentialgeschwindigkeit (12.57) im lokalen Bezugssystem zu

$$v_t = \left[\frac{v_0}{R_0} - \left(\frac{dv}{dR}\right)_{R_0}\right] r \cdot \cos^2 l - \omega_0 \cdot r \tag{12.61}$$

herleiten (Aufg. 12.7). Dies kann wegen $2\cos^2 l = 1 + \cos 2l$ geschrieben werden als

$$v_t = A \cdot r \cdot \cos 2l + B$$

mit der 2. Oortschen Konstanten

$$B = -\frac{1}{2}\left[\frac{v_0}{R_0} + \left(\frac{dv}{dR}\right)_{R_0}\right] \approx -12 \,\frac{\text{km}}{\text{s} \cdot \text{kpc}}. \tag{12.62}$$

Aus (12.60) und (12.62) folgt:

$$\boxed{\begin{aligned} A - B &= \frac{v_0}{R_0} = \omega_0\,, \\ A + B &= -\left(\frac{dv}{dR}\right)_{R_0} = R_0\left(\frac{d\omega}{dR}\right)_{R_0} \end{aligned}}\,. \tag{12.63}$$

Durch experimentelle Bestimmung der beiden Oortschen Konstanten läßt sich daher sowohl die Winkelgeschwindigkeit ω_0 der Milchstraßenscheibe beim Radius R_0 als auch ihre Abhängigkeit $d\omega/dR$ vom Radius ermitteln. Dazu muß man die relative Radialgeschwindigkeit v_r und die relative Tangentialgeschwindigkeit v_t relativ zum lokalen Bezugssystem messen (siehe Abschn. 12.5.2).

Man beachte:

Diesen durch die differentielle Rotation der Milchstraßenscheibe bedingten Relativgeschwindigkeiten sind die statistisch verteilten Pekuliargeschwindigkeiten der Sterne überlagert, deren Mittelwert im lokalen Bezugssystem zwar Null ist, aber die für jeden einzelnen Stern durchaus von Null verschieden sind. Diese Pekuliargeschwindigkeiten können auch Komponenten senkrecht zur galaktischen Ebene haben. Die Auslenkungen in z-Richtung aus der Ebene sind jedoch beschränkt, weil die Gravitationskraft durch die Materie in der Scheibe die in $\pm z$-Richtung weglaufenden Sterne wieder zurückholt, so daß die Bahn solcher Sterne in etwa wie die in Abb. 12.28 schematisch angedeutete Bahn aussieht. Deshalb ist die galaktische Scheibe ziemlich flach (mittlere Dicke am Ort der Sonne ≤ 1000 pc bei einem Durchmesser von 30 kpc).

Die Näherungsformeln (12.63) sind auf Bereiche $r \ll R_0$ in der Sonnenumgebung beschränkt. Zur

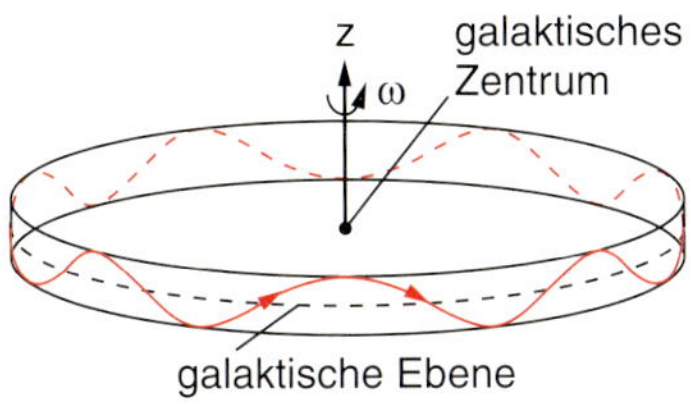

Abb. 12.28. Schematische Bahn von Sternen mit Pekuliargeschwindigkeiten in z-Richtung, die klein sind gegen die Scheibenrotationsgeschwindigkeit

Messung der Rotationsgeschwindigkeit in größeren Entfernungen von der Sonne braucht man außer optischer Strahlung (die in manchen Richtungen von absorbierenden Gaswolken nicht mehr durchgelassen wird) Radiostrahlung, die wesentlich weniger gestreut und absorbiert wird. In Abb. 12.29 ist das Verfahren dargestellt. Man mißt die Radialgeschwindigkeit der Wasserstoff-Molekülwolken bzw. von atomaren Wasserstoff entlang der Sichtlinie bei verschiedenen Um-

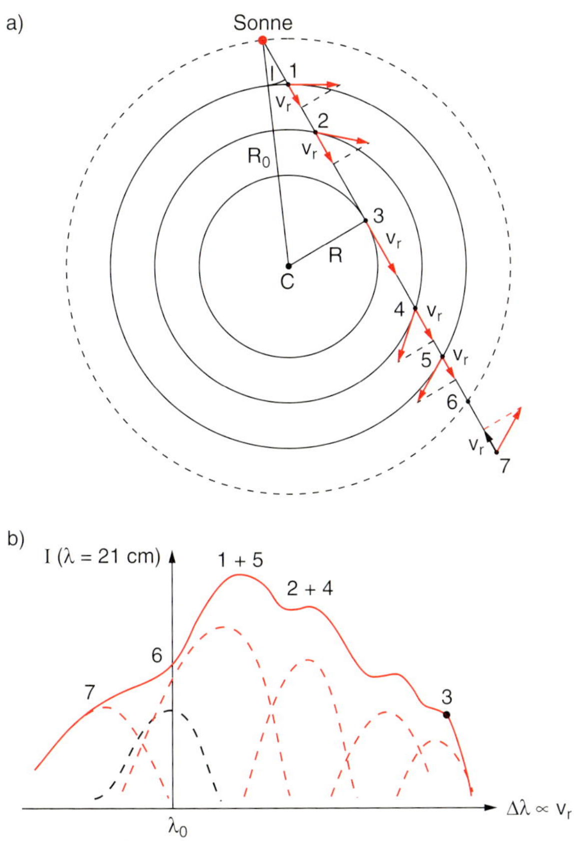

Abb. 12.29a,b. Prinzip der Messung von Radialgeschwindigkeiten relativ zum lokalen Bezugssystem mit Hilfe der 21-cm-Radiostrahlung des interstellaren Gases

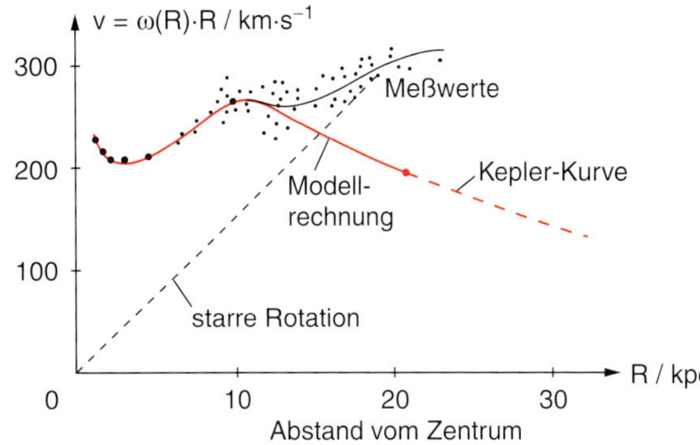

Abb. 12.30. Meßergebnisse der Rotationskurve $v(R)$ sowie Vergleich mit der Keplerbewegung und der starren Rotation

laufradien R_1. Dadurch erhält man ein Linienprofil der H_2-Rotationslinien bzw. der atomaren 21-cm-Linie, welches die Überlagerung der Doppler-verschobenen Profile der einzelnen Quellen mit verschiedenen Radialgeschwindigkeiten sind (Abb. 12.29b).

Das Ergebnis solcher und vieler weiterer Messungen zur Bestimmung der Rotationskurve der galaktischen Scheibe ist in Abb. 12.30 dargestellt.

Die Meßpunkte stammen aus Messungen von Rotationsgechwindigkeiten von Gaswolken. Die rote Kurve wurde von dem holländisch-amerikanischen Astronomen Marteen Schmidt auf Grund eines Modells des Milchstraßensystems berechnet. Würde die gesamte Masse der galaktischen Scheibe innerhalb eines Radius von 20 kpc begrenzt sein, müßte für $R > 20$ kpc die gestrichelte Keplerkurve gelten, nach der $v \propto R^{-3/2}$ sein sollte. Die experimentellen Punkte zeigen, daß offensichtlich die Massendichte für $R > 10$ kpc nicht so steil abfällt, wie man ursprünglich annahm.

12.5.4 Die Spiralarme

Die Frage, ob unser Milchstraßensystem (wie viele der beobachteten Galaxien) auch eine Spiralstruktur hat und mit welchen experimentellen Methoden dies ermittelt werden kann, hat die Astronomen viele Jahre lang beschäftigt.

Erst die Kombination von optischen und radioastronomischen Messungen hat es erlaubt, eine Karte der Spiralstruktur unserer Galaxie zu entwerfen. Hierzu hat sich die im vorigen Abschnitt dargestellte Methode der kinematischen Entfernungen bewährt (Abb. 12.29). Durch Messung der Dopplerverschiebung z. B. der 21-cm-Linie der Radiostrahlung (die dem Hyperfein-Übergang $F = 2 \to F = 1$ im $1\,^2S_{1/2}$-Grundzustand des neutralen H-Atoms entspricht, siehe Bd. 3, Abschn. 5.6) entlang der Sichtlinie von der Erde zum Objekt, kann man die Geschwindigkeitskomponente der H-Atome entlang der Sichtlinie bestimmen. Mit Hilfe der Oortschen Konstanten A und B läßt sich die Winkelgeschwindigkeit $\omega(R)$ ermitteln. Beide Informationen zusammen ergeben den Abstand r der emittierenden H-Atome, welche den Hauptbestandteil des interstellaren Gases bilden. Wie Abb. 12.29 zeigt, ist die Methode nicht völlig eindeutig, weil es für alle Quellen mit $R < R_0$, die also näher dem galaktischen Zentrum sind als die Sonne, zwei Entfernungen mit gleichen Doppler-Verschiebungen gibt. Nimmt man eine ortsunabhängige Dichte der H-Atome an, so wird beim Durchschwenken der Sichtlinie, also einer Variation der galaktischen Länge l (Abb. 12.29), die Strahlung bei einer Doppler-verschobenen Wellenlänge $\lambda = 21\,\text{cm} - \Delta\lambda$ für die fernere der beiden möglichen Quellen einen kleineren Winkelbereich haben als für die nähere.

Die Intensität der 21-cm-Linie ist proportional zur Dichte der H-Atome. Man erhält deshalb maximale Emission aus Gebieten größerer Dichte. Wir hatten im Abschn. 11.2.1 gesehen, daß in Bereichen größerer Dichte das Jeans-Kriterium für den Kollaps von Gaswolken am ehesten erfüllt ist, so daß sich dort Sterne bilden können.

Nun sieht man in anderen Spiralgalaxien, daß in den Spiralarmen helle neue Sterne vom Spektraltyp OB (siehe Abschn. 11.2) vorhanden sind sowie ausgedehnte Wolken aus H II (ionisierter Wasserstoff), H und H_2 sowie Staubwolken. Deshalb ist zu vermuten, daß in unserer Milchstraße ähnliche Verhältnisse in den Spiralarmen vorzufinden sind. Obwohl der größte Teil der Leuchtkraft der Spiralarme von diesen hellen Sternen stammt, steckt der größte Teil der Masse in den Gaswolken.

Die ersten Versuche, die Spiralstruktur unserer Galaxie zu ermitteln wurden von *Oort*, *Westerhouse* und *Kerr* unternommen durch die kombinierte Auswertung der 21-cm-Messungen mit den Radioteleskopen in Australien und Holland. *Y.M.* und *Y.P. Georgelin* bestimmten 1976 die Entfernungen der H II-Regionen durch eine Kombination von Radio- und optischen Beobachtungen. Die Analyse ihrer Ergebnisse ist in Abb. 12.31 dargestellt. Man kann hieraus vier Spiralarme erkennen, die nach den Sternbildern benannt sind, in deren Richtung sie von der Erde aus beobachtet werden: Cygnus-Arm, Perseus-Arm bzw. Orion-Arm (auch lokaler Arm genannt), in dem wir uns selbst befinden, Sagittarius-Arm und Carina-Arm.

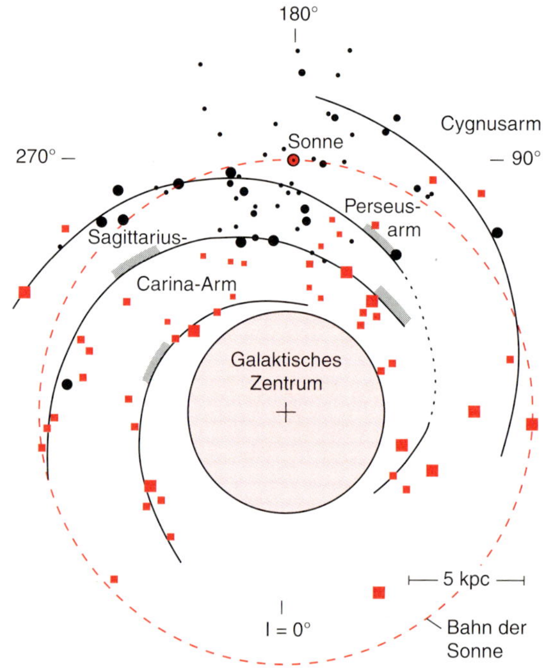

Abb. 12.31. Spiralstruktur unserer Milchstraße nach optischen (*schwarze Punkte*) und Radio-Messungen (*rote Quadrate*). Aus H. Karttunen et al.: *Fundamental Astronomy*, 3. Aufl. (Springer, Berlin, Heidelberg 1994)

Die Frage ist nun, wie die Spiralstruktur zustande kommt.

In Abb. 12.32 sind vier Gaswolken mit verschiedenen Abständen R vom galaktischen Zentrum dargestellt. Wegen der differentiellen Rotation ist die Winkelgeschwindigkeit $\omega(R)$ für die WolkeA größer als fürB oderC. Wenn alle drei Wolken zur Zeit t_1 in einer radialen Gerade lagen, werden sie sich im Laufe der Zeit in eine Spiralstruktur aufwickeln. Da die innere Wolke weniger als 10^8 Jahre für einen Umlauf braucht, sollte über das Alter der Milchstraße von $T > 10^{10}$ Jahre jeder Spiralarm etwa 100 Windungen besitzen, im Gegensatz zu den in anderen und in unserer Galaxie beobachteten wenigen (3–4) Armen.

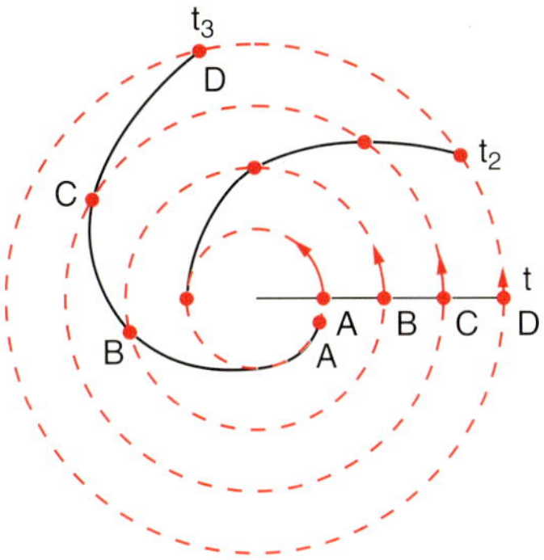

Abb. 12.32. Zum Aufwickel-Dilemma

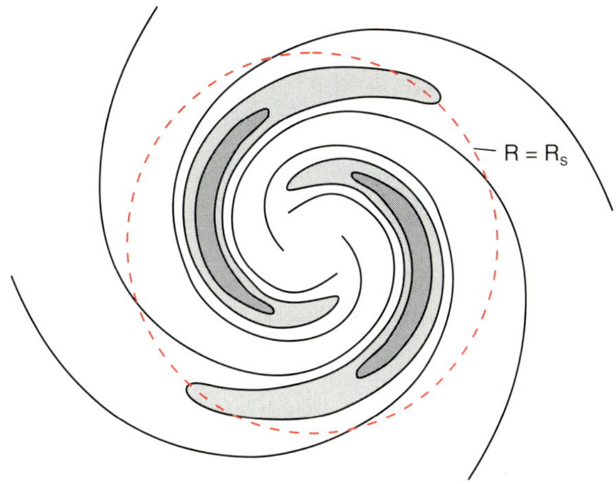

Abb. 12.33. Dichteverteilung der rotierenden galaktischen Scheibe, berechnet nach der Dichtewellentheorie. Nach F.H. Shu: *The Physical Universe* (University Science Books, Mill Valley 1982)

Um dieses Dilemma zu lösen, wurde von *Lindblad* eine Dichtewellen-Hypothese aufgestellt, die 1963 von *C.C. Lin* und *F.H. Shu* näher ausgearbeitet wurde.

Diese Dichtewellentheorie basiert auf der Annahme, daß infolge einer nicht-axialsymmetrischen Gravitationsstörung eine Dichtewelle auf elliptischen Bahnen um das galaktische Zentrum läuft, die nach den Rechnungen wirklich zu einer spiralförmigen Verdichtung führt, die mit der konstanten Rotationsgeschwindigkeit $\omega(R_S)$ der Störung um das galaktische Zentrum läuft. Der entscheidende Punkt ist, daß die Teilchen eine andere Geschwindigkeit als die Dichtewelle haben können, d.h. im Maximum der Dichtewelle sind nicht immer dieselben Teilchen. Diese laufen für $\omega(R) > \omega(R_S)$ von hinten in die Dichtewelle hinein und überholen sie, während für $\omega(R) < \omega(R_S)$ die Dichtewelle die Teilchen überholt.

Ein Analogon sind Staus auf der Autobahn, die durch eine langsame fahrende Lastwagenkolonne verursacht werden. Das Maximum der Staudichte bewegt sich mit der Lastwagenkolonne, während immer neue Personenwagen den Stau erreichen und ihn nach Durchfahren wieder verlassen.

Abbildung 12.33 gibt das Ergebnis solcher Rechnungen an. Auf dem roten Kreis ($R = R_S$) sind Teilchengeschwindigkeit und Dichtewellengeschwindigkeit gleich groß.

Eine solche Dichtewellenstruktur kann nach den Rechnungen während des Alters der Galaxie stabil bleiben.

In den Dichtemaxima können sich Sterne bilden, wenn die Dichte die kritische Jeans-Dichte übersteigt. Je größer die Masse der gravitativ kollabierenden Wolke ist, desto mehr Sterne entstehen. Dies erklärt daher, wieso gerade in den Spiralarmen so viele junge Sterne zu finden sind.

Eine alternative Theorie geht davon aus, daß durch nahen Vorbeigang anderer Galaxien bzw. durch Begleitgalaxien, wie sie um viele Spiralgalaxien zu finden sind (siehe z.B. Andromedanebel oder Magellansche Wolken), Gezeiteneffekte verursacht werden, die wiederum zu Dichteschwankungen führen. Ein bekanntes Beispiel für die gravitative Wechselwirkung zwischen Nachbargalaxien ist der Jagdhundnebel M 51, ein anderes markantes Beispiel die Antennengalaxie.

12.5.5 Kugelsternhaufen

Kugelsternhaufen sind nahezu kugelförmige dichte Ansammlungen von etwa 10^4–10^7 Sternen (Abb. 12.34). Ihr Durchmesser liegt unter 50 pc. Ihre große Gesamtmasse deutet darauf hin, daß sie beim Kollaps sehr großer Gaswolken geringer Dichte entstanden sind (siehe (11.14b)). Im Halo unseres Milchstraßensystems gibt es etwa 150 solcher Kugelsternhaufen. Um elliptische Galaxien kann man mehrere Tausend finden. Die Sterne in den Kugelsternhaufen, die im fast kugelförmigen Halo unserer Milchstraße zu finden sind (Abb. 12.22), gehören zu den ältesten Sternen der Milchstraße. Sie sind etwa 10–15 Milliarden Jahre

Abb. 12.34. Kugelsternhaufen M 13 im Herkules

alt und müssen daher noch vor der Bildung der galaktischen Scheibe entstanden sein.

Man kann ihr Alter aus ihrem Farben-Leuchtkraft-Diagramm (Abb. 11.11) bestimmen, das in Abb. 12.35 für den Kugelsternhaufen M 3 im Sternbild Jagdhunde gezeigt ist. Statt der Oberflächentemperatur eines Sterns, wie in Abb. 11.11, trägt man häufig den Farbindex $FI = m(\lambda_1) - m(\lambda_2)$ auf, der den Helligkeitsunterschied bei zwei verschiedenen Wellenlängenbereichen um die Wellenlänge λ_1 und λ_2 angibt. Es gibt ein international vereinbartes Farbensystem, das den Transmissionskurven spezieller Farbfilter entspricht, die durch Buchstaben U (Ultraviolett), B (Blau), V (Visible), R (Rot) und I (Infrarot) gekennzeichnet sind. Die Transmissionsbereiche haben typische Halbwertsbreiten von etwa 100 nm.

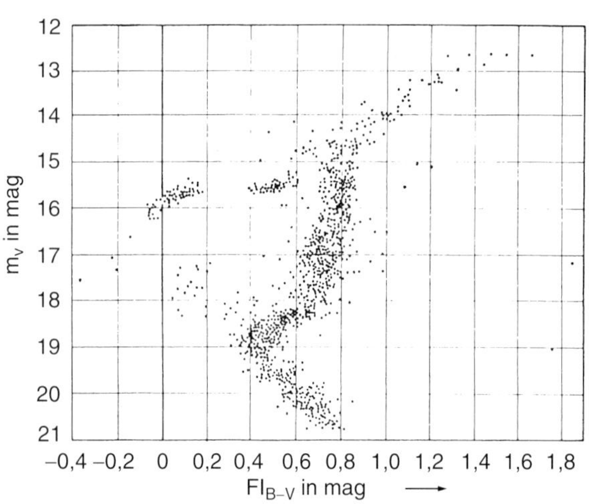

Abb. 12.35. Farben-Leuchtkraft-Diagramm des Kugelsternhaufens M 3 im Sternbild Jagdhunde. Aus F. Gondolatsch, S. Steinacker, O. Zimmermann: *Astronomie* (Klett, Stuttgart 1980)

Auf der Hauptreihe unten rechts befinden sich massearme Sterne ($M < 0{,}6\,M_\odot$), die wegen ihrer kleinen Masse große Lebensdauern haben (Abschn. 11.3.1). Da ein großer Teil der Sterne bereits die Hauptreihe verlassen hat (rechts oberhalb des Knicks in Abb. 12.35) und zu Roten Riesen geworden sind, muß der Sternhaufen älter als die Hauptreihenzeit der meisten Sterne des Haufens sein. Die Altersbestimmung erfolgt aus der Lage des Abknickpunktes, an dem die Sterne gerade die Hauptlinie verlassen. Aus Sternentwicklungsrechnungen weiß man, nach wieviel Milliarden Jahren dies geschieht. Daraus folgt ein Alter von 8–12 Milliarden Jahren je nach Modell und Kalibration der Eigenschaften.

Das Studium der Kugelsternhaufen spielt eine wichtige Rolle für unser Verständnis der Sternentwicklung. Da alle Sterne des Haufens gleichzeitig entstanden sind, aber unterschiedliche Massen haben, läßt sich aus ihrem Ort im Hertzsprung-Russel-Diagramm ihre unterschiedliche Entwicklung verfolgen. Da alle Sterne eines Haufens praktisch die gleiche Entfernung r von uns haben (der Durchmesser $2R$ des Haufens ist sehr klein gegen seine Entfernung), ist das Verhältnis der gemessenen relativen scheinbaren Helligkeiten auch gleich dem Verhältnis ihrer Leuchtkräfte. Deshalb ist ihre Einordnung in ein HRD wesentlich genauer vorzunehmen als bei Sternen unterschiedlicher, mit Fehlern behafteten Entfernungen.

Früher wurde ihr Alter zu $T > 10^{10}$ a abgeschätzt. Die Auswertung der HIPPARCOS-Daten (siehe Abschn. 9.7) hat gezeigt, daß ihre Entfernung größer ist, als ursprünglich angenommen. Deshalb sind ihre absoluten Leuchtkräfte größer und ihre Lebensdauern geringer ($\approx 8 \cdot 10^9$ a). Dies löst eine alte Diskrepanz, nach der das Alter der Kugelsternhaufen größer war als das aus der Hubble-Konstante bestimmte Alter des Universums.

Die Sternhaufen enthalten auch schnell pulsierende Sterne (siehe Abschn. 11.7.1), die RR-Lyrae-Sterne mit Pulsperioden zwischen 0,2 und 1,2 Tagen. Aus ihrer Periode und ihrer Leuchtkraft läßt sich ihre Entfernung bestimmen. Dies ermöglicht die genaue Festlegung des galaktischen Zentrums und damit auch die Bestimmung der Verteilung der Kugelsternhaufen innerhalb des Halo.

Die Kugelsternhaufen kreisen mit Rotationsperioden von mehreren Millionen Jahren um das galaktische Zentrum. Ihre Bahnebenen sind statistisch verteilt,

Tabelle 12.2. Räumliche Dichte der Kugelsternhaufen unseres Milchstraßensystems als Funktion des Abstandes R vom galaktischen Zentrum

R/kpc	$\text{Zahl}/(10\ \text{kpc})^2$
0–2	270
2–4	47
4–6	30
6–8	6
8–10	5
10–15	1
15–20	0,3
20–30	0,1
30–40	0,02

können also auch senkrecht auf der Scheibenebene stehen. Bei ihrem Umlauf müssen sie im allgemeinen die galaktische Scheibe durchqueren, wenn ihr Umlaufradius kleiner als der Scheibenradius ist. Die Dichte der Kugelsternhaufen nimmt mit wachsendem Abstand vom galaktischen Zentrum ab (Tabelle 12.2).

12.5.6 Das Zentrum unserer Milchstraße

Die Verdickung der galaktischen Scheibe um das galaktische Zentrum ist einer elliptischen Galaxie ähnlich. Die Sterndichte nimmt mit sinkendem Abstand vom Zentrum rapide zu (Tabelle 12.3).

Hier findet man die ältesten Sterne der Scheibenpopulation, die relativ früh bei der Bildung des Milchstraßensystems entstanden sind.

Sie können nicht mit optischen Methoden untersucht werden, weil sichtbares Licht auf Grund der Absorption durch interstellare Materie völlig absorbiert wird. In den letzten Jahren sind von Satelliten aus Infrarot- und Röntgenuntersuchungen des galaktischen Zentrums durchgeführt worden, welche erlaubten, trotz der großen Sterndichte, einzelne Sterne bis zu kleinen Abständen vom Mittelpunkt aufzulösen. Der Grund dafür ist, daß die interstellare Materie IR-Licht wesentlich weniger absorbiert als sichtbares Licht.

Tabelle 12.3. Räumliche Sterndichte im galaktischen Zentrum in der Einheit pro $m_\odot/\text{pc}^3$ als Funktion des Abstandes R vom Zentrum

R/pc	$\varrho/M_\odot \cdot \text{pc}^{-3}$
1	$4 \cdot 10^5$
10	$7 \cdot 10^3$
100	$1 \cdot 10^2$
1000	5

Die Analyse dieser Messungen deutet darauf hin, daß im Zentrum unserer Milchstraße ein Schwarzes Loch sitzt. Die Gesamtmasse im Zentralbereich ist größer als die Summe aller anderen Massen im Milchstraßensystem. Tabelle 12.4 faßt noch einmal die wichtigsten Daten unserer Milchstraße zusammen.

12.5.7 Interstellare Materie

In unserem Milchstraßensystem gibt es, wie in anderen Spiralgalaxien, außer Sternen auch Gas und Staub im interstellaren Raum, die bei geringer Dichte diffus verteilt sein können oder sich in Wolken konzentrieren. Die Masse der gesamten interstellaren Materie in unserer Milchstraße ist auf eine flache Scheibe in der galaktischen Ebene konzentriert. Die Dicke dieser Scheibe ist mit etwa 50–100 pc kleiner als die der Sternverteilung in der Scheibe. Man kann diese interstellare Materie in anderen Spiralgalaxien, die man von der Seite sieht, als dünnes schwarzes Band beobachten, weil sie das Licht der dahinter liegenden Sterne schwächt (Abb. 12.36).

Abb. 12.36. Blick in Richtung der galaktischen Scheibe er Spiralgalaxie M 104 (NGC 4594) im Virgo-Haufen. Man sieht die dunkle Staubscheibe als absorbierendes Band

Tabelle 12.4. Charakteristische Daten unseres Milchstraßensystems

Allgemeine Daten	Unsere Sonne innerhalb der Galaxis
Typ: Spiralgalaxie Sb	Abstand der Sonne
Alter: $T \approx (10\text{–}15) \cdot 10^9$ a	vom Zentrum: 8,5 kpc
Durchmesser der Scheibe: 30 kpc	von der galaktischen Ebene: 14 pc
Mittlere Dicke: 2 kpc	Rotationsgeschwindigkeit der Sonne
Dicke am Ort der Sonne: 1 kpc	um das galaktische Zentrum: 220 km/s
Durchmesser des Zentralbereiches: 10 kpc	Umlaufdauer
Durchmesser des Halo: 50 kpc	um das galaktische Zentrum: $2{,}4 \cdot 10^8$ a
Gesamte Masse: $1{,}4 \cdot 10^{12}\, M_\odot$	Fluchtgeschwindigkeit
Masse der Scheibe: $2 \cdot 10^{11}\, M_\odot$	bei $r = 8{,}5$ kpc: 350 km/s
Mittlere Dichte: $\varrho = 0{,}1\, M_\odot/\text{pc}^3 = 7 \cdot 10^{-21}$ kg/m^3	

In unserer Milchstraße beträgt die Masse der gesamten interstellaren Materie, die zu 99% aus Gas und nur zu 1% aus Staub besteht, etwa 10% der Gesamtmasse des Milchstraßensystems [12.10].

Die Staubkomponente besteht aus kleinen Mikropartikeln, deren Durchmesser $D \approx 0{,}01\text{–}1\ \mu$m von der Größenordnung der Lichtwellenlänge λ ist. Deshalb tritt Mie-Streuung auf (siehe Bd. 2, Abschn. 8.3.5). Da der Streuquerschnitt wellenlängenabhängig ist (proportional zu λ^{-4}), ist das durch eine Staubwolke abgeschwächte transmittierte Licht eines Sternes mit kontinuierlichem Spektrum spektral verschoben zu längeren Wellenlängen. Der hinter einer Staubwolke stehende Stern erscheint also nicht nur schwächer, sondern auch röter. Die mittlere Dichte der Staubkörner im interstellaren Raum beträgt etwa $5 \cdot 10^{-7}$ Staubteilchen pro m^3, kann aber in Staubwolken erheblich höher werden.

Obwohl die Gaskomponente des interstellaren Mediums mehr als 99% ausmacht, trägt sie zur Abschwächung von kontinuierlicher Strahlung weniger bei als der 1% Anteil der Staubkomponente. Dies liegt daran, daß sie nur auf diskreten Linien absorbiert, während die Staubkomponente Licht aller Wellenlängen streut und absorbiert. Die Gaskomponente besteht aus neutralem atomaren Wasserstoff H, einem geringen Anteil von molekularem H_2 (vor allem in den kalten Molekülwolken, in denen durch Kollaps neue Sterne entstehen (siehe Abschn. 11.2)) und sehr kleinen Beimengungen anderer Moleküle (CO, HO, CN, HCN bis zu großen Molekülen wie HCOOH (Ameisensäure) oder C_2H_5OH (Ethanol) [12.11,12]).

Die Atome können nur auf diskreten Linien absorbieren (beim H-Atom sind dies die Linien der Lyman-Serie (siehe Bd. 3, Abschn. 5.1)). Für die Radioastronomie spielt der Hyperfein-Übergang $F = 0 \rightarrow F = 1$ im $1\,^2S_{1/2}$-Grundzustand eine entscheidende Rolle, dessen Wellenlänge $\lambda = 21$ cm beträgt. In dichten kalten Wasserstoffwolken kann diese Linie trotz ihres geringen Absorptionsquerschnittes merklich absorbiert werden. Der überwiegende Beitrag zu unserer Kenntnis über die Verteilung der interstellaren Gaswolken stammt aus Messungen der Absorption oder Emission der 21-cm-Linie und ihrer Doppler-Verschiebung (siehe Abb. 12.29).

Die obere Hyperfein-Komponente mit $F = 1$ kann entweder durch Stöße bevölkert werden, oder durch Fluoreszenz von angeregten $H^*(2p)$-Atomen. Auch bei der Photodissoziation von H_2-Molekülen können H-Atome im Zustand $1\,^2S_{1/2}(F = 1)$ entstehen. Deshalb kann die 21-cm-Linie aus Gaswolken, in denen diese Bedingungen vorliegen, in Emission beobachtet werden.

Kalte Gaswolken können kontinuierliche Strahlung heißerer Objekte, die hinter ihnen stehen, teilweise absorbieren [12.13]. Dann beobachtet man bei $\lambda = 21$ cm eine Absorptionslinie auf kontinuierlichem Untergrund.

In heißen Wolken, die durch die UV-Strahlung von Sternen aufgeheizt werden, tritt Anregung und Ionisation der Wasserstoffatome und Dissoziation der Moleküle auf. Solche heißen Wolken, die nach ihrer Hauptkomponente $\text{H II} = H^+ + e^-$ auch H II-Wolken heißen, emittieren Licht und erscheinen daher als sehr beeindruckende rötliche bis blaue helle Wolken mit großen Ausmaßen (bis zu 100 kpc). Die Lichtemission kommt hauptsächlich durch die Strahlungs-Rekombination von Ionen und Elektronen zustande. Dabei entstehen angeregte Atomzustände, die dann durch Strahlung in tiefere Zustände übergehen. Beim angeregten Wasserstoffatom hat die Balmer-α-Linie ($n = 3 \rightarrow n = 2$) von allen sichtbaren Übergängen die größte Wahrscheinlichkeit. Sie verleiht z. B. dem Orion-Nebel (Abb. 12.37) sein rötliches Aussehen.

Die Moleküle im interstellaren Gas wurden im wesentlichen durch die Radioastronomie entdeckt und dort auch intensiv zu Meßzwecken verwendet. Bei Rotationsübergängen polarer Moleküle (wie z. B. CO, HO, H_2O, CR) wird Mikrowellenstrahlung emittiert bzw. absorbiert (je nach dem, ob das obere oder untere Rotationsniveau stärker bevölkert ist). Man kann aus der Dopplerverschiebung dieser Rotationsübergänge mit großer Genauigkeit die Geschwindigkeitskomponente in Sichtlinie der Moleküle bestimmen.

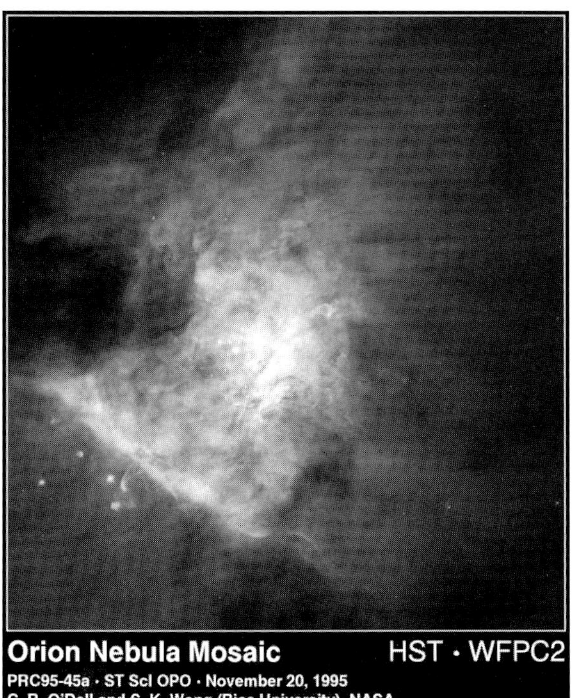

Abb. 12.37. Mosaik-Darstellung des Orion-Nebels, photographiert vom Hubble-Teleskop (NASA)

So werden z. B. zur Zeit mit Hilfe der Molekül-Radioastronomie intensiv kollabierende Gaswolken im Orion-Nebel untersucht, in denen Protosterne gebildet werden [12.12].

Der Absorptionskoeffizient $\alpha(\nu)$ ist mit dem Absorptionsquerschnitt $\sigma(\nu)$ für den Übergang $E_k \rightarrow E_i$ ($E_k < E_i$) verknüpft durch:

$$\alpha(\nu) = \left[N_k - (g_k/g_i)N_i\right]\sigma(\nu)\,, \tag{12.64}$$

wobei die g_i, g_k die statistischen Gewichte der Niveaus E_i, E_k sind. Man sieht daraus, daß Absorption auftritt für $\alpha > 0$, d. h. $N_k > (g_k/g_i)N_i$.

Im thermischen Gleichgewicht bei der Temperatur T gilt die Boltzmann-Verteilung

$$N_i/N_k = (g_i/g_k)^{-\Delta E}/kT$$

und der Absorptionskoeffizient

$$\alpha(\nu) = N_k[1 - \mathrm{e}^{-\Delta E}/kT] \cdot \sigma(\nu) > 0 \tag{12.65}$$

ist immer größer als Null, *d. h. es tritt Absorption auf*.

Nun können durch Absorption von Sternenlicht höher angeregte Zustände bevölkert werden, die durch Fluoreszenz oder Stoßprozesse bevorzugt in das höhere Niveau E_i des Mikrowellenübergangs gelangen, so daß eine Überbesetzung von E_i gegenüber E_k auftritt. Dann wird $\alpha(\nu)$ negativ, und es kann Verstärkung der Strahlung statt Absorption auftreten (siehe Bd. 3, Abschn. 8.1). Das Sternenlicht in Kombination mit Stoßprozessen wirkt also als Pumpe zur Erzeugung einer Inversion und man kann in solchen Fällen eine große Verstärkung der Mikrowellenstrahlung, wie bei einem Maser, beobachten.

Solche kosmischen Maser machen sich bemerkbar durch eine stark überhöhte Mikrowellenintensität bei Rotationsübergängen oder Feinstruktur-Übergängen von Molekülen in interstellaren Molekülwolken. So wurde z. B. 1963 eine extrem starke Radiostrahlung bei $\lambda = 6$ cm und $\lambda = 18$ cm aus Gaswolken in der Nähe des galaktischen Zentrums gefunden, die Rotationsübergängen im OH-Radikal bei verschiedenen Rotationsquantenzahlen zugeordnet werden konnte (OH-Maser). Von *Andresen* et al. [12.14] wurde in Laborexperimenten gezeigt, daß hier die Überbesetzung einer Λ-Komponente in den Rotationsniveaus des $^2\Pi$-Grundzustandes von OH bei der Photodissoziation von H_2O-Molekülen durch UV-Licht entsteht.

Tabelle 12.5. Auswahl aus bisher gefundenen Molekülen in interstellaren Gas- und Staubwolken. Nach: Lexikon der Astronomie (Spektrum, Heidelberg 1995)

2 Atome	3 Atome	4 Atome	5 Atome	6 Atome	7 Atome	8 Atome	9 Atome	11 Atome
H_2	H_2O	NH_3	H_2CNH	CH_3OH	CH_3NH_2	$HCOOCH_3$	CH_3OCH_3	HC_9N
CH	H_2S	C_2H_2	CH_2CO	CH_3CN	CH_3C_2H	CH_3C_3N	C_2H_5OH	
CH^+	C_2H	H_2CO	H_2NCN	$HCONH_2$	CH_3CHO		C_2H_5CN	
C_2	HCN	H_2CS	HCOOH	CH_3SH	C_2H_3CN		HC_7N	
CN	HNC	HNCO	C_3H_2		HC_5N		CH_3C_4H	
CO	HCO	HCNO	C_4H					
CO^+	HCO^+	C_3N	HC_3N					
CS	HOC^+	C_3H	SiH_4					
CS^+	HN_2^+	$HOCO^+$						
NS	OCS	C_3O						
OH	SO_2	HCNS						
SO	SiC_2							
SiO	HNO(?)							
SiS	HOC^+(?)							
NO								
NaCl								

Abb. 12.38. Dunkle Molekülwolken in M 16, in denen Sterne geboren werden (Hubble Space Telescope, NASA)

Die Frage, wie Moleküle in diesen Wolken gebildet werden, ist lange kontrovers diskutiert worden. Die Wahrscheinlichkeit für Zusammenstöße zwischen drei Teilchen, die zur Bildung eines stabilen zweiatomigen Moleküls notwendig sind (das dritte Atom muß die Relativenergie abführen), ist bei den kleinen atomaren Dichten der interstellaren Materie ($\varrho \approx 1{,}7 \cdot 10^{-21}\,\mathrm{kg/m^3} \mathrel{\hat{=}} n = 10^6$ H-Atome/m^3) extrem unwahrscheinlich. Deshalb nimmt man heute an, daß die Bildung von Molekülen an der Oberfläche der Staubkörner geschieht, wo zwei Atome rekombinieren können und die Stabilisierung durch Abführung der Bindungsenergie an das Staubkorn möglich ist. Obwohl die Dichte der Staubkörner sehr gering ist ($\approx 5 \cdot 10^{-7}/\mathrm{m^3}$), spielen sie als Katalysator für die Molekülbildung eine große Rolle. Tabelle 12.5 gibt eine Auswahl von bisher gefundenen Molekülen.

In kalten verdichteten Wolken ($n > 10^9$ H-Atome/m^3) wird auch die direkte Molekülbildung wahrscheinlicher. Diese Wolken sind die Geburtstätte von Sternen (Abb. 12.38).

12.6 Die Entstehung der Elemente

Wir hatten im Abschn. 12.3 diskutiert, daß während der frühen Phase unseres Universums, d. h. in den ersten vier Minuten nach dem Urknall, nur die leichten Kerne $^1H^+$, $^2_1H^+$ und ^4_2He synthetisiert wurden. Kerne, die schwerer als ^4_2He sind, können nicht in nennenswerter Weise gebildet werden, weil es keine stabilen Kerne mit fünf oder acht Nukleonen gibt (siehe Abschn. 3.1), d. h. beim Zusammenstoß von ^4_2He mit p, n oder ^4_2He gebildet werden könnten.

$$
\begin{aligned}
{}^4_2\mathrm{He} + \mathrm{p} &\rightarrow {}^5_3\mathrm{Li} \xrightarrow[10^{-21}\,\mathrm{s}]{} \mathrm{p} + \alpha\,,\\
{}^4_2\mathrm{He} + {}^4_2\mathrm{He} &\rightarrow {}^8_4\mathrm{Be} \xrightarrow[10^{-16}\,\mathrm{s}]{} \alpha + \alpha\,,\\
{}^4_2\mathrm{He} + \mathrm{n} &\rightarrow {}^5_2\mathrm{He} \xrightarrow[6\cdot 10^{-20}\,\mathrm{s}]{} \mathrm{n} + \alpha\,.
\end{aligned}
\tag{12.66}
$$

Deshalb kann der Sprung zum nächsten stabilen Element nur über die Reaktion

$$
{}^2_1\mathrm{H} + {}^4_2\mathrm{He} \rightarrow {}^6_3\mathrm{Li}
$$

ablaufen, die aber während der kurzen Phase, während der sowohl ^2_1H als auch ^4_2He in genügender Konzentration vorhanden ist, sehr unwahrscheinlich ist.

Darum müssen alle schweren Elemente, die wir heute im Weltall und insbesondere auf der Erde finden

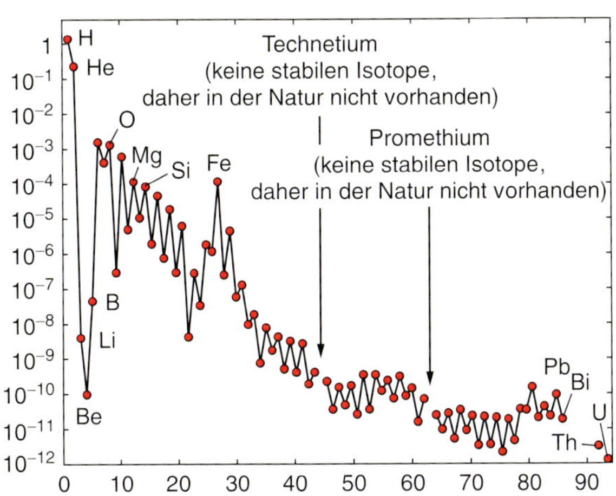

Abb. 12.39. Häufigkeit der Elemente im Sonnensystem, normiert auf das häufigste Element Wasserstoff. Aus W.S. Broecker: *Labor Erde* (Springer, Berlin, Heidelberg 1995)

(Abb. 12.39), im Inneren von Sternen oder bei der Explosion von Sternen entstanden sein, weil nur dort die erforderlichen hohen Temperaturen zu Nukleosynthese (Überwindung des Coulomb-Walles) erreicht werden.

Wir hatten im Abschn. 11.4 gesehen, daß in Sternen mit Massen $M < 2{,}6\,M_\odot$ durch Kernfusion (3-α-Prozeß) Kohlenstoff synthetisiert werden kann, trotz der kurzen Lebensdauer des Zwischenkerns ^8_4Be. Dies ist hier möglich, weil die günstigen Bedingungen für den Fusionsprozeß (11.23) für mehrere Millionen Jahre erhalten bleiben, während sie im Feuerball kurz nach dem Urknall nur für wenige Sekunden vorherrschen.

Im Inneren von massereichen Sternen werden dann auch die schwereren Elemente bis zum Eisen synthetisiert, wobei die Erzeugung schrittweise über das C-Brennen (11.24), das Ne-Brennen (11.25), das O-Brennen (11.26) und das Si-Brennen (11.27) bis zum Eisen führt.

Hier hört der Aufbau von Elementen durch Fusionsprozesse auf, weil bei der Fusion schwererer Kerne keine Energie mehr gewonnen wird. (Die Kernbindungsenergie pro Nukleon hat beim Eisen ihr Maximum (siehe Abb. 2.25). Trotzdem gibt es die Möglichkeit, durch Neutroneneinfang schwerere Kerne aufzubauen gemäß der Reaktion

$$
{}^A_Z\mathrm{K} + \mathrm{n} \rightarrow {}^{A+1}_{\;\;Z}\mathrm{K}\,,
\tag{12.67}
$$

bei der ein schweres Isotop des Ausgangskerns entsteht. Das Neutron wird nicht durch den Coulombwall gehindert, in den Kern einzudringen. Da dieses Isotop eine kleinere Bindungsenergie hat, ist es im allgemeinen instabil und kann z. B. durch β-Zerfall in ein neues Element übergehen:

$$
{}^{A+1}_{\;\;Z}\mathrm{K} \rightarrow {}^{A+1}_{Z+1}\mathrm{K} + \mathrm{e}^- + \bar{\nu}_\mathrm{e}\,.
\tag{12.68}
$$

Während der normalen Fusionsphasen eines Sterns sind im allgemeinen nur wenige Neutronen vorhanden. Sie können z. B. durch den Fusionsprozeß

$$
\begin{aligned}
&{}^{12}_6\mathrm{C} + \mathrm{p} \rightarrow {}^{13}_7\mathrm{N} + \gamma\\
&\qquad\qquad \hookrightarrow {}^{13}_6\mathrm{C} + \mathrm{e}^+ + \nu_\mathrm{e}\\
&{}^{13}_6\mathrm{C} + {}^4_2\mathrm{He} \rightarrow {}^{16}_8\mathrm{O} + \mathrm{n}
\end{aligned}
\tag{12.69}
$$

entstehen. Wesentlich größere Neutronenflüsse werden allerdings während der Endstadien eines Sterns erzeugt, in denen der Stern instabile Phasen durch-

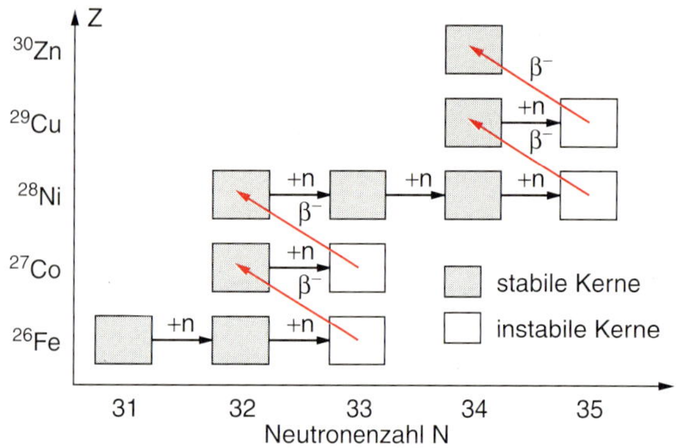

Abb. 12.40. Aufbau der schweren Elemente durch s-Prozesse

läuft, die von schnellen Kontraktionen und Expansionen seines Zentralbereichs begleitet sind. Dabei entstehen Stoßwellen, in deren hochkomprimierten Stoßfronten so hohe Temperaturen auftreten, daß bereits durch Fusion gebildete schwere Kerne, wie z. B. Eisenkerne, durch Stoßprozesse wieder gespalten werden können. Dabei werden Neutronen frei, die dann den Prozeß (12.67) initiieren können.

Werden durch den Neutroneneinfang stabile Isotope gebildet, so können sie weitere Neutronen einfangen, bis ein instabiles Isotop erreicht wird. Dessen Schicksal hängt nun vom Verhältnis der Wahrscheinlichkeiten für β^--Zerfälle und weiterem Neutroneneinfang ab.

Je nach der dabei auftretenden Flußdichte der Neutronen werden zwei Arten des Nuklideinfangs wichtig:

Beim langsamen s-Prozeß (slow neutron capture) ist der Neutronenfluß gering, so daß die durch (11.65) gebildeten neuen instabilen Isotope durch β-Zerfall in neue Kerne übergehen können, bevor der nächste Neutroneneinfang möglich ist. Der Weg für den Aufbau schwerer Kerne verläuft dann nach dem Schema (Abb. 12.40)

$$\underset{\underset{n}{\uparrow}}{{}^A_Z\mathrm{K}} \to {}^{A+1}_{\;\;Z}\mathrm{K} \xrightarrow{\beta^-} \underset{\underset{n}{\uparrow}}{{}^{A+1}_{Z+1}\mathrm{K}} \to {}^{A+2}_{Z+1}\mathrm{K} \xrightarrow{\beta^-} \underset{\underset{n}{\uparrow}}{{}^{A+2}_{Z+2}\mathrm{K}} \cdots . \tag{12.70}$$

Durch diesen s-Prozeß werden stabile Kerne bis zu Massenzahlen von $A = 210$ gebildet.

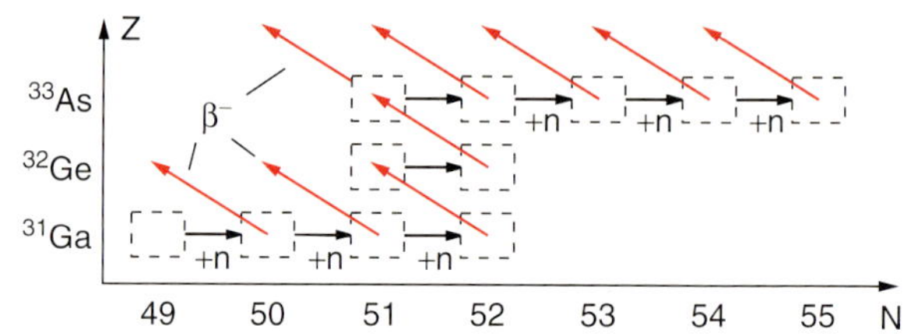

Abb. 12.41. Reaktionskette beim r-Prozeß

Bei sehr hohen Neutronenflüssen, wie sie z. B. während der extremen Bedingungen einer Supernova-Explosion vorliegen, kann ein zweites Neutron schon bereits eingefangen werden, bevor der Kern durch β^--Zerfall in einen neuen Kern übergeht. Bei diesem r-Prozeß (rapid neutron capture) verläuft die Reaktionskette daher (Abb. 12.41):

$$\underset{\underset{n}{\uparrow}}{{}^A_Z\mathrm{K}} \to \underset{\underset{n}{\uparrow}}{{}^{A+1}_{\;\;Z}\mathrm{K}} \to \underset{\underset{n}{\uparrow}}{{}^{A+2}_{\;\;Z}\mathrm{K}} \cdots . \tag{12.71}$$

Während der kurzen Zeitspanne einer Supernova-Explosion wird so eine Kette neutronenreicher Isotope gebildet, die dann anschließend durch β-Zerfall in stabilere Kerne übergehen.

Anmerkung

Der Zerfall

$${}^{56}\mathrm{Ni} \xrightarrow[6{,}1\,\mathrm{d}]{} {}^{56}\mathrm{Co} \xrightarrow[78{,}8\,\mathrm{d}]{} {}^{56}\mathrm{Fe}$$

ist die wichtigste Energiequelle nach der Explosion und ist die Ursache dafür, daß Supernovae über Monate sichtbar sind.

12.7 Die Entstehung unseres Sonnensystems

Die Tatsache, daß im Sonnensystem schwere Elemente wie Blei oder Uran gefunden werden, zeigt, daß die Materie, aus der das Sonnensystem entstanden ist, wenigstens zum Teil aus einem Supernova-Ausbruch eines massereichen Sterns, eventuell auch aus mehreren Supernova-Ausbrüchen sonnennaher Sterne, entstanden ist. Deshalb kann unsere Sonne kein Stern der ersten Generation sein, der bald nach Bildung des

Milchstraßensystems entstanden ist, sondern ein Stern mit mittlerem Alter.

Man kann das Alter der Erde mit Hilfe der Radioisotopendatierung (siehe Abschn. 8.1.6) zu etwa $4{,}5 \cdot 10^9$ Jahren abschätzen. Da, wie wir weiter unten sehen werden, die Erde sich bald nach der Bildung des Sonnensystems durch Akkretion von Materie (gravitative Ansammlung von Materie aus der Umgebung der Erde) geformt hat, muß auch das Alter des Sonnensystems von gleicher Größenordnung sein.

Im Abschn. 11.2 hatten wir besprochen, wie sich aus Gas- und Staubwolken Protosterne bilden können, wenn die Dichte die kritische Jeans-Dichte überschreitet. Man nimmt an, daß dieses Anwachsen der Dichte z. B. durch eine Supernovaexplosion ausgelöst wurde, weil die dabei in das interstellare Gas expandierenden Gasmassen zu einer Stoßwelle und damit Verdichtung des interstellaren Gases führen kann [12.15]. Die Details der Entstehung des Sonnensystems sind bisher noch nicht geklärt, aber es schält sich doch ein Konsens über ein Modell dieser Entstehung heraus, das die meisten bisherigen Beobachtungen und Fakten richtig wiedergibt.

Nach dem Jeans-Kriterium (11.13) kann eine Gaswolke der Masse $M = 1\,M_\odot$ kollabieren, wenn ihr Radius

$$R \leq G \cdot \frac{\overline{\mu} \cdot m_\mathrm{H}}{2kT} \cdot M \tag{12.72}$$

wird.

Mit $\overline{\mu} = 2{,}5$, $M = M_\odot = 2 \cdot 10^{30}\,\mathrm{kg}$, $T = 10\,\mathrm{K}$ wird $R_{\max} \approx 1{,}5 \cdot 10^{15}\,\mathrm{m} = 10\,000\,\mathrm{AE} = 0{,}05\,\mathrm{pc}$, woraus eine mittlere Dichte von $\varrho = 1 \cdot 10^{-16}\,\mathrm{kg/m^3} \mathrel{\hat{=}} 3 \cdot 10^{10}\,\mathrm{Molekülen/m^3}$ resultiert. Die Kollapszeit ist dann nach (11.16) $T = 3 \cdot 10^5\,\mathrm{a}$.

12.7.1 Kollaps der rotierenden Gaswolke

Da unsere Sonne in einem Spiralarm unserer Milchstraße entstanden ist, mußte die Gaswolke an der differentiellen Rotation teilnehmen (siehe Abschn. 12.5.3). Nach Beginn des Kollapses entkoppelt die Gaswolke von der Umgebung, bekommt aber einen entsprechenden Drehimpuls mit.

Bei einer differentiellen Rotation mit $\mathrm{d}v/\mathrm{d}R = -(A + B)$ ist die Winkelgeschwindigkeit einer Gaswolke mit Radius R

$$\begin{aligned}\omega &= \frac{1}{R}\left(\frac{\mathrm{d}v}{\mathrm{d}R}\right)_{R_0} \cdot R = -(A+B)\\ &= -2\,\mathrm{km\,s^{-1}\,kpc^{-1}}\,,\end{aligned}$$

wobei A und B die Oortschen Konstanten sind. Einsetzen der Zahlenwerte: $R = 10^{15}\,\mathrm{m}$, $-(A+B) = -2\,\mathrm{km\,s^{-1}\,kpc^{-1}}$ ergibt eine anfängliche Rotationsperiode der rotierenden Gaswolke von

$$T = \frac{2\pi}{\omega} = 3 \cdot 10^9\,\mathrm{a}\,.$$

Damit folgt für den Drehimpuls der Wolke

$$J = \frac{2}{5} M R^2 \cdot \omega \approx 4 \cdot 10^{51}\,\mathrm{kg\,m^2\,s^{-1}}\,.$$

Da der Drehimpuls während des Kollapses insgesamt erhalten bleibt, wächst die Rotationsgeschwindigkeit $\omega \propto 1/R^2$. Beim Kollaps auf $R = 1$ AE betrüge die Rotationsperiode nur noch 30 Jahre, wenn die Masse nach wie vor homogen verteilt wäre.

Wenn eine rotierende Wolke mit Drehimpuls kollabiert, treten Zentrifugalbeschleunigungen $a_z = \omega^2 \cdot R$ auf, die in Richtungen senkrecht zur Drehimpulsachse den Kollaps bremsen.

Die ursprünglich kugelsymmetrische Massenverteilung stürzt daher schneller in Richtung des Drehimpulses als senkrecht dazu. Deshalb bildet sich mit zunehmender Dichte der kollabierenden Wolke eine Scheibe aus.

Da die Zentrifugalbeschleunigung mit R anwächst, ist sie im Zentralgebiet weniger wirksam. Deshalb kann sich dort mehr Materie ansammeln, und wir erwarten am Ende des Kollapses eine Akkretionsscheibe mit einer Verdickung in der Mitte, ähnlich wie bei unserer Milchstraße, aber hier in viel kleinerem Maßstab.

Wir wissen aus der Massenverteilung in unserem Sonnensystem, daß die Sonnenmasse mehr als 99% der Gesamtmasse des ganzen Systems ausmacht. Der überwiegende Teil der Materie muß sich beim Kollaps also auf das Zentralgebiet konzentriert haben (Abb. 12.42).

Nun kommen wir aber mit dem Drehimpuls in Schwierigkeiten. Die Erhaltung des Drehimpulses

$$J = \frac{2}{5} M R^2 \cdot \omega$$

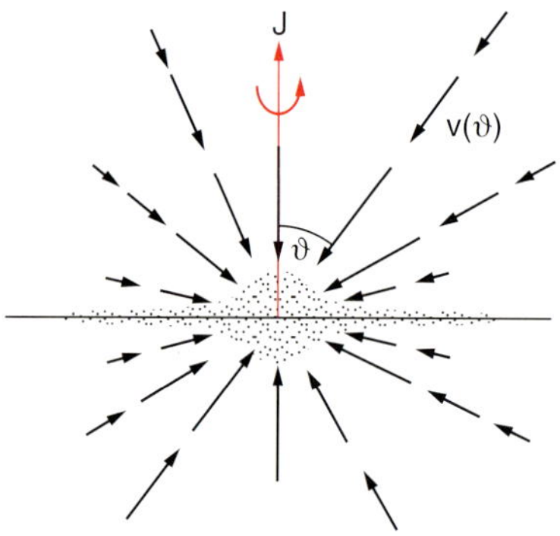

Abb. 12.42. Kollaps einer rotierenden Gaswolke

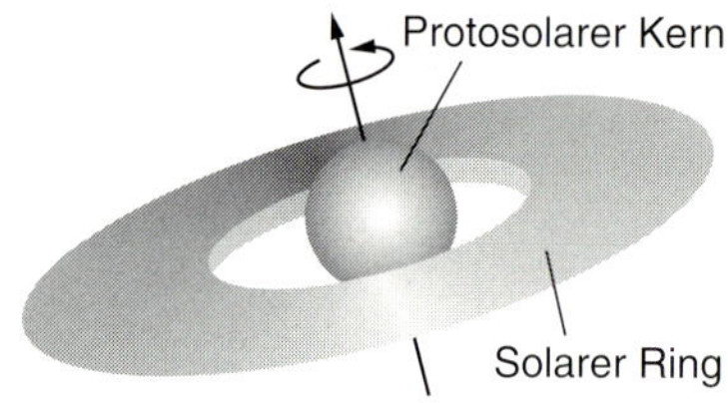

Abb. 12.43. Schematische Darstellung des frühen Sonnensystems mit Protosonne und primitivem solaren Urnebel

beim Kollaps vom Radius R_1 auf $R_2 = R_\odot$ ergibt für die Winkelgeschwindigkeit

$$\frac{\omega_2}{\omega_1} = \left(\frac{R_1}{R_2}\right)^2 . \qquad (12.73)$$

BEISPIEL

$R_1 = 1{,}5 \cdot 10^{15}\,\mathrm{m}$, $R_2 = R_\odot = 7 \cdot 10^8\,\mathrm{m}$, $\omega_1 = -(A + B) = 5\,\mathrm{km/(s \cdot kpc)} \Rightarrow \omega_1 = 1{,}7 \cdot 10^{-16}\,\mathrm{s}^{-1} \Rightarrow \omega_2 = (R_2/R_1)^2 \omega_1 = 8 \cdot 10^{-4}\,\mathrm{s}^{-1} = 67/\mathrm{d}$, d. h. die Rotationsperiode der Sonne müßte etwa 0,015 Tage betragen.

Die Beobachtung zeigt jedoch, daß die mittlere Periode etwa 26 Tage ist (Tabelle 10.7) und daß der Bahndrehimpuls der Planeten groß ist gegen den Drehimpuls der Sonne.

Beim Kollaps der rotierenden Gaswolke muß also offensichtlich Drehimpuls von innen nach außen transportiert worden sein. Wie kann dies erklärt werden?

Bei einer Kontraktion mit Drehimpuls ist das effektive Potential für kollabierende Teilchen der Masse m

$$E_{\mathrm{pot}}^{\mathrm{eff}} = -G \cdot \frac{M(r) \cdot m}{r} + \frac{J^2}{2mr^2} . \qquad (12.74)$$

Es hat ein Minimum für

$$r_{\min} = \frac{J^2}{2m^2 \cdot G \cdot M} . \qquad (12.75)$$

Man erwartet also, daß sich anfangs außer der zentralen Masse ein solarer Ring bildet (Abb. 12.43). Setzt man die Zahlenwerte ein, so ergibt sich ein Radius $r_{\min}$ von etwa 0,7 des Merkurbahnradius.

Genauere Modellrechnungen zeigen, daß bereits während des Kollapses ein Drehimpulstransport von innen nach außen geschieht. Dieser kann einmal durch Stöße übertragen werden, da die Geschwindigkeit der Teilchen auf Keplerbahnen mit zunehmendem Radius abnimmt, so daß schnellere innere Teilchen, die sich auf leicht elliptischen Bahnen bewegen, Impuls und damit auch Drehimpuls auf Teilchen auf benachbarten äußeren Bahnen übertragen können (Abb. 12.44).

Ein weiterer wirksamer Mechanismus zum Transport von Drehimpuls kann durch ein rotierendes Ma-

Tabelle 12.6. Nach den Modellrechnungen erwartete Abfolge der Kondensationsprozesse im solaren Nebel

Temperatur/K	Kondensat	Elemente	Häufigkeit
1400–2000	Calzium-Alu-Oxyde	Ca, Al, O	10^{-6}
1200–1800	Magnesium-Silikate und Fe/Ni-Legierung	Ma, Si, O, Fe, Ni	10^{-4}
1000–1600	Na-K-Al-Silikate	Na, K, Al, Si, O	10^{-6}
600–700	Eisensulfid	Fe, S	10^{-5}
100–200	Methaneis, Ammoniak, Wassereis	C, N, O,	10^{-3}
< 100	H_2, N_2, Ne, Ar	H	0,7

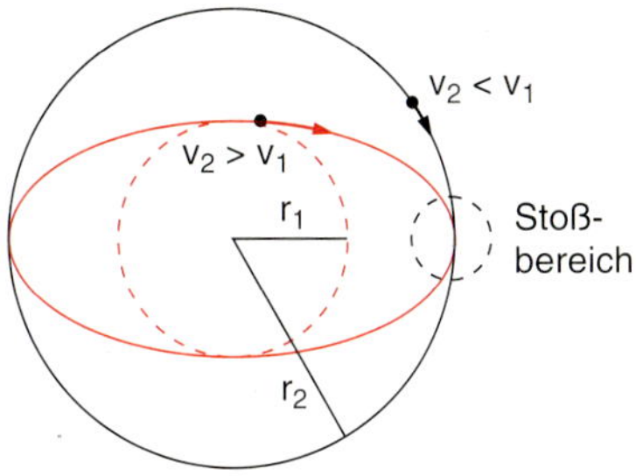

Abb. 12.44. Drehimpulstransport von innen nach außen durch Stöße

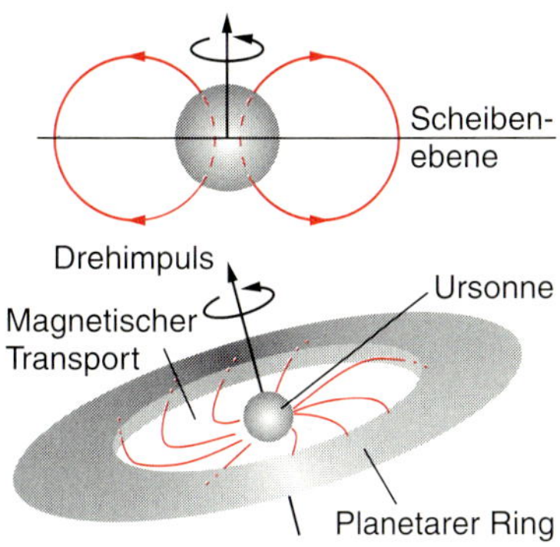

Abb. 12.45. Drehimpulstransport durch magnetische Wechselwirkungen

gnetfeld geliefert werden (Abb. 12.45). Ein solches Magnetfeld ist bereits vor dem Kollaps in der Milchstraßenebene enthalten. Sobald beim Kollaps durch die Temperaturerhöhung die neutralen Atome ionisiert werden, können die geladenen Teilchen das Magnetfeld mitführen. Es wird dadurch komprimiert und seine Flußdichte B wird bei konstantem Fluß ϕ größer. Es nimmt an der Rotation des Zentralgebietes teil und seine Magnetfeldlinien reichen in der in Abb. 12.45 schematisch gezeigten Form in das Plasma der umgebenden Akkretionsscheibe hinein. Da der zentrale Teil eine höhere Winkelgeschwindigkeit hat als der äußere Ring, kann dadurch infolge der Lorentzkraft eine Drehimpulserhöhung der gebundenen Teilchen im Ring erfolgen, die dann durch Stöße auf die neutralen Teilchen übertragen wird.

Durch diese Drehimpulsübertragung weitet sich der Ring auf, da der Radius minimaler effektiver potentieller Energie (12.75) mit J^2 anwächst.

Gleichzeitig kann der Kern weiter kontrahieren, da er Drehimpuls verliert.

Eine weitere häufig beobachtete Möglichkeit zur Verringerung des Drehimpulses sind Sternwinde bzw. abrupte Gasausbrüche (Jets), die einen Teil des Drehimpulses abführen.

12.7.2 Die Bildung der Planetesimale

Bei der Ausdehnung des planetaren Rings steigt seine potentielle Energie, damit muß die kinetische Energie seiner Teilchen sinken. Das heißt, das mit zunehmendem Radius R die Temperatur der Teilchen im Ring fällt. Dieser Abfall ist etwas verschieden für die Gas- und die Staubkomponente. In Abb. 12.46 sind Gastemperatur und Staubtemperatur als Funktion des Abstandes R aufgetragen, basierend auf Rechnungen von *Hoyle*. Außerdem sind durch die horizontalen schraffierten Bereiche die Kondensationstemperaturen einiger Elemente und Gase eingezeichnet.

Man sieht, daß bei Abständen, in denen die inneren Planeten entstanden sind, die Temperaturen noch so hoch waren, daß Gase nicht kondensieren konnten, im Gegensatz zu schwereren Elementen wie Fe, Ni, Na, K, Ca und Verbindungen mit hohem Siedepunkt wie SiO_2, Al_2O_3, MgO. Im Bereich der äußeren Planeten dagegen konnten wegen der tieferen Temperaturen auch die in viel größeren Mengen vorhandenen Gase wie H_2, N_2, CO_2, H_2O kondensieren. Daraus ergibt sich die in Tabelle 12.6 aufgelistete Folge von Kondensationen mit sinkender Temperatur.

Bei der Bildung der Planeten spielt nicht nur die Kondensation der gasförmigen Komponente der kollabierenden Wolke eine Rolle, sondern auch die Staub-

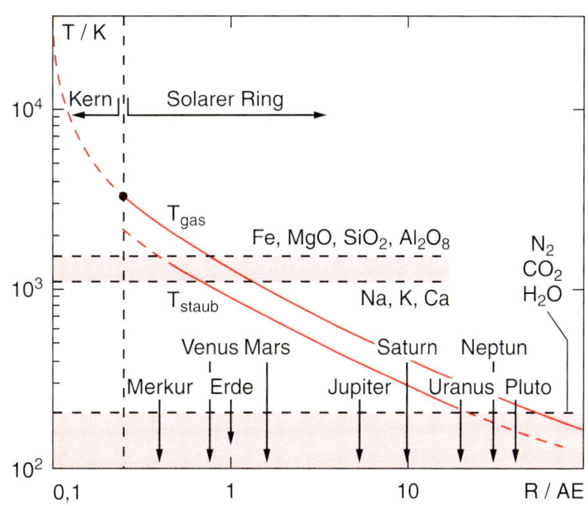

Abb. 12.46. Gastemperatur und Staubtemperatur am Innenrand des planetarischen Ringes als Funktion des Abstands R vom Zentrum. Nach H. Fahr: Die Bildung des Sonnensystems: Versuch einer Deutung. Phys. Blätt. **37**, 142 (1981)

Tabelle 12.7. Vergleich der Häufigkeit (normiert auf Silizium) der vier häufigsten Elemente und der daraus gebildeten Minerale in chondritischen Meteoriten und der Erde. Nach W.S. Broecker: *Labor Erde* (Springer, Berlin, Heidelberg 1995)

	Relative Häufigkeit der Atome				Anteile an SiO_2, MgO, FeO und Fe
	Si	Mg	Fe	O	
chondritische Meteorite	100	104	84	380	0,8–0,92
Erde	100	131	126	359	0,94

komponente. Modellrechnungen haben gezeigt, daß Staubkörner mit Durchmessern im Millimeterbereich bei Entfernungen $R > 10^{11}$ m $\approx 0{,}7$ AE von der Protosonne nicht genügend heiß werden, um zu schmelzen. Solche Teilchen findet man z. B. heute noch in den Saturn- und Jupiter-Ringen (siehe Abschn. 10.3).

Da diese Staubkörner sich in einer dünnen Schicht in der Scheibenebene ansammeln (sie haben wegen ihrer größeren Masse bei vorgegebener Temperatur kleinere thermische Geschwindigkeiten als Gasatome), können sie sich so nahe kommen, daß sie bei kleinen Relativgeschwindigkeiten inelastische Stöße erleiden und auf Grund von Adhäsionskräften (elektromagnetische Kräfte) sich anziehen und zusammenbleiben. Auf diese Weise würden größere Staubkörner kleinere ansammeln und ihre Masse dadurch vergrößern. Dadurch spielt die Gravitation für diese Akkretion eine wachsende Rolle [12.16].

Solche Partikel würden auch wegen ihrer größeren Masse weniger am Drehimpulstransport nach außen teilnehmen, so daß sie im Bereich der inneren Planeten bleiben und dort kleine feste Körper bilden, die man ***Planetesimale*** nennt und die als Vorstufen der Planeten angesehen werden können. Deshalb macht dieses Modell verständlich, warum die inneren Planeten aus Material höherer Dichte ($\overline{\varrho} = (4{,}5 \pm 0{,}7)\,\mathrm{g/cm^3}$) bestehen als die äußeren Planeten.

Solche Planetesimale sind wahrscheinlich heute noch in Form der Asteroiden im Gürtel zwischen Mars und Jupiter zu finden und auch als Meteorite, die täglich auf die Erde fallen und uns Auskunft geben über die Zeit ihrer Entstehung und ihre damalige Zusammensetzung. Wie wir im Abschn. 10.4.3 kurz diskutiert haben, bestehen die meisten Meteorite aus steinigem Material. Die ***Chondrite*** (Steinmeteorit mit mineralischen, kugelförmigen Einschlüssen = *chondren*) enthalten überwiegend die vier Elemente O, Si, Mg und Fe, welche etwa 91% aller in Chondriten vorkommenden Metalle ausmachen.

Auch in Planeten dominieren vier Elemente, wie man für die Erde aus Tabelle 12.7 sieht.

12.7.3 Die Trennung von Gasen und festen Stoffen

In der kollabierenden Gaswolke kommt Wasserstoff hauptsächlich als H_2-Gas, in geringeren Mengen auch als CH4 und NH_3 vor. Im zentralen Bereich stieg die Temperatur so hoch an, daß alle Moleküle dissoziieren, so daß gasförmige Moleküle nur im äußeren Bereich des solaren Nebels zu erwarten sind.

Helium geht als Edelgas keine Verbindung mit anderen Elementen ein und nimmt deshalb auch an der Kondensation nicht teil. Praktisch alles Gas bleibt entweder in der Sonne, im interplanetarischen Raum oder geht dem Sonnensystem verloren. Geringe in der Erdatmosphäre gefundene Mengen stammen aus dem α-Zerfall radioaktiver Elemente.

Die drei nächstschwereren Elemente Li, Be, B wurden bei der Nukleosynthese in Sternen nur mit sehr geringer Wahrscheinlichkeit erzeugt. Der geringe Anteil von Li, der noch aus der Urmaterie stammt, und der beim Aufbau aus He und Protonen in Sternen erzeugte Anteil gehen größtenteils bei der weiteren Kernsynthese verloren. Der Nachweis von Li in Sternspektren zeigt, daß ein Stern noch jung ist. Die oben genannten leichten Elemente waren deshalb in der kollabierenden Wolke auch kaum vorhanden.

Kohlenstoff und Stickstoff verbinden sich, angesichts der großen Menge an Wasserstoffgas in der kollabierenden Wolke, zu Methan CH_4 und Ammoniak NH_3. Diese kondensieren erst in dem genügend kalten äußeren Bereichen des solaren Nebels. Die Affinität von Sauerstoff zu Metallen ist größer als zu Wasserstoff. Deshalb wird er überwiegend Metalloxide bilden, die in der Zone der inneren Planeten kondensieren können, während H_2O bei den hier herrschenden Temperaturen gasförmig bleibt und größtenteils nach außen entweicht, solange es nicht in Mineralien gebunden ist.

Man kann analoge Überlegungen für alle Elemente des Periodensystems anstellen und kommt auf Grund der ursprünglichen Zusammensetzung der kollabierenden Wolke, die man aus kernphysikalischen Daten erschließen kann, und Kenntnissen aus der Chemie zu einer den beobachteten Verhältnissen entsprechenden Teilung in gasförmige Materie zur Bildung der äußeren Planeten und fester Materie (in Form von Staubkörnern, Gesteinsbrocken und Planetesimalen) als Vorläufer der inneren Planeten [12.17].

12.7.4 Das Alter des Sonnensystems

Alle Gesteine enthalten langlebige Radioisotope, die als Zeitmesser für die Zeit ihrer Entstehung dienen können. Das Verfahren der radioaktiven Datierung wurde schon im Abschn. 8.1.6 besprochen.

Wir wollen es hier auf die konkrete Bestimmung des Alters des Sonnensystems und der Erde anwenden und folgen dabei der empfehlenswerten Darstellung in [12.18].

Die Mineralien auf der Erde wurden seit der Entstehung der Erde mindestens einmal, öfter mehrmals wieder aufgeschmolzen. Dabei können flüchtige radioaktive Elemente das Mineral verlassen, und man erhält aus solchen Mineralien nur den Zeitpunkt des letzten Aufschmelzens, aber nicht unbedingt das Alter der Erde.

Der Kristallisationszeitpunkt der Mineralien in chondritischen Meteoriten fällt zusammen mit dem frühen Stadium der Bildung der inneren Planeten. Die Struktur der Chondrite, insbesondere die Chondren (kugelförmige Bereiche in Chondriten) zeigen, daß die Meteoriten seit ihrer Entstehung nicht mehr aufgeschmolzen wurden. Seit der Abkühlung aus der Hochtemperaturphase in die kältere feste Form bildet das Innere eines Meteoriten daher ein abgeschlossenes chemisches System.

Da die Meteoriten die Vorläufer der inneren Planeten bildeten, geben sie Auskunft über die Verhältnisse zur Zeit ihrer Entstehung und über diesen Zeitpunkt.

Die genaue Altersbestimmung von Meteoriten basiert auf der Messung der Häufigkeit von radioaktivem Rubidium ^{87}Rb und seinem stabilen Tochterprodukt Strontium ^{87}Sr, die als Spurenelemente in geringen Konzentrationen (3 bzw. 10 ppm) in Meteoriten gefunden werden (Tabelle 12.8).

Bezeichnen wir die Zeit der Entstehung des Meteoriten mit $t = 0$ und heute als t_0, so gilt für die Zahl

Tabelle 12.8. Die für die Altersbestimmung wichtigsten Radionuklide in Meteoriten. Aus W.S. Broecker: *Labor Erde* (Springer, Berlin, Heidelberg 1995)

Radionuklid	Halbwertszeit (Mrd. Jahre)	stabiles Tochterprodukt
^{40}K	1,28	^{40}Ca und ^{40}Ar
^{87}Rb	49	^{87}Sr
^{138}La	110	^{138}Ce oder ^{138}Ba
^{147}Sm	110	^{143}Nd
^{176}Lu	29	^{176}Hf
^{187}Re	50	^{187}Os
^{232}Th	14	^{208}Pb
^{235}U	0,72	^{207}Pb
^{238}U	4,47	^{206}Pb

N der ^{87}Rb-Kerne:

$$N(^{87}\mathrm{Rb}, t_0) = N(0) \cdot \mathrm{e}^{-t_0/\tau} \tag{12.76a}$$

mit $\tau = t_{1/2}/\ln 2 = 7{,}07 \cdot 10^{10}$ a. Für die Zahl der Strontiumkerne gilt:

$$N(^{87}\mathrm{Sr}) = N(\mathrm{Sr}, 0) + \left[N(\mathrm{Rb}, 0) - N(\mathrm{Rb}, t_0)\right]. \tag{12.76b}$$

Um aus dem heute gemessenen Verhältnis

$$\frac{N(^{87}\mathrm{Rb}, t_0)}{N(^{87}\mathrm{Sr}, t_0)} = \frac{\mathrm{e}^{-t_0/\tau}}{\left[N(\mathrm{Sr}, 0)/N(\mathrm{Rb}, 0)\right] + (1 - \mathrm{e}^{-t_0/\tau})} \tag{12.77}$$

die Zeit t_0 zu bestimmen, muß man außer den Zerfallszeiten auch das Verhältnis $N(^{87}\mathrm{Sr}, 0)/N(^{87}\mathrm{Rb}, 0)$ zur Zeit der Entstehung $t = 0$ kennen (Abb. 12.47).

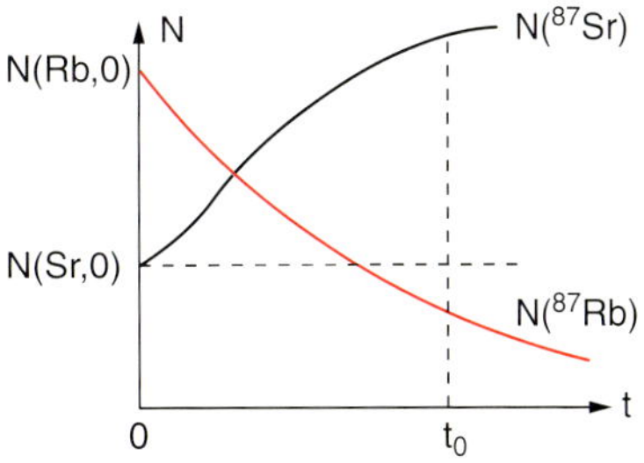

Abb. 12.47. Verhältnis der Atomzahlen $N(^{87}\mathrm{Rb})/N(^{87}\mathrm{Sr})$ als Funktion des Alters der Meteoritenprobe

Hier hilft folgende Methode;

Außer den instabilen radioaktiven Isotopen oder den aus radioaktiven Zerfällen entstandenen Isotopen gibt es nichtradioaktive stabile Isotope ^{84}Sr, ^{86}Sr, ^{88}Sr und ^{85}Rb, die nicht durch Zerfall anderer Nuklide entstanden sind und deren Häufigkeit daher zeitlich konstant bleibt.

Man untersucht nun verschiedene Meteoriten mit unterschiedlichen Konzentrationen von Rubidium und Strontium und trägt das gemessene Verhältnis $N(^{87}\mathrm{Sr})/N(^{86}\mathrm{Sr})$ auf gegen das Verhältnis $N(^{87}\mathrm{Rb})/N(^{86}\mathrm{Sr})$. Dies ergibt nach (12.76b)

$$\left(\frac{N(^{87}\mathrm{Sr})}{N(^{86}\mathrm{Sr})}\right)_{t_0} = \left(\frac{N(^{87}\mathrm{Sr})}{N(^{86}\mathrm{Sr})}\right)_{t=0} + \left(\frac{N(^{87}\mathrm{Rb})}{N(^{86}\mathrm{Sr})}\right)_{t=0} (1 - \mathrm{e}^{-t_0/\tau}) \, .$$

Ist die Abklingzeit $\tau \gg t_0$ (siehe Tabelle 12.8), so gilt: $1 - \mathrm{e}^{-t_0/\tau} \approx t_0/\tau$, und wir erhalten den linearen Zusammenhang:

$$\left(\frac{N(^{87}\mathrm{Sr})}{N(^{86}\mathrm{Sr})}\right)_{t_0} = \left(\frac{N(^{87}\mathrm{Sr})}{N(^{86}\mathrm{Sr})}\right)_{0} + \left(\frac{N(^{87}\mathrm{Rb})}{N(^{86}\mathrm{Sr})}\right)_{t=0} \cdot t_0/\tau \, , \tag{12.78}$$

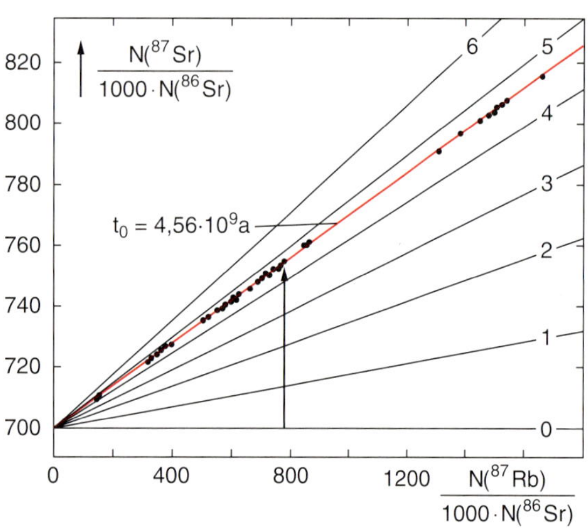

Abb. 12.48. Verhältnis $N(^{87}\mathrm{Sr}, t_0)/N(^{86}\mathrm{Sr}, t_0)$, aufgetragen gegen das Verhältnis $N(^{87}\mathrm{Rb}, t_0)/N(^{86}\mathrm{Sr}, t_0)$ für verschiedene angenommene Meteoritenalter in Milliarden Jahren. Aus W.S. Broecker: *Labor Erde* (Springer, Berlin, Heidelberg 1995)

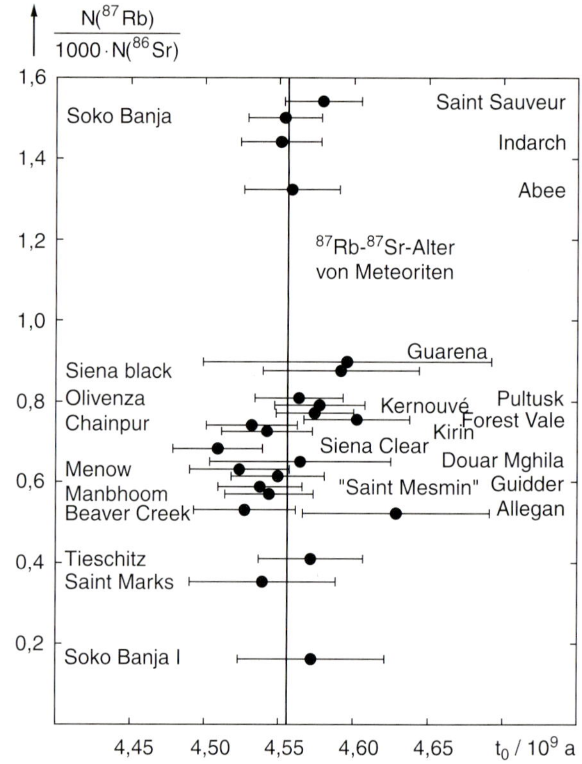

Abb. 12.49. Altersbestimmung mit Hilfe der Rubidium-Strontium Datierung an verschiedenen Meteoriten mit unterschiedlichen Verhältnissen $N(^{87}\mathrm{Rb})/N(^{86}\mathrm{Sr})$. Aus W.S. Broecker: *Labor Erde* (Springer, Berlin, Heidelberg 1995)

der in Abb. 12.48 für verschiedene Alter t_0 (in Milliarden Jahren) aufgetragen ist. Der Vergleich mit den Meßdaten ergibt ein Alter von

$$\boxed{t_0 = (4{,}56 \pm 0{,}01) \cdot 10^9\,\mathrm{a}} \, .$$

Wie genau diese Messungen sind, verdeutlicht Abb. 12.49, in der Altersbestimmungen von 19 verschiedenen Meteoriten auf Grund des gemessenen Verhältnisses $N(^{87}\mathrm{Rb}) N(^{87}\mathrm{Sr})$ mit ihren Fehlergrenzen gezeigt sind [12.17]. Die Übereinstimmung der Messungen an völlig verschiedenen Proben ist beeindruckend.

Wir können also davon ausgehen, daß der Entstehungsprozeß der terrestrischen Planeten vor 4,5 Milliarden Jahren stattgefunden hat.

Es gibt noch einen weiteren interessanten Aspekt der Messung von Isotopenhäufigkeiten in Meteoriten. Man kann daraus etwas lernen über den Zeitpunkt der

Entstehung der schweren Elemente durch den r-Prozeß bei Supernova-Explosionen. Dieser Vorgang muß natürlich vor der Entstehung des Sonnensystems liegen. Die Frage ist: War eine solche Supernova-Explosion, in der die schweren Elemente in unserem Sonnensystem synthetisiert wurden, gleichzeitig der Trigger für den Kollaps der Gaswolke, oder enthielt diese Gaswolke bereits schwere Elemente aus früher erfolgten Supernova-Ausbrüchen?

Man kann heute durch Modellrechnungen die Bedingungen während einer Supernova-Explosion im Computer simulieren und mit den aus Laborexperimenten bekannten Wirkungsquerschnitten für Neutroneneinfang verbinden. Daraus folgt für das Isotopenverhältnis

$$\begin{aligned} R &= {}^{235}\mathrm{U} : {}^{238}\mathrm{U} : {}^{232}\mathrm{Th} \\ &= 79 : 52{,}5 : 100\,. \end{aligned} \tag{12.79a}$$

Man findet aber heute in Meteoriten (kohlige Chondrite, siehe Abschn. 10.4.3) das Verhältnis

$$R(t_0) = 0{,}19 : 26{,}5 : 100\,. \tag{12.79b}$$

Mit Hilfe der bekannten Halbwertszeiten (Tabelle 12.8) können wir daraus dies Verhältnis vor $4{,}5 \cdot 10^9$ Jahren, also zur Zeit der Entstehung des Sonnensystems berechnen

$$\begin{aligned} R(t=0) = &\left(\mathrm{e}^{+t_0/\tau_1} \cdot N({}^{235}\mathrm{U}, t_0)\right) \\ &: \left(\mathrm{e}^{t_0/\tau_2} \cdot N({}^{238}\mathrm{U}, t_0)\right) : \left(\mathrm{e}^{t_0/\tau_3} \cdot N({}^{232}\mathrm{Th}, t_0)\right), \end{aligned} \tag{12.79c}$$

was sich unterscheidet von den Modellrechnungen für die zur Entstehungszeit erhaltenen Verhältnisse (12.79a). Wenn man den Modellrechnungen glaubt, folgt daraus, daß die Entstehung dieser Elemente lange *vor* der Entstehung des Sonnensystems erfolgt sein muß.

Nimmt man als Beispiel das Atomzahlverhältnis der beiden Uranisotope $N({}^{235}\mathrm{U})/N({}^{238}\mathrm{U})$, so ergibt sich eine Entstehungszeit von etwa 2 Milliarden Jahren *vor* der Entstehung des Sonnensystems.

Wir wissen jedoch, daß Supernovae-Ausbrüche im Mittel alle 100 Jahre in unserer Milchstraße geschehen. Deshalb ist es wahrscheinlicher, daß die schweren Elemente in unserem Sonnensystem nicht von einem einzigen, sondern von mehreren zeitlich verteilten Ausbrüchen stammen.

Da die Rotationsperiode der Milchstraßenebene etwa 200 Millionen Jahre beträgt, können sich die Elemente, die an verschiedenen Orten gebildet werden, auf Grund der differentiellen Rotation und Turbulenzen während eines Zeitraums von mehreren Milliarden Jahren durchaus über größere Bereiche verteilt haben.

Der letzte in der Umgebung des jetzigen Sonnensystems erfolgte Ausbruch verursachte dann wahrscheinlich die Bildung des Systems [12.15].

12.8 Die Entstehung der Erde

Für uns Erdbewohner ist es natürlich von besonderem Interesse, etwas über die Entstehungsmechanismen der Erde und ihren zeitlichen Verlauf zu erfahren. Wir wollen deshalb am Ende dieses Lehrbuches kurz die heute darüber vorliegenden Erkenntnisse vorstellen [12.17].

12.8.1 Die Separation von Erdkern und Erdmantel

Wir hatten im vorigen Abschnitt diskutiert, daß sich die inneren Planeten aus Planetesimalen durch gravitative Ansammlung von Staub und Gesteinsbrocken gebildet haben.

Nun wissen wir aus der Abplattung des Geoids und aus seismischen Untersuchungen (siehe Abschn. 10.2.3), daß die Erde einen geschichteten Aufbau hat mit einem festen inneren Fe-Ni-Kern, einem flüssigen äußeren Fe-Ni-Kern und einem Mantel, der aus flüssigem und festem Gestein besteht. Dies zeigt, daß die gravitationsgebundene Ansammlung von Gesteinsbrocken durch einen Aufschmelzprozeß gegangen sein muß, der zu einer Separation von Metall- und Silikatphase geführt hat. Daß eine solche Trennung von Metall- und Mineralphase wirklich geschieht, zeigen Stein-Eisen-Meteorite (Abb. 12.50), die, anders als die Chondrite, eine Schmelzphase durchlaufen haben.

Durch radioaktive Datierungsmethoden läßt sich ermitteln, daß die Trennung in Metallkern und Silikatmantel bei der Erde schon sehr früh einsetzte. Mehrere Indikatoren deuten darauf hin, daß der Erdkern während der ersten 100 Millionen Jahre der Erdgeschichte gebildet wurde.

Zu diesen Indikatoren gehört der gegenüber der Erdatmosphäre erhöhte Gehalt an ${}^{129}\mathrm{Xe}$-Isotopen in der

Abb. 12.50. Steine-Eisen-Meteorit (Brenham-Meteorit) in dem auf Grund von Aufschmelzungsvorgängen Metall- und Silikatphasen voneinander abgeschieden sind. Aus W.S. Broecker: *Labor Erde* (Springer, Berlin, Heidelberg 1995)

Lava jüngerer Vulkanausbrüche, die aus dem Erdmantel stammt. Wie in [12.17] ausführlich diskutiert wird, läßt sich daraus schließen, daß gasförmiges Jod $^{129}_{53}$I, das mit einer Halbwertszeit von $1{,}7 \cdot 10^7$ a in $^{129}_{54}$Xe zerfällt, spätestens 10^8 Jahre nach der Bildung der Erde bei der Bildung des flüssigen Erdkerns in den Mantel gelangte und dort eine erhöhte Konzentration von ^{129}Xe erzeugte.

Ein weiteres Indiz für eine frühe Separation von Erdkern und Mantel wird durch das Verhältnis der aus Uran und Thorium gebildeten Bleiisotope geliefert, welches zeigt, daß die Trennung von Blei (das in flüssiger Phase in den Erdkern wanderte) und Uran, das in Form von hochschmelzenden Mineralien im Mantel blieb, bereits etwa 10^8 a nach der Bildung des Sonnensystems einsetzte.

Die Frage ist nun, wodurch diese Separation verursacht wurde. Hier gibt es mehrere Modelle, zwischen denen bisher aus Mangel an gesicherten Informationen noch keine eindeutige Entscheidung möglich ist.

Ein Modell nimmt an, daß die Erde als ein Gemisch aus Metallen und Metalloxiden in Form von Gesteinsbrocken unterschiedlicher Größe (mm bis km) entstand. Die heute vorliegende Separation muß dann durch einen Aufschmelzprozeß bewirkt worden sein, bei dem das flüssige Metall auf Grund der Gravitation ins Erdinnere tropfte. Für diesen Aufschmelzprozeß braucht man Energie. Drei Energiequellen kommen in Frage:

1. Die Aufprall-Energie der Gesteinsbrocken, die auf ein bereits massives Konglomerat von Gestein treffen. Diese Energie entsteht an der Oberfläche und wird nur zum Teil in das Innere abgeleitet. Ein großer Teil wird nach außen abgestrahlt.
2. Die Gravitationsenergie, die bei Zunahme der Gesamtmasse entsteht, wenn sich neue Massen anlagern. Ist $\mathrm{d}M/\mathrm{d}t$ die Massenzunahme pro Zeiteinheit, so ist die zeitliche Zunahme der Gravitationsenergie bei einer Gesamtmasse $M(t_0) = M_0$ und einem Radius $R(t_0) = R_0$

   $$\frac{\mathrm{d}E_{\mathrm{pot}}}{\mathrm{d}t} = -G \cdot \frac{M(t)}{R_0} \cdot \frac{\mathrm{d}M}{\mathrm{d}t} \,. \qquad (12.80)$$

   Die abgestrahlte Leistung ist bei einer Temperatur T_0

   $$\frac{\mathrm{d}W}{\mathrm{d}t} = 4\pi R_0^2 \sigma \cdot T_0^4 \,.$$

   Ohne die von der Protosonne zugestrahlte Leistung würde eine Temperaturerhöhung eintreten, wenn $\mathrm{d}E/\mathrm{d}t > \mathrm{d}W/\mathrm{d}t$ wäre.
   Es hängt von der Massenzunahme $\mathrm{d}M/\mathrm{d}t$, d. h. von der Häufigkeit der Anlagerung von kleinen Körpern an die Protoerde ab, ob diese Bedingung erfüllt ist.
   Da man diese nicht kennt, können wir nicht mit Sicherheit sagen, ob dieser Mechanismus ausreicht, um den Schmelzpunkt von Metallen, insbesondere Eisen, zu erreichen.
3. Die Energie aus dem Zerfall radioaktiver Elemente in der Erde. Sie nimmt ebenfalls mit zunehmender Masse der Erde zu. Hier ist die Energiequelle gleichmäßig über das Volumen der Protoerde verteilt, so daß Abstrahlungsverluste nicht so gravierend sind.
   Man kann abschätzen, daß die Energie der während der frühen Phase der Erde vorhandenen radioaktiven Elemente (von denen heute die kurzlebigen

bereits ausgestorben sind) ausgereicht hat, um die Temperatur T im Inneren der Erde um weit über 1000 K zu erhöhen.

Sobald T über die Schmelztemperatur T_S der Metalle ansteigt, beginnt das flüssige Metall auf Grund der höheren Dichte in das Innere der Erde zu sickern. Dabei wird Gravitationsenergie frei, weil nun die Materie mit der größeren Dichte ins Innere gelangt und damit die Masse des Erdkerns erhöht. Dies führt zu einer weiteren Temperaturerhöhung.

Diese Energie reicht bei weitem, um auch Metalle mit höherem Schmelzpunkt aufzuschmelzen und damit die Separation der Materie im Erdkern, Mantel und Kruste einzuleiten.

Nach diesem Modell dient die Energie aus radioaktiven Zerfällen als Auslöser der Separation, der größte Teil der Energie kommt aber aus der dabei gewonnenen Gravitationsenergie.

Vermutlich verdankt die Erde deshalb ihre jetzige Struktur einer Kombination von radioaktiven und gravitativen Energiequellen. Der Entmischungsprozeß dauert z. B. bei Jupiter noch an und sorgt dafür, daß Jupiter ca. dreimal soviel Energie abstrahlt, wie er durch die Sonne aufnimmt.

12.8.2 Die Erdkruste

Die Erdkruste überzieht den Erdmantel wie eine dünne, faltige Haut. Sie ist auch unter den Ozeanen vorhanden, hat dort jedoch eine andere Gestalt und Zusammensetzung als die Erdkruste der Kontinente. Während die

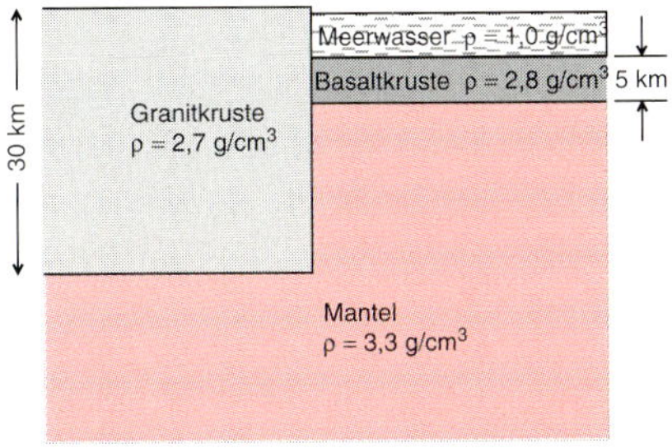

Abb. 12.51. Schematische Darstellung der auf dem zähflüssigen oberen Mantelmagma schwimmenden Granitkruste der Kontinente und der Basaltkruste unter dem Ozean. Nach W.S. Broecker: *Labor Erde* (Springer, Berlin, Heidelberg 1995)

Tabelle 12.9. Die chemische Zusammensetzung (in Gewichtsprozent) der beiden wichtigsten Gesteinsarten der Erdkruste, verglichen mit der Zusammensetzung des Erdmantels und von chondritischen Meteoriten. Aus W.S. Broecker: *Labor Erde* (Springer, Berlin, Heidelberg 1995)

	Chondritische Meteorite	Erdmantel	Basalt	Granit
O	32,3	43,5	44,5	46,9
Fe	28,8	6,5	9,6	2,9
Si	16,3	21,1	23,6	32,2
Mg	12,3	22,5	2,5	0,7
Al	1,4	1,9	7,9	7,7
Ca	1,3	2,2	7,2	1,9
Na	0,6	0,5	1,9	2,9
K	0,1	0,02	0,1	3,2
andere	5,9	1,7	2,7	1,6

Kontinente überwiegend aus den Gesteinen Granit und Gneis bestehen, findet sich in der Erdkruste unter den Ozeanen hauptsächlich Basalt (Abb. 12.51).

Tabelle 12.9 gibt einen Vergleich zwischen der chemischen Element-Zusammensetzung von Erdmantel, Granit, Basalt und der von chondrischen Meteoriten, deren chemischer Aufbau ähnlich dem der Gesteinsbrocken ist, aus denen die Erde geformt wurde.

Man erkennt, daß die chemische Zusammensetzung des Erdmantels sich stark unterscheidet von der der Kontinentalkruste mit Granit als Hauptbestandteil. So kommen in der Erdkruste mehr Al, Na und K vor, während Eisen und Magnesium in geringeren Konzentrationen als im Mantel vertreten sind. Die Kruste unter den Ozeanen mit Basalt als Hauptgestein ähnelt dagegen der Zusammensetzung des Erdmantels weit mehr.

Radioaktive Chronometer enthüllen einen bedeutsamen Unterschied im Alter der Gesteine. Die ozeanischen Basalte sind im allgemeinen jünger als 100 Millionen Jahre, während die Granite der Kontinentalkruste bis zu 3,8 Milliarden Jahre alt sind. Dabei ist das Alter eines Eruptivgesteins definiert als die Zeit seit seiner Auskristallisation, bei Sedimentgestein seit seiner Ablagerung und bei metamorphen Gesteinen seit seiner Umgestaltung.

Die Erdkruste besteht also aus zwei ganz verschiedenen Bereichen: den jungen, tiefliegenden Basalten des Ozeanbodens und den alten hochliegenden Graniten der Kontinente.

12.8.3 Vulkanismus

Da bei Vulkanausbrüchen heiße flüssige Lava aus dem Erdmantel an die Erdoberfläche strömt, die Mineralien mit Schmelzpunkten über 1000 °C enthält, muß der Erdmantel auch 4,6 Milliarden Jahre nach Entstehung immer noch über 10^3 °C heiß sein. Der Grund dafür ist die durch radioaktive Zerfälle im Erdmantel erzeugte Wärme. Auf Grund seismologischer Messungen weiß man jedoch, daß der Erdmantel aus festem Material besteht, das aber unter dem Einfluß des großen Druckes viskos wird und deshalb fließen kann. Durch Temperaturgradienten angetrieben bilden sich große Konvektionszellen, in denen das Material bis zur Kruste aufsteigt, unterhalb der Kruste seitwärts fließt, dabei einen Teil seiner Wärmeenergie an die Kruste aufsteigt, unterhalb der Kruste seitwärts fließt, dabei einen Teil seiner Wärmeenergie an die Kruste abgibt und dann wieder absinkt (Abb. 12.52). Unterhalb der Kruste kann das Material wegen des geringeren Druckes die Schmelztemperatur erreichen, und es können sich Blasen aus flüssigem Magma bilden, die dann durch

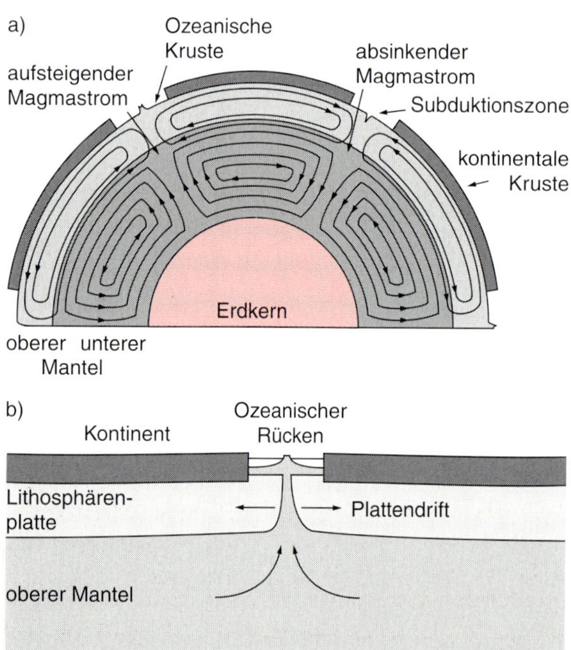

Abb. 12.52. (**a**) Magmaströmungen im unteren und oberen Erdmantel; (**b**) Kontinentaldrift, verursacht durch erstarrte Magma, die die ozeanische Kruste auseinandertreibt

Risse in der Kruste an die Oberfläche gelangen. Nach der Erkaltung der Lava bildet sie einen Teil der Kruste. Solche vulkanischen Ausbrüche tragen daher wesentlich zur Formung der Erdkruste bei, wie man vor wenigen Jahren in Island beobachten konnte, wo eine neue Insel durch Vulkanismus entstand.

In den kleinen Planeten wie Merkur oder den Asteroiden findet kein Vulkanismus statt, weil sie inzwischen im Inneren soweit abgekühlt sind, daß keine Konvektionsströme von Magma mehr fließen können.

12.8.4 Bildung der Ozeane

Damit sich auf einem Planeten Ozeane bilden können, müssen eine Reihe von Voraussetzungen vorliegen, die nach unserer heutigen Kenntnis im Sonnensystem nur auf der Erde erfüllt sind.

- Der Planet muß bei seiner Bildung genügend Sauerstoff und Wasserstoff eingefangen haben, damit sich Wasser bilden konnte, oder die Bestandteile, aus denen er entstanden ist, müssen bereits genügend Wasser enthalten haben.
- Dieses Wasser muß vom Inneren an die Oberfläche gelangt sein.
- Die mittlere Oberflächentemperatur des Planeten muß zwischen 0 °C und 100 °C liegen.

Der Massenanteil des Wassers beträgt etwa 0,5% der Gesamtmasse der Erde. Die Gesteinsbrocken, aus denen die Erde durch Akkretion entstanden ist, haben wahrscheinlich genügend viele Mineralien mit gebundenem Wasser enthalten.

Während der Bildung des Erdkerns waren die Temperaturen im Erdinneren so hoch, daß H_2O in der Gasphase vorlag. Es konnte deshalb, genau wie das Xenon, vom Inneren an die Oberfläche aufsteigen. Dort kann es kondensieren, wenn die Temperatur unter 100 °C bleibt. Der Dampfdruck hängt von der Temperatur ab, und deshalb ist auch an der Oberfläche ein Teil des Wassers in der Gasphase. Damit dieser Teil nicht in den Weltraum entweichen kann, muß die mittlere kinetische Energie der Gasmoleküle kleiner sein als der Betrag ihrer gravitativen potentiellen Energie. Für H_2O-Moleküle mit $T < 100\,°C$ ist dies auf der Erde erfüllt. Jedoch können die H_2O-Moleküle durch die ultraviolette Strahlung der Sonne photodissoziiert werden in H + HO. Die leichten H-Atome können bei $T > 0\,°C$ durchaus in den Weltraum entweichen. Glücklicherweise ist die Temperatur im oberen Teil der Erdatmosphäre wesentlich niedriger, so daß die Entweichrate äußerst klein wird.

Der überwiegende Teil des aus dem Inneren der Erde an die Oberfläche gelangenden Wasserdampfes kondensiert deshalb an der Erdoberfläche und bildet Ozeane [12.19].

12.8.5 Die Bildung der Erdatmosphäre

Unsere jetzige Atmosphäre besteht in Volumenprozenten zu 78,08% aus Stickstoff N_2, 20,95% Sauerstoff O_2, 0,93% Argon, 0,034% CO_2 und einer Reihe weiterer Spurengase (wie Neon, Helium, Krypton, Xenon, Wasserstoff) in geringen Konzentrationen.

Dies war nicht immer so. Die Uratmosphäre, die bei der Bildung der Erde aus den gasförmigen Bestandteilen des solaren Nebels entstand, wurde im wesentlichen durch den Sonnenwind während der frühen Entwicklungsphase der Sonne (T-Tauri-Stadium) weggeblasen.

Durch Ausgasen des Erdinneren, insbesondere durch Vulkanausbrüche entstand eine Atmosphäre, die hauptsächlich aus H_2, CH_4, CO, NH_4 und anderen reduzierenden Gasverbindungen bestand, die aber keinen Sauerstoff enthielt. Dabei nennt man Atome oder Moleküle reduzierend, wenn sie leichter Elektronen abgeben als aufnehmen. Ein typisches Beispiel ist Wasserstoff H_2, der z. B. die Reduktionsreaktion

$$\mathrm{FeO} + \mathrm{H_2} \rightarrow \mathrm{Fe} + \mathrm{H_2O}$$

bewirkt, also Eisenoxid „reduziert" zu Eisen. Der bei der Bildung der Erde vorhandene Sauerstoff wurde durch Reaktionen mit dem Eisen im Erdkern

$$2\mathrm{Fe} + \mathrm{O_2} \rightarrow 2\mathrm{FeO} \tag{12.81}$$

völlig aufgebraucht, da die Eisenkonzentration größer war als die von Sauerstoff.

Da unsere heutige Atmosphäre oxidierend ist (der in ihr enthaltene Sauerstoff bildet mit Metallen und Mineralien Oxide, analog zu (12.81)), erhebt sich die Frage, durch welche Prozesse und wann die frühere reduzierende Atmosphäre in die jetzige oxidierende umgewandelt wurde.

Durch UV-Strahlung ($\lambda < 100\,\mathrm{nm}$) der Sonne konnte Wasserdampf dissoziiert werden

$$\mathrm{H_2} + h\cdot\nu \rightarrow \mathrm{H} + \mathrm{HO} \quad (\lambda < 220\,\mathrm{nm})\,, \tag{12.82a}$$

$$\mathrm{HO} + h\cdot\nu \rightarrow \mathrm{H} + \mathrm{O}\,, \tag{12.82b}$$

wodurch freie Wasserstoffatome und Sauerstoffatome entstehen. Die Wasserstoffatome können wegen ihren kleinen Masse die Gravitationsanziehung leichter überwinden und der Atmosphäre in den Weltraum entweichen. Die Sauerstoffatome bleiben hingegen in der Atmosphäre und können durch Stöße (in Gegenwart eines dritten Stoßpartners M) durch die Prozesse

$$\mathrm{O} + \mathrm{O} + \mathrm{M} \rightarrow \mathrm{O_2} + \mathrm{M}\,, \tag{12.83}$$

$$\mathrm{O_2} + \mathrm{O} \rightarrow \mathrm{O_3} \tag{12.84}$$

Sauerstoffmoleküle O_2 und Ozon O_3 bilden. Ozon absorbiert das Sonnenlicht bereits bei Wellenlängen $\lambda < 230\,\mathrm{nm}$. Es stellt sich ein Gleichgewicht ein zwischen der Bildungsrate von (12.84) und der Photodissoziation

$$\mathrm{O_3} + h\cdot\nu \rightarrow \mathrm{O_2} + \mathrm{O}\,. \tag{12.85}$$

Der wichtige Punkt ist nun, daß durch die sich bildende Ozonschicht (in einer Höhe von 30–50 km) das UV-Licht mit $\lambda < 320\,\mathrm{nm}$ absorbiert wird und daher Wasserdampf in der Atmosphäre unterhalb der Ozonschicht nicht mehr photolysiert wird.

Ein zweiter wichtiger Beitrag zur Bildung von Sauerstoff ist die Photosynthese durch Pflanzen. Diese haben sich wohl zuerst im Wasser als Algen gebildet, wo sie durch die Wasserabsorption vor dem tödlichen Einfluß der kurzwelligen UV-Strahlung geschützt waren. Durch die Entwicklung des Chlorophylls in den Pflanzen wurde die ***Photosynthese***

$$6\,\mathrm{CO_2} + 6\,\mathrm{H_2O} \xrightarrow[+h\nu]{} \mathrm{C_6H_{12}O_6} + 6\,\mathrm{O_2} \tag{12.86}$$

möglich, bei der in den Reaktionszentren des Chlorophylls aus Kohlendioxid und Wasser bei Anregung durch Licht Zucker und Sauerstoff gebildet wird.

Nachdem sich die Ozonschicht in der höheren Atmosphäre gebildet hatte, konnten sich Pflanzen auch auf dem Lande entwickeln, da sie nun vor der schädlichen UV-Strahlung durch die Ozonschicht geschützt waren.

Der Sauerstoffgehalt unserer heutigen Atmosphäre entstammt also zwei Quellen:

Anfangs aus der Photoionisation von Wasser durch kurzwellige UV-Strahlung, später, nach Bildung der Ozonschicht, aus der Photosynthese durch Pflanzen mit Hilfe sichtbaren Lichtes. Diese beiden Prozesse haben also aus der ursprünglichen reduzierenden Atmosphäre eine oxidierende Atmosphäre gemacht, welche die Entwicklung der Lebensvielfalt auf der Erde und im Meer erst möglich machten, weil für den Aufbau von Zellen die dazu notwendige Energie durch Oxidationsprozesse

$$C_6H_{12}O_6 + 6\,O_2 \rightarrow 6\,CO_2 + 6\,H_2O \qquad (12.87)$$

geliefert wird. Dieser „Verbrennungsprozeß" ist der Umkehrprozeß zur Photosynthese (12.86). Unsere heutige Atmosphäre ist also zum großen Teil das Ergebnis biophysikalischer Prozesse [12.20]. In Abb. 12.53 ist der Anstieg der Sauerstoffkonzentration als Funktion des Erdalters gezeigt.

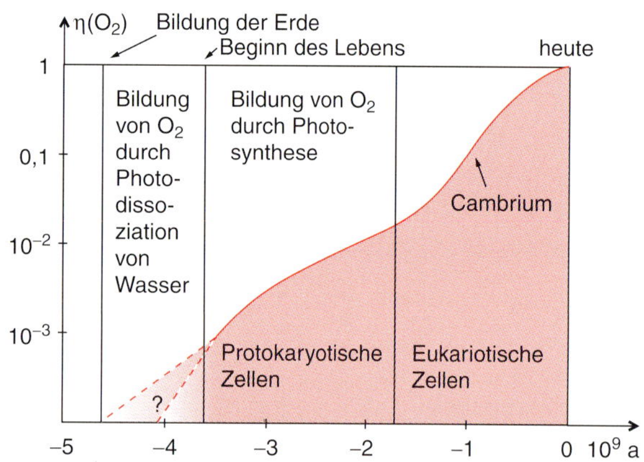

Abb. 12.53. Zeitlicher Anstieg des Sauerstoffgehalts der Erdatmosphäre, normiert auf den heutigen Anteil

Anmerkung

Es gibt sogenannte ***anaerobe Bakterien***, die ohne Sauerstoff existieren können (Beispiele sind die Schwefelbakterien). Sie benutzen als Energiequelle die Reaktion

$$\begin{aligned} &12\,H_2S + 6\,CO_2 + h \cdot \nu \\ &\quad \rightarrow C_6H_{12}O_6 + 12\,S + 6\,H_2O\,, \end{aligned} \qquad (12.88)$$

bei der Schwefelwasserstoff (aus Vulkanen) und Kohlendioxid als Ausgangsbasis verwendet werden.

Es ist interessant, daß die Entwicklung des Lebens dazu beigetragen hat, die für Lebewesen günstigen Umweltbedingungen zu schaffen. Zur Zeit müssen wir darauf achten, daß dieser Prozeß nicht durch unvernünftigen Umgang mit unserer Umwelt wieder rückgängig gemacht wird [12.21].

ZUSAMMENFASSUNG

- Das Standardmodell des Universums geht von der Annahme aus, daß das Universum als extrem heißer Feuerball zur Zeit $t = 0$ begann, sich auf Grund des großen Druckes ausdehnte und dabei abkühlte. Die Ausdehnung hält noch heute an.
  Experimentelle Hinweise auf dieses Modell werden durch die thermische Hintergrundstrahlung von $T = 2{,}7$ K, das Elementeverhältnis von H : D : He und die Rotverschiebung der Spektrallinien ferner Galaxien gegeben.
- Hinweise auf einen endlichen Radius des mit Sternen ausgefüllten Weltalls gibt das Olberssche Paradoxon.
- Das Universum kann als dreidimensionaler gekrümmter Raum mit einem Skalenfaktor (Krümmungsradius) $R(t)$ beschrieben werden. Die Entwicklung von $R(t)$ gibt die Expansion des Weltalls an.
  Die Expansion startet bei $t = 0$ aus einem begrenzten Bereich mit $R(0) \approx 0$ an *keinem* ausgezeichneten Raumpunkt des dreidimensionalen Raums.
- In der frühen Phase des Universums war die Energiedichte w der Strahlung höher als die Massenenergiedichte ϱc^2 (strahlungsdominiertes Universum). Während die Massendichte mit R^{-3} skaliert, ist $w \propto R^{-4}$. Etwa zur Zeit der Galaxienbildung werden beide Energiedichten gleich.
- Der zeitliche Verlauf der Expansion $R(t)$ hängt ab von der Massendichte ϱ des Universums. Es gibt

eine kritische Massendichte $\varrho = \varrho_c$, bei der die Gesamtenergie (kinetische Expansionsenergie + negative potentielle Energie) Null ist.
Für $\varrho > \varrho_c$ leben wir in einem geschlossenen Universum, das einen maximalen Wert R_{max} erreicht und dann wieder kollabiert. Für $\varrho \leq \varrho_c$ hält die Expansion an, so daß $R \to \infty$ geht.

- Das Alter t_0 des Universums kann aus der gemessenen Hubble-Konstante H_0 und der geschätzten Massendichte ϱ bestimmt werden und ist für $\varrho = \varrho_c$: $t_0 = \frac{2}{3} H_0^{-1}$; t_0 liegt wahrscheinlich zwischen 10 und 16 Milliarden Jahren.
- Etwa 3–4 Minuten nach dem Urknall wurden die Kerne H, D und He synthetisiert. Alle schwereren Kerne bis zum Fe-Kern entstehen im Inneren von Sternen, Fusionsprozesse. Noch schwerere Kerne werden durch Neutronenanlagerung mit nachfolgendem β-Zerfall aufgebaut. Dies geschieht während der Endphase der Sternentwicklung in Supernova-Explosionen.
- Nach der Rekombination von Elektronen mit Protonen sinkt der Strahlungsdruck, und die neutralen Gaswolken können gravitativ instabil werden, so daß sich Sterne und Galaxien bilden.
- Die Fluchtgeschwindigkeit $v = H_0 \cdot r$ der Galaxien kann erklärt werden als Expansion des Raumes, d. h. des Skalenfaktors $R(t)$.
- Unser Universum besteht aus mehr als 10^{10} Galaxien, von denen jede etwa 10^9–10^{12} Sterne enthält. Man unterscheidet zwischen elliptischen, linsenförmigen, spiral- und irregulären Galaxien. Unser Milchstraßensystem stellt eine Spiralgalaxie vom Typ Sb dar. Sie besteht aus einer abgeplatteten Scheibe, in deren Spiralarmen neue Sterne entstehen, einem Kern mit großer Dichte alter Sterne und einem Halo von Kugelsternhaufen, in denen die ältesten Sterne des Systems zu finden sind.
- Die Scheibe der Milchstraße hat einen Durchmesser von 30 kpc und eine Dicke von ca. 1 kpc. Sie rotiert differentiell mit einer Geschwindigkeit am Ort der Sonne (10 kpc vom Zentrum entfernt) von 200 km/s. Ein Umlauf um das galaktische Zentrum dauert etwa 200 Millionen Jahre.
- Die Spiralarme entstehen wahrscheinlich durch periodische Dichtewellen auf Grund von Störungen der zylindersymmetrischen rotierenden Masseverteilung.
- Zwischen den Sternen befindet sich die interstellare Materie aus Gas und Staub. Ihre Gesamtmasse beträgt etwa 10% der gesamten Sternmasse, von denen 99% in Form von Gas, 1% als Staubkörner vorliegt.
- Unser Sonnensystem ist vor 4,5 Milliarden Jahren durch Kontraktion einer rotierenden Gaswolke entstanden, wahrscheinlich ausgelöst durch Stoßwellen einer Supernova-Explosion.
- Die Bildung der sonnennahen erdähnlichen Planeten und der sonnenfernen jupiterähnlichen Planeten kann erklärt werden durch den radialen Temperaturverlauf $T(R)$ in dem rotierenden solaren Nebel. Der Drehimpuls mußte während der Kontraktionsphase des solaren Nebels von innen nach außen transportiert werden. Deshalb tragen die Planeten 99% des Gesamtdrehimpulses des Systems, während die Sonne 99% der Gesamtmasse enthält.
- Bei der Bildung der Erde wurde, durch Energiequellen angeheizt (radioaktiver Zerfall und Gravitationsenergie), der Metallanteil aufgeschmolzen, der dann in den Erdkern tropfte und zur Separation in einen Fe-Ni-Kern und einen Mantel aus Silikatgesteinen führte.
- Die Ozeane konnten entstehen, weil beim Aufschmelzprozeß das in Mineralien enthaltene Wasser im Inneren der Erde verdampfte und an die Oberfläche entwich, wo es kondensierte.
- Die frühe Erdatmosphäre entstand durch Ausgasen des Erdmantels (Vulkanausbrüche). Sie war reduzierend, d. h. sie enthielt kaum Sauerstoff.
- Der Sauerstoff in der heutigen Erdatmosphäre entstand anfangs durch Photodissoziation von Wasserdampf und später, nach Bildung der Ozonschicht, durch Photosynthese von Pflanzen.

ÜBUNGSAUFGABEN

1. Zeigen Sie, daß bei Temperaturen $T = 10^9$ K und einer Baryonendichte $\varrho_B = 2 \cdot 10^{-3}\,\mathrm{kg/m^3}$ Neutroneneinfang durch Protonen (12.67) wahrscheinlicher ist als der freie Neutronenzerfall mit $\tau = 600$ s, wenn als Einfangquerschnitt $\sigma = 10^{-32}\,\mathrm{m^2}$ angenommen wird.
2. In einer Verteilung von Photonen eines Schwarzen Körpers möge die Wellenlänge λ der Photonen bei der Expansion des Weltalls von λ_0 auf $\lambda > \lambda_0$ anwachsen.
   Zeigen Sie, daß die Verteilung dabei eine Planck-Verteilung bleibt mit einer geringeren Temperatur $T = T_0 \cdot R_0/R$.
3. Bei einer adiabatischen Expansion des Universums mit Skalenfaktor $R(t)$ ist die zeitliche Änderung der Energiedichte gleich der Arbeit, dir für die Expansion gegen die Anziehung geleistet wird:

$$\frac{d}{dt}(\varrho \cdot c^2 \cdot R^3) = -P \cdot \frac{d}{dt} R^3 ,$$

   wobei P der Druck ist, der durch die expandierenden Teilchen ausgeübt wird. Leiten Sie daraus her, daß gilt: $w_m \propto R^{-3}$, $w_{rel} \propto R^{-4}$, wenn $w_m = \varrho_m c^2$ die Massenenergiedichte und w_{rel} die Energiedichte der relativistischen Teilchen (Photonen, Neutrinos) ist, wenn P_m vernachlässigbar ist gegen P_{rel}.
4. Zeigen Sie, daß bei Annahme einer gleichmäßigen Verteilung von Galaxien der absoluten Helligkeit M das Verhältnis N_{m+1}/N_m der Zahl der Galaxien mit scheinbarer Helligkeit $m+1$ bzw. m gleich $10^{3/5} \approx 4$ ist.
5. Leiten Sie die Relationen (12.47) und (12.48) her.
6. Wie groß ist bei einer homogenen Sterndichte $n(L)$ die Zahl der beobachteten Sterne mit scheinbarer Helligkeit m innerhalb des Raumwinkels Ω?
7. Leiten Sie (12.61) her.

Zeittafel zur Kern- und Hochenergiephysik

1896 *A.H. Becquerel* findet radioaktive Strahlung, die aus Uranerzen stammt und Photoplatten schwärzt

1898 *M. Skłodowska-Curie* und *P. Curie* entdecken und isolieren Polonium und Radium

1900 *A.H. Becquerel:* Bestimmung (durch Ablenkversuche) der β-Strahlen als Elektronen
P.U. Villard: Nachweis der γ-Strahlung und Identifizierung als elektromagnetische Strahlung
E. Rutherford: Entdeckung des Elementes Radon

1908 *E. Rutherford:* Identifizierung von α-Strahlen radioaktiver Elemente als Heliumkerne

1909 *H. Geiger*, *R. Marsden:* Streuversuche mit α-Teilchen an Goldfolien

1911 *C.T.R. Wilson:* Entwicklung der Nebelkammer
Rutherfordsches Atommodell
J.J. Thomson: Atommassenbestimmung und Entdeckung von Isotopen mit Hilfe von Massenspektrometern
V.F. Hess, *W. Kohlhörster:* Entdeckung der Höhenstrahlung

1919 *F.W. Aston:* Entwicklung eines hochauflösenden Massenspektrographen; experimenteller Beleg, daß fast alle Elemente Isotope haben
E. Rutherford: Entdeckung der ersten künstlichen Kernumwandlung

1924 Sichtbarmachung von Kernreaktionen in der Nebelkammer
W. Pauli: Theoretische Hinweise auf den Kernspin des Protons

1925 *L. Meitner:* Erklärung der γ-Strahlung als Übergang zwischen Kernniveaus

1927 *E. Back*, *S.A. Goudsmit:* Erklärung der Hyperfeinstruktur durch Einführung des Kernspins
P.A.M. Dirac: Begründung der Quantenelektrodynamik; Postulat von Antiteilchen

1928 *H. Geiger*, *W. Müller:* Geiger-Müller-Zählrohr
G. Gamov, *E.U. Condon:* Erklärung des α-Zerfalls mit Hilfe des Tunneleffekts
R. Wideroe: Vorschlag des Betatron-Prinzips

1930 *E.O. Lawrence:* Erfindung des Zyklotrons

1931 *R.J. van de Graaff:* Bau des ersten van-de-Graaff-Beschleunigers
H. Urey: Entdeckung des Deuteriums

1932 *J. Chadwick:* Entdeckung des Neutrons
J.D. Cockroft, *E. Walton:* Kaskadenbeschleuniger
E.O. Lawrence, *S. Livingston:* Inbetriebnahme des ersten Zyklotrons
D.D. Ivanenko, *W. Heisenberg:* Kernmodell mit Protonen und Neutronen, Einführung des Isospins
C.D. Anderson: Entdeckung des Positrons als erstes Antiteilchen

1933 *I. Estermann*, *O. Stern*: Experimentelle Bestimmung des magnetischen Momentes des Protons
W. Pauli: Das Neutrino wird postuliert, um den β-Zerfall zu erklären

1934 *E. Fermi:* Theorie des β-Zerfalls
I. Curie, *F. Joliot:* Entdeckung der künstlich erzeugten Radioaktivität und des β^+-Zerfalls

1935 *H. Yukawa:* Mesonenhypothese der Kernkraft
H.A. Bethe, *C.F. von Weizsäcker:* Tröpfchenmodell des Kerns

1937 *C.D. Andersen:* Entdeckung des Myons in der Höhenstrahlung

1938 *I. Rabi:* Bestimmung magnetischer Kerndipolmomente mit Hilfe der Kernresonanz
H.A. Bethe, *C.F. von Weizsäcker:* Erklärung der Fusionskette zur Energieproduktion in Sternen

1939 *O. Hahn*, *E. Strassmann:* Entdeckung,
L. Meitner, *O. Frisch:* Erklärung und
N. Bohr, *J.A. Wheeler:* Theorie der Kernspaltung

1942 *E. Fermi* u.a.: Inbetriebnahme des ersten Kernreaktors in Chicago

1944 *V.J. Veksler, E.M. McMillan:* Synchrotronprinzip mit Phasenfokussierung
1945 Erster Atombombenabwurf (auf Hiroshima)
1946 *F. Bloch:* Entwicklung der kernmagnetischen Resonanzspektroskopie
1947 *C.F. Powell:* Entdeckung der π-Mesonen in der Höhenstrahlung
1948 *O. Haxel, J.H.D. Jenson, H.E. Suess, M. Goeppert-Mayer:* Spin-Bahn-Kopplung in Kernen, Ausbau des Schalenmodells der Kerne
1950 *J. Rainwater, A. Bohr, B. Mottelson:* Entwicklung eines erweiterten Kernmodells
1952 *D. Glaser:* Blasenkammer
1955 *R.L. Hofstadter:* Untersuchung der Kernstruktur mit schnellen Elektronen
O. Chamberlain, E. Segrè u.a.: Entdeckung des Antiprotons
1956 *E. Reines, C.L. Cowan*: Experimenteller Nachweis des Neutrinos
T.D. Lee, C.N. Yang: Hypothese über Paritätsverletzung bei schwacher Wechselwirkung
1957 *C.S. Wu* u.a.: Experimenteller Nachweis der Paritätsverletzung
1960 Erster Positron-Elektron-Speicherring in Stanford
1961 *S.L. Glashow:* Erste Ansätze zu einer Vereinigung der elektromagnetischen und der schwachen Kräfte
M. Schwarz, L. Ledermann, J. Steinberger: Entdeckung des Myon-Neutrinos
V. Fitch, J. Cronin: Entdeckung der CP-Verletzung bei der schwachen Wechselwirkung
1964 *M. Gell-Mann, G. Zweig:* Quarkhypothese
1967 *S. Weinberg, A. Salam:* Aufstellung der elektroschwachen Eichfeldtheorie
J. Friedman, H. Kendall, R. Taylor: Experimentelle Bestätigung der Quarkstruktur des Protons
1968 *S. van der Meer:* Stochastische Kühlung von Teilchen in Speicherringen
1973 Garganelle-Gruppe am CERN: Experimenteller Nachweis „neutraler Ströme"
1974 *S. Ting* u.a., *S. Richter* u.a.: Entdeckung des ψ-Teilchens (Charm-Quark)
1975 *M. Perl* et. al.: Entdeckung des τ-Leptons
1981 CERN: Inbetriebnahme des SPS-Proton-Antiproton-Colliders
1983 UA1- und UA2-Experimente im CERN: Experimenteller Nachweis der $W^{\pm}$- und Z^0-Eichbosonen der elektroschwachen Wechselwirkung
1989 CERN: Der große Elektron-Positron-Speicherring LEP wird in Betrieb genommen
1990 Nachweis, daß nur drei Leptonenfamilien existieren
1994 *S. Hofmann, P. Armbruster* et al., GSI Darmstadt: Entdeckung der Elemente $Z = 110$ und 111
1996 GSI: Nachweis des Elementes $Z = 112$

Lösungen der Übungsaufgaben

Vorbemerkung: Die mit „Sauerland“ gekennzeichneten Aufgaben und Lösungen wurden freundlicherweise von Dr. Th. Sauerland, Univ. Bochum, zur Verfügung gestellt.

Kapitel 2

1. a) Beim zentralen Stoß gilt

$$\frac{m}{2}v_0^2 = \frac{Z_1 Z_2 e^2}{4\pi\varepsilon_0 \delta_0} .$$

Mit $Z_1 = 79$, $Z_2 = 2$, $e = 1{,}6 \cdot 10^{-19}\,\mathrm{C}$, $m/2 \cdot v_0^2 = 5 \cdot 10^7 \cdot 1{,}6 \cdot 10^{-19}\,\mathrm{J} \Rightarrow \delta_0 = 4{,}5 \cdot 10^{-15}\,\mathrm{m} = 4{,}5\,\mathrm{fm}$.

b) Gleichung (2.6) besagt:

$$\delta = \frac{1}{2}\delta_0 \left[1 + \frac{1}{\sin\vartheta/2}\right] .$$

Dies ergibt für $\vartheta = 60°$ mit dem Ergebnis von a)

$$\delta = \tfrac{3}{2}\delta_0 = 6{,}75\,\mathrm{fm} .$$

c) Damit $\delta < \delta_{\min} = 6{,}5\,\mathrm{fm}$ wird, muß

$$\sin\vartheta/2 > \frac{\delta_0}{2\delta_{\min} - \delta_0} = \frac{4{,}5}{13 - 4{,}5} = 0{,}53$$

sein $\Rightarrow \vartheta > 64°$.

2. Damit die Teilchen um einen Winkel $\vartheta \geq 90°$ abgelenkt werden, müssen sie mindestens bis auf

$$\delta \leq \frac{1}{2}\delta_0 \left[1 + \frac{1}{\sin\vartheta/2}\right] = \frac{1}{2}\delta_0(1 + \sqrt{2})$$

an das Zentrum eines Goldkerns kommen. Aus Aufg. 2.1a erhalten wir für $E_{\mathrm{kin}} = 5\,\mathrm{MeV}$:

$$\delta_0 = 45\,\mathrm{fm} \Rightarrow \delta \leq 54{,}3 \cdot 10^{-15}\,\mathrm{m} .$$

Die Zahl der Goldatome in der Folie pro cm^2 Fläche ist:

$$n = \frac{M}{m} = \frac{\varrho \cdot V}{m} = \frac{\varrho \cdot 10^{-5}}{\mathrm{m}} = \frac{19{,}32 \cdot 10^{-5}\,\mathrm{g/cm^2}}{197 \cdot 1{,}66 \cdot 10^{-24}\,\mathrm{g}} = 5{,}9 \cdot 10^{17}\,\mathrm{cm}^{-2} .$$

Der Bruchteil der um $\vartheta > 90°$ abgelenkten α-Teilchen ist

$$\frac{\Delta N(\vartheta \geq 90°)}{N} = \pi \cdot \delta^2 \cdot 5{,}9 \cdot 10^{17} = 5{,}5 \cdot 10^{-5} .$$

3. a) Das mittlere Radiusquadrat beträgt

$$\langle r^2 \rangle = \frac{\int_0^{R_0} r^4 \cdot \varrho(r)\,\mathrm{d}r}{\int^{R_0} r^2 \varrho(r)\,\mathrm{d}r} = \frac{\int^{R_0} r^4(1 - ar^2)\,\mathrm{d}r}{\int r^2(1 - ar^2)\,\mathrm{d}r} = \tfrac{3}{7}R_0^2 \quad \text{mit} \quad R_0 = 1/\sqrt{a} .$$

R_0 ist der Radius, bei dem $\varrho(r) = 0$ wird.

b) Hier wird

$$\langle r^2 \rangle = \frac{\int_0^\infty r^4 \mathrm{e}^{-r/a}\,\mathrm{d}r}{\int_0^\infty r^2 \mathrm{e}^{-r/a}\,\mathrm{d}r} = \frac{4! \cdot a^5}{2! \cdot a^3} = 12a^2$$

$$\Rightarrow \sqrt{\langle r^2 \rangle} = 3{,}46\,a .$$

4. Die de-Broglie-Wellenlänge der Neutronen ist

$$\lambda = \frac{h}{\sqrt{2m_\mathrm{n} \cdot E_{\mathrm{kin}}}} = 7{,}40 \cdot 10^{-15}\,\mathrm{m}$$

für $E_{\mathrm{kin}} = 15\,\mathrm{MeV} = 2{,}4 \cdot 10^{-12}\,\mathrm{J}$, da man wegen $E_{\mathrm{kin}} \ll m_\mathrm{n} c^2$ nichtrelativistisch rechnen darf.

Mit einem Kernradius $R_K(\mathrm{Ph}) = 10{,}5 \cdot 10^{-15}$ m erscheint das erste Beugungsminimum bei

$$\sin\vartheta_{\min} = 1{,}2 \cdot \frac{\lambda}{2R_K} = \frac{8{,}88 \cdot 10^{-15}}{21{,}0 \cdot 10^{-15}} = 0{,}422$$

$$\Rightarrow \vartheta_{\min} = 25^\circ\,.$$

5. a) Die Fermi-Energie im Kugelpotential ist (vgl. Bd. 3, Abschn. 13.1.2)

$$E_F = \frac{\hbar^2}{2m_e}(3\pi^2 \cdot n_e)^{2/3} \quad \text{mit } n_e = \frac{A-Z}{\frac{4}{3}\pi R^3}\,.$$

Die totale Energie aller Elektronen ist (mit $D(E)$ = Zustandsdichte)

$$E_{\text{total}} = \int\limits_0^{E_F} 2E \cdot D(E)\,\mathrm{d}E \approx \tfrac{3}{5}E_F \cdot (A-Z)\,.$$

Einsetzen der Zahlenwerte ergibt

α) $A = 4$, $Z = 2$, $R = 1{,}8 \cdot 10^{-15}$ m:

$$n_e = \frac{2 \cdot 10^{45}}{\frac{4}{3}\pi \cdot 1{,}8^3}\,\mathrm{m}^{-3} = 8{,}2 \cdot 10^{43}\,\mathrm{m}^{-3}$$

$$\Rightarrow E_F = \frac{1{,}05^2 \cdot 10^{-68}}{2 \cdot 9{,}1 \cdot 10^{-31}}(3\pi^2 \cdot 8{,}2 \cdot 10^{43})^{2/3}\,\mathrm{J}$$

$$= 6 \cdot 10^{-39} \cdot (2{,}4 \cdot 10^{45})^{2/3}\,\mathrm{J}$$

$$= 1{,}1 \cdot 10^{-8}\,\mathrm{J} = 6{,}87 \cdot 10^{10}\,\mathrm{eV}$$

$$\Rightarrow E_{\text{total}} = \tfrac{3}{5} \cdot 6{,}87 \cdot 10^{10} \cdot 2\,\mathrm{eV} = 8{,}2 \cdot 10^{10}\,\mathrm{eV}\,.$$

β) $A = 200$, $Z = 80$, $R = 6{,}5 \cdot 10^{-15}$ m:

$$n_e = \frac{120 \cdot 10^{45}}{\frac{4}{3}\pi \cdot 6{,}5^3}\,\mathrm{m}^{-3} = 1{,}0 \cdot 10^{44}\,\mathrm{m}^{-3}$$

$$\Rightarrow E_F = 6 \cdot 10^{-39} \cdot (3\pi^2 \cdot 10^{44})^{2/3}\,\mathrm{J}$$

$$= 1{,}3 \cdot 10^{-8}\,\mathrm{J} \approx 8{,}1 \cdot 10^{10}\,\mathrm{eV}\,,$$

$$E_{\text{total}} = 5{,}8 \cdot 10^{12}\,\mathrm{eV} = 5{,}8\,\mathrm{TeV}\,.$$

b) Die elektrostatische Energie der Z Elektronen im Kern mit Z Protonen läßt sich wie folgt abschätzen: Der neutrale Kern möge die Energie Null haben. Wenn wir ein Elektron aus dem Kern entfernen, bleibt eine Ladungskugel mit Radius R und Ladung $+e$ übrig, welche die Energie

$$E_{\text{pot}} = \frac{e^2}{4\pi\varepsilon_0 R}$$

hat. Nehmen wir nacheinander die Z Elektronen aus dem Kern, so müssen wir die Arbeit

$$W = E_{\text{pot}}(1+2+3+\cdots+Z) = (1+Z)\frac{Z}{2}E_{\text{pot}}$$

$$= \frac{Z(Z+1)e^2}{8\pi\varepsilon_0 R}$$

aufwenden. Für $Z = 2$ ergibt dies

$$W(Z=2) = \frac{3}{4} \cdot \frac{1{,}6^2 \cdot 10^{-38}}{\pi \cdot 8{,}85 \cdot 10^{-12} \cdot 1{,}8 \cdot 10^{-15}}\,\mathrm{J}$$

$$= 3{,}8 \cdot 10^{-13}\,\mathrm{J} = 2{,}4 \cdot 10^6\,\mathrm{eV}\,,$$

$$W(Z=80) = \frac{80 \cdot 81 \cdot 1{,}6^2 \cdot 10^{-38}}{8\pi \cdot 8{,}85 \cdot 10^{-12} \cdot 6{,}5 \cdot 10^{-15}}$$

$$= 1{,}2 \cdot 10^{-10}\,\mathrm{J} = 7{,}2 \cdot 10^8\,\mathrm{eV}\,.$$

In beiden Fällen ist also $E_{\text{pot}} \ll E_{\text{kin}}$. Die Elektronen könnten also *nicht* im Kern gehalten werden.

6. Die gesamte kinetische Energie der Bruchstücke ist:

$$E_{\text{kin}} = h \cdot \nu - |E_B| = (2{,}5 - 2{,}2)\,\mathrm{MeV} = 0{,}3\,\mathrm{MeV}.$$

Sie teilt sich gleichmäßig auf Proton und Neutron auf, weil $m_p \approx m_n$ ist.

$$\Rightarrow E_{\text{kin}}(\mathrm{p}) = \tfrac{1}{2}E_{\text{kin}}^{\text{total}} = 0{,}15\,\mathrm{MeV}$$

$$\Rightarrow \frac{m}{2}v^2 = 0{,}15\,\mathrm{MeV} = 2{,}4 \cdot 10^{-14}\,\mathrm{J}$$

$$\Rightarrow v = \sqrt{2E/m} = \left(\frac{4{,}8 \cdot 10^{-14}\,\mathrm{J}}{1{,}67 \cdot 10^{-27}\,\mathrm{kg}}\right)^{1/2}$$

$$= 5{,}36 \cdot 10^6\,\mathrm{m/s} = 0{,}018\,c\,.$$

Bei der Ablenkung im Magnetfeld B gilt

$$\frac{m \cdot v^2}{R} = e \cdot v \cdot B$$

$$\Rightarrow B = \frac{m \cdot v}{e \cdot R}$$

$$= \frac{1{,}67 \cdot 10^{-27} \cdot 5{,}36 \cdot 10^6}{1{,}6 \cdot 10^{-19} \cdot 0{,}1}\,\mathrm{kg/(A \cdot s^2)}$$

$$= 0{,}56\,\mathrm{Tesla}\,.$$

Die Brennweite eines Sektorfeldes mit dem Winkel 2φ ist

$$f_0 = \frac{R}{\sin\varphi}$$

(siehe Bd. 3, Abschn. 2.6.4). Mit $\varphi = 30°$ folgt

$$f_0 = \frac{R}{\sin 30°} = \frac{0{,}1\,\mathrm{m}}{0{,}5} = 0{,}2\,\mathrm{m}\,.$$

Die Entfernung zwischen Quelle und Fokalpunkt ist dann (siehe Bd. 3, Abb. 2.60)

$$d = 2f \cdot \cos\varphi/2 = 0{,}4 \cdot \tfrac{1}{2} \cdot \sqrt{3}\,\mathrm{m} = 0{,}35\,\mathrm{m}\,.$$

7. Für das magnetische Moment des Deuteriums ergibt sich:

$$\left.\begin{aligned} \mu_\mathrm{p} &= +2{,}79\,\mu_\mathrm{K} \\ \mu_\mathrm{n} &= -1{,}91\,\mu_\mathrm{K} \end{aligned}\right\} \Rightarrow \mu_\mathrm{D} = +0{,}88\,\mu_\mathrm{K}\,,$$

weil $S = 1 \Rightarrow$ die beiden Nukleonenspins sind parallel.
Da die Hyperfeinstrukturaufspaltung $\Delta\nu_\mathrm{HFS} \propto \mu_\mathrm{Kern} \cdot \mu_\mathrm{B} \cdot |\psi(0)|^2$ ist, die Elektronendichte aber für beide Isotope gleich ist, folgt:

$$\frac{\Delta\nu_\mathrm{HFS}(\mathrm{H})}{\Delta\nu_\mathrm{HFS}(\mathrm{D})} = \frac{2{,}79}{0{,}88} = 3{,}17\,.$$

Die HFS-Aufspaltung im $^2S_{1/2}$-Zustand des Isotops $^2_1$D ist also um den Faktor 3,17 kleiner als beim $^1_1$H. Beim $^1_1$H-Atom beträgt sie

$$\Delta\nu_\mathrm{HFS}(\mathrm{H}) = 1{,}42 \cdot 10^9\,\mathrm{s}^{-1} = 1{,}42\,\mathrm{GHz}$$

und daher beim Isotop $^2_1$D:

$$\Delta\nu_\mathrm{HFS}(\mathrm{D}) = 448\,\mathrm{MHz}\,.$$

8. a) Die Frequenz der Lyman-α-Linie $1S \leftrightarrow 2P$ ist gemäß Bd. 3, (3.72)

$$\nu = \frac{Ry^*}{h} \cdot Z^2 \left(\frac{1}{1} - \frac{1}{2^2}\right) = \tfrac{3}{4} Ry^*/h\,.$$

Die Rydbergkonstante ist dabei

$$Ry^* = \frac{\mu \cdot e^4}{8\varepsilon_0^2 h^2} \quad \text{mit} \quad \mu = \frac{m_\mathrm{K} \cdot m_\mathrm{e}}{m_\mathrm{K} + m_\mathrm{e}}\,.$$

Für das $^1_1$H-Atom ist $m_\mathrm{K} = m_\mathrm{p} = 1836\,m_\mathrm{e}$. Für das $^2_1$H-Isotop ist $m_\mathrm{K} = m_\mathrm{p} + m_\mathrm{n} - E_\mathrm{B} = 3672\,m_\mathrm{e}$. Führt man die Rydbergkonstante

$$Ry^+_\infty = \frac{m_\mathrm{e} e^4}{8\varepsilon_0^2 h^2}$$

für $m_\mathrm{K} \to \mu = m_\mathrm{e}$ ein, so folgt:

$$\begin{aligned} &Ry^*(^2_1\mathrm{H}) - Ry^*(^1_1\mathrm{H}) = Ry^*_\infty \cdot 2{,}72 \cdot 10^{-4} \\ \Rightarrow\ &\Delta\nu = \nu(^2_1\mathrm{H}) - \nu(^1_1\mathrm{H}) \\ &\quad = \nu(Ry^*_\infty) \cdot 2{,}72 \cdot 10^{-4} \\ &\quad = 3{,}29 \cdot 10^{15} \cdot 2{,}72 \cdot 10^{-4}\,\mathrm{s}^{-1} \\ &\quad = 8{,}946 \cdot 10^{11}\,\mathrm{s}^{-1} = 895\,\mathrm{GHz}\,. \end{aligned}$$

b) Die Energieverschiebung eines Terms mit Quantenzahlen $F = J + I$, $J = L + S$ auf Grund des elektrischen Quadrupolmomentes $QM = eQ$ bei einem Kern mit Kernspinquantenzahl $I \geq 1$ ist (siehe z. B. H.G. Kuhn: *Atomic Spectra* (Longman, London 1964) oder H. Haken, H.Ch. Wolf: *Quanten- und Atomphysik* (Springer-Verlag, Berlin, Heidelberg 1996))

$$\Delta E_\mathrm{Q} = e \cdot Q \cdot \frac{\partial^2 V}{\partial z^2} \cdot \frac{\frac{3}{4}C(C+1) - I(I+1) \cdot J(J+1)}{2I(2I-1) \cdot (2J+1)}$$

mit

$$C = F(F+1) - I(I+1) - J(J+1)\,,$$

wobei $\partial^2 V/\partial z^2$ der Gradient des elektrischen Feldes der Elektronenhülle am Kernort ist. Für die kugelsymmetrische Elektronendichte im $1s$-Zustand ist $\partial^2 V/\partial z^2 = 0 \Rightarrow \Delta E_\mathrm{Q} = 0$. Dies bedeutet, daß es im Deuterium trotz Kernspin $I = 1$ *keine* Quadrupolverschiebung gibt.

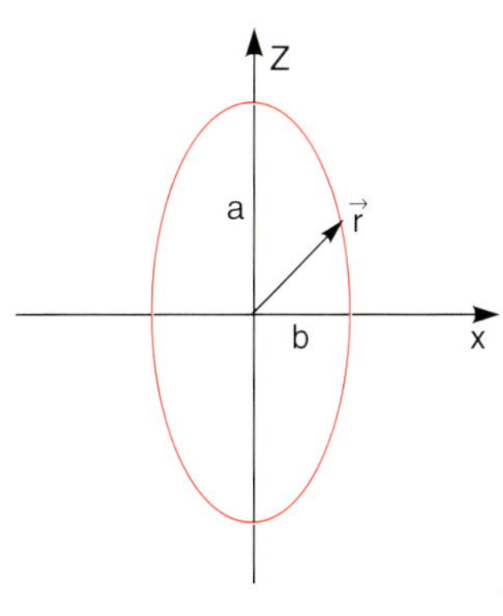

Abb. L.1. Zu Lösung 2.9

9. Es gilt:

$$QM = \int (3z^2 - \boldsymbol{r}^2)\varrho(r)\,\mathrm{d}V\,,$$
$$\mathrm{d}V = 2\pi R\,\mathrm{d}R\,\mathrm{d}z\,,$$
$$\varrho = \varrho_0 = \text{const}\,,$$
$$\boldsymbol{r}^2 = x^2 + y^2 + z^2 = R^2 + z^2$$
$$\Rightarrow\; 3z^2 - \boldsymbol{r}^= 2z^2 - R^2\,.$$

Ellipsoidgleichung (Abb. L.1):

$$\frac{z^2}{a^2} + \frac{x^2+y^2}{b^2} = \frac{z^2}{a^2} + \frac{R^2}{b^2} = 1$$

$$\Rightarrow\; QM = 2\pi\varrho_0 \int\limits_{z=-a}^{+a} \int\limits_{R=0}^{b/a\sqrt{a^2-z^2}} (2z^2 - R^2)R\,\mathrm{d}R\,\mathrm{d}z$$
$$= 2\pi\varrho_0 \int\limits_{z=-a}^{+a} \left| z^2R^2 - \frac{1}{4}R^4 \right|_0^{b/a\sqrt{a^2-z^2}} \mathrm{d}z$$
$$= 2\pi\varrho_0 \int\limits_{z=-a}^{+a} \left[\left(b^2 + \frac{1}{2}\frac{b^4}{a^2}\right) z^2 - \left(\frac{b^2}{a^2} + \frac{1}{4}\frac{b^4}{a^4}\right) z^4 - \frac{1}{4}b^4 \right] \mathrm{d}z$$
$$= \frac{8\pi}{15}\varrho_0 \cdot a \cdot b^2(a^2 - b^2)\,.$$

Das Volumen eines Rotationsellipsoids ist $\frac{4}{3}\pi ab^2$. Ist seine Ladung $Z \cdot e$, so ist

$$Z \cdot e = \frac{4}{3}\pi ab^2 \cdot \varrho_0$$
$$\Rightarrow\; QM = \frac{2}{5} Z \cdot e(a^2 - b^2)\,.$$

Setzt man für $a = \overline{R} + \frac{1}{2}\Delta R$, $b = R - \frac{1}{2}\Delta R$

$$\Rightarrow\; QM = \frac{4}{5} Z \cdot e \cdot \overline{R} \cdot \Delta R = \frac{4}{5} Z \cdot e \cdot \overline{R}^2 \cdot \delta$$

mit $\delta = \Delta R/\overline{R}$. Das Quadrupolmoment ist also proportional zur relativen Deformation δ von der Kugelgestalt.

10. Nach (2.32) ist die gesamte Coulomb-Abstoßungsenergie

$$E_\mathrm{C} = \frac{3}{5}\frac{Z^2e^2}{4\pi\varepsilon_0 R}\,.$$

Für $Z = 80$, $R = 7 \cdot 10^{-15}$ m ergibt dies:

$$E_\mathrm{C} = \frac{3}{5}\frac{80^2 \cdot 1{,}6^2 \cdot 10^{-38}}{4\pi \cdot 8{,}85 \cdot 10^{-12} \cdot 7 \cdot 10^{-15}}\,\mathrm{J}$$
$$= 1{,}26 \cdot 10^{-10}\,\mathrm{J} = 7{,}87 \cdot 10^8\,\mathrm{eV}\,.$$

Die mittlere Coulombenergie pro Proton ist daher:

$$\overline{E}_\mathrm{C}(\text{Proton}) = E_\mathrm{C}^\text{total}/80 = 1{,}575 \cdot 10^{-12}\,\mathrm{J}$$
$$= 9{,}8\,\mathrm{MeV}/\text{Proton}\,.$$

Da ein Energieniveau jeweils mit zwei Protonen besetzt wird, liegen die Niveaus im Protonen-Potentialtopf der Abb. 2.27 um $\Delta E = 19{,}6$ eV höher als die Neutronen-Niveaus.

Kapitel 3

1. a) Es gilt:

$$N_\mathrm{A}(t) = N_\mathrm{A}(0) \cdot \mathrm{e}^{-\lambda_1 t}$$
$$N_\mathrm{B}(t) = N_{\mathrm{A}_0} \cdot \frac{\lambda_1}{\lambda_2 - \lambda_1}(\mathrm{e}^{-\lambda_1 t} - \mathrm{e}^{-\lambda_2 t})$$
$$\lambda = \frac{1}{\tau} = \frac{\ln 2}{T_{1/2}}$$
$$\Rightarrow\; \lambda_1 = \frac{\ln 2}{10\,\mathrm{d}} = 0{,}069/\mathrm{d}$$
$$\lambda_2 = \frac{\ln 2}{5\,\mathrm{d}} = 0{,}139/\mathrm{d}$$
$$\Rightarrow\; N_\mathrm{A}(1\,\mathrm{d}) = N_{\mathrm{A}_0} \cdot \mathrm{e}^{-0{,}069} = 0{,}933\,N_{\mathrm{A}_0}$$
$$N_\mathrm{A}(10\,\mathrm{d}) = N_{\mathrm{A}_0} \cdot \mathrm{e}^{-0{,}69} = 0{,}50\,N_{\mathrm{A}_0}$$
$$N_\mathrm{A}(100\,\mathrm{d}) = N_{\mathrm{A}_0} \cdot \mathrm{e}^{-6{,}9} = 1{,}0 \cdot 10^{-3}\,N_{\mathrm{A}_0}$$
$$N_\mathrm{B}(1\,\mathrm{d}) = \frac{0{,}069\,N_{\mathrm{A}_0}}{0{,}069} \cdot (\mathrm{e}^{-0{,}069} - \mathrm{e}^{-0{,}139})$$
$$= 0{,}063\,N_{\mathrm{A}_0}$$
$$N_\mathrm{B}(10\,\mathrm{d}) = N_{\mathrm{A}_0} \cdot (\mathrm{e}^{-0{,}69} - \mathrm{e}^{-1{,}38}) = 0{,}25\,N_{\mathrm{A}_0}$$
$$N_\mathrm{B}(100\,\mathrm{d}) = N_{\mathrm{A}_0} \cdot (\mathrm{e}^{-6{,}9} - \mathrm{e}^{-13{,}8})$$
$$= 1{,}0 \cdot 10^{-3}\,N_{\mathrm{A}_0}\,.$$

b) Tritium ${}^3_1$H hat eine Halbwertszeit von $T_{1/2} = 12{,}3$ a $\Rightarrow \lambda = \ln 2/T_{1/2} = 0{,}056/\mathrm{a}$.

$$\frac{N(t)}{N(0)} = 10^{-3} = \mathrm{e}^{-\lambda t}$$
$$\Rightarrow\; t = \frac{1}{\lambda} \cdot \ln 10^3 = 123{,}4\,\mathrm{a}\,.$$

Nach 123 Jahren ist von 1 kg Tritium nur noch 1 g übrig.

2. a) Nach Bd. 3, (4.22b) gilt für die Transmission T eines Teilchens der Masse m mit der Energie E_1 durch eine rechteckige Barriere der Höhe E_0 und der Breite a:

$$T \approx \frac{16E_1}{E_0^2}(E_0 - E_1) \cdot \mathrm{e}^{-2a \cdot \alpha} \qquad (1)$$

mit

$$\alpha = \frac{1}{\hbar}\sqrt{2m(E_0 - E_1)}\,,$$

wenn $a \cdot \alpha \gg 1$ ist.
Für unser Beispiel mit $m = 6{,}68 \cdot 10^{-27}$ kg, $E_0 = 11$ MeV, $E_1 = 6$ MeV, $a = 4 \cdot 10^{-14}$ m ist $a \cdot \alpha = 39{,}24 \gg 1$, so daß (1) verwendet werden kann. Einsetzen der Zahlenwerte ergibt

$$T = \frac{16 \cdot 30}{11^2} \cdot \mathrm{e}^{-78{,}48} = 3{,}3 \cdot 10^{-34}\,.$$

Wenn das α-Teilchen im Kern-Kastenpotential mit Tiefe $-E_2 = -15$ MeV eine kinetische Energie $E_{\text{kin}} = (15 + 6)$ MeV $= 21$ MeV hat, ist seine mittlere Geschwindigkeit

$$v = \sqrt{2E_{\text{kin}}/m}\,,$$

und es stößt bei einer Potentialkastenbreite b pro Sekunde

$$W_1 = \frac{v}{2b} = \frac{1}{2b}\sqrt{2E_{\text{kin}}/m}$$

mal gegen die äußere Kastenwand. Einsetzen der Zahlenwerte $b = 6 \cdot 10^{-15}$ m, $E_{\text{kin}} = 21$ MeV $= 3{,}36 \cdot 10^{-12}$ J ergibt $W_1 = 2{,}64 \cdot 10^{21}\ \mathrm{s}^{-1}$.
Die Zerfallskonstante λ ist dann

$$\lambda = W_1 \cdot T = 8{,}7 \cdot 10^{-13}\ \mathrm{s}^{-1}$$

und die Halbwertszeit

$$T_{1/2} = \ln 2/\lambda = 8{,}0 \cdot 10^{11}\ \mathrm{s} \approx 2{,}53 \cdot 10^4\ \mathrm{a}\,.$$

b) Das Coulombpotential entspricht der potentiellen Energie

$$E_{\text{pot}}(r) = \frac{1}{4\pi\varepsilon_0}\frac{2Z \cdot e^2}{r} \qquad \text{für} \quad r \geq b\,.$$

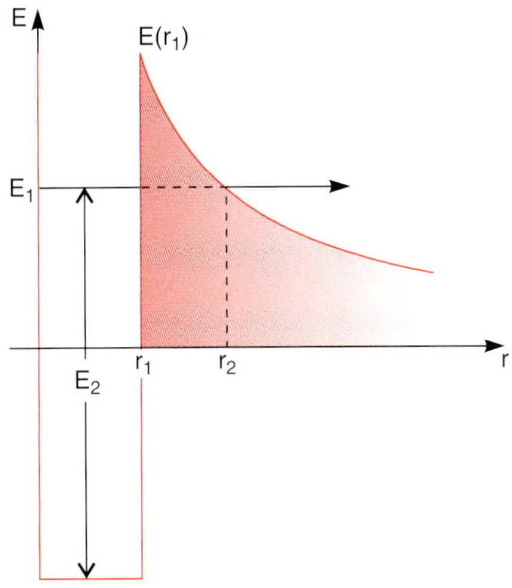

Abb. L.2. Zu Lösung 3.2

Die Tunnelwahrscheinlichkeit ist jetzt (Abb. L.2):

$$T = \mathrm{e}^{-G}$$

mit

$$G = \frac{2\sqrt{2m}}{\hbar}\int_{r_1}^{r_2}\sqrt{\frac{2Z \cdot e^2}{4\pi\varepsilon_0 r} - E_1}\,\mathrm{d}r$$
$$= \frac{2}{\hbar}\sqrt{2mE_1}\int_{r_1}^{r_2}\sqrt{\frac{r_2}{r} - 1}\,\mathrm{d}r\,.$$

Das Integral ist durch Substitution $x = 1/r$ analytisch lösbar und ergibt:

$$G = \frac{2}{\hbar}\sqrt{2mE_1} \cdot \left[-r_1\sqrt{\frac{r_2}{r_1} - 1} + r_2 \cdot \arctan\sqrt{\frac{r_2}{r_1} - 1}\right].$$

Einsetzen der Zahlenwerte $r_1 = b = 6{,}0 \cdot 10^{-15}$ m, $m = 6{,}5 \cdot 10^{-27}$ kg, $E_1 = 6$ MeV, $r_2 = 2Ze^2/(4\pi\varepsilon_0 E_1) = 4{,}3 \cdot 10^{-14}$ m ergibt den Gamov-Faktor:

$$G = 21{,}2 \cdot 10^{14} \cdot [-14{,}9 + 43 \arctan 2{,}48] \cdot 10^{-15}$$
$$= 77{,}25 \;\Rightarrow\; T = \mathrm{e}^{-77{,}25} \approx 2{,}8 \cdot 10^{-34}\,.$$

Die Zerfallskonstante ist dann

$$\lambda = W_1 \cdot T = 2{,}64 \cdot 10^{21} \cdot 2{,}8 \cdot 10^{-34}$$
$$\approx 7{,}5 \cdot 10^{-13}\ \mathrm{s}^{-1}\,.$$

Die Zerfallskonstante ist also nur wenig kleiner als beim Rechteckpotentialwall in Teil a), obwohl hier die Höhe des Walls mit $E_{\text{pot}}(r_1) = r_2/r_1$, $E_{\text{pot}}(r_2) = 43/6{,}5 \cdot 6\,\text{MeV} = 39{,}7\,\text{MeV}$ wesentlich höher ist. Die Tunnelwahrscheinlichkeit hängt ab von der Fläche

$$\int_{r_1}^{r_2} \sqrt{E_{\text{kin}}}\,\text{d}r\,,$$

die in beiden Fällen fast gleich ist.

3. Ein α-Teilchen, das mit der kinetischen Energie $E_{\text{kin}} = T_\alpha = 8{,}78\,\text{MeV}$ zentral auf einen ${}^{208}_{82}\text{Pb}$-Kern zuläuft, hat im Schwerpunktsystem die Relativenergie

$$T = \frac{T_\alpha}{1 + m_\alpha/m_{\text{Pb}}} = 8{,}61\,\text{MeV}\,.$$

Aus

$$T = \frac{Z \cdot e^2}{4\pi\varepsilon_0 \cdot r_2}$$

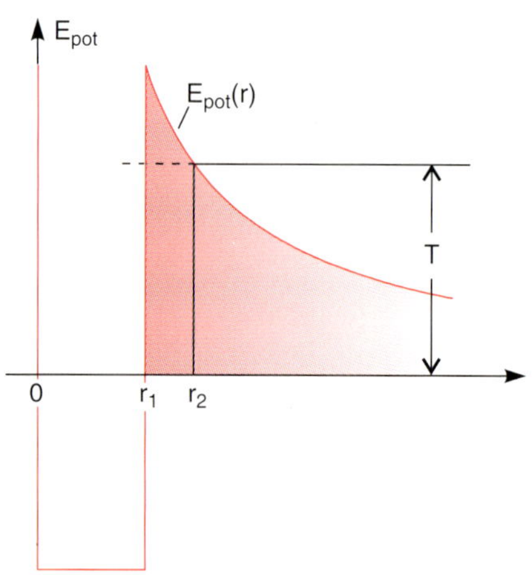

Abb. L.3. Zu Lösung 3.3

folgt für den Abstand r_2 (Abb. L.3)

$$r_2 = \frac{2Ze^2}{4\pi\varepsilon_0 T} = \frac{2 \cdot 82 \cdot 1{,}6^2 \cdot 10^{-38}\,\text{m}}{4\pi\varepsilon_0 \cdot 8{,}61 \cdot 1{,}6 \cdot 10^{-13}} = 27{,}4\,\text{fm}\,.$$

Mit dem Kernradius

$$r_1 = b = 1{,}4\,\text{fm} \cdot (A_{\text{Pb}}^{1/3} + A_\alpha^{1/3}) = 10{,}52\,\text{fm}$$

erhält man, wie in Aufg. 3.2b mit $E_1 = T$ dargestellt, den Gamov-Faktor

$$G = \frac{2}{\hbar}\sqrt{m_\alpha E_1} \left[-r_1\sqrt{\frac{r_2}{r_1} - 1} + r_2 \arctan\sqrt{\frac{r_2}{r_1} - 1}\right] = 29{,}05\,.$$

Damit wird das Transmissionsvermögen durch die Coulombbarriere

$$T = \text{e}^{-G} = 2{,}42 \cdot 10^{-13}\,.$$

Dies ist dann auch die Wahrscheinlichkeit dafür, daß ein von außen auftreffendes α-Teilchen die Coulomb-Barriere überwindet.
Die Zerfallskonstante λ ist nach (3.24)

$$\lambda = W_0 \cdot W_1 \cdot T = \ln 2/T_{1/2} = \frac{0{,}693}{3 \cdot 10^{-7}}\,\text{s}^{-1} = 2{,}3 \cdot 10^6\,\text{s}^{-1}\,.$$

Bei einer Potentialtopftiefe von $E_0 = 35\,\text{MeV}$ und $b = r_1 = 10{,}52\,\text{fm}$ wird

$$W_1 = \frac{v}{2b} = \frac{1}{2b} \cdot \sqrt{2(E_1 + E_0)/m} = 2{,}2 \cdot 10^{21}\,\text{s}^{-1}\,.$$

Damit wird die Wahrscheinlichkeit W_0, daß sich ein α-Teilchen im Kern bildet

$$W_0 = \frac{\lambda}{W_1 \cdot T} \frac{2{,}3 \cdot 10^6}{2{,}2 \cdot 10^{21} \cdot 2{,}42 \cdot 10^{-13}} = 4{,}3 \cdot 10^{-3}\,.$$

4. Der Positronenzerfall ist

$${}^{62}_{30}\text{Zn} \rightarrow {}^{62}_{29}\text{Cu} + \beta^+ + \nu_e + E_{\text{kin}}(\beta^+) + E_{\text{kin}}(\nu_e)\,.$$

Für die maximale β^+-Energie wird $E_{\text{kin}}(\nu_e) = 0$. In diesem Fall gilt für den Impuls bei ruhendem Kern ${}^{62}_{30}\text{Zn}$:

$$\boldsymbol{p}({}^{62}_{29}\text{Cu}) = -\boldsymbol{p}(\overline{\beta}^+)\,.$$

Wegen $E_{\text{kin}} = \sqrt{(cp)^2 - (m_0c^2)^2} - m_0c^2$ gilt für den Impuls

$$p = \frac{1}{c}\sqrt{E_{\text{kin}}^2 + 2E_{\text{kin}}m_0c^2}\,.$$

Bei maximaler β^+-Energie wird dies:

$$\begin{aligned} p &= \frac{1}{c}\sqrt{0{,}66^2 + 2\cdot 0{,}66\cdot 0{,}51}\,\text{MeV} \\ &= 5{,}6\cdot 10^{-22}\,\text{N}\cdot\text{s}\,. \end{aligned}$$

Die Zerfallsenergie des $^{62}_{30}$Zn-Kerns ist dann:

$$\begin{aligned} Q &= \frac{p^2}{2M(\text{Cu})} + E_{\text{kin}}^{\max}(\beta^+) + m_\text{e}c^2 \\ &= 9{,}5\cdot 10^{-6}\,\text{MeV} + 0{,}66\,\text{MeV} + 0{,}51\,\text{MeV}\,. \end{aligned}$$

Die Rückstoßenergie des Kerns ist also nur 9,5 eV und deshalb vernachlässigbar.
Die maximale Energie $E_{\text{kin}}(\nu_\text{e})$ wird dann gleich der maximalen β^+-Energie 0,66 MeV.
Beim Elektroneneinfang gilt:

$$\begin{aligned} &\text{e}^- + {}^{62}_{30}\text{Zn} \rightarrow {}^{62}_{29}\text{Cu} + \nu_\text{e} \\ &\Rightarrow\ E(\nu_\text{e}) = Q + m_\text{e}c^2 = E_{\text{kin}}(\beta^+) + 2m_\text{e}c^2 \\ &\qquad\qquad = 1{,}68\,\text{MeV}\,. \end{aligned}$$

5. $\Delta M\cdot c^2 = m_\text{e}c^2 + E_{\text{kin}}(\text{e}^-) + E_{\text{kin}}(\overline{\nu}) + E_{\text{kin}}(M_2)$
a) Ohne Berücksichtigung des Rückstoßes ist $E_{\text{kin}}(M_2) = 0$. Für die maximale β^--Energie ist $E_{\text{kin}}(\overline{\nu}) = 0$.

$$\begin{aligned} \Rightarrow\ E_{\text{kin}}^{\max}(\text{e}^-) &= \Delta Mc^2 - m_\text{e}c^2 \\ &= (3 - 0{,}5)\,\text{MeV} = 2{,}5\,\text{MeV}\,. \end{aligned}$$

b) Bei Berücksichtigung des Rückstoßes gilt für $E_{\text{kin}}(\overline{\nu}) = 0$:

$$\begin{aligned} \boldsymbol{p}_{\text{e}^-} &= -\boldsymbol{p}_{M_2} \\ \Rightarrow\ E_{\text{kin}}(M_2) &= \frac{p_\text{e}^2}{2M_2}\,. \end{aligned}$$

Da $E_{\text{kin}}(\text{e}^-) > m_\text{e}c^2$ muß man die relativistische Energie-Impuls-Beziehung

$$\begin{aligned} E_{\text{kin}}^{\text{el}} &= \sqrt{p^2c^2 + m_\text{e}^2c^4} - m_\text{e}c^2 \\ \Rightarrow\ p_\text{e}^2 &= \frac{1}{c^2}\left[(E_{\text{kin}} + m_\text{e}c^2)^2 - m_\text{e}^2c^4\right] \\ &= \frac{1}{c^2}(E_{\text{kin}}^2 + 2E_{\text{kin}}m_\text{e}c^2) \\ \Rightarrow\ E_{\text{kin}}(M_2) &= \frac{1}{2M_2c^2}(E_{\text{kin}}^2 + 2E_{\text{kin}}m_\text{e}c^2) \\ &= \frac{1}{70\cdot 1836}\cdot(2{,}5^2 + 5\cdot 0{,}5)\,\text{MeV} \\ &= 68\,\text{eV}\,. \end{aligned}$$

Die Rückstoßenergie ist also sehr klein.
Die maximale Energie des Neutrinos wird für $E_{\text{kin}}^{\min}(\text{e}^-) = 0$ erreicht und beträgt daher $E_{\text{kin}}^{\max}(\overline{\nu}) = 2{,}5$ MeV.
Der Rückstoß des Kerns ist für diesen Fall für $m_\nu = 0$

$$\boldsymbol{p}_{M_2} = -\boldsymbol{p}(\overline{\nu}) = \frac{E(\overline{\nu})}{c}\,,$$

und daher wird

$$\begin{aligned} E_{\text{kin}}(M_2) &= \frac{p^2}{2M_2} = \frac{E^{\max}(\overline{\nu})^2}{2M_2c^2} \\ &= \frac{2{,}5^2}{70\cdot 1836}\,\text{MeV} = 48{,}6\,\text{eV}\,. \end{aligned}$$

6. Die Kernmasse ändert sich um

$$\Delta m = m_\text{e} - E_{\text{kin}}(\nu_\text{e})/c^2\,,$$

die Atommasse um

$$\Delta M = -\big(E_{\text{kin}}(\nu_\text{e}) + h\cdot\nu_\text{K}\big)/c^2\,,$$

wobei $h\cdot\nu_\text{K} \approx E_\text{B}(\text{K}) = 50$ keV.
Die maximale Neutrinoenergie ist

$$E_{\text{kin}}(\nu_\text{e}) \le (m_\text{e} + m_\text{p} - m_\text{n})c^2 = 0{,}783\,\text{MeV}\,.$$

Deshalb wird

$$\begin{aligned} \Delta m &= [0{,}511 - 0{,}783]\,\text{MeV}/c^2 \\ &= -4{,}85\cdot 10^{-31}\,\text{kg}\,, \\ \Delta M &= -[0{,}783 + 0{,}05]\,\text{MeV}/c^2 \\ &= -0{,}833\,\text{MeV}/c^2 = -1{,}48\cdot 10^{-30}\,\text{kg}\,. \end{aligned}$$

7. Der Kreisbahnradius R ergibt sich aus

$$m_e v^2/R = e \cdot v \cdot B \Rightarrow m_e \cdot v = R \cdot e \cdot B\,.$$

Der Impuls des Elektrons und daher auch der Rückstoßimpuls des Kerns ist daher

$$p_e = m_e \cdot v = Re \cdot B\,.$$

Die Rückstoßenergie ist dann

$$E_{kin}(M) = \frac{p^2}{2M} = \frac{R^2 e^2 B^2}{2M}$$

und die Elektronenenergie

$$E_{kin}(e^-) = \frac{p^2}{m_e} = \frac{R^2 e^2 B^2}{2m_e}\,.$$

Die Anregungsenergie des Kernes war dann

$$E_a = E_{kin}(M) + E_{kin}(e^-) + E_B(e^-)\,.$$

Mit den Zahlenwerten $R = 0{,}1$ m, $B = 0{,}05$ T und $M({}^{137}_{55}\mathrm{Cs}) = 137 \cdot 1{,}66 \cdot 10^{-27}$ kg erhält man

$$E_{kin}(e^-) = 3{,}5 \cdot 10^{-13}\,\mathrm{J} = 2{,}2\,\mathrm{MeV}\,,$$
$$E_{kin}(\mathrm{Cs}) = 8{,}7\,\mathrm{eV}\,.$$

Nach Bd. 3, Abschn. 7.6 gilt für die Bindungsenergie

$$E_B = \tfrac{4}{3} \cdot h\nu_{ik}(K_\alpha)\,.$$

Mit $h\nu(K_\alpha) = 5{,}7$ keV (siehe z.B. Kohlrausch: *Praktische Physik*, Bd. 3, 24. Aufl. (Teubner, Stuttgart 1996))

$$\Rightarrow E_B(S, K\text{-Schale}) = 7{,}6\,\mathrm{keV}$$
$$\Rightarrow E_a = 2{,}2 + 0{,}0076\,\mathrm{MeV} = 2{,}2076\,\mathrm{MeV}\,.$$

Man sieht daraus, daß die Rückstoßenergie des Kerns vernachlässigbar ist.

8. (Sauerland) β^--Zerfall des neutralen Tritiumatoms:

$${}^3_1\mathrm{H} \to {}^3_2\mathrm{He}^+ + e^- + \overline{\nu}_e$$

Kerne: $m(Z, A) = Z \cdot m_p + (A - Z)m_n - E_B/c^2$
Atome: $M(Z, A) = Z \cdot m_p + Z \cdot m_e + (A - Z) \cdot m_n - E_B/c^2$.

Für den β^--Zerfall gilt dann für $m_{\overline{\nu}} = 0$:

$$M({}^3_1\mathrm{H})c^2 = M({}^3_2\mathrm{He})c^2 + E_{kin}(e^-) + E_{kin}(\overline{\nu}_e)$$
$$\begin{aligned}\Rightarrow E_0 &= E_{kin}(e^-) + E_{kin}(\overline{\nu}_e)\\ &= \left[M({}^3_1\mathrm{H}) - M({}^3_2\mathrm{He})\right]c^2\\ &= (m_n - m_p - m_e)c^2\\ &\quad - \left(E_B({}^3_1\mathrm{H}) - E_B({}^3\mathrm{He})\right)\\ &= (0{,}7824 - 8{,}4819 + 7{,}7181)\,\mathrm{MeV}\\ &= 0{,}0186\,\mathrm{MeV}\\ &= 18{,}6\,\mathrm{keV}\,.\end{aligned}$$

9. (Sauerland) ${}^{12}_5\mathrm{B} \to {}^{12}_6\mathrm{C} + e^- + \overline{\nu}_e$
Für die Kernmassen gilt

$$m_B c^2 = m_C c^2 + m_e c^2 + E_{kin}(e^-) + E_{kin}(\overline{\nu}_e) + E_{kin}(\mathrm{C})\,,$$

wobei die Rückstoßenergie $E_{kin}(\mathrm{C})$ vernachlässigbar klein ist. Für die Atome (Nuklidmassen) gilt:

$$M_B \approx m_B + Z_B \cdot m_e\,;\ M_C \approx m_C + Z_C \cdot m_e$$
$$\Rightarrow \underbrace{(m_B + Z_B \cdot m_e)}_{M_B} c^2 = \underbrace{\left[m_C + (Z_B + 1)m_e\right]}_{M_C} c^2 + E_{kin}(e^-) + E_{kin}(\overline{\nu}_e)$$
$$(M_B - M_C)c^2 = E_{kin}^{max}(e^-) = 13{,}3695\,\mathrm{MeV}\,.$$

Für den Positronenzerfall gilt:

$${}^{12}_7\mathrm{N} \to {}^{12}_6\mathrm{C} + e^+ + \nu_e\,,$$
$$m(e^+) = m(e^-) = m_e,.$$

Kerne:

$$m_N c^2 = m_C c^2 + m_e c^2 + E_{kin}(e^+) + E_{kin}(\nu_e)$$

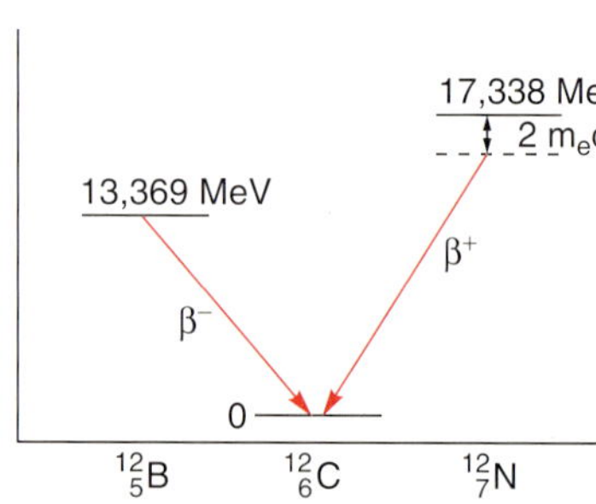

Abb. L.4. Zu Lösung 3.9

Elektronen:

$$\underbrace{\left[m_N + (Z_C + 1)m_e\right]}_{M_N} c^2 = \underbrace{\left[m_C + (Z_C + 2)m_e\right]}_{M_C + 2m_e} c^2 + E_{kin}(e^+) + E_{kin}(\overline{\nu}_e)\,,$$

weil beim β^+-Zerfall die Elektronenhülle des entstandenen $^{12}_{6}$C-Kernes immer noch sieben Elektronen enthält, d. h. es ensteht ein negativ geladenes Ion C^-

$$\begin{aligned} \Rightarrow\ (M_N - M_C)c^2 &= 2m_e c^2 + E_{kin}^{max}(e^+) \\ &= 1{,}022\,\text{MeV} + 16{,}3161\,\text{MeV} \\ &= 17{,}338\,\text{MeV}\,. \end{aligned}$$

10. (Sauerland)

$$\begin{aligned} N_1 &= N(^{226}\text{Ra})\,, \quad N_2 = N(^{222}\text{Rn}) \\ \lambda_1 &= \ln 2/T_{1/2}(^{226}\text{Ra}) = 1{,}187 \cdot 10^{-6}\,\text{d}^{-1} \\ \lambda_2 &= \ln 2/T_{1/2}(^{222}\text{Rn}) = 0{,}181\,\text{d}^{-1} \end{aligned}$$

Nach (3.13) gilt:

$$N_2(t) = \frac{N_1(0)\cdot\lambda_1}{\lambda_2 - \lambda_1}(e^{-\lambda_1 t} - e^{-\lambda_2 t})\,.$$

Das Maximum wird erreicht für $dN_2/dt = 0$

$$\begin{aligned} \Rightarrow\ t_m &= \frac{1}{\lambda_2 - \lambda_1}\ln(\lambda_2/\lambda_1) = 65{,}87\,\text{d} \\ \Rightarrow\ N_2(t_m) &= \frac{\lambda_1 N_1(0)}{\lambda_2 - \lambda_1}(e^{-\lambda_1 t_m} - e^{-\lambda_2 t_m})\,. \end{aligned}$$

Mit

$$N_1(0) = \frac{10^{-2}\,\text{kg}}{226\cdot 1{,}66\cdot 10^{-27}\,\text{kg}} = 2{,}67\cdot 10^{22}$$

ergibt sich: $N_2(t_m) = 1{,}746\cdot 10^{17}$.
Anwendung der Gasgesetze auf das Gas Radon:

$$p\cdot V = N_2\cdot k\cdot T$$

ergibt mit $N_2 = N_2(t_m)$, $V = (5 - 10\,\text{g}/5{,}5\,\text{g})\,\text{cm}^3 = 3{,}18\,\text{cm}^3$ und $T = 293$ K

$$p = 220\,\text{Pa}\,.$$

Bei einem Gesamtdruck von 10^5 Pa steigt der Druck im Röhrchen also nur um 0,222% an. Nach 66 Tagen fällt der Partialdruck, weil dann mehr Radon zerfällt als aus Radium nachgeliefert wird. Für große t gilt:

$$N_2(t) \approx \frac{\lambda_1}{\lambda_2} N_1(0) e^{-\lambda_1 t}\,,$$

d. h. das Langzeitverhalten wird durch den exponentiellen Radiumzerfall mit $t_{1/2} = 1600$ a bestimmt.

Kapitel 4

1. Für die kinetische Energie gilt:

$$\begin{aligned} E_{kin} &= mc^2 - m_0c^2 = 1\,\text{GeV} \\ \Rightarrow\ mc^2 &= E = 1\,\text{GeV} + m_0c^2 \\ E(e^-) &= 1\,\text{GeV} + 0{,}5\,\text{MeV} = 1{,}0005\,\text{GeV} \\ E(p^-) &= 1\,\text{GeV} + 938\,\text{MeV} = 1{,}938\,\text{GeV} \\ E(\alpha^{++}) &= 1\,\text{GeV} + 3{,}73\,\text{GeV} = 4{,}73\,\text{GeV} \end{aligned}$$

$$\begin{aligned} E &= mc^2 = \frac{m_0c^2}{\sqrt{1-\beta^2}} \\ \Rightarrow\ \beta &= \sqrt{1 - \left(\frac{m_0c^2}{mc^2}\right)^2} \\ \Rightarrow\ v &= c\cdot\sqrt{1 - \left(\frac{m_0c^2}{mc^2}\right)^2} \\ v(e^-) &= c\cdot\sqrt{1 - \left(\frac{5\cdot 10^{-4}}{1{,}005}\right)^2} \\ &\approx c(1 - 1{,}25\cdot 10^{-7}) \approx 0{,}999999875\,c \\ v(p^+) &= c\cdot\sqrt{1 - \left(\frac{0{,}938}{1{,}938}\right)^2} \approx 0{,}718\,c \\ v(\alpha) &= c\cdot\sqrt{1 - \left(\frac{3{,}73}{4{,}73}\right)^2} \approx 0{,}615\,c \end{aligned}$$

2. Bei einer Endenergie von $E_{kin} = 1$ MeV $\Rightarrow E = E_{kin} + m_0c^2 = 1{,}5$ MeV. Mit einem Radius $r_0 = 1$ m gilt dann gemäß (4.25) für den magnetischen Fluß

$$\Phi = \frac{2\pi r_0}{e\cdot c}\sqrt{E^2 - (m_0c^2)^2}\,.$$

Einsetzen der Zahlenwerte ergibt:

$$\Phi = 2{,}96 \cdot 10^{-2}\,\text{Vs}\,.$$

Das Magnetfeld am Elektronenring ist

$$B(r_0) = \frac{p}{er_0} = \frac{\sqrt{E^2/c^2 - m_0^2c^2}}{er_0} = 4{,}7\,\text{mTesla}\,.$$

3. Für $E = 400\,\text{GeV}$ ist $\alpha = E_{\text{kin}}/(m_0c^2) \approx 426$. Nach (4.26) ist dann das Magnetfeld

$$B = \frac{m_0c^2}{c \cdot e \cdot r}\sqrt{2\alpha + \alpha^2}\,;$$
$$m_0c^2 = 938 \cdot 1{,}6 \cdot 10^{-13}\,\text{J}\,.$$
$$\Rightarrow\ B = 1{,}33\,\text{Tesla}\,.$$

4. Die Geschwindigkeit v der Protonen erhält man aus

$$E_{\text{kin}} = (m - m_0)c^2 = m_0c^2\left(\frac{1}{\sqrt{1-\beta^2}} - 1\right)$$
$$\Rightarrow\ \beta = \frac{v}{c} = \sqrt{1 - \left(\frac{1}{1 + E_{\text{kin}}/(m_0c^2)}\right)^2}\,,$$
$$m_0c^2 = 938{,}27\,\text{MeV}\,,\quad E_{\text{kin}} = 100\,\text{MeV}\,,$$
$$\Rightarrow\ v = 0{,}428\,c\,.$$

Die Brennweite eines magnetischen Längsfeldes ist

$$f = \frac{2\pi m}{e \cdot B}v \ \Rightarrow\ B = \frac{2\pi m \cdot v}{e \cdot f}\,.$$

Mit $m = m_0 \cdot (1 - v/c)^{-1/2} = 1{,}32\,m_0$

$$\Rightarrow\ B = \frac{2\pi \cdot 1{,}32 \cdot 1{,}67 \cdot 10^{-27} \cdot 0{,}428 \cdot 10^8}{1{,}6 \cdot 10^{-19} \cdot 10}\,\text{Tesla} = 1{,}11\,\text{Tesla}\,.$$

5. Nach (4.55b) ist der Energieverlust eines Elektrons pro Umlauf

$$\Delta E = \frac{e^2\gamma^4}{3\varepsilon_0 r_0}$$

mit

$$\gamma = \frac{mc^2}{m_0c^2} = \frac{5 \cdot 10^4\,\text{MeV}}{0{,}5\,\text{MeV}} = 10^5$$
$$\Rightarrow\ \Delta E = \frac{1{,}6^2 \cdot 10^{-38} \cdot 10^{20}}{3 \cdot 8{,}85 \cdot 10^{-12} \cdot 4 \cdot 10^3}\,\text{J} = 2{,}4 \cdot 10^{-11}\,\text{J}\,.$$

Ein Elektron mit der Geschwindigkeit c stellt einen Kreisstrom

$$I = 1{,}6 \cdot 10^{-19} \cdot \frac{c}{2\pi R}\,\text{A} = 1{,}9 \cdot 10^{-15}\,\text{A}$$

dar. Bei einem Strom von 0,1 A kreisen deshalb

$$N = \frac{0{,}1}{1{,}9 \cdot 10^{-15}} = 5{,}3 \cdot 10^{13}$$

Elektronen im Ring. Ihr Energieverlust pro Umlauf ist:

$$\Delta E = 1{,}26 \cdot 10^3\,\text{J/Umlauf}\,.$$

Ein Umlauf dauert: $T = 2\pi R/c = 84\,\mu\text{s}$

$$\Rightarrow\ \mathrm{d}E/\mathrm{d}t = P = 1{,}5 \cdot 10^7\,\text{W} = 15\,\text{MW}\,.$$

6. Es gilt:

$$E = mc^2 = \frac{m_0c^2}{\sqrt{1 - v^2/c^2}}\,;\qquad v = v(x)\,.$$
$$\frac{\mathrm{d}E}{\mathrm{d}x} = \frac{m_0c^2 \cdot \mathrm{d}v/\mathrm{d}x}{(1 - v^2/c^2)^{3/2}}$$
$$a = \frac{\mathrm{d}v}{\mathrm{d}t} = \frac{\mathrm{d}v}{\mathrm{d}x}\frac{\mathrm{d}x}{\mathrm{d}t} = \frac{\mathrm{d}v}{\mathrm{d}x} \cdot v = \frac{\mathrm{d}E}{\mathrm{d}x}\frac{(1 - v^2/c^2)^{3/2}}{m_0c^2} \propto \frac{\mathrm{d}E}{\mathrm{d}x}\,.$$

Beim Stanford-Beschleuniger ist

$$\frac{\mathrm{d}E}{\mathrm{d}x} = \frac{50\,\text{GeV}}{3200\,\text{m}} = 15{,}6\,\text{MeV/m}\,.$$

Die von einem Elektron mit dem Energiegewinn $\mathrm{d}E/\mathrm{d}x$ abgestrahlte Leistung ist bei geradliniger Beschleunigung

$$P_{\text{S}}^{\text{lin}} = \frac{e^2c}{6\pi\varepsilon_0(m_0c^2)^2} \cdot \left(\frac{\mathrm{d}E}{\mathrm{d}x}\right)^2\,.$$

Vergleich mit der Abstrahlung auf einer Kreisbahn (4.55a)

$$P_S^{\text{kreis}} = \frac{e^2 c}{6\pi\varepsilon_0} \frac{E^4}{(m_0 c^2)^4 r_0^2}$$

gibt das Verhältnis

$$\frac{P_S^{\text{lin}}}{P_S^{\text{kreis}}} = \frac{(\mathrm{d}E/\mathrm{d}x)^2 \cdot (m_0 c^2)^2 r_0^2}{E^4} .$$

Einsetzen der Zahlenwerte $\mathrm{d}E/\mathrm{d}x = 15{,}6\,\text{MeV/m}$, $r_0 = 4\,\text{km}$, $E = 50\,\text{GeV}$, $m_0c^2 = 0{,}5\,\text{MeV}$ ergibt

$$P_S^{\text{lin}} / P_S^{\text{kreis}} = 1{,}56 \cdot 10^{-10}\,!$$

Damit $P_S^{\text{lin}} / P_S^{\text{kreis}} = 1$ wird, müßte

$$\frac{\mathrm{d}E}{\mathrm{d}x} = 8 \cdot 10^4 \cdot 15{,}6\,\text{MeV/m} = 12{,}5 \cdot 10^5\,\text{MeV/m}$$

werden, was technisch unmöglich ist. Strahlungsverluste spielen daher beim Linearbeschleuniger nur eine untergeordnete Rolle!

7. (Sauerland) Bei allen Stoßprozessen zwischen Teilchen i muß das Quadrat des Viererimpulses

$$|\mathcal{R}|^2 = E^2/c^2 - \boldsymbol{p}^2 \quad \text{mit } E = \sum E_i\,, \ \boldsymbol{p} = \sum \boldsymbol{p}_i$$

erhalten bleiben. Es ist dann auch invariant bei der Transformation vom Laborsystem auf das Schwerpunktsystem. Bezeichnen wir die kinetische Energie mit T, so gilt im Laborsystem:

$$\begin{aligned} E_{1\text{L}} &= T_\text{L} + m_1 c^2\,, \quad \boldsymbol{p}_{1\text{L}} \neq 0\,, \quad \boldsymbol{p}_{2\text{L}} = 0\,, \\ E_{2\text{L}} &= m_2 c^2\,, \\ c^2|\mathcal{R}|_\text{L}^2 &= \left[T + (m_1+m_2)c^2\right]^2 - p_1^2 c^2 . \end{aligned}$$

Im Schwerpunktsystem gilt $\boldsymbol{p}_1 + \boldsymbol{p}_2 = 0$

$$\begin{aligned} \Rightarrow\ c^2|\mathcal{R}|_\text{S}^2 &= (E_1+E_2)^2 = E^2 \\ &= (E_{1\text{L}} + m_2c^2)^2 - (c\boldsymbol{p}_{1\text{L}})^2 \\ &= c^2|\mathcal{R}|_\text{L}^2 = E_{1\text{L}}^2 - (cp_{1\text{L}})^2 \\ &\quad + 2E_{1\text{L}} m_2 c^2 + (m_2c^2)^2 \\ &= 2E_{1\text{L}} m_2 c^2 + (m_1^2 + m_2^2)c^4\,, \end{aligned}$$

weil $E_{1\text{L}}^2 = m_1^2 c^4 + (cp_{1\text{L}})^2$.

a) Für die Reaktion im Laborsystem:

$$\mathrm{p} + \mathrm{p} \to \mathrm{p} + \mathrm{p} + \overline{\mathrm{p}} + \mathrm{p}$$

gilt dann mit $m(\overline{\mathrm{p}}) = m(\mathrm{p})$

$$\begin{aligned} E_{\min}^2 &= (4m_\text{p}c^2)^2 \leq 2(m_\text{p}c^2)^2 + 2E_{1\text{L}} \cdot m_\text{p}c^2 \\ &= 2(m_\text{p}c^2)^2 + 2m_\text{p}c^2(T_1 + m_\text{p}c^2) \\ &= 4(m_\text{p}c^2)^2 + 2T_1 m_\text{p}c^2 \\ \Rightarrow\ 2T_1^{\min} &= 16m_\text{p}c^2 - 4m_\text{p}c^2 = 12m_\text{p}c^2 \\ T_1^{\min} &= 6m_\text{p}c^2 = 5{,}63\,\text{GeV} \\ E_1^{\min} &= 7m_\text{p}c^2 = 6{,}568\,\text{GeV}\,. \end{aligned}$$

b) Wenn beide Protonen frontal zusammenstoßen, kann die gesamte Energie umgewandelt werden. Es gilt:

$$\begin{aligned} &T_1 + m_\text{p}c^2 + T_2 + m_\text{p}c^2 \geq 4m_\text{p}c^2 \\ &\Rightarrow\ 2T \geq 2m_\text{p}c^2\,, \\ &\qquad T \geq m_\text{p}c^2\,. \end{aligned}$$

Jedes der beiden zusammenprallenden Protonen muß also die Mindestenergie

$$\begin{aligned} E_{\min} &= T_{\min} + m_\text{p}c^2 = 2m_\text{p}c^2 = 1{,}877\,\text{GeV}\,, \\ T_{\min} &= m_\text{p}c^2 = 0{,}938\,\text{GeV} \end{aligned}$$

haben.

8. (Sauerland)
a) Nach (4.53) ist die Reaktionsrate

$$\dot{R} = L \cdot \sigma\,.$$

Andererseits gilt

$$\dot{R} = \Phi_1 \cdot N_2 \cdot \sigma\,,$$

wenn $\Phi_1 = n_1 A_1 \cdot v_1$ der Teilchenfluß im Strahl mit Teilchendichte n_1, Querschnitt A_1 und Teilchengeschwindigkeit v_1 ist.
Die Teilchenbelegung N_2 des Targets mit Dicke d, Fläche $A_2 > A_1$ und Teilchendichte n_2 ist:

$$N_2 = n_2 \cdot d\,.$$

Die Dicke d kann aus der Massenbelegung $m/A_2 = 64\,\mu g/cm^2$ bestimmt werden:

$$d = \frac{m}{A_2 \cdot \varrho(^{12}C)} = \frac{64 \cdot 10^{-6}\,g/cm^2}{2{,}1\,g/cm^3} = 0{,}3\,\mu m\,.$$

Die Teilchendichte im Target ist:

$$\begin{aligned} n_2 &= \varrho(^{12}C) \cdot \frac{N_A}{M_{mol}(^{12}C)} \\ &= \frac{64 \cdot 10^{-6}}{0{,}3 \cdot 10^{-4}} \frac{6 \cdot 10^{23}}{12}\,cm^{-3} \\ &= 1{,}06 \cdot 10^{23}\,cm^{-3}\,. \end{aligned}$$

Die Luminosität ist dann

$$\begin{aligned} L &= \Phi_1 \cdot N_2 = \Phi_1 \cdot n_2 \cdot d \\ &= 10^{31}\,cm^{-2}s^{-1}\,. \end{aligned}$$

Der Teilchenfluß ist

$$\begin{aligned} \Phi_1 &= I_1/Z \cdot e \\ &= \frac{10^{-6}\,A}{2 \cdot 1{,}6 \cdot 10^{-19}\,As} \\ &= 3{,}1 \cdot 10^{12}\,s^{-1} \\ \Rightarrow L &= 10^{31}\,cm^{-2}s^{-1}\,. \end{aligned}$$

b) Teilchenfluß im Strahl 1 (Abb. L.5):

$$\begin{aligned} \Phi_1 &= n_1 \cdot b_1 \cdot h_1 \cdot v_1 = \frac{I_1}{Z_1 \cdot e} \\ \Phi_2 &= n_2 \cdot b_2 \cdot h_2 \cdot v_2 = \frac{I_2}{Z_2 \cdot e} \\ v_1 &= v_2 \approx c\,; \quad \sin\alpha = b_1/l_1 = b_2/l_2 \\ L &= \Phi_1 \cdot N_2 = \Phi_1 \cdot n_2 \cdot l_2 \\ &= \frac{\Phi_1 \Phi_2 l_2}{b_2 h v_2} = \frac{\Phi_1 \Phi_2}{hc \cdot \sin\alpha} \\ \Rightarrow L &= \frac{I_1 \cdot I_2}{Z_1 Z_2 e^2 h \cdot c \cdot \sin\alpha} \quad \text{mit } h = \min(h_1, h_2) \\ &= \frac{4A^2}{1{,}6^2 \cdot 10^{-38}\,A^2s^2 \cdot 4 \cdot 10^{-3}\,m \cdot 3 \cdot 10^8\,m/s \cdot 0{,}087} \\ &= 1{,}5 \cdot 10^{29}\,m^{-2}s^{-1}\,, \end{aligned}$$

also um zwei Größenordnungen kleiner als im Beispiel a).

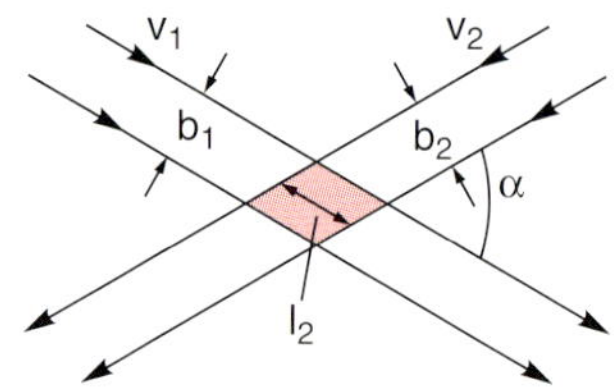

Abb. L.5. Zu Lösung 4.8b

c) Ein Teilchen aus Strahl 1 begegnet pro Umlauf N_2 Teilchen aus Strahl 2. Dies führt zu

$$R_1 = N_2 \frac{\sigma}{b \cdot h}$$

Reaktionen im Strahlquerschnitt $b \cdot h$. N_1 Teilchen aus Strahl 1 verursachen bei f Umläufen pro Sekunde auf den ganzen Ring verteilt eine Reaktionsrate

$$\dot{R}_{total} = \frac{N_1 \cdot N_2 \cdot f \cdot \sigma}{b \cdot h}$$

im Gleichstrombetrieb. Bei k gegenläufigen Teilchenpaketen gibt es im Ring $2k$ Kollisionspunkte. Auf jede dieser Wechselwirkungszonen entfällt deshalb die Reaktionsrate:

$$\begin{aligned} \dot{R} &= \frac{N_1 N_2 f\sigma}{2kbh}\,; \\ I &= NZef\,, \quad N = kN_{Paket} \\ &= \frac{I_1 I_2 \sigma}{2kbhfZ_1 Z_2 e^2}\,. \end{aligned}$$

Die Luminosität ist daher mit $Z_1 = Z_2 = \pm 1$

$$\begin{aligned} L &= \frac{I_1 I_2}{e^2 \cdot 2kbhf} \\ &= \frac{3{,}2^2\,A^2}{1{,}6^2 \cdot 10^{-38}\,A^2s^2 \cdot 16 \cdot 10^{-2}\,cm^2 \cdot 10^7\,s^{-1}} \\ &= 2{,}5 \cdot 10^{32}\,cm^{-2}s^{-1}\,, \end{aligned}$$

also um fast drei Größenordnungen über dem Wert in b). Dies liegt allerdings im Wesentlichen an der besseren Fokussierung ($b = h = 1$ mm) und an der Komprimierung der Teilchen in Pakete.

9. Die transmittierte Intensität ist

$$I_t = I_0 \cdot e^{-\mu x}$$
$$\Rightarrow x = \frac{1}{\mu} \cdot \ln I_0/I_t = \frac{1}{5 \cdot 10^3\,m^{-1}} \cdot \ln 100 = 0{,}92\,mm\,.$$

Ein Bleistift der Dicke $d = 0{,}92$ mm schwächt also Röntgenstrahlung von 100 keV auf 1%.

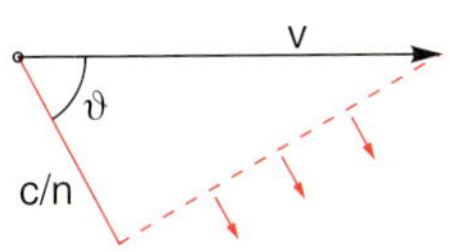

Abb. L.6. Zu Lösung 4.10

10. (Sauerland) Das Čerenkov-Licht wird unter dem Winkel ϑ gegen die Flugrichtung des Teilchens ausgesandt (Abb. L.6).

$$\cos\vartheta = \frac{c/n}{v} = \frac{1}{\beta \cdot n} \quad \text{mit } \beta = v/c$$

Für die Teilchenenergie gilt

$$E^2 = m_0^2c^4 + p^2c^2 = m_0^2\gamma^2c^4\,,$$

weil $p = m_0\gamma \cdot v$

$$\Rightarrow m_0 = \sqrt{\frac{p^2}{v^2} - \frac{p^2}{c^2}} = \frac{p}{c}\sqrt{n^2\cos^2\vartheta - 1} = \frac{367\,MeV}{c^2}(1{,}7^2 \cdot \cos^2 51° - 1)^{1/2} = 139\,MeV/c = m_{\pi^\pm}\,.$$

Es handelt sich also um ein $\pi^\pm$-Meson.
Die abgestrahlte Lichtenergie W ist proportional zur Fläche des Kegels mit Öffnungswinkel $(90° - \vartheta)$ und Seitenlänge $v \cdot t \cdot \sin\vartheta = L \cdot \sin\vartheta$, wenn L die Detektorlänge ist.

$$\Rightarrow W \propto \sin^2\vartheta$$

Für $\vartheta = 0$ wird $W = 0$. Deshalb ist die Mindestenergie der Teilchen

$$E = m_0c^2\gamma \geq m_0c^2\frac{n}{\sqrt{n^2-1}}$$

mit

$$\gamma = \frac{1}{\sqrt{1-\beta^2}}\,; \quad \beta \geq \frac{1}{n}\,.$$

Für $n = 1{,}7$ ist $E \geq 1{,}23m_0c^2 = 172{,}5$ MeV.

$$\Rightarrow E_{kin} = 33\,MeV$$

Bei einer Weglänge $v \cdot t = 1$ m hat die Wellenfront auf dem Kegel die Länge $\sin\vartheta$ [m]. Die abgestrahlte Leistung ist proportional zur Kegelfläche, d. h. $\propto \sin^2\vartheta$.

11. (Sauerland) Die Energie der Protonen ist

$$E = E_{kin} + m_0c^2 = m_0\gamma c^2$$
$$\Rightarrow \gamma = \frac{E_{kin} + m_0c^2}{m_0c^2} = \frac{1877 + 938{,}5}{938{,}5} = 3$$
$$\Rightarrow \sqrt{1-\beta^2} = \frac{1}{3} \Rightarrow \beta^2 = \frac{8}{9} \Rightarrow \beta = \frac{1}{3}\sqrt{8}\,.$$

Die Betheformel (4.62) geht mit

$$\frac{1}{\varrho}\frac{dE}{dx} = \frac{dE}{dx}\frac{V_{mol}}{M_{mol}}$$

und

$$n_e = \frac{N_A \cdot Z_2}{V_{mol}}$$

über in

$$-\frac{1}{\varrho}\frac{dE}{dx} = \frac{Z_1^2e^2N_AZ_2}{4\pi\varepsilon_0v^2m_eM_{mol}} \cdot \left[\ln\frac{2m_ev^2}{\langle E_B\rangle \cdot (1-\beta^2)} - \beta^2\right]\,.$$

Führt man den klassischen Elektronenradius ein:

$$r_e = \frac{e^2}{4\pi\varepsilon_0m_ec^2}$$

(siehe Bd. 3, Abschn. 5.9), so ergibt dies mit $\langle E_B \rangle = 10 \cdot Z_2$ eV und $M_{mol} = A$ g/mol

$$-\frac{1}{\varrho}\frac{dE}{dx} = 4\pi(N_A/M_{mol})r_e^2 m_e c^2 \cdot \frac{Z_1^2 Z_2}{\beta^2}\left(\ln\frac{2m_e c^2\beta^2\gamma^2}{\langle E_B\rangle} - \beta^2\right)$$
$$= 0{,}307\,\text{MeV}\cdot\text{cm/g} \cdot \frac{Z_2}{A}\frac{Z_1^2}{\beta^2}\left(\ln\frac{1{,}022\,\text{MeV}}{10Z_2\,\text{eV}}\beta^2\gamma^2 - \beta^2\right).$$

Aluminium: $Z_2 = 13$, $A = 27$, $\langle E_B\rangle = 130$ eV, $\varrho = 2{,}7$ g/cm^3

$$\Rightarrow -\frac{1}{\varrho}\frac{dE}{dx} = 0{,}307\,\text{MeV}\cdot\text{cm}^2/\text{g}\cdot\frac{13}{27}\cdot\frac{9}{8} \cdot\left(\ln\frac{8\,176\,000}{130} - \frac{8}{9}\right) = 1{,}69\cdot\frac{\text{MeV/cm}}{\text{g/cm}^3}$$
$$\Rightarrow \frac{dE}{dx} = 2{,}7\cdot 1{,}69\frac{\text{MeV}}{\text{cm}} = 4{,}56\,\text{MeV/cm}.$$

Blei: $Z = 82$, $A = 207{,}5$, $\langle E_B\rangle = 820$ eV, $\varrho = 11{,}34$ g/cm^3

$$\Rightarrow -\frac{1}{\varrho}\frac{dE}{dx} = 1{,}136\cdot\frac{\text{MeV/cm}}{\text{g/cm}^3}$$
$$\Rightarrow -\frac{dE}{dx} = 12{,}88\,\text{MeV/cm}.$$

Bei gleicher Massenbelegung bremst das leichte Aluminium um einen Faktor 1,5 besser als das schwere Blei. Bei gleicher Dicke hat natürlich das schwere Blei ein um den Faktor 2,8 besseres Bremsvermögen.

12. Die de-Broglie-Wellenlänge für Neutronen ist

$$\lambda_{dB} = \frac{h}{\sqrt{2m\cdot E_{kin}}}.$$

Für $E_{kin} = 25$ meV $= 4\cdot 10^{-21}$ J ist

$$\lambda_{dB} = 1{,}8\cdot 10^{-10}\,\text{m}.$$

Der Absorptionsquerschnitt für Neutronen ist

$$\sigma_{abs} \approx \lambda_{dB}^2 \cdot W_a,$$

wobei W_a die Wahrscheinlichkeit dafür ist, daß ein Neutron eingefangen wird, wenn es in einen Mindestabstand $d \approx \lambda/2$ zum Kern kommt. Während λ nur von der Energie des Neutrons abhängt, ist W_a sowohl von der Energiestruktur des Kerns und von der Energie des Neutrons (Resonanzen!) abhängig. Es gilt: $W_a \propto \sqrt{E_{kin}} \propto 1/\lambda$, so daß insgesamt dann $\sigma \propto \lambda \propto 1/v$ wird.

13. a) Für $E_{kin} < 1$ MeV wird die de-Broglie-Wellenlänge

$$\lambda_{dB} > \frac{6{,}62\cdot 10^{-34}}{\sqrt{2\cdot 1{,}667\cdot 10^{-27}\cdot 1{,}6\cdot 10^{-13}}}\,\text{m} = 2{,}8\cdot 10^{-14}\,\text{m} = 28\,\text{fm}$$

viel größer als der Kerndurchmesser

$$d = 2r_0\sqrt[3]{A} = 2{,}6\cdot\sqrt[3]{20}\text{fm} \approx 7\,\text{fm}.$$

Man erhält dann praktisch nur noch S-Streuung (siehe Abschn. 4.4.2), die kugelsymmetrisch ist. Man vergleiche dies mit der Beugung von Licht der Wellenlänge λ an einem Spalt der Breite b, wo das zentrale Beugungsmaximum sich über den Winkelbereich $\sin\vartheta \le \lambda/b$ erstreckt, für $\lambda > b$ also über den gesamten Halbraum hinter dem Spalt (siehe Bd. 2, Abschn. 10.5).

b) Nach Bd. 1, Abschn. 4.2.3 gilt für das Verhältnis der kinetischen Energien nach bzw. vor dem Stoß:

$$\frac{E'_{kin}}{E_{kin}} = \frac{A^2 + 2A\cos\vartheta_1 + 1}{(1+A)^2}.$$

Mit $\Delta E = E_{kin} - E'_{kin}$ folgt

$$\Delta E = 1 - \frac{A^2 + 2A\cos\vartheta_1 + 1}{(1+A)^2}.$$

Mittelung über alle Ablenkwinkel ϑ_1 des Neutrons ergibt wegen $\langle\cos\vartheta\rangle = 0$:

$$\Delta E = \frac{2A}{(1+A)^2}\cdot E_{kin}.$$

14. Da in jedem Inertialsystem die Lichtgeschwindigkeit c durch $ct = r$ bestimmt ist (darauf beruht diese Form der Lorentz-Transformation), bleibt

$|\mathcal{R}|^2 = c^2t^2 - r^2$ invariant. Für das Betragsquadrat von $\mathcal{P}$ erhält man

$$|\mathcal{P}|^2 = E^2/c^2 - p^2 .$$

In einem Bezugssystem S_1, in dem das Teilchen sich mit der Geschwindigkeit v_1 bewegt, gilt:

$$E^2/c^2 = m^2c^2 = \frac{m_0^2c^2}{1 - v_1^2/c^2}$$
$$p^2 = (mv_1)^2 = \frac{m_0^2 v_1^2}{1 - v_1^2/c^2}$$
$$\Rightarrow \ |\mathcal{P}|^2 = \frac{m_0^2(c^2 - v_1^2)}{1 - v_1^2/c^2} = m_0^2c^2 ,$$

unabhängig von v_1! Deshalb muß $|\mathcal{P}|^2$ bei Transformation auf ein beliebiges anderes Inertialsystem erhalten bleiben.

Kapitel 5

1. (Sauerland) Spin des Deuterons:

$$s = s_n + s_p = \mathbf{0} \text{ oder } \mathbf{1} \cdot \hbar$$

Gesamtdrehimpuls: $\boldsymbol{J} = \boldsymbol{L} + \boldsymbol{S}$
Zustand: ${}^{2S+1}L_J$
a) Folgende Zustände mit $J = 1$ sind möglich:

$$\begin{aligned}
L = 0\,, \quad S = 0 &\Rightarrow J = 0: \ {}^1S_0 \\
S = 1 &\Rightarrow J = 1: \ {}^3S_1 \\
L = 1\,, \quad S = 0 &\Rightarrow J = 1: \ {}^1P_1 \\
S = 1 &\Rightarrow J = 0, 1, 2: \ {}^3P_{0,1,2} \\
L = 2\,, \quad S = 0 &\Rightarrow J = 2: \ {}^1D_2 \\
S = 1 &\Rightarrow J = 1, 2, 3: \ {}^3D_{1,2,3}
\end{aligned}$$

b) *Parität:* $P = (-1)^L \Rightarrow$ Nur Zustände mit $L = 0$, 2 haben gerade Parität.
Wegen der Spinabhängigkeit der Kernkräfte sind die Triplettzustände energetisch tiefer als die Singulettzustände. Für die gebundenen Zustände mit $L = 0$, 2 kommen deshalb nur die Zustände ${}^3S$ und ${}^3D$ in Frage. Da das magnetische Dipolmoment etwas kleiner ist als die Summe der Momente von Proton und Neutron, muß im ${}^3D$-Zustand Bahndrehimpuls $\boldsymbol{L}$ und Spin $\boldsymbol{S}$ antiparallel stehen, d. h. es kommt nur der ${}^3D_1$-Zustand in Frage.
c) Das magnetische Moment des Deuterons ist

$$\boldsymbol{\mu}_d = \frac{\mu_K}{\hbar}(g_{l_p}\boldsymbol{l}_p + g_{l_n}\boldsymbol{l}_n g_{s_p}\boldsymbol{s}_p + g_{s_n}\boldsymbol{s}_n)$$

Es gilt $\boldsymbol{l}_p \approx \boldsymbol{l}_n = \frac{1}{2}\boldsymbol{L}$, $\boldsymbol{s}_p \approx \boldsymbol{s}_n = \frac{1}{2}\boldsymbol{S}$. Da $g_{l_p} = 1$, $g_{l_n} = 0$, $\mu_N/\hbar \cdot g_{s_p} \cdot \boldsymbol{s}_p = 2\mu_p \cdot \boldsymbol{\sigma}_p/2$

$$\begin{aligned}
\Rightarrow \ \boldsymbol{\mu}_d &= \frac{1}{2}\frac{\mu_N}{\hbar}\boldsymbol{L} + \mu_p\boldsymbol{\sigma}_p + \mu_n\boldsymbol{\sigma}_n \\
&= \frac{\mu_N}{2\hbar}\boldsymbol{L} + \frac{1}{2}(\mu_p + \mu_n)(\boldsymbol{\sigma}_p + \boldsymbol{\sigma}_n) \\
&\quad + \frac{1}{2}(\mu_p - \mu_n)(\boldsymbol{\sigma}_p - \boldsymbol{\sigma}_n) .
\end{aligned}$$

Der letzte Term ist Null für $S = 1$, weil $\boldsymbol{\sigma}_p = \boldsymbol{\sigma}_n$. Drückt man $\boldsymbol{L}$ und $\boldsymbol{S}$ durch $\boldsymbol{J} = \boldsymbol{L} \pm \boldsymbol{S}$ aus, so wird

$$\begin{aligned}
\boldsymbol{\mu}_d &= \frac{1}{2}(\mu_p + \mu_n + \tfrac{1}{2}\mu_N)\frac{\boldsymbol{J}}{\hbar} \\
&\quad - \frac{1}{2}(\mu_p + \mu_n - \tfrac{1}{2}\mu_N)\frac{\boldsymbol{L} - \boldsymbol{S}}{\hbar} .
\end{aligned}$$

Der Erwartungswert des magnetischen Momentes ist dann

$$\begin{aligned}
\mu_d(L, S) &= \frac{\langle JLS|\boldsymbol{\mu}_d \cdot \boldsymbol{J}|JLS\rangle}{\langle JLS|\boldsymbol{J} \cdot \boldsymbol{J}|JLS\rangle} \cdot \hbar \cdot J \\
&= \frac{1}{\hbar(J+1)}\langle JLS|\boldsymbol{\mu}_d \cdot \boldsymbol{J}|JLS\rangle ,
\end{aligned}$$

weil $\langle JLS|\boldsymbol{J}^2|JLS\rangle = \hbar^2 \cdot J(J+1)$.

$$\begin{aligned}
\Rightarrow \ \mu_d &= \frac{1}{2}(\mu_p + \mu_n + \tfrac{1}{2}\mu_N)J \\
&\quad - \frac{1}{2}(\mu_p + \mu_n - \tfrac{1}{2}\mu_N) \\
&\quad \cdot \frac{L(L+1) - S(S+1)}{J+1} \\
&= \mu_p + \mu_n \\
&\quad - (\mu_p + \mu_n - \tfrac{1}{2}\mu_N)\frac{L(L+1)}{4} ,
\end{aligned}$$

weil $J = S = 1$, $L = 0$ und 2.

Ist P_D die Wahrscheinlichkeit, im Zustand mit $L = 2$ zu sein, so gilt:

$$\begin{aligned}\mu_d &= (1 - P_D)\mu_d(L=0) + P_D\mu_d(L=2)\\ &= (1-P_D)(\mu_p+\mu_n) + P_D\big[(\mu_p+\mu_n)\\ &\quad - (\mu_p+\mu_n-\tfrac{1}{2}\mu_N)\tfrac{3}{2}\big]\\ &= \mu_p+\mu_n - P_D(\mu_p+\mu_n-\tfrac{1}{2}\mu_N)\cdot\frac{3}{2}\end{aligned}$$

$$\Rightarrow\ P_D = \frac{3}{2}\frac{\mu_p+\mu_n-\mu_d}{\mu_p+\mu_n-\frac{1}{2}\mu_N} = \frac{2}{3}\frac{0{,}87980-0{,}85744}{0{,}37980} \approx 0{,}039\,.$$

Die Beimischung des D-Anteils mit $L = 2$ beträgt also nur etwa 4%.

2. (Sauerland)
a) Massenüberschuß:

$$\Delta = m - A\cdot m_u\,,$$
$$m_u = 1\ \text{AME} = 931{,}4943\ \text{MeV}/c^2$$

Die molekulare Bindungsenergie des Moleküls $^2H_3^+ = D_3^+$ ist ≈ 1 eV und damit vernachlässigbar. Mit $\Delta(^{12}C) = 0 \Rightarrow$

$$\begin{aligned}3\Delta D - 0 &= 0{,}042306\ \text{AME}\\ \Rightarrow\ \Delta D &= 0{,}014102\ \text{AME}\\ 2\Delta H - \Delta D &= 0{,}001548\ \text{AME}\\ \Rightarrow\ \Delta H &= 0{,}007825\ \text{AME}\\ m(^1H) &= 1{,}007825\ \text{AME} = 938{,}78325\ \text{MeV}/c^2\\ m(^2H) &= m(D) = 2{,}014102\ \text{AME}\\ &= 1876{,}1246\ \text{MeV}/c^2\end{aligned}$$

b) Für die einzelnen Massen ergibt sich:

$$\begin{aligned}m_p &= m(^1H) - m_e + 13{,}6\ \text{eV}/c^2\\ &= 938{,}27228\ \text{MeV}/c^2\\ m_d &= m(^2H) - m_e + 13{,}6\ \text{eV}/c^2\\ &= 1875{,}6136\ \text{MeV}/c^2\\ m_n &= m_d - m_p + E_B(D)/c^2\\ &= 939{,}5657\ \text{MeV}/c^2\,.\end{aligned}$$

3. (Sauerland) β^--Zerfall des Tritiums

$$^3_1H \rightarrow {}^3_2He^+ + e^- + \overline{\nu}_e$$

Die Massenbilanz lautet:

$$m(Z,A) = (A-Z)m_n + Z\cdot m_H - E_B/c^2\,.$$

Die maximale Energie des Elektrons ist dann:

$$\begin{aligned}Q_{\beta^-} &= \big[m(^3_1H) - m(^3_2He)\big]c^2\\ &= (m_n - m_H)c^2 - \big(E_B(^3H) - E_B(^3He)\big)\\ &= (0{,}78235 - 8{,}48182 + 7{,}71806)\ \text{MeV}\\ &= 18{,}60\ \text{keV}\,,\end{aligned}$$

wobei die Zahlenwerte für $m_n c^2$ und $m_H c^2$ aus Aufg. 5.2, die Bindungsenergien aus Tabellen, z.B. *American Handbook of Physics*, stammen. Bei einem masselosen Neutrino erreicht die maximale β^--Energie diesen Wert für $E_{kin}(\overline{\nu}_e) = 0$, weil die Rückstoßenergie des ^{3}He-Kerns vernachlässigbar ist.
Für eine endliche Ruhemasse m_0 muß Q_{β^-} um $m_\nu\cdot c^2$ kleiner sein.
Der maximale Rückstoß des ^{3}He-Kerns erfolgt für $E_{kin}(\overline{\nu}_e) = 0$.

$$\Rightarrow\ \frac{m_e}{2}v_e^2 + \frac{m(^3He)}{2}v_{He}^2 = Q_{\beta^-}\,.$$

Impulssatz:

$$\begin{aligned}m_e v_e &= m(^3He)v_{He}\\ \Rightarrow\ v_{He} &= \frac{m_e}{m(^3He)}\cdot v_e\\ \Rightarrow\ E_{kin}^{max}(^3He) &= \frac{m_e}{m_e + m(^3He)}\cdot Q_{\beta^-}\\ &\approx \frac{m_e}{m(^3He)}Q_{\beta^-} = 3{,}4\ \text{eV}\end{aligned}$$

4. (Sauerland) Die Konfigurationen der drei angegebenen Zustände des $^6_3$Li-Kerns sind:

$$3p + 3n \rightarrow {}^4_2\alpha + p + n\,.$$

Die vier Nukleonen im α-Teilchen koppeln zu

$$L_\alpha = S_\alpha = T_\alpha = 0\,.$$

Für die Drehimpulskopplung der beiden restlichen Nukleonen (p + n) gilt die L-S-Kopplung:

$$j_p = l_p \pm \tfrac{1}{2} = 1 \pm \tfrac{1}{2}\,,$$
$$j_n = l_n \pm \tfrac{1}{2} = 1 \pm \tfrac{1}{2}\,.$$

Wie beim Deuteron sind parallele Spins von n und p energetisch bevorzugt (tiefere Energie).

$$\left.\begin{array}{r}\boldsymbol{s}_{\mathrm{p}} \text{ und } \boldsymbol{s}_{\mathrm{n}} \text{ parallel: } S=1 \\ \boldsymbol{l}_{\mathrm{p}} \text{ und } \boldsymbol{l}_{\mathrm{n}} \text{ antiparallel: } L=0\end{array}\right\} J^P$$

$= 1^+ = {}^3S_1$-Zustand = Grundzustand.
Für die angeregten Zustände bestehen die Kopplungsmöglichkeiten:

$$\left.\begin{array}{r}\boldsymbol{s}_{\mathrm{p}} \text{ und } \boldsymbol{s}_{\mathrm{n}} \text{ parallel: } S=1 \\ \boldsymbol{l}_{\mathrm{p}} \text{ und } \boldsymbol{l}_{\mathrm{n}} \text{ parallel: } L=2\end{array}\right\} J^P$$

$= 1^+, 2^+, 3^+ = {}^3D_{1,2,3}$-Zustand (Abb. L.7). Die Spin-Bahn-Kopplungsenergie läßt sich wie folgt berechnen:

$$\begin{aligned}\boldsymbol{L}\cdot\boldsymbol{S} &= (\boldsymbol{l}_{\mathrm{p}}+\boldsymbol{l}_{\mathrm{n}})(\boldsymbol{s}_{\mathrm{p}}+\boldsymbol{s}_{\mathrm{n}}) = 2\boldsymbol{l}\cdot 2\boldsymbol{s} = 4(\boldsymbol{l}\cdot\boldsymbol{s}) \\ &= \frac{1}{2}(\boldsymbol{J}^2-\boldsymbol{L}^2-\boldsymbol{S}^2)\,.\end{aligned}$$

Der Erwartungswert ist dann:

$$\begin{aligned}\langle\cdots|\boldsymbol{L}\cdot\boldsymbol{S}|\cdots\rangle &= 4\langle\cdots|\boldsymbol{l}\cdot\boldsymbol{s}|\cdots\rangle \\ &= \frac{1}{2}\big[J(J+1)-2\cdot 3-1\cdot 2\big] \\ &= \begin{cases}-3 & \text{für } J=1 \\ -1 & \text{für } J=2 \\ +2 & \text{für } J=3\end{cases}\end{aligned}$$

$$V_{LS} = \sum a_i\boldsymbol{l}_i\boldsymbol{s}_i = 2a(\boldsymbol{l}\cdot\boldsymbol{s})$$

Für die Energieabstände zwischen den ${}^3D_J$-Zuständen erhält man deshalb:

$$\begin{aligned}&\langle 1^+|V_{LS}|1^+\rangle - \langle 2^+|V_{LS}|2^+\rangle = \frac{2a}{4}(-3+1) \\ &\quad = -a \approx 1{,}4\,\mathrm{MeV}\,, \\ &\langle 2^+|V_{LS}|2^+\rangle - \langle 3^+|V_{LS}|3^+\rangle = \frac{2a}{4}(-1-2) \\ &\quad = -\frac{3}{2}a \approx 2{,}125\,\mathrm{MeV}\,.\end{aligned}$$

Die Konstante a der nuklearen Spin-Bahn-Wechselwirkung $a\cdot\boldsymbol{L}\cdot\boldsymbol{S}$ ist negativ und ergibt sich durch Vergleich mit dem Experiment zu $a = -1{,}41$ MeV. Das Verhältnis 2 : 3 der Aufspaltungen wird durch dieses einfache Modell gut

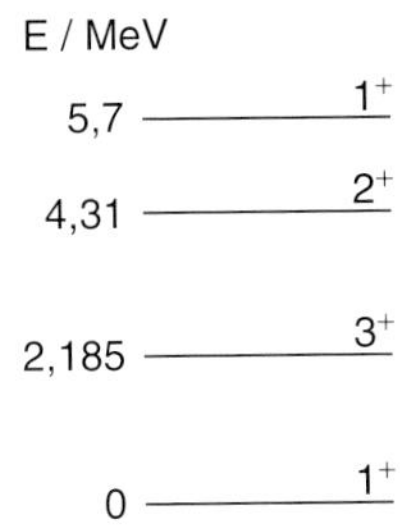

Abb. L.7. Zu Lösung 5.4

wiedergegeben (siehe z. B. A. Bohr, B. Mottelson: *Struktur der Atomkerne* (Akademie-Verlag, Berlin 1975)).

5. (Sauerland)

$$\begin{aligned}\boldsymbol{\mu} &= \mu_{\mathrm{K}}\cdot(g_l\boldsymbol{l}+g_s\boldsymbol{s})/\hbar \\ &= \frac{\mu_{\mathrm{K}}}{2\hbar}\big[(g_l+g_s)(\boldsymbol{l}+\boldsymbol{s})+(g_l-g_s)(\boldsymbol{l}-\boldsymbol{s})\big] \\ \Rightarrow\ \boldsymbol{\mu}\cdot\boldsymbol{J} &= \frac{\mu_{\mathrm{K}}}{2\hbar}\big[(g_l+g_s)\boldsymbol{J}^2+(g_l-g_s)(\boldsymbol{l}^2-\boldsymbol{s}^2)\big] \\ \Rightarrow\ \langle\mu\rangle &= \frac{\mu}{\hbar\cdot J}\langle\boldsymbol{J}\rangle \\ \Rightarrow\ \mu &= \hbar J\cdot\frac{\langle\boldsymbol{\mu}\cdot\boldsymbol{J}\rangle}{\langle\boldsymbol{J}\cdot\boldsymbol{J}\rangle} = \frac{\langle\boldsymbol{\mu}\cdot\boldsymbol{J}\rangle}{\hbar(J+1)} \\ &= \frac{\mu_{\mathrm{K}}}{2(J+1)}\big[(g_l+g_s)J(J+1) \\ &\qquad + (g_l-g_s)\big(l(l+1)-s(s+1)\big)\big] \\ &= \mu_{\mathrm{K}}\cdot J\cdot g(l,s,J)\,,\end{aligned}$$

wobei

$$g(l,s,J) = \frac{\big[(g_l+g_s)J(J+1)+ (g_l-g_s)\big(l(l+1)-s(s+1)\big)\big]}{2J(J+1)}$$

der Landè-Faktor ist.
Wir erhalten also

$$\mu = \begin{cases}\mu_{\mathrm{K}}(l\cdot g_l+\frac{1}{2}g_s) & \text{für } J=l+1/2\,, \\ \mu_{\mathrm{K}}\big((l+1)g_l-\frac{1}{2}g_s\big)\frac{2l-1}{2l+1} & \text{für } J=l-1/2\,,\end{cases}$$

was man zusammen schreiben kann als:

$$\mu = \mu_{\mathrm{K}}\cdot J\cdot\left[g_l\pm\frac{1}{2l+1}(g_s-g_l)\right].$$

Die Kurven $\mu(J)$ heißen Schmidt-Linien.

Mit den Werten

$$g_l = 1\,, \quad g_s = 5{,}586 \quad \text{für Protonen}\,,$$
$$g_l = 0\,, \quad g_s = -3{,}826 \quad \text{für Neutronen}$$

erhält man die magnetischen Momente für
a) ${}^7_3$Li: 1 α-Teilchen; 1 Proton mit $l = 1,\ j = 3/2$; 2 Neutronen mit $\boldsymbol{s}_{1\text{n}} = -\boldsymbol{s}_{2\text{n}} \Rightarrow s_\text{n} = 0, \boldsymbol{l}_{1\text{n}} + \boldsymbol{l}_{2\text{n}} = 0 \Rightarrow J^P = (3/2)^-$

$$\Rightarrow \mu = \mu_\text{K} \cdot \frac{3}{2}\left[1 + \frac{1}{3}(5{,}586 - 1)\right]$$
$$\Rightarrow \mu_\text{theor} = 3{,}793\,\mu_\text{K}\,, \quad \mu_\text{exp} = 3{,}2569\,\mu_\text{K}\,.$$

b) ${}^{13}_6$C: 3 α-Teilchen; 1 Neutron mit $l = 1,\ J = 1/2$; Zustand: $J^P = (1/2)^-$

$$\mu = \mu_\text{K} \cdot \frac{1}{2}\left[0 - \frac{1}{3}(-3{,}826 - 0)\right]$$
$$= 0{,}638\,\mu_\text{K}\,, \quad \mu_\text{exp} = 0{,}702\,\mu_\text{K}\,.$$

c) ${}^{17}_8$O: 4 α-Teilchen, 1 Neutron, $l = 2,\ j = 5/2$; Zustand $J^P = (5/2)^+$

$$\mu = \mu_\text{K} \cdot \frac{5}{2}\left[0 + \frac{1}{5}(-3{,}826 - 0)\right]$$
$$= -1{,}91\,\mu_\text{K}\,, \quad \mu_\text{exp} = -1{,}894\,\mu_\text{K}\,.$$

6. Die Energieniveaus zur Quantenzahl n sind:

$$E_n = \hbar\omega(n + 3/2)$$

mit $n = n_x + n_y + n_z = 0, 1, 2, \ldots$
Sei $n_x = x$ eine natürliche Zahl. Dann muß die Summe $n_y + n_z = n - x$ sein. Dafür gibt es $(n - x + 1)$ Möglichkeiten. Daher ist die Gesamtzahl der Kombinationen von $n_x + n_y + n_z$:

$$N = \sum_{x=0}^{n}(n - x + 1)$$
$$= (n+1)^2 - \frac{n(n+1)}{2}$$
$$= (n+1)\left[n + 1 - \frac{n}{2}\right] = (n+1)\left(\frac{n}{2} + 1\right)\,.$$

7. Wenn in einem g-g-Kern mit gerader Protonenzahl und gerader Neutronenzahl ein weiteres Proton und Neutron eingebaut werden, müssen diese im Potentialmodell der Abb. 5.23 auf unbesetzten höheren Niveaus eingebaut werden. Wenn dieses Neutronenniveau höher liegt als ein noch nicht aufgefülltes Protonenniveau, ist ein β^--Zerfall $\text{n} \to \text{p} + \text{e}^- + \overline{\nu}_\text{e}$ energetisch möglich.
Ist das neu besetzte Protonen-Niveau höher als ein nicht besetztes Neutronen-Niveau, kann Positronemission $\text{p} \to \text{n} + \beta^+ + \nu_\text{e}$ auftreten, wenn $\Delta E > (m_\text{n} - m_\text{p} + m_{\text{e}^+})c^2$ ist. Man beachte, daß dabei ein Paar von Protonen bzw. Neutronen entsteht und deshalb die Paarungsenergie in der Bethe-Weizsäcker-Formel zum Tragen kommt, welche ΔE vergrößert.

8. ${}^{14}_7$N ist einer der wenigen stabilen u-u-Kerne mit 7 Protonen und 7 Neutronen. Die untersten Energiezustände nach dem Schalenmodell (Abb. 5.32) sind $1s_{3/2}$, $1p_{1/2}$, in die je 6 Protonen und 6 Neutronen passen. Ihre Drehimpulse $\boldsymbol{j} = \boldsymbol{l} + \boldsymbol{s}$ koppeln jeweils zu Null, so daß die beiden Schalen $1s_{2/2}$ und $1p_{3/2}$ mit $\boldsymbol{J} = \sum \boldsymbol{j}_i = \boldsymbol{0}$ abgeschlossen sind. Die beiden noch übrigen Nukleonen besetzen den nächsthöheren $1p_{1/2}$-Zustand. Sie haben also jeweils den Drehimpuls $j_i = 1/2, l_i = 1$, welche den Gesamtdrehimpuls $J = 0,\ 1$ ergeben können. Die Kopplung $\boldsymbol{J} = \boldsymbol{j}_1 + \boldsymbol{j}_2$ mit parallelen Vektoren $\boldsymbol{j}_i$ führt zu einer geringeren Energie als bei antiparallelen $\boldsymbol{j}_i$. Deshalb ist der Grundzustand von ${}^{14}_7$N der Zustand mit $I = J = 1$.

Kapitel 6

1. Die Wärmetönung Q der Reaktion ist:

$$Q = E_2 + E_3 - E_1\,.$$

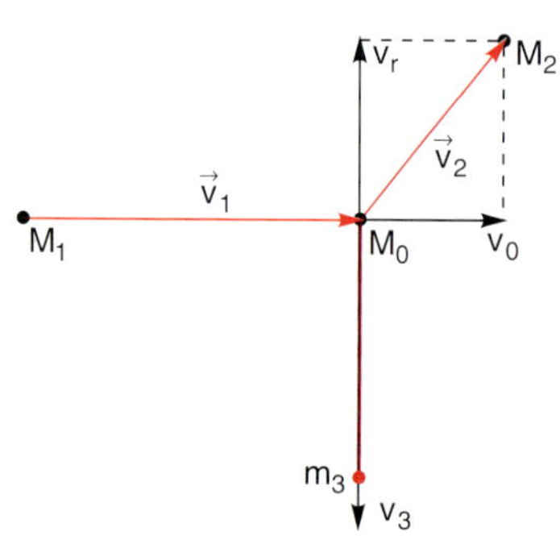

Abb. L.8. Zu Lösung 6.1

Der Impulssatz fordert:

$$M_1 \boldsymbol{v}_1 = M_0 \boldsymbol{v}_0$$
$$M_2 \boldsymbol{v}_\mathrm{r} = m_3 \boldsymbol{v}_3$$

(Abb. L.8), wobei M_0 sie Masse des Compound-Kerns ist.
Der Energiesatz lautet:

$$\begin{aligned} E_2 &= \frac{M_2}{2} v_2^2 = \frac{M_2}{2}(v_0^2 + v_\mathrm{r}^2) \\ &= \frac{M_2}{2}\left[\frac{M_1^2 v_1^2}{M_0^2} + \frac{m_3^2 v_3^2}{M_2^2}\right] \\ E_3 &= Q + E_1 - E_2 \\ &= Q + E_1 - M_2\left[\frac{E_1 M_1}{M_0^2} + \frac{m_3 E_3}{M_2^2}\right] \\ E_3\left(1 + \frac{m_3}{M_2}\right) &= Q + E_1\left(1 + \frac{M_1 M_2}{M_0^2}\right) \\ E_3 &= \frac{M_2}{M_2 + m_3}\left[Q + E_1\left(1 - \frac{M_1 M_2}{M_0^2}\right)\right] \\ E_2 &= Q + E_1 - E_3 \\ &= \frac{m_3}{M_2 + m_3}\left[Q + E_1\left(1 - \frac{M_1 M_2^2}{M_0^2 m^3}\right)\right] . \end{aligned}$$

2. Für die Reaktion

$$\mathrm{d} + {}^3_1\mathrm{H} \to {}^4_2\mathrm{He} + \mathrm{n}$$

gilt: $M_1 = 2$, $M_0 = 5$, $M_2 = 4$, $m_3 = 1$, $E_1 = 0{,}2\,\mathrm{MeV}$, wobei $M_0 = M_\mathrm{d} + M({}^3_1\mathrm{He})$ die Masse des Compoundkerns ist. Die Wärmetönung der Reaktion ist

$$\begin{aligned} Q &= \big(M_\mathrm{d} + M({}^3_1\mathrm{H}) - M({}^4_2\mathrm{He}) - M_\mathrm{n}\big)c^2 \\ &= 17{,}5\,\mathrm{MeV} \end{aligned}$$

Die kinetische Energie des Neutrons ist dann

$$\begin{aligned} E_3 &= \frac{4}{5}\left[Q + 0{,}2\left(1 - \frac{8}{25}\right)\right]\mathrm{MeV} \\ &= \frac{4}{5}[17{,}5 + 0{,}14]\,\mathrm{MeV} \\ &= 14{,}1\,\mathrm{MeV} . \end{aligned}$$

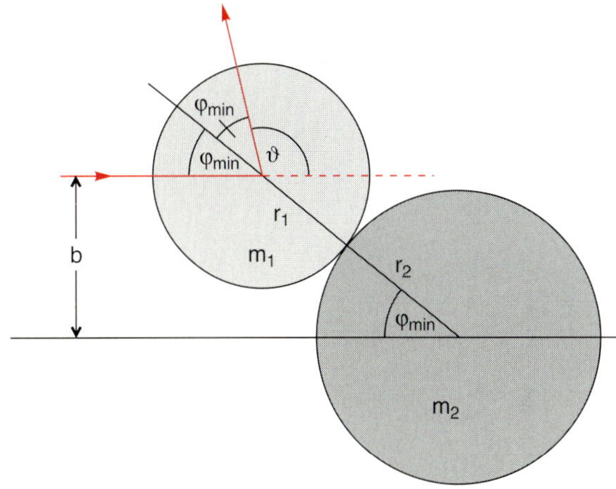

Abb. L.9. Zu Lösung 6.3

3. a) Aus der Zeichnung entnimmt man:

$$\begin{aligned} \sin\varphi_\mathrm{min} &= \frac{b}{r_1 + r_2} \\ \varphi_\mathrm{min} &= \frac{\pi}{2} - \frac{\vartheta}{2} \\ \Rightarrow\ b(\vartheta) &= (r_1 + r_2)\cos\vartheta/2 \\ \Rightarrow\ \vartheta &= 2\cdot\arccos\left(\frac{b}{r_1 + r_2}\right) . \end{aligned}$$

b) Das Neutron möge elastisch gegen einen Kern der Masse m_2 stoßen. Nach Bd. 1, Abschn. 4.2 gilt für das Verhältnis der Energien E_kin des Neutrons vor bzw. E'_kin nach dem Stoß:

$$\frac{E'_\mathrm{kin}}{E_\mathrm{kin}} = \frac{v_1'^2}{v_1^2} = \frac{A^2 + 2A\cos\vartheta + 1}{(1+A)^2}$$

mit

$$A = \frac{m_2}{m_1} ,$$

wobei ϑ der Ablenkwinkel des Neutrons im Schwerpunktsystem ist. Für den Energieverlust $\Delta E = E_\mathrm{kin} - E'_\mathrm{kin}$ folgt dann:

$$\Delta E(\vartheta) = \frac{2A(1 - \cos\vartheta)}{(1+A)^2} E_\mathrm{kin} . \tag{1}$$

Wegen

$$\cos^2(\vartheta/2) = \frac{1 + \cos\vartheta}{2}$$

folgt dann mit

$$\cos(\vartheta/2) = \frac{b(\vartheta)}{r_1 + r_2}$$

$$\Delta E = \frac{4A \cdot b^2}{(r_1 + r_2)^2 \cdot (1+A)^2} \cdot E_{\mathrm{kin}} \,. \qquad (2)$$

c) Der Mittelwert über alle Ablenkwinkel ϑ ergibt sich aus (1) wegen $\langle \cos\vartheta \rangle = 0$:

$$\langle \Delta E \rangle = \frac{2A}{(1+A)^2} \cdot E_{\mathrm{kin}} \,.$$

Für $m_1 = m_2 \Rightarrow A = 1 \Rightarrow \langle \Delta E \rangle = 0{,}5\, E_{\mathrm{kin}}$, d. h. im Mittel gibt das Neutron pro Stoß mit Wasserstoffkernen die Hälfte seiner Energie ab.
Für $A = 12 \Rightarrow$

$$\langle \Delta E \rangle = \frac{24\, E_{\mathrm{kin}}}{13^2} = 0{,}14\, E_{\mathrm{kin}} \,.$$

Man kann den Mittelwert auch mit Hilfe des Stoßparameters aus (2) berechnen:

$$\langle \Delta E \rangle = \frac{4A \cdot E_{\mathrm{kin}}}{(r_1 + r_2)^2 \cdot (1+A)^2} \cdot \frac{1}{\pi (r_1 + r_2)^2} \cdot \int\limits_0^{r_1 + r_2} b^2 \cdot 2\pi b \, \mathrm{d}b = \frac{2A}{(1+A)^2} E_{\mathrm{kin}} \,.$$

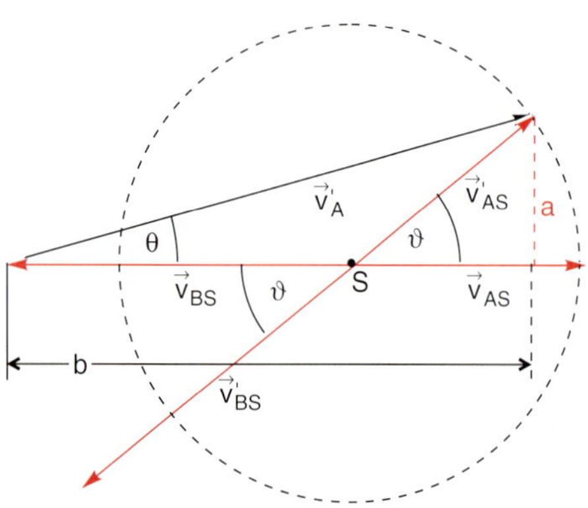

Abb. L.10. Zu Lösung 6.4

4. (Sauerland) Wir betrachten den Stoß: $\mathrm{A} + \mathrm{B} \rightarrow \mathrm{A} + \mathrm{B}$, $v_{\mathrm{B}} = 0$, d. h. B ruht im Laborsystem. Der Ablenkwinkel im Laborsystem sei θ und im Schwerpunktsystem ϑ. Die Größen nach dem Stoß werden mit einem Strich versehen.
Es gilt nach Abb. L.10:

$$\tan\theta = \frac{a}{b} = \frac{v'_{\mathrm{AS}} \cdot \sin\vartheta}{v'_{\mathrm{AS}} \cdot \cos\vartheta + v'_{\mathrm{BS}}} \,.$$

Wegen $v'_{\mathrm{BS}}/v'_{\mathrm{AS}} = m_{\mathrm{A}}/m_{\mathrm{B}} = 1/A$ erhält man

$$\tan\theta = \frac{\sin\vartheta}{\cos\vartheta + m_{\mathrm{A}}/m_{\mathrm{B}}} = \frac{\sin\vartheta}{\cos\vartheta + 1/A} \,,$$

$$\cos\theta = \frac{b}{\sqrt{a^2 + b^2}} = \frac{1}{\sqrt{1 + \tan^2\theta}} = \frac{\cos\vartheta + 1/A}{\sqrt{\sin^2\vartheta + (\cos\vartheta + 1/A)^2}} = \frac{\cos\vartheta + 1/A}{\sqrt{1 + (2/A)\cos\vartheta + (1/A)^2}} \,, \qquad (1)$$

$$\sin\theta = \frac{a}{\sqrt{a^2 + b^2}} = \frac{1}{\sqrt{1 + \cot^2\theta}} = \frac{\sin\vartheta}{\sqrt{1 + (2/A)\cos\vartheta + (1/A)^2}} \,. \qquad (2)$$

Mit

$$\mathrm{d}\Omega = 2\pi \sin\theta \, \mathrm{d}\theta \, \mathrm{d}\phi$$
$$\mathrm{d}\omega = 2\pi \sin\vartheta \, \mathrm{d}\vartheta \, \mathrm{d}\varphi$$
$$\mathrm{d}\phi = \mathrm{d}\varphi$$

erhält man daraus

$$\frac{\mathrm{d}\sigma}{\mathrm{d}\omega} = \frac{\mathrm{d}\sigma}{\mathrm{d}\Omega} \cdot \frac{\mathrm{d}\Omega}{\mathrm{d}\omega} = \frac{\mathrm{d}\sigma}{\mathrm{d}\Omega} \cdot \frac{\sin\theta \, \mathrm{d}\theta \, \mathrm{d}\phi}{\sin\vartheta \, \mathrm{d}\vartheta \, \mathrm{d}\varphi} \,.$$

Wegen $d\cos\theta = -\sin\theta \, \mathrm{d}\theta$ und $\mathrm{d}\phi = \mathrm{d}\varphi$ läßt sich dies schreiben als

$$\frac{\mathrm{d}\sigma}{\mathrm{d}\omega} = \frac{\mathrm{d}\sigma}{\mathrm{d}\Omega} \cdot \frac{\mathrm{d}(\cos\theta)}{\mathrm{d}\cos\vartheta} \,.$$

Aus (1) ergibt sich durch Differentitation nach $\cos\vartheta$:

$$\frac{d(\cos\theta)}{d(\cos\vartheta)} = \frac{\begin{bmatrix} (1+(2/A)\cos\vartheta+1/A^2)^{1/2} \\ -(\cos\vartheta+1/A) \\ \cdot(1+(2/A)\cos\vartheta+(1/A)^2)^{-1/2}\cdot(1/A)\end{bmatrix}}{\left[1+(2/A)\cos\vartheta+(1/A)^2\right]}$$

$$= \frac{1+(1/A)\cos\vartheta}{\left[1+(2/A)\cos\vartheta+1/A^2\right]^{3/2}}$$

$$\Rightarrow \frac{d\sigma}{d\omega} = \frac{1+(1/A)\cos\vartheta}{\left[1+(2/A)\cos\vartheta+1/A^2\right]^{3/2}}\cdot\frac{d\sigma}{d\Omega}\,.$$

5. (Sauerland) Wenn sich der Kern bei konstantem Volumen von einer Kugel in einen Rotationsellipsoid umformt, so gilt:

$$\tfrac{4}{3}\pi R^3 = \tfrac{4}{3}\pi ab^2 \;\Rightarrow\; R^3 = ab^2\,.$$

Sei $a = R(1+\varepsilon) \Rightarrow b = R/\sqrt{1+\varepsilon}$, wobei ε der in Abschn. 6.5.1 eingeführte Deformationsparameter ist.

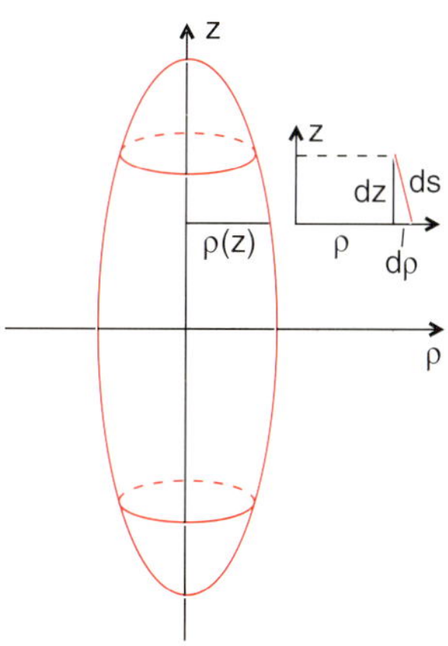

Abb. L.11. Zu Lösung 6.5

Um die Oberfläche des Ellipsoids zu bestimmen (Abb. L.11), gehen wir aus von:

$$\frac{x^2+y^2}{b^2}+\frac{z^2}{a^2}=1\,,\quad x^2+y^2=\varrho^2\,,$$

$$\varrho(z) = (x^2+y^2)^{1/2} = b(1-z^2/a^2)^{1/2}$$

$$\Rightarrow \frac{d\varrho}{dz} = -\frac{b}{a^2}\frac{z}{(1-z^2/a^2)^{1/2}}\,.$$

Die Oberfläche ist dann wegen

$$\begin{aligned} dS &= 2\pi\varrho\, ds = 2\pi\varrho\sqrt{d\varrho^2+dz^2} \\ &= 2\pi\varrho\cdot\sqrt{1+(d\varrho/dz)^2}\cdot dz \\ S &= 2\pi\int_{-a}^{+a}\varrho(z)\sqrt{1+\varrho'(z)^2}\,dz \\ &= 2\pi b\int_{-a}^{+a}\left(1-\frac{z^2}{a^2}\right)^{1/2} \\ &\quad\cdot\left[1+\frac{b^2}{a^2}\frac{(z/a)^2}{1-(z/a)^2}\right]^{1/2} dz\,. \end{aligned}$$

Mit der Substitution

$$y = \frac{z}{a^2}\sqrt{a^2+b^2}$$

geht dies über in

$$\begin{aligned} S &= 4\pi ab\frac{a}{\sqrt{a^2-b^2}}\int_0^{\sqrt{a^2-b^2}/a}(1-y^2)^{1/2}\,dy \\ &= 4\pi ab\frac{a/2}{\sqrt{a^2-b^2}}\left[\frac{\sqrt{a^2-b^2}}{a}\cdot\sqrt{1-\frac{a^2-b^2}{a^2}}\right. \\ &\qquad\left.+\arcsin\sqrt{\frac{a^2-b^2}{a^2}}\right] \\ &= 2\pi ab\left[\frac{b}{a}+\frac{1}{x}\cdot\arcsin x\right] \\ &\quad \text{mit}\quad x=\frac{1}{a}\sqrt{a^2-b^2} \end{aligned}$$

$$\Rightarrow b^2 = (1-x^2)\cdot a^2\,.$$

Setzt man hier: $b = R\cdot(1+\varepsilon)^{-1/2}$ und $a = R\cdot(1+\varepsilon)$ ein, so folgt

$$\frac{R^2}{1+\varepsilon} = (1-x^2)\cdot R^2(1+\varepsilon)^2$$

$$\Rightarrow x^2 = 3\varepsilon\cdot\frac{1+\varepsilon+\frac{1}{3}\varepsilon^2}{(1+\varepsilon)^3}\,.$$

Für $\varepsilon \ll 1$ wird

$$x^2 \approx \frac{3\varepsilon}{(1+\varepsilon)^3}$$
$$S = 2\pi R^2 (1+\varepsilon)^{1/2}\left[(1+\varepsilon)^{-3/2} + \tfrac{1}{x}\arcsin x\right].$$

Die Reihenentwicklung von $\arcsin x$ ist:

$$\arcsin x = x + \frac{1}{6}x^3 + \frac{3}{40}x^4 + \cdots$$
$$\Rightarrow S = 2\pi R^2\left[\frac{1}{1+\varepsilon} + (1+\varepsilon)^{1/2} + \frac{\varepsilon}{2}\frac{1+\varepsilon+\frac{1}{3}\varepsilon^2}{(1+\varepsilon)^{5/2}} + \frac{27}{40}\frac{\varepsilon^2(1+\varepsilon+\frac{1}{3}\varepsilon^2)^2}{(1+\varepsilon)^{11/2}} + \cdots\right]$$
$$= 2\pi R^2\left[1 - \varepsilon + \varepsilon^2 - \varepsilon^3 + \cdots + 1 + \frac{\varepsilon}{2} - \frac{\varepsilon^2}{8} + \frac{\varepsilon^3}{16} - \cdots + \frac{27}{40}\varepsilon^2(1+2\varepsilon+\cdots)\left(1 - \frac{11}{2}\varepsilon + \cdots\right) + \cdots\right]$$
$$= 2\pi R^2\left(1 + \frac{2}{5}\varepsilon^2 - \frac{52}{105}\varepsilon^3 + \cdots\right).$$

Für die Coulomb-Energie, die proportional zu $1/R$ ist, erhält man daraus:

$$E_C \propto \frac{1}{R}\left[1 - \frac{1}{5}\varepsilon^2 + \cdots\right].$$

6. Die Massenzahl der Bruchstücke ist A_1, A_2.

$$A_1 + A_2 = 235 - 3 = 232.$$

Sie teilt sich auf im Verhältnis 1,25 : 1

$$\Rightarrow A_1 = 129 \quad (\mathrm{Xe}),$$
$$A_2 = 103 \quad (\mathrm{Rh}).$$

Die Massenexzesse dieser Kerne sind in Tabellen zu finden. Es gilt:

$$\Delta M(\mathrm{A}_1) = -95{,}216 \cdot 10^{-3}\ \mathrm{AME},$$
$$\Delta M(\mathrm{A}_2) = -94{,}49 \cdot 10^{-3}\ \mathrm{AME},$$
$$\Delta M(^{235}\mathrm{U}) = +43{,}94 \cdot 10^{-3}\ \mathrm{AME}$$
$$\Rightarrow \Delta M(^{235}\mathrm{U}) - (\Delta M(\mathrm{A}_1) + \Delta M(\mathrm{A}_2)) = 233{,}65 \cdot 10^{-3}\ \mathrm{AME} = \Delta$$
$$\Rightarrow \Delta \cdot c^2 = 233{,}65 \cdot 0{,}9315\ \mathrm{MeV} = 217{,}64\ \mathrm{MeV}.$$

Davon gehen ab:

$$E_{\mathrm{kin}}(n) = 3 \cdot 2\ \mathrm{MeV} = 6\ \mathrm{MeV}$$
$$E_\gamma = 4{,}6\ \mathrm{MeV}.$$

Es bleiben 207,0 MeV. Sie teilen sich auf im Verhältnis der Massen:

$$E_{\mathrm{kin}}(\mathrm{A}_1) = \frac{103}{129}E_{\mathrm{kin}}(\mathrm{A}_2)$$
$$\Rightarrow E_{\mathrm{kin}}(\mathrm{A}_2) = \frac{\mathrm{A}_2}{\mathrm{A}_1 + \mathrm{A}_2} \cdot 207\ \mathrm{MeV} = 91{,}9\ \mathrm{MeV},$$
$$\Rightarrow E_{\mathrm{kin}}(\mathrm{A}_1) = \frac{\mathrm{A}_1}{\mathrm{A}_1 + \mathrm{A}_2} \cdot 207\ \mathrm{MeV} = 115{,}1\ \mathrm{MeV}.$$

Bei einem Massenverhältnis von $m_1/m_2 = 1{,}4$ verteilt sich die Energie zu

$$E_{\mathrm{kin}}(A_1) = \frac{1 \cdot 4}{2 \cdot 4} \cdot 207\ \mathrm{MeV} = 120{,}75\ \mathrm{MeV},$$
$$E_{\mathrm{kin}}(A_2) = \frac{1}{2 \cdot 4} \cdot 207\ \mathrm{MeV} = 86{,}25\ \mathrm{MeV}.$$

7. Bei der Spaltung wird die Coulombenergie der Abstoßung in kinetische Energie umgewandelt.

$$\Rightarrow E_{\mathrm{pot}} = \frac{Z_1 Z_2 e^2}{4\pi\varepsilon_0 r_S} = E_{\mathrm{kin}}$$
$$\Rightarrow r_S = \frac{Z_1 Z_2 e^2}{4\pi\varepsilon_0 \cdot E_{\mathrm{kin}}} = \frac{35 \cdot 57 \cdot 1{,}6^2 \cdot 10^{-38}}{4\pi \cdot 8{,}85 \cdot 10^{-12} \cdot 200 \cdot 1{,}6 \cdot 10^{-13}}\ \mathrm{m} = 1{,}44 \cdot 10^{-14}\ \mathrm{m} = 14{,}4\ \mathrm{fm}.$$

8. Das Maximum liegt bei $E_{\mathrm{kin}}(^{18}_{8}\mathrm{O}) = 95\ \mathrm{MeV}$. Die $^{18}\mathrm{O}$-Kerne werden auf ruhende Urankerne ge-

schossen: $E_{kin} \ll mc^2 \Rightarrow$ nichtrelativistisch.

$$\begin{aligned}\Rightarrow\ v_S &= \frac{m_1 v_1 + m_2 \cdot 0}{m_1 + m_2} = \frac{m_1}{m_1 + m_2}\sqrt{2E_{kin}/m_1} \\ &= \frac{18}{18+238} \cdot \sqrt{\frac{190 \cdot 1{,}6 \cdot 10^{-13}}{18 \cdot 1{,}67 \cdot 10^{-27}}}\ \frac{m}{s} \\ &= 3{,}18 \cdot 10^7\ \text{m/s}\,. \\ E_S &= \frac{m_1 + m_2}{2} v_S^2 = \frac{m_1}{m_1 + m_2} E_{kin}^{(L)} \\ &= \frac{18}{18+238} E_{kin}^{(L)} \\ &= 0{,}07 E_{kin}^{(L)} = 6{,}68\ \text{MeV}\,. \\ \Rightarrow\ \Delta E &= (95 - 6{,}68)\ \text{MeV} = 88{,}32\ \text{MeV}\,.\end{aligned}$$

9. (Sauerland) Ein α-Teilchen (Masse m_1, Geschwindigkeit v_1) stößt mit $E_{kin} = m_1 v_1^2/2 = 17$ MeV auf einen ruhenden Tritiumkern (m_2, $v_2 = 0$). Die Schwerpunktgeschwindigkeit v_S ist:

$$v_S = \frac{m_1 v_1 + m_2 v_2}{m_1 + m_2} = \frac{m_1 v_1}{m_1 + m_2}\,.$$

Die Schwerpunktgeschwindigkeit bleibt erhalten und damit die Transformationsenergie

$$\begin{aligned}E_t &= \frac{m_1 + m_2}{2} v_S^2 \\ &= \frac{1}{2} \frac{m_1^2 v_1^2}{m_1 + m_2} \\ &= \frac{m_1}{m_1 + m_2} E_{kin}(\alpha)\,.\end{aligned}$$

Deshalb bleiben zur Reaktionsenergie nur übrig

$$\begin{aligned}E_r = E_{kin} - E_t &= \frac{m_2}{m_1 + m_2} E_{kin}(\alpha) \\ &= \frac{3}{7} E_{kin}(\alpha) = 7{,}286\ \text{MeV}\,.\end{aligned}$$

Die *Energiebilanz* der Reaktion

$${}^4_2\text{He} + {}^3_1\text{T} \to {}^7_3\text{Li} \to \text{Reaktionsprodukte}$$

ist gleich der Differenz

$$\Delta E = E_e - E_a$$

der Energien im Eingangs- bzw. Ausgangskanal.

Sie wird aus der Massenbilanz mit Hilfe der Massendefekte

$$\Delta m = M({}^A_Z\text{X}) - A \cdot 1\ \text{AME}$$

der einzelnen Nuklide berechnet (siehe Tabelle).

Nuklid	$\Delta m/\text{MeV}/c^2$
n	8,0713
H	7,2889
D	13,136
T	14,950
^{4}He	2,425
^{5}He	11,390
^{6}He	17,594
^{6}Li	14,086
^{7}Li	14,908

Eingangskanal:

$^4\text{He} + \text{T} + E_{kin}$

$^4_2$He:	2,425 MeV
T:	14,950 MeV
E_r:	7,286 MeV
E_e:	24,661 MeV

Es steht also genug Energie zur Erzeugung des Zwischenkerns $^7_3$Li zur Verfügung.

Ausgangskanäle:

^{4}He+D+n

^{4}He:	2,425 MeV
D:	13,136 MeV
n:	8,071 MeV
	23,632 MeV

⇒ Kanal ist offen

^{5}He+H+n

^{5}He:	11,390 MeV
H:	7,289 MeV
n:	8,071 MeV
	26,750 MeV

⇒ Kanal ist geschlossen

^{4}He+H+2n

^{4}He:	2,425 MeV
H:	7,289 MeV
2n:	16,143 MeV
	25,857 MeV

⇒ Kanal ist geschlossen

^{6}He+H

^{6}He:	17,594 MeV
H:	7,289 MeV
	24,883 MeV

⇒ gerade nicht mehr erreichbar

^{5}He+D

^{5}He:	11,390 MeV
D:	13,136 MeV
	24,526 MeV

⇒ gerade noch erreichbar

^{6}Li+n

^{6}Li:	14,086 MeV
n:	8,071 MeV
	22,157 MeV

⇒ Kanal ist offen

10. (Sauerland)
a) In Aufg. 6.4 wurde gezeigt, daß

$$\tan\theta = \frac{\sin\vartheta}{\cos\vartheta + 1/A} \quad \text{mit} \quad A = v_{bS}/v_S .$$

Man sieht dies auch wie folgt ein, wenn man in Abb. L.10 A durch b ersetzt. Dann gilt

$$v_b \cdot \sin\theta = v_{b_S} \cdot \sin\vartheta$$

(v_{bS} = Geschwindigkeit im Schwerpunktsystem),

$$v_b \cdot \cos\theta = v_{bS} \cdot \cos\vartheta + v_S$$

(v_S = Schwerpunktgeschwindigkeit im Laborsystem)

$$\Rightarrow \tan\theta = \frac{\sin\vartheta}{\cos\vartheta + v_S/v_{bS}} = \frac{\sin\vartheta}{\cos\vartheta + 1/A} .$$

Für $A < 1$ wird der Nenner nie Null. Um $\sin\theta_{\max}$ zu bestimmen bilden wir:

$$\frac{d(\tan\theta)}{d\vartheta} = \frac{\cos\vartheta(\cos\vartheta + 1/A) - \sin\vartheta(-\sin\vartheta)}{(\cos\vartheta + 1/A)^2} = \frac{1 + \cos\vartheta/A}{(\cos\vartheta + 1/A)^2} = 0 \quad \text{für} \quad \cos\vartheta_0 = -A$$

$$\Rightarrow \tan\theta_{\max} = \frac{\sqrt{1-A^2}}{-A + 1/A} = \frac{A}{\sqrt{1-A^2}} = \frac{\sin\theta_{\max}}{\cos\theta_{\max}}$$

$$\Rightarrow \sin\theta_{\max} = A < 1 .$$

b) Mit $M = m_a + m_A$ wird

$$A^2 = \frac{v_{bS}^2}{v_S^2} = \frac{2E_{\text{kin}}^S(b)}{m_b} \cdot \frac{m_a + m_A}{2E_{\text{kin}}^S(M)} = \frac{(m_a + m_A)^2}{m_a \cdot m_b} \cdot \frac{E_{\text{kin}}^S(b)}{E_{\text{kin}}(a)} ,$$

weil

$$E_{\text{kin}}^S(M) = \frac{m_a}{m_a + m_A} E_{\text{kin}}(a)$$

ist. Nun gilt wegen $E_{\text{kin}}(A) = 0$ die Energiebilanz im Laborsystem und im Schwerpunktsystem:

$$Q - E_X = E_{\text{kin}}(b) + E_{\text{kin}}(B) - E_{\text{kin}}(a) = E_{\text{kin}}^S(b) + E_{\text{kin}}^S(B) - \left(E_{\text{kin}}^S(a) + E_{\text{kin}}^S(A)\right) .$$

Wegen

$$E_{\text{kin}}^S(B) = \frac{m_b}{m_B} E_{\text{kin}}^S(b)$$

$$E_{\text{kin}}^S(A) = \frac{m_a}{m_A} E_{\text{kin}}^S(a)$$

$$v_a^S = \frac{m_A}{m_a + m_A} v_a$$

$$\Rightarrow E_{\text{kin}}^S(a) = \frac{m_A^2}{(m_a + m_A)} E_{\text{kin}}(a)$$

$$\Rightarrow Q - E_X = \frac{m_b + m_B}{m_B} E_{\text{kin}}^S(b) - \frac{m_A}{m_a + m_A} E_{\text{kin}}(a)$$

$$\Rightarrow E_{\text{kin}}^S(b) = \frac{m_A m_B}{(m_a + m_A)(m_b + m_B)} E_{\text{kin}}(a) + \frac{m_B}{m_b + m_B}(Q - E_X)$$

$$\Rightarrow A^2 = \frac{m_a + m_A}{m_b + m_B} \left[\frac{m_A m_B}{m_a m_b} + \frac{(m_a + m_A) m_B}{m_a m_b} \frac{Q - E_X}{E_{\text{kin}}(a)} \right] .$$

Für $Q - E_X < 0$ muß dann wegen $A^2 > 0$ gelten:

$$E_{\text{kin}}(a) > \frac{m_a + m_A}{m_A} |Q - E_X| .$$

c) Elastische Streuung:

$$Q = E_X = 0 , \quad m_a = m_b , \quad m_A = m_B$$

$$\Rightarrow A^2 = \frac{m_A m_B}{m_a m_B} = \left(\frac{m_A}{m_a}\right)^2 \Rightarrow A = \frac{m_A}{m_a} .$$

Bei der elastischen Streuung von Protonen oder Neutronen ($m_a = 1$ AME) an Kernen m_A gibt $A = v_a'/v_S$ die Massenzahl des Targetkerns an.

Kapitel 7

1. Die möglichen Orientierungen eines Teilchens mit Spin I sind durch alle Werte $-I \leq m_I \leq +I$

der Projektionsquantenzahl m_I gegeben. Für die Reaktionsprodukte gibt es also $(2I_\pi + 1)$ mögliche Orientierungen des Pions, $(2I_d + 1)$ des Deuterons, insgesamt also $(2I_\pi + 1)(2I_d + 1) = g =$ statistisches Gewicht.
Die Zahl der möglichen Zustände im Impulsraum pro Volumenelement ist

$$n_s(p) = g \cdot \frac{4}{3}\pi \frac{p^3}{h^3}\,.$$

Die Zustandsdichte ist dann:

$$\begin{aligned}\varrho &= \frac{dn_s}{dE} \\ &= \frac{dn_s}{dp}\cdot\frac{dp}{dE} = \frac{4\pi p^2}{h^3}\cdot g \cdot \frac{d}{dE}\sqrt{\frac{1}{c^2}\left(E^2 - (mc^2)^2\right)} \\ &= \frac{4\pi p^2 \cdot g}{h^3}\cdot\frac{E}{c^2\cdot p} = \frac{4\pi p^2\cdot g}{h^3\cdot v}\,.\end{aligned}$$

Die Zahl der Endzustände pro Energieintervall ist also proportional zum Quadrat des Impulses eines Teilchens, aber umgekehrt proportional zu seiner Geschwindigkeit. Der Wirkungsquerschnitt σ ist wiederum proportional zur Zahl der Endzustände. Mit $g = (2I_\pi + 1)(2I_d + 1)$ folgt bei fester Einschußenergie der Protonen:

$$\sigma = C \cdot \frac{(2I_\pi + 1)(2I_d + 1)}{v_{pp}\cdot v_{\pi d}} p_\pi^2\,.$$

Bei vorgegebener Relativgeschwindigkeit v_{pp} und festgelegtem Impuls p_i ist der Impuls p_d ebenfalls festgelegt. Deshalb erscheint in der Formel nicht auch noch der Faktor p_d^2.

2. Für den Zerfall

$$\mu^- \to e^- + \nu_\mu + \bar{\nu}_e$$

gilt der Impulssatz:

$$\boldsymbol{p}_e + \boldsymbol{p}_{\nu_\mu} + \boldsymbol{p}_{\bar{\nu}_e} = 0\,.$$

Das Elektron hat den größten Impuls, wenn $\boldsymbol{p}_{\nu_\mu} \parallel \boldsymbol{p}_{\bar{\nu}_e}$, aber antiparallel zu $\boldsymbol{p}_e$ ist.

$$\Rightarrow\ |\boldsymbol{p}_e| = |\boldsymbol{p}_{\nu_\mu}| + |\boldsymbol{p}_{\bar{\nu}_e}|$$

Energiesatz: (wenn $m_{\nu_\mu} = m_{\nu_e} = 0$)

$$\begin{aligned}&\sum E_{kin} = (m_\mu - m_e)c^2 \\ &\Rightarrow \sqrt{(m_e c^2)^2 + (cp_e)^2} - m_e c^2 + cp_{\nu_\mu} + cp_{\nu_e} \\ &\qquad = (m_\mu - m_e)c^2 \\ &\Rightarrow \sqrt{(m_e c^2)^2 + (cp_e)^2} + cp_e = m_\mu c^2 \\ &\Rightarrow p_e^{max} = \frac{m_\mu^2 - m_e^2}{2m_\mu} c \\ &\qquad = \frac{1}{2} m_\mu c \left(1 - \frac{m_e^2}{m_\mu^2}\right) \\ &\qquad \approx \tfrac{1}{2} m_\mu c \\ &\qquad = 2{,}5 \cdot 10^{-3}\ \mathrm{kg\,m/s}\,.\end{aligned}$$

Minimaler Impuls, wenn $\boldsymbol{p}_{\nu_\mu}$, $\boldsymbol{p}_{\nu_e}$ und $\boldsymbol{p}_e$ ein gleichseitiges Dreieck bilden:

$$\begin{aligned}&\Rightarrow p_e^2 = p_{\nu_\mu}^2 = p_{\nu_e}^2 \\ &\Rightarrow \sqrt{(m_e c^2)^2 + (cp_e)^2} + 2cp_e = m_\mu c^2 \\ &\Rightarrow p_e = \frac{2}{3} m_\mu c \pm \sqrt{\frac{4}{9} m_\mu^2 c^2 + \frac{(m_e^2 - m_\mu^2)}{9} c^2} \\ &\qquad = \frac{2}{3} m_\mu c \pm \frac{1}{3}\sqrt{m_e^2 c^2 + 3m_\mu^2 c^2}\,.\end{aligned}$$

Wegen $m_e \ll m_\mu$ folgt dann

$$\begin{aligned}p_e^{min} &= \frac{2-\sqrt{3}}{3} m_\mu c \\ &= 0{,}45 \cdot 10^{-3}\ \mathrm{kg\,m/s}\,.\end{aligned}$$

3. a) Der Wirkungsquerschnitt (pro Nukleon) ist näherungsweise

$$\sigma \approx \alpha_w^2 \cdot \pi \cdot \lambda^2\,,$$

wobei $\lambda = h/p = h\cdot c/E$ die de-Broglie-Wellenlänge des Neutrinos ist. Einsetzen der Zahlenwerte ergibt:

$$\sigma = 10^{-12}\cdot\pi\cdot(h\cdot c/E)^2 \approx 5\cdot 10^{-42}\ \mathrm{m}^2\,.$$

b) Der Absorptionsquerschnitt α ist

$$\alpha = \sigma \cdot N_n\,,$$

wobei N_n die Zahl der Nukleonen pro m^3 ist. $N_\text{n} = \varrho/m_\text{p}$ mit $\varrho = 4{,}5 \cdot 10^3\,\text{kg/m}^3$ = mittlere Massendichte und $m_\text{p} = 1{,}67 \cdot 10^{-27}\,\text{kg}$ = Protonenmasse

$$\Rightarrow N_\text{n} = 2{,}7 \cdot 10^{30}\,\text{m}^{-3}$$
$$\Rightarrow \alpha = 5 \cdot 10^{-42} \cdot 2{,}7 \cdot 10^{30}\,\text{m}^{-1} = 1{,}35 \cdot 10^{-11}\,\text{m}^{-1}\,.$$

Die mittlere freie Weglänge ist damit

$$\bar{s} = \frac{1}{\alpha} = 4{,}4 \cdot 10^{10}\,\text{m}\,.$$

Bei einem Erddurchmesser von $D \approx 1{,}2 \cdot 10^{27}$ m wird der Bruchteil

$$\delta = \frac{1{,}2 \cdot 10^7}{7{,}4 \cdot 10^{10}} \approx 1{,}6 \cdot 10^{-4}$$

aller Neutrinos absorbiert.

4. Die Quarks haben im Nukleon den Bahndrehimpuls Null. Deshalb müssen die intrinsischen Paritäten von u- und d-Quark beide positiv sein, weil sonst nicht Proton und Neutron positive Parität haben könnten.
Proton und Neutron haben im Deuteron den Bahndrehimpuls Null (siehe Abschn. 5.1). Deshalb ist seine Parität

$$P_\text{d} = P_\text{p} \cdot P_\text{n}(-1)^0 = 1 \cdot 1 \cdot 1 = +1\,.$$

5. Der Übergang $\psi' \to \psi$ entspricht im Charmonium-Termschema einem Übergang $2\,^3s_1 \to 1\,^3s_1$, bei dem sich die Bahndrehimpulsquantenzahl l nicht ändert und damit auch nicht die Parität. Es gibt deshalb keine elektromagnetischen Dipolübergänge.

6. Nach (5.29) ist die Reichweite

$$r \le \frac{\hbar}{m_\text{A} \cdot c}\,,$$

wenn m_A die Masse des Austauschteilchens ist. Für die Masse des π-Mesons gilt:

$$m_\pi = 139{,}57\,\text{MeV}/c^2 = 2{,}48 \cdot 10^{-28}\,\text{kg}$$
$$\Rightarrow r \le \frac{1{,}05 \cdot 10^{-34}}{2{,}48 \cdot 10^{-28} \cdot 3 \cdot 10^8}\,\text{m} = 1{,}4 \cdot 10^{-15}\,\text{m}\,.$$

Für die Masse des W-Bosons gilt:

$$m_\text{W} \approx 80\,\text{GeV}/c^2 \Rightarrow m_\text{W} = 1{,}42 \cdot 10^{-25}\,\text{kg}$$
$$\Rightarrow r \le 2{,}4 \cdot 10^{-18}\,\text{m}\,.$$

7. a) Die Gesamtenergie ist:

$$E = 2mc^2 = \frac{2m_0c^2}{\sqrt{1 - v^2/c^2}} = Mc^2\,.$$

Mit $v/c = 3/5 \Rightarrow$

$$E = \frac{5}{2}m_0c^2 \Rightarrow M = \frac{5}{2}m_0\,.$$

M ist also größer als $2\,m_0$ (!), weil

$$E_\text{kin} = 2(m - m_0)c^2 = \frac{1}{2}m_0c^2\,.$$

b) Für den Zerfall gilt: $M > 2m_0$. Wenn M vor dem Zerfall in Ruhe war ($M = M_0$), müssen die Geschwindigkeiten der Produkte $\boldsymbol{v}_1 = -\boldsymbol{v}_2$ sein.

$$\Rightarrow \frac{2m_0c^2}{\sqrt{1 - v^2/c^2}} = M_0c^2$$
$$\Rightarrow v = \frac{c}{M_0}\sqrt{M_0^2 - 4m_0^2} \quad \text{mit} \quad v = |\boldsymbol{v}_1| = |\boldsymbol{v}_2|\,.$$

Wenn M vor dem Zerfall die Geschwindigkeit v_0 in x-Richtung hatte, so müssen Energie- und Impulssatz erfüllt sein. $Mc^2 = 2mc^2$

$$\Rightarrow \frac{M_0c^2}{\sqrt{1 - (v_0/c)^2}} = \frac{2m_0c^2}{\sqrt{1 - v^2/c^2}}\,; \quad \text{Energiesatz} \tag{1}$$

$$\Rightarrow \frac{M_0v_{0x}}{\sqrt{1 - (v_0/c)^2}} = \frac{2m_0v_x}{\sqrt{1 - (v/c)^2}} \tag{2}$$

mit $v_x^2 + v_y^2 = v^2$. Aus dem Energiesatz folgt:

$$M_0\sqrt{1 - v^2/c^2} = 2m_0\sqrt{1 - v_0^2/c^2} \tag{3}$$

$$\Rightarrow v^2 = \left[c^2 - \frac{4m_0^2}{M_0^2}(c^2 - v_0^2)\right]\,. \tag{4}$$

Für $m_0 = \frac{1}{2}M_0 \Rightarrow v = v_0$. Für $m_0 < \frac{1}{2}M_0 \Rightarrow v^2 > v_0^2$. Aus dem Impulssatz folgt:

$$(1 - v^2/c^2) = \frac{4m_0^2v_x^2}{M_0^2v_0^2}(1 - v_0^2/c^2)\,. \tag{5}$$

Mit (3) folgt daraus: $v_x^2 = v_0^2$. Mit $v^2 = v_x^2 + v_y^2 \Rightarrow v^2 = v_0^2 + v_y^2$. Aus (4) folgt dann:

$$v_y^2 = (c^2 - v_0^2)\left[1 - \frac{4m_0^2}{M_0^2}\right].$$

Die Transversalenergie der Zerfallsbruchstücke ist

$$E_\perp = 2 \cdot \frac{1}{2} m_0 v_y^2 = m_0(c^2 - v_0^2)\left[1 - \frac{4m_0^2}{M_0^2}\right].$$

Nur für $m_0 < \frac{1}{2} M_0$ ist $E_\perp > 0$.

8. (Sauerland) Da 14 MeV $\ll m_0c^2$ ist, kann nichtrelativistisch gerechnet werden.

$$E_{\text{kin}} = \frac{1}{2} m v^2 \;\Rightarrow\; v = \sqrt{2E_{\text{kin}}/m}$$
$$v = \sqrt{2 \cdot 14 \cdot 1{,}6 \cdot 10^{-13}/1{,}67 \cdot 10^{-27}}\ \frac{\text{m}}{\text{s}}$$
$$= 5{,}18 \cdot 10^7\ \text{m/s}.$$

Flugzeit: $T = L/V \Rightarrow E_{\text{kin}} = \frac{1}{2} m L^2/T^2$

$$\frac{\mathrm{d}E_{\text{kin}}}{\mathrm{d}T} = -\frac{m \cdot L^2}{T^3} \;\Rightarrow\; \Delta E = -\frac{m \cdot L^2}{T^3}\,\Delta T$$
$$\Rightarrow\; \Delta E = \frac{m \cdot v^3}{L}\,\Delta T$$
$$\Rightarrow\; L = \frac{m \cdot v^3 \cdot \Delta T}{\Delta E}$$
$$= \frac{1{,}67 \cdot 10^{-27} \cdot 5{,}18^3 \cdot 10^{21} \cdot 10^{-9}}{0{,}5 \cdot 1{,}6 \cdot 10^{-13}}\ \text{m}$$
$$= 2{,}9\ \text{m}.$$

Kapitel 8

1. $H = D \cdot Q = 0{,}2$ mSv/75 kg. Für Röntgenstrahlung ist $Q = 1 \Rightarrow$ Energiedosis ist

$$D = 0{,}2 \cdot 10^{-3}\ \text{J}/75\ \text{kg} \;\Rightarrow\; D = 2{,}7 \cdot 10^{-6}\ \text{J/kg}.$$

Die Energie eines Röntgenquants mit $h \cdot \nu = 50$ keV ist:

$$h \cdot \nu = 50 \cdot 1{,}6 \cdot 10^{-16}\ \text{J} = 8 \cdot 10^{-15}\ \text{J}$$

$\Rightarrow$ Zahl der im Körper absorbierten Röntgenquanten ist

$$N_a = \frac{Dm}{h\nu} = \frac{2{,}7 \cdot 10^{-6} \cdot 75}{8 \cdot 10^{-15}} = 2{,}5 \cdot 10^{10}$$
$$\phi = \frac{\mathrm{d}^2N}{\mathrm{d}A \cdot \mathrm{d}t} = \frac{2{,}5 \cdot 10^{10}}{0{,}1} \cdot 2 \cdot \frac{1}{\text{m}^2\text{s}}$$
$$= 5 \cdot 10^{11}\ \text{Quanten/m}^2\text{s}.$$

2. Spezifisches Gewicht von Aluminium ist $\varrho = 2{,}7\ \text{g/cm}^3$. Eine 20 µm dicke Schicht hat daher eine Massenbelegung von

$$\sigma = \frac{2{,}7 \cdot 2 \cdot 10^{-3}}{1}\,\frac{\text{g}}{\text{cm}^2} = 5{,}4 \cdot 10^{-3}\ \text{g/cm}^2.$$

Der Energieverlust der α-Teilchen geht bis kurz vor die völlige Abbremsung gemäß Abb. 4.37 etwa quadratisch mit der durchlaufenen Strecke.

$$-\frac{\mathrm{d}E}{\mathrm{d}x} \approx a_1 x^2 \propto a_2 \sigma^2$$
$$\Rightarrow\; E = E_0 - \frac{1}{3} a_1 x^3 \propto E_0 - \frac{1}{3} a_2 \sigma^3.$$

Für $\sigma = \sigma_1 = 8 \cdot 10^{-3}\ \text{g/cm}^{-3}$ ist $E = 0$.

$$\Rightarrow\; a_2 = 3E_0/\sigma_1^3 = 3 \cdot 6\ \text{MeV}/8^3 \cdot 10^{-9}\ \text{g}^{-3}/\text{cm}^6$$
$$= 3{,}5 \cdot 10^7\ \frac{\text{cm}^6\text{MeV}}{\text{g}^3}$$

Für $\sigma = 5{,}4 \cdot 10^{-3}\ \text{g/cm}^2$ folgt dann:

$$E = E_0 - \frac{1}{3} \cdot 3{,}5 \cdot 10^7 (5{,}4 \cdot 10^{-3})^3\ \text{MeV}$$
$$= (6 - 1{,}83)\ \text{MeV} = 4{,}17\ \text{MeV}.$$

3. Die Zahl der Elektronen, die durch eine absorbierende oder streuende Schicht der Dicke x laufen, ist

$$N(x) = N(0) \cdot \mathrm{e}^{-x/\langle R\rangle},$$

wobei $\langle R\rangle$ die mittlere Reichweite ist. Mit $\langle R\rangle = 1{,}5$ mm wird

$$N(x = 1\ \text{mm}) = N_0 \cdot \mathrm{e}^{-2/3} \approx 0{,}5 N_0,$$
$$N(x = 1{,}5\ \text{mm}) = N_0/\mathrm{e} \approx 0{,}37 N_0,$$
$$N(x = 2\ \text{mm}) = 0{,}26\, N_0.$$

4. (Sauerland)

$$\frac{\mathrm{d}N(t)}{\mathrm{d}t} = -\lambda N(t) \rightarrow N(t) = N_0 \cdot \mathrm{e}^{-\lambda t}$$

$$\frac{1}{2}N_0 = N_0\mathrm{e}^{-\lambda T} \rightarrow \lambda = \frac{\ln 2}{T} \equiv \tau^{-1}$$

Aktivität

$$-\frac{\mathrm{d}N(t)}{\mathrm{d}t} \equiv A(t)\lambda N(t) = \lambda N_0\mathrm{e}^{-\lambda t} = \frac{\ln 2}{T}N_0\mathrm{e}^{-\lambda t} = A_0\mathrm{e}^{-\lambda t}$$

mit

$$A_0 = \lambda N_0 = \frac{\ln 2}{T}N_0 = \frac{N_0}{\tau}\,.$$

a)

$$A_0 = \frac{\ln 2}{T}N_0 = 0{,}255\,\frac{\mathrm{Bq}}{\mathrm{g}}\cdot 2\,\mathrm{g} = 0{,}510\,\mathrm{Bq}$$

$$1\,\mathrm{g\,C} \mathrel{\hat{=}} 6{,}023\cdot 10^{22}\ \text{Atome}$$

$$A(t) = A_0\mathrm{e}^{-\lambda t} = A_0\mathrm{e}^{-(\ln 2)/T\cdot t} = 0{,}404\,\mathrm{Bq}$$

$$\Rightarrow\ t = \frac{1}{\lambda}\ln\frac{A_0}{A(t)} = \frac{\ln A_0/A(t)}{\ln 2}\cdot T = \frac{\ln 0{,}510/0{,}404}{\ln 2}\cdot(5730\pm 30)\,\mathrm{a} = (1926{,}1\pm 10)\,\mathrm{a}\,.$$

Zeitpunkt des Absterbens des organischen Materials:

$$(1952{,}5 - 1926{,}1 \pm 10)\ \text{n. Chr.} = (26{,}4\pm 10)\ \text{n. Chr.} \approx 13 \text{ bis } 37\ \text{n. Chr.}$$

(Die Klosteranlagen von Qumran wurden 68 n. Chr. im Jüdischen Krieg (66–70 n. Chr.) von den Römern zerstört.)

b) Anzahl der ^{14}C in der Probe (2 g) anfangs:

$$N_0 = \frac{A_0\cdot T}{\ln 2} = \frac{0{,}510}{\ln 2}(5730\pm 40)\cdot 365\cdot 24\cdot 60^2 = 1{,}33(1)\cdot 10^{11}\,;$$

später

$$N(t) = \frac{A(t)}{A_0}N_0 = \frac{0{,}404}{0{,}510}\cdot 1{,}33(1)\cdot 10^{11} = 1{,}057(7)\cdot 10^{11}\,.$$

c)

$$\frac{N_{\mathrm{C}_{14}}}{N_{\mathrm{C}_{12}}} = \frac{1{,}33\cdot 10^{11}}{12{,}026\cdot 10^{22}} \approx 10^{-12}$$

Der Autoverkehr produziert CO_2 aus uraltem Kohlenstoff des Erdöls, so daß die Aktivität der an der Autobahn stehenden Pflanzen *geringer* ist, als es sonst im Mittel der Fall ist.

5. (Sauerland)

$$N_{235}(t) = N_{235}(0)\mathrm{e}^{-\lambda_{235}t}$$

mit

$$\lambda_{235} = \frac{\ln 2}{T_{235}} \quad \text{und} \quad T_{235} = 7{,}038\cdot 10^8\,\mathrm{a}\,,$$

$$N_{238}(t) = N_{238}(0)\mathrm{e}^{-\lambda_{238}t}$$

mit

$$\lambda_{238} = \frac{\ln 2}{T_{238}} \quad \text{und} \quad T_{238} = 4{,}468\cdot 10^9\,\mathrm{a}\,.$$

$$N_{207}(t) = N_{235}(0) - N_{235}(t) = N_{235}(0)(1-\mathrm{e}^{-\lambda_{235}t})$$

Actinium-Reihe

$$N_{206}(t) = N_{238}(0)(1-\mathrm{e}^{-\lambda_{238}t})$$

Uran-Reihe

$$\frac{N_{235}(t)}{N_{235}(t) - N_{238}(t)} = 0{,}72\%\,,$$

$$\frac{N_{238}(t)}{N_{235}(t) + N_{238}(t)} = 99{,}28\%$$

für $t = 6\cdot 10^8$ a.

$$\Rightarrow \frac{N_{235}(t)}{N_{238}(t)} = \frac{N_{235}(0)}{N_{238}(0)}\cdot \mathrm{e}^{-\ln 2(t/T_{235}-t/T_{238})} = \frac{0{,}72}{99{,}28} = 0{,}0072$$

$$\Rightarrow \frac{N_{235}(0)}{N_{238}(0)} = \frac{N_{235}(t)}{N_{238}(t)}\cdot 2^{(t/T_{235}-t/T_{238})} = \frac{0{,}72}{99{,}28}\cdot 2^{(6/7{,}038-6/44{,}68)} = 0{,}011931 = \frac{1}{83{,}815}$$

a) Gewichtsverhältnis Blei zu Uran heute:

$$\frac{207 \cdot N_{207}(t) + 206 \cdot N_{206}(t)}{235 \cdot N_{235}(t) + 238 \cdot N_{238}(t)}$$

$$= \frac{\left[\begin{array}{c} 207 \cdot (N_{235}(0)/N_{238}(0))(1 - \mathrm{e}^{-\lambda_{235} t}) \\ +206(1 - \mathrm{e}^{-\lambda_{238} t}) \end{array}\right]}{\left[\begin{array}{c} 235 \cdot (N_{235}(0)/N_{238}(0)) \cdot \mathrm{e}^{-\lambda_{235} t} \\ +238 \cdot \mathrm{e}^{-\lambda_{238} t} \end{array}\right]}$$

$$= \frac{\left[\begin{array}{c} 207 \cdot 0{,}011931(1 - 0{,}5^{6/7{,}038}) \\ +206(1 - 0{,}5^{6/44{,}68}) \end{array}\right]}{\left[\begin{array}{c} 235 \cdot 0{,}011931 \cdot 0{,}5^{6/7{,}038} \\ +238 \cdot 0{,}5^{6/44{,}68} \end{array}\right]}$$

$$= 1/11{,}251 = 8{,}89\,\% \,.$$

b) Häufigkeitsverhältnis ^{207}Pb:^{206}Pb heute:

$$\frac{N_{207}(t)}{N_{206}(t)} = \frac{N_{235}(0)(1 - \mathrm{e}^{-\lambda_{235} t})}{N_{238}(0)(1 - \mathrm{e}^{-\lambda_{238} t})}$$

$$= 0{,}011931 \cdot \frac{1 - 0{,}5^{6/7{,}038}}{1 - 0{,}5^{6/44{,}68}} = 6{,}00\,\% \,.$$

c) Erdalter für den Fall, daß am Anfang ^{235}U und ^{238}U gleich häufig waren:

$$N_{235}(t) = N_{235}(0)\mathrm{e}^{-\lambda_{235} t}$$
$$N_{238}(t) = N_{238}(0)\mathrm{e}^{-\lambda_{238} t}$$

mit $N_{235}(0) = N_{238}(0)$ und $\lambda_{235} = \ln 2/T_{235}$, $\lambda_{238} = \ln 2/T_{238}$.

$$\Rightarrow \frac{N_{235}(t)}{N_{238}(t)} = \frac{0{,}72}{99{,}28} = \mathrm{e}^{-\ln 2 \cdot (t/T_{235} - t/T_{238})}$$

$$= 0{,}5^{(44{,}68 - 7{,}039)/(44{,}68 \cdot 7{,}038) \cdot (t/10^8\,\mathrm{a})}$$

$$\Rightarrow t = 59{,}37 \cdot 10^8\,\mathrm{a} \approx 6 \cdot 10^9\,\mathrm{a}$$

(Alter der Erde)

Das wirkliche Alter der Erde ist mit $t = 4{,}5 \cdot 10^9$ a etwas kleiner. Der zu große hier ausgerechnete Wert kommt von der falschen Annahme, daß bei der Bildung der Erde die Häufigkeiten von ^{235}U und ^{238}U gleich gewesen seien (siehe Abschn. 12.8).

6. (Sauerland) Ausbeute von $^{131}_{53}$I (Jod-131) für die Spaltung von ^{235}U durch thermische Neutronen: etwa $\frac{2}{3} \cdot 2{,}9\% = 2\%$ (gegeben). Freiwerdende kinetische Energie pro Spaltung: $E_\mathrm{f} = 190$ MeV. Thermische Leistung: $P_\mathrm{th} = \dot{N}_\mathrm{th} \cdot E_\mathrm{f} = 1000$ MW $\Rightarrow$ Spaltrate:

$$\dot{N}_\mathrm{f} = \frac{P_\mathrm{th}}{E_\mathrm{f}} = \frac{1000 \cdot 10^6\,\mathrm{VA}}{190 \cdot 10^6 \cdot 1{,}6 \cdot 10^{-19}\,\mathrm{VAs}}$$
$$= 3{,}29 \cdot 10^{19}\,\mathrm{s}^{-1}$$

Erzeugungsrate von ^{131}I:

$$\dot{N}_\mathrm{I}^{(+)} = 2\% \cdot \dot{N}_\mathrm{f} = 6{,}58 \cdot 10^{17}\,\mathrm{s}^{-1}$$

Radioaktiver Zerfall des ^{131}I:

$$N_\mathrm{I}(t) = N_\mathrm{I}\mathrm{e}^{-\lambda t} \quad \text{mit} \quad \lambda = \ln 2/T$$

Zerfallsrate von ^{131}I:

$$\dot{N}_\mathrm{I}^{(-)} = -\lambda N_\mathrm{I}\mathrm{e}^{-\lambda t} = -\lambda N_\mathrm{I}(t)$$

(d. h. immer proportional zur gerade vorliegenden Anzahl)
Stationärer Betrieb:

$$\dot{N}_\mathrm{I}^{(+)} + \dot{N}_\mathrm{I}^{(-)} = 0\,, \quad \text{damit } N_\mathrm{I}(t) = \text{const}$$

Mit $T = 8{,}05$ d $\Rightarrow$ Sättigung in $\frac{1}{4}$ bis $\frac{1}{2}$ Jahr

$$\Rightarrow N_\mathrm{I} = \frac{\dot{N}_\mathrm{I}^{(+)}}{\lambda} = \frac{2\% \cdot \dot{N}_\mathrm{f} \cdot T}{\ln 2}$$
$$= \frac{6{,}58 \cdot 10^{17}\,\mathrm{s}^{-1} \cdot 8{,}04 \cdot \cdot 24 \cdot 60^2\,\mathrm{s}}{\ln 2}$$
$$= 6{,}60 \cdot 10^{23}\ {}^{131}\text{I-Atome}$$
$$m_\mathrm{I} \approx 131 \cdot u = 131 \cdot 1{,}66 \cdot 10^{-27}\,\mathrm{kg}$$
$$\text{mit} \quad u = 931{,}5\,\mathrm{MeV}$$
$$M_\mathrm{I} = N_\mathrm{I} \cdot m_\mathrm{I} = 6{,}60 \cdot 131 \cdot 1{,}66 \cdot 10^{-4}\,\mathrm{kg}$$
$$= 143{,}2\,\mathrm{g}$$

Setzt man also einen stationären Betrieb des Reaktors bei einer Leistung von 10^3 MW voraus, so enthielt dieser die konstante Menge von 143,2 g ^{131}I. Etwa 20% der flüchtigen Spaltprodukte wie I, Cs, Te wurden freigesetzt, mithin eine ^{131}I-Radioaktivität von $0{,}2 \cdot 6{,}58 \cdot 10^{17}\,\mathrm{Bq} = 1{,}32 \cdot 10^{17}$ Bq. Auf die Bundesrepublik Deutschland von 1986 entfielen vielleicht 1 bis 2 g ^{131}I, d. h. etwa 1% von 143,2 g.

Kapitel 9

1. Wir betrachten das sphärische Dreieck in Abb. L.12. Dabei bedeuten: $t =$ Stundenwinkel, $A =$ Azimut, $h =$ Höhe, $\delta =$ Deklination, $\varphi =$ geographische Breite.
   Es gilt der Kosinussatz (siehe Lehrbücher über sphärische Trigonometrie):

$$\begin{aligned}\cos(90^\circ - \delta) = {} & \cos(90^\circ - h)\cdot\cos(90^\circ - \varphi) \\ & + \sin(90^\circ - h)\cdot\sin(90^\circ - \varphi) \\ & \cdot\cos(180^\circ - A) \\ \Rightarrow\ \sin\delta = {} & \sin h\cdot\sin\varphi - \cos h\cdot\cos\varphi\cdot\cos A\,. \quad (1)\end{aligned}$$

Aus dem Sinussatz folgt:

$$\frac{\sin(180^\circ - A)}{\sin t} = \frac{\sin(90^\circ - \delta)}{\sin(90^\circ - h)}$$

$$\Rightarrow\ \frac{\sin A}{\sin t} = \frac{\cos\delta}{\cos h} \Rightarrow\ \sin t = \frac{\sin A\cdot\cos h}{\cos\delta}\,. \quad (2)$$

$$\begin{aligned}&\cos\tau = -\tan\delta\cdot\tan\varphi\,,\\ &\quad \tau = \text{halber Tagbogen}\,,\\ &\quad \delta = -23{,}5^\circ \Rightarrow \tau\approx 4\,\text{h}\,,\\ &\quad \delta = +23{,}5^\circ \Rightarrow \tau\approx 8\,\text{h}\,.\end{aligned}$$

Wegen $\cos\delta = \sqrt{1-\sin^2\delta}$ läßt sich mit (1) δ noch durch h, A und φ ausdrücken.

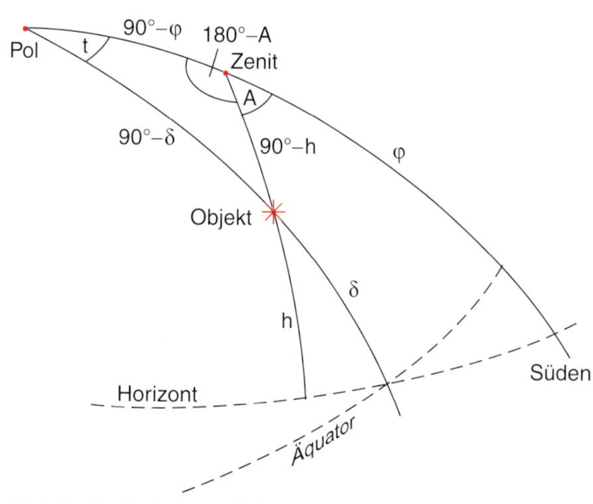

Abb. L.12. Zu Lösung 9.1

Analog erfolgt die Umrechnung vom Äquatorsystem ins Horizontalsystem:

$$\begin{aligned}\cos(90^\circ - h) = {} & \cos(90^\circ - \delta)\cdot\cos(90^\circ - \varphi) \\ & + \sin(90^\circ - \delta)\cdot\sin(90^\circ - \varphi)\cdot\cos t \\ \Rightarrow\ \sin h = {} & \sin\delta\cdot\sin\varphi + \cos\delta\cdot\cos\varphi\cdot\cos t\,, \quad (3)\end{aligned}$$

und aus (2) folgt:

$$\cos\delta = \frac{\sin A\cdot\cos h}{\sin t} = \frac{\sin A\cdot\sqrt{1-\sin^2 h}}{\sin t}\,.$$

2. Die Sonnenbahn verläuft entlang der Ekliptik. Die Deklination der Sonne variiert im Laufe des Jahres zwischen $\delta = +23{,}5^\circ$ am 21. Juni und $\delta = -23{,}5^\circ$ am 21. Dezember.
   Aus der Lösung von Aufg. 9.1, Gleichung (3), folgt für $h = 0$ (Sonnenaufgang, bzw. -untergang beim Stundenwinkel $t = t_0$):

$$\begin{aligned}&0 = \sin\delta\sin\varphi + \cos\delta\cos\varphi\cos t_0\\ \Rightarrow\ &\cos t_0 = -\tan\delta\cdot\tan\varphi\,.\end{aligned}$$

Für $\varphi = 50^\circ$ geographische Breite folgt für $\delta = +23{,}5^\circ$

$$\begin{aligned}&\cos t_0 = -0{,}5182 = -\cos(180^\circ - t_0)\\ \Rightarrow\ &t_0 = 180^\circ - 58{,}79^\circ = 121{,}2^\circ \mathrel{\hat{\approx}} 8^\text{h}\,5^\text{m}\,,\end{aligned}$$

weil $15^\circ \mathrel{\hat{=}} 1$ h. Für $\delta = -23{,}5^\circ$ ist $t_0 = 58{,}8^\circ \mathrel{\hat{\approx}} 3^\text{h}\,55^\text{m}$.
Da im Meridian $t = 0$ gilt, gibt t_0 den *halben* Tagbogen an. Der Tagbogen $\tau = 2t_0$ der Sonne bei einer geographischen Breite $\varphi = 50^\circ$ beträgt deshalb maximal bzw. minimal

$$\tau_\text{max} = 16^\text{h}\,10^\text{m}\,, \qquad \tau_\text{min} = 7^\text{h}\,50^\text{m}\,.$$

Bedingt durch Refraktion in der Erdatmosphäre, endlichen Sonnendurchmesser und Koordinatenänderung der Sonne erhöhen sich diese Werte um etwa 10 min.

3. Nach (9.10) betragen die Parallaxen der Sterne $\pi_1 = 1/3''$ und $\pi_1 = 1/6''$. Die gesuchte relative Parallaxe, die den Halbmesser der scheinbaren elliptischen Relativbewegung bestimmt, ist dann nach Abb. L.13

$$\pi_\text{rel} = \pi_1 - \pi_2 = \frac{1''}{3} - \frac{1''}{6} = \frac{1''}{6}\,.$$

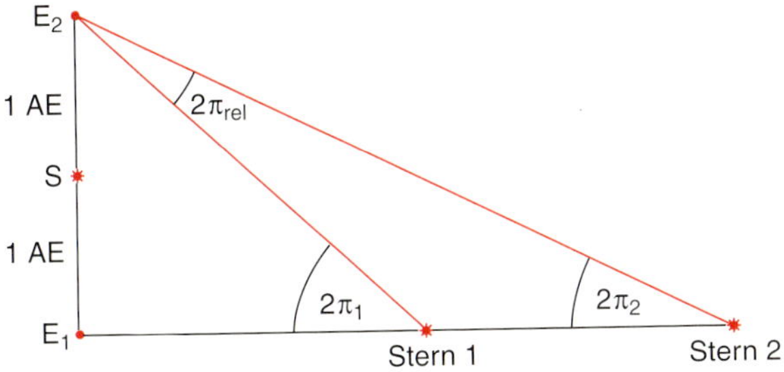

Abb. L.13. Zu Lösung 9.3

4. Die Entweichgeschwindigkeit v eines Körpers mit Masse m von einem Himmelskörper mit Masse M und Radius R ist durch den Energiesatz

$$\frac{1}{2}mv^2 = G \cdot \frac{m \cdot M}{R} \quad \Rightarrow v = \sqrt{\frac{2G \cdot M}{R}}\,.$$

a) Venus: $M = 4{,}87 \cdot 10^{24}\,\text{kg}$, $R = 6{,}05 \cdot 10^6\,\text{m}$

$$\Rightarrow \; v = 10{,}3\,\text{km/s}\,.$$

b) Jupiter: $M = 1{,}9 \cdot 10^{27}\,\text{kg}$, $R = 7{,}14 \cdot 10^7\,\text{m}$

$$\Rightarrow \; v = 60{,}0\,\text{km/s}\,.$$

c) Erdmond: $M = 7{,}25 \cdot 10^{22}\,\text{kg}$, $R = 1{,}73 \cdot 10^6\,\text{m}$

$$\Rightarrow \; v = 2{,}4\,\text{km/s}\,.$$

d) Sonne; $M = 1{,}989 \cdot 10^{30}\,\text{kg}$, $R = 6{,}96 \cdot 10^8\,\text{m}$

$$\Rightarrow \; v = 618\,\text{km/s}\,.$$

5. a) Der Durchmesser des zentralen Beugungsmaximums des Laserstrahls auf dem Mond ist:

$$\begin{aligned} d_1 &= 2 \cdot 1{,}2 \cdot (\lambda/D) \cdot r \\ &= 2{,}4 \cdot \frac{5 \cdot 10^{-7}}{0{,}75} \cdot 3{,}84 \cdot 10^8\,\text{m} \\ &= 6 \cdot 10^2\,\text{m}\,. \end{aligned}$$

b) Die tatsächlich beleuchtete Fläche auf dem Mond beträgt:

$$\begin{aligned} A_1 &= \pi (r_{\text{Mond}} \cdot \sin\alpha/2)^2 \\ &= \pi \left(3{,}84 \cdot 10^8\,\text{m} \cdot \sin\frac{3}{2 \cdot 3600}\right)^2 \\ &= 24{,}5 \cdot 10^6\,\text{m}^2\,. \end{aligned}$$

Auf den Retroreflektor trifft der Bruchteil

$$\begin{aligned} \eta_1 &= \frac{0{,}4 \times 0{,}4\,\text{m}^2}{A_1} \\ &= \frac{0{,}16}{24{,}5 \cdot 10^6} = 6{,}5 \cdot 10^{-9}\,. \end{aligned}$$

c) Die auf der Erde beleuchtete Fläche beträgt

$$\begin{aligned} A_2 &= \pi \cdot \left(3{,}84 \cdot 10^6 m \cdot \sin\frac{4}{2 \cdot 3600}\right)^2 \\ &= 44 \cdot 10^6\,\text{m}^2\,. \end{aligned}$$

Der im Teleskop ankommende Bruchteil ist

$$\eta_2 = \frac{\pi \cdot (0{,}75)^2/4}{A_2} = 1{,}0 \cdot 10^{-8}\,.$$

d) Die Energie des Laserpulses beträgt

$$E = P \cdot \Delta\tau = 0{,}15\,\text{J}\,.$$

Die Energie eines Photons ist

$$h \cdot \nu = h \cdot c/\lambda = 4 \cdot 10^{-19}\,\text{J}\,.$$

Daher beträgt die Zahl der Photonen pro Puls

$$N = \frac{E}{h \cdot \nu} = 4 \cdot 10^{17}\,.$$

Zurück ins Teleskop kommt ein Anteil

$$N' = N \cdot \eta_1 \cdot \eta_2 = 25\,.$$

Bedingt durch Streu- und Absorptionsverluste in der Atmosphäre beim Senden und Empfangen wird im realen Experiment nur etwa ein Photon pro Laserpuls empfangen.

e) Der mittlere optische Weg $\Delta s = \overline{n} \cdot \overline{H}$ durch die Atmosphäre ist mit $\overline{n} = 1{,}00035$, $\overline{H} \approx 10^4\,\text{m}$ $\Rightarrow \quad \Delta s - \Delta s_0 = 3{,}5 \cdot 10^{-4} \cdot 10^4 \approx 3{,}5\,\text{m}$. Änderung um 1% ergibt eine optische Wegänderung von 3,5 cm.

6. Die geringste Entfernung Venus–Erde ist (bei Annahme von Kreisbahnen mit Radius $r_1 = 0{,}723$ AE, $r_2 = 1AE$)

$$\Delta s = r_2 - r_1 = 0{,}277\ \text{AE}\,.$$

Nach 30 Tagen hat die Venus mit der Umlaufdauer $T_1 = 224{,}7$ Tage den Winkel

$$\alpha_1 = \frac{30}{224{,}7} \cdot 360° = 48°$$

durchlaufen, die Erde

$$\alpha_2 = \frac{30}{365{,}25} \cdot 360° = 29{,}57°\,.$$

Anwendung des Cosinussatzes auf das Dreieck $SV'E'$ ergibt:

$$\Delta s^2 = r_1^2 + r_2^2 - 2r_1r_2\cos(\alpha_1 - \alpha_2)^{1/2}\text{AE} \\ = 0{,}388\ \text{AE}\,.$$

Die Laufzeit des Radarsignals beträgt:

$$\Delta T_2 = \Delta T_1 \cdot \frac{0{,}388}{0{,}277} = 387\ \text{s}\,.$$

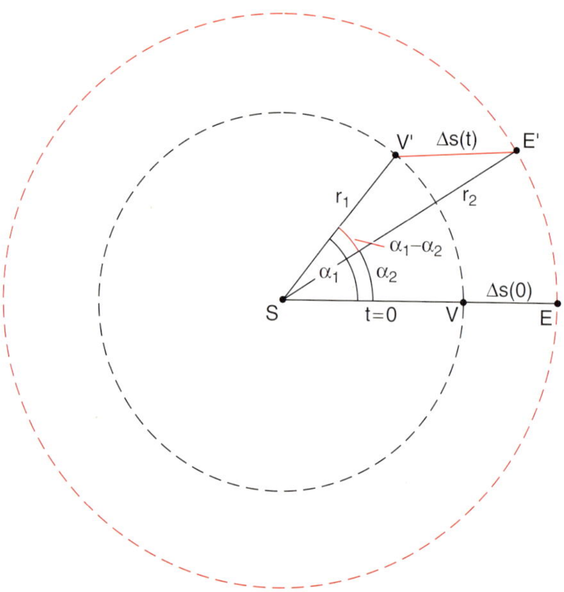

Abb. L.14. Zu Lösung 9.6

7. Wenn ein paralleles Lichtbündel in die Atmosphäre eintritt, müssen die optischen Wege

$$s_1 = (r + \mathrm{d}r) \cdot n(r + \mathrm{d}r) \cdot \mathrm{d}\varphi\,,$$
$$s_2 = r \cdot n(r)\,\mathrm{d}\varphi$$

gleich groß sein, weil die Phasenfronten immer senkrecht auf der Ausbreitungsrichtung stehen. Daraus folgt:

$$(r + \mathrm{d}r) \cdot n(r + \mathrm{d}r) = r \cdot n(r)$$
$$(r + \mathrm{d}r) \cdot n(n + \mathrm{d}n) = r \cdot n$$
$$\Rightarrow\ r = -\frac{n}{\mathrm{d}n/\mathrm{d}r}\,.$$

Auf dem Weg $\mathrm{d}s = r \cdot \mathrm{d}\varphi$ erfährt das Licht eine Winkelablenkung

$$\mathrm{d}\varphi = \frac{1}{n}\frac{\mathrm{d}n}{\mathrm{d}r} \cdot \mathrm{d}s\,.$$

Ist ζ_s die scheinbare Zenitdistanz (Abb. 9.26), so ist der Lichtweg durch die Atmosphäre: $\Delta s = a_1 \cdot \tan\zeta_s$, wobei die Größe a von der Höhe und vom radialen Dichteverlauf der Atmosphäre abhängt. Mit $\Delta n = (n(0) - 1)$ wird der Ablenkwinkel $\Delta\varphi = \varrho = \xi_w - \xi_s$:

$$\varrho = \frac{1}{n \cdot \Delta r} \cdot \big(n(0) - 1\big) \cdot a_1 \cdot \tan\zeta_s \\ = a \cdot \big(n(0) - 1\big) \cdot \tan\zeta_s\,.$$

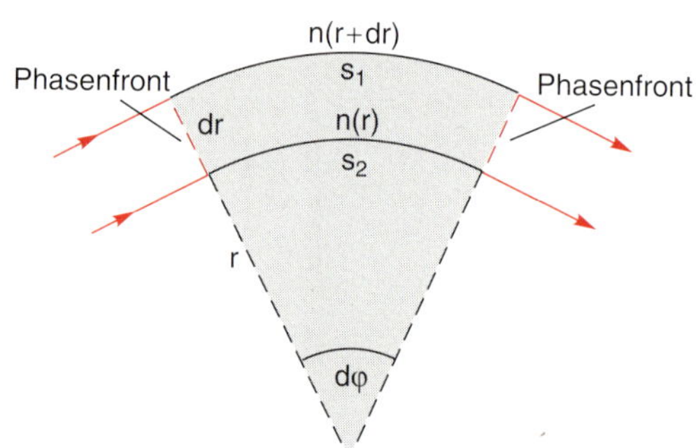

Abb. L.15. Zu Lösung 9.7

8. Nach (9.13) gilt: $m - M = 5 \cdot \log(r/10\ \text{pc})$

$$\Rightarrow\ r = 10\ \text{pc} \cdot 10^{(m-M)/5}$$
$$\Rightarrow\ r_1 = 10 \cdot 10^{-2/5}\ \text{pc} = 4{,}0\ \text{pc}$$
$$r_2 = 10 \cdot 10^{0{,}2}\ \text{pc} = 15{,}8\ \text{pc}\,.$$

9. $L = 4\pi R^2\sigma \cdot T^4$

$$\Rightarrow T = \left(\frac{L}{4\pi R^2\sigma}\right)^{1/4}$$
$$= \left(\frac{10^{27}}{4\pi \cdot 7^2 \cdot 10^{16} \cdot 5{,}67 \cdot 10^{-8}}\right)^{1/4} \mathrm{K}$$
$$= 7300\,\mathrm{K}\,.$$

10. $r = 10\,\mathrm{pc} \cdot 10^{(m-M)/5}$
$$= 10 \cdot 10^{(-0{,}71+4{,}6)/5}\mathrm{pc}$$
$$= 60\,\mathrm{pc}\,.$$

Kapitel 10

1. Der Drehimpuls des Kometen mit Masse m in Bezug auf die Sonne ist:

$$\boldsymbol{L} = m \cdot (\boldsymbol{r} \times \boldsymbol{v}) = \mathrm{const}\,.$$

Für $r = r_{\min}$ und $r = r_{\max}$ ist $\boldsymbol{v} \perp \boldsymbol{r}$.

$$\Rightarrow r_{\min} \cdot v_{\max} = r_{\max} \cdot v_{\min} = C$$
$$= 0{,}5 \cdot 1{,}5 \cdot 10^{11} \cdot 5 \cdot 10^4\,\mathrm{m}^2/\mathrm{s}$$
$$= 3{,}75 \cdot 10^{15}\,\mathrm{m}^2/\mathrm{s}$$
$$\Rightarrow r_{\max} = \frac{C}{v_{\min}}\,. \tag{1}$$

Der Energiesatz fordert:

$$E = E_{\mathrm{kin}} + E_{\mathrm{pot}}$$
$$= \frac{m}{2}v^2 - G \cdot \frac{m \cdot M_\odot}{r} = \mathrm{const} \tag{2}$$
$$\Rightarrow \frac{1}{2}v_{\min}^2 - G \cdot \frac{M_\odot}{r_{\max}} = \frac{1}{2}v_{\max}^2 - \frac{GM_\odot}{r_{\min}}\,. \tag{3}$$

(1) in (3) eingesetzt und mit $r_{\max}^2$ multipliziert:

$$\frac{1}{2}C^2 - GM_\odot r_{\max} = \frac{1}{2}v_{\max}^2 r_{\max}^2 - \frac{GM_\odot}{r_{\min}} r_{\max}^2$$

a) Daraus folgt:

$$\Rightarrow r_{\max} = \frac{GM_\odot}{v_{\max}^2 - 2GM_\odot/r_{\min}}$$
$$\pm \sqrt{\left(\frac{GM_\odot}{v_{\max}^2 - 2GM_\odot/r_{\min}}\right)^2 \frac{c^2}{v_{\max}^2 - \frac{2GM_\odot}{r_{\min}}}}\,.$$

Einsetzen der Zahlenwerte ergibt:

$$r_{\max} = \frac{1}{\frac{(5\cdot 10^4)^2}{6{,}67\cdot 10^{-11}\cdot 2\cdot 10^{30}} - \frac{2}{0{,}5\cdot 1{,}5\cdot 10^{11}}} \pm \sqrt{\ldots}$$
$$= \frac{1}{1{,}87 \cdot 10^{-11} - 2{,}67 \cdot 10^{-11}} \pm \sqrt{\ldots}$$
$$= 1{,}25 \cdot 10^{12} \pm \sqrt{1{,}56 \cdot 10^{24} - 1{,}4 \cdot 10^{22}}$$
$$= (1{,}25 \pm 1{,}24) \cdot 10^{12}\,\mathrm{m}\,.$$

Hier kommt nur das Pluszeichen in Betracht, weil sonst $r_{\max} < r_{\min}$ würde.

$$\Rightarrow r_{\max} \approx 3 \cdot 10^{12}\,\mathrm{m} \approx 20\,\mathrm{AE}\,.$$

b) Die große Halbachse der elliptischen Bahn ist

$$a = \tfrac{1}{2}(r_{\max} + r_{\min}) = \tfrac{1}{2}(20 + 0{,}5)\,\mathrm{AE}\,.$$

Die Umlaufperiode ist dann nach dem 3. Keplerschen Gesetz:

$$T = \left(\frac{a_{\mathrm{Komet}}}{a_{\mathrm{Erde}}}\right)^{3/2} \text{Jahre} = \left(\frac{10{,}25}{1}\right)^{3/2} \text{Jahre}$$
$$= 32{,}82\ \text{Jahre}\,.$$

2. Die visuelle Helligkeit des Planeten ist durch seine Entfernung von der Sonne und von der Erde bestimmt. Er bekommt von der Sonne die Strahlungsleistung

$$\frac{\mathrm{d}W}{\mathrm{d}t} = L_\odot \cdot \frac{\pi R_{\mathrm{P}}^2}{\pi r_{\mathrm{P}}^2}$$

mit $R_{\mathrm{P}} =$ Radius des Planeten, $r_{\mathrm{P}} =$ Entfernung Sonne – Planet. Bei einer Albedo A wird vom Planeten die Strahlungsleistung

$$\frac{\mathrm{d}W}{\mathrm{d}t} = L_\odot \cdot \frac{R_{\mathrm{P}}^2}{r_{\mathrm{P}}^2} \cdot A$$

diffus zurückgestrahlt. Dann erreicht die Erde die Strahlungsflußdichte

$$\Phi = \frac{1}{4\pi r_{\mathrm{EP}}^2} \cdot \frac{\mathrm{d}W_2}{\mathrm{d}t}\,.$$

Die scheinbare Helligkeit ist dann

$$m = -2{,}5 \cdot \log \Phi/\Phi_0\,.$$

$$\Rightarrow \text{für } r_1 = 1{,}55\,\text{AE} \Rightarrow r_{EP} = 0{,}55\,\text{AE}$$

$$\Rightarrow \Phi_1 = \frac{1}{4\pi(0{,}55\,\text{AE})^2} \cdot L_\odot \cdot \frac{R_P}{(1{,}55\,\text{AE})^2} \cdot A\,.$$

Für $r_2 = 1{,}64$ AE

$$\Rightarrow \Phi_2 = \frac{1}{4\pi(0{,}64\,\text{AE})^2} \cdot L_\odot \cdot \frac{R_P}{(1{,}64\,\text{AE})^2} \cdot A\,.$$

$$\begin{aligned} m_1 - m_2 &= -2{,}5 \cdot \log \Phi_1/\Phi_2 \\ &= -2{,}5 \cdot \log \frac{1{,}64^2 \cdot 0{,}64^2}{1{,}55^2 \cdot 0{,}55^2} \\ &= -2{,}5 \cdot \log 1{,}516 = -0{,}45 \end{aligned}$$

$$\Rightarrow m_2 = m_1 + 0{,}45 = -1{,}6^{\text{m}} + 0{,}45^{\text{m}} = 1{,}15^{\text{m}}\,.$$

3. Nach Aufg. 10.2 ist der vom Planetoiden empfangene Strahlungsfluß

$$\Phi_P = \frac{1}{4\pi r_{EP}^2} \cdot L_\odot \cdot A \cdot \frac{R_P^2}{r_P^2}\,.$$

Der von der Sonne auf der Erde erhaltene Strahlungsfluß ist

$$\Phi_\odot = \frac{1}{4\pi r_E^2} \cdot L_\odot$$

$$\Rightarrow \frac{\Phi_P}{\Phi_\odot} = \frac{r_E^2 \cdot A \cdot R_P^2}{r_{EP}^2 r_P^2} = \frac{(1\,\text{AE})^2 \cdot A \cdot R_P^2}{(2\,\text{AE})^2 \cdot (3\,\text{AE})^2} = \frac{A \cdot R_P^2}{36 \cdot (1\,\text{AE})^2}$$

$$\Rightarrow R_P^2 = \frac{36}{A} \frac{\Phi_P}{\Phi_\odot} \cdot (1\,\text{AE})^2$$

$$m_P - m_\odot = -2{,}5 \cdot \log \Phi_P/\Phi_\odot\,.$$

Die scheinbare Helligkeit der Sonne läßt sich aus ihrer Leuchtkraft und ihrer Entfernung von der Erde zu $m_\odot = -26{,}8^{\text{m}}$ bestimmen, so daß

$$m_P - m_\odot = +10{,}0^{\text{m}} + 26{,}8^{\text{m}} = +36{,}8^{\text{m}}$$

$$\Rightarrow \Phi_P/\Phi_\odot = 10^{-0{,}4 \cdot 38{,}6} = 10^{-14{,}72}$$

$$\begin{aligned} \Rightarrow R_P &= 6/\sqrt{A} \cdot 10^{-7{,}36}\,\text{AE} \\ &= 6/\sqrt{0{,}15} \cdot 4{,}4 \cdot 10^{-8} \cdot 1{,}5 \cdot 10^{11}\,\text{m} \\ &= 1{,}0 \cdot 10^5\,\text{m} = 100\,\text{km}\,. \end{aligned}$$

Für $\Delta A = 30\% \Rightarrow \Delta R = 15\%$.

4. a) Sei R_0 der Radius ohne Rotation.

$$M = \frac{4}{3}\pi \overline{\varrho} R_0^3\,,$$

wenn $\overline{\varrho}$ die mittlere Dichte ist. Infolge der Rotation weitet sich der Äquatorradius auf

$$R_0 \to R_0 + \Delta R = a\,.$$

Im Gleichgewicht gilt: Gravitationskraftdifferenz = Zentrifugalkraft:

$$G \cdot M \cdot m \left(\frac{1}{R_0^2} - \frac{1}{(R_0 + \Delta R)^2} \right) = m\omega^2 (R_0 + \Delta R) \tag{1}$$

$$\Rightarrow \frac{4}{3}\pi \overline{\varrho} R_0^3 G \left[\frac{2R_0 \Delta R + \Delta R^2}{R_0^2} \right] = \omega^2 (R_0 + \Delta R)^3$$

$$\begin{aligned} \Rightarrow \frac{4}{3}\pi \overline{\varrho} R_0^3 G [2R_0^2 \Delta R + R_0 \Delta R^2] &\approx \omega^2 [R_0^3 + 3R_0^2 \Delta R + \cdots] \\ \approx \frac{4}{3}\pi \overline{\varrho} G \cdot 2R_0^2 \Delta R &\approx \omega^2 [R_0^3 + 3R_0^2 \Delta R] \end{aligned} \tag{2}$$

$$\Rightarrow \Delta R \approx \frac{\omega^2 R_0}{\frac{8}{3}\pi \overline{\varrho} G - 3\omega^2} \tag{3}$$

Einsetzen der Zahlenwerte:

$$T = 10\,\text{h}\,30\,\text{min}$$

$$\Rightarrow \omega = \frac{2\pi}{37\,800}\,\text{s}^{-1} = 1{,}662 \cdot 10^{-4}\,\text{s}^{-1}\,,$$

$$\overline{\varrho} = 1{,}3 \cdot 10^3\,\text{kg/m}^3\,,$$

$$R_0 = \left(\frac{3M}{4\pi \varrho_0} \right)^{1/3} = 7{,}1 \cdot 10^7\,\text{m}$$

$$\begin{aligned} \Rightarrow \Delta R &= \frac{1{,}662^2 \cdot 10^{-8} \cdot 7{,}1 \cdot 10^7}{\frac{8}{3}\pi \cdot 1{,}3 \cdot 10^3 \cdot 6{,}67 \cdot 10^{-11} - 3 \cdot 1{,}662^2 \cdot 10^{-8}} \\ &= \frac{1{,}96 \cdot}{7{,}26 \cdot 10^{-7} - 0{,}83 \cdot 10^{-7}} \\ &= 3{,}0 \cdot 10^6\,\text{m} = 0{,}046\,R_0 \end{aligned}$$

Die Aufweitung des Radius beträgt infolge der Rotation beträgt also im Falle einer homogenen

Gaskugel 4,3%. Aus Gründen der Massenerhaltung ist:

$$M = \frac{4}{3}\pi\overline{\varrho}R_0^3 = \frac{4}{3}\pi\overline{\varrho}a^2 \cdot b \quad \text{mit} \quad a = R_0 + \Delta R$$

$$\Rightarrow b = \frac{\frac{4}{3}\pi\overline{\varrho}R_0^3}{\frac{4}{3}\pi\overline{\varrho}a^2} = \frac{R_0^3}{(R_0+\Delta R)^2}$$

$$\approx R_0 \cdot \frac{1}{\left(1+\frac{\Delta R}{R_0}\right)^2} \approx R_0\left(1 - \frac{2\Delta R}{R_0}\right)$$

$$\approx 0{,}914\, R_0\,.$$

Die Abplattung ist dann

$$(R_{\text{äq}} - R_{\text{pol}})/r_{\text{äq}} = \frac{a-b}{a} = \frac{1{,}046 - 0{,}914}{1{,}046}$$

$$= 0{,}126\,.$$

Man sieht daraus, daß Jupiter keine homogene Gaskugel sein kann, weil die gemessene Abplattung geringer ist.

b) Wenn die Dichte

$$\varrho = \varrho_0[1 - r/R]$$

linear vom Zentrum zum Rand abnimmt, muß die Masse $M = \frac{4}{3}\pi\overline{\varrho}_0 R^3$ durch

$$M = 4\pi\varrho_0 \int_0^R (1 - r/R)r^2\,\mathrm{d}r$$

$$= \frac{4\pi}{12}\varrho_0 R^3 = \frac{4}{3}\pi\overline{\varrho}R^3$$

$$\Rightarrow \overline{\varrho} = \frac{1}{4}\varrho_0$$

ersetzt werden, wobei jetzt $\varrho_0 = \varrho(r=0)$ die Dichte im Zentrum ist.

Genau wie in (3) erhält man (1), aber statt (2) ergibt sich jetzt:

$$\frac{4\pi}{12}\varrho_0 \cdot G \cdot 2R_0^2 \Delta R \approx \omega^2[R_0^3 + 3R_0^2\Delta R + \cdots]$$

$$\Rightarrow \Delta R = \frac{\omega^2 R_0}{\frac{2\pi}{3}\varrho_0 G - 3\omega^2}\,.$$

Mit $\varrho_0 = 4\overline{\varrho}$ ergibt sich derselbe Wert für ΔR wie in (3).

c) Die Jupitermasse M erhält man aus der Umlaufzeit ω und Abstand r_{Ga} des Mondes Ganymed

$$G\,\frac{m \cdot M}{r_{\text{Ga}}^2} = m \cdot \omega^2 \cdot r_{\text{Ga}}$$

$$\Rightarrow M = \omega^2 \cdot \frac{r_{\text{Ga}}^3}{G}\,.$$

$T = 7{,}1546$ Tage

$$\Rightarrow \omega = \frac{2\pi}{7{,}1546 \cdot 24 \cdot 3600}$$

$$= 1{,}016 \cdot 10^{-5}\,\text{s}^{-1}$$

$$\Rightarrow M = \frac{1{,}016^2 \cdot 10^{-10} \cdot 1{,}0705^3 \cdot 10^{27}}{6{,}67 \cdot 10^{-11}}\,\text{kg}$$

$$= 1{,}90 \cdot 10^{27}\,\text{kg}\,.$$

5. Der kleine Körper mit der Masse M_2 möge mit der Winkelgeschwindigkeit ω um das Zentrum O_1 von M_1 rotieren. Auf seinen Mittelpunkt O_2 wirkt die Gesamtkraft Null, wenn die Gravitationskraft gleich der Zentripetalkraft ist:

$$G \cdot \frac{M_1 M_2}{r^2} = M_2\omega^2 \cdot r$$

$$\Rightarrow \omega^2 = G \cdot \frac{M_1}{r^3}\,.$$

Die Rochegrenze $r = r_s$ wird dann erreicht, wenn die Differenz $\boldsymbol{F}_1 - \boldsymbol{F}_2$ der Kräfte auf Probemassen m in den Punkten P_1, P_2:

$$\boldsymbol{F}_1 = +\left[G \cdot \frac{m \cdot M_1}{(r-R)^2} - m\omega^2(r-R)\right]\hat{\boldsymbol{r}}\,,$$

$$\boldsymbol{F}_2 = +\left[G \cdot \frac{m \cdot M_1}{(r-R)^2} - m\omega^2(r-R)\right]\hat{\boldsymbol{r}}$$

gleich der gravitativen Anziehungskraft

$$\boldsymbol{F}_3 = G \cdot \frac{2m \cdot M_2}{R^2}$$

wird. Ist $r < r_s$, folgt $|\Delta F| > |F_3|$, d. h. der Körper M_2 wird durch die Differenz $\boldsymbol{F}_1 - \boldsymbol{F}_2$ auseinandergerissen. Die Bedingung $r = r_s$ lautet daher:

$$G \cdot M_1\left[\frac{1}{(r_s-R)^2} - \frac{1}{(r_s+R)^2} + \frac{2\omega^2 R}{GM_1}\right]$$

$$= \frac{2G \cdot M_2}{R^2}\,.$$

Wegen $\omega^2 = G \cdot M_1/r_s^3$ folgt

$$\frac{1}{(r_s - R)^2} - \frac{1}{(r_s + R)^2} + \frac{2R}{r_s^3} = \frac{2M_2}{M_1 R^2}$$
$$\Rightarrow \frac{4r_s R}{(r_s^2 - R^2)^2} + \frac{2R}{r_s^3} = \frac{2M_2}{M_1 R^2} .$$

Mit $R \ll r_s$ geht dies über in

$$\frac{2R}{r_s^3} + \frac{R}{r_s^3} = \frac{M_2}{M_1 R^2} \Rightarrow r_s = R \cdot \sqrt{M_1/M_2} .$$

Setzt man die Massendichte ϱ_2 des kleinen Körpers ein, so ergibt sich mit $M_2 = \frac{4}{3}\pi\varrho R^3$

$$r_s = \sqrt[3]{\frac{3M_1}{4\pi\varrho_2}} .$$

Die Rochegrenze r_s hängt also ab von der Dichte ϱ_2 des kleinen und der Masse M_1 des großen Körpers. Im Falle des Jupitermondes Io ist $\varrho_2 = 3{,}5 \cdot 10^3\ \mathrm{kg/m^3}$. Mit Einsetzen der Jupitermasse $M_1 = 1{,}9 \cdot 10^{27}$ kg erhält man

$$\Rightarrow r_s = \sqrt[3]{\frac{5{,}7 \cdot 10^{27}}{4\pi \cdot 3{,}5 \cdot 10^3}}\ \mathrm{m} = 0{,}5 \cdot 10^8\ \mathrm{m}$$
$$= 5 \cdot 10^4\ \mathrm{km} .$$

Der Bahnradius des Io ist $a = 42{,}2 \cdot 10^4$ km. Io ist daher außerhalb der Roche-Grenze (sonst würde er auch nicht mehr existieren).

6. Wir betrachten den Fall dreier Massen m_1, m_2, m_3, die sich auf den Ecken eines gleichseitigen Dreiecks mit Kantenlänge r befinden. m_1 (Sonne) und m_2 (Jupiter) seien sehr groß gegen m_3 (Trojaner). Bezogen auf den gemeinsamen Schwerpunkt S (der praktisch auf der Verbindungslinie m_1–m_2 liegt und diese im Verhältnis m_1/m_2 teilt) gelten die Newtonschen Bewegungsgleichungen

$$m_i \cdot \ddot{\boldsymbol{r}}_i = \boldsymbol{F}_i . \tag{1}$$

Das ganze System rotiert mit der Winkelgeschwindigkeit $\boldsymbol{\omega}$ um S. Alle drei Massen sollen sich in der Ebene senkrecht zu $\boldsymbol{\omega}$ bewegen.
Die Abstände $r = r(t)$ des gleichseitigen Dreiecks können zeitabhängig sein, d.h. das Dreieck kann „Atemschwingungen" ausführen. Dann ist aus Drehimpulserhaltungsgründen auch $\omega = \omega(t)$ zeitabhängig, wobei sich jedoch nur der Betrag, nicht die Richtung ändern soll.
Schreiben wir (1) im bewegten (= rotierenden) Bezugssystem, so treten Coriolis- und Zentrifugalkräfte auf (siehe Bd. 1, Abschn. 3.3), und aus (1) wird:

$$\frac{\partial^2 \boldsymbol{r}_i}{\partial t^2} + 2\left(\boldsymbol{\omega} \times \frac{\partial \boldsymbol{r}_i}{\partial t}\right) + \boldsymbol{\omega} \times (\boldsymbol{\omega} \times \boldsymbol{r}_i) + (\dot{\boldsymbol{\omega}} \times \boldsymbol{r}_i)$$
$$= \boldsymbol{F}_i/m_i . \tag{2}$$

Wenn alle drei Massen immer auf den Ecken des atmenden gleichseitigen Dreiecks bleiben mit Kantenlängen $r(t)$, wobei $r(t)$ zeitabhängig sein kann, so läßt sich $\boldsymbol{r}_i$ ausdrücken durch

$$\boldsymbol{r}_i = \lambda(t) \cdot \boldsymbol{r}_{i0} ,$$

wobei $\lambda(t)$ ein skalarer, zeitabhängiger Parameter ist. Setzt man dies in (2) ein, so folgt wegen $\dot{\boldsymbol{r}}_i = \dot{\lambda} \cdot \boldsymbol{r}_{i0}$, $\ddot{\boldsymbol{r}}_i = \ddot{\lambda} \cdot \boldsymbol{r}_{i0}$ aus (2) nach vektorieller Multiplikation mit $\boldsymbol{r}_i$:

$$\lambda \cdot \ddot{\lambda}(\boldsymbol{r}_{i0} \times \boldsymbol{r}_{i0})$$
$$+ 2\lambda\dot{\lambda}\boldsymbol{r}_{i0} \times (\boldsymbol{\omega} \times \boldsymbol{r}_{i0}) + \lambda^2 \boldsymbol{r}_{i0} \times \big(\boldsymbol{\omega} \times (\boldsymbol{\omega} \times \boldsymbol{r}_{i0})\big)$$
$$+ \lambda^2 \boldsymbol{r}_{i0} \times (\dot{\boldsymbol{\omega}} \times \boldsymbol{r}_{i0}) = (\lambda/m_i)(\boldsymbol{r}_{i0} \times \boldsymbol{F}_i) . \tag{3}$$

Nun ist $\boldsymbol{\omega} \perp \boldsymbol{r}_{i0}$

$$\Rightarrow \boldsymbol{r}_{i0} \times (\boldsymbol{\omega} \times \boldsymbol{r}_{i0}) = r_{i0}^2 \boldsymbol{\omega} - (\boldsymbol{r}_{i0} \cdot \boldsymbol{\omega})\boldsymbol{r}_{i0} = r_{i0}^2 \cdot \boldsymbol{\omega}$$
$$\boldsymbol{\omega} \times (\boldsymbol{\omega} \times \boldsymbol{r}_{i0}) = -\omega^2 \cdot \boldsymbol{r}_{i0} \Rightarrow \boldsymbol{r}_{i0} \times \omega^2 \boldsymbol{r}_{i0} = 0 .$$

Außerdem gilt $\dot{\boldsymbol{\omega}} \parallel \boldsymbol{\omega}$. Deshalb bleibt von (3) nur übrig:

$$2\lambda\dot{\lambda} r_{i0}^2 \boldsymbol{\omega} + \lambda^2 r_{i0}^2 \dot{\boldsymbol{\omega}} = \frac{\mathrm{d}}{\mathrm{d}t}[\lambda^2 r_{i0}^2 \boldsymbol{\omega}]$$
$$= (\lambda/m_i)(\boldsymbol{r}_{i0} \times \boldsymbol{F}_i) . \tag{4}$$

Summiert man (4) über alle i, so wird die Summe der rechten Seite Null, weil der Gesamtdrehimpuls im rotierenden System Null sein muß

$$\Rightarrow \frac{\mathrm{d}}{\mathrm{d}t}\left[\lambda^2 \cdot \boldsymbol{\omega} \cdot \sum_{i=1}^{3} m_i r_{i0}^2\right] = 0 . \tag{5}$$

Da

$$\sum m_i r_{i0}^2 = \text{const} \Rightarrow \lambda^2 \cdot \boldsymbol{\omega} = \text{const} = \boldsymbol{C} . \qquad (6)$$

Dann folgt aus (4), daß für jede einzelne Kraft $\boldsymbol{F}_i$ $\boldsymbol{r}_{i0} \times \boldsymbol{F}_i = 0$ sein muß

$$\Rightarrow \boldsymbol{r}_{i0} \parallel \boldsymbol{F}_i .$$

Die Resultierende der Kräfte für jede der drei Massen zeigt auf den Schwerpunkt S.
Deshalb ist die Kraft $\boldsymbol{F}_i$ auf die Masse m_i:

$$\begin{aligned} \boldsymbol{F}_i &= -G \cdot m_i \cdot M \cdot \frac{\boldsymbol{r}_i}{r^3} \\ &= -G \cdot m_1 \cdot M \left(\frac{r_{i0}}{r_0}\right)^3 \frac{\boldsymbol{r}_i}{r_i^3} , \end{aligned} \qquad (7)$$

wobei $M = \sum m_i$ und $r = \lambda r_0$ die Seitenlänge des gleichseitigen Dreiecks ist. Jede der drei Massen führt also eine Bewegung um den Schwerpunkt S durch, die durch eine Zentralkraft bewirkt wird und daher auf einen Kegelschnitt (Kreis oder Ellipse) verlaufen muß.
Man kann (mit einigem Aufwand) das Potential für dieses eingeschränkte Drei-Körper-Problem berechnen (siehe z. B. K. Stumpf: *Himmelsmechanik* (VEB Verlag der Wissenschaften, Berlin 1965)).
Es zeigt sich, daß in den Eckpunkten L_4 und L_5 des gleichseitigen Dreiecks SJL_4 und SJL_5 Minima der potentiellen Energie auftreten (Librationspunkte), während in den Punkten L_1, L_2, L_3 Sattelpunkte der potentiellen Energie auftreten.
Kleine Massen m_3 können also in den Potentialmulden um die Librationspunkte L_4 und L_5 stabile Bahnen (eben die oben hergeleiteten Kegelschnitte) ausführen. In den Punkten L_1, L_2, L_3 haben sie ein stabiles Gleichgewicht, d. h. Auslenkungen aus diesen Punkten führen zu instabilen Bahnen.
Der Grund für die Minima von E_{pot} in L_4 und L_5 sind das Zusammenwirken von Gravitationskräften, Zentrifugal- und Corioliskräften bei der synchronen Rotation von m_2 und m_3 mit $m_3 \ll m_2$ um die Sonne.

7. Wenn eine Raumsonde an einem ruhenden hypothetischen Planeten vorbeifliegen würde, könnte sie beim Anflug auf Grund der gravitativen Anziehung kinetische Energie gewinnen, die sie dann aber beim Verlassen wieder verlieren würde. Ihre Gesamtenergie würde sich dadurch also nicht ändern, wohl aber ihre Flugzeit, weil während der Vorbeiflugphase ihre Geschwindigkeit größer wird.

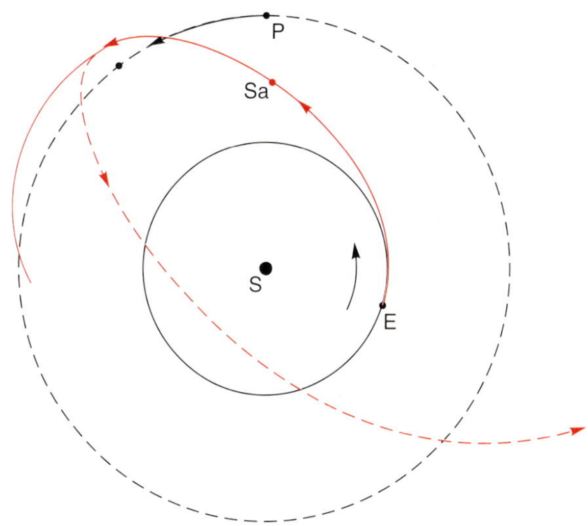

Abb. L.16. Zu Lösung 10.7

Nun hat aber der Planet selbst eine Geschwindigkeit

$$v_{\text{P}} = \omega \cdot r_{\text{P}} = \frac{2\pi r_{\text{P}}}{T} \propto \frac{1}{\sqrt{r_{\text{P}}}} ,$$

die nach dem Keplerschen Gesetz proportional zu $1/\sqrt{r_{\text{P}}}$ ist, wobei r_{P} sein Abstand von der Sonne ist.
Sei $\boldsymbol{v}_{\text{S}}$ die Geschwindigkeit der Sonde im Koordinatensystem mit Nullpunkt im Mittelpunkt der Sonne. Transformiert man auf ein Koordinnatensystem, dessen Nullpunkt im Mittelpunkt des Planeten liegt, so wird die Geschwindigkeit der Sonde:

$$\boldsymbol{v}_{\text{r}} = \boldsymbol{v}_{\text{S}} - \boldsymbol{v}_{\text{P}} ,$$

und damit wird ihre kinetische Energie in diesem System vor Eintritt in den Anziehungsbereich des Planeten:

$$E_{\text{kin}}^{\text{rel}} = \tfrac{1}{2} m_{\text{S}} \boldsymbol{v}_{\text{r}}^2 = \tfrac{1}{2} m_{\text{S}} (v_{\text{S}}^2 + v_{\text{P}}^2 - 2\boldsymbol{v}_{\text{S}} \cdot \boldsymbol{v}_{\text{P}}) .$$

Im mitbewegten Koordinatensystem muß die Energie der Sonde beim Austritt aus dem Anziehungsbereich des Planeten gleich der beim Eintritt sein:

$$\Rightarrow \tfrac{1}{2} m_S |\boldsymbol{v}_S - \boldsymbol{v}_P|^2 = \tfrac{1}{2} m_S |\boldsymbol{v}'_S - \boldsymbol{v}_P^2|$$
$$\Rightarrow v_S^2 - 2\boldsymbol{v}_S \cdot \boldsymbol{v}_P = v_S'^2 - 2\boldsymbol{v}_S \cdot \boldsymbol{v}_P \,.$$

Damit folgt für die Energie im ursprünglichen Koordinatensystem mit Nullpunkt in der Sonne:

$$E'_{kin} = \tfrac{1}{2} m_S v_S'^2 = \tfrac{1}{2} m_S \left[v_S^2 + 2\boldsymbol{v}_P (\boldsymbol{v}'_S - \boldsymbol{v}_S) \right]$$
$$= E_{kin} + m_S \boldsymbol{v}_P \cdot (\boldsymbol{v}'_S - \boldsymbol{v}_S) \,.$$

War z. B. $\boldsymbol{v}_S$ antiparallel zu $\boldsymbol{v}_P$ und $\boldsymbol{v}'_S \perp \boldsymbol{v}_P$, dann wird $\boldsymbol{v}_P \cdot \boldsymbol{v}_S = -v_P \cdot v_S$ und $\boldsymbol{v}_P \cdot \boldsymbol{v}'_S = 0$, und wir erhalten:

$$E'_{kin} = E_{kin} + m_S \cdot v_P \cdot v_S = E_{kin} \left(1 + 2 \frac{v_P}{v_S} \right) .$$

Diese Technik, bei der die kinetische Energie einer Sonde durch Ablenkung im Gravitationsfeld eines Planeten erhöht werden kann, wird ***Swing-by-Methode*** genannt.

8. Die potentielle Energie einer Kugelschale mit Dicke $\mathrm{d}r$ im Abstand r vom Zentrum einer homogenen Massekugel ist:

$$\mathrm{d}E_{pot} = \frac{-G \cdot M(r) \cdot 4\pi \varrho r^2 \, \mathrm{d}r}{r} \,.$$

Mit $M(r) = \frac{4}{3}\pi \varrho r^3$

$$\Rightarrow E_{pot} = -\frac{16}{3} \pi^2 \varrho^2 \cdot G \cdot \int_0^R r^4 \, \mathrm{d}r$$
$$= -\frac{16}{15} \pi^2 \varrho^2 G \cdot R^5 \,.$$

Wegen

$$M = \frac{4}{3} \pi \varrho R^3 \quad \Rightarrow M^2 = \frac{16}{9} \pi^2 \varrho^2 R^6$$
$$\Rightarrow E_{pot} = -\frac{3}{5} G \cdot \frac{M^2}{R} \,.$$

9. Wir betrachten einen kleinen Zylinder mit Grundfläche $\mathrm{d}A$ und Länge $\mathrm{d}r$, durch den Strahlung läuft und teilweise im Zylinder absorbiert wird. Sei I_ν die spektrale Intensitätsdichte senkrecht zur Zylindergrundfläche $\mathrm{d}A$. Wenn sich die Strahlung in den Raumwinkel $\mathrm{d}\Omega$ ausbreitet und wenn sie sich infolge Absorption auf der Strecke $\mathrm{d}r$ um $\mathrm{d}I_\nu$ abschwächt, so ändert sich im Zylinder die Energie pro Zeiteinheit im Frequenzintervall $\mathrm{d}\nu$ und Raumwinkelbereich $\mathrm{d}\Omega$ um den Betrag

$$\frac{\mathrm{d}W}{\mathrm{d}t} = \mathrm{d}I_\nu \cdot \mathrm{d}A \cdot \mathrm{d}\nu \cdot \mathrm{d}\Omega \,. \tag{1}$$

Andererseits ist die absorbierte Leistung bei einem Absorptionskoeffizienten $\alpha(\nu)$

$$\left(\frac{\mathrm{d}W}{\mathrm{d}t} \right)_{abs} = \alpha_\nu I_\nu \, \mathrm{d}r \cdot \mathrm{d}A \cdot \mathrm{d}\nu \cdot \mathrm{d}\Omega \tag{2}$$

und die vom Volumen $\mathrm{d}A\,\mathrm{d}r$ emittierte Leistung

$$\left(\frac{\mathrm{d}W}{\mathrm{d}t} \right)_{em} = \varepsilon_\nu \, \mathrm{d}\nu \cdot \mathrm{d}r \cdot \mathrm{d}A \cdot \mathrm{d}\Omega \,, \tag{3}$$

wobei ε_ν der spektrale Emissionskoeffizient ist. Die Differenz von (2)–(3) muß (1) ergeben.

$$\Rightarrow \frac{\mathrm{d}W}{\mathrm{d}t} = -\left(\frac{\mathrm{d}W}{\mathrm{d}t} \right)_{abs} + \left(\frac{\mathrm{d}W}{\mathrm{d}t} \right)_{em}$$
$$\Rightarrow \mathrm{d}I_\nu = -\alpha_\nu I_\nu \, \mathrm{d}r + \varepsilon \, \mathrm{d}r \,. \tag{4}$$

Nach Bd. 2, Abschn. 12.2 gilt:

$$S_\nu = \varepsilon_\nu / \alpha_\nu \,,$$

wobei S_ν die spektrale Strahlungsdichte eines schwarzen Körpers ist. Wir erhalten damit aus (4)

$$\frac{1}{\alpha_\nu} \frac{\mathrm{d}I_\nu}{\mathrm{d}r} = -I_\nu + S_\nu \,. \tag{5}$$

Dies ist die Grundgleichung für den Strahlungstransport. Breitet sich die Strahlung in der Richtung ϑ gegen die Normale zur Grundfläche $\mathrm{d}A$ aus, ergibt (5)

$$\cos\vartheta \frac{\mathrm{d}I_\nu}{\mathrm{d}r} = -\alpha_\nu I_\nu + \alpha_\nu S_\nu \,.$$

Multiplikation mit $\cos\vartheta$ und Integration über alle Richtungen ϑ ergibt:

$$\int_0^{2\pi} \cos^2\vartheta \frac{\mathrm{d}I_\nu}{\mathrm{d}r} \, \mathrm{d}\vartheta$$
$$= -\alpha_\nu \int \cos\vartheta I_\nu \, \mathrm{d}\vartheta + \alpha_\nu \int \cos\vartheta S_\nu \, \mathrm{d}\vartheta \,. \tag{6}$$

Da S_ν unabhängig von ϑ ist (die Strahlungsdichte des schwarzen Körpers ist isotrop!) wird der letzte Term in (6) gleich Null. Auf der linken Seite von (6) kann I_ν durch die Planck-Funktion $I_\nu = \frac{c}{4\pi} w_\nu$ (siehe Bd. 2, Abschn. 12.4) angenähert werden, so daß gilt:

$$I_\nu = \frac{2h\nu^3}{c^2} \frac{1}{e^{h\nu/kT} - 1} .$$

Integriert man über alle Frequenzen ν, so erhält man:

$$\int_\vartheta \int_\nu \cos^2 \vartheta I_\nu \, d\vartheta \, d\nu = 2\pi\sigma T^4$$

(Stefan-Boltzmann-Gesetz), so daß sich durch Integration von (6) über ν ergibt:

$$\frac{d}{dr}(T^4) = -\frac{1}{2\pi\sigma} \int_\nu \int_\vartheta \alpha_\nu I_\nu \cos\vartheta \, d\nu \, d\vartheta .$$

Wegen

$$\frac{d}{dr}(T^4) = \frac{d}{dT}(T^4) \cdot \frac{dT}{dr} = 4T^3 \frac{dT}{dr}$$
$$\Rightarrow \frac{dT}{dr} = -\frac{\alpha_\nu}{8\pi\sigma T^3} \int_\nu \int_\vartheta \alpha_\nu I_\nu \, d\nu \cos\vartheta \, d\vartheta .$$

Das Integral ist gleich der Strahlungsflußdichte $\Phi(r)$ durch die Fläche $4\pi r^2$. Führt man die Leuchtkraft $L(r) = 4\pi r^2 \cdot \Phi(r)$ ein, so ergibt dies mit $\kappa = \frac{1}{\varrho} \int \alpha_\nu \, d\nu$ (κ ist der Absorptionskoeffizient pro Masse)

$$\frac{dT}{dr} = C \cdot \frac{L(r)}{2\pi r^2} \frac{1}{T^3} \cdot \kappa \cdot \varrho .$$

10. Auf einen Körper der Masse m auf der Sonnenoberfläche wirkt die Gravitationskraft

$$F_G = -G \cdot \frac{m \cdot M_\odot}{R_\odot^2} .$$

Er erfährt daher eine Schwerebeschleunigung

$$a = F_G/m = -\frac{G \cdot M_\odot}{R_\odot^2} = 274 \, \mathrm{m/s^2}$$

(= 28fache Erdbeschleunigung).

Auf eine Schicht der Dicke dr, der Dichte $\varrho(R_\odot) = \varrho_0$ und der Fläche A wirkt daher die Kraft:

$$F_G = -\frac{G \cdot M_\odot}{R_\odot^2} \cdot \varrho_0 \cdot A \cdot dr .$$

Auf eine Kugelfläche mit Radius $r = R_\odot$ wirkt daher der Druck

$$p(R_\odot) = -\frac{G \cdot M_\odot}{R_\odot^2} \int_{R_\odot}^{\infty} \varrho \, dr ,$$

der durch die über $R_\odot$ (= Photosphärenrand) liegenden Schichten (Chromosphäre und Korona) bewirkt wird. Da deren Dichte ϱ sehr klein ist, wird $p(R_\odot)$ am Atmosphärenrand sehr klein und kann gegen den Druck im Inneren der Sonne vernachlässigt werden.
Mit $\varrho = \varrho(R_\odot) \cdot e^{-(r-R_\odot)a}$

$$\Rightarrow \varrho_0 \int_{R_\odot}^{\infty} e^{-(r-R_\odot)/a} = a$$

$$\Rightarrow p(R_\odot) = a \cdot \varrho(R_\odot) \cdot \frac{GM_\odot}{R_\odot^2} .$$

Einsetzen der Werte: $a = 10^5$ m und $\varrho(R_\odot) = 3 \cdot 10^{-5} \, \mathrm{kg/m^3}$ (Abb. 10.63) liefert:

$$p(R_\odot) = 10^5 \cdot 3 \cdot 10^{-5} \cdot \frac{6{,}67 \cdot 10^{-11} \cdot 2 \cdot 10^{30}}{7 \cdot 2 \cdot 16} \frac{\mathrm{N}}{\mathrm{m^2}}$$
$$= 8{,}2 \cdot 10^2 \, \mathrm{N/m^2} .$$

11. Die potentielle Energie einer Kugelschale mit der Masse

$$dm = 4\pi\varrho r^2 \, dr$$

in einem Stern mit Radius R ist

$$dE_{pot} = -\frac{G \cdot M(R) \cdot 4\pi\varrho r^2 \, dr}{r} ,$$

da die Schichten mit $r' > r$ nichts beitragen. Die gesamte potentielle Energie ist dann

$$E_{pot} = -G \cdot 4\pi \int_0^R M(R)\varrho \cdot r \, dr$$
$$= -4\pi G \int_0^R \frac{4\pi}{3}\varrho r^3 \cdot \varrho r \, dr$$
$$= -\frac{16\pi^2}{3} G \cdot \int_0^R \varrho^2 r^4 \, dr \, .$$

Für einen homogenen Stern ($\varrho = \text{const}$) wird

$$E_{pot} = -\frac{16\pi^2}{3} G \cdot \varrho^2 \cdot \frac{1}{5} R^5$$
$$= -\frac{3G}{5} \frac{M^2(R)}{R} \, .$$

Für eine Dichteverteilung

$$\varrho(r) = \varrho_0 \cdot \left(1 - \frac{r}{R}\right)^2$$
$$\Rightarrow \; M(r) = 4\pi\varrho_0 \int_0^r \left(1 - \frac{r'}{R}\right)^2 r'^2 \, dr'$$
$$= \frac{2\pi}{15}\varrho_0 r^3 \, ,$$

und damit wird

$$E_{pot} = -G \cdot 4\pi \int_0^R \frac{2\pi}{15} \varrho_0 r^3 \cdot \varrho_0 \left(1 - \frac{r}{R}\right)^2 r \, dr$$
$$= -\frac{2}{7} G \frac{M^2}{R} \, .$$

Die potentielle Gravitationsenergie hängt also nur schwach von der Dichteverteilung ab.
Bei der Kontraktion von R auf R_0 wird dann die potentielle Energie

$$E_{pot} = C \cdot G \cdot M^2 \left(\frac{1}{R_0} - \frac{1}{R}\right)$$

gewonnen mit der Konstanten C von der Größenordnung 1. Dies kann man durch die folgende Abschätzung erhalten: Fügt man der im Kugelvolumen mit Radius R_0 vorhandenen Masse $m(R_0)$ die Masse dm aus der Entfernung $R \gg R_0$ zu, so gewinnt man die potentielle Energie

$$dE_{pot} = dm\left[\Phi_{pot}(R) - \Phi_{pot}(R_0)\right]$$
$$= G \cdot dm \cdot m(R_0)\left(\frac{1}{R_0} - \frac{1}{R}\right)$$
$$\approx \frac{G \cdot m(R_0) \cdot dm}{R_0} \, .$$

Beim Vergrößern der Masse m von 0 auf $M(R_0)$ gewinnt man die potentielle Energie

$$E_{pot} = \frac{G}{R_0} \int_0^M m \, dm = \frac{1}{2} G \frac{M^2}{R_0} \, .$$

Kapitel 11

1. Im stationären Gleichgewicht muß der hydrostatische Druck bei $r = R/2$ gleich dem Gravitationsdruck der Gashülle zwischen $r = R/2$ und $r = R$ sein. Der Druck, der durch eine Kugelschale zwischen $r = R/2$ und $r + dr$ bewirkt wird, ist
   a) für $\varrho = \text{const}$

   $$dp = \frac{dF}{4\pi(R/2)^2} = \frac{1}{\pi R^2} G \cdot \frac{M(R/2) \cdot 4\pi\varrho r^2 \, dr}{r^2}$$

   mit $M(R/2) = 1/6\pi R^3 \cdot \varrho$

   $$\Rightarrow \; p = \frac{6}{\pi R^2} \cdot 4\pi\varrho^2 \cdot \frac{1}{6}\pi R^3 \cdot \int_{R/2}^R dr$$
   $$= \frac{1}{3} G \cdot \pi\varrho^2 R^2 \, .$$

   Setzt man die Werte $\varrho = \overline{\varrho} = 1{,}4 \cdot 10^3\ \text{kg/m}^3$, $R = 7 \cdot 10^8$ m, $G = 6{,}67 \cdot 10^{-11}\ \text{m}^3\text{kg}^{-1}\text{s}^{-2}$ ein, so ergibt sich ein Druck $p = 6{,}7 \cdot 10^{13}$ Pa.
   b) für $\varrho = \varrho_0(1 - r/R)$

   $$M(R/2) = 4\pi\varrho_0 \int_0^{R/2} (1 - r/R) r^2 \, dr = \frac{1}{48}\pi\varrho_0 R^3$$

$$\Rightarrow\ p = \frac{1}{4\pi R^2}\cdot G\cdot \frac{1}{48}\pi\varrho_0^2 R^3\cdot 4\pi \int\limits_{R/2}^{R} (1-r/R)\,\mathrm{d}r$$
$$= \frac{\pi}{12}\varrho_0^2 G R\cdot\frac{1}{8}R$$
$$= \frac{\pi}{96}G\varrho_0^2 R^2 .$$

Wegen

$$\frac{4}{3}\pi\overline{\varrho}R^3 = \varrho_0\cdot 4\pi\int\limits_0^R (1-r/R)r^2\,\mathrm{d}r = M(R)$$
$$\Rightarrow\ \varrho_0 = 4\overline{\varrho}$$
$$\Rightarrow\ p = \frac{\pi}{6}G\pi\overline{\varrho}^2 R^2 .$$

Der Druck bei $r = R/2$ ist im Fall b) also nur halb so groß wie im Fall a).

c) Die Temperatur T bei $r = R/2$ läßt sich aus der allgemeinen Gasgleichung

$$p\cdot V_\mathrm{m} = N_\mathrm{A}\cdot k\cdot T$$
$$\Rightarrow\ T = \frac{p\cdot V_\mathrm{m}}{N_\mathrm{A}k} = p\cdot\frac{\overline{m}}{\overline{\varrho}\cdot k}$$

bestimmen, wobei V_m das Molvolumen, N_A die Avogadrozahl, $\overline{m} = 1/2(m_\mathrm{p}+m_\mathrm{e})$ die mittlere Masse der Gasteilchen (Protonen und Elektronen) ist.

Einsetzen der Zahlenwerte: $\overline{m} = 0{,}84\cdot 10^{-27}$ kg, $\overline{\varrho} = 1{,}4\cdot 10^3\ \mathrm{kg/m^3}$, $p(R/2) = 6{,}7\cdot 10^{13}$ Pa liefert:

$$T = 6{,}7\cdot 10^{13}\cdot\frac{0{,}84\cdot 10^{-27}}{1{,}4\cdot 10^3\cdot 1{,}38\cdot 10^{-23}}\ \mathrm{K}$$
$$= 2{,}8\cdot 10^6\ \mathrm{K}.$$

Für den Fall b) ist der Druck p nur halb so groß, die Dichte jedoch doppelt so groß, so daß die Temperatur dann nur $T = 0{,}7\cdot 10^6$ K wäre.

d) Der Strahlungsdruck p_S ist mit der Energiedichte w_S der thermischen Strahlung verknüpft durch

$$p_\mathrm{S} = \tfrac{1}{3}w_\mathrm{S} .$$

Dies sieht man wie folgt: Der Impulsübertrag eines absorbierten Photons ist $h\cdot\nu/c$. Ist I die Intensität der Strahlung pro Raumwinkeleinheit $\Delta\Omega =$ 1 Sterad, so ist der Strahlungsdruck

$$p_\mathrm{S} = (I/c)\cdot\mathrm{d}\Omega .$$

Von der in den Raumwinkel $\mathrm{d}\Omega(\vartheta,\varphi)$ emittierten Strahlung tritt durch die Einheitsfläche $\mathrm{d}A = 1\ \mathrm{m}^2$ in der x-y-Ebene der Betrag $I\cdot\cos\vartheta\cdot\mathrm{d}\Omega$.

Der gesamte Strahlungsdruck, bewirkt durch Strahlung in den Bereich $\vartheta = c$ bei $\pi/2$, $\varphi = 0$ bis 2π ist dann

$$p_\mathrm{S} = \frac{1}{c}\iint I\cdot\cos^2\vartheta\sin\vartheta\,\mathrm{d}\vartheta\,\mathrm{d}\varphi .$$

Ist die Strahlung isotrop verteilt, so ist I unabhängig von ϑ, φ

$$\Rightarrow\ p_\mathrm{S} = \frac{2\pi I}{3c} = \frac{1}{3}w_\mathrm{S} .$$

Die Energiedichte w_S der Strahlung kann nach dem Stefan-Boltzmann-Gesetz bestimmt werden (siehe Bd. 2, Abschn. 12.6). Es gilt:

$$w_\mathrm{S}(T) = 2\sigma\ c\cdot T^4$$

mit $\sigma = 5{,}67\cdot 10^{-8}\ \mathrm{W\cdot m^{-2}\cdot K^{-4}}$. Aus der Lösung 11.1c folgt mit $T = 2{,}8\cdot 10^6$ K

$$w_\mathrm{S} = \frac{2\cdot 5{,}67\cdot 10^{-8}}{3\cdot 10^8}\cdot 2{,}8^4\cdot 10^{24}\ \mathrm{Ws/m^3}$$
$$= 2{,}3\cdot 10^{10}\ \mathrm{Ws/m^3}$$
$$\Rightarrow\ p_\mathrm{S} = 0{,}77\cdot 10^{10}\ \mathrm{Ws/m^3}$$
$$= 0{,}77\cdot 10^{10}\ \mathrm{N/m^2} = 0{,}77\cdot 10^{10}\ \mathrm{Pa}.$$

p_S ist also, verglichen mit dem Gravitationsdruck $p_\mathrm{g} = 6{,}7\cdot 10^{13}$ Pa, vernachlässigbar.

2. Die potentielle Gravitationsenergie des Massenelementes $\mathrm{d}m = \varrho\cdot 4\pi r^2\,\mathrm{d}r$ in der Kugelschale zwischen r und $r+\mathrm{d}r$ ist

$$\mathrm{d}E_\mathrm{pot} = -\frac{G\cdot M(r)\cdot\mathrm{d}m}{r}$$
$$= -\frac{G\cdot\frac{4}{3}\pi r^3\cdot\varrho^3\cdot 4\pi r^2\,\mathrm{d}r}{r}$$
$$= -G\cdot\frac{16\pi^2}{3}\varrho^2 r^4\,\mathrm{d}r .$$

Für den gesamten Stern mit Radius R ist dann bei konstanter Dichte ϱ:

$$E_{\text{pot}} = \int\limits_0^R \mathrm{d}E_{\text{pot}} = -G \cdot \frac{16\pi^2}{3}\,\varrho^2 \frac{R^5}{5}\,.$$

Wegen $M = \dot{\varrho} \cdot \frac{4}{3}\pi R^3 \Rightarrow M^2 = \varrho^2 \frac{16}{9}\pi^2 R^6$

$$E_{\text{pot}} = -\frac{3}{5}\,G \cdot \frac{M^2}{R}\,.$$

Für nicht konstante Dichte ist das Integral nur für Spezialfälle analytisch lösbar. Beispiel:

$$\begin{aligned}
&\varrho(r) = \varrho_0(1 - r/R)\\
\Rightarrow\ & M(r) = 4\pi\varrho_0 \int\limits_0^r (1 - r'/r)r'^2\mathrm{d}r'\\
&\quad = 4\pi\varrho_0\left[\tfrac{1}{3}r^3 - \tfrac{1}{4}r^3\right]\\
&\quad = \frac{\pi}{3}\varrho_0 r^3\\
\Rightarrow\ & E_{\text{pot}} = -G \cdot \frac{4\pi^2}{3}\varrho_0^2 \int\limits_0^R \frac{r^3 \cdot (1 - r/R)r^2}{r} \cdot \mathrm{d}r\\
&\quad = -G \cdot \frac{4\pi^2}{3}\varrho_0^2 \cdot \frac{R^5}{30} = -\frac{2}{5}G \cdot \frac{M^2}{R}\,.
\end{aligned}$$

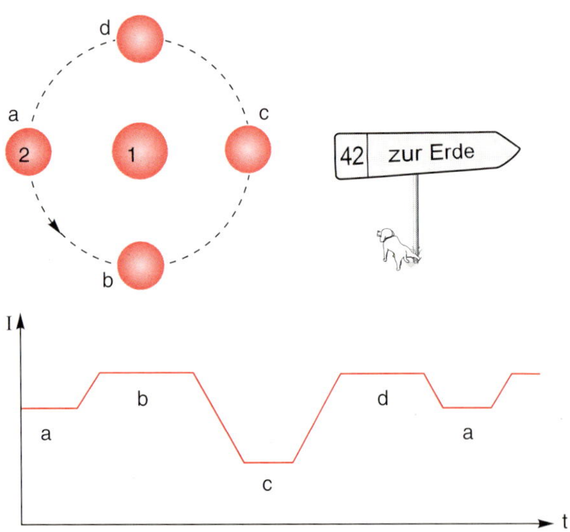

Abb. L.17. Zu Lösung 11.3

3. Die Leuchtkraft eines Sterns ist

$$L = 4\pi R^2\sigma \cdot T^4\,.$$

Bei vollständiger Bedeckung der beiden Komponenten des Doppelsternsystems sind die auf der Erde beobachteten Lichtleistungen in den Stellungen:
a) $L_1 \propto T_1^4$,
b) $L_1 + L_2 \propto T_1^4 + T_2^4$,
c) $L_2 \propto T_2^4$,
d) $L_1 + L_2 \propto T_1^4 + T_2^4$.
Für $T_1 > T_2$ wird das Minimum bei Position c) erreicht.

4. Wenn der Pulsar als kugelförmiger Neutronenstern mit homogener Dichte ϱ angenommen wird, ist sein Rotationsenergie

$$E_{\text{rot}} = \frac{1}{5}MR^2 \cdot \omega^2 = \frac{1}{5} \cdot \varrho \cdot \frac{4}{3}\pi R^5 \cdot \frac{4\pi^2}{\tau^2}\,.$$

Einsetzen der Zahlenwerte: $M = 4 \cdot 10^{30}\,\mathrm{kg}$, $R = 8 \cdot 10^3\,\mathrm{m}$, $\tau = 1{,}2 \cdot 10^{-3}\,\mathrm{s} \Rightarrow \omega = 5{,}24 \cdot 10^3\,\mathrm{s}^{-1}$

$$\Rightarrow\ E_{\text{rot}} = 1{,}4 \cdot 10^{45}\,\mathrm{J}\,.$$

Die abgestrahlte Leistung ist

$$\begin{aligned}
P &= -\frac{\mathrm{d}E_{\text{rot}}}{\mathrm{d}t} = -2 \cdot \frac{1}{5}MR^2\omega \cdot \frac{\mathrm{d}\omega}{\mathrm{d}t}\\
&= -2E_{\text{rot}} \cdot \frac{1}{\omega}\frac{\mathrm{d}\omega}{\mathrm{d}t}\,,\\
\omega &= \frac{2\pi}{\tau} \Rightarrow \frac{\mathrm{d}\omega}{\mathrm{d}t} = -\frac{2\pi}{\tau^2}\frac{\mathrm{d}\tau}{\mathrm{d}t}\\
\frac{\mathrm{d}\tau}{\mathrm{d}t} &= \frac{10^{-5}\tau}{\text{Jahr}} = \frac{10^{-5}\tau}{3{,}15 \cdot 10^7\,\mathrm{s}}\\
\Rightarrow\ P &= 2E_{\text{rot}} \cdot \frac{10^{-5}}{3{,}15 \cdot 10^7\,\mathrm{s}}\\
&= 1{,}4 \cdot 10^{45} \cdot 3{,}2 \cdot 10^{-13}\\
&= 4{,}5 \cdot 10^{32}\,\mathrm{W}\,.
\end{aligned}$$

Die Leuchtkraft der Sonne ist

$$P_{\odot} = 3{,}85 \cdot 10^{26}\,\mathrm{W}\,.$$

$\Rightarrow$ Der Pulsar strahlt etwa 10^6 mal mehr Energie ab als die Sonne.

5. Der Gravitationsdruck ist

$$P_g = \frac{F_g}{4\pi R_0^2} = \frac{G \cdot M(R)}{4\pi R_0^2} \cdot \int_{R_0}^{\infty} 4\pi r^2 \varrho(r)\,\mathrm{d}r$$
$$= G \cdot \frac{4}{3}\pi\varrho_0 R_0 \int_{R_0}^{\infty} r^2 \cdot \mathrm{e}^{-ar}\,\mathrm{d}r$$
$$= \frac{4}{3}\pi\varrho_0 G R_0 \cdot \mathrm{e}^{-aR_0}\left[\frac{R_0^2}{a} + \frac{2R_0}{a^2} + \frac{2}{a^3}\right].$$

Für das Beispiel unserer Sonne sind die Zahlenwerte: $\varrho_0 = 1{,}5 \cdot 10^3\,\mathrm{kg/m^3}$, $R_0 = 7 \cdot 10^8\,\mathrm{m}$, $a = 6 \cdot 10^{-8}\,\mathrm{m^{-1}}$

$$\Rightarrow P_g = \tfrac{4}{3}\pi \cdot 1{,}5 \cdot 10^3 \cdot 6{,}67 \cdot 10^{-11} \cdot 7 \cdot 10^8 \cdot \mathrm{e}^{-42}$$
$$\cdot [8{,}2 \cdot 10^{24} + 0{,}4 \cdot 10^{24} + 10^{22}]\,\mathrm{Pa}$$
$$= 3 \cdot 10^2 \cdot \mathrm{e}^{-42} \cdot 8{,}6 \cdot 10^{24}\,\mathrm{Pa}$$
$$\approx 1{,}5 \cdot 10^9\,\mathrm{Pa} \approx 1{,}5 \cdot 10^4\,\mathrm{atm}.$$

6. Nach (11.75) ist die relative Frequenzverschiebung

$$\frac{\Delta\nu}{\nu} = \frac{\mathcal{R}}{2R}$$

mit dem Schwarzschildradius

$$\mathcal{R} = \frac{2GM}{c^2}$$
$$\Rightarrow \frac{\Delta\nu}{\nu} = \frac{G \cdot M}{R \cdot c^2}.$$

a) Für die Erdoberfläche ist $M \approx 6 \cdot 10^{24}\,\mathrm{kg}$, $R = 6{,}36 \cdot 10^6\,\mathrm{m}$

$$\Rightarrow \frac{\Delta\nu}{\nu} = \frac{6{,}67 \cdot 10^{-11} \cdot 6 \cdot 10^{24}}{6{,}36 \cdot 10^6 \cdot 9 \cdot 10^{16}} = 7 \cdot 10^{-10}.$$

Für $\nu = 6 \cdot 10^{14}\,\mathrm{s^{-1}}$ (rotes Licht) folgt

$$\Delta\nu = 4 \cdot 10^5\,\mathrm{s^{-1}} = 0{,}4\,\mathrm{MHz}.$$

b) Für den Neutronenstern gilt:

$$\frac{\Delta\nu}{\nu} = \frac{6{,}67 \cdot 10^{-11} \cdot 4 \cdot 10^{30}}{10^4 \cdot 9 \cdot 10^{16}} = 3 \cdot 10^{-1}$$
$$\Rightarrow \Delta\nu = 1{,}8 \cdot 10^{14}\,\mathrm{s^{-1}} \quad \text{für } \nu = 6 \cdot 10^{14}\,\mathrm{s^{-1}}.$$

7. Bei einer Dichte ϱ und einer Atommassenzahl A der Atome mit Masse $m = A \cdot 1\,\mathrm{AME}$ ist der mittlere Abstand zwischen zwei Atomen

$$\frac{A \cdot 1\,\mathrm{AME}}{d^3} = \varrho$$
$$\Rightarrow d = \sqrt[3]{\frac{50 \cdot 1{,}66 \cdot 10^{-27}}{4 \cdot 10^3}}\,\mathrm{m}$$
$$= 2{,}75 \cdot 10^{-10}\,\mathrm{m}.$$

Die Gesamtzahl der Atome mit Masse m in einer Kugel mit Radius R ist dann

$$N = \frac{\frac{4}{3}\pi R^3}{d^3} = \frac{4}{3}\pi R^3 \cdot \frac{\varrho}{m}.$$

Ihre Gesamtbindungsenergie ist

$$E_B = -\tfrac{1}{2}N \cdot \varepsilon = \tfrac{2}{3}\pi R^3 \varrho \cdot \varepsilon / m.$$

Die Gravitationsenergie ist (siehe Aufg. 11.2)

$$E_{grav} = -\tfrac{3}{5}GM^2/R = -\tfrac{3}{5}GN^2m^2/R.$$

Für $|E_{grav}| > |E_B|$ folgt

$$\tfrac{3}{5}GN^2m^2/R > \tfrac{2}{3}\pi R^3 \varrho\varepsilon/m.$$

Einsetzen von $N = \frac{4}{3}\pi R^3 \varrho/m$ liefert

$$R > \sqrt{\frac{10\varepsilon}{16\pi \cdot m \cdot G \cdot \varrho}} = 1{,}6 \cdot 10^6\,\mathrm{m} = 1600\,\mathrm{km}$$
$$\Rightarrow M > \tfrac{4}{3}\pi\varrho R^3 = 6{,}86 \cdot 10^{22}\,\mathrm{kg}.$$

Dies ist etwa eine Größenordnung kleiner als die Masse der Erde ($M_E = 6 \cdot 10^{23}\,\mathrm{kg}$).

8. Für die Abhängigkeit des Druckes p vom Radius r innerhalb einer homogenen Massekugel mit Masse M und Radius R gilt:

$$\frac{\partial p}{\partial r} = -g \cdot \varrho \quad \text{mit} \quad g = G \cdot \frac{m(r)}{r^2}\varrho.$$

Mit $m(r) = \frac{4}{3}\pi\varrho r^3 \Rightarrow \partial m/\partial r = 4\pi\varrho r^2$

$$\Rightarrow \frac{\partial p}{\partial m} = \frac{\partial p}{\partial r} \cdot \frac{\partial r}{\partial m} = -\frac{G \cdot m \cdot \varrho}{r^2 \cdot 4\pi\varrho r^2} = -G \cdot \frac{m}{4\pi r^4}.$$

Ersetzen wir: $m(r) = \frac{4}{3}\pi\overline{\varrho}r^3$

$$\Rightarrow r^4 = \left(m/(\tfrac{4}{3}\pi\overline{\varrho})\right)^{4/3}$$

$$\Rightarrow \frac{\partial p}{\partial m} = -\frac{G}{4\pi}\left(\frac{4}{3}\pi\overline{\varrho}\right)^{4/3} \cdot m^{-1/3}$$

$$\Rightarrow p_g(r=0) = \tfrac{3}{2}\cdot\frac{G}{4\pi}\left(\tfrac{4}{3}\pi\overline{\varrho}\right)^{4/3} M^{2/3}$$

$$= \tfrac{3}{8}\cdot G\cdot\pi^{1/3}\left(\tfrac{4}{3}\overline{\varrho}\right)^{4/3}\cdot\left(\tfrac{4}{3}\pi\overline{\varrho}R^3\right)^{2/3}$$

$$= \tfrac{3}{8}\pi\cdot G\cdot\tfrac{16}{9}\overline{\varrho}^2\cdot R^2$$

$$p_g = \tfrac{2}{3}\pi G\overline{\varrho}^2\cdot R^2\,.$$

Wenn dieser Gravitationsdruck durch die elastische Kompression des Materials im Erdinneren aufgefangen werden soll, dann muß

$$p_c \leq \Delta p = K\cdot\Delta V/V$$

gelten, wobei K der Kompressionsmodul ist. Die Dichte im Zentrum ist etwa dreimal so groß wie die Dichte von Eisen-Nickel ohne Druck. Deshalb muß $\Delta V/V = 2/3$ sein.

$$\Rightarrow \tfrac{2}{3}\pi G\overline{\varrho}^2R^2 \leq \tfrac{2}{3}K$$

$$\Rightarrow R \leq \left(\frac{K}{\pi G\overline{\varrho}^2}\right)^{1/2}$$

$$\leq \left(\frac{3\cdot 10^{11}}{\pi\cdot 6{,}67\cdot 10^{-11}\cdot 16\cdot 10^6}\right)^{1/2}\,\text{m}$$

$$= 0{,}95\cdot 10^7\,\text{m} \approx 9500\,\text{km}\,.$$

9. Bei Planeten, die kleiner als 1/10 der Erdmasse sind, überwiegt die Adhäsionsbindung die Gravitationsbindungsenergie.
Grenzbedingung: Zentrifugalkraft = Gravitationskraft. Für die Beträge folgt dann:

$$m\omega^2R = G\cdot m\cdot M/R^2$$

$$\Rightarrow \omega = \sqrt{G/(MR^3)}$$

$$M = 2\,M_\odot = 4\cdot 10^{30}\,\text{kg},\; R = 10^4\,\text{m}$$

$$\Rightarrow \omega = \sqrt{6{,}67\cdot 10^{-11}\cdot 4\cdot 10^{30}/10^{12}}\,\text{s}^{-1}$$

$$= 1{,}6\cdot 10^4\,\text{s}^{-1}$$

$$\Rightarrow \nu = \omega/2\pi = 2{,}55\cdot 10^3\,\text{s}^{-1}\,.$$

Rotationsperiode:

$$T = 1/\nu = 4\cdot 10^{-4}\,\text{s} = 400\,\mu\text{s}\,.$$

10. (Sauerland) Erzeugung der Neutrinos (wegen Baryon-, Lepton- und Ladungserhaltung) durch

$$e^- + p \rightarrow n + \nu_e$$

und

$$e^+ + n \rightarrow p + \overline{\nu}_e\,.$$

Messung durch die dazu inversen Reaktionen:

$$\nu_e \rightarrow p + e^-$$

$$Q \approx (m_n - m_H)c^2 = m_{nH}c^2 = 0{,}78935\,\text{MeV}$$

und

$$\overline{\nu}_e + p \rightarrow n + e^+$$

$$Q \approx (m_p - m_n - m_e)c^2 = -(m_{nH} + 2m_e)c^2$$

$$= -1{,}8043\,\text{MeV}$$

sowie

$$\nu_e + e^- \rightarrow \nu_e + e^-\,.$$

Festgestellte Rate: $\Phi\sigma N_p = \dot{N} = 10/10\,\text{s} = 1\,\text{s}^{-1}$ mit $\sigma \approx 4\cdot 10^{-46}\,\text{m}^2$ und

$$N_p = 2N_{H_2O} = 2\cdot\frac{m_{H_2O}}{M_{\text{molar}}}\cdot N_A$$

$$= 2\cdot\frac{2{,}14\cdot 10^6\,\text{kg}}{18\,\text{g/mol}}\cdot 6{,}022\cdot 10^{23}\,\text{mol}^{-1}$$

$$= 1{,}432\cdot 10^{32}$$

$$\Rightarrow \Phi = \frac{\dot{N}}{\sigma\cdot N_p} = \frac{1\,\text{s}^{-1}}{4\cdot 10^{-46}\,\text{m}^2\cdot 1{,}432\cdot 10^{32}}$$

$$= 1{,}746\cdot 10^{13}\,\text{m}^{-2}\text{s}^{-1} \quad (\text{nur in } \Delta t = 10\,\text{s})$$

$$D = 50\cdot 10^3\cdot 3{,}0856778\cdot 10^{16}\,\text{m}$$

$$= 1{,}54284\cdot 10^{21}\,\text{m}\,,$$

$$N_{\nu_e} = 4\pi D^2\cdot\Phi\cdot\Delta t$$

$$= 4\pi\cdot 50^2\cdot 10^6\cdot 3{,}08567758^2\cdot 10^{32}\,\text{m}^2$$

$$\cdot 1{,}746\cdot 10^{13}\,\text{m}^{-2}\text{s}^{-1}\cdot 10\,\text{s}$$

$$= \pi\cdot 3{,}085678^2\cdot 1{,}746\cdot 10^{56}$$

$$= 5{,}223\cdot 10^{57}\,.$$

Es werden alle drei Neutrinosorten (ν_e, ν_μ, ν_τ) etwa gleich stark emittiert, aber nur *eine* Sorte (ν_e) in der Messung festgestellt:

$$\begin{aligned} E_{\text{total}} &= 3 \cdot N_{\nu_e} \cdot \overline{E} \\ &= 3 \cdot 5{,}223 \cdot 12 \cdot 10^{57}\,\text{MeV} \\ &= 3{,}0126 \cdot 10^{46}\,\text{J}\,. \end{aligned}$$

$(1\,\text{eV} = 1{,}6022 \cdot 10^{-19}\,\text{As} \cdot \text{V} = 1{,}6022 \cdot 10^{-19}\,\text{J}.)$

Kapitel 12

1. Die mittlere Einfangzeit von Neutronen durch Protonen ist bei einem Wirkungsquerschnitt σ gegeben durch (siehe Bd. 1, Abschn. 7.3.6)

$$\bar{t} = \frac{1}{n_p \cdot \sigma \cdot \overline{v} \cdot \sqrt{2}}\,,$$

wobei

$$\begin{aligned} n_p &= \frac{\varrho_p}{m_p} \\ &= \frac{2 \cdot 10^{-3}\,\text{kg/m}^3}{1{,}67 \cdot 10^{-27}\,\text{kg}} = 1{,}2 \cdot 10^{24}\,\text{m}^{-3} \end{aligned}$$

die Protonenzahldichte, $\sigma = 10^{-32}\,\text{m}^3$.
Bei einer Temperatur T ist die mittlere Relativgeschwindigkeit (siehe Bd. 1, Aufg. 7.9)

$$\overline{v}_r = \overline{v} \cdot \sqrt{2} \quad \text{mit} \quad \overline{v} = \left(\frac{8kT}{\pi \cdot m}\right)^{1/2}.$$

Einsetzen der Zahlenwerte ergibt:

$$\begin{aligned} \overline{v}_r &= \left(\frac{16kT}{\pi \cdot m}\right)^{1/2} \\ &= \left(\frac{16 \cdot 1{,}38 \cdot 10^{-23} \cdot 10^9}{\pi \cdot 1{,}67 \cdot 10^{-27}}\right)^{1/2} \text{m/s} \\ &= 6{,}5 \cdot 10^6\,\text{m/s} \\ \Rightarrow \bar{t} &= \frac{1}{1{,}2 \cdot 10^{24} \cdot 10^{-32} \cdot 6{,}5 \cdot 10^6}\,\text{s} \\ &= 1{,}3 \cdot 10^1\,\text{s} = 13\,\text{s}\,. \end{aligned}$$

Verglichen mit dem Zerfall freier Neutronen ($\tau \approx 800\,\text{s}$) ist der Einfang also um den Faktor 61 wahrscheinlicher.

2. Bei der Expansion bleibt die Zahl der Photonen konstant. Im Wellenlängenintervall $\mathrm{d}\lambda$ gibt es im Volumen $V = 2\pi^2 R^3$ (siehe (12.9))

$$\mathrm{d}N = \frac{16\pi^3 R^3}{h \cdot c/\lambda} \cdot \frac{hc^2}{\lambda^5} \cdot \frac{1}{e^{hc/\lambda kT} - 1}\,\mathrm{d}\lambda$$

Photonen.

$$\Rightarrow N = \int\limits_0^\infty \frac{16\pi^3 R^3 c}{\lambda^4} \frac{1}{e^{hc/\lambda kT} - 1}\,\mathrm{d}\lambda$$

Da $T = T_0 \cdot R_0/R$ und $\lambda = \lambda_0 \cdot R/R_0 \Rightarrow \mathrm{d}\lambda = (R/R_0)\,\mathrm{d}\lambda_0$

$$\begin{aligned} \Rightarrow &\int\limits_0^\infty \frac{16\pi^3 R^3 \cdot c}{\lambda^4} \frac{1}{e^{hc/\lambda kT} - 1}\,\mathrm{d}\lambda \\ &= \int \frac{16\pi^3 R^3 c \cdot R_0^4}{\lambda_0^4 \cdot R^4} \frac{(R/R_0)\,\mathrm{d}\lambda_0}{\exp\left[\frac{hc \cdot R_0 \cdot R}{\lambda_0 \cdot R \cdot k \cdot T_0 \cdot R_0}\right] - 1} \\ &= \int\limits_0^\infty \frac{16\pi^3 R_0 c}{\lambda_0^4} \frac{1}{e^{hc/\lambda_0 kT_0} - 1}\,\mathrm{d}\lambda_0\,. \end{aligned}$$

Da dies für beliebige Werte von T_0 gilt, müssen die Integranden gleich sein, d. h. die expandierte Verteilung ist wieder eine Planck-Verteilung bei einer tieferen Temperatur.

3. Wir setzen die Energiedichte

$$W = \varrho_m c^2 + w_{\text{rel}}$$

aus der Massenenergiedichte der nichtrelativistischen Materie (Baryonen und Elektronen) und der Energiedichte w_{rel} der relativistischen Teilchen (Neutrinos und Photonen) zusammen.
Der Druck der nichtrelativistischen Teilchen (siehe Bd. 1, Abschn. 7.3)

$$p_m = \tfrac{1}{3}\varrho_m \langle v^2 \rangle = \tfrac{1}{3} w_m \langle v^2 \rangle / c^2$$

ist wegen $v \ll c$ vernachlässigbar gegen den Druck

$$p_{\text{rel}} = \tfrac{1}{3}\varrho_{\text{rel}} \cdot c^2 = \tfrac{1}{3} w_{\text{rel}}$$

der relativistischen Teilchen.

Für die nichtrelativistische Materie erhalten wir also mit $p_\mathrm{m} \approx 0$:

$$\frac{\mathrm{d}}{\mathrm{d}t}(\varrho_\mathrm{m} c^2 R^3) = 0$$
$$\Rightarrow \varrho_\mathrm{m} c^2 R^3 = \mathrm{const}$$
$$\Rightarrow \varrho_\mathrm{m} \propto R^{-3},$$

während für die Energiedichte der relativistischen Teilchen gilt:

$$\frac{\mathrm{d}}{\mathrm{d}t}(w_\mathrm{rel} \cdot R^3) = -\frac{1}{3} w_\mathrm{rel} \cdot \frac{\mathrm{d}}{\mathrm{d}t}(R^3)$$
$$\Rightarrow R^3 \cdot \frac{\mathrm{d}w_\mathrm{rel}}{\mathrm{d}t} + w_\mathrm{rel} \cdot 3R^2 \cdot \frac{\mathrm{d}R}{\mathrm{d}t} = -w_\mathrm{rel} R^2 \frac{\mathrm{d}R}{\mathrm{d}t}$$
$$\Rightarrow R^3 \frac{\mathrm{d}w_\mathrm{rel}}{\mathrm{d}t} = -4 w_\mathrm{rel} R^2 \frac{\mathrm{d}R}{\mathrm{d}t}.$$

Integration ergibt:

$$4 \ln R = -\ln w_\mathrm{rel} + C$$
$$\Rightarrow \ln(R^4/w_\mathrm{rel}) = C$$
$$\Rightarrow R^4/w_\mathrm{rel} = \mathrm{e}^C = C^* = \mathrm{const}$$
$$\Rightarrow w_\mathrm{rel} \propto 1/R^4.$$

4. Bei einer gleichmäßigen Verteilung von Galaxien der absoluten Helligkeit M gilt für die Zahl der beobachteten Galaxien mit scheinbarer Helligkeit größer gleich m Größenklassen:

$$M_m = \tfrac{4}{3} \varrho \pi r_m^3,$$

wobei ϱ die als konstant angenommene Dichte der Galaxien ist. Nun ist die Energieflußdichte einer Galaxie vorgegebener absoluter Helligkeit $\propto 1/r^2$. Die Energieflußdichte einer Galaxie im Abstand r_m ist deshalb um den Faktor $(r_{m+1}/r_m)^2$ größer als die einer Galaxie gleicher absoluter Helligkeit im Abstand r_{m+1}. Die Energieflußdichten zweier Galaxien mit scheinbaren Helligkeiten m bzw. $m+1$ verhalten sich wie $10^{0,4}/1$ (siehe Abschn. 9.8). Deshalb gilt wegen $(r_{m+1}/r_m)^2 = 10^{0,4}$

$$\frac{N_{m+1}}{N_m} = \left(\frac{r_{m+1}}{r_m}\right)^3 = (10^{0,4})^{3/2} = 10^{0,6} \approx 4.$$

5. Die Raum-Zeit-Metrik ist durch

$$\mathrm{d}s^2 = c^2\, dt^2 - \mathrm{d}l^2$$

bestimmt, wobei das Linienelement $\mathrm{d}l$ durch (12.11a) gegeben wird. Die Weltlinie eines Photons, das mit Lichtgeschwindigkeit c fliegt, ist durch $\mathrm{d}s = 0$ festgelegt.

$$\Rightarrow (\mathrm{d}l/\mathrm{d}t)^2 = c^2 \Rightarrow \mathrm{d}l/\mathrm{d}t = c$$

Die Entfernung r zu einer Galaxie ist proportional zum Skalenparameter $R(t)$:

$$r(t) = \big(R(t)/R_0\big) \cdot r_0.$$

Das Linienelement $\mathrm{d}l$ ist für ein flaches Universum $\mathrm{d}l = R \cdot \mathrm{d}r$

$$\Rightarrow \frac{\mathrm{d}r}{\mathrm{d}t} = \frac{1}{R}\frac{\mathrm{d}l}{\mathrm{d}t} = \frac{1}{R} \cdot c = \frac{c}{R_0}\left(\frac{t_0}{t}\right)^{2/3},$$

weil für ein flaches Universum nach (12.39)

$$R/R_0 = (t/t_0)^{2/3}$$

gilt. Integriert man von $r_\mathrm{e} = r(t_\mathrm{e})$, der Entfernung zur Zeit der Emission des Photons bis r_0, der heutigen Entfernung, so ergibt dies:

$$\int_{t_\mathrm{e}}^{t_0} \frac{\mathrm{d}r}{\mathrm{d}t}\,\mathrm{d}t = \int_{r_\mathrm{e}}^{r_0} \mathrm{d}r = \frac{c}{R_0} \int_{t_\mathrm{e}}^{t_0} \left(\frac{t_0}{t}\right)^{2/3} \mathrm{d}t$$
$$= \frac{3c}{R_0} t_0^{2/3} \cdot t^{1/3} \Big|_{t_\mathrm{e}}^{t_0}$$
$$r_0 - r_\mathrm{e} = \frac{3c}{R_0}\left[t_0 - t_0^{2/3} t_\mathrm{e}^{1/3}\right]$$
$$= \frac{3ct_0}{R_0}\left[1 - \left(\frac{t_\mathrm{e}}{t_0}\right)^{1/3}\right].$$

Nun gilt nach (12.46)

$$(t_0/t_\mathrm{e})^{2/3} = 1 + z$$
$$\Rightarrow \left(\frac{t_\mathrm{e}}{t_0}\right)^{1/3} = \frac{1}{\sqrt{1+z}}$$
$$t_0 = \tfrac{2}{3}/H_0$$
$$\Rightarrow r_0 - r_\mathrm{e} = \frac{2c}{H_0}\left[1 - \frac{1}{\sqrt{1+z}}\right].$$

Die heutige Entfernung $r(z)$ der Galaxie, die Licht der Wellenlänge λ aussendet, das bei uns die Rotverschiebung $z = \Delta\lambda/\lambda$ hat, ist:

$$r_0(z) = r_\mathrm{e} + \frac{2c}{H_0}\left[1 - \frac{1}{\sqrt{1+z}}\right].$$

Für große z ist $r_e \ll r_0$, und man erhält (12.47). Wegen $t_0 = t_e \cdot (1+z)^{3/2}$ folgt für die Entfernung, die das Licht zwischen Aussendungszeit t_e und Ankunftszeit t_0 zurückgelegt hat:

$$l(z) = c \cdot (t_0 - t_e) = c \cdot t_0 \left(1 - \frac{1}{(1+z)^{3/2}}\right) = \frac{2C}{3H_0}\left[1 - \frac{1}{(1+z)^{3/2}}\right],$$

weil $t_0 = 2/(3H_0)$ ist.

6. Die absolute Helligkeit M der Sterne mit der scheinbaren Helligkeit m ist nach Abschn. 9.8, (9.13)

$$M = m - 5 \cdot \log \frac{r}{10\,\mathrm{pc}} - A(r),$$

wobei $A(r)$ die Absorption des Sternenlichtes auf seinem Weg zur Erde durch das interstellare Medium und Gas- und Staubwolken angibt. Sei $\Phi(M)$ die Leuchtkraft von Sternen der absoluten Helligkeit M und D die Dichte der Sterne im Entfernungsintervall r bis $r + \mathrm{d}r$ und im Raumwinkelintervall $\mathrm{d}\Omega$ in Richtung der galaktischen Länge l und der glaktischen Breite b. Dann ist die Zahl der Sterne mit der scheinbaren Helligkeit m im Volumenelement $\mathrm{d}V = r^2 \cdot \mathrm{d}\Omega \cdot \mathrm{d}r$

$$\mathrm{d}N(m)\,\mathrm{d}\Omega = D\big(r, l, b, \phi(M)\big)\,\mathrm{d}V$$

mit

$$\phi(M) = \Phi\left(m - 5 \cdot \log \frac{r}{10\,\mathrm{pc}} - A(r)\right).$$

Integriert man über alle Entfernungen r, so erhält man die Zahl

$$N(m)\,\mathrm{d}\Omega = \int_0^\infty D\big(r, l, b, \phi(M)\big)\, r^2\,\mathrm{d}r\mathrm{d}\Omega$$

$$= \int_0^\infty D\Big[r, l, b, \Phi\big(m - 5 \cdot \log(r/10\,\mathrm{pc}) - A(r)\big)\Big]\, r^2\,\mathrm{d}r \cdot \mathrm{d}\Omega.$$

Die (numerische) Auflösung dieser Gleichung nach $D(r, l, b)$ gibt aus der gemessenen Zahl $N(m)$ für verschiedene scheinbare Helligkeiten m die gesuchte Sterndichte $D(r, l, b, M)$ und ihre Abhängigkeit von den galaktischen Koordinaten l und b und daraus die gesamte Sterndichte

$$D(r, l, b) = \int_0^\infty D\big(r, l, b, \phi(M)\big)\,\mathrm{d}\phi.$$

7. Nach Abb. 12.27 gilt für die Tangentialgeschwindigkeit

$$v_t = v \cdot \sin\alpha - v_0 \cdot \cos l = R \cdot \omega \cdot \sin\alpha - R_0\omega_0 \cos l.$$

Aus dem Dreieck CPS folgt aus dem Sinussatz:

$$R \cdot \sin\alpha + r = R_0 \cdot \cos l \Rightarrow v_t = R_0(\omega - \omega_0)\cos l - \omega \cdot r. \quad (1)$$

Entwickelt man $\omega - \omega_0$ in eine Taylorreihe:

$$\omega - \omega_0 = \left(\frac{\mathrm{d}\omega}{\mathrm{d}R}\right)_{R_0} \cdot (R - R_0) + \cdots,$$

so ergibt sich mit $\omega = v/R$ und $\omega_0 = v_0/R_0$

$$\omega - \omega_0 = \left[\frac{1}{R_0}\left(\frac{\mathrm{d}v}{\mathrm{d}R}\right)_{R_0} - v \cdot \frac{1}{R_0^2}\right](R - R_0). \quad (2)$$

Mit $(R - R_0) \approx -r \cdot \cos l$ folgt dann durch Einsetzen von (2) in (1):

$$v_t = \left[\frac{v_0}{R_0} - \left(\frac{\mathrm{d}v}{\mathrm{d}R}\right)_{R_0}\right] r^2 \cos^2 l - \omega \cdot r.$$

Farbtafeln

Tafel 1. Luftbild vom CERN. Die drei eingezeichneten Ringe zeigen das Protonensynchrotron PS (kleiner Ring), das Superprotonen-Synchrotron SPS (mittlerer Ring) und den Large Electron-Positron Ring LEP. Im Hintergrund der Genfer See. Mit freundlicher Genehmigung vom CERN

Tafel 2. Luftbild vom DESY in Hamburg. Eingezeichnet sind der Positron-Electron Tandem Ring Accelerator PETRA und der große Hadron-Electron Ring Accelerator HERA. Mit freundlicher Genehmigung vom DESY

Tafel 3. Blick in den LEP-Tunnel. Mit freundlicher Genehmigung vom CERN

Tafel 4. Blick in den HERA-Tunnel. Im Vordergrund befindet sich ein Verteilergefäß, das flüssiges Helium aus der Ringleitung unter der Decke in die supraleitenden Magneten des Protonenrings speist. Unter dem Protonenring befindet sich der Elektronenring. Mit freundlicher Genehmigung vom DESY

Tafel 5. Der ALEPH-Detektor am LEP. Mit freundlicher Genehmigung vom CERN

Tafel 6. Computer-Reproduktion des Zerfalls eines Z^0-Vektorbosons über ein Quark-Antiquark-Paar in eine Kaskade von Teilchen in 2 Jets, aufgenommen mit dem ALEPH-Detektor. Mit freundlicher Genehmigung vom CERN

Tafel 7. Der H1-Detektor in einem frühen Stadium seines Aufbaus. Zu sehen ist die zylinderförmige supraleitende Spule innerhalb des geöffneten blauen Eisenjochs. Mit freundlicher Genehmigung vom DESY

Tafel 8. Das 2,2-m-Teleskop in seiner Kuppel auf dem Calar Alto, Spanien. Links dahinter steht das blau-weiße Periskop des Coudé-Spektrographen. Während die Brennweite im Cassegrain-Fokus 17 m beträgt, ist die des Coudé-Fokus sogar 88 m lang. Die Masse der beweglichen Teile des Teleskops beträgt 72 Tonnen, erheblich mehr als die 15 Tonnen des 1,2-m-Teleskops. Mit freundlicher Genehmigung des MPI für Astronomie, Heidelberg

Tafel 9. Totale Sonnenfinsternis, photographiert am 7. März 1970 während eines Sonnenfleckenmaximums

Tafel 10. Sonnenprotuberanz und Sonnengranulation, photographiert am 21. August 1993 im UV-Bereich von Astronauten des Skylabs. Die Protuberanz erstreckt sich etwa 600 000 km über die Sonnenoberfläche. Mit freundlicher Genehmigung der NASA

Tafel 11. Jupiter mit seinen Monden Io und Europa, aufgenommen von Voyager 1 aus 20 Millionen km Entfernung. Mit freundlicher Genehmigung der NASA

Tafel 12. Der große rote Fleck mit Wirbelstraßen auf der Jupiteroberfläche, aufgenommen von Voyager 2 aus 6 Millionen km Entfernung. Mit freundlicher Genehmigung der NASA

Tafel 13. Karte des gesamten Radiohimmels, aufgenommen mit den Radioteleskopen Effelsberg (Deutschland), Jodrell Bank (England) und Parkes (Australien). Von der Ebene der Milchstraße gehen mehrere Spuren aus, die vermutlich durch Supernovae-Ausbrüche verursacht wurden. Mit freundlicher Genehmigung des MPI für Radioastronomie, Bonn

Tafel 14. Der Trifidnebel im Schützen (M 20, NGC 6514). Der Nebel wird durch die Strahlung eines weißen Überriesen-Sterns zum Leuchten angeregt. Sein Durchmesser beträgt 5 pc, seine Entfernung von uns 1000 pc. (Photo: 40″ Richey-Cherétion Reflector, Haman Observatory, Salt Lake City)

Tafel 15. Die Spiralgalaxie M 83. (Photo: David Malin. © Anglo-Australian Telescope)

Tafel 1

Tafel 2

Tafel 3

Tafel 4

Tafel 5

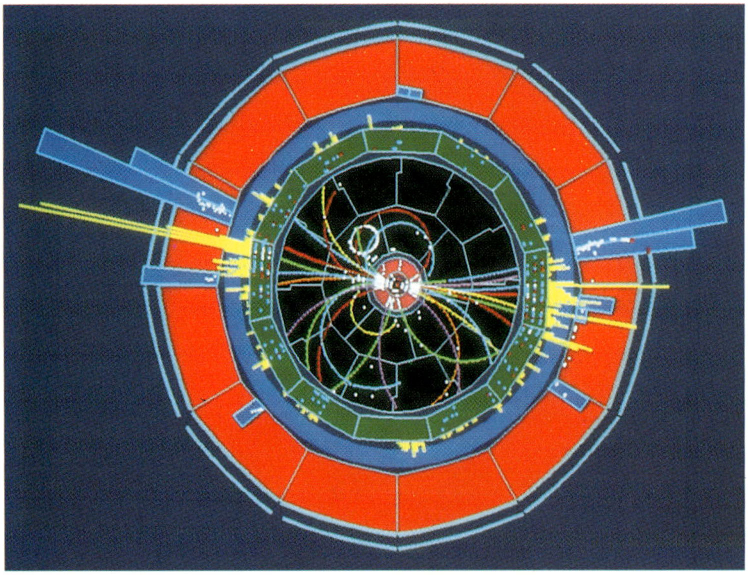

Tafel 6

Tafel 7

Tafel 8

Tafel 9

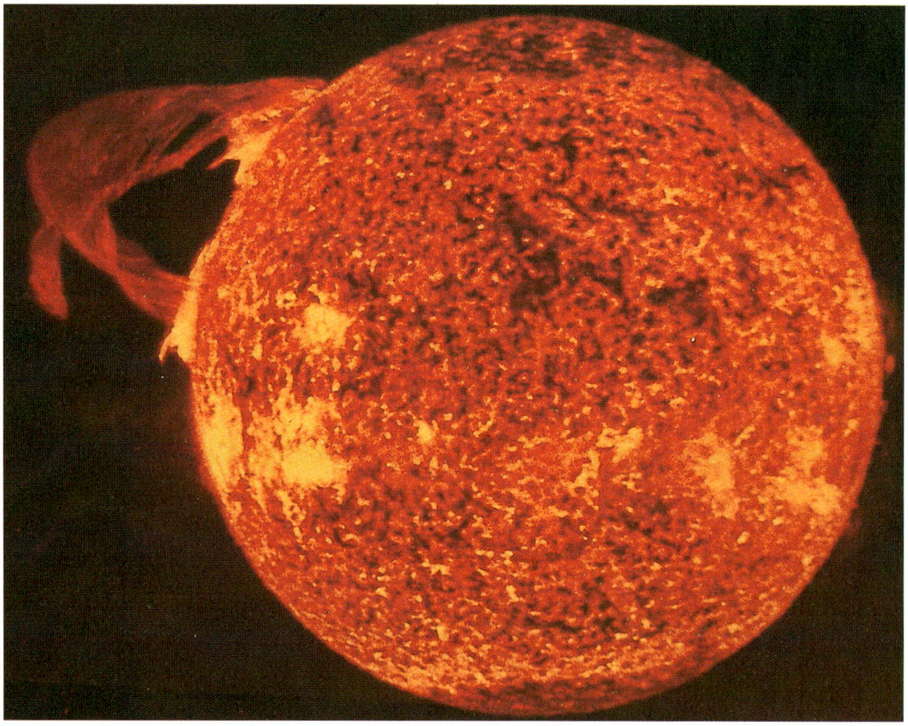

Tafel 10

Tafel 11

Tafel 12

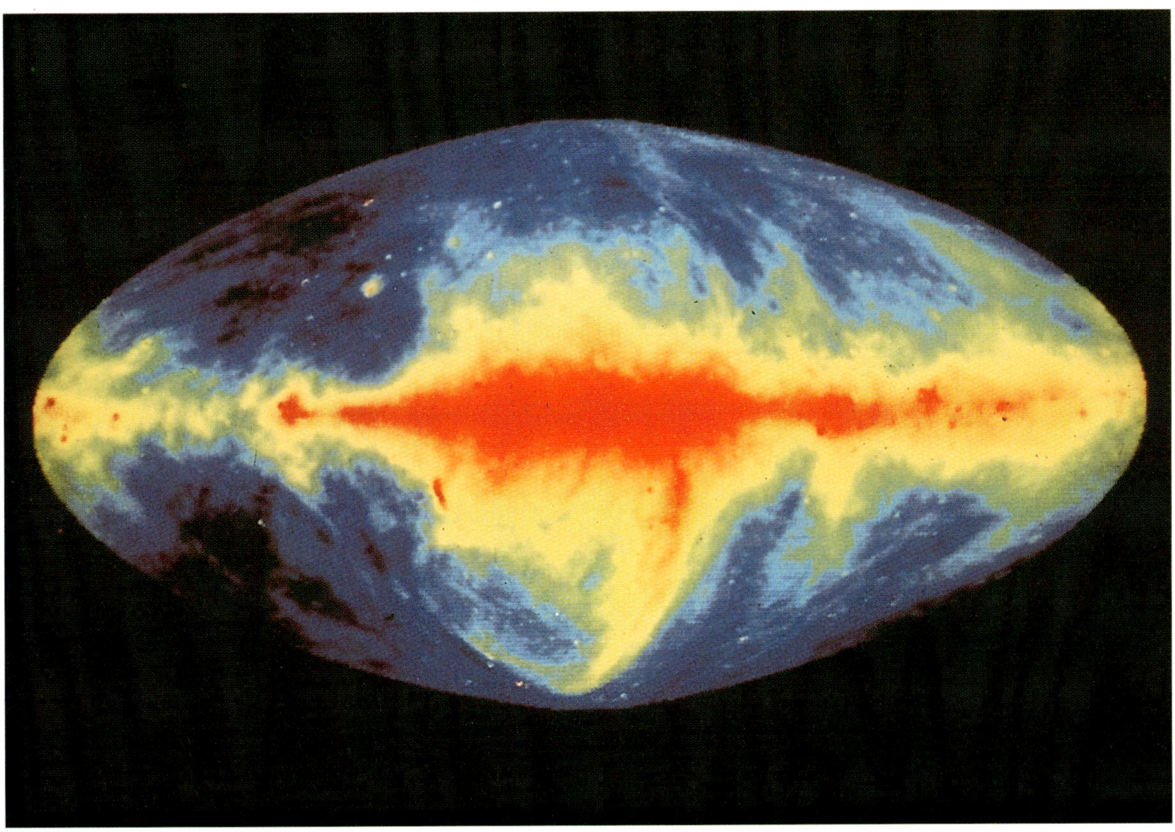

Tafel 13

Tafel 14

Tafel 15

Literaturverzeichnis

A. Allgemeine Literatur zur Kernphysik und Hochenergiephysik

- B. Povh, K. Rith, Chr. Scholz, F. Zetsche: *Teilchen und Kerne*, 4. Aufl. (Springer, Berlin, Heidelberg 1996)
- K. Bethge: *Kernphysik* (Springer, Berlin, Heidelberg 1996)
- T. Mayer-Kuckuk: *Kernphysik*, 6. Aufl. (Teubner, Stuttgart 1994)
- H. Hilscher: *Kernphysik* (Vieweg, Braunschweig 1996)
- G. Musiol: *Kern- und Elementarteilchenphysik*, 2. Aufl. (Harri Deutsch. Frankfurt/M. 1995)
- P. Huber: *Einführung in die Physik*, Bd. III/2: *Kernphysik* (Reinhardt, München, Basel 1972)
- J.W. Rohlf: *Modern Physics from* α *to* Z (J. Wiley, New York 1994)
- F.W. Bopp: *Kerne, Hadronen und Elementarteilchen* (Teubner, Stuttgart 1989)
- H. Frauenfelder, E.M. Henley: *Teilchen und Kerne*, 3. Aufl. (Oldenbourg, München 1995)
- E. Lohrmann: *Hochenergiephysik*, 4. Aufl. (Teubner, Stuttgart 1992)

B. Allgemeine Literatur zur Astrophysik

- H. Karttunen, P. Kröger, H. Oja, M. Poutanen, K.J. Donner: *Astronomie* (Springer, Heidelberg 1994)
- A. Unsöld, B. Baschek: *Der neue Kosmos*, 5. Aufl. (Springer, Berlin, Heidelberg 1991)
- F. Gondolatsch, K. Steinacker, O. Zimmermann: *Astronomie* (Klett, Stuttgart 1995)
- H. Winnenburg: *Einführung in die Astronomie* (Spektrum, Heidelberg 1991)
- H.H. Voigt: *Abriß der Astronomie*, 5. Aufl. (Spektrum, Heidelberg 1991)
- F.H. Shu: *The Physical Universe. An Introduction to Astronomy* (University Science Books, Mill Valley, CA 1982)
- W.J. Kaufmann III: Universe, 4th ed. (Freeman, New York, 1995)
- R. Sauermost (Red.:): *Lexikon der Astronomie*, Bd. 1 und 2 (Spektrum, Heidelberg 1995)

Weiterführende Literatur zu Kapitel 1

- K. Simonyi: *Kulturgeschichte der Physik* (Harri Deutsch, Frankfurt/M. 1995)
- H. Schopper: *Materie und Antimaterie* (Piper, München 1989)
- H.G. Dosch (ed.): *Teilchen, Felder, Symmetrien*, 2. Aufl. (Spektrum, Heidelberg 1995)
- A. Pais: *Inward Bound:* Of Matter and Forces in the Physical World (Press, Oxford 1986)
- V.F. Weisskopf: *Natur und Werden* (Ullstein, Frankfurt 1980)
- C.F. Weizsäcker: *Aufbau der Physik*, 2. Aufl. (Hanser, München 1986)
- C.F. Weizsäcker: Verantwortung und Ethik in der Wissenschaft. Berichte und Mitteilungen der Max-Planck-Gesellschaft 3/84
- O. Neugebauer: *Astronomy and History. Selected Essays* (Springer, New York 1995)
- J.A. Wheeler: *At Home in the Universe* (American Institute of Physics, New York 1994)
- J. Audouze, G. Israel: *The Cambridge Atlas of Astronomy*, 3rd ed. (Cambridge Univ. Press, Cambridge 1994)

Kapitel 2

2.1 E. Bodenstedt: *Experimente der Kernphysik und ihre Deutung*, Teil 1–3 (BI, Mannheim 1972–78)

2.2 L.C.L. Yuan, Ch.Sh. Wu (eds.): *Methods of Experimental Physics*. Vol. 5: *Nuclear Physics* (Academic Press, New York 1963)

2.3 E. Rutherford: The Structure of the Atom. Philos. Mag. **22**, 488 (1914)

2.4 H.E. Wegener, R.M. Eisberg, G. Igo: Elastic Scattering of 40 MeV alpha-Particles from Heavy Elements. Phys. Rev. **99**, 825 (1955)

2.5 G.W. Farwell, H.E. Wegener: Elastic Scattering of Intermediate-Energie α-Particles by Gold. Phys. Rev. **93**, 356 (1954)

2.6 R. Hofstadter: Nuclear and Nucleon Scattering of High Energy Electrons. Ann. Rev. Nucl. Sci. **7**, 307 (1957)

2.7 R. Hofstadter: Electron Scattering and Nuclear Structure. Rev. Mod. Phys. **28**, 214 (1956)
2.8 R. Hofstadter (ed.): *Electron Scattering and Nuclear and Nucleon Structure* (Benjamin, New York 1963)
2.9 J. Chadwick: Existence of a Neutron. Proc. Roy. Soc. **A136**, 692 (1932)
2.10 H. Kopfermann: *Kernmomente*, 2. Aufl. (Akademische Verlagsgesellschaft, Frankfurt 1956)
2.11 P. Kusch, V.W. Hughes: *Atomic and Molecular Beam Spectroscopy*, in S. Flügge (Hrsg.): *Handbuch der Physik*, Bd. XXXVII 1;1. (Springer, Berlin, Heidelberg 1959)
2.12 H. Sommer, H.A. Thomas, J.A. Hipple: The Measurement of e/m by Cyclotron Resonance. Phys. Rev. **82**, 697 (1951)
2.13 L. Alvarez, F. Bloch: A quantitative Determination of the Neutron Moment in Absolute Nuclear Magnetons. Phys. Rev. **57**, 111 (1940)
2.14 C.P. Slichter: *Principles of Magnetic Resonance. Series in Solid State Sciences*, 3rd edn. (Springer, New York 1996)

Kapitel 3

3.1 H. Becquerel: Compt. rend. **122**, 420 & 689 (1896)
3.2 F. Reines, C.L. Cowan: Free Antineutrino Cross Section. Phys. Rev. **113**, 273 (1959)
3.3 E. Fermi: Versuch einer Theorie der β-Strahlen. Z. Phys. **88**, 161 (1934)
3.4 E. Segrè: *Nuclei and Particles* (W. Benjamin, Reading, MA 1977)
3.5 J.M. Blatt, V.F. Weißkopf: *Theoretical Nuclear Physics* (Dover, New York 1991)

Allgemeine Literatur zu Kapitel 3

– W. Minder: *Die Geschichte der Radioaktivität* (Springer, Berlin, Heidelberg 1981)
– H. v. Butlar, M. Roth: *Radioaktivität* (Springer, Berlin, Heidelberg 1990)
– W. Pohlit: *Radioaktivität* (BI, Mannheim 1992)
– K. Siegbahn: *Alpha-, Beta- und Gamma-Spektroskopie*, Bd. 1 und 2 (North Holland, Amsterdam 1968)
– W. Stolz: *Radioaktivität* Grundlagen, Messung, Anwendungen (Teubner, Leipzig, Stuttgart 1996)
– E. Browne, R.B. Firestone: *Table of Radioactive Isotopes* (J. Wiley, New York 1986)
– Y. Wang (ed.): *CRC Handbook of Radioactive Nuclides* (Chemical Rubber Company, Cleveland, Ohio 1969)
– K.S. Krane: *Introductory Nuclear Physics* (J. Wiley, New York 1987)

Kapitel 4

4.1 D. Boussard: *Die Teilchenbeschleuniger* (Deutsche Verlagsanstalt, Stuttgart 1974)
4.2 H. Schopper: *Materie und Antimaterie. Teilchenbeschleuniger und der Vorstoß zum unendlich Kleinen* (Piper, München 1989)
4.3 F. Hinterberger: *Physik der Teilchenbeschleuniger* (Springer, Berlin, Heidelberg 1996)
4.4 K. Wille: *Physik der Teilchenbeschleuniger und Synchrotronstrahlungsquellen*, 2. Aufl. (Teubner, Stuttgart 1996)
4.5 H. Wiedemann: *Particle Accelerator Physics* (Springer, Berlin, Heidelberg 1993)
4.6 S. van der Meer: Stochastic Cooling and the Accumulation of Antiprotons. Rev. Mod. Phys. **57**, 689 (1985)
4.7 S. Ebashi, M. Koch, E. Rubenstein (eds.): *Handbook on Synchrotron Radiation* (Elsevier, New York 1991)
4.8 W. Eberhardt (ed.): *Applications of Synchrotron Radiation* (Springer, Berlin, Heidelberg 1995)
4.9 P. Waloschek: *Reise ins Innere der Materie. Mit HERA an die Grenzen des Wissens* (Deutsche Verlagsgesellschaft, Stuttgart 1991)
4.10 H.A. Bethe: Zur Theorie des Durchganges schneller Korpuskularstrahlung durch Materie. Ann. Phys. **5**, 325 (1930)
4.11 J.D. Jackson: *Klassische Elektrodynamik*, 2. Aufl. 1988 (de Gruyter, Berlin 1983)
4.12 W. Heitler: *The Quantum Theory of Radiation*, 3. Aufl. (Dover, Oxford 1984)
4.13 E.G. Harris: *Quantenfeldtheorie: Eine elementare Einführung* (Oldenbourg, München 1975)
4.14 C. Henderson: *Cloud and Bubble Chambers* (Methuen, London 1970)
4.15 O.C. Allkofer: *Teilchendetektoren* (Thiemig, München 1971)
4.16 F. Close, M. Marten, Chr. Sutton: *Spurensuche im Teilchenzoo* (Spektrum, Heidelberg 1989)
4.17 D. Wagner: Hadron-Kalorimeter, Entwicklung und Anwendungen. Phys. Bl. **45**, 358 (1989)
4.18 F. Eisele, G. Wolf: Erste Ergebnisse von HERA. Phys. Bl. **48**, 787 (1992)
4.19 T. Mayer-Kuckuk: *Kernphysik*, 5. Aufl. (Teubner, Stuttgart 1995)

Kapitel 5

5.1 G. Baumgärtner, P. Schuck: *Kernmodelle* (BI, Mannheim 1968)
5.2 J. Speth, A. van der Woude: Giant resonance in nuclei. Rep. Progr. Phys. **44**, 719 (1981)

Allgemeine Literatur zu Kapitel 5

- J.M. Blatt, V. Weisskopf: *Theoretical Nuclear Physics* (Dover, New York 1991)
- M. Goeppert-Mayer, J.H.D. Jensen: *Elementary Theory of Nuclear Shell Structure* (J. Wiley, New York 1955)
- M.A. Preston: *Structure of the Nucleus* (Addison-Wesley, Reading 1993)
- A. Bohr, B. Mottelson: *Struktur der Atomkerne*, Bd. I und II (Akademie-Verlag, Leipzig 1975)
- H. Kopfermann: *Kernmomente* (Akademische Verlags-Gesellschaft, Frankfurt 1956)

Kapitel 6

6.1 P. Armbruster: Die Synthese überschwerer Elemente. Spektrum d. Wiss., Dez. 1996, S. 54ff.

6.2 G. Münzenberg, M. Schädel: *Moderne Alchimie* (Vieweg, Wiesbaden 1996)

Allgemeine Literatur zu Kapitel 6

- W.M. Gibson: *The physics of Nuclear Reactions* (Pergamon Press, Oxford 1980)
- G.R. Satchler: *Introduction to Nuclear Reactions* (Oxford Univ. Press, Oxford 1990)
- R. Brass: *Nuclear Reactions with Heavy Ions* (Springer, Berlin, Heidelberg 1980)
- R. Bock, G. Herrmann, G. Sisgert: *Schwerionenforschung* (Wiss. Buchgesellschaft, Darmstadt 1993)
- P.E. Hodgson: *Nuclear Reactions and Nuclear Structure* (Clarendon, Oxford 1971)
- R. Vandenbosch, J.R. Huzenga: *Nuclear Fission* (Academic Press, New York 1973)

Kapitel 7

7.1 J.G. Wilson: *Cosmic Rays* (Taylor & Francis, London 1976)

7.2 O.C. Allkofer: *Introduction to Cosmic Radiation* (Thiemig, München 1975)

7.3 S. Neddermeyer, C.D. Anderson: Note on the Nature of Cosmic-Ray Particles. Phys. Rev. **51**, 884 (1937)

7.4 C. Lattes, H. Muirhead, G. Occhialini, C.F. Powell: Nature **160**, 453 (1947)

7.5 J.W. Rohlf: *Modern Physics from* α *to to* Z (J. Wiley, New York 1994)

7.6 O. Chamberlain, R.F. Mozley, J. Steinberger, C. Wiegand: A measurement of the Positive π-μ-Deca Lifetime. Phys. Rev. **79**, 394 (1950)

7.7 CERN-Courier **31**, 15 (April 1991)

7.8 O. Chamberlain, E. Segrè, C. Wiegand, T. Ypsilantis: Observation of Antiprotons. Phys. Rev. **100**, 947 (1955)

7.9 L.M. Ledermann: Observations in Particle Physics from Two Neutrinos to the Standard Model. Rev. Mod. Phys. **61**, 547 (1989)

7.10 M. Gell-Mann: *The Eightfold Way* (Addison Wesley, New York 1998)

7.11 M. Artin: *Algebra* (Birkhäuser, Basel 1993)

7.12 J.Q. Chen: *Group Representation Theory for Physicists*, 3rd edn. (World Scientific, Singapore 1989)

7.13 J.J. Aubert et al.: Experimental Observation of a Heavy Particle. J. Phys. Rev. Lett. **33**, 1404 (1974)

7.14 J.E. Augustin et al.: Discovery of a Narrow Resonance in e^+e^- Annihilation. Phys. Rev. Lett. **33**, 1406 (1974)

7.15 C. Rebbi: *Die Gitter-Eichtheorie. Warum Quarks eingesperrt sind*, in H.G. Dosch (Hrsg.): *Teilchen, Felder und Symmetrien* (Spektrum, Heidelberg 1988)

7.16 D. Griffiths: *Einführung in die Elementarteilchenphysik* (Akademie-Verlag, Berlin 1996)

Weiterführende Literatur zu Kapitel 7

- Die neuesten Daten über Elementarteilchen findet man in: *Particle Physics Booklet 1996*, ed. by the Particle Data Group (American Institute of Physics, New York 1996)
- G. Dosch (Hrsg.): *Teilchen, Felder und Symmetrien*, 2. Aufl. (Spektrum, Heidelberg 1988)
- H. Schopper: *Materie und Antimaterie* (Piper, München 1989)
- H. Fritsch: *Quarks, Urstoff unserer Welt*, 7. Aufl. (Piper, München 1994)
- R.E. Marshak: *Conceptual Foundations of Modern Particle Physics* (World Scientific, Singapore 1993)
- K. Bethge, U.E. Schröder: *Elementarteilchen und ihre Wechselwirkungen*, 2. Aufl. (Wissenschaftliche Buchgesellschaft, Darmstadt 1991)
- O. Nachtmann: *Einführung in die Elementarteilchenphysik* (Vieweg, Braunschweig 1992)

Kapitel 8

8.1 H. Krieger, W. Petzold: *Strahlenphysik, Dosimetrie und Strahlenschutz*. Bd. 1 und 2 (Teubner, Stuttgart 1992/1997)

8.2 H. Kiefer, W. Koelzer: *Strahlen und Strahlenschutz*, 3. Aufl. (Springer, Berlin, Heidelberg 1992)

8.3 H. Piraux: *Radioisotope und ihre Anwendung in der Industrie* (Philips Technische Bibliothek, Eindhoven 1965)

8.4 W. Stolz: *Radioaktivität: Grundlagen, Messung, Anwendung*, 3. Aufl. (Teubner, Stuttgart 1996)

8.5 G. Erdtmann: *Neutron Activation Tables* (Verlag Chemie, Weinheim 1976)

8.6 H. Willkomm: *Altersbestimmung im Quartär* (Thiemig, München 1976)

8.7 N.G. Gusev, P.P. Dimitriev: *Quantum Radiation of Radioactive Nuclides, A Data Handbook* (Pergamon Press, New York 1976)

8.8 H. Dreisvogt: *Spaltprodukt-Tabellen* (BI, Mannheim 1974)

8.9 V. Hauff (Hrsg.): *Deutsche Risikostudie Kernkraftwerke* (TÜV Rheinland, Köln 1979)

8.10 W. Koelzer: *Lexikon zur Kernenergie* (Kernforschungszentrum Karlsruhe 1988)

8.11 C. Keller, H. Möllinger (Hrsg.): *Kernbrennstoffkreislauf* (Huthig, Heidelberg 1978)

8.12 J.S.B. Krawczynski: *Radioaktive Abfälle* (Thiemig, München 1967)

8.13 K. Roth: *Konzeption eines Kernreaktors mit hoher inhärenter Sicherheit* (Verlag W. Girardet, Essen 1985)

8.14 J. Fricke, W.L. Borst: *Energie* (Oldenbourg, München 1984)

8.15 E. Rebhan: *Heißer als das Sonnenfeuer. Plasmaphysik und Kernfusion* (Piper, München 1992)

8.16 J.R. Huizenga: *Kalte Kernfusion. Das Wunder fand nie statt* (Vieweg, Braunschweig 1994)

8.17 E. Speth: *Neutralteilchenheizung von Kernfusionsplasmen*. Phys. in uns. Zeit **22**, 119 (1991)

8.18 K. Sonnenberg, P. Kupschus, J. Helm, P. Krehl: Ein Hochgeschwindigkeits-Pellet-Injektor für die Kernfusion. Phys. Blätt. **45**, 121 (1989)

Kapitel 9

9.1 H. Karttunen, P. Kröger, H. Oja, M. Poutanen, K.J. Donner: *Astronomie* (Springer, Heidelberg 1994)

9.2 F. Gondolatsch, K. Steinacker, O. Zimmermann: *Astronomie* (Klett, Stuttgart 1995)

9.3 W. Schlosser: *Fenster zum All* (Wiss. Buchgesellschaft, Darmstadt 1990)

9.4 S. Marx, W. Pfau: *Sternwarten der Welt* (Herder, Freiburg 1979)

9.5 R.N. Wilson: *Reflecting Telescope Optics*, I + II (Springer, Berlin, Heidelberg 1996)

9.6 P. Martinez: *Astrophotographie* (Schwarz und Co., Darmstadt 1985)

9.7 R. Sauermost (Red.): *Lexikon der Astronomie*, Bd. 1 und 2, 6. Aufl. (Spektrum, Heidelberg 1995)

9.8 K. Bahner: *Teleskope*, in *Handbuch der Physik*, Vol. XXIX (Springer, Berlin, Heidelberg 1967), S. 227–342

9.9 O. Hachenburg, B. Vowinkel: *Technische Grundlagen der Radioastronomie* (BI, Mannheim 1982)

9.10 A.R. Thompson, J. Moran, G.W. Swenson: *Interferometry and Synthesis in Radio Astronomy* (Krieger, Melbourne 1994)

9.11 A. Witzel: Ergebnisse der Radio-Interferometrie. Sterne und Weltraum **24**, 588 (1985)

9.12 J. Trümper: Der Röntgensatellit ROSAT. Phys. Blätt. **46**, 137 (1990)

9.13 J. Trümper: ROSAT-Zwischenbilanz: Ein neues Bild des Himmels. Phys. Blätt. **50**, 35 (1994)

9.14 B. Aschenbach, H.M. Hahn, J. Trümper: *Der unsichtbare Himmel* (Burkhäuser, Basel 1996)

9.15 L. Strüder, J. Kenner: Neuartige Detektoren für die Astrophysik. Phys. Blätt. **52**, 21 (1996)

9.16 U. Bastian: Trigonometrische Parallaxen heute. Astronomie und Raumfahrt **33**, (1996), 5

9.17 U. Bastian: HIPPARCOS – ein Astronomie-Satellit der ESA. Astronomie und Raumfahrt **33**, (1996), 1

Kapitel 10

10.1 J.N. Wilford: *Mars, unser geheimnisvoller Nachbar* (Birkhäuser, Basel 1992)

10.2 U. Fink, W. Ip: Die sonnenfernen Planeten. Phys. in uns. Zeit **14**, 170 (1983)

10.3 R. Kippenhahn, A. Weigert: *Stellar Structure and Evolution* (Springer, Berlin, Heidelberg 1994)

10.4 H.V. Klapdor-Kleingrothaus, K. Zuber: *Teilchenastrophysik* (Teubner, Stuttgart 1997)

10.5 R. Davis: Phys. Rev. Lett. **12**, 303 (1964)

10.6 P.C. Davies (ed.): *The New Physics* (Cambridge Univ. Press, Cambridge 1992)

10.7 T. Kirsten: Gallex mißt Sonnenneutrinos. Sterne und Weltraum **32**, 16 (1993)

Kapitel 11

11.1 M. Born, E. Wolf: *Priciples of Optics*, 6th ed. (Pergamon, Oxford 1980)

11.2 R. Hanbury-Brown: *The Intensity Interferometer* (Taylor & Francis, London 1974)

11.3 U. Bastian: HIPPARCOS: Die wissenschaftliche Ernte beginnt. Sterne und Weltraum **11**, 939 (1997)

11.4 R. und H. Sexl: *Weiße Zwerge – Schwarze Löcher* (Vieweg, Braunschweig 1995)

11.5 H. Scheffler, H. Elsässer: *Physik der Sterne und der Sonne* (Spektrum, Heidelberg 1990)

11.6 H. Karttunen, P. Kröger, H. Oja, M. Poutanen, K.J. Donner: *Fundamental Astronomy*, 3rd ed. (Springer, Heidelberg 1996)

11.7 T. Pinan: Neutronen-Doppelsterne. Spektrum der Wissenschaft Juni 1996, S. 52

Kapitel 12

12.1 G.A. Tamman: *Die Entwicklung des Kosmos. Ist die Hubble-Konstante konstant?* In: *Verhandlungen der Gesellschaft deutscher Naturforscher und Ärzte*, Regensburg 1986 (Wissenschaftliche Verlagsgesellschaft, Stuttgart 1997)

12.2 G. Contopoulos, D. Kotsakis: *Cosmology* (Springer, New York 1987)

12.3 St. Weinberg: *Die ersten drei Minuten* (Piper, München 1997)

12.4 J. Silk: *Der Urknall* (Birkhäuser, Basel 1990)

12.5 F.D. Machetto, M. Dickinson: Galaxien im frühen Universum. Spektrum der Wiss., Juli 1997, S. 42

12.6 G. Börner: Ist das kosmologische Standardmodell in Gefahr? Phys. in uns. Zeit **28**, 6 (1997)

12.7 G. Börner: *The Early Universe* (Springer, Berlin, Heidelberg 1993)

12.8 J.L.E. Dreyer: *The complete New General Catalogue and Index Catalogue of Nebulae and Star Clusters* (Cambridge Univ. Press, Cambridge 1988)

12.9 H. Scheffler, H. Elsässer: *Physics of the Galaxy and Interstellar Matter* (Springer, Berlin, Heidelberg 1987)

12.10 G.L. Verschuur: *Interstellar Matters* (Springer, Berlin, Heidelberg 1989)

12.11 G. Winnewisser, E. Herbst, H. Ungerecht: *Spectroscopy among the stars* in K.N. Rao (ed.): *Spectroscopy of Earth's Atmosphere and Interstellar Medium* (Academic Press, New York 1992), p. 423 ff.

12.12 G. Winnewisser, J.T. Armstrong (eds.): *The Physics and Chemistry of Interstellar Molecular Clouds*, (Springer, Berlin, Heidelberg 1989)

12.13 R. Dürrer: Dunkle Materie im Universum. Phys. in uns. Zeit **28**, 16 (1997)

12.14 P. Andresen, D. Häusler, H.W. Lülf: SELECTIVE Λ-doublet population of OH in inelastic collisions with H_2: A possible pump mechanism for the $^2\pi_{(1/2)}$ astronomical OH-maser. J. Chem. Phys. **81**, 571 (1984)

12.15 D.N. Schramm, R.N. Clayton: Löste eine Supernova die Bildung unseres Sonnensystems aus? Spektrum der Wissenschaft Dez. 1987, S. 15

12.16 J. Blum, J. Dorschner: Vom Staubkorn zum Planeten. Phys. in uns. Zeit **27** (Nov. 1996), S. 264

12.17 W.S. Broecker: *Labor Erde* (Springer, Berlin, Heidelberg, 1995)

12.18 G.E. Morfill: *Physics and Chemistry in the Primitive Solar Nebula*, Proc. Les Houdges Summer Course 15, 1983 (Elsevier, Amsterdam 1985)

12.19 T. Wilson, J.F. Dewey, H. Closs et al.: *Ozeane und Kontinente*, 6. Aufl. (Spektrum, Heidelberg 1987)

12.20 M.Y. Budyko, A.B. Ronov, A.L. Yanshin: *History of the Earth's Atmosphere* (Springer, Berlin, Heidelberg 1987)

12.21 W. Rödel: *Physik in unserer Umwelt: Die Atmosphäre* (Springer, Berlin, Heidelberg 1994)

Sach- und Namenverzeichnis

Springer und Umwelt

Als internationaler wissenschaftlicher Verlag sind wir uns unserer besonderen Verpflichtung der Umwelt gegenüber bewußt und beziehen umweltorientierte Grundsätze in Unternehmensentscheidungen mit ein. Von unseren Geschäftspartnern (Druckereien, Papierfabriken, Verpackungsherstellern usw.) verlangen wir, daß sie sowohl beim Herstellungsprozess selbst als auch beim Einsatz der zur Verwendung kommenden Materialien ökologische Gesichtspunkte berücksichtigen.
Das für dieses Buch verwendete Papier ist aus chlorfrei bzw. chlorarm hergestelltem Zellstoff gefertigt und im pH-Wert neutral.

Springer

Zahlenwerte aus Kern- und Teilchenphysik

Nuklid	Masse (AME)	Spin	QM (barn)	μ_N/μ_k	Nuklid	Masse (AME)	Spin	QM (barn)	μ_N/μ_k
${}^{0}_{1}n$	1,008665	1/2	—	−1,913	${}^{16}_{8}O$	15,9949	0	—	0
${}^{1}_{1}H$	1,007825	1/2	—	+2,7928	${}^{19}_{9}F$	18,9984	1/2	0	+2,629
${}^{2}_{1}D$	2,01412	1	+0,0028	+0,8574	${}^{20}_{10}Ne$	19,9924	1/2	0	0
${}^{4}_{2}He$	4,00260	0	0	0	${}^{21}_{10}Ne$	20,9938	3/2	+0,09	−0,6618
${}^{6}_{3}Li$	6,01512	1	−0,001	+0,8220	${}^{22}_{10}Ne$	21,99138	0	0	0
${}^{7}_{3}Li$	7,01600	3/2	−0,04	+3,2563	${}^{23}_{11}Na$	22,9898	3/2	+0,1	+2,2175
${}^{9}_{4}Be$	9,01218	3/2	+0,03	−1,1774	${}^{54}_{26}Fe$	53,9396	0	0	0
${}^{10}_{5}B$	10,01294	3	+0,074	+1,8006	${}^{59}_{27}Co$	58,9332	7/2	+0,4	+4,58
${}^{11}_{5}B$	11,0093	3/2	+0,036	+2,6886	${}^{113}_{49}In$	112,904	9/2	+0,75	+5,523
${}^{12}_{6}C$	12,000	0	0	0	${}^{232}_{90}Th$	232,0381	0	0	0
${}^{14}_{7}N$	14,00307	1	+0,011	+0,4036	${}^{235}_{92}U$	235,0439	7/2	+3,8	0,35
					${}^{238}_{92}U$	238,0508	0	0	0

Massen-Energie-Äquivalente

Größe	Symbol	mc^2/MeV
AME	u	931,49432
Elektronenmasse	m_e	0,510999
Myonmasse	m_μ	105,65839
Protonmasse	m_p	938,27231
Neutronmasse	m_n	939,56563
Pionmasse	$m_{\pi^\pm}$	139,5679
	m_{π^0}	134,9743
Kaonmasse	$m_{K^\pm}$	493,646
	m_{K^0}	497,671

Fundamentale Bosonen

Wechselwirkung	Boson	$m \cdot c^2$	Kopplungsstärke
starke	Gluon	< 10 MeV	1
elektromagn.	Photon	0	1/137
schwache	$W^\pm$	80 GeV	10^{-6}
	Z^0	91,2 GeV	10^{-6}
Gravitation	Graviton	0?	10^{-31}

Elementare Bausteine der Materie

Quarks				Leptonen			
Name	Symbol	Ladung	mc^2	Name	Symbol	Ladung	mc^2
up	u	$+2/3\,e$	≈ 5 MeV	Elektron	e^-	$-1\,e$	0,5110 MeV
down	d	$-1/3\,e$	≈ 10 MeV	Elektron-Neutrino	ν_e	0	< 10 eV
charm	c	$+2/3\,e$	≈ 1500 MeV	Myon	μ	$-1\,e$	105,7 MeV
strange	s	$-1/3\,e$	≈ 150 MeV	Myon-Neutrino	ν_μ	0	< 0,2 MeV
top	t	$+2/3\,e$	$1{,}7 \cdot 10^5$	Tau	τ	$-1\,e$	1777 MeV
bottom	b	$-1/3\,e$	4500	Tau-Neutrino	ν_τ	0	< 33 MeV

Daten der Planeten

Planet	$M/M_♁$	R_e/km	$\bar{\varrho}$/g/cm^{-3}	T_{rot}^{sid}	Mittlerer Sonnenabstand	Siderische Umlaufzeit	Exzentrizität ε
Merkur	0,0558	2439	5,42	58,65 d	0,387 AE	0,2408 a	0,2056
Venus	0,8150	6052	5,25	−243,01 d	0,723 AE	0,6152 a	0,0068
Erde	1	6378	5,52	23,934 h	1,000 AE	1,00004 a	0,0167
Mars	0,1074	3398	3,94	24,623 h	1,524 AE	1,8809 a	0,0934
Jupiter	317,893	71398	1,314	9,84 h	5,203 AE	11,862 a	0,0485
Saturn	95,147	60330	0,69	10,23 h	9,555 AE	29,458 a	0,0556
Uranus	14,54	25400	(1,19)	15,5 h	19,218 AE	84,01 a	0,0472
Neptun	17,23	24300	1,66	15,8 h	30,110 AE	164,79 a	0,0086
Pluto	0,0022	1500	(0,9)	6,38 h	39,44 AE	248,5 a	0,250

Astronomische Zahlenwerte

1. Sonne

Masse: $M_\odot = 1{,}989 \cdot 10^{30}$ kg $= 335\,018\, M_♁$

Radius: $R_\odot = 6{,}96 \cdot 10^{8}$ m

Effektive Temperatur: $T_{eff} = 5785$ K

Leuchtkraft: $L_\odot = 3{,}9 \cdot 10^{26}$ W

Absolute visuelle Helligkeit: $M_v = 4{,}79^m$

Scheinbare visuelle Helligkeit: $V = -26{,}78^m$

Mittlere Entfernung von der Erde: $r = 1$ AE $= 1{,}5 \cdot 10^{11}$ m

Entfernung vom galaktischen Zentrum: 8,5 kpc

2. Erde

Masse: $M_♁ = 5{,}974 \cdot 10^{24}$ kg

Radius am Äquator: $R_e = 6{,}378140 \cdot 10^{6}$ m

Radius am Pol: $R_P = 6{,}356755 \cdot 10^{6}$ m

Abplattung: $(R_e - R_P)/R_e = 1/298{,}257$

3. Mond

Masse: $M_☾ = 7{,}248 \cdot 10^{22}$ kg $= M_♁/81{,}30$

Radius: $R_☾ = 1{,}738 \cdot 10^{6}$ m

Große Bahnhalbachse: $a = 384\,400$ km

geringster Abstand zur Erde: $r_{min} = 356\,500$ km

größter Abstand zur Erde: $r_{max} = 406\,700$ km

Neigung der Mondbahn gegen die Ekliptik: $I = 5°09'$

Gravitationsbeschleunigung auf der Mondoberfläche: $g_B = 1{,}62$ m/s^2

Entfernungen

1 AE $= 1{,}49557870 \cdot 10^{11}$ m

1 pc $= 3{,}0857 \cdot 10^{16}$ m $= 3{,}26$ ly

1 ly $= 0{,}9461 \cdot 10^{16}$ m $= 0{,}3066$ pc

Zeiten

1 d = 86 400 s

1 a $= 3{,}15569 \cdot 10^{7}$ s

1 d = mittlerer Sonnentag

1 Tropisches Jahr = 365,2422 d

1 Siderisches Jahr = 365,2564 d